Springer-Lehrbuch

Johannes C. G. Ottow

Mikrobiologie von Böden

Biodiversität, Ökophysiologie und Metagenomik

Professor em. Dr. sc. agr. habil. Johannes C. G. Ottow
M. Sc. bact (KSU, Manhattan, USA), Dipl.-Ing.agr. (Gießen), B.Sc. (Deventer, NL)
Institut für Angewandte Mikrobiologie
Justus Liebig-Universität
Heinrich-Buff-Ring 26–32
35392 Gießen

ISBN 978-3-642-00823-8 e-ISBN 978-3-642-00824-5
DOI 10.1007/978-3-642-00824-5

Bibliografische Information der Deutschen Nationalbibliothek
Die Deutsche Nationalbibliothek verzeichnet diese Publikation in der Deutschen Nationalbibliografie; detaillierte bibliografische Daten sind im Internet über http://dnb.d-nb.de abrufbar.

Umschlagfoto:
Links: Unbekannter goldgelber Blätterpilz (*Agaricales*, Ständerpilz) in der Grasnarbe unter einer Kokospalme (Insel Lombok, Indonesien). Aufnahme: JCG Ottow
Rechts: Verschiedene Stadien der Eisenreduktion, Gleybildung und Fe(II) Autoxidation (in der Bodenlösung) in einem sterilisierten Fe(III)-haltigen Mineralboden (angereichert mit ~ 1% Saccharose) beimpft mit einem eisenreduzierenden N_2-bindenden Stamm von *Clostridium butyricum*. Experiment und Aufnahme: JCG Ottow

Einbandentwurf:
WMX Design, Heidelberg

Herstellung, Satz und digitale Bildbearbeitung:
Fotosatz-Service Köhler GmbH – Reinhold Schöberl, Würzburg

Gedruckt auf säurefreiem Papier

Springer ist Teil der Fachverlagsgruppe Springer Science+Business Media (www.springer.com)

Dem Andenken Prof. Dr. phil. Johannes Glathes (1899–2000)

Ein Pionier der Bodenmikrobiologie

Danksagung

Verschiedene Kolleginnen und Kollegen haben einen wertvollen Beitrag zu diesem Buch geleistet: Sie haben einzelne Kapitel durchgearbeitet und mit Bemerkungen und Verbesserungsvorschlägen versehen. Auf diese Weise haben sie mir sehr geholfen und zweifelsfrei zur Qualität dieses Lehrbuches beigetragen. Ich bin Ihnen für die kritischen Bemerkungen und Ratschläge zu großem Dank verpflichtet und möchte nicht versäumen, die hilfsbereiten Kolleginnen und Kollegen für Ihre fachliche Unterstützung hier namentlich hervorzuheben:

Kap. 1 – Dr. A. Ulrich, Leibniz-Zentrum für Agrarlandschaftsforschung ZALF e.V., Müncheberg

Kap. 2 – Prof. Dr. R. G. Jörgensen, Universität Kassel, Witzenhausen

Kap. 3 – Prof. Dr. R. Conrad, Max-Planck-Institut für Terrestrische Mikrobiologie, Marburg

Kap. 4 – Frau Prof. Dr. Kornelia Smalla, Julius-Kühn-Institut, Braunschweig

Kap. 5 – Prof. Dr. Dr. h. c. W. Wackernagel, Universität Oldenburg

Kap. 6 und 7 – Prof. Dr.-Ing. Dr. P. Kämpfer, Universität Gießen

Kap. 8 – Prof. Dr. H. J. Prillinger, Universität für Bodenkultur, Wien, Österreich

Kap. 9 – Prof. Dr. A. Hartmann, Helmholtz-Zentrum München/Neuherberg

Kap. 10 – Frau Prof. Dr. Ellen Kandeler, Universität Hohenheim

Kap. 11 – Prof. Dr. Dr. h. c. H. P. Blume, Universität Kiel

Kap. 12 – Prof. Dr. R. Nieder, TU Braunschweig und Prof. Dr. C. Müller, University College Dublin, Irland (seit Dezember 2009 Universität Gießen)

Kap. 13 – Prof. Dr. M. Becker, Universität Bonn

Kap. 14 – Prof. Dr. J. C. Munch, Helmholtz-Zentrum München/Neuherberg

Kap. 15 – Frau Priv.-Doz. Dr. Birgit Hütsch, Universität Gießen

Kap. 16 – Prof. Dr. D. Steffens, Universität Gießen

Kap. 17 – Dr. E. A. Ottow, BASF AG, Ludwigshafen

Ganz besonders herzlich danken möchte ich Frau Christine Plachta, Institut für Pflanzenernährung, Universität Gießen, für die Neuzeichnung von Abbildungen aus Zeitschriften und für die übersichtliche Ausfertigung meiner Zeichnungsentwürfe. Ohne ihre qualifizierte Mitarbeit wäre dieses Buch in der vorliegenden Form nicht zustande gekommen. Dankend anerkennen möchte ich auch die Hilfe von Frau Dipl. Sprachlehrerin Claudia Pfeiffer, Ammenbuch, für die kritische Überprüfung der Interpunktion im Text und für die Formatierung der Manuskripte. Ein herzliches Dankeschön geht auch an den Kollegen Prof. Dr. W. Foissner, Institut für Zoologie, Universität Salzburg, Österreich, für die Überlassung einiger seiner schönen Bilder bodenrelevanter Protozoen (Kap. 1). Dank auch dem Kollegen Prof. Dr. W. Köhler, Biometrie, Universität Gießen, für die Durchsicht der mathematischen Kinetik der N-Mineralisation in Kap. 12. Nicht zuletzt möchte ich mich ganz herzlich bei meiner Frau Helga für die verschiedenen sprachlichen Verbesserungen während der sorgfältigen Durchsicht der Manuskripte bedanken.

Im Laufe der Jahre haben Studenten und Doktoranden immer wieder kritische Kommentare und Anregungen zu den Lehrveranstaltungen gegeben, die nunmehr in irgendeiner Form in dieses Buch mit eingeflossen sind. Diesen „Mitarbeitern" möchte ich nachträglich noch einmal meinen herzlichsten Dank aussprechen. „Jeder lebt von so vielen, ohne es eigentlich zu bemerken", hat Johann Wolfgang von Goethe einmal zu Recht bemerkt. Das gilt auch für dieses Buch.

Dem Umfang eines einführenden Buches sind naturgemäß Grenzen gesetzt, sodass nicht alle wichtigen bodenmikrobiologischen Grundlagen berücksichtigt werden konnten. Infolgedessen werden Leser unterschiedlicher Fachrichtungen und Schwerpunkte manchen bodenmikrobiologischen Arbeitsbereich vermissen. Das vorliegende Buchkonzept entspricht meinen Vorstellungen der bodenmikrobiologischen Grundlagen. Auch für eventuelle Fehler im Text bin selbstverständlich ich als Autor verantwortlich. Bekanntlich ist nichts so gut, dass es nicht noch verbessert werden könnte. Ich würde mich über konstruktive Kritik sehr freuen und bitte Sie um Ihre Verbesserungs- und Ergänzungsvorschläge. Der Springer-Verlag Heidelberg, Frau Stefanie Wolf, Postfach 105260, D-69042 Heidelberg, leitet Ihr Schreiben gerne an mich weiter.

Den Mitarbeitern des Springer-Verlags Heidelberg, insbesondere der Lektorin Frau Stefanie Wolf und Herrn Dr. D. Czeschlik, Abteilung Lehrbücher Biologie, gilt mein aufrichtiger Dank für die mehrjährige Betreuung, fruchtbare Zusammenarbeit und fachliche Unterstützung bei der Abfassung des Manuskriptes.

Reiskirchen, im April 2010 J. C. G. Ottow

Vorwort

Bodenmikrobiologie ist eine interdisziplinäre Wissenschaft mit Mikrobiologie und Bodenkunde als Eckpfeilern. Sie ist aber auch eine Teildisziplin der wissenschaftlichen Ökologie, weil sie die Mikroorganismen in ihren natürlichen Lebensräumen, den Böden, als Objekte ihrer Forschung und Lehre betrachtet. In dieser Hinsicht unterscheidet sich die Bodenmikrobiologie von der mikrobiellen Ökologie.

Böden sind dynamische Produkte komplexer Wechselwirkungen zwischen den bodenbewohnenden Organismen (Pflanzen, Mikroorganismen und Tiere), dem vorliegenden Ausgangsgestein und dem Klima (Witterungsverlauf). Folglich sind Böden stets standortspezifisch und zeichen sich durch charakteristische Biozönosen aus. Prozesse der Bodenbildung sollten infolgedessen nicht ohne das Studium der Bodenbewohner und ihrer zahlreichen ökophysiologischen Aktivitäten und Wechselwirkungen erforscht werden. Die Diversität und Abundanz an Mikroorganismen (*Bacteria*, *Archaea*, Protozoen), *Fungi* (Echte Pilze), Myxomyceten, Oomyceten, Algen, Kieselalgen, Rotatorien, Tardigraden, Oligochaeten, Enchytraeiden, Nematoden, Spinnen, Insekten, Mollusken, Säugetieren und Viren in der oberen Erdrinde ist gewaltig. Böden sind infolgedessen Lebensräume *par excellence*. Es erscheint unvorstellbar, aber in nur einer einzigen Hand voller guter Ackererde „tummeln" sich mehr Organismen als es heute Menschen auf der Erde gibt. Allein die Prokaryoten (Bakterien und Archaeen) in der belebten Erdrinde stellen etwa 60–70% der gesamten lebendigen Biomasse der Erde. Mikroorganismen steuern nicht nur die Pedogenese in der Erdrinde, sondern haben sich im Laufe der Evolution auch in großer Dichte und Diversität an das Leben bis in einer Gesteins- und Sedimenttiefe von etwa 3 km angepasst.

Unsere Erde ist bis in große Tiefen eine intensiv belebte Kugel morphologischer Lebensvielfalt und ungeahnten Reichtums an Stoffwechselprozessen. Die meisten Mikroorganismen sind bis heute weder bekannt noch kultivierbar. Ihre genetische und funktionelle Diversität übertrifft jede Vorstellungskraft. Erst die Entwicklung neuer molekularbiologischer Analysemethoden während der letzten 20 Jahre hat der Erforschung dieser unbekannten mikrobiologischen Vielfalt den Weg eröffnet. Die Mikrobiologie von Böden steht noch am Anfang ihrer Entwicklung. Noch ist die große genetische Diversität von Böden als Reservoir für biotechnologische Produkte in der Medizin, Pharmazie, Agrarwirtschaft und Ernährungsindustrie nicht erschlossen worden, doch dürfte die Zeit nicht mehr weit sein. Das Leben in Böden ist die treibende Kraft sämtlicher stofflicher Umsetzungen und biochemischer Prozesse und ist in fast jeder Hinsicht omnipotent. Wer daran zweifelt und Böden auf deren Chemie reduziert, sollte seine Experimente einmal mit sterilen Böden wiederholen.

Interdisziplinäre Wissenschaften leiden in Forschung und Lehre vielfach darunter, dass sie als eigenständiges Fachgebiet kein eindeutiges Zuhause besitzen. Im Falle der Bodenmikrobiologie kommt hinzu, dass die allgemeine Mikrobiologie in der Biologie beheimatet ist, während die Bodenkunde seit jeher ein wesentlicher Bestandteil der Agrar- und Forstwissenschaften ist. Diese klassische Aufteilung hat die Entwicklung der Bodenmikrobiologie im letzten Jahrhundert zweifelsfrei gehemmt, weil sich Bodenkunde ebenso wie Mikrobiologie weitgehend unabhängig voneinander entfaltet haben. Eine unglückliche Entwicklung, der erst in den letzten Jahrzehnten durch die vielschichtigen bodenökologischen Forschungen in Deutschland bewusst entgegengewirkt wird. Zudem sollte bedacht werden, dass mit dem zunehmenden Umweltbewusstsein auch der Schutz und die Pflege unserer Böden und Gewässer weiter in den Vordergrund gerückt ist. Immer deutlicher zeigt sich, dass Böden und Gewässer entscheidende Funktionen im Kreislauf der Stoffe übernehmen, die es zu schützen und zu erforschen gilt. Bodenschutz ist wie Naturschutz vor allem Schutz der Lebensräume und ihrer Organismen. Nur so können auch die verschiedenen Bodenfunktionen erhalten werden. Dazu sind allerdings grundlegende Kenntnisse der Mikrobiologie und Fauna von Böden unabdingbar.

Das vorliegende Lehrbuch wendet sich an Lernende und Lehrende der Agrar- und Forstwissenschaften, Agrarbiologie, Biologie, Geoökologie und Umweltwissenschaften. Es basiert auf Lehrveranstaltungen, mit denen der Autor einst als Dozent im Fachbereich (FB) Biologie an der TH Darmstadt mit einer einstündigen Vorlesung begonnen, später als Hochschullehrer an der Fakultät für Agrarwissenschaften und Landschaftsökologie der Universität Stuttgart-Hohenheim und im FB Agrarwissenschaften, Ökotrophologie und Umweltsicherung an der Universität Gießen mit verschiedenen Veranstaltungen in mehreren Studienrichtungen bis zur Emeritierung im Jahre 2000 beigetragen hat. Ehemalige Studenten werden die Inhalte zweifelsfrei noch erkennen können. Selbstverständlich wurde der Stoff vollständig aktualisiert.

Reiskirchen, im April 2010 Prof. em. Dr. J. C. G. Ottow

Inhalt

Böden als Lebensräume 1

„On any possible, reasonable or fair criterion, bacteria are – and always have been – the dominant forms of life on Earth.“

S. J. Gould (1941–2002)
(Paläontologe und Evolutionsbiologe)

Inhaltsverzeichnis

1.1 Faktoren der Besiedlungsdichte des Edaphons

Böden sind die lebenswichtigsten Organe der Erde. Sie übernehmen in unserer Gesellschaft sehr verschiedene Funktionen (Tabelle 1.1). In allen Funktionen sind Böden zunächst **Lebensräume** für Pflanzenwurzeln, zahlreiche Mikroorganismen, verschiedene Vertreter der Mikrofauna und für ein sehr breites Spektrum an Tieren (Boden- oder Pedofauna). Prokaryotische Mikroorganismen gliedern sich in Bakterien und Archaeen (Box 1.1). Zu der Gruppe der eukaryotischen Mikroorganismen zählen weiter Algen (Chlorophyceen und Diatomeen), *Fungi* (Echte Pilze), Schleimpilze (Myxomyceten), pilzähnliche Mikroorganismen (Oomyceten) und Flechten (Lichenen), während die Mikrofauna die heterogene Gruppe der Protozoen (einzellige Urtiere) und die kleinsten Arten unter den Nematoden (Fadenwürmer, *Nematoda*) und Rädertierchen (*Rotatoria*) umfasst. Die Gesamtheit an Lebensgemeinschaften

Tabelle 1.1 Resümee der Funktionen von Böden in unseren Landschaften (Ottow 1990)

- Böden als Produktionsstandorte für Nahrungsmittel und pflanzliche Rohstoffe (Bodenfruchtbarkeit)
- Böden als Ort der (Re-)Mineralisierung und Selbstreinigung (Abbau von organischen Fremdstoffen), Hygienisierung (Verdrängung und Abtötung von Fremdkeimen) sowie als belebte Filter- und Pufferkörper für potenzielle Schadstoffe (Bodenschutz = Schutz von Lebensräumen und Bodenfunktionen)
- Böden als Körper der Speicherung und Neubildung von Grundwasser (Trinkwasser)
- Böden als Elemente der Natur- und Erholungslandschaft (Schutz von Lebensräumen und Rekreationsfunktionen)
- Böden als Objekte der Überbauung (Urbanisierung) und Infrastrukturierung (in Deutschland zusammen etwa 13% der Gesamtfläche)
- Böden als Archive der Kulturgeschichte (Archäologie)

⇒ Fazit: Die Funktionen 1 bis 4 beruhen im Wesentlichen auf einem breiten funktionsfähigen Edaphon

J.C.G. Ottow, *Mikrobiologie von Böden*,
DOI: 10.1007/978-3-642-00824-5_1, © Springer-Verlag Berlin Heidelberg 2011

Box 1.1 ***Bacteria, Archaea* und *Eukaryota* sind selbständige Domänen**

„The term „prokaryotes" represents a paraphyletic grouping consisting of the Bacteria and the Archaea, the latter of which are certainly more closely related to, and possibly ancestral to, Eukaryotes."

(Ochman 2009).

Seit etwa 3,8 Milliarden Jahren hat sich das Leben durch die biologische Evolution aus einer gemeinsamen Urzelle differenziert. Zu den genetischen Markern der Evolution gehört die ribosomale RNA (rRNA), welche in der Zelle eine Schlüsselposition bei der Umsetzung der in der DNA gespeicherten Information einnimmt. Die Analyse der rRNA, vorrangig der Struktur-RNA der kleinen Untereinheit des Ribosoms (16S- bzw. 18S-rRNA), hat seit der Initiative von **C. R. Woese** und Mitarbeitern (Illinois, USA; etwa ab 1974) inzwischen zu radikalen Veränderungen in der Sichtweise der Verwandtschaft bzw. Entwicklung des Lebens geführt. Heute werden alle Lebewesen auf der Erde in drei **selbständige** Domänen (*Superkingdoms*) eingruppiert: *Bacteria*, *Archaea* und *Eukaryota* (Eukaryoten). Aus der Urform des Lebens haben sich frühzeitig die *Bacteria* (früher *Eubacteria* genannt) zu einer eigenständigen phylogenetischen Domäne abgezweigt. Später haben sich dann aus dem Urstamm die Domänen der *Archaea* (früher *Archaeabacteria*, seit 1990 ein eigenständiges *Superkingdom*) und der *Eukaryota* abgetrennt. Dieses Bild des molekularen Baums des Lebens ist keine Hypothese, sondern ein phylogenetisch fundiertes und anerkanntes Modell, das neben der rRNA durch weitere phylogenetische Marker gestützt wird. Die Aufspaltung der Lebensformen in drei eigenständige primäre Domänen bedeutet, dass sie nicht voneinander abstammen (keine lineare Sukzession). Die rRNA-Gene haben sich als sehr konserviert (beständig) bestätigt und wurden in der Evolution offenbar weitgehend vom **horizontalen Gentransfer** (Kap. 5) verschont. Dies lässt sie für phylogenetische Unterschiede zur Demarkation von Taxa besonders geeignet erscheinen. Nach diesem Modell sind die *Archaea* und die *Eukaryota* näher miteinander verwandt als jede dieser Domäne mit der Domäne der *Bacteria*. Infolgedessen ist auch der Begriff der **Prokaryoten** (gr. *protos* = erster, frühester; *karyotos* = mit einem Kern versehen) hinfällig geworden. Denn Prokaryoten (mit Procyte) besitzen ein Nucleoid ohne Kernmembran, die als Vorläufer der Eukaryoten (Eucyte mit Nucleus umgeben von einer Kernhülle) verstanden wurden. Dies trifft nach heutigen phylogenetischen Vorstellungen nicht mehr zu. Auch die Bezeichnung *Archaea* (gr. *arche* = Anfang, ursprünglich) ist heute irreführend, da diese Domäne nicht am Anfang der Entwicklungen stand. Mehrere biochemische Übereinstimmungen können dieses **Dreier-Modell** und die engere Verwandtschaft zwischen den *Archaea* und *Eukaryota* unterstützen. Obwohl *Archaea* und *Bacteria* über 70S-Ribosomen als Orte der Proteinsynthese (Translation) verfügen, ähnelt die Eiweißsynthese der *Archaea* stärker der von Eukaryoten (mit 80S-Ribosomen). So wird jede Proteinsynthese bei *Archaea* und *Eukaryota* mit der Aminosäure Methionin begonnen, bei *Bacteria* aber mit *N*-Formylmethionin. Das Cytoskelett der *Archaea* und *Eukaryota* besteht aus tubulinähnlichen Proteinen bzw. aus Tubulin und Aktin, bei *Bacteria* jedoch aus FtsZ-Protein. *Archaea* und *Eukaryota* besitzen komplexe RNA-Polymerasen, *Bacteria* hingegen nur eine einzige einfache RNA-Polymerase. Weiter umhüllen *Bacteria* ihr Nucleoid mit verschiedenen basischen Proteinen, während *Archaea* und *Eucaryota* dazu stets charakteristische Histone verwenden. Zudem verwenden *Archaea* als Zellwand Pseudopeptidoglykan und Glykoproteine, *Bacteria* hingegen einen Peptidoglykan-Sacculus mit Muraminsäure. Cytoplasma-Membranen bestehen bei *Archaea* aus Etherlipiden, bei *Bacteria* aber aus Esterlipiden und Hopanoiden.

In diesem Buch werden aus praktischen Gründen die *Archaea* („Archaeen") und *Bacteria* („Bakterien") noch als **Prokaryoten** zusammengefasst und den bodenbewohnenden **eukaryotischen Mikroorganismen** (Echte Pilze, pilzähnliche Oomyceten, Myxomyceten, Protozoen und die kleinsten Nematoden) gegenübergestellt. Nur bei taxonomischen Betrachtungen wird klar zwischen *Archaea* und *Bacteria* getrennt (Woese 2004; Pace 2008).

von Mikroorganismen und Tieren in Böden wird nach **R. H. Francé** (1874–1943) als **Edaphon** (gr. *edaphos* = Erdboden) bezeichnet. Damit wird zum Ausdruck gebracht, dass die Bodenorganismen nicht nur mit ihrem Lebensraum, dem Boden, in intensiver Wechselwirkung stehen, sondern auch mit den abiotischen Komponenten im Biotop eine bodenspezifische Einheit bilden. Böden sind offene, dynamische Produkte der Wechselwirkungen zwischen den abiotischen mineralischen Komponenten, den Pflanzenwurzeln, den postmortalen organischen Substanzen (POS) der Primärproduktion und den mechanisch-biochemischen

Tabelle 1.2 Klassifizierung des Edaphons aufgrund der Körpergröße

Gruppen	Körperdurchmesser	Organismengruppen
Mikroorganismen	< 10 µm	*Archaea*, *Bacteria* (einschließlich Cyanobakterien), Echte Pilze (*Fungi*), Schleimpilze (*Myxomycota*), Flagellatenpilze (*Chytridiomycota*), kleine Algen (Chlorophyceen, Kieselalgen)
Mikrofauna	5–200 µm (0,2 mm)	Protozoen (Rhizopoden, Flagellaten, Ciliaten), insbesondere Wurzelfüßer (*Rhizopoda*) wie die Nacktamöben (*Amoebina*) und Schalenamöben (*Testacea*); einige sehr kleine Arten von vielzelligen Rädertierchen (*Rotatoria*) und Nematoden (Fadenwürmer, *Nematoda*)
Mesofauna	0,2–2,0 mm	Rädertierchen, Bärtierchen (*Tardigrada*), Nematoden, Milben (*Acari*, insbesondere Oribatiden = Räuber; *Arachnida*), Collembolen (Springschwänze, *Apterichota*, Insekten), Spinnentiere (*Arachnida*)
Makrofauna	2–20 mm	Enchytraeiden (Ringelwürmer, *Annelida*), Schnecken (*Gastropoda*), Asseln (*Isopoda*, *Crustacea*), Insekten (*Hexapoda*, insbesondere Larven von Dipteren und Coleopteren; Ameisen, Termiten), Tausendfüßer (*Myriapoda*) vor allem Doppelfüßer (*Diplopoda*) und Hundertfüßer (*Chilopoda*), Spinnen (*Aranea*, *Arachnida*)
Megafauna	> 20 mm	Regenwürmer (*Oligochaeta*, *Lumbricidae*) mit Längen zwischen 2–60 cm, darunter Arten von *Lumbricus*, *Allolophobora*, *Eisenia*, *Dendrobaena* und *Octolasium spp.*; *Megascolides autralis* wird bis zu 3 m lang; Feldmaus, Wühlmaus, Maulwurf, Kaninchen, Hamster, Ziesel, Präriehunde etc. (*Vertebrata*)

Aktivitäten (Zerkleinerung, Stoffwechselprozesse) seiner zahllosen Bewohner. Durch chemisch-physikalische Prozesse kommt es im Laufe der Bodenbildung (Pedogenese; gr. *pedon* = Boden) zur Verwitterung und Vergrusung des Ausgangsgesteins, aber erst die vielschichtigen biochemischen Aktivitäten des Bodenlebens und der Pflanzenwurzeln lassen Böden mit räumlichen Strukturen, ökologischen Nischen und charakteristischen Merkmalen von Lebensräumen entstehen. Die wesentlichen Prozesse der Bodenbildung sind biochemischen Ursprungs (Ottow, 1990).

Aus praktischen Gründen wird das Edaphon aufgrund der Körpergröße (im Wesentlichen des Durchmessers) der Organismen eingeteilt (Tabelle 1.2; Abb. 1.1), wobei die Grenzen nicht starr sind. Jeder Boden kann als ein Vier-Phasen-System (Abb. 1.2) betrachtet werden. Qualität und Quantität dieser Phasen und ihrer Wechselwirkungen bestimmen die Eignung von Böden als Lebensräume für das Edaphon, als Pflanzenstandorte und als Körper der Selbstreinigung (Mineralisation der zugeführten organischen Substanzen), Filterung (mechanisches Zurückhalten von partikulären Substanzen und Fremdkeimen über das Porensystem) und Pufferung (Fällung und Sorption von Schwermetallen und organischen Fremdstoffen). Je nach den chemisch-physikalischen Bodeneigenschaften (Gehalt und Art an Humus und anderen im Ab- und Umbau befindlichen organischen Substanzen, Textur, Struktur, Kationen-Austausch-Kapazität (KAK), Nährstoffversorgung, Kalkgehalt (pH-Wert), Porenvolumen (Größe, Verteilung und Kontinuität der Poren) und Bodenbedingungen (Dynamik von Wasser und Temperatur, Konzentrationen an O_2 und CO_2, Redoxpotential E_h) sind Böden sehr unterschiedlich als Lebensraum für das Edaphon geeignet, und infolgedessen kann die Besiedlungsdichte (Tabelle 1.3) von Bodenmikroorganismen und -fauna sehr stark schwanken (Ottow 1990). Die Diversität (Mannigfaltigkeit, Vielfalt der Gattungen und Arten) und Abundanz (Häufigkeit) der einzelnen Organismengruppen sind folglich sehr verschieden. Unterschiede bestehen sowohl bei einem Vergleich der gleichen Organismengruppe in verschiedenen Böden als auch im gleichen Boden bei einem Vergleich der Individuenzahlen unterschiedlicher taxonomischer Einheiten. Im Allgemeinen gilt, je größer die Vertreter einer Gruppe sind, desto geringer ist die zu erwartende Abundanz. Jede Organismengruppe hat nicht nur ihre spezifischen Funktionen im Boden, sondern ist zu einem unentbehrlichen Glied in komplexen Nahrungsketten und -netzen mit intensiven Wechselwirkungen geworden (Glathe und Glathe 1966; Wolters 1991; Gobat *et al.* 1998; Sylvia *et al.* 1998; Killham u. Prosser 2007; van Elsas *et al.* 2007; Madsen 2008). Insgesamt bildet das Leben in Böden

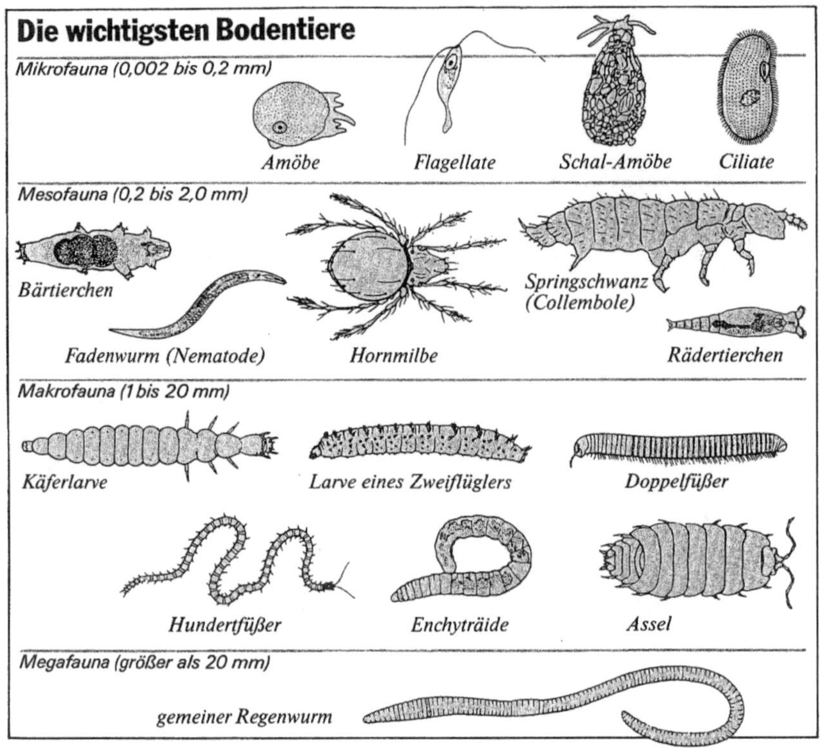

Abb. 1.1 Übersicht der wichtigsten Bodentiere (Pedofauna) geordnet nach Größenklassen (Ottow 1990)

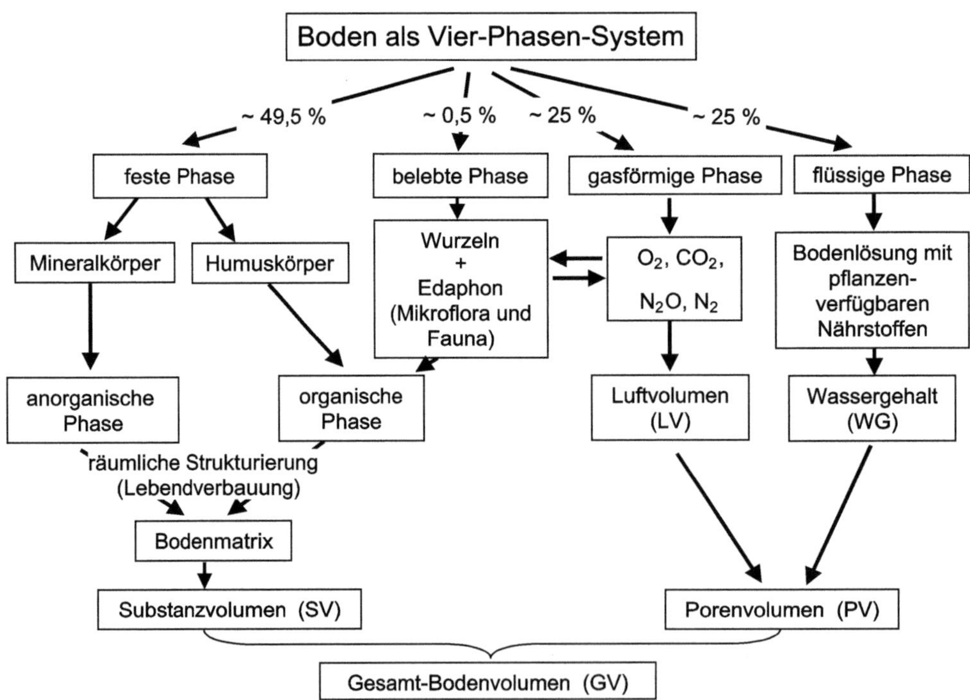

Abb. 1.2 Böden als Vier-Phasen-System. Die Qualität und Quantität dieser Phasen und ihre Wechselwirkungen bestimmen die Eignung von Böden als Lebensräume für das Edaphon, als Pflanzenstandorte und als Körper der Mineralisierung, Selbstreinigung, Filterung und Pufferung (Ottow 1990)

Tabelle 1.3 Besiedlungsdichte und Vielfalt an Mikroorganismen (Archaeen, Bakterien, Echte Pilze, Algen und Protozoen) sowie Tieren im Oberboden (in 0 bis 20 cm Tiefe) in Abhängigkeit von der Nutzung (nach verschiedenen Quellen)

Edaphon	Acker	Grünland
Mikrobielle Biomasse (insgesamt)		
• C_{mic} (kg C x ha^{-1} x 20 cm^{-1})	400–1200	1000–3000
• N_{mic} (kg N x ha^{-1} x 20 cm^{-1})	70–240	180–600
Abundanz (Mikroorganismen Gramm TB^{-1})		
• Gesamtprokaryoten (mikroskopische Zählung)	10^{10}–10^{11}	10^{11}–10^{12}
• kultivierbar (KBE auf Agarmedien)		
Bakterien (aerob)	10^{7}–10^{8}	10^{8}–10^{9}
Bakterien (anaerob)	10^{2}–10^{3}	10^{3}–10^{4}
Streptomyceten (pseudomycelbildende Bakterien)	10^{4}–10^{7}	10^{5}–10^{8}
Pilze (Sporen und Hyphenfragmente)	10^{3}–10^{5}	10^{5}–10^{6}
Algen (in den oberen mm bis cm)	10^{3}–10^{6}	10^{3}–10^{5}
• Protozoen	10^{3}–10^{6}	10^{4}–10^{7}
Tiere (Abundanz m^{-2} Oberboden)		
• Rädertiere (*Rotatoria, Bdelloidea*)	~ 10^{4}	~ 10^{5}
• Bärtierchen (*Tardigrada*)	~ 10^{3}	~10^{4}
• Nematoden (Mikro- und Mesofauna)	10^{6}–10^{7}	~ 10^{7}
Hornmilben (räuberische Oribatiden, K-Strategen)	10^{2}–10^{4}	10^{4}–10^{6}
• Enchytraeiden (Ringelwürmer)	10^{3}–10^{5}	10^{4}–10^{5}
• Springschwänze (*Collembola*, r-Strategen)	10^{2}–10^{3}	10^{4}–10^{5}
• Insektenlarven (Lepidopteren, Dipteren, Haarmücken, Schnaken, Schnell- und Holzkäfer etc.)	10^{2}–10^{3}	10^{3}–10^{4}
• Myriapoden (Doppel- und Hundertfüßer)	10–50	100–300
• Asseln (Isopoden)[1)]	0	100–200
• Regenwürmer (Lumbriciden)[2)]	5–100	20–300
• Schnecken (Gastropoden)	0	~ 10
• Ameisen (Hymenopteren; ca. 190 Arten allein in Westeuropa)	wenige Nester am Feldrand	zahlreiche Nester und Gänge

1) mit höchsten Besiedlungsdichten in feuchten Wäldern; Ackerböden bieten den Landasseln durch Bodenbearbeitung keine Unterschlupfmöglichkeiten

2) bodenbewohnende (endogäische) Arten (*Allolobophora spp.*, *Octolasium spp.*) und tiefgrabende (anecische) Arten (*Lumbricus terrestris*, *L. badensis*, *Nicodrilus nocturnus*) kommen in Ackerböden, streubewohnende (epigäische) Arten (*Lumbricus rubellus*, *L. badensis*, *L. castaneus*, *Dendrobaena rubida*, *Eisenia eiseni*) hautsächlich im Wald vor. Regenwürmer bilden durch Beiseitedrücken des Bodenmaterials Gänge, kleiden diese mit Losungen aus (Tapeten, **Drillosphäre**) und ziehen ausgewählte POS zur Besiedlung mit Prokaryoten, Pilzen und Protozoen zwecks Vorverdauung und späterer Ernährung in feuchte Vorratskammern ein (Graff 1983)

ein dynamisches **Fließgleichgewicht** (*steady state*), das gegenüber biotischen und abiotischen Einflüssen eine beachtliche Pufferwirkung zeigt und infolgedessen relativ stabil ist. Stabilität und Pufferwirkung manifestieren sich stets dadurch, dass die Einführung von standortfremden Mikroorganismen, wie gentechnisch veränderte Organismen (GVO; p Kap. 5), von Starterkulturen, effizienten potenziell N_2-bindenden Prokaryoten (Kap. 13) und Impfkulturen unterschiedlicher Art und Funktion meist fehlschlägt, wenn die vorhandenen Mikroorganismen nicht vorher mindestens teilinaktiviert wurden, um ökologische Nischen freizugeben. Die biologische Pufferwirkung wird auch daran erkannt, dass Veränderungen im momentanen Gleichgewicht von Organismen durch Eingriffe von außen durch Selbstregulierungen cyclischer Natur relativ schnell und vollständig ausgeglichen werden. Böden haben deshalb ein sehr hohes Regenerationsvermögen, weil die meisten Funktionen und Stoffwechselleistungen durch die gewaltige Organismenvielfalt und -abundanz in zahlreichen Wiederholungen vertreten sind (**multiple Funktionalität** oder **Redundanz**). Entscheidendes Regulativ für die Abundanz und Diversität an Mikroorganismen und Tieren in Böden ist zunächst die Versorgung (Quantität und Qualität) mit organischen Substanzen (Nahrungsgrundlage), wie sie über die Primärproduktion (Pflanzen, Algen, Kieselalgen, Cyanobakterien, photosynthesetreibende *Bac-*

teria, Flechten) als postmortale organische Substanzen (POS; Bestandsabfall, Streu, Ernte- und Wurzelreste, Kompost, abgestorbene Biomasse etc.) auf und in den Boden gelangen und als Wurzelexsudate (Wurzelmetabolite) direkt in den durchwurzelten Bodenraum abgegeben werden. Die POS auf der Bodenoberfläche gelangt im Wesentlichen durch **Bioturbation** in den oberen Bodenbereich (Person 2005). Unter Bioturbation (lat. *turbatio* = Verwirrung, vermischen) wird das Vermischen der POS mit dem Bodenkörper als Folge tierischer Aktivitäten – bohren, graben, wühlen und schaufeln –verstanden. Diese Aktivitäten sind meist mit einer Zerkleinerung und folglich mit einer wesentlichen Oberflächenvergrößerung der POS durch Beißtätigkeiten der Tiere verbunden. Durch intensives Vermischen der zerkleinerten POS mit den Bodenpartikeln werden Kontaktflächen intensiviert, was zu einer beschleunigten Mineralisierung und Nährstofffreisetzung durch eine verstärkte Besiedlung mit Prokaryoten, Pilzen und Protozoen führt. Es ist diese mikrobielle Biomasse (MB), die bevorzugt als Nahrungsgrundlage für die Bodenfauna (einschließlich Regenwürmer) dient. Im Ackerbau erfolgt das Durchmischen von POS mit den Bodenkomponenten durch menschliche Aktivitäten (schälen, eggen, grubbern, pflügen, fräsen, Saatbettvorbereitung). Die mikrobielle Mineralisierung und Nährstofffreisetzung ist Grundvoraussetzung für eine erhöhte pflanzliche Produktion als Folge des verbesserten Angebots an mineralischen Nährstoffen. Die Einarbeitung der POS ist meist ungleichmäßig und auf den Oberboden begrenzt und führt im Laufe der Zeit zur Bildung von A_h- und A_p-Horizonten. Die Zufuhr an organischer Substanz steht mit der Dichte und Diversität der MB (Prokaryoten, Echte Pilze, Protozoen, Nematoden) und der größeren Bodentiere, in einem engen kausalen, aber stets standortspezifischen Zusammenhang: Je höher, qualitativ besser (durch ein relativ enges C/N-Verhältnis und einen relativ hohen Nährstoffgehalt) und regelmäßiger die Zufuhr an organischer Substanz in den Boden ist, desto größer ist die Abundanz und die Diversität der Organismen und umso komplexer sind die Nahrungsketten und -netze.

In Böden ist der Gewichtsanteil des lebendigen Edaphons im Vergleich zur POS allerdings stets relativ gering. Im gemäßigten Klima umfasst das Edaphon in einem permanenten Grünland etwa 5%, die Pflanzenwurzeln nicht mehr als ca. 10% der gesamten organischen Substanz im Boden. Diese Größenordnungen schwanken allerdings je nach Qualität der zugeführten organischen Substanz und Standorteigenschaften sehr. In der Regel erreicht das gesamte Edaphon selten mehr als ~ 5% des Gewichtes eines Oberbodens (< 25 cm). Gemessen an der hohen Dichte und großen Diversität von Organismen sind Böden zweifelsfrei Lebensräume *par exellence*. Global gibt es **in** unseren Böden eine weitaus höhere Diversität und Abundanz an Organismen als auf der Erdoberfläche. Böden besitzen infolgedessen global die größte genetische Diversität (Kap. 4), doch ist das Ausmaß dieser Diversität noch weitgehend eine *black box*.

Welche **abiotischen** Faktoren bestimmen die Vielfalt und Abundanz des Edaphons? Entscheidende Einflüsse auf die quantitative und qualitative Besiedlung von Böden mit Mikroorganismen und Tieren haben vor allem

- Klima (Niederschlagsmenge und -verteilung sowie Temperaturdynamik)
- pH-Wert
- Sauerstoffversorgung (pO_2) und
- Bodenausgangsmaterial und Textur (Mineralkörper)

Die Faktoren Feuchtigkeit und Temperatur sowie ihre Dynamik sind klimabedingt und bestimmen über die Photosynthese die Intensität der Primärproduktion in den terrestrischen Ökosystemen und damit die Grundlagen für die Nahrungsketten und -netze des Edaphons in Böden (Torsvik u. Ovreas 2008). Art und Menge der **organischen Bodensubstanzen** (OBS) sind nicht nur Ausgangspunkt der Flüsse an Substraten und Energie für die chemoorganotrophen (heterotrophen) Lebensgemeinschaften von Mikroorganismen (Saprophyten, Reduzenten oder auch Destruenten genannt) und Bodentieren (überwiegend Konsumenten der *Bacteria*, *Archaea*, Mikrofauna sowie Predatoren), sondern auch für die meisten chemolithoautotrophen Organismen (beispielsweise Nitrifikanten oder Fe(II)- und S-oxidierende Bakterien), weil die Bildung und Freisetzung von Ammonium (NH_4^+), Fe(II)- und S-Ionen im Wesentlichen von der Aktivität heterotropher ammonifizierender bzw. Fe(III)- und sulfatreduzierender Mikroorganismen abhängt. Auch die obligat anaeroben Mikroorganismen und ihre spezifischen Prozesse hängen bezüglich der Ausgangssubstrate und der O_2-freien Bedingungen (im Mikrobereich) direkt oder indirekt von den aeroben Mineralisationsprozessen (mit intensiver O_2-Zehrung) der POS ab. Die organische Substanz in Böden ist somit direkt und indirekt das entscheidende **Regulativ** für die mikrobiellen Lebensgemeinschaften und für die anschließenden Nahrungsketten und -netze in Böden. Die Faktoren Wasser und Temperatur bestimmen nicht nur die Primärproduktion auf dem Standort, sondern auch die mikrobiellen Aktivitäten in den Böden. Für das Bodenleben kommt dem Faktor Wasser (Menge und Verteilung) die größere Bedeutung zu, weil ohne Wasser kein Stoffwechsel möglich ist. Zahlreiche Boden-Mikroorganismen können in einem weiten Temperaturbereich (etwa zwischen 1–55° C) aktiv sein (Abb. 1.3), wenn ausreichend Feuchtigkeit zur Verfügung steht. Wasser dient dem Edaphon nicht nur als Baustoff, sondern auch als Medium für die intrazellulären Stoffumsetzungen und als Transportmittel für die extrazellulären Enzymaktivitäten sowie für die Mobilität und Aufnahme von Metaboliten und Nährsalzen (Kap. 17). Im Allgemeinen liegen die Temperaturgrenzen für mikrobielle Aktivitäten zwischen –40 ° und +130 °C. Bei Temperaturen unter 0 °C sind noch mikrobielle Aktivitäten in Wasserfilmen um Bodenkolloide und in hygroskopischem Wasser möglich (Torsvik u. Ovreas 2008).

Nach den Faktoren Feuchtigkeit und Temperatur haben der pH-Wert und die Versorgung mit Sauerstoff (pO_2) einen signifikanten Einfluss auf die Dichte, Diversität und Aktivität von Mikroorganismen in Böden. Im neutralen pH-Bereich besitzen die meisten Prokaryoten und Pilze ihr Stoffwechseloptimum, obwohl viele Echte Pilze mit ihrem Optimum mehr zum Sauren hin tendieren. Im Gegensatz zur gängigen Meinung sind Pilze nicht acidophil, sondern allenfalls deutlich säuretoleranter als die Mehrzahl an Prokaryoten (Abb. 1.4). Dafür wachsen Pilze im pH-Optimum deutlich langsamer als die meisten *Bacteria*. Die Wasserstoffionen-Aktivität (H^+ bzw. H_3O^+) ist einer der wichtigsten Regulatoren des mikrobiellen Wachstums, weil mit zunehmender Bodenversauerung die Dissoziation der Metaboliten im Stoffwechsel zurückgedrängt wird, was zur Hemmung des Stoffwechsels und der Energiegewinnung (ATP-Synthese) führt. Es kommt infolgedessen zu einer Verzögerung des Wachstums. In sauren Böden (besonders ab pH < 4 bis 5) werden die Mineralisationsprozesse signifikant verlangsamt, und es kann zum unvollständigen Abbau und zur Akkumulation von teilzersetzten Pflanzenresten kommen (z. B. in Podsolen, Moorböden). In den verschiedensten Wald- und Grünlandstandorten ist die mikrobielle Biomasse samt ihrer Diversität nicht nur hochsignifikant korreliert mit dem Gesamtkohlenstoffgehalt (C_t), sondern stets auch mit dem pH-Wert. Je niedriger der pH-Wert ist, desto stärker nehmen die mikrobielle Biomasse und Diversität ab (Foster, 1988; Fierer u. Jackson 2006).

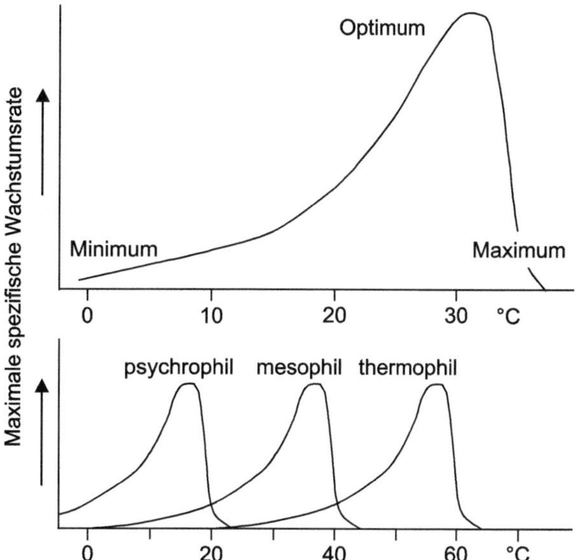

Abb. 1.3 Verlauf der allgemeinen Wachstumskurve von Mikroorganismen in Abhängigkeit von der Temperatur. Während mesophile Mikroorganismen ein Temperaturoptimum von etwa 30 °C haben, liegt dieses Optimum für psychrophile Organismen (gr. *psychros* = kalt; *philia* = liebend) bei etwa 15 °C (von –10 bis ~ 20 °C) und für hyperthermophile Organismen (in Dampf durchströmten Böden, heißen Schlammtöpfen, untermeerischen Fumarolen) wird das Optimum erst ab 80 °C erreicht

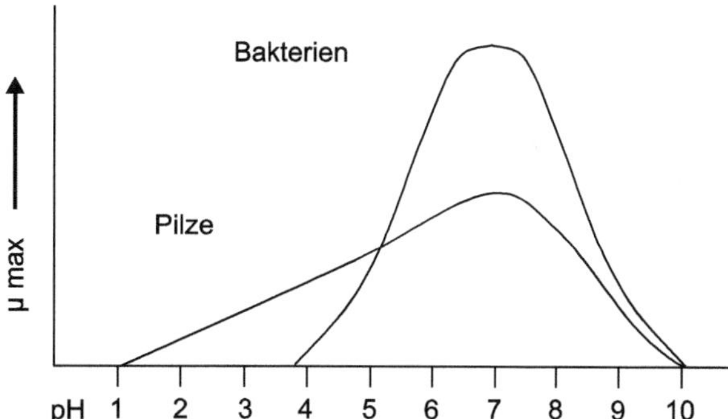

Abb. 1.4 Das pH-Optimum des Wachstums von Bakterien und Echten Pilzen liegt bei etwa pH 7. Viele Pilze sind säuretoleranter als Bakterien, doch gibt es sowohl bei Bakterien (z.B. *Sulfolobus, Thiobacillus* und *Thermoplasma spp.*) als auch bei bestimmten Pilzstämmen (z.B. von *Aspergillus niger*) acidophile (lat *acidus* = sauer) Arten bzw. Stämme mit pH-Optima zwischen pH 2 bis 3

Des Weiteren gehört die **Sauerstoffversorgung** zu den wichtigsten abiotischen Bedingungen, die Besiedlungsdichte und Aktivität der mikrobiellen Biomasse

	Reaktionen mit O_2 als Co-Substrat	Enzyme
1)	$NH_3 + O_2 + 2\,[H] \longrightarrow NH_2OH + H_2O$	Ammonium-Monooxygenase
4)	$CH_4 + O_2 + NADH \longrightarrow CH_3-OH + NAD^+ + H_2O$	Methan-Monooxygenase
2)	$R-H + O_2 + NADH \longrightarrow R-OH + NAD^+ + H_2O$	Alkan-Monooxygenase
3)	Phenol (OH) $+ O_2 + NADH \longrightarrow$ Brenzkatechin (OH, OH) $+ H_2O$	Phenol-Monooxygenase (-Hydroxylase)
4)	Brenzkatechin (OH, OH) $+ O_2 \longrightarrow$ *cis,cis*-Muconat (OH, C=O, C=O, OH)	Brenzkatechin-1,2-Dioxygenase

Abb. 1.5 Übersicht einiger wichtiger O_2-einbauender Enzyme (Mono- und Dioxygenasen) sehr verschiedener Organismengruppen und Stoffwechselwege in Böden

bestimmen. O_2 ist für heterotrophe und chemolithotrophe Mikroorganismen nicht nur der bevorzugte Elektronen-Akzeptor (= Wasserstoff-Akzeptor; Kap. 3) im Zuge der respiratorischen Energiegewinnung (mit maximaler ATP-Bildung unter den gegebenen Bedingungen), sondern dient zahlreichen Bakterien und Pilzen als Co-Substrat für die verschiedenen O_2-einbauenden Enzyme (Oxygenasen, Abb. 1.5). Fehlt die Zufuhr molekularen Sauerstoffes als Folge von Wassersättigung (Moore, Sümpfe), periodischen Überstauungen (Deltagebiete, Auenböden, Nassreisböden) oder von längerer Durchfeuchtung in Senken von Landschaften mit schweren tonreichen Böden (und überwiegend Feinporen), so stagniert der Abbau von Pflanzenresten (was zum Anstieg im C_{org}-Gehalt führt) – besonders bei gehemmter Aktivität durch niedrige pH-Werte. Es kommt zu Konservierungsprozessen (Anmoorbildung, Vermoorungen), weil relativ persistente Pflanzenbausteine (apolare langkettige aliphatische C-Verbindungen, Ligninreste, sekundäre aromatische Metabolite etc.) bei Mangel an O_2 und an Oxygenasen-Aktivität nicht oder nur teilweise mikrobiell abgebaut werden können (Kap. 3). Solche Standorte besitzen zwar einen relativ hohen Gehalt an POS, die mikrobielle Biomasse und ihre Aktivitäten sind jedoch relativ gering. Sobald durchfeuchtete Standorte entwässert werden, führt O_2-Zufuhr zu einer raschen Vermehrung der mikrobiellen Stoffwechselaktivität durch Einsatz von Oxygenasen und infolgedessen zu einer vollständigen Mineralisation der konservierten relativ-persistenten Pflanzenreste („Humuszehrung"; Kap. 3 und 11).

Nicht zuletzt spielt das Ausgangsmaterial und die Struktur der anorganischen Bodenpartikel (Größe, Beschaffenheit, und Anordnung) eine wichtige Rolle für Abundanz und Diversität der Mikroorganismen (Ulrich u. Becker 2006; Voroney 2007). Sie stellt Oberflächen für die Besiedlung bereit (Biofilme) und schafft eine Kompartimentierung des Bodens, die auf engstem Raum die unterschiedlichsten abiotischen Bedingungen und Nischen ermöglicht. Anorganische Bodenkolloide (vor allem die negativgeladenen Tonteilchen) werden von mehrwertigen Kationen (Ca, Mg, Fe, etc.) brückenartig mit Huminstoffen zu relativ rekalzitranten (widerstandsfähig gegen Abbau) organo-mineralischen Verbindungen (Ton-Humuskomplexen) verbunden, was den Abbau der organischen Kolloide wesentlich verzögert (Kap. 11).

Aus dem oben dargestellten Sachverhalt wird deutlich, dass Mikroorganismen in Böden überall dort in hohen Dichten, Diversitäten und Aktivitäten verbreitet sind, wo (a) organische Substanz als Ausgangssubstrat immer wieder zur Verfügung steht, (b) eine ausreichende Wasserversorgung gesichert ist, (c) der pH-Wert und die O_2-Zufuhr rasche Stoffwechselprozesse ermöglichen und (d) eine entsprechende Bodenmatrix zur Verfügung steht. Da die Mikroorganismen von Böden in syntrophen Assoziationen (mit gemeinsamer Ernährung) leben, bewirkt die regelmäßige Zufuhr von organischer Substanz unter günstigen Lebensbedingungen nicht nur eine Steigerung in der Abundanz und Diversität der allgemeinen Mikroorganismen (Generalisten), sondern stets auch eine Vermehrung von verschiedenen Spezialisten durch Verwertung von Ausscheidungsprodukten (Metaboliten) in einer zeitlichen **ökophysiologischen Sukzession** unter veränderten ökologischen Bedingungen.

Durch die intensiven Wechselwirkungen der vier entscheidenden abiotischen Faktoren mit den standortspezifischen chemisch-physikalischen Bodeneigenschaften (Mineralstoffzusammensetzung, Textur, Carbonatanteil, pH-Wert etc.) wundert es nicht, dass jeder Bodentyp (im pedogenetischen Sinne) auch über spezifische Mikronischen und folglich auch über eine spezifische Zusammensetzung an Mikroorganismen verfügt (Girvan *et al.* 2003; Fierer u. Jackson 2006; Ulrich u. Becker 2006; Voroney 2007). Diese setzt sich zusammen aus mehreren allgemeinen und relativ weit verbreiteten Hauptkomponenten und aus zahlreichen weitgehend unerforschten spezifischen Lebensgemeinschaften. Bis heute ist die genaue Zusammensetzung der allgemeinen und spezifischen Bodenmikroflora noch weitgehend unbekannt, weil sich die Mehrzahl an Mikroorganismen (*Bacteria*, *Archaea*, Echte Pilze) (noch) nicht isolieren lässt. Durch Anwendung **molekularbiologischer Analysen** von extrahierter DNA und 16S-rRNA-Gensequenzen besteht Aussicht, zumindest teilweise Licht in die *black box* bringen zu können (Kap. 4).

1.2 Porosphäre: bevorzugter Lebensraum von Mikroorganismen

Die überwiegende Mehrzahl an bodenbewohnenden Mikroorganismen gilt als **semi-aquatisch**, weil die extra- und intrazellulären Stoffwechselaktivitäten nur optimal in wassergefüllten Poren (in der Bodenlösung) und in Wasserfilmen auf organischen Partikeln und in Aggregaten ablaufen können. Böden bestehen im Schnitt zu etwa 50% aus Substanzvolumen (SV, Abb. 1.2) und zu ca. 50% aus Porenvolumen (PV; Schwankungsbreite zwischen etwa 35–65%). Das PV hängt primär von der Textur (Körnung) und dem Gehalt an organischer Substanz ab. Im Allgemeinen nimmt das PV mit abnehmender Körnung und zunehmendem Gehalt an OBS („Humus"; Kap. 11) zu. Für die Besiedlung mit Mikroorganismen ist nicht nur das Gesamt-PV, sondern vor allem der Anteil und die Kontinuität von Grob-, Mittel- und Feinporen für den mikrobiellen Lebensraum von großer Bedeutung (Tabelle 1.4), weil Mittelporen (∅ etwa 10–0,2 µm) nicht nur aufgrund der Größe von den meisten Bodenprokaryoten und -pilzen räumlich gut zu besiedeln sind, sondern auch weil Poren dieser Größe das Regenwasser gegen die Schwerkraft festhalten können (Haftwasser). Infolgedessen sind Mittelporen weitgehend (ausgenommen in Trockenzeiten) mit Wasser gefüllt. Die Mehrzahl (> 50%) an Prokaryoten (überwiegend *Bacteria*) in Oberböden ist klein und besitzt einen Durchmesser von 0,25–0,5 µm (die sog. **Ultramikroben**, **Kümmer**- oder **Hungerformen**; oder auch **Nanobakterien** genannt), während die meisten Pilzhyphen etwa 3–6 µm dick sind (Söderström 1970; Baath u. Söderström 1980; Sylvia *et al.* 1998; Klein u. Paschke 2004; Giri *et al.* 2005). Infolgedessen sind Vertreter dieser Gruppen bevorzugt in den Mittelporen angesiedelt. Die Wasserverfügbarkeit nimmt mit abnehmendem Durchmesser der Poren stetig ab und erreicht bei einem Durchmesser von ~ 0,2 µm ein Wasserpotenzial (25 °C) von –15 bar (–1,5 MPa = pF von 4,2). Die meisten (Kultur-)Pflanzen können bei diesem Wasserpotenzial dem Boden kaum noch Wasser entziehen und beginnen zu welken (permanenter Welkepunkt, pWP). Die Mehrzahl an Bakterien zeigt bei Wasserpotenzialen > –1,5 MPa zwar nur noch geringe Aktivitäten, doch können Ultramikroben offenbar noch bei –30 MPa (–300 bar) physiologisch aktiv sein. Weiter können auch viele Pilze noch bei Wasserpotenzialen von –6,0 bis –8,0 MPa wachsen, was bedeutet, dass ein Teil des sogenannten Totwassers in Feinporen (∅ < 0,2 µm) den relativ trockentoleranten (xerotoleranten) Ultramikroben und Pilzen noch zur Verfügung steht. Dies ist für tonhaltige Standorte (besonders in semi-ariden Gebieten) von besonderer Bedeutung. Offenbar sind es Pilze, die in Trockenperioden und in semi-ariden Standorten länger physiologisch aktiv sein können (Whitford 1989; Schimel *et al.* 1999).

Makroporen (∅ > 50 µm) sind selbstdränend und nach jedem Regen weitgehend frei von Wasser. Für den raschen Luftaustausch (CO_2 gegen O_2) und den periodischen Transport von gelösten und partikularen Nährstoffen aus dem Oberboden sind sie jedoch unent-

Tabelle 1.4 Beziehungen zwischen Porengrößen, Wasserspannungen, Besiedlungen und Funktionen in Böden

Bezeichnung	∅ in µm	Wasserspannung (ψ_m)		Besiedlung	Funktionen
		PF[1)]	MPa[2)]		
Grobporen, weit	> 50	> 1,8	> -0,03	Wurzelhaare, Mikro- und Mesofauna	Selbstdränend, Gasaustausch
Grobporen, eng	50–10	1,8–2,5	–0,03 bis –0,16	Wurzelhaare, Amöben, größere Flagellaten, kleine Nematoden und Rotatorien, Pilzhyphen, Prokaryotenkolonien	Wassergefüllt bei Feldkapazität[3)], langsam dränend
Mittelporen	10–0,2	2,5–4,2	–0,16 bis –1,5	bevorzugt von *Bacteria* und *Archaea,* Pilzhyphen, Flagellaten und Amöben	Haftwasser; für Pflanzen und mikrobiell verfügbar
Feinporen	< 0,2	> 4,2	> –1,5[4)]	Ultrabakterien[5)]	Totwasser[6)]

Wasserspannung = Saugspannung (früher auch Saugkraft genannt)

1) pF = Logarithmus (lg) des Wasser- oder Matrixpotenzials (ψ_m) in cm Wassersäule (WS)

2) 0,1 MPa = 100 kPa = 1022 cm WS = 1 bar = 0,987 Atm = pF 3; trockene Böden haben eine Saugspannung von pF 6 bis 7, in wassergesättigten Böden ist $\psi_m = 0$

3) Feldkapazität = Wassergehalt nach Regen; auf Sandböden etwa –0,01 MPa; entspricht etwa der maximalen Wasserkapazität (mWK)

4) Permanenter Welkepunkt (pWP) je nach Pflanzenart zwischen –0,5 und –2,5 MPa

5) Ultrabakterien (∅ ca. 0,25 bis 0,5 µm)

6) für Xerophyten bis –6 MPa und für xerotolerante Pilze und einige Bakterien mit Saugspannungen bis –14 MPa noch verfügbar

behrlich. Elektronenmikroskopische Untersuchungen an verschiedenen Böden haben gezeigt, dass die typischen kleinen Bodenprokaryoten (Ultramikroben) primär jene Poren besiedeln, die im Durchmesser etwa 3-mal so breit sind wie der eigene Querschnitt, was Poren mit einem Durchmesser von etwa 1 bis 2 µm entspricht. Auch Pilzhyphen besiedeln bevorzugt die größeren Mittelporen, die sie ebenfalls nur teilweise ausfüllen, vermutlich um die Wasserbewegung (Transport von gelösten Enzymen und Nährstoffen) nicht zu unterbinden. Durch apikales Wachstum breiten sich ständig Hyphen in das Grobporensystem aus und erschließen durch seitliche Verzweigungen aktiv auch das Innere der Aggregate. Sie üben dabei Druck aus, bilden neue Poren und Risse und erweitern das Porenvolumen wesentlich, weil Hyphen an den Spitzen kontinuierlich wachsen (Klein u. Paschke 2004). Das Hyphengeflecht bildet ein komplexes Verbundsystem in Oberböden, was für die Ernährung der Pflanzen (Mykorrhiza = Pilzwurzel) von entscheidender Bedeutung ist (Kap. 18). In der **Porosphäre** leben sowohl die Prokaryoten als auch die Pilzhyphen nicht freischwimmend in der Bodenlösung, sondern überwiegend sorbiert an den Porenwänden (Abb. 1.6). In der Bodenkunde wird von Sorption gesprochen, weil es sich in den meisten Fällen um eine Ad- *und* Absorption handelt oder weil der genaue Vorgang undeutlich ist. Bevorzugte Abschnitte zur Sorption sind die Ton-Humus-Komplexe, organischen **Kutanen** (Häutchen) auf Sesquioxiden von Fe und Al sowie jegliche partikuläre und faserige organische Substanz, die sich mineralisieren lässt. Wiederholt wurde nachgewiesen, dass der Löwenanteil der mikrobiellen Biomasse nach einer physikalischen Fraktionierung der Bodenkolloide sorbiert an den kleinsten Kolloidfraktionen (Ton-Humus, Ton, Schluff) vorliegt (Hattori u. Hattori 1993; Sessitsch *et al.* 2001; Kandeler *et al.* 2005; Frey 2007). Zur Sorption (Immobilisierung)

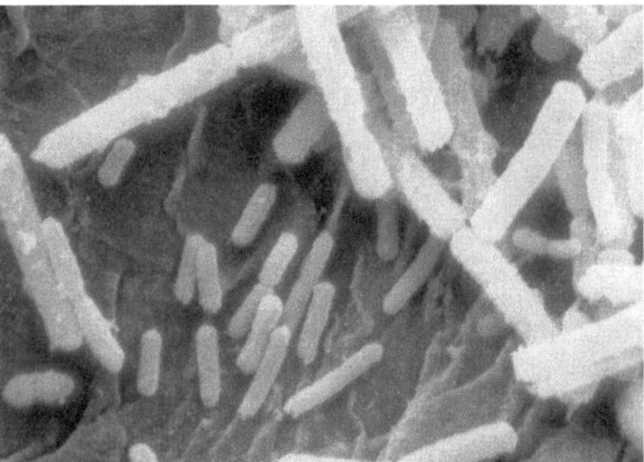

Abb. 1.6 Rasterelektronenmikroskopische (REM-) Aufnahme von stäbchenförmigen Bakterien am Rande eines Biofilmes auf organischen Bodenkolloiden (ca. 5000-fache Vergrößerung) (Ottow 1985)

Tabelle 1.5 Übersicht der Dimensionen von Kolloiden, sonstigen Partikeln und Mikroorganismen (*Archaea*, *Bacteria*, Algen und Fauna) in Böden

Partikel und Organismen	Dimensionen
Sphärokolloidale Huminsäuren [–][1)]	~ 6–8 nm
Tonkolloide [–]	< 0,2 µm
Schlufffraktion [–]	2–50 µm
Bakteriophagen (infektiöse Partikel)	0,02–0,25 µm (20–250 nm)
Ultrabakterien[2)] (Nanobakterien, Picobakterien, Hungerformen) [–]	0,25–0,5 µm
Archaeen [–]	0,3–10 µm
Normale kokkoide und stäbchenförmige Bakterien [–]	0,5–10 (50) µm
Actinomyceten (pseudomycelbildende Bakterien) [–]	0,5–1,5 µm
Cyanobakterien (einzellige)	2–5 µm
Grünalgen	3–50 µm (und länger)
Pilzhyphen [schwach –]	0,3–50 µm (Durchmesser)
Protozoen (Amöben, Flagellaten, Ciliaten)	5–50 (500) µm
Nematoden (Fadenwürmer)	∅ 5–30 µm; Länge ~0,5–2 mm
Wurzelhaare (Getreidearten)	∅ 10–15 µm, Länge ~100–1100 µm

1 nm = 10^{-3} µm = 10^{-9} m [–] = negativ geladene Partikel oder Zellen

1) Kolloide sind (meist negativ geladene) Partikel von einer Größe zwischen ~0,5 µm und 1 nm, die in einer wässrigen Phase durch Dispersion eine kolloidale Lösung (zwischen Suspensionen und echten Lösungen) bilden und als Folge von Wasseranlagerung in ein stabiles **Gel** übergehen können. Sphärokolloidale Huminsäuren, bestimmte Tonmineralien, Ultrabakterien, Prokaryoten und feine Pilzhyphen verhalten sich mit den Zellen und Schleimsubstanzen der Wurzelhaube (Kalyptra) von Feinwurzeln in der Bodenlösung wie ein relativ stabiles Gel: das **Mucigel** (Kap. 17)

2) Vermutlich Vertreter der *Bacteria* und *Archaea*

an den Bodenkolloiden (Tabelle 1.5) scheiden sowohl *Bacteria* als auch Pilze exopolysaccharide Substanzen (EPS) aus, die vielfach durch mehrwertige Kationen (Ca, Mg, Fe) brückenartig mit den ebenfalls negativ geladenen Ton-Humuskomplexen verbunden sind (Sylvia *et al.* 1989; Anderson 1991). Bakterien benutzen als Haftmechanismen zudem noch ihr schleimiges **Kapselmaterial** (aus Kohlenhydraten und/oder Peptiden), spezifische **Adhesionsproteine** (Adhesine) und die zahlreichen Fimbrien, mit denen sie in die Bodenkolloide eindringen (Ottow 1975; Sylvia *et al.* 1998). Weiter reichern sich Prokaryoten auch in der EPS von Pilzhyphen und Wurzelhaaren an. Die sorbierten Prokaryoten leben in ihren Mikronischen (im Mikrometerbereich) überwiegend in dynamischen Mikrokolonien und Biofilmen (Box 1.2) aus verschiedenen syntrophen Assoziationen. Syntrophismus (gemeinsame Ernährung) ist charakteristisch für Lebensgemeinschaften in Böden und umfasst die gegenseitige positive Beeinflussung des Wachstums der direkt und indirekt beteiligten Mikroorganismen durch (a) Bereitstellung von Substraten (Metabolite, Nährstoffe), (b) Wachstumsfaktoren (Vitamine, Aminosäuren, Fettsäuren, unbekannte Suppline), (c) durch Veränderung der ökologischen Bedingungen (pO_2, pH, E_h, pCO_2), (d) durch Bildung von unterschiedlichen Gradienten (aerob/anaerob, reduzierte/oxidierte Zustände von N, Mn, Fe, S, etc.) und durch Ausscheidung von Signalstoffen (Kap. 9). Je spezifischer die Mikronischen sind, desto enger sind die syntrophen Assoziationen (Konsortien). Da die Lebensgemeinschaften hauptsächlich auf *und* unweit der amorphen und partikulären organischen Substanzen leben, ist die räumliche Verteilung der Mikrokolonien und Biofilme in Böden sehr heterogen und entsprechend der C-Verteilung angeordnet (Ranjard u. Richaume 2001). Die räumliche Heterogenität von Mikronischen mit erhöhter biologischer Aktivität (*hot spots*) ist jedoch von Boden zu Boden sehr unterschiedlich und nimmt meist in der Reihenfolge

$$\text{Wald } (A_h) > \text{Grünland } (A_h) > \text{Ackerböden } (A_p)$$

deutlich ab. Mit dem Sickerwasser werden organische Partikel und gelöste organische Substanzen aus dem Oberboden über bevorzugte Transportwege (Makropore, Bodenrisse, ehemalige Wurzelkanäle, Wurm- und Hyphengänge, andere Biopore und sonstige *Bypass*-Mechanismen) rasch im Boden verteilt und tiefenverlagert (*preferential flow*), was entlang der verschiedenen Wege zu einer lokalen Erhöhung des C-Ge-

Box 1.2 Biofilme, syntrophe Lebensgemeinschaften mit koordinierten Aktivitäten

Biofilme sind semi-aquatische Lebensgemeinschaften aus heterogenen Mikroorganismen auf Oberflächen wasserführender Poren und in Wasserfilmen auf organischen Partikeln, Pflanzenfasern, organischen Kutanen von Tonmineralen und Sesquioxiden sowie auf Wurzelzellen (**Mucigel**). Mikroorganismen konzentrieren sich bei der Besiedlung auf jene Substratoberflächen, die im Zuge syntropher Assoziationen als Baustoffe und Energiequellen für Wachstum und Vermehrung dienen können. Die Zellen werden dabei aus der Bodenlösung immobilisiert, verlieren ihre Geißel (falls vorhanden) und scheiden schleimige Matrixsubstanzen aus (**extrazelluläre Polysaccharide = EPS**), um an Oberflächen haften zu können und sich sesshaft zu vermehren. Mit zunehmender mikrobieller Besiedlung bilden sich komplexe Biozönosen aus heterotrophen und chemolithotrophen Mikroorganismen, die durch ihre Stoffwechselaktivitäten und O_2-Zehrung auch räumlich und zeitlich Platz für fakultativ anaerobe Mikroorganismen mit anaeroben Respirationen (Kap. 3) sowie für obligat anaerobe Prokaryoten bieten. Die EPS schützen die Organismen vor Verlagerung, gegen plötzliche Umweltveränderungen (pH-E_h-Niveau, Austrocknung, Salzkonzentrationen) und erschweren das Abweiden durch Protozoen, Nematoden, Tardigraden und Bärtierchen. Die organische Matrix ermöglicht die enge räumliche Nachbarschaft von Organismen, die in ihrem Stoffwechsel aufeinander angewiesen sind (z.B. Nitrifikanten von ammonifizierenden Prokaryoten, die **Nitratrespiration** von **Denitrifikanten** in einem stark vermindertem pO_2 als Folge von intensiven O_2-Zehrungen anderer benachbarter Mikroorganismen). Sowohl die Ausscheidung von extrazellulären Enzymen bei der Hydrolyse von Proteinen, Hemicellulosen und Cellulose als auch die Aufnahme von Metaboliten ist in der EPS effizienter als in der Bodenlösung. Durch die Aktivitäten mikrobieller Assoziationen entstehen im Mikrobereich zahlreiche Gradienten in Metaboliten und Bedingungen (pO_2, pH, E_h), die zeitlich und räumlich den verschiedensten Spezialisten Lebensräume bieten. Es sind die Biofilme und Kolonien, die als *hot spots* für den **horizontalen Gentransfer** (HGT, Kap. 5) zwischen nah und entfernt verwandten Prokaryoten gelten. In Biofilmen bilden sich zahlreiche **Mikronischen** mit einer großen genetischen Diversität. Durch Ausscheidung von spezifischen **Signalmolekülen** (**Quorum sensing**, Kap. 9) verständigen sich die Mitglieder über die Dichte der Lebensgemeinschaften und passen ihre dichteabhängigen enzymatischen Aktivitäten aufgrund genetischer Kontrollmechanismen an. Biofilme sind heterogene dynamische Ökosysteme aus ständig wechselnden *hot spots*, die sich durch Überbevölkerung, Substratmangel, Quorum sensing, Turbulenzen und tierische Konsumenten häufig verändern und auch verlagern können. Begeißelte *Bacteria* schwimmen (in der Bodenlösung) oder gleiten (in Wasserfilmen auf faserigen organischen Oberflächen und Pilzhyphen) chemotaktisch angelockt zu neuen Substraten und Lebensräumen. Mit der **Fluoreszenz-*in-situ*-Hybridisierungs-Technik** (FISH), bestehend aus **Gensonden**, gekoppelt mit einem Fluoreszenzfarbstoff, kann die Vielfalt an Mikroorganismen durch hochauflösende mikroskopische Techniken direkt in Biofilmen erforscht werden, während der Einsatz von **funktionellen Gen-Chips** (*microarrays*) direkte Aktivitätsmessungen in den Lebensgemeinschaften ermöglicht (Kap. 4) (Sutherland 1996; Tolker-Nielsen u. Molin 2000; Stoodley *et al.* 2002; Kolter u. Greenberg, 2006; Madsen, 2008).

haltes führt (um etwa 10–70%); dies ist folglich für eine Erhöhung der mikrobiellen Biomasse und der DNA-Konzentration verantwortlich (Bundt *et al.* 2001). *Preferential flow* und andere Mechanismen (Durchwurzelung, Quellen und Schrumpfen in tonhaltigen Böden) tragen entscheidend zur heterogenen Verteilung von *hot spots* im Boden bei (Foster 1988).

Welche Funktion haben **Feinporen** (∅ < 0,2 µm) als Lebensraum für Mikroorganismen und Mikrofauna? Feinporen sind zwar stets wasserführend, aber als Lebensräume für *Bacteria*, *Archaea* und Mikrofauna kaum geeignet, weil sie räumlich nicht oder allenfalls für wenige Ultrabakterien zugänglich sind. Darüber hinaus enthalten sie Wasser, dass aufgrund des Wasserpotenzials (pF > 4,2; > –1,5 MPa) sehr schwer verfügbar ist (Totwasser). Schwere Böden (Vertisole, Pelosole; > 30–40% Ton; Gesamt-PV etwa 50–60%) können zwar über eine hohe Feuchtigkeit verfügen (Feinporenanteil etwa 35 bis 40%), sind aber als Lebensräume für Mikroorganismen kaum geeignet, weil der Anteil an Mittelporen (ca. 10%) und Grobporen (etwa 3–8%) zu gering ist. Solche Böden sind auch vergleichsweise kalt und physiologisch inaktiv, was ihre Funktionen als Pflanzenstandort, Lebensraum für Mikroorganismen und Ort der Selbstreinigung negativ beeinträchtigt. Sandböden (Gesamt-PV etwa 45–50%) mit einem Grobporenanteil von etwa 30% und einem Mittel- und Feinporengehalt von jeweils etwa 5–10% sind für Bakterien und Mikrofauna ebenfalls weniger geeignet, weil sie meist zu trocken sind, wenn sie nicht gezielt regelmäßig organisch gedüngt werden. Für *Bacteria, Archaea* und Mikrofauna sind Böden mit einem hohen Anteil an Mittelporen (Lössböden, Schwarzerden, Gartenerden) optimale Lebensräume. Die Mittelporen sind sowohl körnungsbedingt als auch strukturellen Ursprungs (**Lebendverbauung**), zumal die mineralischen und organischen Strukturelemente durch zweiwertige Kationen (Ca, Mg) stabilisiert werden. Für das Edaphon liegt der optimale Wassergehalt der meisten Böden bei etwa 50 bis 70% der maximalen Wasserkapazität (mWK; entspricht der Feldkapazität), da bei diesem Wassergehalt die Mittelporen mit verfügbarem Wasser gefüllt und die Grobporen frei von Wasser sind. Ein Wassergehalt von etwa 50–70% der mWK entspricht aus den gleichen Gründen auch den optimalen Ansprüchen der meisten höheren Pflanzen (Papendick u. Campbell 1980; Anderson 1988; Parkinson u. Coleman 1991; Schinner u. Sonnleitner 1996; Frey 2007).

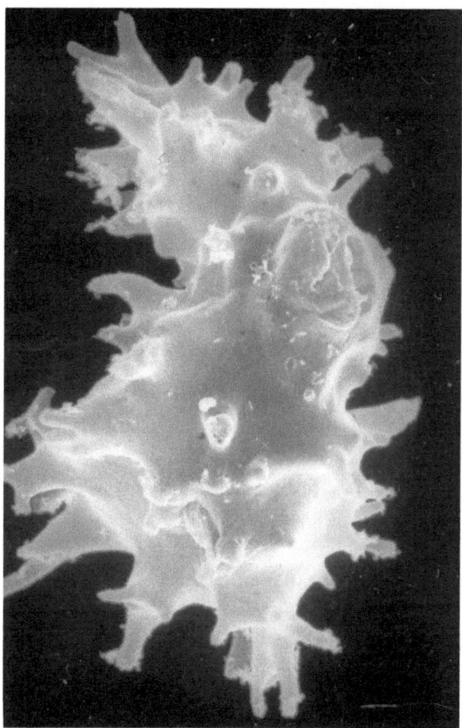

Abb. 1.7 Lichtmikroskopische Aufnahme einer typischen einzelligen formvariablen Nacktamöbe (Würzelfüßer, *Rhizopoda*) aus dem Boden (ca. 10 x 50 µm). Die lappenförmigen Scheinfüßchen (Pseudopodien) dienen der Fortbewegung (durch gerichtete Plasmaströmung) und Nahrungsaufnahme (Prokaryoten), die in Vakuolen verdaut werden (Aufnahme W. Foissner, Salzburg)

1.3 Protozoen und Nematoden: Jäger von Prokaryoten und Pilzen im Porenraum

Die Bodenprotozoen (Box 1.3) sind im Wesentlichen bakterio-, myko- und mikrophytophag (gr. *phagos* = Fresser) oder leben räuberisch (als Prädatoren) von anderen Protozoen und Vielzellern (Rädertieren, Nematoden). Viele Arten sind polyphag und fressen auch organische Bodenkolloide samt prokaryotischer und pilzlicher Biomasse. Verschiedene Protozoen besitzen prokaryotische Endosymbionten (methanogene *Archaea* oder Alpha- bzw. Betaproteobakterien) und leben mit diesen Organismen in stabiler Symbiose. Insbesondere die nackten (schalenlosen) **Amöben** (Rhizopoden) sowie die meisten **Ciliaten** und **Flagellaten** ernähren sich im Wesentlichen von Prokaryoten. Einige Ciliaten sind obligat mykophag. Bodenprotozoen sind semi-aquatische Urtiere, die sich bevorzugt in wassergefüllten Poren und Wasserfilmen aufhalten. Weil die meisten Prokaryoten und Pilzhyphen im Porenraum angesiedelt sind, wird verständlich, dass die Protozoen ebenso wie die kleinen bakteriophagen und mykophagen Nematoden (Box 1.4) dort die Biofilme und Pilzhyphen abweiden, wenn Porendurchmesser und -form den Zugang dieser Tiere zu den Beuteorganismen ermöglichen (Gobat *et al.* 1998).

Sowohl Protozoen als auch Nematoden konsumieren Pilze, mit dem Unterschied, dass die meisten Nematoden im Gegensatz zu der Mehrzahl an Protozoen nicht in die Mittelporen eindringen können. Dominante Protozoen in Böden sind die nackten und beschalten Amöben (∅ etwa 10 µm), bestimmte Flagellaten (∅ etwa 5 µm) und wurmförmige Ciliaten (∅ etwa 20–50 µm); ihre Verteilung im Porenraum ist jedoch verschieden und richtet sich im Wesentlichen nach der Porengrößenverteilung (Porung). Flagellaten (Abb. 1.9) und Amöben leben in den Mittelporen, während die Ciliaten (Abb. 1.10) und kleinen Nematoden zusammen mit größeren Flagellaten, Amöben und

Box 1.3 Die Protozoen in Böden

Protozoen sind einzellige, heterotrophe **eukaryotische Urtierchen** mit echten Zellkernen (∅ meist zwischen 2–200 µm). Sie vermehren sich durch Teilung und bilden somit Populationen aus **Klonen**. Heute sind etwa 23 000 frei lebende Protozoen-Arten bekannt, doch werden täglich neue Formen gefunden. Etwa 1600 Arten (ca. 7%) kommen in Böden vor, etwa ein Drittel davon wurde bisher nur in Böden nachgewiesen. Neueren Schätzungen nach sind bisher erst etwa 10% der bodenbürtigen Protozoen entdeckt und beschrieben worden. Protozoen werden in vier Organisationstypen unterteilt und zwar in Amöben (*Rhizopoda*, Wechseltierchen, **Wurzelfüßer**; ∅ 10–200 µm), farblose Flagellaten (**Geißeltierchen**; ∅ 3–10 µm), Ciliaten (**Wimpertierchen**; ∅ 20–50 µm) und die parasitischen Sporozoen (z.B. Erreger von Malaria und Schlafkrankheit). Charakteristisch für Böden sind die **schalenlosen Amöben** (Abb. 1.7) und die beschalten Amöben (**Thekamöben**, Testaceen; Abb. 1.8). Aber auch zahlreiche Flagellaten und Ciliaten haben sich den Bodenbedingungen gut angepasst. Nackte und beschalte Amöben sind meistens kleiner, die Bodencilitaten zudem länger und schmaler als die in Gewässern lebenden Arten. Bodenprotozoen haben eine hohe Diversität. Insbesondere Nacktamöben und einige Ciliaten können ungünstige Lebensbedingungen (Temperaturstress, Trockenperioden) jahrzehntelang durch Bildung dickwandiger **Cysten** überdauern. Testaceen sind zwar charakteristische Bodenbewohner, die nackten (schalenlosen) Amöben stellen jedoch die dominanten Prokaryoten-Fresser dar. Sie bewegen sich mit **Pseudopodien** (Scheinfüßchen, „Wurzelfüßer") und fressen damit Prokaryoten, Pilze sowie Ein- und Vielzeller. Hauptnahrungsquellen von Protozoen sind Prokaryoten und Pilzhypen, aber auch Algen, Hefezellen, Sporen, Humuskolloide und Detritus (saprophag) werden aufgenommen. Andere sind Räuber (**Prädatoren**) und fressen kleinere Protozoen, Nematoden und sogar Metazoen (Rädertierchen). Ciliaten (Abb. 1.9) stellen die größeren Protozoen in Böden und können aktiv schwimmen (vagil). Etwa 50% der Ciliaten in Böden sind **colpodide** (bohnen- oder nierenförmige) **Ciliaten** (gr. *kolpos* = Busen) mit kurzen Generationszeiten und großer Toleranz gegenüber Milieuveränderungen und Austrocknung. Viele Ciliaten fressen Pilze (mycophag) als Ganzes und verdauen sie in Nahrungsvakuolen. Andere bohren Pilzhyphen, Sporen und Hefezellen mit ihrem trichterförmigen Mund an und fressen die Zellen aus. Geißeltiere (Flagellaten) umfassen viele Arten mit einer bis zwei (gelegentlich vier) langen Wimpern zur Fortbewegung, zum Haften an Bodenkolloiden und sogar zum Fangen von Prokaryoten (Abb. 1.10). Als heterotrophe Organismen sind Protozoen an der allgemeinen **Mineralisation** und **Ammonifikation** in Böden beteiligt und beschleunigen so den Nährstofffluss. Im Nahrungsnetz sind Protozoen Beute für Nematoden, Collembolen, Milben, Asseln, Enchytraeiden, Insektenlarven und Regenwürmer. Protozoen sind somit die tierischen Ausgangsglieder von komplexen Nahrungsketten und -netzen und folglich für die Diversität und Abundanz der Bodenfauna von grundlegender Bedeutung. Langjährige Forschungsarbeiten von **W. Foissner**/Salzburg haben wesentlich zum Erkenntnisfortschritt im Bereich der Formen, Lebensweisen und Ökologie von Bodenprotozoen beigetragen. Ökophysiologie, Genetik und Molekularbiologie der Protozoen in Böden wurden bisher noch unzureichend erforscht (Foissner 1994, 1999; Wright *et al.* 1995; Yeates u. Foissner 1995; Bamforth 1997, 2001; Couteaux u. Darbyshire, 1998; Esteban *et al.* 2006; Clarholm *et al.* 2007).

Rotatorien (Rädertiere; Tabelle 1.4) mehr die wechselfeuchten Grobporen bewohnen. Alle Arten besiedeln so lange wie möglich Wasserfilme auf und zwischen Makroaggregaten (∅ > 250 µm), Porenwinkelwasser und die zeitweise (nach Regenereignissen) wassergefüllten Grobporen und andere Hohlräume (ehemalige Wurzelgänge, Spalten zwischen partikularen und faserigen Pflanzenresten und Humuskolloiden, Bodenrisse etc.). Flagellaten (Geißeltierchen) und Ciliaten (Wimpertiere) sind begeißelt und bewegen sich als „Bakterienfresser" aktiv zu den Nahrungsquellen und benötigen dazu Wasser in den Mittelporen und Wasserfilme entlang der Wand größerer Poren. Protozoen reagieren empfindlich auf Austrocknung des Bodens. Ungefähr die Hälfte der Protozoen-Population hat schon bei einem Wasserpotenzial von –0,1 MPa Cysten gebildet und fast alle sind bei einem Potenzial von –0,4 MPa vollständig inaktiv. Auch Nematoden sind bei einer Wasserspannung von etwa –0,4 MPa zu etwa 50% in anhydrobiotische Ruheformen übergegangen. Offenbar ist bereits ein großer Teil der Protozoen und Nematoden beim Erreichen des pWPs in physiologischer Ruhe (Whitford 1989; Foissner 1994, 1999, 2004; Bamforth 2001).

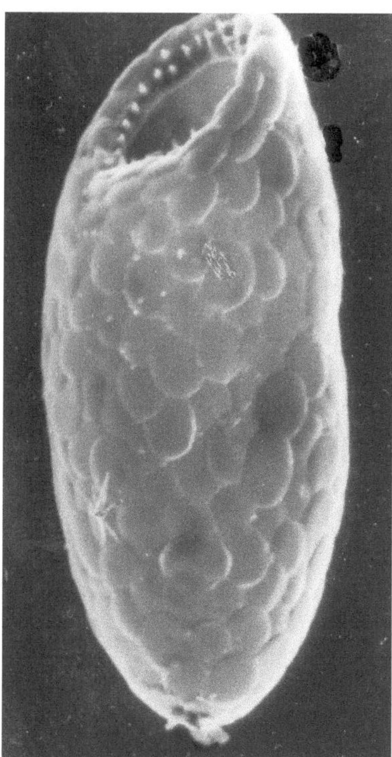

Abb. 1.8 Lichtmikroskopische Aufnahme einer beschalten „Thekamöbe" (*Trinema lineare*, *Testaceae*, *Rhizopoda*, ca. 40 µm lang) weit verbreitet in Böden. In der membranartigen Hülle werden zum Schutz gegen Austrocknung Kieselsäureplättchen ausgeschieden. Es gibt etwa 50 Arten, die hervorragende Bioindikatoren sind (Aufnahme W. Foissner, Salzburg)

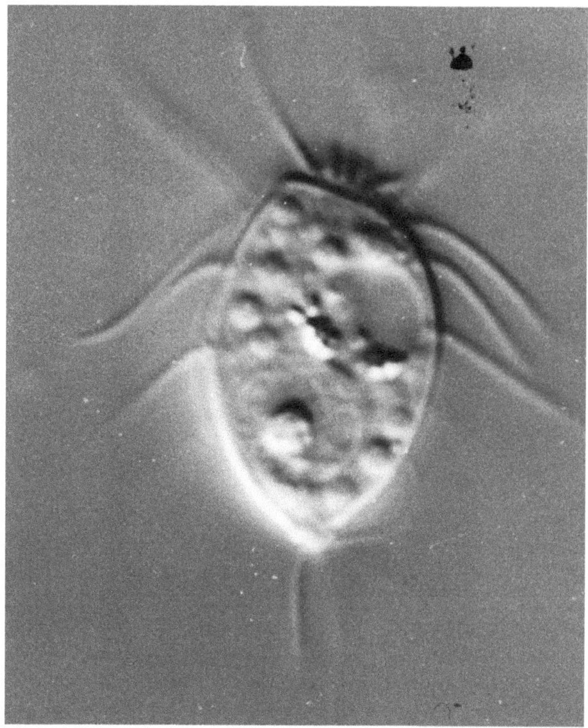

Abb. 1.9 Lichtmikroskopische Aufnahme (Interferenzkontrast) eines weit verbreiteten farblosen Bodenflagellaten (*Hemimastix amphikineta*, *Flagellata*, Geißeltierchen; ca. 15–20 µm lang) mit einem apikalen Mund und zwei Reihen langer Geißeln. Er vermehrt sich durch Längsteilung. Die Basalkörper der Geißel sind durch Mikrotubuli (Eiweißröhren) verbunden (wie bei Ciliaten) (Aufnahme W. Foissner, Salzburg)

Bodenciliaten sind im Gegensatz zu den entsprechenden Gewässerformen vielfach länglich und dadurch morphologisch gut an die räumliche Enge in Böden angepasst. Sie weiden zwar große Mengen an Prokaryoten ab, sind aber vielfach polyphag (gr. *polyphagos* = viel essend, entspricht etwa multivor, gr. *vorare* = verschlingen) und ernähren sich auch von anderen Ciliaten und kleineren Protozoen. Die flexiblen Flagellaten und plastischen nackten Amöben dringen sogar in die kleinsten Mittelporen vor, wo sie vom Wasserstress befreit und vor dem Zugriff der größeren Protozoen und Nematoden sicher sind. Protozoen und Nematoden konzentrieren sich auch in der Rhizosphäre (unmittelbar durch die lebende Wurzel beeinflusster Bodenraum im Millimeterbereich), vor allem im **Mucigel** der Wurzelspitzen, weil sich Prokaryoten und Pilzhypen dort infolge der ständigen Wurzelausscheidungen angereichert haben (Kap. 17). Thekamöben sind überwiegend r-Strategen (Arten mit hoher Wachstumsrate) und können sich durch rasche Teilungen mit kurzen Generationszeiten von 2 bis 24 h schnell vermehren. Nackte Amöben, Ciliaten (ausgenommen die colpodiden Arten) und Flagellaten sind hingegen eher K-Strategen (längere Generationszeiten, geringer Nahrungsbedarf). Protozoen (vor allem Amöben) können weltweit als **Indikatoren** für Bewirtschaftungsweisen und Umweltbelastungen herangezogen werden, weil ihre Diversität nicht nur die Vielfalt der Nahrungsgrundlangen (Bakterien, Echte Pilze, Algen) reflektiert, sondern weil sie auch ubiquitär in Böden vorkommen, morphologisch im Mikroskop relativ leicht identifiziert werden können und nicht zuletzt weil die ungeschützten nackten eukaryotischen Zellen mit relativ großem Oberfläche/Volumen Verhältnis empfindlich auf Umwelteinflüsse aller Art reagieren können. So hat beispielsweise eine sechsjährige Rindergülledüngung ebenso wie ein Mineraldüngereinsatz (mit 2- bis 4-mal 50–100 kg NH_4^+-N jährlich) auf Grünland eine starke Vermehrung der mi-

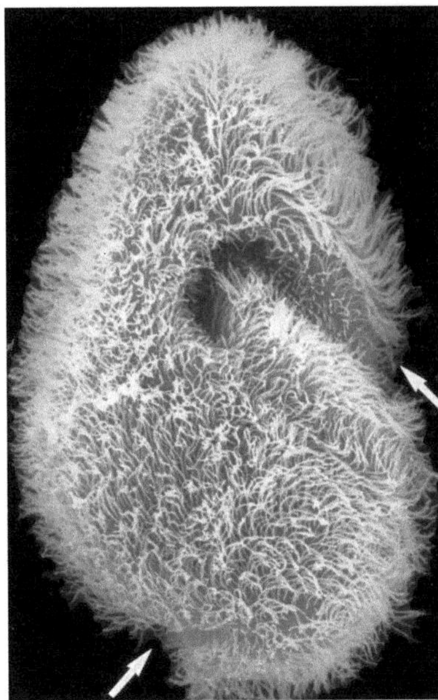

Abb. 1.10 Rasterelektronenmikroskopische (REM-) Aufnahme eines weit verbreiteten colpodiden Wimpertierchens (*Colpoda minima, Ciliata*; ca. 150 µm lang) aus frischem Laubstreu. Beachte die zahlreichen Wimpern auf der ganzen Oberfläche zur schwimmenden Fortbewegung in der Bodenlösung. Pfeil oben: Zellmund zur Nahrungsaufnahme; Pfeil unten: kontraktile Vakuole (Aufnahme W. Foissner, Salzburg)

krobiellen Biomasse und in Reaktion darauf eine Zunahme sowohl von Protozoen als auch von bakteriophagen und mykophagen Nematoden zur Folge (Foissner 1994, 1999; Yeates u. Foissner, 1995; Forge *et al.* 2005).

Die Lebensräume der Mikrofauna sind zwar vielseitig, aber stets in **unmittelbarer Nähe** der prokaryotischen und pilzlichen Biomasse und der in Zersetzung begriffenen partikulären organischen Substanz. Zur Besiedlung neuer Substrate verbreiten sich Ciliaten (Wimpertierchen) und Flagellaten (Geißeltierchen) aktiv über das Porensystem, während sich die kleinen Nematoden durch Schlängelschwimmen fortbewegen. Diese Gruppe der Mikrofauna wird als Bodenschwimmer bezeichnet und ist mehr oder weniger auf Wasser angewiesen (schwimmendes oder natanes Edaphon). Nackte und beschalte Amöben (Rhizopoden), Rotatorien (Rädertierchen, Abb. 1.1) und Bärtierchen (Tardigrada, Abb. 1.1) bewegen sich eher kriechend in Wasserfilmen fort (Bodenschliefer). Auch Bärtierchen (Mesofauna) ernähren sich räuberisch von Prokaryoten, Pilzen und Algen oder stechen mit zwei kräftigen Stiletten Algen- und Pflanzenzellen sowie Protozoen und andere Rädertierchen zum Aussaugen an. Rotiferen und Tardigraden sind sehr resistent gegen Austrocknung in Form von Cysten. Längere Trockenperioden können diese Bodenbewohner in einer Trockenstarre (Anabiose oder Kryptobiose) überdauern.

Nach den Protozoen (Box 1.3) und Nematoden (Box 1.4) sind bestimmte Rotatorien (*Rotatoria, Rotifera*) in der Porosphäre von Oberböden am häufigsten vertreten. Sie übertreffen die Protozoen teilweise nur unwesentlich an Größe. Es sind ausgesprochene aquatische Organismen, die sessil in wassergefüllten Poren und anderen Bodenhohlräumen leben und mit ihrem Räderorgan suspendierte Nahrung (in Zersetzung begriffene organische Partikel, Bakterien, Algen, Protozoen, Sporen etc.) einstrudeln. Andere weiden – wie die Protozoen – Filme und Kolonien von Prokaryoten ab, indem sie auf ihrer Unterlage vorwärts gleiten. Die meisten Rotatorien und Bärtierchen gehören zur Mesofauna und sind als kriechende Bodentiere Bestandteil des serpenten Edaphons.

Die meisten Vertreter der Mesofauna (Tabelle 1.4) sind im Wesentlichen auf die größeren Grob- und Makroporen (Höhlensysteme) angewiesen (Vannier 1987; Anderson 1988; Whitford 1989; Wolters 1991). Sie haben sich dazu vielfach morphologisch angepasst (Zylindertypen). Viele Bodentiere haben wie Pflanzenwurzeln ein artspezifisches Verhalten, um Wasser aus den Poren aufzunehmen. Die kritische Schwelle, jenseits der die Saugspannung kaum noch überwunden werden kann, liegt zwischen pF 4,2 bis 5,0. Es sind Vertreter der kleinen Nematoden, Enchytraeiden (Borstenwürmer), Milben, Asseln, Myriapoden, Collembolen und Insektenlarven. Auch viele Nematoden und Enchytraeiden können sich bei Wassermangel dehydrieren und Cysten bilden, um lange Trockenzeiten zu überdauern. Zahlreiche Ringelwürmer besitzen im Sommer eine ausgesprochene Diapause (gr. *diapausis* = Zwischenpause, Ruhephase) und überleben längere Trockenperioden aufgerollt und von einem Sekret geschützt in Höhlen. Milben, Asseln, Doppel- und Hundertfüßer sowie Collembolen (Abb. 1.1) verkriechen sich bevorzugt in organischen Resten, Wurm- und Wurzelgängen, wenn die Porosphäre zu trocken wird. Die Wasserdynamik von Böden bestimmt auch bei Bodentieren Verhalten und Aktivitäten und infolgedessen die Qualität als Lebensraum (Vannier 1987; Anderson 1988; Whitford 1989; Parkinson u. Coleman 1991; Wolters 1991).

Box 1.4 Nematoden (Fadenwürmer) in Böden

Nematoden (*Nematoda*) sind nach den Insekten die größte Tiergruppe (ca. 10^6 Arten) und besitzen in Böden und Rhizosphäre unter den Tieren die höchste Abundanz (meist mehrere Millionen m^{-2}) und Diversität (> 30 verschiedene Taxa). Nematoden werden in zwei Gruppen aufgeteilt, und zwar in Vertreter der *Secernentea* (*Phasmidia*) und der *Adenophora* (*Aphasmidia*). Die *Secernentea* sind hauptsächlich Bewohner von Böden und Gewässern, etwa 50% davon sind pflanzen- oder tierpathogen. Die nichtpathogenen frei lebenden Fadenwürmer in Böden sind etwa zwischen 0,3 und 3 mm lang, mit einem Durchmesser zwischen 1/20 und 1/50 ihrer jeweiligen Länge. Sie ernähren sind von *Bacteria* (**bakteriophag**; bis zu 70%), Pilzen (**mykophag**), und/oder von organischen Partikeln samt mikrobieller Biomasse (saprophag oder saprophytisch). Nematoden halten sich infolgedessen unweit der dichtbesiedelten organischen Reste und bevorzugt in der mikrobiell angereicherten Rhizosphäre auf. Andere leben **räuberisch** von anderen Tieren (Protozoen, Rotiferen und Nematoden) oder sind **polyphag** (Vielfresser). **Omnivore** (alles fressende) Nematoden leben von Prokaryoten (mit Präferenzen für bestimmte Arten), Pilzen, Algen, Protozoen, Rotiferen und organischen Partikeln. Bakteriophage Nematoden besitzen eine kleine Mundhöhle, mit der sie Prokaryoten aufsaugen. Hingegen saugen mykophage Nematoden Pilzhyphen und Sporen mit einem spitzen Mundstachel vollständig aus. Weil Nematoden einen größeren C/N-Quotienten haben als Prokaryoten, setzen bakteriophage Nematoden Stickstoff in Form von Aminosäuren und Ammonium frei (Kap. 2).

Nematoden und Protozoen sind wichtige Konsumenten der MB, und infolgedessen können ihre Abundanz und Diversität wertvolle **Indikatoren** für den Nährstoffumsatz und -fluss durch die Nahrungsketten sein. Zu den wichtigsten Funktionen von freilebenden nichtphytoparasitären Nematoden in Böden gehören somit (a) die Regulation des Wachstums (Verjüngung) der MB, (b) die Erhöhung der Nährstofffreisetzung aus der MB durch verstärkte Mineralisation (bis zu 40% der Gesamtmineralisationsleistung) und (c) ihre Indikatorwirkung für Standortqualität und Bewirtschaftungsweisen, weil die Zusammensetzung der Nematoden-Gesellschaft empfindlich auf Veränderungen in den Nahrungsgrundlagen (Prokaryoten und Pilze) und Bodenbedingungen reagiert. Nematoden sind mikroskopisch relativ leicht zu identifizieren und eignen sich daher zur Berechnung von **Diversitätsindices**. Mit steigender Intensität der Bodenbewirtschaftung nimmt die Abundanz und Diversität von freilebenden Nematoden in der Regel ab. Umgekehrt wirken sich organische Düngungen und schonende Bodenbearbeitungen positiv auf die Biomasse von herbivoren, omnivoren und räuberischen Nematoden aus, wenngleich die **Bakteriovoren** bei allen Bewirtschaftungsweisen mit 40 bis 70% stets die größte Gruppe bilden. Verschiedene Fadenwürmer sind an die wechselnden Bodenbedingungen gut angepasst und können längere Trockenzeiten oder Überstauungen durch **Cystenbildung** überstehen. Nematoden haben in Böden zahlreiche **Antagonisten** (Gegenspieler). Es gibt nicht nur Beutetiere für Amöben, Tardigraden, Milben, Enchytraeiden, Collembolen, verschiedene Insektenlarven sowie für Nematoden fangende Echte Pilze (Box 8.4), sondern auch für andere **räuberische** Fadenwürmer (Zunke u. Perry 1997; Yeates u. Bongers 1999; Yeates 2003; Forge *et al.* 2005).

1.4 Bedeutung der organischen Substanz für Porung und Wasserkapazität

Für die Qualität von Böden als Lebensräume und Pflanzenstandort (Kap. 16) kommt der OBS in verschiedener Hinsicht eine entscheidende Rolle zu. Erstens liefert die regelmäßige Zufuhr organischer Substanz (Bestandsabfall, Streu, Stallmist, Kompost, Wurzelreste, Exsudate etc.) die Nahrungsgrundlage für Mikroorganismen und Bodenfauna in komplexen Nahrungsketten und -netzen und damit für die Diversität des Edaphons. Zweitens entstehen bei den Ab-, Um- und Aufbauprozessen von aromatischen Pflanzenpolymeren (Lignine, sekundäre Metabolite mit einfachen oder polyzyklischen aromatischen Kernen und heterozyklischen N-Verbindungen) stets Huminstoffe, die sich über mehrwertige Kationenbrücken mit Tonmineralen zu relativ stabilen Ton-Humus-Komplexen stabilisieren. Drittens sind es die Prokaryoten und Pilze selbst, die durch exopolysaccharide Substanzen (EPS), Kapselmaterial und andere extrazelluläre Kittsubstanzen die primären Bodenkolloide über mehrwertige Kationen- und H-Brücken unter Beteiligung von Ton-

Humus-Komplexen, Hyphen und Wurzelhaaren zu Mikroaggregaten (Durchmesser etwa 50 bis 250 µm) und durch **Lebendverbauung** (nach **F. Sekera**; 1899–1955) zu Makroaggregaten (∅ > 250 µm) mit optimalem Luft-Wasser-Wärme-Haushalt (LWWH) strukturieren. Mikroorganismen sind in Böden die aktiven Agenzien der Aggregierung und Aggregatstabilisierung (Vannier 1987; Anderson 1988; Anderson 1991; Schinner u. Sonnleitner 1996; Gobat *et al.* 1998; Frey 2007). Mikro- und Makroaggregate tragen sowohl wesentlich zur Erhöhung des Anteils an Mittel- als auch an Grobporen bei, was sich sehr günstig auf den Boden als Lebensraum für Mikroorganismen und Pflanzenwurzeln auswirkt – zumal der Gasaustausch (O_2-Aufnahme, CO_2-Abgabe) und die maximale Wasserkapazität (mWK) verbessert werden. Makroaggregate (mit Poren von 25–100 µm Durchmesser) haben im Allgemeinen einen höheren Gehalt an organischer Substanz als Mikroaggregate (hauptsächlich Mittelporen) und sind folglich auch dichter besiedelt. Die Porosphäre ist zweifelsfrei der bevorzugte Lebensraum für die Mikroorganismen, weil sich etwa 80% dieser Organismen dort ansiedeln, wie mikroskopische Untersuchungen bestätigen (Hattori u. Hattori 1993; Schinner u. Sonnleitner 1996; Kandeler *et al.* 2005; Frey 2007). Es wird deutlich, dass der Anteil an Mittel- und Grobporen in Sand- und Tonböden durch die regelmäßige Zufuhr von frischer organischer Substanz erhöht und damit die Qualität als Pflanzenstandort, Lebensraum für Organismen und als Ort der Selbstreinigungsprozesse verbessert werden kann. Vegetationsdecken tragen dazu auch über die Wurzelexsudation in erheblichem Maße bei. Edaphon und Pflanzenwurzeln wirken sich bei regelmäßiger organischer Düngung positiv auf die physikalischen Eigenschaften und damit auf die Qualität von Böden als Lebensraum und Pflanzenstandort aus.

1.5 Dynamik im Jahresverlauf

Wie verhält sich die mikrobielle Biomasse im Jahresverlauf und bezüglich der Bodentiefe? Die Populationsdichten an kultivierbaren Bakterien und Pilzen in Böden sind im Jahresverlauf relativ konstant, zeigen aber charakteristische Fluktuationen mit Maxima im Frühjahr und Spätsommer/Herbst sowie mit Minima im Winter und im Hochsommer. Die Ursachen sind zwar verschieden, aber nicht unabhängig voneinander. Zunächst haben die kultivierbaren *Bacteria* und Echten Pilze (*Fungi*) in Böden geringe Generationszeiten ($g = 1/v$). Unter g wird die für einen Teilungscyclus erforderliche Zeit und unter v die Anzahl Teilungen pro Stunde (Teilungsrate) verstanden. Am natürlichen Standort wird die Generationszeit g für heterotrophe kultivierbare *Bacteria* auf 21 bis 53 h geschätzt, was im Vergleich zu einer Generationszeit von etwa 25 min für *E. coli* in einer Nährlösung unter Laborbedingungen (30 °C) als relativ gering eingestuft werden muss. Als Faustzahl kann angenommen werden, dass Bakterien im Schnitt etwa 1 bis 2 Tage benötigen, um sich zu verdoppeln (im Sommer deutlich weniger, im Winter wesentlich mehr), was in Anbetracht der starken Nahrungskonkurrenz relativ schnell ist. Über die Generationszeiten der nichtkultivierbaren Mikroorganismen in Böden ist nichts bekannt, doch dürften diese geringer als die der kultivierbaren Organismen sein. Weil die Populationsdichten an kultivierbaren Bakterien in Böden über das Jahr lediglich um ein bis zwei Zehnerpotenzen schwanken, wird angenommen, dass die Absterberaten im Schnitt in etwa den Vermehrungsraten entsprechen. Ursache der Populationsschwankungen an kultivierbaren Bakterien ist zunächst das schwankende Angebot an leichtverwertbarer organischer Substanz. Dieses beruht im Frühjahr auf einer verstärkten Exsudation durch zunehmende Wurzelaktivität (Kap. 17), im Herbst jedoch vor allem auf dem erhöhten Bestandesabfall, zumal die Wurzelaktivität rasch abnimmt. Weiter beeinflusst der Witterungsverlauf (Feuchtigkeit, Temperatur) sowohl die pflanzliche als auch die mikrobielle Biomasse. Darüber hinaus wirken zahlreiche Protozoen als Bakterienfresser und bestimmte Ciliaten, Nematoden, Milben und Collembolen als Konsumenten von Pilzhypen, die der Vermehrung und dem unbegrenzten Wachstum von Bakterien und Pilzen regulierend entgegentreten. Etwa 2/3 des Hyphenwachstums wird im Laufe des Jahres nach verschiedenen Schätzungen von den vorgenannten Tieren wieder konsumiert. Protozoen und die verschiedenen Pilzkonsumenten verhalten sich in Böden vielfach antizyklisch im Bezug auf die Entwicklung von *Bacteria* bzw. von Pilzen (Sylvia *et al.* 1998; Foissner 1999 2004).

1.6 Verteilung und Dichte der mikrobiellen Biomasse im Bodenprofil

Die mikrobielle Biomasse ist im Oberboden (A_p, A_h und Auflagenhorizonte L und O_f) stets am höchsten und nimmt mit zunehmender Bodentiefe je nach Aufbau des Bodenprofils und der Pedogenese (Bodenbildung) ständig ab (Abb. 1.11). Der mikrobiell gebundene Kohlenstoff (C_{mic}) steht dabei in der Regel in einem bestimmten Verhältnis zum Gesamtgehalt an organischem Kohlenstoff (C_{org}) und beträgt im Schnitt etwa 2–4% (Streuungsbreite 0,9–6%) vom C_{org}-Gehalt (Smith 1994; Schinner u. Sonnleitner 1996; Kandeler *et al.* 2005). Für die Bestimmung der Gesamtdichte an Prokaryoten und saprophytischen Pilzen werden sowohl mikroskopische Methoden als auch Keimzahlbestimmungen mit verschiedenen beimpften Agarmedien nach dem Kochschen Plattengussverfahren durchgeführt (Box 1.5; Kap. 2 und 4). Im Schnitt erreicht die Gesamtkeimzahl an **kultivierbaren** Bakterien (KBEn) etwa 0,1 bis 10% (höchstens etwa 20%) der **mikroskopisch zählbaren**, aber mit den üblichen Medien und Verfahren **nicht kultivierbaren** Bakterien (Kap. 4). Die Zellzahlen aufgrund von mikroskopischen Zählungen sind allerdings sehr problematisch, weil sowohl lebendige als auch tote Zellen erfasst werden (Olsen u. Bakken 1987; Trolldenier 1993; Bloem *et al.* 1995). Somit ist die Gesamtzahl an mikroskopisch gezählten Bakterien nur eingeschränkt als Bezugsbasis brauchbar, was bedeutet, dass prozentuale Angaben von KBEn auf die mikroskopischen Zellzahlen lediglich als Größenordnung zu verstehen sind. Grünland, ertragsreiche Ackerstandorte und Waldböden können im Oberboden pro Gramm Boden (~ cm^3) Dichten von etwa 10^{11} Prokaryoten und im Schnitt etwa 520 m Pilzhyphen (Variationsbreite zwischen 200 und 1200 m pro cm^3) besitzen. Die Antwort auf die Frage, wie dicht der Porenraum eigentlich von Prokaryoten und Pilzen besiedelt wird, ist aufschlussreich, wie einer Modellrechnung zu entnehmen ist (Box 1.6). Bei einem PV von 50%

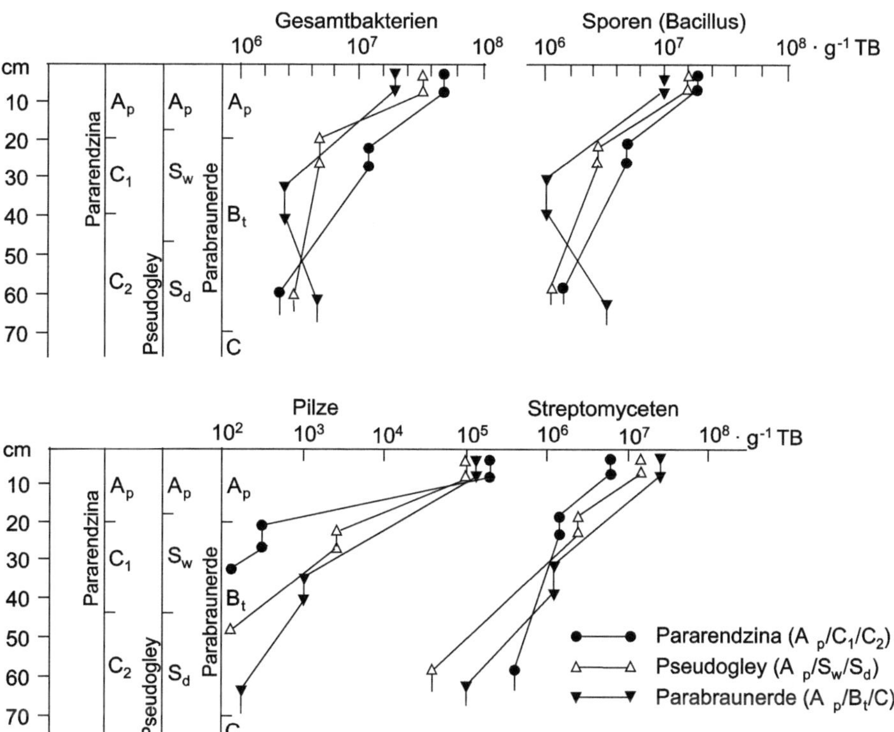

Abb. 1.11 Tiefenverlauf der Populationsdichten (KBEn pro Gramm TB) an kultivierbaren Bakterien (Gesamtkeimzahl), Echten Pilzen (aus Sporen und Hyphenfragmenten), Streptomyceten (Sporen, Pseudomycelfragmente) und Endo-Sporenbildnern (*Bacillus*- und *Paenibacillus*-Arten; nach Pasteurisierung 15 min 80 °C) in den Profilen einer Pararendzina (Calcaric Regosol), eines Pseudogleys (Stagnosol, Gleysol) sowie einer Parabraunerde (Luvisol; Bodentyp mit stärkster geografischer Verbreitung in Deutschland) aus der Münchener Schotterebene (Beck u. Poschenrieder 1965)

Box 1.5 Methoden zur Bestimmung der Dichte an Bakterien und Pilzhyphen

Zur Quantifizierung der Gesamtdichte an saprophytischen Bakterien und der Gesamthyphenlänge werden sowohl direkte mikroskopische Methoden als auch indirekte Keimzahlbestimmung mit Agarmedien nach dem Kochschen Plattengussverfahren verwendet. Dazu werden Bodenproben (10 bis 20 g frischer Boden) in 0,18% Na-Pyrophosphatlösung dispergiert (zur Freisetzung der sorbierten Zellen und Hyphen von den Bodenkolloiden), dezimal verdünnt und zum Beimpfen der Agarplatten verwendet. Die Dichten an kultivierbaren Bakterien bzw. Pilzeinheiten (Hyphenfragmente und Sporen) werden auf unterschiedlichen Agarmedien erfasst und als **kolonienbildende Einheiten** (KBE oder *cell-forming units* = cfu) pro Gramm trockener Boden (TB) ausgedrückt. Bei den direkten mikroskopischen Verfahren werden geeignete dezimale Verdünnungen der Bodensuspension auf eine definierte Fläche eines Objektträgers aufgetragen, angetrocknet und mit fluoreszierenden Vitalfarbstoffen wie Acridinorange oder Fluoresceinisothiocyanat (beide für Prokaryoten) oder mit Calcofluorweiß bzw. Fluoresceindiacetat (FAD, bei Pilzen) gefärbt und anschließend im **Epifluoreszenzmikroskop** bei 1000- bis 1250-facher Vergrößerung im Dunkelraum gezählt und gemessen. Acridinorange fluoresziert nur, wenn es an Nucleinsäuren gebunden ist: Diese Fluoreszenz ist grün bei Bindung an DNA, und orange, wenn viel RNA in der Zelle vorliegt. Die Gesamtkeimzahl an kultivierbaren Bakterien (KBE pro Gramm TB) beträgt schätzungsweise 0,1 bis 10% (allenfalls 20%) der **mikroskopisch** ermittelten Dichte an *Bacteria* (Zellzahl pro Gramm TB). Somit ist die Populationsdichte an nicht-kultivierbaren *Bacteria* wesentlich größer als die Keimzahl an KBEn (Olsen u. Bakken 1987; Lorch *et al.* 1995).

Für die **pilzliche Biomasse** (Hyphen) sind die **Membranfilter-Methode** (MM) und die **Boden-Agar-Film-Methode** (BAFM) die gebräuchlichsten Verfahren. Bei der MM dient die Färbung mit Calcofluor M2R-Weiß zur Bestimmung der Gesamthyphenlänge, während FDA zur Färbung der metabolisch aktiven Hyphen(-Fragmente) eingesetzt wird. Bei der BAFM werden Hyphenlängen gemessen, wobei die Bodensuspension mit Agar verdünnt, stabilisiert und auf dem Objektträger zum Mikroskopieren aufgetragen wird. In der Regel ergibt die BAFM größere Gesamthyphenlängen als die MM. Mit der BAFM werden nicht alle Hyphen in einer Probe erfasst, sodass diese Agar-Film-Methode wahrscheinlich eine Unterschätzung der Gesamthyphenlänge ergibt (Klein u. Paschke 2004). Das Biovolumen V (μm^3) der Pilzhyphen lässt sich aus dem mittleren Durchmesser (µm) und der Hyphenlänge (µm) errechnen. Problematisch ist, dass der metabolisch aktive Teil der Hyphen sehr schwankt (etwa zwischen 23 und 75%), was auf das unterschiedliche Alter zurückgeführt werden kann. Wenn Wachstum und Verbreitungsmuster bodenbürtiger Bakterien, pseudomycelbildender Actinomyceten (*Bacteria*), Pilze und Protozoen durch Zeitreihen in verschiedenen Böden oder der Rhizosphäre untersucht und verglichen werden sollen, dann kann dies durch das vorsichtige Eingraben und Exponieren von **Objektträgern in schräger Lage** erfolgen (etwa 1 bis 2 Wochen). Nach dem Abspülen, Fixieren und Färben erfolgt das Mikroskopieren (Fotografieren) und ggf. das Zählen und semiquantitative Abschätzen der Biodiversität (**Aufwuchsmethode** nach **M. Cholodny**). (Glathe 1955; Stahl u. Parkin, 1988; Parkinson u. Coleman 1991; Trolldenier 1993; Bloem *et al.* 1995; Lorch *et al.* 1995).

und einer Wassersättigung von 50% nehmen Prokaryoten und Pilze zusammen offenbar nicht mehr als 0,10367 cm^3 pro cm^3 Boden (~ 1 g) ein, was etwa 41,5 % des verfügbaren PV von 0,25 cm^3 entspricht. Infolgedessen sind Oberböden zwar zahlenmäßig dicht mit Prokaryoten und Hyphen besiedelt, doch gibt es aufgrund ihrer geringen Größe im verfügbaren PV kein „Gedränge", zumal *Bacteria* und *Archaea* lokal konzentriert in Kolonien und Biofilmen auftreten (Box 1.2). Aber auch Pilzhyphen konzentrieren sich mycelartig im Porenraum und wachsen bevorzugt auf und in organischem Material. Für die zahlreichen Protozoen und Nematoden ist im Porenraum der Böden ausreichend Platz. Böden mit relativ hohem Anteil an Mittel- und Grobporen sind infolgedessen insgesamt als sehr gute Lebensräume für Mikroorganismen zu betrachten, was auch indirekt dadurch bestätigt wird, dass in einer Nährlösung von 1 cm^3 (1 mL) unter optimalen Bebrütungsbedingungen im Labor maximal etwa 10^9 Bakterien (*E. coli*) wachsen, während in einem Boden mit einem besiedelbaren PV von etwa 0,25 cm^3 etwa 10^{11} Prokaryoten großzügig Platz finden. Offenbar bietet das sessile Wachstum in Kolonien und Biofilmen im Porenraum ökophysiologische Vorteile, die noch wenig verstanden werden. Günstig auf die mikrobielle Besiedlung und Aktivität können sich in Böden die

Box 1.6 Volumen- und Gewichtsanteil von Prokaryoten und Echten Pilzen im Boden

Für diese Modellrechnung wird einmal angenommen, dass sich in 1 g Oberboden (~1 cm^3) eines humushaltigen Grünlandes insgesamt 10^{11} Prokaryoten von je 1 μm^3 und 520 m Pilzhyphen mit einem ∅ von 3 µm befinden.

Volumenanteil an Prokaryoten:
$10^{11} \times 1\ \mu m^3 = 10^{11}\ \mu m^3 = 0{,}1\ cm^3$

Bei einem PV von 50%, zur Hälfte gefüllt mit Wasser, sind 0,25 cm^3 bewohnbar, davon werden 0,1 cm^3 entsprechend 40% von den Prokaryoten besiedelt.

Volumenanteil an Pilzen: 520 m Pilzhyphen mit einem Durchmesser von 3 µm haben ein Volumen ($V = \pi \times R^2 \times L$) von $3{,}14 \times 1{,}5^2 \times 520 \times 10^6\ \mu m^3 = 3{,}67 \times 10^9\ \mu m^3 = 0{,}00367\ cm^3$ entsprechend 1,5% des bewohnbaren Volumens.

Fazit: Von Prokaryoten und Pilzen werden insgesamt 0,10367 cm^3 pro cm^3 Boden besiedelt. Bezogen auf ein verfügbares PV von 0,25 cm^3 = **41,5%**

Reaktive Oberfläche der Prokaryoten und Pilze pro cm^3 Boden
Durch Prokaryoten und Pilze wird aufgrund ihres hohen Oberfläche/Volumen-Verhältnisses die reaktive Oberfläche stark erhöht. 1 g Boden = 1 cm^3 (Quader) mit einer Gesamtoberfläche von

$$6\ cm^2 = 6 \times 10^8\ \mu m^2$$

Prokaryoten: In 1 cm^3 Boden befinden sich 10^{11} Prokaryoten von 1 μm^3 Volumen mit einer Gesamtoberfläche von $10^{11} \times 6\ \mu m^2 = 6 \times 10^{11}\ \mu m^2$. Bezogen auf die Oberfläche von 1 cm^3 erfolgt eine Oberflächenvergrößerung von $6 \times 10^{11}/6 \times 10^8$ entsprechend dem **1000-Fachen.**

Pilze:
Oberfläche der Hyphen (∅ = 3 µm; $L = 520 \times 10^6\ \mu m$) $= 2 \times \pi \times R \times L + 2 \times \pi \times R^2 = 2\ \pi\ R\ (L + R) = 4898 \times 10^6\ \mu m^2$

Die Oberflächenvergrößerung ist $4{,}898 \times 10^9/6 \times 10^8$ entsprechend dem **8,2-Fachen.**

Das Oberflächenverhältnis von Prokaryoten zu den Echten Pilzen beträgt im gegebenen Fall

~122

Wenn ein durchschnittliches Zellvolumen von 0,5 μm^3 (siehe unten für einen Acker) angenommen wird, dann beträgt das Oberflächenverhältnis von Prokaryoten zu Pilzhyphen

~8,2

Gewichtsanteil der prokaryotischen Biomasse in einem Acker mittlerer Produktivität
Das mittlere spezifische Gewicht einer Prokaryotenzelle (1 μm^3) liegt etwa bei $1{,}5 \times 10^{-12}$ g. Wenn im Oberboden eines mittleren Ackers die Gesamtzellzahl an (kultivierbaren und nicht-kultivierbaren) Prokaryoten (mit einem durchschnittlichen Volumen von 0,5 μm^3) $10^{10} \times g^{-1}$ Boden beträgt, dann umfasst die prokaryotische Biomasse 0,0075 g pro Gramm Boden (Gewichtsanteil an Prokaryoten = 0,75%). Ein Hektar Fläche mit einer Bodentiefe von 20 cm enthält im Schnitt ca. 3×10^6 kg Boden und bei einem prokaryotischen Gewichtsanteil von 0,75% folglich eine prokaryotische Biomasse (Feuchtgewicht) von **22 500 kg** (22,5 t). Prokaryoten verfügen im Schnitt über 5% Trockensubstanz, einen C-Gehalt von ca. 50% und einen N-Anteil von 14%, was bedeutet, dass der **C_{prok}-Anteil** in einem Hektar Acker etwa **562 kg C** und der **N_{prok}-Gehalt** ca. **158 kg N** beträgt. Das C/N-Verhältnis dieser Biomasse beträgt etwa 3,6 (vgl. auch Kap. 2).

syntrophe Verwertung von Metaboliten, die Abpufferung von Hemmstoffen und pH-Verschiebungen sowie eine bessere O_2-Versorgung auswirken.

Aus Box 1.6 geht weiter hervor, dass die Oberfläche von 10^{11} Prokaryoten bezogen auf die Oberfläche von 1 μm^3 einer **Oberflächenvergrößerung** um das 1000-Fache bedeutet, während 520 m Pilzhyphen (mit einem Durchmesser von 3 µm) eine Zunahme der Oberfläche entsprechend dem 8,2-Fachen bewirken. Das Oberflächenverhältnis von Prokaryoten zu Echten Pilzhyphen beträgt im aufgeführten Beispiel etwa 122. Weil eine Prokaryoten-Dichte von etwa 10^{11} Zellen und eine Pilzhyphenlänge von 520 m (∅ 3 µm) pro Gramm Boden in etwa für einen mittleren Oberboden (z.B. A_h-Horizont eines permanenten Grünlandes) zutrifft, wird deutlich, dass die reaktive Gesamtoberfläche der

Prokaryoten signifikant größer ist als die von Pilzen. Auch wenn das durchschnittliche Zellvolumen im Oberboden lediglich 0,5 μm^3 ist, dann beträgt das Oberflächenverhältnis von Prokaryoten zu Pilzhyphen immer noch etwa 8,2. Für den potenziellen Stoffumsatz in Böden ist diese Erkenntnis von großer Bedeutung. Allerdings bleibt offen, wie viele Prokaryoten gleichzeitig stoffwechselaktiv sind und wie hoch der Anteil an physiologisch aktiven Hyphen ist.

Die Keimzahlen verschiedener Organismengruppen ebenso wie die mikrobielle Biomasse (MB) nehmen mit der Bodentiefe unterhalb des humushaltigen Oberbodens rasch ab (Abb. 1.11). Mit zunehmender Bodentiefe nimmt die Biomasse der Pilze deutlich stärker ab als die der Prokaryoten, was zu einer relativen Anreicherung von Prokaryoten führt. Der rasante Rückgang an MB verläuft zwar etwa parallel zum Gehalt an organischer Substanz (C_{org}), doch sind die Abnahmen an Bakterien und Pilzen meist geringfügig stärker als die Verminderung im C_{org}-Gehalt, wodurch der C_{mic}/C_{org}-Quotient mit der Bodentiefe überproportional abnimmt. Ursache für dieses Phänomen ist die relative Anreicherung zunehmend stabilerer organischer Verbindungen (Abbauprodukte und Huminstoffe mit steigender relativer Rekalzitranz). Wenn die MB gelegentlich im Unterboden eines Profils erneut ansteigt, dann folgt dieser Zunahme stets auch ein Anstieg im C_{org}-Gehalt – meist durch das Vorkommen von ehemaligen A_p- oder A_h-Horizonten in (von Erosion oder Sedimentation) überlagerten Profilen (Stockprofilen). In B_{sh}-Horizonten in Unterböden von Podsolen nimmt die mikrobielle Biomasse (insbesondere an Pilzen) vielfach signifikant zu, weil es dort zu einer Akkumulation und Fällung von peptisierten Humin- und Fulvosäuren als Folge einer relativen Zunahme des pH-Werts und an Basen gekommen ist. Die höchsten mikrobiellen Biomassen werden im Allgemeinen in C_{org}-reichen Streuauflagen von schwachsauren Wäldern (insbesondere in borealen Wäldern mit gehemmter Mineralisation) und in permanentem Grünland gemessen. In Streuauflagen bzw. in relativ sauren A_h-Horizonten solcher Waldböden dominiert die pilzliche Biomasse meist über die prokaryotische Biomasse um den Faktor 2 bis 10 (Schimel *et al.* 1999). In der Regel befinden sich von der gesamten mikrobiellen Biomasse bis zu einer Profiltiefe von etwa 1 m ungefähr 80% in den oberen (A_h- oder A_p-)Horizonten (0 bis ca. 25 cm) (Smith 1994; Kap. 2).

Es sollte betont werden, dass sämtliche Organismengruppen in ihrer Abundanz in allen Böden mit der Tiefe signifikant abnehmen, auch die **obligat anaeroben** *Bacteria* und Spezialisten wie die sulfatreduzierenden Bakterien oder die methanogenen *Archaea.* Auch für die Verteilung dieser Organismen im Bodenprofil ist nicht die lokale Abwesenheit von O_2, sondern das C_{org}-Angebot entscheidend. Denn überall dort wo Mineralisationsprozesse ablaufen, werden in syntropher Assoziation geeignete Substrate und durch die intensive O_2-Zehrung aerober Organismen auch zeitlich und räumlich anaerobe Mikronischen gebildet. Obwohl mit zunehmender Bodentiefe der pO_2 (Sauerstoffpartialdruck) meist abnimmt und im permanent gesättigten Grundwasser O_2-arme und -freie Bereiche vorkommen, nimmt die Dichte an obligat anaeroben Prokaryoten dort nicht zu – es sei denn, der Gehalt an mikrobiell verwertbaren C-Quellen steigt lokal an. Unterhalb des gewachsenen (pedogenetischen) Bodenprofils (Bodentyp) mit der standortspezifischen Vegetation und Bewurzelung beginnt die ungesättigte aerobe Bodenzone (UZ), gefolgt von der gesättigten, weitgehend anaeroben Zone (GZ). In der GZ sind alle Poren häufig mit Grundwasser gesättigt (= Grundwasserleiter oder Aquifer). Oberhalb der Grundwasseroberfläche in der gesättigten Zone schließt sich der Kapillarsaum an, in dem die Wassersättigung nach oben hin abnimmt. Sowohl die ungesättigte als auch die gesättigte Zone sind stark belebte Filterkörper für die Grundwasserneubildung, deren mikrobielle Biomasse sowohl die infiltrierten organischen Substanzen als auch die durch mikrobielle Reduktionsprozesse lokal gebildeten anorganischen Elektronen-Donatoren (Fe(II), S^0, S^{2-}) als Substrate in chemolithoautotrophen Prozessen verwerten können. In der UZ bis auf 630 cm unterhalb einer landwirtschaftlich genutzten kolluvialen Parabraunerde (unweit von Mönchengladbach) wurden beispielsweise noch kultivierbare Bakteriendichten von etwa 10^5 bis 10^6 Keime pro Gramm trockener Boden (TB) nachgewiesen. Vertreter der *Bacteria* sind sogar noch zahlreich (ca. 10^3 bis 10^4 Keime · g^{-1} TB) in Bodentiefen von einigen hundert bis tausend Meter Tiefe vorhanden. Wahrscheinlich sind diese Zellen einerseits aus dem Oberboden eingewaschen, andererseits im Laufe der Zeit durch Selektion und Anpassung an die vorhandenen Bedingungen (mit reduzierten anorganischen Elektronen-Donatoren als Energiequellen) zu einer spezifischen ansässigen Gruppe von Mikroorganismen mit sehr geringen Vermehrungsraten geworden. Sie stellen damit charakteristische Tiefenmikroorganismen dar, die bisher kaum untersucht wurden.

Die untere Grenze des Lebensbereiches in der **Erdrinde (tiefe Biosphäre)** ist vermutlich sehr variabel, da sie von den geologischen Formationen (dem Gesteinsmaterial) und vom Temperaturanstieg (die Maximaltemperatur für das Leben liegt zwischen etwa 110 und 130 C) abhängt. Solche Temperaturen in der Erdkruste werden in Tiefen von etwa 5000 m (ozeanische Kruste) bis 10 000 m (kontinentale Kruste) erreicht. Im Rahmen des USA-Forschungsprogramms „Tiefenmikrobiologie" wurde noch in Bohrkernen aus 3000 m Tiefe eine ungeahnte Vielfalt von Mikroorganismen isoliert, überwiegend unbekannte anaerobe thermophile *Bacteria* und *Archaea*. Im internationalen Ozeanbohrprogramm (IODP) steht seit 2003 auch die Erforschung der tiefen Biosphäre im Meeresboden im Zentrum der Forschung, nachdem im Jahre 2002 mit der Expedition des Bohrschiffes „Joides Resolution" im östlichen tropischen Pazifik die Mikrobiologie bereits Schwerpunkt der Untersuchungen war. Noch in 400 m Tiefe gelegenen Sedimenten wurden zwischen Tausend und 10 Millionen Zellen pro cm^3 Sedimentmaterial nachgewiesen. Welche Organismen in der tiefen Biosphäre leben und wie sie Energie (ATP) gewinnen, ist noch unbekannt. Wahrscheinlich sind es ausgesprochene **Hungerkünstler** mit extrem effektivem Erhaltungsstoffwechsel. Es wird vermutet, dass die thermophilen *Bacteria* und *Archaea* in großen Tiefen als Energiequelle hauptsächlich Wasserstoffgas (H_2) verwenden, das möglicherweise durch Zerfall von radioaktiven Stoffen (Uran, Thorium, Kalium) in sehr geringen Konzentrationen über geologische Zeiträume hinweg entsteht und bei Erdbeben über Risse nach oben diffundiert. Mit hoher Wahrscheinlichkeit handelt es sich um vollständig neue Mikroorganismen mit teilweise andersartigen thermostabilen Baustoffen und Enzymen sowie mit extrem geringen Generationszeiten von Tausenden von Jahren. Es steht außer Zweifel, dass unsere Erdkruste noch bis zu mehreren Kilometer Tiefe stark belebt ist und über eine gewaltige eigene, aber unbekannte Biodiversität verfügt, die es noch zu erforschen gilt. Diesen Aufgaben hat sich das Institut für Chemie und Biologie des Meeres, Universität Oldenburg, verschrieben (Teske 2005).

1.7 Bodenleben ist ein Hungerleben

Charakteristisch für Böden ist, dass von der großen Anzahl und Vielfalt an Mikroorganismen (Tabelle 1.3) stets nur ein kleiner Teil nach enzymatischer Adaptation zeitweise physiologisch aktiv ist (Box 1.7). Dafür gibt es zwei Ursachen. Erstens ist **Bodenleben überwiegend ein Hungerleben**. Obwohl die Gesamtkonzentration an C-Verbindungen (C_{org}) in Oberböden relativ hoch sein kann (der C_{org}-Gehalt schwankt etwa zwischen 0,5 bis 10%), so ist doch die direkt und indirekt mikrobiell verwertbare Fraktion an organischen Verbindungen sehr gering. Als Maß für den mineralisierbaren C-Anteil in Böden wird oft die in (heißem) Wasser extrahierbare C-Fraktion herangezogen. Diese Fraktion schwankt naturgemäß je nach Boden und organischem Material sehr, umfasst jedoch nur einen Bruchteil der gesamten C_{org}-Konzentration. Bezogen auf die hohe Dichte an Mikroorganismen ist die Konzentration und Nachlieferungsgeschwindigkeit an leicht mineralisierbaren C-Verbindungen gering. Infolgedessen sind typische Bodenmikroorganismen überwiegend oligotroph (ernähren sich von Substraten mit geringen Konzentrationen) und auffallend klein (Ultramikroben, Nanobakterien, Hungerformen; Tabelle 1.4; Kap. 6). Folge der sehr geringen Körpergröße ist ein hohes Oberfläche/Volumen-Verhältnis, was für die Aufnahme von Nährstoffen in geringen Konzentrationen mittels erleichterter Diffusion von großem Vorteil ist. Zweitens leben die Mitglieder von Lebensgemeinschaften in synthrophen Assoziationen (mit gemeinsamer Ernährung), was bedeutet, dass Wachstum und Vermehrung ständig in Konkurrenz und in ökophysiologischen Sukzessionen zeitlich versetzt erfolgen. Offenbar sind die einzelnen Organismen der Lebensgemeinschaften als Folge der relativ geringen Konzentrationen an zeitlich variablen verwertbaren Substraten und unter wechselnden ökologischen Bedingungen nur diskontinuierlich aktiv. Zu einem bestimmten Zeitpunkt ist meist die Mehrzahl an Mikroorganismen physiologisch inaktiv und befindet sich in entsprechenden Ruhephasen (Sporen, Cysten, Mikrocysten, Myxosporen, Akineten, Zwergzellen, Kümmer- und Hungerformen). Bedingt durch Nährstoffmangel und ungünstige Bedingungen können sehr verschiedene *Archaea*, *Bacteria* (darunter Actinomyceten und Myxobakterien) sowie Echte Pilze in einen Ruhezustand (exogene Dormanz; lat. *dormire* = schlafen) mit minimalem Energieumsatz treten (die ***„Shut-down"*-Zelle**). Spezialisten, die Hungerperioden überdauern müssen, bilden oft dünne, längliche Zellanhänge (Ausstülpungen), die als Prosthecen bezeichnet werden (*Caulobacter*, *Pedomicrobium*, *Hyphomicrobium*,

Box 1.7 Ökophysiologische Bedeutung des hohen Oberfläche/Volumen-Verhältnisses

Das Verhältnis von Oberfläche zu Volumen (O/V-Verhältnis) ist sowohl bei Prokaryoten als auch bei Echten Pilzen sehr hoch. Bezogen auf die Oberfläche von 1 cm^3 vergrößert sich bei 10^{11} Prokaryoten von 1 μm^3 (Gesamtoberfläche = 6×10^{11} μm^2) das O/V-Verhältnis um das **1000-Fache**, und bei einer mittleren Hyphenbesiedlung von 520 m mit einem ∅ von 3 µm (Gesamtoberfläche = 4898×10^6 μm^2) um das **8,2-Fache** (Box 1.6). Das Oberflächenverhältnis von Prokaryoten zu Pilzhyphen liegt in dieser Modellrechnung bei etwa 122. Dies bedeutet, dass die Wechselwirkungen von Prokaryoten mit ihrer Umwelt, dem Boden, **potenziell größer** sein können als die von Pilzen. Allerdings ist zu berücksichtigen, dass stets Teile der Prokaryoten und je nach Alter etwa 23–75% der Pilzhyphen **physiologisch inaktiv** sind. Infolgedessen ist es sehr schwierig, die Beiträge von Prokaryoten und Pilzen an Stoffumsetzungen in Böden unter Feldbedingungen abzuschätzen. Weil in Acker- und Grünlandböden die Biomasse an Prokaryoten in der Regel höher ist als die von Pilzen und die Gesamtoberfläche der Prokaryoten größer ist als diejenige der Pilze, wird allgemein angenommen, dass Stoffumsetzungen zum überwiegenden Teil auf Aktivitäten von Prokaryoten beruhen. Die pilzliche Biomasse kann jedoch in organisch reichen, sauren Waldböden (Streu) aufgrund der größeren Säuretoleranz (Abb. 1.4) etwa das 10 bis 50-Fache der bakteriellen Biomasse ausmachen. In solchen Waldböden ist der Stoffumsatz durch Pilzhyphen signifikant höher als der von Prokaryoten. Durch die relativ große reaktive Oberfläche stehen sowohl Prokaryoten als auch Pilze in intensiver Wechselwirkung mit ihrer Umwelt; dies kommt sowohl in hohen Substratumsatzraten (bezogen auf die Körpergröße) als auch in einer starken Beeinflussung und Abhängigkeit ihrer Umwelt zum Ausdruck. Entsprechend der Oberflächenregel von **M. Rubner** (1854–1932) ist der Energieumsatz im Fließgleichgewicht (*steady state*) nicht dem Gewicht eines Organismus, sondern ihrer **Oberfläche proportional**. Infolgedessen setzten Mikroorganismen in einem Grünland etwa 4- bis 5-mal mehr Energie um (insgesamt ca. 80–85%) als die Bodentiere. Folge des geringen Volumens bei großer Oberfläche ist allerdings die Notwendigkeit einer hohen ökophysiologischen Flexibilität, wie es in einem hohen enzymatischen Adaptationsvermögen der Mikroorganismen zum Ausdruck kommt. Prokaryotenzellen von 0,025 bis 1 μm^3 verfügen über einen sehr begrenzten Raum für DNA, RNA und Eiweißmoleküle, was bei der gewaltigen enzymatischen Ausstattung mit potenziellen (anabolischen und katabolischen) Leistungen bedeutet, dass die überwiegende Mehrzahl an Enzymen induktiv (adaptiv) ist und erst nach Bedarf in Abhängigkeit vom Außensubstrat (dem Induktor) synthetisiert wird. Die für die Synthese der Enzyme erforderliche Zeit kommt in einer charakteristischen Latenzzeit (*lag phase*) zum Ausdruck. Nur sehr wenige Enzyme werden konstitutiv (unabhängig vom Substratangebot) ohne Latenzzeit gebildet und ausgeschieden (z.B. Urease). Je kleiner Prokaryoten (Ultramikroben) sind, desto größer ist das O/V-Verhältnis und umso effizienter verlaufen Nährstoffaufnahme, Abgabe von Stoffwechselprodukten sowie Gasaustausch durch erleichterte Diffusionsprozesse (mittels Permeasen), weil die Transportstrecken innerhalb der Zelle am kleinsten sind. In Böden bei hohem **Konkurrenzdruck** und zeitweise sehr geringen Konzentrationen an aufnehmbaren und verwertbaren Substraten („Bodenleben ist Hungerleben") ist die Strategie des hohen O/V-Verhältnisses für zahlreiche oligotrophe Mikroorganismen (langsames Wachstum mit sehr geringen Substratkonzentrationen; K-Strategen) in (Unter)Böden von entscheidendem ökologischem Vorteil. In Böden und Gewässern liegt die **untere Grenze des Zellvolumens** stoffwechselphysiologisch aktiver und reproduzierbarer Bakterien bei etwa 0,02 bis 0,6 μm^3 (Stahl u. Parkin 1988; West 1988; Koch 1996; Killham u. Prosser 2007).

Stella, *Prosthecobacter*, *Verrucomicrobium*, etc.). Vermutlich erhöht sich durch die Ausstülpungen die Kontaktfläche mit den Bodenkolloiden und damit die Nährstoffaufnahme, doch ist die genaue Bedeutung der Prosthecen noch unbekannt. Die induzierten und genetisch regulierten Ruhephasen von Mikroorganismen werden als **Mikrobiostasis** bezeichnet. Die entsprechende inaktive Phase bei Ciliaten (Protozoen) nennt sich **Ciliatostasis**. Die ökologischen Bedingungen und Regulationsmechanismen solcher Vorgänge wurden bis heute wenig erforscht und werden bisher kaum verstanden. Organismen im Ruhezustand werden erst dann wieder physiologisch aktiv, wenn sich erneut ein bestimmtes ökologisches Fenster als Folge von Substratangebot und spezifischen (vielfach zyklisch wechselnden) Bedingungen einstellt (z. B. im Laufe einer

Vegetationsperiode, nach Einarbeitung einer organischen Düngung oder im Anschluss an einen Nass-/Trockenwechsel mit zeitlichen Sukzessionen von Metaboliten und Bedingungen, pO_2-Fluktuationen, pH- und E_h-Gradienten, etc.). Böden enthalten eine gewaltige genetische Diversität (Kap. 4), von der stets nur ein kleiner, wechselnder Ausschnitt nach Induktion phänotypisch und ökophysiologisch in Erscheinung tritt. Diese enorme Vielfalt an Lebensgemeinschaften und die hohe Abundanz an Organismen in Böden wird gerne als „*the poor man's tropical rainforest*" bezeichnet (Giller 1996).

1.8 Autochthone und zymogene Mikroorganismen

Gelangt frische POS in den Boden, dann können die Bodenmikroorganismen aufgrund unterschiedlicher Reaktionen in zwei Gruppen unterteilt werden und zwar in eine zymogene Fraktion (gr. *zyme* = „gehen" eines Teigs durch Gärung; *gennan* = erzeugen) und eine autochthone Komponente (gr. *chthon* = Erde). Sie unterscheiden sich in ihren Ernährungsstrategien. Bereits im Jahre 1924 hatte der russische Bodenmikrobiologe **S. N. Winogradsky** (1856–1953) aufgrund seiner Beobachtungen diese Einteilung vorgenommen, ohne jedoch die ökophysiologischen Grundlagen erkannt zu haben. Heute werden jene Mikroorganismen in Böden als zymogen (auch euryök) bezeichnet, die sich nach Zugabe von relativ hohen Konzentrationen von leicht mineralisierbaren organischen Substanzen (wie Eiweiße, Zucker, Pektine, Fette, einfache Kohlehydrate, Hemicellulosen etc.) nach relativ kurzen Latenzzeiten mit relativ kurzen Generationszeiten rasch vermehren. Vertreter dieser Gruppe (z. B. Pseudomonaden, Sporenbildner der Gattungen *Bacillus*, *Paenibacillus* und *Clostridium*, potenziell N_2-fixierende Bakterien der Gattungen *Azotobacter*, *Beijerinckia*, *Azomonas* viele potenziell denitrifizierende Bakterien oder „Zuckerpilze"; Kap. 8) benötigen relativ hohe Substratkonzentrationen, haben hohe Wachstumsraten und bilden zeitweise hohe Zellzahlen und Biomassen. Es sind anspruchslose euryöke (= euryözische, gr. *eurys* = breit, weit verbreitet) Mikroorganismen, die sehr unterschiedliche Bodenbedingungen tolerieren und vermutlich bei Isolierungen auf Agarmedien den Bakterien stellen (Kap. 4.6). Zymogene Mikroorganismen sind r-Strategen (r von Rate), die sich durch eine hohe Vermehrungsrate und kurze Generationszeiten auszeichnen. Ihre Populationen schwanken je nach Düngung, Bodenbearbeitung und Witterungsverlauf immer wieder relativ rasch und stark.

Hingegen umfassen die autochthonen Mikroorganismen standortspezifische Lebensgemeinschaften, Gattungen und Arten mit geringen Umsatz- und Wachstumsraten und effizienten Stoffwechselleistungen bei geringen Substratkonzentrationen und hoher Konkurrenzfähigkeit. Es sind charakteristische oligotrophe, insbesondere oligocarbophile Mikroorganismen (mit geringem Bedarf an organischen C-Quellen). Viele autochthone Mikroorganismen sind zudem stenözisch (gr. *stenos* = eng, schmal) mit spezifischen Ansprüchen hinsichtlich der Substratart und -konzentration sowie der ökologischen Bedingungen (Gerson u. Chet 1981; Schinner u. Sonnleitner 1996; Gobat *et al.* 1998). Sie sind den standortspezifischen Bodenbedingungen gut angepasst und für den Abbau relativ schwer mineralisierbarer Substrate (wie kristalline Cellulose, langkettige aliphatische Kohlenwasserstoffe, polycyclische aromatische Verbindungen, sekundäre Pflanzenstoffe wie Alkaloide und Isoprenoide, Phenolderivate wie Ligninbausteine, relativ persistente anthropogene Fremdstoffe etc.) verantwortlich. Zu diesen autochthonen Mikroorganismen gehören die typischen Ultramikroben (wahrscheinlich sowohl der *Bacteria* als auch der *Archaea*), die kokkoiden *Arthrobacter*-Arten (Kap. 6), andere coryneformen Bakterien sowie *Geobacter*-Arten mit Huminsäuren als C-Quellen (Kap. 3). Vermutlich zählen zahlreiche, bisher nicht kultivierbare Mikroorganismen (Kap. 4.5) zu den Ultramikroben. Diese Prokaryoten sind durch ein hohes Oberfläche/Volumen-Verhältnis sowie durch sehr effektive Transportsysteme (Box 1.6) besonders gut an extrem niedrige verfügbare Substratkonzentrationen (C-Quellen ebenso wie N, P, K, Ca, Fe und Spurenelemente) und damit an das „**Hungerleben**" in Böden angepasst. Im Allgemeinen können die autochthonen Mikroorganismen als K-Strategen (K von Kapazität im Sinne von Fähigkeit) betrachtet werden, die durch gute Anpassung an geringe Substratkonzentrationen ohne schnelle Vermehrung langsam, aber relativ konstant wachsen können. Sie sind erfolgreiche Konkurrenten. Die Zusammensetzung der autochthonen Mikroorganismen ist im Wesentlichen noch unbekannt, doch sehr wahrscheinlich gut an den Standort (ein Produkt der Wechselwirkungen zwischen Boden- und Klimaeigenschaften) angepasst. Als Beispiel der autochthonen Mikroorganismen können Nitrifikanten (sie oxidieren Ammonium über Nitrit zu Nitrat; Kap. 12) betrachtet werden, weil sie aufgrund der meist relativ geringen Substratkonzentrationen und der geringen Energiegewinnung trotz Spezialisierung und hohen Umsatzraten in der Regel geringe Vermehrungsraten aufweisen. Zymogene und autochthone Organismen stellen Extreme in einem Kontinuum von r-K-Ernährungsstrategien dar (Gerson u. Chet, 1981; Gobat *et al.* 1998; Sylvia *et al.* 1998). Mikroorganismen, die sich unter ungünstigen Bedingungen selektiv anreichern, da resistent oder tolerant gegen Stressfaktoren, werden als L-Strategen bezeichnet (Torsvik u. Ovreas 2008). Viele Organismen oder physiologische Gruppen von Mikroorganismen können nicht eindeutig eingeordnet werden oder verhalten sich anfänglich r- und anschließend mehr K-strategisch. Andere Forscher vertreten die Meinung, dass die Einteilung in K-, r- und L-Strategen lediglich eine Vereinfachung zur Verbesserung des Verständnisses darstellt, die Natur aber ohne Kategorien auskommt. Hier besteht noch Forschungsbedarf.

Populationswachstum in Abhängigkeit von der Substratkonzentration und der Substrataffinität lässt sich mit der **Monod-Gleichung** (nach dem französischen Biochemiker und Nobelpreisträger **J. L. Monod**, 1910–1976) beschreiben (Gl. 1.1):

$$\mu = \mu_{max} \text{ x } (S) / K_s + (S) \qquad (1.1)$$

In dieser Gleichung ist μ die Wachstumsrate, μ_{max} die maximale Wachstumsrate und (S) die Substratkonzentration. K_s gibt die Substratkonzentration an, bei der durch Substratlimitierung die Wachstumsrate halbmaximal wird (Abb. 1.12). Sowohl K_s als auch μ_{max} bestimmen die Effizienz der Substrataufnahme bei begrenztem Substratangebot unter den gegebenen Bedingungen. Je kleiner K_s ist, desto größer ist die Affinität der Enzyme zum Substrat. Die Substrataffinität A = μ_{max}/K_s ist der entscheidende Faktor für die Konkurrenz um ein Substrat. Die Wachstumskurve nach Monod entspricht der Michaelis-Menten-Kinetik für Enzyme und folgt einer **Sättigungskurve**. Weil die Wachstumsrate aus den Reaktionsgeschwindigkeiten der am Wachstum beteiligten Enzymreaktionen resultiert, ergibt sich der gleichartige Verlauf der Michaelis-Menten- und der Monod-Beziehung. In Abb. 1.12 sind die Lebensgemeinschaften (oder Populationen) A (mit r-strategischem Wachstum) und B (mit K-strategischer Ernährung) verglichen. Population A hat einen hohen K_s-Wert und eine hohe Wachstumsrate μ. Bei hohem Substratangebot wächst Population A schneller als Population B. Hingegen hat Population B eine sehr hohe Substrataffinität, was sich in geringen K_s- und μ_{max}-Werten äußert. Bei geringer Substratversorgung unterhalb des Intersektionspunktes beider Wachstumskurven hat eine höhere Wachstumsrate als Population A und ist unter diesen Bedingungen konkurrenzfähiger. Population B als K-Stratege ist an eine geringe (oligotrophe), aber kontinuierliche Substratversorgung besser angepasst als die r-strategische Population A. Andererseits hat Population A bei einem plötzlichen hohen Substratangebot Wachstumsvorteile und entspricht dem Verhalten einer zymogenen Population. Hingegen vertritt Population B offenbar die autochthonen Mikroorganismen, die bei geringer Substratkon-

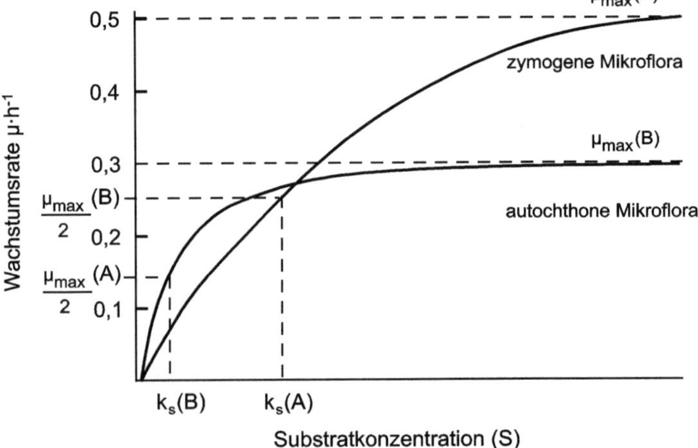

Abb. 1.12 Anpassungsstrategien von zymogenen und autochthonen Mikroorganismen in Böden an geringe und relativ hohe Substratkonzentrationen, entsprechend dem Wachstumsmodell von Monod. Autochthone Organismen (K-Strategen) der Mikroflora B wachsen bei geringen Substratkonzentrationen aufgrund der hohen Substrataffinität der Enzyme (K_s = sehr klein) besser als die zymogenen Organismen (r-Strategen) der Mikroflora A (K_s = relativ hoch). Bei frischer organischer Düngung überwachsen die zymogenen Organismen die autochthonen K-Strategen (Gobat *et al.* 1998)

zentration langsam, aber kontinuierlich wachsen und dann Konkurrenzvorteile haben.

In der Literatur wird der Begriff autochthon auch als Gegenüberstellung zu allochthon (gr. *allos* = ein anderer; eingewandert) verwendet. In diesem Falle werden unter autochthonen Mikroorganismen die standorteigenen, angestammten (engl. *indigenous*) verstanden, während allochthone Organismen solche sind, die nicht am Fundort beheimatet sind und von außen eingetragen wurden (Langer *et al.* 2004). Diese Bezeichnungen unterscheiden zwischen angestammten und eingewanderten Organismen und differenzieren nicht nach Ernährungsstrategien. Um Verwirrung zu vermeiden, werden in diesem Buch die Begriffe nicht im Bezug auf Herkunft der Organismen verwendet.

Literatur

Anderson JM (1988) Spatio-temporal effects of invertebrates on soil processes. Biol Fertil Soils 6: 216–227

Anderson TH (1991) Bedeutung der Mikroorganismen für die Bildung von Aggregaten im Boden. Z Pflanzenernähr Bodenk 154: 409–416

Baath E, Söderström B (1980) Comparison of the agar-film and membrane-filter methods for estimation of hyphal lengths in soil, with particular reference to the effect of magnification. Soil Biol Biochem 12: 385–387

Bamforth SS (1997) Protozoa: Recyclers and indicators of agroecosystem quality. In: Benckiser G (Hrsg) Fauna in soil ecosystems, Marcel Dekker, New York, S 63–84

Bamforth SS (2001) Proportions of active ciliate taxa in soils. Biol Fertil Soils 33: 197–203

Beck T, Poschenrieder H (1965) Mikrobiologische Untersuchungen an einigen schweren Böden Ostbayerns. Bayer Landw Jahrb 42: Sonderheft 5: 77–84

Bloem J, Bolhuis PR, Veninga MR, Wieringa J (1995) Microscopic methods for counting bacteria and fungi in soil. In: Alef K, Nannipieri P (Hrsg) Methods in applied soil microbiology and biochemistry, Academic Press, London, S 162–173

Bundt M, Widmer F, Pesoar M, Zeyer J, Blaser P (2001) Preferential flow paths: Biological „hot spots“ in soils. Soil Biol Biochem 33: 729–738

Clarholm M, Bonkowski M, Griffiths B (2007) Protozoa and other protista in soil. In: Elsas van DJ, Jansson JK, Trevors JT (Hrsg) Modern soil microbiology, CRC, Boca Raton London New York, S 148–175

Couteaux MM, Darbyshire JF (1998) Functional diversity amongst soil protozoa. Appl Soil Ecol 10: 229–237

Elsas van JD, Torsvik V, Hartmann A, Ovreas L, Jansson JK (2007) The *bacteria* and *archaea* in soil. In: Elsas van JD, Jansson JK, Trevors JT (Hrsg) Modern soil microbiology, 2. Aufl. CRC, Boca Raton London New York, S 84–105

Esteban GF, Clarke KJ, Olmo JL, Finlay BJ (2006) Soil protozoa – An intensive study of population dynamics and community structure in an upland grassland. Appl Soil Ecol 33: 137–151

Fierer N, Jackson RB (2006) The diversity and biogeography of soil bacterial communities. Proc Natl Acad Sci USA 103: 626–631

Foissner W (1994) Ökologie der Bodenprotozoen. In: Aescht E (Hrsg). Die Urtiere – eine verborgene Welt. Land Oberösterreich, Landesmuseum, Linz, Österreich, S 169–218

Foissner, W (1999) Soil protozoa as bioindicators: Pros and cons, methods, diversity, representative examples. Agric Ecosyst Environ 74: 95–112

Foissner W (2004) Soil protozoa. In: Hillel D, Rosenzweig C, Powlson D, Scow K, Singer M, Sparks D (Hrsg) Encyclopedia of soils in the environment, Academic Press, London, S 336–347

Forge TA, Bittman S, Kowalenko CG (2005) Responses of grassland soil nematodes and protozoa to multi-year and single-year applications of dairy manure slurry and fertilizer. Soil Biol Biochem 37: 1751–1762

Foster RC (1988) Microenvironments of soil microorganisms. Biol Fertil Soils 6: 189–203

Frey SD (2007) Spatial distribution of soil organisms. In: Paul EA (Hrsg) Soil microbiology, ecology, and biochemistry, 3. Aufl. Academic Press/Elsevier, London, S 283–301

Gerson U, Chet I (1981) Are allochthonous and autochthonous soil microorganisms r- and K-selected? Rev Ecol Biol Sol 18: 285–289

Giller PS (1996) The diversity of soil communities, the "poor man's tropical rainforest". Biodiv Conserv 5: 135–168

Giri B, Giang PH, Kumari R, Prasad R, Varma A (2005) Microbial diversity in soils. In: Buscot F, Varma A (Hrsg) Microorganisms in soils: Roles in genesis and functions, Springer, Berlin Heidelberg, S 19–55

Girvan MS, Bullmore J, Pretty JN, Osborn AM, Ball AS (2003) Soil type is the primary determinant of the composition of the total and active bacterial communities in arable soils. Appl Environ Microbiol 69: 1800–1801

Glathe J (1955) Die direkte mikroskopische Untersuchung des Bodens. Z Pflanzenernähr Düng Bodenk 69: 172–176

Glathe J, Glathe G (1966) Die Mikroorganismen des Bodens und ihre Bedeutung. In: Linser H (Hrsg) Handbuch der Pflanzenernährung und Düngung. Springer, Wien New York, S 552–649

Gobat JM, Aragno M, Matthey W (1998) Le sol vivant. Presses polytechniques et universitaires romandes, Lausanne, Frankreich

Graff O (1983) Unsere Regenwürmer, M & H Schaper, Hannover

Hattori R, Hattori T (1993) Soil aggregates as microcosms of bacteria-protozoa biota. Geoderma 56: 493–501

Kandeler E, Stemmer M, Gerzabel MH (2005). Role of microorganisms in carbon cycling in soils. In: Buscot F, Varma A (Hrsg) Microorganisms in soils: Roles in genesis and functions, Springer, Berlin Heidelberg, S 139–176

Killham K, Prosser JI (2007) The prokaryotes. In: Paul EA (Hrsg) Soil microbiology, ecology, and biochemistry, 3. Aufl. Academic Press, London, S 119–144

Klein DA, Paschke MW (2004) Filamentous fungi: The indeterminate lifestyle and microbial ecology. Microb Ecol 47: 224–235

Koch AL (1996) What size should a bacterium be? A question of scale. Annu Rev Microbiol 50: 317–348

Kolter R, Greenberg EP (2006) The superficial life of microbes. Nature 441: 300–302

Langer U, Böhme L, Böhme F (2004) Klassifikation von Bodenmikroorganismen anhand von Wachstumseigenschaften: Eine kritische Betrachtung einiger allgemein verwendeter Begriffe. J. Plant Nutr Soil Sci 167: 267–269

Lorch HJ, Benckiser G, Ottow JCG (1995) Basis methods for counting microorganisms in soil and water. In: Alef K, Nannipieri P (Hrsg) Methods in applied soil microbiology and biochemistry, Academic Press San Diego, S 146–161

Madsen EL (2008) Environmental microbiology. From genomes to biogeochemistry. Blackwell, Malden, USA

Ochman H (2009) Genomics update: Radical views of the tree of life. Environ Microbiol 11: 731–732

Olsen RA, Bakken LR (1987) Viability of soil bacteria: Optimization of plate-counting technique and comparison between total counts and plate counts within different size groups. Microb Ecol 13: 59–74

Ottow JCG (1975) Ecology, physiology, and genetics of fimbriae and pili. Annu Rev Microbiol 29: 80–110

Ottow JCG (1985) Die Bodenlebewesen erleiden durch Pestizide keine bleibenden Schäden. Bild Wissensch 3: 44–61

Ottow JCG (1990) Der Boden, auf dem wir stehen. In: Koch HA (Hrsg) Angst vor der Zukunft? Thieme, Stuttgart, S 166–193

Pace NR (2008) The molecular tree of life changes: How we see and teach microbial diversity. Microbe 3: 15–20

Person T (2005) Role of soil animals in C and N mineralization. Plant Soil 115: 241–245

Papendick RI, Campbell GS (1980) Theory and measurement of water potential. In: Water potential relations in soil microbiology. Proc Soil Sci Soc Amer spec publ Nr 9, S 1–22

Parkinson D, Coleman DC (1991) Microbial communities, activity and biomass. Agric Ecosyst Environ 34: 3–33

Ranjard L, Richaume A (2001) Quantitative and qualitative microscale distribution of bacteria in soil. Res Microbiol 152: 707–716

Schinner F, Sonnleitner R (1996) Bodenökologie: Mikrobiologie und Bodenenzymatik, Band I, Springer, Heidelberg

Schimel JP, Gulledge JM, Clein-Curley JS, Lindstrom JE, Braddock JE (1999) Moisture effects on microbial activity and community structure in decomposing birch litter in the Alaskan taiga. Soil Biol Biochem 31: 831–838

Sessitsch, A, Weilharter A, Gerzabek MH, Kirchmann H, Kandeler E (2001) Microbial population structures in soil particle size fractions of a long-term fertilizer field experiment. Appl Environ Microbiol 67: 4215–4224

Smith JL (1994) Cycling of nitrogen through microbial activity. In: Hatfield JL, Stewart BA (Hrsg) Soil biology: Effects on soil quality, Lewis, Boca Raton, S 91–119

Söderstrom BE (1970) Seasonal fluctuations of active fungal biomass in horizons of a podzolized pine-forest soil in central Sweden. Soil Biol Biochem 11: 149–154

Stahl PD, Parkin TB (1988) Relationship of soil ergosterol concentration and fungal biomass. Soil Biol Biochem 28: 847–855

Stoodley P, Sauer K, Davies DG, Costerton JW (2002) Biofilms as complex differentiated communities. Annu Rev Microbiol 56: 187–209

Sutherland IW (1996) A natural terrestrial biofilm. J. Industr Microbiol 17: 281–83

Sylvia DM, Fuhrmann JJ, Hartel PG, Zuberer DA (1998) Principles and applications of soil microbiology, Prentice Hall, New Jersey

Teske AP (2005) The deep subsurface biosphere is alive. Trends Microbiol 13: 402–404

Trolldenier G (1993) Fluoreszenzmikrokopische Zählung von Bodenbakterien. In: Schinner F, Öhlinger R, Kandeler E, Margesin R (Hrsg) Bodenbiologische Arbeitsmethoden, 2. Aufl. Springer, Berlin Heidelberg, S. 16–21

Tolker-Nielsen T, Molin S (2000) Spatial organization of microbial biofilm communities. Microb Ecol 40: 75–84

Torsvik V, Ovreas L (2008) Microbial diversity, life strategies, and adaptation to life in extreme soils. In: Dion P, Nautiyal CS (Hrsg) Microbiology of extreme soils. Springer, Berlin Heidelberg, S 15–43

Ulrich A, Becker R (2006) Soil parent material is a key determinant of the bacterial community structure in arable soils. FEMS Microb Ecol 56: 430–443

Vannier G (1987) The porosphere as an ecological medium emphasized in Professor Ghilarov's work on soil animal adaptations. Biol Fertil Soils 3: 39–44

Voroney RP (2007) The soil habitat. In: Paul EA (Hrsg) Soil microbiology, ecology, and biochemistry, 3. Aufl. Academic Press/Elsevier S 25–52

West AW (1988) Specimen preparation, stain type, and extraction and observation procedures as factors in the estimation of soil mycelial lengths and volumes by light microscopy. Biol Fertil Soils 7: 88–94

Whitford WG (1989) Abiotic controls on the functional structure of soil food webs. Biol Fertil Soils 8: 1–6

Wolters V (1991) Soil invertebrates – Effects on nutrient turnover and soil structure – A review. Z Pflanzenernähr Bodenk 154: 389–402

Woese CR (2004) A new biology for a new century. Microbiol Mol Biol Rev 68: 173–186

Wright, DA, Killham K, Glover LA, Prosser JI (1995) Role of pore size location in determining bacterial activity during predation by protozoa in soil. Appl Environ Microbiol 61: 3537–3543

Yeates GW (2003) Nematodes as soil indicators: Functional and biodiversity aspects. Biol Fertil Soils 37: 199–210

Yeates GW, Foissner W (1995) Testate amoebae as predators of nematodes. Biol Fertil Soils 20: 1–7

Yeates GW, Bongers T (1999) Nematode diversity in agroecosystems. Agric Ecosyst Environ 74: 113–135

Zunke U, Perry RN (1997) Nematodes: Harmful and beneficial organisms. In: Benckiser G (Hrsg) Fauna in soil ecosystems, Marcel Dekker, New York, S 85–133

Funktionen und Quantifizierung der mikrobiellen Biomasse in Böden

2

„The microbial biomass is the eye of the needle through which all the organic materials must pass.“
D. S. Jenkinson (1988)

Inhaltsverzeichnis

2.1 Funktionen der mikrobiellen Biomasse

Die **mikrobielle Biomasse** (MB) umfasst jenen Anteil der organischen Bodensubstanz, der aus lebenden Mikroorganismen besteht. Diese organische Fraktion beinhaltet Prokaryoten (*Bacteria* und *Archaea*), Pilze (einschließlich Schleimpilze und Pseudofungi), Protozoen und einige kleine Formen unter den frei lebenden Nematoden. Die quantitative Erfassung der MB ist von großer Bedeutung, da die Mikroorganismen – insbesondere die Prokaryoten und Echten Pilze – in Böden sehr verschiedene, aber essenzielle Funktionen und Aktivitäten übernehmen (Tabelle 2.1). In Böden als Pflanzenstandorte obliegt der MB vor allem die Funktion als

- Nährstoffpool (Speicher) von leicht mineralisierbaren Haupt- und Mikronährstoffen. Dieser mikrobiologische Speicher ist zwar relativ gering (etwa 0,2–4% von C_{org}), spielt aber durch die relativ hohen Umsatzraten eine wichtige Funktion in den Nährstoff- und Energieflüssen von Böden. Die MB ist infolgedessen nicht nur Senke (*sink*), sondern stets auch eine relevante Quelle (*source*) von C, N, P, S sowie von Mikronährstoffen für Pflanzen und Mikroorganismen. Je größer dieser Pool in Böden ist, umso höher ist der Anteil an Nährstoffen mit relativ hohen Umsatzraten R und desto höher ist der Energie- und Nährstofffluss und umso besser kann die Versorgung der Pflanzen mit mineralischen Nährstoffen sein. Bis heute ist das Wissen über Größe, mittlere Verweildauer *T* (*turnover time*, Um-

J.C.G. Ottow, *Mikrobiologie von Böden*,
DOI: 10.1007/978-3-642-00824-5_2, © Springer-Verlag Berlin Heidelberg 2011

Tabelle 2.1 Resümee der Funktionen und Aufgaben der mikrobiellen Biomasse in Böden

- Anfangsglieder komplexer Nahrungsketten und -netze
- Nährstoff-Pool von relativ leicht mineralisierbaren Nährstoffen (insbesondere N, P, K und S)
- Bioindikator für die Qualität von Böden als Lebensräume und Pflanzenstandorte
- Mineralisation natürlicher und anthropogener (z.T. xenobiotischer) organischer Verbindungen, wodurch Kohlenstoff (CO_2), Stickstoff (NH_4^+), Phosphate, Sulfat und Mikronährstoffe im Stoffkreislauf gehalten werden
- als biologische Puffer verantwortlich für Elastizität, Belastbarkeit und Regenerationsvermögen von Böden (Kap. 16)
- Lebendverbauung (biogene Strukturbildung) von organischen und anorganischen Bodenkolloiden durch Bildung von Exopolysacchariden (EPS), Kapselmaterialien, Hyphen und Fimbrien
- Hauptkatalysatoren der biochemischen Verwitterung von Mineralien durch ständige Ausscheidung von CO_2 (HCO_3^-) und Angriffe von Protonen (H_3O^+) (Hydrolyse und Protolyse)
- Verantwortlich für Redoxprozesse (anaerobe Atmungen) in Böden (insbesondere von Verbindungen der Halbzellen Mn(IV/II), Fe(III/II), SO_4^{2-}/S^{2-} sowie von Chinonen/Phenolen im Humuskörper) und infolgedessen für Veränderungen im pH-E_h-Redox-Niveau (Kap. 14)
- Nur Prokaryoten (bestimmte *Bacteria* und *Archaea*) können mithilfe des Enzymkomplexes Nitrogenase N_2 aus der Luft in den terrestrischen und aquatischen Stickstoffkreislauf bringen (freilebende und symbiotische N_2-Fixierung) (Kap. 13)
- Pool mit der höchsten genetischen Diversität auf Erde (Reservoir an potenziell nutzbaren Eigenschaften)
- Ecto- und Endomykorrhizapilze in den Pflanzenwurzeln verstärken die Nährstoffaufnahme (insbesondere P) und fördern das Pflanzenwachstum, vor allem auf nährstoffarmen Böden mit geringer Nährstoffverfügbarkeit (Kap. 17)

satzzeit) und Umsatzrate *R* (*turnover rate*) der MB in den verschiedenen Oberböden noch relativ gering. Die Größe dieses Pools ist in einem bestimmten Oberboden keine Konstante, sondern abhängig von (1) der Art und Menge an C-Zufuhr (Vegetation, Wurzelmasse und -umsatz, Wurzelexsudate, postmortale organische Substanzen, POS), (2) der Jahreszeit (Feuchtigkeit, Temperatur), (3) der Bewirtschaftungsweise (Bodenbearbeitungsverfahren, mineralische und/oder organische Düngung) und (4) von den chemisch-physikalischen Bodeneigenschaften (insbesondere vom Gehalt an Humus und Tonkolloiden sowie pH-Wert). Der Löwenanteil an mineralischen Nährstoffen aus der POS erreicht die Pflanzen nicht direkt, sondern indirekt über die MB, was die Bedeutung der Umsatzraten und -zeiten betont. Weiter fungiert die MB als

- Bioindikator für die Qualität des Bodens als Lebensraum und als Pflanzenstandort sowie für die Einflüsse unterschiedlicher Bewirtschaftungsweisen. Ein relativ hoher Gehalt an MB (ausgedrückt in einem relativ hohen C_{mic}/C_{org}-Verhältnis) weist darauf hin, dass der Standort nicht nur regelmäßig mit organischen Substanzen (über Bestandsabfall, Stoppelreste, Kompost, Gründüngung und Wurzelexsudaten; Kap. 17) versorgt wird, sondern dass auch die Bodenbedingungen (pH-Wert, Luft-Wasser-Wärme-Haushalt, Kalkgehalt, Nährstoffversorgung) für eine relativ hohe mikrobiologische Aktivität mit intensiven Stoffumsetzungen günstig sind. Eine relativ hohe MB ist nicht zuletzt Ausgangspunkt von zahlreichen Nahrungsketten und -netzen und damit Voraussetzung für eine hohe Biodiversität (Kap. 4). Eine hohe MB sichert auch die Funktion als
- Biokatalysator vielseitiger stofflicher Umsetzungen (Mineralisationsprozesse). Durch die Mineralisationsaktivität von Prokaryoten, Pilzen und Protozoen werden nicht nur die Nährstoffe aus der POS in Umlauf gebracht und gehalten, sondern auch die zahlreichen anthropogenen naturnahen organischen Umweltchemikalien und die vielen relativ persistenten Xenobiotika (der Natur fremde, anthropogene Substanzen) metabolisch und/oder co-metabolisch abgebaut (Ottow 1997). Die MB von Böden gilt als weitgehend **omnipotent (katabolisch unfehlbar)** beim Abbau natürlicher und anthropogener organischer Verbindungen. Heterotrophe Mikroorganismen übernehmen somit die entscheidenden Funktionen der Remineralisierung, Selbstreinigung und Entgiftung von organisch belasteten Böden, Aquiferen (Grundwasserleitern) und Sedimenten. Sie sind die „Müllmänner ohne geregelte Arbeitszeiten und Tarife im Dienst der Gesellschaft". Nicht zuletzt funktioniert die MB als
- biologischer Puffer gegenüber chemisch-physikalischen und biologischen Belastungen. Je größer die MB und je breiter die multiple Funktionalität eines Bodens sind, desto höher sind Elastizität (*resilience*), Belastbarkeit (*loading capacity*) und Regenerationsvermögen (*capacity of selfregeneration and -purification*). Die Pufferfunktion der MB ist an Bedeutung kaum zu überschätzen, wie vergleichende Messungen mit sterilen und belebten Böden

immer wieder eindrucksvoll zeigen. Böden mit hoher MB und Biodiversität sind suppressive Böden (krankheitsunterdrückende Böden), in der sich bestimmte pilzliche Schaderreger (*Fungi* und Oomyceten) und pflanzenparasitäre Nematoden nicht oder nur schwer entwickeln können. Insgesamt hängt die Belastbarkeit von Böden gegenüber den verschiedensten Stressoren sowohl von seinen mikrobiologischen als auch von seinen chemisch-physikalischen Eigenschaften ab (im Wesentlichen von der Art und Menge des Humuskörpers und der Tonminerale). Die bodenspezifische Belastbarkeitsgrenze für abiotische Stressoren wird solange nicht erreicht, wie der betreffende Boden in der Lage ist (1) die beeinträchtigten physiologischen Leistungen durch Ausgleich abzupuffern (über eine breite multiple Funktionalität), (2) die zugeführten organischen Substanzen zu entgiften (durch Mineralisation) und (3) die potenziellen anorganischen Schadstoffe zu immobilisieren (durch Sorption an den Ton-Humus-Kolloiden), zu fällen (an Carbonaten und Sesquioxiden von Fe und Al) und abzufiltrieren (durch mechanisches Zurückhalten von Partikeln und Organismen im Porenraum).

Neben den o.g. Funktionen ist die MB in Böden stets auch verantwortlich für grundlegende bodenbildende Prozesse wie

- die biochemische Verwitterung von Mineralien (Hydrolyse und Protolyse). Mikroorganismen (im Zuge der Mineralisation) sowie Bodentiere und Pflanzenwurzeln (durch die Wurzelatmung) tragen über die kontinuierliche CO_2-Abgabe (**Bodenatmung**) (Gl. 2.1)

$$CO_2 + H_2O = H_2CO_3 = HCO_3^- + H^+ = CO_3^{2-} + 2H^+ \quad (2.1)$$

wesentlich zur Protonenbildung bei. Der ständige Angriff von Protonen in der Bodenlösung beschleunigt die Verwitterung von Carbonaten, (Gerüst-, Schicht-, Ketten- und Band-)Silikaten und sekundären Silikaten (Tonmineralien). Besonders in schwach saurer bis alkalischer Bodenlösung (pH 4,5 bis 12; Abb. 2.1) dominiert Hydrogencarbonat (HCO_3^-) und die Protonen bilden mit Wasser Hydronium-Ionen (H_3O^+), welche nicht nur die sorbierten Kationen an den Oberflächen der Mineralien austauschen, sondern zudem in die Zwischenschichten eindringen und diese durch Einlagerung aufweiten können. Diese biochemisch-hydrolytische Verwitterung (Protolyse) setzt besonders in feucht gemäßigten und feucht tropischen Bedingungen im Laufe der Zeit beachtliche Konzentrationen an Alkali- und Erdalkali-Ionen frei, die der Ernährung von Pflanzen und Mikroorganismen dienen, aber auch ausgewaschen werden können. Es kommt zur natürlichen Versauerung (z.B. im A_l-Horizont von Parabraunerden). Mit sinkendem pH-Wert steigt die Protonenaktivität, was die Verwitterung nur noch beschleunigt. Gerade in mikrobiologisch aktiven Böden wird auch Ammonium durch aerobe chemolithoautotrophe *Bacteria* und *Archaea* rasch zu Nitrat oxidiert (Gl. 2.2)

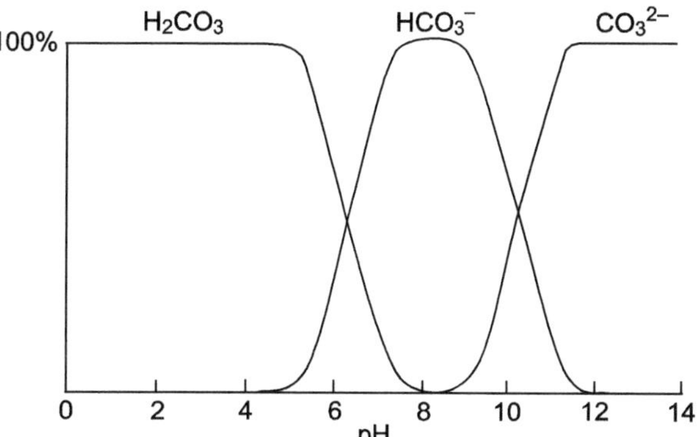

Abb. 2.1 Die Dissoziation von H_2CO_3 in Wasser zu Hydrogencarbonat- und Carbonat-Ionen in Abhängigkeit vom pH-Wert. Im pH-Bereich von 6 bis 10 liegt Kohlensäure hauptsächlich als HCO_3^- und H^+ vor, unterhalb von pH 4,5 zerfällt sie in hydratisiertes CO_2 und H_2O

$$NH_4^+ + 2\,O_2 \xrightarrow{\textit{Nitrifikanten}} NO_3^- + H_2O + 2H^+ + ATP \quad (2.2)$$

wobei stets auch Protonen entstehen (pro Mol HNO_3 ein zusätzliches Proton), die eine Absenkung des pH-Werts beschleunigen können (Kap. 12). Hohe Aktivitäten von Mikroorganismen und Wurzeln führen im Laufe der Zeit in schwach gepufferten Böden zwangsläufig zu **pH-Absenkungen**, die es auf landwirtschaftlich genutzten Standorten durch Kalkung, Kali- und Magnesiumdünger zu kompensieren gilt. Weiter ist die MB entscheidend verantwortlich für

- Redoxprozesse und -veränderungen (das pH-E_h-Redoxniveau; Kap. 14). Die Mineralisation von organischen Verbindungen (Wasserstoff- oder Elektronen-Donatoren) ist bei der Energiekonservierung

(ATP-Synthese) stets gekoppelt mit der Reduktion von geeigneten Wasserstoff- oder Elektronen-Akzeptoren, die sich im oxidierten Zustand befinden müssen (Kap. 3). Zahlreiche aerobe Mikroorganismen (*Bacteria, Archaea*, Pilze) können bei der Mineralisation organischer Substrate nicht nur O_2 (Respiration), sondern bei vermindertem Sauerstoffangebot (oder Anaerobiose) in einer ökophysiologischen Sukzession auch Nitrat, Mn(IV)- und Fe(III)-(Hydr)Oxide oder Sulfat als alternative Elektronen-Akzeptoren zur Aufrechterhaltung ihrer respiratorischen Energiegewinnung verwenden. Weil Cytochrome als Elektronen-Carrier beteiligt sind, handelt es sich bei diesen Prozessen grundsätzlich um aerobe Vorgänge unter anaeroben Bedingungen (anaerobe Atmungen). Im Zuge dieser sequenziellen mikrobiellen Reduktionsprozesse ($O_2 \rightarrow NO_3^- \rightarrow$ Mn(IV) $\rightarrow$ Fe(III) $\rightarrow SO_4^{2-}$) senkt sich das Redoxniveau (pH-E_h-Redoxniveau) stufenweise von ursprünglich etwa + 800 bis +600 mV (je nach pH-Wert) auf etwa –420 mV ab (Kap. 3, 14). Veränderungen im Redoxniveau von Böden sind somit biochemischen Ursprungs und Folge spezifischer mikrobiologischer Reduktionsprozesse und nicht Ursache von chemischen Transformationen (Ottow 1982). Tritt bei Austrocknung zunehmend O_2 in den Boden ein, werden die Reduktionsprodukte (Ammonium, Mn(II), Fe(II) und S^{2-}) durch oxidierende Mikroorganismen (beispielsweise Nitrifikanten, Mangan- und Eisenoxidierer, schwefeloxidierende Bakterien) und Autoxidation erneut oxidiert. Sterile Böden zeigen keine oder sehr geringe Redox-Veränderungen, auch nicht bei Einleitung von H_2 (Kap. 14). Zu den grundlegenden Prozessen der MB gehört auch

- die Huminstoffsynthese (Humusbildung). Im Zuge des mikrobiellen (hauptsächlich pilzlichen) Ligninabbaus entstehen Metabolite chinoider Natur, die als Folge spontaner chemischer oxidativer Kopplungsreaktionen unter Beteiligung von Aminosäuren (nucleophile Addition) zu Huminstoff-Vorstufen polykondensieren können (Kap. 11). Nicht zuletzt sind zahlreiche taxonomisch sehr verschiedene Prokaryoten (*Bacteria* und *Archaea*) verantwortlich für
- die biologische N_2-Bindung (Diazotrophie) unter Einsatz des Enzymkomplexes Nitrogenase. Durch die N_2-Bindung bringen heterotrophe Bakterien und Cyanobakterien (Blaualgen) den Stickstoff in Böden in Umlauf, andere Mikroorganismen halten den Stickstoff durch Ammonifikation, Nitrifikation und Denitrifikation (Veratmung von Nitrat zu NO, N_2O und N_2) im Kreislauf. Nur in Symbiosen mit Prokaryoten sind Eukaryoten (Pflanzen, Algen, Echte Pilze) zur N_2-Bindung befähigt (Kap. 13).

2.2 Methoden zur quantitativen Erfassung der mikrobiellen Biomasse

2.2.1 Direkte Quantifizierungen

Seit etwa 1970 hat sich die **Epifluoreszensmikroskopie** (EFM) als wichtigste Technik zur direkten quantitativen Bestimmung von Prokaryoten und Echten Pilzen in Böden allgemein durchgesetzt. Dazu werden die Zellen in Bodensuspensionen oder Ausstrichen mit fluoreszierenden Farbstoffen (Fluorochrome) wie Acridinorange (AO, färbt Nucleinsäuren), DAPI (4,6-Diamidino-2-phenylindol, färbt DNA), Fluoresceinisothiocyanat (FITC, reagiert mit Proteinen), Europiumchelat (EC, färbt DNA und RNA), Ethidiumbromid (EB, färbt Nucleinsäuren) oder Phenolanilinblau (besonders geeignet zur Anfärbung von Glykanbindungen in Pilzhyphen) gefärbt (Li *et al.* 2004). Für die Mikroskopie von Bodenbakterien hat sich FITC sehr bewährt. Fluoresceindiacetat (FDA, fluoresziert nicht) wird zur Anfärbung von Pilzhyphen empfohlen (Sánchez-Monedero *et al.* 2008). Nach Anfärben wird es von pilzlichen Esterasen zu Fluorescein und Acetat hydrolysiert. FDA färbt im Wesentlichen nur junge wachsende Pilzhyphen und ist folglich zur Bestimmung der pilzlichen Gesamtbiomasse ungeeignet. In der EFM werden die gefärbten Zellen und Hyphen mit Licht einer bestimmten Wellenlänge zum Leuchten angeregt und können infolgedessen gezählt bzw. gemessen und in Biomasse umgerechnet werden. Dazu muss vorher das mittlere Volumen der Bakterienzellen und das Gesamtvolumen der Hyphen abgeschätzt werden, was außerordentlich schwierig ist. Bakterienzellen und Pilzhyphen sind meist fest an organischen und anorganischen Bodenkolloiden sorbiert und infolgedessen auch nach Dispersion in Bodensuspensionen schwer zu identifizieren; dies gestaltet die quantitative mikroskopische Bestimmung zusätzlich problematisch und unsicher, zumal die Mehrzahl an Bodenbakterien einen Durchmesser von < 0,5 µm besitzt und damit gerade

Box 2.1 Entwicklungen in der Lichtmikroskopie: dem Bodenleben auf der Spur

Die Gesamtvergrößerung eines Lichtmikroskops entspricht dem Produkt aus primärer Objektiv- und sekundärer Okularvergrößerung und erreicht im Standardmikroskop (mit Ölimmersion) etwa eine 1000-fache Vergrößerung. Die im Mikroskop erreichbare Endvergrößerung ist prinzipiell nahezu unbegrenzt, bringt aber nur soweit Gewinn, als sichtbare Strukturen im Primärbild bis zur Wahrnehmbarkeit durch das Auge im Okular nachvergrößert werden. Entscheidend für die Qualitität eines Mikroskops ist nicht die Endvergrößerung, sondern das **Auflösungsvermögen**. Das maximale Auflösungsvermögen ist der kleinste Abstand *d*, den zwei Strukturelemente haben dürfen, um noch als zwei getrennte Elemente im Bild zu erscheinen. Je nach Wellenlänge des sichtbaren Lichtes und der Apertur des Mikroskops beträgt *d* etwa 0,2–0,25 µm. Dies bedeutet, dass gerade noch die Morphologie, nicht jedoch die Cytologie von Prokaryoten oder Pilzen im Lichtmikroskop sichtbar sind. Hingegen erreicht das Auflösungsvermögen eines **Elektronenmikroskops** (EM) etwa 4 bis 0,1 nm, was das EM für cytologische Untersuchungen prädestiniert (1 nm = 10^{-3} µm). Neben der Durchlicht- oder Auflichtmikroskopie sind heute in der Bodenmikrobiologie mehrere Spezialverfahren wie die Phasenkontrast-, Epifluoreszenz- und Konfokalmikroskopie im Einsatz. Die **Fluoreszenzmikroskopie** ist eine spezielle Form der Lichtmikroskopie. Als Lichtquelle dienen entweder Quecksilberdampflampen oder Laserstrahlen, mit denen die Fluorochrome in den Objekten beleuchtet werden. Die zur Anregung des Fluoreszenzfarbstoffes notwendige Wellenlänge wird mit optischen Filtern isoliert und das einfarbige Licht auf das Objekt geleitet, das Fluoreszenzlicht emittiert, welches im Objektiv gesammelt wird. Farbteiler trennen das Fluoreszenzlicht von den übrigen Lichtstrahlen und leiten es ins Okular des Mikroskops, auf eine Fotokamera (analog oder digital) oder auf einen elektronischen Verstärker (*Photomultiplier*). **Autofluoreszenz** verschiedener (organischer) Bodenkomponenten können störende Hintergrundsignale aussenden. Bei der **Konfokalmikroskopie** (CM) und bei der **Konfokalen-Laser-Scanning-Mikroskopie** (CLSM) wird das Anregungslicht in die Probe hineinfokussiert, und nur ein geringer Teil des emittierten Fluoreszenzlichts aus diesem Fokus wird durch das gleiche Objektiv auf eine Lochblende geleitet. Von dort gelangt es auf einen Detektor (*Photomultiplier*). Anregungs- und Detektionsfokus liegen übereinander (**konfokal**). Bei der CLSM rastert ein Laserstrahl punktweise ein Objekt, wobei er in der Fokusebene der Probe maximal fokussiert ist. Durch Scannen und Abrastern übereinanderliegender Schichten wird aus Einzelaufnahmen ein dreidimensionales Bild am Computer zusammengesetzt. Aufgrund der punktförmigen Analysen wird ein großer Teil der Hintergrundsignale aus höher oder tiefer liegenden Schichten ausgeblendet. Mit der 4Pi-Technologie (4Pi-T, entwickelt von **S. Hell**, Göttingen) im Lichtmikroskop können submikroskopische Strukturen von 70 bis 140 nm in Zellen oder in Zellorganellen deutlich sichtbar gemacht werden. Im 4Pi-Mikroskop werden zwei Objektive verwendet, die gegeneinander gerichtet sind. Die Lichtwellen beider Objektive überlagern sich so, dass sie ihr Feld im Fokuspunkt verstärken. So wird eine kugelförmige Lichtwelle stimuliert, die fast aus allen Richtungen auf den Fokuspunkt zuläuft. Das Auflösungsvermögen wird nicht mehr durch die Lichtwellenlänge, sondern nur noch durch die Menge des vom untersuchten Objekt abgestrahlten Lichtes (Photonenintensität) bestimmt. Insbesondere durch die CLSM und 4Pi-T sowie durch die große Vielfalt an kommerziell verfügbaren spezifischen Fluoreszenzmarkierungen von Bakterien ist es möglich geworden, Zellanordnungen und Strukturen in Böden und in der Rhizosphäre aufzuklären. **A. Hartmann** und seine Gruppe, Neuherberg-München, haben auf diesem Gebiet bahnbrechende Entwicklungen eingeleitet und grundlegend neue strukturelle Erkenntnisse für die Boden- und Rhizosphären-Mikrobiologie erarbeiten können (Hartmann *et al.* 1997; Li *et al.* 2004).

noch im Auflösungsbereich des Lichtmikroskops liegt (Box 2.1).

Diese bodenspezifischen Schwierigkeiten lassen sich durch Einsatz eines **Konfokalmikroskops** (eine Variante des Fluoreszenzmikroskops) teilweise lösen, weil in diesem Mikroskop virtuelle optische Schnitte durch ein Objekt erzeugt werden, die anschließend durch geeignete Software zu einer räumlichen Darstellung zusammengesetzt werden (Box 2.1). Inzwischen wurde die *in-situ*-Bestimmung der Gesamtzellzahl von Prokaryoten in Ausstrichen durch Verwendung der **konfokalen-Laser-Scanning-Mikroskopie** (CLSM) zur Praxisreife gebracht. Bei allen lichtmikroskopischen Direktzählungen werden sowohl die kultivierbaren als auch nichtkultivierbaren Mikroorganismen zahlenmäßig erfasst, was ein großer Vorteil dieser

Techniken ist. Mikroskopische Methoden sind jedoch arbeitsintensiv und fehlerhaft, weil eine Differenzierung zwischen toten und lebendigen Zellen und vollständig oder teilweise aktiven Hyphen kaum möglich ist. Um lebende und physiologisch aktive Bakterienzellen zu erfassen, können die Bakterien im Präparat mit Tetrazoliumsalzen (wie 2-(*p*-Jodphenyl)-3-(*p*-nitrophenyl)-5-phenyltetrazoliumchlorid oder 5-Cyano-2,3-ditolyltetrazoliumchlorid) gefärbt werden. Nur physiologisch aktive Bakterien (und nur wenige Pilze) können die intrazellulären Tetrazoliumsalze als Elektronen-Akzeptoren verwenden und zu roten Farben reduzieren; dies erleichtert das Zählen wesentlich und macht die Ergebnisse zuverlässiger. Mikroskopische Methoden verlangen viel Erfahrung und Engagement, um reproduzierbare Ergebnisse zu erhalten (Schinner *et al.* 1993, 1995; Bloem *et al.* 1995; Schinner und Sonnleitner 1996; Hartmann *et al.* 1997; Li *et al.* 2004; Kandeler *et al.* 2007).

2.2.2 Indirekte Quantifizierung

Keimzählungen: Auch die quantitative Erfassung der bakteriellen bzw. pilzlichen Biomasse über das Koch-sche Plattengussverfahren (*plate count technique*) zur Bestimmung der kolonienbildenden Einheiten (KBE oder *cell-forming-units* = cfu) an Bakterien bzw. an Pilzen ist zwar für Routineuntersuchungen geeignet, doch stellen die Keimzahlen nur Populationsdichten (Lebendzahlen) von kultivierbaren Bakterien bzw. Echten Pilzen dar (Kap. 4 und 8). Diese Keimzahlen können zudem je nach Nährstoffzusammensetzung der Agarmedien sehr stark schwanken (eine bis zwei Zehnerpotenzen), was die Vergleichbarkeit der Ergebnisse unterschiedlicher Arbeitsgruppen infrage stellt. Mit dem Plattengussverfahren unter Verwendung von (handelsüblichen) nährstoffreichen Standardmedien werden im Wesentlichen zymogene Mikroorganismen erfasst, sodass die Lebendzahlen nicht nur die Gesamtdichten an Bakterien oder Pilzen unterschätzen, sondern auch selektiv erfassen. Ein entscheidender Vorteil der indirekten Kulturverfahren ist die Möglichkeit, mit Selektivmedien bestimmte morphologisch-physiologische Bakteriengruppen wie Streptomyceten, Proteolyten, Cellulosezersetzer, potenziell N_2-bindende Bakterien etc. quantitativ zu erfassen. Durch Bebrütung der Platten unter O_2-Abschluss (in einer N_2-/CO_2-Atmosphäre) lassen sich mit geeigneten Medien auch die obligat-anaeroben Mikroorganismen quantifizieren. Weiter bieten Agarplatten die Möglichkeit, aus den höchsten bewachsenen Verdünnungsstufen Kolonien abzuimpfen und Stämme zu isolieren, um qualitative Aussagen über die Zusammensetzung der häufigsten (überwiegend) zymogenen Mikroorganismen zu ermöglichen. Das Plattengussverfahren ist bis heute die einzige Methode, um Mikroorganismen zu isolieren und nach umfangreichen morphologisch-physiologischen Tests taxonomisch einzuordnen. Das Plattengussverfahren ist trotz der Unzulänglichkeiten in der Bodenmikrobiologie unentbehrlich, wenn es darum geht, Organismen zu isolieren, zu identifizieren und molekularbiologisch (Mol-% G + C) zu charakterisieren (Kap. 4).

Die MPN-Technik: Anstelle von halbfesten Agarmedien können auch verschiedene selektive Flüssigmedien, abgefüllt in Reagenzgläsern (wahlweise 3, 5 oder 10 Parallelansätze pro Verdünnungsstufe) beimpft, bebrütet und bewertet werden (durch Wachstum, Gasbildung und/oder nach Zusatz spezifischer Reagenzien). Die positiven Röhrchen werden tabellarisch erfasst und die Keimzahlen (*most probable number*, MPN) mithilfe von Wahrscheinlichkeitstabellen bestimmt und pro Gramm TB ausgedruckt. Durch Verwendung verschiedener Selektivmedien kann ein breites Spektrum an physiologischen Bakteriengruppen (z. B. Nitrifikanten, potenziell denitrifizierende Bakterien, potenziell eisenreduzierende Bakterien etc.) erfasst und durch Ausplattieren der höchsten positiven Röhrchen auf Agarmedien auch isoliert und identifiziert werden. Auch Protozoen lassen sich mit der MPN-Technik quantitativ bestimmen (Lorch *et al.* 1995).

Enzymspiegel und Biomarker: Unter den verschiedenen indirekten Methoden zur Quantifizierung der MB in Böden gibt es sehr unterschiedliche Ansätze, darunter auch solche, die sich für Routineuntersuchungen besonders eignen, weil sie relativ einfach, empfindlich und gut reproduzierbar sind. Einige Methoden, wie die Quantifizierung von freien Enzymaktivitäten (Box 2.2; Tabelle 2.2), eignen sich kaum zur indirekten Charakterisierung der MB oder der mikrobiellen Aktivität, weil die Höhe der verschiedenen potenziellen Enzymaktivitäten (Aktivitätsspiegel) als Folge ihrer raschen Sorption, Immobilisierung und Stabilisierung an Bodenkolloiden primär vom Gehalt an organischen Substanzen („Humusgehalt") und an Tonmineralen bestimmt wird. Infolgedessen haben

Box 2.2 Enzymspiegel, Indikator für die Aktivität der mikrobiellen Biomasse?

Als Folge der mikrobiellen, tierischen und pflanzlichen Aktivitäten und der Autolyse abgestorbener Zellen werden in Böden ständig extrazelluläre Enzyme („freie Enzyme") freigesetzt. Im Laufe der Zeit stellt sich ein Fließgleichgewicht zwischen Zufuhr und Abbau dieser freien Enzyme ein, was sich in einem relativ konstanten **bodenspezifischen Enzymspiegel** manifestiert. Nach heutigen Vorstellungen sind die freien Enzyme in Böden hauptsächlich mikrobieller Herkunft. Zur Charakterisierung der mikrobiellen Aktivität von Bodenproben wird vielfach auch das Aktivitätsspektrum einer bestimmten Auswahl freier Enzyme des Stoffabbaus (Katabolismus) im C-, N- und P-Kreislauf herangezogen (Tabelle 2.2). Inzwischen besteht ein breites Spektrum an standardisierten Labormethoden, um die **potenziellen Aktivitäten** solcher extrazellulärer Enzyme unter optimalen Bedingungen (Substrakonzentration, pH-Wert, Temperatur, etc.) zu quantifizieren. Auf diesem Gebiet hat **G. Hoffmann** (1920–2006) mit bahnbrechenden Pionierarbeiten wesentlich zur methodischen Entwicklung beigetragen.

Die überwiegende Mehrzahl solcher freien Enzyme befindet sich allerdings nicht in der Bodenlösung, sondern wird nach Freisetzung rasch an Bodenkolloiden (Humus, Tonmineralien, frischgefällte Sesquioxide) immobilisiert und dadurch vor biologischem sowie chemisch-physikalischem Abbau zeitweise geschützt. Durch die Sorption werden die Enzyme in ihrer Aktivität und Kinetik (Michaelis-Konstante, K_m) ton- und enzymspezifisch verändert. Immobilisierte Enzyme wie die alkalische und saure Phosphatase sowie Urease können durch Sorption an verschiedenen homoionischen Tonmineralien (Kaolinit, Montmorillonit, Illit) mit einer Zunahme (oder auch Abnahme) der K_m-Werte sowie mit einer Abnahme der V_{max}-Werte reagieren, was eine Veränderung in der Umsetzungskinetik bedeutet (Makboul u. Ottow 1979a,b.c; Ottow *et al.* 1983). Als Folge der Sorption an Ton-Humus-Kolloiden kann es zur Akkumulation von Enzymen kommen, und infolgedessen sind die potenziellen Aktivitäten der meisten freien Enzyme in sorptionsstarken Böden stets am Höchsten. Zwischen den potenziellen Enzymaktivitäten und dem Humus- (C_{org}-) und Ton-Gehalt besteht (ausgenommen in sehr sauren Böden) in der Regel eine hochsignifikante Korrelation (was die Quantifizierung von Enzymaktivitäten erübrigt). Die Höhe des Enzymspiegels in einem bestimmten Boden kann folglich nicht als ein indirektes Maß für die mikrobielle Aktivität gelten. Auch besteht zwischen den potenziellen Aktivitäten verschiedener freier Enzyme des C-, N- und P-Kreislaufes und der **Fruchtbarkeit** des Bodens (Standortsproduktivität; Kap. 16) nur über den C_{org}-Gehalt ein Zusammenhang.

Die Bedeutung der Aktivitätsbestimmung von freien Enzymen in Böden liegt eher im Bereich von **Indikatoren** für potenzielle Nebenwirkungen von bestimmten Umweltchemikalien (Schwermetalle, Pestizide) oder für die Bewertung von unterschiedlichen Bodenbewirtschaftungssystemen auf Stoffumsetzungen. Einige freie Enzyme (vor allem Hydrolasen wie β-Glucosidase, Xylanase, Invertase, Phosphatasen, Aryl-Sulfatasen) haben sich diesbezüglich als geeignete Parameter erwiesen, wenngleich mit den einzelnen Enzymen vielfach keine **gleichgerichteten Aussagen** verbunden sind (Schinner u. Sonnleitner 1996; Gianfreda u. Ruggiero 2006; Kandeler 2007; Kandeler u. Dick 2007). Vermutlich wird die praktische Bedeutung von freien Bodenenzymen als Bioindikatoren für Umweltbelastungen oder Wirtschaftsweisen überbewertet.

sorptionsstarke Böden zwar stets die höchsten Enzymspiegel, nicht jedoch zwangsläufig die entsprechenden mikrobiellen Biomassen. Auch die Verwendung von spezifischen Biomarkern zur indirekten Quantifizierung der Dichte an Bakterien und Echten Pilzen ist sorgfältig zu prüfen, weil die einzelnen Parameter für die quantitative Bestimmung bestimmter Organismengruppen nicht ausreichend spezifisch sind (Box 2.3).

2.2.3 Bewährte indirekte Routinemethoden

Von den zahlreichen vorgeschlagenen Methoden zur Quantifizierung der MB werden hier nur diejenigen Techniken kurz dargestellt, die sich in der Praxis bewährt haben, wenngleich jede einzelne Methode ihre Vor- und Nachteile besitzt. Für methodische Einzelheiten wird auf Handbücher verwiesen (Alef 1991; Schinner *et al.* 1993, 1995; Alef u. Nannipieri 1995).

Dehydrogenase-Aktivität (DHA): Die Gesamtaktivität der mikrobiellen (im Wesentlichen prokaryo-

Tabelle 2.2 Übersicht einiger freier Enzyme (Auswahl) in Böden und ihre Umsetzungen (Schinner u. Sonnleitner 1996) [1)]

Extrazelluläre Enzyme	Substrate und Produkte
Oxidoreduktasen	
Katalase	$2\,H_2O \rightarrow 2H_2O + O_2$
Peroxidase	$A + H_2O_2 \rightarrow AOx + H_2O$
o-Diphenoloxidase	*o*-Phenol + $\frac{1}{2}\,O_2 \rightarrow$ *o*-Chinon + H_2O
Laccase (*p*-Diphenoloxidase)	*p*-Diphenol + $\frac{1}{2}\,O_2 \rightarrow$ *p*-Chinon + H_2O
Glucoseoxidase	Glucose + $O_2 \rightarrow$ Gluconsäurelacton + H_2O_2
Hydrolasen	
α- und β-Amylasen	Stärke → Amylose, Dextrine, Maltose, Glucose
„Cellulase“ (Endo- und Exo-β-(1-4)-Glucanasen)	Amorphe Cellulose → Cellobiose und Oligomere
β-Glucosidase	Cellobiose → Glucose
Xylanase	Xylan (Hemicellulose) → Xylose, Xylobiose
α-Mannase	Mannose (Hemicellulose) → Mannose
Lipasen (Glycerolester-Hydrolase)	Fette (Glycerintributyrat) + H_2O → Glycerin + 3 Buttersäure
Chitinase	Chitin + H_2O → Chitobiose, Chitotriose
Saccharase (Invertase)	Saccharose → Glucose und Fructose
Phosphatasen (Phosphomono- und diesterhydrolasen; saure u. alkalische Phosphatasen)	Phosphatester + H_2O → ROH + Phosphat
Aryl-Sulfatasen	$R\text{-}O\text{-}SO_3^- + H_2O \rightarrow ROH + H^+ + SO_4^{2-}$
Proteasen	Proteine (z. B. Na-Caseinat) + H_2O → Peptide + Aminosäuren
Asparginase	Aspargin + H_2O → Aspartat + NH_4^+
Amidase (Acylamid-Hydrolase)	Amide ($RCONH_2$) + $H_2O \rightarrow RCOOH + NH_4^+$
L-Glutaminase (L-Glutaminamido-Hydrolase)	L-Glutamin + H_2O → Glutaminsäure + NH_4^+
Urease	Harnstoff $CO(NH_2)_2 + H_2O \rightarrow CO_2 + 2NH_3$
L-Histidin-Ammoniaklyase	L-Histidin → Urocanat + NH_4^+

[1)] für Methoden wird auf Schinner *et al.* (1993, 1996) und Alef u. Nannipieri (1995) verwiesen

tischen) intrazellulären Dehydrogenasen im Boden kann unter Standardbedingungen als indirektes Maß für die MB betrachtet werden. Dazu werden gesiebte, frische Bodenproben mit den wasserlöslichen, leicht reduzierbaren alternativen (zu O_2) Elektronen-Akzeptoren 2,3,5-Triphenyltetrazoliumchlorid (TTC) oder 2(*p*-Jodphenyl)-3-(*p*-nitrophenyl)-5-phenyltetrazoliumchlorid (INT) in Tris-Puffer versetzt und unter Standardbedingungen in Röhrchen bebrütet (24 h, 30 °C). Alle *Bacteria* (und vermutlich auch *Archaea*) sind in der Lage, TTC oder INT intrazellulär als Elektronen-Akzeptor zu verwenden und dabei zum unlöslichen 1,3,5-Triphenylformazan (TPF) bzw. zum unlöslichen Jodnitrotetrazoliumformazan (INF) zu reduzieren (Gl. 2.3)

$$\text{TTC/INT} + 2e + 2H^+ \xrightarrow{\textit{Dehydrogenasen}} \text{TPF/INF} + \text{HCl} \qquad (2.3)$$

Tetrazoliumsalze bilden weder ein Substrat noch wirken sie stimulierend auf das Wachstum von Mikroorganismen. Das wasserlösliche TTC oder INT wird rasch von der MB intrazellulär aufgenommen und wirkt aufgrund seines relativ tiefen E_0' (Standardredoxpotenzials) im Zellinneren als bevorzugter Elektronen-Akzeptor zahlreicher Dehydrogenasen. Die Anwesenheit von NO_3^-/NO_2^- und/oder von Mn(IV)/Mn(II)-(Hydr)Oxiden kann die Messung beeinträchtigen, da ihre Standard-Redoxpotenziale höher liegen als die von TTC und INT. Die DHA ist ein Maß für die intrazellulären Enzymaktivitäten sämtlicher Bodenbakterien und infolgedessen ein indirekter Parameter für die physiologisch aktive mikrobielle Biomasse in Böden. Nach der Bebrütung (im Dunkeln, weil TTC sich unter Lichteinwirkung gelb färbt) wird das intrazelluläre wasserunlösliche TPF oder INF durch Schütteln mit Aceton extrahiert und die Extinktion der roten

Box 2.3 Quantitative Bestimmung von Bakterien und Echten Pilzen mit Biomarkern

Eine zuverlässige Quantifizierung von Prokaryoten und Echten Pilzen in Böden mit nicht-mikroskopischen Methoden ist nach wie vor ein wichtiges Anliegen der Bodenmikrobiologie. Unter den verschiedenen Ansätzen zur Quantifizierung von Prokaryoten mithilfe von spezifischen **Biomarkern** (gruppenspezifische Zellbestandteile) haben sich die Bestimmung von **Muraminsäure** (MurAc), **Diaminopimelinsäure** (DAP) oder **D-Alanin** (D-Ala) in Böden nicht bewährt. MurAc kommt ausschließlich in den heteropolymeren Längsketten aus alternativen *N*-Acetylglucosamin(GlcNAc)- und *N*-Acetylmuraminsäure(MurNAc)-Einheiten im Mureinstützskelett von *Bacteria* (einschließlich Cyanobakterien), nicht aber in *Archaea* vor. *Archaea* sind in Böden und Rhizosphäre (Kap. 17) stets vertreten, wenngleich über ihre Dichte sehr wenig bekannt ist. Im Murein-Sacculus von Bakterien sind die heteropolymeren Längsketten über **D-Ala** und **DAP** peptidisch miteinander verknüpft. DAP (nur in gramnegativen Bakterien) und D-Ala kommen jedoch im Wesentlichen im Murein von *Bacteria* vor (Mykoplasmen und Vertreter des Phylums der *Planctomycetes* sind zellwandlos), eignen sich somit nicht als Biomarker zur Quantifizierung von Prokaryoten (*Archaea* **und** *Bacteria*).

Die DAP-Konzentrationen in Böden können somit nicht in bakterielle Biomasse umgerechnet werden, zumal die DAP-Konzentrationen in den einzelnen kultivierbaren Bakteriengruppen und -arten auch noch sehr stark verschieden sind. Zudem ist über die DAP-(oder D-Ala-)Konzentration der nichtkultivierbaren Bodenbakterien (sie stellen den Löwenanteil an *Bacteria* im Boden; Kap. 7) nichts bekannt. Auch die Quantifizierung von **Glucosamin** (GlcN) in Bodenhydrolysaten ermöglicht keine spezifische Quantifizierung der prokaryotischen Biomasse, weil diese Verbindung ausschließlich im Murein von *Bacteria* vorkommt (und nicht in *Archaea*). Weiter kommt GlcN reichlich im Chitin pilzlicher Zellwände, im Exoskelett von Insekten (einschließlich Insektenlarven) sowie in zahlreichen invertebraten Bodentieren (Regenwürmer, Nematoden, Schnecken etc.) vor. GlcN ist somit in Böden weder für Bakterien noch für die Pilzflora ein spezifischer Biomarker. Auch das GlcN/MurAc-Verhältnis als Indikator für das Verhältnis von Echten Pilzen zu Bakterien erlaubt aus den o. g. Gründen keine zuverlässigen Aussagen.

Als Maß für die Dichte an Echten Pilzen wird häufig der **Ergosterolgehalt** von Böden verwendet. Ergosterol ist zwar das Hauptsterol (ca. 0,7–1% des Trockengewichtes) der pilzlichen Membranen zahlreicher Ascomyceten, Basidiomyceten und Fungi Imperfekti (FI), doch gehört diese Verbindung in der großen und wichtigen Gruppe der *Mucorales* (Subphylum der *Mucoromycotina*, früher *Zygomycota*; Kap. 8) **nicht** zu den charakteristischen Sterolen. *Mucoromycotina* besitzen überhaupt kein Ergosterol (Ergosta-5,7,22-trien-3β-ol; Ergosterin). Darüber hinaus besitzen auch Protozoen und Mikroalgen Ergosterol. Infolgedessen kann die Ergosterolkonzentration im Boden **nicht** als quantitativer Parameter für die Dichte an Bodenpilzen verwendet werden. Grundsätzlich kämpfen alle Extraktionsmethoden mit gravierenden störenden Wirkungen (durch Maskierungen, Sorptionen, Fällungen, Inaktivierungen etc.) von Huminstoffen und Tonmineralien. Sie beeinträchtigen in unbekanntem Ausmaß die Extraktionseffizienz, Reinigung und/oder die Quantifizierung der betreffenden Verbindung, wodurch die quantitative Erfassung fragwürdig ist. Dies gilt nicht nur für Ergosterol, sondern auch für die Quantifizierung von ATP, DNA (Kap. 4) und verschiedenen anderen Markersubstanzen in Böden. Eine zuverlässige quantitative Extraktion und Quantifizierung von Ergosterol, ATP oder DNA aus Böden ist heute (noch) nicht möglich, zumal auch die Extraktionseffizienz der unterschiedlichen Methoden meist unbekannt ist. Infolgedessen sind die Ergebnisse solcher Analysen nicht quantitativ und funktionslos und daher nicht aussagefähig.

Farbkomplexe bei 485 nm gegen die entsprechenden Blindwerte gemessen. Die DHA wird in µg TPF bzw. INF $\times$ g^{-1} TB $\times$ 24 h^{-1} ausgedrückt. Mit einem Gemisch aus Tetrachlorkohlenstoff (CCl_4) und Aceton kann zwar wesentlich mehr TPF extrahiert werden als mit Aceton (Glathe u. Thalmann 1970), doch wird heute aus gesundheitlichen Gründen (narkotisch, leberschädigend) bewusst auf den Einsatz von CCl_4 verzichtet. Die DHA ist ein sehr empfindlicher, gut reproduzierbarer Parameter und durch die einfache Handhabung eine für Routineuntersuchungen besonders geeignete Methode, wie zahlreiche Analysen in Böden, Rhizosphären, Sedimenten und Klärschlammen gezeigt haben. Heute gehört die DHA zu den international bewährten Standardmethoden zur indirekten Quantifizierung der MB, zumal sie auch geeignet ist für die vergleichende Bewertung von Einflüssen anthropogener Stressoren. Weil TTC und INT in kolloidreichen

Böden rasch sorbiert und inaktiviert werden können, andererseits aber in relativ hohen Konzentrationen toxisch auf die Mikroorganismen wirken, ist es erforderlich, eine Optimierung ihrer Konzentration für jeden Boden in Vorversuchen zu ermitteln. Hohe Nitratkonzentrationen im Boden wirken störend auf die DHA, weil sie einen unbekannten Teil der Elektronen aus dem Stoffwechsel abfangen. INT hat sich in vergleichenden Untersuchungen empfindlicher als TTC erwiesen. Die DHA-Bestimmung hat nichts mit der Aktivitätsermittlung freier extrazellulärer Enzyme (Proteasen, Phosphatasen, Aryl-Sulfatasen, Xylanasen etc.; Tabelle 2.2) in Böden zu tun und sollte infolgedessen nicht mit diesen Parametern (und aus fachlichen Gründen schon gar nicht in alphabetischer Reihung) aufgelistet werden. Die DHA ist signifikant korreliert mit der DMSO-RA (s. u.) und anderen indirekten Parametern der mikrobiellen Biomasse (CFI und CFE) (Glathe u. Thalmann 1970; von Mersi u. Schinner 1991; Wilke 1991; Friedel *et al.* 1994; von Lützow u. Ottow 1994; Welp 1999; Lorenz u. Kandeler 2006).

Dimethylsulfoxid(DMSO)-Reduktase-Aktivität (DMSO-RA): Im Prinzip entspricht die Messung der DMSO-RA der DHA, weil etwa 95% der kultivierbaren Mikroorganismen – soweit untersucht – auch DMSO als alternative Elektronen-Akzeptoren für intrazelluläre Dehydrogenasen verwenden können (Alef u. Kleiner 1989). Dabei wird DMSO zum gasförmigen Dimethylsulfid (DMS) reduziert (Gl. 2.4).

$$\text{DMSO } (CH_3)_2SO + 2e^- + 2H^+ \xrightarrow{\text{DMSO-Reduktasen}} (CH_3)_2S \text{ (DMS = Gas)} + H_2O \tag{2.4}$$

In Routineuntersuchungen werden frische Bodenproben in Kolben mit DMSO-Lösung vermischt, mit durchstechbaren Gummikappen verschlossen, bebrütet (3 h, 30 °C) und Gasproben der Atmosphäre anschließend gaschromatographisch auf DMS untersucht. DMS ist im Gegensatz zu DMSO wasserunlöslich und geht quantitativ in die Gasphase über. Die DMSO-RA als Maß der MB wird in ng DMS $\times$ g^{-1} TB ausgedrückt. Intrazelluläre, relativ unspezifische Dehydrogenasen katalysieren die DMSO-Reduktion, und ihre Gesamtaktivität im Boden kann unter Standardbedingungen als ein indirektes Maß für die MB verwendet werden. Die Methode der DMSO-RA ist sehr empfindlich und gut reproduzierbar, sodass Messungen mit kleinen homogenen Bodenproben von 100 mg bis 1 g durchgeführt werden können. Nitrat, Mn(IV)- und Fe(III)-(Hydr) Oxide sowie Sulfat haben offenbar keinen signifikanten Einfluss auf die DMSO-Reduktion, obwohl das Standard-Redoxpotenzial der o.g. Reaktion bei +160 mV und damit unterhalb der entsprechenden Redoxpotenziale für Nitrat/Nitrit und Mn(IV)/Mn(II), aber oberhalb der Standard-Redoxpotenziale von Fe(III)/Fe(II) und Sulfat/Sulfid liegt. Aufgrund seiner hohen Löslichkeit kann angenommen werden, dass sich hohe Nitratkonzentrationen negativ auf die DMSO-Reduktion auswirken. Infolge ihrer hohen Empfindlichkeit besteht zwischen der mit der DMSO-RA und mit Methoden wie die CFI oder SIR bestimmten MB in vielen Böden keine signifikante Korrelation. Die Messung der DMSO-RA eignet sich auch sehr gut für die Bestimmung der MB in Abwasserschlamm oder zur Bewertung von Nebeneffekten anthropogener Stressoren. Voraussetzung für die Durchführung dieser Methode ist ein Gaschromatograph (GC) mit Flammen-Ionisationsdetektor (FID) (Alef u. Kleiner 1989; Alef 1991; von Lützow u. Ottow 1994; Alef u. Nannipieri 1995; Dilly u. Munch 1995; Rajbhandari *et al.* 1995).

Die Chloroform-Fumigations-Inkubations-Methode (CFI): Die indirekte Bestimmung der MB mit der CFI-Methode beruht auf der Intensität der CO_2-Freisetzung aus einer homogenen Bodenprobe, die nach Begasung mit Chloroform (24 h) zur Abtötung der Mikroorganismen mit dem ursprünglichen Boden inokuliert und anschließend 10 Tage bei 25 °C bebrütet wird. Die CO_2-Differenz zwischen der begasten und unbegasten Bodenprobe (Kontrolle) kann als ein Maß für den C_{mic}-Gehalt der MB betrachtet werden. Die entsprechende Menge an gebildetem NH_4^+-N ist dann proportional zur N_{mic}-Konzentration der gleichen MB (Jenkinson u. Powlson 1976; Jenkinson 1988). Der C_{mic}-Gehalt berechnet sich nach der Formel (Gl. 2.5):

$$C_{mic} = CO_2\text{-}C_{fumigiert} - CO_2\text{-}C_{Kontrolle} / k_c \tag{2.5}$$

In dieser Gleichung ist k_c (Proportionalitätsfaktor) der Anteil des Biomasse-C, der nach 24-stündiger $CHCl_3$-Begasung und einer 10-tägigen Inkubation zu CO_2-C mineralisiert wurde (Abb. 2.2). Je nach Boden (ausgenommen saure Böden) schwankt dieser Anteil zwi-

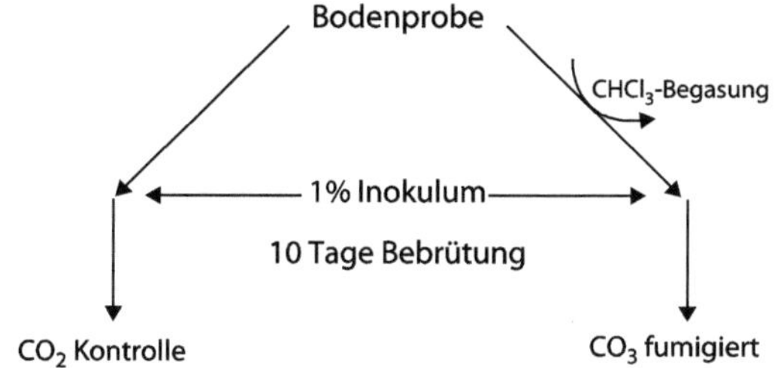

b = CO_2 aus abgetöteter Biomasse
h = CO_2 aus org. Substanz des Bodens

b′ = CO_2 aus abgetöteter Biomasse
h′ = CO_2 aus org. Substanz des Bodens

Voraussetzungen: b′>> b ; h′= h

$$\text{Biomasse} - C = \frac{CO_2 - C_{fumigiert} - CO_2 - C_{Kontrolle}}{k_c}$$

$$k_c = 0{,}45\ (25°C)$$

Abb. 2.2 Schematische Darstellung der Methodik und Kalkulation der mikrobiellen Biomasse (C_{mic}) mittels Fumigation-Inkubations-Methode (Martens 1995)

schen 0,41 und 0,58, wird aber in der Praxis auf 0,45 (25 °C) gesetzt (Jenkinson u. Ladd 1981; Jörgensen 1995). Die C_{mic}-Konzentration wird in μg x g^{-1} TB ausgedrückt. Bei der Fumigation überleben noch so viele Mikroorganismen, dass auf eine Reinokulation für die Mineralisation während der anschließenden Inkubation eigentlich verzichtet werden kann, was bei der Chloroform-Fumigations-Extraktions-Methode (CFE) auch realisiert wurde.

Eine wichtige Fehlerquelle der CFI ist die Verwendung von ungereinigtem Chloroform (kontaminiert mit Ethanol). Ethanol verbleibt überwiegend im Boden, wird als leichtmineralisierbare C-Quelle rasch abgebaut und führt zu erhöhten CO_2-Werten. Weiter gibt es systematische Fehler bei der Wahl des Faktors k_c, der je nach Zusammensetzung der Bodenorganismen in einem weiten Bereich zwischen 0,25 und 0,6 schwanken kann. Die Anwendung eines konstanten k_c-Faktors bei verschiedenen Böden wird empfohlen. Es ist sehr schwierig die k_c-Werte der FI-Methode (und die k_{ec}-Werte der FE-Methode) zu bestimmen. Hauptfehler ist wahrscheinlich die Eichung. Infolgedessen macht es keinen Sinn, Böden spezifisch zu eichen, sondern es ist besser, einen einheitlichen Mittelwert zu verwenden (pers. Mittlg. R. G. Jörgensen). Auf sauren Böden (pH < 4,2) kann die CFI nicht angewandt werden, weil die Mineralisation der abgetöteten Mikroorganismen auch nach Beimpfen gehemmt wird und sehr langsam verläuft. Weiter können während der langen Bebrütung von 10 Tagen sowohl N-Immobilisierungs- als aus Denitrifikationsverluste auftreten, was die Bestimmung der MB beeinträchtigen kann (Vance *et al.* 1987; Martens 1995). Da die CFI-Methode arbeitsaufwändig und zudem nicht auf sauren oder auf frisch organisch gedüngten Böden anwendbar ist, wird diese Methode heute nur noch selten angewandt (Jenkinson *et al.* 2004).

Die Chloroform-Fumigations-Extraktions Methode (CFE): Die CFE unterscheidet sich von der CFI dadurch, dass die Bodenproben nach der Fumigation (24 h, 25 °C) mit 0,5 M K_2SO_4-Lösung extrahiert (Brookes *et al.* 1985; Vance *et al.* 1987; Wu *et al.* 1990; Brookes 2001; Jörgensen u. Brookes 2005), filtriert und der C_t-Gehalt im Filtrat mit $K_2Cr_2O_7$-Lösung oder durch $K_2S_2O_8$-Oxidation in einem automatischen C_{org}-Analysator bestimmt wird (Wu *et al.* 1990). Die N_t-Konzentrationsbestimmung in den fumigierten (N_f) und nicht begasten Proben (N_k) erfolgt mit Kjeldahl. Die Differenzen in C_t bzw. N_t zwischen dem begasten und unbegasten Boden wird proportional zur mikrobiellen Ausgangsbiomasse gesetzt. Es wird angenommen, dass die abgetöteten Zellen, Hyphen und Protozoen durch rasche autolytische Vorgänge zerlegt und anschließend durch starke Oxidationsprozesse (schwefelsaure Kaliumdichromatlösung bzw. $K_2S_2O_8$) vollständig aufgeschlossen werden. Die Berechnung erfolgt entsprechend der CFI-Methode, und die Konzentrationen an mikrobiellem Kohlenstoff (C_{mic}) bzw. an mikrobiellem N (N_{mic}) werden in μg C bzw. N x g^{-1} TB ausgedruckt. Zur Berechnung von C_{mic} wird ein k_{ec} von 0,35 empfohlen, obwohl die meisten Autoren k_{ec}-Faktoren zwischen 0,30 und 0,35 ermittelten, wenn für die C-Bestimmung schwefelsaures Kaliumdichromat als Oxidationsmittel verwendet wird (Martens 1995). Weil die C-Bestimmung mit dem TOC (*total organic carbon*)-Analysator höhere C_{mic}-Ergebnisse bringt als mit Kaliumdichromat, wird beim TOC-Verfahren ein k_{ec} von 0,45 eingesetzt (Jenkinson 1988; Sparling *et al.* 1990; Kaiser *et al.* 1992; Jörgensen 1995; Martens 1995; Brookes 2001; Friedel u. Gabel 2002; Friedel *et al.* 2002; Jörgensen u. Brookes 2005).

Zur Bestimmung der P_{mic}-Konzentration werden Bodenproben (mit einem pH-Wert um 7) vielfach mit 0,5 M $NaHCO_3$-Lösung (k_{ep} = 0,4) und für die Ermittlung des S_{mic}-Gehaltes mit 10 mM $CaCl_2$-Lösung extrahiert (Brookes *et al.* 1982). Für saure Böden hat sich die Extraktion mit einer Mischlösung aus 0,03 M NH_4F und 0,025 M HCl bewährt (Chen u. He 2004).

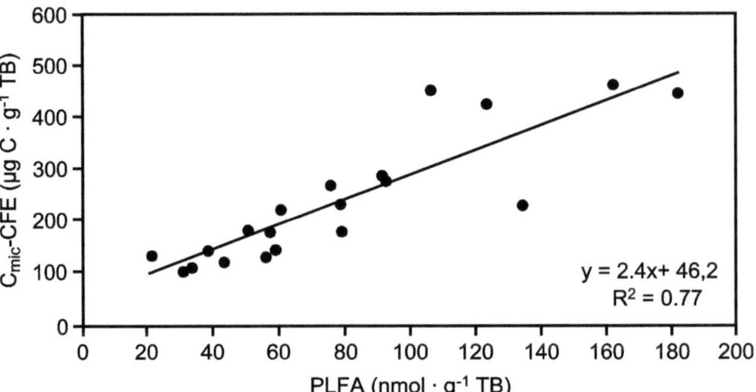

Abb. 2.3 Beziehung zwischen dem C_{mic}-Gehalt (CFE-Methode) und der Konzentration an Phospholipidfettsäuren (PLFA) als Maß der mikrobiellen Biomasse (Bailey *et al.* 2002)

Vorteile der CFE sind die gute Standardisierung und die sehr gute Reproduzierbarkeit. Allerdings stellt die CFE-Methode große Anforderungen an die analytische Genauigkeit, besonders wenn bei geringen mikrobiellen Biomassen die extrahierten C, N oder P-Konzentrationen gering sind (Jörgensen 1995). Die CFE-Methode ist inzwischen zum weit verbreiteten und zuverlässigsten Standardverfahren geworden, zumal die C_{mic}-Ergebnisse der CFE-Methode gut mit dem PLFA-Gehalt (= Konzentration an Phospholipfettsäuren aus mikrobiellen Membranen als Parameter der MB; Kap. 4) korrelieren (Abb. 2.3). Sporen (*Bacteria*, Pilze) und dickwandige Cysten (*Bacteria*, Protozoen) werden bei der Fumigation mit Chloroform nicht zerstört und somit nicht erfasst. Als Ruhe- und Dauerstadien sind sie jedoch kein Bestandteil der aktiven MB. Die CFE hat wesentlich zum Erkenntnisfortschritt des Umfangs und der Dynamik der MB in Böden beigetragen.

Im Vergleich zur CFI hat die CFE-Methode verschiedene Vorteile. So kann die CFE in Böden (1) mit allen pH-Bereichen, (2) die frisch organisch gedüngt und (3) die wassergesättigt sind, angewandt werden. Allerdings wird die Abschätzung von C_{mic} bzw. N_{mic} mithilfe der CFE-Methode in stark durchwurzelten Böden durch chloroformlabile C- und N-Verbindungen verfälscht (Friedel u. Gabel 2002). Es ist der CFE-Methode zu verdanken, dass die Bestimmung von mikrobiellen C/N-, C/P- und C/S-Verhältnissen in Böden mit einer Methode in Routineuntersuchungen möglich ist (Brookes 2001; Jörgensen u. Emmerling 2006).

Substratinduzierte Respiration (SIR) als Basis für die mikrobielle Biomasse. Bei der SIR-Methode werden Bodenproben mit Glucose in einer Konzentration vermischt, die zur maximalen Atmung (O_2-Aufnahme bzw. CO_2-Freisetzung) der vorhandenen MB erforderlich ist. Dazu werden die Bodenproben anschließend in die Inkubationsgefäße einer Respirationsanlage gefüllt und die O_2-Aufnahme oder CO_2-Abgabe so lange kontinuierlich im Sapromat, Infrarot-Gasanalysator oder gaschromatographisch (mit Wärmeleitfähigkeitsdetektor) gemessen, wie die Atmung linear verläuft (1–6 h, 22 °C). Bevor die Mikroorganismen anfangen sich zu vermehren (Latenzzeit nach Glucoseinduktion), erreicht die Respiration ein Plateau, das proportional zur MB ist (Anderson u. Domsch 1978). In Vorversuchen muss die optimale Glucosekonzentration für jeden Boden ermittelt werden. Für landwirtschaftlich genutzte Mineralböden liegt die Glucosesättigung zwischen 2000 und 4000 mg x kg^{-1} TB (Alef 1991). Zur Berechnung der MB mit der CFI-Methode dient eine Regressionsgerade (Anderson u. Domsch 1978) (Gl. 2.6)

$$C_{mic}\ (\text{mg C} \times 100\ \text{g}^{-1}\ \text{TB}) = 40{,}04\ (\text{ml CO}_2 \times 100\ \text{g}^{-1}\ \text{TB} \times \text{h}^{-1}) + 0{,}37 \qquad (2.6)$$

Verschiedene Arbeitsgruppen haben eigene modifizierte SIR-Verfahren entwickelt, die sie mit den eigenen Untersuchungsobjekten neu kalibrieren. Infolgedessen produzieren unter Umständen verschiedene Arbeitsgruppen von den gleichen Böden unterschiedliche Ergebnisse. Aufgrund der Ergebnisse eines umfangreichen Ringversuches wird heute empfohlen, für jede Modifikation der SIR-Methode in jedem Fall eine eigene Kalibrierung zu verwenden (Beck *et al.* 1997).

Zwischen der SIR-Methode und der CFI- bzw. CFE-Methode gibt es teilweise signifikante Korrelationen (Kaiser *et al.* 1992; Dilly u. Munch 1995), andererseits aber auch nichtsignikante oder vollständig fehlende Beziehungen (Smith *et al.* 1995). Weiter können die SIR-C_{mic}-Werte die CFI-C_{mic}-Ergebnisse um 20% bis 50% übersteigen oder liegen deutlich darunter (Kaiser *et al.* 1992; Witter u. Kanal 1998). Im Allgemeinen sind die SIR-C_{mic}-Konzentrationen in Böden mit geringer MB höher und in solchen mit hoher MB geringer als erwartet (Martens 1987).

Die SIR-Methode ist sehr empfindlich, gut reproduzierbar und kann mit einem hohen Probendurchsatz automatisiert werden (Heinemeyer *et al.* 1989). Böden müssen sich allerdings im Zustand des **Fließgleichgewichtes** befinden, weil sonst das angebotene Substrat (Glucose) von rasch wachsenden glucoseverwertenden (zymogenen) Mikroorganismen im Baustoffwechsel zur Vermehrung genutzt wird. Hier liegt eine Schwachstelle der SIR-Methodik. Frisch gedüngte Böden können aus diesem Grund auch nicht mit der SIR-Methode auf die MB untersucht werden. Die größten Unterschiede zwischen SIR- und CFI-C_{mic}-Ergebnissen wurden in Böden mit geringer MB (und niedrigem C_{org}-Gehalt) gefunden – vermutlich weil der Anteil an glucoseverwertenden zymogenen Organismen (mit kurzen Verdoppelungszeiten) in solchen Böden überdurchschnittlich hoch ist. Die Verwendung von Glucose zur Quantifizierung der MB in Böden ist grundsätzlich fragwürdig, da ein hoher Prozentsatz (schätzungsweise 20–25%) der zymogenen und vermutlich ein noch größerer Anteil der oligotrophen autochthonen Mikroorganismen in Böden Glucose gar nicht verwerten kann (es fehlen die erforderlichen Enzymsysteme). Weil der Prozentsatz an glucoseverwertenden Mikroorganismen in Böden offenbar relativ konstant ist und die Kalibrierung der SIR mit der CFI-Methode erfolgt, können überhaupt brauchbare Ergebnisse erzielt werden. Die erforderliche Kalibrierung der SIR-Methode mit der empirischen CFI-Methode ist wissenschaftlich kaum zu vertreten. Die Ergebnisse von SIR-Messungen verschiedener Arbeitsgruppen an den gleichen Böden sind so verschieden, dass eine Vergleichbarkeit fast ausgeschlossen ist, wie Ringuntersuchungen auch belegen (Beck *et al.* 1997). Trotz ihrer Mängel ist die SIR-Methode weit verbreitet, vermutlich weil mit ihr große Probenzahlen durch Automatisierung verarbeitet werden können.

2.3 Indikatorfunktionen von C_{mic}/C_{org} und metabolischem Quotient

Im Allgemeinen kann angenommen werden, dass sowohl die autochthonen als auch die zymogenen Mikroorganismen weitgehend mit der CFI-/CFE-Methode erfasst werden, während die verschiedenen SIR-Modifikationen hauptsächlich die **zymogene (glucoseverwertende)** MB quantifizieren (Dilly u. Munch 1998; Dilly 2006). Das Verhältnis der MB – erfasst mit der SIR-Methode (C_{mic}-SIR) – zur CFE-Methode (C_{mic}-CFE) kann dann als spezifischer Indikator für Veränderungen im Verhältnis der glucolytischen zymogenen Mikroorganismen zu der autochthonen Bodenmikroflora herangezogen werden. Veränderungen in den Lebensgemeinschaften als Folge von Bodenbewirtschaftungsmaßnahmen, Düngungen, Stressoren oder pedogenetischen Bodenentwicklungen (z. B. Horizont-Differenzierung im Profil) können durch das C_{mic}-SIR/C_{mic}-CFE empfindlich angezeigt werden (Dilly 2006). Im Allgemeinen kann das C_{mic}/C_{org}-Verhältnis (%) als Indikator für natürliche und anthropogen bedingte Veränderungen im mikrobiellen Fließgleichgewicht von Böden genutzt werden. Besteht in Böden ein Fließgleichgewicht, dann stabilisiert sich der C_{mic}-Anteil in der Regel auf ein bestimmtes standortspezifisches Verhältnis zum C_{org}-Gehalt. Im Schnitt beträgt der C_{mic}-Anteil etwa 0,2–4% des C_{org}-Gehalts.

Im Laufe der Zeit nimmt das C_{mic}/C_{org}-Verhältnis in Oberböden von Ackerstandorten und Wäldern infolge relativ größerer CO_2-C-Verluste im C_{mic}-Anteil als im C_{org}-Gehalt ab, vor allem in Oberböden von Wäldern. Bodenbearbeitungsmaßnahmen stimulieren die mikrobielle Aktivität sehr, was sich in einer Abnahme des C_{mic}/C_{org}-Quotienten äußert, im Wesentlichen die Folge einer Zunahme an relativ persistenten organischen Verbindungen im Humuskörper. Eine frische organische Düngung auf Böden mit langjähriger Monokultur oder mit regelmäßigem Fruchtwechsel führt vielfach zu einer zeitlich begrenzten, standortspezifischen Erhöhung im C_{mic}/C_{org}-Verhältnis, bedingt durch die vorübergehende Zufuhr und Inkorporation von leicht mineralisierbaren organischen Verbindungen in die MB (Anderson u. Domsch 1978). Mit steigendem C-Input steigt das C_{mic}/C_{org}-Verhältnis kurzfristig deutlich an (Witter u. Kanal 1998). Signifikante Unterschiede im C_{mic}/C_{org}-Verhältnis entstehen zwangsläufig auch zwischen mineralisch oder organisch gedüngten Parzellen (Marinari *et al.* 2006). Auf die gleichen Ursachen sind auch die deutlichen Unterschiede im C_{mic}/C_{org}-Verhältnis zwischen Ackerböden und Grünlandstandorten zurückzuführen. Die C_{mic}/C_{org}-Quotienten können durch langjährige Grünlandnutzung auf vergleichbaren Standorten etwa 50% höher liegen als in Ackerböden. Die permanente Pflanzendecke sorgt über Bestandsabfall, Wurzelumsatz und Wurzelexsudation für eine ständige Zufuhr an leicht mineralisierbaren organischen Substanzen. Das Fehlen von Bodenbearbeitungsmaßnahmen im Grünland bedeutet zudem eine geringere Mineralisationsaktivität, was wesentlich zur Steigerung des C_{mic}/C_{org}-Verhältnisses von etwa 2 auf etwa 2,3–2,6% beitragen kann (Jörgensen 1995). C_{mic}/C_{org}-Quotienten von < 1,2% können als deutlicher Hinweis darauf betrachtet werden, dass die Zufuhr an frischen organischen Substanzen seit längerer Zeit unterbrochen ist, was auch bei abnehmender Mineralisation und zunehmender Humifizierung zu einer kontinuierlichen Akkumulation von relativ persistenten organischen Verbindungen zugunsten des C_{org}-Anteils führt. Dies gilt auch für Niedermoorböden, die aufgrund des häufigen O_2-Mangels (Wassersättigung) ein geringes C_{mic}/C_{org}-Verhältnis von etwa 1% aufweisen (Jörgensen 1995).

Im Allgemeinen ist das C_{mic}/C_{org}-Verhältnis eng mit dem N_{mic}/N_t-Quotient korreliert, wie auch Tabelle 2.3 am Beispiel eines Stockprofils aus einem gegenwärtig ackerbaulich genutzten A_p-Horizont aus kolluvialem Bodenmaterial auf einer ehemaligen Schwarzerde (Tschernosem) ersichtlich ist. Ein Vergleich des C_{mic}/C_{org}-Verhältnisses im Ap- und M (30–50 cm)-Horizont des ackerbaulich genutzten Kolluviums mit den entsprechenden Quotienten in den f-A_{xh}-Horizonten der überlagerten Schwarzerde zeigt deutlich, dass die MB im gegenwärtig ackerbaulich genutzten Oberboden regelmäßig mit frischer organischer Substanz versorgt wird (C_{mic}/C_{org} > 1,2%). Demgegenüber zeigt der geringe C_{mic}/C_{org}-Quotient (ca. 0,5%) und das sehr geringe N_{mic}/C_{org}-Verhältnis (ca. 0,07%) im ehemaligen A_{xh}-Horizont Mangel an zersetzbaren organischen Verbindungen und eine geringe Verfügbarbeit an C (aber auch an N) an. Es kann angenommen werden, dass im kolluvialen Oberboden die Mikroorganismen (mit zymogenen Komponenten) anders zusammengesetzt sind als in den Horizonten der überlagerten Schwarzerde (mit eher oligotrophen autochthonen Organismen). Dies wird vom $(C/N)_{mic}$ bestätigt, das für die MB im kolluvialen Oberboden bei 6 bis 6,4 liegt, aber für die Organismen in den überlagerten A_{xh}- und B_v-G_o-Horizonten von 7,2 über 8,8 auf 12,5 ansteigt (Berechnung nicht angegeben). Eine MB mit einem weiten $(C/N)_{mic}$-Quotient lässt auf einen relativen N-Mangel im Unterboden schließen, was im betreffenden Fall zutrifft (Jörgensen *et al.* 2002).

Der **metabolische Quotient** (qCO_2 = µg CO_2-C × mg^{-1} C_{mic} × h^{-1}) wird aus der **Basalatmung** (mg CO_2-C–Freisetzung x h^{-1}) und dem mikrobiellen Biomasse-C-Gehalt errechnet. Er gibt Auskunft über die pro Biomasse- und Zeiteinheit veratmete C-Konzentration. Dieser, auch als spezifische Atmung bezeichnete

Tabelle 2.3 Tiefenverteilung der mikrobiellen Biomasse in einer ehemaligen Schwarzerde (Tschernozem) aus Löss, überlagert von kolluvialem Mineralboden (M-Horizont; Stockprofil) auf dem Versuchsgut Frankenhausen, Nordhessen (Jörgensen *et al.* 2002)

Horizonte		pH (H_2O)	C_{org} (%)	C_{mic} (µg C × g^{-1} TB)	C_{mic}/C_{og} (%)	N_{mic}/N_t (%)
A_p	0–30 cm	7,8	1,56	306,7	2,0	0,3
M	30–50	8,0	1,29	177,2	1,4	0,2
	50–70	7,9	0,90	57,4	0,6	0,08
II-f-A_{xh}	70–80	7,9	1,04	56,0	0,5	0,08
	80–90	7,7	1,11	57,9	0,5	0,07
	90–100	7,7	1,02	54,3	0,5	0,06
	100–110	7,5	0,79	41,6	0,5	0,05
II-B_v-G_o	110–120	7,6	0,50	33,7	0,7	0,05
	120–130	7,7	0,30	21,2	0,7	0,03
II-C-G_o	130–140	8,2	0,29	12,8	0,4	0,04

Legende: II = Bodenmaterial, aus dem die darüber liegenden Horizonte **nicht** pedogenetisch entstanden sind
f-A_{xh} = fossiler (f) dunkelgefärbter ehemaliger A-Horizont einer Schwarzerde aus kalkhaltigem Löss

metabolische Quotient, kann als ein Parameter zur Bewertung unterschiedlichster natürlicher oder anthropogener Einflüsse (organische/mineralische Düngung, Bodenbearbeitung, Pflanzenbau, Trockenheit etc.) auf die Höhe der glucoseverwertenden MB im Fließgleichgewicht herangezogen werden. Weiter ist er ein indirektes Maß für die Effizienz der Nährstoffverwertung von mikrobiellen Lebensgemeinschaften (Alvarez *et al.* 1995; Jörgensen 1995; Meyer *et al.* 1996; Leita *et al.* 1999). Je niedriger der qCO_2 ist, umso effizienter sind die mikrobiellen Umsatzleistungen. Gelegentlich kann die Quantifizierung der Einzelparameter MB und Basalatmung eine geringere Aussagekraft als der qCO_2 haben, weil Belastungssituationen oder Nährstoffmangel dazu führen können, dass die MB sinkt, bei gleichzeitiger Zunahme der CO_2-Freisetzung. Für landwirtschaftlich genutzte Böden des gemäßigten Klimas schwankt der qCO_2-Wert oft zwischen 0,2 und 4,8 µg CO_2-C × mg^{-1} C_{mic} × h^{-1} (Leita *et al.* 1999; Marinari *et al.* 2006). Die spezifische Atmung vermag jedoch den mikrobiellen Glucosestoffwechsel des Bodens nur dann zu charakterisieren, wenn sich der betreffende Boden tatsächlich im Fließgleichgewicht (*steady state*) befindet und nicht gerade frisch gedüngt wurde (Wardle u. Ghani 1995). Im Allgemeinen darf angenommen werden, dass Mangel an C-Input (organische Substanz) nicht nur eine Abnahme im C_{mic}-Gehalt verursacht, sondern gleichzeitig für einen relativ hohen qCO_2-Wert verantwortlich ist (Witter u. Kanal 1998). Die spezifische Atmung kann als Indikator für die Beeinflussung des mikrobiellen Fließgleichgewichtes durch Bodenbearbeitung und/oder Stressoren (was eine Zunahme des qCO_2-Wertes bedeutet) oder für die Entwicklung des terrestrischen Ökosystems (mit einer Abnahme im qCO_2-Wert) herangezogen werden. Böden im Zustand des Fließgleichgewichtes haben eine entsprechende, relativ stabile Mikroflora und folglich relativ konstante Nährstoff- und Energieflüsse pro Zeiteinheit.

2.4 Umfang der mikrobiellen Biomasse in Böden

In Böden unterschiedlicher klimatischer Regionen und Nutzungsarten befinden sich etwa 80 bis 95% des Boden-N in der OBS. Im Schnitt kommen weiter etwa 30–80% des Boden-Phosphats (P) und sogar 90% des Boden-Schwefels (S) im gleichen organischen Pool vor. Da die MB nicht nur für die Gesamtmineralisation und für die zeitliche Nachlieferungsgeschwindigkeit dieser Makronährstoffe in mineralischer Form verantwortlich ist, sondern gleichzeitig auch als Pool der Nährstoffe funktioniert, wird die Bedeutung des Umfangs der MB, ihrer **Umsatzzeit** (Verweildauer) und des **Nährstoffflusses** deutlich. In A_p-Horizonten (< 25 cm) von **Ackerstandorten** im gemäßigten Klima beträgt der C_{mic}-Gehalt im Schnitt etwa 500 bis 600 µg C × g^{-1} TB (Schwankungsbreite etwa 100 bis 1500 µg C × g^{-1} TB) und der N_{mic}-Anteil ungefähr 130 µg N × g^{-1} TB (Streuungsbreite 40 bis 400 µg N x g^{-1} TB), was für die MB einen C/N-Quotienten von etwa 4,6 bedeuten würde. Im A_h-Horizont vom permanenten **Grünland** kann die MB etwa 2 bis 4-mal so hoch wie im Acker sein und umfasst im Schnitt etwa 1500 µg C_{mic} x g^{-1} (Streuungsbreite 500 bis 3000 µg × g^{-1} TB). Im A_h-Horizont (< 20 cm) von gemäßigten Wäldern erreicht die MB im Schnitt etwa 700 µg C x g^{-1} TB (mit einer Variationsbreite zwischen 200 und 2100 µg C × g^{-1} TB, je nach Bodeneigenschaften und Vegetation). Die entsprechenden N_{mic}-Konzentrationen können im Schnitt etwa 300 µg N × g^{-1} TB (Grünland) bzw. 110 µg N × g^{-1} TB (Waldböden) erreichen (Diaz-Ravina *et al.* 1995). Die $(C/N)_{mic}$-Verhältnisse für Grünland bzw. für Oberböden in Wäldern betragen dann ca. 5 bzw. ca. 6,3. Das C/N-Verhältnis für Reinkulturen von Bakterien und Pilzen liegt in der Regel zwischen 3,9 und 6 (Tabelle 2.4). Im Waldboden dominieren vielfach die Pilze, was höhere C/N-Quotienten erklären kann. Die Größe der MB ist zwar stets signifikant mit dem Gesamtgehalt an organischer Substanz (C_{org}, gemessen als TOC = *total organic carbon*) korreliert (Abb. 2.4), doch wechselt der C_{mic}-Anteil am Gesamtgehalt der organischen Substanzen je nach Bodeneigenschaften, Art des Bestandsabfalls und Bewirtschaftungsmaßnahmen deutlich.

Regelmäßige Bodenbearbeitung regt die Mineralisationsaktivität der Mikroorganismen durch Verbesserung des Luft-Wasser-Wärmehaushaltes deutlich an, was eine Verminderung im C_{org}-Gehalt und der MB zur Folge hat (Kandeler *et al.* 1999, 2005; Lentzsch *et al.* 2005; Mondini *et al.* 2006; Govaerts *et al.* 2007; Kemmitt *et al.* 2008). Im Schnitt liegt in Oberböden (A_p- bzw. A_h-Horizonten) des gemäßigten Klimas der C_{mic}-Anteil am gesamten C_{org}-Gehalt bei 0,5 bis 2% (Streuungsbreite etwa 0,2 bis 4%), während der N_{mic} Anteil zwischen 0,7 und 4% von N_t und der P_{mic}-Gehalt etwa 0,1 bis 1,5% von P_t liegt. In Oberböden von Nass-

Tabelle 2.4 Verhältnis von Kohlenstoff zu Stickstoff verschiedener Organismengruppen und Substrate (nach unterschiedlichen Quellen)

Organismengruppen, mikrobielle Biomasse, Substratart	∅ C/N-Quotient	Schwankungsbreite C/N
Heterotrophe kultivierbare Bakterien C/P = ~ 17; C/S = ~ 50	~ 4	3–12
Kultivierbare Echte Pilze	~ 7	5–25
Mikrobielle Biomasse in Böden C/P = 11–15; C/S = ~ 50	~ 6	3–15
Protozoen[1)]	~ 9	5,5–14
frei lebende Nematoden	~ 12	8–15
Eiweiß (Proteine)	~ 3,1	2,9–3,3
Rasenschnitt aus dem Garten	~ 12	10–25
Gründüngung :Leguminosen :Nichtleguminosen	~ 22 ~ 45	20–25 30–50
Laub verschiedener Bäume	~ 50	30–80
Getreidestroh (Mais, Hafer, Weizen)	~100	80–125
Papier	~ 170	
Holz, Sägemehl (gemischt)	~ 500–700	
Splintholz (Kernbereich Baum)	~ 1000	

1) Flagellaten C/N = ~ 6, Thekamöben C/N = ~ 6,5

reisböden liegt die C_{mic}-Konzentration im Durchschnitt bei etwa 225 mg × kg^{-1} TB (mit einer Streuungsbreite von 62–425 mg C_{mic} × kg^{-1} TB), was deutlich geringer ist als in terrestrischen Böden (Witt *et al.* 1998, 2000a, b). Um die Gedanken zu bestimmen, kann als Faustzahl angenommen werden, dass Oberböden (< 25 cm) von mittleren Ackerstandorten des gemäßigten Klimas im Durchschnitt etwa einen C_{mic}-Gehalt von ca. 500 bis 600 kg C × ha^{-1} besitzen. In dieser MB befinden sich weiter etwa 100 bis 160 kg N_{mic} × ha^{-1}, ca. 10–40 kg P_{mic} x ha^{-1} und ungefähr 5–8 kg S_{mic} x ha^{-1}. Die Konzentrationen an mikrobiell festgelegtem K und Ca können auf Ackerstandorten bei etwa 35 bzw. 6 kg pro ha liegen (Smith 1994; Jörgensen 1995; Martens 1995; Lorenz u. Kandeler 2006).

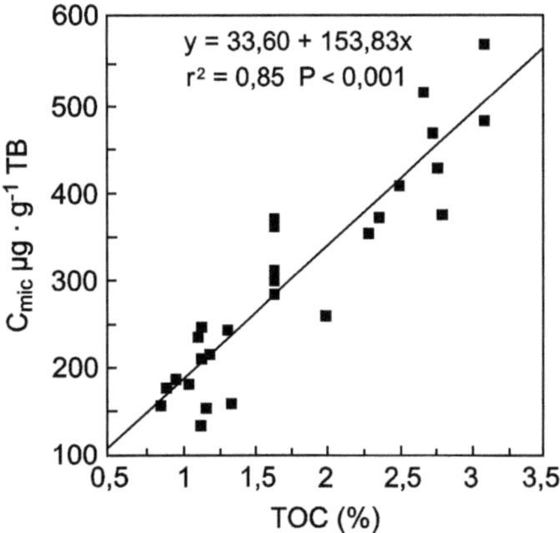

Abb. 2.4 Korrelation zwischen der mikrobiellen Biomasse (C_{mic}-CFE-Methode) und der Gesamtkonzentration an organischem Kohlenstoff (TOC%) eines Cambisols (Braunerde), gedüngt mit unterschiedlichen Kompostgaben (Leita *et al.* 1999)

Die MB von Böden ist meist nicht nur positiv mit dem C_{org}-Gehalt und der N_t-Konzentration korreliert, sondern auch mit der Bodenfeuchte und dem pH-Wert, aber umgekehrt proportional zu der mittleren Temperatur des betreffenden Bodens (Abb. 2.5). Dies bedeutet, dass bei etwa optimalem Wassergehalt (ca. 40–60% mWK) die Konzentration an C_{mic} mit steigender Temperatur als Folge der erhöhten Umsatzraten abnimmt. Folglich ist im Allgemeinen die MB in den feuchten Tropen geringer als im feuchtkühlen, gemäßigten Klima. Temperaturbedingt schwankt im Jahresverlauf auch die MB von Ackerböden in Abhängigkeit von der Jahreszeit und vom Witterungsverlauf. Ackerbaulich genutzte Böden in semiariden Gebieten (*dryland farming*), beispielsweise von Pakistan, besitzen aufgrund der intensiven Mineralisationsprozesse in der kurzen warmen Regenzeit (Juli–August) und der minimalen Rückführung von organischen Substanzen sehr geringe C_{org}-Gehalte (im Schnitt ungefähr 0,39%); dies

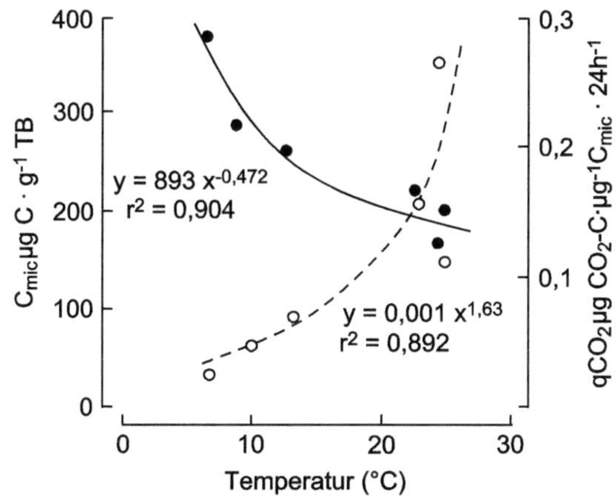

Abb. 2.5 Abhängigkeit der mikrobiellen Biomasse (C_{mic}) und des metabolischen Quotienten (qCO_2; offene Symbole) eines ackerbaulich genutzten Cambisols (Braunerde; Argentinien) von der Bodentemperatur (Jahreszeit) (Alvarez *et al.* 1995)

schlägt sich insgesamt in einer sehr geringen MB mit durchschnittlichen C_{mic}-Konzentrationen von 118 µg $C_{mic} \times g^{-1}$, 12 µg $N_{mic} \times g^{-1}$ und 3,9 µg $P_{mic} \times g^{-1}$ TB nieder (Khan u. Jörgensen 2006). Der Pool an Nährstoffen in der MB ist auf solchen Standorten nicht nur sehr gering, sondern wahrscheinlich auch durch geringe Umsatzraten (in der Trockenzeit) und relativ hohe **Verweilzeiten** gekennzeichnet, was regelmäßige Düngungen mit mineralischem N und P erforderlich macht. Unter den gegebenen klimatischen und sozialen Bedingungen ist zudem kaum mit der Rückführung organischer Substanzen zu rechnen.

Zwischen dem C_{mic}-Gehalt und der C_{org}-Konzentration besteht zwar ein bodenspezifischer Zusammenhang, doch wird diese Korrelation nicht nur von der C-Dynamik, sondern auch von den Wechselwirkungen der C-Umsetzungen mit den Sorbenten, insbesondere mit den Tonmineralien, bestimmt. Infolgedessen besteht in den meisten (ausgenommen in den stark sauren mikrobiologisch inaktiven) Böden eine hoch signifikante Beziehung zwischen der MB, der Konzentration an C_{org} und dem Tongehalt entsprechend der Gleichung (van Gestel *et al.* 1996; Lentzsch *et al.* 2005) (Gl. 2.7)

$$C_{mic} = -51 + 112\%\ C_{org} + 21\%\ \text{Ton}\ (R^2 = 0{,}99) \quad (2.7)$$

Diese Korrelation wurde aufgrund chemisch-physikalisch sehr verschiedener landwirtschaftlich genutzter Böden erarbeitet und zeigt deutlich, dass der mikrobielle Pool an Nährstoffen zwar wesentlich vom C-Input und dessen Dynamik bestimmt wird, darüber hinaus aber signifikant positiv vom Tongehalt des Bodens beeinflusst wird. Böden, relativ reich an C_{org} und Ton, weisen im Allgemeinen die höchsten mikrobiellen Biomassen auf, und zwar weitgehend unabhängig von den anderen Bodeneigenschaften (ausgenommen dem pH-Wert). Aus diesem Sachverhalt heraus ist der Schluss richtig, dass eine Erhöhung der MB (als Nährstoffpool) über solche pflanzen- und ackerbaulichen Strategien erreicht werden kann, die den C_{org}-Gehalt (insbesondere den Anteil an Dauerhumus) langfristig erhöhen. Dazu gehören die konsequente Rückführung von Stoppel- und Ernterückständen, die Einarbeitung von Gründüngung, Düngung mit Komposten sowie die Erhöhung der Wurzelmasse und der Wurzelexsudation über eine regelmäßige bedarfsgerechte mineralische Düngung (vor allem mit P). Wie die Gleichung 2.7 vermittelt, wird der Erfolg solcher Maßnahmen in Ackerböden signifikant positiv von der Art und Menge an Tonmineralien beeinflusst – eine in der landwirtschaftlichen Praxis hinreichend bekannte Erkenntnis. Außer der Rückführung organischer Substanzen können zahlreiche andere Faktoren den Umfang der MB in Böden mit beeinflussen. Neben regelmäßigen organischen und/oder mineralischen Düngungen können die Art des Pflanzenbewuchses (Kulturpflanzen mit ihren spezifischen Stoppelresten und Wurzelmassen) und die Bewirtschaftungsweise (konventionelle oder standortspezifische minimale oder reduzierte Bodenbearbeitung) einen signifikanten Einfluss auf die Höhe und Dynamik (**Umsatzrate** und mittlere **Verweildauer**) der MB von Böden ausüben (Jenkinson u. Rayner 1977; Kandeler *et al.* 1999; Marinari *et al.* 2006). Ziel von standortgerechten Bodenbewirtschaftungsmaßnahmen kann nicht nur eine hohe MB, sondern im Interesse der Pflanzenproduktion auch eine MB mit relativ hohen Aktivitäten und Umsatzraten (*turnover rate*) sein. Relativ hohe Umsatzraten bedeuten kurze Umsatzzeiten (*turnover time*) der MB und dadurch höhere Konzentrationen an mineralischen Nährstoffen und Nachlieferungsgeschwindigkeiten. Im Ackerboden wird eine Erhöhung der mikrobiellen Aktivität seit der Erfindung des Pfluges durch regelmäßige Bodenbearbeitung erzielt, weil das **mechanische Wenden** und **Homogenisieren** des Oberbodens eine Verbesserung der Kontaktflächen mit den Bodenkolloiden und des Luft-Wasser-Wärme-Haushaltes (LWWH) für die Mikroorganismen zur Folge hat. Schonende Bodenbearbeitung führt nicht nur zur Verminderung der mikrobiellen Aktivitäten, sondern hat zwangsläufig auch eine Verlängerung ihrer mittleren Umsatzzeiten zur Folge (von Lützow 1993; von Lützow u. Ottow 1994).

2.5 Umsatzrate und -zeit der mikrobiellen Biomasse

Die MB enthält zwar einen relativ kleinen Teil des Gesamtgehaltes an C, N, P und S (sowie an Mikronährstoffen) in Oberböden, doch kann ihre **Umsatzrate *R*** relativ hoch sein. Die **Umsatzzeit *T*** (= mittlere Verweildauer; *turnover time*) ist der reziproke Wert der Umsatzrate *R* (*turnover rate*): $R = 1/T$. Die Umsatzzeit *T* von C_{mic} ist die mittlere Zeitspanne, in der Kohlenstoff in der MB verweilt. Im Zustand des Fließgleichgewichtes ist im Boden die C-Inputrate an organischen Verbindungen durch die Primärproduktion und/oder Rückführung organischer Reste in etwa identisch mit der C-Outputrate durch die Mineralisation. Für die Qualität als Pflanzenstandort ist die Erfassung der Dynamik des relativ labilen mikrobiellen Nährstoffpools in Abhängigkeit von der Bewirtschaftungsweise und den Bodeneigenschaften von grundlegender Bedeutung. Die Umsatzzeit *T* (in Jahren) kann aus den Konzentrationen an C, N, P und S in diesem Nährstoffpool unter Quasi-Gleichgewichtsbedingungen zum Zeitpunkt $t = 0$ (Y_0) und der betreffenden Umsatzrate *R* (jährliche Zu- oder Abnahme in den Konzentrationen an Bio-C bzw. Bio-N bzw. Bio-P) nach (Gl. 2.8)

$$T = Y_0 \times R^{-1} \tag{2.8}$$

berechnet werden (Jenkinson u. Ladd 1981; McGill *et al.* 1986; Brookes 2001). In dieser Gleichung ist Y_0 die MB (C_{mic}, N_{mic} bzw. P_{mic} in $\mu g \times g^{-1}$ TB) zum Zeitpunkt $t = 0$, *T* die Umsatzzeit in Jahren und *R* die Umsatzrate. Im Zustand des Fließgleichgewichtes wird ein Teil des Kohlenstoffs im C_{mic}-Pool ständig abgegeben (Rb, Abgaberate) und durch Neuaufnahme (Ra, Aufnahmerate) ersetzt. Ist Rb größer als Ra, dann nimmt die MB ab. Wenn die gesamte MB Y_0 in der Zeit *T* umgesetzt wird ($Y_0 = 0$; $Y_0 – Y_t \,/\, Y_0 = 1$, Umsatz = 100%), dann gilt (Gl. 2.9)

$$R = 1 \times T^{-1} \text{ oder } T = 1 \times R^{-1} \tag{2.9}$$

Dies bedeutet, dass die mittlere Verweilzeit *T* (*turnover time*) der MB umgekehrt proportional zur Umsatzrate *R* (*turnover rate*) ist. Die Umsatzrate *R* ist ein physiologischer Parameter und infolgedessen in erster Linie abhängig von den Bodenbedingungen (Wassergehalt und -dynamik, Temperaturverlauf, Nährstoffversorgung, O_2-Versorgung, Struktur, pH-Wert), aber auch von der Zusammensetzung der MB (Verhältnis und Artspektrum von Prokaryoten, Pilzen und Protozoen). Wahrscheinlich werden Bakterien und Protozoen schneller mineralisiert und umgesetzt als Pilzhyphen und -sporen, was bedeutet, dass die MB in Ackerböden grundsätzlich eine kürzere Verweilzeit als in Waldböden hat. Es wird zudem deutlich, dass die mittlere Verweildauer *T* der MB sogar im gleichen Boden durch unterschiedliche Bewirtschaftungsweisen sowie durch veränderte ökologische Bedingungen sehr stark schwanken kann (Suman *et al.* 2006).

Der jährliche Fluss *F* an C bzw. an N (oder P) durch die MB kann dann entsprechend der Gleichung (Jenkinson u. Ladd 1981) (Gl. 2.10)

$$\mathbf{F}\,(\text{kg} \times \text{ha}^{-1} \times \text{a}^{-1}) = \text{Jahresdurchschnitt} \times \text{Bodendichte} \times I \,/\, R\,(\text{a}^{-1}) \tag{2.10}$$

errechnet werden. In dieser Gleichung ist *I* der Index für die Probennahme Tiefe (20 cm = 2). Unter Feldbedingungen variiert die mittlere Verweilzeit *T* von C_{mic} bzw. von N_{mic} der MB in Ackerböden des gemäßigten Klimas sehr und liegt im Schnitt vielfach zwischen etwa 0,5 und 1,5 Jahren bei einer Streuungsbreite von 0,2 bis 6,8 Jahren. *T* für N_{mic} liegt in der gleichen Größenordnung wie für C_{mic} (Jenkinson u. Parry 1989; Diaz-Ravina *et al.* 1995; von Lützow u. Ottow 1994, Kandeler *et al.* 1999; Brookes 2001). Die mittlere Verweilzeit *T* von P_{mic} in Ackerböden wird vorläufig auf 0,39 Jahre geschätzt (Brookes 2001). Der signifikante Unterschied zwischen der mittleren Verweilzeit von C_{mic} bzw. von N_{mic} im Vergleich zu P_{mic} wird auf die wesentlich schnellere Freisetzung von P aus den Phospholipiden der mikrobiellen Membranen verglichen mit N aus Murein (*Bacteria*) oder Chitin (Echte Pilze) zurückgeführt. Alle Maßnahmen, welche die Aktivität der MB im Boden stimulieren (Bodenbearbeitung, optimaler Luft-Wasser-Wärmehaushalt, Bewässerung in Trockenperioden etc.) erhöhen die Umsatzrate *R* und verkürzen ihre mittlere Verweildauer *T*. Minimale Bodenbearbeitungen, längere Trockenzeiten, Mangel an C-Input ebenso wie die Bodenversauerung oder -verdichtung verlängern die mittlere Verweildauer der MB, während eine regelmäßige organische Düngung, Wechsel von Nass/Trockenperioden und mineralische N-, P- und K-Düngungen sowie Kalkungen die Umsatzzeiten verkürzen können (Meyer *et al.* 1996; Kandeler *et al.* 1999). Unter sonst optimalen Bodenbedingungen wirkt sich besonders eine Temperaturerhöhung stimulierend auf die mikrobielle Aktivität und verkürzend auf die mittlere Verweilzeit *T* aus, weil nach der Reaktionsgeschwindigkeit-Temperatur-Regel (RGT-Regel, Q_{10}-Wert) jede Temperaturerhöhung um 10 °C etwa eine Verdoppelung bis Verdreifachung der Reaktionsgeschwindigkeit aller biochemischen Prozesse und damit auch von Wachstum, Mineralisation und Umsatzrate R bewirkt (Kap. 10). Es wird deutlich, dass unter etwa konstanten optimalen Bodenbedingungen die Umsatzzeiten der MB im Wesentlichen von der Temperatur bestimmt werden. Infolgedessen ist *T* in feucht-tropischen Böden meist signifikant kleiner als in Standorten des feucht-gemäßigten Klimas und in unserem feuchtwarmen Sommer deutlich geringer als im Winter.

Sehr wenig ist über die mittlere Verweilzeit der MB in A_h-Horizonten verschiedener Waldstandorte bekannt. Die starke Heterogenität und Qualität der Streuauflage, die sich trotz Bioturbation auch in A_h-Horizonten bemerkbar macht, erschwert repräsentative Probenahmen und zuverlässige Messungen der MB sehr. In einem A_h-Horizont eines *Pinus-Picea-spp.*-Waldes auf sandigen Substraten im gemäßigten Klima schwankt der C_{mic}-Gehalt zwischen 158 und 249 kg $C \times ha^{-1}$. Die mittlere Verweilzeit der MB in diesem A_h-Horizont lag bei 2,7 Jahren, entsprechend eines C-Flusses durch die MB von etwa 500 kg $\times ha^{-1} \times a^{-1}$ (Raubuch u. Jörgensen 2002; Friedel *et al.* 2006). Im A_h-Horizont eines *Pinus*-Waldes auf sandigen Substraten betrug das $(C/N)_{mic}$ 6,4–7,6, in der Streuschicht hingegen 8,5–15, was mit dem wesentlich höheren Anteil an Echten Pilzen erklärt werden kann (Ross u. Sparling 1993). Im Allgemeinen dürfte die mittlere Verweildauer der MB in nährstoffarmen, schwach sauren und relativ trockenen Waldstandorten deutlich größer sein als auf gedüngten Ackerböden, zumal das Verhältnis von Pilzen zu Bakterien in Waldböden zugunsten der Pilze verschoben ist. In sauren Waldböden dürften die Umsatzraten der MB noch geringer sein, was eine Verlängerung der mittleren Verweildauer der MB bedeuten würde. Durch Kalkgaben lassen sich die MB und Umsatzraten steigern und damit die *Turnover*-Zeiten verkürzen; dies kann der Nährstoffversorgung des Waldbestandes zugutekommen.

2.6 Jährlicher Nährstofffluss durch die mikrobielle Biomasse

Wichtig für die Qualität des Bodens als Pflanzenstandort ist vor allem der jährliche Fluss an C, N, und P durch die MB. Dieser Nährstofffluss schwankt je nach Standort, Bodeneigenschaften, Düngung und Bewirtschaftung sehr stark und liegt etwa zwischen 200 bis 1300 kg $C_{mic} \times ha^{-1} \times a^{-1}$. Der mittlere Bio-C-Fluss dürfte in einem durchschnittlichen Acker des gemäßigten Klimas bei etwa 600 kg $C_{mic} \times ha^{-1} \times a^{-1}$ liegen. Der entsprechende Bio-N-Fluss erreicht etwa 80–100 kg $N_{mic} \times ha^{-1} \times a^{-1}$, und der Bio-P-Fluss kann bei etwa 10 bis 40 kg $P_{mic} \times ha^{-1} \times a^{-1}$ liegen. Diese Faustzahlen sind zwar vorläufig, belegen aber, dass bei einer mittleren Bio-N-Umsatzrate R von etwa 1 Jahr ein beachtlicher Teil der N-Versorgung von Pflanzen auf dem Acker über die Körper der MB verläuft. Diese Erkenntnis kann in ihrer Bedeutung nicht genug betont werden und basiert vollständig auf der Möglichkeit der Biomassebestimmung mit der CFE-Methode, wie sie von **D. S. Jenkinson** und seinen Mitarbeitern/Rothamsted seit der Einführung im Jahre 1976 entwickelt wurde. Von diesem N_{mic}-Pool stammen erfahrungsgemäß etwa 60% aus der jährlichen (mineralischen und/oder organischen) Zufuhr und etwa 40% aus der relativ stabilen organischen Bodensubstanz (dem „Humuskörper"). Auch aus diesem Sachverhalt ist es zweckdienlich, in landwirtschaftlich genutzten Böden eine möglichst große MB mit relativ hohen Umsatzraten R (und folglich mit relativ geringen Umsatzzeiten *T*) anzustreben, was im Wesentlichen nur über eine regelmäßige direkte (düngungsbedingte) und indirekte Zufuhr (über Wurzelexsudate) an organischen Substanzen bei gleichzeitig erhöhten mikrobiologischen Wachstumsraten und Aktivitäten erfolgen kann. Eine kontinuierliche Lebendverbauung mit optimalem Luft-Wasser-Wärmehaushalt durch regelmäßige Rückführung von organischen Substanzen, standortgerechte Bodenbearbeitungsmaßnahmen und gelegentliche Kalkgaben stellen sicher, dass die Umsatzrate *R* der MB hoch und die mittlere Verweildauer möglichst kurz sind. Weil die Dynamik des Wasser- und Temperaturhaushaltes primär von der Witterung im Jahresverlauf abhängt, wird klar, dass die Umsatzraten sowohl der postmortalen organischen Substanz als auch der MB stark witterungsbedingt sind und damit vom Menschen nur schwer beeinflusst werden können. Wenn die jährliche Nährstoffversorgung zur Pflanzenproduktion weitgehend durch organische Düngung erfolgen würde, dann könnte auf eine intensive, standortgerechte Bodenbearbeitung nicht verzichtet werden, weil nur diese den Nährstofffluss durch die MB zu erhöhen vermag.

2.7 Einfluss der Bodenbewirtschaftung auf den C/N-Quotient der MB

Ein mittlerer C/N-Quotient von etwa 5–7 in der MB von Böden stimmt bemerkenswert gut mit den C/N-Verhältnissen der heterotrophen kultivierbaren Bakterien und Echten Pilze überein (Tabelle 2.4). Besonders der N-Gehalt von kultivierbaren Bakterien ist sehr hoch und entspricht fast der N-Konzentration von Proteinen. Die gute Übereinstimmung zwischen dem C/N-Quotient der MB und der kultivierbaren Mikroorganismen bedeutet nicht zuletzt, dass das C/N-Verhältnis der bisher (noch) nicht kultivierbaren Bakterien und Pilze etwa dem der kultivierbaren Mikroorganismen entsprechen dürfte.

Der C/N-Quotient der MB in Böden ist allerdings keine Konstante, sondern kann je nach Mineralisationsverlauf und Bewirtschaftungsweise (organische *versus* mineralische Düngung, Bodenbearbeitung, Pflanzenart, Fruchtfolge etc.) innerhalb einer Vegetationsperiode deutlich schwanken. In Abb. 2.6 sind als Beispiel die Entwicklungen im C/N-Quotient der MB von konventionell bewirtschafteten Feldern verglichen mit jenen von biologisch-dynamisch behandelten Schlägen auf einer Parabraunerde (Luvisol) der Friedberger Wetterau/Hessen (von Lützow 1993; von Lützow u. Ottow 1994). In den konventionell bearbeiteten Ackerböden erhöhte sich das C/N-Verhältnis von März bis Mai von etwa 4 auf 4,5 nur geringfügig, weitete sich aber anschließend bis Juni 1990 auf 7,3 um etwa 170%. In den Monaten September bis Oktober hat sich der C/N-Quotient auf etwa 7 stabilisiert. Der C/N-

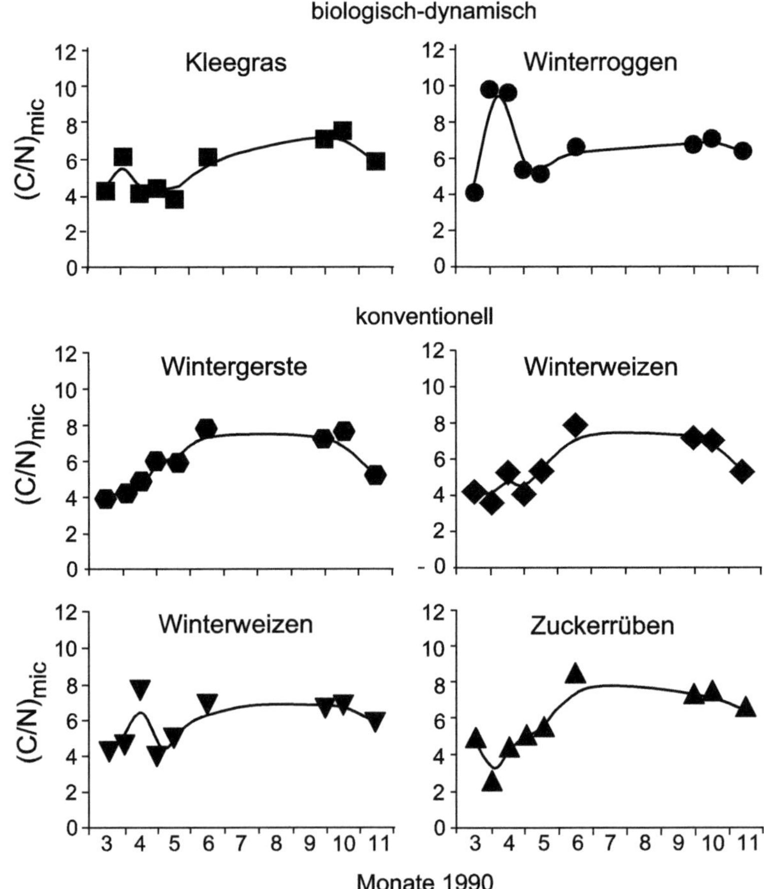

Abb. 2.6 Verlauf des Biomasse-C/N-Verhältnisses (Bio-C/N) in einer langjährig ackerbaulich genutzten Parabraunerde (Luvisol) unter biologisch-dynamischer und konventioneller Bewirtschaftung. Die biologisch-dynamischen Schläge befanden sich auf dem Dottenfelder Hof, jene der konventionellen Bewirtschaftung auf dem Betrieb in Massenheim (oben) und in Gronau (unten) (von Lützow 1993)

Quotient der MB in den biologisch-dynamisch bewirtschafteten Feldern entspricht Anfang März etwa den Werten der konventionellen Schlägen, erweitert sich Anfang April vorübergehend auf 9, um dann im September/Oktober auf etwa 6 zurückzugehen (Abb. 2.4). Ende Mai und Juni sowie im Herbst lässt sich zwischen den unterschiedlich bewirtschafteten Schlägen ein übereinstimmendes C/N-Verhältnis beobachten.

Die Dynamik im C/N-Quotient der MB im Laufe des Jahres in Abhängigkeit von der Bewirtschaftungsweise zeigt zweierlei. Erstens ist der Verlauf auf gleicher Bodenentwicklung und -art deutlich schlagspezifisch. Ursache dürfte die schlag-(und frucht-)spezifische C-Dynamik im durchwurzelten Raum sein (Wurzelmasse, Art und Menge an Wurzelexsudaten). Zweitens verändert sich offenbar die Zusammensetzung der MB im Laufe der Vegetationsperiode als Folge der unterschiedlichen Bewirtschaftungen. Die taxonomischen Veränderungen in der Zusammensetzung der Mikroorganismen während der Dynamik des C/N-Quotienten in der MB sind noch unbekannt. Hier sind noch grundlegende Forschungsarbeiten erforderlich, vorzugsweise zusammen mit molekulargenetischen Analysen der aus dem Boden extrahierten DNA (Kap. 4).

2.8 Bedeutung des C/N-Quotienten der MB für Stickstoffbedarf und -mineralisierung

In Tabelle 2.4 sind die C/N-Quotienten der MB und verschiedener Organismengruppen im Vergleich zu verschiedenen organischen Substraten zusammengefasst. Deutlich zeigen sich die großen Unterschiede im C/N-Verhältnis der einzelnen Organismengruppen. Im Vergleich zum mittleren C/N-Quotient der MB von Böden (etwa 6) ist das betreffende Verhältnis kultivierbarer heterotropher Bakterien geringfügig niedriger, das der kultivierbaren Pilze (soweit überhaupt untersucht) etwas größer. Daraus kann geschlossen werden, dass im Allgemeinen der N-Bedarf zur Synthese von Bakterienzellen größer ist als von Echten Pilzen. Der C/N-Quotient von kultivierbaren Bakterien (etwa 4) ist ausgesprochen eng und liegt nur unwesentlich über dem C/N-Verhältnis von Eiweiß (etwa 3,1). Umgekehrt haben kultivierbare Pilze für die Biomassebildung offenbar einen höheren C-Bedarf als Bakterien. Ein wesentlicher Grund für den höheren C-Bedarf von Echten Pilzen kann im unterschiedlichen Aufbau der Zellwände liegen: Chitin überwiegend bei Echten Pilzen und Murein bei *Bacteria*. Chitin ist ein stickstoffhaltiges lineares Polymer ähnlich der Cellulose und besteht aus β-1,4-glykosidisch verknüpften *N*-Acetyl-D-glucosamin-Einheiten, Murein hingegen aus heteropolymeren Längsketten von alternierenden GlcNAc- und MurNAc-Bausteinen, die aber mit verschiedenen Aminosäuren (L- bzw. D-Alanin, D-Glutaminsäure, *meso*-Diaminopimelinsäure oder L-Lysin, Ornithin oder Diaminobuttersäure je nach taxonomischer Bakteriengruppe) zum stabilen, aber flexiblen Murein-Sacculus quervernetzt sind. Aufgrund dieser Unterschiede in den Zellwänden haben Pilze zwangsläufig einen relativ größeren C-Bedarf als *Bacteria*, den sie vielfach durch starke saccharolytische, hemicellulolytische und cellulolytische Aktivitäten zu decken versuchen. Zahlreiche Pilze greifen bevorzugt C-reiche Substanzen (Kohlenhydrate, Hemicellulosen, Pektine, Cellulose, Lignin) mit relativ weitem C/N-Verhältnis (Stroh, Holz Laub; Tabelle 2.4) an; dagegen mineralisieren (zymogene) Bakterien eher N-haltige Substanzen mit relativ engen C/N-Quotienten (abgestorbene Prokaryoten, Eiweißstoffe, Gründüngungen, frischer Kompost, Rasenschnitt etc.), um den relativ hohen N-Bedarf für Wachstum und Vermehrung decken zu können. Eine organische Düngung mit relativ engem C/N-Quotient fördert infolgedessen mehr die bakteriellen Aktivitäten, während energiereiche Substrate mit relativ weitem C/N-Verhältnis eher die Entwicklung von Pilzen begünstigen.

Über die qualitative Zusammensetzung einer organischen Düngung oder der Wurzelexsudate lässt sich das quantitative Verhältnis von Bakterien zu Echten Pilzen beeinflussen. In Böden schwankt das Verhältnis von pilzlicher zu prokaryotischer Biomasse je nach Bodeneigenschaften (C_{org}-Gehalt, pH-Wert), Pflanzenbestand, Düngungs- und Bewirtschaftungsmaßnahmen erfahrungsgemäß sehr. In intensiv bewirtschafteten und N-gedüngten Ackerstandorten dominieren meist Prokaryoten, weil die sehr zahlreichen kleinen (im Schnitt mit einem Volumen $< 0{,}12\ \mu m^3$), kokkoiden und stäbchenförmigen Prokaryoten mit ihrem hohen Oberfläche/Volumen-Verhältnis die löslichen N-Verbindungen (Aminosäuren, Nitrat, Ammonium) zügiger aufnehmen können als die Pilzhyphen (Box 1.6, Kap. 1). In Waldböden überwiegen häufig Echte Pilze, weil die regelmäßige Zufuhr relativ C-reicher Bestandsabfälle (Kohlenhydrate, Pektine, Hemicellulosen, Cellulose, Lignin, etc.) bei fehlender Bodenbearbeitung von penetrierenden Pilzhyphen besser aufgeschlossen werden können als von Bakterien (Rangel-Castro *et al.* 2005).

Das steigende C/N-Verhältnis in der Biomasse von Mitgliedern der **Nahrungskette** (Bakterien → Pilze → Protozoen → Nematoden) kann auch die N-Mineralisation (Ammonifikation) beeinflussen. Dieser Zusammenhang kann modellhaft erläutert werden. So müsste ein räuberisches Ciliat mit einem C/N-Quotient von 9 (Tabelle 2.4) theoretisch lediglich 2,25 Bakterienzellen mit einem C/N-Verhältnis von 4 fressen, um seinen C-Bedarf zu decken, scheidet dabei aber anschließend 1,25 Moleküle NH_4^+ aus, weil rechnerisch für seine Biomassebildung nicht mehr N benötigt wird. Ciliaten sind in Böden hinreichend als Räuber und Ammonifikanten bekannt (Kap. 1). Eine bakterienfressende Nematode mit einem C/N-Verhältnis von 12 muss rechnerisch drei Bakterien erbeuten, um den C-Bedarf zu decken und scheidet dabei zwei Atome Stickstoff in Form von Ammonium aus. Räuberische Bodentiere (Rädertiere, Collembolen, Enchytraeiden, Hornmilben etc.) mit einem mittleren C/N-Quotient ihrer Biomasse von etwa 10–12 bevorzugen Bakterien, Pilze und Protozoen als Beuteorganismen und scheiden nach Verdauung ihrer Nahrung auch Ammonium über ihre Losungen aus.

Diese Beispiele machen deutlich, dass Ammonium in Böden stets auch von räuberischen Mitgliedern der Nahrungsketten ausgeschieden werden kann. Je vielseitiger die Nahrungsketten im Boden sind, desto mehr tragen räuberische und andere Tiere zur Ammoniumfreisetzung bei, was zur besseren mineralischen N-Ernährung von Mikroorganismen und Pflanzen beitragen kann. Wenn in den o. g. Beispielen anstelle von Bakterien einmal ausschließlich Pilze als Nahrungsgrundlage dienen würden, dann dürfte deutlich weniger N als Ammonium in den Losungen freigesetzt werden. Durch Konsumwahl von Beuteorganismen können offenbar die einzelnen tierischen Mitglieder der Nahrungsketten die Intensität der Ammoniumfreisetzung günstig beeinflussen. Bei der sehr hohen Dichte an räuberischen Tieren in zahlreichen Böden (Kap. 1, Tabelle 1.3) kann die Bodenfauna durch den einseitigen Konsum von Bakterien und Pilzen erheblich zur Ammoniumbildung beitragen.

In Böden entscheidet der C/N-Quotient der MB (im Schnitt etwa 6; Schwankungsbreite 2–15) im Zusammenspiel mit dem C/N-Verhältnis der organischen Rückstände auch über den Zeitpunkt der mikrobiellen *Netto*-N-Mineralisation (Ammonifikation) (Kap. 12). Im Allgemeinen liegt der Schwellenwert für den Beginn der *Netto*-N-Mineralisation von eingearbeiteten organischen Substanzen bei einem C/N-Verhältnis von etwa 15–20. Wenn relativ N-reiche organische Reste (Rasenschnitt, Gründüngung, eiweißreiche Abfälle etc.) homogen in den Boden eingearbeitet werden, so beginnt die Ammonifikation bereits nach geringer zeitlicher Verzögerung. Während der Mineralisation wird das freigesetzte Ammonium sofort in die wachsende Biomasse inkorporiert und der fehlende N-Bedarf ggf. durch Aufnahme von Stickstoff (Nitrat + Ammonium) aus dem Bodenpool ergänzt, um den C/N-Quotient für die wachsende Biomasse bedarfsgerecht auf etwa 6–10 zu stabilisieren. Diese N-Festlegung in der MB dauert so lange an, bis das C/N-Verhältnis im Boden im Schnitt auf etwa 15–20 eingeengt ist. In diesem Zeitraum ist der Löwenanteil des gesamten Bodenstickstoffs in der MB inkorporiert und für die Pflanzenernährung weitgehend gesperrt („**N-Sperre**"). Je enger der C/N-Quotient der eingebrachten organischen Rückstände und je besser die N-Nachlieferungen aus dem Boden sind, desto kürzer ist die N-Sperre. Ist das C/N-Verhältnis im Boden durch Mineralisationsprozesse und kontinuierliche CO_2-Verluste auf etwa 20 vermindert worden, dann entsteht für das Wachstum der MB zunehmend ein relativer Mangel an C-Verbindungen und ein Überangebot an N-Verbindungen. Es kommt allmählich zum Abbau N-reicher Verbindungen (Peptide, Aminosäuren), vor allem aus der an C-Mangel abgestorbenen MB. In dieser Phase desaminieren die Mikroorganismen für ihre Syntheseprozesse sogar wertvolle Peptide und Aminosäuren zu Ammonium und organischen Säuren, um die so gebildeten C-Körper im Bau- und Energiestoffwechsel verwerten zu können. In dieser Periode gelangen (D- und L-) Aminosäuren, Mureinbausteine und andere R-NH_2-haltige Bausteine aus der abgestorbenen MB frei in die Bodenlösung, ohne sofort verwertet oder desaminiert zu werden. In diesem Zeitfenster kommt es gleichzeitig verstärkt zum pilzlichen Abbau von relativ persistenten organischen Verbindungen (Aromaten, Lignocellulose) unter Bildung chinoider Metabolite. Diese reagieren spontan im Zuge nucleophiler Additionen mit R-NH_2-Gruppen von Aminosäuren, Mureinbausteinen (*N*-Acetylmuraminsäure) und anderen Eiweißbausteinen, wobei sie zu N-haltigen Huminstoff-Vorstufen polykondensieren können (Kap. 11).

Bei Substraten mit einem weiten C/N-Quotient > 25 (z. B. Laub, Stroh, Holzspäne, Sägemehl, Mulchmaterial etc.) ist N beim Abbau im Boden stets der wachstumsbegrenzende Faktor für die MB (Prokaryoten > Echte Pilze > Protozoen). Im Allgemeinen kommt es bei Einarbeitung von organischen Substanzen mit einem C/N-Quotient >> 25 über eine Periode von Wochen bis Monaten zu einer *Netto*-N-Immobililierung (Festlegung in MB). Um diese N-Sperre zu verkürzen, ist eine N-Ausgleichsdüngung mit mineralischem N und/oder N-reichem organischem Material (z. B. Hühnermist) empfehlenswert, um Entwicklungsverzögerungen bei den Kulturpflanzen zu minimieren.

Literatur

Alef K (1991) Methodenhandbuch Bodenmikrobiologie, Ecomed, Landsberg

Alef K, Kleiner D (1989) Rapid and sensitive determination of microbial activity in soils and in soil aggregates by dimethylsulphoxid reduction. Biol Fertil Soils 8: 349–355

Alef K, Nannipieri P (1995) Methods in applied soil microbiology and biochemistry. Academic Press, London

Alvarez R, Santanatoglia OJ, Garcia R (1995) Effect of temperature on soil microbial biomass and its metabolic quotient *in situ* under different tillage systems. Biol Fertil Soils 19: 227–230

Anderson J, Domsch KH (1978) A physiological method for the quantitative measurement of microbial biomass in soils. Soil Biol Biochem 10: 215–221

Bailey VL, Peacock AD, Smith JL, Bolton H (2002) Relationship between soil microbial biomass determined by chloroform fumigation-extraction, substrate-induced respiration, and phospholipid fatty acid analysis. Soil Biol Biochem 34: 1385–1389

Beck T, Jörgensen RG, Kandeler E, Makeschin F, Nuss E, Oberholzer HR, Scheu S (1997) An inter-laboratory comparison of ten different ways of measuring soil microbial biomass C. Soil Biol Biochem 29: 1023–1032

Bloem J, Bolhuis PR, Veninga MR, Wieringa J (1995) Microscopic methods for counting bacteria and fungi in soil. In: Alef K, Nannipieri P (Hrsg) Methods in applied soil microbiology and biochemistry, Academic Press, London, S 162–173

Brookes PC (2001) The soil microbial biomass: Concepts, measurement and applications in soil ecosystem research. Microb Environ 16: 131–140

Brookes PC, Landman A, Pruden G, Jenkinson DS (1985) Chloroform fumigation and the release of soil nitrogen: A rapid direct extraction method to measure microbial biomass nitrogen in soil. Soil Biol Biochem 17: 837–842

Brookes PC, Powlson DS, Jenkinson DS (1982) Measurement of microbial biomass phosphorus in soil. Soil Biol Biochem 14: 319–321

Chen GC, He ZL (2004) Determination of soil microbial biomass phosphorus in acid red soils from southern China. Biol Fertil Soils 39: 446–451

Diaz-Ravina M, Acea MJ, Carballas T (1995) Seasonal changes in microbial biomass and nutrient flush in forest soils. Biol Fertil Soils 19: 220–226

Dilly O (2006) Ratios of microbial biomass estimates to evaluate microbial physiology in soil. Biol Fertil Soils 42: 241–246

Dilly O, Munch JC (1995) Microbial biomass and activities in partly hydromorphic agricultural and forest soils in the Bornhöved lake region of northern Germany. Biol Fertil Soils 19:343–347

Dilly O, Munch JC (1998) Ratios between estimates of microbial biomass content and microbial activity in soils. Biol Fertil Soils 27: 374–379

Friedel JK, Ehrmann O, Pferrer M, Stemmer M, Vollmer T, Sommer (2006) Soil microbial biomass and activity: The effect of site characteristics in humid temperate forest ecosystems. J Plant Nutr Soil Sci 169: 175–184

Friedel JK, Fiedler S, Kretzschmar A (2002) Limitations when quantifying microbial carbon and nitrogen by fumigation-extraction in rooted soils. Z Pflanzenernähr Bodenk 165: 589–593

Friedel JK, Gabel D (2002) Microbial biomass and microbial C: N ratio in bulk soil and buried bags for evaluating *in situ* net N mineralization in agricultural soils. J Plant Nutr Soil Sci 164: 673–679

Friedel JK, Molter K, Fischer WR (1994) Comparison and improvement of methods for determining soil dehydrogenase activity by using triphenyltetrazolium chloride and iodonitrotetrazolium chloride. Biol Fertil Soils 18: 291–296

Gestel M van, Merckx R, Vlassak K (1996) Spatial distribution of microbial biomass in microaggregates of a silty loam soil and the relation with the resistance of microorganisms to soil drying. Soil Biol Biochem 28:503–510

Gianfreda L, Ruggiero P (2006) Enzyme activities in soil. In: Nannipieri P, Smalla K (Hrsg) Nucleic acids and proteins in soil, Springer, Berlin Heidelberg, S 257–311

Glathe J, Thalmann A (1970) Die mikrobielle Aktivität und ihre Beziehung zu Fruchtbarkeitsmerkmalen einiger Ackerböden unter besonderer Berücksichtigung der Dehydrogenase-Aktivität. Zbl Bakt Abt II 124: 24–36

Govaerts B, Mezzalama M, Unno Y, Sayre KD, Luna-Guido M, Vanherck K, Dendooven L, Deckers J (2007) Influence of tillage, residue management, and crop rotation on soil microbial biomass and catabolic diversity. Appl Soil Ecol 37: 18–30

Hartmann A, Assmus B, Kirchhof G, Schloter M (1997) Direct approaches for studying soil microbes. In: van Elsas JD, Trevors JT, Wellington EMH (Hrsg) Modern soil microbiology, Marcel Dekker, New York, S 279–309

Heinemeyer O, Insam H, Kaiser EA, Walenzik G (1989) Soil microbial biomass and respiration measurements: An automated technique based on infra-red gas analysis. Plant Soil 116: 191–195

Jenkinson DS (1988) The determination of microbial biomass carbon and nitrogen in soil. In: Wilson JR (Hrsg) Advances in nitrogen cycling in agricultural ecosystems, CAB International, Wallingford, S 368–386

Jenkinson DS, Brookes PC, Powlson DS (2004) Measuring soil microbial biomass. Soil Biol Biochem 36: 5–7

Jenkinson DS, Ladd JN (1981) Microbial biomass in soil: Measurements and turnover. In: Bollag JM, Stotzky G (Hrsg) Soil biochemistry 5, Marcel Dekker, New York, S 415–471

Jenkinson DS, Parry LC (1989) The nitrogen cycle in the Broadbalk wheat experiment: A model for the turnover of nitrogen through the soil microbial biomass. Soil Biol Biochem 21:535–541

Jenkinson DS, Powlson DS (1976) The effect of biocidal treatment on metabolism in soil. V. A method for measuring soil biomass. Soil Biol Biochem 8: 209–213

Jenkinson DS, Rayner JH (1977) The turnover of soil organic matter in some of the Rothamsted Classical Experiments. Soil Sci 123: 298–305

Jörgensen RG (1995) Die quantitative Bestimmung der mikrobiellen Biomasse in Böden mit der Chloroform-Fumigations-Extraktions-Methode. Gött Bodenk Ber 104: 1–228

Jörgensen RG, Brookes PC (2005) Quantification of soil microbial biomass by fumigation-extraction. In: Margesin R, Schinner F (Hrsg) Soil biology Vol 5, Springer, Berlin Heidelberg, S 282–295

Jörgensen RG, Emmerling C (2006) Methods for evaluating human impact on soil microorganisms based on their activity, biomass, and diversity in agricultural soils. J Plant Nutr Soil Sci 169: 295–309

Jörgensen RG, Raubuch M, Brandt M (2002) Soil microbial properties down the profile of a black earth buried by colluvium. Z Pflanzenernähr Bodenk 165: 274–280

Kaiser EA, Müller T, Jörgensen RG, Insam H, Heinemeyer O (1992) Evaluation of methods to estimate the soil microbial biomass and the relationship with soil texture and organic matter. Soil Biol Biochem 24: 675–683

Kandeler E (2007) Physiological and biochemical methods for studying soil biota and their functions. In: Paul EA (Hrsg) Soil microbiology, ecology, and biochemistry, 3. Aufl. Academic Press/Elsevier, S 71–83

Kandeler E, Dick RP (2007) Soil Enzymes: Spatial distribution and function in agroecosystems. In: Benckiser G, Schnell S (Hrsg) Biodiversity in agricultural production systems. CRC, Boca Raton, S 263–279

Kandeler E, Stemmer M, Gerzabek MH (2005) Role of microorganisms in carbon cycling in soils. In: Buscot F, Varma A (Hrsg) Microorganisms in soils: Roles in genesis and functions. Springer, Berlin Heidelberg, S 139–157

Kandeler E, Tscherko D, Spiegel H (1999) Long-term monitoring of microbial biomass, N mineralization and enzyme activities of a Chernozem under different tillage management. Biol Fertil Soils 28: 343–351

Kemmitt SJ, Lanyon CV, Waite IS, Wen Q, Addiscott TM, Bird NRA, O'Donnell AG, Brookes PC (2008) Mineralization of native soil organic matter is not regulated by the size, activity or composition of the soil microbial biomass – a new perspective. Soil Biol Biochem 40: 61–73

Khan KS, Jörgensen RG (2006) Microbial C, N, and P relationships in moisture-stressed soils of Potohar, Pakistan. J Plant Nutr Soil Sci 169: 494–500

Leita L, De Nobili M, Mondini C, Muhlbachova G, Marchiol L, Bragato G, Contin M (1999) Influence of inorganic and organic fertilization on soil microbial biomass, metabolic quotient and heavy metal bioavailability. Biol Fertil Soils 28: 371–376

Lentzsch P, Wieland R, Wirth S (2005) Application of multiple regression and neural network approaches for landscape-scale assessment of soil microbial biomass. Soil Biol Biochem 37: 1577–1580

Li Y, Dick WA, Tuovinen OH (2004) Fluorescence microscopy for visualization of soil microorganisms – a review. Biol Fertil Soils 39: 301–311

Lorch HJ, Benckiser G, Ottow JCG (1995) Basic methods for counting microorganisms in soil and water. In: Alef K, Nannipieri P (Hrsg) Methods in applied soil microbiology and biochemistry, Academic Press, London, S 146–161

Lorenz K, Kandeler E (2006) Microbial biomass and activities in urban soils in two consecutive years. J Plant Nutr Soil Sci 169: 799–808

Lützow M von (1993) Jahreszeitliche Fluktuation der mikrobiellen Biomasse und ihres Stickstoffgehaltes in konventionell und biologisch-dynamisch bewirtschafteten Parabraunerden der Friedberger Wetterau. Dissertation, Justus-Liebig-Universität, Giessen. Shaker Aachen

Lützow M von, Ottow JCG (1994) Einfluss von konventioneller und biologisch-dynamischer Bewirtschaftungsweise auf die mikrobielle Biomasse und deren Stickstoff-Dynamik in Parabraunerden der Friedberger Wetterau. Z Pflanzenernähr Bodenk 157: 359–367

Makboul HE, Ottow JCG (1979a) Clay minerals and the Michaelis constant of urease. Soil Biol Biochem 11: 500–513

Makboul HE, Ottow JCG (1979b) Michaelis constant (K_m) of acid phosphatase as affected by montmorillonite, illite and kaolinite clay minerals. Microb Ecol 5: 207–213

Makboul HE, Ottow JCG (1979c) Alkaline phosphatase activity and Michaelis constant in the presence of different clay minerals. Soil Sci 128: 129–135

Marinari S, Mancinelli R, Campigglia E, Grego S (2006) Chemical and biological indicators of soil quality in organic and conventional farming systems in central Italy. Ecol Indicators 6: 701–711

Martens R (1987) Estimation of microbial biomass in soil by respiration method: Importance of soil pH and flushing methods for the measurement of respired CO_2. Soil Biol Biochem 19: 77–81

Martens R (1995) Current methods for measuring microbial biomass C in soil: Potentials and limitations. Biol Fertil Soils 19: 87–99

McGill WB, Cannon KR, Robertson JA, Cook FD (1986) Dynamics of soil microbial biomass and water-soluble organic C in Breton L after 50 years of cropping to two rotations. Can J Soil Sci 6: 1–19

Mersi von W, Schinner F (1991) An improved and accurate method for determining the dehydrogenase activity of soils with iodonitrotetrazolium chloride. Biol Fertil Soils 11: 216–220

Meyer K, Jörgensen RG, Meyer B (1996) The effects of reduced tillage on microbial biomass C and P in sandy loss soils. Appl Soil Ecol 5: 71–79

Mondini C, Cayuela ML, Sánchez-Monedero MA, Roig A, Brookes PC (2006) Soil microbial biomass activation by trace amounts of readily available substrate. Biol Fertil Soils 42: 542–549

Ottow JCG (1982) Bedeutung des Redoxpotentials für die Reduktion von Nitrat und Fe(III)Oxiden in Böden und Gewässern. Z Pflanzenernähr Bodenk 15: 91–93

Ottow JCG (1997) Abbaukinetik und Persistenz von Fremdstoffen in Böden. In: Ottow JCG, Bidlingmaier W (Hrsg) Umweltbiotechnologie, Fischer, Stuttgart, S 97–138

Ottow JCG, Makboul HE, Munch JC (1983) Einfluss pedogener Tonminerale auf die Kinetik (K_m und V_{max}) von alkalischer und saurer Phosphatase. Z Pflanzenernähr Bodenk 146: 3–12

Rajbhandari KK, Lorch HJ, Ottow JCG (1995) Dimethylsulphoxidreduktase-Aktivität zur Charakterisierung der mikrobiellen Biomasseaktivität im Schlamm einer belüfteten Abwasserteichanlage. Acta Hydrochim Hydrobiol 23: 97–103

Rangel-Castro JI, Prosser JI, Ostler N, Scrimgeour CM, Killham K, Meharg AA (2005) Flux and turnover of fixed carbon in soil microbial biomass of limed and unlimed plots of an upland grassland ecosystem. Environ Microbiol 7: 544–552

Raubuch M, Jörgensen RG (2002) C and N mineralization in a coniferous forest soil: The contribution of the temporal variability of microbial biomass C and N. Soil Biol Biochem 34: 841–849

Ross DJ, Sparling GP (1993) Comparison of methods to estimate microbial C and N in litter and soil under *Pinus radiata* on a coastal sand. Soil Biol Biochem 11: 1591–1593

Sánchez-Monedero MA, Mondini C, Cayuela ML, Roig A, Contin M, De Nobili M (2008). Fluorescein diacetate hydrolysis, respiration and microbial biomass in freshly amended soils. Biol Fertil Soils 44: 885–890

Schinner F, Öhlinger R, Kandeler E, Margesin R (1993) Bodenbiologische Arbeitsmethoden, 2. Aufl. Springer, Berlin Heidelberg

Schinner F, Öhlinger R, Kandeler E, Margesin R (1995) Methods in soil biology. Springer, Berlin Heidelberg

Schinner F, Sonnleitner R (1996) Bodenökologie: Mikrobiologie und Bodenenzymatik, Springer, Berlin Heidelberg New York

Smith JL (1994) Cycling of nitrogen through microbial activity. In: Hatfield JL, Stewart BA (Hrsg) Soil biology: Effects on soil quality, CRC, Boca Raton, S 91–119

Smith JL, Halvorson JJ, Bolton H (1995) Determination and use of a corrected control factor in the chloroform fumigation method of estimating soil microbial biomass. Biol Fertil Soils 19: 287–291

Sparling GP, Feltham CW, Reynolds I, West AW, Singleton P (1990) Estimation of soil microbial C by a fumigation-extraction method: Use of soils with high organic matter content, and reassessment of the k_{ec}-factor. Soil Biol Biochem 22: 301–307

Suman A, Lal M, Sigh AK, Gaur A (2006) Microbial biomass turnover in Indian subtropical soils under different sugarcane intercropping systems. Agron J 98: 698–704

Vance ED, Brookes PC, Jenkinson DS (1987) An extraction method for measuring microbial biomass C. Soil Biol Biochem 19: 703–707

Wardle DA, Ghani A (1995) A critique of the microbial metabolic quotient (qCO_2) as a bio-indicator of disturbance and ecosystem development. Soil Biol Biochem 27: 1601–1610

Welp G (1999) Inhibitory effects of the total and water-soluble concentrations of nine different metals on the dehydrogenase activity of a loess soil. Biol Fertil Soils 30: 132–139

Wilke BM (1991) Effects of single and successive additions of cadmium, nickel and zinc on carbon dioxide evolution and dehydrogenase activity in a sandy luvisol. Biol Fertil Soils 11: 34–37

Witt C, Biker U, Galicia CC, Ottow JCG (2000a) Dynamics of soil microbial biomass and nitrogen availability in a flooded rice soil amended with different C and N sources. Biol Fertil Soils 30: 520–527

Witt C, Cassman KG, Ottow JCG, Biker U (1998) Soil microbial biomass and nitrogen supply in an irrigated lowland rice soil as affected by crop rotation and residue management. Biol Fertil Soils 28: 71–80

Witt C, Gaunt JL, Galicia CC, Ottow JCG, Neue HU (2000b) A rapid chloroform-fumigation extraction method for measuring soil microbial biomass carbon and nitrogen in flooded rice soils. Biol Fertil Soils 30: 510–519

Witter E, Kanal A (1998) Characteristics of the soil microbial biomass in soils from a long-term field experiment with different levels of C input. Appl Soil Ecol 10: 37–49

Wu J, Jörgensen RG, Pommerening B, Brookes PC (1990) Measurement of soil microbial biomass C by fumigation extraction – an automated procedure. Soil Biol Biochem 22: 1167–1169

Ökophysiologie der Bodenbakterien und -pilze

3

„The remarkable versatility of microorganisms justifies our reliance on their seemingly inexhaustible capacity for coping with unusual conditions."

N. J. Palleroni (1997)

Inhaltsverzeichnis

3.1 Wege der Energiekonservierung

Die mikrobiellen Stoffwechselprozesse des Abbaus (Katabolismus oder Energiestoffwechsel) in Böden sind gekennzeichnet durch eine Vielfalt an **Wasserstoff(Elektronen)-Donatoren** (organische und anorganische Substrate) und **Wasserstoff(Elektronen)-Akzeptoren** (organische und anorganische e-Akzeptoren). Im Stoffwechsel sind Oxidationen mit der Abgabe von Wasserstoff bzw. Elektronen verbunden, die dabei auf einen Akzeptor im oxidierten Zustand übertragen werden (Thauer et al. 1977; McGill 2007). Dieser wird somit reduziert (Redoxreaktionen). Zweck dieser Redox-Prozesse ist die Konservierung von Energie (ATP-Synthese) im Energiestoffwechsel und ihre Bereitstellung im Baustoffwechsel (Anabolismus) (Abb. 3.1). Die verschiedenen Stoffwechselwege stellen einerseits die Vorstufen (Metabolite) für die Syntheseprozesse zur Verfügung, andererseits liefern sie Energie (Reduktionsäquivalente, ATP) für lebenswichtige Vorgänge. Der Energiestoffwechsel ist ein exergones Redox-System (wobei Energie frei wird) und besteht dazu aus Elektronen abgebenden und aufnehmenden Reaktionen, die durch Elektronenträger (Carrier) gekoppelt sind. Der Elektronenfluss vom Substrat bis zum ersten Elektronenträger (FAD, NADH oder auch Ferredoxine) umfasst die Substratoxidation mittels Dehydrogenasen (oxidativer Teil). Der Weg vom ersten Elektronen-Carrier bis zum Elektronen-Akzeptor (terminalen Elektronen-Akzeptor) stellt den Reduktionsabschnitt dar. Die Energiekonservierung

J.C.G. Ottow, *Mikrobiologie von Böden*,
DOI: 10.1007/978-3-642-00824-5_3, © Springer-Verlag Berlin Heidelberg 2011

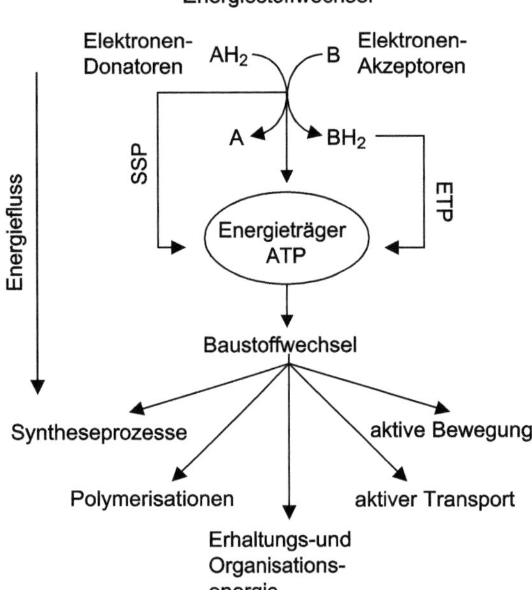

Abb. 3.1 Schema des Energiestoffwechsels im katabolen Betriebsstoffwechsel und der Energiekonservierung durch SSP (Substratstufen-Phosphorylierung) und ETP (Elektronentransport-Phosphorylierung) für den Baustoffwechsel (ergänzt nach Decker *et al.* 1970)

Tabelle 3.1 Reihung der wichtigsten mikrobiellen Elektronen-Akzeptoren (H-Akzeptoren) in Böden nach dem Standard-Redoxpotenzial

Redoxpaare	Mikrobielle Prozesse	Standard-Redoxpotenzial E_o' (mV)[1]
O_2/H_2O	Atmung	+820
NO_3^-/N_2	Vollständige Denitrifikation	+750
MnO_2/Mn(II)	Manganatmung	+410
FeOOH (amorph)/Fe(II)	Eisenatmung	+150
SO_4^{2-}/H_2S	Sulfatatmung	–220
S^0/H_2S	Schwefelatmung	–240
CO_2/CH_4	Carbonatatmung	–244
$2H^+/H_2$	Protonreduktion	–413

1) Standard-Redoxpotenzial bei 50% Reduktion und pH 7

(ATP-Synthese) ist stets mit der Bildung von Reduktionsprodukten (Metaboliten) verbunden, die meist nach außen abgegeben werden. Die Art der Elektronen-Carrier ist für die Charakterisierung des Stoffwechsels von entscheidender Bedeutung. Prinzipiell kann die Energiekonservierung auf zwei Wegen erfolgen und zwar über

- **Substratstufen-Phosphorylierung (SSP)** im Elektronen liefernden Abschnitt und
- **Elektronentransport-Phosphorylierung (ETP)** im Elektronen aufnehmenden Teil des Stoffwechsels.

Die SSP erfolgt im Cytoplasma der Zelle, die ETP in der Atmungskette an und in der Cytoplasmamembran. Donorprozesse sind nur mit SSP verbunden und für aerobe und anaerobe Mikroorganismen gleich. Bei der SSP wird ATP direkt aus energiereichen Zwischenverbindungen (Metaboliten) bei der Dehydrierung organischer Substrate gebildet. Die Elektronen-Akzeptoren (im oxidierten Zustand) werden meist im Stoffwechsel intermediär bereitgestellt (charakteristisch für Gärungen = Fermentationen). Hingegen erfolgt die ATP-Synthese (durch ATPase) bei der ETP des respiratorischen Stoffwechsels im elektronenaufnehmenden Teil durch stufenweise Umwandlung der elektrochemischen Potenzialdifferenz zweier Redoxpartner des Cytochromsystems (Atmungskette) in eine energiereiche Phosphatesterbindung (**Atmungskettenphosphorylierung**). Charakteristisch für den aeroben Stoffwechsel ist der Besitz von Cytochromen oder zumindest von rudimentären Cytochromen (meist vom Cytochrom-*c*-Typ) als Carrier (Box 3.1). Das durch den Protonenexport der Atmungskette errichtete Membranpotenzial zwischen Innen- und Außenseite der Membran und die ATP-Synthese (ATPase) beim Rückfluss der Protonen ist der entscheidende Teil der ETP. Bei den Elektronen-Akzeptor-Prozessen verwenden aerobe Bakterien dabei O_2 als Endakzeptor (Respiration oder Atmung), vielfach jedoch auch alternative Elektronen-Akzeptoren wie Nitrat/Nitrit, NO/N_2O, N_2O/N_2, Mn(IV)/Mn(II) und Fe(III)/(II), Huminsäuren$_{ox}$/HS_{red} sowie andere Redoxverbindungen (Tabelle 3.1; vgl. auch Abb. 14.5) zur Aufrechterhaltung ihrer respiratorischen Energiekonservierung (anaerobe Atmungen). Durch Dissimilation (lat. *dissimilatio* = verändern) von Wasserstoff-Donatoren im Stoffwechsel wird Energie in Form von ATP konserviert, wobei die freiwerdenden Reduktionsäquivalente (H-Atome, Elektronen) mit Luftsauerstoff zu Wasser und/oder mit oxidierten externen Elektronen-Akzeptoren unter anaeroben Bedingungen zu entsprechenden Reduktionsprodukten reduziert werden: Dissimilatorische Nitrat-, Mangan-, Eisen-, Huminsäuren- und Sulfatreduktion (Thauer *et al.* 1977; Lovley 1991, Lovley *et al.* 1996b; Ottow 1997; Nealson *et al.* 2002).

Box 3.1 Aerobe und anaerobe Mikroorganismen

Aerobe (gr. *aer* = Luft, *bios* = Leben) Mikroorganismen (Aerobier) besitzen stets (rudimentäre) **Cytochrome** (Atmungskette, ETP) und setzen O_2 und/oder alternative Elektronen-Akzeptoren zur Energiegewinnung (ATP-Synthese) ein. Anaerobe Mikroorganismen (Anaerobier) besitzen keine Cytochrome, sondern die Energiekonservierung (ATP-Synthese) erfolgt im anaeroben Stoffwechsel über die SSP (Gärungen) oder mittels spezieller Enzyme (z. B. Carbonatatmung). Bei Stoffwechselprozessen in Anwesenheit von O_2 können sowohl bei Aerobiern als auch bei Anaerobiern mithilfe flavinhaltiger Oxidasen durch spontane Übertragung von Elektronen auf O_2 (und Reaktion mit Protonen) Wasserstoffsuperoxid (H_2O_2), Superoxid (O_2^-) und Hydroxylradikale (•OH) entstehen, die allesamt extrem aggressiv und toxisch sind. **Obligat (strikt) anaerobe** Bakterien verfügen weder über Katalase noch über Superoxid-Dismutase und werden infolgedessen beim Wachstum in Anwesenheit von O_2 abgetötet oder zumindest stark geschädigt. Aus diesem Grund können anaerobe Bakterien bei Anwesenheit von freiem O_2 nicht leben. **Aerotolerante Anaerobier** (z. B. Milchsäurebakterien) können O_2 tolerieren und in seiner Gegenwart wachsen, obwohl sie keine Superoxid-Dismutase oder Katalase besitzen. Wahrscheinlich besitzen diese Mikroorganismen proteinfreie Mn(II)-Komplexe (Cofaktoren), die O_2^- zu H_2O_2 und O_2 dismutieren. **Fakultativ anaerobe Mikroorganismen** wachsen sowohl mit als auch ohne O_2. Ihre Energiegewinnung läuft bei O_2-Mangel entweder über anaerobe Atmungen und/oder Gärungen.

Obligat aerobe Organismen sind auf O_2 angewiesen, fakultativ anaerobe Mikroorganismen bevorzugen Atmungen, können aber mittels anaerober Atmungen oder Gärungen auch anaerob leben. In den Poren und Aggregaten von Böden sind zeitlich und räumlich wechselnde Sauerstoffgradienten charakteristisch. Im Schnitt ist der O_2-Partialdruck im Porenraum von Böden mit abbaubaren C-Verbindungen etwa 10- bis 100-mal geringer als in der Atmosphäre (~ 21 Vol.-% O_2), weshalb anaerobe Atmungen zeitlich und lokal eine sinnvolle alternative Energiegewinnung für aerobe Mikroorganismen darstellen. Aufgrund der häufig verminderten O_2-Konzentrationen in Böden sind auch zahlreiche aerobe Mikroorganismen **mikroaerophil** (und bevorzugen geringe O_2-Konzentrationen). Dort wo aerobe Mikroorganismen bei intensiven Mineralisationsprozessen durch starke O_2-Zehrung im Mikromilieu für anaerobe Bedingungenen sorgen, wachsen stets auch obligat anaerobe Mikroorganismen im Oberboden sehr gut (Kap. 1). Bedingungen gelten als **anaerob** (**anoxisch**), wenn kein messbarer gelöster O_2 vorliegt. Folglich ist in Oberböden die Aktivität anaerober Mikroorganismen überwiegend von der Mineralisationsaktivität aerober Organismen abhängig. Anaerobe Bedingungen werden erreicht, wenn weder O_2 noch Stickoxide (wie Nitrat, Nitrit, NO, N_2O) und (Hydr)Oxide von Mn(IV) oder Fe(III) vorliegen. Infolge mikrobieller Reduktionsprozesse kann es zu **vollständig reduzierten** (und **nicht reduzierenden) Bedingungen** kommen (weil die Mikroorganismen reduzieren, nicht die Bedingungen). Die überwiegende Mehrzahl an filamentösen Pilzen besitzen Cytochrome und nutzen O_2 oder alternative Elektronen-Akzeptoren (NO_3^-, Mn(IV)- und Fe(III)) zur respiratorischen Energiegewinnung (ETP). Sprosspilze (Hefen) sind aerob (ETP), bevorzugen bei energiereichen Substraten (Kohlenhydrate) jedoch Gärungen. Es ist zwischen Lebensbedingungen (aerob oder anaerob) und Prozessen der Energiegewinnung (Atmung, anaerobe Atmung, Gärung) zu unterscheiden.

In Abb. 3.2 ist der Fluss von (H) vom Wasserstoff-Donator (Substrat) über die Wasserstoff-Carrier bis zu den Wasserstoff-Akzeptoren bei aerober und anaerober Atmung sowie bei einer Gärung (Milchsäuregärung) schematisch vergleichend dargestellt. Während bei der Atmung und den anaeroben Atmungen die Wasserstoff(Elektronen)-Donatoren unter Einsatz von externen Elektronen-Akzeptoren und Cytochromen mit maximaler Energieausbeute vollständig zu H_2O und CO_2 mineralisiert werden können, müssen gärende Mikroorganismen im Stoffwechsel durch intramolekulare Spaltung ihrer H-Donatoren intermediäre Elektronen-Akzeptoren im oxidierten Zustand bereitstellen (z. B. Acetaldehyd, Pyruvat, Crotonat, Acetoin etc.), damit eine Redoxreaktion zur SSP ermöglicht wird. Die Wasserstoffbilanz wird dabei intern ausgeglichen. Solche Vorgänge sind charakteristisch für **Gärungen** (=**Fermentationen**). Für intramolekuläre Redoxprozesse wie die Gärungen ist somit typisch, dass Elektronenträger und Elektronen-Akzeptoren als Kopplungsglieder fungieren (Abb. 3.2), wobei die Wasserstoffbilanz über die Bereitstellung eines intermediären Metaboliten ausgeglichen wird (**Produktkopplung**). Zahlreiche anaerobe Mikroorganismen müssen ihre

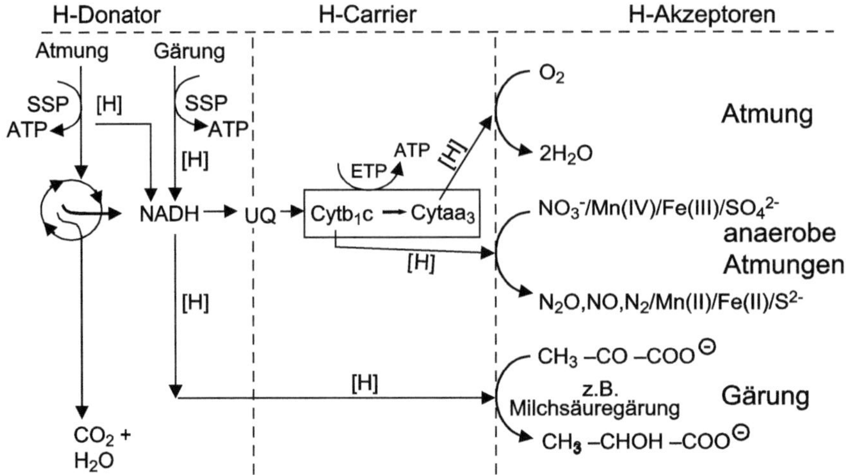

Abb. 3.2 Schematischer Vergleich des Energieflusses von Wasserstoff(Elektronen)-Donatoren über Carrier zu den Wasserstoff(Elektronen)-Akzeptoren bei Atmung, anaeroben Atmungen und einer Gärung (z. B. Milchsäuregärung). Durch Trennung der elektrischen Ladungen beim Elektronentransport über die Cytoplasmamembran entsteht ein elektrochemisches Potenzial (Protonengradient) zur ATP-Synthese (ETP). Die SSP bei Gärungen findet hingegen im Cytoplasma statt. Dabei fließt [H] über NADH direkt auf einen intermediären H-Akzeptor (Entwurf: JCG Ottow)

gesamte ATP-Synthese nur über eine einzige SSP erreichen, während viele aerobe Organismen die Energiekonservierung sowohl über eine SSP als auch über eine ETP mit sehr verschiedenen alternativen Elektronen-Akzeptoren durchführen können (Tabelle 3.1). Bei einer Gärung beträgt zwar die maximale Energieausbeute pro Molekül Glucose im Schnitt nur etwa 10% der ATP-Bildung bei einer vollständigen Atmung, doch erfolgt die Energiekonservierung während der Gärung mit einer wesentlich höheren Bildungsrate. Diese Strategie (geringe ATP-Ausbeute, aber relativ hohe Syntheserate) ist im Konkurrenzkampf für die Gärer dann vorteilhaft, wenn beim Substratabbau (z. B. Cellulose) die Diffusionsrate der fermentierbaren C-Quelle (z.B. Glucose) relativ hoch ist und die betreffenden Organismen viel ATP in kurzer Zeit bilden können. Ist die Diffusionsrate bei der Cellulolyse jedoch gering und kleinräumig um die organischen Partikel verteilt, dann sind Bakterien mit respiratorischem Stoffwechsel im Vorteil, weil sie mit ihrer Strategie (effiziente ATP-Synthese, aber relativ geringe Bildungsrate) die lokal verteilten, langsam fließenden C-Quellen weitgehend in ATP überführen können (Pfeiffer *et al.* 2001). Genau dieser Sachverhalt trifft bei Einarbeitung energiereicher Substrate (beispielsweise Stroh) in Böden zu.

Viele anaerobe Mikroorganismen mit Fermentationsstoffwechsel können jedoch auch externe Elektronen-Akzeptoren im oxidierten Zustand verwenden (wie H^+, HCO_3^-, Mn(IV)/Mn(II), Fe(III)/Fe(II), Huminsäuren (oxid./red.) oder SO_4^{2-}/S^{2-}, etc.), um die Wasserstoffbilanz auszugleichen. Sie gewinnen dadurch einen Freiheitsgrad. Der große Vorteil externer Elektronen-Akzeptoren im anaeroben Stoffwechsel liegt darin, dass die vergärbaren Substrate (H-Donatoren) effizienter verwertet werden können, weil die Bereitstellung von intermediären organischen Elektronen-Akzeptoren vermindert wird. Die Reduktion von Metalloxiden wie Mn(IV)- und Fe(III)-(Hydr)Oxiden durch anaerobe Bakterien (z. B. saccharolytische *Clostridium spp.*) wird als **Metafermentation** (anorganische Fermentation) bezeichnet (Kap. 14).

Als ein ökophysiologischer Sonderfall ist die Methanogenese (Gl. 3.1)

$$CO_2 + 4H_2 \rightarrow CH_4 + 2H_2O + ATP \qquad (3.1)$$

zu betrachten, weil in diesem Prozess unter vollständig anaeroben Bedingungen zwar CO_2 als Elektronen(Wasserstoff-)Akzeptor fungiert, doch ist der Vorgang genau genommen weder als anaerobe Atmung einzustufen (weil keine Cytochrome beteiligt sind), noch als typische Gärung zu bezeichnen (weil SSP und Produktkopplung fehlen). In methanogenen *Archaea* wurden nie Menachinone, Ubichinone oder Cytochrome vom *b*- oder *c*-Typ nachgewiesen. Als Elektronen-Carrier dient in der Methanogenese das spezifische Flavinderivat Coenzym F_{420} (Kap. 16). Dabei findet die ATP-Bildung durch eine **chemiosmotische Kopplung** (Protonengradientbildung) in der Membran statt. Vielfach wird die obligat anaerobe Methanogenese als **Carbonatatmung** bezeichnet, doch ist auch dieser Name unbefriedigend, weil der Vorgang in ökophysiologischer Hinsicht keine Ähnlichkeit mit der Atmung hat.

3.2 Anaerobe Atmungen, bewährte Strategien ökophysiologischer Flexibilität

Durch periodische Regenfälle wechseln sich in terrestrischen Oberböden aerobe und anaerobe (Mikro-)Bereiche je nach Bodenart und -struktur zeitlich und kleinräumig in schneller Abfolge immer wieder ab. Auch nach Versickerung des Regenwassers sind viele Mittel- und Feinporen in Aggregaten, Bodenkrümeln und organischen Partikeln vorübergehend noch durchfeuchtet. Je höher der Gehalt an mineralisierbaren organischen Substraten in diesen Habitaten ist, umso intensiver sind die Mineralisationsprozesse und umso höher ist der Bedarf an Elektronen-Akzeptoren bei den aeroben Mikroorganismen. Zeitlich und räumlich entstehen Mosaike mit aerob/anaeroben Gradienten, weil der O_2-Verbrauch (Atmung, Oxygenasen-Aktivitäten) größer sein kann als die O_2-Nachlieferung durch Diffusion. Unter solchen Bedingungen setzen die überwiegend aeroben heterotrophen Bodenmikroorganismen alternative Elektronen-Akzeptoren wie das mobile Nitrat sowie die allgegenwärtigen Mn(IV)- und Fe(III)-(Hydr)Oxide zur Aufrechterhaltung der respiratorischen ATP-Synthese ein. In Böden folgt die **ökophysiologiche Sukzession** der mikrobiellen Reduktionsprozesse der Atmung stets nach die Reihung

Nitratatmung > Mn(IV)-Respiration > Fe(III)-Atmung > Huminsäuren-Respiration > Sulfat-Respiration

wie sie von der Thermodynamik (Standard-Redoxpotenzial; E_o') der Redoxpaare (Halbzellen) vorgegeben ist (Tabelle 3.1; Abb. 14.5 in Kap. 14). In Böden sind besonders jene aeroben Mikroorganismen bei O_2-Mangel oder Anaerobiose räumlich und zeitlich im Vorteil, die ihre ATP-Synthese durch eine oder mehrere alternative anaerobe Atmungen aufrechterhalten können (multiple fakultative Anaerobier). Solange Nitrat, Mn(IV)- und Fe(III)-(Hydr)Oxide im Oberboden als alternative H-Akzeptoren zu Verfügung stehen, erfolgt die Mineralisation bevorzugt über diese anaeroben Atmungen. Zahlreiche aerobe Einzelorganismen (*Bacteria*, manche *Archaea*, Echte Pilze) können nicht nur Nitrat veratmen, sondern verfügen auch über die entsprechenden Reduktasen um Mn(IV)- und Fe(III)-(Hydr)Oxide als alternative Endakzeptoren zu verwerten (z. B. *Pseudomonas spp.*, *Bacillus spp.*, *Brevibacillus spp.*, *Geobacter spp.*, *Shewanella spp.*). Einige Bakterienarten (z. B. Enterobakterien oder auch *Paenibacillus polymyxa* und *P. macerans*) verfügen nicht nur über anaerobe Atmungen mit Nitrat, Mn(IV)- oder Fe(III)-(Hydr)Oxiden als Elektronen-Akzeptoren, sondern können als alternativer Stoffwechsel auch noch eine bestimmte Gärung (gemischte Säuregärung) zur Energiegewinnung einsetzen. *Shewanella oneidensis* (= *S. putrefaciens;* Gammaproteobakterien) ist ökophysiologisch extrem flexibel, da dieses Bakterium anstelle von O_2 auch Nitrat, Mn(IV)- bzw. Fe(III)-(Hydr)Oxide, Fumarat, oxidierte Huminsäuren (HS_{ox}), S^o, $S_2O_3^{2-}$, U(VI)-, Cr(VI)- und As(V)-Verbindungen als alternative Elektronen-Akzeptoren zur ATP-Synthese bei der Verwertung einfacher organischer Säuren (Formiat, Pyruvat, Lactat), Aminosäuren und H_2 einsetzen kann (Abb. 3.3). Somit gehört *S. oneidensis* wahrscheinlich mit zu den stoffwechselphysiologisch versiertesten fakultativ anaeroben Bakterien mit ETP (Kap. 14). Bemerkenswert ist auch *Shewanelle decolo-*

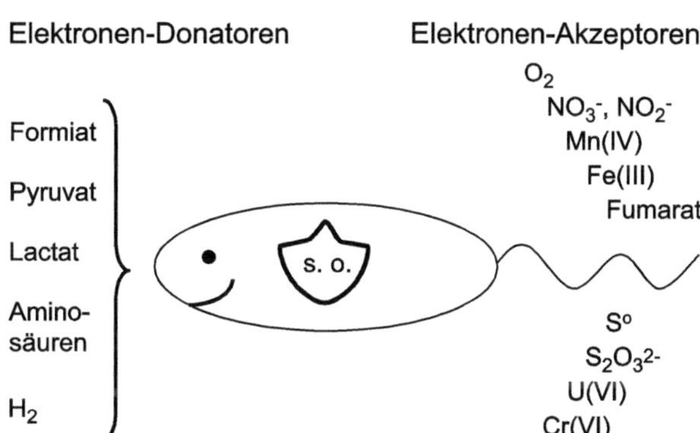

Abb. 3.3 Breite ökophysiologische Flexibilität des aeroben gramnegativen Bakteriums *Shewanella oneidensis* (*Gammaproteobacteria*) durch Verwertung verschiedener Metabolite mit einem breiten Spektrum an Elektronen-Akzeptoren im Zuge anaerober Atmungen (Nealson *et al.* 2002)

rationis, weil dieses gramnegative Bakterium anstelle von O_2, Nitrat, Mn(IV)- und Fe(III)-Verbindungen, HS_{ox} (AQDS), und SO_3^- (Sulfit) auch unphysiologische Azoverbindungen (–N=N–) als alternative Elektronen-Akzeptoren zur Mineralisation von Pyruvat, Lactat, Formiat und H_2 einsetzen kann (Hong *et al.* 2007). In Anwesenheit von spezifischen Inhibitoren der Atmungskette (z. B. Dicumarol) wird die **Azoreduktion** vollständig unterbunden, was bestätigt, dass es sich bei diesem Prozess, um eine anaerobe Atmung (ATP-Synthese mit Cytochromen) handelt (Gl. 3.2)

$$2\ \text{Formiat} + Ar_1\text{–N=N–}Ar_2 + 2H_2O \rightarrow Ar_1\text{–}NH_2 + H_2N\text{–}Ar_2 + 2HCO_3^- + 2H^+ \qquad (3.2)$$

Eine besondere Variante der ökophysiologischen Flexibilität liegt bei manchen Arten der *Geobacteraceae* (*Geobacter metallireducens*, *G. „humireducens“*; Deltaproteobakterien) vor, die einfache organische H-Donatoren (Formiat, Acetat, Ethanol), H_2 und sogar monoaromatische Verbindungen (z. B. Toluol) unter anaeroben Bedingungen nicht nur mit Nitrat, Mn(IV)- und Fe(III)-Verbindungen, sondern auch mit Huminsäuren im oxidierten Zustand (HS_{ox}) als alternative Elektronen-Akzeptoren im Zuge anaerober Atmungen zur ETP-Synthese verwenden können ((Lovley et al. 1996a) Kap. 11, 14). Die oben genannten fakultativ anaeroben Bakterien sind weit verbreitet in Böden und Sedimenten und bilden ein sehr breites Potenzial an anaeroben Atmungen, wenn zeitlich und räumlich immer wieder O_2-Mangel und/oder Anaerobiosen auftreten – zumal angenommen werden kann, dass es noch zahlreiche bisher nichtkultivierbare Mikroorganismen mit ähnlicher ökophysiologischer Flexibilität im Boden gibt (Kap. 7).

Enthalten die in den Boden eingebrachten frischen H-Donatoren vergärbare Komponenten (wie Hexosen, Pentosen, Kohlenhydrate etc.; Box 3.2) in relativ hohen Konzentrationen (z. B. im Falle von Getreidestroh), dann setzen nach dem lokalen O_2-Verbrauch auch Gärungen und Metafermentationen ein, deren Metabolite (organische Säuren, Alkohole, H_2 etc.) bevorzugte Substrate für Mangan- und Eisenatmungen sowie Sulfat- und Schwefelatmungen sind (Abb. 3.4). Diese zweite Phase der Reduktionsprozesse setzt allerdings erst unter anaeroben Bedingungen ein, ist aber ökophysiologisch nach wie vor als anaerobe Atmung zu verstehen, weil (rudimentäre) *c*-Typ-Cytochrome (ETP) für die Energiegewinnung verantwortlich sind (Kap. 14 und 15). Gelangen relativ große Mengen an energiereichen Substraten in den Boden, dann kann die Mineralisation stufenweise bis zur Methanbildung verlaufen, wobei eine **zunehmende Spezifizierung** der Prozesse und der Mikroorganismen erfolgt. Während die Mineralisation der Ausgangssubstrate und ihre ersten Metabolite unter Einsatz von O_2, Nitrat, Mn(IV)- und Fe(III)-(Hydr)Oxiden durch zahlreiche taxonomisch verschiedene Mikroorganismen erfolgen kann, sind für die zweite Phase der Mn(IV)- und Fe(III)-Reduktionen sowie für die Sulfatreduktion (Sulfatatmung) ganz be-

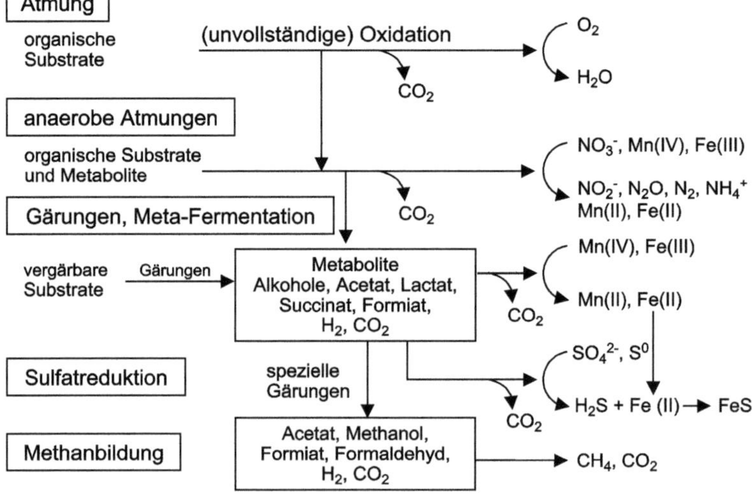

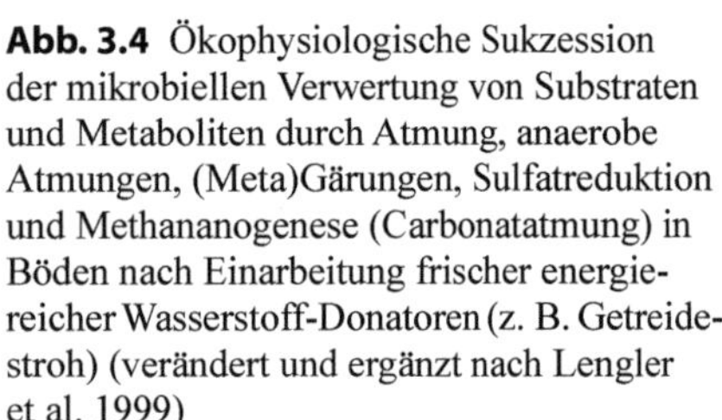

Abb. 3.4 Ökophysiologische Sukzession der mikrobiellen Verwertung von Substraten und Metaboliten durch Atmung, anaerobe Atmungen, (Meta)Gärungen, Sulfatreduktion und Methananogenese (Carbonatatmung) in Böden nach Einarbeitung frischer energiereicher Wasserstoff-Donatoren (z. B. Getreidestroh) (verändert und ergänzt nach Lengler et al. 1999)

Box 3.2 Zentrale und periphere Stoffwechselwege

Kohlenhydrate (und verwandte Substrate) sowie aromatische Verbindungen sind die häufigsten Substanzgruppen im Pflanzenreich. Voraussetzung für die Verwertung von Kohlenhydraten über aerobe Stoffwechselwege (mit SSP und ETP) oder über Vergärungen (Fermentationen, SSP) ist ihre intramolekuläre Spaltung und Umwandlung in zentralen Stoffwechselwegen (*lower pathways*). Fermentativ sind abbaubar:

- einfache Polysaccharide, Hexosen und Pentosen. Cellulose und Hemicellulosen sind direkt nicht vergärbar, sondern nur ihre Hydrolyseprodukte (Glucose bzw. Pentosen),
- Polyole (organische Verbindungen mit mindestens zwei alkoholischen Hydroxylgruppen im Molekül), wie Glykole, Glycerin und die Zuckeralkohole Sorbit und Inosit,
- kurzkettige organische Säuren (des TCC, sowie Gluconsäure, Weinsäure),
- Aminosäuren paarweise in der Stickland-Reaktion (außer den aromatischen Aminosäuren) und
- Purine und Pyrimidine (durch Spezialisten).

Hingegen sind zahlreiche aromatische und aliphatische Kohlenwasserstoffe und ihre Abkömmlinge reaktionsträge und nicht direkt intramolekular spaltbar: Sie müssen durch Oxygenasen (O_2-einbauende Enzyme) zunächst im peripheren Stoffwechsel (*upper pathways*) unter Verbrauch von Reduktionsäquivalenten (meist NDA(P)H) hydroxyliert werden, damit sie im zentralen Stoffwechsel katabolisch abgebaut werden können. Monooxygenasen katalysieren die Einführung eines O-Atoms in:

- aliphatische Kohlenwasserstoffe (*n*-Alkane, lineare und verzweigte *n*-Alkene) und langkettige Fettsäuren ($n > 5$),
- aromatische Ringe (Monohydroxylierung) und
- Epoxidierung von Kohlenstoffdoppelbindungen.

Die hydroxylierten Produkte (Alkohole) werden anschließend im Stoffwechsel verwertet.

Eine große Vielzahl an heterogenen (sekundären) Pflanzenstoffen besitzt einen oder mehrere Benzolkern(e). Biochemisch werden sie über konvergierende periphere Stoffwechselwege in einige Schlüsselsubstanzen (Brenzcatechin, Protocatechuat und (Homo-)Gentisinsäure) überführt, die dann unter Einbau molekularen Sauerstoffs (O_2) durch Dioxygenasen in aliphatische Metaboliten gespalten werden (Abb. 3.8 und 3.9).

Dioxygenasen katalysieren die

- einleitende Dihydroxylierung aromatischer Ringe (Bildung von aromatischen *cis*-Diolen) und
- Ringöffnung der aromatischen *cis*-Diole.

Diese Entaromatisierung und Öffnung des Benzolrings ist eine entscheidende katabolische Leistung bestimmter aerober Bakterien, Pilze und Hefen, weil dadurch viele relativ rekalzitrante natürliche und xenobiotische Aromaten für die Mineralisation im zentralen Stoffwechsel aufgeschlossen werden.

Beispielsweise werden durch Dioxygenasen oxygenolytisch gespalten:

- einfache und polycyclische aromatische Kohlenwasserstoffe (Benzol, Alkylbenzole, Phenole, aromatische Amine, mehrfach annelierte Benzolkerne, etc.),
- Steroide (Sterine, Sterole: polcyclische hydroaromatische Alkohole) wie in Phytosterinen (Ergosterol), Steroid-Alkaloiden und -Saponinen, etc.,
- Glykoside (z. B. Flavonoide) und
- aromatische Kerne in Ligninmetaboliten, Tanninen, aromatischen Aminosäuren und Huminstoffen.

Gelangen die o. g. Pflanzen- und Huminstoffe unter Luftabschluss (Wassersättigung in Mooren und Sedimenten), dann werden sie zu rekalzitranten Verbindungen, weil Oxygenasen nicht ohne O_2 aktiv werden können.

stimmte Metabolite (Acetat, Lactat, Propionat, Butyrat, höhere Fettsäuren, Ethanol, H_2, etc.) Voraussetzung. Die verantwortlichen Bakterien sind als **Spezialisten** zu betrachten, die nur noch bestimmte Substrate unter anaeroben Bedingungen unter Verwendung von Fe(III)-(Hydr)Oxiden, Sulfat und/oder elementarem Schwefel als Elektronen-Akzeptoren zum Wachstum verwerten können. Insbesondere Bakterien mit Sulfat- und Schwefelatmung leben obligat anaerob, wenngleich die ATP-Synthese (soweit untersucht) durch ETP mit rudimentären (*c*-Typ) Cytochromen erfolgt. Manche Bakterien mit Sulfatatmung wie *Geobacter sulfurreducens* (Deltaproteobakterien) können zwar noch mit O_2 als Elektronen-Akzeptor wachsen, wenngleich sie in Unterböden bevorzugt anaerob mit Sulfat atmen (Lin *et al.* 2004). Phylogenetisch sind diese Spezialisten wahrscheinlich als Revertante (lat. *reversus* = umgekehrt) zu betrachten, die sich vom aeroben Stoffwechsel zurück zum Metabolismus unter Luftabschluss entwickelt haben, um die anfallenden o. g. Metabolite als Substrate mit einer rudimentären anaeroben Atmung über *c*-Typ-Cytochromen (ETP) verwerten zu können. Die **Lebensweise** von Sulfatreduzierern ist anaerob, der **Stoffwechsel** definitionsgemäß eine Atmung, weil die ETP mit rudimentärem Cytochrom *c* erfolgt. Bei Mikroorganismen sind Lebensweise und Stoffwechseltyp vielfach verschieden.

3.3 Voraussetzungen und Folgen anaerober Atmungen

Bei den anaeroben Atmungen werden die verschiedenen Reduktionsprodukte wie NH_4^+, NO, N_2O, N_2, Mn(II)- und Fe(II)-Verbindungen (die beiden letzten löslichen Kationen meist als Hydrogencarbonate) sowie Sulfide (unlöslich) ausgeschieden. Die sequenzielle Bildung und Akkumulation dieser Reduktionsprodukte reflektiert im Ganzen den zeitlichen Ablauf der Mineralisationsprozesse aufgrund dissimilatorischer Reduktionsprozesse. Da die mikrobielle Eisenreduktion aus thermodynamischen Gründen zeitlich stets vor der Sulfidbildung abläuft (Tabelle 3.1; Abb. 14.4), kommt es zum Zeitpunkt der Sulfatreduktion zu charakteristischen schwarzen Flecken (FeS) im Bodenprofil (z. B. in Marschböden) (Abb. 3.4). Voraussetzung ist ausreichend Sulfat im Boden, was in Marschböden, hydromorphen Böden von Deltagebieten und Meeressedimenten stets der Fall ist, weil Sulfat zum größten Teil aus dem Meereswasser (~ 0,27%) stammt. In den meisten terrestrischen (Acker)Böden mit guter Bodenstruktur sorgt allerdings die kontinuierliche O_2-Versorgung, die ständige Nitratnachlieferung durch Nitrifikation und die allgegenwärtige Verbreitung von amorphen und kristallinen Fe(III)-(Hydr)Oxiden dafür, dass die ökophysiologische Sequenz der dissimilatorischen Reduktionsprozesse in der Regel nur bis zur Eisenatmung kommt. Der Fe(III)-Gehalt in Oberböden liegt im Bereich von 0,2 bis 5% und bildet in den verschiedenen Fe_2O_3 x H_2O-Formen somit den **dominanten mikrobiologischen Redox-Puffer**. Nur nach lokaler Wassersättigung als Folge von starkem Regen kann es in terrestrischen Oberböden mit einem relativ hohen Gehalt an mineralisierbaren organischen Substanzen bis zur Sulfatreduktion (Schwärzung) und sogar zeitweise bis zur Methanbildung (Kap. 15) kommen, was zur Wurzelschädigung der (Kultur)Pflanzen führen kann (Sulfide sind toxisch, weil sie die Aktivität von Fe- und Cu-haltigen Enzyme blockieren).

Welche Faktoren lösen in Böden anaerobe Atmungen aus? Entscheidend für das Ausmaß der Reduktionsprozesse in terrestrischen Böden ist zunächst die Art und Menge an organischen Substraten. Ist im Boden das Angebot an energiereichen Wasserstoff-Donatoren bei gleichzeitiger intensiver Nitrifikation relativ hoch, dann kommt es bei periodischer Durchfeuchtung (Regen) und starker O_2-Zehrung infolge intensiver Mineralisationsprozesse (abhängig von der Temperatur) zeitweise und lokal im Mikromilieu zu intensiven dissimilatorischen Nitratreduktionen (Kap. 12). Es kommt dabei zur Freisetzung von Ammonium (Nitratammonifikation) und den Gasen NO, N_2O und N_2 (Denitrifikation). Steigt der pO_2 infolge fortschreitender Austrocknung erneut an, dann wird die Nitratatmung reprimiert und die Bakterien schalten zurück auf O_2 als Elektronen-Akzeptor. Dieser zeitliche Wechsel von Respiration und Nitratatmungen im Boden erklärt die hohe zeitliche und räumliche Variabilität von Denitrifikationsverlusten (*hot spots*) in „aeroben" Oberböden (z. B. in Grünland oder in Ackerstandorten nach organischen Düngungen) (Kap. 12). Für das Auftreten von intensiven anaeroben Atmungen ist somit zunächst ein hoher Bedarf an Elektronen-Akzeptoren infolge der Mineralisation relativ hoher Konzentrationen an energiereichen C-Quellen (Substraten) verantwortlich. Ist dieser Bedarf an Elektronen-Akzeptoren wesentlich höher als das Angebot an O_2 in unmittelbarer Umgebung der zersetzenden Organismen (Mikromilieu), dann setzen die Mikroorganismen als alternative Endakzeptoren nach dem Nitrat die allgegenwärtigen pedogenen Mn(IV)- und Fe(III)-(Hydr)Oxide ein. Eine relativ hohe Bodenfeuchte im Mikromilieu hemmt die O_2-Diffusion und -Nachlieferung, was den Bedarf an alternativen Elektronen-Akzeptoren zeitweise und lokal nur noch erhöht. Ökophysiologisch ist allerdings nicht eine hohe Bodenfeuchte oder sogar Wassersättigung die primäre Voraussetzung für intensive anaerobe Atmungen, sondern der Bedarf an Elektronen-Akzeptoren im Mikromilieu, ausgelöst durch intensive Mineralisationsprozesse. So erklärt sich, warum Denitrifikationsprozesse in Böden bei relativ hohem Angebot an leicht mineralisierbaren C-Quellen unter aeroben Bedingungen („aerobe Denitrifikation") sogar intensiver verlaufen können als bei vollständigem O_2-Abschluss (Ottow u. Fabig 1984; Gök u. Ottow 1988). Auch die höheren Denitrifikationsverluste in der Rhizosphäre wachsender Pflanzen im nichtdurchwurzelten Boden sind Folge des erhöhten C-Angebotes in Form von Exsudaten (Kap. 17). Weil die Nitratkonzentrationen in Oberböden von gedüngten Ackerstandorten und in der Rhizosphäre (durch Transport mit dem Massenfluss) relativ hoch sind, kommt es aus diesem Grund dort vielfach nur lokal zu geringen Mangan- und Eisenreduktionen, was von der geringen Bildung von Mn(II)- und Fe(II)-Verbindungen bestätigt wird. Im Profil von Waldböden lassen sich um die einzelnen Wurzeln häufig graue und gebleichte Zonen beobachten, die Folge langjähriger mikrobieller Fe(III)-Reduktionen in der Rhizosphäre sind, wobei die Fe(II)-Ionen als $Fe(HCO_3)_2$ einerseits aufgenommen, andererseits im Laufe der Zeit auch lateral verlagert und oxidiert (sichtbar an rotbraunen $Fe(OH)_3$-Fällungen) oder in den Unterboden ausgewaschen werden (Kap. 17). Bei relativ hohem Gehalt an organischer Bodensubstanz (z. B. nach Einarbeiten von Stoppel- und Strohresten), wiederholter Durchfeuchtung des Bodens und warmer Witterung kommt es im Zuge intensiver Mineralisationsprozesse auch in terrestrischen Oberböden häufig zu intensiven Eisenatmungen, was an der **Graufärbung** (**Vergleyung**) um die organischen Reste im Gelände leicht optisch zu erkennen ist. Analytisch kann dies durch Rotfärbung von Fe(II) nach Auftropfen einer 1%-igen α,α-Dipyridyllösung in Acetatpuffer diagnostisiert werden (α,α-Dipyridyl ist ein spezifisches Reagenz auf Fe(II)-Ionen) (Kap. 14). Hält die Durchfeuchtung an wie in Unterböden (Aquiferen), Sedimenten und frisch überfluteten Nassreisböden, kann es zu intensiven Vergleyungsprozessen kommen (vgl. Umschlag dieses Buchs), die im Wesentlichen Folge von Eisenatmungen und Metafermentation sind. Die ökophysiologische Flexibilität zahlreicher kultivierbarer (und wahrscheinlich auch bisher nicht kultivierbarer) Bodenorganismen wird auch noch dadurch erhöht, dass nicht nur ein großes Spektrum an leicht mineralisierbaren Substraten (Kohlenhydrate, niedermolekulare organische Säuren, Alkohole, Aminosäuren, H_2 etc.), sondern auch viele einfache aromatische Verbindungen (Benzol, Phenol, Benzoat etc.) im Zuge anaerober Atmungen verwertet werden können (Abschnitt 3.10). Anaerobe Atmungen in Böden, Rhizosphäre, Aquiferen und Sedimenten sind als Erfolgsstrategien eher die Regel als die Ausnahme, da diese Formen der Energiegewinnung bei O_2-Mangel energetisch wesentlich vorteilhafter als Gärungen sind und den entsprechenden Mikroorganismen unter wechselnden ökologischen Bedingungen einen hohen ökophysiologischen Nutzen verleihen.

3.4 Oxygenasen, Schlüssel zur Mineralisation relativ persistenter Verbindungen

Zahlreiche natürliche und anthropogene organische Substrate sind weder aerob (Respiration, anaerobe Atmungen) noch anaerob (durch Fermentationen) mikrobiologisch verwertbar, weil diese Verbindungen in der vorliegenden Zusammensetzung und chemischen Struktur nicht intramolekular auf biochemischem Wege im zentralen Stoffwechsel zu spalten sind (Box 3.2). Diese organischen Substanzen sind gegenüber O_2 inert (reaktionsträge). Sie sind auch deshalb relativ persistente Wasserstoff-Donatoren, weil sie erst nach Abbau und Verwertung leicht mineralisierbarer Stoffgruppen wie Zucker, Kohlenhydrate, Eiweiße, Fette, Pektine, Hemicellulosen, Cellulose etc. mithilfe von spezifischen Oxygenasen durch Einbau von O_2 in die C-Gerüste über bestimmte **Schlüsselmetabolite** vollständig mineralisiert werden können. Mono- und Dioxygenasen benötigen stets molekularen Sauerstoff (O_2). Gelangen Pflanzenreste mit ihren verschiedenen organischen Stoffgruppen in Böden unter permanentem Luftabschluss (z. B. in Sümpfen, Mooren, anmoorigen Böden, Sedimenten, etc.), dann werden zunächst die leicht mineralisierbaren Bausteine mit dem restlichen gelösten O_2 oder im Zug anaerober Atmungen mineralisiert. Vergärbare Bausteine werden nach dem O_2-Verbrauch über Fermentationen abgebaut. Die restlichen organischen Verbindungen, die nicht direkt über die üblichen zentralen Stoffwechselwege veratmet oder vergoren werden können (Box 3.2), häufen sich unter anaeroben Bedingungen und fehlender Oxygenasen-Aktivität **relativ** an und werden zu persistenten (rekalzitranten) organischen Verbindungen. Unter sauren Bedingungen kommt es bei O_2-Mangel zudem zur Konservierung der Pflanzenreste (Vermoorung).

Oxygenasen sind phylogenetisch relativ junge Enzyme zahlreicher aerober *Bacteria* (z. B. *Pseudomonas spp.*, *Sphingomonas spp.*, *Burkholderia spp.*, *Acinetobacter spp.*, *Alcaligenes spp.*, *Nocardia spp.*, *Myco-*

Box 3.3 Oxygenasen, Oxidasen, Peroxidasen und Phenol-Oxidasen

In den Mikroorganismen übernehmen O_2-aktivierende Enzyme sehr verschiedene Aufgaben (Abb. 3.5). **Oxygenasen** (Sauerstofftransferasen) sind intrazelluläre Oxidoreductasen, die eines oder beide O-Atome aus O_2 in sehr verschiedene reaktionsträge Substrate einfügen können (Mono- und Dioxygenasen). Bei **Oxidasen** dient O_2 als H-Akzeptor (e-Akzeptor) und wird dabei intrazellulär ohne Energiegewinn zu Wasser reduziert (z. B. Cytochrom-Oxidase am Ende der ETP). Andere flavinhaltige Oxidasen (z. B. Glucose-Oxidase) können O_2 im Stoffwechsel in Nebenreaktionen zum toxischen Wasserstoffperoxid (H_2O_2) reduzieren oder zum Superoxidradikal-Anion aktivieren ($O_2 + e \rightarrow O_2^{\cdot-}$; z. B. Xanthin-Oxidase, NADPH-Oxidase). Durch Umsetzung dieses Radikal-Anions mit H_2O_2 entsteht das sehr reaktionsfähige Hydroxylradikal ($^{\cdot}OH$). Das Superoxidradikal-Anion wird von der Superoxid-Dismutase in H_2O_2 überführt, das durch Katalase entgiftet werden muss.

Peroxidasen sind Oxidoreductasen (Abb. 3.5) die mithilfe von H_2O_2 die verschiedensten Wasserstoff-(Elektronen-)Donatoren (AH_2) oxidieren können. Wichtige extrazelluläre Peroxidasen von Weißfäulepilzen sind die **Mangan-Peroxidase** (MnP) und/oder die **Lignin-Peroxidase** (LiP). Diese substratunspezifischen Peroxidasen (Ligninasen) können mit H_2O_2 durch eine unspezifische radikalische Oxidation nicht-phenolischen und phenolischen Ligninbausteinen und Huminsäuren Elektronen entziehen. Dabei entstehen instabile **reaktive Radikale**, die zur Spaltung von C–C-Bindungen im Benzolkern und in Aryl-Seitenketten sowie von Etherbindungen (–O–) und zur Demethoxylierung führen. LiP und MnP übernehmen zusammen mit Laccasen im Ligninabbau und bei der Humuszehrung die entscheidenden Abbauschritte, vorausgesetzt O_2 ist beteiligt (Kap. 10, 11).

Phenol-Oxidasen (Laccasen, Polyphenol-Oxidasen, Phenolasen) sind Cu-haltige Metallproteine, die ein großes Spektrum an Mono-, Di- und Polyphenolen mit Luftsauerstoff über Diphenole zu Chinonen oxidieren können (Abb. 3.5) Sie umfassen sowohl die **Tyrosinase** als auch verschiedene **Laccasen**. Tyrosinase vereinigt in sich zwei enzymatische Aktivitäten: Erstens wird Tyrosin (ein Monophenol; Abb. 3.10) unter Einbau von ½ O_2 durch *ortho*-Hydroxylierung (Monophenol-Monooxygenase) zu einem *o*-Diphenol katalysiert (3,4-Dihydroxyphenylalanin = L-Dopa). Zweitens oxidiert Tyrosinase (Diphenolase) L-Dopa (ein Diphenol) zu einem reaktionsfähigen *o*-Dichinon (L-Dopachinon). Das reaktive Dopachinon cyclisiert zu Indolchinon, das spontan auf nicht-enzymatischem Wege zum dunkelbraunen Melanin polymerisiert (Abb. 3.6). Die Bildung relativ stabiler **brauner Melanine** ist in Böden Bestandteil der Humifizierung und trägt zum N-Gehalt echter Huminstoffe bei. Sie werden am Ende der Abbauphase gebildet, wenn Aminosäuren (darunter Tyrosin) frei werden (Kap. 11). Tyrosinasen und Laccasen sind unter den Actinomyceten (*Streptomyces spp.*) weit verbreitet und mitverantwortlich für die Bildung von **reaktiven Chinonen** und ihren Polykondensationsprodukten in Huminstoffen. Melanine bewirken auch die Braunfärbung (Schutzfunktion) der Schnittflächen von Obst, Kartoffeln und (Hut-)Pilzen.

Laccasen (Diphenol-Sauerstoff-Oxidoreductasen) gehören zu einer Gruppe von extrazellulären Polyphenol-Oxidasen, die unter Pilzen (ausgenommen Chytridiomyceten und *Mucoromycotina*) und Pflanzen weit verbreitet sind, kommen aber auch bei Bakterien (Streptomyceten) vor. Es sind Cu-haltige Proteine, die verschiedene Mono-, Di- und Polyphenole und Methoxyphenole aus dem konvergenten Abbau zahlreicher aromatischer Pflanzenstoffe (z. B. Lignin) im peripheren Stoffwechsel (Box 3.2) mit O_2 unter Bildung von Chinonen und Wasser oxidieren. Die Oxidationsprodukte polykondensieren spontan und bilden in Böden die Grundlage der Humifizierungsprozesse (Kap. 11). Die Mehrzahl (aber nicht alle) lignolytischer Pilze bildet nicht nur LiP und/oder MnP, sondern auch Laccasen (Haider 1996; Claus 2003; Claus u. Decker 2006; Baldrian 2006).

bacterium spp., *Rhodococcus spp.*, etc.), *Fungi* (*Aspergillus spp.*, *Penicillium spp.*, *Cladosporium spp.*, *Pleurotus spp.*, etc.) und Hefen (*Candida spp.*, *Rhodotorula spp.*). Sie übernehmen in Anwesenheit von O_2 entscheidende Funktionen bei der Mineralisation von relativ rekalzitranten organischen Verbindungen. Oxygenasen sind nicht zu verwechseln mit Oxidasen, Peroxidasen und Phenol-Oxidasen (Box 3.3; Abb. 3.5). Sie sind zum einen verantwortlich für die

- Aktivierung, Hydroxylierung und Mineralisation von langkettigen aliphatischen Kohlenwasserstoffen (Alkane, Alkene, Cycloalkane, etc.) und langkettigen Fettsäuren (> C_5). Zum anderen katalysieren sie die
- einleitende Hydroxylierung und oxygenolytische Ringöffnung von ein- und mehrkernigen aromatischen Verbindungen (z. B. Benzol, Phenole, Xylole, Benzoat, Vanillinsäure, Biphenyl, Biphenylether, po-

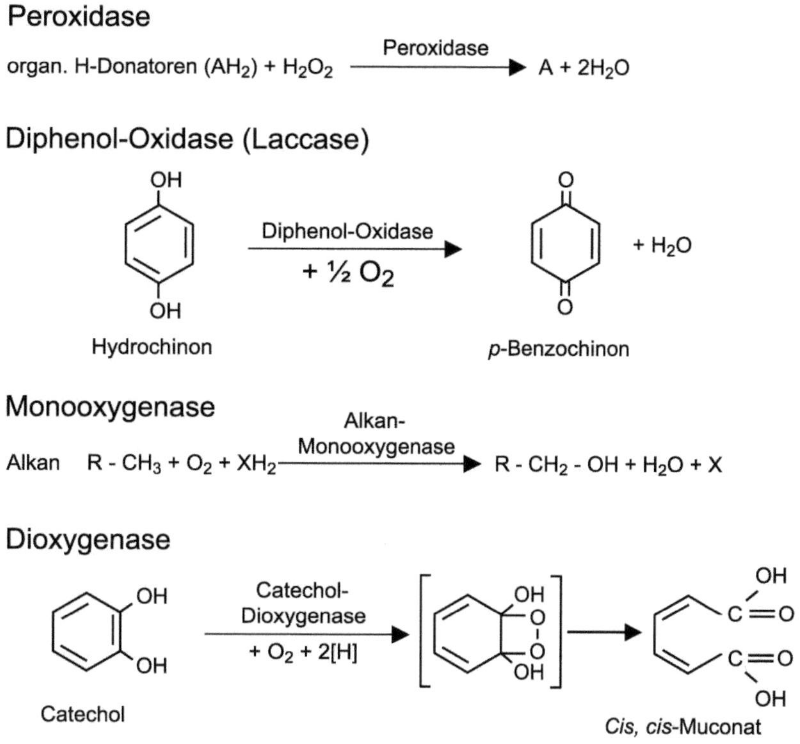

Abb. 3.5 Schematischer Vergleich der enzymatischen Aktivitäten von Peroxidasen, Diphenol-Oxidasen, Mono- und Dioxygenasen

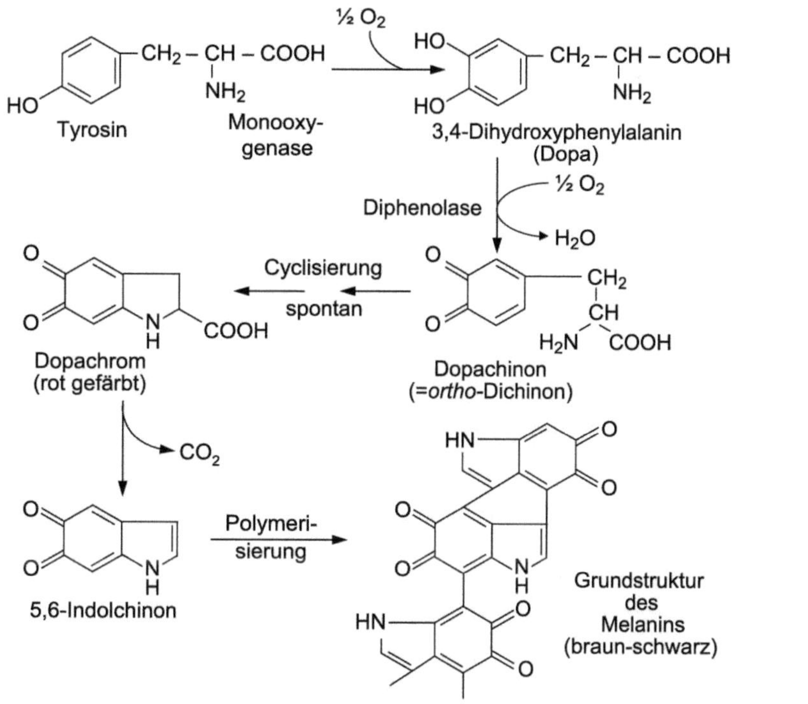

Abb. 3.6 Melaninbildung aus Tyrosin durch Tyrosinase von Streptomyceten in Böden

lycyclische aromatische Kohlenwasserstoffe, mono- und dimere Ligninmetabolite etc.). Aber auch die aromatischen Kerne in sekundären Pflanzenstoffen (z. B. Alkaloide, Steroide, Cumarine, Flavonoide, Gerbstoffe etc.) und in Huminstoffen (Huminsäuren, Fulvosäuren) können von Oxygenasen mit O_2 (und ATP) gespalten werden. Die Gene für Aufnahme, Transport und intrazelluläre Ringöffnung von aromatischen Verbindungen sind häufig auf spezifischen Plasmiden codiert und können durch Konjugation in der Population rasch verbreitet werden (Kap. 5).

3.5 Monooxygenasen

Substanzen wie die langkettigen aliphatischen Kohlenwasserstoffe (KWe) und Fettsäuren sind unlösliche, chemisch träge Substanzen, die jedoch in Anwesenheit von O_2 unter Einsatz von Energie durch spezifische Monooxygenasen intrazellulär abgebaut und anschließend im Intermediärstoffwechsel (TCC) verwertet werden können. Dabei wird ein aktivierter Sauerstoff aus dem O_2 auf die terminale CH_3-Gruppe des Moleküls übertragen und eingebaut, das zweite O-Atom wird hingegen zu Wasser reduziert. Das erste Oxydationsprodukt ist ein relativ leicht verwertbarer Alkohol. Monooxygenasen können sowohl aliphatische als auch einfache aromatische Kohlenwasserstoffe hydroxylieren (Abb. 3.5). Aufgrund unterschiedlicher prosthetischer Gruppen werden die aromatischen Monooxygenasen in vier Gruppen unterteilt; darunter stellen die hämhaltigen Monooxygenasen (P_{450s}) den größten Anteil, da sie in *Archaea*, *Bacteria* und Eukaryoten (Pilze, Hefe) allgemein vorkommen und eine sehr breite Palette von aromatischen Verbindungen spalten können (Ulrich u. Hofrichter 2007). Alle Monooxygenasen katalysieren die Bildung von Hydroxylgruppen (–OH) mit der Freisetzung von Wasser. Sie werden infolgedessen auch als Hydroxylasen oder mischfunktionelle Oxygenasen bezeichnet. Die Reaktion braucht ein elektronenlieferndes Co-Substrat (NAD(P)H), dessen Reduktionskraft mithilfe kleiner Elektronentransportproteine (Rubredoxin bei Pseudomonaden oder Cytochrom P_{450} bei Pilzen und Hefen) auf die eigentliche Monooxygenase übertragen wird (Abb. 3.7). Bei langkettigen aliphatischen KWen wird der Alkohol (R-OH) durch NAD-abhängige Dehydrogenasen zum entsprechenden Aldehyd und zur Fettsäure oxidiert. Der weitere Abbau erfolgt anschließend über die β-Oxidation und den TCC (Tricarbonsäurecyclus). Die eigentliche Energiekonservierung (ATP-Bildung durch ETP) geschieht in diesem oxidativen Abbau somit erst relativ spät, was bedeutet, dass die erforderliche Aktivierungsenergie aus anderen Substraten gewonnen werden muss. Neben dem terminalen ist auch ein diterminaler

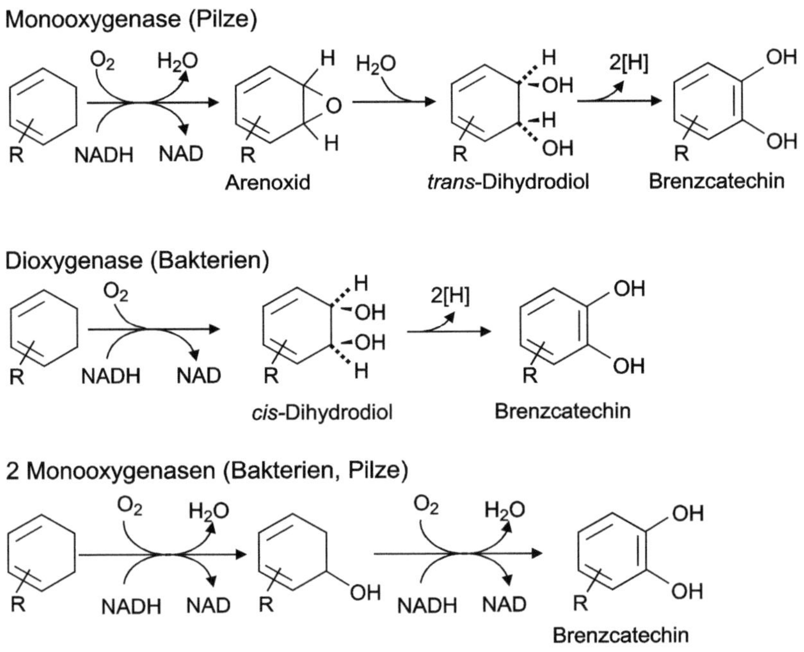

Abb. 3.7 Initiale Oxygenierung von Benzol durch Echte Pilze (Monooxygenasen), aerobe Bakterien (Dioxygenasen) oder durch Vertreter beider Gruppen (Monooxygenasen). Bei der Aktivierung und beim Einbau von O-Atomen aus O_2 in Substrate werden Reduktionsäquivalente (NAD(P)H) verbraucht (Knackmuss 1997)

und subterminaler Primärangriff von Alkanen durch Monooxygenasen weit verbreitet. Verzweigte Alkane und Alkene werden in der Regel nur bis zum **quartären C-Atom** (= sehr rekalzitrant) mineralisiert. Infolgedessen sind verzweigte aliphatische KWe wesentlich persistenter als unverzweigte. Die Initialreaktion des Alkanabbaus erfolgt erst nach Induktion und Synthese der substratspezifischen Oxygenasen (*lag phase*). Weil die Mineralisation von KWen (und verwandten Verbindungen) Reduktionsäquivalente benötigt und die Energiekonservierung (ATP) erst spät im Abbauprozess erfolgt, setzt die Mineralisation aliphatischer Kohlenwasserstoffe und verwandter Stoffgruppen in Böden erst dann ein, wenn alle leicht abbaubaren Begleitsubstrate weitgehend zersetzt worden sind. Die Zufuhr frischer organischer Substanzen zum Boden bewirkt folglich stets eine Verzögerung des Abbaus relativ rekalzitranter aliphatischer und aromatischer Substanzen (Kap. 10), was zu einer relativen Anhäufung solcher Verbindungen führen kann.

Die eigentliche Katastrophe von Erdölkontaminationen in Böden und Meeressedimenten (Tankerunglücke) geht primär von den Ölteppichen und ihren Ölfilmen aus. Ölfilme auf Wasser, Küstensedimenten und Bodenaggregaten verhindern die O_2-Zufuhr. Infolgedessen kommt es durch Erstickung zum Absterben sämtlicher Lebewesen. Nach einer Latenzzeit zur organismischen und enzymatischen Anpassung (**Akklimation**) und Bildung der entsprechenden Monooxygenasen bilden sich allerdings auf der Außenseite der Öltröpfchen angepasste aerobe Mikroorganismen, welche die chemisch trägen und hydrophoben Kohlenwasserstoffe angreifen und „Erdöl fressen". Um jedoch verwertet zu werden, müssen die unlöslichen, lipophilen Kohlenwasserstoffe zunächst von den Zellen aufgenommen werden. Dazu heften sich die Zellen und Hyphen durch Ausscheidung oberflächenaktiver Substanzen (Biotenside) an die Öltröpfchen. Manche gramnegativen Bakterien bilden zudem spezifische hydrophobe Fimbrien, die in die Öltröpfchen eindringen und die Kontaktfläche intensivieren können. Die Biotenside setzen die Grenzflächenspannung der KWe herab und bilden zwischen Öl- und Wasserphase Emulsionen (Mikrotröpfchen). Die Mikrotröpfchen werden von den Biotensiden umschlossen und wahrscheinlich aktiv mit Membranproteinen durch die äußere Membran (bei gramnegativen Bakterien) und die Cytoplasmamembran transportiert. Die induzierten Oxygenasen befinden sich auf der Innenseite der Cytoplasmamembran. Die beteiligten Mikroorganismen sind ubiquitäre Vertreter von sehr verschiedenen kultivierbaren und wahrscheinlich auch von zahlreichen bisher nichtkultivierbaren Organismen. Sehr viele Vertreter von gramnegativen Bakterien (*Pseudomonas*, *Sphingomonas*, *Acinetobacter* etc.), coryneformen Bakterien (*Arthrobacter*, *Nocardia*, *Rhodococcus spp.*), Sporenbildnern (*Bacillus spp.*), filamentösen Pilzen (*Aspergillus*, *Penicillium*, *Fusarium*, *Acremonium*, *Cladosporium*, *Trichoderma* etc.) und Hefen in Böden und Gewässern können potenziell Paraffine abbauen. Öle bestehen hauptsächlich aus verschiedenen aliphatischen Kohlenwasserstoffen und sind folglich grundsätzlich mikrobiell abbaubar, wenn die O_2-Zufuhr gewährleistet wird. Aus diesem Grunde werden ausgelaufene Öle mit Emulgatoren behandelt, damit sich zahlreiche Öltröpfchen bilden, die von allen Seiten gut mit O_2 versorgt, besiedelt und damit rasch und vollständig abgebaut werden können.

3.6 Aren-Dioxygenasen

Zahlreiche einfache aromatische Kohlenwasserstoffe (Arene) sowie komplexe Verbindungen mit mehreren aromatischen und/oder heterocyclischen Kernen sind nur mit Dioxygenasen verwertbar. Aromatische Kohlenwasserstoffe sind chemisch zwar außerordentlich stabil (Mesomerie, spannungsfrei), können aber durch ihre π-Elektronen sehr gut als Elektronen-Donatoren für Mikroorganismen fungieren. Um die Mineralisierung des stabilen Benzolringes zu erleichtern, ist zunächst eine **Diphenolbildung** erforderlich. Diese einleitende Oxygenierung kann je nach Substanz und Organismus von Mono- oder Dioxygenasen übernommen werden (Abb. 3.7). Von vielen *Bacteria* wird beispielsweise der unsubstituierte Ring des Benzols unter Verbrauch von Reduktionskraft (NAD(P)H) und Einbau von zwei Sauerstoffatomen durch eine **Dioxygenase** (Doppelhydroxylase) zum *cis*-Dihydrodiol oxygeniert und anschließend durch eine Dehydrogenase zum Diphenol-Brenzcatechin dehydriert (rearomatisiert). Es handelt sich bei Dioxygenasen um multikomponente Enzymsysteme, die O_2 durch Addition in den Ring einbauen, wobei Aren-*cis*-Diole entstehen (Gibson u. Parales 2000; Boyd *et al.* 2001). Eine einleitende Dihydroxylierung ist Voraussetzung für die Ringöffnung. Die sehr verschiedenen unlöslichen aromatischen Substanzen, natürlicher und/oder anthropogener Herkunft, werden von Bakterien chemotaktisch (gr. *taxis* = Anordnung) mit gezielten Bewegungen angesteuert und wahrscheinlich mithilfe von membrangebundenen Proteinen (ähnlich den Porinen) durch die Cytoplasmamembran transportiert. Diese spezifischen (noch unbekannten) Transportproteine sind zusammen mit den Dioxygenase-Genen auf Plasmiden codiert. Aren-Dioxygenasen sind nichthämhaltige Oxygenasen mit einem [2Fe-2S]-Cluster im aktiven Zentrum und besitzen ein oder zwei Elektron(en) transferierende Proteine. Diese nehmen Elektronen von NAD(P)H auf und übertragen sie auf die unmittelbar angrenzenden Oxygenase-Komponenten, die O_2 in das Substrat einbauen. Die katalytische Aktivität erfolgt dabei in zwei Schritten und besteht aus (a) der Aktivierung von O_2 und (b) dessen Addition in das Substrat (Dihydroxylierung). Der genaue Mechanismus ist noch unbekannt. Benzol kann aber auch unter Verbrauch von NAD(P)H und Einbau eines Sauerstoffatoms aus O_2 (Monooxygenase) über ein Arenoxid und nach Aufnahme von Wasser zum *trans*-Dihydrodiol oxidiert werden. Anschließend erfolgt eine Dehydrierung zum Brenzkatechin (häufig bei Pilzen) (Abb. 3.7).

Ausnahmslos werden alle aromatischen Verbindungen schrittweise über verschiedene Wege so abgebaut, dass sie in der Regel in eines von drei diphenolischen Schlüsselmetaboliten

(a) **Brenzcatechin** (Catechol, Benzol-1,2-diol)
(b) **Protocatechusäure** (3,4-Dihydroxybenzoesäure)
(c) **Homogentisinsäure** (2,5-Dihydroxyphenylessigsäure)

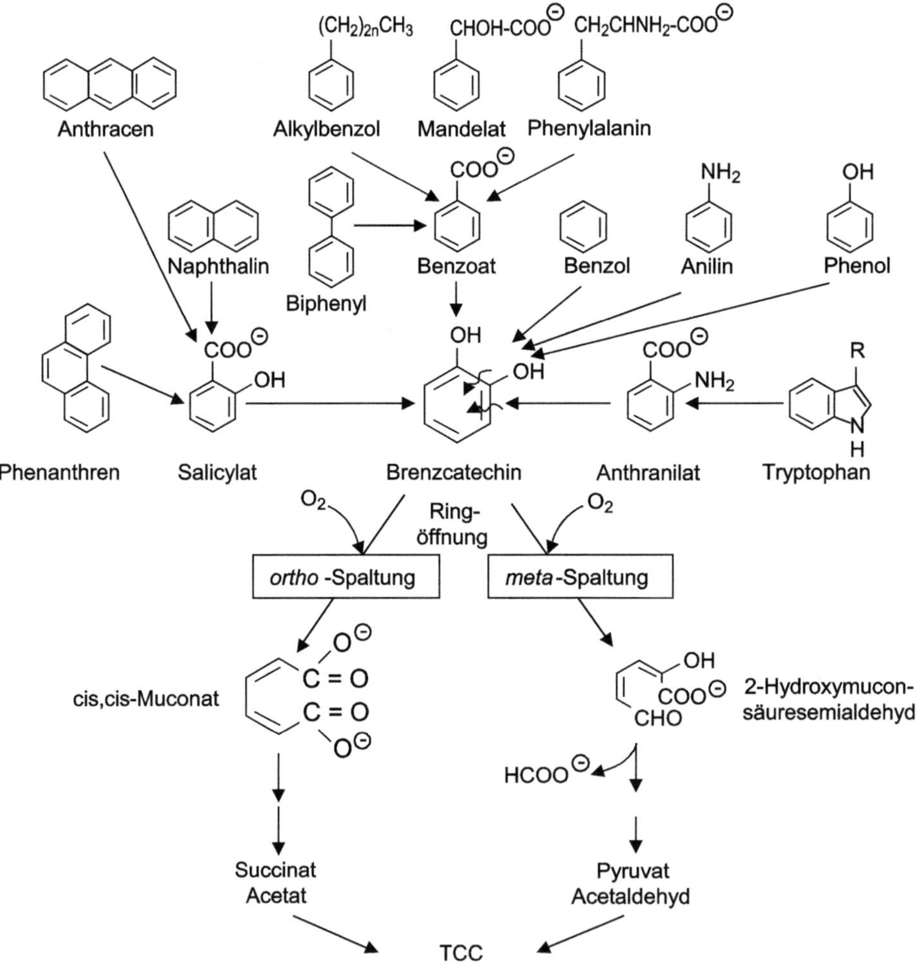

Abb. 3.8 *Ortho-* und *meta*-Ringöffnung von Brenzcatechin (Catechol) als zentraler Metabolit beim konvergenten Abbau verschiedener komplexer aromatischer Verbindungen. Die Metabolite der Aromatenabbauwege gehen in den Intermediärstoffwechsel (TCC) ein (ergänzt nach Knackmuss 1997)

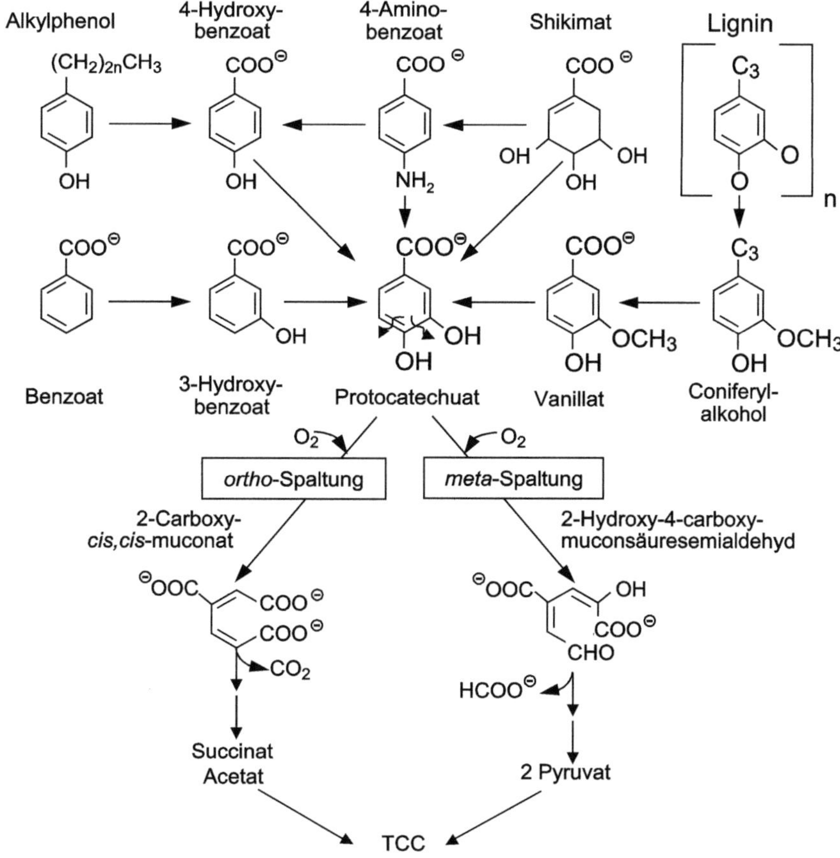

Abb. 3.9 *Ortho-* und *meta-*Ringöffnung von Protocatechuat als zentraler Metabolit beim konvergenten Abbau unterschiedlicher komplexer aromatischer Verbindungen. Alle Ligninmetabolite werden über Vanillinsäure (4-Hydroxy-3-methoxybenzoesäure) und Protocatechuat im Intermediärstoffwechsel (TCC = Tricarbonsäurecyclus) abgebaut (ergänzt nach Knackmuss 1997)

konvergieren (Leuing *et al.* 2007; Ulrich u. Hofrichter 2007). Die eigentliche Ringöffnung der Diphenole Brenzcatechin, Protocatechuat und Homogentisinsäure wird anschließend unter Einbau von O_2 durch substratspezifische Dioxygenasen katalysiert (Abb. 3.8 und 3.9). Bei Brenzcatechin (Abb. 3.8) und Protocatechuat (Abb. 3.9) kann die Ringöffnung sowohl über eine *ortho-* als auch über eine *meta-*Spaltung erfolgen (Box 3.4). Dabei entstehen aliphatische Metabolite, die schließlich über den TCC verwertet werden (zur Synthese von ATP, Bildung von Reduktionsäquivalenten und Bereitstellung von Metaboliten). Somit findet auch beim Abbau aromatischer Verbindungen die Energiegewinnung erst am Ende des Stoffwechsels statt, was für das Wachstum der Organismen ungünstig ist, weil die zur Hydroxylierung erforderlichen Reduktionsaquivalente (NAD(P)H) zunächst über den Stoffwechsel anderer leichter mineralisierbarer Substrate gewonnen werden müssen.

Mithilfe einer *Real-time*-PCR ist es möglich, die *pcaH*-Gendichte (ein Maß für das Schlüsselenzym Protocatechuat-3,4-Dioxygenase) in Böden abzuschätzen (El Azhari *et al.* 2008). In verschiedenen Böden wurde die *pcaH*-Gendichte auf etwa 10^3 bis 10^4 Kopien x ng^{-1} Boden-DNA geschätzt, was einer Bakterienpopulation von etwa 0,2 bis 10,9% der gesamten bakteriellen Lebensgemeinschaft entsprechen würde.

3.7 Konvergente Abbauwege über Brenzcatechin oder Protocatechuat

Über den Schlüsselmetabolit Brenzcatechin werden in der Regel das nicht substituierte Benzol sowie die mono- und 1,2-disubstituierten aromatischen Verbindungen mineralisiert. Zu dieser Gruppe gehören einfache Verbindungen wie **B**enzol, **T**oluol (Methyl-

Box 3.4 Wege der oxygenolytischen Ringspaltung von Diphenolen

Der Benzolring ist spannungsfrei und besitzt aufgrund der Mesomerie eine hohe Resonanzenergie, wodurch aromatische Kerne gegenüber (bio)chemischen Oxidationen sehr beständig sind. Aromatische Verbindungen gelten infolgedessen als natürliche relativ persistente Verbindungen. Hingegen gilt die Ringöffnung der diphenolischen Schlüsselverbindungen (1) Brenzcatechin, (2) Protocatechuat und (3) Homogentisinsäure durch die entsprechenden Dioxygenasen als einfach, wenn die Mikroorganismen mit den erforderlichen Enzymen ausgestattet sind und O_2 zur Verfügung steht. Bei der Ringöffnung durch spezifische Dioxygenasen werden beide O-Atome aus O_2 unter Verbrauch von Reduktionsäquivalenten und Spaltung einer C–C-Gruppe eingebaut (**Doppelhydroxylierung**). Diese oxygenolytische Ringöffnung der Schlüsselsubstanzen im **peripheren Stoffwechsel** kann über eine

→ *ortho*-(Intradiol)Spaltung zwischen zwei benachbarten hydroxylierten C-Atomen oder über eine
→ *meta*-(Extradiol)Spaltung zwischen einem hydroxylierten und einem benachbarten nicht hydroxylierten C-Atom oder über eine
→ Spaltung zwischen einem C-Atom mit einer Hydroxylgruppe und einem mit einer Carboxyl- oder Alkyl-Gruppe substituierten C-Atom (Homogentisinsäure Weg)

erfolgen.

Der Benzolkern von Brenzcatechin und Protocatechuat kann sowohl durch *ortho*- als auch durch *meta*-Spaltung geöffnet werden (Abb. 3.8 und 3.9). Der *ortho*-Weg ist unter Mikroorganismen weiter verbreitet als der *meta*-Weg. Die Benzolkerne von Homogentisinsäure (Abb. 3.10) und Gentisinsäure werden in einer Art *ortho*-Spaltung geöffnet. Die erforderlichen Enzyme der o. g. drei Abbauwege werden bei Bedarf durch sequenzielle Induktion synthetisiert und sind überwiegend auf **Plasmiden** codiert. In den einzelnen Bakterienarten können gleichzeitig verschiedene Abbauwege vorkommen. Welcher Weg gewählt wird, hängt vom Substrat und von den ökologischen Bedingungen (pO_2) ab.

Zahlreiche Fremdstoffe (**Xenobiotika**) enthalten am aromatischen Kern häufig Chlor-, Brom-, Fluor-, Nitro- oder Sulfonatsubstituenten (unphysiologische Gruppen). Solange die Halogen- und Nitrosubstitutionen am Kern ein- oder zweifach sind, wird die enzymatische Doppelhydroxylierung und damit die Ringöffnung durch Oxygenasen in der Regel lediglich geringfügig verzögert. Dabei können die unphysiologischen Substituenten sowohl vor als auch nach der Ringspaltung entfernt und von Hydroxylgruppen ersetzt werden. Im Allgemeinen nimmt die **molekulare Rekalzitranz** (Wiederstand gegenüber mikrobiellem Abbau) mit drei oder mehr Halogen- oder Nitrosubstituenten **sprunghaft** zu.

Der elektrophile Angriff durch Oxygenasen aerober Bakterien wird besonders erschwert, wenn mehrere unphysiologische Substituenten einen starken **Elektronenmangel** am Ring erzeugen. So sind polychlorierte Biphenyle (PCBs), polychlorierte Dibenzo-*p*-dioxine (PCDDs, „Dioxine") und polychlorierte Dibenzofurane (PCDFs, „Furane") in Böden zwar sehr rekalzitrant, aber abbaubar. Der xenobiotische (naturfremde) Charakter macht sich besonders bemerkbar, wenn Nitro- ($-NO_2$), Sulfon- ($-SO_3H$) oder Azo-Gruppen (–N=N–) als Substituenten vorliegen, weil diese Substituenten unter natürlichen Verbindungen nur selten oder gar nicht vorkommen. Nach längeren Anpassungszeiten (substanzspezifische **Akklimationen**) können Verbindungen wie PCBs, Lindan (γ-Hexachlorcyclohexan, kein Aromat) und TNT (2,4,6-Trinitrotoluol) allerdings sowohl aerob als auch anaerob mikrobiell abgebaut werden (Alexander 1994; Knackmuss 1997; Ottow 1997; Nagata *et al.* 2007; Reineke u. Schlömann, 2007; Smets *et al.* 2007).

benzol), **E**thylbenzol, *o*-, *m*- oder *p*-**X**ylol (Dimethylbenzol) (zusammengefasst als **BTEX-Gruppe**) sowie Phenol, Benzoat, Styrol (Phenylethylen) und Alkylbenzole. Aber auch aromatische Amine (Anilin) sowie die Aminosäuren Phenylalanin und Tryptophan werden über Brenzcatechin abgebaut (Abb. 3.8; Box 3.4). Relativ stabile umweltrelevante Verbindungen (Abb. 3.8) wie Biphenyl (das chemische Grundgerüst der PCBs), Diphenylether (Rosenparfüm für Seifen und Detergenzien, Grundsubstanz bestimmter Herbizide und als bromhaltige Derivate Bestandteil wichtiger Flammenschutzmittel; Abb. 3.10) sowie die natürlichen und anthropogenen polycyclischen aromatischen Kohlenwasserstoffe (PAKs) wie Naphthalin, Anthracen (Abb. 3.8), Phenanthren, Pyren etc. werden via **Brenzcatechin** abgebaut. Bei den PAKs werden die annelierten aromatischen Ringe entsprechend den Abbauprinzipien einkerniger Substanzen stufenweise oxygeniert und gespalten. Die meisten (unlöslichen) PAKs mit zwei oder drei annelierten Kernen können

Biphenyl

Diphenylether

Anthracen

Phthalsäure

HO–C₆H₄–CH₂–CH(NH₂)–COOH Tyrosin

Homogentisinsäure

Abb. 3.10 Chemische Struktur einiger im Text genannter aromatischer Verbindungen

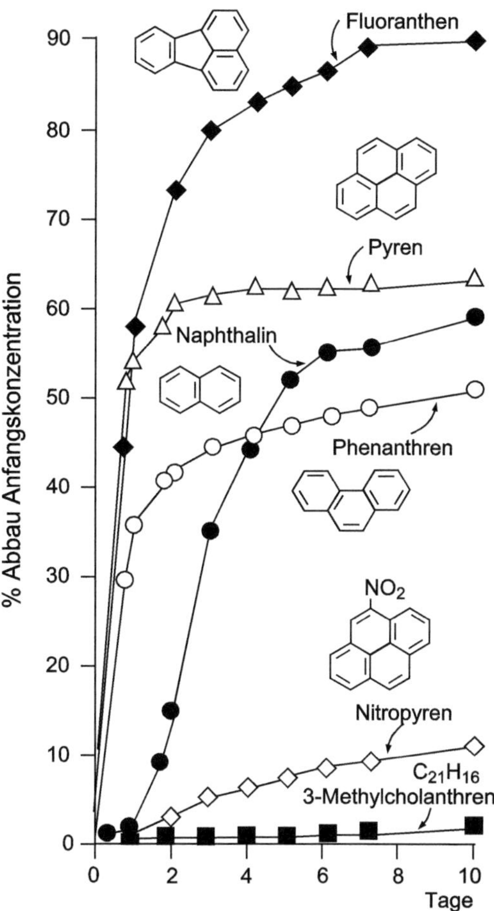

Abb. 3.11 Mineralisation verschiedener polycyclischer aromatischer Kohlenwasserstoffe (PAKs) durch ein grampositives Kurzstäbchen (vermutlich ein *Rhodococcus sp.*-Stamm, *Actinobacteria*) in einer komplexen Mineralsalz-Nährlösung (Batchkultur, 25 °C), angereichert mit Spuren von Hefeextrakt, Stärke und Pepton zur Wachstumsförderung (Heitkamp u. Cerniglia 1988)

von bestimmten Bakterien und Echten Pilzen unter aeroben Bedingungen zwar relativ langsam, aber dennoch vollständig mineralisiert werden (Abb. 3.11). Die relative Persistenz von PAKs mit mehr als drei kondensierten Ringen (Fluoren, Pyren und Nitropyren) nimmt jedoch aufgrund der sehr geringen Wasserlöslichkeit stark zu und der Abbau verläuft unvollständig – oft unter Ausscheidung von *dead-end*-Metaboliten (nicht weiter abbaubare Umwandlungsprodukte). PAKs mit fünf oder mehr Ringen können lediglich von einigen wenigen *Bacteria* und Pilzen abgebaut werden (Andreoni u. Gianfreda 2007). Das fünfkernige Benz(a)pyren ist potenziell karzinogen und gilt als sehr schwer abbaubar.

Der aerobe Abbau von PAKs in Böden verlangt relativ lange Latenzzeiten, bevor es zur Anreicherung einer entsprechenden mikrobiellen Lebensgemeinschaft kommt. In Anwesenheit oder nach Zufuhr von leicht abbaubaren Verbindungen wird der Angriff auf PAKs automatisch verzögert oder kommt vollständig zum Erliegen. Dieser Sachverhalt ist für die Sanierung von kontaminierten (Unter-)Böden von großer Bedeutung, weil die Aktivitäten von eingeimpften PAK-abbauenden **Starterkulturen (Bioaugmentation)** *in situ* oder im Bodenaushub so lange unterbleibt, wie noch leicht abbaubare organische Verbindungen vorhanden sind. Auch angereicherte (maßgeschneiderte) Starterkulturen erfüllen ihre Aufgaben nicht oder in geringem Ausmaß, weil sie sich entweder nicht gegen die vorhandenen Mikroorganismen durchsetzen können und/oder leichter mineralisierbare Wasserstoff-Donatoren bevorzugen (Cases u. Lorenzo 2005).

Über Protocatechuat (Abb. 3.9; Box 3.4) werden vor allem 1,3-, 1,4-disubstituierte und mehrfach substituierte aromatische Verbindungen abgebaut. Zu dieser Gruppe gehören auch die verschiedenen relativ persistenten umweltrelevanten Phthalsäureester (Weichmacher in Kunststoffen). Die Ester der Phthalsäure (1,2-Benzoldicarbonsäure; Abb. 3.10) sind wasserunlösliche, schwer flüchtige Flüssigkeiten, die nicht nur als Weichmacher für PVC, sondern als fettfreie Schmiermittel, Schaumverhütungsmittel, Trägerflüssigkeiten in Pestiziden, Kosmetika, Parfüms und auch als Zwischenprodukte für die Herstellung von Farbstoffen, Polyestern, Lacken und Kunststoffen nicht mehr wegzudenken sind. Auch Huminstoffe enthalten Phthalate (Kap. 11). Infolgedessen sind sie in Böden und Sedimenten weit verbreitet und nur mit O_2 vollständig mineralisierbar. Phthalat-Abkömmlinge werden allerdings nicht nur über Protocatechuat abgebaut, sondern können von bestimmten *Rhodococcus spp.*-Stämmen (Phylum *Actinobacteria*) über multiple Abbauwege verwertet werden, was die ökophysiologische Flexibilität erhöht.

Aber auch das äußerst rekalzitrante Lignin in Holz kann vor allem von **Weißfäulepilzen** mithilfe eines extrazellulären Ligninperoxidase(LiP)-Manganperoxidase(MnP)-Laccase-Systems co-metabolisch (zufälliger Abbau im Stoffwechsel ohne Latenzzeit unter Einsatz von Co-Substraten wie Hemicellulose oder Cellulose) abgebaut werden (Box 3.3; Kap. 10). Weißfäulepilze (Kap. 8) katalysieren mit einer unspezifischen Radikaloxidation eine Ein-Elektron-Oxidation von aromatischen Kernen. Das resultierende Aryl-Kationradikal unterliegt einer spontanen Umlagerung. Dabei entstehen sehr verschiedene di- und monomere Spaltprodukte, die alle über Vanillinsäure und **Protocatechuat** dem Intermediärstoffwechsel zugeführt werden (Abb. 3.9).

Zu den Zwischenprodukten des Ligninabbaus gehören beispielsweise Monomere wie Coniferylalkohol, Homovanillinsäure, Syringasäure (4-Hydroxy-3,4-dimethoxybenzoesäure) und Ferulasäure (4-Hydroxy-3-methoxyzimtsäure). Solchen Metaboliten kommt für die Huminstoffsynthese in Böden eine große Bedeutung zu (Kap. 11). Durch die simultane Einwirkung pilzlicher und bakterieller Phenol-Oxidasen (Laccasen; Abb. 3.5) beim Ligninabbau können aus Di- und Polyphenolen durch (Aut-)Oxidation mit O_2 reaktionsfreudige chinoide Körper entstehen, die spontan zu braunen Huminstoffvorstufen polykondensieren können (Box 3.2). Aromatenabbau und Humifizierung sind in Böden stets eng miteinander verknüpft (Kap. 10 und 11).

Über Homogentisinsäure (2,5-Dihydroxyphenylessigsäure; Abb. 3.10) als Schlüsselsubstanz werden aromatische Verbindungen wie Gentisinsäure (2,5-Dihydroxybenzoesäure), Phenylpropionsäure, Ethylbenzol und die aromatischen Aminosäuren Phenylalanin und Tyrosin abgebaut. Homogentisinsäure wird durch Homogentisinat-1,2-Dioxygenase unter Öffnung des Ringes gespalten. Der erste aliphatische Metabolit (4-Maleylacetoacetat) dieses Abbauweges wird über verschiedene Zwischenstufen zu Fumarsäure und Acetessigsäure umgesetzt und im Intermediärstoffwechsel verwertet. Beim Homogentisinsäure-Weg greift die Dioxygenase zwischen einem hydroxylierten und jenem benachbarten C-Atom an, das mit einem aliphatischen Rest oder einer Carboxylgruppe substituiert ist. Gentisinsäure ist ein häufiges Abbauprodukt aromatischer Verbindungen im peripheren Stoffwechsel. Es wird über den Gentisinsäure-Weg analog zur Homogentisinsäure durch Gentisinat-1,2-Dioxygenase gespalten und in den Intermediärstoffwechsel eingeschleust. Styrol (Ethylenbenzol, Vinylbenzol), ein Vertreter der aromatischen Kohlenwasserstoffe, dient hauptsächlich zur Herstellung von Polymeren (z. B. Styropor). Als Polymer ist es relativ rekalzitrant (da unlöslich), als Einzelsubstanz (Ethylbenzol) wird es rasch von Hefen und Bakterien über den Homogentisinsäure-Weg mineralisiert (Gunsch *et al.* 2006).

3.8 Humuszehrung, Hypothese der aeroben Mineralisation von Huminstoffen

Huminstoffe, insbesondere Huminsäuren (HS), sind hochmolekulare heterogene **Mischpolymerisate** mit aromatischen Kernbereichen aus PAKs, heterocyclischen N-Verbindungen, Chinonen und Phenolen, die über Ether- und N-Brücken mit aliphatischen Alkylresten (Kohlenwasserstoffen, langkettigen Lipiden), Kohlenhydraten und Peptiden unregelmäßig dreidimensional verknüpft sind. Die Kernbereiche der Huminstoffe werden von partiell abgebauten pflanzlichen Bausteinen (Suberin- und Cutinabkömmlinge) und mikrobiellen Stoffgruppen (Mureinbausteine, Chitin, etc.) eingeschlossen (Kap. 11). Huminstoffe sind sowohl chemisch als auch mikrobiologisch sehr schwer abbaubar und besitzen (je nach chemischer Struktur, Zugänglichkeit für Enzyme und Mikroorganismen) Halbwertszeiten von einigen hundert bis tausend Jahren (Dauerhumus oder stabiler Humus) (von Lützow *et al.* 2006).

Die jährliche Humuszehrungsrate von Ackerböden liegt im Schnitt bei etwa 2–3%, wobei zunächst die zugänglichen, leichter mineralisierbaren aliphatischen Komponenten (Kohlenhydrate, Peptide, langkettige Fettsäuren und Kohlenwasserstoffe) im Humus mikrobiell abgebaut werden. Kohlenhydrate können jedoch relativ rekalzitrant werden, wenn sie durch Chelatbildung mit mehrwertigen Kationen und Brückenbildung an Tonmineralien mikrobiell schwer zugänglich sind. An der Humuszehrung sind vor allem Echte Pilze (Basidiomyceten) und Streptomyceten beteiligt, Organismen, die auch für den Ligninabbau verantwortlich sind (Haider u. Martin 1988; Blondeau 1989). Besonders an feuchten Standorten oder in feuchten Bodensenken kann es zur Humusakkumulation kommen, weil die für LiP, MnP und Oxygenasen erforderliche O_2-Versorgung gehemmt ist. Die Ursachen der hohen mikrobiellen Rekalzitranz von Huminstoffen sind vielschichtig und komplexer Natur (Kap. 11). Zu den entscheidenden Persistenzfaktoren gehören aber

- die Wasserunlöslichkeit aufgrund der makromolekularen hydrophoben Struktur,
- die mehrfach annelierten aromatischen und heterocyclischen N-Kerne, die oft über sehr stabile Etherbrücken mit Seitenketten aus aliphatischen KWen und Kohlenhydraten verbunden sind,
- die schwere räumliche Zugänglichkeit für extrazelluläre Enzyme wie Peroxidasen und Laccasen, zumal die Huminsäuremoleküle durch Chelatisierung ihrer phenolischen und Carboxylgruppen mit Al, Fe und zweiwertigen Kationen (Ca, Mg) maskiert und mit Tonmineralen zu stabilen Ton-Humus-Komplexen verbunden sind,
- das ungünstige Verhältnis von Energieaufwand zu Energiegewinnung, wodurch Huminstoffe erst dann verstärkt zum Abbau kommen, wenn andere Substrate fehlen.

Huminstoffe gehören infolgedessen aus chemisch-strukturellen und ökologischen Gründen zu den sehr rekalzitranten organischen Verbindungen in Böden. Rezente Analysen haben gezeigt, dass Kohlenhydrate (Polysaccharide) im Humuskörper überraschend langlebig sind, während Aromaten wieder Erwarten relativ schnell aerob abgebaut werden können (von Lützow *et al.* 2006).

Zur verstärkten **Humuszehrung** anmooriger und humusreicher Standorte kommt es erst, wenn die mikrobielle Aktivität durch Entwässerung oder Umbruch (verbesserte O_2-Zufuhr), Bodenbearbeitung (Erhöhung der enzymatischen Angriffsfläche durch Oberflächenvergrößerung der aufgebrochenen Aggregate), Kalkung (pH-Erhöhung) und mineralische N- und P-Düngung stark angeregt wird. Auch die Zufuhr von niedermolekularen leicht mineralisierbaren Verbindungen kann zum verstärkten **co-metabolischen Abbau** von Huminstoffen führen (positiver *Priming*-Effekt). Insbesondere Echte Pilze der Gattungen *Paecilomyces* (*Ascomycota*), *Beauveria* (*Moniliales*, Fungi Imperfecti), *Gloeophyllum* (*Basidiomycota*) sowie der weit verbreiteten Gattungen *Penicillium* und *Verticillium* (Ascomyceten, FI) dringen mit ihren Hyphen in die organischen Makromoleküle ein und greifen die Strukturen mit extrazellulären Enzymen (**Ein-Elektron-Oxidation** der aromatischen Kerne durch verschiedene Peroxidasen und Laccasen) an. Nach Verwertung der restlichen leicht mineralisierbaren Komponenten werden die hydrophoben langkettigen Lipide, aliphatischen Kohlenwasserstoffe und Alkylbenzole mithilfe von Biotensiden aufgenommen und intrazellulär durch Oxygenasen mineralisiert (Fedorak u. Westlake 1998). Anschließend werden die persistenten, mehrfach anelierten aromatischen Kerne von **extrazellulären Peroxidasen** (Mangan- und Lignin-Peroxidasen) mit H_2O_2 und aggressiven **Hydroxylradikalen** depolymerisiert (Box 3.3; Abb. 3.5).

Durch die aggressiven Hydroxylradikale ($^{\bullet}OH$) kommt es zur unspezifischen Spaltung von Kernen, Etherbrücken und aliphatischen Verbindungen. Die primäre Peroxidasereaktion ist ein **Ein-Elektronen-Entzug** unter Bildung von **Kationradikalen**. Beim nucleophilen Angriff wird Sauerstoff aus dem Wasser angelagert. Der weitere Elektronenentzug führt zu hydroxylierten Metaboliten, welche durch fortgesetzte Elektronenentzüge und Wasseranlagerung teilweise zu Chinonen umgesetzt werden. Während Lignin-Peroxidase (LiP) bevorzugt nichtphenolische aromatische Ringe oxidiert, greift Mangan-Peroxidase (MnP) in Anwesenheit von Mn(II) und H_2O_2 hauptsächlich phenolische Verbindungen und Ligninbausteine an; dabei kommt es zur Spaltung von C–C-Bindungen im aromatischen Ring und zwischen Alkyl- und Arylbindungen des Phenolkörpers (Kap. 10; Hofrichter 2002; Martinez *et al.* 2005). Die freigesetzten mono- und dimeren Phenole und andere aromatische Metaboliten können aufgenommen und intrazellulär mit O_2 durch Mono- und Dioxygenasen hydroxyliert, mineralisiert und in den TCC eingeschleust werden.

Wahrscheinlich sind die aromatischen Strukturen im Kernbereich von Huminsäuren sehr schwer angreifbar, weil sie mehrfach und unregelmäßig auch mit N-heterocyclischen Baussteinen verknüpft und räumlich durch metall-organische Komplexe physikalisch vom enzymatischen Angriff abgeschirmt sind. Nach heutigen Vorstellungen werden die Kernbereiche von Huminstoffen durch **synthrophe Aktivitäten** mehrerer (Weiß- und Braunfäule)-Pilze und Bakterien (Streptomyceten) stufenweise abgebaut. Entscheidend für den Abbau sind die extrazellulären unspezifischen radikalischen Oxidationen und Hydroxylierungen aliphatischer und aromatischer Substanzen durch verschiedene pilzliche Peroxidasen. In noch ungeklärter Weise werden die Peroxidasen dabei von Laccasen unterstützt. Einige Weißfäule-Pilze besitzen zudem relativ substratunspezifische Oxygenasen und können damit die verschiedenen di- und trimeren aromatischen Metaboliten mineralisieren.

Aggressive Peroxidasen und Laccasen werden sowohl von Weiß- als auch von Braunfäule-Pilzen (Basidiomyceten) ausgeschieden. Gerade Braunfäule-Pilze der Gattung *Gloeophyllum* (die bevorzugt Lignocellulose depolymerisieren) wirken stark destabilisierend auf Huminstoffe, weil sie als potente Produzenten von Hydroxylradikalen bekannt sind (Hammel *et al.* 2002). Weißfäule-Pilze wie *Phanerochaete chrysosporium* (besitzt LiP, MnP, aber keine Laccase), *Trametes versicolor* (LiP, MnP, keine Laccase), *Pleurotus ostreatus* (MnP, Laccase) oder *Collybia dryophila* (MnP, Laccase) können nicht nur Lignin, sondern auch aromatische und heterocyclische Substanzen im Streu sowie in Huminsäuren abbauen. Dabei besteht eine Korrelation zwischen der Fähigkeit zum Abbau (*in vitro*) verschiedener Huminsäuren einerseits und der Bildung von extrazellulärer(n) Peroxidase(n) andererseits. *Collybia dryophila* scheint an der Humuszehrung besonders beteiligt zu sein, weil dieser Basidiomycet sowohl in humushaltigen Oberböden als auch in Streuauflagen allgemein verbreitet ist. In Flüssigkulturen ist *C. dryophila* zur Depolymerisation und Teilmineralisation sowohl von natürlichen hochmolekularen HSn als auch von (aus Catechol) synthetisierten und ^{14}C-markierten HSn in der Lage, wenn für eine optimale Aktivität von MnP ausreichend Mn(II) im Medium bereitgestellt wird (Abb. 3.12). Bei der Humuszehrung und beim Ligninabbau scheinen die gleichen biochemischen Mechanismen beteiligt zu sein (Hofrichter 2002, Steffen *et al.* 2002).

Bis heute ist noch weitgehend unbekannt, welche Mikroorganismen auf welche Weise für die Humuszehrung *in situ* verantwortlich gemacht werden können. Wahrscheinlich sind Konsortien (mehrgliedrige mikrobielle Gesellschaften mit positiven metabolischen Interaktionen) von verschiedenen aeroben Bakterien, Streptomyceten und filamentösen Pilzen in syntrophen Assoziationen und Sukzessionen an der langsamen Humuszehrung beteiligt. Zweck der energieaufwändigen Humuszehrung dürfte neben der C- auch die N-Mineralisation sein, weil Huminsäuren im Allgemeinen einen engen C/N-Quotienten von ca. 10–15 aufweisen (Kap. 11). Die Verwertung von aromatischen Kernen in den Metaboliten von Huminsäuren und Lignin erfordert stets **Oxygenasen** und **O_2**.

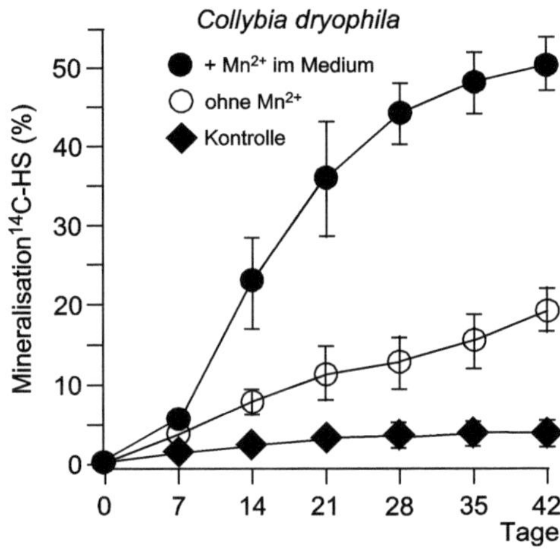

Abb. 3.12 Einfluss von Mn(II)-Ionen auf die Mineralisation (25 °C) von synthetischen ^{14}C-Huminsäuren durch den Basidiomycet *Collybia dryophila* (MnP, Laccase) in einer Schüttelkultur mit Mineralsalz-Hefeextraktlösung (pH 5) (Steffen *et al.* 2002)

3.9 Mineralisation von Aromaten mit anorganischen Elektronen-Akzeptoren

Einfache aromatische Verbindungen werden in Böden und Sedimenten unter Luftabschluss zwar zu relativ persistenten Verbindungen, können aber nach einer selektiven Anreicherung und Anpassung von bestimmten Mikroorganismen über den Benzoyl-CoA-Weg auch ohne O_2 vollständig metabolisiert werden. Voraussetzung ist die Abwesenheit anderer, bevorzugt abbaubarer Substrate und die Anwesenheit geeigneter externer Elektronen-Akzeptoren im oxidierten Zustand wie Nitrat, Mn(IV)- und Fe(III)-(Hydr)Oxide, SO_4^{2-} oder auch oxidierte Huminsäuren. Weil die chemische Zusammensetzung von Huminsäuren nicht einheitlich ist, wird in Laborversuchen oft Anthrachinon-2,6-disulfonat (= AQDS) als Modellsubstanz für Huminsäuren verwendet (Cervantes *et al.* 2001).

Bis vor etwa zehn Jahren galten aromatische Verbindungen in Abwesenheit von O_2 noch als nicht mineralisierbar (persistent). Inzwischen steht fest, dass zahlreiche einfache aromatische Substrate wie Benzol, Phenol, Toluol (Methylbenzol), *m*-Xylol (1,3-Dimethylbenzol), Benzoat, *o*-, *m*- und *p*-Kresole (*o*-, *m*- bzw. *p*-Hydroxytoluol), Anilin (Aminobenzol), Alkylbenzole (z. B. Phenylpropionat) ebenso wie einfach substituierte Chlor- und Bromphenole sowie Fluorbenzoat unter anaeroben Bedingungen durch eine große Verschiedenheit von ubiquitären aeroben *Bacteria* (weil die ATP-Synthese mit ETP erfolgt) unter Einsatz von anorganischen Elektronen-Akzeptoren mineralisiert werden können. Sie dienen den Organismen als C- und Energiequelle (Colberg u. Young 1995; Kazumi *et al.* 1995; Zhou *et al.* 1995; Lovley *et al.* 1995, 1996b; Rabus u. Widdel 1996; Langenhoff *et al.* 1997; Lodry *et al.* 1997; Song u. Ward 2005; Kanupuli *et al.* 2008). Verschiedene dieser aromatischen Substrate können sogar mit Chinonen und Huminsäuren (im oxidierten Zustand) als einzigen Elektronen-Akzeptoren vollständig bis zu CO_2 mineralisiert werden, wie Untersuchungen mit [^{13}C]Toluol und AQDS gezeigt haben (Cervantes *et al.* 2001; Carmonba u. Diaz 2005). Ökologisch ist die Mineralisation einfacher aromatischer Verbindungen mit anorganischen Elektronen-Akzeptoren und/oder oxidierten Huminsäuren im anaeroben wassergesättigten Bereich von Böden, Unterböden (Aquiferen) und Sedimenten von großer Bedeutung, weil dadurch im Laufe der Zeit die Möglichkeit zur **Selbstreinigung** oder **Bioremediation** (mikrobiologische Sanierung) kontaminierter Standorte besteht.

Aufgrund der Thermodynamik (Tabelle 3.2) wird ersichtlich, dass Bakterien bei der Mineralisation von aromatischen Substraten unter anaeroben Bedingungen die Sequenz Nitrat > Mn(IV) > Fe(III) > AQDS > Sulfat unter den alternativen Elektronen-Akzeptoren einhalten, falls sie dazu über die erforderliche enzymatische Ausstattung mit Reduktasen verfügen. Einige Arten können alle genannten Elektronen-Akzeptoren alternativ verwenden, andere können durch ökophysiologische Spezialisierung nur noch einzelne Elektronen-Akzeptoren zur ATP-Synthese (ETP) einsetzen. Die Verwertung von einfachen aromatischen Verbindungen unter Einsatz von einem oder mehreren alternativen Elektronen-Akzeptoren bedeutet für die betreffenden Organismen eine erhöhte **ökophysiologische Flexibilität**. Bezogen auf die Verwertung von Toluol mit Nitrat als Elektronen-Akzeptor steht die Mineralisation der gleichen Verbindung mit Mn(IV)- oder Fe(III)-(Hydr)Oxiden, AQDS (in Vertretung von Huminsäuren) oder Sulfat weit zurück, weil die maximale Energiegewinnung unter optimalen Bedingungen von etwa 98% (mit MnO_2) auf allenfalls 5,7% (mit Sulfat) signifikant abnimmt (Tabelle 3.2).

Bisher wurde der Einsatz von Nitrat als Elektronen-Akzeptor (Denitrifikation, Nitratammonifikation) bei der Verwertung verschiedener einfacher aromatischer Substrate bei zahlreichen Arten der Gattungen *Pseudomonas* (Gammaproteobakterien, aerob, Cytochrome), *Thauera* (Betaproteobakterien, Cytochrome), *Azoarcus* (Betaproteobakterien, aerob, Cytochrome) und *Magnetospirillum magnetotacticum* (Alphaproteobakterien, Cytochrome) nachgewiesen. Weil die meisten denitrifizierenden Bakterien jedoch auch Mn(IV)- und Fe(III)-Verbindungen als Elektronen-Akzeptoren einsetzen können (Kap. 14), darf angenommen werden, dass sehr viele verschiedene kultivierbare (und vermutlich noch mehr bisher nichtkultivierbare) Mikroorganismen zum Abbau aromatischer Verbindungen mit alternativen Elektronen-Akzeptoren in der Lage sind. Experimentell wurde dies allerdings noch nicht

Tabelle 3.2 Vergleich der maximalen Energiegewinnung (ETP) bei der Mineralisation von Toluol (C_7H_8) unter anaeroben Bedingungen mit verschiedenen alternativen Elektronen-Akzeptoren (Cervantes *et al.* 2001)

Toluol-Umsetzungen mit unterschiedlichen Elektronen-Akzeptoren	$\Delta G_o'$ kJ × Mol^{-1}
$C_7H_8 + 7{,}2\ NO_3^- + 0{,}2\ H^+ \rightarrow 3{,}6\ N_2 + 0{,}6\ H_2O + 7\ HCO_3^-$	–3.629,6 (100%)
$C_7H_8 + 18\ MnO_2 + 18\ H_2CO_3 \rightarrow 7\ CO_2 + 18\ MnCO_3 + 22\ H_2O$	–3.554,8 (98%)
$C_7H_8 + 36\ FeO(OH) + 36\ H^+ \rightarrow 7\ CO_2 + 36\ Fe(OH)^+ + 22\ H_2O$	–1.443,6 (40%)
$C_6H_8 + 18\ AQDS + 21\ H_2O \rightarrow 18\ AH_2QDS + 7\ H^+ + 7\ HCO_3^-$	–319,7 (8,8%)
$C_7H_8 + 4{,}5\ SO_4^{2-} + 3\ H_2O \rightarrow 4{,}5\ HS^- + 2{,}5\ H^+ + 7\ HCO_3^-$	–205,2 (5,7%)

Toluol = Methylbenzol
AQDS = Anthrachinon-2,6-disulfonat (Modellsubstanz für Huminsäure)

bestätigt. Mithilfe des Nachweises von Benzoyl-CoA-Genen (verantwortlich für den zentralen Metaboliten Benzoyl-CoA) unter denitrifizierenden Isolaten konnte tatsächlich bestätigt werden, dass der Aromatenabbau mit Nitrat als einzigem Elektronen-Akzeptor bei verschiedenen Vertretern anderer Gattungen mit aerobem Stoffwechsel (ETP) wie *Acidovorax* (Betaproteobakterien), *Paracoccus* (Alphaproteobakterien), *Ensifer adhaerens* (Alphaproteobakterien) und sogar *Bradyrhizobium* (Alphaproteobakterien; potenziell zur N_2-Bindung in Symbiose mit Leguminosen befähigt) vertreten ist (Song u. Ward 2005).

Die Mineralisation von einfachen Aromaten unter anaeroben Bedingungen mit Mn(IV) und Fe(III)-Verbindungen als Elektronen-Akzeptoren scheint nach ersten Untersuchungen charakteristisch für *Geobacter*-Arten (Deltaproteobakterien) zu sein. *Geobacteraceae* wachsen zwar bevorzugt anaerob, besitzen aber Menachinone und rudimentäre Cytochrome vom *c*-Typ zur Energiegewinnung (ETP), was sie zu fakultativ anaeroben Eisenreduzierern mit aerobem Stoffwechsel klassifiziert. Die Arten *Geobacter gbiciae* (Benzoat und Toluol), *G. hydrogenophilus* (Benzoat) und *G. metallireducens* (Toluol, Benzoat, Benzaldehyd, *p*-Hydroxybenzoat, *p*-Hydroxybenzaldehyd, Phenol, Cresol) können die genannten einfachen Aromaten mit Fe(III)-Verbindungen als einzigen Elektronen-Akzeptoren vollständig zu CO_2 mineralisieren. Sie verfügen über eine neue Mo- und Se-haltige Art einer Benzoyl-CoA-Reduktase (Carmonba u. Diaz 2005; Wischgoll *et al.* 2005). Einige Arten von *Geobacter* und *Shewanella* (Gammaproteobakterien, fakultativ anaerob, Cytochrome) können beim Aromatenabbau unter anaeroben Bedingungen auch oxidierte Huminstoffe (Tabelle 3.1) in Ergänzung zu Nitrat, Mn(IV) und Fe(III)-Verbindungen als alternative Elektronen-Akzeptoren verwenden und sind somit ökophysiologisch sehr versiert.

Der Abbau einfacher Aromaten (z. B. Benzol) unter anaeroben Bedingungen mit Sulfat als Elektronen-Akzeptor wurde bisher bei bestimmten Arten von *Desulfotomaculum* (*Firmicutes*, Sporenbildner anaerob, mit rudimentären Cytochromen) und *Desulfobacula* (Deltaproteobakterien, anaerob, rudimentäre *b*- oder *c*-Typ-Cytochrome) festgestellt. In anaeroben Sedimenten wurde [^{14}C]Benzol innerhalb von 55 Tagen nach der Gleichung (Gl. 3.3) vollständig mineralisiert (Lovley *et al.* 1995):

$$\text{Benzol} + 15\ SO_4^{2-} + 12\ H_2O \rightarrow 15\ HS^- + 24\ HCO_3^- + 9\ H^+ \quad (3.3)$$

Die Mineralisation von Benzol und anderen einfachen aromatischen Verbindungen mit Sulfat als einzigem Elektronen-Akzeptor tritt in Sedimenten allerdings erst dann verstärkt auf, wenn andere, leichter mineralisierbare Substrate unter Einsatz von Nitrat, Mn(IV)- und Fe(III)-(Hydr)Oxiden vollständig abgebaut wurden. Sulfatreduktion ist besonders charakteristisch in Meeressedimenten sowie in Böden und Mooren von Küstenregionen (z. B. von Borneo, Indonesien), weil Meereswasser wesentlich reicher an Sulfat ist als terrestrische Böden oder Süßwassersedimente.

Es wird deutlich, dass es sich bei der Energiekonservierung (ATP-Synthese) beim Abbau von einfachen Aromaten unter anaeroben Bedingungen unter Verwendung der genannten externen anorganischen Elektronen-Akzeptoren prinzipiell um eine ETP mit (rudimentären) Cytochromen und somit um einen aeroben Stoffwechsel handelt. Die Lebensweise der betreffenden Organismen ist allerdings anaerob, der Stoffwechsel (ATP-Synthese) aerob.

3.10 Ökophysiologie des Benzolabbaus mit Nitrat als Elektronen-Akzeptor

Im Gegensatz zur oxygenolytischen Ringspaltung von aromatischen Schlüsselsubstanzen wird der Benzolring unter anaeroben Bedingungen mit Nitrat oder Fe(III)-(Hydr)Oxiden als Elektronen-Akzeptoren durch eine **reduktive Desaromatisierung** des Schlüsselmetabolits **Benzoyl-CoA** erreicht. Bahnbrechende Grundlagenforschung zur Aufklärung dieses biochemischen Mechanismus haben **G. Fuchs**/Freiburg und Mitarbeiter im letzten Jahrzehnt des vergangenen Jahrhunderts mit potenziell denitrifizierenden Pseudomonaden und dem Bakterium *Thauera aromatica* geleistet (Heider u. Fuchs 1997; Gibson u. Harwood 2002; Reineke u. Schlömann 2007). Entsprechend dem aeroben Abbau werden auch beim Abbau unter anaeroben Bedingungen die verschiedenen aromatischen Substanzen zunächst im peripheren Stoffwechsel konvergent so verändert, dass sie in den Schlüsselmetabolit Ben-

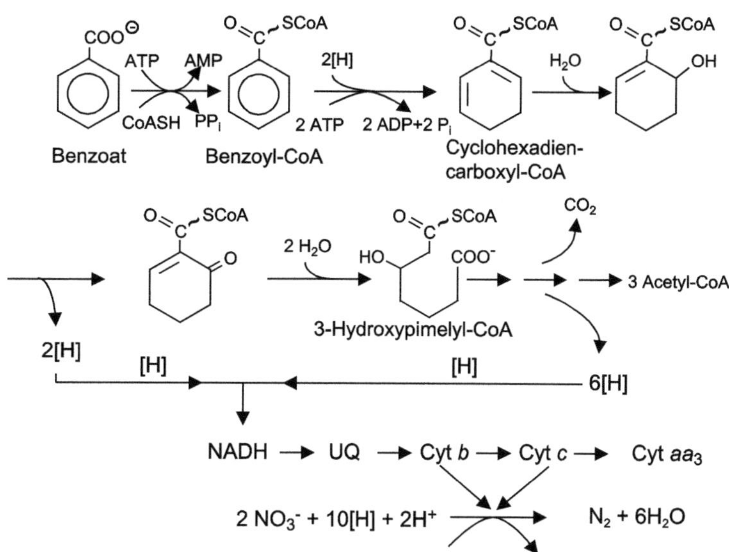

Abb. 3.13 Abbau von Benzoat über Benzoyl-CoA durch reduktive Dearomatisierung unter anaeroben Bedingungen mit Nitrat als Elektronen-Akzeptor (anaerobe Atmung). Weil die Energiekonservierung (ATP-Synthese) mit Cytochromen erfolgt (ETP, Protonengradient in der Zellmembran), handelt es sich bei anaerober Lebensweise um einen aeroben Prozess unter anaeroben Bedingungen (ergänzt nach Gibson u. Harwood 2002)

zoyl-CoA münden. Dies wurde zunächst bei bestimmten Denitrifikanten und Eisenreduzierern nachgewiesen. Ob Benzoyl-CoA als Schlüsselmetabolit für alle jene Organismen gilt, die einfache Aromaten unter anaeroben Bedingungen mit externen Elektronen-Akzeptoren mineralisieren können, ist noch offen.

Ein Charakteristikum für den Abbau von Aromaten unter anaeroben Bedingungen scheint ein Ablauf auf der Stufe des Coenzym-A-Thioesters zu sein. Ursache für den Einsatz des Coenzyms dürfte vor allem im Mechanismus der Folgereaktionen liegen. Bei aromatischen Carbonsäuren ist die erforderliche Carboxylgruppe bereits vorhanden. Fehlt diese, dann muss die Carboxylgruppe durch Carboxylierung eingeführt werden (z. B. beim Phenol).

Der Abbau einfacher aromatischer Verbindungen (z. B. Benzoat) unter anaeroben Bedingungen mit dem externen Elektronen-Akzeptor Nitrat lässt sich in vier sequenzielle Stufen unterteilen (Abb. 3.13). Diese sind:

- vorbereitende Umsetzungen im peripheren Stoffwechsel. Diese Umsetzungen münden in den zentralen Metabolit Benzoyl-CoA (ein Thioester). Die Aktivierung der Carboxylgruppe durch Co-ASH erfordert ATP. Die direkt am Ring befindliche Carboxythioestergruppe wirkt stark elektronenanziehend und erleichtert so
- eine Ringreduktion mit Ferredoxin als Elektronen-Donator. Hierbei muss eine Potenzialdifferenz von > 1000 mV überwunden werden. Dazu verbraucht das ringreduzierende Enzym Benzoyl-CoA-Reduktase zwei Mol ATP pro Reaktion,
- eine Metabolisierung (β-Oxidation) der Metabolite. Das Produkt der Ringreduktion ist das nichtaromatische, cycloaliphatische Cyclohexadien-Carboxyl-CoA, das anschließend in einer Art β-Oxidation zu 3-Hydroxypimelyl-CoA umgesetzt wird, wobei die eigentliche Ringöffnung offenbar hydrolytisch erfolgt (Abb. 3.13). Die C_7-Dicarbonsäure unterliegt dann einer β-Oxidation zu 3 Acetyl-CoA, CO_2 und 6 H. In der letzten Stufe erfolgt
- die Energiegewinnung (ATP-Synthese, wahrscheinlich durch ETP) über eine anaerobe Atmung. Welcher Carrier (Cytochrom-*c*-Typ?) und welche Mechanismen im Einzelnen bei der Elektronenübertragung auf Nitrat (oder auch auf Mn(IV)- und Fe(III)-(Hydr)Oxide) als Elektronen-Akzeptoren beteiligt sind, ist noch offen. Es kann jedoch bei den betreffenden o. g. Organismen angenommen werden, dass es sich sehr wahrscheinlich um Cytochrome (und ETP) handelt. Infolgedessen ist der Abbau einfacher aromatischer Verbindungen unter anaeroben Bedingungen mit alternativen Elektronen-Akzeptoren als eine echte anaerobe Atmung zu betrachten. Der Abbau von Benzoat unter anaeroben Bedingungen mit externen Elektronen-Akzeptoren ist auch deshalb eine anaerobe Atmung, weil das entscheidende Enzym Benzoyl-CoA nicht nur unter Abschluss von O_2, sondern auch in Anwesenheit von O_2 gebildet wird. Bestimmte Stämme von *Burkholderia xenovorans*

(Betaproteobakterien) können Benzoat und Biphenyl in Anwesenheit von O_2 aufgrund von drei verschiedenen katalytischen Wegen abbauen und zwar über:

- eine *ortho*-Ringspaltung von Brenzcatechin unter Einsatz von Brenzcatechin-1,2-Dioxygenase (*ben-cat* Abbauweg) und über
- zwei Benzoyl-CoA-Reduktase-Wege (*box*-Abbauwege), wovon ein Abbauweg auf dem Genom (box_c), der andere auf einem Plasmid (box_M) codiert ist.

Der *ben-cat*-Weg benötigt durch die einleitende Hydroxylierung und anschießende Ringöffnung zweimal so viel O_2 als jeweils der box_c- bzw. box_M-Weg zur Dihydroxylierung von Benzoyl-CoA zu 2,3-Dihydroxybenzoyl-CoA. Wäre Benzoyl-CoA ein charakteristischer Schlüsselmetabolit eines anaeroben Abbaus, dann würde dieses Enzym nicht unter aeroben Bedingungen gebildet werden (Denef *et al.* 2006). Über den Grund, warum bestimmte Bakterien drei parallele Wege zum Abbau von Benzoat oder Diphenyl besitzen, lassen sich nur Vermutungen anstellen. So kann es sein, dass die *box*-Abbauwege bevorzugt bei geringem pO_2 genutzt werden, während der *ben-cat*-Weg bei guter Sauerstoffversorgung zum Tragen kommt.

Es scheint sogar, als ob PAKs (z. B. Naphthalin, Phenanthren) mit Nitrat und Sulfat (und wahrscheinlich auch mit Mn(IV)- und Fe(III)-(Hydr)Oxiden) unter anaeroben Bedingungen metabolisiert werden können – zumindest von bestimmten Konsortien an Mikroorganismen. Dazu wird Naphthalin über einen neuen Stoffwechselweg zunächst unter Aufnahme von CO_2 und Bildung von Phenanthrencarboxylsäure carboxyliert. Diese Verbindung wird anschließend nach **Ringreduktion**, Ringöffnung und weiterem Abbau in Benzoyl-CoA überführt (Andreoni u. Gianfreda 2007).

Es besteht offenbar kein Zweifel mehr, dass einfache (und vermutlich auch polycyclische) aromatische Verbindungen in Böden und Sedimenten sowohl aerob als auch bei vermindertem pO_2 und unter Anaerobiose mit verschiedenen externen Elektronen-Akzeptoren im Zuge von **anaeroben Atmungen** mineralisiert werden können. Aus diesem Grund ist es zutreffend, bei Anaerobiose von „Aromatenabbau unter anaeroben Bedingungen" zu sprechen und nicht vom „anaeroben Aromatenabbau", weil diese Bezeichnung einen anaeroben Stoffwechselprozess suggeriert. Allerdings können einfache aromatische Verbindungen wie Benzoat von verschiedenen *Synthrophus*-Arten in Einzel- und Co-Kulturen von H_2-verwertenden Bakterien auch auf fermentativem Wege mineralisiert werden (Schöcke u. Schink 1999; Elshahed u. McInerney 2001).

Der Abbau einfacher Aromaten unter anaeroben Bedingungen durch aerobe Bakterien mit externen Elektronen-Akzeptoren erfordert den Einsatz von relativ viel Aktivierungsenergie (3 ATP pro Mol Benzoat in Abb. 3.13), bevor ATP über die ETP (Denitrifikation, Eisenatmung) gewonnen werden kann. Infolgedessen kann es erst dann zum Abbau solcher Verbindungen unter anaeroben Bedingungen kommen, wenn andere leichter mineralisierbare Substrate weitgehend verbraucht worden sind, wie es in Unterböden und Aquiferen häufig der Fall ist. Sehr wahrscheinlich ist der Abbau einfacher Aromaten mit anorganischen Elektronen-Akzeptoren unter anaeroben Bedingungen in Oberböden eher die Ausnahme als die Regel, weil dort immer wieder frische organische Substanzen anfallen, die bevorzugt mineralisiert werden.

Literatur

Alexander M (1994) Biodegradation and bioremediation, Academic Press, San Diego New York

Andreoni V, Gianfreda L (2007) Bioremediation and monitoring of aromatic-polluted habitats. Appl Microbiol Biotechnol 76: 287–308

Baldrian P (2006) Fungal laccases – occurrence and properties. FEMS Microb Rev 30: 215–242

Blondeau R (1989) Biodegradation of natural and synthetic humic acids by the white rot fungus *Phanerochaete chrysosporium*. Appl Environ Microbiol 55: 1282–1285

Boyd DR, Sharma ND, Allen CCR (2001) Aromatic dioxygenases: Molecular biocatalysis and applications. Curr Opin Biotechnol 12: 564–573

Carmonba M, Diaz E (2005) Iron-reducing bacteria unravel novel strategies for anaerobic catabolism of aromatic compounds. Mol Microbiol 58: 1210–1215

Cases H, de Lorenzo V (2005) Genetically modified organisms for the environment: Stories of success and failure and what we have learned from them. Intern Microbiol 8: 213–222

Cervantes FJ, Dijksma W, Duong-Dac T, Ivanova A, Lettinga G, Field JA (2001) Anaerobic mineralization of toluene by enriched sediments with quinones and humus as terminal electron acceptors. Appl Environ Microbiol 67: 4471–4478

Claus H (2003) Laccases and their occurrence in prokaryotes. Arch Microbiol 179: 145–150

Claus H, Decker H (2006) Bacterial tyrosinases. System Appl Microbiol 29: 3–14

Colberg PJS, Young LY (1995) Anaerobic degradation of non-halogenated homocyclic aromatic compounds coupled with nitrate, iron, or sulfate reduction. In: Young LY, Cerniglia CE (Hrsg) Microbial transformation and degradation of toxic organic chemical, Wiley-Liss, New York, S 307–330

Decker K, Jungermann K, Thauer RK (1970) Wege der Energiegewinnung in Anaerobiern. Angew Chem 82: 153–173

Denef VJ, Klappenbach JA, Patrauchan MA, Florizone C, Rodrigues JLM, Tsoi TV, Verstraete W, Eltis LD, Tiedje JM (2006) Genetic and genomic insights into the role of benzoate-catabolic pathway redundance in *Burkholderia xenovorans* LB400. Appl Environ Microbiol 72: 585–595

El Azhari N, Bru D, Sarr A, Martin-Laurent F (2008) Estimation of the density of the protocatechuate-degrading bacterial community in soil by real-time PCR. Eur J Soi Sci 59: 665–673

Elshahed MS, McInerney MJ (2001) Benzoat fermentation by the anaerobic bacterium *Synthrophus aciditrophicus* in the absence of hydrogen-using microorganisms. Appl Ernviron Microbiol 67: 5520–5525

Fedorak PM, Westlake DWS (1986) Fungal metabolism of *n*-alkylbenzenes. Appl Environ Microbiol 51: 435–437

Gibson J, Harwood CS (2002) Metabolic diversity in aromatic compound utilization by anaerobic microbes. Annu Rev Microbiol 56: 345–369

Gibson DT, Parales RE (2000) Aromatic hydrocarbon dioxygenases in environmental biotechnology. Curr Opin Biotechnol 11: 236–243

Gök M, Ottow JCG (1988) Effect of cellulose and straw incorporation in soil on total denitrification and nitrogen immobilization at initially aerobic and permanent anaerobic conditions. Biol Fertil Soils 5: 317–322

Gunsch CK, Kinney KA, Szaniszlo PJ, Whitman CP (2006) Quantification of homogentisate-1,2-dioxygenase expression in a fungus degrading ethylbenzene. J. Microbiol Meth 67: 257–265

Haider K (1996) Biochemie des Bodens, Enke, Stuttgart

Haider KM, Martin JP (1988) Mineralization of ^{14}C-labelled humic acids and of humic acid bound ^{14}C-xenobiotics by *Phanerochaete chrysosporium*. Soil Biol Biochem 20: 425–429

Hammel KE, Kapich AN, Jensen KA, Ryan ZC (2002) Reactive oxygen species as agents of wood decay by fungi. Enz Microbiol Technol 30: 445–453

Heider J, Fuchs G (1997) Anaerobic metabolism of aromatic compounds. Eur J Biochem 243: 577–596

Heitkamp MA, Cerniglia CE (1988) Mineralization of polycyclic aromatic hydrocarbons by a bacterium isolated from sediment below an oil field. Appl Environ Microbiol 54: 1612–1614

Hofrichter M (2002) Lignin conversion by manganese peroxidase (MnP). Enz Microb Technol 30: 454–466

Hong Y, Xu M, Guo J, Xu Z, Chen X, Sun G (2007) Respiration and growth of *Shewanella decolorationis* S12 with azo-compounds as the sole electron acceptor. Appl Environ Microbiol 73: 64–72

Kanupuli U, Grieler C, Beller HR, Meckenstock RU (2008) Identification of intermediates formed during anaerobic benzene degradation by an iron-reducing enrichment culture. Environ Microbiol 10: 1703–1712

Kazumi J, Häggblom MM, Young LY (1995) Degradation of monochlorinated and nonchlorinated aromatic compounds under iron-reducing conditions. Appl Environ Microbiol 61: 4069–4073

Knackmuss HJ (1997) Abbau von Natur- und Fremdstoffen. In: Ottow JCG, Bidlingmaier W (Hrsg) Umweltbiotechnologie, Fischer, Stuttgart, S 39–80

Langenhoff AAM, Brouwers-Ceiler DL, Engelberting JHL, Quist JJ, Wolkenfelt JGPN, Zehnder AJB, Schraa G (1997) Microbial reduction of manganese coupled to toluene oxidation. FEMS Microbiol Ecol 22: 119–127

Lengeler JW, Drews G, Schlegel HG (1999) Biology of the prokaryotes, Thieme, Stuttgart New York

Leuing KT, Nandakumar K, Sreekumari K, Lee H, Trevors JT (2007) Biodegradation and bioremediation of organic pollutants in soil. In: Elsas van DJ, Jansson JK, Trevors JT (Hrsg) Modern soil microbiology, 2. Aufl. CRC, Boca Raton London New York, S 522–551

Lin WC, Coppi MV, Lovley DR (2004) *Geobacter sulfurreducens* can grow with oxygen as a terminal electron acceptor. Appl Environ Microbiol 70: 2525–2528

Lodry KL, Fedorak PM, Suflita JM (1997) Anaerobic degradation of *m*-cresol by a sulfate-reducing bacterium. Appl Environ Microbiol 63: 3170–3175

Lovley DR (1991) Dissimilatory Fe(III) and Mn(IV) reduction. Microbiol Rev 55: 259–287

Lovley DR, Coates JD, Woodward JC, Philips EJP (1995) Benzene oxidation coupled to sulfate reduction. Appl Environ Microbiol 61: 953–958

Lovley DR, Coates JD, Blunt-Harris EL, Philips EJP, Woodward JC (1996a) Humic substances as electron acceptors for microbial respiration. Nature 382: 445–448

Lovley DR, Woodward JC, Chapelle FH (1996b) Rapid anaerobic benzene oxidation with a variety of chelated Fe(III)-forms. Appl Environ Microbiol 62: 288–291

Lützow M von, Kögel-Knabner I, Ekschmitt K, Matzner E, Guggenberger G, Marschner B, Flessa H (2006) Stabilization of organic matter in temperate soils: Mechanisms and their relevance under different soil conditions – a review. Eur J Soil Sci 57: 426–445

Martinez AT, Speranza M, Ruiz-Duenas FJ, Camarero S, Guillen F *et al.* (2005) Biodegradation of lignocellulosis: Microbial, chemical, and enzymatic aspects of the fungal attack of lignin. Intern Microbiol 8: 195–204

McGill WB (2007) The physiology and biochemistry of soil organisms. In: Paul EA (Hrsg) Soil microbiology, ecology, and biochemistry, Academic Press/Elsevier, S 231–256

Nagata Y, Endo R, Ito M, Ohtsubo Y, Tsuda M (2007) Aerobic degradation of lindane (γ-hexachlorocyclohexane) in bacteria and its biochemical and molecular basis. Appl Microbiol Biotechnol 76: 741–752

Nealson KH, Belz A, McKee B (2002) Breathing metals as a way of life: Geobiology in action. Antonie van Leeuwenhoek 81: 215–222

Ottow JCG (1997) Abbaukinetik und Persistenz von Fremdstoffen in Böden. In: Ottow JCG, Bidlingmaier W (Hrsg) Umweltbiotechnologie, Fischer, Stuttgart, S 98–138

Ottow JCG, Fabig W (1985) Influence of oxygen aeration on denitrification and redox level in different batch cultures. In: Caldwell DE, Brierley JA, Brierley CL. Planetary ecology, Van Nostrand Reinhold, New York, S 427–441

Palleroni NJ (1997) Prokaryotic diversity and the importance of culturing. Antonie van Leeuwenhoek 72: 1–19

Pfeiffer T, Schuster S, Bonhoeffer S (2001) Cooperation and competition in the evolution of ATP-producing pathways. Science 292: 504–505

Rabus R, Widdel F (1996) Utilization of alkylbenzenes during anaerobic growth of pure cultures of denitrifying bacteria on crude oil. Appl Environ Microbiol 62: 1238–1241

Reineke W, Schlömann M (2007) Umweltmikrobiologie, Spektrum Akademischer Verlag/Elsevier, Heidelberg

Schöcke L, Schink B (1999) Energetics and biochemistry of fermentative benzoate degradation by *Synthrophus gentianae*. Arch Microbiol 171: 331–337

Smets BF, Yin H, Esteve-Nunez A (2007) TNT biotransformation: When chemistry confronts mineralization. Appl Microbiol Biotechnol 76: 267–277

Song B, Ward BB (2005) Genetic diversity of benzoyl coenzyme A reductase genes detected in denitrifying isolates and estuarine sediments communities. Appl Environ Microbiol 71: 2036–2045

Steffen KT, Hatakka A, Hofrichter M (2002) Degradation of humic acids by the litter-decomposing basidiomycete *Collybia dryophila*. Appl Environ Microbiol 68: 3443–3448

Thauer RK, Jungermann K, Decker K (1977) Energy conservation in chemotrophic anaerobic bacteria. Bacteriol Rev 41: 100–180

Ulrich R, Hofrichter M (2007) Enzymatic hydroxylation of aromatic compounds. Cell Mol Life Sci 64: 271–293

Wischgoll S, Heintz D, Peters F, Erxleben A, Sarnighausen E, Reski R, van Dorsselaer A, Boll M (2005) Gene clusters involved in anaerobic benzoate degradation of *Geobacter metallireducens*. Mol Microbiol 58: 1238–1252

Zhou J, Fries MR, Chee-Sanford JC, Tiedje JM (1995) Phylogenetic analyses of a new group of denitrifiers capable of anaerobic growth on toluene and description of *Azoarcus tolulyticus* sp. nov. Intern J Syst Bacteriol 45: 500–506

4 Die genetische und funktionelle Diversität von Böden

„It would be a mistake to assume that we have already even nearly exhausted biodiversity."

J. Lederberg (2006)

Inhaltsverzeichnis

4.1 Böden, Mosaike von Mikronischen hoher genetischer Diversität

Bodenlandschaften mit ihren unterschiedlichen Bodentypen besitzen aufgrund der standortspezifischen klimatischen, botanischen und chemisch-physikalischen Eigenschaften eine fast endlose Anzahl und Vielfalt ökologischer **Mikronischen** (im Mikrometerbereich). Die heterogene Verteilung und Strukturierung der festen Phasen (Mineral- und Humuskörper), der Pflanzenwurzeln (Rhizosphären; Kap. 17), des Porenraums (Bodenlösung und Gasphase) und der bevorzugten Transportwege (*preferential flow*) sind Ursache dafür, dass die Mikronischen und ihre mikrobiellen Lebensgemeinschaften (*hot spots*) unregelmäßig **mosaikartig** verteilt sind. Im Allgemeinen nimmt die räumliche Heterogenität von Böden in der Reihung

Waldboden > Grünland > Ackerstandort

deutlich ab. Eine große räumliche (und zeitliche) Heterogenität bedeutet in der Regel eine **hohe Diversität**

J.C.G. Ottow, *Mikrobiologie von Böden*,
DOI: 10.1007/978-3-642-00824-5_4, © Springer-Verlag Berlin Heidelberg 2011

(Vielfalt) an Organismen. Bezüglich der C_{org}-Verteilung homogene Oberböden besitzen häufig eine relativ geringere Mikroorganismen- und Faunadiversität, weil die ökologischen Nischen weniger verschieden sind. Für die Untersuchung der mikrobiellen Diversität bedeutet die generell große Heterogenität, dass die **Verschiedenheit** hinsichtlich ökologischer Nischen und ihrer **Lebensgemeinschaften** (Biozönosen) durch die üblichen Bodenproben von 0,2 bis 5 g auch bei mehrfacher Wiederholung pro Bodenfläche nicht repräsentativ erfasst werden kann. Wahrscheinlich werden durch die kleine und damit zu geringe Probenanzahl im Wesentlichen nur dominante Populationen von *Bacteria*, *Archaea*, Echten Pilzen und Protozoen erfasst, während die zahlreichen Spezialisten in geringen Dichten (Minoritäten) kaum zur Untersuchung gelangen. Hinzu kommt, dass die Lebensgemeinschaften der Mikronischen dem fortwährenden Einfluss von Substratveränderungen, Witterungsverlauf, Pflanzen (Wurzeln), Bodentieren und konkurrierenden Mikroorganismen ausgesetzt sind und sich infolgedessen räumlich und zeitlich stets in einem kontinuierlichen Fluss (**Fließgleichgewicht** oder *steady state*) befinden, sodass Zeitreihen in Diversitätsuntersuchungen eigentlich unverzichtbar wären (aber bisher wenig berücksichtigt wurden). Quantitative und qualitative Fluktuationen in der Zusammensetzung aktiver Lebensgemeinschaften sind somit nicht nur räumlicher, sondern stets auch zeitlicher Art.

Entsprechend der gewaltigen räumlichen und zeitlichen Vielfalt an Mikronischen besitzen auch die Lebensgemeinschaften eine sehr hohe Verschiedenheit an Populationen und Mikroorganismenarten und infolgedessen eine **standortspezifische genetische Diversität**. Böden und die subterrestrischen Lebensräume besitzen von allen Ökosystemen zweifelsfrei die größte Biodiversität an Mikroorganismen, die sich aus einer großen Vielfalt an *Bacteria*, *Archaea*, *Fungi*, *Pseudofungi*, Protozoen und Nematoden zusammensetzt.

Die hohe mikrobielle Diversität lässt sich aus der frühen Abspaltung von *Bacteria*, *Archaea*, Echten Pilzen und Protozoen (Urtieren) in der Evolution erklären und damit aus der langen Zeitspanne (ca. 3,5 bis 3,8 × 10^9 Jahre), die für Mutationen, Selektionen und **horizontale Gen-Übertragung** in den zahllosen Mikronischen zur Verfügung stand. Böden besitzen einen gewaltigen DNA-Pool, überwiegend aus noch **unbekannten Organismen**. Noch weniger ist bekannt über die Spektren an katabolischen, anabolischen und intermediären Stoffwechselleistungen sowie an sekundären Metaboliten und ihrer Biomoleküle, die von der weitgehend unerforschten mikrobiellen Biomasse gebildet werden können. In dieser Hinsicht sind Böden noch eine genetische und ökophysiologische *black box*.

4.2 Biodiversität und funktionelle Diversität

Biodiversität umfasst die Vielfalt an Organismen. Sie setzt sich zusammen aus der

- genetischen Diversität (GD), welche die genetische Variation in den verschiedenen Taxa bis zu den Arten beinhaltet,
- Artendiversität, ein Maß für die Anzahl an Spezies (Arten) pro Lebensgemeinschaft (taxonomische Diversität) und aus der
- funktionellen Diversität (FD).

Unter der funktionellen Diversität wird die Mannigfaltigkeit an ökophysiologischen Prozessen (Leistungen) verstanden, die sich auf Funktionen der Bodenorganismen im Stoffkreislauf beziehen. Sie ist die Folge der Adaptationen von Organismenarten an die unterschiedlichsten Substrate in einer Vielzahl von ökologischen Nischen mit variablen ökologischen Bedingungen und den verschiedensten chemisch-physikalischen Gradienten. Die funktionelle Diversität resultiert aus der genetischen Variabilität innerhalb der taxonomischen Gruppen, den Einflüssen der Umwelt auf die Genexpression und aus den ökologischen Wechselwirkungen zwischen den taxonomischen Einheiten. Die aktuelle FD kann als das zeitlich und räumlich wechselnde Resultat von ökologischen Einflüssen auf die Genexpression der taxonomischen Diversität betrachtet werden. Die aktuelle (exprimierte) FD ist stets nur ein **kleiner wechselnder Teil** der gesamten potenziellen genetischen Diversität (GD) von Böden und als Parameter von großer ökologischer Bedeutung (Zak *et al.* 1994).

Bestandteil der FD sind besonders auch jene Organismen und Gruppen von Organismen, die sich in Böden durch **evolutionäre Konvergenz** auf bestimmte Prozesse der Energiegewinnung spezialisiert haben. Solche spezifischen Wege der Energiegewinnung können obligat (z. B. Nitrifikanten, schwefel- und sulfidoxidierende Bakterien, Fe(II)-oxidierende oder bestimmte Fe(III)-reduzierende *Bacteria* und *Archaea*,

Tabelle 4.1 Multiple funktionelle Leistungen (funktionelle Redundanz) in Böden (Auswahl)

Funktionelle Leistungen	Verbreitung
N-Mineralisierung (Ammonifikation)	alle Mikroorganismen (Generalisten)
C-Mineralisierung (Bodenatmung)	alle Mikroorganismen (Generalisten)
Denitrifikation (Nitratatmung)	potenzielle Fähigkeit, weit verbreitet bei vielen Arten heterotropher Prokaryoten und Pilzen
Eisen- und Manganreduktion (Atmung)	potenzielle Fähigkeit, häufig verbreitet bei Prokaryoten und Pilzen
Celluloseabbau (Cellulase-Komplex)	spezifische Pilz- und Bakterienarten und -stämme (z. T. Spezialisten)
Hemicelluloseabbau (Hydrolyse von Pentosanen und Hexosanen)	sehr viele verschiedene Arten von Bakterien und Echten Pilzen
Pektinolyse (Komplex von Polygalacturonase und Pektin-Esterase)	bestimmte Arten und Stämme von Bakterien und Echte Pilzen
Mureinhydrolyse (Muramidase und Muroendopeptidasen)	zahlreiche Bakterien (Actinomyceten) und Echte Pilze
Chitinhydrolyse (Chitinolyse)	spezifische Arten von Echten Pilzen und Bakterien
Aromatenabbau (mittels Dioxygenasen)	zahlreiche aerobe Bakterien und Echte Pilze
N_2-Bindung (Nitrogenase-Komplex)	potenzielle Fähigkeit, weit verbreitet bei taxonomisch sehr verschiedenen aeroben und anaeroben Prokaryoten, insbesondere unter *Proteobacteria* und *Cyanobacteria*
Nitrifikation (Ammonium- und Nitritoxidation)	bestimmte aerobe Prokaryoten sehr unterschiedlicher Phyla (Spezialisten, z. B. Phylum *Nitrospira*)
Methanbildung	viele taxonomisch verschiedene spezialisierte anaerobe Prokaryoten (*Archaea* und acetogene *Bacteria*)
Ligninabbau (Lignin-Peroxidase-Mangan-Peroxidase-Laccasen-Komplexe)	zahlreiche aerobe Echte Pilzarten und -stämme (Weißfäule-Spezialisten)
Sulfatreduktion (Desulfurikation, anaerobe Atmung)	zahlreiche taxonomisch verschiedene spezialisierte Prokaryoten (sehr verschiedene Spezialisten)
Anaerobe Ammoniumoxidation (Anammox, Sonderfall anaerobe Atmung)	Spezialisten (Gradient-Bakterien, Phylum *Planctomycetes*)

Legende: Für die 26 anerkannten Phyla von Prokaryoten (Garrity *et al.* 2005) wird auf Tabelle 4.2 verwiesen

methanoxidierende Bakterien etc.) oder fakultativ (z. B. Denitrifikation, Fe(III)-Reduktion) sein. Vertreter dieser Organismengruppen reichern sich nur unter bestimmten ernährungsphysiologischen Voraussetzungen (Art der Elektronen-Donatoren) und (oder Konstellation von) ökologischen Bedingungen (pO_2, pH-Wert, Feuchtigkeit, Temperatur etc.) an, sodass ihr Vorkommen gleichzeitig eine **Indikatorfunktion** in Böden besitzt, weil die betreffenden Organismen für ihre Vermehrung und Aktivitäten auf spezifische Stoffwechselprozesse angewiesen sind (obligate FD). Andere Mikroorganismen und Organismengruppen können je nach Faktorenkonstellation auf mehreren Wegen Energie gewinnen (fakultative FD). In jedem Boden ist grundsätzlich zwischen potenziellen – genetisch in der Lebensgemeinschaft vorhandenen – und aktuellen (exprimierten) funktionellen Leistungen zu unterscheiden. In Tabelle 4.1 sind als Beispiele einige potenzielle funktionelle Leistungen zusammengefasst.

Das Spektrum an (obligaten oder fakultativen) funktionellen Prozessen ist in Böden außerordentlich umfangreich, aber in Art und Expression je nach Variabilität in Mikronischen und Faktorenkonstellationen bodenspezifisch. Allgemeine, ebenso wie spezifische funktionelle Leistungen in Böden können über sehr verschiedene phylogenetische Organismengruppen verteilt sein; andererseits kann aber auch eine einzelne taxonomische Gruppe zahlreiche unterschiedliche funktionelle Leistungen besitzen. Böden zeigen neben einem umfangreichen gemeinsamen Spektrum an funktionellen Leistungen jeweils auch eine variable Ausstattung an standortspezifischen funktionellen Prozessen, die räumlich und zeitlich wechseln können. Als Folge der zeitlich wechselnden Substrate und ökologischen Bedingungen ist stets nur ein Teil der GD in einem Boden physiologisch aktiv. Zu einem bestimmten Zeitpunkt ist die Mehrzahl an Mikroorganismen **inaktiv** und befindet sich in spezifischen **phy-**

siologischen Ruhephasen (z. B. als Sporen, Cysten, dickwandige Zellen, Kümmer- und Hungerformen, *Shut-down*-Zellen). Dieser Zustand ändert sich, sobald sich ein bestimmtes ökologisches Fenster durch cyclisch wechselnde Bedingungen (ausgelöst durch Sukzessionen von organischen und anorganischen Metaboliten, pO_2-Fluktuationen, Nass/Trockenwechsel, Redoxgradienten, pH-Änderungen etc.) erneut einstellt. Entsprechend der erforderlichen spezifischen Bedingungen kommt auch nur ein Teil der gesamten funktionellen Diversität nach Induktion zur **Expression**. Entscheidend sind dabei die Verhältnisse im Mikromilieu der Organismen.

Aus diesem Sachverhalt können wichtige Schlüsse für ökologische Untersuchungen gezogen werden. Erstens ist das Spektrum an potenziellen funktionellen Leistungen in jeder Bodenprobe zwar spezifisch, aber sehr umfangreich und wesentlich größer als die **aktuelle funktionelle Diversität**. Folglich gibt der Nachweis einer bestimmten potenziellen funktionellen Leistung in einem Boden wenig Aufschluss über die laufenden Umsetzungen, weil nicht die Potenziale, sondern das Ausmaß der aktuellen Aktivitäten zur Differenzierung von ökologischen Einflüssen herangezogen werden sollten. Daraus folgt zweitens, dass bei der Beantwortung der Frage, ob eine bestimmte funktionelle Leistung vertreten ist, stets die ökologischen Bedingungen spezifiziert werden müssen, da jede Frage sonst fast ausnahmslos positiv beantwortet werden kann und somit funktionslos ist. Im Gelände entscheiden Substratangebot und die herrschenden ökologischen Bedingungen darüber, welche (katabolischen) Prozesse der komplexen Lebensgemeinschaft induziert und exprimiert werden (metabolische Adaptation) und/oder welche Elektronen-Akzeptoren zur Energiegewinnung zum Einsatz kommen. Nur bei konstitutiven Enzymsystemen (z. B. Urease bei Hydrolyse von Harnstoff) ist die entsprechende funktionelle Leistung stets und weitgehend unabhängig von der Substratkonzentration und den Bedingungen. Bei mikrobiologischen Untersuchungen von Böden kommt es folglich nicht auf die Frage an, **ob** eine gewisse (extreme) ökophysiologische Leistung im Boden vorkommt, sondern auf die Spezifizierung, unter welchen ökologischen Voraussetzungen und Bedingungen diese besondere Leistung exprimiert wird. Als Beispiel können Prozesse wie die Denitrifikation (Nitratatmung) oder Eisenreduktion (Fe(III)-Atmung) genannt werden. Sowohl das Denitrifikations- als auch das Eisenreduktions-Potenzial von Böden ist durch die weite Verbreitung (Redundanz) dieser Eigenschaft unter *Bacteria*, *Archaea* und Echten Pilzen gewaltig. Doch kommt es nur dann zu intensiven Denitrikations- und Fe(III)-Reduktions-Prozessen, wenn geeignete Wasserstoff-Donatoren (Substrate) während intensiver Mineralisationsprozesse zeitlich und räumlich einen hohen Bedarf an Elektronen-Akzeptoren auslösen. Sobald dieser Bedarf nicht mehr vollständig von der O_2-Nachlieferungsgeschwindigkeit (z. B. durch wassergefüllte Poren) gedeckt werden kann, werden Nitrat und anschließend Mn(IV)- und Fe(III)-(Hydr)Oxide als alternative Elektronen-Akzeptoren genutzt (Kap. 3, 14). **Voraussetzung** für intensive Nitrat- und Fe(III)-Atmungen sind somit zunächst intensive Mineralisationsprozesse, die als entscheidende auslösende ökologische Bedingung gelten. Ein unzureichendes O_2-Angebot bei guter Nitratversorgung und/oder Verfügbarkeit von Fe(III)-Verbindungen bestimmt dann die Intensität der Reduktionsprozesse (Kap. 14).

Bodenmikroorganismen sind zwar durch die große genetische Diversität insgesamt **katabolisch omnipotent**, doch entscheiden stets die ökologischen Bedingungen darüber, ob und in welchem Umfang gewisse funktionelle Leistungen phänotypisch ausgeprägt werden. Dort wo sich bestimmte Mikroorganismen durch Verwendung ihrer spezifischen ökophysiologischen Leistungen im Konkurrenzkampf durchgesetzt und vermehrt haben, entstehen zwangsläufig durch Stoffumsetzungen, Verbrauch von Elektronen-Akzeptoren, Ausscheidungsprodukte und veränderte Bedingungen umgehend neue Mikronischen mit einer anderen Zusammensetzung an Organismen und funktionellen Leistungen. Diese Abhängigkeit der mikrobiellen Struktur von neuen Metaboliten und veränderten Bedingungen wird als **Metabiose** bezeichnet. In der Metabiose entstehen **Sukzessionen** von Lebensgemeinschaften mit neuen Genexpressionen und veränderten aktuellen funktionellen Leistungen. Bei vergleichenden Bodenuntersuchungen kommt es darauf an, die aktuellen funktionellen Leistungen zu erfassen, da nur diese Ergebnisse Aussagen über die vorhandenen Aktivitäten und damit über die Struktur der stoffwechselaktiven Mikroorganismen erlauben. Der Nachweis von mRNA (*messenger-* oder Boten-RNA) für bestimmte Leistungen würde einen spezifischeren Indikator der aktuellen Aktivität bedeuten. Es hat sich jedoch gezeigt, dass durch posttranskriptionelle und posttranslationelle Modifikationen nicht immer eine direkte Korrelation zwischen Genexpression und Phänotyp besteht. Trotz der verschiedenen konzeptionellen und analytischen Probleme des mRNA-Nachweises in Bodenextrakten hat die Forschung auf diesem Gebiet vielversprechende Fortschritte erzielt (Krsek *et al.* 2006).

Grundlegende Kenntnisse über die potenzielle und aktuelle funktionelle Diversität, die Struktur der aktiven mikrobiellen Lebensgemeinschaften und ihre zeitlichen Sukzessionen sind aber wichtig, wenn es darum geht, den Einfluss unterschiedlicher externer Umweltfaktoren (wie Standortnutzungsänderungen, Bodenbewirtschaftungsweisen, chemisch-physikalische Stressoren, kurz- und langfristige Klimaänderungen etc.) auf die Funktionsweise unserer terrestrischen Ökosysteme verstehen und bewerten zu können.

4.3 Belastbarkeit, Elastizität und multiple Funktionalität von Böden

Welche biologischen Eigenschaften sind maßgeblich für die **Elastizität** und das **Regenerationsvermögen** eines Bodens verantwortlich? Heute gilt die Hypothese, dass die **Belastbarkeit** eines Bodens einerseits (1) vom Umfang seiner genetischen Diversität und andererseits (2) von der Häufigkeit abhängt, mit der die einzelnen funktionellen Leistungen unter den Mikroorganismen vertreten sind. Die meisten funktionellen Leistungen sind in den Mikroorganismen und Tieren des Bodens in zahlreichen gleichen und ähnlichen Wiederholungen vertreten (multiple Funktionalität oder **funktionelle Redundanz**; lat. *redundare* = in Überfluss vorhanden sein). Multiple Funktionalität (MF) liegt vor, wenn das Verschwinden einer oder mehrerer Organismengruppen und -arten aus der Lebensgemeinschaft nicht zu einer Verminderung oder Veränderung der betreffenden Funktionalität führt.

Welche Organismen unter einer bestimmten Konstellation von ökologischen Bedingungen hauptsächlich für eine bestimmte funktionelle Leistung (z. B. Abbau einfacher Aromaten unter anaeroben Bedingungen) verantwortlich sind, ist noch weitgehend unbekannt. Das Ausmaß der multiplen Funktionalität setzt sich aus verschiedenen Organismen (*Bacteria*, *Archaea*, Echten Pilzen, Protozoen) zusammen, doch ist noch sehr wenig über die Rolle der einzelnen Organismengruppen und -arten bekannt. Unsere Kenntnisse beruhen überwiegend auf Laboruntersuchungen an Reinkulturen oder an **Mikrokosmen** (Modellökosysteme mit Böden, ggf. mit Pflanzen). Zum Ausmaß der MF trägt auch die Verbreitung funktioneller Leistungen auf verschiedenen **trophischen Stufen** (gr. *troph* = Ernährung) eines Bodens bei. Im Stoffkreislauf ergibt die Stellung der verschiedenen Organismen eine Gliederung in trophischen Ebenen. Saprophytische *Bacteria*, *Archaea* und Pilze sind beispielsweise nicht nur morphologisch (und phylogenetisch) sehr verschieden, sondern übernehmen jeweils als Gruppe auch räumlich unterschiedlich vorherrschende Funktionen. Während *Bacteria* und *Archaea* mit ihrem hohen Oberfläche/Volumen-Verhältnis (Kap. 1) eher in relativ homogenen (Acker-)Böden mit relativ leicht mineralisierbaren Substraten für die FD und MF verantwortlich sind, herrschen Pilze mit ihrem Hyphen- und Mycelwachstum in heterogenen, eher trockenen Streuauflagen (Waldböden) mit gegebenenfalls relativ schwer angreifbaren Pflanzenresten vor. In diesen Lebensräumen bestimmen sie die FD und MF. Funktional sind Prokaryoten und Echte Pilze nicht gleich, obwohl sie beide die gleiche trophische Gruppe umfassen können.

Hohe Biodiversität bedeutet nicht nur eine sehr hohe Besiedlungsdichte an verschiedenen Arten und Individuen von Prokaryoten und Eukaryoten mit komplexen Wechselwirkungen, sondern resultiert stets auch in einer gewaltigen MF. Solche Böden verfügen infolgedessen über ein starkes **Puffervermögen** und eine hohe **Belastbarkeit** für chemische, physikalische und biologische Einflüsse (Kap. 17). Im Allgemeinen nimmt die Biodiversität und somit die FD mit der Entwicklung der Vegetation und der Zunahme an Streu und Wurzelmasse zu, was auf das vielfältige Angebot an (primären und sekundären) Substraten und Metaboliten zurückgeführt wird. Eine Verminderung in der FD und MF durch gravierende Belastungen oder Nutzungsänderungen kann zwar die Intensität bestimmter Stoffwechselleistungen zeitweise negativ beeinträchtigen, doch werden die Lücken durch die hohe GD rasch (in Stunden, Tagen oder Wochen) ausgeglichen. Böden mit regelmäßiger (direkter oder indirekter) Zufuhr an frischen organischen Substanzen besitzen Lebensgemeinschaften mit extrem hoher FD und MF und infolgedessen eine hohe **ökophysiologische Elastizität** (*resilience*) und ein starkes **Regenerationsvermögen** (*capacity of self-remediation*). Solche Böden kennzeichnen sich auch als suppressive (krankheitsunterdrückende) Böden, weil die hohe Besiedlungsdichte, FD und MF das Eindringen oder Ausbreiten prokaryotischer, pilzlicher und nematodischer Schaderreger weitgehend verhindern kann, da alle Mikronischen besetzt sind. Nur langfristige Nutzungsänderungen (z. B. von Grünland zur intensiven Ackernutzung) und **breite** gravierende Eingriffe (z. B. regelmäßige intensive Bodenbearbeitung) vermögen über ein vermindertes und einseitiges Nahrungsangebot die ökologischen Bedingungen im Boden so zu verändern, das die GD und damit die FD und MF herabgesetzt werden können. Infolgedessen ist die genetische Diversität, funktionelle Diversität und multiple Funktionalität auch von fruchtbaren Ackerböden meist geringer als von Grünland auf etwa vergleichbaren Standorten (Böden und Klima) (Kap. 17).

Bis heute verstehen wir allerdings noch zu wenig, wie die GD eines Bodens seine spezifische taxonomische Diversität bestimmt, und noch weniger ist deutlich, wie die taxonomische Diversität die FD und MF reguliert (Kennedy 1999; Degens *et al.* 2001; Nannipieri *et al.* 2003; Mazolla 2004; Bardgett *et al.* 2005; Setälä *et al.* 2005; Stres u. Tiedje 2006; Govaerts *et al.* 2007; Torsvik u. Ovreas 2007).

4.4 Methodische Charakterisierung der mikrobiellen Diversität

Biodiversität (Formen- und Artenmannigfaltigkeit, Artenreichtum) ist die Bezeichnung für die Vielfalt von Organismen in einer Lebensgemeinschaft. Sie wird konventionell bei Pflanzen und Tieren nach der Anzahl der Arten (*Spezies*, S) und Einheitlichkeit (*evenness*, E) der Individuendichten beurteilt. Die Artenmannigfaltigkeit von Organismen kann durch Verhältniszahlen zwischen der Anzahl an gefundenen Arten und der Anzahl der vorhandenen Individuen einer *Spezies* ausgedruckt werden.

4.4.1 Diversitätsindex und *Ribotyping*

Im Diversitätsindex nach Shannon und Weaver wird die relative Häufigkeit einer jeden Art aus einer bestimmten Gruppe dargestellt. Wenn beispielsweise 5% aller Individuen einer Art angehören, so ist die relative Häufigkeit dieser Art 0,05. Dieser Wert wird mit dem *Logarithmus dualis* (ld = $\log_2$) von der betreffenden Zahl multipliziert (ld 0,05 = –4,322). Die Werte aller Individuen werden zusammengezählt. Damit das Gesamtergebnis positiv ausfällt, wird der Diversitätsindex (*H*) nach der Formel (Gl. 4.1)

$$H = -\sum \mathrm{pi} \cdot (\mathrm{ld\ pi}) \qquad (4.1)$$

errechnet. In dieser Gleichung ist *H* der Diversitätsindex von S Arten und pi die relative Häufigkeit der Art i (Angabe zwischen 0 und 1). Bei $H = 0$ tritt nur eine Art in der betreffenden Lebensgemeinschaft auf. Je geringer der Wert *H* ist, umso ausgeprägter liegen Dominanzverhältnisse vor. Der Diversitätsindex ist umso größer, je mehr sich die Individuendichten der Arten ähneln. Höchste Diversität liegt demnach vor, wenn die Wahrscheinlichkeit, ein Individuum einer bestimmten Art anzutreffen, für alle Arten der Lebensgemeinschaft gleich groß ist. *H*-Werte können nur sinnvolle Aussagen machen, wenn Lebensgemeinschaften gleicher Standorte oder Böden verglichen werden, die monofaktoriell unterschiedlich beeinflusst werden (z. B. durch Belastung mit einem bestimmten Schwermetall, unterschiedliche Bewirtschaftungsweise, Vegetation oder einseitige Düngung etc.). Die absolute Zahl selbst erlaubt keine Aussage. Vielfach wird der *H*-Wert auch mit dekadischem Logarithmus ($\log_{10}$) oder dem natürlichen Logarithmus (ln) berechnet.

Der Index für die Einheitlichkeit *E* (*evenness index*) berechnet sich nach der Gleichung (Gl. 4.2)

$$E = H/\ln \mathrm{S} \qquad (4.2)$$

in der *H* der Shannon-Weaver-Index und S die Anzahl an Arten ist (Zak *et al.* 1994). Die Erfassung von *H* und *E* setzt aber voraus, dass sich die betreffenden Arten (oder zumindest die taxonomischen Gruppen von Organismen) zuverlässig quantifizieren lassen. Dies trifft für die weitgehend genetisch und phänotypisch unbekannten *Bacteria*/*Archaea* in Böden nicht zu, für Pilze oder Protozoen nur auf einige morphologisch-taxonomisch identifizierbare Gruppen. Die Zusammensetzung der *Archaea* in Böden ist noch vollständig unbekannt (Kap. 7).

Ein grundsätzliches Problem bei der Ermittlung eines Diversitätsindexes von *Bacteria* und Pilzen im Boden ist, dass die meisten dort vorkommenden *Bacteria*/Pilze (noch) nicht isoliert werden können und somit bis heute nicht in einschlägigen Artspektren zur Verfügung stehen. Um dennoch umweltbedingte Einflüsse auf die Diversität in Böden verfolgen zu können,

Tabelle 4.2 Übersicht der 26 Phyla im phylogenetischen Stammbaum der Prokaryoten und ihre Verteilung über die Domäne der *Archaea* und *Bacteria* (Garrity *et al.* 2005)

Archaea (Domäne)				
Phylum	AI	***Crenarchaeota***	AII	***Euryarchaeota***
Bacteria (Domäne)				
Phylum	BI	*Aquificae*	BII	*Thermotogae*
	BIII	*Thermodesulfobacteria*	BIV	*Deinococcus-Thermus*
	BV	*Chrystogenetes*	BVI	***Chloroflexi***
	BVII	*Thermomicrobia*	BVIII	***Nitrospira***
	BIX	***Deferribacteres***	BX	***Cyanobacteria***
	BXI	***Chlorobi***	BXII	***Proteobacteria*** (α-, β-,γ-,δ-,ε-)
	BXIII	***Firmicutes***	BXIV	***Actinobacteria***
	BXV	***Planctomycetes***	BXVI	*Chlamydiae*
	BXVII	*Spirochaetes*	BXVIII	*Fibrobacteres*
	BXIX	***Acidobacteria***	BXX	***Bacteriodetes***
	BXXI	*Fusobacteria*	BXXII	***Verrucomicrobia***
	BXXIII	*Dictyoglomi*	BXXIV	***Gemmatimonadetes***

Die fettgedruckten Phyla sind in Böden wahrscheinlich weit verbreitet

wird versucht, die Bestimmung von *H* und *E* nicht mittels der Organismen selbst, sondern über die An- bzw. Abwesenheit bestimmter **Bandenmuster** (sog. Profile) und ihrer Intensität zu bestimmen.

Bei der als ***Ribotyping*** bezeichneten Methode wird zuerst DNA aus Bodenextrakten isoliert, anschließend mittels PCR amplifiziert, mit einem oder mehreren Restriktionsenzymen gespalten und elektrophoretisch der Größe nach aufgetrennt (vgl. 4.11). Typischerweise werden dazu Agarose- oder Polyacrylamidgele verwendet. Die eigentliche „Identifizierung" der einzelnen Organismen kann erst durch die anschließende Hybridisierung mit taxonomisch spezifischen rRNA-Sonden oder durch Abgleich in der Genbank erfolgen (vgl. 4.11). Das sichtbare **Bandenprofil** basiert auf Sequenzunterschieden zwischen den Organismen und ist charakteristisch für jede Art von *Bacteria*/*Archaea.* Vorausgesetzt es gibt bei der Amplifikation keine ungleichmäßige Vermehrung (was nicht gesichert ist), dann lässt sich die Anzahl an verschiedenen Banden als Maß für die GD und die Intensität einer Bande als Parameter für Häufigkeit der entsprechenden rRNA-Sequenz in der Lebensgemeinschaft heranziehen. Die Gleichmäßigkeit der Banden kann als *evenness* verwendet werden. 16S-rRNA-Gene in Bodenextrakten können jedoch in der Regel nur Aufschluss über die phylogenetische Zugehörigkeit (zu einem der 26 anerkannten Phyla; Tabelle 4.2) geben, jedoch nicht über die Zusammensetzung an Arten im betreffenden Boden. Die auf diese Weise erhaltenen groben taxonomischen Informationen sind außerdem eher als Zufallsergebnisse zu betrachten, weil die extrahierte DNA nur einen unbekannten und extraktionsmethodisch bestimmten selektiven Teil der Gesamt-DNA-Konzentration im betreffenden Boden darstellt. Zudem verursacht die erforderliche DNA-Reinigung weitere methodisch bedingte (unbekannte) DNA-Verluste (vgl. 4.7). Solange die DNA/RNA-Extraktionsmethode nicht standardisiert und quantitativ ist, sind die Ergebnisse solcher Arbeiten hinsichtlich der prokaryotischen Diversität als vorläufig zu bewerten und nur bedingt aussagekräftig.

Ein grundsätzliches Problem bei der Verwendung von extrahierten 16S-rDNA-Genomen für Diversitätsanalysen besteht darin, dass die Anzahl an rRNA-Operons in verschiedenen taxonomischen Gruppen von Bakterien variiert und dass zudem pro Zelle je nach Wachstumsphase bis zu 17 Wiederholungen des rDNA-Operons vorkommen können (multiple 16S-rRNA-Genkopien). Infolgedessen kann ein einzelner copiotropher Organismus durch mehrere Amplifikationen vertreten sein. Es wird deutlich, dass quantitative und qualitative Schussfolgerungen aufgrund solcher Analysen fragwürdig sind. Infolgedessen können *H* (Diversitäts-) und *E* (*evenness*-Indizes) auf der Basis von 16S-rDNA-Analysen aus Bodenextrakten vorläufig nur bedingt zur Erweiterung der bakteriellen Biodiversität unterschiedlicher Böden beitragen (Hill *et al.* 2000; Kirk *et al.* 2004).

4.4.2 Phospholipidfettsäure-(PLFA-) oder Fettsäuremethylester-(FAME-)Profile

Die genetische Diversität (GD) einer Boden- oder Rhizosphärenprobe an *Bacteria*/*Archaea* oder an Echten Pilzen (Kap. 8) lässt sich sehr gut indirekt über die Bestimmung von PLFA- und FAME-Profilen abschätzen. Mit spezifischen Fettsäureprofilen kann die Diversität verschiedener Organismengruppen sowohl der kultivierbaren als auch der nichtkultivierbaren Mikroorganismen umfassend quantifiziert werden (Zelles 1999; Steinberger *et al.* 1999; Hill *et al.* 2000; Schutter u. Dick 2000; Pankhurst *et al.* 2001; Kirk *et al.* 2004; Mazzola 2004; Ramsey *et al.* 2006). PLFA-Analytik ist eine relativ grobe Methode, aber für Routineuntersuchungen geeignet. Im Vergleich zu den DNA-Methoden sind PLFA-Analysen in ihrer Auflösung aber schlechter. PLFA-Profile eignen sich besonders für die aktuelle **Gesamtbiodiversität,** weil Fettsäuren in den Membranen aller Bodenmikroorganismen (Bakterien, Archaeen, Echte Pilze, Protozoen, einschließlich ihrer **nichtkultivierbaren Vertreter**) vorkommen. Bestimmte Phospholipidfettsäuren sind zudem **spezifische Biomarker** für taxonomische Organismengruppen wie die grampositiven bzw. gramnegativen Bakterien, Actinomyceten, Cyanobakterien, Archaeen und Echte Pilze. Aufgrund charakteristischer Fettsäurezusammensetzungen können die einzelnen Organismengruppen quantitativ erfasst werden (Tabelle 4.3), und die einzelnen Parameter lassen sich als Indikatoren für Veränderungen in der Mikroorganismenzusammensetzung infolge von Belastungen oder Nutzungsänderungen heranziehen.

Weil die Phospholipidfettsäuren beim Absterben der Mikroorganismen rasch durch Hydrolysen freigesetzt werden, ist anzunehmen, dass bei der Extraktion von Fettsäuren aus Bodenproben im Wesentlichen die lebendigen Mikroorganismen erfasst werden, was der Erfassung **aktueller Lebensgemeinschaften** entspricht. Aufgrund der relativen Häufigkeit der PLFA ist es zudem möglich, bei vergleichenden Bodenuntersuchungen für bestimmte Organismengruppen auch einen relativ zuverlässigen Shannon-Weaver-Biodiversitätsindex (*H*) zu errechnen (Bossio *et al.* 1998).

Methodisch werden die PLFA mit apolaren Lösungsmitteln (z. B. mit einer alkalischen Chloroform-Methanol-Mischung) aus frischen Bodenproben extrahiert, die organische Phase säulenchromatographisch in Glyko- und Phospholipide aufgetrennt und durch alkalische Methanolyse in Methylester überführt, um anschließend

Tabelle 4.3 Spezifische Biomarker zur quantitativen Bestimmung von Organismengruppen in Böden (Hill *et al.* 2000; Meyers *et al.* 2001; Boschker u. Middelburg 2002)

Klassen	Organismengruppen	Beispiele[1)]
Phospholipidfettsäuren (PLFA)	Gesamt-Prokaryoten	i14:0, i15:0, a15:0, 18:1ω7c, cy19:0
	anaerobe *Bacteria*	cy17:0, cy19:0
	gramnegative *Bacteria*	18:1ω7t, cy19:0
	grampositive *Bacteria*	10Me16:0
	Actinomyceten	10Me18:0
	methanotrophe *Bacteria*	16:1ω8c, 18:1ω8c
	Echte Pilze	18:2ω6, 18:1ω9c
Sterole	Echte Pilze[2)]	Ergosterol (Ergosta-5,7,22-trien-3β-ol)
PLFA, Hopanoide[3)]	*Cyanobacteria*	18:2ω6
Etherlipide	*Archaea*	Hydroxyarcheole (methanogene *Archaea*), cyclische Tetraetherlipide (*Crenarchaeota*)
Aminosäuren	*Bacteria*	*meso*-Diaminopimelinsäure (*m*-DAP), D-Ala, D-Glu[4)]
Murein	*Bacteria*	*N*-Acetylmuraminsäure (MurNAc)
PLFA	*Protozoen*	20:5, 22:6

1) Fettsäurenspezifizierung: a = *anteiso*; i = *iso*; erste Zahl = Anzahl C-Atome, danach Anzahl und Position der Doppelbindungen; ω gibt an, dass vom Ende her gezählt wird; Me = Methyl-; cy = cyclo-; c = *cis*

2) Subphylum *Mucoromycotina* (früher Zygomyceten): Vertreter besitzen wenig oder kein Ergosterol (Box 2.3)

3) Bio-Hopanoide (überwiegend Bacteriohopantetrol) fehlen in *Archaea*, sind aber charakteristisch für Cyanobakterien, kommen jedoch auch in Bakterien wie *Bacillus spp.* und *Acetobacter xylinum* vor

4) D-Konfigurationsisomere von Aminosäuren kommen nur im Murein von *Bacteria* vor

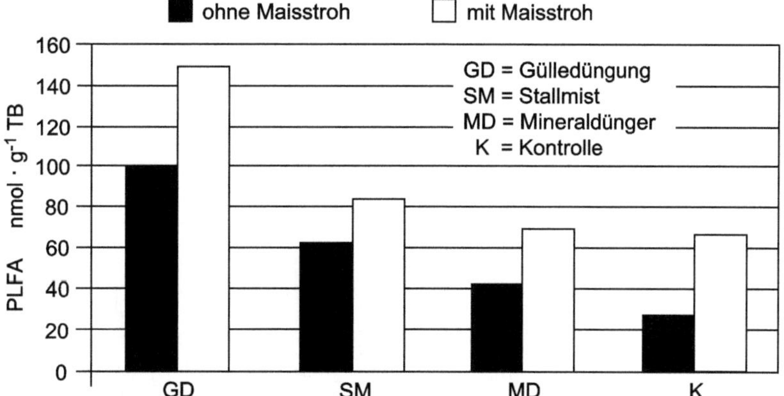

Abb. 4.1 Einfluss von langjähriger Gülledüngung (GD), Stallmistbehandlung (SM) oder mineralischer Düngung (MD) mit oder ohne Einarbeitung von Maisstroh auf die Gesamt-PLFA-Konzentration (Maß für die mikrobielle Biomasse) einer Schwarzerde (Mollisol) (Zelles 1999)

im Gaschromatographen mit verschiedenen Detektoren quantifiziert zu werden. PLFA- bzw. FAME-Analysen geben direkte Informationen über die taxonomische Struktur der gesamten aktiven Lebensgemeinschaft in Böden und sind in der Lage, sehr spezifische Einflüsse wie Jahreszeit, Vegetation, Bodenbearbeitung, Bewirtschaftungsweise oder Kontaminationen auf die aktuelle mikrobielle Diversität empfindlich anzuzeigen (Bossio *et al.* 1998; Hill *et al.* 2000; Schutter u. Dick 2000; Meyers *et al.* 2001; Widmer *et al.* 2001; Williamson u.Wardle 2007). In Abb. 4.1 ist der Einfluss einer Maisstrohdüngung in Kombination mit anderen Düngungsarten auf das Gesamt-PLFA-Profil als Parameter der Gesamtbiodiversität vergleichend dargestellt. Deutlich lässt sich mit diesem Parameter die unterschiedliche Wirkung einer langjährigem Stroh- mit Mineraldüngung im Vergleich zur Stroh- mit Gülledüngung auf die Gesamtbiodiversität differenzieren.

Das FAME-Profil gilt heute auch als sehr **empfindlicher Indikator**, um verschiedene Organismengruppen zu verfolgen. So werden die PLFA 15:0, 17:0, 18:0, i15:O, a15:0, i16:0, i17:0, a17:0, 18:1ω7, 10Me16:0, 10Me18:0, cyc17:0 und cyc19:0 als bakteriellen Ursprungs betrachtet (bakt. PLFA in nmol × g^{-1} TB), während 18:2ω6 (z. T. auch 18:1ω9c) als Biomarker für die Echten Pilze (pilzl. PLFA in nmol × g^{-1} TB) gelten kann. In Tabelle 4.4 ist der Einfluss unterschiedlicher Bewirtschaftungsweisen auf die pilzliche Besiedlungsdichte und auf die Gesamtdichte an Mikroorganismen mit heute gängigen Methoden vergleichend dargestellt. Offenbar vermag das Gesamt-PLFA-Profil als Parameter für die Gesamtbiodiversität die verschiedenen langjährigen Nutzungsformen eines starkverwitterten nährstoffarmen Ultisols sehr differenziert zu reflektieren. Besonders die relativ hohen pilzlichen PLFA-Profile im *Citrus*-Garten und in der Teeplantage weisen deutlich auf einen relativ hohen Anteil an Echten Pilzen hin, was vermutlich auf die intensive Mykorrhizierung dieser Kulturpflanzen zurückgeführt werden kann.

Mit dem Verhältnis von bakteriellen zu pilzlichen PLFA lassen sich Veränderungen im Verhältnis von Bakterien zu Echten Pilzen infolge von **Nutzungsänderungen** oder anthropogenen Belastungen verfol-

Tabelle 4.4 Charakterisierung der mikrobiellen Biomasse im Oberboden eines unterschiedlich bewirtschaften Ultisols (Ferric Acrisol) durch verschiedene mikrobiologische Parameter (Yao *et al.* 2000)

Nutzung	pH (H_2O)	C_t (%)	C_{mic} (µg × g^{-1})	KBE[1)] (x 10^5)	Gesamt PLFA (nmol × g^{-1})	Pilzl. PLFA[2)] (nmol × g^{-1})
erodiert	5,4	0,2	29,2	39	2,4	0,18
Gartenbau	6,3	0,5	152,2	100	5,4	0,19
Citrus-Garten	5,6	1,7	264,4	119	24,9	0,93
Nassreis	5,1	1,6	301,8	106	22,7	0,58
Teeplantage	4,3	2,6	400,2	501	29,9	1,04
Pinus-Wald	4,6	3,5	465,6	229	42,2	1,23

1) **K**olonien **b**ildende **E**inheiten (KBE) von Bakterien (Gesamtkeimzahl × g^{-1} TB)
2) Phospholipidfettsäuren 18:2 ω6,9 (Biomarker für Echte Pilze)

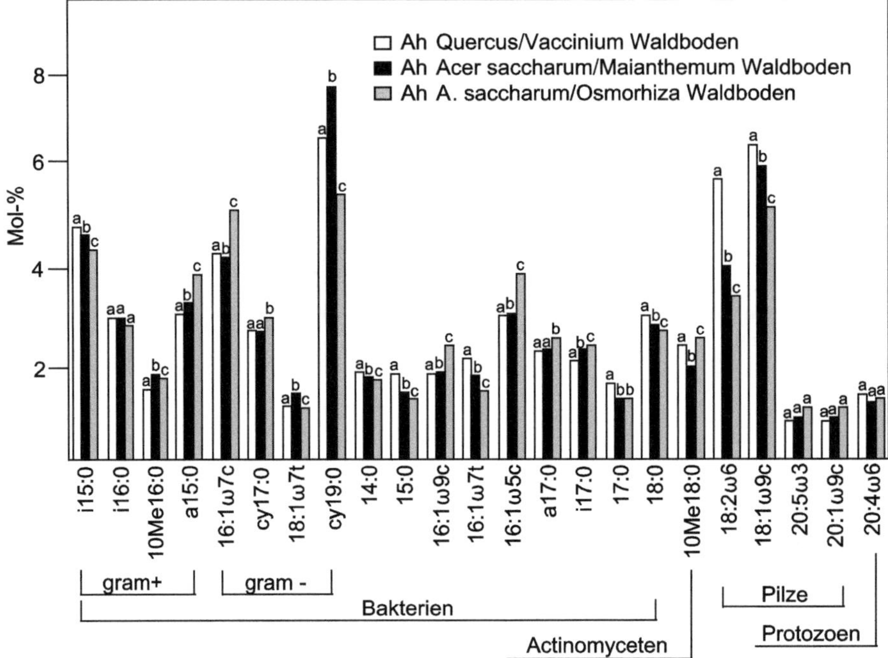

Abb. 4.2 Differenzierung der Besiedlungsdichten an grampositiven und gramnegativen Bakterien, Aktinomyceten, Echten Pilzen und Protozoen aufgrund von spezifischen Phospholipidfettsäuren (Mol-% PLFA) in den A_h-Horizonten dreier verschiedener Waldstandorte in Michigan, USA (Myers *et al.* 2001)

gen. In Ackerböden kann das Verhältnis von bakteriellen PLFA zu pilzlichen PLFA je nach Gehalt an organischen Bodensubstanzen zwischen 0,02 und 2,3 schwanken. Aufgrund der großen Schwankungsbreite dieses Verhältnisses scheint es, als ob dieser Parameter als ein empfindlicher Indikator für Verschiebungen zwischen Bakterien und Pilzen in Böden verwendet werden kann. Bisher lässt sich eine solche Differenzierung mit keinem anderen Parameter erzielten. Weil der Gehalt an pilzlichen 18:2ω6-PLFA signifikant mit der Konzentration an Ergosterol (ein Sterolabkömmling) im Boden zu korrelieren scheint, kann die PLFA-18:2ω6-Konzentration als grober Indikator für Veränderungen in der pilzlichen Biomasse eingesetzt werden. Ergosterol kommt überwiegend in höheren Pilzen der Basidiomyceten, Ascomyceten und Fungi Imperfecti vor, jedoch nicht oder nur in geringen Konzentrationen im Subphylum der *Mucoromycotina* (früher Zygomyceten). Ergosterol gilt zwar als Biomarker für die Dichte an höheren Pilzen in Böden, doch kann dieser Parameter nicht ohne Vorbehalt verwendet werden (vgl. Box 2.3, Kap. 2). Solange die Spezifität von Ergosterol als genereller Biomarker für die *Mucoromycotina* nicht umfassend geklärt ist, bleibt Vorsicht geboten. Weiter bleibt zu prüfen, in wieweit die PLFA-18:2ω6-Konzentration wirklich die Biomasse **aller** Echten Pilze reflektiert.

Für Actinomyceten sind die Fettsäuren 10Me17:0 und 10Me18:0 charakteristisch, für methanotrophe Bakterien gelten 16:1ω8c und 18:1ω8c als spezifische Biomarker (Kap. 16). Sogar für die Gruppen von grampositiven und -negativen Bakterien gibt es Biomarker, die eine quantitative Differenzierung dieser Gruppen in Böden ermöglichen. In Abb. 4.2 ist der Einfluss unterschiedlicher Baumbestände auf das Mol-% bestimmter PLFA-Biomarker von grampositiven und -negativen Bakterien, Actinomyceten, Pilzen und Protozoen dargestellt. Das Beispiel lässt den spezifischen Vegetationseinfluss auf verschiedene Organismengruppen innerhalb der mikrobiellen Diversität anhand von Fettsäurebiomarkern sehr gut erkennen. Eine solche Differenzierung der mikrobiellen Lebensgemeinschaften ist vielversprechend, bedarf aber einer Bestätigung.

Hopanoide gelten nach derzeitigen Erkenntnissen als charakteristisch für Cyanobakterien, doch fehlen eingehende Untersuchungen. **Etherlipile** scheinen hingegen charakteristisch für *Archaea* (methanogene *Euryarchaeota* und *Crenarchaeota*) zu sein (Meyers *et* *al.* 2001; Boschker u. Middelburg 2002). Hier fehlt es noch an eingehender Grundlagenforschung.

Allerdings offenbart auch die PLFA-Signatur als Methode Einschränkungen. Zunächst ist die Analytik arbeitsintensiv und verlangt experimentelles Geschick. Extraktionen aus Böden sind bei quantitativen Untersuchungen stets problematisch, weil die Extraktionseffizienz durch Immobilisierung von Lipiden an hydrophoben organischen Bodenkolloiden schwer zu bestimmen ist. Weiter können mit dieser Methode weder Arten noch andere taxonomischen Einheiten bestimmt werden. Problematisch bei der Interpretation von PLFA-Analysen als Parameter für die Struktur aktiver mikrobieller Lebensgemeinschaften in Böden ist die Tatsache, dass die Informationsbasis für die spezifischen Biomarker von *Bacteria*, *Archaea*, Pilzen und Protozoen ausschließlich von isolierten Reinkulturen stammt. Diese spezifischen Signaturen müssen nicht ohne weiteres für die (bisher) nichtkultivierbaren Vertreter der genannten Organismengruppen gelten. Infolgedessen ist die Aussagekraft von PLFA-Analysen vorläufig mit den gleichen Einschränkungen behaftet wie andere Methoden auf der Basis von kultivierbaren Organismen (Hill *et al.* 2000; Pankhurst *et al.* 2001; Kirk *et al.* 2004; Mazzola 2004; Ramsey *et al.* 2006). In Genauigkeit und Differenzierungsmöglichkeiten scheint die PFLA-Analytik dem **Substratverwertungsspektrum** (SVS; *community level catabolic profiling* = CLCP) überlegen zu sein (Ramsey *et al.* 2006; Williamson u. Wardle 2007).

4.5 Charakterisierung der funktionellen Diversität von Böden

Für Routineuntersuchungen haben sich im Wesentlichen zwei Methoden in der Praxis durchgesetzt.

4.5.1 Substratverwertungsspektren (SVS)

In der internationalen Literatur wird diese Methode als *community level catabolic profiling* (CLCP), *community level substrate utilization* (CLSU), *community level physiological profile* (CLPP) oder auch als *metabolic fingerprinting* (MF) bezeichnet. Dazu werden BIOLOG GN und GP MicroPlates™ für **gramnega**tive bzw. **gram**positive Bakterien verwendet. Die im Handel erhältlichen Sets von **Mikrotiterplatten** wurden ursprünglich zur taxonomischen Differenzierung von bakteriellen Reinkulturen entwickelt. Garland und Mills (1991) haben diese Methode erstmals eingesetzt, um die potenzielle FD auf der Basis von SVS zu bestimmen. Jede Mikroplatte, versehen mit 95 unterschiedlichen organischen Verbindungen (Substraten) als einzige C-Quellen (Kohlenhydrate, organische Säuren, Aminosäuren, Amine, Amide, einfache aromatische Verbindungen, Ester etc.), wird mit dezimalen Bodenverdünnungen beimpft, bebrütet und das Wachstum durch Substratverwertung durch spektrophotometrische Messung der rotpurpuren Farbveränderung des Redoxindikators Na-Triphenyltetrazoliumchlorid (TTC) ausgewertet. Ein solcher **metabolischer Fingerabdruck** (MF) kann die metabolische Diversität der betreffenden Bodenprobe charakterisieren und ermöglicht Standortvergleiche sowie Veränderungen durch Pflanzenbewuchs, Bewirtschaftungsmaßnahmen oder Belastungen mit Schwermetallen oder Fremdstoffen (Heuer u. Smalla 1997a; Hitzel *et al.* 1997; Smalla *et al.* 1998; Hill *et al.* 2000; Pankhurst *et al.* 2001; Widmer *et al.* 2001, 2006; Torsvik u. Ovreas 2007).

Die Bestimmung des SVS nach BIOLOG hat den Vorteil, dass sie relativ einfach, gut reproduzierbar und für Routineuntersuchungen geeignet ist, zumal das Verfahren weitgehend automatisiert werden kann. Mehrere Nachteile machen die Methode aber nur bedingt aussagefähig. Zunächst hängt die Aussagekraft des SVS vom Spektrum an C-Quellen ab. Das ursprüngliche Spektrum an C-Quellen diente der Identifizierung von pathogenen Keimen und war für bodenmikrobiologische Fragestellungen nur wenig geeignet, auch wenn die Anzahl an verschiedenen C-Quellen relativ groß war (Konopka *et al.* 1998).

Inzwischen hat BIOLOG eine **Ökoplatte** mit drei Wiederholungen und 31 umweltrelevanten C-Quellen eingerichtet und bietet zudem gebrauchsfertige Platten an, die nach Bedarf selbst mit spezifischen C-Quellen entsprechend der Fragestellung bestückt werden können. So kann für Untersuchungen von Rhizosphären, Sedimenten und Unterböden jeweils ein Substratspektrum ausgewählt werden, das der spezifischen Fragestellung entspricht. Eine weitere Begrenzung der Aussagekraft entsteht dadurch, dass offenbar langsam wachsende Mikroorganismen (K-Strategen) sowie bestimmte **grampositive Bakterien** und **Pilze** kaum zum

Substratverwertungsprofil beitragen. Die Methodik ist somit selektiv. Eine molekularbiologische DNA-Analyse (TGGE) von bebrüteten Titerplatten ergab, dass in der Regel nur rasch wachsende (r-strategische) Bakterien für das Verwertungsprofil verantwortlich sind (Smalla *et al.* 1998). Während der Bebrütung kommt es zu einer raschen Vermehrung von zymogenen copiotrophen Bakterien (Pseudomonaden, Enterobakterien, etc.). Infolgedessen reflektiert das SVS kaum die Leistung der ursprünglichen Lebensgemeinschaft, zumal die eingesetzten Substratkonzentrationen relativ hoch sind, sodass sich oligotrophe (autochthone) Organismen (Kap. 1) nicht durchsetzen können. Wahrscheinlich reflektieren die Ergebnisse solcher SVS die potenzielle funktionelle katabolische Diversität des betreffenden Bodens nur zu einem unbekannten Teil.

Grundsätzlich problematisch ist auch die unterschiedliche **Zelldichte** des Impfmaterials, wodurch zeitlich variable Farbveränderungen während der Bebrütungszeit entstehen, die bei der automatischen Bewertung nach einer standardisierten Bebrütungszeit nicht erfasst werden (Winding u. Hendriksen 1997). Die Bestimmung des SVS mit der BIOLOG-Methode kann bei vergleichenden Untersuchungen von Böden zwar deutliche Unterschiede im **potenziellen Verwertungsprofil** zeigen, doch lassen sich keine Rückschlüsse auf die **aktuelle** katabolische Diversität ziehen. Selbstverständlich kann auch die Verbreitungshäufigkeit katabolischer Leistungen (multiple Funktionalität) in einer Bodenprobe mit dieser Methodik nicht erfasst werden, zumal die Ergebnisse stets nur von kultivierbaren Organismen erbracht werden. Das SVS der unkultivierbaren Mehrheit an Bakterien wird vermutlich nicht erfasst. Um auch das Verwertungsspektrum durch pilzliche Aktivität bestimmen zu können, wurden BIOLOG SF-N- und SF-P-Platten ohne TTC eingeführt, weil TTC von Pilzen nicht aufgenommen und nicht reduziert (rotgefärbt) wird und folglich funktionslos ist. Als Alternative wurde DMTT (Dimethylthiozolyl-diphenyltetrazoliumbromid) als Nachweis für die pilzlichen katabolischen Aktivitäten eingesetzt. Diese Verbesserung hat sich nicht durchgesetzt (Hill *et al.* 2000; Preston-Mafham *et al.* 2002; Mazzola 2004; Kirk *et al.* 2004).

4.5.2 Substrat-Verwertungs-Diversitäts-Index

In anderen Ansätzen wird anstelle der Zusammensetzung von Arten bei der Bestimmung von H und E auf Substratverwertungsspektren (SVS) der prokaryotischen Lebensgemeinschaft zurückgegriffen. Hierbei wird die Biodiversität nicht direkt, sondern indirekt über einen **Substrat-Verwertungs-Diversitäts-Index** entsprechend des Shannon-Weaver-Diversitäts-Indexes ermittelt (Zak *et al.* 1994; Ruppel *et al.* 2007). In Tabelle 4.5 wird ein Beispiel für die Anwendung des SV-Diversitätsindexes vorgestellt (Ruppel *et al.* 2007). Der Informationsgehalt solcher SVD-Indices ist wahrscheinlich gering (vgl. 4.5.1).

Tabelle 4.5 Einfluss langjähriger Behandlungen mit verschiedenen organischen Düngungen – im Vergleich zu Ammoniumnitrat – auf die potenzielle metabolische Diversität (Shannon-SVS-Diversitäts-Index H) eines lehmigen Sandes aufgrund des Substratverwertungs-Spektrums (SVS) von gramnegativen (GN) und grampositiven (GP) Mikroplatten (BIOLOG) (Ruppel *et al.* 2007)

Düngungen[1]	GN-MicroPlatten™			GP-MicroPlatten™		
	H	S	E	H	S	E
Kontrolle	4,08	82,05	0,89	4,04	80,95	0,88
Pinien-Mulch	4,07	81,05	0,89	4,00	78,40	0,88
Ernteresten (ER)	3,98	76,55	0,87	3,92	73,56	0,86
Stallmist (SM)	4,05	80,65	0,89	4,00	77,56	0,87
ER + SM	3,97	75,55	0,87	3,65*	62,45*	0,80*
NH_4NO_3	3,76*	66,50*	0,82*	3,66*	63,95*	0,80*
LSD P = 5%						

H = metabolischer Diversitätsindex nach Shannon
S = Anzahl verwertete Substrate
E = Substrat-Verwertungs-*evenness* ($E = H / H_{max}$; $H_{max} = \ln S$)
[1] Mittelwerte aus vier Feldwiederholungen
* Signifikante Unterschiede zur Kontrolle

4.5.3 Populations- und Aktivitätsbestimmungen

Die Quantifizierung bestimmter ökophysiologischer Aktivitäten (Bodenatmung, Ammonifikation, Nitrifikation, Eisenreduktion, Denitrifikation, Nitrogenase-Aktivität etc.) und/oder der Verteilung funktioneller Bakteriengruppen (wie Nitrifikanten, Denitrifikanten, aerobe und anaerobe N_2-bindende Bakterien, Cellulosezersetzer, pektionolytische und chitinolytische Mikroorganismen etc.) hat sich bewährt. Zur Quantifizierung bestimmter ökophysiologischer Aktivitäten werden Bodenproben unter Standardbedingungen (60% der maximalen Wasserkapazität, 25 oder 30 °C) in geeigneten Gefäßen bebrütet und die gewünschte Aktivität nach Abschluss einer standardisierten Bebrütungszeit quantitativ gemessen (photometrisch oder gaschromatographisch). Aufgrund solcher Aktivitätsmessungen können physiologische Leistungen von Böden beurteilt, verglichen und der Einfluss von ökologischen Faktoren (pH-Wert, pO_2, Feuchtigkeit, Temperatur etc.), Bewirtschaftungsweisen sowie von Stressoren (Umweltchemikalien) bewertet werden. Bei den Populationsbestimmungen bestimmter funktioneller Organismengruppen werden die Bodenproben dezimal verdünnt und zum Beimpfen von **selektiven Flüssigmedien** (drei bis fünf Parallelansätze pro Verdünnungsstufe) verwendet. Nach der Bebrütungszeit werden die Röhrchen auf die betreffende Aktivität geprüft (ggf. mit spezifischen Reagenzien). Tabellarisch wird protokolliert, bis zu welcher Verdünnungsstufe die Röhrchen noch positiv sind. Das Verteilungsmuster der positiven Röhrchen wird mithilfe von statistischen Tabellen ausgewertet und die entsprechenden Populationsdichten als *most-probable-number* (MPN $\times$ g^{-1} TB) ausgedrückt (MPN-Technik) (Alef 1991; Schinner *et al.* 1993, 1996; Lorch *et al.* 1995).

Entscheidender Nachteil der Bestimmung von (1) Substratverwertungsspektren, (2) Aktivitätsbestimmungen und (3) Populationsdichten ökophysiologischer Organismengruppen ist, dass es sich um **potenzielle** Parameter und nicht um eine Charakterisierung **aktueller Aktivitäten** handelt. Für viele Fragestellungen können diese Antworten jedoch ausreichend informativ sein. Um von der begrenzten Aussagekraft potenzieller Parameter wegzukommen, wird unter Einsatz molekularbiologischer Analytik in einigen Forschungseinrichtungen weltweit geprüft, ob es möglich ist, die aktuelle funktionelle Diversität mittels mRNA zu bestimmen.

4.5.4 mRNA als Parameter für die aktuelle funktionelle Aktivität

Die Zweckmäßigkeit solcher Transkriptionsanalysen liegt in der kurzen Halbwertszeit von mRNA. Diese schwankt zwischen einigen und höchsten 20 Minuten. Bei Prokaryoten kann die Detektion der Genexpression über mRNA als Parameter für die **aktuelle funktionelle Aktivität** in Böden verwendet werden, weil ein direkter Zusammenhang zwischen Synthese und Expression der Enzyme besteht. Hingegen ist die Beziehung zwischen Genexpression und mRNA-Synthese bzw. -Expression bei Eukaryoten (Pilzen, Protozoen) nicht so einfach, weil die Vorgänge der Transkription und Translation räumlich und zeitlich getrennt sind. Eukaryotische mRNA wird zunächst als mRNA-Protein-Komplex gelagert, bis ein Signal die Translation einleitet. Bei Eukaryoten erfordert die Genexpression zudem mehrere Schritte, darunter Transkription, RNA-Synthese, Transport, Translation und posttranslationale Veränderungen. Die grundlegenden Unterschiede zwischen Pro- und Eukaryoten machen es sehr schwierig, von der Konzentration an mRNA auf die aktuelle funktionelle Aktivität bestimmter Gene zu schließen. Noch größer sind die methodischen Probleme zur quantitativen mRNA-Extraktion aus Böden. Entsprechend der DNA-Extraktion (vgl. 4.7.1) wird auch die Extraktion von mRNA durch deren Sorption und Aktivitätshemmung an Ton-Humus-Komplexe und durch die rasche Hydrolyse von RNasen (Ribonukleasen die RNA abbauen) gravierend gestört. Aufgrund der geringen Halbwertszeiten der mRNA und der raschen inaktivierenden Wirkung von RNasen, muss bei der Extraktion aus Böden mit sterilen Glasswaren, spezifischen Inhibitoren für RNasen wie dem Diethylpyrocarbonat (DEPC) sowie zur Maskierung der Huminstoffe unter Zusatz von Cetyltrimethylammoniumbromid (CTAB) und/ oder Polyvinylpolypyrrolidon (PVPP) gearbeitet werden. Bei den geringen Konzentrationen an mRNA sind die Verluste während der Extraktion und Reinigung auf ein Minimum zu beschränken, was methodisch sehr schwierig ist. Die Gesamtkonzentration an gereinigter mRNA erfolgt traditionell durch UV-Spektroskopie bei 260 nm. Mehrere Methoden wurden angewandt, um die

Expression von funktionellen Genen im Extrakt zu detektieren. Andere befinden sich noch in der Entwicklung (Krsek *et al.* 2006). Die Reverse-Transkriptase(RT)-PCR-Technik weist vielversprechende Möglichkeiten auf, um die Genexpression in Böden zu quantifizieren. Im ersten Schritt der RT-PCR wird RNA mithilfe der Reversen Transkriptase und einem passenden Primer I in eine einzelsträngige cDNA-Kopie umgeschrieben. Im zweiten Schritt wird unter Einsatz eines zweiten Primers doppelsträngige cDNA hergestellt, die anschließend in einer PCR amplifiziert wird. Aber auch zufällige (*random*) Primer lassen sich erfolgreich zur cDNA-Synthese einsetzen. Diese Primer sind sehr kurz (6 nt) und die Wahrscheinlichkeit ist groß, dass sie an vielen Stellen auf dem DNA-Strang ihre komplementären Sequenzen finden und dort spezifisch binden. Solche Primer werden **Hexamere** genannt. Von einer zuverlässigen Standardmethode ist die Forschung zwar noch weit entfernt, doch ist der eingeschlagene Weg richtig (Sharma *et al.* 2007).

4.6 Die unbekannte nichtkultivierbare Mehrheit an Bakterien

Untersuchungen der Gesamtheit an Genen und ihrer Funktionen werden als **Genomik** (*genomics*), die der Proteine (z. B. Enzyme) als **Proteomik** (*proteomics*) bezeichnet (Zengler 2008). Die Gesamtheit an Genen einer Lebensgemeinschaft bildet die genetische Diversität (GD) und setzt sich aus einer Vielzahl an Genomen einzelner Mikroorganismen (*Bacteria*, *Archaea*, Echten Pilze, Pseudofungi, Protozoen) zusammen. Der genetische **Fingerabdruck** (*fingerprint*) jedes einzelnen Organismus ist einmalig und wird von der Genomgröße (Sequenz und Anzahl bp) und dem Mol-% G + C bestimmt. Das Mol-% G + C ist der prozentuale Gehalt an Guanin plus Cytosin in der DNA, auch „GC-Gehalt" genannt.

Wenn wir den Boden eines bestimmten Standortes einmal als „Organismus" betrachten, dann könnte sein **Metagenom** (Gesamtheit an Genen der einzelnen Organismen) durch ein vollständiges DNA-Profil (Genomsequenz) charakterisiert und damit auch seine genetische Gesamtdiversität bestimmt werden, wenn es analytisch möglich wäre, durch repräsentative Probennahmen die gesamte genetische Vielfalt an Generalisten, Spezialisten und Opportunisten in den verschiedenen heterogen verteilten ökologischen Nischen tatsächlich zu erfassen. Dies ist aufgrund der unregelmäßigen mosaikartigen Verteilung der heterogenen mikrobiellen Lebensgemeinschaften mit vertretbarem Aufwand nicht möglich. Das Unvermögen, die gesamte GD (und damit die Biodiversität) von Böden bestimmen zu können, hat zur Folge, dass die charakteristischen Zusammensetzungen von Lebensgemeinschaften einzelner Lebensräume (Acker, Wald, Grünland), Bodenlandschaften (aus zusammenhängenden Bodentypen) und geographischen Regionen vorläufig ungeklärt bleiben und mögliche Gesetzmäßigkeiten nicht erarbeitet werden können. Solche grundlegenden Erkenntnisse über die **Biogeographie** von Mikroorganismen sind jedoch Voraussetzung für Untersuchungen zur Bodenökologie.

Bis heute sind Umfang und Variabilität der GD mikrobieller Lebensgemeinschaften in Böden nur zum geringsten Teil bekannt (Rappé u. Giovannoni 2003). Von den mikroskopisch sichtbaren und zählbaren Bakterien (*Bacteria* und *Archaea*) in Böden können mit den üblichen Standardmethoden (Agar- oder Flüssignährböden) in der Regel nur etwa 0,1 bis 20% kultiviert, isoliert und charakterisiert werden (Olsen u. Bakken 1987; Sait *et al.* 2002; Curtis *et al.* 2002; Torsvik *et al.* 2002). Infolgedessen ist die genetische und phänotypische Diversität der **überwiegenden Mehrzahl an Prokaryoten** in Böden noch unbekannt. Ähnliches gilt auch für die *Myxomycota* (Schleimpilze), *Fungi* (Echte Pilze) und Protozoen in Böden. Prozentuale Angaben über den unbekannten Teil der Prokaryoten in Böden sind lediglich als Größenordnung zu verstehen, weil der Bezug pro Hundert (%) ja voraussetzt, dass die Gesamtdiversität an Arten in Böden etwa quantitativ bekannt ist oder realistisch abgeschätzt werden kann.

Dies trifft für Böden nicht zu. Heute sind insgesamt lediglich 4000 bis 5000 Arten von Prokaryoten in Reinkulturen bekannt, morphologisch und physiologisch beschrieben, taxonomisch eingeordnet und als Arten (Spezies) anerkannt worden. Diese Zahl ist nur ein Bruchteil dessen, was insgesamt an Arten vermutet werden muss. Eine globale Gesamtdiversität von 4000–5000 Arten würde bedeuten, dass die Prokaryoten (*Bacteria* und *Archaea*) im Vergleich zu den beschriebenen Eukaryoten (Gefäßpflanzen, Algen, Fungi, *Vertebrata*, *Evertebrata*) nur einen Anteil von einigen wenigen Prozenten stellen würden (Rheims *et al.* 1996). Solche Zahlen sind irreführend, weil das globale Ausmaß an Prokaryotenarten zwar noch unbekannt, aber zweifelsfrei um ein Vielfaches größer als 5000

Box 4.1 Die Artenvielfalt der Erde

Die Gesamtzahl aller Arten auf der Erde schwankt nach verschiedenen Schätzungen zwischen 3,6 und 112 Millionen. Diese Schätzungen erfolgten durch Extrapolation auf der Basis der 1,75 Millionen beschriebenen Arten, die im Jahre 1995 im Auftrag der UNEP (*United Nations Environment Programm*) durch das *Global Biodiversity Assessment* zusammengestellt wurden. Zu diesen beschriebenen Arten gehören 26 0000 Gefäßpflanzen (ca. 14%), etwa 50 000 Wirbeltierarten (ca. 2,9%), höchstens 330 000 Arten an Meeresbewohnern (ca. 19%) und schätzungsweise 1 Million Insektenarten (ca. 50%). Der Rest der beschriebenen Arten (ca. 120 000 = ca. 7%) setzt sich aus Wirbellosen (Evertebrata, *Metazoa*, die nicht zu den Wirbeltieren gehören) sowie aus pflanzlichen und tierischen Einzellern zusammen. Angaben zu den Prokaryoten- und Pilzarten fehlen vollständig. Selbst wenn wir global von ca. 112 Millionen Spezies ausgehen (einschließlich ca. 100 Millionen Insektenarten nach Schätzungen von Entomologen), dann würden die Gefäßpflanzen, *Vertebrata*, *Evertebrata*, alle Meeresbewohner und Mikroorganismen (*Bacteria*, *Archaea*, pilzähnliche Organismen und Echte Pilze) nicht mehr als 12 Millionen Arten stellen, was ein vollständig schiefes Bild vermittelt.

Auch wenn ca. 2 Millionen beschriebene Arten auf Gefäßpflanzen, *Evertebrata* und *Vertebrata* fallen würden, dann wären rund 10 Millionen Arten für alle noch unbekannten Meeresbewohner sowie für Prokaryoten (*Bacteria* und *Archaea*) und Pilze in Böden und Gewässern mit großer Wahrscheinlichkeit immer noch eine deutliche **Unterschätzung** ihrer Artenvielfalt (Biodiversität). Die Biologie der Meere und der Tiefseen steht ähnlich der Bodenbiologie noch am Anfang ihrer Entdeckungen. Da etwa 70% der Erdoberfläche aus Meeren und Seen besteht, muss ihre Artenvielfalt fast grenzenlos sein. Böden und Unterböden sind bis zu etwa 3 km Tiefe dicht mit Mikroorganismen besiedelt (Kap. 1) und besitzen folglich mit hoher Wahrscheinlichkeit die höchste genetische Diversität (GD) auf der Erde. Wenngleich es heute lediglich 80–100 000 beschriebene Pilzarten und nicht mehr als 4 bis 5000 beschriebene und anerkannte **Prokaryoten-Arten** gibt, so muss ihre Gesamtbiodiversität um ein Vielfaches höher geschätzt werden. Nach rezenten Schätzungen von Mykologen gibt es global wahrscheinlich mehr als 1,5 Millionen Pilzarten, und Taxonomen unter den Bakteriologen gehen heute von einigen Millionen Bakterienarten aus. Auch wenn der Artbegriff von *Bacteria* und *Archaea* molekulargenetisch neu definiert werden muss, kann in Zukunft mit einer ähnlichen Anzahl von **operationellen taxonomischen Einheiten (OTE)** gerechnet werden. Die Biodiversität ist stets eine Funktion der Variabilität an Lebensräumen. Zweifelsfrei ist die Variabilität an ökologischen Nischen unmittelbar auf und in Böden und in Unterböden signifikant größer als in der Vegetationsdecke auf der Erde. Wenn es global auf der Erde tatsächlich etwa 100 Millionen Insektenarten geben würde, dann müsste die Diversität an *Bacteria*-, *Archaea*- und Pilzarten noch viel größer sein.

sein wird (Box 4.1). Bereits die geringe Anzahl an bekannten Arten hat eine vielschichtige genetische, phänotypische und funktionelle Diversität hervorgebracht, darunter zahlreiche Eigenschaften, die in der Biosphäre einmalig sind. Zu diesen besonderen Merkmalen gehören beispielsweise die Fähigkeit zur N_2-Bindung (Diazotrophie), Antibiotikabildung, Cellulolyse, Nitrat-, Mn(IV)- und/oder Fe(III)-Atmung, Halorespiration, Metafermentation, Methanbildung und zum (co-)metabolischen Abbau von Xenobiotika (= der Natur fremden anthropogenen Substanzen). Vor diesem Hintergrund wird deutlich, dass das Spektrum an anabolischen, katabolischen und sekundären Stoffwechselleistungen unter den zahllosen unbekannten Arten in der genetischen *black box* Boden noch sehr viele Überraschungen für Medizin, Biotechnologie und Landwirtschaft bereithält (Torsvik *et al.* 1996). Die unbekannte Mehrheit an Prokaryoten in Böden stellt wahrscheinlich ein reiches Reservoir an potenziell nutzbaren Stoffwechselwegen und Metaboliten dar, das es zu erforschen gilt.

Die Quantifizierung der bakteriellen genetischen Vielfalt in Böden aufgrund von Spezies ist jedoch nur dann möglich, wenn (1) eine genaue Definition des Begriffes „Art" bei Prokaryoten gegeben ist und (2) neue Isolate aufgrund ihrer genetischen und physiologischen Eigenschaften charakterisiert und in Arten eingeordnet werden können.

Bei Prokaryoten gelten als Informationsträger (**Semantide**)

- DNA (Genomlänge, GC-Gehalt)
- RNA (16S-, 23S- und 5S-RNA) und
- Proteine

Diese **Leitmoleküle** enthalten in der Sequenz ihrer Bausteine den gesamten Informationsgehalt eines Organismus. Nach der gültigen (gewachsenen) Definition werden zwei Bakterienisolate zur gleichen Art gerechnet, wenn

- bestimmte messbare charakteristische (morphologische und physiologische) Merkmale übereinstimmen,
- ≥ 70% Homologie bei einer DNA-DNA-Hybridisierung nachgewiesen wird. Bei einer Hybridisierung (engl. *hybrid* = Mischling, Kreuzung) werden zwei einzelsträngige Nucleinsäureketten nach den Regeln der komplementären Basenpaarung in einer Hybridisierungslösung zuerst erhitzt (Denaturierung der DNA) und anschließend kontrolliert abgekühlt (Renaturierung). Dabei lagern sich homologe Sequenzen zusammen.
- weniger als 2–3% Variation in der 16S-rRNA-Sequenz auftritt.

Solche Standardanforderungen sind erforderlich, wenn es darum geht, die taxonomische Zugehörigkeit eines Isolates zu einer bestimmten Art abzusichern (Rosello-Mora u. Amann 2001; Gevers *et al.* 2005; Stackebrandt 2007). Allerdings können zahlreiche bereits anerkannte Arten den beiden letzten Kriterien nicht entsprechen, weil sie zu einer Zeit beschrieben wurden, als die molekularbiologischen Analysemethoden zur Charakterisierung des genetischen Fingerabdruckes (DNA- und 16S-rRNA-Analysen) noch nicht zur Verfügung standen. Die gültige Konvention sieht zwar vor, dass zwei Prokaryotenisolate, die bei der DNA-DNA-Hybridisierung eine genetische Distanz von über 30% Unterschied aufweisen (mit einer $\Delta T_m \leq 5$ °C), zu verschiedenen Spezies zu rechnen sind. Diese Grenze ist jedoch willkürlich und vorläufig, da sie weder auf evolutionsbiologischen Kriterien noch auf einschlägigen empirischen Erfahrungen mit der phänotypischen und genotypischen Zuordnung umfangreicher Isolate aus Böden und Sedimenten begründet ist. Weil die große Mehrheit an Bakterien in Böden taxonomisch noch unbekannt ist, wird es schwierig sein, ein bisher nichtisolierbares Bakterium lediglich aufgrund des genetischen Fingerabdruckes **ohne Bezugsorganismen** taxonomisch zu klassifizieren – zumal die molekularbiologischen Analysen überwiegend nur Teilsequenzen der extrahierten DNA und rDNA amplifizieren können (Vermehrung einer bestimmten DNA-Region mittels PCR).

Die aktuellen molekularbiologischen Techniken suggerieren zwar vielfach, dass die Notwendigkeit zur Isolierung von Prokaryoten aus Böden umgangen werden kann, doch fehlen bis heute Angaben darüber, wie sich die Diversität unbekannter Bakterienarten ohne Reinkulturen in Stammsammlungen als Bezugsinformation qualitativ erfassen lässt (Palleroni 1997). Gerade die Ergebnisse der molekulargenetischen Bodenmikrobiologie werden die Notwendigkeit zur Isolierung und Kultivierung von Reinkulturen immer wieder bestätigen, auch wenn das Artkonzept bei Prokaryoten einer konzeptionell neuen Lösung zugeführt würde. In Box 4.2 sind die Kriterien für eine **polyphasische Taxonomie** zusammengestellt.

Um die zahlreichen unbekannten Bodenbakterien und damit den Umfang der GD von Böden bearbeiten zu können, muss in der nächsten Zukunft auf die konsequente Speicherung neuer (Teil-)Sequenzen in *meta*genomischen DNA-Bibliotheken gesetzt werden. In **Genbanken** werden bereits seit mehr als 25 Jahren DNA-Sequenzen aus Böden gespeichert, die zum Abgleich für jedermann abrufbar sind (Box 4.3). Solche Gensequenz-Bibliotheken bieten nicht nur Hilfe beim Auffinden und bei der phylogenetischen Zuordnung neuer Sequenzen, sondern auch die Möglichkeit, durch *representional difference analysis* (RDA) ihre Funktionen aufzuarbeiten. Die systematische Speicherung von DNA-Sequenzen aus Böden wird in den nächsten Jahren weltweit zu einem explosionsartigen Datenanstieg führen. Diese Daten gilt es zweckdienlich zu bearbeiten und zu verwalten: „*We must face up to the scale of the microbial world, retool and go large.*" („Wir müssen uns den Dimensionen der Welt von Mikroorganismen stellen, neu instrumentalisieren und im großen Stil arbeiten.") (Curtis 2006). Nur durch Automatisierung der Bearbeitung und der Analysen von Bodenproben in gut organisierten Gen-Projekten wird es gelingen, das lückenhafte Bild der genetischen Diversität von Böden in absehbarer Zeit zu vervollständigen (Curtis *et al.* 2002). Das Gleiche gilt auch für die Aufarbeitung der noch weitgehend unbekannten Bodenpilze und -protozoen.

4.7 Die kultivierbare Minderheit an Bodenbakterien oder die Spitze des Eisberges

Bisher wurde nur ein Bruchteil der Bodenprokaryoten isoliert und identifiziert (Zengler 2008). Warum ist

Box 4.2 Kriterien für eine polyphasische Taxonomie der Prokaryoten

Prokaryoten vermehren sich asexuell durch Teilung und Sprossung. Mitglieder ihrer Populationen sind folglich genetisch identische Klone. Nur durch Mutationen und horizontale Gen-Übertragungen (Kap. 5) können Veränderungen im Genom einzelner Arten entstehen. In der Botanik und Zoologie ist eine Art (Spezies) eine Gruppe sich tatsächlich kreuzender Populationen (mit Gen-Fluss unter den Angehörigen), die durch Isolationsmechanismen von anderen reproduktiv isoliert ist. Bei Organismen mit asexueller Vermehrung ist dieser Artbegriff so nicht anwendbar.

Die bisherige taxonomische Einordnung von *Bacteria* in Arten (**Morphospezies**) erfolgte weitgehend aufgrund von morphologischen, physiologischen und ökologischen Merkmalen, mit dem Ergebnis, dass auch nicht phylogenetisch verwandte Arten in die gleiche Gattung und Familie eingeordnet wurden. Dieses Ordnungsprinzip ist gewachsen und pragmatisch (dem praktischen Nutzen dienend). In der heutigen phylogenetischen Klassifikation ist die Nucleotidsequenz der 16S-rRNA ein wesentliches Kriterium, weil die RNA strukturell hoch konservativ ist. Veränderungen reflektieren folglich eine Art evolutionäre Uhr. Der rRNA-Ansatz (von **Carl Woese**) in der phylogenetischen Klassifizierung hat gezeigt, dass bestimmte chemische Merkmale Verwandtschaften über morphologische und physiologische Eigenschaften hinweg zuverlässig anzeigen können. Zu solchen **chemotaxonomischen Merkmalen** gehören

- DNA Eigenschaften (Genomgröße, DNA-Sequenz; GC-Gehalt; DNA-DNA-Hybridisierung),
- der Mureinaufbau (insbesondere die charakteristische Aminosäurenzusammensetzung in den peptidischen Quervernetzungen; *Archaea* besitzen kein Murein),
- die Zusammensetzung der Membranlipide (Fettsäuren, Ergosterol, Glykophospholipide, Hopanoide) und Isoprenoidalkohole (bei *Archaea*),
- die Art der Cytochrome (Vorkommen und Aminosäurenzusammensetzung),
- Chinone wie die Ubichinone (die Länge der isoprenoiden Seitenkette schwankt von Q-7 bis Q-14), Rhodochinone (RQ-8 bis RQ-10), Plastochinone (in Cyanobakterien) oder Menachinone (MQ-6 bis MQ-15)
- das Vorkommen von Bacteriochlorophyllen (BChl *a, b, c, d, e* und *g* der anoxygenen photosynthesetreibenden *Bacteria*) und Carotinoiden (Tetraterpenoide mit konjugierten Doppelbindungen) sowie
- die Zusammensetzung an Polyaminen: gesättigte, offenkettige oder cyclische organische Verbindungen mit mehreren primären, sekundären und/oder tertiären Aminogruppen (Cadaverin, Putrescin, Spermidin etc.).

Die o. g. Merkmale liefern wichtige Kriterien für die phylogenetische Einordnung von Prokaryota in Phyla, Klassen, Ordnungen, Familien und Gattungen (nicht aber von Arten). Um Isolate (nach der binären Nomenklatur) aus Böden, Gewässern, Lebensmitteln und Krankenhäusern schließlich in Arten und (Bio-, Patho-, Sero-)Varen einordnen zu können, sind nach wie vor spezifische standardisierte morphologische, cytologische, physiologische und serologische Routinetests im Vergleich zu den entsprechenden Merkmalen von anerkannten Bezugsorganismen unumgänglich.

Künftig sollen Arten mit einem *multilocus sequencing approach* (MLST) auf der Basis von sieben Genen spezifiziert werden. Zweckdienliche Taxonomie ist heute **polyphasisch** und basiert auf einer breiten Basis von phänotypischen und genotypischen Merkmalen. Als Bezugskompendium für alle beschriebenen Bakterien dient *Bergey's Manual of Systematic Bacteriology* (letzte Auflage, 2005; neue Auflage ist in Vorbereitung). Um die steigende Zahl an neuen (bisher) nicht isolierbaren Bakterien in Genbanken auch ohne anerkannte Bezugsorganismen (mit vollständiger Genomsequenz) vorläufig taxonomisch definieren zu können, sind neue Kernmerkmale für Arten zu konzipieren (Gevers *et al.* 2005; Stackebrandt 2007).

dieser Anteil so gering? Kann er durch verbessertes, systematisches Vorgehen gesteigert werden? Im Schnitt lassen sich aus 1 g Boden etwa 20 verschiedene Bakterienarten problemlos isolieren und taxonomisch einordnen. Die Verschiedenheit an kultivierbaren Arten einer Bodenprobe hängt in erster Linie von der Art und Menge an zugeführten organischen Substanzen in der Vergangenheit ab (Kap. 1). Aus Böden mit einer regelmäßigen Zufuhr von Pflanzenresten mit breitem Spektrum an Substanzgruppen werden in der Regel signifikant mehr Organismenarten isoliert als aus Standorten mit einseitiger oder geringer organischer Versorgung. Die bisher kultivierbaren Bakterien stammen ausnahmslos von Agarnährmedien (Platten). Die Ursachen für die begrenzte Anzahl an kultivierbaren Arten auf Agarplatten sind vielschichtig und komplexer Natur,

Box 4.3 Datenbanken (Genbanken) für molekulare Sequenzen

Seit der Etablierung im Jahre 1982 steigt die Anzahl der Sequenzeinträge in öffentlichen Datenbanken explosionsartig an. Die Sammlung, Betreuung, Verwaltung und Nutzbarmachung der Sequenzeinträge liegt bei drei großen international kooperierenden Datenbaken, die ihre Bestände täglich abgleichen. Es handelt sich um die Genbanken des *National Institute of Health* (NIH) in den USA, verwaltet vom *National Center for Biotechnology Information* (NCBI), der *DNA Data Bank of Japan* (DDBJ), beaufsichtigt vom *National Institute of Genetics*, und des *European Molecular Biology Laboratory* (EMBL), betreut vom *European Bioinformatics Institute* (EBI).

Bei der Einreihung von Sequenzdaten über das Internet erhalten die Autoren für jede Sequenz eine *Accession Number*. Dazu machen die Datenbanken Vorgaben zur informativen Beschreibung eines neuen Sequenzeintrages. Die Startseiten der drei großen Datenbanken im Internet bieten einen einfachen, und zum Großteil selbstklärenden Einstieg in text- und sequenzbasierte Suche nach Datenbankeingaben. Da die Datenbanken inhaltlich abgeglichen werden, ist die Wahl der Genbank letztlich dem Nutzer überlassen. Der Einstieg erfolgt mithilfe eines Suchfensters. Zur Suche nach Sequenzähnlichkeiten wird der BLAST-Algorithmus (*Basic Local Alighment Search Tool*) verwendet. Neben dem direkten Zugang zu DNA-, RNA- und Protein-Datenbanken stellt beispielsweise das NCBI eine sehr umfangreiche Taxonomie-Suchfunktion zur Verfügung, die neben den bisher sequenzierten Organismen auch Informationen über die taxonomische Gliederung einer Vielzahl an Phyla bietet. Darüber hinaus bieten die Datenbanken unterschiedlichste Software-Programme der Bioinformatik an, um Sequenzen, Sequenzähnlichkeiten, Sequenzmuster und deren mögliche Struktur und Funktion im Detail zu analysieren. Die beschriebenen Datenbanken finden sich unter www.ncbi.nlm-nih.gov und www.embl.org.

andererseits trivial wie beispielsweise fehlende Geduld der Forscher bei längeren Bebrütungszeiten (von mehreren Wochen) oder das ungünstige Verhältnis von Arbeits- und Materialaufwand zur Ausbeute. „*Fortunately for mankind, the early pioneers of microbiology did not assume that the bacterial causes of animal and plant diseases were „unculturable" in the laboratory.*" (Gest 2008).

Zu den systematischen Faktoren, welche die Anzahl an Arten von Prokaryoten und Pilzen auf Platten signifikant begrenzen können, gehören:

- die geringe Variabilität in der Zusammensetzung der Medien (Wahl der Ingredienzien). Ein wesentlicher Grund für das begrenzte Spektrum an Isolaten liegt darin, dass häufig auf einige bewährte Medien zurückgegriffen wird. Die Erfahrung lehrt, dass sich bereits durch die geschickte Wahl des (komplexen oder synthetischen) Mediums die Anzahl und taxonomische Verschiedenheit an Bakterien und Pilzen eines Bodens beträchtlich erhöhen lässt. Faktoren wie die Zusammensetzung und Konzentration der Ingredienzien (Wahl an C- und/oder N-Quelle(n), der Zusatz von Bodenextrakt (mit unbekannten Wachstumsfaktoren) und/oder von Hefeextrakt (als Quelle für Vitamine, Aminosäuren und Nucleotide), die Art und Konzentration an Kationen und Anionen können Dichte und Art der Keime wesentlich beeinflussen und so ein stark variables Bild der kultivierbaren Bakterien oder Pilze im betreffenden Boden liefern. Die o. g. Faktoren bedingen, dass durch eine **systematische Analyse** mit einer relativ breiten Wahl an (selektiven) Agar- und Flüssigmedien bereits ein relativ breites Bild der Diversität kultivierbarer Bakterien gewonnen werden kann.

Trotz des relativ hohen C_t- und N_t-Gehaltes von Oberböden ist Bodenleben ein Hungerleben, was bedeutet, dass die Mehrzahl an Bakterien **oligotroph** ist (Kap. 1). Folglich ist der größte Teil an chemoorganotrophen und -lithotrophen Mikroorganismen in Böden auf sehr geringe und häufig auch spezifische Nährstoffkonzentrationen angewiesen. Infolgedessen ist ein weiterer Grund für die geringe Diversität an kultivierbaren Bodenprokaryoten:

- die unzureichende Berücksichtigung oligotropher Ansprüche bezüglich des C- und N-Bedarfes zahlreicher Prokaryoten und Pilze in Böden (gr. *oligotrophos* = wenig nährend). Die Mehrzahl der noch unbekannten Bodenbakterien (Ultramikroben, Kümmer- und Hungerformen) ist sehr klein (< 0,5 µm Durchmesser) und **oligotrophent** (mit sehr geringem Bedarf hinsichtlich der Konzentration an organischen Nährstoffen), weil sie durch ein sehr hohes Oberfläche-Volumen-Verhältnis und eine relativ hohe Affinität für einfache Substrate einen sehr effizienten Stoffwechsel besitzen (K-Strategen). Viele Bodenorganismen kommen mit geringen Substratkonzentrationen und -kombinationen aus. Sie werden als oligocarbo- und/oder -nitrophil bezeichnet. Die Ansprüche hinsichtlich Art, Zusammensetzung und Konzentration sind allerdings im Wesentlichen unbekannt, da bodenbürtig. Folglich kann die überwiegende Mehrzahl an heterotrophen Bakterien und Pilzen aus Böden auf den üblichen nährstoffreichen Medien nicht wachsen.

- Wie wichtig eine geringe Substratkonzentration für Wachstum und Isolierung von Bodenbakterien ist, geht aus der Erfahrung hervor, dass bereits durch Verminderung der Nährstoffkonzentrationen in gängigen (komplexen) Nährböden um den Faktor 100 die Anzahl und das Spektrum an Prokaryoten auf den Agarplatten wesentlich gesteigert werden kann. Die meisten Nährmedien sind viel zu reich an organischen Nährstoffen und Mineralsalzen. Sie wirken infolgedessen hemmend auf die Keimung und Vermehrung zahlreicher oligotropher Prokaryoten. Viele oligotrophe Bodenprokaryoten wachsen auf geeignet verdünnten Medien zudem sehr langsam und bilden auch nach mehreren Wochen lediglich winzige Kolonien, die nur bei geeigneten Vergrößerungen (mithilfe eines Binokulars) sichtbar gemacht, gezählt und isoliert werden können. Wahrscheinlich hat die Mehrzahl an Bodenprokaryoten und -pilzen sehr enge und spezifische Ansprüche an Substratart und -konzentration. Solche **stenotrophen Mikroorganismen** (gr. *stenos* = eng, schmal) lassen sich folglich mit den üblichen eiweiß- und/oder energiereichen Medien (Pepton, Fleischextrakt, Hefeextrakt, Glucose, Saccharose, Stärke etc.) nicht isolieren – zumal solche Medien stark alkalisierend (als Folge der Desaminierung von Aminosäuren) oder pH-absenkend (durch Säurebildung infolge unvollständiger Oxidationen von Zuckern, Kohlenhydraten etc.) wirken können.
- Mikroorganismen, die bevorzugt und rasch auf Medien mit hohen Nährstoffkonzentrationen wachsen (r-Strategen), werden als **copiotroph** bezeichnet (lat. *copiosus* = reichlich, in Überfluss). Nährstoffarme Medien (ca. 0,01 bis 0,05%) auf der Basis von einfachen organischen Säuren (wie Citrat, Lactat, Acetat, Pyruvat etc.) oder Zuckern (Glucose, Arabinose, Xylose etc.) sind grundsätzlich für mikrobiologische Bodenuntersuchungen zu bevorzugen, vor allem wenn die gering dosierten C-Quellen in **Gradientmedien** verwendet werden, weil die optimalen geringen Substratkonzentrationen für oligotrophe Bakterien meist unbekannt sind. Durch Verwendung einer Kombination von Substraten in geringen Konzentrationen (jeweils etwa 0,05%), wie sie bei der Mineralisation von Pflanzenmaterial und in der Rhizosphäre vorkommen (z. B. Glucose-Galactose-Xylose-Arabinose), gelang es ohne besonderen Aufwand, bisher nichtisolierbare Vertreter der neuen Phyla *Acidobacteria*, *Verrucomicrobia* und *Gemmatimonadetes* aus Böden zu isolieren (Janssen *et al.* 2002; Davis *et al.* 2005).
- Gradientmedien lassen sich in der Praxis einfach herstellen, indem beispielsweise das autoklavierte, noch warme nährstoffarme Agarmedium in schräggestellten Petrischalen zum Erstarren gebracht und anschließend in horizontaler Lage mit Wasser-Agar (ohne Nährstoffe und Salze) sehr dünn überschichtet, beimpft und bebrütet wird. Durch solche Gradienten verschiedener C- und/oder N-Quellen können Bodenbakterien mit relativ engen Ansprüchen hinsichtlich der Art und Konzentration an Nährstoffen zur Entwicklung gebracht werden (Hirsch 1972; Zengler 2008).
- das Fehlen von bestimmten Vitaminen, Aminosäuren, Nucleotiden, Fettsäuren und/oder von unbekannten bodenbürtigen **Wachstumsfaktoren.** Ein großer Teil der Bodenorganismen befindet sich in physiologischer Ruhe und/oder ist **auxotroph** für ein oder mehrere Vitamine und/oder Aminosäuren, weil sie direkt an der Mineralisation von frischen Pflanzenresten beteiligt sind und/oder in der Rhizosphäre von Pflanzen in enger Abhängigkeit vom Wurzelstoffwechsel leben (Kap. 17). In ihrem Lebensraum werden sie ständig mit den notwendigen Wachstumsfaktoren versorgt. Durch Bereitstellung von Vitaminen (insbesondere von B-Vitaminen), bestimmten Aminosäuren (Cystein, Tryptophan), kurzen Peptiden, ungesättigten Fettsäuren (Vitamine F) und/oder Nucleotiden (Keimungsstimulantien), Acylhomoserinlactonen (Signalmoleküle in *quorum sensing*; Kap. 9) oder von unbekannten (huminstoffartigen) bodenbürtigen **Supplinen** (über Bodenextrakten) lässt sich erfahrungsgemäß das Spektrum an Prokaryoten erhöhen. Weil sowohl die grundlegenden Nährstoffansprüche (in Art und

Konzentrationen) als auch der spezifische Bedarf an Wachstumsfaktoren von den bisher nichtisolierbaren Prokaryoten und Pilzen unbekannt sind, lässt sich dieser Teil der Bodenorganismen allenfalls durch ein aufwändiges differenziertes Vorgehen erfassen.

Viele Bodenorganismen (Spezialisten, Opportunisten, Gradient-Organismen etc.) stellen zudem enge spezifische Ansprüche hinsichtlich der ökologischen Bedingungen (wie pH, pO_2, pCO_2, Temperatur, Redoxpotenzial, Salzgehalt, Druck und deren Kombinationen). Die Mehrzahl an spezifischen Ansprüchen von oligotrophen Spezialisten und Gradient-Organismen hinsichtlich der abiotischen ökologischen Bedingungen ist unbekannt. Mangels Kenntnissen bezüglich der notwendigen Konstellation von Bedingungen lassen sich bestimmte Gradient-Organismen nicht auf Agarplatten isolieren. Zu hohe **Salzkonzentrationen** (mit hohen osmotischen Werten) können den Stoffwechsel einzelner Keime im oder auf dem Agar vollständig hemmen oder das Wachstum verzögern. Es wird übersehen, dass Bodenlösungen (ausgenommen in Salz- und Alkaliböden) in der Regel im feucht-humiden Klima durch Auswaschungen relativ arm an gelösten Salzen sind. Die üblichen Standardmedien enthalten für die Isolierung von Bodenorganismen nicht nur zu hohe Konzentrationen an NaCl, sondern auch an essenziellen Salzen (K-, Ca-, Mg-Hydrogenphosphate sowie Fe(II)Sulfat oder -Chelat). Andererseits kann die Versorgung mit bestimmten Spurenelementen (**Mikronährstoffen**) in Medien unzureichend sein (Cu, Mo, Ni).

Bebrütung der Platten unter erhöhten CO_2-Konzentrationen (bis zu 5%, vol/vol) kann die Keimzahlen bereits signifikant erhöhen. Es ergeben sich zu große Impfmengen (meist 1 ml der entsprechenden Verdünnungsstufe pro Platte) und **zu** kurze Bebrütungszeiten. Durch Verringerung der Impfmenge und Erhöhung der Bebrütungszeit bis auf drei Monate können nicht nur wesentlich mehr, sondern vor allem auch bisher unbekannte Prokaryoten isoliert werden. Durch regelmäßiges Auszählen (alle 24 h, unter dem Binokular) von Kolonien auf stark verdünntem Nähragar über eine Periode von 7 bis zu 30 Tagen lässt sich die Vermehrungskinetik einzelner Bakteriengruppen in Form von **kolonienbildenden Kurven** (KBK) nach einer Reaktion 1. Ordnung darstellen (Abb. 4.3). Vertreter der einzelnen Wachstumsgruppen können abgeimpft, isoliert und einer physiologischen Differenzierung unterzogen werden. Aus der Superposition von zwei bis mehreren Einzelkurven lassen sich zudem die jeweiligen spezifischen Populationswachstumsraten ermitteln (Hashimoto u. Hattori 1989; Hattori *et al.* 1997). Durch eine Kombination von klassischen morphologisch-physiologischen Differentialtests und molekulargenetischen Analysen (GC-Gehalt, 16S-rRNA-Gensequenzen) ist es gelungen, eine relativ hohe bodenspezifische Biodiversität unter den Isolaten nachzuweisen. Unter den Bakterienisolaten waren nicht nur Vertreter von *Alpha-*, *Beta-*, *Gammaproteobacteria*, sondern auch von grampositiven Bakterien mit hohem bzw. niedrigem GC-Gehalt, *Firmicutes* bzw. *Actinobacteria* sowie von Vertretern des Phylums *Bacteriodetes* und von anderen (neuen) Phyla (Tabelle 4.2). Es scheint durchaus möglich, durch Kombinationen von nährstoffarmen Nährmedien, geringen Impfmengen und längeren Bebrütungszeiten bisher nicht isolierbare Prokaryoten (vermutlich auch Pilze) in Kultur zu bringen und durch den Einsatz von klassischen physiologischen Tests und molekulargenetischer Analysen diese taxonomisch einzuordnen. Der von Hattori und Mitarbeitern eingeschlagene Weg scheint erfolgversprechend und richtungsweisend zu sein. Es ist an der Zeit, die verschiedenen Kultivierungstechniken mit molekularbiologischen Analysen zu kombinieren. Ohne Isolierung, Beschreibung und Abgleich von neuen Organismen ist eine taxonomische Weiterentwicklung kaum möglich.

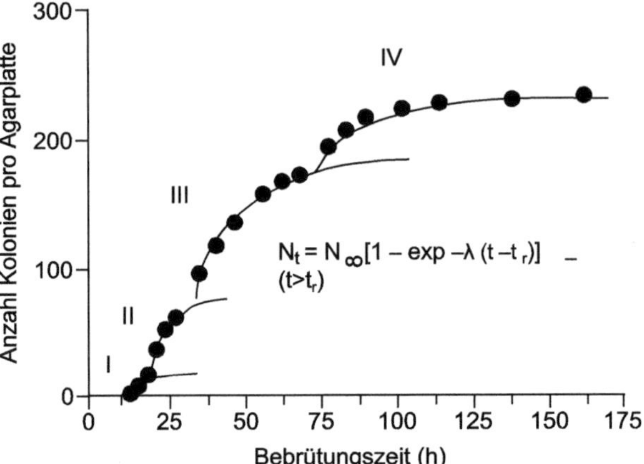

Abb. 4.3 Schematische Darstellung der Entwicklungskinetik oligotropher Bakterienkolonien auf 100-fach verdünnten Nähragarplatten (pH 7) eines A_h-Horizontes (Grünland, Japan) im Laufe der Bebrütung (175 h, 27 °C, tägliches Auszählen). Die Kolonienbildung unterschiedlicher bakterieller Taxa entwickelt sich stufenweise entsprechend einer Kinetik erster Ordnung (El-Beltagy u. Hattori 1994)

Tabelle 4.6 Zusammenstellung der Faktoren, die die Populationsdichte und Diversität von Bodenbakterien und Echten Pilzen auf Agarplatten beeinflussen und den Anteil an kultivierbaren Mikroorganismen wesentlich vermindern können

- Geringe Variabilität in der qualitativen Zusammensetzung der Nährmedien (Wahl der Ingredienzien) durch Verwendung von herkömmlichen „fetten" Standardmedien (z. B. aus der medizinischen Mikrobiologie)
- Zu hohe Konzentrationen an organischen Ingredienzien in traditionellen Kombinationen (Saccharose oder Glucose, in Kombination mit Pepton und/oder Fleischextrakt, Malzextrakt, Proteose-Pepton, Casein, Hefeextrakt etc.) und an essenziellen Salzen (K, Mg, Ca, Hydrogenphosphate, Sulfate, Chloride) und NaCl in komplexen Medien (Agar- oder Flüssigmedien); Fehlen von Mikronährstoffen
- Ungenügende Berücksichtigung der oligotrophen Ansprüche autochthoner (oligocarbo- und/oder -nitrophiler) Bakterien und Pilze, sodass bevorzugt copiotrophe (meist zymogene) Mikroorganismen zur Vermehrung kommen und langsamwachsende Organismen unterdrückt werden
- Fehlende oder unspezifische Berücksichtigung der auxotrophen Ansprüche zahlreicher Bakterien und Echter Pilze. Ein großer Teil der Mikroorganismen in Böden oder der Rhizosphäre ist auxotroph für ein oder mehrere Vitamine (insbesondere des B-Komplexes) und/oder für bestimmte Aminosäuren und Keimungsstimulanzien (Nucleotide, Peptide, unbekannte bodenbürtige Suppline, Chelatoren, verdünnte Huminsäuren, etc.)
- Enge spezifische Ansprüche an ökologischen Bedingungen (pH, pO_2, Temperatur, pCO_2, Redoxpotenzial E_h, Salzgehalt, Kalkgehalt oder Kombinationen dieser Faktoren), die in herkömmlichen Analysen nicht berücksichtigt werden
- Zu große Impfmengen (meist 1 ml pro Platte),
- Zu kurze Bebrütungszeiten (in der Regel nur 5 bis 7 Tage) bei zu hohen Temperaturen
- Polyfaktorielle Kombinationen der o. g. Merkmale

In Tabelle 4.6. sind die wichtigsten Faktoren zusammengestellt, welche für die geringe Diversität von Bakterien (und Pilzen) auf Agarmedien verantwortlich gemacht werden können.

4.8 Metagenomik der mikrobiellen Diversität

Unter **Metagenomik** (*metagenomics*) werden alle kulturunabhängigen molekularen Genomanalysen von mikrobiellen Lebensgemeinschaften in Böden zur Charakterisierung der genetischen Diversität zusammengefasst. Den Begriff prägte im Jahre 1998 **J. Handelsman** und Mitarbeiter (Handelsman 2004; Riesenfeld *et al.* 2004). In der Literatur werden für diesen Begriff mehrere synonyme Bezeichnungen für ungefähr ähnliche methodische Ansätze wie Genomanalysen von Lebensgemeinschaften (*community genomics*) und Genomanalyse von Populationen (*population genomics*) verwendet. Eine direkte kulturunabhängige molekulare Genomanalyse aus Böden wurde allerdings von **N. R. Pace** und Mitarbeitern/Berkeley erstmals im Jahre 1985 durchgeführt, und das methodische Prinzip hat sich anschließend in wenigen Jahren explosionsartig in vielen Versionen verbreitet (Pace *et al.* 1986; Handelsman 2004; Kowalchuk *et al.* 2006; Sjöling *et al.* 2007).

Inzwischen sind zahlreiche Variationen in der DNA-Extraktion aus Böden und in der DNA-Reinigung im Umlauf, mit der Folge, dass die Ergebnisse nur bedingt vergleichbar sind. *Metagenomics* hat jedoch die Kenntnisse über die **nichtkultivierbare Mehrheit** an Prokaryoten auf **Phylum-Niveau** in Böden rasant erweitert.

Die Methodik der kulturunabhängigen molekularen Genomanalyse umfasst drei Schritte und zwar die

- Extraktion des Gesamtgenoms aus dem Boden,
- DNA-Reinigung und
- Charakterisierung der genetischen Diversität der extrahierten DNA.

Die Charakterisierung der genetischen Diversität (GD) des Genoms kann anschließend erfolgen durch:

das Mol-% G + C (GC-Gehalt) mittels Schmelzpunktbestimmung (T_m-Wert) oder

Bestimmung der Genom-Heterogenität mittels Renaturierungskinetik denaturierter einzelsträngiger DNA oder

Analyse der DNA- und/oder ribosomaler RNA-Sequenzen und ihrer Gene (rDNA), mit Abgleich der Sequenzen in Genbibliotheken zur phylogenetischen Einordnung oder durch

Klonieren von Boden-DNA in einen Vektor, Transformation der Klone in ein Wirtsbakterium und Screening der Rekombinanten auf phylogenetische Marker (16S-rRNA und recA) oder auf andere konservierte Gene mithilfe der Hybridisierung oder mit PCR.

4.8.1 Prinzip der DNA-Extraktions- und Reinigungsmethoden

Die DNA-Extraktionsmethoden folgen in der Regel direkten oder indirekten Verfahren (Trevors *et al.* 1992; Saano *et al.* 1995; Roose-Amsaleg *et al.* 2001; Bakken u. Frostegard 2006). In den indirekten Verfahren wird die mikrobielle Biomasse durch Dispersion der Bodenmatrix freigesetzt, abgetrennt und die isolierten Zellen anschließend außerhalb des Bodens lysiert. Methoden dieser Art erfassen nur einen gewissen, unbekannten Teil der Zellen, weil die meisten Zellen und Hyphen relativ fest an den Ton-Humus-Kolloiden sorbiert sind und mechanisch nur unvollständig (ca. 20–50%) freigesetzt werden können (vor allem in ton-humushaltigen Böden). Im direkten Ansatz werden die Zellen, Sporen und Hyphen direkt **im** Boden lysiert und die Nucleinsäuren anschließend extrahiert und gereinigt. Durch dieses Vorgehen erhält man zwar signifikant mehr DNA/rRNA, aber gleichzeitig ist auch die Konzentration an **störenden Huminstoffen und Tonmineralien** deutlich größer. Böden enthalten stets extrazelluläre DNA, sorbiert an Bodenkolloiden (Wackernagel 2006), die mitextrahiert werden.

Der direkte Ansatz umfasst folgende Schritte:

1. Physikalische Dispergierung der Bodenkolloide durch Schütteln der Bodensuspension mit Glasperlen oder durch abwechselndes Tieffrieren/Auftauen zwecks **mechanischer Desorption** von Zellen, Sporen (Prokaryoten und Pilzen) und Hyphen. Schüttelzeit und -intensität, Art der Glasperlen und Temperatur beeinflussen sehr den Ertrag und die Qualität der extrahierten DNA (Bürgmann *et al.* 2001). Die mechanische Zelllyse erfolgt durch abwechselndes Tieffrieren/Auftauen oder mit einem Ribolyser.
2. Chemisches Aufbrechen der Zellen, Sporen und Hyphenfragmente mithilfe von Detergenzien (***So****dium* ***D****odecylsulfate* = SDS) und/oder durch Zusatz von Phenol-Chloroform zur Zerstörung der lipidhaltigen Membranen und Zellwände. Zur Hemmung von Nucleasen (insbesondere den sehr stabilen und aktiven RNasen) wird mit gemischten Pufferlösungen von pH 7–8 gearbeitet, vielfach auch unter Beimischung von Chelatoren (EDTA oder Chelex 100) zur Maskierung von Bodenkolloiden und mehrwertigen Kationen.
3. Enzymatische Lyse der bakteriellen Zellen und Hyphen durch Zusatz von Lysozym (*N*-Acetyl-Muramidase), Proteinase K und/oder E. Nach Homogenisierung, Bebrütung (45 min bei 65–70 °C) und Zentrifugation wird der dekantierte Überstand zur DNA-Isolierung mehrfach mit Phenol-Chloroform extrahiert. Wenn eine Trennung zwischen der prokaryotischen und der eukaryotischen DNA erforderlich ist, kann dies vorab durch eine schnelle fraktionierende Zentrifugationstechnik erreicht werden (Faegri *et al.* 1977). DNA wird durch Zentrifugieren gewonnen und in Tris-EDTA-Pufferlösung (pH 8, fängt zweiwertige Kationen ab) resuspendiert. Weil die chemischen und enzymatischen Lysen in Tris- oder Phosphatpuffer bei pH 7–8 erfolgen, werden zwangsläufig **alkalilösliche Huminsäuren** (HS) mitextrahiert (Kap. 11). Die HS sorbieren Nucleinsäurenfragmente und stören anschließend die PCR erheblich. Sie müssen soweit wie möglich entfernt werden.
4. Infolgedessen ist eine DNA-Reinigung erforderlich und zwar durch Ultrazentrifugation oder über Agarose-Gelelektrophorese, Sephadex G-200 Säulenchromatographie, silikatbasierte Anionenaustauscher oder über Dialyse (Saano *et al.* 1995; Roose-Amsaleg *et al.* 2001). Silikate binden DNA in Gegenwart relativ hoher Salzkonzentrationen spezifisch. Die Säulen werden durch Waschen mit RNase-freiem Wasser oder Tris-EDTA-Puffer eluiert. Die hochmolekulare DNA (> 10 kb) wird aus dem Gel ausgeschnitten bzw. nach Eluierung von den Säulen in tiefgefrorenem Zustand gelagert.

Die Anforderung richtet sich nach dem Zweck der Untersuchung. Wird DNA/RNA für PCR-basierte Analysen benötigt, dann kann ein Ribolyser, BIO 101 und eine GenClean-Reinigung ausreichen. Wird DNA für eine Metagenom-Bibliothek vorbereitet, dann ist eine harsche Lyse zu vermeiden, um große Fragmente gewinnen zu können.

4.8.2 Effizienz der Extraktions- und Reinigungsverfahren

Die vorliegenden Protokolle zur DNA-Extraktion sind sehr unterschiedlich, mit unbekannten, methodisch bedingten DNA-Verlusten und vielfach auch mit der Bildung von Artefakten verbunden. Tabelle 4.7 (Miller *et al.* 1999) zeigt, dass (1) das Ausmaß der Lyse von

Tabelle 4.7 Einfluss der DNA-Extraktionsmethode auf den DNA-Ertrag dreier verschiedener Böden (Martin-Laurent *et al.* 2001)

Bodentyp und -art	DNA Ertrag (µg × g^{-1} TB)		
Bodentyp (Bodenart, pH)	MoBio Lab.kit	Bio 101 kit	Haus-Methode
Braunerde (Ut, pH 7,8)	0,19 ± 0,11a[1)]	0,92 ± 0,46ab	2,01 ± 1,07b
Podsol (S, pH 5,3)	0,70 ± 0,23ab	0,79 ± 0,36ab	0,97 ± 0,10b
Braunerde (Ut, pH 7,5)	0,47 ± 0,13ab	1,01 ± 0,86ab	2,52 ± 1,09b

1) Mittelwerte mit dem gleichen Buchstaben unterscheiden sich nicht signifikant ($P < 0,05$)

Zellen durch verschiedene Methoden sehr schwanken und dass (2) die mechanische Dispergierung der Bodenkolloide mit Glassperlen und die Verwendung von Chloroform die DNA-Ausbeute signifikant erhöhen kann (Miller *et al.* 1999). Die Ergebnisse der unterschiedlichen Extraktions- und Reinigungsschritte sind verschieden und untereinander nicht zu vergleichen. Die Gründe dafür sind:

- Die einzelnen Schritte 1 bis 4 schwanken je nach Experimentator stark. Ein **standardisiertes Verfahren** fehlt bisher. Im Handel werden bereits verschiedene ***kits*** (von verschiedenen Firmen) angeboten, die allerdings sehr unterschiedlich und die Ergebnisse infolgedessen nicht vergleichbar sind (Niemi *et al.* 2001). *Kits* enthalten alle erforderliche Chemikalien und ggf. Enzyme, die für eine bestimmte Methode gebraucht werden.
- Das chemische und enzymatische Aufbrechen der Zellen/Hyphen ist unvollständig und aufgrund des wechselnden Gehaltes an Ton-Humus-Kolloiden (Hauptsorbenten für Zellen, Hyphen und DNA-Fragmente) von Boden zu Boden verschieden. Insbesondere Zellen von verschiedenen grampositiven Bakterien (wie *Arthrobacter*, *Micromonospora*, *Streptomyces*, Bakterien- und Pilzsporen, Cysten etc.) sowie von bestimmten gramnegativen Keimen (Pseudomonaden und verwandte Bakterien besitzen dichte äußere Membranen) werden in einem unterschiedlichen Ausmaß lysiert (von Wintzingerode *et al.* 1997; Niemi *et al.* 2001; Kent u. Triplett 2002; Kirk *et al.* 2004). Je nach Bodenart kann die Effizienz der Lyse von Zellen schätzungsweise zwischen 26 und 92% schwanken (Zhou *et al.* 1996).
- Die durch Lyse freigesetzten DNA-Moleküle können in einem unbekannten Ausmaß an Bodenkolloide **sorbiert** und auch nach mehrfacher Extraktion nicht quantitativ erfasst werden (Torsvik *et al.* 1996; Prosser 2002; Kirk *et al.* 2004).
- Die **co-extrahierten Huminstoffe** sorbieren DNA und können damit relativ hohe Verluste verursachen und die PCR empfindlich hemmen (von Wintzingerode *et al.* 1997; Niemi *et al.* 2001). Auch durch Zusatz von Natriumpyrophosphat und Hexadecyltrimethylammoniumbromid (CTAB) oder von Polyvinylpyrrolidon zur Bindung von Huminstoffen im Extrakt lassen sich die störenden HS bisher nicht quantitativ eliminieren (Sjöling *et al.* 2006).
- Es fehlt noch ein **standardisiertes Protokoll** zur DNA-Reinigung. Eine zuverlässige schonende Reinigung von DNA ist entscheidend, da sonst weder eine spektroskopische Quantifizierung noch eine PCR-Amplifizierung der isolierten DNA möglich ist. Die Reinigungsverluste an DNA bei fünf verschiedenen Methoden schwanken zwischen 20 und 73% (Zhou *et al.* 1996; Kirk *et al.* 2004).
- Die extrahierten DNA-Fragmente sind teilweise < 2 kb, was eine PCR erschwert und zur **chimären DNA-Bildung** solcher kleinen Moleküle während der Amplifizierung führen kann. Unter chimärer DNA-Bildung wird die Aneinanderkopplung von kleinen DNA-Fragmenten, die nicht dem gleichen Genom entstammen, verstanden (von Wintzingerode *et al.* 1997).

Je nach Bodenart und Extraktionsmethode schwankt die Konzentration an extrahierter DNA zwischen etwa 0,2 und 435 µg DNA × g^{-1} TB (Saano *et al.* 1995; Zhou *et al.* 1996; Martin-Laurent *et al.* 2001). Zwischen der DNA-Konzentration und dem Gehalt an organischer Bodensubstanz (OBS) besteht erwartungsgemäß eine signifikante Korrelation. Der DNA-Ertrag schwankt je nach Extraktionsmethode, und die Unterschiede zwischen den Methoden sind häufig statistisch signifikant (Tabelle 4.8). Bereits aus diesem Grund können die Ergebnisse unterschiedlicher Extraktionsmethoden kaum miteinander verglichen werden. Nach der Extraktion, Isolierung und Aufreinigung von DNA aus Böden wird

Tabelle 4.8 Einfluss unterschiedlicher physikalischer und chemisch-enzymatischer Lyse der Mikroorganismen auf die Ausbeute und Effizienz der DNA-Extraktion in unterschiedlichen Böden (Miller *et al.* 1999)

Chemisch-enzymatische		DNA-Ausbeute (µg x g^{-1} TB)			Effizienz % Zelllyse Sediment
		Ackerboden	Waldboden	Sediment	
SDS[1)]	Glassperlen	7,0 ± 0,5	26 ± 4	32 ± 1	68 ± 4
SDS-Phenol	G	7,8 ± 0,2	31 ± 5	40 ± 4	68 ± 4
SDS-Chloroform	G	7,9 ± 1,2	35 ± 7	53 ± 8	77 ± 5
SDS-Chelex-100	G	6,2 ± 0,3	19 ± 5	32 ± 2	81 ± 4
SDS-Lysozym	G	1,5 ± 1,2	9 ± 4	7 ± 4	69 ± 2
SDS-Lysozym	TF-T[2)]	1,5 ± 0,7	4 ± 3	6 ± 1	65 ± 4
SDS	TF-T	2,7 ± 0,8	6 ± 3	6 ± 1	63 ± 6

1) SDS = *sodium-n-dodecylbenzolsulfonate* = anionaktives Tensid (Waschmittel)
2) Tieffrieren/Tauen (2 min flüssiger N_2/5 min 65 °C in Wasserbad)

die **Effizienz** der DNA-Ausbeute nach bisherigen Protokollen auf 50 bis 80% geschätzt (Torsvik *et al.* 1990a,b; 1996; 1998; 2002). Zudem kann vorhandene extrazelluläre DNA miterfasst werden (Pietramellara *et al.* 2009).

Um künftig die genetische Diversität unterschiedlicher Böden vergleichen zu können, ist die Entwicklung eines standardisierten Verfahrens mit maximaler, effizienter und reproduzierbarer DNA-Extraktion aus Böden unterschiedlicher chemisch-physikalischer Eigenschaften eine vordringliche Aufgabe. Bisher weist jeder Schritt im DNA-Extraktionsverfahren Mängel auf (Roose-Amsaleg *et al.* 2001). Insbesondere die Huminstoffe wirken störend auf

- die Aktivität von Restriktionsenzymen,
- Klonierungen, vor allem in BAC-Vektoren,
- die Amplifizierung in der PCR und
- die Trennung der DNA-Fragmente in der Gel-Elektrophorese.

Ein zuverlässiges standardisiertes Extraktionsverfahren sollte die folgenden Kriterien erfüllen:

- ein Minimum an einzelnen methodischen Schritten aufweisen,
- eine vollständige Lyse der Zellen, Sporen und Hyphen erzielen,
- ein Maximum an reproduzierbarer Effizienz in der DNA-Extraktion sichern, um die genetische Gesamtdiversität zuverlässig reflektieren zu können,
- eine optimale Größe der RNA- und DNA-Fragmente ermöglichen, um molekulare Analysen fehlerlos und ohne Chimärbildung durchführen zu können und
- eine Reinigung von RNA und DNA mit minimalen Verlusten sichern, damit Restriktionsenzyme, Hybridisierung, Reverse Transkription und PCR-Amplifikation störungsfrei und zuverlässig arbeiten können.

In Tabelle 4.9 sind die Vor- und Nachteile von Methoden auf der Basis von extrahierten Nucleinsäuren zusammengefasst.

4.9 Parameter zur Charakterisierung der genetischen Diversität

4.9.1 Guanin- plus Cytosingehalt

Einzelne Mikroorganismen unterscheiden sich im GC-Gehalt der DNA. Bereits das relativ breite Spektrum im GC-Gehalt kultivierbarer Prokaryoten von etwa 17 bis 76% bestätigt die hohe genetische Diversität (Abb. 4.4). Innerhalb einer bestimmten taxonomischen Gruppe schwankt der GC-Gehalt zwischen den einzelnen Organismen um 3–5%, sodass der GC-Gehalt eines Organismus in Relation zu seiner Taxonomie steht. Der GC-Gehalt einer Organismengruppe ist jedoch nicht mehr als ein Indikator, weil mehrere andere Gruppen von Bakterien etwa den gleichen GC-Gehalt haben können. Im Allgemeinen besteht auch ein Zusammenhang zwischen dem GC-Gehalt einer Organismengruppe und der Ökophysiologie seiner Arten. So sind Bakterien mit einem relativ hohen GC-Gehalt von 60–75% meist **aerob** und besitzen einen oxidativen Stoffwech-

Tabelle 4.9 Vor- und Nachteile von kulturunabhängigen Methoden zur Charakterisierung von mikrobiellen Lebensgemeinschaften in Böden auf der Basis von Nucleinsäure-Extraktionen und PCR-basierten Elektrophoresetechniken (ergänzt nach Garbeva *et al.* 2004)

Vorteile

- Sondierung der phylogenetischen Hauptgruppen an Prokaryoten und Pilzen, insbesondere von bisher nicht kultivierbaren (neuen) Organismen; Weiterentwicklung der genetischen Diversität
- Möglichkeit zur Quantifizierung externer Einflüsse (Bewirtschaftungsmaßnahmen, Fruchtfolge, Stressoren) auf Veränderungen in der Diversität von Phyla
- Vergleichsmöglichkeit der Ergebnisse mit ähnlichen Untersuchungen (GenBank, BLAST)
- Gleichzeitige Analyse einer relativ hohen Anzahl von Bodenproben
- Anspruchsvolle Datenverarbeitung und -darstellung; Erarbeitung von genetischen Grundlagen zur Entwicklung des Art-(Spezies-) Konzeptes von Bakterien

Nachteile

- Unvollständige Desorption und Lyse von Bakterien, insbesondere von bestimmten gramnegativen Bakterien (z. B. Pseudomonaden) und grampositiven Coryneformen (*Arthrobacter spp.*), Sporenbildner sowie von Pilzsporen bei der DNA-Extraktion
- Maskierung der extrahierten DNA durch Huminstoffe und anorganische Bodenkolloide
- Hemmung der PCR-Amplifikation durch Huminstoffe und Polyphenole
- Bildung von DNA-Chimären im Extrakt (künstliche Aneinanderkopplung von kleinen DNA-Fragmenten unterschiedlicher Organismen)
- Bedingte Vergleichbarkeit von Ergebnissen unterschiedlicher Arbeitsgruppen als Folge z. T. sehr unterschiedlicher Extraktionsverfahren
- Vorkommen von gleichen rRNA-Sequenzen in verschiedenen Organismen
- Diversitätsvergleiche und -aussagen aufgrund unvollständiger Extraktionen und relativ hoher Reiningungsverluste nur bedingt zulässig
- Kein Zusammenhang zwischen phylogenetischen Informationen und der funktionellen Diversität
- Neue Organismen (Klone, Sequenzen) sind nur phylogenetisch zu gruppieren, aber ohne physiologische Charakterisierung und ohne Bezug auf beschriebene **Referenz-Arten** nicht taxonomisch als Art (Spezies) einzuordnen

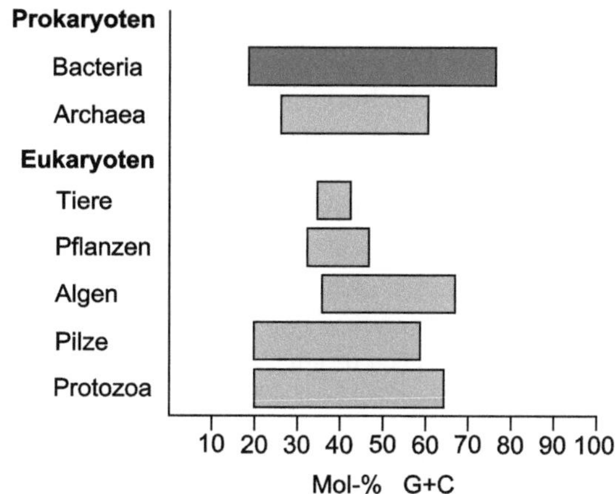

Abb. 4.4 Variationsbreite im GC-Gehalt (Mol-% G + C) von kultivierbaren *Bacteria* und *Archaea* im Vergleich zu Eukaryoten. Die Breite des GC-Gehaltes verengt sich stark von den *Bacteria*, *Archaea*, Protozoen über die Echten Pilze und Algen bis zu den Tieren und reflektiert die Abnahme an genetischer Diversität

sel, während Organismen mit einem niedrigen GC-Gehalt häufig fermentativ sind (Tiedje *et al.* 1999). Die Bestimmung der Basen-Zusammensetzung erfolgt methodisch durch **thermale Denaturierung** von gereinigter DNA, normalerweise in einer standardisierten Salz-Citrat-Lösung (SSC). Die Denaturierung von DNA lässt sich anhand der Änderung der UV-Absorption bei 260 nm verfolgen.

Der Schmelzpunkt (T_m-Wert) wird als jene Temperatur definiert, bei der die DNA zu 50% denaturiert vorliegt. Aus dem T_m-Wert kann das Mol-% an G + C errechnet werden. Je höher der GC-Gehalt, desto höher ist die **Schmelztemperatur** der betreffenden DNA. Ursache dafür ist, dass zwischen G und C mehr Wasserstoffbrücken gebildet werden als zwischen A und T. Entsprechend einem Einzelorganismus kann auch der GC-Gehalt der Gesamt-DNA einer Lebensgemeinschaft und der einzelnen Bakteriengruppen in dieser Lebensgemeinschaft als **genetischer Fingerabdruck** und als Ausdruck der genetischen Diversität betrachtet werden (Torsvik *et al.* 2002; Torsvik u. Ovreas 2007; Oros-Sichler *et al.*, 2007; Smalla u. van Elsas 2009).

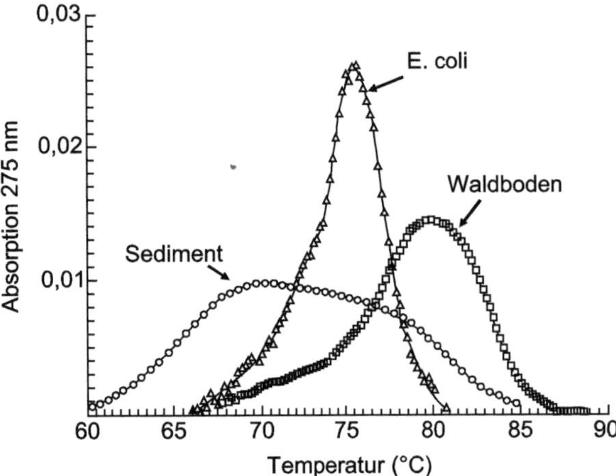

Abb. 4.5 Schmelzprofile von DNA, extrahiert aus Meeressediment und einem Buchenwaldboden im Vergleich zu einem *Escherichia-coli*-Stamm. Das wesentlich breitere Schmelzprofil des Sediments kennzeichnet eine hohe genetische Diversität, während die genetische Diversität im Waldboden durch spezifische Bakterien mit einem hohen Mol-% G + C charakterisiert wird (Torsvik *et al.* 1996)

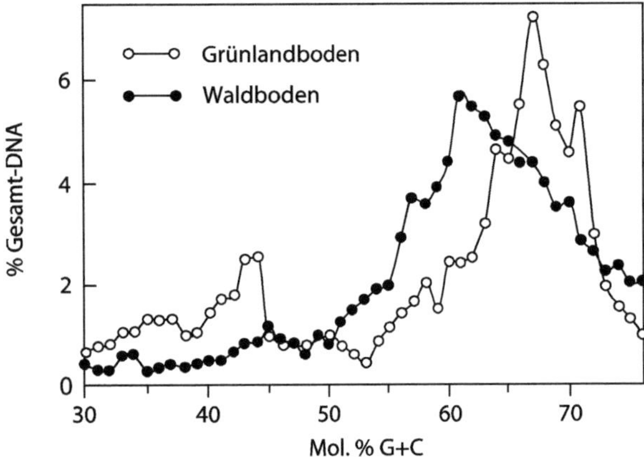

Abb. 4.6 Fraktionierung der extrahierten DNA zweier benachbarter, aber unterschiedlich bewirtschafteter Andosole (Grünland *versus* Waldnutzung) auf Hawai, USA, aufgrund des prozentualen Anteils an G + C (Tiedje *et al.* 1999)

In Abb. 4.5 ist das thermale Denaturierungsprofil (TDP) des Gesamtgenoms eines Waldbodens (unter *Fagus sylvatica*, Buche) und eines Meeres-Sedimentes mit jenem von *Escherichia coli* verglichen (Torsvik *et al.* 1996). Das TDP des Sediments ist sehr breit (mit einen Plateau über eine Distanz von etwa 10 °C). Hingegen besitzt der Waldboden einen *peak* bei 80 °C. Dieses unterschiedliche Schmelzverhalten der DNA zeigt deutlich, dass die mikrobielle Lebensgemeinschaft im Sediment aus sehr verschiedenen Organismen mit unterschiedlicher Basen-Zusammensetzung besteht, während die Biozönose im Waldboden offenbar von Organismen mit einem hohen Mol-% an G + C dominiert wird. Insgesamt ist die Biodiversität des betreffenden Waldbodens deutlich geringer als im untersuchten Sediment.

Ein charakteristisches Profil der Basen-Zusammensetzung unterschiedlicher DNA-Fraktionen kann experimentell durch Ultrazentrifugation von *bis*-Benzimidazol-DNA-Komplexen in einem CsCl-Gradient erzielt werden (Nüsslein u. Tiedje 1999; Tiedje *et al.* 1999). Das Prinzip der Trennung von GC-Fraktionen aus extrahierter Boden-DNA erfolgt nach der Basen-Zusammensetzung durch Zusatz von *bis*-Benzimidazol (ein Ausgangsstoff für Pharmazeutika, Fungizide und Sonnenschutzmittel), das sich spezifisch an Adenin und Thymidin bindet. Je nach dem Anteil an A + T verändert sich folglich die Dichte der DNA entsprechend dem GC-Gehalt. Nach Cäsiumchlorid-Dichtegradient-Zentrifugation werden die einzelnen Fraktionen gesammelt sowie ihr DNA-Gehalt und das Mol-% G + C bestimmt. Weil die DNA-Fraktionen in der extrahierten DNA meist etwa 40 bis 50 kb groß sind, entspricht die Trennung in der Ultrazentrifuge dem GC-Gehalt dieser Fragmente (Tiedje *et al.* 1999). Diese GC-Bestimmungsmethode ist zwar relativ grob, aber geeignet für die Charakterisierung der GD verschiedener Gruppen von Prokayoten in Lebensgemeinschaften von Böden. In Abb. 4.6 ist die Verteilung der Fraktionen nach dem GC-Gehalt in % der Gesamt-DNA-Konzentration für einen als Grünland und als Wald genutzten vulkanischen Aschenboden (Andosol) der feuchten Tropen vergleichend dargestellt. In beiden Nutzungsarten stellen die Fraktionen mit relativ hohem GC-Gehalt zwischen 60 und 70 Mol-% zwar den größten Teil an Bakterien, doch unterscheiden sich die *peaks* in der Verteilung des Mol-% G + C deutlich. Offenbar hat die langjährige unterschiedliche Nutzungsart die genetische Diversität beider Standorte signifikant und spezifisch verändert. Vorteile dieser differenzierten Mol-%-G + C-Bestimmung sind (1) die vollständige quantitative Analyse der extrahierten DNA und (2) die Aufdeckung von Fraktionen mit geringem Anteil an der Gesamt-DNA (Minoritäten). Auch werden die Ergebnisse nicht von einer Fehl-Amplifikation der PCR beeinflusst. Nachteile sind die für die fraktionierte Analyse erforderlichen großen DNA-Mengen (bis zu 50 µg) und die Notwendigkeit einer Ultrazentrifuge. Das Verfahren ist sehr aufwändig. Die Verwendung von potenziell karzinogenen Substanzen ist abschreckend.

4.9.2 Renaturierungskinetik zur Charakterisierung der Genomdiversität

Bei der Denaturierung von DNA handelt es sich um einen reversiblen Prozess. Wird die Temperatur erneut gesenkt, findet eine Renaturierung der beiden Einzelstränge zu einem DNA-Doppelstrang statt. Die aus dem Boden extrahierte DNA ist eine Mischung von DNA aus einer unbekannten Anzahl von Individuen sehr unterschiedlicher Arten und Phyla. Die **Renaturierungsrate** (*reannealing*) nimmt mit der **DNA-Heterogenität** ab. Infolgedessen kann die Renaturierungsrate als Maß für die genetische Diversität (Heterogenität) betrachtet werden. Die Renaturierungsrate wird als $1/C_0 \cdot t_{1/2}$ ausgedruckt, in der C_0 die molekulare Konzentration an Nucleotiden der einzelsträngigen DNA zu Beginn der Renaturierung und $t_{1/2}$ die Zeit (in Sekunden) für eine 50%-ige Renaturierung ist. Der $C_0 \cdot t_{1/2}$-Parameter ist somit das Produkt der DNA-Konzentration und der Inkubationszeit; er beschreibt die Parameter, die vorliegen müssen, um eine 50%-ige Renaturierung zu erzielen. Weil der $C_0 \cdot t_{1/2}$-Wert proportional zur Heterogenität der DNA ist, kann er dazu dienen, die **Genomdiversität** (genetische Diversität) der betreffenden Lebensgemeinschaft in der Anzahl Basenpaare nichthomologer DNA auszudrücken (Torsvik *et al.* 1990a,b; 1996). Der $C_0 \cdot t_{1/2}$-Wert (in $\text{Mol} \times l^{-1} \times s^{-1}$ bei 50% Renaturierung) ist je nach Boden sehr unterschiedlich und kann zwischen 250 (z. B. in einem sandigen Lehm) und 6300 (in einem organischen Boden) schwanken (Ovreas u. Torsvik 1998; Ovreas 2000). Diese große Spannbreite bestätigt, wie sehr die GD der Mikroorganismen in Böden schwanken kann. Der $C_0 \cdot t_{1/2}$-Parameter lässt sich somit als Diversitätsindex verwenden, weil er sowohl die gesamte Konzentration an genetischer Information in der untersuchten Lebensgemeinschaft als auch die Verteilung dieser Information über die unterschiedlichen Arten enthält (Torsvik *et al.* 1998, 2002; Torsvik u. Ovreas 2007). Die Komplexität der Boden-DNA kann durch Vergleich seines $C_0 \cdot t_{1/2}$-Wertes mit der Standard-DNA eines Bezugsorganismus bestimmt werden. Wenn das Genom von *E. coli* mit einem $C_0 \cdot t_{1/2}$-Wert von 0,75 zugrundegelegt wird, dann umfasst die Genomdiversität von Ackerböden etwa 350–1500, das von organisch reichen Böden sogar 6000 bis 10 000 **Genomäquivalente** pro Gramm trockenem Boden (Ovreas 2000). Zur Quantifizierung der Artenanzahl, ausgedrückt in **Genomäquivalenten** oder in **operationellen taxonomischen Einheiten (OTEn)**, kann die ermittelte Genomdiversität (in bp) durch die Genomgröße eines standardisierten Bakteriums (das Genom des Darmbakteriums *E. coli* umfasst $4{,}1 \times 10^6$ bp) geteilt werden (Tabelle 4.10).

In Tabelle 4.10 sind die Genomäquivalente (OTEn) im Vergleich zur bakteriellen Gesamtdichte (fluoreszenzmikroskopisch bestimmt) für unterschiedlich genutzte Standorte dargestellt. Es wird deutlich, dass (a) die Anzahl an OTEen („Arten") bezogen auf das Genom von *E. coli* pro Gramm Boden sehr unterschiedlich ausfällt und dass (b) die GD in der Reihenfolge

Meeressedimente > Waldboden > Grünland > Acker

signifikant abnimmt. Diese Genomdiversität an OTEn kann nur eine grobe Bewertung der GD sein, weil weder die mittlere Genomgröße eines kultivierbaren Bodenbakteriums (etwa $6{,}8 \times 10^6$ bp) noch das Genom des kultivierbaren Darmbakteriums *E. coli* ($4{,}1 \times 10^6$ bp) oder das eines anderen kultivierbaren Bodenbakteriums (Tabelle 4.10) repräsentativ für die Gesamtheit an kultivierbaren und nichtkultivierbaren Bakterien in Böden sein kann. Weiter bezieht sich diese Diversität auf 1 g TB, was bedeutet, dass sich die Gesamtbreite an OTEn („Arten") mit dieser kleinen Bodenmenge nicht erfassen lässt. Entscheidend ist schließlich, dass die Effizienz der DNA-Extraktion samt Reinigung aus Böden insgesamt auf 15–20% geschätzt wird und somit nicht repräsentativ sein kann (Torsvik *et al.* 1996; Ovreas u. Torsvik 1998). Infolgedessen wird deutlich, dass sowohl im Sediment als auch in den betreffenden Böden die prokaryotische Genomdiversität (10^8 bis 10^{10} bp) und die Anzahl Genomäquivalente (6000 bis 11 000) deutlich höher sein muss (wenngleich nicht um den Faktor 5 bis 6) wie in Tabelle 4.10 ausgewiesen wird.

Die Bestimmung der Genomdiversität und der Anzahl Genomäquivalente mittels Renaturierungskinetik hat sich aus mehreren Gründen bisher nicht als Routineverfahren durchgesetzt. So setzt das Verfahren relativ hohe Konzentrationen an hochreiner DNA voraus, ist experimentell relativ schwierig, zeitaufwändig und

Tabelle 4.10 Fluoreszenzmikroskopische Bakteriendichten (Abundanzen) im Vergleich zur prokaryotischen Genomdiversität aufgrund von DNA-Renaturierung und Genomäquivalenten (bezogen auf das *Escherichia-coli*-Genom von $4{,}1 \times 10^6$ bp) unterschiedlich genutzter Böden (Torsvik *et al.* 2002)

Standorte	Abundanz[1)] (Zellen pro g TB)	Genomdiversität (bp)	Genomäquivalente
Waldboden	$4{,}8 \times 10^9$	$2{,}5 \times 10^{10}$	6000
Grünland	$1{,}8 \times 10^{10}$	$1{,}5–3{,}5 \times 10^{10}$	3500–8800
Acker	$2{,}1 \times 10^{10}$	$5{,}7–14 \times 10^8$	140–350
Meeressediment	$3{,}1 \times 10^9$	$4{,}8 \times 10^{10}$	11 400
Salzpfanne	$6{,}0 \times 10^7$	$2{,}0 \times 10^8$	50

1) mikroskopisch zählbare Zellen $\times$ g^{-1} TB (trockener Boden)

erfordert bei den kontinuierlichen Messungen den permanenten Einsatz eines UV-Spektrophotometers. Allerdings kann diese Methode als einziges Verfahren quantitative Angaben über die Anzahl an Genomäquivalenten (OTEn) machen. Solange aber die Effizienz der DNA-Extraktion und deren Reinigung so gering sind, können auch mit der Renaturierungskinetik vorläufig keine zuverlässigen Angaben über die Gesamtgenomdiversität oder über die Anzahl an Genomäquivalenten gemacht werden. Schließlich ist es unmöglich, mit der Methode der Renaturierungskinetik Mitglieder verschiedener Lebensgemeinschaften zu vergleichen oder zu identifizieren.

4.10 Abschätzung der globalen Artenvielfalt an Bakterien

Mit den üblichen Mischproben von 0,25, 1 oder 5 g Boden ist es ausgeschlossen, die gesamte Vielfalt an ökologischen Nischen und damit die Anzahl an Bakterienarten (Genomäquivalenten, OTEn) im Oberboden eines bestimmten Standortes annährend zu quantifizieren, weil das standortspezifsche Spektrum an Minoritäten (Spezialisten, unbekannte K-Strategen, etc.) aufgrund ihrer heterogenen Verbreitung mit diesen geringen Bodenmengen nicht erfasst werden kann. Das Problem ließe sich durch eine sehr hohe Anzahl an Stichproben größeren Umfangs pro Flächeneinheit beheben, doch ist dies arbeitstechnisch und analytisch kaum machbar. Besonders wenn man sich die **Verschiedenheit an ökologischen Nischen** in den unterschiedlichsten Acker-, Grünland- und Waldböden, in ihren Unterböden, in Mooren, Permafrostböden, subhydrischen Böden (Sedimenten) und in Meeressedimenten einmal vor Augen führt, dann drängt sich die gewaltige Dimension an möglichen OTEn auf (Box 4.1). Angaben über die Anzahl an „Arten“ (OTEn) in Böden müssen vorläufig spekulativ und auf grobe Schätzungen begrenzt bleiben.

Nach konservativen Schätzungen kommen in Böden zwischen 10^3 und 10^5 OTEn pro Gramm Boden vor (Kennedy 1999; Curtis *et al.* 2002; Lunn *et al.* 2004). Wenn die Schätzungen aber von der endlosen Vielfalt an möglichen ökologischen Nischen gedanklich geleitet werden, dann wird es leicht verständlich, warum die Anzahl an bakteriellen OTEen **global** auf etwa 10^9 geschätzt wird, wobei diese Dimension vermutlich noch **eine Unterschätzung** der Gesamtdiversität an Bakterienarten sein dürfte (Dykhuizen 1998; Schloss u. Handelsman 2006). In einer Tonne Boden (1000 kg) werden aufgrund von Hochrechnungen im Schnitt etwa 4×10^6 verschiedene Prokaryoten-Arten vermutet (Curtis *et al.* 2002). Erfahrungsgemäß steigt die Anzahl an OTEn pro Gramm Oberboden mit steigender Anzahl an Bodenproben pro Flächeneinheit weiter an, doch nähert sich die Zunahme an OTEn asymptotisch einer Höchstgrenze. Dieses Phänomen kann in einer **Summationskurve** dargestellt werden (Abb. 4.7).

Wenn die Anzahl an OTEn für verschiedene Organismengruppen (Arten an Pflanzen, Vögel, Nachtfalter, Mundflora etc.) auf der Ordinate gegen die Anzahl an untersuchten Proben aufgetragen wird, dann entstehen organismenspezifische **exponentielle Sättigungskurven**, die in ihrem Verlauf in etwa der Enzymkinetik nach Michaelis-Menten oder der Populationskinetik nach Monod entsprechen (Kap. 1), weil die verschiedenen Lebensgemeinschaften auf oder in einem bestimmten Standort eine spezifische, aber endliche Zahl an Arten besitzen. Der Kurvenverlauf gibt im Grunde

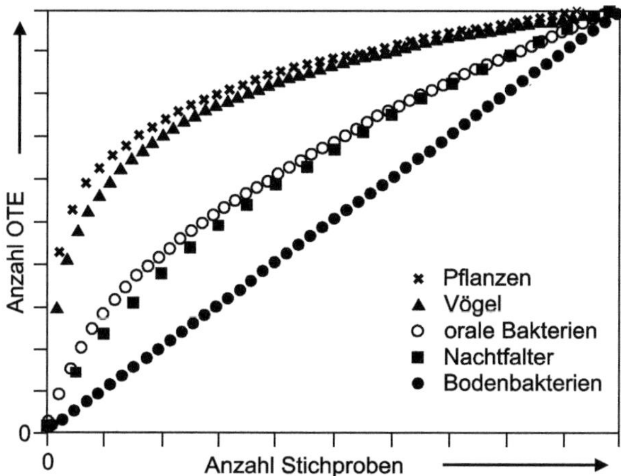

Abb. 4.7 Modellhafte Summationskurven (Sättigungskurven) der „Arten"-Anzahl (operationelle taxonomische Einheiten, OTE) von Pflanzen, Vögeln, oralen Bakterien, Motten (Nachtfaltern) und Bodenbakterien eines hypothetischen Ökosystems in Abhängigkeit von der Stichprobenzahl. Der vermeintlich lineare Anstieg an Bakterienarten (OTE) bei einer begrenzten Anzahl Bodenproben zeigt an, dass sich die Zunahme an OTE noch im unteren Bereich des exponentiellen Kurvenverlaufs befindet und die Anzahl an OTE noch weit vom Maximum ist (Hughes *et al.* 2001)

Auskunft darüber, wie viele Proben pro Flächeneinheit (Biotop) entnommen werden müssen, um die Gesamtdiversität an OTEen („Artenvielfalt") zu erfassen. Wenn die Sättigungskurve abflacht und asymptotisch einem Maximum nähert, kann angenommen werden, dass die überwiegende Mehrzahl an OTEen gefunden und das Maximum der Artendiversität erreicht wurde.

Die weitläufige These, dass die Gesamtdiversität an Prokaryoten in einem bestimmten Lebensraum (A_h-Horizont eines Ackers oder Grünlandes oder O-Horizont eines Waldes) nicht quantitativ erfasst werden kann, entstammt dem fast linearen Anstieg im unteren Bereich solcher Summationskurven infolge einer relativ kleinen Anzahl Bodenproben. Die Ursachen dieses scheinbaren linearen Verlaufes der Summationskurve für Bodenbakterien sind zweierlei: Erstens ist die bakterielle Diversität im Vergleich zu den anderen Organismengruppen um ein Vielfaches höher. Zweitens kann daher diese gewaltige Diversität aufgrund der üblichen (arbeitstechnisch) begrenzten (und auch im Umfang zu kleinen) Anzahl von Proben nicht annähernd erfasst werden. Der anfänglich **lineare Kurvenverlauf** für OTEen bei Bodenbakterien als Folge einer relativ begrenzten Probenzahl zeigt deutlich, dass im betreffenden Fall zu wenig Proben genommen und untersucht wurden, um im oberen exponentiell abflachenden Kurvenverlauf eine Aussage über den oberen Bereich der bakteriellen Gesamtdiversität zu machen.

Ähnliche modellartige Verläufe dürften auch für die genetische Diversität von **Echten Pilzen**, **Myxomyceten** (Schleimpilzen) und vermutlich auch für **Protozoen** in Böden gelten. Bei den Echten Pilzen, Schleimpilzen und Protozoen fehlt es jedoch noch an grundlegenden systematischen Untersuchungen (Kap. 8). Insgesamt sind die Kenntnisse über die Diversität von Mikroorganismen in Böden noch rudimentär und nicht ausreichend, um quantitative und qualitative Vergleiche unterschiedlicher Standorte zu ermöglichen oder bestimmte Umwelteinflüsse auf einzelne funktionelle Organismengruppen zuverlässig zu dokumentieren.

4.11 Metagenomische Analysen extrahierter DNA: *Community fingerprinting*

Die molekularbiologischen Diversitätsanalysen greifen auf den Genotyp der Zellen zurück. Nucleinsäuren sind in Form von DNA und RNA stets in jeder Zelle vorhanden. Durch quantitative und qualitative Erfassung insbesondere von DNA und rRNA in Böden ist es prinzipiell möglich, die genetische Diversität von Lebensgemeinschaften zu charakterisieren und mit anderen Standorten zu vergleichen, wenn das gesamte Genom quantitativ extrahiert und isoliert werden kann. Molekulare Genomanalysen befinden sich jedoch noch im Anfangsstadium und zahlreiche analytische Probleme machen die bisherigen Aussagen nur bedingt gültig. Insbesondere die Protokolle (Anleitungen zum analytischen Vorgehen) für die Extraktion von Nucleinsäuren aus Böden sind sehr verschieden und z. T. noch unausgereift, was die Vergleichbarkeit der Ergebnisse grundsätzlich infrage stellt.

Liegt die aus dem Boden extrahierte und gereinigte DNA/rRNA vor, können grundsätzlich zwei unterschiedliche Strategien verfolgt werden:

1. Amplifizierung von Ziel-DNA/rRNA (meist 16S-, aber auch 23S- oder ITS-Region) durch Polymerasekettenreaktion (PCR) mit universalen oder spezifischen Primern, gefolgt von einer elektrophore-

tischen Auftrennung der PCR-Produkte; Abgleich mit bekannten Sequenzen und phylogenetische Einordnung: *Community fingerprinting* oder Herstellung des Fingerabdruckes einer Lebensgemeinschaft.

2. Klonierung von Ziel-DNA in einen Vektor, Rekombination der Klone in einem Wirtsbakterium und Durchforsten der transformierten Klone nach phylogenetischen Marker-Genen (16S-rRNA, recA) oder nach anderen konservierten Genen bzw. Sequenzen durch Hybridisierung: *Soil metagenomic libraries* (DNA-Banken; Box 4.3).

Community fingerprinting. In dieser Technik werden jene Gene analysiert, welche die kleinen Untereinheiten (*small subunits*; SSU) der rRNA codieren. Die Analyse von 16S-rRNA-Genen werden in breitem Umfang erfolgreich zur Charakterisierung von prokaryotischen Lebensgemeinschaften verwendet, während 18S-rRNA Gene und *internal transcribed spacer* (ITS) zunehmend zur Analyse von **pilzlichen** Populationen eingesetzt werden (Kap. 8). Ribosomale RNA-Gene (rDNA) sind ideal für diese Zwecke, weil sie bei allen Organismen Regionen mit **konservierten Sequenzen** besitzen, was bei Vergleichen die Zuordnung von Sequenzen erleichtert. Die RNA der kleinen ribosomalen Untereinheit eignet sich aufgrund ihrer allgemeinen Verbreitung, der hohen Konservierung und geringen Variabilität, bei gleichzeitiger Abwesenheit von lateralem Gentransfer optimal als phylogenetisches Markermolekül. Es waren **C. Woese** und seine Mitarbeiter, die im Jahre 1977 die phylogenetische Information der 16S-rDNA bzw. der 18S-rRNA erstmals einsetzten, um natürliche Verwandtschaftsbeziehungen aufzuklären (Box 1.1).

Andere Regionen weisen unterschiedliche Ausmaße an Variation auf, was zur Trennung zwischen verschiedenen Organismengruppen eingesetzt wird. Die Variabilität in diesen Regionen nimmt mit der evolutionären Entfernung zwischen zwei Organismen zu. Diese Unterschiede bilden die Grundlage für eine phylogenetische Taxonomie und ermöglichen die Quantifizierung von phylogenetischen Unterschieden innerhalb von Organismengruppen (Hugenholtz 2002; Prosser 2002; Kirk *et al.* 2004; Jiangping 2006). rDNA-Analysen sind zweckdienlich, um taxonomische Prokaryotengruppen (Phyla) innerhalb einer Lebensgemeinschaft zu charakterisieren, können jedoch nichts über Arten, Funktionen, Aktivitäten und physiologische Zustände dieser Gruppen in der Gemeinschaft aussagen.

Die Mehrzahl an Untersuchungen über die genetische Diversität in Böden konzentriert sich bei den Prokaryoten auf ribosomale RNA. Für die Charakterisierung eines im Genom verankerten Bestimmungsmerkmals von Bakterien werden bevorzugt Gene der 16S-rRNA gewählt, weil von dieser rRNA die meisten Sequenzdaten in Genbanken vorliegen (etwa 400 000 16S-rDNA Vollsequenzen). Diese Datenbasis macht auch die phylogenetische Bedeutung dieser Sequenzen aus (Hugenholtz *et al.* 1998; Weider *et al.* 2005). Von den drei verfügbaren bakteriellen ribosomalen Genen (5S-, 16S- und 23S-rDNA) wurde die 16S-rRNA als Zielsequenz ausgesucht, weil (1) von der 16S-rRNA die meisten Sequenzdaten vorliegen und (2) die technische Handhabung des mittellangen Moleküls weniger problematisch ist als die Verwendung der längeren 23S-rRNA-Gene. Die Ziel-DNA (16S, 18S oder auch ITS) wird mithilfe der PCR und geeigneten Primern amplifiziert (Vermehrung einer bestimmten DNA-Region), und die Produkte werden mit sehr verschiedenen elektrophoretischen Methoden getrennt.

Vervielfältigung von DNA mittels PCR. Durch die Einführung der Polymerasekettenreaktion (*polymerase chain reaction*, PCR) ist es gelungen, Gensequenzen gezielt zu kopieren und zu vermehren. **K. Mullis** hat für die Entwicklung dieser revolutionären Methode im Jahre 1993 den Nobelpreis für Chemie erhalten. Als Ausgangsmaterial für eine PCR reicht theoretisch ein einziges DNA-Molekül aus, doch in der Praxis werden meistens zwischen 10^4 und 10^6 Moleküle Matrizen-DNA für eine PCR eingesetzt. DNA-Polymerasen, die dabei für die Synthese eines DNA-Abschnittes eingesetzt werden, müssen hitzestabil sein. Für eine Standard-PCR wird typischerweise die hitzeresistente *Taq*-DNA-Polymerase (aus *Thermus aquaticus*, einem thermophilen Bakterium) verwendet (Aktivitätsmaximum bei 74 °C). Als Startpunkte für die Polymerasen sind sog. oligonucleotide Primer (etwa 18–30 nt lang) erforderlich, um DNA-Abschnitte (sog. *Templates*) vervielfältigen zu können. Sie werden künstlich hergestellt. Die Länge eines Primers hat Einfluss auf seine Bindungshäufigkeit im Genom: **Je länger, um so seltener bindet der Primer im Genom**. Für die Primer-Synthese müssen links und rechts von dem zu amplifizierenden DNA-Abschnitt bereits kurze Nucleotidsequenzen bekannt sein, damit der Primer eine passende Bindungsstelle findet und sich anlagern kann. Wenn keine benachbarten Sequenzen bekannt sind, können auch sehr kurze **Zufalls-Primer** eingesetzt werden. Da die *Taq*-Polymerase erst bei einem pH-Wert von über 8 optimal arbeitet, muss die PCR-Reaktion durch Zusatz von Puffer und Mg^{2+}-Ionen (zur Aktivierung der Polymerase) auf diesen pH-Wert eingestellt werden.

Die Reaktion findet in einer PCR-Maschine, dem **Thermocycler** (ein programmierbarer Heizblock), statt. In diesem Heizblock werden die Proben für eine bestimmte Zeitdauer definierten Temperaturen ausgesetzt. Zunächst wird die Probe bis auf 94 °C erhitzt, um den Doppelstrang in die beiden Einzelstränge zu spalten (Denaturierung). Anschließend wird die Temperatur auf ungefähr 45 bis 65 °C gesenkt, damit sich die Primer an die passende Stelle auf dem DNA-Strang anlagern können (*annealing temperature*). Diese Temperatur hängt primär von der Basen-Zusammensetzung des eingesetzten Primers ab, wobei die Schmelztemperatur T_m abgeschätzt werden kann nach der Formel (Gl. 4.3):

$$T_m = 4 \times (G + C) + 2 \times (A + T) \quad (4.3)$$

In der Praxis liegt die eingesetzte *annealing temperature* etwa 3 bis 5 °C unterhalb der Schmelztemperatur. Bei zu niedrigen Temperaturen kann sich ein Primer auch an Stellen anlagern, zu denen er nicht 100%ig komplementär ist. Wenn die Temperatur zu hoch ist, kann sich der Primer auch nicht an die DNA-Matrize anlagern, und es kommt nicht zur Vermehrung. Anschließend erfolgt die Kettenverlängerung (*elongation*) durch Neusynthese des betreffenden DNA-Abschnittes durch die DNA-Polymerase in 5′→ 3′-Richtung. Ausgehend von den beiden Primern beginnt die Polymerase (bei der optimalen Temperatur von 72 °C) die vorliegenden Einzelstränge zu komplementieren. Die drei sequenziellen Vorgänge werden in einer Kettenreaktion mehrfach wiederholt, wodurch sich die Anzahl der Fragmente theoretisch exponentiell erhöht, sodass am Ende der gewünschte DNA-Abschnitt millionenfach vorliegt.

Um RNA-Abschnitte zu amplifizieren, ist es notwendig, die RNA mittels des Enzyms **Reverse Transkriptase (RT)** in **cDNA (komplementäre DNA)** umzuschreiben, weil die in einer PCR eingesetzten Polymerasen DNA-spezifisch sind. Zur Übersetzung von RNA in cDNA wird eine virale RT eingesetzt. Retroviren verwenden die RT, um ihre RNA in eine DNA-Kopie zu überführen, damit ihre Erbinformation in das Genom der bakteriellen Wirtszelle eingebaut werden kann. Zur Synthese von cDNA benötigt die RT als Starthilfe einen **Oligo-dT-Primer**, der an den Poly-A-Schwanz der eukaryontischen mRNA bindet. Anschließend kann die cDNA mit entsprechenden Primern in einer normalen PCR mit *Taq*-Polymerase amplifiziert werden (**RT-PCR-Verfahren**). Die Zusammensetzung der PCR-Produkte reflektiert nicht notwendigerweise die Zusammensetzung der ursprünglichen DNA, weil die Zielsequenzen von der PCR unterschiedlich amplifiziert werden können, sodass es zu einer Über- und Unterrepräsentation von Sequenzen kommen kann (Reineke 2004; Mühlhardt 2006).

Elektrophoretische Trennung von PCR-Produkten. Um ein Gemisch von unterschiedlich langen DNA-Fragmenten nach PCR-Amplifizierung aufzutrennen, stehen verschiedene elektrophoretische Analysen zur Verfügung. Sie bedeuten einen **Durchbruch** in den molekularen Fingerprinting-Techniken, um der genetischen Diversität von Böden näher zu kommen (Kirk *et al.* 2004; Oros-Sichler *et al.* 2006; Sjöling *et al.* 2007; Smalla u. van Elsas 2009). Zu den gängigsten Fingerprinting-Analysenverfahren gehören:

1 DGGE = Denaturierende Gradienten-Gel-Elektrophorese (*denaturing-gradient-gel-electrophoresis*) (Muyzer *et al.* 1993; Heuer u. Smalla 1997; Niemi *et al.* 2001; Nakatsu *et al.* 2000; McCain *et al.* 2001),
2 TGGE = Temperatur-Gradienten-Gel-Elektrophorese (*temperature-gradient-gel-electrophoresis*) (Heuer u. Smalla 1997; Niemi *et al.* 2001; Smalla u. van Elsas, 2009),
3 SSCP = Einzelstrang-Konformations-Polymorphismus (*single-strand-conformmation-polymorphism*) (Stres u. Tiedje 2006; Zinger *et al.* 2007),
4 RFLP = Restriktionsfragment-Längenpolymorphismus (*restriction-fragment-length-polymorphism*) (Liu *et al.* 1997),
5 T-RFLP = Terminaler Restriktionsfragment-Längenpolymorphismus (*terminal-restriction-fragment-length-polymorphism*) (Liu *et al.* 1997; Tiedje *et al.* 1999; Ulrich u. Becker 2006),
6 RISA = Ribosomale intergenetische Raumanalyse (*ribosomal-intergenic-spacer-analysis*); automatisierte (*automated*) RISA = ARISA (Oros-Sichler *et al.* 2007).

Bei der **DGGE** und **TGGE** findet eine sequenzspezifische Auftrennung in einem **chemischen** bzw. in einem **thermischen** Gradienten statt. Dabei wird von der Tatsache Gebrauch gemacht, dass nicht alle DNA-Fragmente auf einmal denaturieren, sondern in Schmelzdomänen (*melting domains*) unterteilt werden können, die unterschiedliche Schmelztemperaturen besitzen. Die teilgeschmolzenen DNA-Fragmente zeigen bei der Elektrophorese ein verändertes Laufverhalten. Dazu werden die DNA/rRNA-Gemische aus dem Boden in einen Harnstoff- oder Formamidgradient aufgetrennt. Theoretisch bildet jedes rRNA-Gen im Gel eine einzelne Bande. Durch die Anzahl der Banden und das spezielle **Bandenmuster** entsteht ein Maß für den Umfang der genetischen Diversität, während die Intensität der Banden als ein Maß für die Gleichmäßigkeit (*evenness*) der Ribotypen betrachtet werden kann. Als **Ribotyp** wird die spezifische Sequenz der 16S-rRNA-Gene verstanden. Die aufgetrennten Fragmente können direkt aus dem Gel ausgeschnitten, amplifiziert, sequenziert und durch Abgleichung mit Genbanken (Box 4.3) **phylogenetisch** zugeordnet werden. Durch Hybridisierung des Gels mit gruppenspezifischen 16S-rRNA-Sonden (vgl. 4.12) besteht weiter die Möglichkeit zur Teil-Identifizierung. Eine weitere Eigenschaft der PCR-DGGE ist, dass gruppenspezifische Primer (z. B. für *Actinobacteria*, *Alpha*- und *Betaproteobacteria*, *Verrucomicrobia*, etc.) gewählt werden können, die an spezifische Regionen der 16S-rRNA anlagern, um das gewünschte Phylum zu amplifizieren.

DGGE und TGGE sind die am häufigsten verwendeten Analysemethoden zur Charakterisierung des genetischen Fingerabdruckes von DNA aus Böden und der Rhizosphäre. Mit den Methoden der DGGE, SSCP und T-RFLP kann nicht nur die Diversität, sondern es können auch Veränderungen in Populationen aufgrund von Stressoren nachgewiesen werden (McCain *et al.* 2001; Bamborough u. Cummings 2009).

Mehrere Nachteile begrenzen allerdings die Aussagekraft dieser Methoden. Erstens wird nur Ziel-DNA amplifiziert, die oberhalb einer bestimmten Schwellenkonzentration vorkommt (> ca. 0,1–1,0% der Gesamtanzahl). Zweitens besitzen Organismen in der Regel mehrere Kopien eines Gens mit **geringen Unterschieden**, die im DGGE-Gel aber **verschiedene Banden** ergeben. Drittens können verschiedene einzelsträngige Fragmente mit ähnlichen Sequenzen spontan Heteroduplexe bilden. Schließlich ist ein Vergleich zwischen mehreren Gelen schwierig, weil die Ergebnisse von Gel zu Gel experimentell verschieden sein können (Oros-Sichler *et al.* 2007).

In der **SSCP** erfolgt eine Trennung der PCR-Produkte in nicht denaturierenden Polyacrylamidgelen aufgrund von Mobilitätsunterschieden, die durch Sekundärstrukturen bedingt sind. Nucleinsäurestränge neigen stark zu Basenpaarungen. RNA und einzelsträngige DNA, in Ermangelung eines komplementären Strangs, paaren mit sich selbst und nehmen dabei vielfältige Konformationen ein, die hoch komplex und kaum vorhersagbar sind. Die Konformationen sind von zahlreichen Faktoren abhängig, unter anderem von der **Sequenz** und der vorliegenden **Temperatur**. Wenn DNA-Fragmente gleich groß sind, dann hängt die Mobilität bei konstanter Temperatur von der Faltung und der DNA-Sequenz ab. Im Allgemeinen bildet ein doppelsträngiges DNA-Molekül unter den Bedingungen einer nicht denaturierenden Polyacrylamidgel-Elektrophorese (PAGE) zwei einzel- und ein doppelsträngiges Molekül. Um die Komplexität der Analyse zu vermindern, werden die einzelsträngigen DNA-Moleküle mit speziellen Techniken entfernt. Anschließend verdaut man die doppelsträngigen PCR-Produkte durch *lambda*-Exonuclease. Geringe Mengen werden mit einer alkalischen EDTA-Lösung versetzt und 5 Minuten bei 55 °C denaturiert, die Probe auf ein nicht denaturierendes Polyacrylamidgel aufgetragen und die DNA bei konstanter definierter Temperatur elektrophoretisch aufgetrennt. Am Ende des Laufes färbt man die DNA und wertet das Gel aus. SSCP wird erfolgreich zur Analyse von bakteriellen und pilzlichen Lebensgemeinschaften in Böden und der Rhizosphäre eingesetzt (Ulrich u. Becker 2006). SSCP hat die gleichen methodischen Begrenzungen wie DGGE (Zinger *et al.* 2007).

Die **RFLP-Methode** basiert auf DNA-Polymorphismen. **Polymorphismen** sind verschiedene Erscheinungsformen der Nucleotidsequenzen. Die Methode entspricht der amplifizierten ribosomalen DNA-Restriktionsanalyse (*amplified ribosomal DNA restriction analyses*, **ARDRA**). Die extrahierten DNA-Fragmente werden dazu mit verschiedenen Restriktionsenzymen verdaut, die verschiedenen Fragmente mittels Gelelektrophorese aufgetrennt und anschließend werden die Bandenmuster mit Profilen bekannter Organismen verglichen. Die RFLP-Bandenmuster können dazu dienen, die Struktur bakterieller Lebensgemeinschaften zu beschreiben oder bestimmte Klone aufzufinden. Diese Methode ist allerdings weniger geeignet, wenn es darum geht, die genetische Diversität oder spezifische phylogenetische Gruppen nachzuweisen. Der große Vorteil liegt in der Analyse von komplexen DNA-Gemischen, indem das Gel *geblottet* und mit einer geeigneten Sonde hybridisiert werden kann. So lassen sich Abschnitte von mehreren Kilobasen in genomischer DNA analysieren, ohne zuvor die entsprechenden Abschnitte zu isolieren und zu amplifizieren.

Mit der **T-RFLP** lassen sich einige methodische Begrenzungen der RFLP verbessern. Dazu wird ein PCR-Primer mit einem fluoreszierenden Farbstoff (z. B. TET = 4,7,2′,7′-Tetrachlor-6-carboxyfluorescein) am 5′-Ende markiert und die fluoreszenzmarkierten, terminalen Fragmente ihrer Länge nach elektrophoretisch aufgetrennt. Diese Technik erleichtert den Nachweis des markierten terminalen Restriktionsfragment (T-RFs), was die Analyse des Bandenmusters vereinfacht. Dadurch wird es nicht nur möglich, komplexe Lebensgemeinschaften zu analysieren, sondern auch Informationen über die Diversität zu gewinnen, weil jede Bande eine einzige OTE oder einen bestimmten Ribotyp darstellt. Das Muster an unterschiedlich langen terminalen Restriktionsfragmenten kann zudem dazu verwendet werden, den Reichtum an „Arten" und ihre Gleichmäßigkeit (*evenness*) abzuschätzen oder Ähnlichkeiten zwischen Proben aufzuzeichnen.

Von den o. g. Analysen kann nur die T-RFLP **direkt** ohne weitere Sequenzierung von Fragmenten phylogenetische Informationen liefern. Darüber hinaus können Fragmente der T-RFLP-Analysen mit terminalen Restriktionsfragmenten aus Analysen bekannter 16S-rRNA-Gensequenzen verglichen werden (Liles *et al.* 2003).

Wie die T-RFLP, so liefert auch die **RISA/ARISA** einen ribosomalen Fingerabdruck mikrobieller Lebensgemeinschaften. Hierzu wird die *intergenic-spacer*-(IGS-)Region zwischen der 16- und 23S-Ribosomenuntereinheit mit der PCR amplifiziert, denaturiert und auf Polyacrylamidgel unter denaturierenden Bedingungen aufgetrennt. Die IGS-Region kann tRNA codieren und ist aufgrund der heterogenen Länge und Sequenzen für die Differenzierung zwischen einzelnen Bakterienstämmen und eng verwandten Bakterienarten geeignet.

4.12 Herstellung von DNA-Banken durch Klonierung von DNA-Extrakten

Eine **Klonierung** ist die Einführung eines DNA-Fragmentes in einen Vektor, der die massenhafte Vermehrung dieser DNA ermöglicht. Klonierung war bis zur Einführung der PCR unvermeidbar, wenn es darum ging, große Mengen eines DNA-Fragmentes zu gewinnen. Zweck der Klonierung von DNA aus Böden ist die Herstellung von genomischen DNA-Banken oder auch von cDNA-Banken. Als **Genbank** oder auch DNA-Bibliothek wird eine große Sammlung zahlreicher Klone verstanden. Diese Klone enthalten Gene oder Gensequenzen von kultivierbaren, aber auch von unbekannten bisher nichtkultivierbaren Mikroorganismen, die in einem Screening-Verfahren mit Genen und Gensequenzen von anderen Organismen verglichen werden können, um eine phylogenetische Zuordnung zu ermöglichen. Dazu sind mehrere Schritte erforderlich, und zwar die

- Klonierung von isolierter Fremd-DNA (*target*-DNA) in einem geeigneten künstlichen Vektor (z. B. modifizierte Plasmide). In der Regel wird dazu die gereinigte DNA zum Klonieren von kleinen Plasmid-Vektoren oder von relativ großen Bibliotheken von Cosmiden, **BAC**(***b****acterial* ***a****rtificial* ***c****hromosome*)-, **YAC**(***y****east* ***a****rtificial* ***c****hromosome*)- oder **PAC**(**P**1-*derived* ***a****rtificial* ***c****hromosome*)-Vektoren verwendet. **Cosmide** sind Plasmide, die eine Lambda-*cos-site* besitzen. Es handelt sich um spezifische Vektoren mit einer Länge von etwa 5000 bp zur Klonierung von großen DNA-Fragmenten (> 40 000 bp). Cosmide werden aufgrund ihrer Eigenschaft, große DNA-Fragmente aufnehmen zu können, vielfach zur Erstellung von Genbibliotheken eukaryotischer Genome eingesetzt. BAC-, **YAC**- oder **PAC**-Vektoren werden verwendet, um große DNA-Fragmente zu klonieren (> 150 kb).
- Übertragung des Vektors in ein kompetentes Wirtsbakterium (z. B. *E. coli*) und anschließende Vermehrung der Zellen (das **Klonen**). Das Gemisch von rRNA-Genen wird in einen Vektor kloniert und anschließend *E. coli* mit dem Konstrukt transformiert. Das Klonen erfolgt mit und nach im Handel erhältlichen Methoden und Klonierungs-*Kits* und ist inzwischen Routine. Ziel ist es, den Anteil an Klonen mit Insert zu erhöhen. Die Zellen (Klone) werden darauf durch alkalische oder thermische Lyse aufgeschlossen und die Plasmid-DNA von der chromosomalen DNA mithilfe von Standardverfahren getrennt (z. B. mit käuflichen *Kits*). Reine Plasmid-DNA liegt dann in hohen Konzentrationen zum *Screening* vor (sog. *cut-ligation*). Selektieren (*screening*) der Klone auf phylogenetische Marker (*16S-rRNA* und recA), bestimmte Merkmale (wie

Antibiotikaresistenz oder enzymatische Aktivitäten) oder auf bestimmte konservierte Gene. Die **Klone** können vollständig oder nach dem Zufallsprinzip mit der PCR sequenziert werden. Durch Sequenzierung der klonierten rRNA-Gene entsteht eine **Klonbibliothek**. Grundsätzlicher Nachteil der PCR-Methodik ist die begrenzte Auswahl an Primern und folglich ein selektives Vorgehen (Mühlhardt 2006).

Ribosomale RNA-Bibliotheken. Die Charakterisierung der Diversität von mikrobiellen Lebensgemeinschaften kann durch Sequenzanalyse der klonierten PCR-Produkte von 16S-rRNA-Genen (Klonbibliothek) erfolgen. Der Aufbau von rRNA-Klonbibliotheken beruht entweder auf einer direkten Klonierung oder auf einer PCR-Amplifizierung von rRNA codierender DNA. Die klonierten rRNA-Genfragmente bilden gewissermaßen eine „Bibliothek" der im betreffenden Boden vorhandenen Mikroorganismen und stellen theoretisch den genetischen Fingerabdruck seiner gesamten Lebensgemeinschaft dar. Die klonierten rRNA-Genfragmente können mit umfangreichen Dateien von 16S-rRNA-Sequenzen in Genbanken verglichen werden (Box 4.3).

Die Stärke dieser Technik ist, dass mit ihr bisher nicht kultivierbare Bakterien in den mikrobiellen Lebensgemeinschaften von Böden und Gewässern aufgedeckt werden können. Der Erfolg dieser Analytik wird dadurch bestätigt, dass die überwiegende Mehrzahl der bisherigen Untersuchungen zu RNA-Genbibliotheken von bislang unbekannten Mikroorganismen geführt hat. Aufgrund der Amplifizierung von ribosomalen Genen sowie ihrer anschließenden Sequenzierung und Abgleichung mit Datenbanken ist es möglich, die Klone entweder phylogenetisch in das ständig wachsende Spektrum vorhandener Phyla einzuordnen (Tabelle 4.2) oder als Komponente eines neuen Phylums zu betrachten (Rheims *et al.* 1996; Riesenfeld *et al.* 2004; Lunn *et al.* 2004; Handelsman 2004). Mit dem PHYLIP (*Phylogeny Interference Package*, einem Programmpaket zur phylogenetischen Analyse) lassen sich anschließend phylogenetische Dendrogramme konstruieren.

Neue Diversität auf Phylum-Niveau. Die *community-fingerprinting*-Analysen mittels 16S-rRNA und 16S-rRNA-Sequenzen mit Abgleich in Genbanken eignen sich im Wesentlichen für grobe Vergleiche unterschiedlicher Lebensgemeinschaften. Sie liefern genetische Fingerabdrücke bestimmter Ausschnitte des Gesamtgenoms und können allenfalls auf höherem Niveau (Phylum, Ordnung, bestimmte taxonomische Gruppen etc.) neue Informationen über die Zusammensetzung der *Bacteria* und *Archaea* bereitstellen. Keine der o. g. elektrophoretischen Methoden kann Organismen identifizieren, die mit bekannten taxonomischen Einheiten auf dem Niveau von **Arten** übereinstimmen. *Community fingerprinting* mit der aktuellen Analytik kann hinsichtlich der Spezies-Zusammensetzung von Populationen nicht zur Biodiversität beitragen und stellt in dieser Hinsicht eine Sackgasse dar. Aufgrund der relativ geringen Effizienz bei der DNA-Extraktion aus Böden und der variablen Verluste bei der DNA-Reinigung sind die Ergebnisse auf Phylum-Niveau zudem Zufallsprodukte und nur bedingt für vergleichende Aussagen von Biozönosen brauchbar. Im großen Pool der unbekannten mikrobiellen Diversität tragen die *community-fingerprinting*-Analysen nur bruchstückhaft zur Erweiterung der Kenntnisse über die genetische Diversität von Böden bei (Bent *et al.* 2007).

Es ist allerdings dem Verdienst der PCR-Amplifizierung von 16S-rRNA-Genen aus Böden und deren Abgleich in Genbanken zu verdanken, dass neue Sequenzen entdeckt wurden, die sich vollständig von den bekannten kultivierbaren Phyla unterscheiden. Zahlreiche der vollständig abweichenden 16S-rRNA-Gensequenzen haben zu Verwandtschaftsgruppen geführt, die mehreren neuen Phyla von Prokaryoten angehören (Tabelle 4.2). In dieser Hinsicht haben die PCR-basierten *Fingerprinting*-Methoden zwar zu einer zufälligen, aber deutlichen Erweiterung der Kenntnisse über die genetische Diversität von Böden beigetragen.

16S-rRNA-Gene aus Bodenbakterien gehören zwar zu allen 24 Phyla, aber die dominanten Phyla in den Genbibliotheken (GB) sind die *Proteobacteria*, *Acidobacteria*, *Actinobacteria*, *Verrucomicrobia*, *Bacteriodetes*, *Chloroflexi*, *Planctomycetes*, *Gemmatimonadetes* und *Firmicutes*. Vertreter dieser neun Phyla bilden im Schnitt 92% der Bodenbakterien in den GBen (Abb. 4.8). Dabei ist jedoch die größte Mehrzahl der *Acidobacteria*, *Verrucomicrobia*, *Chloroflexi* und *Gemmatimonadetes* bisher nicht kultivierbar (Kap. 7). Auf der Basis von 16S-rRNA und 16S-rRNA-Genen stellen offenbar Vertreter der *Proteobacteria*, *Acidobacteria* und *Actinobacteria* die häufigsten Bodenbakterien. Unter den kultivierbaren *Bacteria* aus Böden sind es die *Proteobacteria*, *Actinobacteria*, *Firmicutes* und *Bacteriodetes*, die die häufigsten Vertreter stellen (Kap. 6). Weiter sind in den GBen auch stets (weitestgehend unbekannte) Vertreter der *Chlamydiae*, *Chlorobi*, *Cyanobacteria*,

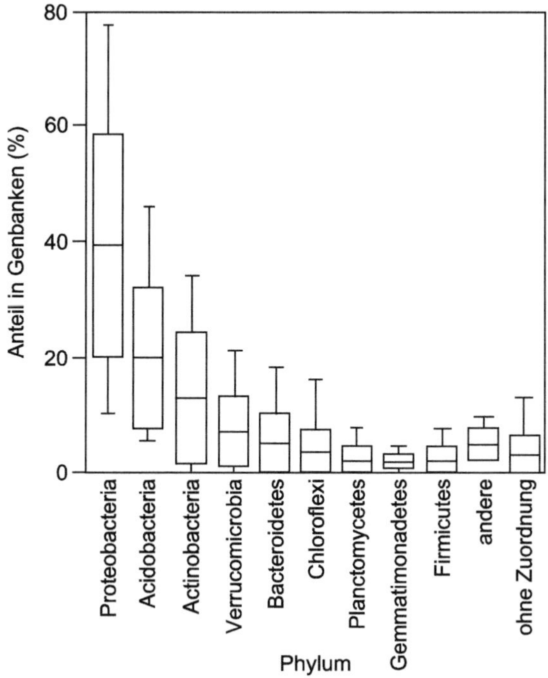

Abb. 4.8 Dominante Phyla von *Bacteria* in Böden aufgrund von 16S-rRNA und 16S-rRNA-Genen (2920 Klone) in 21 Genbibliotheken. Die horizontale Linie in der Mitte der Säulen gibt den Mittelwert an, die vertikalen Linien oberhalb bzw. unterhalb der einzelnen Säulen reflektieren den minimalen und maximalen Beitrag eines jeden Phylums (Janssen 2006)

Deinococcus-Thermus, *Fibrobacteres* und *Nitrospira* vorhanden. Diese Ergebnisse aus den GBen vermitteln einen ersten Eindruck von der Prokaryotenvielfalt in Böden, können aber vorläufig nicht als repräsentativ gelten.

4.13 Fluoreszenz-*in-situ*-Hybridisierung: FISHen nach unbekannten Bakterien

Zur Identifizierung von phylogenetisch unterschiedlichen Bakterien in Böden, Sedimenten, Gewässern oder Klärschlämmen eignet sich bedingt die **Fluoreszenz-*in-situ*-Hybridisierung** (**FISH**) mit ribosomalen RNA(rRNA)-**Oligonucleotid-Sonden** (*oligonucleotide probes*). Gensonden sind meist kurze, einzelsträngige rRNA-Moleküle aus nur wenigen bis einigen tausend Basen. rRNA-gerichtete Sonden haben einerseits den Vorteil, dass durch die hohe Konzentration an rRNA (einige tausend Kopien pro Zelle) in aktiven Zellen ein natürlicher Amplifikationseffekt vorliegt und solche Zellen gut detektiert werden können. Andererseits besitzen diese Sonden den Nachteil, dass sie physiologisch ruhende Bakterien (die sehr zahlreich in Böden sind) nicht oder kaum zu detektieren vermögen. Durch die Sequenzierung von 16S-rRNA-Genen ist es möglich geworden, innerhalb des rRNA-Moleküls spezifische, für eine bestimmte phylogenetische Gruppe charakteristische Sequenzen zu identifizieren. Durch Auswahl geeigneter Zielregionen der 16S- und 23S-rRNA reicht das Spezifitätsspektrum der Oligonucleotidsonden von Universalsonden, über solche mit sehr hohem phylogenetischem Niveau zu Sonden mit Spezifität auf Gattungs- und Artebene (Wagner u. Amann 1996; Amann u. Schleifer 2001). Dazu werden komplementäre rRNA-Sonden von den Sequenzen gebildet, die mit der rRNA spezifisch hybridisieren. Aus RNA bereits bekannter Bakterienarten oder aus bodenbürtiger extrahierter RNA lassen sich Gensonden verschiedener Spezifität herstellen. Meist werden nur kurze, zu den Zielsequenzen komplementäre Oligonucleotide konstruiert und mit Fluoreszenzfarbstoffen (Fluorochromen) markiert, um das Vorkommen bestimmter phylogenetischer Prokaryotengruppen oder bekannter Bakterienarten nachzuweisen.

Die *in-situ*-Hybridisierung beruht darauf, dass sich ein DNA-Doppelstrang mit komplementären Sequenzen durch Denaturierung in seine Einzelstränge trennen lässt. Diese können sich unter entsprechenden Bedingungen durch Renaturierung erneut zum Doppelstrang zusammenführen, ohne Zerstörung der Moleküle. Durch Verwendung von zusätzlich markierten RNA-Molekülen als **Sonde**, die komplementär zu bestimmten Sequenzen des Doppelstranges sind (Zielsequenzen), entstehen bei der Renaturierung Hybridmoleküle (Hybridisierung), von denen jeweils ein Strang markiert ist (Abb. 4.9). Diese Hybridisierung erfolgt *in situ* in Böden, Sedimenten oder in Geweben, an den Stellen, an denen die Ziel-DNA vorliegt. Mithilfe von rRNA-gerichteten Nucleinsäuresonden können bisher nicht kultivierbare Bakterien aufgespürt werden. Insbesondere solche Bakterien, die metabolisch **aktiv** sind und infolgedessen relativ viel rRNA (Ribosomen) besitzen, lassen sich gut anfärben. Durch die Markierung auf der rRNA-Sonde können die Orte der Hybridisierung im Fluoreszenzmikroskop sichtbar gemacht werden (Detektion). Das Prinzip der FISH-Technik wurde im Jahre 1989 erstmals von **E. F. DeLong** und Mitarbeitern publiziert.

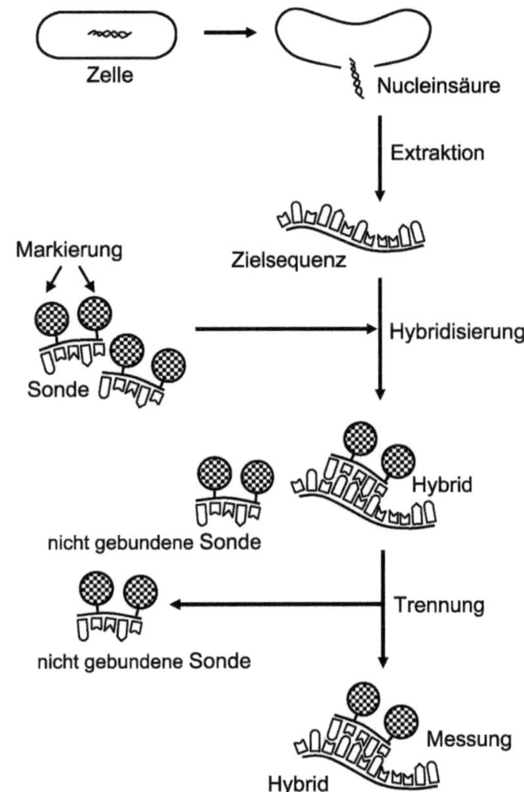

Abb. 4.9 Schematische Darstellung der Gensondentechnik. Eine Sonde (*nucleic acid probe*) ist ein einzelsträngiges, markiertes DNA-Fragment oder RNA-Molekül mit bekannter Sequenz, das durch Hybridisierung komplementäre DNA- oder RNA-Abschnitte in Bodenproben spezifisch erkennen (binden) und im Mikroskop anzeigen (detektieren) kann (Schleifer *et al.* 1992)

Vorgehensweise: Die Form der bakteriellen Zellen in der betreffenden Probe (von Böden, Rhizosphäre, Klärschlamm, Sedimentmaterial etc.) wird durch Fixierung mit Formaldehyd oder Ethanol stabilisiert. Dabei macht man die Zellen durchlässiger und hybridisiert auf einem Objektträger oder in Lösung mit Oligonucleotidsonden. Bei der Fluoreszenz-*in-situ*-Hybrisisierung (FISH) werden für eine bestimmte phylogenetische Gruppe charakteristische Sequenzen innerhalb des rRNA-Moleküls in komplementäre rRNA-Sonden integriert. Diese Sonden werden mit fluoreszierenden Farbstoffen (Fluorochromen) am 5′-Ende markiert und mittels **Epifluoreszenzmikroskopie** sichtbar gemacht. Bei den rRNA-Sonden handelt es sich um kurze Oligonucleotide (etwa 15–25 Nucleotide), die an diagnostisch wichtige Zielregionen der rRNA selektiv binden, um so die gesuchten Bakterien zu detektieren. Nur die spezifischen Sequenzen werden von den Sonden erkannt und damit angezeigt. Weil ganze Zellen hybridisiert werden, kommt es nicht zur Bildung von Artefakten, wie sie bei der DNA-Extraktion, PCR-Amplifikation und beim Klonieren entstehen (Amann *et al.* 1995). Mithilfe dieser **FISH-Technik** ist es möglich, Bakterien und Archaeen **direkt** im Boden und in der Rhizosphäre mit hochauflösenden mikroskopischen Techniken zu detektieren und zu quantifizieren, vor allem in Kombination mit der **Konfokalen Laser-Scanning-Mikroskopie** (KLSM). Die KLSM unterscheidet sich von der herkömmlichen Fluoreszenzmikroskopie dadurch, dass das Objekt mit einem Laserstrahl sukzessiv abgetastet wird und die der fokussierten Präparatebene entstammenden Fluoreszenzen durch das Objektiv im Tubus fokussiert werden (Box 2.1). Die Lichtstrahlen aus der aktuellen Bildebene passieren eine Lochblende (konfokales *pinhole*) und treffen auf einen Detektor (*photomultiplier*), der sie in digitale Signale umwandelt. Die Addition mehrerer optischer Schnitte zu einer z-Projektion ermöglicht es, Objekte aus vielen Fokusebenen scharf abzubilden und Informationen über die räumliche Verteilung und Anordnung der detektierten Fluoreszenzsignale zu erhalten. Die KLSM ist deutlich empfindlicher als die Epifluoreszenzmikroskopie und ermöglicht die gleichzeitige Beobachtung verschiedener Organismengruppen. Durch Einsatz verschiedener fluoreszierender Fluorochrome und der entsprechenden Filter ist es theoretisch möglich, fluoreszierende Organismen von der Autofluoreszenz bestimmter Bodenkolloide und Pflanzenfasern zu unterscheiden (Assmuss *et al.* 1995; Hill *et al.* 2000; Schmid *et al.* 2007).

Inzwischen sind mehrere Hundert rRNA-Oligonucleotid-Sonden beschrieben worden und zwar für die Domänen (*Bacteria*, *Archaea*, Eukaryoten) und für Familien, Gattungen und Arten bestimmter Prokaryoten. Die FISH-Technik hat sich zu einer **Standardmethode** zum Nachweis von Prokaryoten sehr verschiedener taxonomischer Gruppen entwickelt, darunter auch solche, die bisher noch nicht kultiviert wurden. Obwohl eine Reihe konzeptioneller und technischer Probleme bisher nicht gelöst wurde (Tabelle 4.11), besitzt die Methode grundsätzlich gute Entwicklungsmöglichkeiten. Leider ist der Einsatz der FISH-Technik in Böden begrenzt. Böden besitzen sehr hohe Dichten an sorbierten (weitgehend unbekannten) Ultrabakterien (∅ 0,2–0,5 µm), die sich in physiologischer Ruhe befinden oder eine sehr geringe Aktivität besit-

Tabelle 4.11 Resümee der konzeptionellen und technischen Schwierigkeiten beim Einsatz von Oligonucleotid-Sonden (ONS) in Böden

- Nachweisempfindlichkeit der ONS hängt von der Anzahl und Aktivität der Ribosomen in den Zellen ab, sodass der Anteil an detektierbaren Zellen stark schwankt. Kleine ausgehungerte und inaktive Bakterienzellen (in physiologischer Ruhe) sind nicht oder sehr schwer zu detektieren: Ein gravierender Mangel bei bodenmikrobiologischen Untersuchungen
- Unterschiedliche phylogenetische Prokaryoten haben verschiedene Konzentrationen an Ribosomen und reagieren infolgedessen differenziert auf ein bestimmtes FISH-Protokoll
- Autofluoreszenz von Bodenkolloiden und die sehr schwache Fluoreszenz sorbierter Zellen verursachen eine wesentliche Verminderung der Detektionsgrenze und -genauigkeit: Ein charakteristisches Problem kolloidreicher Böden
- Unterschiedliche Fluorochrome geben mit den gleichen Proben sehr verschiedene Ergebnisse, was die Vergleichbarkeit von Untersuchungen infrage stellt
- Durch Bildung von Artefakten entstehen bedeutungslose Ergebnisse, die verwirren können
- Nicht alle Prokaryoten (*Bacteria* und *Archaea*) sind durchlässig für Gensonden. Solche undurchlässigen Bakterien und Archaeen können folglich nicht detektiert werden und geben ein falsches Ergebnis

zen. Ihre Anzahl an Ribosomen ist gering, wodurch sich solche Organismen mit der FISH-Technik kaum detektieren lassen. Darüber hinaus sind die **Hintergrundsignale** der sorbierten Zellen im Bodenausstrich so hoch, dass keine brauchbaren Ergebnisse ohne vorherige Membranfiltration erzielt werden können. Gerade die natürliche Anordnung dieser charakteristischen Prokaryoten bedarf der Erforschung. FISH-Technik bietet theoretisch gute Möglichkeiten, hat jedoch in Böden praktische Nachteile. Die o. g. Mängel beeinträchtigen den Erfolg von Bodenuntersuchungen sehr, sodass die FISH-Technik zurzeit weniger für Böden als für **aquatische Ökosysteme** geeignet scheint (Wagner u. Amann 1996; Bouvier *et al.* 2003).

Heute besteht die Hauptaufgabe der FISH-Technik in der Bodenmikrobiologie aus der Detektion, Anordnung und Quantifizierung von Prokaryoten, vor allem von solchen, die bisher schwer oder noch nicht kultivierbar waren (Kap. 7). Von diesen *Bacteria* und *Archaea* steht im Allgemeinen nicht mehr als die extrahierte 16S-rRNA-Gensequenz zur Verfügung, die amplifiziert, geklont und sequenziert wurde. Oft bleiben solche Sonden im Boden ohne Signale, weil (1) die Detektion unter der Nachweisgrenze (etwa 10^3 Zellen pro ml) der FISH liegt, (2) der Gehalt an Ribosomen in den Zielorganismen zu gering ist oder weil (3) die geringe Permeabilität der betreffenden Zellen das Eindringen der Sonde verhindert. Mit Gensonden können selbstverständlich keine bisher unbekannten Prokaryoten identifiziert oder isoliert werden. Nur durch eine Kombination der FISH-Technik mit der **Mikroautoradiographie** (MAR) (die sog. **MAR-FISH**-Technik) lassen sich physiologisch aktive Vertreter bestimmter Prokaryotengruppen in Bodenproben nachweisen. Bei der Mikroautoradiographie wird ein radioaktives Substrat beigemischt, das von aktiven Zellen aufgenommen und mineralisiert wird (Keller u. Zengler 2004; Schmid *et al.* 2007; Zengler 2008). Auch mRNA in gramnegativen Bakterien lässt sich offenbar mit der FISH-Technik nachweisen (Coleman *et al.* 2007).

Eine geschickte Kombination von Extraktion, PCR, Klonierung, Sequenzierung und FISHen macht es allerdings möglich, die genetische Vielfalt über die Grenzen der kultivierbaren *Bacteria* und *Archaea* hinaus zu erweitern (Abb. 4.10).

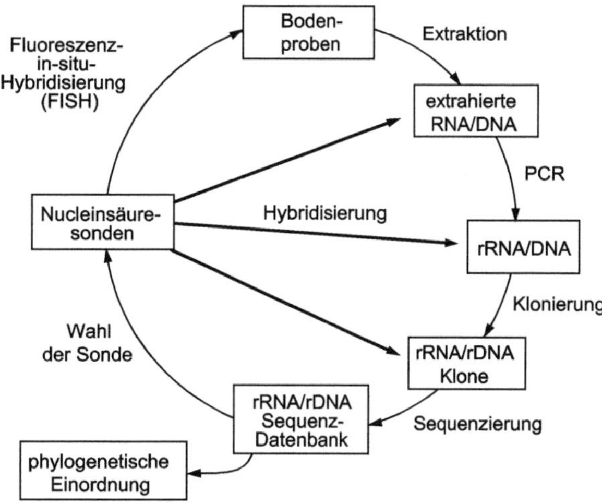

Abb. 4.10 Schematische Darstellung der analytischen Stufen und Methoden zur Charakterisierung von Prokaryoten in Bodenproben ohne Kultivierung (Hugenholtz 2002)

Literatur

Alef K (1991) Methodenhandbuch Bodenmikrobiologie, Ecomed, Landsberg

Amann R, Ludwig W, Schleifer KH (1995) Phylogenetic identification and *in situ* detection of individual microbial cells without cultivation. Microbiol Rev 59: 143–169

Amann R, Schleifer KH (2001) Nucleic acid probes and their application in environmental microbiology. In: Boone DR, Castenholz RW, Garrity GM (Hrsg) *Bergey's Manual of Systematic Bacteriology*, 2. Aufl. Vol 1, Springer, New York Berlin Heidelberg, S 67–82

Assmuss B, Hutzler P, Kirchhof G, Amann R, Lawrence JR, Hartmann A (1995). *In situ* localization of *Azospirillum brasilense* in the rhizosphere of wheat with fluorescently labeled rRNA-targeted oligonucleotide probes and scanning confocal laser microscopy. Appl Environ Microbiol 61: 1013–1019

Bakken LR, Frostegard A (2006) Nucleic acid extraction from soil. In: Nannipieri P, Smalla K (Hrsg) Nucleic acid and proteins in soil, Springer, Berlin Heidelberg, S 49–73

Bamborough L, Cummings SP (2009) The impact of increasing heavy metal stress on the diversity and structure of the bacterial and actinobacterial communities of metallophytic grassland soil. Biol Fertil Soils 45: 273–280

Bardgett RD, Usher MB, Hopkins DW (2005) Biological diversity and function in soils. Cambridge University Press, Cambridge

Bent SJ, Pierson JD, Forney LJ (2007) Measuring species richness based on microbial community fingerprints: The emperor has no clothes. Appl Environ Microbiol 73: 2399–2401

Boschker HTS, Middelburg JJ (2002) Stable isotopes and biomarkers in microbial ecology. FEMS Microb Ecol 40: 85–95

Bossio DA, Scow KM, Gunapala N, Graham KJ (1998) Determination of soil microbial communities: Effects of agricultural management, season, and soil type on phospholipid fatty acid profiles. Microb Ecol 36: 1–12

Bouvier T, Paul A, Giorgio A del (2003) Factors influencing the detection of bacterial cells using fluorescence *in situ* hybridisation (FISH): A quantitative review of published reports. FEMS Microbiol Ecol 44: 3–15

Bürgmann H, Pesaro M, Widmer F, Zeyer J (2001) A strategy for optimizing quality and quantity of DNA extracted from soil. J Microbiol Meth 45: 7–20

Coleman JR, Culley DE, Chrisler WB, Brockman FJ (2007) mRNA-targeted fluorescent *in situ* hybridization (FISH) of gram-negative bacteria without template amplification or tyramide signal amplification. J Microb Meth 71: 246–255

Curtis TP (2006) Microbial ecologists: It's time to go large. Nature Rev Microbiol 4: 488

Curtis TP, Sloan WT, Scannell JW (2002) Estimating prokaryotic diversity and its limits. Proc Natl Acad Sci USA 99: 10494–10499

Davis KER, Joseph SJ, Janssen PH (2005) Effects of growth medium, inoculation size, and incubation time on culturability and isolation of soil bacteria. Appl Environ Microbiol 71: 826–834

Degens BP, Schipper LA, Sparling GP, Duncan LC (2001) Is the microbial community in a soil with reduced catabolic diversity less resistant to stress or disturbance? Soil Biol Biochem 33: 1143–1152

DeLong EF, Wickham GS, Pace NR (1989) Phylogenetic stains: Ribosomal RNA-based probes for the identification of single cells. Science 243: 1360–1363

Dykhuizen DE (1998) Santa Rosalia revisited: Why are there so many species of bacteria? Antonie van Leeuwenhoek 73: 25–33

El-Beltagy A, Hattori T (1994) Comparative studies of bacterial populations in a grassland soil. Bull Jap Soc Microb Ecol 9: 41–73

Faegri A, Torsvik VL, Goksoyr J (1977) Bacterial and fungal activities in soil: Separation of bacteria and fungi by a rapid fractionated centrifugation technique. Soil Biol Biochem 9: 105–112

Garbeva P, van Veen JA, van Elsas DJ (2004) Microbial diversity in soil: Selection of microbial populations by plant and soil type and implications for disease suppressiveness. Annu Rev Phytopathol 42: 243–270

Garland JL, Mills AL (1991) Classification and characterization of heterotrophic microbial communities on the basis of patterns of community-level sole-carbon-source utilization. Appl Environ Microbiol 57: 2351–2359

Garrity CM, Leventhal JM, Lilburn TG (2005) Taxonomic outline of the prokaryotes. *Bergey's Manual of Systematic Bacteriology*. 2. Aufl., Ausgabe 6.0. Springer, New York Berlin Heidelberg

Gest H (2008) Unknowledgeables promote „unculturables". Microbe 3: 499

Gevers D, Cohan, FM, Lawrence JG, Spratt BG, Coenye T, Feil EJ, Stackebrandt E, van der Peer Y, Vandamme P, Thomson FL, Swings J (2005) Re-evaluating prokaryotic species. Nature Rev Microbiol 3: 733–739

Govaerts B, Mezzalama M, Unno, Sayre KD, Luna-Guido M, Vanherck K, Dendoove L, Deckers J (2007) Influence of tillage, residue management, and crop rotation on soil microbial biomass and catabolic diversity. Appl Soil Ecol 37: 18–30

Handelsman J (2004) Metagenomics: Application of genomics to uncultured microorganisms. Microb Mol Biol Rev 68: 669–685

Hashimoto T, Hattori T (1989) Grouping of soil bacteria by analysis of colony formation on agar plates. Biol Fertil Soils 7: 198–201

Hattori T, Mitsui H, Haga H, Wakao N, Shikano S, Gorlach K, Kasahara Y, El-Beltagy A, Hattori R (1997) Advances in soil microbial ecology and the biodiversity. Antonie van Leeuwenhoek 72: 21–28

Heuer H, Smalla K (1997) Application of denaturing gradient gel electrophoresis and temperature gradient gel electrophoresis for studying soil microbial communities. In: Elsas van DJ, Wellington EMH, Trevors JT (Hrsg) Modern soil microbiology, Marcel Dekker, New York, S 353–373

Hill GT, Mitkowski NA, Aldrich-Wolfe L, Emele LR, Jurkonig DD, Maldonado-Raminez S, Lynch ST, Nelson EB (2000) Methods for assessing the composition and diversity of soil microbial communities. Appl Soil Ecol 15: 25–36

Hirsch P (1972) Neue Methoden zur Beobachtung und Isolierung ungewöhnlicher oder wenig bekannter Wasserbakterien. Z Allg Mikrobiol 12: 203–218

Hitzel W, Ranger A, Sharma S, Insam H (1997) Separation power of the 95 substrates of the BIOLOG system determined in various soils. FEMS Microb Ecol 22: 167–174

Hugenholtz P (2002) Exploring prokaryotic diversity in the genomic era. Genome Biol 3: 1–8

Hugenholtz P, Goebel BM, Pace NR (1998) Impact of culture-independent studies on the emerging phylogenetic view of bacterial diversity. J Bacteriol 180: 4765–4774

Hughes JB, Hellmann JJ, Ricketts TH, Bohannan JM (2001) Counting the uncountable: Statistical approaches to estimating microbial diversity. Appl Environ Microbiol 67: 4399–4406

Janssen PH (2006) Identifying the dominant soil bacterial taxa in libraries of 16S rRNA and 16S rRNA genes. Appl Environ Microbiol 72: 1719–1728

Janssen PH, Yates PS, Grinton BE, Taylor PM, Sait M (2002) Improved culturability of soil bacteria and isolation in pure culture of novel members of the division *Acidobacteria*, *Actinobacteria*, *Proteobacteria*, and *Verrucomicrobia*. Appl Environ Microbiol 68: 2391–2396

Jianping X (2006) Microbial ecology in the age of genomics and metagenomics: Concepts, tools, and recent advances. Mol Ecol 15: 1713–1731

Kennedy AC (1999) Bacterial diversity in agroecosystems. Agric Ecosyst Environ 74: 65–76

Kent AD, Triplett EW (2002) Microbial communities and their interactions in soil and rhizosphere ecosystems. Annu Rev Microbiol 56: 211–236

Keller M, Zengler K (2004) Tapping into microbial diversity. Nature Rev Microbiol 2: 141–150

Kirk JL, Beaudette LA, Hart M, Moutoglis P, Klironomos JN, Lee H, Trevors JT (2004) Methods of studying soil microbial diversity. J Microbiol Meth 58: 169–188

Konopka A, Oliver L, Turco RF (1998) The use of carbon substrate utilization patterns in environmental and ecological microbiology. Microb Ecol 35: 103–11

Kowalchuk GA, Drigo B, Yergeau E, van Veen JA (2006) Assessing bacteria and fungal community structure in soil using ribosomal RNA and other structural gene markers. In: Nappipieri P, Smalla K (Hrsg) Nucleic acids and proteins in soil, Springer, Berlin Heidelberg, S 159–188

Krsek M, Gaze WH, Morris NZ, Wellington MH (2006) Gene detection, expression and related enzyme activity in soil. In: Nannipieri P, Smalla K (Hrsg) Nucleic acids and proteins in soil, Springer,Berlin Heidelberg, S 217–255

Leberberg J (2006) The microbe's contribution to biology – 50 years after. Intern Microbiol 9: 155–156

Liles MR, Maske BF, Bintrim SB, Handelsman J, Goodman RM (2003) A census of rRNA genes and linked genomic sequences within a soil metagenomic library. Appl Environ Microbiol 69: 2682–2691

Liu W, Marsh TL, Cheng H, Forney LJ (1997) Characterization of microbial diversity by determining terminal restriction fragment length polymorphisms of genes encoding 16S rRNA. Appl Environ Microbiol 63: 4516–4522

Lorch HJ, Benckiser G, Ottow JCG (1995) Basic methods for counting microorganisms in soil and water. In: Alef K, Nannipieri P (Hrsg) Methods in applied soil microbiology and biochemistry, Academic Press, London San Diego New York, S 146–161

Lunn M, Sloan WT, Curtis TP (2004) Estimating bacteria diversity from clone libraries with flat rank abundance distribution. Environ Microbiol 6: 1081–1085

Martin-Laurent F, Philippot L, Hallet S, Chaussod R, Germon JC, Soulas G, Catroux G (2001) DNA Extraction from soils: Old bias for new microbial diversity analysis methods. Appl Environ Microbiol 67: 2354–2359

Mazolla M (2004) Assessment and management of soil microbial community structure for disease suppression. Annu Rev Phytopathol 42: 35–59

McCain AL, Glover LA, Prosser JI (2001) Numerical analysis of grassland bacterial community structure under different land management regimes by using 16S ribosomal DNA sequence data and denaturing gradient electrophoresis banding patterns. Appl Environ Microbiol 67: 4554–4559

Miller DN, Bryant JE, Madsen EL, Ghiorse WC (1999) Evaluation and optimization of DNA extraction and purification procedures for soil and sediment samples. Appl Environ Microbiol 65: 4715–4724

Mühlhardt C (2006) Der Experimentator: Molekularbiologie/Genomics, 5. Aufl. Spektrum Akademischer Verlag, Heidelberg

Muyzer G, Waal ECD, Uitterlinden AG (1993) Profiling of complex microbial populations by denaturing gradient gel electrophoresis analysis of polymerase chain reaction amplified genes coding for 16S rRNA. Appl Environ Microbiol 59: 695–700

Myers RT, Zak DR, White DC, Peacock A (2001) Landscape-level patterns of microbial community composition and substrate use in upland forest ecosystems. Soil Sci Soc Am J 65: 359–367

Nakatsu CH, Torsvik V, Ovreas L (2000) Soil community analysis using DGGE of 16S rDNA polymerase chain reaction products. Soil Sci Soc Am J 64: 1382–1388

Nannipieri P, Ascher M, Ceccherini L, Land L, Pietramellara G, Renella G (2003) Microbial diversity and soil functions. Eur J Soil Sci 54: 655–670

Niemi RM, Heiskanen I, Wallenius K, Lindström K (2001) Extraction and purification of DNA in rhizosphere soil samples for PCR-DGGE analysis of bacterial consortia. J Microbiol Meth 45: 155–165

Nüsslein K, Tiedje JM (1999) Soil bacterial community shift correlated with change from forest to pasture vegetation in a tropical soil. Appl Environ Microbiol 65: 3622–3626

Olsen RA, Bakken LR (1987) Viability of soil bacteria: Optimizing of plate-counting technique and comparison between total counts and plate counts within different size groups. Microb Ecol 13: 59–74

Oros-Sichler M, Costa R, Heuer H, Smalla K (2007) Molecular fingerprinting techniques to analyze soil microbial communities. In: Elsas van JD, Jansson JK, Trevors JT (Hrsg) Modern soil microbiology, 2. Aufl. CRC, Boca Raton London New York, S 356–386

Ovreas L (2000) Population and community level approaches for analysing microbial diversity in natural environments. Ecol Lett 3: 236–251

Ovreas L, Torsvik V (1998) Microbial diversity and community structure in two different agricultural soil communities. Microb Ecol 36: 303–315

Pace NR, Stahl DA, Lane DJ, Olsen GJ (1986) The analysis of natural microbial populations by ribosomal RNA sequences. Adv Microb Ecol 9: 1–55

Palleroni NJ (1997) Prokaryotic diversity and the importance of culturing. Antonie van Leeuwenhoek 72: 1–19

Pankhurst CE, Yu S, Hawke BG, Harch BD (2001) Capacity of fatty acid profiles and substrate utilization patterns to describe differences in soil microbial communities associated with increased salinity or alkalinity at three locations in South Australia. Biol Fertil Soils 33: 204–217

Pietramellara G, Ascher J, Borgogni F, Ceccherini MT, Guerri G, Nannipieri P (2009) Extracellular DNA in soil and sediment: Fate and ecological relevance. Biol Fertil Soils 45: 219–238

Preston-Mafham J, Boddy L, Randerson PF (2002) Analysis of microbial community functional diversity using sole-carbon-source utilization profiles – a critique. FEMS Microbiol Ecol 42: 1–14

Prosser JI (2002) Molecular and functional diversity in soil microorganisms. Plant Soil 244: 9–17

Ramsey PW, Rilling MC, Feris KP, Holben WE, Gannon JE (2006) Choice of methods for soil microbial community analysis: PLFA maximises power compared to CLPP and PCR-based approaches. Pedobiologia 50: 275–280

Rappé MS, Giovannoni SJ (2003) The uncultured microbial majority. Annu Rev Microbiol 57: 369–394

Reineke A (2004) Gentechnik: Grundlagen, Methoden und Anwendungen, Ulmer, Stuttgart

Rheims H, Rainey FA, Stackebrandt (1996) A molecular approach to search for diversity among bacteria in the environment. J Industr Microbiol 17: 159–169

Riesenfeld CS, Schloss PD, Handelsman J (2004) Metagenomics: Genomic analysis of microbial communities. Annu Rev Genet 38: 525–552

Roose-Amsaleg CL, Garnier-Siliam E, Harry M (2001) Extraction and purification of microbial DNA from soil and sediment samples. Appl Soil Ecol 18: 47–60

Rosselló-Mora R, Amann R (2001) The species concept for prokaryotes. FEMS Microbiol Rev 25: 39–67

Ruppel S, Torsvik V, Daae FL, Ovreas L, Rühlmann J (2007) Nitrogen availability decreases prokaryotic diversity in sandy soils. Biol Fertil Soils 43: 449–459

Saano A, Tas S, Pippola K, van Elsas JD (1995) Extraction and analysis of microbial DNA from soil. In: Trevors JT, van Elsas JD. Nucleic acids in the environment, Springer, Berlin Heidelberg New York, S 49–68

Sait M, Hugenholtz P, Janssen PH (2002) Cultivation of globally distributed soil bacteria from phylogenetic lineages previously only detected in cultivation-independent surveys. Environ Microbiol 4: 654–666

Schinner F, Öhlinger R, Kandeler E, Margesin R (1993) Bodenbiologische Arbeitsmethoden, 2. Aufl. Springer, Berlin Heidelberg New York

Schinner F, Öhlinger R, Kandeler E, Margesin R (1995) Methods in soil biology, Springer, Berlin Heidelberg New York

Schleifer KH, Ludwig W, Amann R (1992) Gensonden und ihre Anwendung in der Mikrobiologe. Naturwiss 79: 213–219

Schloss PD, Handelsman J (2006) Towards a census of bacteria in soil. PloS Comp Biol 2: 1–16

Schmid M, Rothballer M, Hartmann A (2007) Analysis of microbial communities in soil microhabitats using fluorescence *in situ* hybridisation. In: Elsas, van DJ, Jansson JK, Trevors JT (Hrsg) Modern soil microbiology, 2. Aufl. CRC, Boca Raton London New York, S 317–335

Schutter ME, Dick RP (2000) Comparison of fatty acid methyl ester (FAME) methods for characterizing microbial communities. Soil Sci Soc Am J 64: 1659–1668

Setälä H, Berg MP, Jones TH (2005) Trophic structure and functional redundancy in soil communities. In: Bardgett RD, Usher MB, Hopkins DW (Hrsg) Biological diversity and functions in soils, Cambridge Univ. Press, Cambridge, S 236–249

Sharma S, Aneja MK, Schloter M (2007) Functional characterization of soil microbial communities by messenger RNA analysis. In: Elsas van JD, Jansson JK, Trevors JT (Hrsg) Modern soil microbiology, 2. Aufl. CRC, Boca Raton London New York, S 337–354

Sjöling S, Stafford W, Cowan DA (2007) Soil metagenomics: Exploring and exploiting the soil microbial gene pool. In: Elsas van DJ, Jannson JK, Trevors JT (Hrsg) Modern soil microbiology, 2. Aufl. CRC, Boca Raton London New York, S 410–434

Smalla K, van Elsas JD (2009) The soil environment. In: Lin WT, Jansson J (Hrsg) Environmental molecular microbiology, Horizon Scientific Press, Norwich (im Druck)

Smalla K, Wachtendorf U, Heuer H, Liu WT, Forney L (1998) Analysis of BIOLOG GN substrate utilization patterns by microbial communities. Appl Environ Microbiol 64: 1220–1225

Stackebrandt E (2007) Forces shaping bacterial systematics. Microbe 2: 283–287

Steinberger Y, Zelles L, Bai QY, von Lützow M, Munch JC (1999) Phospholipid fatty acid profiles as indicators for the microbial community structure in soils along a climate transect in the Judean desert. Biol Fertil Soils 28: 292–300

Stres B, Tiedje JM (2006) New frontiers in soil microbiology: How to link structure and function of microbial communities? In: Nannipieri P, Smalla K (Hrsg) Nucleic acid and proteins in soil, Springer, Berlin Heidelberg, S 22

Tiedje JM, Asuming-Brempong S, Nüsslein K, Marsch TL, Flynn TL (1999) Opening the black box of soil microbial diversity. Appl Soil Ecol 13: 109–122

Torsvik V, Daae FL, Sandaa RA, Ovreas L (1998) Novel techniques for analysing microbial diversity in natural and perturbed environments. J Biotechnol 64: 53–62

Torsvik V, Goksoyr J, Daae FL (1990a) High diversity in DNA of soil bacteria. Appl Environ Microbiol 56: 782–787

Torsvik V, Ovreas L (2007) Microbial phylogeny and diversity in soil. In: Van Elsas JD, Jansson JK, Trevors JT (Hrsg) Modern soil microbiology, 2. Aufl. CRC, Boca Raton London New York, S 24–51

Torsvik V, Ovreas L, Thingstad TF (2002) Prokaryotic diversity – magnitude, dynamics, and controlling factors. Science 296: 1064–1066

Torsvik V, Sorheim R, Goksoyr J (1996) Total bacterial diversity in soil and sediment communities – a review. J Industr Microbiol 17: 170–178

Torsvik V, Salte K, Sorheim R, Goksoyr J (1990b) Comparison of phenotypic diversity and DNA heterogeneity in a population of soil bacteria. Appl Environ Microbiol 56: 776–781

Trevors JT, Lee H, Cook S (1992) Direct extraction of DNA from soil. Microb Releases 1: 111–115

Ulrich A, Becker R (2006) Soil parent material is a key determinant of the bacterial community structure in arable soils. FEMS Microb Ecol 56: 430–443

Wackernagel W (2006) The various sources and the fate of nucleic acids in soil. In: Nannipieri P, Smalla K (Hrsg) Nucleic acids and proteins in soil, Springer, Berlin Heidelberg, S 117–139

Wagner M, Amann R (1996) Die Anwendung von *in situ*-Hybridisierungssonden zur Aufklärung von Struktur und Dynamik der mikrobiellen Biozönosen in der Abwasserreinigung. In: Lemmer H, Griebe T, Flemming HC (Hrsg) Ökologie der Abwasserorganismen, Springer, Berlin Heidelberg, S 81–92

Weider LJ, Elser JJ, Crease TJ, Mateos M, Cotner JB (2005) The functional significance of ribosomal (r)DNA variation: Impacts on the evolutionary ecology of organisms. Annu Rev Ecol Evol Syst 36: 219–242

Widmer F, Fließbach A, Laczkó E, Schulze-Aurich J, Zeyer J (2001) Assessing soil biological characteristics: A comparison of bulk soil community DNA-, PLFA-, and Biolog™-analyses. Soil Biol Biochem 33: 1029–1036

Widmer F, Rasche F, Hartmann M, Fließbach A (2006) Community structures and substrate utilization of bacteria in soil from organic and conventional farming systems of the DOK long-tern field experiment. Appl Soil Ecol 33: 294–307

Williamson WM, Wardle DA (2007) The soil microbial community response when plants are subjected to water stress and defoliation disturbance. Appl Soil Ecol 37: 139–149

Winding A, Hendriksen NB (1997) Biolog substrate utilization assay for metabolic fingerprint of soil bacteria: Incubation effects. In: Insam H, Rangger A (Hrsg) Microbial communities: Functional versus structural approaches, Springer, Berlin Heidelberg New York, S 195–205

Wintzingerode F von, Göbel UB, Stackebrandt E (1997) Determination of microbial diversity in environmental samples: Pitfalls of PCR-based analyses. FEMS Microbiol Rev 21: 213–229

Yao H, He, Z, Wilson MJ, Campbell CD (2000) Microbial biomass and community structure in a sequence of soils with increasing fertility and changing land use. Microb Ecol 40: 223–237

Zak JC, Willig, MR, Moorhead DL, Wildman (1994) Functional diversity of microbial communities: A quantitative approach. Soil Biol Biochem 26: 1101–1108

Zelles L (1999) Fatty acid patterns of phospholipids and lipopolysaccharides in the characterization of microbial communities in soil: A review. Biol Fertil Soils 29: 111–129

Zengler K (2008) Accessing uncultivated microorganisms: From the environment to organisms and genomes and back, ASM Press, Washington DC, 320 S

Zhou J, Bruns MA, Tiedje JM (1996) DNA recovery from soils of divers composition. Appl Environ Microbiol 62: 316–322

Zinger L, Gury J, Giraud F, Krivobok S, Gielly L (2007) Improvements of polymerase chain reaction and capillary electrophoresis single-strand conformation polymorphism methods in microbial ecology: Toward a high-throughput method for microbial diversity in soil. Microb Ecol 54: 203–2166

5 Horizontaler Gentransfer: Sex in Böden?

„Bacterial conjugation: everybody's doin' it." L. S. Frost (1992)

Inhaltsverzeichnis

5.1 Die Stabilität von Prokaryotenarten

In der Sexualität von Eukaryoten erfolgt die Neukombination von Genen durch Gametenkopulation (Gametogamie mit Plasmogamie und Karyogamie) und anschließende Meiose (Reduktionsteilung). Gen-Übertragung bei geschlechtlicher Fortpflanzung wird als vertikaler Gentransfer bezeichnet. In Prokaryoten (*Bacteria* und *Archaea*) findet die Rekombination von genetischem Material jedoch ohne diese Sexualität statt. Dennoch kann genetisches Material durch mehrere Übertragungs- und Rekombinationsmechanismen ausgetauscht werden (Parasexualität). Eine Übertragung von Genen außerhalb der geschlechtlichen Fortpflanzung über Artgrenzen hinweg wird bei Prokaryoten **horizontaler** oder **lateraler Gentransfer** genannt (HGT bzw. LGT). Auf parasexuellem Wege können Erbanlagen von Prokaryoten durch Mechanismen wie **Transformation, Konjugation** und **Transduktion** sowohl auf artverwandte als auch auf genetisch weit entfernte Prokaryoten übertragen werden. Auch Echte Pilze und Hefen können auf asexuellem Wege genetisches Material rekombinieren und auf artverwandte Organismen übertragen, wenngleich dem HGT bei anamorphen filamentösen Pilzen (ohne bekannte geschlechtliche Vermehrungsformen) bisher eine geringe Bedeutung beigemessen wird. Hingegen scheint die genetische Variabilität bei diesen Pilzen durch transponierbare Elemente sowie durch Heterokaryonbildung als Folge von Anastomosen (vegetative Fusion zweier Hyphenspitzen) weit verbreitet zu sein (Kap. 8). Echte Pilze (in Form von Protoplasten) lassen sich allerdings durch künstliche Transformation leicht genetisch verändern (Fincham 1989).

J.C.G. Ottow, *Mikrobiologie von Böden*,
DOI: 10.1007/978-3-642-00824-5_5, © Springer-Verlag Berlin Heidelberg 2011

Prokaryoten vermehren sich durch Teilung und Sprossung und folglich müssten ihre Populationen grundsätzlich aus Klonen (genetisch identischen Individuen) bestehen. Die genetische Variabilität wäre somit gering und auf zufällige Mutationen angewiesen. Obwohl die Struktur prokaryotischer Populationen in Böden und Gewässern klonaler Natur ist, sind die einzelnen Mitglieder von Populationen einer Art genetisch nicht kongruent, sondern besitzen stets eine relativ große genetische Variabilität (Gogarten u. Townsend 2005). Um sich an wechselnde ökologische Bedingungen schnell anpassen und damit durchsetzen zu können, stellen genetische Veränderungen durch horizontalen Gentransfer die Schlüsselmechanismen für die Variabilität innerhalb von *Bacteria* und *Archaea* dar. In den letzten Jahrzehnten wurde immer deutlicher, dass der HGT zwischen artverwandten und -fremden Prokaryoten in Böden, Rhizosphäre und Gewässern weit verbreitet ist (Lorenz u. Wackernagel 1994; Trevors u. van Elsas 1997; Dröge *et al.* 1999; Frost *et al.* 2005; Nielsen *et al.* 2007). Gerade in Perioden hoher Vermehrungsraten von *Bacteria* in Böden, Rhizosphäre und Darmtrakt von Bodentieren (nach Nährstoffzufuhr) kommt dem HGT große Bedeutung zu, weil Zell-zu-Zell-Kontakte, Phasen der Kompetenz (Aufnahmebereitschaft) und der Freisetzungen von DNA (aus Prokaryoten, Bakteriophagen oder anderen Organismen) in diesen *hot spots* offenbar am häufigsten sind.

Insbesondere Biofilme und Kolonien von Organismen-Konsortien auf Oberflächen von organischen Resten, Bodenkolloiden und Wurzelhaaren sind für HGT prädestiniert, weil ihre Mitglieder relativ dichtgedrängt mit relativ hoher physiologischer Aktivität vorkommen (Sörensen *et al.* 2005). Der ständig wechselnde umweltbedingte **Selektionsdruck** bietet immer wieder jenen Rekombinanten gute Vermehrungsmöglichkeiten, die unter den veränderten Bedingungen besser angepasst sind. Wahrscheinlich verursacht die Mehrzahl an genetischen Veränderungen, die auf dem Wege des HGTs erhalten werden, unsinnige oder schädliche Effekte in der Empfängerzelle. Solche rekombinierten Organismen werden früher oder später wie ungünstige oder unsinnige Mutanten ausgemerzt (Nielsen u. Townsend 2004). Andere genetisch veränderte Populationsmitglieder können viele Generationen lang unauffällig und kryptisch (gr. *kryptos* = verborgen) bleiben. Ihre genetische Veränderung kann erst nach vielen Generationen unter bestimmten Umwelteinflüssen zum **Selektionsvorteil** werden und plötzlich zum Durchbruch kommen. Dies kann dann zur raschen Verbreitung neuer Eigenschaften in der Population führen.

Aufgrund der bisherigen Erkenntnisse erscheint es als wahrscheinlich, dass alle funktionellen Kategorien von Genen kurz- oder langfristig durch HGT übertragbar sind, auch ganze rRNA-Operons und komplexe physiologische Merkmale wie der Metabolismus von relativ persistenten Aromaten, N_2-Bindung oder Denitrifikation. Allerdings werden nicht alle Gene mit der gleichen Häufigkeit übertragen und nicht alle Gruppen von Prokaryoten besitzen vergleichbare Übertragungsneigungen (Gogarten u. Townsend 2005). Vor diesem Hintergrund stellt sich die Frage, wie sich dann die verschiedenen Arten (Spezies) in Populationen von Prokaryoten über Generationen hinweg genetisch stabil halten können. In Eukaryoten mit sexueller Vermehrung wird die gleichbleibende Verteilung der Eigenschaften und damit der genetische Zusammenhang einer Populationsart durch **Panmixie** (zufallsgemäße Paarungen) erreicht (genetisches Gleichgewicht nach dem Hardy-Weinberg'schen Gesetz). Hingegen wird der genetische Zusammenhang in Populationen von Klonen (Prokaryoten) auf relativ hohe HG-Transferraten mit entsprechenden homologen Rekombinationsraten zurückgeführt. Nach dieser Hypothese übernimmt der HGT bei Prokaryoten eine der Panmixie vergleichbare Funktion. Sie ist aber viel seltener, weil HGT nicht mit jeder neuen Generation verbunden ist. Somit wird der genetische Zusammenhang innerhalb der Arten vermutlich durch hohe genetische Transferraten manifestiert (Gogarten u. Townsend 2005; Thomas u. Nielsen 2005). Ausmaß und Art des HGTs werden dabei wahrscheinlich im Wesentlichen vom **selektiven Druck** im Lebensraum bestimmt.

Der HGT kommt nicht nur zwischen zahlreichen Vertretern von *Bacteria* und *Archaea* vor, sondern auch zwischen Eukaryoten (Algen, Pflanzen, Metazoen) und sehr verschiedenen (vor allem potenziell pathogenen) *Bacteria*. Im Allgemeinen ist jedoch die Gen-Übertragung wahrscheinlicher, wenn sie zwischen engverwandten Organismen mit Homologien in der Genomstruktur stattfindet. Andererseits kann HGT verstärkt zwischen Organismen erwartet werden, welche die gleiche ökologische Nische besiedeln (Barkay u. Smets 2005). Im Schnitt stammt etwa 1% der Gene im prokaryotischen Genom von Eukaryoten. Die höchste Anzahl an eukaryotischen Genen von Pflanzen und Tieren wurden bisher in *Pseudomonas aeruginosa* (*Gammaproteobacteria*) nachgewiesen.

P. aeruginosa ist ein sehr vielseitiges und anpassungsfähiges gramnegatives Bakterium, das in Böden, Gewässern, in der Rhizosphäre, im Darm und als opportunistischer exogener Erreger in Wundinfektionen bei Mensch und Tier weit verbreitet ist (Kap. 6). Aber auch *Bacillus subtilis* (Phylum *Firmicutes*, ein Bodenbewohner und Epiphyt auf Pflanzen), *Rickettsia prowazekii* (*Alphaproteobacteria*; Erreger des epidemischen Fleckfiebers beim Menschen), *Mycobacterium tuberculosis* (*Actinobacteria*; Tuberkuloseerreger) und *Chlamydia pneumoniae* (*Chlamydia*; Erreger einer atypischen Lungenentzündung) verfügen über eine relativ hohe Anzahl an eukaryotischen Genen. Es sind alles Bakterien, die mit Pflanzen, Tieren oder Menschen in engem Kontakt leben. Andererseits handelt es sich auch um jene Prokaryoten, die bisher am intensivsten erforscht wurden. Bemerkenswert ist, dass nach bisherigen Untersuchungen nur sehr wenig Gene in *Bacteria* aus Echten Pilzen stammen (Kooning *et al.* 2001). Dies ist schwer verständlich, weil *Bacteria* und Pilze im Laufe der Evolution die gleichen Lebensräume in Böden, Streu und organischen Resten geteilt haben. Eine Erklärung dieses Phänomens fehlt noch.

Grundlegende Vorstellungen über Vorkommen, Bedingungen und Ausmaß des HGT in Böden wurden erst in den letzten zehn bis 20 Jahren gewonnen. Bahnbrechende Untersuchungen über die Einflüsse von Bodeneigenschaften und -bedingungen auf die natürlichen Prozesse der Transformationen und Konjugationen wurden konsequent von **W. Wackernagel**/Oldenburg, **J. D. van Elsas**/Groningen und **K. Smalla**/Braunschweig und ihren Arbeitsgruppen anhand von geschickten Modell- und Mikrokosmen-Versuchen erarbeitet. Diese Pionierarbeiten haben zu neuen, aufschlussreichen Erkenntnissen geführt, die entscheidend zum Erkenntnisfortschritt auf dem Gebiet der mikrobiellen Genetik in Böden beigetragen haben.

5.2 Bedeutung und Mechanismen des horizontalen Gentransfers

Die Bedeutung des HGT in Böden und Gewässern ist kaum zu überschätzen. Wahrscheinlich hat der HGT

- in der Evolution zur Ausbildung der zahlreichen prokaryotischen Arten und damit wesentlich zur gewaltigen Biodiversität (Kap. 4) beigetragen sowie
- die ökologische Flexibilität und Adaptationsfähigkeit von Prokaryoten ermöglicht und damit die Voraussetzungen für die Besiedlung neuer ökologischer Nischen sowie für die Verwertung neuer organischer und anorganischer Substrate geschaffen.

Heute können auf der Basis der Mechanismen des HGT in der Gentechnik Methoden angewandt werden, die künstlich transgene Organismen erzeugen. Solche gentechnisch veränderten Organismen (GVO) gewinnen in der Pflanzenzüchtung, im Pflanzenschutz, in der pharmazeutischen Biotechnologie, in der Lebensmittelherstellung und in der Bodenbiotechnologie (biologische Bodensanierung mit maßgeschneiderten Mikroorganismen und Starterkulturen) zunehmend an Bedeutung. GVO sind aus der Forschung nicht mehr wegzudenken. Detaillierte Kenntnisse über Art und Umfang des HGT in Böden sind vor allem aus umwelthygienischen Gründen (Verbreitung von Resistenzmechanismen) und aus Sicherheitsgründen (Verbreitung von potenziell bedenklichen und schädlichen Genen aus GVO) sehr wichtig.

Die Wege des HGTs umfassen grundsätzlich drei Mechanismen und zwar die **Transformation**, die **Konjugation** und die **Transduktion** (Lorenz u. Wackernagel 1994; Trevors u. van Elsas 1997; Dröge *et al.* 1999; Mercier *et al.* 2006). Nach dem heutigen Erkenntnisstand scheint der HGT in Böden hauptsächlich auf den Mechanismen der Transformation und Konjugation zu beruhen. Dies mag daran liegen, dass diese Prozesse bisher am häufigsten und am besten untersucht wurden. Während bei der natürlichen Transformation freie DNA-Bruchstücke aus der unmittelbaren Umgebung aktiv ausgenommen werden, benötigen Konjugation und Transduktion als Carrier mobile genetische Elemente (MGE) (Frost 1992; Frost *et al.* 2005). MGE (Plasmide, Viren, Transposons, integrative und konjugative Elemente) sind kleine DNA-Segmente, die Enzyme oder andere Proteine codieren, welche die Übertragung von DNA innerhalb des Genoms (intrazelluläre Mobilität) oder zwischen Zellen (interzelluläre Mobilität) bewirken (Konjugation, Transduktion). Die natürliche Transformation unterscheidet sich von der Konjugation und der Transduktion durch die höhere Empfindlichkeit dieses Vorganges gegenüber DNAsen. Denn nur bei der Transformation werden von der Zelle freie DNA-Moleküle aus der Umgebung an die Oberfläche adsorbiert, aufgenommen und unter bestimmten Bedingungen nach Aufnahme intrazellulär im Genom integriert.

5.3 Natürliche Transformation

Bei der natürlichen Transformation werden freie DNA-Bruchstücke (von lysierten verwandten oder von genetisch weit entfernten Prokaryoten oder auch Eukaryoten) durch eine **kompetente** (aufnahmebereite) Empfängerzelle aus der direkten Umgebung (Bodenlösung) aufgenommen und im Genom integriert (Van Elsas u. Bailey 2002). Dieses natürliche Phänomen wurde bereits von **F. Griffith** im Jahre 1928 beschrieben, aber erst von **O. Avery, C. M. Macleod** und **M. McCarty** im Jahre 1944 experimentell bewiesen. Die Aufnahme und Übertragung von DNA wird dabei von chromosomalen Proteinen der Empfängerzelle gesteuert. Das Genom der Prokaryoten besitzt spezielle *com*-Gene (Gene für Kompetenz), deren Genprodukte für die Erkennung von DNA außerhalb der Zelle, ihre Aufnahme in die Zelle und für die Integration durch Rekombination in das Genom verantwortlich sind. Wenn DNA von entfernt verwandten Organismen erfolgreich aufgenommen wird, handelt es sich in der Regel nur um solche Gene, die nicht essenzielle Funktionen betreffen. Die Transformation ist der einzige Mechanismus, der erklären kann, wie artfremde DNA ohne den Einsatz mobiler genetischer Elemente (MGE) aus der Umwelt aufgenommen werden kann. Schätzungsweise 3% der Gene von *Bacteria* entstammen nach bisherigen Analysen den *Archaea* und/oder Eukaryoten als Folge von Transformationen. Transformationen sind wahrscheinlich in Böden sehr weit verbreitet, und dieser Prozess wird als der echte Gentransfer zwischen Prokaryoten betrachtet, weil die Mechanismen der Konjugation und Transduktion von Genen bestimmt werden, die auf Plasmiden und ICEs (im Falle der Konjugation) oder auf Bakteriophagen (Vektoren der Transduktion) liegen. Die Transformation wird heute als der wesentliche Prozess für die Ausbreitung von Transgenen in Böden und Gewässern betrachtet. Entscheidende Voraussetzung ist jedoch, dass freie DNA-Bruchstücke aus (auto)lysierten Prokaryoten und anderen Organismen lange genug in der Bodenlösung existieren, um von kompetenten Zellen in einem spezifischen Vorgang an der Zelloberfläche adsorbiert und aufgenommen zu werden. Transformationen können auch über große verwandtschaftliche Distanzen (zwischen verschiedenen Arten und Gattungen) hinweg stattfinden, weil die Aufnahme von DNA-Fragmenten aus der direkten Umgebung nicht zwingend von nahverwandten Prokaryoten stammen muss. Transformationen können infolgedessen signifikant zur genetischen Variabilität und Verbreitung artfremder Merkmale beitragen. Die weite Verbreitung der natürlichen Transformation in Böden und Gewässern ist ein Beweis für die funktionelle Bedeutung dieses interzellulären Prozesses für die genetische Variabilität.

5.3.1 Transformationsarten

Es gibt prinzipiell drei Arten von Transformationen in Böden, die alle experimentell in Modellversuchen mit Böden (Mikrokosmen) nachgewiesen wurden (van Elsas *et al.* 2000; van Elsas u. Bailey 2002; Nielsen *et al.* 2007). Bei der (a) Austausch-Transformation wird das aufgenommene einsträngige DNA-Fragment an der homologen Stelle des Prokaryotengenoms rekombinativ gegen die vorhandene DNA ausgetauscht. Hingegen wird bei der (b) Plasmid-Transformation der aufgenommene Plasmid-DNA-Strang ohne Rekombination selbständig zirkular im Cytoplasma etabliert oder gelegentlich auch an homologer Stelle des Chromosoms nach Austausch und Rekombination integriert. Schließlich kann (c) ein DNA-Segment einer artfremden Donorzelle an einer beliebigen Stelle des Empfängergenoms stabil integriert werden (Zufallstransformation). Das vielseitige intrazelluläre Verhalten des aufgenommenen DNA-Fragments lässt die breiten Möglichkeiten der Transformation als Mechanismus erkennen, was die Bedeutung des Prozesses nur noch unterstreicht.

5.3.2 Die Entwicklungsphasen der Transformation

Die Transformation umfasst verschiedene Entwicklungsphasen (Abb. 5.1). Die **Kompetenz** (Aufnahmebereitschaft) der Empfängerzelle ist ein zeitlich begrenzter enzymatisch gesteuerter physiologischer Zustand. Bestimmte ökologische Bedingungen (Ernährung, Sauerstoff, Temperatur, Feuchtigkeit) wirken (z. B. bei grampositiven Bakterien) induzierend auf den Kompetenzfaktor (ein kleines Polypeptid), das den Zustand der Kompetenz durch Einschalten weiterer Gene einleitet. Meist erreicht die Kompetenz mit dem Zellwachstum zu Beginn der Log-Phase oder während

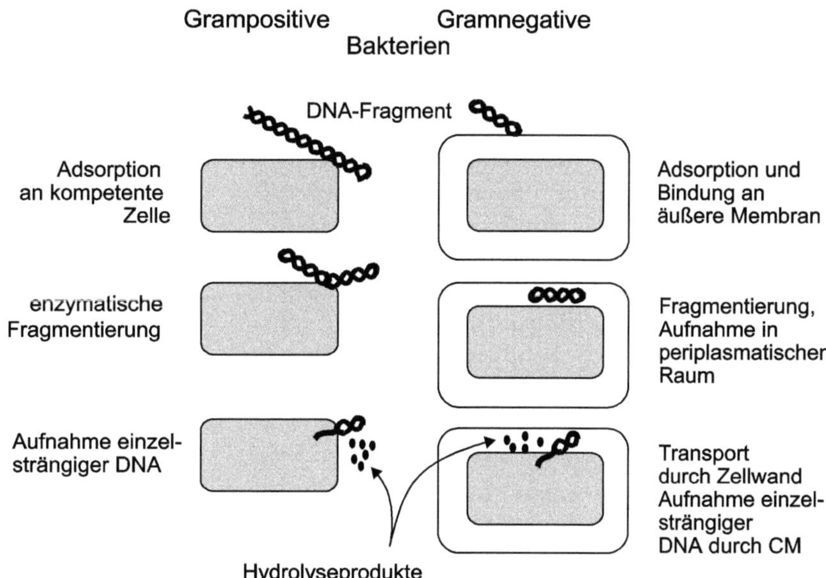

Abb. 5.1 Vergleichende schematische Darstellung der DNA-Aufnahme im Verlauf der natürlichen Transformation bei grampositiven und gramnegativen *Bacteria* (Dubnau, 1999)

des Übergangs von der Log-Phase zur stationären Phase ein Maximum. Während des Wachstums ist stets nur ein Teil der Population (ca. 10–25%, gelegentlich aber auch 100%) kompetent. Die Kompetenz in einer Population wird wahrscheinlich über *quorum sensing* (Kap. 9) gesteuert (z. B. bei Bodenbewohnern und Epiphyten wie *Bacillus subtilis*). Natürlich kompetente Bakterien bilden verschiedene Kompetenzproteine (z. B. Rezeptorproteine), die doppelsträngige DNA an der Zelloberfläche der Empfängerzelle adsorbieren und enzymatisch in kurze DNA-Bruchstücke (etwa 6–15 kb) fragmentieren. Die Aufnahme erfolgt vom neuen DNA-Ende her und verläuft wahrscheinlich relativ schnell (etwa 100 bp pro Sekunde). Der aktive Transport durch die Zellmembran erfolgt als einzelsträngiges DNA-Molekül, nachdem der andere Strang enzymatisch abgebaut wurde. Die Zellmembran lässt nur einen Einzelstrang passieren. Die Aufnahme erfordert Ca^{2+}, der Transport benötigt Mg^{2+} und Energie (ATP). Im Cytoplasma bindet das DprA-Protein (*DNA-processing-protein*) an den Einzelstrang und schützt ihn vor Abbau. Das aufgenommene einzelsträngige DNA-Fragment liegt im **Eklipszustand** (nicht nachweisbar) im Cytoplasma vor und wird dann unter Bildung eines Heteroduplexes in eine homologe Region durch Rekombinationsenzyme integriert. Ein Heteroduplex ist ein doppelstränger DNA-Abschnitt, in dem die beiden Stränge von zwei Ausgangsmolekülen herstammen. Liegen Segmentunterschiede vor, dann führt das zu ungepaarten Basen (Fehlpaarung). Nach einer Replikationsrunde liegen dann wieder Homoduplices vor, von denen einer die neue Information phänotypisch ausprägen kann. Die Integration der DNA erfolgt bei der Transformation somit bevorzugt durch homologe Rekombination, sodass primär Anlagen verwandter Prokaryoten übertragen und zur Ausprägung kommen können. Etwa 20 bis 70% der aufgenommenen DNA werden auf diese Weise integriert. Auch Plasmid- und Phagen-DNA kann durch Transformation aufgenommen und integriert werden. Die Hypothese, dass die DNA-Aufnahme sowohl der DNA-Reparatur als auch der Ernährung dienen kann, wurde experimentell untermauert und ist nicht widerlegt worden. Die Zelle kann die Degradationsprodukte der DNA aufnehmen und metabolisch verwerten. Beispielsweise können *Haemophilus influenzae* (Erreger einer sekundären Lungenentzündung) und *E. coli* auf diese Weise von reiner DNA leben, ohne sie vorher mit extrazellulären Enzymen degradiert zu haben. Entwicklungsgeschichtlich ist wahrscheinlich die Reparatur von DNA sowie die Erschließung von Nahrungsquellen ein älteres Anliegen als die Aneignung genetischer Information. Letztere Eigenschaft hat sich unter anderen Umweltbedingungen bei verschiedenen Organismen bewährt. Es gibt keine spezifischen Barrieren, um kompetente Prokaryoten an der beliebigen Aufnahme von DNA-Fragmenten aus der direkten Umgebung zu hindern (Thomas u. Nielsen 2005).

5.3.3 Ökologische Bedingungen in Böden

Die entscheidenden Voraussetzungen für Transformationen in Böden sind (a) der Zustand der **Kompetenz** und (b) die Verfügbarkeit freier **aufnehmbarer DNA-Moleküle** in der umgebenden Bodenlösung. In Böden wird die natürliche Transformationshäufigkeit wahrscheinlich von der Kompetenz der Zellen begrenzt. Einerseits befindet sich ein großer Teil der überwiegend oligotrophen Prokaryoten in physiologischer Ruhe (Kap. 1), andererseits besitzen nicht alle *Bacteria* und *Archaea* Gene für den Zustand der Kompetenz. Weil die natürliche Kompetenz im Wesentlichen ernährungsbedingt ist, wird deutlich, dass Transformationen in Böden hauptsächlich in Perioden von Populationswachstum mit Zellvermehrungen und erhöhten Absterberaten zu erwarten sind. DNA wird allerdings nicht nur aus toten lysierten Organismen (Prokaryoten, Viren, Protozoen), sondern auch von physiologisch aktiven Zellen ständig in die Umwelt abgegeben. Somit wirken zunächst alle Faktoren, die sich positiv auf das Wachstum der kultivierbaren und nichtkultivierbaren Prokaryoten auswirken (wie organische und anorganische Nährstoffzufuhr, ein optimaler Wassergehalt von 40–60% der maximalen Wasserkapazität (mWK), Temperaturen zwischen 20 und etwa 35°C, pH-Wert um den Neutralpunkt), auch günstig auf die Häufigkeit der natürlichen Transformationen aus (Lorenz u. Wackernagel 1994; Dröge *et al.* 1999; Van Elsas *et al.* 2000; van Elsas u. Bailey 2002). Umgekehrt begrenzen Nährstoffmangel und ungünstige Wachstumsbedingungen (Trockenheit, niedrige Temperaturen) bei Prokaryoten den Gentransfer mittels Transformationen (Tabelle 5.1). In verschiedenen Versuchen mit Mikrokosmen und sehr unterschiedlichen Bakterien wie *Acinetobacter baylyi* (*calcoaceticus*), *Azotobacter vinelandii, Pseudomonas stutzeri, P. aeruginosa* sowie bei *Bacillus subtilis, Streptomyces spp.*, *Streptococcus pneumoniae* und *Methylobacterium spp.* wurde die Bedeutung von Ernährung und Wachstum für die Häufigkeit von natürlichen Transformationen experimentell bestätigt. Unter den o. g. optimalen Bedingungen kann es jedoch nur dann zu Transformationen kommen, wenn die freigesetzten DNA-Moleküle ausreichend lang in der Bodenlösung verbleiben. Freie DNA wird in Böden rasch von freien und zellgebundenen DNAsen hydrolysiert und die Bausteine als Nährstoffquelle von allen Mikroorganismen verwertet. Die DNA-Aufnahme durch kompetente Zellen konkurriert folglich sehr stark mit der Verwertung von DNA als N-, P- und C-Quelle durch konkurrierende Mikroorganismen in der Population. Diese Konkurrenz wird dann zugunsten der kompetenten Zellen verschoben, wenn die DNA-Bruchstücke an Oberflächen von Bodenkolloiden wie Ton-Humus-Komplexen, Fe-und Al-Sesquioxiden und Sandpartikeln sorbiert, gegen nucleolytische

Tabelle 5.1 Resümee der Bedingungen für *hot spots* des horizontalen Gentransfers in Böden (modifiziert und ergänzt nach Thomas u. Nielson, 2005)

- Optimaler physiologischer Zustand: Prokaryoten in exponentiellem Wachstum durch gute Versorgung mit organischen und anorganischen Nährstoffen (Transformation, Konjugation, Transduktion)
- Optimaler Wassergehalt (Matrixpotenzial Ψ, Wasserpotenzial) von etwa 40 bis 60% der mWK (je nach Bodenart und Gehalt an organischer Substanz)
- Temperaturdynamik mit Optima zwischen 20–35°C und pH-Bereich von 6–7
- Gute Zugänglichkeit von Sorptionsoberflächen (Art und Menge an Ton-Humus-Komplexen) in Abhängigkeit von Bodenart und -struktur (Lebendverbauung)
- Dichte, Zusammensetzung und Wechselwirkungen der Prokaryoten
- Konzentration und Lebensdauer freier DNA-Moleküle in der Bodenlösung (im Falle der natürlichen Transformation)
- Anteil an Donorzellen mit Plasmiden und Integrativ Konjugativen Elementen (ICEs) sowie an geeigneten Empfängerzellen (Konjugation)
- Wirtspezifität der mobilisierenden Plasmide und ihre Zugehörigkeit zu Inkompatibilitätsgruppen (Inc-Gruppen) (Konjugation)
- Verbreitungsausmaß von Genen für Kompetenz (Transformation) unter den Prokaryoten
- Fraßdruck von Protozoen, Nematoden, Bdellovibrionen (Parasiten von Prokaryoten), Bakteriophagen und anderen Prokaryoten-Räubern
- Durchwurzelungsintensität und Stoffwechselaktivität der Wurzelhaare: Rhizosphäre als *hot spot* (Kap. 17)
- Zusammensetzung der Bodenfauna und ihrer Aktivitäten: Darmtrakt als *hot spot*

Enzyme besser geschützt und in ihrer Lebensdauer verlängert werden (Wackernagel 2006; Nielsen *et al.* 2007). Im Allgemeinen werden kleinere DNA-Bruchstücke schneller an Bodenkolloiden sorbiert als die größeren Abschnitte. Die DNA-Sorption an Tonminerale erfolgt bevorzugt an den positiv geladenen Rändern der Tonplättchen, aber auch die negativ geladenen Oberflächen vermögen DNA zu binden, wenngleich weniger intensiv. Homoionische Tonminerale wie Montmorillonit, Illit und Kaolinit, die homoionisch für zweiwertige Kationen (Ca^{2+}, Mg^{2+}) waren, sorbierten DNA-Bruchstücke etwa 100-mal intensiver als die entsprechenden Tonkolloide in homoionischer Form mit einwertigen Kationen wie Na^+, K^+ oder NH_4^+. Die Schutzwirkung von Tonkolloiden ist somit nicht nur von Art und Menge dieser Sorbenten abhängig, sondern auch von der Art der sorbierten Kationen. Modelexperimente mit *Bacillus subtilis* konnten zweifelsfrei nachweisen, dass an Sandpartikeln sorbierte DNA in der Lage ist, sorbierte Zellen von *B. subtilis* zu transformieren. Die Transformationsraten waren etwa 20- bis 50-mal höher als in der Lösung. Weil auch die Mehrzahl an Prokaryoten in Böden im sorbierten Zustand leben (Kap. 1), wird deutlich, dass die Grenzflächen zwischen festen und flüssigen Phasen in Böden als bevorzugte *hot spots* für Transformationen zu betrachten sind (Lorenz u. Wackernagel 1994). In dieser Hinsicht ist auch die **Rhizosphäre** (Kap. 17) als Transformationsort besonders günstig, da die Prokaryoten nicht nur sorbiert an Wurzelhaaren leben, sondern dort auch noch regelmäßig mit Nährstoffen (Exsudaten) und Wasser (Massenfluss) versorgt werden (Kap. 17). Wahrscheinlich finden die meisten Transformationen in unmittelbarer Umgebung von sorbierten Zellen in dichtbesiedelten Kolonien und Biofilmen auf Oberflächen statt.

Wichtige Barriere für die Etablierung artfremder DNA dürfte die homologe Rekombination sein, weil nur wenige Falschpaarungen toleriert werden. Weiter verfügen *Bacteria* über Restriktions-Modifikations-Systeme, die Schutz vor einem Überangebot an artfremder DNA bieten (van Elsas u. Bailey 2002). Da Restriktionsenzyme bevorzugt doppelsträngige DNA angreifen, bei der natürlichen Transformation aber Einzelstrang-DNA ins Cytoplasma gelangt, stellt Restriktion im Allgemeinen keine Barriere für Transformation dar. Hingegen sind Transduktion und Konjugation empfindlich für Restriktionsenzyme in der Empfängerzelle.

5.4 Künstliche Herstellung transgener Zellen

In der Gentechnik können elektrokompetente Prokaryoten (oder Pflanzenzellen) mithilfe der **Elektroporation** in einem Elektroporator künstlich transformiert werden. Dazu werden wachsende Prokaryoten im ionenarmen Milieu für den Bruchteil einer Sekunde einer elektrischen Gleichspannung ausgesetzt (z. B. 12 000 V pro cm), wodurch sich die Permeabilität der Zellen so erhöht, dass zugefügte DNA-Bruchstücke in die Zellen hinein gelangen können. Diese Technik ist heute von großer Bedeutung für die Herstellung von transgenen Zellen, sowohl in der Mikrobiologie als auch in der Pflanzenbiotechnologie. Die Elektroporation ist heute neben der künstlich erzeugten „chemischen Kompetenz“ durch Ionenbehandlung (z. B. mit $CaCl_2$) eine relativ einfache und sichere Methode zur Präparation von transformierten (transgenen) Bakterien. Bei diesem Verfahren gelangt doppelsträngige DNA ins Cytoplasma.

5.5 Konjugation

Bei diesem parasexuellen Prozess erfolgt die Übertragung genetischer Informationen (Plasmide und/oder chromosomale DNA) mittels konjugativer Plasmide oder integrierter konjugativer Elemente (ICEs), darunter konjugativer Transposons (CTs), von einer Donor- in eine Empfängerzelle, unter Bildung eines Transkonjugaten (van Elsas *et al.* 2000, 2006; Burrus *et al.* 2002; Frost *et al.* 2005; Nielsen *et al.* 2007). Entwicklungsgeschichtlich ist die Konjugation wohl nicht ein Prozess der Prokaryoten, sondern vielmehr ein Vorgang der kleinen evolutiven Einheiten: der Plasmide. Konjugation ermöglicht den Plasmiden epidemische Ausbreitung, Eroberung von Zellen und Anpassung an Biotope und Bedingungen. Bei gramnegativen und grampositiven Bakterien ist ein ummittelbarer Zellkontakt durch eine Konjugationsbrücke, die durch Sex- oder F-Pili mit einer anderen Zelle initiiert wird, erforderlich (Abb. 5.2). Die Rekombination des übertragenen einzelsträngigen genetischen Materials findet in der Rezeptorzelle statt. Donorzellen produzieren Sex-Pili, wenn ein **F-Plasmid** (oder F-Faktor) vorhanden ist.

Dieser Transfer erfolgt unilateral gerichtet, von Donorzelle (F^+) auf Empfängerzelle (F^-). Das F-Plasmid

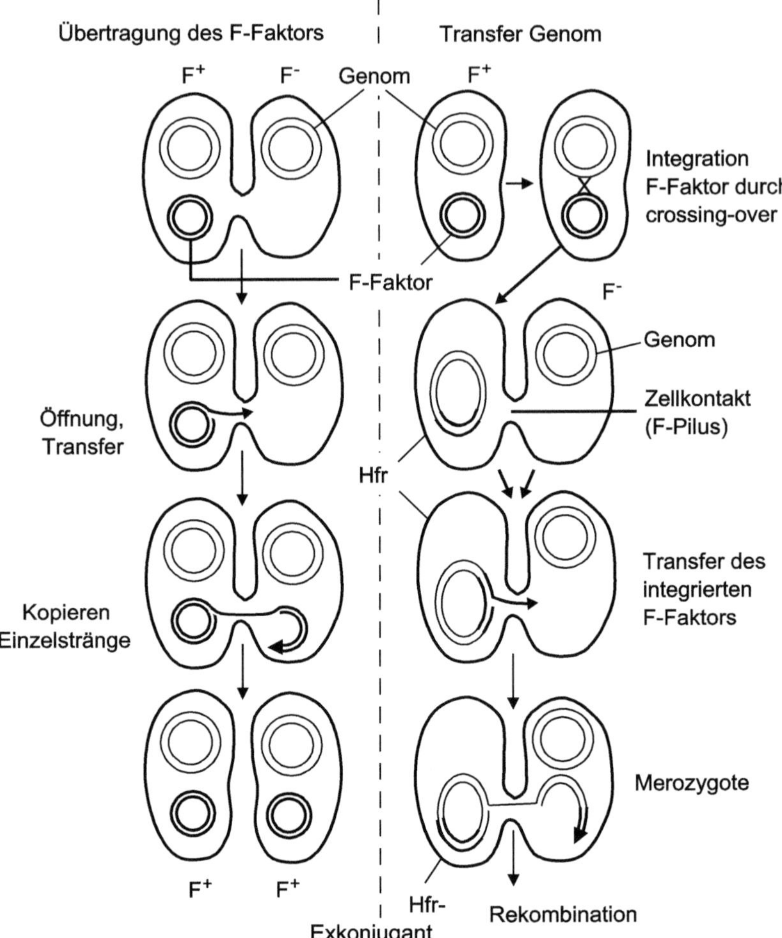

Abb. 5.2 Schematische Darstellung der Übertragung von genetischem Material mittels Konjugation. Links die Übertragung des F-Faktors von einer F^+-Donor- auf eine F^--Empfängerzelle mit der Bildung von 2 F^+-Donorzellen. Rechts die Integration des kreisförmigen F-Faktors in das Genom einer F^--Zelle unter Bildung einer Hfr-Donorzelle (*Hfr* = *high frequency of recombination*) mit anschließendem Transfer des integrierten F-Faktors und Bildung einer Merozygote (partiell diploide Rezeptorzelle). Zwischen homologen Abschnitten der Donor- und Empfängerzelle kann es zur Rekombination kommen. Die nicht durch Rekombination eingebauten Gene gehen in der Rezeptorzelle verloren (Russell, 2006; modifiziert, mit Genehmigung von Pearson Education, Inc., San Francisco, CA, USA)

besitzt mehrere mobile **IS-Elemente** (IS = Insertionssequenz) und *tra*-Gene, welche die Konjugation erst ermöglichen (Box 5.1). Die F-Faktoren liegen entweder frei im Cytoplasma oder während der Konjugation im Genom der Donorzelle integriert vor. Wird ein F-Faktor in das ringförmige Genom eingebaut, dann werden die betreffenden Bakterien zu Hfr-Zellen (Hfr =***h****igh* ***f****requency of* ***r****ecombination*). F-Faktoren sind als autonome replizierende DNA-Elemente zu betrachten. Zunächst werden mehrere *tra*-Proteine am *oriT*, an der Stelle auf dem F-Plasmid, an der die Übertragung begonnen wird, gebunden. Dabei entsteht ein Nucleoprotein-Komplex, Relaxom genannt. Die Relaxase verursacht einen Einzelstrangbruch am *oriT* und wird dabei an der DNA kovalent gebunden. Der Nucleoprotein-Komplex enthält Mpf-Proteine (Gene für *mating-pair-formation* = Mpf-Region) und übernimmt die Funktion eines DNA-Exportssystems in der Membran (Typ-IV-Sekretionssystem; Box 5.2). Nach der Replikation in der Donorzelle wird ein einzelsträngiges DNA-Molekül während des Zell-zu-Zell-Kontaktes innerhalb eines bestimmten Zeitraumes mechanisch durch die Zellmembran von der Donor- zur Empfängerzelle geschoben und dort zu einem Doppelstrang komplettiert. Die Übertragung erfolgt durch den Mpf-Komplex, welcher die Cytoplasmamembran, das Periplasma und die äußere Membran gramnegativer Bakterien durchspannt. Die *coupling*-Proteine stellen dabei die Verbindung zwischen dem Relaxom und dem Mpf-Komplex her. In der Empfängerzelle entsteht eine partielle Zygote (**Merozygote**). Es kommt zur Suche nach homologen Nucleotidsegmenten und zum Segmentaustausch (Rekombination) zwischen Empfängerchromosom und Spender-DNA. Die Nachkommen von Rekombinanten erhöhen die genetische Variabilität in der Population.

Box 5.1 Plasmide, Insertionssequenzen, Transposons und ICEs

Plasmide sind kleine, autonome, meist zirkuläre extrachromosomale doppelsträngige DNA-Moleküle (ca. 6 bis 2400 kbp) im Cytoplasma von Prokaryoten, die nicht lebensnotwendig sind und als unabhängige genetische Einheit repliziert werden können. Sie sind z. T. durch Konjugation auf Prokaryoten gleicher oder verschiedener Arten übertragbar. Pro Zelle kann es ein bis zehn verschiedenartige Plasmide geben, die in jeweils einer oder mehreren Kopien vorliegen können. Die meisten Plasmide sind kryptisch. Etwa 1–5% der genetischen Information der Zelle kann auf Plasmiden vorliegen. Zwei Plasmide gelten als inkompatibel, wenn sie nicht in der gleichen Zelle koexistieren können. Sie können in (a) konjugative Plasmide (enthalten *tra-* und *mob*-Gene, verantwortlich für die Übertragbarkeit von Plasmiden), in (b) mobilisierbare (mit *mob-*, aber ohne *tra*-Gene) und in (c) nichtmobilisierbare Plasmide (ohne *tra-*, *mob-* und *bom*-Gene) unterteilt werden. *mob*-Gene bilden Proteine zur DNA-Hydrolyse an einer bestimmten (*bom*)-Stelle (*bom* = *basis of mobilization*, dort wird ein Einzelstrangbruch (*nick*) durch Relaxase gebildet). Die *tra*-Gene sind u. a. für die Bildung der Sex-Pili (F-Pili) verantwortlich. Für eine Übertragung genetischer Information aus dem Genom sind Fertilitäts(F)-Plasmide mit funktionellen *tra-* und *mob*-Genen notwendig. Bei der Integration von Plasmiden in das Genom (=Episomen) kann bei einer anschließenden Konjugation eine Kopie von einem Teil des Bakteriengenoms in die Empfängerzelle übertragen und durch Rekombination integriert werden (Abb. 5.2). Eine Rekombination entspricht auf molekularer Ebene dem Austausch von DNA-Abschnitten. Plasmide können durch Konjugation zwar übertragen, aber als extrachromosomale Elemente nicht in das Genom der Empfängerzelle integriert werden. Essenziell für den Transfer von Plasmiden ist die *oriT*-Region (***ori**gin of **t**ransfer replication*). In dieser Region befindet sich auch die *nick-site* (*nick* = Kerbe), an der wie oben erwähnt durch die Relaxase (ähnlich wie durch DNA-Topoisomerasen) ein Einzelbruch eingeführt wird.

Insertionssequenzen (IS) sind relativ kleine DNA-Abschnitte, die sowohl im Bakteriengenom als auch auf Plasmiden vorkommen können. Sie bestehen meist aus weniger als 2 kbp und enthalten nur die für die Transposition erforderliche genetische Information. Der zentrale Bereich codiert für die Transposase, die für die Mobilität des IS-Elementes verantwortlich ist. IS codieren nicht für phänotypische Merkmale.

Transposons sind sog. springende Gene, die den IS-Elementen ähneln. Sie codieren allerdings für phänotypische Merkmale und können in Chromosomen, Plasmiden oder Phagengenomen vorkommen. Sie können von einer DNA auf eine andere überwechseln (springen), aber keine Konjugation einleiten, sind aber bezüglich der Integration in andere genetische Elemente (Plasmide) sehr flexibel. Transposons lassen sich zwar im Genom der Empfängerzelle integrieren, aber nicht durch Konjugation übertragen. Konjugative Transposons sind hingegen konjugativ übertragbar. Sie werden auch integrative und konjugative Elemente (ICEs) genannt. Es handelt sich um mobile genetische Elemente, die normalerweise im Genom integriert sind. Sie können aber durch Exzision aus dem Genom herausgeschnitten, durch Konjugation in eine Empfängerzelle übertragen und dort integriert werden. ICEs codieren für Proteine, die für die Konjugation notwendig sind, können aber auch für Antibiotikumresistenz, alternative Stoffwechselwege und Symbiosen codieren. ICEs sind unter den *Bacteria* weit verbreitet und spielen eine wichtige Rolle im HGT, weil sie sich selbst sowie andere DNA-Fragmente in Empfängerzellen übertragen können. Wahrscheinlich sind sie in Böden von großer Bedeutung, doch ist darüber noch kaum etwas bekannt. Hier besteht noch Forschungsbedarf (Schumann 1990; Burrus *et al.* 2002; Auchtung *et al.* 2005, Frost *et al.* 2005; Russel 2006).

5.5.1 Funktionen der Plasmide

Der konjugative Transfer von Merkmalen ist in der Regel mit Plasmiden (*tra*$^+$) verbunden, weil sich diese kleinen genetischen Elemente rasch übertragen lassen. Plasmide liegen bei Vertretern der Gattung *Streptomyces* sowie in Hefen und filamentösen Pilzen in linearer Form vor. Nach ihrer Übertragung werden Plasmide in der Empfängerzelle **autonom repliziert**. Fremd-DNA, welche in die Plasmide inseriert wurde, kann so in die bakterielle Wirtszelle eingeschleust und nach Rekombination dort exprimiert werden. Plasmide können allerdings auch als freie DNA von Prokaryoten aus der Bodenlösung aufgenommen werden (vgl. Transformation). Die Konjugation dient der Übertragung von Plasmiden. Die Gentechnik macht sich diese Eigenschaft zunutze. Im Gegensatz zur Übertragung von Plasmiden braucht der Transfer eines ganzen Ge-

Box 5.2 Sekretionssysteme bei Bakterien

Die meisten extrazellulären Proteine (Exoenzyme) werden vom generellen Sekretionssystem (*Sec*-System) durch die Cytoplasmamembran (CM) ausgeschieden (sezerniert). Gramnegative Bakterien benötigen aufgrund ihrer feinmaschigen äußeren Membran (ÄM) spezielle Sekretionssysteme (Typ I bis IV), um Proteine (Exoenzyme, Virulenzfaktoren) durch diese Membran zu exportieren. Dabei kann sich der Transport über die CM sowohl *sec*-abhängig (Typ II, V) als auch *sec*-unabhängig (Typ I, II, IV) abspielen.

Typ I: Prototyp dieses ABC-Transportsystems ist die Sekretion von **α-Hämolysin** (einem Toxin von sog. vergrünenden Streptokokken). Drei Membranproteine ermöglichen eine *sec*-unabhängige Sekretion durch eine Translokationspore in einem Schritt. Zahlreiche **Toxine** humanpathogener und pflanzenpathogener Bakterien werden nach dem Typ-I-Mechanismus transportiert und dann sezerniert.

Typ II: Prototyp ist das **Pullulanase**-Sekretionssystem (hydrolysiert α-D-Glucan) von *Klebsiella spp.* (Enterobakterien). Dieses System transportiert Proteine (Enzyme) ins Periplasma. Dazu bilden mehrere Proteine einen Transportkomplex mit einer Pore in der äußeren Membran. Der Transport erfolgt in zwei Schritten, wobei der erste Schritt durch die CM *sec*-abhängig ist. Die ausgeschiedenen Enzyme werden extrazellulär freigesetzt oder bleiben mit der Zelloberfläche verbunden. Vorkommen bei Bodenbakterien: *Pseudomonas spp.*, *Xanthomonas spp.*, *Ralstonia spp.*, *Nitrosomonas europaea.*

Typ III: Prototyp ist die Ausscheidung von **Invasinen** (*Salmonella spp., Yersinia spp.*), Yop-Proteinen (*Yersinia spp.*) oder Effektorproteinen (von pflanzenpathogenen Bakterien). Typ-III-Sekretionsproteine werden durch eine Nadelstruktur von Proteinen (Triplett) in einem Schritt *sec*-unabhängig nach außen transportiert. Durch Kontakt mit Zielzellen wird das Typ-III-Sekretionssystem aktiviert und injiziert dann Proteine in die Zielzelle. Vorkommen bei (phyto)pathogenen Bakterien: *P. aeruginosa* (opportunistisch bei Mensch und Tier), *P. syringae*, *Pantoea (Erwinia) carotovora*, *Rhizobium spp.*, *Xanthomonas spp.*, *Ralstonia spp.*

Typ IV: Als Prototyp dieses Transporters kann das ***vir*-System** von *Rhizobium radiobacter* (= *Agrobacterium tumefaciens*; Verursacher von Wurzelhalsgallen) angeführt werden. Es bewirkt die Konjugation zwischen *R. radiobacter* und der Zielzelle. Proteine werden in einem Schritt *sec*-unabhängig mithilfe eines Nucleoprotein-Komplexes durch beide Membranen transportiert. Typ-IV-Systeme ermöglichen die Injektion von Proteinen in die benachbarte Zielzelle. Andere vermitteln den Transport von Einzelstrang-DNA während der Konjugation. Vorkommen bei pflanzen- bzw. humanpathogenen Bakterien: *Rhizobium spp.*, *Xanthomonas spp.*, *Ralstonia spp.*, *Burkholderia spp.*, *Mesorhizobium spp.*, *Helicobacter pylori* (Transport und Sekretion eines Virulenzproteins in die Magenschleimhaut).

Typ V: Es sind **Autotransporter**. Als Prototyp gilt die IgA-Protease von *Neisseria gonorrhoeae* (Tripper). Die Proteine werden *sec*-abhängig über eine Pore in der CM ins Periplasma ausgeschieden. Die Information zur Translokation über die ÄM ist in der Polypeptidkette enthalten. Zahlreiche Proteine werden über das Typ-V-Transportsystem transportiert und anschließend durch Autoproteolyse freigesetzt. Vorkommen: *Xanthomonas spp.*, *Ralstonia spp.*, *Burkholderia spp.*, *Pseudomonas syringae*, *P. aeruginosa* (Preston *et al.* 2005)

noms bei *E. coli* unter optimalen Laborbedingungen mehr als eine Stunde. Ein solcher Vorgang dürfte in Böden vermutlich wesentlich länger benötigen und folglich vorher unvollständig abgebrochen werden (*interrupted mating* = unterbrochene Paarung).

Durch Konjugation können Plasmide und ICEs nicht nur zwischen gramnegativen und grampositiven Bakterien, sondern auch von Bakterien auf Hefen, Pflanzen und Säugerzellen (Eukaryoten) übertragen werden. Konjugation umfasst heute eine Kollektion von ähnlichen konjugativen Prozessen. In der Regel ist nicht der Transferprozess, sondern die Etablierung der Plasmide oder Transposons im artfremden Wirt erfolgslimitierend. Die Etablierung kann durch Rekombination, aber auch durch Hybridisierung bzw. Transposition erfolgen (Thomas u. Nielsen 2005).

Mobilisierbare Plasmide (Box 5.1). Die durch konjugative Plasmide (Helferplasmide) verursachte Übertragung von nichtkonjugativen Plasmiden in andere Zellen wird als Mobilisierung bezeichnet. Dazu ist es erforderlich, dass in einer Zelle das zu mobilisierende Plasmid zusammen mit einem konjugativen Plasmid vorliegt. Die mobilisierbaren Plasmide codieren für Mobilitätsproteine (mob-Proteine), die für die Bildung des Relaxosoms und zum Einfügen des Einzelstrang-Bruches an der *nic-site* (Bruchstelle) im oriT des mobilisierbaren Plasmids erforderlich sind. Durch Interaktion des Relaxosoms mit einem *coupling*-Protein des konjugativen Plasmids, kommt es zur Übertragung des mobilisierbaren Plasmids. Der DNA-Einzelstrang wird anschließend über die vom konjugativen Plasmid (Mpf-Komplex) gebildete Membranpore (Typ-IV-Sekretionssystem) in die Empfängerzelle transferiert. Die Mobilisierungsraten mobilisierbarer Plasmide schwanken sehr und sind von der Wechselwirkung zwischen dem *coupling*-Protein des konjugativen Plasmids und dem Relaxosom des mobilisierbaren Plasmids abhängig (Schumann 1990; Frost *et al.* 2005; Thomas u. Nielsen 2005).

Bei den verschiedenen Konjugationssystemen handelt es sich eigentlich um eine Untergruppe des Typ-IV-Sekrektionssystems (Typ-IV-SS). Prokaryoten besitzen verschiedene Transportsysteme für Proteine und DNA (Box 5.2). Zu den Substraten, die vom Typ-IV-Sekretionssystem transferiert werden, gehören DNA-Protein-Komplexe, Proteine und komplexe Toxine. Alle Typ-IV-SSe haben gemein, dass sie bei gramnegativen Bakterien intrazelluläre Proteine durch die äußere Membran exportieren können. Konjugative Typ-IV-SSe können hingegen sowohl DNA-Protein-Komplexe als auch Proteine exportieren und in die Empfängerzelle injizieren.

5.5.2 Bedeutung in Böden

Die Mehrzahl der Experimente zum Gentransfer in Böden betrifft die Konjugation, wobei der Transfer plasmidgebundener Stoffwechsel-, Schwermetallresistenz- und Antibiotikaresistenz-Gene im Vordergrund steht. Bei diesen Versuchen lassen sich Transferereignisse durch Einsatz von **Marker-Genen** (z. B. Antibiotikumresistenz) relativ einfach auffinden. Zur Selektion von *Bacteria,* die Plasmide aufgenommen haben, dienen ein oder zwei auf der Plasmid-DNA lokalisierte, selektierbare Marker (meist Ampicillin- oder Tetracyclinresistenz-Gene). Um die *in-situ*-Migration von mobilen Elementen verfolgen zu können, werden Plasmide mit fluoreszierenden Marker-Genen (z.B. das grün fluoreszierende Protein GFP oder dessen rot fluoreszierende Variante) ausgestattet und mit dem Scanning-Konfokalen-Laser-Mikroskop (SCLM) verfolgt (Haagensen *et al.* 2002). Der Konjugation wird ein hohes Potenzial für den HGT plasmidgebundener Gene zugeordnet, sowohl zwischen verschiedenen Prokaryoten-Arten als auch zwischen entfernt verwandten Organismen. Sie ist sehr unspezifisch und kann deshalb auch zwischen phylogenetisch entfernten Organismen stattfinden (Schumann 1990; van Elsas *et al.* 2000; Musovic *et al.* 2006; Russel 2006; van Elsas *et al.* 2006).

Unter bestimmten ökologischen (Stress-)Bedingungen (Selektionsdruck) können Plasmide durch den Transfer von Eigenschaften, die den Exkonjuganten verbesserte Überlebenschancen und Anpassungen ermöglichen, die rasche Verbreitung solcher Eigenschaften in den Lebensgemeinschaften sichern. Zu solchen konjugationsbedingten Anpassungen gehören beispielsweise

- der Aufbau von Populationen mit Resistenzen gegen Antibiotika durch Verbreitung von **Resistenzfaktoren** (R-Faktoren, R-Plasmide). Mittels Konjugationen kann die Resistenz gegenüber gängigen therapeutisch genutzten Antibiotika wie diejenigen aus der Gruppe der Aminoglykoside (Kanamycin, Streptomycin, Gentamicin), β-Lactam-Verbindungen (Penicilline, Ampicillin, Carbenicillin etc.), Tetracycline (Doxycyclin, Oxytetracyclin, Chlortetracyclin), Makrolide (Erythromycin), des Chloramphenicols (die Verwendung ist heute in Deutschland verboten), Fusidinsäure oder des Streptothricins (verwendet in der Schweinemast) bei anhaltendem Selektionsdruck schnell über verschiedene Populationen in Böden und Sedimenten (und in Krankenhäusern) verbreitet werden. Dabei kann es zu multiplen erworbenen Resistenzen kommen, wenn der Selektionsdruck breit und anhaltend ist. Zu bedenken ist jedoch, dass multiple Antibiotikumresistenzen in Böden allgemein vorkommen, weil verschiedene Bodenorganismen wie beispielsweise Actinomyceten (*Streptomyces spp*., *Nocardia spp*., *Micromonospora spp.* etc.), Pseudomonaden, Myxobakterien und Echte Pilze im Konkurrenzkampf um den Lebensraum in Böden Antibiotika ausscheiden, gegen die sie allerdings selbst resistent sind (Kap. 6). Infolgedessen besitzen zahlreiche Bodenbakterien eine **natürliche multiple Resistenz** gegenüber mehreren Antibiotika (D'Costa *et al.* 2006; Dantas *et al.* 2008). Bei entsprechendem Selektionsdruck können Antibiotikumresistenzen in Böden nicht nur durch Transfer von Plasmiden, sondern auch durch Mobilisation von genomcodierten Resistenzen verbreitet werden, weil Anlagen für Biosynthesewege von Antibiotika und Resistenzmechanismen auf dem Genom vorliegen. Gerade Streptomyceten besitzen Plasmide mit der Fähigkeit, das lineare Chromosom zu mobilisieren (*chromosome mobilization ability*, Cma). Die konjugativen Elemente mit Cma können sich im Genom der Wirtszelle integrieren und große Teile des Genoms zusammen mit Teilen des konjugativen Elements in eine Empfängerzelle übertragen. Antibiotika selbst können dabei die Übertragung derjenigen Plasmide induzieren, welche für die Resistenz gegenüber dem betreffenden Antibiotikum codieren (van Elsas 1992; Auchtung *et al.* 2005; Frost *et al.* 2005; Kemper 2008),

- das Ausstreuen von Resistenzen gegenüber ionischen Schwermetallen (Hg, Ni, Co, Pb, Cd, Cu, Zn, Cr, Ti) und potenziell toxischen Nichtmetallen wie As, Te, B und Sb. Die Resistenz gegenüber den o. g. potenziell toxischen Elementen (ihre Toxizität in Böden ist eine Frage der physiologisch wirksamen Konzentration) ist überwiegend plasmidcodiert. Bei relativ hohem Selektionsdruck können einfache und multiple Resistenzen durch Konjugation in der Population wirksam verbreitet werden. Aber nicht nur gegenüber den ionischen Formen, sondern auch gegenüber toxischen metallorganischen Verbindungen von Hg [z. B. CH_3Hg^+, $(CH_3)_2Hg$], Se (Selen) und Sn (Zinn) können Resistenz-Gene von bestimmten Plasmiden (z. B. pJP4) übertragen werden. Das Plasmid RP4 codiert nicht nur für Resistenz gegen die unterschiedlich wirksamen Antibiotika Ampicillin, Tetracyclin und Kanamycin/Neomycin, sondern auch für die Resistenz gegen das Nichtmetall Tellur (Te) und das Anion Tellurit (TeO_3^{2-}). Die allgemeine experimentelle Erfahrung lehrt, dass die Übertragung solcher R-Faktoren in Reinkulturen unter Laborbedingungen mit relativ hoher Häufigkeit, in Böden (sowohl in Mikrokosmen als auch im Gelände) jedoch nur noch mit geringer Frequenz erfolgt. Im Boden mit komplexen konkurrierenden Lebensgemeinschaften können sich einzelne Stämme oft schwer behaupten und durchsetzen, wodurch die Verbreitung von R-Faktoren begrenzt wird (Schumann 1990; Wuertz u. Mergeay 1997),
- die Etablierung bestimmter katabolischer Merkmale wie die Verwertung von Kohlehydraten, Aromaten und bestimmten organischen Säuren (z. B. Oxalsäure), die Hydrolyse von spezifischem Eiweiß und von DNA oder die Synthese von Diacetyl. Aber auch spezifische anabolische Stoffwechselprozesse (z. B. die Synthese von bestimmten Aminosäuren, Vitaminen, Enzymen, Pigmenten etc.) können von Plasmiden bei Bedarf auf andere Organismen übertragen werden,
- die Verbreitung von *nod*-Genen (Nodulationsgene) unter Rhizobien. *Nod*-Gene befinden sich in den meisten Rhizobien-Arten auf großen Sym-Plasmiden (*pSym*, 180 bis 1600 kb), die auch die *nif*- und *fix*-(N_2-Bindung)-Gene enthalten. Nur bei *Rhizobium loti*, *Bradyrhizobium spp.* und *Azorhizobium spp.* liegen die Gene für **Nodulation** (Knöllchenbildung) und Stickstoffbindung (Nitrogenase-Komplex) auf dem Genom (Kap. 13). Bemerkenswert ist, dass die Pili von Rhizobien und Bradyrhizobien offenbar nicht der Konjugation, sondern der Haftung an Wurzelhaaren von Leguminosen dienen (Haft-Pili),
- die Übertragung von degradativen Stoffwechseleigenschaften zur Verstärkung des Abbaupotenzials (*remediative potential*). Auf zahlreichen degradativen Plasmiden sind die Gene zum Abbau von relativ persistenten natürlichen oder xenobiotischen (= der Natur fremden) Verbindungen lokalisiert. Hierzu gehören beispielsweise das *Tol*-Plasmid (Toluol-Abbau), *NAH*-Plasmid (Naphthalin-Abbau), *2,4-D*-Plasmid (Katabolismus des Herbizids 2,4-D), *CAM*-Plasmid (Abbau von Terpenen wie Campher), *clc*-Plasmid (Abbau von Chlorcatechol), *bph-sal*-Plasmid (Abbau von Biphenyl und Salicylat) sowie das *NIC*-Plasmid (Stoffwechel von Nicotin). Auch der Abbau von Anilin und zahlreichen anderen relativ persistenten (aromatischen) Verbindungen kann auf Plasmiden lokalisiert sein.

Die Mineralisation einer gewissen relativ persistenten organischen Verbindung kann bei permanenter Anwesenheit unter bestimmten ökologischen Bedingungen (z. B. pO_2, pH, Abwesenheit leichter mineralisierbarer Verbindungen) einen Konkurrenzvorteil für einige wenige vorhandene Organismen mit dem entsprechenden degradativen Plasmid bedeuten. Bei anhaltendem Selektionsdruck kann die betreffende Fähigkeit mithilfe des Plasmids durch Konjugation rasch über die Populationen verteilt werden. Grund des Abbauerfolges ist das Vorkommen des betreffenden Plasmids unter einigen wenigen Mitgliedern der ansässigen Population. Hingegen ist der Erfolg von angeimpften, gentechnisch veränderten Stämmen zur Verstärkung eines bestimmten degradativen Abbaus in Böden oder in Bodenaushub (**Bioaugmention;** lat. *augmen* = Zuwachs) im Allgemeinen gering, weil sich der freigesetzte maßgeschneiderte Stamm im Konkurrenzkampf mit den vorhandenen Mikroorganismen häufig nicht oder nicht ausreichend durchsetzen kann (De Rore *et al.* 1994; van Elsas u. Bailey 2002; Top *et al.* 2002),

- die Etablierung von plasmidcodierten Resistenzsystemen gegen UV-bedingte DNA-Schäden. Diese Phänomene wurden bei Enterobakterien und Pseudomonaden nachgewiesen, die an der Oberfläche von Böden und Blättern intensiver Strahlung ausgesetzt waren.

Plasmidcodiert sind auch die Bt-Toxine, die durch Vergiftung von Insektenlarven dem Bodenbakterium (*Bacillus thuringiensis*) gute Vermehrung in den Kadavern ermöglichen (Box 5.3). Häufig sind auch Bakteriocine (z. B. Colicine von *E. coli*, Pyocine von *Pseudomonas aeruginosa* oder Megacine von *Bacillus megaterium*) plasmidcodiert. Es handelt sich um Proteine, die verwandte Arten und Stämme abtöten können. Je nach Typ können diese Proteine bei den Empfängerzellen den DNA-, RNA- oder Proteinstoffwechsel blockieren und dadurch die Konkurrenzkraft verstärken.

5.5.3 Ökologische Bedingungen der Konjugation

In Böden gehört die Konjugation zu den erfolgreichsten prokaryotischen Strategien zur Anpassung an veränderte ökologische Bedingungen und zum Überleben unter bestimmten Stressfaktoren (Frost 1992; Frost *et al.* 2005). Die Weitergabe solcher Eigenschaften auf andere Populationsmitglieder ermöglicht eine rasche Reaktion der Lebensgemeinschaft auf neue Stressfaktoren. Bei hohem Selektionsdruck kann die Anwesenheit bestimmter Plasmide oder ICEs das Überleben des betreffenden Organismus sichern. Sowohl unter kultivierbaren als auch unter bisher nicht kultivierbaren Prokaryoten sind Plasmide und ICEs wahrscheinlich sehr weit verbreitet. Die überwiegende Mehrzahl dürfte noch nicht bekannt sein (Burrus *et al.* 2005). Der Anteil an Plasmid/ICEs-tragenden Prokaryoten unterliegt in Böden je nach Bedingungen (Ernährung, Feuchtigkeit, Temperatur, pH-Wert, verfügbare Oberflächen, Stressintensitäten etc.) vermutlich großen Schwankungen, sodass Momentaufnahmen kaum Aussagekraft besitzen. Diesbezüglich fehlen genaue standortspezifische Untersuchungen weitestgehend. Mithilfe der endogenen alkalischen Plasmid-Isolierungsmethode wurden 3055 Reinkulturen aus (nicht spezifizierten) Böden auf ihren Plasmidgehalt untersucht. Dabei wurden 99 plasmidhaltige Isolate (3,2%) festgestellt. Die Verteilung der Plasmide in den einzelnen Gattungen schwankte allerdings zwischen 2% (*Arthrobacter spp.*, Phylum *Actinobacteria*) und 100% (*Paracoccus spp.*; *Alphaproteobacteria*). Unter den 54 plasmidhaltigen gramnegativen Isolaten wurden insgesamt 104 Plasmide nachgewiesen, 54% dieser Isolaten hatten nur ein Plasmid. Die größte Gruppe der detektierten Plasmide (47%) war größer als 70 kb, 24% hatten eine Größe zwischen 30–70 kb und der Rest besaß Plasmide unter 30 kb (Battermann 2002). Die häufigsten Methoden, um zahlreiche Bodenisolate auf das Vorkommen von Plasmiden und anderen mobilen genetischen Elementen (MGE) zu untersuchen, sind die PCR-Amplifikation mit Primern für MGE-spezifische Sequenzen und DNA-DNA-Hybridisierung (Smalla u. Heuer 2006). Aufgrund der unklaren Spezifität haben sich diese Primer jedoch als fragwürdig erwiesen.

Nicht nur die Größe, sondern auch die Anzahl an Plasmiden pro Zelle ist variabel. Bei *Rhizobium leguminosarum* wurden sechs, bei *Bacillus megaterium* zehn und bei *Pantoea* (*Erwinia*) *stewartii* sogar 11 Plasmide in einer Zelle nachgewiesen. Vermutlich bedeutet eine relativ hohe Anzahl an Plasmiden zwar ein vergleichsweise hohes Maß an potenzieller ökologischer Flexibilität, andererseits aber auch einen höheren Energieverbrauch. Zellen mit mehreren Plasmiden brauchen bei der Replikation mehr Energie und Zeit und wachsen folglich langsamer als die plasmidfreien Verwandten, weshalb sie bei fehlendem Stress zahlenmäßig überwachsen werden. Der Anteil an plasmidhaltigen Bakterien dürfte folglich in Böden wellenförmig verlaufen.

Entsprechend den Bedingungen für natürliche Transformationen wird auch die Plasmid-Übertragungshäufigkeit entscheidend vom physiologischen Zustand der Zellen, insbesondere der Donorzellen, beeinflusst (Tabelle 5.1). So steigt die Transferrate von Plasmiden wesentlich während der exponentiellen Wachstumsphase der Donorzelle. Der physiologische Zustand der Empfängerzelle ist weniger maßgebend. Durch Zugabe von Nährstoffen in sterilen Böden lässt

Box 5.3 ***Bacillus thuringiensis*****, vom Bodenplasmid zum biologischen Pflanzenschutz**

Transformanten sind transgene Pflanzen, die mithilfe gentechnischer Methoden zusätzlich mit (Resistenz-)Genen und regulatorischen Sequenzen im Genom ausgestattet sind. In Bt-Mais, Bt-Baumwolle, Bt-Kartoffeln, Bt-Nassreis (seit 2000 in China) und in etwa 20 andere Kulturpflanzen wurden inzwischen die *Cry*-Gene für die Produktion des insektiziden **Bt-Toxins** aus dem ubiquitären sporenbildenden Bodenbakterium *Bacillus thuringiensis* (Phylum *Firmicutes)* eingeschleust. Das Bt-Toxin ist ein natürliches Insektizid, das während der Sporenbildung in Form von Proteinkristallen (***crystals*****, *Cry*-**Proteine) in Einschlusskörperchen (Delta-Endotoxin) im Zellinneren abgelagert wird. Nach Auflösung dieser Proteine im Larven- und Raupendarm schädlicher Schmetterlinge, Zweiflügler und Käfer wirkt das Toxin je nach Typ tödlich. Die Proteine (es gibt inzwischen etwa 60 *Cry*-Proteine) sind nur bei hohen pH-Werten von 9–10 im Insektendarm aktiv und führen zur Zerstörung des Darmepithels. Für Menschen und Wirbeltiere sind sie ungefährlich. Die *Cry*-Gene von *B. thuringiensis* liegen auf einem **konjugativen Plasmid** (pBtoxis) und werden aus Reinkulturen isoliert. Seit 30–40 Jahren wird eine Rohmischung aus Sporen, Zellen und Kristallen bestimmter bodenbürtiger *B. thuringiensis*-Stämme im biologischen Pflanzenschutz gegen verschiedene Schädlinge der Kulturpflanzen sowie gegen Auwald-, Haus- und Kriebelmücken erfolgreich eingesetzt. Seit 1996 werden *Cry*-Gene mit gentechnischen Methoden in das Genom verschiedener Kulturpflanzen eingeschleust und bringt sie dort zur Expression. Bt-Mais (primär resistent gegen den Maiszünsler *Pyrausta nibilalis* oder den Maiswurzelbohrer *Diabrotica virgifera*) umfasst heute weltweit etwa 11,2 Million ha (= 14% der transgenen Kulturpflanzen weltweit), darunter sind etwa 6,8 Million ha resistent gegen Insekten und Herbizide. Bt-Baumwolle (ca. 9 Million ha = 11% weltweit) hat in den Tropen (China, Indien) sehr große Bedeutung, weil Insekten 50–60% der jährlichen Ernteverluste verursachen. Als Folge des Anbaus von Bt-Baumwolle (seit 1997 mit insekten- und herbizidresistenten Sorten) lassen sich bis zu 80% höhere Erträge gegenüber herkömmlichen Sorten erzielen, wobei der Insektizideinsatz (erfolgt bei herkömmlichen Sorten bis zu 20-mal im Jahr) durchschnittlich 70% niedriger ist als bei den Nicht-Bt-Sorten. Diese Ergebnisse wurden vom Zentrum für Entwicklungsforschung (ZEF) der Universität Bonn gemeinsam mit der *University of California* in Berkeley, USA, im Jahre 2003 erarbeitet.

Das Risiko bei langfristiger Anwendung besteht in der möglichen Resistenzbildung bei Insekten, obwohl bei Spritzungen auf Pflanzen die Bt-Toxine immer in Mischungen verschiedener Typen eingesetzt werden. Inzwischen erleiden die Bt-Toxine erwartungsgemäß das gleiche Schicksal wie die chemischen Pflanzenschutzmittel: Es sind Bt-toxinresistente Stämme unter Kartoffelkäfern, Tabakschädlingen und Mottenarten dort bekannt geworden, wo Sporen oder Bt-Toxine auf Kulturpflanzen gesprüht und ihre Konzentrationen in wenigen Tagen durch Lichteinfluss stark vermindert wurden. Infolgedessen konnten schwachresistente Insekten überleben und sich vermehren. Die Konzentrationen an Bt-Toxinen in Transformanten sind zwar vergleichsweise hoch, doch hat die Erfahrung mit chemischen Mitteln gelehrt, dass gerade massives Vorgehen (hoher Selektionsdruck) die Resistenzbildung unter Insekten provozieren kann. Um die Resistenzbildung zu verhindern, setzt der Pflanzenschutz auf die *high-dose/refuge* (hohe Dosis/Zuflucht gewähren)-Strategie, in der Nicht-Bt-Kulturpflanzen zwischen oder unweit der Bt-Pflanzen angebaut werden, um empfindlichen (meist SS-rezessive) Insektenpopulationen Vermehrungsmöglichkeiten zu bieten. Wenn sich dann die wenigen überlebenden resistenten (RR) Insektenmännchen mit rezessiven (SS)-Weibchen paaren, entstehen Bt-empfindliche RS-Nachkommen (Cohen *et al.* 2000; Nap *et al.* 2003; Romeins *et al.* 2006; Wenzel 2006).

sich die Konjugationsrate signifikant steigern, was die Bedeutung des physiologischen Zustandes nur bestätigt. Wenn Zellen in Modellversuchen über eine Periode von neun Tagen ausgehungert wurden, blieb die Übertragung von Plasmiden anschließend über mehrere Monate aus. Wie bei der natürlichen Transformation, wird auch der Plasmidtransfer durch Konjugation von der Bodenfeuchte (optimal bei 40–60% der mWK), der Temperatur (maximal bei etwa 30° C) und vom pH-Wert (das Optimum liegt zwischen 6 und 7) gesteuert (Tabelle 5.1). Temperatur und pH-Wert können einen synergistischen (sich gegenseitig stimulierenden) Einfluss auf die Übertragung von Plasmiden haben. Die Verfügbarkeit von **Oberflächen** beeinflusst die Transferrate entscheidend. Mehrfach wurde experimentell gezeigt, dass durch Zugabe von bis zu 15% Montmorillonit in einem sterilen Sand die Plasmid-Transferrate signifikant erhöht werden konnte. Wenn ein steriler Boden mit Nährstoffen allein oder zusammen mit Bentonit (= Montmorillonit) vermischt wurde, erfolgte im letztgenannten Versuch der Transfer des Plasmids pFT30 von *Bacillus cereus* auf *B. subtilis* signifikant häufiger. Es kann angenommen werden, dass der Zell-zu-Zell-Kontakt von adsorbierten Zellen in Biofilmen deutlich stabiler ist als in Nährlösungen, was das Ausmaß von Transferereignissen zu erhöhen vermag (Ehlers 2000). Wie für die natürliche Transformation, bedeutet die Sorption von Zellen an Wurzeloberflächen auch für die Konjugation günstige Bedingungen zur Plasmidübertragung, zumal Nährstoff- und Wasserversorgung in der Rhizosphäre besser sind als im wurzelfreien Boden. Auch im Darmtrakt des Regenwurms *Lumbricus rubellus*, des Springschwanzes *Folsomia candida* und des bakteriovoren Nematoden der Gattung *Rhabditis* wird die Konjugation gefördert, vermutlich infolge der relativ guten Nährstoffversorgung und der günstigen Bedingungen für intensive Zellkontakte (Adamo u. Gealt 1996; Hoffmann *et al.* 1998; Thimm *et al.* 2001). Offenbar funktionieren Darmsysteme von Bodentieren als *hot spots* für den Gentransfer durch Konjugation, was bedeuten könnte, dass eine reiche Bodenfauna den HGT fördern würde. Dieser These fehlen noch experimentelle Bestätigungen, doch scheint sie plausibel.

Eine wichtige Rolle bei der Übertragung von Plasmiden in Böden durch introduzierte Donorzellen spielt die Zusammensetzung der natürlichen Mikroorganismen. Im Allgemeinen beeinflussen die natürlichen ansässigen Mikroorganismen die konjugative Plasmidübertragung von eingebrachten Donorzellen negativ. Ursachen dürften einerseits die vielschichtigen komplexen Wechselwirkungen zwischen den endemischen Mikroorganismen sein, die das Eindringen von Fremdkeimen erschweren. Andererseits besitzen die eingebrachten Donorzellen wahrscheinlich eine zu geringe **Konkurrenzkraft**, um sich in den ökologischen Nischen zu etablieren. Experimentell wurde jedoch bewiesen, dass in Böden die Plasmidübertragung von (a) eingeimpften Donor- auf eingeimpfte Empfängerzellen, von (b) introduzierten Donorzellen auf natürliche Mitglieder der Bodenorganismen und (c) von ansässigen Bakterien auf eingeimpfte Empfängerzellen möglich ist (Lorenz u. Wackernagel 1994; Dröge *et al.* 1999; van Elsas *et al.* 2000; van Elsas u. Bailey 2002; Wackernagel 2006). Auf der Basis der entscheidenden Bedeutung von (a) verfügbaren Sorptionsflächen, (b) Nährstoffversorgung und (c) von der räumlichen Verteilung der Prokaryoten in Biofilmen gelang es sogar, die Anzahl an transgenen Organismen im Modell annähernd zu quantifizieren und zu prognostizieren (Lagido *et al.* 2003).

5.6 Transduktion

Transduktion umfasst die DNA-Übertragung zwischen Prokaryoten durch Bakteriophagen und andere phagenähnliche Partikel als Vehikel (**Vektor**). Phagen sind die am zahlreichsten und am schnellsten vermehrungsfähigen Partikel in der Biosphäre und ihre genetische Diversität dürfte gewaltig sein. Die Anzahl an Viren in Böden ist hoch und schwankt zwischen etwa 10^8 und $10^9 \times g^{-1}$ TB (Ghosh *et al.* 2008). Phagen kommen sowohl bei den *Bacteria* als auch bei den *Archaea* vor. Sie unterscheiden sich in der Größe (zwischen etwa 2 bis 200 kb), im Genom (DNA oder RNA), in der Struktur (einzel- oder doppelsträngig, linear oder kreisförmig) und in der **Wirtspezifität**. Es gibt Bakteriophagen mit enger und weiter Wirtspezifität. Weil Phagen von der Dichte und der Art der Prokaryoten in Böden, Sedimenten und Gewässern (Meeren) abhängig sind, schwanken ihre Konsortien (in Anzahl, Typ und Wirtspezifität) entsprechend der Dynamik der Prokaryoten. Viren und Phagen stammen wahrscheinlich von Plasmiden ab.

Es wird zwischen der allgemeinen und spezifischen Transduktion unterschieden. Bei der allgemeinen Transduktion wird infolge einer fehlerhaften Verpackung ein chromosomales DNA-Bruchstück (oder Plasmides) des Wirtes anstelle der Phagen-DNA in den Phagenkopf eingebaut und zielgerichtet auf bestimmte Bakterienzellen übertragen. Der homologe DNA-Bereich kann durch Rekombination gegen die transduzierende DNA ausgetauscht werden. Transduzierende Phagen enthalten immer nur ein DNA-Fragment, können aber jedes Fragment des prokaryotischen Genoms besitzen. Bei der generellen Transduktion besitzt der Phage nur Wirts-DNA, bei spezifischer Transduktion ein kontinuierliches DNA-Stück, bestehend aus einem Teil des Phagengenoms und Wirts-DNA. Das jeweils übertragene DNA-Fragment wird allerdings nur mit einer kleinen Wahrscheinlichkeit (etwa 10%) stabil in das Bakteriengenom der Empfängerzelle integriert.

Meist bleiben die Fragmente ohne Integration in der Empfängerzelle liegen, können gegebenenfalls aber exprimiert und linear (d. h. an eine Tochterzelle) bei Zellteilungen weitergegeben werden. Irgendwann kommt es spontan zum Verlust solcher DNA-Fragmente (**abortive Transduktion**). Aus übertragener Plasmid-DNA kann sich aber ein replikationsfähiges Plasmid durch intramolekulare Rekombination bilden.

Nur temperente Phagen, die nach Infektion mit einer gewissen Wahrscheinlichkeit (ca. 1%) anstelle der normalen lytischen Vermehrung ins prokaryotische Chromosom integrieren (Prophage), sind zur spezifischen (speziellen) Transduktion in der Lage. Sie werden dann mit dem Chromosom repliziert und dabei auf die Nachkommenschaft weitergereicht (lysogener Cyclus). Die Zelle mit dem Prophagen ist immun gegen erneuten Befall durch den gleichen Phagen (Superinfektion). Durch Induktion (selten spontan, häufig umweltbedingt) kommt es zur **Exzision** (Ausscheidung) des Prophagen und damit zur Lyse der Zelle (lytischer Cyclus). Bei der speziellen Transduktion besteht die DNA des transduzierenden Phagen aus Phagen- und Wirts-DNA. Die Wirts-DNA ist ein Stück des Genoms, das rechts bzw. links vom Integrationsort des Prophagen liegt und bei der Induktion versehentlich (durch illegitime Rekombination) mit ausgeschnitten wurde. Temperente Phagen haben das Potenzial zur Lysogenisierung. Sie vermehren sich normalerweise lytisch, jedoch wird etwa 1% aller infizierten Zellen lysogenisiert.

Der enge Wirtsbereich der transduzierenden Phagen begrenzt den Gentransfer mittels Transduktion ziemlich. Weil die Adsorption des Phagen auf der Bakterienzelle an spezifische Zelloberflächen-Rezeptoren gebunden ist, infizieren Bakteriophagen mit wenigen Ausnahmen nur eine oder wenige nahe verwandte Prokaryoten-Arten. In den meisten Fällen von Lysogenie wird das Phagengenom ins Bakteriengenom integriert und vermehrt sich synchron als Prophage. In wenigen Fällen kann sich der Prophage autonom als ein zirkuläres oder lineares Plasmid replizieren. Die Rekombination mit anderen Phagen und anderen mobilen genetischen Elementen, die im gleichen Wirtsbakterium vorkommen, können zur genetischen Variabilität von Phagen beitragen (Frost *et al.* 2005). Die Fähigkeit zur Tranduktion von Wirts-DNA scheint auf relativ große (50–100 kb) doppelsträngige DNA-Phagen begrenzt zu sein. Die transduzierte chromosomale DNA muss sich in das Genom der Empfängerzelle integrieren lassen (**homologe Rekombination**), um zu überleben. Infolgedessen ist der HGT durch Transduktion weitgehend auf Mitglieder der gleichen Art beschränkt .

5.6.1 Bedeutung in Böden

Häufigkeit und Verteilung von Phagen in Böden sind weitestgehend offene Fragen. Obwohl Böden zahlreiche und sehr viele verschiedene Viren und Bakteriophagen besitzen (Swanson *et al.* 2009), wird die Bedeutung der Transduktion für den **interspezifischen Gentransfer** im Vergleich zur natürlichen Transformation und Konjugation als relativ gering eingestuft. Die Erforschung von Transduktionen unter Boden-Prokaryoten hat bis heute wenig Beachtung gefunden. Es liegen infolgedessen kaum Ergebnisse vor.

Mit großer Wahrscheinlichkeit werden Boden-Prokaryoten immer wieder von Phagen befallen und lysiert, und es kann angenommen werden, dass Transduktionen in Böden häufig und zahlreich sind. Eine Vielzahl an transduzierenden Phagen lässt sich zu jeder Zeit aus gramnegativen und grampositiven Boden-Prokaryoten isolieren. Hohe Phagen-Konzentrationen von etwa 10^6 bis $10^{10} \times mL^{-1}$ können kontinuierlich in Bodenextrakten (nach Ultrafiltration) und aquatischen Ökosystemen (Flüsse, Meere, Belebungsbecken von Kläranlagen) mit dem Elektronenmikroskop nachgewiesen werden. In Oberböden lassen sich mit geeigneten Indikatororganismen immer wieder bis zu 10^7 Bakteriophagen pro Gramm TB quantifizieren. In sechs verschiedenen Böden mit unterschiedlichen Bewirtschaftungsweisen wurden zwischen 9×10^8 und 4×10^9 Phagen pro Gramm TB nachgewiesen (Ghosh *et al.* 2008). Organisch reiche Waldböden waren reich an Viren ($> 10^9 \times g^{-1}$ TB), relativ kohlenstoffarme landwirtschaftlich genutzte Oberböden zeigten relativ geringe Phagendichten ($< 10^8$ bis $10^9 \times g^{-1}$ TB). Die Häufigkeit von **Lysogenie** (induziert mit Mitomycin C) unter den kultivierbaren Bakterien betrug rund 30%. Freie Bakteriophagen werden in Böden rasch enzymatisch hydrolysiert und ihre Überlebenszeit dürfte sehr gering sein. Nur durch Sorption an Bodenkolloide können Phagen zwar länger in Böden überleben, doch sind von Zeit zu Zeit geeignete sich teilende Zellen erforderlich, damit die Phagenkonzentrationen durch Vermehrung erneut ansteigen können. Isolate aus Böden enthalten stets Prophagen oder defekte Prophagen, was bedeutet, dass unter Bodenbakterien das Phänomen der Lysogenie wahrscheinlich sehr weit verbreitet ist (Marsch u. Wellington 1994). Im Prophagen-Zustand können Phagen wie ihre Trägerzellen relativ lange Zeiträume im Boden überdauern. **Temperenz** dürfte für Phagen in Böden ein wichtiger Überlebensmechanismus sein. Bei der durch Umwelteinflüsse ausgelösten Exzision des Prophagen aus dem Bakteriengenom kommt es allerdings immer wieder vor, dass benachbarte Gene aus dem Genom mitgenommen und beim Befall einer neuen artverwandten Zelle in deren Genom integriert werden. Bisher ist über die Häufigkeit dieses HGTs in Böden nichts bekannt. Es kann angenommen werden, dass verschiedene (aber noch unbekannte) Eigenschaften von *Bacteria* und *Archaea* durch lysogene Zustände verursacht werden, wie dies für die Toxinbildung bei Diphtherie des Menschen durch die Anwesenheit eines Prophagen in Stämmen von *Corynebacterium diphtheriae* der Fall ist. Das Hinzukommen neuer Eigenschaften bei Prokaryoten durch die Anwesenheit eines Prophagen wird als **lysogene Konversion** bezeichnet. Lysogene Konversion kann die ökophysiologische Flexibilität von Prokaryoten erhöhen und trägt wahrscheinlich zur HGT in Böden bei.

Ob Transduktionen in der Rhizosphäre stattfinden, ist unbekannt, doch dürften solche Vorgänge wahrscheinlich sein, weil die Wurzeloberfläche aus mehreren Gründen (Box 5.1) als *hot spot* für HGT betrachtet werden kann. Hier besteht noch ein hoher Forschungsbedarf (Trevors u. van Elsas 1997).

5.7 Freisetzung und Risiken gentechnisch veränderter Organismen

5.7.1 Was sind gentechnisch veränderte Organismen?

Gentechnisch veränderte Organismen (GVO) sind Organismen (Mikroorganismen, Pflanzen, Tiere), deren Erbanlagen mithilfe gentechnischer Methoden gezielt verändert wurden. Sind nur Mikroorganismen gemeint, dann wird offiziell von **gentechnisch veränderten Mikroorganismen** (GVM) gesprochen. In den USA ist *genetically engineered microorganisms* (GEM) der offizielle Begriff dafür. Alle gentechnisch veränderten Organismen werden als transgene Organismen bezeichnet. Die Gentechnik (Gentechnologie, Genmanipulation) ermöglicht die Erzeugung von GVOs, ihre Nutzung und ggf. ihre Entsorgung. Gentechnik wird in weiten Bereichen der Biotechnologie eingesetzt und basiert auf Genetik und Molekularbiologie. Die Gentechnik ist inzwischen zu einer **Querschnitttechnologie** geworden. Die verschiedenen Technologien der *in-vitro*-Neukombination von DNA und ihrer Rückführung in lebende Organismen haben in den letzten 20 Jahren in der (agrar)biologischen und medizinischen Grundlagenforschung einen wissenschaftlichen Durchbruch auf breiter Front ermöglicht.

Die Gentechnik lässt vielfältige Anwendungen zum Nutzen des Menschen zu und verteilt sich heute auf die

- grüne Gentechnik: Sie erforscht die Anwendung gentechnischer Verfahren in der Pflanzenzüchtung, im Pflanzenschutz, im Molekularen Farming (GV-Pflanzen für pharmazeutische Zwecke) sowie in anderen Bereichen der Agrarwissenschaften und der angewandten Mikrobiologie,
- rote (gelbe) Gentechnik: Sie betrifft die Anwendung gentechnischer Methoden und Verfahren in der Medizin zur Entwicklung von therapeutischen Verfahren, Diagnostika und von Arzneimitteln,
- weiße Gentechnik: Hier werden die GVM schwerpunktmäßig zur Herstellung von Enzymen, Vitaminen, Aminosäure-Derivaten, Fermentationsprodukten und Feinchemikalien in der biochemischen und Lebensmittelindustrie genutzt,
- graue Gentechnik: Sie beschäftigt sich mit biotechnologischen Prozessen bei der mikrobiologischen Reinigung von Böden (Bodenbiotechnologie), im Bereich der Abfallwirtschaft (Umweltbiotechnologie) und in der Abwasserreinigung (Biotechnologie der Abwasserreinigung).

Zu den o. g. Spezialisierungen in der Biotechnologie kam in den letzten Jahren noch eine „blaue Gentechnik“, die sich auf die Herstellung von Nahrungsmittelzusätzen aus dem Meer konzentriert.

Um transgene Organismen gentechnisch bis zum Einsatz zu entwickeln, sind mehrere anspruchsvolle Arbeitsschritte erforderlich. Zunächst muss die zu klonierende DNA aus einem Spenderorganismus isoliert oder synthetisch hergestellt werden, dann erfolgt der Einbau der zu transferierenden DNA in einen geeigneten Vektor („Gen-Transportvehikel", oft ein Plasmid, Virus, Bakteriophagen oder ein geeignetes Mischkonstrukt aus diesen). Im dritten Schritt geschieht die Übertragung des Vektors mit dem Insert samt Marker-Genen in eine Zelle bzw. einen Organismus, meist ein Bakterium. Vektoren tragen oft zwei selektive Marker-Gene, darunter häufig Gene für Antibiotikaresistenzen (Kanamycin, Tetracycline oder Ampicillin). Für alle drei Antibiotika gibt es je eine Gruppe von Resistenz-Genen. Das eine Resistenz-Gen enthält die Schnittstelle für ein Restriktionsenzym und wird beim Einbau der zu klonierenden DNA inaktiviert. Die andere Antibiotikumresistenz dient der Identifizierung von Wirtszellen, die einen Vektor, eventuell mit Fremd-DNA, aufgenommen haben. Nach der Identifizierung des Bakterien-Klons mit der Fremd-DNA erfolgt die Vermehrung.

Zur Erzeugung von transgenen Mikroorganismen durch künstliche Transformation kann das isolierte freie und nackte DNA-Bruchstück nach Erhöhung der Permeabilität durch Elektroporation direkt in die Empfängerzelle transportiert werden. Die Elektroporation wird sowohl bei *Bacteria* als auch bei pflanzlichen Protoplasten-Transformationen verwendet. Die Methode der **Mikroinjektion** mittels Glaskapillaren ermöglicht ein direktes Einschleusen von DNA in die Zellkerne von Gewebekulturzellen (Protoplasten oder Eizellen). Die Mikroinjektion von DNA gehört zu den effizientesten Methoden des Gentransfers (mit Transfektionsraten bis zu 50–100%), verlangt aber einen hohen apparativen Aufwand. In einer anderen direkten Methode wird DNA mittels einer **„Genkanone"** (*particle gun*) in die Zelle transferiert. Dabei werden DNA-beschichtete mikroskopische Gold- oder Wolframkügelchen mit hohem Druck in die Zellen geschossen. Die Insertion der Gene erfolgt bei Pflanzenzellen nach dem Zufallsprinzip und macht eine Identifizierung von gewünschten Transgenen notwendig. Nach rezenten Methoden kann das Einpflanzen der Fremd-DNA an vorherbestimmten Orten im Genom erfolgen (RMCE-Kassetten-Austausch-Verfahren). RMCE (*recombinase-mediated-cassette-exchange*) ist ein Verfahren der reversen Genetik und dient der systematischen Modifikation höherer (tierischer und pflanzlicher) Zellen durch den gezielten Austausch von Genkassetten.

5.7.2 Gesetzliche Regelung zur Freisetzung genetisch veränderter (Mikro-)Organismen

Ausgewählte Mikroorganismen werden bereits seit vielen Jahrzehnten nach selektiver Anreicherung gezielt in Böden, Rhizosphäre oder Spermosphäre (durch Umhüllung von Saatgut) freigesetzt. Weit verbreitet ist die Verwendung von Starterkulturen zum Beimpfen der Rhizosphäre verschiedener Nutzpflanzen oder zum verstärkten Abbau von Umweltchemikalien. Bei der Risikobewertung freigesetzter Mikroorganismen ist in der Praxis zu unterscheiden zwischen Organismen,

- die durch Anreicherungen, Selektion, Kreuzungen und ggf. durch natürliche ***in-vivo*-Rekombinationen** (Konjugation, Transformation, Transduktion) modifiziert wurden, und solchen,
- deren Genom durch *in-vitro*-Rekombinationsvorgänge auf Basis der Gentechnik verändert wurden (GVM). Wenn ein gentechnisches Konstrukt durch einen natürlichen Übertragungsprozess (z. B. Konjugation) von einem GVM auf eine andere Zelle übertragen wird, ist der Exkonjugant ebenfalls ein GVM.

Für die Freisetzung von Mikroorganismen der ersten Gruppe (abgesehen von pathogenen Keimen) bestehen keine gesetzlichen Einschränkungen. Sie gelten als natürlich und bilden keine Risikogruppe. Infolgedessen fallen auch die meisten durch Transformation, Konjugation oder Transduktion genetisch veränderten Bakterien in diese Gruppe. Diese Regelung ist EU-weit gültig und im *European Community Council Directive* 2001/18/EC festgeschrieben. Mikroorganismen der zweiten Gruppe fallen unter das Gesetz zur Regelung von Fragen der Gentechnik (**Gentechnikgesetz, GenTG**). Dieses widmet einen besonderen Teil der Freisetzung und dem Inverkehrbringen von GVM. Jede Freisetzung und jedes Inverkehrbringen von GVM bedarf grundsätzlich einer Genehmigung. Das GenTG hat nicht nur eine „Schutz"-Aufgabe, sondern auch Förderfunktionen und die Bereitstellung rechtlicher Rahmenbedingungen. Die zuständige Genehmigungsbehörde ist das Bundesamt für Verbraucherschutz und Lebensmittelsicherheit (BVL) in Berlin. Die Entscheidung über eine Freisetzung gentechnisch veränderter Mikroorganismen und Pflanzen ergeht im Benehmen mit dem Julius-Kühn-Institut (JKI, Berlin; früher Biologische Bundesanstalt für Land- und Fortwirtschaft, Braunschweig), dem Bundesamt für Naturschutz (BfN) und dem Bundesamt für Risikobewertung (BfR), Berlin. Nach Eingang eines vollständigen Freisetzungsantrages wird dieser zunächst von der Zentralen Kommission für die Biologische Sicherheit (ZKBS) im Hinblick auf schädliche Einwirkungen auf Leben und Gesundheit von Menschen, Tieren und Pflanzen sowie auf die Umwelt in ihrem Wirkungsgefüge geprüft und bewertet. Im Gegensatz zu den Bundesbehörden besteht die ZKBS aus auf dem Gebiet der Gentechnik ehrenamtlich tätigen Experten, die jeweils für eine Periode von drei Jahren berufen sind. Auf eine Genehmigung zur Freisetzung besteht ein **einklagbarer Rechtsanspruch,** wenn die Voraussetzungen für die Erteilung der Genehmigung vorliegen. Die Genehmigung ist innerhalb einer Frist von drei Monaten nach vollständigem Vorliegen der Antragsunterlagen zu erteilen. Diese Frist verlängert sich jedoch bei Durchführung eines Anhörungsverfahrens unter Beteiligung der Öffentlichkeit. In anderen EU-Nationen und in den USA bestehen ähnlich strenge Vorschriften.

Mit der technischen Möglichkeit, praktisch beliebige Gene in Mikroorganismen einzuführen und diese mit neuen Eigenschaften auszustatten, haben sich für die biologische Grundlagenforschung, Agrobiotechnologie, für die Medizin und für die pharmazeutische Industrie neue Anwendungsmöglichkeiten eröffnet, die noch vor wenigen Jahrzehnten unvorstellbar waren. Ziel und Aufgabe des Gentechnikgesetzes ist es unter anderem, die unkontrollierte Vermehrung und Verbreitung von GVO und ihrer veränderten Gene durch Gentransfer auf andere Organismen in der Umwelt zu verhindern und im Falle der GVM den ungestörten Ablauf der Bodenfunktionen zu sichern. Für die Öffentlichkeit ist die Frage wichtig, ob die gentechnisch eingeführten Gene den neuen GVMn Eigenschaften verleihen, die ein Risiko für Mensch, Tier und Umwelt darstellen können.

5.8 Schicksal der GVM in Böden und Rhizosphären

Alle (aktiv und/oder passiv) in Böden eingebrachten natürlichen oder gentechnisch veränderten Mikroorganismen müssen sich gegen die starke Konkurrenz der ansässigen Mikroorganismen durchsetzen, wenn sie ihre ökologische Nische besiedeln wollen. Wenn GVM oder natürliche angereicherte Starterkulturen in Böden freigesetzt werden, dann hängt das Schicksal der eingeführten Fremdkeime und ggf. ihrer Transgene ab von:

- ihrem Überleben und von der vertikalen Verteilung in Böden nach der Freisetzung unter Einfluss der bodenspezifischen abiotischen und biotischen Wechselwirkungen,
- der Vermehrungsrate im Konkurrenzkampf mit den ansässigen Mikroorganismen und
- dem Ausmaß des natürlichen horizontalen Gentransfers durch Transformation, Konjugation und/oder Transduktion auf Empfängerzellen innerhalb der kultivierbaren und nichtkultivierbaren endogenen Mikroorganismen und nicht zuletzt
- dem **Überleben** der sekundär genetisch veränderten Empfängerzellen.

5.8.1 Überleben und Verbreitung

Für die Risikobeurteilung von GVM ist entscheidend, ob die eingebrachten Organismen (*Bacteria*, *Archaea*, Echte Pilze oder Protozoen) unter natürlichen Bodenbedingungen überleben können. Obwohl die Anzahl der Untersuchungen mit GVM im Freiland oder im Gewächshaus, in Klimakammern oder in Mikrokosmen des Labors relativ gering ist, besteht inzwischen ein relativ klares Bild über das Schicksal eingebrachter GVM – vor allem auch aufgrund des analogen Verhaltens natürlicher, genetisch unveränderter Impfkulturen. Zunächst hängt das Überleben von eingeimpften Prokaryotenstämmen vom ursprünglichen Lebensraum der betreffenden Organismen ab. Je fremder der betreffende Boden als Lebensraum für die einzuimpfenden Organismen ist, umso geringer sind die Überlebenschancen. Anreicherungskulturen oder GVM aus dem Boden oder aus der Rhizosphäre von Pflanzen besitzen signifikant höhere Überlebenschancen als solche Keime, die ursprünglich aus anderen Biotopen (Gewässern, Lebensmitteln, Darm, Kliniken etc.) stammen. Reinkulturen bodenbürtiger Azospirillen, Rhizobien, fluoreszierender Pseudomonaden, Corynebakterien, Streptomyceten, Bacillen, Pilze etc. überleben nach Einimpfen in einen (Versuchs-)Boden um ein vielfaches länger als bodenfremde Lactobacillen, Hefen, *E. coli*-Fäkaltyp etc. Infolgedessen können allgemeingültige Angaben zur Überlebensdauer der verschiedenen Organismen nur bedingt gemacht werden.

Weiter hängt die Überlebensdauer davon ab, ob das modifizierte oder das/die zusätzliche(n) Gen(e) dem betreffenden Organismen einen **Überlebensvorteil** bietet(n). Dies kann nur dann zutreffen, wenn die neue Eigenschaft dem Organismus unter bestimmten Bedingungen eine stärkere **Konkurrenzkraft** vermittelt (z. B. durch effizientere N_2-Bindung, Ausscheidung von Antibiotika, spezielle Stoffwechselwege etc.). Eingeimpfte Mikroorganismen stehen mit den angepassten überwiegend oligotrophen Mikroorganismen im harten Konkurrenzkampf um die begrenzten Nährstoffe und die ökologischen Nischen. Diesen Konkurrenzkampf verlieren die überwiegend copiotrophen (an relativ nährstoffreiche Medien gewöhnten) Neuankömmlinge in der Regel innerhalb relativ kurzer Zeit (Wochen bis mehrere Jahre). Bei dieser Konkurrenz spielen die physiologischen Eigenschaften und Anpassungsmechanismen des eingeimpften Stammes eine große Rolle. Dass dem Konkurrenzkampf mit ansässigen Mikroorganismen eine wichtige Rolle zukommt, geht daraus hervor, dass die Überlebensdauer von GVM in sterilen Böden wesentlich länger ist als in einem natürlichen Boden. Im natürlichen Boden leiden die zugesetzten copiotrophen *Bacteria* Hunger (Bodenleben ist ein Hungerleben; Kap. 1) und werden rasch von Protozoen gefressen, was Untersuchungen an Mikrokosmen bestätigt haben. Nicht zuletzt haben die bodenspezifischen chemisch-physikalischen Eigenschaften (Textur, Struktur, Gehalt und Art der Bodenkolloide, pH-Wert, mWK etc.) einen spezifischen Einfluss auf die Absterberate und somit auf die Überlebensdauer. In sorptionsstarken Böden mit optimalem Luft-Wasser-Temperatur-Haushalt und intensiven Stoffumsetzungen ist die Überlebensdauer in der Regel am höchsten. Es wird deutlich, dass die Überlebensdauer von GVM je nach Organismus und Boden sehr unterschiedlich sein und zwischen einigen Wochen und mehreren Jahren schwanken kann (van Veen *et al.* 1997; Vionis *et al.* 1998; Hirsch 2004; De Vries u. Wackernagel 2004; Wackernagel 2006). Mit den Standardmethoden (Keimzahlbestimmungen mit dem Plattengussverfahren) ist es kaum möglich, Populationsdichten von weniger als einigen Hundert Keimen pro Gramm TB zu bestimmen, sodass meistens nicht nachgewiesen werden kann, ob die eingeimpften Keime vollständig abgestorben sind. Für die Risikobewertung der Freisetzung GVM ist jedoch dieser Punkt von großer Wichtigkeit.

Auf dem Gelände der Bundesforschungsanstalt für Landwirtschaft (FAL) in Braunschweig-Völkenrode wurde Anfang 1995 ein Freilandversuch mit leuchtmarkierten gentechnisch veränderten Rhizobien (*Sinorhizobium meliloti,* Stamm 1021) begonnen. Zur Markierung der Bakterien (vom Wildstamm sowie von einer genetisch abgeschwächten *recA*-Mutante) wurde das **Luziferase-Gen** (*luc*-Gen) aus dem Glühwürmchen im bakteriellen Genom verankert. Das Luziferase-Gen codiert für ein Enzym, das nach Zugabe des Substrates Luziferin Licht aussendet. Auf diese Weise ist es möglich, die freigesetzten *Bacteria* zu identifizieren und genau zu zählen, wodurch sich das Überleben und die Verbreitung im Boden sicher verfolgen lassen. Im Freilandversuch wurden die gentechnisch veränderten Stämme L1 und L33 eingesetzt. L1 trägt das Leucht-Gen *im recA*-Gen, dessen Genprodukt vor allem die Reparatur von DNA-Schäden vermittelt. Durch die Anordnung im *recA*-Gen ist das *recA*-Protein jedoch inaktiviert und die Überlebenschancen dürften infolgedessen geringer sein (biologische Sicherheitsmaßnahme). Beim Stamm L33 ist das Leucht-Gen direkt hinter dem *recA*-Gen im Genom verankert, wodurch die Funktion dieses Gens erhalten bleibt und sich der Stamm hinsichtlich seiner Eigenschaften nicht vom Ausgangsstamm unterscheidet. Beide Stämme sind resistent gegen Streptomycin, sodass sie sich auf entsprechenden Platten durchsetzen und identifiziert werden können. Im Feldversuch (mit fünf Wiederholungen) wurden die Stämme als Flüssigkultur auf einem lehmigen Sand (Parabraunerde) ausgebracht und oberflächlich eingearbeitet, sodass die Anfangspopulationsdichten etwa 10^6 Keime pro Gramm TB betrugen. Einen Tag vor der Freisetzung der GVM wurde auf den Versuchsflächen Luzerne (*Medicago sativa*) ausgesät. Eine Brache diente als Kontrolle. In Abb. 5.3 ist der Verlauf der Populationsdichten der GV-Stämme L1 und L33 (eingebracht in Parzellen mit *M. sativa* und mit Brache) über eine Periode von fast sieben Jahren dargestellt. Seit der Freisetzung im April 1995 nahmen die Populationsdichten der *luc*-markierten Rhizobien im Versuchsboden kontinuierlich von etwa 10^6 Bakterien pro Gramm TB auf etwa 102–106 Rhizobien pro Gramm TB im Juli 2001 ab (Selbitschka *et al.* 2003, 2006). Diese niedrige Nachweisgrenze ist auf das hochsensitive Markersystem zurückzuführen. Der Rückgang in den Populationsdichten von L1 und

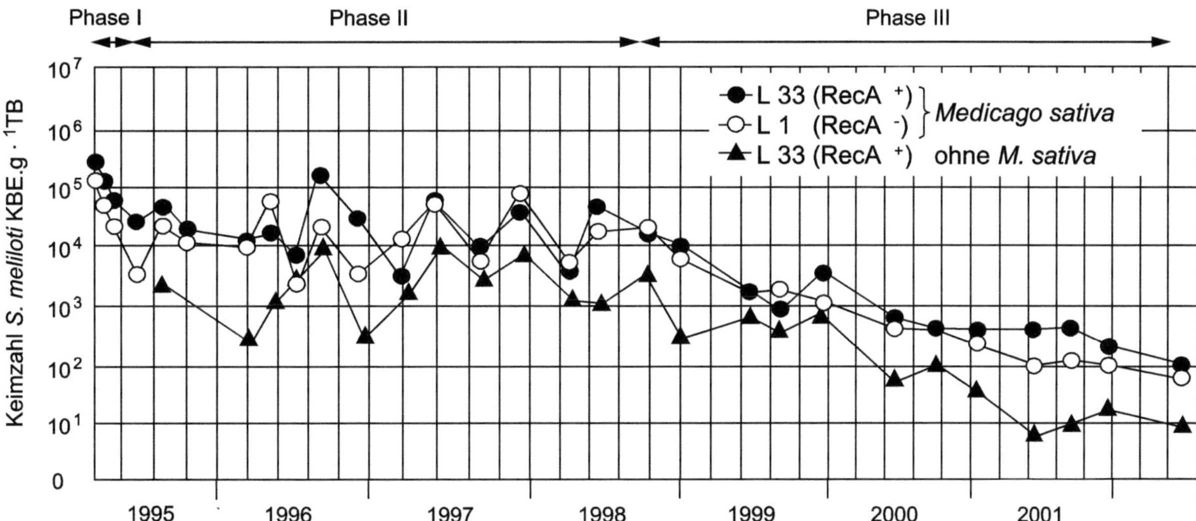

Abb. 5.3 Langjähriger (1995–2002) Populationsverlauf der ausgeimpften GT veränderten Stämme L33 ($RecA^+$) und L1 ($RecA^-$) von *Sinorhizobium meliloti* in einem lehmigen Sand (Parabraunerde, Luvisol; Versuchsfeld der Forschungsanstalt für Landwirtschaft, Braunschweig). Luzerne (*Medicago sativa*) wurde tags zuvor mit den Stämmen beimpft. Als Vergleich dienten ausgeimpfte L33-Stämme ohne Luzerne (Selbitschka *et al.*, 2003, 2006)

L33 war am stärksten während der 1. Phase von 14 Wochen. In der 2. Phase kann von einer gewissen Stabilisierung der Populationsdichten der zwei Stämme gesprochen werden. Dieser wellenartigen Populationsdynamik kann entnommen werden, dass die Stämme sich in dieser Zeit periodisch immer wieder vermehren konnten.

Die im Allgemeinen geringeren Populationsdichten von L33 auf den Brachflächen sind auf das Fehlen der Wurzelaktivitäten von *M. sativa* zurückzuführen. In der 3. Phase nehmen die Populationsdichten kontinuierlich ab, insbesondere die Dichte an Keimen von Stamm L33 auf der Brachfläche. Zwischen dem Populationsverlauf von L1 (geschwächter Stamm) und L33 können keine signifikanten Unterschiede festgestellt werden, was bedeutet, dass sich die beiden Stämme kaum an **Durchsetzungskraft** unterscheiden. Die Ergebnisse zeigen eindeutig, dass die Populationen gentechnisch veränderter *Sinorhizobium meliloti*-Stämme auf einem lehmigen Sandboden zwar kontinuierlich abnehmen, aber die eingeimpften Stämme nach sieben Jahren noch stets in geringen Dichten nachweisbar sind. Sowohl im o. g. Freiland – als auch in einem Lysimeter-Versuch – wurde nachgewiesen, dass sich die *luc*-markierten Rhizobien im Versuchszeitraum nicht aus dem Oberboden (< 25 cm) nach unten verlagert haben (Schwieger *et al.* 2000). Ähnliche Ergebnisse wurden mit dem Stamm RSM2004 von *Rhizobium leguminosarum* biovar *viciae* festgestellt. Dieser Stamm war auf dem konjugativen *pSym*-Plasmid mit dem natürlichen Transposon Tn5 markiert und genetisch verändert. Tn5 trägt das *nptII*-Gen für Kanamycinresistenz. Damit fallen diese Versuche in der EU nicht unter das Gentechnikgesetz. Das Saatgut (Erbsen) wurde mit den Rhizobien umhüllt (Spermosphäre) und in Freilandversuchen (Beginn 1987) gleichzeitig in England (Rothamsted), Frankreich (Dijon) und Deutschland (Bayreuth) auf unterschiedlichen Böden und bei verschiedenem Witterungsverlauf eingesetzt. Auf dem Versuchsfeld in Dijon ließ sich der Stamm RSM2004 bereits nach zwei Wochen, in Bayreuth allerdings erst nach 30 Wochen nicht mehr nachweisen. Hingegen wurden die genetisch veränderten Rhizobien in Rothamsted noch nach 15 Jahren in Populationen von einigen Hundert Keimen pro Gramm TB festgestellt (Hirsch 2004). Die großen Differenzen im Überlebenszeitraum vom Stamm RSM2004 werden auf Unterschiede in den chemisch-physikalischen und biologischen (Diversität und Dichte der ansässigen Mikroorganismen) Bodeneigenschaften sowie auf den sehr unterschiedlichen Witterungsverlauf an den einzelnen Versuchsstandorten zurückgeführt. Eine unkontrollierte Verbreitung des Marker-Gens über den HGT konnte auf den drei Versuchsstandorten nicht festgestellt werden.

Über das Verhalten von GV-Pilzen in Böden ist noch weniger bekannt. Als das Verhalten des filamentösen Pilzes *Trichoderma virens* (gehört zu den *Fungi Imperfecti*), gentechnisch verändert durch eine Resistenz gegen **Hygromycin** und ausgestattet mit Genen für das Enzym Organophosphohydrolase, im Vergleich zum Wildstamm in einem Boden-Mesokosmos untersucht wurde, nahm auch bei diesem GVM die Biomasse im Laufe einer 243-tägigen Bebrütung ständig ab. Die Biomasse der GVMn war dabei signifikant geringer als die vom Wildstamm. Beide Stämme nahmen jedoch in der Biomasse erneut zu, wenn dem Boden Molasse zugeführt wurde. Die gentechnischen Veränderungen haben die Überlebensfähigkeit von *T. virens* im Boden offenbar kaum negativ beeinflusst (Weaver *et al.* 2005). Insgesamt ist der Schluss richtig, dass GVMn zwar rasch und standortspezifisch in ihren Populationsdichten abnehmen, aber noch nach Jahren in geringen Dichten vorhanden sein können.

5.8.2 Vermehrung und Verteilung

Nach bisherigen Erfahrungen können sich GVMn in Böden im Sinne einer Populationszunahme oder -stabilisierung nicht nachhaltig vermehren. Ursache ist die im Vergleich zur Wachstumsrate höhere Absterberate. Die relativ stabilen Populationsschwankungen der GV-Stämme L1 und L33 während der Jahre 1996 bis 1998 (Abb. 5.3) zeigen, dass sich die betreffenden Stämme zwar vorübergehend behaupten können, aber allmählich aussterben. Je nach Mikroorganismus, verändertem Gen und vor allem je nach Bodeneigenschaften und Witterung nähert sich die Dichte an GVM früher oder später in jedem Boden asymptotisch dem Nullwert. Von einer dauerhaften oder gar überproportionalen Vermehrung der GVMn kann keine Rede sein, was jedoch nicht ausschließt, dass freigesetzte DNA aus den GVMn von endogenen Prokaryoten (z. B. durch Transformation) aufgenommen wird. Die Frage, ob hier hinsichtlich des HGT in andere Organismen ein Gefährdungspotenzial besteht, kann mit großer Wahrscheinlichkeit verneint werden. Allerdings besteht kein Null-Risiko.

Die passive Mobilität von Prokaryoten mit dem Sickerwasser ist in Böden aufgrund ihrer bevorzugten Sorption an Bodenkolloiden sehr gering (Kap. 1). Verlagerungen im sorbierten Zustand an Bodenkolloiden finden hauptsächlich entlang Wurzelkanälen, Wurmgängen und Bodenrissen statt. Auf diese Weise können auch GVMn einer Tiefenverlagerung im Oberboden unterliegen. An den aktiven vertikalen Verlagerungen können auch bohrende Bodentiere wie die Regenwürmer beteiligt sein, wie Modellversuche mit Bodensäulen bestätigen (Tabelle 5.2). Von den verschiedenen Regenwürm-Gattungen und -Arten sind *A. tetrapezoides* und *L. terrestris* (gemeiner Regenwurm) tiefgrabende (anözische) Arten, während *L. rubellus* als epigäische Form an der Bodenoberfläche bleibt. Dieses unterschiedliche Verhalten wird durch die Ergebnisse der Modellversuche eindrucksvoll bestätigt. Tiere kön-

Tabelle 5.2 Einfluss der Grabaktivitäten verschiedener Würmer (*Lumbricidae*) auf den Transfer des Plasmids pJP4 vom ausgeimpften *Pseudomonas fluorescens*-Stamm C5t (0–5 cm) auf ansässige Bodenbakterien in Bodensäulen (Daane *et al.*, 1996)

Bodentiefe (cm)	Anzahl transkonjugate Bakterien (log KBE × g^{-1} TB)[1)]			
	L. rubellus	*A. tetrapezoides*	*L. terrestris*	Kontrolle
0–5	5,05b	4,80b	3,17a	3,17a
5–10	5,27a	5,12a	2,82b	0
10–15	3,32a,b	4,27a	2,27b	0
15–20	2,37a	4,16b	1,95a	0
20–25	0	3,90a	2,05b	0
25–30	0	3,39a	1,95b	0
30–35	0	2,89a	1,85b	0
35–40	0	2,93a	1,95b	0

L = *Lumbricus* *A* = *Aporrectodea*; Mittelwerte (∅ von 3 Parallelen) in einer Zeile mit gleichen Buchstaben sind statistisch nicht signifikant (P > 0,05)

1) Transkonjugate Bodenbakterien mit dem Plasmid pJP4 wurden durch Hybridisierung von Kolonien (auf Agarplatten) mit einer *mer*-Gensonde nachgewiesen. Taxonomisch gehören diese zu den gramnegativen Gattungen *Acinetobacter*, *Acidovorax*, *Rhizobium*, *Pasteurella*, *Pseudomonas* und *Xanthomonas*

nen infolgedessen an der Tiefenverteilung von GVMn im Oberboden wesentlich beteiligt sein. Hier sind weitere Untersuchungen unter natürlichen Bedingungen notwendig.

5.8.3 Wahrscheinlichkeit des Gentransfers

Der Nachweis des HGTs von Fremd-Genen aus eingeimpften GVMn auf endogene Empfängerzellen in Böden wurde bisher nicht experimentell erbracht. Ein solcher HGT ist jedoch sehr wohl möglich, solange GVMn in Böden überleben. Die Vermutung, überlebende Einzelorganismen von ausgeimpften GVMn oder ihre Eigenschaften in Transgenen könnten irgendwann unerwartete schädigende Wirkungen entfalten, ist allerdings spekulativ. Trotz der immer größeren Ausbreitung von GVO – insbesondere von Kulturpflanzen – ist in den ca. 20 Jahren seit ihrem Einsatz noch kein Fall bekannt geworden, in dem Menschen oder die Funktionsfähigkeit unserer Böden und Gewässer zu Schaden gekommen wären. Wäre die Übertragung von spezifischen Fremd-Genen durch HGT auf ansässige Prokaryoten erfolgreich, dann wäre die Wahrscheinlichkeit groß, dass solche unsinnigen Eigenschaften von den Nachkommen spontan ausgegliedert werden, da sie funktionslos und ohne Konkurrenzvorteil sind. Die Erfahrung lehrt, dass fremde Erbanlagen, die fest im Chromosom des Wirtsorganismus verankert vorliegen, wesentlich weniger mobil sind als Fremd-Gene auf Plasmiden. Gentransfer mit chromosomal angeordneten Fremd-Genen zwischen Mikroorganismen ließ sich bisher weder im Labor noch in Böden experimentell bestätigen. Hingegen wurde der plasmidbedingte Gentransfer von ausgeimpften Bakterien auf ansässige Bakterien durch Konjugation mehrfach experimentell bewiesen (Henschke u. Schmidt 1990; Richaume *et al.* 1992; Nielsen *et al.* 2007). Infolgedessen kann der Gentransfer von Fremd-Genen, verankert im Genom einiger überlebender GTMn, auf Vertreter der endogenen Mikroorganismen in Böden nicht ausgeschlossen, aber doch als äußerst unwahrscheinlich eingeschätzt werden. Wissenschaftliche Daten sind immer mit Unsicherheiten behaftet.

5.9 Risiken transgener Kulturpflanzen

Im Jahre 2004 betrug die globale Fläche mit genehmigten transgenen Kulturpflanzen etwa 81 Millionen ha, davon wurden etwa 48 Millionen ha mit transgenen Sojabohnen (ca. 56%) und etwa 16 Millionen ha mit transgenem Mais (ca. 20%) bepflanzt (Wenzel 2006). Die häufigsten transgenen Eigenschaften bei Pflanzen sind die Herbizidtoleranz von Soja und die Insektenresistenz durch Bt-Toxine in Mais und Baumwolle (Tabelle 5.3). Bt-Toxine bestehen aus insektiziden Proteinen des Bodenbakteriums *Bacillus thuringiensis*, die auf einem Plasmid codiert sind. *B. thuringiensis* nutzt die Bt-Toxine, um sich in den abgetöteten Insekten zu vermehren und massenhaft Sporen zu bilden. Verschiedene *B. thuringiensis*-Linien können sich sogar lokal durch Plasmide mit Bt-Toxin-Varianten spezifisch auf Änderungen des Pflanzenbaus anpassen, weil jede Produktionsfläche auch die „passenden" Schädlinge anlockt (Box 5.3). Die genetische Information der Bt-Toxine wurde durch Gentechnik auf Kulturpflanzen übertragen. Dazu war nicht nur eine **künstliche Transformation** erforderlich, sondern die Toxin-Gene wurden (a) verkürzt, sodass das aktive Toxin ohne proteolytische Prozessierung gebildet wird, (b) mit eukaryotischen Expressionssignalen versehen und (c) obendrein auf den Codongebrauch der Pflanzen umgestellt (und der Nucleotidsequenz angepasst) wird.

GVP können in der Umwelt ein Risiko darstellen, weil die Fremd-Gene und ihre Marker-Gene (meist Antibiotikumresistenzen) potenziell von Bodenorganismen aufgenommen und über Nahrungsketten verbreitet werden können. Nach der Ernte transgener Kulturpflanzen werden die oberirdischen Pflanzenteile weitgehend oder zumindest teilweise direkt oder indirekt nach Kompostierung in den Boden als organische Düngung eingearbeitet. Andererseits verbleibt eine erhebliche Wurzelmasse der GVP im Boden, sodass insgesamt die Wahrscheinlichkeit groß ist, dass Fremd-Gene im Zuge der Mineralisation im Boden freigesetzt und von ansässigen Mikroorganismen durch HGT (insbesondere durch **natürliche Transformation**) ins Genom aufgenommen und verbreitet werden können. Allerdings werden solche Merkmale höchstwahrscheinlich von den Nachkommen rasch ausgegliedert, da funktionslos. Bedenklich sind mögliche Nebenwirkungen von GVP in Böden. Mit der organischen Biomasse gentechnisch veränderter Pflanzen gelangen neben allen Pflanzenproteinen auch bestimmte Eiweiß-

Tabelle 5.3 Globale Verbreitung transgener Kulturpflanzen nach Nationen und Herbizid- bzw. Insektenresistenz (Wenzel, 2006)

Nationen	Anbaufläche (in Millionen ha)[1)]	%	Kulturpflanzen
USA	47,7	~ 56	Sojabohne, Mais, Baumwolle, Raps
Argentinien	16,2	~ 20	Mais, Sojabohne
Kanada	5,4	~ 7	Raps, Mais, Sojabohne
Brasilien	5,0	~ 6	Sojabohne
VR China	3,7	~ 5	Baumwolle
Paraguay	1,2	~ 1,5	Sojabohne
R Südafrika	0,5	~ 0,6	Mais, Baumwolle, Sojabohne
Indien	0,5	~ 0,6	Baumwolle
Uruguay	0,3	~ 0,4	Sojabohne, Mais
Australien	0,2	~ 0,2	Baumwolle
Mexico	0,1		Baumwolle, Sojabohne
Spanien	0,1		Mais
Philippinen	0,1		Mais
Columbien	0,05		Baumwolle
Honduras	0,05		Mais
Deutschland	~ 300 ha		Mais[2)]
Herbizidresistenz (HR) Sojabohnen, Baumwolle, Raps	58,6	72	hauptsächlich Glyphosat[3)] oder Glufosinat[4)]
Insektizidresistenz (IR) Mais, Baumwolle	15,6	19	vor allem Bt-Toxine
HR + IR (*stacked*)	6,8	9	Glyphosat/Glufosinat + Bt-Toxine

1) global insgesamt 81 Millionen ha (= ~ 5% der weltweit verfügbaren landwirtschaftlichen Nutzfläche)
2) fünf Sorten wurden zugelassen mit Anbauauflagen
3) Glyphosat = *N*-(Phosphonomethyl)aminoessigsäure
4) Glufosinat = Ammonium-2-amino-4-hydroxy(methyl)phosphinoylbutyrat

verbindungen (wie beispielsweise die Bt-Toxine) in den Boden, die möglicherweise auf die mikrobielle Biomasse einen negativen Einfluss haben können. Es wundert daher nicht, dass die *genetically modified plants* (GMP) gelegentlich auch spöttisch als *genetically mistrusted plants* gehandelt werden.

Seit einigen Jahren steht allerdings fest, dass nicht nur bodenbürtige potenziell infektiöse Agrobakterien (*Rhizobium radiobacter*), sondern auch sehr verschiedene andere Bakterien Gene auf natürlichem Wege auf Pflanzen übertragen können (Broothaerts *et al.* 2005).

5.9.1 HGT von transgenen Pflanzen auf Bodenorganismen

Alle Organismen (Tiere, Pflanzen, Mikroorganismen), die in Böden oder im Verdauungstrakt mineralisiert werden, setzen DNA frei, die grundsätzlich von anderen Mikroorganismen in diesen Biotopen aufgenommen und verwertet wird. DNA aus GVP kann prinzipiell genauso aufgenommen werden wie DNA aus allen anderen zersetzten Organismen. Die wichtigsten Faktoren, welche die Aufnahmewahrscheinlichkeit bestimmen, sind (a) die relative Häufigkeit der betreffenden Gene und (b) die Überlebensdauer freier DNA-Fragmente am Ort der Zersetzung. Wenn die Anzahl an potenziell verfügbaren Fremd-Genen aus GVP einmal auf das Angebot aller anderen freigesetzten Gene bezogen wird, dann wird deutlich, wie minimal ihre relative Häufigkeit ist. In Anbetracht der gewaltigen Dichte an Mikroorganismen in Böden (Kap. 1) oder im Darmtrakt kann jedoch nicht ausgeschlossen werden, dass auch die **seltenen** freigesetzten Fremd-Gene von kompetenten *Bacteria* durch Transformation aufgenommen werden (Bertholla u. Simonet 1999; De Vries *et al.* 2003; Motavelli *et al.* 2004). DNA ist jedoch für Mikroorganismen in Böden eine bevorzugte C-, N- und P-Quelle, und infolgedessen besitzen Böden eine ständig hohe Aktivität an DNasen. Die Überlebensdauer von DNA-Fragmenten in Böden wäre somit sehr kurz, wenn diese Bruchstücke nicht durch Sorption an Ton-Humus-Kolloiden vor DNasen geschützt und erheblich in ihrer Persistenz verlängert würden. Verschiedene Versuche haben gezeigt, dass eingebrachte nackte DNA in Böden, nach einer anfänglichen raschen Hydrolyse, noch nach mehreren Monaten nachgewiesen werden konnte. Auch Fremd-DNA aus transgenen Pflanzen (Zuckerrüben, Kartoffeln, Tabak) konnte noch nach zwei Jahren in den verschiedenen Böden festgestellt werden (Paget *et al.* 1998; Gebhard u. Smalla 1999; Meier u. Wackernagel 2003; De Vries u. Wackernagel 2004). Bei der Aufnahme von DNA-Fragmenten durch natürliche Transformation hängt der Erfolg von verschiedenen Faktoren ab. Zunächst spielen DNA-Größe und -Herkunft eine Rolle. Im Allgemeinen werden hochmolekulare DNA-Bruchstücke durch Transformation am effektivsten aufgenommen. Die Transformationsrate nimmt stark ab, wenn die DNA-Größe unter rund 1000 bp liegt. Weiter gibt es bestimmte Bakterien, die DNA-Fragmente mit gleicher Effizienz aufnehmen, unabhängig von der Herkunft. Andere *Bacteria* bevorzugen hingegen DNA von verwandten Arten. Oft wird **artfremde DNA** bei interspezifischer natürlicher Transformation zwar aufgenommen, aber in der Zelle eher abgebaut als ins Genom integriert. Dieses Verhalten ist jedoch in verschiedenen Bakterienarten sehr unterschiedlich ausgeprägt, was die Risikobeurteilung der Integration von Fremd-Genen nur noch erschwert (De Vries u. Wackernagel 2004). Besitzt das aufgenommene einsträngige DNA-Stück **Homologie** mit der DNA der Empfängerzelle, dann kann die Integration durch **homologe Rekombination** mit relativ hoher Effizienz erfolgen. Diese Effizienz der homologen Rekombination vermindert sich signifikant mit zunehmenden Sequenzunterschieden. Einerseits wird die Suche nach Homologie durch das *RecA*-Protein von nichthomologen Nucleotiden gehemmt, und andererseits eliminieren die Reparaturenzyme die Zwischenstufen bei der genomischen Integration von nichthomologer DNA, sodass keine Rekombination zustande kommt. Fehlen homologe Sequenzen vollständig, kann dessen ungeachtet gelegentlich eine Integration der einzelsträngigen DNA durch irreguläre Rekombinationsereignisse stattfinden. Insgesamt ist die Wahrscheinlichkeit, dass nichthomologe DNA-Fragmente während der Transformation im Empfängergenom integriert werden, sehr gering (De Vries *et al.* 2001; De Vries u. Wackernagel 2004). Was hier speziell für Transgene untersucht wurde, gilt natürlich gleichermaßen für jedes andere pflanzliche (oder auch tierische) Gen.

Mit Bezug auf Fremd-Gene aus transgenen Pflanzen stellt sich schließlich die Frage, ob die gegebenenfalls integrierten Fremd-Gene in der Empfängerzelle auch zur Expression kommen, weil Bakterien in der Regel *nicht* auf die pflanzentypischen Steuerelemente für die Expression integrierter Pflanzengene reagieren. Ist dies der Fall, erfolgt früher oder später die Eliminierung der DNA (Nielsen *et al.* 1998).

Trifft dies aber nicht zu, dann stellt sich die Frage, ob die Fremd-Gene dem Organismus im Boden ausreichend **Konkurrenzvorteile** verschaffen, um sich zu behaupten und in der Lebensgemeinschaft durchzusetzen. Mit hoher Wahrscheinlichkeit verschaffen Fremd-Gene aus Kulturpflanzen für beispielsweise Insektizidresistenz oder Herbizidtoleranz den Bodenmikroorganismen keine Konkurrenzvorteile oder sonstige nützliche Eigenschaften, die zur Verbreitung dieser GVB beitragen können.

Manche GVP (z.B. Bt-Mais mit Ampicillin, Tabak mit Gentamicin, Zuckerrübe mit Kanamycin) besitzen als Marker-Gene eine Antibiotikaresistenz (AR). Marker-Gene ermöglichen es, den Transformationserfolg bei der Erzeugung der transgenen Pflanze bereits in einem frühen Enwicklungsstadium nachzuweisen. Marker-Gene werden dazu an zu übertragende Fremd-Gene gekoppelt. Die enge Kopplung lässt beim erfolgreichen Nachweis des Markers automatisch auch auf die erfolgreiche Übertragung des eigentlichen Fremd-Gens schließen. Das am häufigsten verwendete Marker-Gen ist das Neomycin-Phosphotransferase-Typ-II(*nptII*)-Gen, welches für die Resistenz gegen einige Aminoglykosid-Antibiotika, darunter Kanamycin, codiert. Es ist denkbar, dass Bodenbakterien ein solches AR-Gen durch Transformation im Genom integrieren, was im Boden ein Konkurrenzvorteil sein könnte. Die Verbreitung dieser Antibiotikaresistenz unter Boden-Prokaryoten könnte im Laufe der Zeit dazu führen, dass die AR-Gene auch auf bakterielle Krankheitserreger von Mensch und Tier übertragen werden und damit die Wirkung dieser Antibiotika in der Medizin nachlassen könnte. Die Wahrscheinlichkeit des AR-Gentransfers auf Krankheitserreger von Mensch oder Tier wird zwar als sehr gering eingeschätzt, ist aber nicht völlig auszuschließen. Ein geringes Risiko bleibt.

Zu bedenken ist aber, dass

- ein relativ großer Teil der Bodenbakerien aufgrund von Antibiotikabildung in Böden (z. B. *Streptomyces spp.*) eine natürliche Resistenz gegen mehrere Antibiotika besitzt und über die entsprechenden Gene bereits verfügt und
- verschiedene Enterobakterien (z. B. *E. coli*-Fäkaltyp) im Darm von Menschen Resistenz-Gene gegen therapeutische Antibiotika führen und ständig ausscheiden, die im Klärschlamm landen, und dass
- landwirtschaftlich genutzte Böden (in Deutschland) bereits zahlreiche kanamycinresistente Prokaryoten besitzen. Einige Antibiotikaresistenz-Gene sind durch den Einsatz in der Human- und Veterinärmedizin sowie in der Landwirtschaft (Schweinemast) bereits unter den Bodenmikroorganismen so weit verbreitet, dass ihr Einsatz in transgenen Pflanzen unter Annahme eines vernachlässigbaren zusätzlichen Risikos offiziell toleriert wird, insbesondere bei Pflanzen, die nicht für die menschliche Ernährung vorgesehen sind.

In einem Feldversuch verfolgten Gebhard und Smalla (1999) im Anschluss an den Anbau einer gentechnisch veränderten Zuckerrübensorte (mit dem *nptII*-Gen für Kanamycinresistenz) das Vorkommen von kanamycinresistenten *Bacteria* im betreffenden Boden. Vertreter der zahlreichen isolierten kanamycinresistenten *Bacteria* wurden anschließend mit PCR und *dot-blot*-Analysen auf das Vorkommen vom *nptII*-Marker-Gen untersucht. Dabei wurden unter den kultivierbaren kanamycinresistenten Stämmen keine Transformanten dieser Art nachgewiesen. Die Frage, wo die kanamycinresistenz dann seinen Ursprung hatte, lässt sich nicht eindeutig beantworten. Wahrscheinlich wurde die plasmidcodierte Kanamycinresistenz mit den entsprechenden *Bacteria* über Klärschlamm, Schweinegülle und/oder Kompost auf den betreffenden Ackerstandort ausgebracht. Sie ist infolgedessen direkter anthropogener Herkunft und stammt nicht von der GV-Zuckerrübe. Auch hier lässt sich allerdings keine Null-Wahrscheinlichkeit für einen Gentransfer benennen, weil bei solchen aufwändigen Untersuchungen immer nur eine Auswahl der isolierten Stämme detailliert untersucht wird.

Vor diesem Hintergrund kann der grundsätzlichen Möglichkeit der Übertragung von AR-Genen aus transgenen Pflanzen auf Boden-Prokayroten als ernsthaftes Risiko kaum Bedeutung beigemessen werden, zumal diese Möglichkeit weder in Freiland- noch in Laborexperimenten nachgewiesen wurde (Nielsen *et al.* 1998; Gebhard u. Smalla 1999; De Vries u. Wackernagel 2004; Nielsen u. Townsend 2004).

5.9.2 Nebenwirkungen von transgenen Pflanzen auf Bodenorganismen

In Tabelle 5.3 (unten) ist die globale Verbreitung der Herbizid- und Insektizidresistenz nach Kulturpflanzen zusammengefasst. Offenbar gehört die Resistenz/Toleranz gegenüber den Breitbandherbiziden **Glyphosat (Gp)** und **Glufosinat (Gf)** unter Sojabohnen, Baumwolle und Raps gentechnisch zu der global am weitesten verbreiteten Eigenschaft. Die Herbizidresistenz betrifft bei Gp die Einführung eines aus dem *Rhizobium radiobacter* (früher *Agrobacterium tumefaciens*) CP4 stammenden Gens, das eine Toleranz gegenüber dem Wirkstoff *N*-(Phosphonomethyl)aminoacetat (in Form seiner Alkylammoniumsalze) vermittelt. Gp (ein Aminosäurederivat) hat eine Halbwertzeit (DT50-Wert) von wenigen Wochen und gilt in Böden als nichtpersistent. Die breite Wirkung von Glyphosat auf Ein- und Zweikeimblättrige Pflanzen beruht auf der Hemmung des Enzyms 5-Enolpyrovyshikimat-3-Phosphat-Synthase (EPSPS). Dieses Enzym ist notwendig für die Synthese von aromatischen Aminosäuren über den Shikimatweg, und seine Hemmung führt zwangsläufig nach etwa einer Woche zum Absterben der Pflanzen. Das Enzym EPSPS fehlt in allen Tieren, weshalb diese gegenüber Gp unempfindlich sind. Aus dem Stamm *R. radiobacter* CP4 wurde als Ersatz für EPSPS ein Gen in Sojabohne, Mais und Baumwolle übertragen, das für ein funktionsanaloges Enzym codiert, aber von Glyphosat nicht in seiner Wirkungsweise beeinträchtigt wird.

Der Wirkstoff von Gf (2-Amino-4-(hydroxymethyl phosphinyl)butyrat, auch Phosphinotricin oder PPT genannt) ist ein nichtpersistentes Strukturanalogon der Glutaminsäure und hemmt das Enzym Glutamin-Synthetase. Folge ist eine Anreicherung im Blattgewebe von Ammonium zu toxischen Konzentrationen sowie ein Mangel an Glutamin und anderen Aminosäuren, was zur Hemmung der Photosynthese und insgesamt zum Absterben der Pflanzen führt. Ein sogenanntes *bar*-Gen wurde mithilfe von *R. radiobacter* aus einem bodenbürtigen *Streptomyces hygroscopicus*-Stamm isoliert und in Sojabohnen, Raps, Tomaten etc. eingeschleust. Dieses Gen codiert eine **PPT**-Transacetylase, die einen Acetatrest an das PPT hängt und es damit inaktiviert. Dieses Enzym vermittelt den Kulturpflanzen somit eine Glufosinat-Toleranz. Weil *S. hygroscopicus* Glufosinat selbst synthetisieren kann, besitzt es die PPT-Transacetylase, um sich selbst vor der letalen Gf-Wirkung zu schützen.

5.9.3 Nebenwirkung von Gp- und Gf-resistenten Transformanten

Die Frage, ob die Exsudate von Gp- oder Gf-resistenten Kulturpflanzen und die Einarbeitung ihrer Pflanzenreste als organische Düngung mit Veränderungen in der Rhizoflora und in der allgemeinen Zusammensetzung der Bodenmikroorganismen verbunden ist, sollte grundsätzlich bejaht werden, weil sowohl der Stoffwechsel als auch die qualitative Zusammensetzung der herbizidresistenten und der nichtresistenten Pflanzen unterschiedlich sein dürfte. Die Produkte der eingeschleusten Toleranz-Gene aus *R. radiobacter* bzw. aus *S. hygroscopicus* sind als natürliche Eiweißverbindungen zu betrachten, die mit den organischen Resten der Kulturpflanzen rasch mineralisiert werden. Von ihnen kann kein Risiko für Biosphäre und Umwelt ausgehen. Verschiedene vergleichende Untersuchungen von natürlichen Rapssorten (*Brassica napus*) mit Sorten, die resistent gegen Gp und Gf sind, haben signifikante Unterschiede in der qualitativen Zusammensetzung der Rhizoflora nachgewiesen. Sowohl die Zusammensetzung des FAME-Spektrums (Kap. 4) als auch des Substratverwertungsspektrums (Kap. 4) der Rhizofloren verschiedener natürlicher und GV-Rapssorten zeigten spezifische qualitative Differenzen (Siciliano u. Germida 1999; Dunfield u. Germida 2001). Solche qualitativen Unterschiede werden jedoch auch zwischen verschiedenen klassischen Sorten einer Kulturpflanze nachgewiesen und sind infolgedessen nicht zu beanstanden. In Zukunft ist damit zu rechnen, dass die Anzahl an GV-Pflanzen im Rahmen der grünen Gentechnik rasant steigen wird, insbesondere durch **Molekulares Farming** (Box 5.4).

5.9.4 Einfluss von Bt-Mais und Bt-Baumwolle auf Bodenorganismen

Nach GV-Sojabohnen (*Glycine max*, überwiegend herbizidresistent) nimmt der Anbau von **Bt-Mais** (*Zea mays;* besitzt das *CryIAb*-Protein) und **Bt-Baumwolle** (*Gossypium hirsutum;* mit dem Gen für das *CryIAc*-Protein ausgestattet) unter den GV-Kulturpflanzen weltweit den 2. bzw. den 3. Platz ein (Tabelle 5.3). Bislang sind bei der Anwendung von Bt-kristallinen Protoxinen und Bt-Toxinen (natürliche **Proteine** exprimiert von *Cry1Ab*) mit Spritzpräparaten auf Kulturpflanzen keine nichtvertretbaren Nebenwirkungen auf oberirdischen Nicht-Ziel-Organismen beobachtet worden (Box 5.3). Dabei ist zu bedenken, dass Protoxine noch nicht proteolytisch aktiviert sind und die Sporen in den Bt-Präparaten für die insektizide Wirkung praktisch ohne Bedeutung sind. Durch den Transfer von *Cry*-Genen aus *B. thuringiensis* var. *kurstaki* auf mehrere Nutzpflanzen hat sich jedoch die Situation dahingehend verändert, dass die tödlichen Toxine von den GV-Kulturpflanzen nunmehr während der Vegetationsperiode kontinuierlich in allen Pflanzenteilen gebildet und über das Wurzelsystem mit den Exsudaten möglicherweise ständig in die Rhizosphäre abgegeben werden. Infolgedessen stellt sich die Frage, ob Nicht-Ziel-Bodenorganismen wie Prokaryoten, Echte Pilze, Nematoden, Protozoen, Regenwürmer sowie weitere Mitglieder der Bodenfauna von den abgegebenen Bt-Toxinen negativ beeinflusst werden können. Dabei kann man erwarten, dass bestimmte Arthropoden (Gliederfüßer) im Boden von diesem spezifischen Insektengift betroffen sind (Icoz u. Stotzky 2008).

Weiter können die Toxine mit Pollen auf andere Nicht-Zielpflanzen verteilt werden. Aus diesem Grund wird bei den Bt-Pflanzen der neueren Generation darauf geachtet, dass die Bt-Proteinkonzentration in den Pollen durch Wahl geeigneter Promotoren sehr gering ist.

5.9.4.1 Einfluss auf die Bodenmikroorganismen

Bei der Gefahrenanalyse ist zunächst zu klären, wie sich die Ausgangskonzentration des wichtigsten *Cry-1Ab*-Toxins in der pflanzlichen Biomasse von Bt-Mais nach Einarbeitung im Boden verhält. Im Laufe eines Freilandversuches mit vergrabenen Beuteln, gefüllt

Box 5.4 Molekulares Farming: GV-Pflanzen produzieren Medikamente

Rekombinante Proteine für pharmazeutische Werk- und Wirkstoffe (Arzneimittel) werden heute meist in GVMn (*Bacteria* und *Fungi*) sowie in gentechnisch veränderten tierischen Zellkulturen hergestellt. Mikroorganismen sind zwar als Produktionssysteme robust und einfach, aber im Vergleich zu Pflanzen weniger geeignet, weil eine korrekte Prozessierung und Faltung der rekombinanten Proteine vielfach nicht stattfindet. Vor allem in den USA und Kanada wird die Produktion solch hochwertiger rekombinanter Proteine seit etwa 1990 in transgenen Pflanzen (Tabak, Sojabohne, Kartoffel, Tomate, Raps, etc.) durchgeführt, was als **Molekulares Farming** (MF) bezeichnet wird. In der EU haben die Forschungsaktivitäten durch multinationale Firmen erst in den letzten fünf Jahren deutlich zugenommen. Die Verwendung von Pflanzen als Bioreaktoren zur Herstellung von rekombinanten Pharmazeutika, Diagnostika, Therapeutika sowie zur Anreicherung von essenziellen Inhaltstoffen wie Proteinen, Vitaminen (z. B. β-Carotin im „Golden Nassreis"), Mineralien (z. B. Fe in Nassreis) und von Sekundärmetaboliten mit therapeutischem Nutzen bringt große Vorteile – insbesondere durch die hohe Qualität der Proteine (korrekte Faltung sowie die Abwesenheit kontaminierender Viruspartikel, von Endotoxinen, krebsauslösender Substanzen, etc.) und durch die kostengünstige Massenproduktion. In den USA und Kanada werden bereits mehr als 25% aller im Handel erhältlichen Arzneimittel mittels Bio- und Gentechnologie hergestellt, in Deutschland sind es etwa 6%. Wichtige „Arzneimittel" des MF sind Hepatitis B-Oberflächenproteine (Tabak), der Blutgerinnungshemmer Aprotinin (Mais), der Schmerzhemmer Enkephalin (Raps, Ackerschmalwand), der Impfstoff Enterotoxin B (Tabak, Kartoffel), das Choleratoxin als Impfstoff (Tomate), Hirudin zur Bekämpfung von Blutgerinnseln (Raps), Bryodin zur Krebsimmuntherapie (Tabak), der Blutersatzstoff Serumalbumin (Kartoffel, Tabak) etc. MF erfolgt zum einen durch Kultivierung von Suspensionskulturen in Bioreaktoren in geschlossenen Räumlichkeiten zum anderen durch Anbau intakter Pflanzen in Gewächshäusern oder auf dem offenen Feld. Weil es sich um GVO handelt, sind Freisetzung und Inverkehrbringen solcher Pflanzen entsprechend dem **Gentechnikgesetz** und der *Council Directive (2001/18/EC) of the European Union* (2001) genehmigungspflichtig. Für die kontrollierte Produktion unter geeigneten Bedingungen im Labor müssen in den USA die Richtlinien entsprechend der *Current Good Manufacturing Practice* und der *Current Good Laboratory Practice* befolgt werden, mit Anforderungen, die in den pharmazeutischen Vorschriften der amerikanischen *Food and Drug Administration* (FDA) festgelegt sind. Wenn sich das MF entsprechend den Erwartungen auch in Deutschland/Europa zu einer weit verbreiteten Technologie entwickeln wird, dann muss geklärt werden, wie sich das Auskreuzen und die Verbreitung (Kontamination) solcher GVP im Feld/in Nahrungsmitteln sicher verhindern lässt und wie das Problem der Wurzelrückstände, Wurzelexsudate und Biomasseabfälle der GVP auf den betreffenden Anbauflächen hinsichtlich möglicher Nebenwirkungen (*unintended effecs*) auf Bodenorganismen zu bewerten ist (Risikofolgeabschätzung für die Umwelt). In der EU konzentriert sich die Diskussion zunächst auf die Risiken der Kontamination von Lebensmitteln und Nahrungsketten, zumal sich der zulässige Grenzwert von 0,5% auf Verunreinigungen mit gentechnisch veränderten landwirtschaftlichen Produkten bezieht. Möglicherweise muss dieser Grenzwert herabgesetzt werden, weil die GVP für pharmazeutische Zwecke in der Regel mehrere genetische Veränderungen gleichzeitig besitzen. Für die Abschätzung der Nebenwirkungen auf Bodenorganismen können die langjährigen Erfahrungen mit herbizid- und insektizidresistenten Kulturpflanzen (Sojabohne, Mais, Baumwolle, Raps etc.) von großer Bedeutung sein. Grundsätzlich sind in Böden kaum Probleme zu erwarten, weil es sich bei den GVP für pharmazeutische Zwecke um eingeschleuste **natürliche Proteine** handelt, die mikrobiologisch leicht mineralisierbar sein dürften (Fischer 2004; Ma 2005; Spök 2006).

mit pulverisierten Bt-Maisblättern, in einem abgeernteten Maisfeld nahm der *CryIAb*-Toxingehalt von 14,4 (± 4,3 μg g^{-1} TB) in der Periode von Oktober bis Juni zunächst rasch und anschließend langsam ab. Im Juni war die Endkonzentration auf etwa 0,3% der Anfangskonzentration gesunken (Abb. 5.4). Wenngleich diese Abbaukinetik standortspezifisch (und damit abhängig von den Bodeneigenschaften und vom Witterungsverlauf) ist, wird doch deutlich, dass die ohnehin sehr geringe Bt-Toxinkonzentration bereits im Pflanzengewebe zügig abgebaut wird (Zwahlen *et al.* 2003). Im Boden liegt die Halbwertszeit (DT50-Wert) für das reine Bt-Toxin zwischen 8 und 17 Tagen und für Bt-Toxine aus der Biomasse transgener Mais-, Baumwoll-

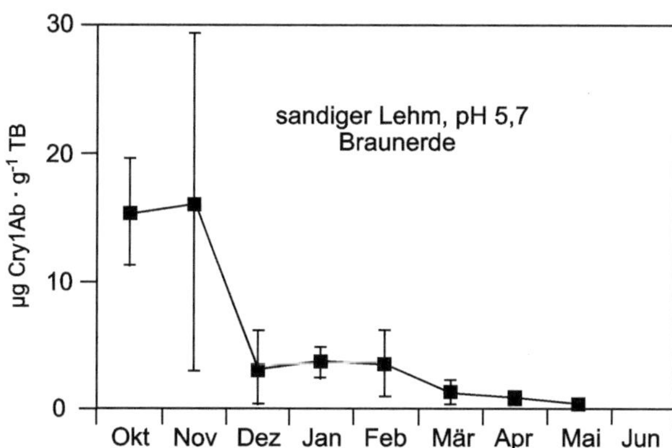

Abb. 5.4 Abbaukinetik vom CryIAb-Toxin in Bt-Maisblättern (*Zea mays*) eingearbeitet in einem sandigen Lehm (pH 5,7) einer Braunerde (Cambisol) im Feldversuch (Zwahlen *et al.*, 2003)

oder Kartoffelpflanzen bei etwa 41 Tagen (Sims u. Ream 1997). Da es sich um ein natürliches Protein handelt, muss die Halbwertszeit als relativ lang bewertet werden. Bt-Toxine, die über **Exsudation** in den Boden gelangen oder als reine Verbindung dem Boden beigemischt wurden, wirkten noch nach 234 Tagen lethal auf den Tabakwurm (*Manduca sexta*), was die hohe potenzielle Giftigkeit des Toxins für Insektenlarven bestätigt. Die toxische Wirkung ist jedoch stets bodenspezifisch und in sorptionsstarken Böden geringer als in leichten (Tapp u. Stotzky 1998). Im Boden werden die freigesetzten Bt-Toxine rasch von Ton-Humus-Kolloiden sorbiert und inaktiviert. Infolgedessen sind Nebenwirkungen nur direkt nach der Einarbeitung von Bt-Biomasse in leichten Böden zu erwarten (Saxena u. Stotzky 2001). Wahrscheinlich ist auch die rasche Sorption in Böden für die relativ lange Persistenz (Halbwertszeit) minimaler Restkonzentrationen nach dem ersten zügigen Abbau in Böden (Abb. 5.4) verantwortlich.

Die Frage, ob solche Restkonzentrationen oder Wurzelausscheidungen von Bt-Toxinen die **Diversität** und **Aktivität** von Prokaryoten zu beeinflussen vermögen, kann verneint werden. Vergleichende Untersuchungen in Gewächshaus- und Freilandversuchen mit Bt-Mais und Nicht-Bt-Mais konnten nachweisen, dass die Bt-Toxine weder das Substratverwertungsspektrum (BIOLOG GN2) kultivierbarer *Bacteria* noch die Diversität kultivierbarer und nichtkultivierbarer *Bacteria* aufgrund von DGGE-Analysen extrahierter 16S-rRNA-Gensequenzen zu beeinflussen vermögen. Freilanduntersuchungen konnten darüber hinaus zeigen, dass Bt-Toxine keinen signifikanten Einfluss auf die Gesamtdichte (KBEn) an grampositiven und gramnegativen Bakterien, Actinomyceten, Echten Pilzen (sowohl von Hefen als auch von filamentösen Formen), Algen (Grünalgen und Diatomeen), Protozoen und Nematoden in Böden haben (Saxena u. Stotzky 2001; Muchaonyerwa *et al.* 2004; Fang *et al.* 2005; Griffith *et al.* 2005).

Bei der Frage, ob es Unterschiede in der Biomasse-Mineralisation von Bt-Mais im Vergleich zu Nicht-Bt-Mais gibt, ist zu berücksichtigen, dass Bt-Pflanzenreste in der Regel eine höhere Ct-Konzentration, einen höheren Ligningehalt und ein weiteres C/N-Verhältnis aufweisen als die Nicht-Bt-Wurzel-, Stängel- und Blätter-Biomasse (Tabelle 5.4). In Mikrokosmen dreier verschiedener Böden konnte jedoch nachgewiesen werden, dass es zwischen den beiden Varianten kaum signifikante Unterschiede in der Höhe und im Verlauf der Bodenatmung (CO_2-Freisetzung) gibt. In Abb. 5.5 ist als Beispiel die CO_2-Freisetzung aus dem Oberboden einer Braunerde, vermischt mit Bt- und Nicht-Bt-Biomasse (Mischung aus Mais-Blättern, -Stängeln und -Wurzeln), vergleichend dargestellt. In Bezug auf die Kontrolle ist die Bodenatmung des mit Bt-Biomasse versetzten Bodens sogar geringfügig stärker als jene Variante, die mit Nicht-Bt-Biomasse vermischt wurde. Wahrscheinlich ist dieses Ergebnis auf den höheren Ct-Gehalt (mit größerem Stärkeanteil) in der Bt-Biomasse zurückzuführen (Fang *et al.* 2007).

Tabelle 5.4 Gesamtkohlenstoff- und -stickstoffgehalt, C/N-Quotient und Lignin/N-Verhältnis von Bt-Mais-Wurzeln, -Stängeln und -Blättern im Vergleich zu Nicht-Bt-Mais (Fang *et al.*, 2007)

Mais	Sorte	Ct %	Nt %	C/N	Lignin %	Lignin/N
Wurzel	Bt	43,5	1,2	36,7	11,7	9,9
	Nicht-Bt	41,7	1,2	34,8	9,9	8,6
Stängel	Bt	50,6	0,5	100	7,8	15,5
	Nicht-Bt	49,8	0,7	71	4,3	6,1
Blätter	Bt	48,9	0,7	69	3,3	4,7
	Nicht-Bt	48,3	1,0	48	2,1	2,1

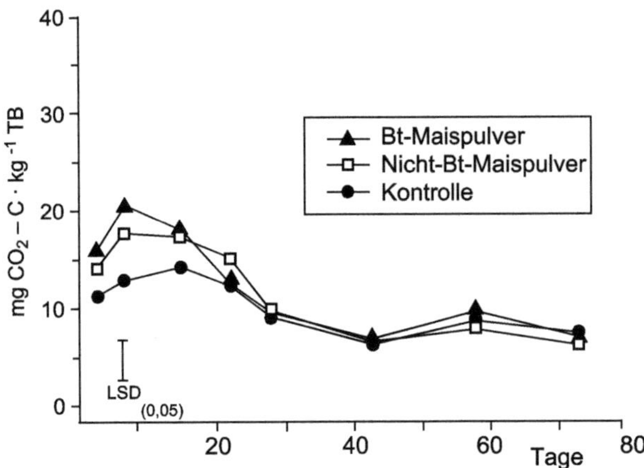

Abb. 5.5 Kohlenstoffmineralisierung (CO_2-C-Freisetzung) von Bt- und Nicht-Bt-Biomasse (*Zea mays*) eingearbeitet in schluffigem Tonmaterial einer Parabraunerde (Luvisol) (Fang *et al.*, 2007)

Mehrere Untersuchungen haben gezeigt, dass es durch wiederholten Anbau von Bt-Kulturen zu keiner Akkumulation von Bt-Toxinen in Böden kommt. Das Gegenteil dürfte der Fall sein. Die Erfahrung lehrt, dass es durch wiederholte Anwendung der gleichen Substanz auf dem gleichen Standort zu einer Anpassung der Mikroorganismen kommt und infolgedessen zu einer Verkürzung der Halbwertszeiten (Ottow 1997). Im Gesamtergebnis steht fest, dass weder in Labor- noch in Freilandversuchen nachhaltige negative Effekte von Bt-Toxinen auf die Mikroorganismen des Bodens nachgewiesen wurden.

5.9.4.2 Einfluss auf Bodenfauna

Bodentiere als Glieder komplexer Nahrungsketten reichern sich stets in der Rhizosphäre sowie in unmittelbarer Nähe der zersetzten organischen Substanzen an. Sowohl pflanzenparasitische als auch fungivore, bakterivore und omnivore nichtpathogene Nematoden sind charakteristische Bewohner der Rhizosphäre. Vergleichende Untersuchungen der Rhizosphäre von Bt- und isogenem Nicht-Bt-Mais konnten keine signifikanten Unterschiede hinsichtlich der Gesamtdichte an Nematoden feststellen (Saxena u. Stotzky 2001). Auch in Freilandversuchen bestand kein signifikanter Unterschied in der Biodiversität von Nematoden. In einem der acht untersuchten Versuchsfelder war die Populationsdichte an fungivoren Nematoden im Bt-Feld höher als im Versuchsansatz mit dem isogenen Bt-freien Hybrid (Manachini u. Lozzia 2002). In einem anderen Freilandversuch war die Gesamtdichte an Nematoden im Bt-Mais geringer als in den Parzellen mit Nicht-Bt-Mais. Weil die Populationsunterschiede zwischen Bt-Mais und Nicht-Bt-Mais jedoch keine bestimmte trophische Gruppe betrafen und nicht größer waren als zwischen verschiedenen Nicht-Bt-Maissorten, wurden diese unterschiedlichen Ergebnisse der allgemeinen Variabilität der Versuchsflächen zugeschrieben (Griffith *et al.* 2005).

Nebenwirkungen von *Cry1Ab*-Toxinen sind bei Asseln (*Isopoda*), Milben (Acari, *Arachnida*) und Springschwänzen (*Collembola, Apterygota*) eher zu erwarten, weil diese Organismen alle zu den Gliederfüßern (*Arthropoda*) gehören. Kellerasseln (*Porcellio scaber*), gefüttert mit Bt- und Nicht-Bt-Maisblättern, zeigten mit dem gentechnisch veränderten Pflanzenmaterial als Nahrung sogar ein stärkeres Wachstum und eine höhere Gewichtszunahme, was wahrscheinlich auf die bessere Nahrungsqualitität (angezeigt durch einen engeren C/N-Quotient und einen höheren C-Gehalt) des Bt-Maisblattes zurückgeführt werden kann. In einem diätetischen Vergleich von sechs Nicht-Bt-Mais- und zwei Bt-Mais-Blättern zeigte die Kellerassel *P. scaber* deutliche Präferenzen. Zu der bevorzugten Nahrung gehörte allerdings sowohl eine Nicht-Bt-Maissorte als auch eine der beiden Bt-Maissorten. Offenbar spielen andere Inhaltstoffe statt der Bt-Proteine eine Rolle bei der Nahrungswahl. Untersuchungen der Fäzes von Kellerasseln zeigten, dass 60–80% des Bt-Toxins während der Darmpassage abgebaut wurden. Offenbar ist das Darmepithel von Asseln (*Isopoda*) im Gegensatz zu vielen Insekten (*Hexapoda*) gegenüber der zerstörerischen Wirkung der Bt-Proteine unempfindlich (Wandeler *et al.* 2002).

Auch Springschwänze und Hornmilben werden vom Bt-Toxin offenbar nicht beeinträchtigt. In einer diätetischen Versuchsreihe wurden die Bodenspringschwänze *Folsomia candida* und *Xenylla goisea* drei Wochen lang mit Bt-Maisblättern ernährt, die relativ hohe Bt-Konzentrationen hatten (200 µg Bt-Toxin × g^{-1} Frischgewicht) (Sim u. Martin 1997). Trotz der etwa 6-fach erhöhten Bt-Toxinkonzentration wurden keine Nebenwirkungen bei den Versuchsorganismen festgestellt. Die gleichen negativen Ergebnisse ließen sich mit der phytophagen Hornmilbe *Oppia nitens* (*Oribatida*) in einem Laborversuch mit Bt-Baumwollblättern nachweisen. Obwohl die vorliegenden Versuche keine negative Auswirkung von Bt-Maisblättern auf die geprüften Collembolen und Milben anzeigen, ist es aufgrund der begrenzten Anzahl an Versuchen und der geringen Verschiedenheit an Testorganismen noch zu früh, um allgemeine Schlüsse zu ziehen.

Zur Prüfung von Nebenwirkungen auf den Regenwurm *Lumbricus terrestris* wurde dieser in Topfversuchen mit eingearbeiteten Bt-Mais- bzw. mit isogenen Nicht-Bt-Maisblättern gefüttert. Es konnten keine negativen Einflüsse beobachtet werden, obwohl das Bt-Toxin im Darm und in den Fäzes festgestellt wurde. Eine Nebenwirkung von *Cry1A*-Toxin auf den Kompostwurm *Eisenia fetida* konnte ebenfalls nicht festgestellt werden (Saxena u. Stotzky 2001). In Versuchen (Mikrokosmen) mit *Aporrectodea caligenosa* (der am weitesten verbreiteten Regenwurmart in landwirtschaftlich genutzten Böden des gemäßigten Klimas) konnte durch gemahlene Bt-Blätter von Mais (mit dem *CryIAb*-Protein) kein negativer Einfluss auf Wachstum, Entwicklung und Reproduktionsrate ermittelt werden (Icoz u. Stotzky 2008). Auch hier sind langfristige Feldversuche mit verschiedenen Wurm- und Bodenarten erforderlich, bevor endgültige Aussagen über Nebenwirkungen gemacht werden können. Allerdings sind Nebenwirkungen kaum zu erwarten, weil Regenwürmer in der Evolution durch den bevorzugten Konsum von zersetztem organischem Bodenmaterial samt mikrobieller Biomasse stets mit den Bt-Toxinen vom Bodenbakterium *Bacillus thuringiensis* konfrontiert waren und infolgedessen relativ unempfindlich sein müssen.

Die vorliegenden Erkenntnisse liefern bisher keine wissenschaftlich begründeten Hinweise, dass Streu oder Exsudate von Bt-Mais (und vermutlich auch von Bt-Baumwolle, Bt-Raps oder Bt-Nassreis) zu nachhaltigen Beeinträchtigungen des Bodenlebens führen können.

Inzwischen sind weltweit mindestens 26 verschiedene Bt-Kulturpflanzen und einige Bt-Bäume im Anbau, die nicht nur den Einsatz von Insektiziden (und damit auch Gesundheitsrisiken) wesentlich reduzieren, sondern auch die Erträge erhöht bzw. das Wachstum gefördert haben. Dies trifft insbesondere für Kulturpflanzen der Tropen und Subtropen zu (Bruinsma *et al.* 2003; Dunfield u. Germida, 2004; Liu *et al.* 2005, 2008; Sanvido *et al.* 2006; Icoz u. Stotzky 2008).

Literatur

Adamo JA, Gealt MA (1996) A demonstration of bacterial conjugation within the alimentary canal of *Rhabditis* nematodes. FEMS Microbiol Ecol 20: 15–22

Auchtung JM, Lee CA, Monson RE, Lehman AP, Grossman AD (2005) Regulation of a *Bacillus subtilis* mobile genetic element by intercellular signaling and the global DNA damage response. Proc Nat. Acad Sci USA 102: 12554–12559

Barkay T, Smets BF (2005) Horizontal gene flow in microbial communities. ASM News 71: 412–419

Battermann A (2002) Charakterisierung von Plasmiden aus einer Gemeinschaft von Bodenbakterien mit dem Schwerpunkt auf dem genetischen Potenzial für konjugativen DNA-Transfer. Dissertation, Universität Bielefeld

Bertholla F, Simonet P (1999) Horizontal gene transfer in the environment: Natural transformation as a putative process for gene transfer between transgenic plants and microorganisms. Res Microbiol 150: 375–384

Broothaerts W, Mitchel HJ, Weir B, Kaines S, Smith LMA, Yang W, Mayer JE, Roa-Rodriguez, Jefferson RA (2005) Gene transfer to plants by diverse species of bacteria. Nature 433: 629–633

Bruisma M, Kowalchuk GA, van Veen JA (2003) Effects of genetically modified plants on microbial communities and processes in soil. Biol Fertil Soils 37: 329–337

Burrus V, Pavlovic G, Decaris B, Guédon G (2002) Conjugative transposons: The tip of the iceberg. Mol Microbiol 46: 601–610

Cohen MB, Gould F, Bentur JS (2000) Bt-rice: Practical steps to sustainable use. Intern Rice Res Notes 25: 4–10

Daane LL, Molina JAE, Berry EC, Sadowsky MJ (1996) Influence of earthworm activity on gene transfer from *Pseudomonas fluorescens* to indigenous soil bacteria. Appl Environ Microbiol 62: 515–521

Dantas G, Sommer MOA, Oluwasegun RD, Church GM (2008) Bacteria subsisting on antibiotics. Science 320: 100–103

De Rore H, Demolder K, De Wilde K, Houwen F, Verstraete W (1994) Transfer of the catabolic plasmid RP4:Tn4371 to indigenous soil bacteria and its effect on respiration and biphenyl breakdown. FEMS Microbiol Ecol 15: 71–77

D'Costa VM, McGrann KM, Hughes DW, Wright GD (2006) Sampling the antibiotic resistome. Science 311: 374–377

Daane LL, Molina JAE, Berry EC, Sadowsky K (1996) Influence of earthworm activity on gene transfer from *Pseudomonas fluorescens* to indigenous soil bacteria. Appl Environ Microbiol 62: 515–521

De Vries J, Heine M, Harms K, Wackernagel W (2003) Spread of recombinant DNA by roots and pollen of transgenic potato plants, identified by highly specific bio-monitoring using natural transformation of an *Acinetobacter sp.* Appl Environ Microbiol 69:

De Vries J, Meier P, Wackernagel W (2001) The natural transformation of the soil bacteria *Pseudomonas stutzeri* and *Acinetobacter sp.* by transgenic plant DNA strictly depends on homologous sequences in the recipient cells. FEMS Microbiol Lett 195: 211–215

De Vries J, Wackernagel W (2004) Microbial horizontal gene transfer and the DNA release from transgenic crop plants. Plant Soil 266: 91–104

Dröge M, Pühler A, Selbitschka W (1999) Horizontal gene transfer among bacteria in terrestrial and aquatic habitats as assessed by microcosm and field studies. Biol Fertil Soils 29: 221–245

Dubnau D (1999) DNA uptake in bacteria. Annu Rev Microbiol 53: 217–244

Dunfield KE, Germida JJ (2001) Diversity of bacterial communities in the rhizosphere and root interior of field-grown genetically modified *Brassica napus*. FEMS Microbiol Ecol 38: 1–9

Dunfield KE, Germida JJ (2004) Impact of genetically modified crops on soil- and plant-associated microbial communities. J Environ Qual 33: 806–815

Ehlers LJ (2000) Gene transfer in biofilms. In: Allison DG, Gilbert P, Pappin-Scott HM, Wilson M (Hrsg) Community structure and co-operation in biofilms. The Society for General Microbiology, Cambridge University Press, Cambridge S 216–256

Fang M, Kremer R, Motavalli PP, Davis G (2005) Bacterial diversity in rhizospheres of nontransgenic and transgenic corn. Appl Environ Microbiol 71: 4123–4136

Fang M, Motavalli PP, Kremer RJ, Nelson KA (2007) Assessing changes in soil microbial communities and carbon mineralization in Bt and non-Bt corn residue-amended soils. Appl Soil Ecol 37: 150–160

Fincham JRS (1989) Transformation in fungi. Microbiol Rev 53: 148–170

Fischer R (2004) Plant-based production of biopharmaceuticals. Curr Opin Plant Biol 7: 152–158

Frost LS (1992) Bacterial conjugation: Everybody's doin' it. Can J Microbiol 38: 1091–1096

Frost LS, Leplae R, Summers AO, Toussaint A (2005) Mobile genetic elements: The agents of open source evolution. Nature Rev Microbiol 3: 722–732

Gebhard F, Smalla K (1999) Monitoring field releases of genetically modified sugar beets for persistence of transgenic plant DNA and horizontal gene transfer. FEMS Microbiol Ecol 28: 261–272

Gogarten JP, Townsend JP (2005) Horizontal gene transfer, genome innovation and evolution. Nature Rev Microbiol 3: 679–739

Ghosh D, Roy K, Williamson KE, White DC, Wommack KE, Sublette KL, Radosevich M (2008) Prevalence of lysogeny among soil bacteria and presence of 16S rRNA and trzN genes in viral-community DNA. Appl Environ Microbiol 74: 495–502

Griffith BS, Caul S, Thomson J, Birch ANE, Scrimgeour C, Andersen MN, Cortet J, Messean A etc. (2005) A comparison of soil microbial community structure, protozoa and nematodes in field plots of conventional and genetically modified maize expressing the *Bacillus thuringiensis* Cry1Ab toxin. Plant Soil 275: 135–146

Haagensen JAJ, Hansen SK, Johansen T, Molin S (2002) *In situ* detection of horizontal transfer of mobile genetic elements. FEMS Microbiol Ecol 42: 261–268

Henschke RB, Schmidt FRJ (1990) Plasmid mobilization from genetically engineered bacteria to members of the indigenous soil microflora *in situ*. Curr Microbiol 20: 105–110

Hoffmann A, Thimm T, Dröge M, Moore ERM, Munch JC, Tebbe CC (1998) Intergeneric transfer of conjugative and mobilizable plasmids harboured by *Escherichia coli* in the gut of the soil microarthropod *Folsomia candida* (Collembola). Appl Environ Microbiol 64: 2652–2659

Hirsch PR (2004) Release of transgenic bacterial inoculants – rhizobia as a case study. Plant Soil 266: 1–10

Icoz I, Stotzky G (2008) Fate and effects of insect-resistant Bt-crops in soil ecosystems. Soil Biol Biochem 40: 559–586

Kemper N (2008) Veterinary antibiotics in the aquatic and terrestrial environment. Ecol Indicators 8: 1–13

Kooning EV, Makarova KS, Aravind L (2001) Horizontal gene transfer in prokaryotes: Quantification and classification. Annu Rev Microbiol 55: 709–742

Lagido C, Wilson IJ, Glover LA, Prosser JI (2003) A model for bacterial conjugal transfer on solid surfaces. FEMS Microbiol Ecol 44: 67–78

Liu B, Zeng Q, Yan F, Xu H, Xu C (2005) Effects of transgenic plants on soil microorganisms. Plant Soil 271: 1–13

Liu W, Lu HH, Wu W, Wei QK, Chen YX, Thies JE (2008) Transgenic Bt-rice does not affect enzyme activities and microbial composition in the rhizosphere during crop development. Soil Biol Biochem 40: 475–486

Lorenz MG, Wackernagel W (1994) Bacterial gene transfer by natural genetic transformation in the environment. Microbiol Rev 58: 563–6021

Ma JKC (2005) Plant-derived pharmaceuticals – the road forward. Trends Plant Sci 10: 580–585

Manachini B, Lozzia GC (2002) First investigations into the effects of Bt-corn crop on nematofauna. Boll Zool Agr Bachic Ser II 34:85–96

Marsch P, Wellington EMH (1994) Phage-host interactions in soil. FEMS Microbiol Ecol 15: 99–107

Meier P, Wackernagel W (2003) Mechanisms of homology-facilitated illegitimate recombination for foreign DNA acquisition in transformable *Pseudomonas stutzeri*. Mol Microbiol 48: 1107–1118

Mercier A, Kay E, Simonet P (2006) Horizontal gene transfer by natural transformation in soil environment. In: Nannipieri P, Smalla K (Hrsg) Nucleic acids and proteins in soil, Springer, Berlin Heidelberg, S 356–373

Motavelli PP, Kremer RJ, Fang M, Means NE (2004) Impact of genetically modified crops and their management on soil microbially mediated plant nutrient transformations. J Environ Qual 33: 816–824

Muchaonyerwa P, Waladde S, Nyamugafata P, Mpepereki S, Ristori GG (2004) Persistence and impact on microorganisms of *Bacillus thuringiensis* proteins in some Zimbabwean soils. Plant Soil 266: 41–46

Musovic S, Oregaard G, Kroer N, Sörensen SJ (2006) Cultivation-independent examination of horizontal transfer and host range of an IncP-1 plasmid among gram-positive and gram-negative bacteria indigenous to the barley rhizosphere. Appl Environ Microbiol 72: 6687–6692

Nap JP, Metz PLJ, Escaler M, Conner AJ (2003) The release of genetically modified crops into the environment. The Plant J 33: 1–18

Nielsen KM, Bones AM, Smalla K, van Elsas DJ (1998) Horizontal gene transfer from transgenic plants to terrestrial bacteria – a rare event? FEMS Microbiol Rev 22: 79–103

Nielsen KM, Johnsen P, van Elsas DJ (2007) Horizontal gene transfer and microevolution in soil. In: Van Elsas, DJ, Jansson JK, Trevors JT (Hrsg) Modern soil microbiology, 2. Aufl., CRC Press, Boca Raton London New York, S 55–82

Nielsen KM, Townsend JP (2004) Monitoring and modelling horizontal gene transfer. Nature Biotechnol 22: 1110–1114

Ottow JCG (1997) Abbaukinetik und Persistenz von Fremdstoffen in Böden. In: Ottow JCG, Bidlingmaier W (Hrsg) Umweltbiotechnologie, G. Fischer, Stuttgart, S 97–138

Paget E, Lebrun M, Freyssinet G, Simonet P (1998) The fate of recombinant plant DNA in soil. Eur J Soil Biol 34: 81–88

Preston GM, Studholme DJ, Caldelari I (2005) Profiling the secretomes of plant pathogenic proteobacteria. FEMS Microbiol Rev 29: 331–360

Richaume A, Smit E, Faurie G, van Elsas DJ (1992) Influence of soil type on the transfer of plasmif RP4p from *Pseudomonas fluorescens* to introduced recipient and to indigenous bacteria. FEMS Microb Ecol 101: 281–291

Romeis J, Meissle M, Bigler F (2006) Transgenic crops expressing *Bacillus thuringiensis* toxins and biological control. Nature Biotechnol 24: 63–71

Russell PJ (2006) Genetics: A molecular approach, 2. Aufl. Pearson, San Francisco

Sanvido O, Stark M, Romeis J, Bigler F (2006) Ecological impacts of genetically modified crops. ART (Agroscope Reckenholz-Tänikon)-Schriftenreihe 1: 1–80

Saxena D, Stotzky G (2001) *Bacillus thuringiensis* (Bt) toxin released from root exudates and biomass of Bt corn has no apparent effect on earthworms, nematodes, protozoa, bacteria and fungi in soil. Soil Biol Biochem 33: 1225–1230

Schumann W (1990) Biologie bakterieller Plasmide. Vieweg & Sohn, Braunschweig

Schwieger F, Dammann-Kalinowski T, Dresing U, Selbitschka W, Munch JC, Pühler A, Keller M, Tebbe CC (2000) Field lysimeter investigation with luciferase-gene (*luc*)-tagged *Sinorhizobium meliloti* strains to evaluate the ecological significance of soil inoculation and a *recA*-mutation. Soil Biol Biochem 32: 859–868

Selbitschka W, Keller M, Tebbe CC, Pühler A (2003) Freisetzung gentechnisch veränderter Bakterien. Biol in unserer Zeit 33: 162–175

Selbitschka W, Keller M, Miethling-Graff R, Dresing U, Schwieger F, Krahn I, Homann I, Dammann-Kalinowski T, Pühler A, Tebbe CC (2006) Long-term field release of bioluminescent *Sinorhizobium meliloti* strains to assess the influence of a *recA* mutation on the strains' survival. Microbiol Ecol 52: 583–595

Siciliano SD, Germida JJ (1999) Taxonomic diversity of bacteria associated with the roots of field-grown transgenic *Brassica napus* cv. Quest, compared to the non-transgenic *B. napus* cv. Excel and *B. napus* cv. Parkland. FEMS Microbiol Ecol 29: 263–272

Sims SR, Martin JW (1997) Effect of the *Bacillus thuringiensis* insecticidal proteins CryAb, CryAc, CryIIA and CryIIIA on *Folsomia candida* and *Xenylla grisea* (insecta: Collembola). Pedobiologia 41: 412–416

Sims SR, Ream JE (1997) Soil inactivation of the *Bacillus thuringiensis* subsp. *kursaki* CryIIA insecticidal protein within transgenic cotton tissue: Laboratory microcosm and field studies. J Agric Food Chem 45: 1502–1505

Smalla K, Heuer H (2006) How to assess the abundance and diversity of mobile genetic elements in soil bacterial communities? In: Nannipieri P, Smalla K (Hrsg) Nucleic acids and proteins in soil, Springer, Berlin Heidelberg, S 313–330

Sörensen SJ, Bailey M, Hansen LH, Kroer N, Wuertz S (2005) Studying plasmid horizontal transfer *in situ*: A critical review. Nature Rev Microbiol 3: 700–740

Spök A (2006) Molecular farming on the rise – GMO regulators still walking a tightrope. Trends Biotechnol 25: 74–82

Swanson MM, Fraser G, Daniell TJ, Gregory PJ, Tallansky M (2009) Viruses in soils: Morphological diversity and abundance in the rhizosphere. Ann Appl Biol 155: 51–60

Tapp H, Stotzky G (1998) Persistence of the insecticidal toxin from *Bacillus thuringiensis* subsp. *kurstaki* in soil. Soil Biol Biochem 30: 471–476

Thimm T, Hoffmann A, Fritz I, Tebbe CC (2001) Contribution of the earthworm *Lumbricus rubellus* (Annelida, Oligochaeta) to the establishment of plasmids in soil bacterial communities. Microbiol Ecol 41: 341–351

Thomas CM, Nielsen KM (2005) Mechanisms of, and barriers to, horizontal gene transfer between bacteria. Nature Rev Microbiol 3: 711–718

Top EM, Springael D, Boon N (2002) Catabolic mobile genetic elements and their potential use in bioaugmentation of polluted soils and waters. FEMS Microbiol Ecol 42: 190–208

Trevors JT, van Elsas JD (1997) Microbial interactions in soil. In: Van Elsas JD, Trevors JT, Wellington EMH (Hrsg) Modern soil microbiology, Marcel Dekker,New York Basel, S 215–244

Van Elsas JD (1992) Antibiotic resistance gene transfer in the environment: An overview. In: Wellington EMH, van Elsas DJ (Hrsg) Genetic interactions among microorganisms in the natural environment, Pergamon, Oxford, S 17–39

Van Elsas JD, Bailey MJ (2002) The ecology of transfer of mobile genetic elements. FEMS Microbiol Ecol 42: 187–197

Van Elsas JD, Fry JC, Hirsch P, Molin S (2000) Ecology of plasmid transfer and spread. In: Thomas CM (Hrsg) The horizontal gene pool: Bacterial plasmids and gene spread, Harwood Scientific Publ, Amsterdam, S 175–206

Van Elsas DJ, Turner S, Trevors JT (2006) Bacterial conjugation in soil. In: Nannipieri P, Smalla K (Hrsg) Nucleic acids and proteins in soil, Springer, Berlin Heidelberg, S 331–353

Van Veen J, van Overbeek LS, van Elsass DJ (1997) Fate and activity of microorganisms introduced into soil. Microbiol Mol Biol Rev 61: 121–135

Vionis AP, Katsifas EA, Karagouni AD (1998) Survival, metabolic activity and conjugative interactions of indigenous and introduced streptomycete strains in soil microcosms. Antonie van Leeuwenhoek 73: 103–115

Wackernagel W (2006) The various sources and fate of nucleic acids in soil. In: Nannipieri P, Smalla K (Hrsg) Nucleic acids and proteins in soil, Springer, Berlin Heidelberg, S 117–135

Wandeler H, Bahylova J, Nentwig W (2002) Consumption of two Bt- and six non-Bt-corn varieties by the woodlouse *Porcellio scaber*. Basic Appl Ecol 3: 357–365

Weaver M, Vedenyapina E, Kenerley CM (2005) Fitness, persistence, and responsiveness of a genetically engineered strain of *Trichoderma virens* in soil. Appl Soil Ecol 29: 125–134

Wenzel G (2006) Molecular plant breeding: Achievements in green biotechnology and future perspectives. Appl Microbiol Biotechnol 70: 642–650

Wuertz S, Mergeay M (1997) The impact of heavy metals on soil microbial communities and their activities. In: Van Elsas JD, Trevors JT, Wellington EMH (Hrsg) Modern soil microbiology, Marcel Dekker, New York Basel, S 607–664

Zwahlen C, Hilbeck A, Gugerli P, Nentwig W (2003) Degradation of the Cry1Ab protein within transgenic *Bacillus thuringiensis* corn tissue in the field. Mol Microbiol 12: 765–775

Diversität und Merkmale kultivierbarer Bakterien in Böden

6

„Soil microbial communities remain some of the most difficult structures to characterize, because of their immense phenotypic and genotypic diversity.“

L. Øvreas und V. Torsvik (1998)

Inhaltsverzeichnis

6.1 Taxonomie und Eigenschaften der häufigsten Bodenbakterien

Nach der taxonomischen Zugehörigkeit der kultivierbaren *Bacteria* in Böden (sie stellen etwa 0,1% bis 20% der mikroskopisch sichtbaren Zellen) entfällt die überwiegende Mehrzahl auf die „Vier Großen“ Phyla: *Actinobacteria* > *Firmicutes* > *Proteobacteria* > *Bacteriodetes.* Im Allgemeinen gehören die meisten kultivierbaren Bakterienisolate zu den *Proteobacteria* (~ 54%), *Actinobacteria* (~ 23%), *Firmicutes* (~ 14%) und *Bacteriodetes* (~ 6%). Somit unterscheiden sich die häufigsten isolierbaren *Bacteria* aus Böden in der Reihenfolge deutlich von der allgemeinen Häufigkeit der kultivierbaren *Bacteria.* Wenn die Häufigkeit der 16S-rRNA und 16S-rRNA-Gensequenzen in den Datenbanken (Kap. 4 und 7) einmal als Indikator für die taxonomische Zugehörigkeit der dominanten Boden-*Bacteria* zugrunde gelegt wird, dann würden Vertreter der *Proteobacteria, Acidobacteria, Actinobacteria, Verrucomicrobia* und *Bacteriodetes* die **dominanten** Vertreter stellen (Janssen 2006). Dieses Ergebnis kann zwar nicht als repräsentativ für die taxonomische Zugehörigkeit der häufigsten *Bacteria* gelten, doch gibt es Aufschluss über die Diversität von bisher nichtkultivierbaren *Bacteria* in Böden (Kap. 7).

Rein morphologisch gehört die überwiegende Mehrzahl an mikroskopisch sichtbaren Prokaryoten in Oberböden zu den kleinen pleomorphen Kokken und kokkoiden Stäbchen, und zwar weitgehend unabhängig von der Bodenart (Tabelle 6.1). Es handelt sich hierbei wahrscheinlich zum größten Teil um grampositive bis

J.C.G. Ottow, *Mikrobiologie von Böden*,
DOI: 10.1007/978-3-642-00824-5_6, © Springer-Verlag Berlin Heidelberg 2011

Tabelle 6.1 Häufigkeit (%) prokaryotischer Zellen nach Morphologie und Volumen in vier Böden unterschiedlicher Art aufgrund fluoreszenzmikroskopischer Analysen (Olsen u. Bakken 1987)

Gruppen nach Form & Volumen	Volumen (μm^3)	Ø der Zellen (µm)	Häufigkeit (%) der Prokaryotenzellen nach Volumen und Durchmesser in verschiedenen Bodenarten				
			Lt	Ut	Moorboden	Ls	∅
Kokkoid							
I	< 0,065	< 0,5	60	58	60	77	64
II	0,065–0,18	0,5–0,7	14	23	23	14	18
III	0,18–0,52	0,7–1,0	4	5	4	3	4
IV	0,52–1,44	1,0–1,4	0,5	1,5	0,4	0,8	0,8
V	> 1,44	> 1,4	0,3	0,1	0,01	0,1	0,1
Stäbchen							
I	0,065–0,18	–	17	9,0	12	4,6	10,6
II	0,18–0,52	–	4	2,5	0,7	0,9	2,0

Lt = toniger Lehm, Ut = toniger Schluff, Ls = sandiger Lehm

-variable kokkoide oder globiforme Prokaryotenformen, die vermutlich mehreren taxonomischen Phyla (Kap. 4, Tabelle 4.2) angehören. Echte Kokken gibt es in Böden relativ wenig. Etwa 60 bis 70% dieser kleinen globiformen Formen haben einen Durchmesser von etwa 0,25 bis 0,5 µm. Vermutlich sind es Vertreter der autochthonen oligotrophen *Bacteria* (**Kümmer- oder Hungerformen,** *Shut-down*-Zellen), die sich an die nährstoffarmen Bodenbedingungen durch ein relativ hohes Oberfläche/Volumenverhältnis hervorragend angepasst haben (Kap. 1, Box 1.6). Wenn einzelne Vertreter dieser globiformen Prokaryoten durch Mikromanipulation auf relativ nährstoffreichen Medien in Kultur gebracht werden, dann verändert und vergrößert sich ihre Morphologie häufig. Hingegen sind die sogenannten Ultrabakterien (Zellvolumina von etwa 0,03–0,04 μm^3) unter den kleinen kokkoiden Bodenprokaryoten morphologisch stabil und gehören zu taxonomisch unbekannten *Bacteria* und *Archaea*. Ihre Populationsdichten in Böden werden immerhin auf etwa 10^5 Zellen × g^{-1} TB geschätzt. Diese Ultramikroben haben sich mit den üblichen Medien bisher als nicht kultivierbar erwiesen. Die Morphologie von Prokaryoten in natürlichen Bodenaufschwemmungen gibt grundsätzlich sehr wenig Auskunft über ihre taxonomische Zugehörigkeit. Wenn ein Tropfen einer Bodensuspension auf einem Objektträger getrocknet, fixiert, mit Phenol-Anilinblau angefärbt und unter dem Lichtmikroskop betrachtet wird, dann lassen sich die zahlreichen kleinen kokkoiden Zellen, Stäbchen und anderen Formen sowie Pilzhyphen meist gut erkennen – vorausgesetzt, der Boden ist nicht zu reich an Bodenkolloiden. Organische und anorganische Bodenpartikel wirken nicht nur maskierend auf die sorbierten Zellen, sondern stören beim Fokussieren und können durch **Hintergrundfärbungen** Zellen vortäuschen. Aufgrund direkter mikroskopischer Beobachtungen können die sichtbaren Prokaryoten in Böden grob in etwa sechs morphologische Gruppen aufgeteilt werden:

- pleomorphe kokkoide Zellformen mit einem ∅ < 0,5 µm
- Kurzstäbchen (1–3 µm lang), teilweise keulenförmig, ∅ < 0,5 µm
- leicht gekrümmte, variable Kurzstäbchen
- variable Langstäbchen, spiralförmige oder spindelförmige Zellen
- verzweigte V-förmige Stäbchen und pseudomycelartige Fragmente
- lange (bis etwa 50 µm) schmale (Ø < 0,5 µm) spindelförmige Fäden

Weil sich die Mehrzahl der Bodenprokaryoten mit Standardmedien (Kap. 4) unter den üblichen Bedingungen (noch) nicht kultivieren lässt, kann über ihre taxonomische Zugehörigkeit und Ökophysiologie kaum etwas ausgesagt werden (Kap. 7). Das mikroskopische Bild der Mikroorganismen einer Bodenprobe lässt nur grobe Einteilungen zu, weil die Morphologie einzelner Zellen kaum taxonomische Aussagekraft hat, zumal es sich bei den globiformen Prokaryoten (*Bac-*

teria und *Archaea*) um Hungerformen, Ultramikroben, Sporen und/oder Mycelfragmente von Nocardien und Actinomyceten handeln kann.

6.2 Phylum *Actinobacteria*: coryneforme Bakterien und Aktinomyceten

Die *Actinobacteria* umfassen eine morphologisch heterogene Sammlung von grampositiven Bakterien mit hohem Mol-% G + C der DNA (Box 6.1). *Actinobacteria* sind in allen Böden in unterschiedlicher Zusammensetzung und Dichte vertreten. Ihre Zusammensetzung wird primär von der Art und Menge an organischen Substanzen (Streu) bestimmt. Zahlreiche Vertreter der *Actinobacteria* wurden bisher nicht oder nur unvollständig näher untersucht. Zu den besser erforschten *Actinobacteria* gehören sowohl die **coryneformen Bakterien** (CB) als auch die **Aktinomyceten.** Vertreter beider Gruppen sind anspruchslos und ökophysiologisch sehr versiert. Sie gehören zu den wichtigsten Zersetzern postmortaler pflanzlicher und tierischer Biomasse und besiedeln bevorzugt die organischen Auflagen (Streuschichten) und humushaltigen Oberböden (A_h- und A_p-Horizonte). Auch an den Ab-, Um- und Aufbauprozessen während der Kompostierung organischer Abfälle sind CB und Aktinomyceten (z. B. *Streptomyces spp.*) wesentlich beteiligt – vorausgesetzt, die Mieten sind locker (aerob) gelagert und es liegen schwachsaure bis schwachalkalische Bedingungen vor (pH-Optimum etwa zwischen 6 bis 8). In der Rhizosphäre von Pflanzen sind zahlreiche Vertreter sowohl der CB als auch der Streptomyceten stets vorhanden, treten aber im Vergleich zu den gramnegativen *Bacteria* (*Proteobacteria*) deutlich zurück (Kap. 17). Bei der Erstbesiedlung von C-reichen pflanzlichen Abfällen (Streu, Getreidestroh, Stallmist, frischer Kompost etc.) sind **Zuckerpilze** (bestimmte saccharolytische *Mucorales*, zahlreiche Ascomyceten und Fungi Imperfecti) aufgrund ihres raschen Wachstums den relativ langsam wachsenden CB und Aktinomyceten weit überlegen, sodass diese in zeitlicher Sukzession erst relativ spät vorherrschend werden. Sie sind (mit wenigen Ausnahmen) ausgesprochen aerobe Bakterien, was bedeutet, dass ihre Verbreitung und Aktivitäten bei O_2-Mangel (durch hohe Bodenfeuchte oder Wassersättigung) stark zurückgehen (z. B. in anmoorigen Böden, Sümpfen, Nassreisböden). Verschiedene mikroaerophile Vertreter der *Actinobacteria* sind allerdings stets auch in anmoorigen Böden, Sedimenten und Nassreisböden Bestandteil der autochthonen Mikroorganismen.

6.2.1 Die coryneformen Bakterien

Die erfolgreiche Verbreitung von coryneformen Bakterien (Box 6.1) und verwandten Organismen (z. B. *Brevibacterium spp.*, *Caseobacter spp.*, *Tsukamurella spp.*) in Böden hat mehrere Gründe. Erstens handelt es sich in der Mehrzahl um **oligotrophe** Organismen, die eine große Breite an einfachen Substraten (wie Kohlenhydrate, organische Säuren, Alkohole etc.) und relativ persistenten C-Quellen (aliphatische und aromatische Kohlenwasserstoffe, polycyclische aromatische KWe, Carotinoide, Tannine, verschiedene andere sekundäre Pflanzenstoffe, Xenobiotika etc.) gerade in sehr geringen Konzentrationen unter Verwendung von anorganischen N-Formen (Nitrat, Ammonium) als Substrate verwerten können. Hydroxylasen und Dioxygenasen sind weit verbreitet in dieser Organismengruppe. Insbesondere *Rhodococcus*-Arten haben sich als ökophysiologisch besonders versiert erwiesen und einige von ihnen können auch mehrfach chlorierte aromatische und aliphatische Kohlenwasserstoffe vollständig mineralisieren. Aber auch *Arthrobacter*-Arten sind ökophysiologisch vielseitig und gelten als besonders resistent gegen Trockenheit, was in den wechselfeuchten Oberböden vorteilhaft ist. Sie stellen in Böden wahrscheinlich den Hauptanteil an grampositiven *Bacteria*. Hingegen gelten *Cellulomonas*-Arten als typische Abbauspezialisten für Cellulose, Hemicellulosen (Xylan, Arabinan, Mannan, Galactan), Stärke und Chitin (Reguera u. Leschine 2003). Beim Abbau von Getreidestroh (C/N = ca. 80–100) bewirken *Cellulomonas*-Arten häufig die Cellulolyse, während die Sporenbildner *Paenibacillus macerans* und *P. polymyxa* (Phylum *Firmicutes*) und Azospirillen (*Azospirillum spp.*; *Alphaproteobacteria*) in einer syntrophen Assoziation (gegenseitige positive Beeinflussung) die zum Wachstum notwendige N-Versorgung durch N_2-Bindung übernehmen. Auch *Nocardia*-Arten sind anspruchslose Bodenbewohner, die zum Abbau von aliphatischen und aromatischen Kohlenwasserstoffen sowie von anderen relativ persistenten (anthropoge-

Box 6.1 Phylum *Actinobacteria*

Actinobacteria (mit einer einzigen Klasse *Actinobacteria*) sind aerobe, grampositive, pleomorphe kokkoide bis filamentöse (pseudomycelartige), unbewegliche Katalase-positive Bakterien mit **hohem** Mol-% G + C in der DNA (zwischen 51–72 %). Sie bilden eines der artenreichsten Phyla unter den Prokaryoten. Es sind typische Bewohner von Böden, Streuauflagen und Komposten. Die Ordnung *Actinomycetales* wird aufgrund morphologischer Gründe in die Gruppen der coryneformen Bakterien (CB), Mykobakterien (*Mycolata*) und der Aktinomyceten unterteilt. Die pleomorphen CB umfassen kokkoide Kurzstäbchen (*Arthrobacter spp*., ca. 42 Arten), schlanke Stäbchen, gelegentlich verzweigt (*Cellulolomonas spp*; etwa 10 Arten), kokkoide Formen oder Kurzstäbchen (*Rhodococcus spp*.; ca. 20 Arten), unregelmäßige gekrümmte, ovale oder keulenförmigen Stäbchen (*Corynebacterium spp*.; etwa 73 Arten) und leicht gekrümmte, gerade und verzweigte Stäbchen (*Mycobacterium spp*., ca. 115 Arten). CB bilden eine morphologische, aber keine taxonomische Einheit. Arten von *Mycobacterium*, *Nocardia*, *Rhodococcus*, *Corynebacterium* und *Tsukamurella* besitzen in ihrer Zellwand spezifische **Mycolsäuren**, doch nur Mykobakterien (*Mycobacterium spp*.) lassen sich nach Anfärbung mit Carbolfuchsin durch Salzsäure-Alkohol nicht mehr entfärben und gelten als säurefest (Ziehl-Neelsen-Färbung). Die charakteristischen Mycolsäuren werden in der Chemotaxonomie zum spezifischen Nachweis dieser *Mycolata* verwendet. Auch Mykobakterien sind in humushaltigen Oberböden weit verbreitete Saprophyten. Einige Vertreter sind (bei herabgesetzter Immunabwehr) opportunistisch humanpathogen. Sehr gefährliche Krankheitserreger wie *M. tuberculosis* (Tuberkulose) und *M. leprae* (Lepra) sind fakultativ intrazelluläre Bakterien, die auch als Saprophyten in Böden vorkommen. *Corynebacterium spp*., *Nocardia spp*. und *Mycobacterium spp*. sind phylogenetisch eng verwandt und bilden den **CNM**-Komplex. Von diesen Gattungen besitzen nur *Nocardia spp*. (*Nocardiaceae*) ein rudimentäres Pseudomycel, das leicht in Kurzstäbchen und kokkoide Zellfragmente („Sporen") zerfällt. Sie bilden den Übergang zu den echten **pseudomycelbildenden Aktinomyceten** (gr. *aktinos* = Strahl und gr. *mykes* = Pilz; früher „Strahlenpilze") und wurden in der Vergangenheit als Protoactinomyceten bezeichnet. Aktinomyceten sind aerobe (mit ETP), nicht säurefeste, grampositive Bakterien mit fädigen und einfach verzweigten Formen (z. B. *Propionibacterium*, *Pseudonocardia*, *Micromonospora*) oder intensiver Pseudomycelbildung aus verzweigtem Substrat- und Luftmycel (*Streptomycetaceae*). Das Luftmycel bildet Ketten aus drei oder mehreren Sporen (= vegetative abgeschnürte Mycelfragmente) zur massenhaften Verbreitung der Art und zur Besiedlung von weiteren Lebensräumen. Im Wesentlichen nach dem pH-Bereich wird zwischen den Gattungen *Streptomyces* (pH 5–11), *Kitasatospora* (pH 5,5–9) und *Streptacidiphilus* (pH 3,5–6) unterschieden. Aktinomyceten sind relativ langsam wachsende, anspruchslose (prototrophe), relativ trockenresistente, stoffwechselphysiologisch sehr versierte Organismen (mit Oxygenasen und anaeroben Atmungen). Die Diversität an *Streptomyces*-Arten ist groß (insgesamt > 500 Arten). Bei zunehmendem Substratmangel kommt es am Ende der stationären Wachstumsphase (Idiophase, gr. *idios* = eigen, eigentümlich) zur Bildung von sekundären Metaboliten darunter Antibiotika (Box 6.2 und 6.3), Geosmin (Box 16.1) und zur intensiven Versporung am Luftmycel. Im Gegensatz zu den meisten anderen *Bacteria* ist die DNA von Streptomyceten nicht in einem zirkulären, sondern in mehreren linearen Genomen angeordnet (Chater u. Chandra 2006; Kämpfer 2006).

nen) organischen Verbindungen befähigt sind. Einige Arten sind potenziell zur **heterotrophen Nitrifikation** und zur **Nitratatmung** (Denitrifikation) in der Lage (Kap. 12).

Ein zweiter Grund für den Erfolg der CB in Böden ist ihre Fähigkeit, bei Substratmangel und ungünstigen Bedingungen (Trockenheit) in ökophysiologisch effiziente kokkoide Zellformen (mit günstigem Oberfläche/Volumen-Verhältnis) zu wechseln (**Gestaltsvariabilität** oder Pleomorphie; Kap. 1, Box 1.6). Wahrscheinlich gehört ein großer Teil der oben genannten (6.1) morphologischen Gruppen 1, 2, 3 und 4 zu *pleomorphen* Vertretern der CB und anderen (bisher) nichtkultivierbaren globiformen *Bacteria*. Es kann angenommen werden, dass es sich bei den zahlreichen pleomorphen kokkoiden Formen einerseits um Vertreter der Gattung *Arthrobacte*r („Hunger"- und „Kümmerformen") und *Rhodococcus*, andererseits auch um Sporen (fragmentierte Zellen und Pseudomycelien) von Nocardien, Mykobakterien, Corynebakterien und anderen *Actinobacteria* handelt. Möglicherweise gehören auch echte grampositive **Kokken** der Gattungen

Micrococcus, *Agrococcus*, *Agromyces*, *Citrococcus* etc. zu den kleinen globiformen Boden-*Bacteria*. Hier fehlt es noch an grundlegenden taxonomischen Untersuchungen.

6.2.2 Die Aktinomyceten

Zu den zweithäufigsten grampositiven *Bacteria* in Böden gehören vor allem die **pseudomycelbildenden** Aktinomyceten (Box 6.1). Aktinomyceten umfassen zwar verschiedene Subordnungen und Familien innerhalb des Phylums *Actinobacteria*, doch bilden die Gattungen *Streptomyces*, *Kitasatospora* und *Streptacidiphilus* aus der Familie der *Streptomycetaceae* die Aktinomyceten im engeren Sinne. Vertreter dieser Actinomyceten können Populationsdichten von 10^6 bis 10^9 Keime × g^{-1} trockener Boden (TB) erreichen. Ihre Populationsdichten steigen mit dem Gehalt an organischen Substanzen („Humusgehalt") und dem pH-Wert des Bodens deutlich an. Sie können auf komplexen Stärke-Casein-Agarplatten unter Zusatz der fungiziden Substanzen Nystatin und Actidion oder Bengalrosa (4,5,6,7-Tetrachlor-2,4,5,7-tetrajod-fluorescein, hemmt die Ausbreitung von Pilzkolonien) bis zu 70% der grampositiven *Bacteria* ausmachen. Ihre weite Verbreitung beruht einerseits auf der gewaltigen Produktion von vegetativen trockenresistenten Sporen (Conidiosporen) an zahlreichen Sporophoren (Sporenträger), mit denen Böden, Komposte und Streuauflagen durch Wind und Wasser immer wieder beimpft werden. Andererseits sind Vertreter der *Streptomycetaceae* (Streptomyceten) sehr anspruchslos, besonders kompetitiv in relativ trockenen Böden und zudem ökophysiologisch bemerkenswert vielseitig, zumal Nitrat und/oder Ammonium als N-Quellen für das Wachstum ausreichen. Sie sind typische Bewohner organisch reicher Biotope, wie sie in humushaltigen Oberböden (A_h-Horizonten) von Grünland, Schwarzerden und Gartenerden sowie in Komposten, Streuauflagen im Wald, Mulchmaterial etc. vorkommen. Streptomyceten bevorzugen und gestalten durch ihr penetrierendes Pseudomycel gut durchlüftete Böden, vor allem bei schwachsauren bis schwachalkalischen pH-Bedingungen. In relativ sauren Böden dominieren Vertreter der Gattung *Streptacidiphilus*. Streptomyceten sind überwiegend **aerob** (ETP mit Cytochromen und Manachinon), aber viele Arten können ihre Atmung bei **O_2-Mangel** mit Nitrit/Nitrat als Elektronen-Akzeptor durch Denitrifikation (Albrecht *et al.* 1997; Shoun *et al.* 1998; Wenzhöfer *et al.* 2007) oder mit Fe(III)-(Hydr)Oxiden (Kap. 14) aufrechterhalten (anaerobe Atmungen). Es sind überwiegend mesophile Organismen (das Optimum liegt etwa bei 25–35°C), doch kommen wärmeliebende Arten und Stämme häufig sowohl in Oberböden als auch in Komposten vor. Manche Gattungen (*Thermomonospora*) sind obligat thermophil (Wachstumsoptimum liegt bei > 40 °C). Thermophile Streptomyceten sind auf charakteristische Weise stets am Vorgang der Selbsterhitzung von feuchtgelagertem Heu und in (städtischen) Kompostierungsanlagen beteiligt. *Streptomyces thermoautotrophicus* (65 °C) ist bisher die einzige Art unter den Streptomyceten, die mit H_2 und CO_2 als Substraten potenziell zur **N_2-Bindung** in der Lage ist. Diese physiologische Spezialisierung lässt vermuten, dass *S. thermoautotrophicus* ganz bestimmte ökologische Nischen in Böden besiedelt. Der Nitrogenase-Komplex (Kap. 13) ist insoweit besonders, als dass eine Mo-haltige Dehydrogenase Elektronen auf O_2 überträgt, wobei ein Superoxidanionradikal (O_2^-) entsteht. Mit der Oxidation von O_2^- zu O_2 durch eine Mangan-Superoxid-Oxidreduktase werden dann Elektronen auf den Nitrogenase-Komplex überführt (Ribbe *et al.* 1997).

Metabolische Diversität. Aktinomyceten sind metabolisch sehr vielseitig und übernehmen durch Ausscheidung einer Vielzahl an Enzymen zum hydrolytischen Abbau von Stärke (Amylasen), Pektinen (Pektinasen, Pektinesterasen), Chitin (Chitinasen), Keratin, Hemicellulosen (Xylanasen), Cellulose („Cellulasen"), Peptidoglykanen (*N*-Acetylmuramidase, β-*N*-Acetylglucosaminidase), Proteinen (Proteinasen und Peptidhydrolasen), Fetten (Lipasen), Phospholipiden (Phospholipasen) und Nucleinsäuren (Endonucleasen) wichtige Aufgaben beim Abbau polymerer pflanzlicher und tierischer Substrate. Entsprechend den Pilzhyphen durchdringt das verzweigte Pseudomycel feinmaschig das Substrat, um die Enzyme beim **Kontaktabbau** gezielt und möglichst effizient einsetzen zu können. Aliphatische und aromatische KWe, Bausteine von Huminstoffen und aromatische Metabolite des Ligninabbaus können durch Mono- und Dioxygenasen unter Einbau von O_2 verwertet werden (Kap. 3). Streptomyceten sind im Allgemeinen ökophysiologisch sehr breit gefächert. **Spezialisierte Cellulosezersetzer** wie *Streptomyces cellulolyticus* sind eher die Ausnahme als die Regel (Li 1997). *S. viridosporus* soll mit extrazellulären Peroxidasen sogar zur Verwertung von Cellulose und Lignin in Lignocellulose (Kap. 10) von Holz befähigt sein (Pometto u. Crawford 1986). Zahlreiche Streptomyceten bilden zudem Phenoloxidasen (Laccasen, Tyrosinasen) – Enzyme, die zusammen mit den Peroxidasen entscheidend an der **radikalischen oxidativen Depolymerisation** von Lignin beteiligt sein sollen (Kap. 10). Zahlreiche „chromogene" *Streptomyces*-Arten zeichnen sich durch die extrazelluläre Bildung eines dunkelbraunen bis schwarzen melanoiden Pigmentes aus. Melanin ist eine stabile heterocyclische polymere N-Verbindung, die aus Tyrosin unter Einwirkung von Tyrosinase entsteht (Box 3.2). Melaninbausteine kommen folglich auch im Kern-N von Huminstoffen vor und werden wahrscheinlich wie andere sekundäre Metabolite (Stoffwechselprodukte, die nicht lebensnotwendig sind) in der Idiophase gebildet (Kap. 11).

Streptomyceten und Echte Pilze (Basidiomyceten) wirken wahrscheinlich in der Idiophase beim Ligninabbau synergistisch (gegenseitige Förderung). Streptomyceten können sowohl an der Synthese von Huminstoffen (**Humifizierung**) als auch am Humusabbau (**Humuszehrung**) beteiligt sein (Kap. 3). Mit ihrem relativ stabilen Pseudomycel durchziehen Streptomyceten partikuläre organische Pflanzenreste, Humuspartikel und Bodenaggregate. Auf diese Weise tragen sie einerseits zum Abbau und andererseits wesentlich zur Lebendverbauung und Krümelstrukturbildung bei (Kap. 1). Aus dem minierenden hydrophilen Substratmycel entwickeln sich gedrehte hydrophobe Luftmycelien mit Sporophoren, die durch Septierung zahlreiche unigenome Sporen (Klone) bilden. Sie dienen der Verbreitung der Art (Claessen *et al.* 2006). Zum differenzierten Nachweis der *Micromonosporaceae*, *Streptomycetaceae*, *Streptosporangiaceae* oder *Thermomonosporaceae* stehen inzwischen selektive Primer-Sets zur PCR-Amplifikation von 16S-rDNA-Gensequenzen in Bodenextrakten zur Verfügung.

Genomik. Die hohe metabolische Diversität von Streptomyceten spiegelt sich in einem extrem großen **linearen** Genom von etwa 8 bis 9 Millionen bp wider. Das Genom von *S. coelicolor* (Mol-% G + C in DNA = 72,1) wurde im Jahre 2001 vollständig sequenziert, ist 8.667,507 bp (8.66 Mb) lang und soll 7825 Gene enthalten. Die Gene sind in Clustern gruppiert, die über das Genom verteilt sind, 20 bis 25 davon werden bei *S. avermitilis* (9.02 Mb; Mol-% G + C = 70,7) dem vielschichtigen sekundären Metabolismus zugeordnet. Die meisten konservierten Gene von Streptomyceten liegen im zentralen Bereich des Genoms. Etwa 1 bis 2 Mb am jeweiligen Genom-Ende umfassen relativ rezente, offenbar durch horizontalen Gentransfer erworbene Gene. Experimentell ließ sich bestätigen, dass bewährte Gene im Laufe der Evolution in den zentralen Bereich wandern (Chater u. Chandra 2006). Das relativ hohe Mol-% G + C (um 70) in der DNA von Streptomyceten führt zwangläufig zu dem Schluss, dass bevorzugt **GC-reiche Codons** verwendet werden. In jedem neunten oder zehnten Codon ist die dritte Position ein G oder C. Dieses Merkmal bildet die Basis für molekularbiologische Methoden zum Nachweis von Streptomyceten-DNA-Sequenzen.

Antibiotika und Bioinsektizide. Von besonderem Interesse für die Human- und Tiermedizin ist die Fähigkeit zur Bildung zahlreicher sekundärer Metabolite, vor allem von Antibiotika (Box 6.2) und Bioinsektiziden. Es war der amerikanisch-russische Bodenmikrobiologe **S. A. Waksman** (1866–1973), der den Begriff „Antibiotikum" prägte. Systematisch isolierte und testete er Streptomyceten aus Böden und entdeckte als Erster im Jahre 1940 das Actinomycin und 1943 das Streptomycin (aus *S. griseus*), das sich als sehr wirksam gegen Tuberkulose (*M. tuberculosis*) erwies. Im Jahre 1952 erhielt er dafür den Nobelpreis für Medizin. Streptomyceten aus Böden gehören nach wie vor zu den wichtigsten Antibiotikaproduzenten, sie sind für etwa 65% der therapeutisch wirksamen Substanzen verantwortlich (Tabelle 6.2). Die Fähigkeit, sekundäre Stoffwechselprodukte mit antibiotischer Wirkung zu bilden, wird sehr oft von Plasmiden codiert und lässt sich folglich durch Konjugation rasch in der Population verbreiten (Kap. 5). So codiert beispielsweise das Plasmid SCP1 in *S. coelicolor* die Biosynthese des Antibiotikums Methylenomycin.

Die Bedeutung von Antibiotika für den produzierenden Organismus ist noch nicht eindeutig geklärt. Wahrscheinlich dienen sie primär zur Erhöhung der Konkurrenzkraft durch **Unterdrückung von Konkurrenten** bei der Besiedlung und Mineralisation von Substraten in Böden und Rhizosphäre. Durch Ausscheidung von sehr unterschiedlichen niedermolekularen Stoffwechselprodukten (Antibiotika, Bioinsektiziden) können bestimmte Streptomyceten (Arten, Stämme) eine antagonistische Wirkung auf konkurrierende (da-

Box 6.2 Antibiotika, ein Geschenk der Bodenmikrobiologie an die Medizin

Antibiotika (gr. *anti* = gegen, *bios* = Leben) umfassen sehr verschiedene **sekundäre Stoffwechselprodukte** von Bakterien (vor allem Aktinomyceten) und Echten Pilzen (meist Vertreter der Gattungen *Aspergillus*, *Penicillium* und *Cephalosporium)*, welche in sehr geringen Konzentrationen andere Mikroorganismen (Prokaryoten, Echte Pilze, Protozoen und gelegentlich auch Viren) hemmen und/oder töten können. Antibiotika sind natürliche Ausscheidungsprodukte von bodenbürtigen Mikroorganismen, die in Reinkulturen vor allem in der Idiophase (Box 6.1) gebildet werden. Die Zahl der inzwischen bekannten Antibiotika wird auf ca. 6000 geschätzt. Von diesen Verbindungen werden etwa 100 in der Human- und Tiermedizin therapeutisch eingesetzt. Mehr als 50% aller therapeutisch eingesetzten Antibiotika werden von *Streptomyces*-Arten gebildet (Tabelle 6.2). Die klinischen Antibiotika werden heute industriell in großen belüfteten Fermentern (ca. 50 bis 300 m^3) unter optimalen aeroben Bedingungen aus bestimmten Boden-Isolaten gewonnen, gereinigt und teilweise chemisch verändert. Vorwiegend die Penicilline (*Penicillium notatum* und *P. chrysogenum*) und Tetracycline (aus verschiedenen *Streptomyces*-Arten) werden auf chemischem Wege geringfügig am Molekül modifiziert, um eine erhöhte Säurefestigkeit gegen Magensäuren, eine bessere Aufnahmefähigkeit im Darm und eine höhere Verträglichkeit zu erreichen – bei gleichzeitiger Herabsetzung der therapeutisch wirksamen Dosis (**halbsynthetische Antibiotika**). Einige Antibiotika mit einfachem chemischem Aufbau werden heute vollkommen synthetisch hergestellt. Etwa 40% der Antibiotika sind vollständig natürliche Metabolite, ungefähr 60% halbsynthetisch. Antibiotika sind chemisch sehr verschiedene Substanzen mit geringem Molekulargewicht und unterschiedlichen spezifischen Wirkungsmechanismen (Angriffspunkten). Zu den wichtigsten Angriffspunkten gehören (a) die Peptidoglykansynthese grampositiver und -negativer *Bacteria* (Zellwandsynthesehemmung; z. B. Fosfomycin, Bacitracin, Penicilline, Cephalosporine, Vancomycin), (b) die Beeinträchtigung der Cytoplasma-Membranfunktion (Polymyxin B und Colistin), (c) die Hemmung der DNA-Replikation (Gyrasehemmer wie die Chinolone Ciprofloxacin, Enoxacin sowie die Nitroimidazole Metronidazol und Ornidazol), (d) die Hemmung der DNA-abhängigen RNA-Polymerase (Rifampicin), (e) die Proteinsynthesehemmung durch Bindung an den Ribosomen (Tetracycline, Chloramphenicol, Erythromycin, Clindamycin) oder (f) die Blockierung des Folsäuremetabolismus (Sulfonamide und Trimethoprim). Mit Ausnahme der Nitroimidazole (hemmen Protozoen und Bandwürmer) sind die o. g. Hemmwirkungen spezifisch für Bakterien und greifen nicht bei eukaryotischen Zellen. Vielversprechend ist das natürliche Antibiotikum **Actinonin** aus der Klasse der Peptiddeformylase(PDF)-Inhibitoren. Es blockiert nicht nur die Proteinsynthese sehr verschiedener Bakterien, sondern auch die erhöhte PDF-Aktivität in Tumoren von Säugetierzellen und besitzt folglich auch eine **cytostatische Wirkung**. Böden sind der Lebensraum von Mikroorganismen mit der Fähigkeit zur Synthese antibiotisch wirksamer Substanzen. Immer wieder werden neue Antibiotika bei Streptomyceten entdeckt. Modellrechnungen prognostizieren, dass noch mindestens 100 000 verschiedene antimikrobielle Verbindungen bei *Streptomyces*-Arten in Böden auf Entdeckung und Isolierung warten. Antibiotika haben in Böden mehrere ökophysiologische Funktionen, darunter auch die Rolle von Signalmolekülen (*quorum sensing*, Kap. 9). In dieser Funktion steuern sie das Gruppenverhalten von Prokaryoten und Hefen in Biofilmen und Kolonien (Chen *et al.* 2000; Watve *et al.* 2001).

runter auch potenziell pflanzenpathogene) Pilze, andere grampositive und gramnegative Bakterien oder auf Protozoen, Nematoden, Milben und parasitische Insekten in Böden haben. In der Phytopathologie hat die eindeutige antagonistische Wirkung von Streptomyceten auf pflanzenpathogenen Organismen in Reinkulturen auf Agarplatten und in Nährlösungen wiederholt zu der Vorstellung geführt, durch Anreicherung von antibiotisch wirksamen Streptomyceten in der Rhizosphäre von Kulturpflanzen phytopathogene Pilze und Oomyceten biologisch regulieren und bekämpfen zu können. Diese Herausforderung wurde in der Forschung vom **biotechnologischen Pflanzenschutz** immer wieder aufgegriffen. Doch blieb die wiederholte Suche nach Streptomyceten in der Rhizosphäre von Kulturpflanzen mit antagonistischer Wirkung auf bestimmte pathogene Bakterien, Pseudo- und Echte Pilze bisher erfolglos.

Die Fähigkeit zur Ausscheidung antagonistischer Metabolite ist eine potenzielle Eigenschaft, die wahrscheinlich erst bei einer bestimmten Konstellation von Organismen und Bedingungen zur Expression kommt. Auch wenn solche Konstellationen im Labor gefunden

Tabelle 6.2 Anwendungsbereich und Wirkungsmechanismen einiger klinisch wichtiger Antibiotika (Auswahl) von *Streptomyces*-, *Nocardia*- und *Micromonospora*-Arten aus Böden (aus verschiedenen Quellen)

Freiname	Produzent	Anwendung	Angriffspunkt
Streptomycin	*Streptomyces griseus*	Tuberkulose, gramnegative Bakterien	Proteinsynthese (P)
Erythromycin	*S. erythreus*	grampositive Bakterien, Scharlach, Syphilis, Diphtherie	P
Amphotericin B	*S. nodosus*	Pilzinfektionen Sprosspilz-Mykosen	Zellmembran (ZM)
Tetracycline (verschiedene)	mehrere *Streptomyces*-Arten	Breitbandantibiotika grampositive und gramnegative Bakterien, Rickettsien, Spirochaeten	P
Vancomycin	*S. orientalis*	widerspenstige bakterielle Infektionen	P
Azomycin (2-Nitroimidazol)	*Nocardia mesenterica*, *S. eurocidius*	grampositive und gramnegative Bakt., besonders aber gegen pathogene Protozoen	DNA-Replikation
Avermectine	*S. avermitilis*	Wurminfektionen bei Mensch und Tier, Flussblindheit (Filarie *Onchocerca volvulus*)	Beeinträchtigung der Chlorid-Ionen-Kanäle im ZNS[1)]
Gentamycin	*Micromonospora purpurea*	Breitbandantibiotikum gegen sehr verschiedene Bakterien	P, ZM
Bleomycin	*S. verticillatus*	Malignome (Tumore)	DNA-Doppelhelix

1) ZNS = Zentralnervensystem (hier von wirbellosen Tieren)

werden, so ist die Etablierung in der Praxis mit Pflanzen und Böden bisher nicht gelungen.

Zweifelsfrei kommen die Mehrzahl an klinisch genutzten Antibiotika sowie die Gene zur **Antibiotikaresistenz** von Mikroorganismen (Actinomyceten, Pilze) aus Böden und Gewässern (D'Costa *et al.* 2006; Martinez 2008). Die zahlreichen Antibiotika selbst konnten in Böden oder Kompost bisher nicht oder nur in sehr geringen Konzentrationen nachgewiesen werden. In aufkonzentrierten Extrakten organisch reicher Böden ließen sich lediglich minimale Konzentrationen von Aureomycin (0,02–0,08 $\mu g \times g^{-1}$ TB) und Terramycin (0,08–0,2 $\mu g \times g^{-1}$ TB) feststellen. Carbomycin (ein Makrolid-Antibiotikum; 0,3–90 $\mu g \times g^{-1}$ TB) und Streptomycin (5–100 $\mu g \times g^{-1}$ TB) kamen allerdings in deutlich höheren Konzentration vor. Möglicherweise werden die ausgeschiedenen Antibiotika rasch von anderen Organismen abgebaut (Dantas *et al.* 2008) und/oder an Bodenkolloiden immobilisiert und (teil)-inaktiviert. Tatsächlich gelang es, in sterilen Böden, die mit Stämmen von *Streptomyces rimosus* und *S. aureofaciens* beimpft wurden, die Bildung von Terramycin (= Oxytetracyclin) und Aureomycin (= Chlortetracyclin) nachzuweisen. Die gebildeten Konzentrationen standen dabei in direktem Zusammenhang mit dem Gehalt des Bodens an organischer Substanz (Soulides 1965). Wahrscheinlich werden Antibiotika in Böden nach Freisetzung sofort unspezifisch an Ton-Humus-Kolloiden sorbiert, wodurch ihre Konzentration analytisch schwer zu quantifizieren ist.

Trotz der raschen Immobilisierung im Boden ist jedoch eine vorübergehende antibiotische Wirkung als Reaktion auf konkurrierende Bodenorganismen in unmittelbarer Umgebung des Produzenten durchaus denkbar. Allerdings konnten Versuche mit sorptionsstarken Ton- und Lehmböden, die mit verschiedenen Konzentrationen an Tetracyclin (ein Breitbandantibiotikum) und Tylosin (ein Makrolidantibiotikum aus *S. fradiae* für die Tierhaltung) vermischt worden waren, noch nach Wochen eine wachstumshemmende Wirkung auf Stämme von *Salmonella sp.* und *Escherichia coli* bestätigen (Chander *et al.*, 2005). Offenbar können auch sorbierte Antibiotika noch wirksam sein. Die quantitative Bestimmung von minimalen Antibiotikakonzentrationen in Böden bleibt das zentrale analytische Problem, weil hohe Verluste bei der mechanischen Desorption und Extraktion einzelner Verbindungen hingenommen werden müssen. Infolgedessen sind Konzentrationsangaben von Antibiotika in Böden nur als Schätzungen zu betrachten, die keine Rückschlüsse auf tatsächliche Produktionsmengen erlauben.

In den letzten Jahren hat die Suche nach neuen Antibiotika mit **Breitbandwirkung** gegen verschiedene pathogene gramnegative Organismen und ihre

Box 6.3 Multiple Antibiotikaresistenz, ein hausgemachtes Problem

Mehrere human- und tierpathogene Bakterien und Pilze (Hefe) verfügen seit etwa 1960 zunehmend über multiple Antibiotikaresistenzen (gleichzeitige Unempfindlichkeit gegenüber mehreren Antibiotika). Antibiotikaresistenz ist ein natürliches Phänomen, da bodenbewohnende Streptomyceten und Pilze nicht nur resistent gegen die selbsterzeugten Antibiotika, sondern vielfach auch gegen zahlreiche therapeutisch eingesetzte antibiotische Wirkstoffe sind, die ja überwiegend aus Bodenorganismen stammen (D'Costa *et al.* 2006; Martinez 2008). Multiple Antibiotikaresistenzen werden hauptsächlich durch (ursprünglich bodenbürtige) Resistenz-Plasmide (R-Faktoren) bei hohem Selektionsdruck über die Konjugation verbreitet. Ein hoher Selektionsdruck bedingt die Elimination von empfindlichen Populationsmitgliedern durch die ständige Anwendung der gleichen und/oder von anderen Antibiotika mit gleicher Angriffsweise. R-Faktoren sind deshalb so wichtig, weil sie einerseits die Zellen durch die **R-Gene** resistent gegen Antibiotika machen, andererseits den Besitzer dazu befähigen, die betreffenden Eigenschaften durch Konjugation auf weitere Prokaryoten zu übertragen (*tra*-Gene). Bei humanpathogenen gramnegativen Stäbchen (bestimmte Stämme von *Shigella spp*, *Salmonella spp.*, *E. coli*, *Haemophilus spp.* sowie *Pseudomonadaceae* und *Vibrionaceae* etc.) sind etwa 50–90% aller infektiösen Resistenzen auf Plasmide zurückzuführen. Aber auch Transposons (springende Gene) sind an der Übertragung von „**Resistenzkassetten**" selbst zwischen phylogenetisch sehr weit entfernten Bakterien beteiligt. Sekundäre oder erworbene Resistenz entsteht vor allem durch horizontalen Gentransfer (im Wesentlichen durch Konjugation). Obwohl den Medizinern etwa Hundert verschiedene Antibiotika in der Therapie zur Verfügung stehen, wird im täglichen klinischen Gebrauch aus Sicherheitsgründen nur eine begrenzte Anzahl von bewährten Substanzen mit hohem **therapeutischen Index** (TI) eingesetzt. Als TI eines Antibiotikums wird das Verhältnis von therapeutischer zur toxischer Dosis bezeichnet. Es ist ein Maß für die Beurteilung der **Sicherheit** eines Medikamentes. Wirksame Antibiotika mit relativ geringem TI und relativ hoher Gefahr von Nebenwirkungen kommen seltener zum Einsatz.

Die tägliche Verwendung einer begrenzten Anzahl von Antibiotika in relativ geschlossenen Räumlichkeiten (z. B. Kliniken) hat jedoch zur Folge, dass sich durch den **sehr hohen Selektionsdruck** Antibiotikaresistenzen vergleichsweise rasch durch Gen-Austausch in den begrenzten Populationen verbreiten können (**infektiöser Hospitalismus**). Sie werden zudem von Bett zu Bett getragen, wodurch häufig verwendete Substanzen ihre Wirksamkeit verlieren können. Insbesondere bestimmte *E. coli*-Stämme (mit erworbenen multiplen Antibiotikaresistenzen), methicillinresistente Stämme von *S. aureus* (MRSA), antibiotikaresistente *Mycobacterium tuberculosis*-Stämme sowie schwer (in Wundinfektionen) kontrollierbare Stämme vom Opportunisten *Pseudomonas aeruginosa* (einem Boden- und Wasserkeim, mit breiter natürlicher Antibiotikaresistenz) können durch Anreicherung bei mangelhafter Hygiene und hohem Selektionsdruck zu Problemkeimen werden. In den USA, dem UK und in Westeuropa können bis zu 70% der in Krankenhäusern erworbenen infektiösen Stämme resistent gegen ein oder mehrere Antibiotika sein. Vor allem die kontinuierliche Anwendung einer kleinen Gruppe von bewährten Antibiotika, das vorzeitige Abbrechen einer Antibiotikabehandlung, die allgegenwärtige Verbreitung von Antibiotika in der Umwelt (Abwasser, Klärschlämme, Massentierhaltung) durch permanente Ausscheidungen von Menschen und Nutztieren verstärken den Selektionsdruck und können zu multiplen Antibiotikaresistenzen bei Bakterien und Pilzen (Hefen) beitragen.

pathogenen Stämme (beispielsweise von *Shigella spp.*, *Haemophilus spp.*, *Pseudomonas aeruginosa*, *Vibrio cholerae*) und grampositiven *Bacteria* (vor allem gegen Stämme von *Staphylocccus aureus*, *Streptococcus spp.* und *Mycobacterium tuberculosis*) mit **multipler Antibiotikaresistenz** erneut an Bedeutung gewonnen (Box 6.3). Vielversprechende neue Breitbandantibiotika von Streptomyceten für die Medizin sind beispielsweise **Tigecyclin** (ein Tetracyclinanalogon, hemmt die Proteinsynthese gramnegativer und -positiver Pathogene) und **Platensimycin** (gebildet von *S. platensis*; hemmt die Phospholipidsynthese grampositiver Bakterien) (Wang *et al.* 2006). Beide Antibiotika haben sich als vielversprechend zur Bekämpfung der gefürchteten methicillinresistenten *Staphylococcus aureus* (**MRSA**)-**Stämme** in Krankenhäusern erwiesen, zumal verschiedene solcher MRSA-Stämme zudem über multiple Resistenzen gegen regelmäßig eingesetzte Verbindungen wie Cephalosporine, Erythromycin, Streptomycin und Neomycin verfügen. Die Ursachen der multiplen

Antibiotikaresistenzen in Krankhäusern sind vielseitig, doch gehört die einseitige und unkritische Verwendung einer kleinen Gruppe von Antibiotika (hoher Selektionsdruck) in relativ abgeschlossenen Räumlichkeiten (z. B. im OP-Saal von Krankenhäusern) ohne wesentlichen Gen-Austausch mit der Außenwelt wahrscheinlich zu den Hauptursachen (Box 6.3).

Zunehmend problematisch für die Verbreitung von Antibiotikaresistenzen scheint auch der intensive lokale Einsatz von Antibiotika (Tetracycline, Tylosin, Avermectine) als Futterzusatzstoffe in der Tierhaltung (Hühner, Schweine) zu werden, weil Böden auch außerhalb der Aufzuchtstationen dadurch zum Reservoir von bestimmten Resistenz-Genen werden können. Während Tylosin und Avermectine bisher ausschließlich in der Tierhaltung Verwendung fanden, gehören Tetracycline zu den klinisch wichtigen Antibiotika. Mit der Schweinegülle können noch erhebliche Restkonzentrationen solcher Antibiotika auf dem Grünland ausgebracht werden. Ausgebrachte Schweinegülle kann pro Liter bis zu 24 mg an Tetracyclinen enthalten, von denen nach fünf Monaten noch etwa 50% im oberen Boden analytisch nachgewiesen wurden. Seit 2006 sind die sogenannten **Leistungsverstärker** (Antibiotika zum prophylaktischen Einsatz und als Wachstumsförderer bei Nutztieren) oder Mastbeschleuniger allerdings EU-weit verboten (Kemper 2008).

Bei der Diskussion um die multiple Antibiotikaresistenz von Bakterien darf nicht übersehen werden, dass Böden Ursprung und Reservoir der verschiedensten natürlichen Antibiotikaresistenzen darstellen und ein natürliches **Antibiotika-Resistom** bilden. Zahlreiche Bodenbakterien besitzen Resistenzen gegen Antibiotika und können mit sehr verschiedenen natürlichen und synthetischen Antibiotika als einziger C-Quelle wachsen. In einem Versuch mit 11 verschiedenen Böden und 18 unterschiedlichen Antibiotika konnte aus jedem Boden zumindest ein Stamm isoliert werden, der mit sechs der 18 Antibiotika als einziger C-Quelle zu wachsen vermochte. Aus neun von 11 Böden wurden Stämme isoliert, die Penicillin, Carbenicillin, Dicloxacillin, Nalidixinsäure (ein DNA-Gyrase-Hemmer) und Ciprofloxacin (ein synthetisches fluoriniertes Chinolon) als einzige C-Quelle verwerten konnten. Weil Nalidixinsäure und Ciprofloaxacin bereits in geringen Konzentrationen die DNA-Replikation hemmen (Inhibition der DNA-Gyrase), muss ein effektiver Resistenzmechanismus vorliegen. Taxonomisch gehören die antibiotikaabbauenden Bakterienstämme zu dem *Proteobacteria* (87%), *Actinobacteria* (7%) und *Bacteriodetes* (6%). Es steht somit außer Zweifel, dass Antibiotikaresistenz ein bodenbürtiges Phänomen darstellt und unter Bodenbakterien weit verbreitet ist (Dantas *et al.* 2008; Martinez 2008).

Bioinsektizide. Für die Tiermedizin wurden aus einem Stamm von *Streptomyces avermitilis* acht chemisch sehr ähnliche makrocyclische Lactone (Makrolide) isoliert (die Avermectine). Zur Bekämpfung von Darmwürmern (Rundwürmer), Milben, Zecken, Läusen und anderen parasitischen Insekten kommen Ivermectin, Salamectin, Avermectin und Abamectin als Bioinsektizide regelmäßig zum Einsatz (Tabelle 6.2). Die Avermectine haben weder bakterizide noch fungizide Wirkungen. Abamectin ist eines der Avermectine, das primär als **Akarizid** (gegen Milben) und **Insektizid** seit 1986 im Pflanzenschutz Verwendung findet. Es ist ein Fraßgift, das alle (Schad)Insekten abtötet, die Pflanzengewebe fressen (Raupen) und/oder Pflanzensaft saugen (z. B. Blattläusen).

Frankiaceae. Zu den Aktinomyceten in Böden gehören auch *Frankia*-Arten, die in den Wurzeln geeigneter Wirtspflanzen (Pioniervegetation auf N-armen Böden) buschige Wurzeln mit **N_2-bindenden** Knöllchen (**Rhizothamnien**) bilden (Kap. 13). *Frankia spp.* können auch ohne Wirtspflanze in Böden saprophytisch leben und sich als Bestandteil mikrobieller Lebensgemeinschaften vermehren. Wie die Streptomyceten bilden auch *Frankia*-Arten in Böden Pseudomycel und Sporangien mit zahlreichen (vegetativen) ovalen Sporen als Dauerform. Die Sporen können mit Wind und Wasser verbreitet werden, in Anwesenheit geeigneter Wirtspflanzen keimen und in das Wurzelgewebe eindringen, um Knöllchen zu bilden (**Actinorhizabildung;** Kap. 13). Reinkulturen aus Knöllchen sind sehr schwer zu erhalten oder lassen sich bisher aus bestimmten Wirtspflanzen noch nicht isolieren. In Böden kann *Frankia*-rDNA mit spezifischen Primern und PCR nachgewiesen werden.

6.3 Phylum *Firmicutes*, r-Strategen unter den Bodenbakterien

Vertreter der *Firmicutes* bilden mit den *Actinobacteria* die größten Gruppen grampositiver kultivierbarer

Box 6.4 Phylum *Firmicutes*

Firmicutes (lat. *firmus* = stark, *cutes* = Hülle) bilden eine phylogenetisch homogene, artenreiche Gruppe von grampositiven stäbchenförmigen oder kokkoiden *Bacteria* mit niedrigem Mol-% G + C in der DNA (< 50%). Das Phylum umfasst zwei große Klassen der *Bacilli* und *Clostridia*. Vertreter der beiden Klassen stellen zahlreiche typische Bodenbewohner. „Bacillen" und „Clostridien" enthielten bisher nur Sporenbildner, aber aufgrund phylogenetischer Verwandtschaften von 16S-rRNA-Gensequenzanalysen hat die Endosporenbildung als „künstliches" taxonomisches Kriterium ihre Bedeutung verloren, sodass auch zahlreiche **nicht sporenbildende** Bakterien heute in den Klassen der *Bacilli* und *Clostridia* vertreten sind. Zur Ordnung der *Bacillales* gehören viele aerobe, teilweise fakultativ anaerobe chemoorganotrophe grampositive (teilweise gramvariable) stäbchenförmige oder kokkoide Bakterien (mit ETP), vielfach auch kettenbildende Endosporenbildner. Weit verbreitet in Böden sind Vertreter der *Bacillaceae* (z. B. die Gattungen *Bacillus*, *Amphibacillus*, *Anoxybacillus*, *Geobacillus*), *Alticyclobacillaceae* (z. B. *Pasteuria*, *Sulfobacillus*), *Paenibacillaceae* (z. B. *Paenibacillus*, *Ammoniphilus*, *Brevibacillus*) und *Planococcaceae* (z. B. *Planococcus*, *Kurthia*, *Sporosarcina*). Aber auch pflanzenepiphytische *Sporolactobacillaceae* (*Sporolactobacillus spp.*) und hautbewohnende *Staphylococcaceae* (z. B. *Staphylococcus aureus*, *Gemella* etc.) gehören heute zur Ordnung *Bacillales*. Auch die *Thermoactinomycetaceae* (*Thermoactinomyces spp.*) wurden aufgrund molekulargenetischer Untersuchungen in diese Ordnung eingeteilt (vormals zu den Actinomyceten gerechnet). Es sind aerobe, wärmeliebende Bakterien (Wachstumsoptimum zwischen 35–70 °C), die organisch reiche Böden, feuchtes Laub, Heu und Komposte mit stark verzweigtem Pseudomycel besiedeln. Sowohl am Substrat- als auch am Luftmycel entstehen hitzeresistente, **endogen gebildete** Einzelsporen.

Die Klasse der *Clostridia* umfasst grampositive, anaerobe bis aerotolerante stäbchen- oder kokkenförmige *Bacteria* mit chemoorganotrophem fermentativem Stoffwechsel (Kap. 3). Die artenreichste Ordnung *Clostridiales* stellt überwiegend Bodenbewohner; sie besiedeln aber auch den Darm- und Genitaltrakt von Mensch und Tier. Weit verbreitet in Böden sind Vertreter der anaeroben Gattungen *Clostridium*, *Acetivibrio*, *Anaerobacter* und *Sarcina*. Obligat anaerobe Endosporenbildner der Gattung *Clostridium* (gr. *kloster* = Faden, Spindel) bilden in Böden eine umfangreiche (> 120 Arten) heterogene Gruppe von beweglichen geraden oder gebogenen schmalen Stäbchen (oft in Ketten) mit meist aerogenen Mischgärungen (unter Freisetzung von CO_2 und H_2 oder nur CO_2). **Acetogene Clostridien** (z. B. *C. aceticum*) stehen am Ende der Mineralisationssequenz von C-Verbindungen und können aus H_2 (H-Donator) und CO_2 (H-Azeptor) in einer speziellen Gärung Energie gewinnen (ATP), mit Acetat als Endprodukt (**anaerobe Acetogenese**). Die homoacetogenen Bakterien vereinen zwei Formen des Energiestoffwechsels, die der Gärung und der Chemolithotrophie. Bei vielen *Clostridium*-Arten ist der Durchmesser der Sporen deutlich größer als derjenige der Stäbchen. Die Spore wird vielfach endständig gebildet („Tennisschläger-Typ"). Mehrere bodenbewohnende Clostridien können bei Verletzungen opportunistisch pathogen für Menschen sein (z. B. *C. tetani*, *C. botulinum*) (Garrity *et al.* 2005; Kämpfer 2006; *Bergey' Manual* etc. 2009).

Bacteria in Böden (*Bergey's Manual* etc. 2009; Box 6.4). Es sind überwiegend **r-Strategen** (Kap. 1), die sich bei einem relativ hohen frischen Substratangebot rasch (zymogen) vermehren und nach Substratverbrauch Endosporen oder andere Ruheformen bilden, um die ungünstigen Lebensbedingungen zu überdauern.

6.3.1 Klasse der Bacilli

Aerobe bis fakultativ anaerobe **Sporenbildner** verschiedener Gattungen (z. B. *Bacillus*, *Paenibacillus*, *Brevibacillus*) sind überwiegend mesophile (25–40 °C) r-strategische Bodenbewohner, die sich bei Zufuhr frischer organischer Substrate explosionsartig vermehren können (Garrity *et al.* 2005; *Bergey's Manual* etc. 2009). Nach Verbrauch der leicht mineralisierbaren Substrate nehmen die Populationsdichten zügig wieder ab. In Oberböden sind Sporendichten von etwa 10^4 bis 10^6 Sporen pro Gramm TB stets nachweisbar (Abb. 2.11). Als Folge ihres raschen Wachstums (intensive O_2-Zehrung) kann es räumlich und zeitlich zu O_2-armen und -freien Bedingungen kommen. Durch mehrere alternative anaerobe Atmungen (wie dissimilatorische Nitratreduktion, Denitrifikation, Mangan- und Eisenatmung) sind zahlreiche Sporenbildner (z. B.

B. circulans, *B. cereus*, *Paenibacillus-* und *Brevibacillus*-Arten) **ökophysiologisch sehr flexibel** und können die ATP-Synthese durch ETP aufrechterhalten, obwohl O_2 fehlt.

Die Mehrzahl aerober Sporenbildner ist mit ausgeprägten saccharolytischen Eigenschaften (Hydrolyse von Zuckern, Polysacchariden, Kohlehydraten, Pektinen etc.) ausgestattet, teilweise sogar mit aerogenen (CO_2 und H_2) Gärungen (*P. polymyxa*, *P. macerans*). *Bacillus „arsenoselenatis"* ist sogar zur anaeroben Atmung mit Selenat (SeO_4^{2-}) oder Arsenat ($H_2AsO_4^-$) in der Lage und wurde in Se- und As-kontaminierten Böden nachgewiesen. Aerobe cellulolytische Sporenbildner kommen aber nur selten vor, was charakteristisch für die zymogene Lebensweise ist.

Aerobe sporenbildende Bakterien erfahren in der Regel in der Rhizosphäre von Pflanzen keine Anreicherung, mit Ausnahme von *P. polymyxa*, *P. macerans* und *P. azotofixans*, die alle als typische Bewohner der Rhizosphäre von Gräsern bekannt sind. Darüber hinaus verfügen die drei genannten Arten über den Nitrogenase-Komplex (mit Hydrogenase-Aktivität) und sind potenziell zur **N_2-Fixierung** befähigt – eine Eigenschaft, die bei aeroben Sporenbildnern sonst nicht vertreten ist. Viele *Bacillus*-Arten (wie *B. cereus*, *B. anthracis*, *B. thuringiensis*, *B. licheniformis* etc.) besitzen starke proteolytische Fähigkeiten (Eiweißabbau durch hydrolyische Enzyme) oder sind zur Verwertung zahlreicher N-haltiger Ausscheidungsprodukte wie Harnsäure (Exkretionsprodukt von Reptilien, Vögeln und Insekten), Allantoin (Endprodukt des Purinabbaus in Säugern, Insekten und Schnecken) und anderer Purinverbindungen in der Lage. *B. fastidiosus* hat sich vollständig auf den Abbau und die Verwertung von Harnsäure spezialisiert, *B. pasteurii* kann ausschließlich mit Harnstoff [$CO(NH_2)_2$] als alleinige C- und N-Quelle leben. Aufgrund ihrer starken hydrolytischen Eigenschaften werden bestimmte (thermophile) Stämme einiger *Bacillus*-Arten (*B. megaterium*, *B. subtilis*, *B. licheniformis*) heute zur biotechnologischen Produktion von Enzymen, insbesondere von alkalischen Proteasen, α- und β-Amylasen, Chitosanasen, Glucose-Isomerase und Glucose-Dehydrogenase industriell herangezogen. Die Metabolite werden als Grundsubstanzen für verschiedene industrielle Produkte eingesetzt. *B. megaterium*-Zellen sind besonders groß ($2{,}5 \times 2{,}5 \times 10$ µm = ca. 60 µm^3) und besitzen in der Regel 4–10 Plasmide, die für Proteasen, Amylasen, Monooxygenasen, Carboxylasen, Permeasen, Transponasen etc. codieren. Nach biotechnologischem Transfer in andere Organismen lassen sich die Plasmide relativ leicht zur Expression bringen (Vary *et al.* 2007).

Die meisten der über 150 *Bacillus*-Arten sind **konstitutiv ureolytisch** (Hydrolyse von Harnstoff durch Urease zu 2 NH_4^+ und CO_2; Kap. 12), vermutlich um dieses Ausscheidungsprodukt von Säugetieren, Amphibien und bestimmten Pilzen (Stäublinge und Bovisten) in Böden sofort als N-Quelle (Ammonium) verwerten zu können. Ureolytisch sind auch die zwei kokkoiden aeroben grampositiven Sporenbildner *Sporosarcina urea* und *S. halophila* (*Planococcaceae*), die phylogenetisch mit den *Bacillus*-Arten eng verwandt sind. *S. urea* (erstmals im Jahre 1901 von **M. W. Beijerinck** isoliert) ist weltweit in Böden verbreitet und kann Populationsdichten von etwa 10^4 Mikroorganismen g^{-1} TB erreichen, vor allem in anthropogen beeinflussten Böden.

Der Abbau von Kohlenwasserstoffen und einfachen Aromaten kommt zwar bei Bacillen vor (*B. benzoevorans*), ist aber aufgrund ihrer relativen Persistenz für typische r-Strategen von geringer physiologischer Bedeutung und folglich nicht allgemein verbreitet. Verschiedene *Bacillus*-Arten (z. B. *B. circulans*, *B. pumilus*, *B. pantothenticus*) sind für bestimmte Vitamine (Biotin, aber auch Thiamin, Riboflavin, Pantothensäure, Vitamin B_{12}, etc.) und/oder Aminosäuren **auxotroph**, was ihre enge Assoziation mit dem Abbau frischer postmortaler organischer Substanz (POS) bestätigt. Thermophile Sporenbildner (Stämme von *B. subtilis*, *Geobacillus stearothermophilus*) sind mit thermophilen Streptomyceten und Pilzen am Abbau von relativ energiereichen Pflanzenresten (Heu, Stallmist, Kompost, dicht gestapelte Tabaksblätter) in der thermophilen Phase (40 bis 60 °C) durch **Selbsterhitzung** (Wärmestau durch intensive Atmungsprozesse) beteiligt.

Sporenbildner der Gattungen *Bacillus*, *Paenibacillus*, *Brevibacillus*, *Sporosarcina* sowie *Clostridium* (anaerob) sind überdurchschnittlich resistent gegenüber Austrocknung, H_2O_2-Oxidation, Desinfektionsmitteln, UV- und γ-Strahlen. Mikrobiologische Untersuchungen am Mars Odyssey-Raumschiff sowie der entsprechenden (durch Sterilfiltration) entkeimten Instandsetzungsräumlichkeiten im *Kennedy Space Center Spacecraft Assembly* ergaben im Wesentlichen Sporenbildner der Gattung *Bacillus*, Sporen von Actinomyceten und Zellen von Comamonaden (*Comamonas spp.*, *Betaproteobacteria*) als überlebende Besiedler (LaDuc *et al.* 2003).

Box 6.5 Bacillen als opportunistische Krankheitserreger

Unter den aeroben saprophytischen bodenbewohnenden *Bacillus*-Arten sind einige Arten opportunistische Krankheitserreger von Insekten (*Bacillus thuringiensis*, *B. larvae* und *B. popilliae*) oder von Mensch und Tieren (Paarhufer) (*B. anthracis*). *B. thuringiensis* ist durch die Bildung des **Delta-Endotoxins** im Darm von Raupen bestimmter Lepidopteren und Zweiflügler tödlich und wird seit Jahren gezielt zur biologischen Bekämpfung von Schädlingen eingesetzt (Box 5.3). Auch *B. larvae* ist als Erreger der bösartigen (amerikanischen) Faulbrut (Larven) der Honigbiene tödlich. Schließlich kann *B. popilliae* verschiedene Käfer der *Scarabaeidae* (Blatthornkäfer, z. B. der Pillendreher) im Darm befallen und töten. **Sporen** dieser potenziellen Krankheitserreger gelangen beim Fressen oder beim Besuch von Blüten in den Darm der Insekten, wo sie nach der Keimung verschiedene tödliche Proteine bilden.

B. anthracis (Milzbranderreger) ist als Saprophyt in Böden allgegenwärtig und überdauert dort in Form von (elliptischen) Sporen Jahrzehnte. Die Sporen werden vom Winde mit Bodenpartikeln und -staub weit verbreitet. Es handelt sich um unbewegliche grampositive Stäbchen (meist in Ketten), die in der virulenten Form (mit Kapsel- und Toxinbildung) vor allem Weidetiere (Schafe, Rinder, Pferde), gelegentlich aber auch Menschen, befallen können. *B. anthracis*, *B. cereus* (Fäulnis von Lebensmitteln in Dosen) und *B. thuringiensis* sind morphologisch, physiologisch und genetisch (mit dem gleichen Mol-% G + C in der DNA) kaum zu unterscheiden und bilden nach heutigen taxonomischen Kriterien (Kap. 4) eigentlich eine Art. Die pathogenen Eigenschaften des Milzbranderregers liegen auf zwei Plasmiden, die durch Konjugation an nichtpathogene Stämme weitergegeben werden können. Bei verendeten Tieren ist das Gewebe **schwärzlich** verfärbt, daher **Anthrax** (gr. = Kohle). Es war **Robert Koch** (1843–1910), der 1877 den Milzbranderreger isolierte, den Infektionskreislauf (verendete Tiere → Sporen in Böden → Neuinfektionen von weidenden Paarhufern) aufstellte und die zentrale Bedeutung der langlebigen Sporen für die Infektion von weidenden Tieren erkannte. Potenziell pathogene Milzbranderreger bilden im Tierkörper ein sehr potentes **Ektotoxin** (aus drei Eiweißkomponenten). Sie besitzen stets Zellen mit Kapselmaterial (Phagocytoseschutz).

Wenn weidende Paarhufer auf trockenem Weideland mit Staub und Bodenpartikeln eine relativ hohe Konzentration an Sporen aufnehmen, kann es zur Vermehrung im Darm kommen. Anschließend erfolgt die Ausbreitung, Toxinbildung, Verendung des Tieres und die Versporung im Kadaver. Befallene Kadaver müssen infolgedessen umgehend beseitigt (verbrannt) werden, um eine Verbreitung der Sporen in der Grasnarbe zu verhindern. Die sporadische Erkrankung von Menschen (Berufskrankheit von Hirten, Melkern, Gerbern, Tierärzten, Bauern) steht stets im Zusammenhang mit Tierhaltung und Verarbeitung von Tierprodukten unter schlechten hygienischen Bedingungen. Darmmilzbrand wird durch Konsum von kontaminiertem Fleisch (Letalität etwa 50%), Lungenmilzbrand durch Inhalation von hohen Sporendosen (in staubiger Luft; verläuft meist tödlich) und Hautmilzbrand (Letalität etwa 5%) über Staubinfektionen kleiner Verletzungen am Kopf oder an Gliedmaßen verursacht. Milzbrand ist meldepflichtig. In Europa und USA tritt Milzbrand nur noch sehr selten auf. Rechtzeitig erkannte Infektionen lassen sich mit Penicillinen (Ampicillin, Amoxicillin), Tetracyclinen oder Ciprofloxacin erfolgreich behandeln. Sporen von *B. anthracis* lassen sich zur **biologischen Kriegsführung (B-Waffe)** und für den **Bioterrorismus** (inhalative Milzbrandexposition) einsetzen (Gordon *et al.* 1973; Helgason *et al.* 2000).

Einige aerobe bodenbewohnende Sporenbildner (*Bacillus spp.*) haben für Insekten, Tiere (Paarhufer) und Menschen als opportunistische Krankheitserreger eine große Bedeutung (Box 6.5).

6.3.2 Klasse der *Clostridia*

Die Klasse der *Clostridia* umfasst grampositive, **anaerobe** bis aerotolerante, stäbchen- oder kokkenförmige *Bacteria* mit chemoorganotrophem fermentativem Stoffwechsel (Garrity *et al.* 2005; *Bergey's Manual of Systematic Bacteriology* 2009). Die Energiekonservierung (ATP-Synthese) erfolgt über eine breite Palette von SSPen. Ihre artenreichste Ordnung *Clostridiales* umfasst überwiegend Bodenbewohner, aber auch Besiedler des Darm- und Genitaltraktes von Mensch und Tier. Zu den Darmbewohnern von Warmblütern gehören Arten von *Clostridium* (*Clostridiaceae*), *Ruminococcus (Lachnospiraceae)*, *Peptococcus (Peptococcaceae)* und *Peptostreptococcus (Peptostreptococcaceae)*, die folglich auch im Stallmist vorkommen. In Böden sind besonders die obligat anaeroben Endosporenbildner der Gattung *Clostridium* weit verbreitet. In Anwesenheit energiereicher Substrate und Sauerstoffmangel kommen Clostridien sofort zum Einsatz. Das Substratspektrum umfasst eine große Breite von vergärbaren Substanzen (vgl. Box 3.2) wie Zucker, Stärke, Hydrolyseprodukte von Hemicellulosen und Cellulose, kurzkettige Carbonsäuren, Aminosäuren, Aldehyde, Alkohole und Polyolen, aber auch H_2 und CO_2 können verwertet werden. Bei den Elektronen-Akzeptorprozessen bedienen sich die Clostridien hauptsächlich intermediärer Metabolite (Acetaldehyd, Pyruvat, Crotonat etc.), aber auch **anorganische Verbindungen** im oxidierten Zustand (H^+, HCO_3^-, Mn(IV)- und Fe(III)-(Hydr)Oxide) können eingesetzt werden, wodurch die Flexibilität und Effizienz des Stoffwechsels erhöht wird (**Meta-Fermentationen**).

Wie die aeroben Sporenbildner gehören auch die anaeroben Clostridien zu den **r-Strategen** mit hohen Vermehrungsraten bei geeigneten Substraten. Auch Clostridien sind in allen Oberböden am zahlreichsten angesiedelt (mit etwa 10^4 bis 10^6 Sporen pro Gramm TB), weil sie stets in syntropher Assoziation mit aeroben Prokayroten leben, die bei intensiven Mineralisationsprozessen im Mikromilieu für die O_2-Zehrung und somit für anaerobe Bedingungen sorgen. Entsprechend den aeroben Prokaryoten und Pilzen nehmen auch die Populationen an Clostridien mit der Bodentiefe stark ab (Kap. 1).

Je nach ihren bevorzugten Wasserstoff-Donatoren können Clostridien in etwa vier große Gruppen unterteilt werden und zwar in:

- Saccharolytische Clostridien, die Zucker, Kohlenhydrate, Pektine und Hydrolyseprodukte von Hemicellulosen und Cellulose als vergärbare C-Quellen bevorzugen,
- Proteolytische Clostridien, die vor allem Eiweiße und Peptide hydrolysieren und die einzelnen Aminosäuren (ausgenommen die aromatischen) paarweise (Stickland-Reaktion) vergären,
- Nucleinsäurenbasen (Purine und Pyrimidine) vergärende Clostridien und in
- Harnsäure und Xanthin (entsteht durch Desaminierung von Guanin) verwertende Clostridien (*C. acidurici*).

Bei Zufuhr von kohlenhydratreichen Substanzen mit weitem C/N-Verhältnis kommt es zur raschen zymogenen Vermehrung **saccharolytischer** Formen (*C. butyricum, C. acetobutylicum, C. beijerinckii, C. pasteurianum*, etc.), während bei relativ eiweißreichen Substraten pflanzlicher, tierischer und mikrobieller Herkunft mit einer Zunahme an **proteolytischen** Clostridien (*C. histolyticum, C. peptidivorans, C. proteolyticum, C. tetani, C. botulinum, C. perfringens, C. novyi*, etc.) gerechnet werden kann. Einige proteolytischen Clostridien können opportunistische Krankheitserreger bei Mensch und Tier sein (Box 6.6).

Beim anaeroben Abbau von Eiweiß durch Clostridien können übelriechende Metabolite entstehen (Indol, Skatol, Cadaverin, Putrescin etc.). Saccharolytische Clostridien besitzen vielfach gemischte Buttersäuregärungen mit wechselnden Anteilen an Säuren (Buttersäure, Essigsäure, Milchsäure), Alkoholen (Ethanol, Butanol, 2-Propanol), Aceton sowie H_2 und CO_2. Die Ausbeuten an Gärprodukten schwanken sehr und sind vom pH-Wert und von externen Elektronen-Akzeptoren (Mn(IV)- bzw. Fe(III)-(Hydr)Oxide) abhängig. In Böden und Sedimenten stehen den Clostridien fast überall pedogene Fe(III)-(Hydr)Oxide als externe Elektronen-Akzeptoren zur Verfügung, sodass saccharolytische Clostridien in Anwesenheit vergärbarer Substanzen gleichzeitig potente **Eisenreduzierer** sind (Kap. 14). Wahrscheinlich dienen Fe(III)-Verbindungen in Buttersäuregärungen als Wasserstoff-Akzeptor von $NADH_2$, wodurch sich die Funktion von Acetyl-CoA als Wasserstoff-Akzeptor erübrigt. Stattdessen wird Acetyl-CoA in Acetylphosphat umgewandelt, was in der Acetat-Kinase-Reaktion zur Bildung eines zusätzlichen ATP-Moleküls unter Freisetzung von Acetat und Fe(II) führt.

Zahlreiche saccharolytische Clostridien sind außerdem Cellulosezersetzer (z. B. *C. cellulolyticum, C. cellulovorans, C. cellulosi,* etc.). Andere Arten (*C. beijerinckii, C. pasteurianum, C. butyricum* etc.) sind ausgesprochene N_2-Binder und verfügen über den **Nitrogenase-Komplex** (mit Hydrogenase-Aktivität). Sie können so den N-Bedarf bei der Vergärung von energiereichen Metaboliten (Hydrolyseprodukte von Stärke, Glykogen, Hemicellulosen, Cellulose etc.) aus der Luft ergänzen, was ihre Konkurrenzkraft in N-armen Böden erhöht. Nach der Einarbeitung von Stroh (C/N = etwa 80–100) in Ackerböden oder in Nassreisböden kann es zur intensiven N_2-Bindung kommen, wenn der N-Gehalt der Böden gering ist (Kap. 13).

Zur Klasse der *Clostridia* gehören auch einige obligat-anaerobe **Sulfatreduzierer** (*Desulfotomaculum spp., Desulfosporosinus spp., Desulfontospora spp.)*

Box 6.6 Clostridien als Krankheitserreger

Einige proteolytische Clostridien können beim Menschen durch Verunreinigungen von Verletzungen mit Bodenmaterial zu lebensgefährlichen opportunistischen Krankheitserregern werden. Jahrhunderte lang endeten clostridiale Wundinfektionen wie **Wundstarrkrampf** (*Clostridium tetani*), **Botulismus** (*C. botulinum*) und **Gasbrand** (*C. perfringens, C. novyi, C. septicum*) fast immer tödlich. Aber auch heute noch ist Wundstarrkrampf eine gefährliche Infektionskrankheit (Autounfälle, Gartenverletzungen), die allerdings durch Immunprophylaxe (Impfungen) sicher vermieden werden kann. Gerade in heilenden Wunden unter Luftabschluss (anaerob) keimen Sporen von *C. perfringens-novyi-septicum* mit intensiver Gasbildung. *C. tetani* setzt nach einer Inkubationszeit von Tagen bis Wochen durch Autolyse abgestorbener Zellen das Neurotoxin Tetanospasmin frei. Von der Wunde aus gelangt dieses Exotoxin (ein Protein) entlang der regionalen Nervenbahnen in das Zentralnervensystem. Tetanospasmin hemmt präsynaptisch die Reizübertragung an den Motoneuronen, was zur Paralyse (Starrkrampf), Lähmung der Atemmuskulatur und zum Tode führen kann. Das Protein ist antigenetisch einheitlich, wodurch eine Immunisierung mit Toxoid-Impfstoff, welcher die Affinität für die Neuronen blockiert, weltweit wirksam ist. Die Toxinbildung wird von einem Plasmid codiert.

Gasbrand ist die Folge von Schussverletzungen, kontaminiert mit Bodenmaterial und daher charakteristisch für Kriegsverletzungen. In der heilenden Wunde vermehren sich die Clostridien unter Bildung von verschiedenen Toxinen, cellulytischen Enzymen (Lecithinase, Kollagenase, Hämolysine, DNase) und von CO_2 (Gasödem). Unter den vier Toxintypen (A–D) ist das **Alphatoxin** lethal und nekrotisierend. Alphatoxin-Bildung ist vom Befall mit einem bestimmten Phagen (im lysogenen Zustand) abhängig. Ohne umgehende chirurgische und Antibiotikabehandlung (Penicilline) führt Gasbrand zum Tode. Gasbrand kommt heute selten vor, und es gibt infolgedessen keine Prophylaxe (Impfung).

Botulismus ist entweder ein Wundbotulismus (heute selten) oder erfolgt durch Aufnahme vom Botulismustoxin mit kontaminierten Lebensmitteln (verdorbene Fleischwaren). Das Exotoxin wird durch Autolyse der *C. botulinum*-Zellen freigesetzt und enthält mindestens sechs Toxintypen, die mit den Buchstaben A, B, C, D, E, und F angegeben werden. Es sind Neurotoxine, die sich spezifisch an die neuromuskulären Verbindungen heften und präsynaptisch die Freisetzung von Acetylcholin hemmen, was zur vollständigen Blockierung der Reizübertragung, zur Lähmung der Atmung und zum Tode führt (25–70% Letalität). Die Toxine werden über mangelhaft gekochte oder geräucherte Nahrungsmitteln und Fleischwaren, die mit Boden kontaminiert wurden, aufgenommen. Botulismustoxine sind **hitzelabil** (Inaktivierung nach 15 min kochen bei 100 °C). Die Aufnahme von Sporen ist ungefährlich. Rinder, Schafe, Pferde und Vögel sind sehr, Schweine hingegen deutlich weniger empfindlich gegenüber Botulismustoxinen. In strengen Wintern kommt es durch aasfressende Vögel auf den Wattgebieten zu Botulismusepidemien. Hunde und Katzen (ursprünglich Aasfresser) sind bemerkenswert unempfindlich. Das **Botulin** (**Typ-A-Toxin**) ist ein Protein und wird als das weltweit stärkste Gift für Menschen betrachtet. Etwa 1 ng pro kg Körpergewicht reicht für eine tödliche Dosis aus (Jin *et al.* 2006). Sporen von *C. botulinum* kommen stets in allen Böden in Europa, USA, Asien, Mittel- und Südamerika vor, unabhängig von der Nutzungsart. Closdridien sind Bodenbewohner und ihre Pathogenität für Menschen ist infolgedessen opportunistisch. Erkrankungen durch Clostridien sind meldepflichtig. **Botox** ist ein sehr stark verdünntes Botulin, das zunehmend als Anti-Falten-Mittel, besonders um die Augen und auf der Stirn, für ein jüngeres Aussehen gespritzt wird: Schöner aussehen und glücklicher sein dank dem Bodenorganismus *C. botulinum*! (Abb. 6.1 (Cartoon)).

der *Peptococcaceae*. *Desulfotomaculum*-Arten (lat. *tomaculum* = Bratwurst) sind peritrisch-begeißelte gramnegative sporenbildende Stäbchen, die organische Metabolite (Acetat, Pyruvat, Lactat), einfache Alkohole (Ethanol, Butanol) und H_2 aus den o. g. Gärungen als Wasserstoff-Donatoren mit Sulfat als Elektronen-Akzeptor vollständig zu CO_2, H_2O und H_2S mineralisieren können. Das gebildete H_2S reagiert mit Fe(II) sofort zu FeS (= Schwärzung). Es handelt sich bei dieser Sulfatreduktion um eine **spezifische anaerobe Atmung**, weil die betreffenden Bakterien ATP über eine ETP mit rudimentären Cytochromen *c* und *b* konservieren (Kap. 15). In sulfathaltigen Böden mit relativ geringem Salzgehalt (Marschböden, Überschwemmungsgebiete, sulfatsaure Nassreisböden in Küstennähe) sind Vertreter der o. g. sporenbildenden Sulfat-

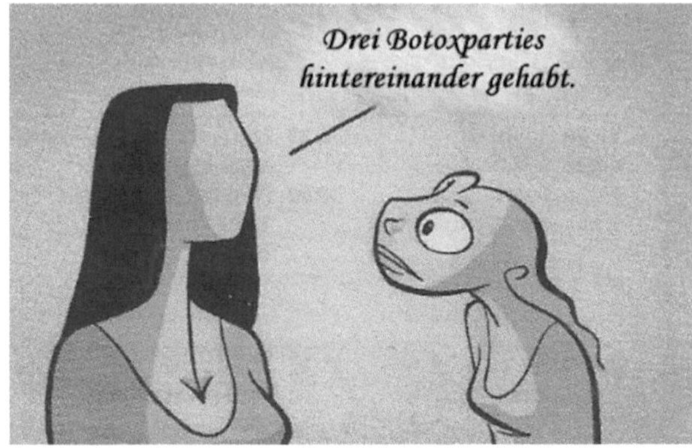

Abb. 6.1 Cartoon zur Falteneliminierung nach übermäßiger Anwendung von Botox (Autoren H. Kolk und P. de Wit; mit Genehmigung von ComicHouse, Oosterbeek, Niederlande, Februar 10, 2009)

reduzierer, vor allem *D. nigrificans* (ursprünglich *Clostridium nigrificans*), für die Sulfatreduktion und folglich für die charakteristische Schwärzung (FeS) im Bodenprofil verantwortlich. In Nassreisböden der Meeresküsten (sog. sulfatsaure Böden mit periodischer Überflutung vom Meer) sind endosporenbildende Sulfatreduzierer aufgrund ihrer relativen Trockenresistenz und Salztoleranz stets charakteristische Mitglieder der mikrobiellen Lebensgemeinschaften.

Die saccharolytischen Gärer übernehmen im C-Kreislauf von überfluteten Böden und Sedimenten insgesamt eine wichtige Rolle, zumal sie durch die Bildung von H_2 die Voraussetzung für die Methanogenese schaffen (Kap. 3 und 15).

6.4 Phylum der gramnegativen *Proteobacteria*

Die *Proteobacteria*. Nach den grampositiven Phyla der ***Actinobacteria*** und ***Firmicutes*** stellen **die gramnegativen *Proteobacteria*** die häufigsten kultivierbaren Prokaryoten in Böden und in der Rhizosphäre (*Bergey's Manual* etc. 2005). *Proteobacteria* haben wahrscheinlich die höchste Diversität unter den kultivierbaren Phyla. Der Name *Proteobacteria* wurde vom griechischen Gott **Proteus** abgeleitet, der seinen Habitus und sein Aussehen stark zu verändern vermochte. Auch die *Proteobacteria* sind durch eine große Vielfalt an Formen gekennzeichnet. Im Phylum der *Proteobacteria* sind mehr als 220 Gattungen aufgenommen, die aufgrund von 16S-rRNA-Analysen und gleichzeitiger Bestimmung der 16S-rDNA-Similaritäten in die fünf Klassen Alpha bis Epsilon eingeteilt wurden (Box 6.7). Die *Alphaproteobacteria* umfassen (Stand 2005) 140 Gattungen und 425 Arten, die *Beta-*, *Gamma-*, *Delta-* und *Epsilonproteobacteria* jeweils 76/225, 181/755, 57/165 und 6/49. Die phylogenetische Gruppierung der phänotypisch sehr variablen gramnegativen *Proteobacteria* sorgte für große Überraschungen und lieferte den ersten Hinweis dafür, dass die konventionelle Taxonomie nach morphologischen und physiologischen Merkmalen nicht notwendigerweise auch eine phylogenetische Verwandtschaft bedeutet (Tabelle 6.3). Als Folge dieser phylogenetischen Einordnung rücken beispielsweise photosynthetische Bakterien in die Nähe von Nitrifikanten (*Nitrobacter spp.*). Andere *Bacteria*, die in einer Assoziation oder Symbiose mit eukaryotischen Zellen leben (z. B. *Rhizobium radiobacter* früher *Agrobacterium tumefaciens* in Wurzelhalsgallen verschiedener Pflanzen oder in Symbiosen mit Leguminosen, *Brucella spp.* als Zoonosen mit Mensch oder Tier), erwiesen sich untereinander als wesentlich enger verwandt als ursprünglich angenommen. Bemerkenswert ist, dass die meisten der bisher für die bakterielle Taxonomie eingesetzten charakteristischen Merkmale wie Zellmorphologie, Sprossung, Spiralform, Bildung von prostekaten Fortsätzen, Photosynthese etc. keine große Bedeutung mehr haben. Anfängliche Zweifel an der Richtigkeit von 16S-rRNA-Analysen für die Taxonomie konnten jedoch durch chemotaxonomische Untersuchungen ausgeräumt werden. Ergebnisse der Fettsäurezusammensetzungen von Membranen, der Polyaminanalysen und der Verbreitung von Chinonen bzw. Menachinonen unterstützen die phylogenetische Differenzierung der *Proteobacteria* in fünf Klassen (Tabelle 6.3) eindeutig (Kersters *et al.* 2006).

Box 6.7 Phylum der *Proteobacteria*

Die *Proteobacteria* bilden eines der größten Phyla unter den kultivierbaren *Bacteria* und umfassen die Mehrzahl an bekannten gramnegativen Bakterien. Es ist eine relativ heterogene Gruppe von morphologisch und physiologisch unterschiedlichen Organismen mit phototrophen, chemoorganotrophen und chemolithotrophen Stoffwechselarten. Die Gruppe ist für Stoffumsetzungen in Böden, Rhizosphäre und Gewässern von großer Bedeutung und enthält zudem eine breite Palette von human-, tier- und pflanzenpathogenen Arten.

Unter den Proteobakterien ist die Fähigkeit zur **anoxygenen Photosynthese** (ohne O_2-Bildung) bei den anaeroben Grünen- und Purpurbakterien einmalig (Cyanobakterien haben eine **oxygene** Photosynthese). Die wichtigste Basis für die Bildung dieser großen Gruppe von „Purpurbakterien" (alte Bezeichnung) ist die Konzentration der betreffenden Organismen aufgrund von 16S-rRNA/DNA-Gensequenzen in einem bestimmten Bereich des phylogenetischen Stammbaumes. 16S- und 23S-rRNA-Genanalysen haben zur Aufteilung der *Proteobacteria* in die Klassen *Alpha* bis *Epsilon* geführt. Insgesamt umfassen die *Proteobacteria* etwa 470 Gattungen, die meisten gehören den *Gammaproteobacteria* an. Die fünf Klassen wurden aufgrund von **Ubichinonen** (Q-8 bis Q-14), **Menachinonen** (MK-6 bis MK-10) und charakteristischen **Polyaminen** bestätigt (Tabelle 6.3).

Vertreter der *Alpha-*, *Beta-* und *Gammaproteobacteria* besitzen zudem in ihren Zellmembranen charakteristische **Hopanoide**, sterinähnliche, starre und flache pentacyclische bipolare Moleküle, die der Stabilisierung dienen und unter den *Bacteria* (ausgenommen *Cyanobacteria*) sonst nur selten vorkommen. Auch vergleichende Analysen charakteristischer kurzer Oligonucleotidsequenzen von konservativen Insertionen und Deletionen (sog. **Signatursequenzen**) bestimmter Proteinsequenzen (z. B. Alanyl-tRNA-Synthetase, Succinyl-CA-Synthase, Lon-Protease, DNA-Gyrase A und B, SecA-Protein, Valyl-tRNA-Synthetase etc.) unterstützen die Einteilung in fünf Klassen, wenngleich die Unterschiede zwischen der Beta- und Gamma-Klasse dadurch geringer werden.

Auf der Basis dieser Analysen entstand die Hypothese, dass sich die *Bacteria* aus einem gemeinsamen Vorfahr phylogenetisch entwickelt haben und zwar in der Sukzession grampositive *Bacteria* mit niedrigem GC-Gehalt (*Firmicutes*) → grampositive *Bacteria* mit hohem GC-Gehalt in der DNA (*Actinobacteria*) → *Grüne Nicht-Schwefelbacteria* → *Cyanobacteria* → *Bacteriodetes* → Grüne Schwefel-*Bacteria* → *Proteobacteria* (*Alpha-*, *Delta-* und *Epsilon-*) → *Proteobacteria* (*Beta-* und *Gamma-*). Offenbar sind die einzelnen Phyla linear und weniger baum- oder gabelförmig verwandt, was bedeuten würde, dass die evolutionären Veränderungen innerhalb der *Bacteria* sequenziell verlaufen sein könnten. *Proteobacteria* erscheinen somit als letztes Glied in der evolutionären Entwicklung. Basierend auf Signatursequenzen von Proteinen wird auch die Hypothese unterstützt, dass die Mitochondrien eukaryotischer Zellen einem Alphaproteobakterium entstammen. Darüber hinaus unterstützen die Ergebnisse der Signatursequenzen die Vermutung, dass die eukaryotische Zelle und ihr Kern aus einer symbiotischen Assoziation und Fusion einer *Archaea-* und *Proteobacterium*-Zelle entstanden sein könnte. Schließlich legen die Resultate der Signatursequenzen eine Neugruppierung der *Proteobacteria* in *Proteobacteria*-1 (*Epsilon-*, *Delta-*), *Proteobacteria*-2 (*Alpha-*), *Proteobacteria*-3 (*Beta-*) und *Proteobacteria*-4 (Gamma), entsprechend ihrer Evolution, nahe (Gupta 2000).

6.4.1 *Alphaproteobacteria*

Wie Tabelle 6.3 zu entnehmen ist, gehört die Mehrzahl an gramnegativen Stäbchen in Böden zu den Klassen der *Beta-* und *Gammaproteobacteria*. Die *Alphaproteobacteria* stellen in Böden aber die wichtige Gruppe der Rhizobien (*Rhizobium*, *Allorhizobium*, *Sinorhizobium*, *Mezorhizobium* und *Azorhizobium*) und die freilebenden N_2-bindenden Gattungen *Azospirillum* (in der Rhizosphäre allgemein verbreitet) und *Beijerinckia* (in sauren tropischen Böden und Rhizosphären von Gräsern). Bemerkenswert ist dabei, dass die meisten der zur symbiotischen N_2-Bindung in Wurzelknöllchen von Leguminosen befähigten Rhizobien heute unterschiedlichen Familien angehören: *Rhizobium*, *Allorhizobium* und *Sinorhizobium* bilden zusammen mit *Agrobacterium* (heute *Rhizobium*) eine Familie (*Rhizobiaceae*), während *Mezorhizobium* (*Phylobacteriaceae*), *Bradyrhizobium* (*Bradyrhizobiacea*) und *Azorhizobium* (*Hyphomicrobiaceae*) eigenständigen, nicht-N_2-bindenden Familien zugeordnet wurden (Kap. 13). Vertreter der freilebenden **potenziell N_2-bindenden** *Azospi-*

Tabelle 6.3 Gattungen/Familien (Auswahl) der *Proteobacteria* von Böden und Gewässern (Kersters *et al.* 2006)

α-Klasse	β-Klasse	γ-Klasse	δ-Klasse	ε-Klasse
Azospirillum *Sphingomonas* *Rhizobium* *Allorhizobium* *Sinorhizobium* *Mezorhizobium* *Azorhizobium* *Beijerinckia* *Agromonas* *Gluconobacter* ***Nitrobacter***[1)] *Rhodobacter* *Rhodospirillum* *Rhodospira* *Rhodovibrio* *Pedomicrobium* *Methylocystaceae*	*Burkholderia* *Cupriavidus* (*Ralstonia*) *Herbaspirillum* *Azoarcus* *Alcaligenes* *Achromobacter* *Derxia* *Comamonas* *Acidovorax* *Leptothrix* *Sphaerotilus* *Thiobacillus* *Nitrosomonas* *Nitrosospira* *Nitrosolobus* ***Nitrospira***[1)] *Methylophilus* *Methylobacillus* *Methylovorans*	***Nitrosococcus*** ***Nitrococcus*** *Xanthomonas* *Pseudomonas* *Azomonas* *Azotobacter* *Cellvibrio* *Moraxella* *Acinetobacter* *Ferrimonas* *Shewanella* *Vibrio* *Aeromonas* *Enterobacter* (*Pantoea*) *Citrobacter* *Erwinia* *Klebsiella* *Proteus* *Serratia* *Methylococcaceae*	*Desulfovibrio* *Desulfomicrobium* *Desulfomonas* *Desulfobacter* *Desulfobacula* *Desulfonema* *Desulfosarcina* *Desulfuromonas* *Geobacter* *Geothrix* *Pelobacter* *Anaeromyxobacter* *Archangium* *Hyalangium* *Stigmatella* *Myxococcus* *Polyangium* *Chondromyces* *Syntrophus* *Bdellovibrio* *Bacteriovorax* *Vampirovibrio*	*Dehalospirillum* *Sulfurospirillum*
Ubichinone (Q-10)	Q-8	Q-8, Q-9, oder Q-10–14	–	–
Menachinone (MK)	+	+	+	+
Polyamine[2)] Homospermin, Spermidin	2-Hydroxy- putrescin	Spermidin, Putrescin oder Cadaverin	Homospermidin oder Spermidin	Spermidin

1) *Nitrospira*-Arten sind in einem selbständigen Phylum ***Nitrospira*** zusammengefasst
2) Polyamine kommen als lösliche Verbindungen in Prokaryoten vor und sind aus verschiedenen charakteristischen biogenen Aminen aufgebaut

rillum-Arten (es gibt sieben anerkannte Spezies) gehören phylogenetisch zusammen mit *Magnetospirillum spp.* (bilden kristalline Ablagerungen von Fe_3O_4 in Magnetosomen) und *Rhodospira spp.* zur Familie der *Rhodospirallaceae*. Bestandteil der letztgenannten Familie sind auch Vertreter von *Rhodospirillum-*, *Phaeospirillum-* und *Rhodospira-* (= *Rhodopseudomonas*)-Arten, die überwiegend auch potenziell zur N_2-Bindung befähigt sind. Es sind typische Vertreter der **anaeroben** photosynthetisch aktiven schwefelfreien Purpurbakterien (früher „*Athiorhodaceae*"), die fakultativ heterotroph (photoorganotroph) in H_2S-armen Tümpeln, Waldseen und Randstreifen stehender Gewässer vorkommen. Als Wasserstoff-Donatoren können diese **typischen Gradient-Bakterien** organische Säuren (Propionat, Butyrat) oder H_2, jedoch alternativ auch Schwefelwasserstoff verwenden.

Das freilebende potenziell N_2-bindende Bakterium *Beijerinckia* ist in einer eigenständigen Familie *Beijerinckiaceae*, *Alphaproteobacteria*, untergebracht, während das morphologisch ähnliche Bodenbakterium *Derxia gummosa* mit bodenbewohnenden Vertretern der Gattungen *Alcaligenes* und *Achromobacter* in der Familie *Alcaligenaceae*, *Betaproteobacteria*, zuhause ist. *Beijerinckia*-Arten sind phylogenetisch nicht mit den diazotrophen Gattungen *Azotobacter* und *Azomonas* (*Gammaproteobacteria*) verwandt. Es sind gramnegative, peritrich begeißelte, abgerundete, leicht gebogene Stäbchen mit terminalen lipoiden (PHB) Einschlüssen. Sie bilden oft voluminöses Kapselmaterial (und umschließen dabei zwei Zellen) und gelegentlich dickwandige **Cysten** als Dauerformen. Auf Glucose-Mineralsalz-Agar (pH 5-6) bilden *Beijerinckia*-Stämme erhabene, sehr schleimige, oft oberflächlich gerunzelte und relativ große braun-schwarze Kolonien. *Beijerinckia*-Arten (es gibt vier anerkannte Spezies) sind charakteristische Bewohner von sauren (bis pH 4-5) stark verwitterten basenarmen Oxi- und Ultisole der Tropen, kommen aber weltweit auch in der Rhizosphäre von Süßgräsern (z. B. Zuckerrohr) vor. Wahrscheinlich sind es Opportunisten, die überall zur Vermehrung gelangen, wo ein geringes N-Angebot (auf N-armen Böden) im Verhältnis zu energiereichen Substraten (z. B. Exsudate in der Rhizosphäre) die N_2-Bindung zum ökophysiologischen Vorteil verhilft. *Beijerinckia*-Arten haben einen relativ hohen Fe-Bedarf, scheinen zudem Ca in geringen Konzentrationen zu benötigen und können Nitrat nicht oder nur langsam verwerten, alles gegensätzliche Eigenschaften zu *Azotobacter*-Arten (Becking 2006). Die anderen ubiquitären freilebenden potenziell N_2-bindenden Bodenbakterien der Gattungen *Azomonas*, *Azotobacter* und *Enterobacter*/*Klebsiella* gehören phylogenetisch zu den *Gammaproteobacteria* (Tabelle 6.3). Die Fähigkeit zur N_2-Bindung wurde offenbar in der Phylogenie bereits frühzeitig erworben und hat sich in der Evolution durch horizontalen Gentransfer (Kap. 5) vermutlich von den *Cyanobacteria* auf verschiedene Gattungen und Familien der *Proteobacteria* verteilt.

Die chemolithoautotrophen (aber mehrheitlich mixotrophen) Nitrifikanten sind eine morphologisch sehr heterogene Gruppe, die sich polyphyletisch aus unterschiedlichen Taxa konvergent entwickelt hat. Sie werden heute in drei verschiedenen Klassen (*Alpha-*, *Beta-* und *Gamma-*) der *Proteobacteria* (Tabelle 6.3) und in einem eigenständigen Phylum ***Nitrospira*** (Gattung *Nitrospira;* Tabelle 4.2) untergebracht. Vertreter der Gattungen *Nitrospira* (Phylum *Nitrospira*), *Nitrobacter* (*Alphaproteobacteria*) und *Nitrospina* (*Betaproteobacteria*) sorgen für die Nitritation (Oxidation von Ammonium zu Nitrit), Arten der Gattungen *Nitrosomonas*, *Nitrosospira* und *Nitrosolobus* (alle *Betaproteobacteria*) für die Nitratation (Oxidation von Nitrit zu Nitrat) in Böden und Gewässern (Kap. 12).

6.4.1.1 Sphingomonaden (*Sphingomonas spp.)*

Es sind aerobe chemoorganotrophe polarbegeißelte kleine gramnegative Stäbchen mit charakteristischen **Glykosphingolipiden** in der äußeren Membran. Mit etwa 20 Arten sind sie weit verbreitet in Böden, Sedimenten und Klärschlamm. Sowohl morphologisch als auch physiologisch lassen sie sich sehr schwer von Vertretern der Gattungen *Burkholderia, Comamonas* (*Betaproteobacteria*), *Xanthomonas* und *Pseudomonas* (beide *Gammaproteobacteria*) unterscheiden. Eine Differenzierung ist jedoch anhand der 16S-rRNA-Gensequenzen und chemotaxonomischen Merkmale möglich. Ökophysiologisch kann eine breite Palette von einfachen Substraten verwertet werden, darunter auch einfache aromatische Verbindungen.

6.4.1.2 *Pedomicrobium*-Arten (*Hyphomicrobiaceae)*

Pedomicrobien (*P. ferrugineum, P. manganicum, P. americanum, P. australicum*) sind aerobe, ovale, bohnen- oder stäbchenförmige (1,2 × 1,8 µm), sprossende oligotrophe *Bacteria* mit zwei bis drei fadenförmigen Ausstülpungen (Prosthecae von etwa 0,2 µm ∅). Sie vermehren sich durch Sprossbildung am Ende der **Prostheka** (plural: Prosthecae). Es sind bisher typische Bewohner von nährstoffarmen, sauren Podsolböden (B_{sh}-Horizonten) und oligotrophen Gewässern, kommen aber wahrscheinlich in allen nährstoffarmen, relativ sauren Böden vor. Sie wurden 1961 erstmals von **T. V. Aristovskaya**/Russland mit Fe(III)-Humaten im Agar aus sesquioxidhaltigen Horizonten von Podsolen isoliert. Eine erneute Isolierung und Beschreibung gelang im Jahre 1980 durch **R. Gebers** und **P. Hirsch**/Kiel (Gebers 1981). Zellen und Prostheka sind oberflächlich mit amorphen Schichten aus MnO_2 und/oder $Fe(OH)_3$ inkrustiert. Vermutlich sind es oligotrophe acidotolerante Bodenbewohner, die den organischen Teil von Fe(III)- oder Mn(IV)-Chelaten (Humate, Fulvate, Polycarbonsäuren, Polyphenole etc.) im heterotrophen Stoffwechsel mineralisieren und dabei die Zelloberflächen mit Fe(III)- und/oder Mn(IV)-(Hydr) Oxiden in extrazellulären Polymeren verkrusten (Ghiorse u. Hirsch 1979). Es handelt sich um **eisen-** bzw. **manganfällende** Organismen (ohne Energiegewinnung bei der Fe- bzw. Mn-Fällung) und nicht um chemolithotrophe eisenoxidierende bzw. manganoxidierende *Bacteria* (Kap. 14; Glathe u. Ottow 1972). Die phylogenetische Verwandtschaft der *Pedomicrobium*-Arten untereinander ist sehr hoch (Cox u. Sly 1997) und die bisher beschriebenen Spezies gehören wahrscheinlich einer Art an. Zur Klärung sind vergleichende 16S-rRNA-Sequenzanalysen von Reinkulturen erforderlich, die bisher nicht gewonnen werden konnten (Gebers u. Beese 1988).

6.4.2 *Betaproteobacteria*

6.4.2.1 *Burkholderia, Ralstonia, Comamonas* (*Burkholderiaceae*, Mol-% G + C in der DNA = 58–70)

Böden und Rhizosphäre sind reich an anspruchslosen (prototrophen), leicht kultivierbaren, aeroben und nichtfermentativen, geraden oder leicht gebogenen gramnegativen Stäbchen (etwa 0,5–1,0 × 1,4–3 µm) mit respiratorischem Stoffwechsel (ETP, Cytochrom-Oxidase- und Katalase-positiv). Sie besitzen **Ubichinone** (Coenzym Q) des Typs Q-8 in der Atmungskette (Abb. 6.2). Zu diesen weit verbreiteten anspruchlosen chemoorganotrophen Bodenbakterien gehören Vertreter der Gattungen *Burkholderia* (polar begeißelt; Abb. 6.3), *Ralstonia* (polar oder peritrich begeißelt), *Comamonas* (polar begeißelt), *Cupriavidus* (peritrich begeißelt) und *Acidovorax* (polar begeißelt). Mikroskopisch und physiologisch sind diese Gattungen untereinander und von Vertretern der Gattung *Pseudomonas* (*Gammaproteobacteria*) schwer zu unterscheiden. Allerdings besitzen *Betaproteobacteria* 2-Hydroxyputrescin, Vertreter der Gammaproteobakterien hingegen Spermidin, Putrescin oder Cadaverin als Bausteine der **Polyamine** (Tabelle 6.3). Vertreter der Gattungen *Burkholderia, Ralstonia* und *Comamonas* sind metabolisch sehr versiert und zur Mineralisation einer großen Breite an organischen Substraten in der Lage. Die meisten Vertreter dieser Gattungen verfügen über Hydroxylasen und Dioxygenasen und können aliphatische und aromatische Kohlenwasserstoffe sowie polycyclische aromatische Verbindungen (Naphthalin, Phenanthren, Anthracen etc.) verwerten, wie es auch die meisten Pseudomonaden vermögen. Auch Biphenyle (z. T. halogeniert), Trichlorethylen (TCE) sowie Benzol und dessen Derivate (BTX = Benzol, Toluol, Ethylbenzuol, Xylolisomere) können abgebaut werden, sodass mehrfach versucht wurde, bestimmte Vertreter und angepasste Stämme der genannten Gattungen gezielt zur biologischen Bodensanierung einzusetzen (Coenye u. Vandamme 2006). Hochpolymere Substrate wie Cellulose oder Lignin können allerdings nicht verwertet werden. Es sind rasch wachsende *Bacteria*, die in Böden als r-Strategen bezeichnet werden können.

Mehrere Arten sind potenziell zur **Denitrifikation** in der Lage (z. B. *B. cepacia*, *B. vietnamiensis*, *C. denitrificans*, *C. nitrativorans*). *Burkholderia vietnamiensis*, isoliert aus der Rhizosphäre von Nassreis (*Oryza sativa*), ist zudem potenziell zur **N_2-Bindung** befähigt. Von großer Bedeutung sind Stämme von *Cupriavidus „taiwanensis"* und *Burkholderia „caribensis"*, weil Vertreter dieser Arten mit *Mimosa*-Arten (*Fabaceae*) **Wurzelknöllchen** bilden können, die zur N_2-Bindung führen (Barrett u. Parker 2005, 2006). Solche Knöllchen mit N_2-Bindung (Nitrogenase-Aktivität) durch Symbiose mit Stämmen von *Cupriavidus*- und *Burkholderia*-Arten wurden beispielsweise beim tropischen Unkraut *Mimosa pudica* (Sinnpflanze; Abb. 6.4, Abb. 6.5) festgestellt. Somit steht heute fest, dass Leguminosen nicht nur mit Alphaproteobakterien (den verschiedenen klassischen „Rhizobien"), sondern

O
H_3CO CH_3
H_3CO
O
H
n

n = 1-14

Abb. 6.2 Ubichinone (z. B. Coenzym Q, CoQ, UQ; n = 10) sind substituierte Benzochinone und als Redoxsysteme (Wasserstoff-Carrier) an der Atmungskette zahlreicher aerober gramnegativer Bakterien beteiligt. Sie sind in der Lipidphase der Cytoplasmamembran lokalisiert. Die isoprenoiden Seitenketten sind je nach Bakterienart unterschiedlich lang (n = 1 bis 14) (Lytle *et al.* 2001)

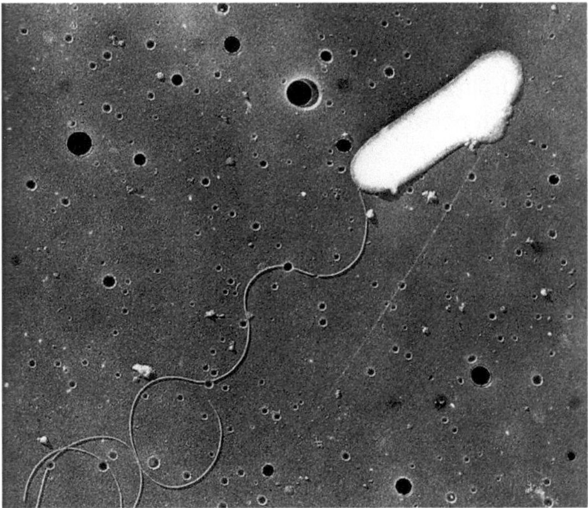

Abb. 6.3 Elektronenmikroskopische Aufnahme des polar begeißelten gramnegativen Stäbchens (0,6 x 1,5 µm) *Burkholderia glathei* (Mol-% G + C = 64,8; *Betaproteobacteria*) (Zolg u. Ottow 1975)

Abb. 6.4 Wuchsbild der doppelt gefiederten Blätter der tropischen bodenbedeckenden Leguminose *Mimosa pudica* (Sinnpflanze; *Fabaceae*, Hülsenfrüchtler). Auf Berührung oder Erschütterung klappt sie ihre Fiedern 1. und 2. Ordnung zusammen und senkt die Stiele infolge von Turgoränderungen an den entsprechenden Gelenkzellen. Aufnahme: Insel Lombok, Indonesien, JCG Ottow

Abb. 6.5 Wurzelknöllchen von *Mimosa pudica* (*Fabaceae*) mit N_2-bindenden gramnegative Stämmen von *Burkholderia spp.* und *Cupriavidus spp.* (*Betaproteobacteria*). (Barrett u. Parker 2005, 2006). Die Aufnahme wurde freundlicherweise von Herrn Prof. Dr. M. A. Parker, Department of Biological Sciences, State University of New York, Binghamton, USA, zur Verfügung gestellt

auch mit Betaproteobakterien zur Knöllchenbildung und N_2-Bindung befähigt sind. Es kann angenommen werden, dass weitere Vertreter der Betaproteobakterien zur symbiotischen N_2-Bindung in Knöllchen von Leguminosen in der Lage sind.

Herbaspirillum- und *Azoarcus*-Arten (Betaproteobakterien) und *Glucoacetobacter diazotrophicus* (Alphaproteobakterien) sind nicht nur potenziell N_2-bindende Bewohner der Rhizosphäre von zahlreichen Gräsern (*Poaceae*), sondern können als **Endophyten** auch intrazellulär im Wurzelgewebe leben, ohne pathogen zu sein. Es handelt sich um **apoplastische Besiedler** und nicht um Endosymbionten von Gräsern (Hurek u. Reinhold-Hurek 2005). Diese endophytischen potenziellen N_2-bindenden *Bacteria* bieten sehr gute potenzielle Voraussetzungen für die biotechnologische *in planta*-Ansiedlung und Stickstoffbindung bei Getreidearten. Grund für diese Hypothese ist die experimentelle Erfahrung, dass sich das geringe Ausmaß der assoziativen N_2-Bindung in Versuchen mit verschiedenen Kulturpflanzen nach Animpfung der Rhizosphäre mit effizienten potenziell N_2-bindenden Stämmen von *Azospirillum spp*, *Klebsiella spp*, *Azotobacter spp.* oder *Paenibacillus spp.* aufgrund der starken Substratkonkurrenz als C-limitiert erwiesen hat (Kap. 13).

6.4.2.2 *Azoarcus*-Arten (*Rhodocyclaceae*)

Azoarcus-Arten (acht Spezies wurden bisher beschrieben) sind phylogenetisch eng mit der Gattung *Thauera* verwandt. Es sind aerobe (ETP) und fakultativ anaerobe, gerade oder leicht gebogene, polar begeißelte Stäbchen (0,4–1,5 x 1,1–4 µm), die PHB-Körper akkumulieren und potenziell zur N_2-Bindung befähigt sind. Die Zellen können am Ende der stationären Phase bis zu 8–12 µm lang werden. Die Arten *A. indigens*, *A. communis* und *Azoarcus* Stamm BH72 wurden als Endophyten von Hygrophyten (Kallargras *Leptochloa fusca* und Nassreis *Oryza sativa*) isoliert, während sechs andere Arten aus verschiedenen Böden stammen. Alle Isolate sind zudem potenziell zur Denitrifkation in der Lage, wahrscheinlich weil sie bei der Isolierung mit Nitrat unter anaeroben Bedingungen selektiv angereichert wurden. *A. anaerobius* bildet nachweislich N_2 aus Nitrat und ist somit eindeutig zur anaeroben Atmung befähigt und damit fakultativ anaerob. Stoffwechselphysiologisch sind die *Azoarcus*-Arten sehr versiert und können zahlreiche organische Säuren, Alkohole, einfache Zucker und teilweise auch einfache aromatische Verbindungen mit Nitrat als Wasserstoff-Akzeptor verwerten (Kap. 3). Die vorliegenden Isolate stammen hauptsächlich aus Pakistan, doch sind *Azoarcus*-Arten wahrscheinlich weltweit in verschiedenen Böden und Rhizosphären verschiedener Hygrophyten vertreten (Hurek u. Reinhold-Hurek 2005; Reinhold-Hurek u. Hurek 2006). Eine ökophysiologische Herausforderung bedeutet die Regulierung der potenziellen Fähigkeiten zur N_2-Bindung *und* Nitratatmung (Denitrifikation), vor allem bei den endophytischen *Azoarcus*-Stämmen. Die entscheidende Frage, wann es zur Denitrifikation (Stickstoffentgasung in Form von N_2 zur ATP-Synthese mittels Nitratatmung) kommt und unter welchen ökologischen Bedingungen die N_2-Bindung (mit relativ hohem ATP-Bedarf) einsetzt, wurde bisher noch nicht untersucht. Die gleiche Frage stellt sich auch bei mehreren Rhizobien (z. B. Stämme von *Bradyrhizobium japonicum* und *B. denitrificans*). Beide Prozesse haben als gemeinsame Voraussetzung einen stark verminderten pO_2 und hohen Energiebedarf (ATP und Reduktionsäquivalente). Angenommen, dass die Versorgung der apoplastischen (endophytischen) Zellen (*Azoarcus spp.*) und der Bacteroiden (*Bradyrhizobium spp.*) in den Knöllchen mit Wasserstoff-Donatoren (Assimilaten) nicht limitierend ist, dann wäre es hypothetisch denkbar, dass die ATP-Synthese (ETP) in einem Teil der Membrankompartimente über die Nitratatmung verläuft, während der energieaufwändige Reduktionsschritt der N_2-Bindung (~ 16 Mol ATP pro Mol N_2) durch den Nitrogenase-Komplex im Cytoplasma erfolgt. Es scheint zunächst paradox, wenn N_2-Bindung und Denitrifikation etwa gleichzeitig in einer Zelle ablaufen. Ökophysiologisch wäre diese **„denitrifizierende N_2-Bindung"** nur denkbar und sinnvoll, wenn Nitrat mehr oder weniger kontinuierlich mit dem Massenfluss (Kap. 17) durch die Wurzel herantransportiert wird und bei O_2-Mangel zur ATP-Synthese mittels anaerober Atmung dient. Eine solche ökologische Nische ist allerdings bei intensiven Nitrifikationsprozessen in der Rhizosphäre (auch von Hygrophyten wie Nassreis) durchaus denkbar.

6.4.2.3 *Alcaligenes-Achromobacter*-Arten (*Alcaligenaceae*, Mol-% G + C in DNA = 56–70)

Ebenfalls weit verbreitet in Böden und Rhizosphäre sind aerobe, nichtfermentative gramnegative Stäbchen mit kokkoiden Formen, die peritrich begeißelt oder unbeweglich sind, aber Cytochrom-Oxidase und Katalase besitzen. Sie gehören den Gattungen *Alcaligenes* (beweglich) oder *Achromobacter* (unbeweglich) an. Charakteristisch ist ihre Unfähigkeit, Zucker (z. B. Glucose) und einfache Kohlenhydrate zu verwerten. In zuckerhaltigen Medien kommt es infolge der Ammoniumfreisetzung (Proteolyse und Desaminierung) aus Eiweiß (Pepton) zur **Alkalisierung**. Die katabolischen Aktivitäten (soweit untersucht) der *Alcaligenes-Achromobacter*-Gruppe sind im Wesentlichen auf verschiedene organische Säuren, Alkohole und Aminosäuren begrenzt. *Alcaligenes faecalis* und *Achromobacter xylosoxidans* sind zur Denitrifikation in der Lage.

Aufgrund von 16S-rRNA-Sequenzanalysen werden heute auch Stämme vom potenziell N_2-bindenden Bakterium *Derxia gummosa* zur Familie der *Alcaligenaceae* gerechnet. Sie wachsen auf N-freiem Glucose-Mineralsalz-Agar als dickschleimige, gummiartige Kolonien. Plattenwachstum und Morphologie der Zellen entsprechen in etwa den *Beijerinckia*-Arten (Alphaproteobakterien). Die potenzielle N_2-Bindungskapazität ist mit etwa 9 bis 20 mg N_2 pro Gramm Glucose allerdings deutlich geringer als von *Azotobacter*-Arten (Gammaproteobakterien) und *Beijerinckia*-Arten (Alphaproteobakterien). *Derxia gummosa* verwertet ein breites Spektrum an Zuckerarten, organischen Säuren und einfachen Alkoholen als C-Quellen. Offenbar bevorzugt *D. gummosa* wie *Beijerinckia*-Arten saure tropische Oxisole (Ferralsole), doch sind diese Bakterien wahrscheinlich in allen stark verwitterten **N-armen Böden** der Tropen und Subtropen weit verbreitet. *Azotobacter*-, *Beijerinckia*- und *Derxia*-Arten kommen auch regelmäßig in der Rhizosphäre sehr verschiedener Pflanzen mit energiereichen Exsudaten (insbesondere von *Poaceae*) vor.

6.4.2.4 Obligat-methanotrophe (Methan oxidierende) Bakterien

Methan oxidierende Bakterien (MOB) gehören unterschiedlichen Klassen der Proteobakterien an. Vertreter der Gattungen *Methylophilus*, *Methylobacillus* und *Methylovorans* sind in Böden allgemein vorkommende, aerobe, gramnegative Stäbchen (*Betaproteobacteria*), die Methan und reduzierte C_1-Verbindungen (Methanol, Methylamin, Dimethylsulfid) als einzige C- und Energiequelle verwerten können. Sie besitzen Methan-Monooxygenasen, die Methan durch Einbau von O_2 zu Methanol oxidieren (Kap. 15). Es sind typische **Gradientorganismen** im Grenzbereich zwischen **anaerober** Methanogenese durch *Archaea* und **aerobem Abbau** durch MOB. Obligat Methan oxidierende Bakterien der *Methylocystaceae* (*Methylocystis*, *Methylobacterium*, *Methylopila*, *Methylosinus;* Tabelle 15.4) gehören zu den *Alphaproteobacteria*, diejenigen der *Methylococcaceae (Methylococcus*, *Methylocaldum*, *Methylomicrobium*, *Methylomonas*, *Methylobacter*; Tabelle 15.4) sind Vertreter der *Gammaproteobacteria*. Die Spezialisierung auf eine oxidative Verwertung von reduzierten C_1-Verbindungen hat sich somit **konvergent** in verschiedenen Taxa entwickelt, die phylogenetisch nicht verwandt sind.

6.4.3 *Gammaproteobacteria*

6.4.3.1 *Xanthomonas*-Arten (*Xanthomonadaceae*; Mol-% G + C in DNA = 63,3– 69,7)

Relativ kurze, aerobe, chemoorganotrophe, nichtfermentative und monotrich begeißelte gramnegative Stäbchen (0,4–0,6 × 0,8–2 mm), die auf Agarplatten **gelbpigmentierte** Kolonien bilden, Katalase-positiv und Oxidase-negativ sind, werden in die Gattung *Xanthomonas* eingeordnet. Die gelben Pigmente der Xanthomonaden stammen von einer bromhaltigen Polyenverbindung (Xanthomonadin). Xanthomonaden bilden eine relativ homogene Gruppe von überwiegend pflanzenpathogenen Bakterien (ca. 60 Arten), die in der Cytoplasmamembran sowohl **Menachinone** als auch **Ubichinon** Q-8 besitzen (Tabelle 6.3). Hingegen verfügen polar begeißelte Vertreter der Alpha- und Betaproteobakterien nur über Ubichinone (Q-10 bzw. Q-8). Aufgrund von 16S-rRNA-Analysen gehören die Xanthomonaden zu den *Gammaproteobacteria*. Die Mehrzahl der *Xanthomonas*-Arten (gr. *xanthos* = gelb; *monas* = einzeln) ist auxotroph für bestimmte Aminosäuren (Glutamat oder Methionin), was auf ihre enge Verbindung mit Pflanzen hinweist. Hingegen sind die polar begeißelten mikromorphologisch sehr ähnlichen *Pseudomonas*-Arten stets prototroph. Böden enthalten immer wieder verschiedene *Xanthomonas*-Arten, die durch Blattfall und Pflanzenrückstände in den Boden geraten und sich dort saprophytisch vermehren können. *X. campestris* ist der Erreger der Schwarzadrigkeit (Schwarzfäule) bei allen Kulturformen der *Brassica*-Arten (Kohl, Raps, Rübsen), tritt aber auch bei Wildformen zahlreicher Kreuzblütengewächse auf. Durch Einarbeitung von infizierten Pflanzenrückständen kann der Boden noch viele Jahre mit potenziell pathogenen Arten „verseucht“ und infektiös bleiben. *X. axonopodis* ist verantwortlich für den Zitronenkrebs, unter dem der Anbau von *Citrus*-Gewächsen in Australien, USA und Brasilien seit Jahren leidet.

6.4.3.2 *Pseudomonas*-Arten (*Pseudomonadaceae*; Mol-% G + C in der DNA = 58–68)

Pseudomonaden (gr. *pseudo* = Trug) sind **r-Strategen** und stets in allen Böden und in der Rhizosphäre von allen Pflanzen vorhanden, kommen aber auch in Gewässern, Sedimenten, Kläranlagen und als Epiphyten auf Pflanzen (Phyllosphäre) allgemein vor. Es sind aerobe (ETP), Katalase- und Oxidase-positive, polar begeißelte, prototrophe, chemorganotrophe, gramnegative Stäbchen (0,5–0,8 × 1,5–3,0 µm), die sich mikroskopisch kaum von anderen polar begeißelten Gattungen (*Burkholderia*, *Comamonas*, *Ralstonia*, *Xanthomonas*, *Sphingomonas*) unterscheiden. Sie besitzen Ubichinone des Typs Q-9 *und* (selten) Menachinone und charakteristische Polyamine. So ist Putrescein charakteristisch für Pseudomonaden, während Spermidin als spezifisches Polyamin der Xanthomonaden gilt. Pseudomonaden sind nichtfermentativ (wie *Aeromonas*-Arten), aber mit O_2 und alternativen Elektronen-Akzeptoren (Nitrat, Mn(IV), Fe(III) etc.) katabolisch besonders versiert. Zucker, Kohlenhydrate, Aminosäuren, Alkohole und Pektine sowie ein breites Spektrum an organischen Säuren, Fetten, aliphatischen, aromatischen, einfachen cyclischen und polycyclischen Verbindungen können als einzige C-Quelle metabolisiert werden (Kap. 3). Fast alle Arten besitzen Hydroxylasen und Dioxygenasen. Nicht verwertet werden C_1-Verbindungen (Methan, Methanol, Formaldehyd, Methylamin), Stärke, Cellobiose, Inulin, Cellulose oder Lignin. Zucker wird über den Entner-Doudoroff-Weg abgebaut.

Manche *Pseudomonas*-Arten können > 150 verschiedene organische Verbindungen als einzige C-Quelle mit Nitrat oder Ammonium als N-Quelle verwerten. **N_2-Bindung** ist unter den Pseudomonaden nicht bekannt. Plasmide tragen erheblich zur katabolischen Diversität der meisten Pseudomonaden bei. So verfügen beispielsweise Plasmide wie NAH, SAL und TOL über die erforderlichen Gene für die Mineralisation von Naphthalin, Salicylat und Toluol. In Pseudomonaden wurden mindestens dreizehn Verträglichkeitsgruppen von Plasmiden nachgewiesen. Plasmide tragen nicht zuletzt zur multiplen Resistenz von Pseudomonaden gegen Schwermetalle und zahlreiche Antibiotika bei. Die Fähigkeiten zu anaeroben Atmungen wie **Denitrifikation**, **Mn(IV)-** und **Fe(III)-Reduktion** sind unter den Pseudomonaden weit verbreitet (z. B. *P. aeruginosa*, *P. stutzeri*, *P. fluorescens-putida*, *P. mendocina* etc.). Die meisten Stämme fluoreszierender Pseudomonaden sind potenziell denitrifizierend (Kap. 12).

Pseudomonaden bildeten zunächst eine relativ große, aber heterogene Gruppe von *Bacteria*, die jedoch in jüngster Zeit aufgrund von RNA/DNA-Hybridisierung, 16S-rRNA-Gruppierungen und 16S-rRNA-Sequenzierungen in die Gattungen *Xanthomonas* (*P. maltophilia*), *Brevundimonas* (*P. diminuta*), *Sphingomonas* (*P. capsulata*), *Burkholderia* (*P. cepacia*, *P. glathei*), *Hydrogenophaga* (*P. flava*, *P. palleroni*) und *Comamonas* (*P. acidovorans* und *P. testosteroni*) reklassifiziert wurden. Heute umfassen Pseudomonaden nur noch etwa 56 Arten (Garrity *et al.* 2005), die Mehrzahl davon ist Bestandteil der früheren „rRNA-Verwandtschaftsgruppe I". Die Gruppe I (Pseudomonaden im engeren Sinne) beinhaltet die fluoreszierenden Arten *P. aeruginosa-fluorescens-putida* sowie *P. chlororaphis.* Sie bilden extrazelluläre lösliche antibiotisch wirksame **Phenanzine** und/oder grün-gelb fluoreszierende Pigmente. *P. chlororaphis* wird gekennzeichnet durch das unlösliche intrazelluläre Phenazin-Pigment Chlororaphin. *P. aeruginosa* ist ubiquitär verbreitet und ein gefährlicher opportunistischer Krankheitserreger bei Wundinfektion (Unfälle, Krankenhausoperationen). Durch seine breite natürliche Antibiotikaresistenz (Folge von Resistenz-Genen und der „feinmaschigen", selektiven äußeren Zellmembran) gegen die meisten Antibiotika im Krankenhaus ist dieser Keim sehr gefürchtet **(infektiöser Hospitalismus)** (Box 6.3).

Pflanzenpathogenität und Biokontrolle durch Pseudomonaden. Pseudomonaden können für Pflanzen sowohl schädlich als auch nützlich sein. Bei vielen verschiedenen Kulturpflanzen (wie Zuckerrüben, Hafer, Weizen, Mais, Gurken, Kaffee, Tee, Erbsen, etc.) verursachen Pseudomonaden Blattfleckenkrankheiten, meist durch Pathovare von *P. syringae* und *P. cichorii* (ursprünglich von *Cichorium*-Arten isoliert). Nach dem Eindringen in die Pflanze breiten sich die Pathovare nur geringfügig aus (lokale Besiedlung), und es kommt zu örtlichen Blattflecken. Andererseits üben fluoreszierende Pseudomonaden eine Biokontrolle von pathogenen Pilzen, *Bacteria* und Nematoden in der Rhizosphäre aus (Kap. 17; *Plant Growth Promoting Rhizobacteria*). Im biologischen Pflanzenschutz wird versucht, die Grundlagen der komplexen positiven phytosanitären Wirkungen fluoreszierender Pseudomonaden in der Rhizosphäre für die Praxis zu erforschen (Box 6.8).

6.4.3.3 *Azomonas*- und *Azotobacter*-Arten (*Pseudomonadaceae*)

Vertreter dieser Gattungen gehören zusammen mit Stämmen von *Enterobacter (Pantoae)/Klebsiella* (*Enterobacteriaceae*) zu weit verbreiteten, freilebenden, potenziell N_2-bindenden Bakterien in Böden und Rhizosphäre. *Azomonas*-Arten (Mol-% G + C in der DNA = 55,1–58,3) kommen in Böden und Gewässern allgemein vor. Es sind aerobe (bis mikroaerophile), Katalase-positive, chemoorganotrophe, relativ lange (bis 2,5–3 µm) gramnegative Stäbchen, die durch peritriche oder polare Geißeln beweglich sind. Im Gegensatz zu den *Azotobacter*-Arten bilden sie keine Cysten. Die meisten Isolate bilden auf Fe-Mangelmedien ein wasserlösliches grün-gelbes bis blau fluoreszierendes Pigment (Azoverdin, eine Siderophore). *Azomonas*-Arten haben einen relativ hohen Fe- und Mo-Bedarf (für den Nitrogenase-Komplex). Auf Mo-freien Medien können von Azomonaden alternative Nitrogenase-Komplexe (Nitrogenase-2 bzw. -3) gebildet werden, mit **Vanadium** (V) bzw. Eisen (Fe) als Redoxsysteme. DNA-DNA-Hybridisierungsversuche verschiedener *Azomonas*-Arten konnten zeigen, dass *A. agilis* einzelne Gene (*nif*, *vnf* bzw. *anf*) für die unterschiedlichen Nitrogenase-Komplexe besitzt. Als C- und Energiequelle für die N_2-Bindung können verschiedene Zucker (Glucose) und Alkohole (Mannit) verwertet werden. Glutamat und Aminosäuren sind nicht verwertbar.

***Azotobacter*-Arten** (Mol-% G + C in der DNA = 63,2–67,5). *Azotobacter* ist ein aerobes, relativ langes (2–4 µm oder länger) Katalase- und Oxidase-positives gramnegatives Stäbchen. Die Zellmorphologie ist jedoch pleomorph und mit zunehmendem Alter globiform bis fünfeckig und dickwandig. Häufig treten die Zellen paarweise auf; sie sind unbeweglich oder peritrich begeißelt. *Azotobacter*-Arten (es gibt sechs anerkannte Spezies) sind charakteristische Bewohner von Böden und Rhizosphären (*Poaceae*), kommen aber auch als Epiphyten in der Phyllosphäre von Pflanzen allgemein vor. Phylogenetische Untersuchungen haben eine große Homologie zu den Pseudomonaden der

Box 6.8 Biokontrolle bodenbürtiger Krankheiten mit Pseudomonaden?

Fluoreszierende Pseudomonaden der Gruppe *P. aeruginosa-fluorescens-putida* sind auch charakteristische Komponenten der *Plant-Growth-Promoting-Rhizoflora* (PGPR; Kap. 17) zahlreicher, wenn nicht aller Pflanzen. Für die Besiedlung und Konkurrenzkraft in der Rhizosphäre scheinen sie aufgrund einiger Merkmale besonders geeignet zu sein. Zu diesen Merkmalen gehören die Bildung von (a) einer Palette an löslichen Pigmenten, z. T. mit antibiotischen Eigenschaften, (b) Siderophoren (Fe(III)-chelatisierende Metabolite), (c) spezifischen Antibiotika gegen pilzliche und bakterielle Krankheitserreger und von (d) Signalmolekülen zur Kommunikation von Zelle zu Zelle (chemische Sprache, Kap. 9). So gibt es unter den fluoreszierenden Pseudomonaden immer wieder Stämme, die lösliche Phenazine wie Pyocyanin (blau; gr. *pyon* = Eiter, *kyanos* = blaue Farbe), Pyorubrin (rot), Oxiphenazin (blau), Pyomelanin (braun) und Pyoverdin (grün-gelb fluoreszierend) ausscheiden, die mehrheitlich antibiotische Wirkungen gegen phytopathogene Pseudo- und Echte Pilze, Bakterien und Nematoden haben können.

Pyoverdin, Pseudobactin (gelb fluoreszierend) und Pyochelin (kein Pigment) sind zudem starke **Siderophoren** (gr. *sideros* = Eisen). Siderophoren sind Metabolite mit einer extrem hohen Affinität für Fe(III) und verursachen durch Fe(III)-Chelatbildung einen gravierenden Fe-Mangel in der unmittelbaren Umgebung des Ausscheidungsorts, was hemmend auf andere Mikroorganismen wirken kann. Hauptsiderophor ist das **Pyoverdin** (ein Oligopeptid-Antibiotikum). Manche Stämme fluoreszierender Pseudomonaden scheiden außerdem noch Pyochelin und Salicylsäure als Fe(III)-Chelatoren aus. Nicht zuletzt können bestimmte Stämme von *P. fluorescens-putida* in der Rhizosphäre mehrere fungizide Substanzen wie das Pseudobactin 358 (vom Stamm *P. putida* WB 358), Pseudomycin, Pyrollnitrin, Pyoluteolin sowie **2,4-Diacetylphloroglucinol** (2,4-DAPG) bilden. Es sind alles Antibiotika mit unterschiedlichen Wirkungen, die Wurzelinfektionen durch bestimmte Echte Pilze, pilzähnliche Organismen (Oomyceten) oder Nematoden unterdrücken oder verhindern können.

Fluoreszierende Pseudomonaden können Pflanzen bis zu einem gewissen Grad vor Befall mit bodenbürtigen Schaderregern schützen (**biologischer Pflanzenschutz** mit PGPR). Das Animpfen (in hohen Populationsdichten) von bestimmten Pseudomonaden-Stämmen zur Biokontrolle von pilzlichen Wurzel- und Stängelfäulen (*Pythium spp.*, *Fusarium spp.*, *Rhizoctonia spp.*, *Gaeumannomyces graminis* var. *tritici*, etc.) hat sich forschungsmäßig in den letzten Jahren hauptsächlich auf die antagonistischen Wirkungen von **Stämmen** fluoreszierender Pseudomonaden konzentriert. Vor allem das 2,4-DAPG scheint Pilzinfektionen effektiv unterdrücken zu können und ihm kommt infolgedessen eine große praktische (biotechnologische) Bedeutung zu. In **suppressiven Böden** (mit hoher mikrobiologischer Diversität und Aktivität) bleiben Kulturpflanzen häufig frei von bodenbürtigen Krankheiten, vermutlich weil gewisse antagonistische PGPR (darunter fluoreszierende Pseudomonaden) und Pilze in relativ hohen Dichten vorkommen und die Rhizosphäre kompetent besiedeln können (Kap. 17). Wahrscheinlich erfolgt die Regulierung antibiotischer Metabolite in der Population von PGPR über Signalstoffe (*quorum sensing*). Die Forschung ist allerdings noch weit von einer praktischen Anwendung der Biokontrolle entfernt (Thomashow u. Weller 1995).

Gruppe I gezeigt. Die ursprüngliche Einordnung von *Azotobacter* mit den N_2-bindenden Gattungen *Beijerinckia* und *Derxia* in die Familie *Azotobacteraceae* hat sich aufgrund von 16S-rRNA-Gensequenzanalysen als vollständig verfehlt herausgestellt. Unter Trockenstress und Nährstoffmangel werden dickwandige, eckige **Cysten** (Dauerformen) gebildet. In Böden werden bevorzugt Nitrat, Ammonium oder sogar Harnstoff als N-Quellen aufgenommen. Zur N_2-Bindung kommt es nur bei **N-Mangel** und hohem Angebot an **energiereichen Substraten** (z. B. Stroh, zuckerhaltige Exsudate). Da die N_2-Bindung sauerstoffempfindlich ist und folglich leicht in Anwesenheit von O_2 gehemmt wird, verläuft die N_2-Bindung optimal, wenn der O_2-Verbrauch durch intensive Atmungsprozesse (Mineralisationsprozesse) stark ist und infolgedessen zeitlich und räumlich anaerobe Zonen um die Kolonien entstehen (Kap. 13).

Gute C-Quellen (im Labor) sind Zucker (Glucose), Alkohole (Mannit) oder einfache organische Säuren (des TCC). *Azotobacter*-Arten können verschiedene **Nitrogenase-Komplexe** mit Mo, V oder Fe als zentrale Redoxsysteme bilden. Die in Böden und Rhizosphären dominante Art *A. chroococcum* kann wie *Azomonas* bei Mo-Mangel (vor allem auf sauren eisenoxidreichen Oxisole oder auf sauren organisch reichen

Podsolen) alternative Nitrogenasen mit V oder Fe als Redoxsysteme bilden. *Azotobacter*-Arten erzeugen viel extrazelluläres Schleimmaterial, ein charakteristisches Merkmal sowohl im Boden als auch auf Mannit-Agarplatten. Besonders in pH-neutralen Böden und in der Rhizosphäre zahlreicher Pflanzen kommen *Azotobacter*-Arten stets in Populationsdichten von etwa 10^3 bis 10^4 Keime pro Gramm TB vor. *A. chroococcum* hat einen relativ hohen Bedarf an Ca und P und tritt in pH-neutralen Böden mit gutem Luft-Wasser-Wärmehaushalt in relativ großer Dichte auf, vor allem wenn Böden regelmäßig mit energiereichen N-armen organischen Substanzen (z. B. Stroh, Stoppelreste, Stallmist) gedüngt werden. Infolgedessen gilt das Vorkommen von *A. chroococcum* in Ackerböden vielfach als **„Fruchtbarkeits-Indikator"**. Zur N_2-Bindung durch *A. chroococcum* kommt es in Böden allerdings nur, wenn der N-Gehalt sehr gering ist und regelmäßig energiereiche Pflanzenreste mit weitem C/N-Quotient in den Boden eingebracht werden. Relativ hohe Populationsdichten an *A. chroococcum* lassen infolgedessen keinen Rückschluss auf relativ hohe N_2-Bindungsraten zu. *Azotobacter*-Arten sind nicht cellulolytisch, und zur N_2-Bindung kommt es in synthropher Assoziation mit entsprechenden Begleitorganismen (z. B. *Cellvibrio*, *Cellulomonas*) und Braunfäule-Pilzen (Kap. 8). Weiter wird der Nitrogenase-Komplex nur aktiv, wenn er durch intensiven respiratorischen O_2-Verbrauch an der Zelloberfläche gegen die Inaktivierung durch O_2 geschützt wird (Oelzea 2000). Ein relativ hoher O_2-Verbrauch setzt allerdings ein hohes Angebot an leicht mineralisierbaren organischen Verbindungen (Zucker, Kohlenhydrate, organische Säuren) voraus. Entscheidendes Regulativ für die N_2-Bindung durch *Azotobacter*-Arten (und andere potenziell N_2-bindende *Bacteria*) ist ein geringes N-Angebot (Ammonium, Nitrat, organischer N) bei gleichzeitig hoher Konzentration an energiereichen Substraten. Diese Konstellation tritt räumlich und zeitlich in der Rhizosphäre von Süßgräsern (auf N-armen Böden) auf, was zu der Hypothese geführt hat, dass die N-Versorgung von *Poaceae* (Mais, Weizen, Sorgum, Reis, Zuckerrohr etc.) über die **assoziative N_2-Bindung** (*Azospirillum*- und *Azotobacter*-Arten) verläuft (Kap. 13).

Azotobacter-Arten werden wie die *Azospirillum*-Arten zu den *Plant-Growth-Promoting-Rhizobacteria* gerechnet (PGPR; Kap. 17), offenbar weniger durch die postulierte assoziative N_2-Bindung als durch Ausscheidung von Wuchsstoffen wie Auxinen, Gibberelinen und Cytokininen. Bestimmte Getreidearten und Gräser besitzen in den Feinwurzeln auch mehr oder weniger spezifische **endophytische** *Azotobacter*-Arten, deren exakte Bedeutung noch offen ist (Kap. 13).

6.4.3.4 *Cellvibrio*-Arten (*Pseudomonadaceae*; Mol-% G + C in der DNA = 50–55)

Zu den typischen Bewohnern von Böden und Sedimenten gehören Arten des **Cellulosezersetzers** *Cellvibrio* (lat. *vibrare* = schwingen). Bisher sind lediglich neun Arten beschrieben (*Bergey's Manual of Systematic Bacteriology* 2005). *Cellvibrio*-Arten sind aerobe, prototrophe, schmale, leicht gebogene und lateral begeißelte Stäbchen (etwa 0,2–0,5 × 1–1,3 µm), die Oxidase- und Katalase-positiv sind. Sie sind in der Lage, mit Cellulose als einziger C-Quelle und Ammonium oder Nitrat als N-Quelle zu wachsen, können aber auch verschiedene andere Polymere (Stärke, Pektine, Chitin, Xylan, etc.) sowie Pentosen und Hexosen verwerten. Die schmalen Zellen haften in Längsrichtung eng an den Cellulosefasern von Stroh und Holz und setzen zellgebundene „Cellulasen" frei (Kap. 10). Cellvibrionen sind eher r- als K-Strategen. Neutrale bis schwach alkalische Böden werden bevorzugt.

6.4.3.5 *Moraxella-Acinetobacter*-Gruppe (*Moraxellaceae*; Mol-% G + C in DNA = 38–50)

Vertreter der Gattungen *Moraxella* und *Acinetobacter* ähneln sich sowohl mikromorphologisch als auch physiologisch sehr. Es handelt sich um aerobe, **prototrophe,** chemoorganotrophe, Katalase-positive, unbewegliche gramnegative bis variable Kurzstäbchen (0,5–1 × 1–2 µm), die paarweise erscheinen und mit zunehmendem Alter auffallend kleine kokkoide Formen (etwa 0,5–1,0 µm) bilden. Die Oxidase-positiven und penicillinempfindlichen Stämme, die weder Zuckeralkohole (Hexosen, Pentosen) noch Citrat verwerten können, werden in die Gattung *Moraxella* eingruppiert, während die Oxidase-negativen, penicillin- und chloramphenicolresistenten, Citrat verwertenden und glykolytischen Isolate (Säurebildung aus Glucose und anderen Zuckeralkoholen) zur Gattung *Acinetobacter* gerechnet werden (*Bergey's Manual* etc. 2005).

Aufgrund von 16S-rRNA-Sequenzanalysen steht fest, dass die Gattungen *Moraxella*, *Acinetobacter* und *Psychrobacter* eine monophyletische, relativ einheitliche Gruppe bilden, die nicht mit den *Neisseriaceae* verwandt sind. Molekularbiologisch, morphologisch und phänotypisch unterscheiden sich die Gattungen *Moraxella* (Mol-% G + C = 40–47,5) und *Acinetobacter* (Mol-% G + C = 38–47) nur geringfügig. Vertreter der Gattung *Moraxella* stammen scheinbar hauptsächlich aus Hospitalinfektionen und weniger aus Böden, während jene von *Acinetobacter* mehr aus Böden, Rhizosphäre, Gewässern und Abwasserreinigungsanlagen, aber weniger aus Wundinfektionen oder atypischen Lungenentzündungen (*A. baumannii*) isoliert wurden.

Vermutlich ist ein Teil der kleinen kokkoiden Zellen in Böden als „Hungerformen" der Gattung *Acinetobacter* zu betrachten (vgl. 6.1). *Acinetobacter*-Arten gehören regelmäßig zu den Isolaten aus Böden und Gewässern und dürften weit verbreitet sein. Zahlreiche *Acinetobacter*-Stämme sind denitrifizierend (Fabig u. Ottow 1979), besitzen Plasmide (etwa 80%) oder haben Transposons auf dem zirkulären Genom. Horizontaler Gentransfer durch Transformation und Konjugation wurde bei *Acinetobacter*-Arten relativ häufig beobachtet (Kap. 5). Stämme von *Acinetobacter calcoaceticus* werden bevorzugt als Testorganismen in Mikrokosmen zum Nachweis von Transformationen eingesetzt. *Acinetobacter*-Arten verwerten ein breites Spektrum an C-Quellen wie organische Säuren (Acetat, Propionat, Lactat, Butyrat), C_1-Verbindungen (Methanol, Formiat, Formaldehyd), C_2-Körper (Ethanol, Glykolat, Glyoxylat, aber nicht Oxalat) sowie Fettsäuren, aliphatische und aromatische Kohlenwasserstoffe. Auch Aminosäuren werden als einzige C- und N-Quelle verwertet.

6.4.3.6 *Shewanella*-Arten (*Alteromonadaceae*; Mol-% G + C in der DNA = 38–54)

Shewanella-Arten sind aerobe, chemoorganotrophe, wahlweise auch chemolithotrophe (mit H_2 als Elektronen-Donator), gerade oder leicht gebogene, polar begeißelte, gramnegative Stäbchen (0,5–0,8 × 0,7–2 µm). Sie sind Katalase-, Oxidase- und Gelatinase-positiv und besitzen **rudimentäre *c*-Typ-Cytochrome** (ETP). Bei O_2-Mangel sind sie zur dissimilatorischen Reduktion einer Vielzahl von alternativen Elektronen-Akzeptoren in der Lage (Nitrat, Nitrit, Mn(IV), Fe(III), Fumarat, verschiedene oxidierte S-Verbindungen sowie Co, Cr, Se, Tc und U im oxidierten Zustand). Darüber hinaus sind einige *Shewanella*-Arten zur reduktiven Dechlorierung (Halorespiration) unterschiedlicher halogenierter, aliphatischer (anthropogener) Verbindungen (Xenobiotika) befähigt. Infolgedessen besitzen *Shewanella*-Arten eine große **ökophysiologische Flexibilität**, zumal sich als Wasserstoff-Donatoren sehr verschiedene organische Substrate sowie H_2 eignen.

Im Allgemeinen können Polymere (Stärke, Hemicellulose, Cellulose, Chitin) sowie aromatische und heterocyclische Verbindungen nicht mineralisiert werden. Ökophysiologisch sind Vertreter der Gattung *Shewanella* aufgrund der Vielzahl an Substraten und Elektronen-Akzeptoren besonders flexibel. Auf Agarmedien bilden Isolate der Gattung *Shewanella* oft rosa- bis orangefarbene Kolonien (durch starke Anhäufung von Cytochromen). In Böden, Sedimenten, Grundwasserleitern, Gewässern und im Meer sind *Shewanella*-Arten allgemein verbreitet, wo sie wichtige Funktionen im Kreislauf von N, Fe und Mn sowie von anderen Spurenelementen übernehmen (Kap. 14). Aufgrund von 16S-rRNA-Gensequenzanalysen gibt es offenbar mehrere Gruppen innerhalb der Gattung. Die große Gruppe der psychrotoleranten, nicht halophilen Arten umfasst *S. putrefaciens* (heute *S. oneidensis*), *S. baltica* und *S. frigdimarina*. *S. oneidensis* enthält vier weitere DNA-Hybridierungsgruppen, welche auch phänotypisch nicht zusammengehören. Eine Aufteilung dieser Art in mehrere Spezies ist zu erwarten.

6.4.3.7 *Enterobacteriaceae* (Mol-% G + C in der DNA = 38–60)

Enterobakterien (gr. *enteron* = Darm) sind prototrophe, chemoorganotrophe, unbewegliche oder peritrich begeißelte Stäbchen (etwa 0,3–1,0 × 1–6 µm), die sowohl über einen Atmungsstoffwechsel (mit Cytochromen und ETP) als auch über verschiedene Gärungstypen (meist aerogen mit CO_2- und H_2-Bildung) verfügen. Sie sind Katalase-positiv, aber Oxidase-negativ. Die überwiegende Mehrzahl besitzt eine dissimilatorische Nitrat-Reduktase, und zahlreiche Stämme von *Escherichia-*, *Enterobacter (Pantoea)/Klebsiella-*, *Citrobacter-*, *Rahnella-* und *Serratia*-Arten können denitrifizieren und/oder Mn(IV)- oder Fe(III)-(Hydr)Oxide bei O_2-Mangel als alternative Elektronen-Akzeptoren zur

Aufrechterhaltung der ATP-Synthese einsetzen (dissimilatorische Fe(III)- und Mn(IV)-Reduktion; Kap. 14). Stämme von *Klebsiella pneumoniae*, *Enterobacter agglomerans* (*Pantoea agglomerans*) und *Erwinia herbicola* (*Pantoea agglomerans*) besitzen meist einen Nitrogenase-Komplex. Enterobakterien sind somit ökophysiologisch sehr versiert und kommen ubiquitär in Böden, Gewässern, Rhizosphären (*Poacea*), auf Pflanzen (Epiphyten) und im Darm vom Menschen und anderen Warmblütern vor. Typische Bewohner von organisch reichen Böden und Rhizosphären sind Vertreter der Gattungen *Enterobacter*/*Klebsiella*, *Proteus* und *Serratia*.

Unter den Enterobakterien gibt es gefährliche Krankheitserreger (Serotypen) der Art *Salmonella enterica* (subsp. *enterica* pathovar *typhi*: Typhus beim Menschen), *S. enterica* subsp. *enterica* pathovar *paratyphi* (Paratyphus), *S. paratyphi* (Paratyphus bei Vögeln), *Shigella flexneri*, *S. boydii*, *S. sonnei* und *S. dysenteriae* (Bakterienruhr), *Klebsiella pneumoniae* (Lungenentzündung) sowie *Yersina pestis* (Beutelpestерreger). Ein Teil der pathogenen Arten und Stämme von Enterobakterien ist anaerogen (es fehlt das Enzym Formiathydrogen-Lyase). Bestimmte enterotoxische und enteroinvasive *E. coli*-Stämme können Durchfallerkrankungen (vor allem bei Kindern und Senioren) oder auch Harnwegsinfektionen beim Menschen verursachen. Infektionen mit Salmonellen, Shigellen und pathogenen *E. coli*-Stämmen erfolgen im Wesentlichen über fäkal verunreinigtes oder kontaminiertes Trinkwasser. Der Nachweis von *E. coli*-**Fäkaltyp** (Wachstum und Gasbildung in Lactose-Bouillon bei 45,5 °C) in Brauchwasser ist infolgedessen ein sehr wichtiger **Indikatorkeim** für eine mögliche fäkale Verunreinigung. Der *E. coli*-Boden-Wassertyp unterscheidet sich aber durch fehlendes Wachstum bei 45,5 °C von *E. coli-Fäkaltyp* aus dem Darm. *Salmonella enterica* (nicht humanpathogene Stämme werden als Versuchsorganismen im Labor verwendet) kann auch über kontaminierte Eier zu Lebensmittelvergiftungen (Enteritis; Folge unzureichender Hygiene) führen. Zahlreiche Stämme des weit verbreiteten, potenziell N_2-bindenden Bodenbakteriums *Pantoea* (*Enterobacter*) *agglomerans* sind Bewohner der Rhizosphäre von Getreidearten (Weizen, Roggen, Reis, Mais) und Energiepflanzen (Zuckerrohr), wo sie möglicherweise über die assoziative N_2-Bindung zur N-Versorgung der Kulturpflanzen beitragen können, wenn sie auf N-armen Böden angebaut werden (Kap. 13).

6.4.4 *Deltaproteobacteria*

Im Vergleich zu den Alpha- bis Gamma-Klassen bilden die *Deltaproteobacteria* eher eine relativ homogene Gruppe. Hauptbestandteil bilden bisher die sulfatreduzierenden *Bacteria*, eine polyphyletische Gruppe von morphologisch verschiedenen Organismen (Vibrionen, Kokken, Stäbchen etc.), die sich unter anaeroben Bedingungen auf einen Stoffwechsel mit Sulfat als Elektronen-Akzeptor spezialisiert haben. Terrestrische Böden im tropischen und gemäßigt kühlen humiden Klima sind durch die vertikale Wasserbewegung (Auswaschung) weitgehend an Sulfat verarmt. Hingegen sind Meere im Laufe der Erdgeschichte als Sammelbecken gelöster Salze relativ sulfatreich geworden. Infolgedessen sind sulfatreduzierende Bakterien weit verbreitet in Sedimenten des Meeresbodens, in Böden der (periodisch vom Meer überfluteten) Deltagebiete unserer großen Flüsse und in ehemaligen eingedeichten Küstengebieten (Marschböden, sulfatsaure Böden). Auch in organisch reichen wassergesättigten Sümpfen (S entstammt hier der mineralisierten organischen Substanz) und Mooren treten Sulfatreduzierer in erhöhten Populationen auf. Sulfat reduzierende *Bacteria* sind obligat anaerob, verfügen aber mehrheitlich noch über **rudimentäre *b*- oder *c*-Typ-Cytochrome**. Sulfatreduktion ist bei diesen *Bacteria* somit eine anaerobe Atmung (Kap. 3, 15). Die meisten sulfatreduzierenden Arten gehören sehr verschiedenen Gattungen wie *Desulfovibrio*, *Desulfomicrobium*, *Desulfomonas* etc. an, die alle zu den *Deltaproteobacteria* gehören (Tabelle 6.3). Sie kommen auch in Böden und Schlämmen vor, sind aber keine typischen Bodenbewohner.

6.4.4.1 *Geobacter*-Arten (*Geobacteraceae*: Mol-% G + C in der DNA = 50,2–60,6)

Vertreter der Gattung *Geobacter* sind in Böden, Sedimenten und Grundwasserleitern weit verbreitete **dissimilatorische Spezialisten**, die ein begrenztes Spektrum an Metaboliten (Acetat, aber auch Formiat und Lactat) bevorzugt mit Nitrat, Fe(III)-(Hydr)Oxiden, Fe(III)-Chelaten (Nitrilotriacetat, Citrat, Humate) und meist auch Mn(IV)-Oxiden und Fumarat als einzigen Elektronen-Akzeptoren unter anaeroben Bedingungen vollständig mineralisieren können. *G. metallireducens* und *G. grbiciae* können zudem H_2 und einfache aromatische Verbindungen (wie Benzoat, Toluol etc.) als Elektronen-Donatoren verwerten.

Da die *Geobacteraceae* (mit fünf Arten) **c-Typ-Cytochrome** und **Menachinone** enthalten und ATP offenbar über eine anaerobe Atmung gewinnen, sind sie grundsätzlich aerobe Bakterien (Kap. 3), zumal Wachstum auch mit O_2 bei *G. sulfurreducens* nachgewiesen wurde. Es handelt sich um unbewegliche, prototrophe, gramnegative Stäbchen (0,6 × 1,6 µm), die weder Katalase noch Ubichinone besitzen (Tabelle 6.3). Nitrat wird dissimilatorisch zu Ammonium reduziert (*G. metallireducens*). Außer Fe(III)- und Mn(IV)-Verbindungen können einige *Geobacter*-Arten (*G. metallireducens*, *G. sulfurreducens*) auch andere Metalle und Metalloide wie Cr(VI), Co(III), Se(VI), U(VI) und Tc(VII) als Elektronen-Akzeptoren verwenden und im Zuge der Reduktion fällen und damit immobilisieren.

Vom Standpunkt des Umweltschutzes kann die Immobilisierung dieser Elemente im Unterboden vorteilhaft sein, weil dadurch die Verlagerung mit dem Grundwasser verhindert werden kann. *Geobacter*-Arten sind folglich von großer Bedeutung für die **Bioremediation** (Biosanierung) von organischen und metallischen Verunreinigungen in Grundwasserleitern und Unterböden (Lloyd 2003; Lovley 2003). Mithilfe von Oligonucleotid-Sonden (Chaperon-Detektor) aus allgemeiner und artspezifischer 16S-rRNA ist es möglich, 16S-rRNA von *G. chappellei* direkt und ohne PCR in RNA-Extrakten von Böden nachzuweisen. *G. „humireducens“* kann nicht nur Nitrat, Mn(IV)- und Fe(III)-(Hydr)Oxide, sondern auch oxidierte Huminstoffe (wie die Modellsubstanz 2,6-Anthrochinondisulfat = AQDS) als Elektronen-Akzeptor einsetzen (Lovley *et al.* 1996; Coates *et al.* 2002). Diese Erkenntnis ist für die Ökophysiologie von Böden von weitreichender Bedeutung (Kap. 3, 14).

6.4.4.2 Myxobakterien (*Myxococoaceae*; Mol-% G + C in der DNA = 64–72)

Die Myxobakterien (Schleimbakterien) sind aerobe, schlanke und lange, gramnegative Stäbchen (0,5–1,2 × 3–15 µm), die sich durch **gleitende Bewegung** auf Substraten fortbewegen. Sie besitzen keine Ubichinone, sondern ausschließlich Menachinone (MQ) und sind sehr empfindlich gegen Actinomycin D und Rifampicin. Myxobakterien zeigen Merkmale einzelliger und mehrzelliger Organismen und nehmen eine Stellung zwischen Einzellern und vielzelligen Organismen ein (Reichenbach 1974). Sie wachsen und teilen sich als einzelne Zellen, ernähren sich aber in dichten **Schwärmen**. Myxobakterien besitzen das am weitesten entwickelte **Sozialverhalten** unter den prokaryotischen Organismen. Diese Eigenschaft unterscheidet Myxobakterien von allen anderen Prokaryoten. Bei Nährstofmangel und ungünstigen Umweltbedingungen finden sich Millionen Zellen zu Schwärmen zusammen und bilden in einer koordinierten Zusammenarbeit (**kooperative Morphogenese**) überwiegend farbige Fruchtkörper, die mehrere Hundert Myxosporen umschließen können. Myxosporen sind metabolisch ruhende, gegenüber Umwelteinflüssen (z. B. Austrocknung) resistente Dauerformen. Der Vorgang der Myxosporenbildung ist der Cystenbildung von *Azotobacter*-Zellen vergleichbar. Die Myxosporen keimen unter verbesserten (Nahrungs-)Bedingungen und bilden erneut zahlreiche vegetative Zellen. Die zelluläre Morphogenese ist eine entwicklungphysiologische Besonderheit, in der die schlanken Stäbchen in kugelige Dauerzellen umgewandelt werden (Abb. 6.6). Beim Gleiten der vegetativen Zellen auf festen Oberflächen besteht durch Zell-Zell-Kontakt die Möglichkeit zu einem intensiven Signalaustausch (*quorum sensing*), eine wesentliche Voraussetzung für die Stabilität des Schwarmes und für die Fruchtkörperbildung. Die differenzierte Morphologie der vegetativen Zellen, Myxosporen und Fruchtkörper von Myxobakterien ermöglicht die Identifizierung von Gattungen und Arten. Taxonomisch wird die Ordnung der Myxobakterien aufgeteilt in die Unterordnungen der *Cystobacterineae* (mit Gattungen wie *Myxococcus*, *Corallococcus*, *Stigmatella* und *Cystobacter*) und der *Sorangineae* (z. B. *Sorangium*, *Polyangium*, *Chondromyces*, etc.). Von den gleitenden Cyanobakterien (Phylum *Cyanobacteria*) unterscheiden sie sich durch die Abwesenheit von Chlorophyll a und von den fädigen Schwefelbakterien der Gattung *Beggiatoa* durch das Fehlen von Schwefeltröpfchen in der Zelle (Produkte der H_2S-Oxidation).

Myxobakterien sind weit verbreitete Bewohner von (organisch reichen) Böden, wo sie als leuchtend rote, gelbe, orangefarbene oder lila-braune Überzüge (Schwärmerkolonien) auffallen. Die verantwortlichen apolaren Pigmente (Carotinoidglykoside) sind in der Zellmembran lokalisiert. Myxobakterien gehören mit zu den wichtigsten Zersetzern von Laub, Streu, Stroh, Mist oder Holz und sind potente Cellulosezersetzer. Mithilfe verschiedener sezernierter Hydrolasen werden die unlöslichen Polymere (Hemicellulose, Cellu-

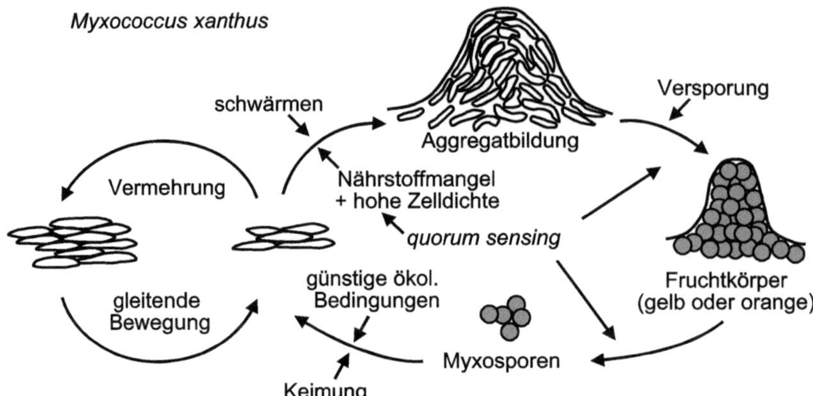

Abb. 6.6 Lebenscyclus des aeroben gramnegativen gleitenden Myxobakteriums (*Deltaproteobacteria*) *Myxococcus xanthus* (Mol-% G + C = 69; Modellorganismus). Die schlanken unbegeißelten heterotrophen Stäbchen leben an Grenzflächen (Pflanzenresten, Holz, Detritus) in Böden, wo sie sich durch Teilung vermehren. Bei Nährstoffmangel aggregieren sich Millionen von Stäbchen bei einer bestimmten Zelldichte durch *quorum sensing* in einer kooperativen Zusammenarbeit (kooperative Morphogenese) zu komplexen und charakteristischen gelb-, rot-, orange- oder graugefärbten Fruchtkörpern. Im Zuge einer zellulären Morphogenese wandeln sich die Stäbchen im reifenden Fruchtkörper zu kugeligen Dauerzellen um (Myxosporen), die bei günstigen Lebensbedingungen keimen und erneut Stäbchen bilden, die sich gleitend bewegen. Die vegetativen Zellen leben in einem gleitenden schleimigen Schwarm und zeigen ein koordiniertes Sozialverhalten (Verändert und ergänzt nach Kaplan 2003)

lose, Chitin, Murein etc.) im Kontaktbereich in aufnehmbare Metabolite überführt. Obwohl *Myxobacteria* Böden mit neutralem pH-Wert bevorzugen, sind sie auch stets in sauren und alkalischen Standorten vertreten. Feuchte Waldböden der Tropen und des gemäßigten Klimas sind besonders reich an *Myxobacteria*. Es liegen kaum systematische Untersuchungen über ihre Populationsdichten in Böden vor, doch die wenigen Angaben berichten von 2000 bis 45 000 Zellen pro Gramm TB. Myxobakterien sind häufig auch Bestandteil der Rhizoflora von Pflanzen, können aber auch als Epiphyten auf der Rinde mancher Bäume leben (Reichenbach 1974).

Das Genom der Myxobakterien ist ein circuläres Chromosom mit etwa 9,4 Mbp (*M. xanthus*) und damit so groß wie das der Streptomyceten. Soweit untersucht, besitzen Myxobakterien Plasmide und myxobakterielle Phagen. *Myxococcus xanthus* und *Stigmatella aurantiaca* waren die ersten Prokaryoten, in denen **Retrons** (Retrosposons) nachgewiesen wurden. Retrons sind mobile genetische Elemente, bei denen die Mobilisierung zu einer neuen chromosomalen Lokalisation nicht über den Informationsfluss von DNA-Molekül zu DNA-Molekül, sondern wie bei Retroviren durch **reverse Transkription** ihrer RNA-Ketten eingeleitet wird. Der so erhaltene DNA-Einzelstrang kann zu einer Doppelhelix ergänzt und an anderer Stelle ins Genom integriert werden.

Ökophysiologie. Obwohl Myxobakterien als Schleimbakterien bezeichnet werden, ist diese Eigenschaft nicht besonders ausgeprägt. Zum Haften an Pflanzensubstanzen und zur gleitenden Bewegung scheiden die Zellen zwar Schleim aus (wasserhaltige Uronsäuren, Polysaccharide), jedoch mengenmäßig nicht auffallend viel. Der Myxobakterienschwarm breitet sich als dünne Tapete aus Zellen und Schleim über die Substrate aus. Die vegetativen Zellen sind nicht begeißelt und nicht zum Schwimmen in der Bodenlösung fähig. Ihre Mobilität beruht vollständig auf Gleiten. Durch Ausscheidung von extrazellulären Depolymererasen (Proteasen, Chitinasen, Cellulasen, Xylanasen, Laminariase, Mureasen etc.) sind Myxobakterien entscheidend an der Mineralisation von pflanzlichen, tierischen (Insekten), pilzlichen und mikrobiellen Polymeren beteiligt. Einige Gattungen (*Sorangium*, *Byssophaga*, *Polyangium*, *Chondromyces*, *Stigmatella*) sind vermutlich intensiv **cellulolytisch** und verantwortlich für die Zersetzung von Holz, Streu und Mulchmaterial.

Vertreter der Gatungen *Corallococcus* und *Myxococcus* sind eher proteolytisch aktiv. Zu den häufigsten Bewohnern von Böden gehören Vertreter von *Nannocystis exedens*, *Corallococcus coralloides*, *Sorangium cellulosum*, *Myxococcus fulvus* sowie verschiedene Arten von *Polyangium* und *Cystobacter*. Stämme von *S. cellulosum* und *M. xanthus* sind bevorzugte Forschungsorganismen. Myxobakterien sind aerob (ETP) und besitzen in ihren Membranen Cytochrom *b*, *c* und *a* sowie einen vollständigen TCC. *Anaeromyxobacter*-Arten können bei O_2-Mangel durch anaerobe Atmungen auf Nitrat oder Fe(III)-(Hydr)Oxide als alternative Elektronen-Akzeptoren ausweichen (Treude *et al.* 2003). *Anaeromyxobacter dehalogenans* kann nicht nur Nitrat, Fumarat und Fe(III)-Verbindungen als alternative Elektronen-Akzeptoren einsetzen, sondern auch *ortho*-substituierte Halophenole in einer anaeroben Atmung (Halorespiration) verwerten. Offenbar sind bestimmte Schleimbakterien ökophysiologisch sehr flexibel, was bei intensiven Mineralisationsprozessen in feuchten organisch reichen Streuauflagen und A_h-Horizonten durch den zeitlichen und räumlichen O_2-Mangel einen Konkurrenzvorteil bedeutet. Die Forschung steht hier noch am Anfang.

Bioaktive Metabolite. Entsprechend den Aktinomyceten können auch Myxobakterien ihre Konkurrenzkraft durch Ausscheidung zahlreicher bioaktiver Metabolite (Antibiotika) gegen Prokaryoten, Echte Pilze und pilzähnliche Organismen verstärken (Bode u. Müller 2007). Von 2150 bakteriolytisch aktiven Myxobakterien waren 55% zur Bildung von einem oder mehreren Antibiotikum(a) in der Lage. Unter 720 cellulolytisch aktiven Isolaten zeigten sogar 95% antibiotische Wirkungen. Das Potenzial der Myxobakterien zur Bildung bioaktiver Sekundärmetabolite ist vielversprechend: 50–100% aller Myxobakterien produzieren Metabolite mit sehr verschiedenen bioaktiven Wirkungen (Rückert 1979; Dworkin 1996; Dawid 2000; Shimkets *et al.* 2006). Eine breite Palette von sekundären Metaboliten wird seit vielen Jahren in der Abteilung Naturstoffbiologie der Gesellschaft für Biotechnologische Forchung (heute Helmholtz-Zentrum für Infektionsforschung, HZI), Braunschweig, erforscht, darunter sind vielversprechende **Cytostatika** (Box 6.9).

6.4.4.3 *Bdellovibrionaceae* (Mol-% G + C in der DNA = 41–57,1)

Diese Familie umfasst die bakteriovoren (-lytischen) Organismen *Bdellovibrio bacteriovorus* (Mol-% G + C = 50,4), *Bacteriovorax stolpii*, *B. starrii* (Mol-% G + C = 41–43,5), *Micavibrio admirandus* (Mol-% G + C = 57,1) sowie das algenauflösende Bakteriun *Vampirovibrio chlorellavorans* (Mol-% G + C = ca. 50). Sie wurden aufgrund von 16S-rRNA-Sequenzanalysen in einer Familie zusammengefasst. Es sind **obligate Parasiten von Prokaryoten**. *Bdellovibrio, Bacteriovorax* und *Micavibrio* befallen in Böden und Gewässern bevorzugt Enterobakterien, Pseudomonaden, Rhizobien, Azospirillen und *Achromobacter*-Arten und wahrscheinlich auch andere gramnegative *Bacteria* mit ähnlicher LPS-Schicht in der Zellwand. Grampositive *Bacteria* (ohne LPS-Schicht) werden nicht erkannt und offenbar nicht befallen. *Vampirovibrio* parasitiert nicht in Prokaryoten, sondern in Algen wie *Chlorella* (*Oocystaceae*). *Bdellovibrio* und *Bacteriovorax* dringen in den periplasmatischen Raum der befallenen Zellen ein, wo sie sich durch Lyse der Wirtzelle vermehren. *B. bacteriovorus*, *B. starrii* und *B. stolpii* (nach dem Entdecker und Bodenbakteriologen **H. Stolp/Bayreuth** benannt) sind in Böden weit verbreitet, kommen aber auch in der Rhizosphäre verschiedener Pflanzen sowie in Kläranlagen und Gewässern vor. *Bacteriovorax starrii* wurde inzwischen in einer neuen Gattung *Peredibacter starrii* mit *B. stolpii* zusammen in der Familie *Bacteriovoracaceae* eingeordnet (Davidov u. Jurkevitch 2004; Davidov *et al.* 2006). Die Populationsdichten von *„Bdellovibrio*-artigen" Prokaryoten in Böden schwanken je nach Bedingungen zwischen etwa 10^2 und 10^4 PBE (plaquesbildende Einheiten) pro Gramm TB. Stämme von *B. bacteriovorus* lassen sich auch ohne Wirtzellen nach Membranfiltration und Bebrütung auf nährstoffreichen Agarmedien leicht isolieren (Ferguson *et al.* 2008).

Die Bakterienparasiten verhalten sich in Böden wie die Protozoen. Vermehren sich die Prokaryoten durch Nährstoffzufuhr, kommt es anschließend zur Zunahme dieser Prädatoren und zur Verminderung der Beuteorganismen (**anticyclisches Verhalten**). Böden, arm an organischer Substanz, haben relativ geringe Populationsdichten an Prokaryoten und folglich kaum prokaryotische Parasiten.

Aufgrund von 16R-rRNA-Gensequenzanalysen und des Wirtspektrums bestehen zwischen den Isolaten aus Böden und Rhizosphären offenbar deutliche Unterschiede. *Bdellovibrio*-Isolate aus dem Meer sind halophil (NaCl-Bedarf), die sogenannten terrestrischen Stämme werden hingegen bereits von geringen NaCl-Konzentrationen (> 0,85%) gehemmt. *Bdellovibrio* und *Bacteriovorax* durchlaufen einen mehrphasigen parasititschen Entwicklungscyclus, bestehend aus (a) Anheften, (b) Eindringen in den periplasmatischen Raum, (c) intrazelluläre Vermehrung mit Auflösung

Box 6.9 Cytostatika aus *Myxobacteria*: Krebsmedikamente aus dem Boden?

Myxobacteria aus Böden haben sich als ergiebige Quelle von biologisch aktiven sekundären Metaboliten erwiesen, darunter auch vielversprechende Cytostatika mit spezifischen Wirkungen auf das Cytoskelett tierischer Zellen. Seit etwa 30 Jahren wird von **H. Reichenbach** und **G. Höfle** am Helmholtz-Zentrum für Infektionsforschung (HZI) in Braunschweig ein *Screening*-Programm mit bodenbürtigen Stämmen von Myxobakterien durchgeführt, um neue biologisch aktive Sekundarmetabolite für den Einsatz in Medizin (Antibiotika, Cytostatica) und Landwirtschaft (Pflanzenschutz) zu gewinnen. Insgesamt wurden inzwischen etwa 100 neue Grundstrukturen biologisch aktiver Substanzen mit mehr als 350 Varianten entdeckt. Das Wirkungsspektrum dieser Substanzen umfasst grampositive wie -negative Bakterien, Hefen, Echte Pilze und pilzähnliche Organismen (Oomyceten).

Die Substanzen sind chemisch sehr verschieden und umfassen makrocyclische Lactame, Polyene, Polyether, Aromaten, Chinone, Alkaloide, Heterocyclen, Peptide sowie Kombinationen dieser Verbindungen. Von besonderem Interesse sind mehrere **Cytostatika**, die sich gegen das Cytoskelett eukaryotischer Zellen richten. Eine Gruppe von Substanzen blockiert *in vitro* die Polymerisation von Aktin und damit die Synthese von Aktin-Mikrofilamenten des Cytoskeletts. Zu dieser Gruppe gehören **Chondramid** (aus einem bodenbürtigen *Chondromyces-crocatus*-Stamm) sowie das **Rhizopodin** (aus Stämmen von *Myxococcus stipitatus*).

Eine zweite Gruppe von Cytostatika stabilisiert (**Epothilon A** und **B**) oder zerstört (**Tubulysin**) die Mikrotubuli tierischer Zellen. Mikrotubuli sind röhrenförmige Filamente, die bei der Ausbildung der Spindelapparate während der Zellteilung (Mitose) am Aufbau des Cytoskeletts beteiligt sind. Sie enthalten Protofilamente, die aus α- und β-Tubulin aufgebaut sind. Zwischen der Assoziation (Polymerisation) und Dissoziation (Depolymerisation) von freiem Tubulin und den Mikrotubuli besteht in der Zelle ein dynamisches Gleichgewicht. Epothilon bindet spezifisch an die β-Untereinheit des Heterodimers, verhindert so die Depolymerisation und verstärkt infolgedessen die Stabilität der Mikrotubuli, was besonders die unkontrollierte und schnelle Teilung von Krebszellen blockiert und zu deren Zelltod (Apoptose) führt.

Die Epothilone A–E (aus einem cellulolytischen *Sorangium-cellulosum*-Stamm), sind vielversprechende cytostatische Substanzen, die in Tests eine außerordentliche effektive Wirkung gegen Brust- und Dickdarm-Tumorzellinien gezeigt haben. Es handelt sich um neuartige makrocyclische Polyketide, die nach ihren Struktureinheiten **Epo**xid, **Thi**azol und Ket**on** den Namen Epothilon erhalten haben. Inzwischen wurde das sehr wirksame Epothilon B von mehreren Arbeitsgruppen synthetisch hergestellt. Dadurch besteht die Möglichkeit, auf breiter Basis Derivate zu synthetisieren und umfangreiche Analysen zu Struktur-Wirkungs-Beziehungen durchzuführen. Im Gegensatz zu den Epothilonen bewirkt das **Tubulysin** (aus Stämmen von *Archangium gephyra* und *Angiococcus disciformis*) die Destabilisierung und den Zerfall der Mikrotubuli und damit den Zelltod. Tubulysin (ein Depsipeptid) soll in Zellkulturen etwa 50-mal wirksamer sein als Epothilon B. Tubulysin wird zurzeit in präklinischen Untersuchungen für die Krebstherapie untersucht. Sowohl das Epothilon B als auch mehrere ihrer synthetischen Abkömmlinge befinden sich heute bei verschiedenen Pharmafirmen und sind in der klinischen Abschlussphase. Für ihre bahnbrechenden und originären Forschungsarbeiten wurden H. Reichenbach und G. Höfle im Jahre 2004 mit dem renommierten Karl-Heinz-Beckurts-Preis ausgezeichnet (Schinzer u. Limberg 2000; Höfle u. Reichenbach 2005; Bode u. Müller 2007; Rachid *et al.* 2007).

der Zellwand und (d) Freisetzung der Nachkommen und aktive Entfernung (mit Geißeln) zu neuen Lebensräumen. Ein Vergleich der 16S-rRNA-Gensequenzanalysen von *B. bacteriovorus*, *B. stollpii* und *P. starrii* hat deutliche **phylogenetische Unterschiede** zwischen den drei Organismen gezeigt. *Bdellovibrio* und *Bacteriovorax* sind kleine aerobe, chemoorganotrophe, kommaförmige, polar begeißelte gramnegative Zellen (0,3–1,2 µm), die Oxidase- und Katalase-positiv sind. *Micavibrio admirandus* ist zwar morphologisch sehr ähnlich, unterscheidet sich aber im Verhalten dadurch, dass es beim Befall der Wirtszelle nicht eindringt, sondern parallel zur Beutezelle anhaftet, sich teilt und dabei die Wirtszelle enzymatisch auflöst (Baer *et al.* 2000). Inzwischen wurden in Russland und Israel neue räuberische *Bacteria* isoliert und aufgrund phylogenetischer Analysen von fast vollständigen 16S-rRNA-Gensequenzen der Gattung *Micavibrio* zugeordnet. Sowohl gramnegative Bakterien (wie *Rhizobium radiobacter*, *Azospirillum brasilense*, *Pseudomonas aerugi-*

nosa, *P. putida*, *Stenotrophomonas maltophilia*, *E. coli*) als auch grampositive Bakterien (*Bacillus megaterium*) werden befallen und dienen als Wirtsorganismen. Die Gattung *Micavibrio* bildet offenbar einen eigenständigen Stamm innerhalb der *Alphaproteobacteria* (Davidov u. Jurkevitch 2004; Davidov *et al.* 2006).

6.4.5 Epsilonproteobakterien

Vertreter der *Epsilonproteobacteria* scheinen mit wenigen Ausnahmen (*Dehalospirillum spp.*, *Sulforospirillum spp.*) in Böden vorläufig wenig vertreten zu sein.

6.5 Phylum *Bacteroidetes*

Nach den *Proteobacteria* stellen Vertreter der *Bacteriodetes* (vormals Phylum *Cytophaga-Flexibacter-Bacteroides*) die meisten kultivierbaren gramnegativen Bakterien in Böden. Der Stamm *Bacteroidetes* umfasst drei große Gruppen von Bakterien und zwar die Klassen *Bacteroides*, *Flavobacteria* und *Sphingobacteria*. Sie wurden aufgrund ihrer 16S-rRNA-Verwandtschaft zusammengeführt. Die Gattung *Bacteroides* umfasst gramnegative, strikt **anaerobe**, unbewegliche Stäbchen, die keine Sporen bilden. Es sind hauptsächlich Bewohner des Darmtraktes sowie der Oral- und Urogenitalflora des Menschen. Große Bedeutung für Böden haben aber die Flavo- und Sphingobakterien.

6.5.1 *Flavobacterium* spp. (*Flavobacteriaceae*)

Flavobakterien (lat. *flavus* = goldgelb) sind aerobe, unbewegliche gramnegative, asporogene, schlanke stäbchenförmige (0,2–0,6 × 1–10 μm) chemoorganotrophe *Bacteria* mit niedrigem Mol-% G + C in der DNA von 27–56%. Auf Agarplatten treten sie als gelbpigmentierte nicht fluoreszierende Kolonien in Erscheinung. In älteren Plattenkulturen treten häufig kokkoide Formen auf, was zu falschen Einordnungen führen kann. Sie besitzen einen aeroben Atmungsstoffwechsel (ETP) mit **Menachinonen**, aber keine Ubichinone. In Böden und Gewässern sind Flavobakterien weit verbreitet. Sie sind eng verwandt mit den bodenbewohnenden Gattungen *Cytophaga* und *Sporocytophaga* (*Sphingobacteriaceae*), von denen sie sich durch das Fehlen der **gleitenden Beweglichkeit** unterscheiden. Stoffwechselphysiologisch heben sie sich durch breite hydrolytische Aktivitäten hervor (Abbau von Polysacchariden, Fetten, Cellulose, Chitin, Proteinen etc.) und sind folglich wesentlich am Abbau postmortaler pflanzlicher Substanzen beteiligt. Kristalline Cellulose (z. B. Filterpapier) kann jedoch nicht verwertet werden. Ihre Populationsdichte kann bis zu 10^6 Zellen pro g TB erreichen. Die wichtigsten Gattungen sind *Flavobacterium*, *Cellulophaga* (früher Bestandteil der *Cytophaga*) und *Empedobacter*. Einige *Flavobacterium*-Arten können opportunistisch pathogen sein, vor allem bei Fischen (Bernardet u. Nakagawa 2006).

6.5.2 *Cytophaga*, *Sporocytophaga*, *Flexibacter* und *Flexithrix* (*Sphingobacteriaceae*)

Für den Stoffabbau in Böden sind Vertreter der Gattungen *Cytophaga*, *Sporocytophaga*, *Flexibacter* und *Flexithrix* besonders wichtig. Es sind unbegeißelte, unizelluläre, schlanke gramnegative Stäbchen (0,5–1,0 × 2–8 μm) von variabler Gestalt (kurz, lang, dünn, zitronenförmig) mit niedrigem Mol-% G + C in der DNA (< 40%). Charakteristisch ist besonders bei geringem Nährstoffangebot die aktive gleitende Beweglichkeit auf Oberflächen. *Cytophaga* und *Sporocytophaga* sind dünne, lange oder spindelförmige Stäbchen (0,3–0,7 × 1–8 μm), die auf Agarplatten gelbe, orangene und orange-rot gefärbte Kolonien bilden. Sie können ihre Zellform verändern. Die Stäbchen besitzen keine Geißel, Fimbrien oder Pili. Sie besitzen einen **aeroben** (ETP), **mikroaerophilen** und zeitweise **anaeroben** chemoorganotrophen Stoffwechsel. Sie haften mit Schleimhüllen eng an Pflanzenfasern. Es sind ausgesprochene Cellulosezersetzer, können aber auch Stärke, Pektine, Agar, Alginate, Fette, Proteine, Chitin, Keratin, DNA sowie RNA, Peptidoglykane und Porphyrine hydrolysieren. Sporocytophagen können Dauerzellen (Mikrocysten) bilden, indem sich die Stäbchen abkugeln und eine Kapsel ausscheiden, entsprechend den Myxococcen unter der Myxobakterien. Alle Arten sind **capnophil** (bevorzugtes Wachstum bei einem erhöhten pCO_2). Dies verwundert nicht, weil Böden stets einen erhöhten pCO_2 im Porenraum und in der Bodenlösung aufweisen.

Flexibacter-Arten bilden mal lange dünne (∅ 0,5 µm) und spindelförmige flexible Stäbchen, mal kurze, fast globiforme Zellen. Die Länge der Zellen kann zwischen 5 und 100 µm variieren. Im jungen Stadium bilden *Flexibacter*-Arten lange Fäden aus dünnen flexiblen Zellen, die sich mit dem Alter verkürzen, um schließlich nur noch aus Kurzstäbchen und globiformen Zellen zu bestehen. Das Mol-% G + C von 40–50% ist höher als das von *Cytophaga* und *Sporocytophaga*. Obwohl unbegeißelt, können *Flexibacter*-Arten durch gleitende Bewegungen sehr mobil sein. Mit ihren Fäden haften sie sich an partikuläre organische Substanzen und besiedeln durch Gleiten neue Bereiche der Pflanzenreste. Ihre Habitate sind Pflanzen- und Holzreste in Böden und Gewässersedimenten. Sie haben einen aeroben chemoorganotrophen Stoffwechsel und sind in Böden vermutlich intensiv am Abbau pflanzlicher Substrate beteiligt. Im Gegensatz zu *Cytophaga*- und *Sporocytophaga*-Arten sind *Flexibacter* jedoch nicht zur Cellulolyse in der Lage.

6.5.3 *Crenothrix* und *Toxothrix*: Vertreter klassischer Eisenbakterien

Zu der Klasse der *Sphingobacteria* gehören auch *Crenothrix polyspora* („Brunnenfaden“) und *Toxothrix trichogenes* (*Crenotrichaceae*). *Crenothrix*-Arten (lat. *crena* = Kerbe, gr. *thrix* = Haar) bilden Fäden (bis zu 2 mm Länge) aus Zellen, die durch festsitzende Scheiden zusammengehalten werden oder in Büscheln (bis mehrere Zentimeter lang) im Gewässer treiben. An der Basis dieser anfänglich farblosen Scheiden werden durch Oxidationsprozesse Gele aus Fe(III)-(Hydr)Oxiden und Mn(IV)-Oxiden abgelagert, wodurch die Fäden zunehmend gelbrostbraun erscheinen. Es sind wahrscheinlich aerobe, fakultativ Fe(II)- und Mn(II)-oxidierende *Bacteria*, die ihren Lebensraum an **Redox-Gradienten** zwischen anaerob (mit mikrobieller Mn(IV)- und Fe(III)-Reduktion) und aerob (biochemische Oxidation von Mn(II) und Fe(II)) in Gewässersedimenten, Grundwasserleitern und in hydromorphen Böden haben. Weil sie bevorzugt bei pH-Werten von 6–7 leben, kann nicht ausgeschlossen werden, dass die Oxidation und Fällung von Mn(II) und/oder Fe(II) **autoxidativ** (mit O_2) erfolgt (ohne Energiegewinn). Sie leben oft eng mit anderen *Bacteria* (z. B. Methanoxidierer) und *Archaea* (Methanbildner) zusammen. Reinkulturen wurden bisher nicht gewonnen, sodass Stoffwechseluntersuchungen noch ausstehen. Vermutlich leben sie chemoorganotroph, und die Fällung von Mn(IV)/Fe(III)-Hydroxidgelen ist Folge der Mineralisation des organischen Teils der entsprechenden Chelate (14.5.3). Aufgrund von 16S-rRNA-Gensequenzanalysen scheint es, als ob *C. polyspora* mit *Methylobacter psychrophilus (Gammaproteobacteria)*, einem methanoxidierenden Bakterium (verwertet reduzierte C_1-Verbindungen wie Methan, Methanol und Methylamin), verwandt ist. Falls *C. polyspora* mit *Methylobacter*-Arten verwandt sein sollte, dann ist dieser Organismus der *Betaproteobacteria* und nicht dem Phylum *Bacteriodetes* zuzuordnen.

Toxothrix trichogenes ist ein sessiles, psychrophiles, fadenförmiges, fakultativ Fe(II)-oxidierendes gleitendes Bakterium, weit verbreitet in Fe(II)-haltigem Quellwasser, in Dränagerohren anmooriger Böden oder im Sediment oligotropher Seen. Die Zellverbände (Trichome) kennzeichnen sich im Aufwuchs durch U-förmige Filamente, die durch Gleiten und periodisches Drehen der Filament-Enden „Eisenbahngleise“ von $Fe(OH)_3$-Ablagerungen (*railroad tracks*) zurücklassen. Diese Bakterien bevorzugen oligotrophe mikroaerophile Bedingungen mit pH-Werten zwischen 6 und 7. Reinkulturen fehlen bisher (Krul *et al.* 1970; Bernardet u. Nakagawa 2006).

Literatur

Albrecht A, Ottow JCG, Benckiser G, Sich I, Russow R (2007) Incomplete denitrification (NO and N_2O) from nitrate by *Streptomyces violaceoruber* and *S. nitrosporeus* revealed by acetylene inhibition and ^{15}N gas chromatography-quadrupole mass spectrometry analyses. Naturwiss 84: 145–147

Baer ML, Ravel J, Chun J, Hill RT and Willima WN (2000) A proposal for the reclassification of *Bdellovibrio stolpii* and *B. starrii* into a new genus *Bacteriovorax stolpii* comb. nov. and *Bacteriovorax starrii* comb. nov., respectively. Int J Syst Evol Microbiol 50: 219–224

Barrett CF, Parker MA (2005) Prevalence of *Burkholderia sp.* nodule symbionts on four mimosoid legumes from Barro Colorado Island, Panama. Syst Appl Microbiol 28: 57–65

Barrett CF, Parker MA (2006) Coexistence of *Burkholderia*, *Cupriavidus*, and *Rhizobium* sp. nodule bacteria on two *Mimosa spp.* in Costa Rica. Appl Environ Microbiol 72: 1198–1206

Becking JH (2006) The genus *Beijerinckia*. In: Dworkin M, Falkow S, Rosenberg E, Schleifer KH, Stackebrandt (Hrsg). The prokaryotes. A handbook on the biology of bacteria, 3. Aufl. Vol. 5, *Proteobacteria*: Alpha and beta subclass, Springer, New York, S 151–162

Bergey's Manual of Systematic Bacteriology (2005). 2. Aufl. Vol. 2. The *Proteobacteria*, Part B, The *Gammaproteobacteria*; Part C, The *Alpha-, Beta-, Delta-*, and *Epsilonproteobacteria*. Brenner DJ, Krieg NR, Staley JT, Garrity GM (Hrsg) Springer, New York

Bergey's Manual of Systematic Bacteriology (2009). 2. Aufl. Vol. 3. The *Firmicutes*. De Vos P, Garrity GM, Jones D, Krieg NR, Ludwig W, Rainey FA, Schleifer KH, Whitman WB (Hrsg) Springer, Dordrecht Heidelberg London New York

Bernardet JF, Nakagawa Y (2006) An introduction to the family *Flavobacteriaceae*. In: Dworkin M, Falkow S, Rosenberg E, Schleifer KH, Stackebrandt E (Hrsg) The prokaryotes. A handbook on the biology of bacteria. 3. Aufl. Vol. 7: *Proteobacteria*: Delta and epsilon subclasses. Deeply rooting bacteria, Springer, New York, S 455–480

Bode HB, Müller R (2007) Secondary metabolism in myxobacteria. In: Whitforth DE (Hrsg) Myxobacteria: Multicellularity and differentiation. ASM Press, Washington DC, S. 259–282

Chander Y, Kumar K, Goyal SSM, Gupta SC (2005) Antibacterial activity of soil-bound antibiotics. J Environ Qual 34:1952–1957

Chater KF, Chandra G (2006) The evolution of development in *Streptomyces* analysed by genome comparison. FEMS Microbiol Rev 30: 651–672

Chen DZ, Patel DV, Hackbarth CJ, Wang W, Dreyer G *et al.* (2000) Actinonin, a naturally occurring antibacterial agent, is a potent deformylase inhibitor. Biochem 39: 1256–1262

Claessen D, de Jong W, Dijkhuizen L, Wösten HAB (2006) Regulation of *Streptomyces* development: Reach for the sky! Trends Microbiol 14: 313–319

Coates JD, Cole KA, Chakraborty R, O'Connor SM, Achenbach LA (2002) Diversity and ubiquity of bacteria capable of utilizing humic substances as electron donors for anaerobic respiration. Appl Environ Microbiol 68: 2445–2452

Coenye T, Vandamme P (2003) Diversity and significance of *Burkholderia* species occupying diverse ecological niches. Environ Microbiol 5: 719–729

Cox TL, Sly LL (1997) Phylogenetic relationships and uncertain taxonomy of *Pedomicrobium* species. Intern J Syst Bacteriol 47: 377–380

Dantas G, Sommer O, Oluwasegun RD, Church GM (2008) Bacteria subsisting on antibiotics. Science 320: 100–103

Davidov Y, Huchon D, Koval SF, Jurkevitch E (2006) A new α-proteobacterial clade of *Bdellovibrio*-like predators: Implications for the mitochondrial endosymbiotic theory. Environ Microbiol 8: 2179–2188

Davidov Y, Jurkevitch E (2004) Diversity and evolution of *Bdellovibrio*-and-like organisms, reclassification of *Bacteriovorax starrii* as *Peredibacter starrii* general *nov.*, comb. *nov.* & description of the *Bacteriovorax-Peredibacter* clade as *Bacteriovoraceae* fam. *nov.* Int J Syst Evol Microbiol 54: 1439–1452

Dawid W (2000) Biology and global distribution of myxobacteria in soils. FEMS Microbiol Rev 24: 403–427

D'Costa M, McGrann KM, Hughes DW, Wright GD (2006) Sampling the antibiotic resistome. Science 311: 374–377

Dworkin M (1996) Recent advances in the social and developmental biology of the myxobacteria. Micrbiol Rev 60: 70–102

Fabig W, Ottow JCG (1979) Isolierung und Identifizierung neuer denitrifizierender Bakterien aus einer Modellkläranlage mit anaeroben Festbettreaktoren. Arch Hydrobiol 85: 375–391

Ferguson MA, Schmitt JL, Sindhurakar AR, Volle CB, Nunez ME, Spain EM (2008) Rapid isoltion of host-independent *Bdellovibrio bacterivorus*. J Microbiol Meth 73: 279–281

Garrity GM, Leventhal JM, Lilburn TG (2005) Taxonomic outline of the prokaryotes. *Bergey'a Manual of Systematic Bacteriology*, 2. Aufl. Ausgabe 6.0, Springer, New York Berlin Heidelberg

Gebers R (1981) Enrichment, isolation, and emended description of *Pedomicrobium ferrugineum* Aristovskaya and *Pedomicrobium manganicum* Aristovskaya. Intern J Syst Bacteriol 31: 302–316

Gebers R, Beese M (1988) *Pedomicrobium americanum* sp. nov. and *Pedomicrobium australicus* sp. nov. from aquatic habitats, *Pedomicrobium* gen. emed., and *Pedomicrobium ferrugineum* sp. emend. Intern J Syst Bacteriol 38: 303–315

Ghiorse WC, Hirsch P (1997) An ultrastructural study of iron and manganese deposition associated with extracellular polymers of *Pedomicrobium*-like budding bacteria. Arch Microbiol 123: 213–226

Glathe J, Ottow JCG (1972) Ökologische und physiologische Aspekte zum Mechanismus der Eisenoxidation und Ockerbildung – Eine Übersicht. Zbl Bakt Abt II 127: 749–769

Gordon RE, Haynes WC, Hor-Nay Pang C (1973) The genus *Bacillus*. Agricultural handbook no. 427. Agricultural Research Service, USDA. US Government Printing Office, Washington DC

Gupta RS (2000) The phylogeny of *Proteobacteria*: Relationships to other eubacterial phyla and eukaryotes. FEMS Microbiol Rev. 24: 367–402

Helgason E, Okstad OA, Caugant DA, Johansen HA, Fouet A, Mock M, Hegna I, Kolsto AB (2000) *Bacillus anthracis, Bacillus cereus*, and *Bacillus thuringiensis* – One species on the basis of genetic evidence. Appl Environ Microbiol 66: 2627–2630

Höfle G, Reichenbach H (2005) Epothilone, a myxobacterial metabolite with promising antitumor activity. In: Cragg GM, Kingston DG, Newman DJ (Hrsg) Anticancer agents from natural products, Taylor & Francis, Boca Raton, USA, S 413–450

Hurek T, Reinhold-Hurek B (2005). Molecular ecology of N_2-fixing microbes associated with gramineous plants: Hidden activities of unknown bacteria. In: Werner D, Newton WE (Hrsg) Nitrogen fixation in agriculture, forestry, ecology, and the environment. Vol. 4: Nitrogen fixation: Origins, applications, and research progress, Springer, Dordrecht, S 173–198

Janssen PH (2006) Identifying the dominant soil bacteria taxa in libraries of 16S rRNA and 16S rRNA genes. Appl Environ Microbiol 72: 1719–1728

Jin R, Rummel A, Binz T, Brunger AT (2006). Botulinum neurotoxin B recognizes its protein receptor with high affinity and specifity. Nature 444: 1092–1095

Kämpfer P (2006) The family *Streptomycetaceae*. Part I: Taxonomy. In: Dworkin M, Falkow S, Rosenberg E, Schleifer KH, Stackebrandt E (Hrsg). The prokaryotes. A Handbook on the biology of bacteria, 3. Aufl. Vol 3, *Archaea, Bacteria: Firmicutes, Actinomycetes*, Springer, New York, S 538–604

Kaplan HB (2003) Multicellular development and gliding motility in *Myxococcus xanthus*. Curr Opin Microbiol 6: 572–577

Kemper N (2008) Veterinary antibiotics in the aquatic and terrestrial environment. Ecol Indicators 8: 1–13

Kersters K, De Vos P, Gilles M, Swings J, Vandamme P, Stackebrandt E (2006) Introduction to the proteobacteria. In: Dworkin M, Falkow S, Rosenberg E, Schleifer KH, Stackebrandt E (Hrsg) The Prokaryotes. A handbook on the biology of bacteria, 3. Aufl. Vol 5, *Proteobacteria*: Alpha and beta subclasses, Springer, New York, S 3–37

Krul JM, Hirsch P, Staley JT (1970) *Toxothrix trichogenes* (Chol.) Beger et Bringmann: The organism and its biology. Antonie van Leeuwenheok 36: 409–420

LaDuc MT, Nicholson W, Kern R, Venkasteswaran K (2003) Microbial characterization of the Mars Odyssey spacecraft and its encapsulation facility. Environ Microbiol 5: 977–985

Li X (1997) *Streptomyces cellulolyticus* sp. nov., a new cellulolytic member of the genus *Streptomyces*. Intern J Syst Bacteriol 47: 443–445

Lloyd JR (2003) Microbial reduction of metals and radionuclides. Appl Environ Microbiol 27: 411–425

Lovley DR (2003) Cleaning-up with genomics: Applying molecular biology to bioremediation. Nature Rev Microbiol 1: 35–44

Lovley DR, Coates JD, Blunt-Harris EL, Phillips EJP, Woodward JC (1996) Humic substances as electron acceptors for microbial respiration. Nature 382: 445–448

Lythle CA, Gan YDM, Salone K, White DC (2001) Sensitive characterization of microbial ubiquinones from biofilms by electrospray/mass spectrometry. Environ Microbiol 3: 265–272

Martinez JL (2008) Antibiotics and antibiotic resistance genes in natural environments. Science 321: 365–367

Oelzea J (2000) Respiratory protection of nitrogenase in *Azotobacter* species: Is a widely held hypothesis unequivocally supported by experimental evidence? FEMS Microbiol Rev 24: 321–333

Olsen RA, Bakken LR (1987) Viability of soil bacteria: Optimization of plate counting technique and comparison between total counts and plate counts within different size groups. Microb Ecol 13: 59–74

Øvreas L, Torsvik V (1998) Microbial diversity and community level approaches for analysis of microbial diversity in natural environments. Ecol Lett 3: 236–251

Pometto AL, Crawford DL (1986) Effect of pH on lignin and cellulose degradation by *Streptomyces viridosporus*. Appl Environ Microbiol 52: 246–250

Rachid S, Gerth K, Kochems I, Müller R (2007) Deciphering the regulatory mechanisms for secondary metabolite production in the myxobacterium *Sorangium cellulosum* Soc. Mol Microbiol 63: 1783–1796

Reguera G, Leschine SB (2003) Biochemical and genetic characterization of ChiA, the major enzyme component for the solubilization of chitin by *Cellulomonas uda*. Arch Microbiol 180: 434–443

Reichenbach H (1974) Die Biologie der Myxobakterien. Biol unserer Zeit 2: 33–45

Reinhold-Hurek B, Hurek T (2006) The genera *Azoarcus*, *Azovibrio*, *Azospira* and *Azonexus*. In: Dworkin M, Falkow S, Rosenberg E, Schleifer KH, Stackebrandt E (Hrsg) The prokaryotes, 3. Aufl. Vol 5, *Proteobacteria*: Alpha and beta subclass, Springer, New York, S 873–891

Ribbe M, Gadkari D, Meyer O (1997) N_2-fixation by *Streptomyces thermoautotrophicus* involves a molybdenum-dinitrogenase and a manganese-superoxide oxidoreductase that couple N_2-reduction to the oxidation of superoxide produced from O_2 by a molybdenum-CO dehydrogenase. J Biol Chem 272: 26627–26633

Rückert G (1979) Myxobakterien-Artenspektren von Böden in Abhängigkeit von bodenbildenden Faktoren unter besonderer Berücksichtigung der Bodenreaktion. Z Pflanzenernähr Bodenk 42: 330–343

Schinzer D, Limberg A (2000) Epothilone: Neue Wirkstoffe gegen Krebs. Magdeburger Wissenschafts J 1: 23–29

Shimkets LJ, Dworkin M, Reichenbach H (2006) The myxobacteria. In: Dworkin M, Falkow S, Rosenberg E, Schleifer KH, Stackebrandt E (Hrsg) The prokaryotes. A handbook on the biology of bacteria, 3. Aufl. Vol 7, *Proteobacteria*: Delta and epsilon subclasses: Deeply rooting bacteria, Springer, New York, S 31–115

Shoun H, Kano M, Baba I, Takaya N (1998) Denitrification by actinomycetes and purification of dissimilatory nitrite reductase and azurin from *Streptomyces thioluteus*. J Bacteriol 180: 4413–4415

Soulides DA (1965) Antibiotics in soil. VII. Production of streptomycin and tetracyclines in soil. Soil Sci 100: 200–206

Thomashow LS, Weller DM (1996) Current concepts in the use of introduced bacteria for biological disease control: Mechanisms and antifungal metabolites. In: Stacey C, Keen NT (Hrsg) Plant-microbe interactions, Chapman und Hall, New York, S 187–235

Treude N, Rosencrantz, Liesack W, Schnell S (2003) Strain FAc12, a dissimilatory iron-reducing member of the *Anaeromyxobacter* subgroup of *Myxococcales*. FEMS Microbiol Let 44: 261–269

Vary PS, Biedendick R, Fuerch T, Meinhardt F, Rohde M, Deckwer WD, Jahn D (2007) *Bacillus megaterium* – from simple soil bacterium to industrial protein production host. Appl Microbiol Biotechnol 76: 957–967

Wang J, Soisson SM, Young K, Shoop W, Kodali S, Galgoci A (2006) Platensimycin is a selectiv FabF inhibitor with potent antibiotic properties. Nature 441: 358–361

Watve MG, Tickoo R, Jog MM, Bhole BD (2001) How many antibiotics are produced by the genus *Streptomyces*? Arch Microbiol 176: 386–390

Wenzhöfer F, Kriszt B, Benckiser G, Ottow JCG (1997). Lachgas (N_2O)-Freisetzung durch *Streptomyces nitrosporeus* in einem sandigen Lehmboden in Abhängigkeit von pO_2, pH und Angebot an leicht mineralisierbarem Kohlenstoff. Z Pflanzenernähr Bodenk 160: 201–208

Zolg W, Ottow, JCG (1975) *Pseudomonas glathei sp. nov*., a new nitrogen-scaving rod isolated from acid lateritic relicts in Germany. Z Allg Mikrobiol 15: 287–299

7 Diversität der nichtkultivierbaren Mehrheit: neue Phyla von Prokaryoten in Böden

„*Uncultured microorganisms comprise the majority of the planet's biological diversity*"
C. S. Riesenfeld *et al.* (2004)

Inhaltsverzeichnis

7.1 Die großen Unbekannten unter den *Bacteria* und *Archaea*

Die molekularbiologischen Untersuchungen von Böden mithilfe von 16S-rRNA und 16S-rRNA-Gensequenzen haben sowohl zu erweiterten Kenntnissen von Phyla mit beschriebenen Arten als auch zu mehreren **neuen Phyla** unter den Prokaryoten geführt. Nach dem aktuellen Erkenntnisstand gibt es insgesamt mindestens 50 selbständige Phyla von Prokaryoten, 26 davon sind zurzeit in *Bergey's Manual of Systematic Bacteriology*: *Taxonomic outline of the prokaryotes*, 2. Aufl., Ausgabe 6.0 (2005) aufgeführt (Garrity *et al.* 2005; Tabelle 4.2). Die restlichen 24 Phyla bestehen ausschließlich aus neuen, weitgehend unbekannten 16S-rRNA-Gensequenzen und haben infolgedessen allenfalls einen vorläufigen Status. Für die Anerkennung von Taxa-Namen oberhalb der Klasse gibt es noch keine offiziellen Regeln, was die Heterogenität der Bezeichnungen erklärt (Tabelle 4.2).

Die überwiegende Mehrzahl der 26 Phyla in *Bergey's Manual of Systematic Bacteriology* (2005) und aller vorläufigen Phyla besteht im Wesentlichen aus nichtkultivierbaren (oder noch nicht kultivierten) Prokaryoten (Schloss u. Handelsman 2004, Wagner u. Horn 2006). Unter den 26 Phyla im *Bergey's Manual of Systematic Bacteriology* (2005) befinden sich zwei Phyla der *Archaea* und 24 Phyla der *Bacteria. Bacteria* und *Archaea* sind inzwischen selbständige Domänen neben den *Eukaryota,* und ihre Zusammenfassung unter den Prokaryoten erfolgt in diesem Buch lediglich aus praktischen Gründen (Kap. 1, Box 1.1). Wenn einmal die bisherigen Anmeldungen von 16S-rRNA-Gensequen-

J.C.G. Ottow, *Mikrobiologie von Böden*,
DOI: 10.1007/978-3-642-00824-5_7,

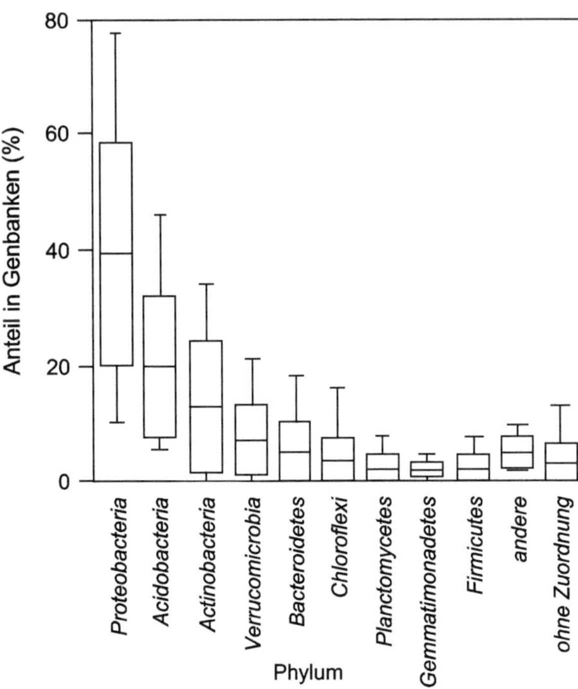

Abb. 7.1 Übersicht der dominanten Phyla von *Bacteria* in Böden aufgrund von 16S-rRNA und 16S-rRNA-Genen (2920 Klone in 21 GenBibliotheken) (Janssen 2006)

zen und 16S-rRNA-Genen in den Genbanken zugrunde gelegt werden, dann tragen die Phyla der *Proteobacteria, Acidobacteria, Actinobacteria, Verrucomicrobia, Bacteriodetes, Chloroflexi, Planctomycetes, Gemmatimonadetes* sowie *Firmicutes* hauptsächlich, aber in sehr unterschiedlichem Ausmaß (Abb. 7.1), zu den Bodenbakterien bei (Janssen 2006).

Aber auch unter den 24 anerkannten Phyla der *Bacteria* bestehen die Phyla der *Acidobacteria, Verrucomicrobia, Planctomycetes, Chloroflexi, Nitrospira, Deferribacteres* und *Gemmatimonadetes* hauptsächlich aus 16S-rDNA-Gensequenzen in Genbanken mit einigen wenigen Isolaten als Vertreter. Da Reinkulturen oder vollständige Genomsequenzen fehlen, ist es unmöglich, die Rolle dieser *Bacteria* und ihrer Stoffwechselarten in Böden zu ermitteln. Obwohl die 16S-rRNA-Gensequenzen entscheidend für die **phylogenetische Zuordnung** von *Bacteria* sind, so sollte doch bedacht werden, dass 16S-rRNA-Gensequenzen nicht mehr als etwa 0,05% eines mittleren prokaryotischen Genoms ausmachen. Infolgedessen können solche Daten kaum Informationen über (a) morphologische Merkmale, (b) ökologische Ansprüche und (c) physiologische Eigenschaften der neuen Organismen geben (Stackebrandt 2001). Gerade diese Merkmale sind in vieler Hinsicht Voraussetzung für die Erkennung der Funktionen und ökologischen Ansprüche dieser Organismen im Lebensraum Boden. Vergleiche von 16S-rRNA-Gensequenzen unterschiedlicher Isolate reichen nicht aus, um Rückschlüsse auf ökologische Bedingungen und Ökophysiologie unterschiedlicher *Bacteria* zu ermöglichen. Es gibt viele Beispiele dafür, dass sich Organismen mit mehr als 97% Ähnlichkeit in den 16S-rRNA-Gensequenzen in physiologischer Hinsicht doch sehr verschieden verhalten. Weiter ist zu bedenken, dass die Methoden zur Extraktion von DNA und RNA aus Böden sehr verschieden, selektiv, nicht quantitativ und bei der Reinigung verlustreich sind, wodurch die Ergebnisse der isolierten 16S-rRNA-Gensequenzen weder repräsentativ noch im wissenschaftlichen Sinne vergleichbar sind (Kap. 4).

Dessen ungeachtet wird aufgrund der Fülle an zufälligen 16S-rRNA-Gensequenzanalysen unbekannter, nichtisolierbarer *Bacteria* und *Archaea* immer deutlicher, dass es in Böden aller Wahrscheinlichkeit nach noch viele phylogenetische Gruppen/Phyla von *Bacteria* und *Archaea* gibt, die bisher noch nicht von kultivierbaren Stämmen vertreten sind. Weil diese Prokaryoten die Mehrheit in Böden darstellen, ist ihre genetische und physiologische Charakterisierung zur Bestimmung ihrer ökologischen Funktion unumgänglich.

Nach dem heutigen Erkenntnisstand stellen die folgenden Phyla unter den *Bacteria* den Löwenanteil an (noch) nicht kultivierbaren Organismen in Böden:

- *Alphaproteobacteria* (trotz zahlreicher beschriebener und anerkannter Vertreter)
- *Actinobacteria* (obwohl bereits die meisten beschriebenen *Bacteria* in Böden zu diesem Phylum gehören)
- *Acidobacteria* (mit bisher überwiegend nichtisolierbaren Vertretern)
- *Verrucomicrobia* (mit bisher überwiegend nichtisolierbaren Vertretern)
- *Planctomycetes* (lediglich einige Isolate liegen vor, die Mehrheit wird durch 16S-rDNA-Gensequenzen beschrieben).

Unter den *Archaea* sind die meisten Vertreter der Phyla

- *Crenarchaeota* und
- *Euryarchaeota*

noch nicht erforscht. Inzwischen wird es immer deutlicher, dass diese beiden Phyla der Domäne der *Archaea* nicht nur extremophile Vertreter stellen, sondern in Böden, Gewässern, im Meer und in Sedimenten wahrscheinlich allgemein verbreitet sind (Ochsenreiter *et al.* 2003; Xu 2006). Nach ersten Untersuchungen gehören im Meer beispielsweise etwa 20% aller prokaryotischen Zellen zu den *Archaea*. Aufgrund phylogenetischer Analysen wird deutlich, dass die Domäne der *Archaea* mindestens 50 selbständige phylogenetische Gruppen umfasst. Davon entfallen 33 auf die Phyla der *Euryarchaeota*, 13 auf die *Crenarchaeota* und jeweils eine auf die „*Korarchaeota*" und „*Nanoarchaeota*" (die beiden letztgenannten Phyla wurden bisher nicht anerkannt).

7.2 Die taxonomische Zugehörigkeit der unbekannten Mehrheit

Aufgrund von Untersuchungen mikrobieller Lebensgemeinschaften in Böden und Gewässern stellen die ersten o. g. fünf Phyla der *Bacteria* schätzungsweise 75% der 16S-rRNA-Gensequenzen in Genbibliotheken (Sait *et al.* 2002). Die Klasse der *Alphaproteobacteria* und das Phylum der *Actinobacteria*, die beide bereits hohe Anteile an den kultivierbaren *Bacteria* in Böden stellen, besitzen offenbar noch zahlreiche weitere Vertreter, die bisher lediglich durch 16S-rRNA-Gensequenzen repräsentiert werden (Stach *et al.* 2003). Unter den „neuen" Phyla der *Acidobacteria*, *Verrucomicrobia* und *Planctomycetes* scheinen Vertreter der ersten beiden Phyla in Böden dominant zu sein, weil sie bis zu 50% der 16S-rRNA-Gensequenzen in Genbibliotheken bilden. Insbesondere *Verrucomicrobia* scheinen offenbar für Böden typisch zu sein und dürften darüber hinaus wahrscheinlich auch in Gewässern weit verbreitet sein (O'Farrel u. Janssen 1999; Joseph *et al.* 2003; Rappé u. Giovannoni 2003). In 25 bis 75% der 16S-rRNA-Gensequenzanalysen aus Umweltproben wurden unbekannte (bisher) nicht kultivierbare Vertreter der *Proteobacteria*, *Bacteriodetes*, *Firmicutes*, *Planctomycetes*, *Gemmatimonadetes* und *Chloroflexi* festgestellt (Hugenholtz *et al.* 1998; Sait *et al.* 2002; Schloss u. Handelsman 2004). Das Phylum der *Gemmatimonadetes* (vorgeschlagen im Jahre 2003) umfasst zwar zahlreiche Klone aus Böden- und Gewässern, enthält jedoch bisher nur ein einziges kultivierbares, aerobes, gramnegatives Stäbchen (*Gemmatimonas aurantiaca*).

Hingegen besteht das Phylum *Chloroflexi* primär aus der Gruppe der grünen schwefelfreien Bakterien mit beschriebenen Arten von *Chloroflexus*, *Oscillochloris* und *Heliothrix* als typische Vertreter. Die *Chloroflexus*-Gruppe umfasst fakultativ anaerobe, filamentöse, gleitende, photoheterotrophe Bakterien mit anoxygener Photosynthese. Bisher wurden sie zwar hauptsächlich in heißen Quellen und Gewässern nachgewiesen, doch scheinen Vertreter dieses Phylums auch in (Ober-)Böden verbreitet zu sein. Hier besteht Forschungsbedarf.

Wenngleich Verallgemeinerungen nach dem derzeitigen Erkenntnistand noch zu früh sind, so scheinen doch Vertreter der neuen Phyla der *Acidobacteria*, *Verrucomicrobia* und *Planctomycetes* (Tabelle 7.1) in Böden und Gewässern in hoher Diversität und Abundanz verbreitet zu sein. Über ihre morphologischen, ökophysiologischen und charakteristischen DNA-Merkmale ist praktisch nichts bekannt. Solange es an repräsentativen kultivierbaren Vertretern der einzelnen Untergruppen (Klassen, Ordnungen, Familien, Gattungen) als Bezugsmaterial fehlt, können neue Stämme auch nicht über vollautomatisierte Testverfahren taxonomisch eingeordnet werden. Das Grundprinzip der Prokaryoten-Systematik beruht auf einem **polyphasischen Ansatz** (Kap. 4), der nicht nur molekulare Informationen berücksichtigt, sondern zur Abgrenzung der Taxa morphologische, physiologische, chemische und ökologische Merkmale (Box 4.2) in eine Synthese mit einbezieht (Stackebrandt 2001). Dazu ist es erforderlich und unausweichlich, ein breites Spektrum an Stämmen aus unterschiedlichen Böden und Gewässern zu isolieren und molekularbiologisch sowie physiologisch zu charakterisieren. Diese Aufgaben sind unabhängig davon, wie künftig der Art-Begriff (Spezies) bei Prokaryoten definiert wird.

Der klassische Weg über relativ nährstoffreiche Agar- oder Flüssigmedien wird dabei kaum zum Erfolg führen (Kap. 4). Zahlreiche erfolgreiche Versuche belegen jedoch, dass verschiedene Isolate über nährstoffarme (oligotrophe) Agarmedien gewonnen werden können, wenn empirisch geschickt mit verschiedenen C- und/oder N-Quellen in sehr geringen Konzentrationen, unter Verwendung von stark verdünnten Impfmengen und längeren Bebrütungszeiten mit bestimmten Bedingungen (pO_2, pH-Wert, Temperatur, etc.) gearbeitet wird (Lipson u. Schmidt 2004; Stevenson *et al.* 2004; Davis *et al.* 2005). In vielen Fällen wird es mit neuen empirischen Ansätzen notwendig sein, direkte Kulturtechniken zu entwickeln. Hilfreich und erfolgversprechend kann der Einsatz von **gruppenspezifischen Oligonucleotid-Sonden** sein, um den

Tabelle 7.1 Vorläufige Merkmale von Phyla nichtkultivierbarer *Bacteria* und einiger ihrer kultivierbaren Vertreter, aufgrund von 16S-rDNA-Gensequenzen (nach verschiedenen Quellen)

Neue anerkannte Phyla, vorläufige Merkmale	kultivierbare Vertreter
Acidobacteria Außerordentlich diverse Gruppe von aeroben chemoorganotrophen gramnegativen Bakterien in Böden und Gewässern; oligotroph; langsames Wachstum (K-Strategen); teilweise acidotolerant; ca. 200 16S-rRNA-Gensequenzen in Genbibliotheken; > 1500 im *Ribosome-Database-Project*	*Acidobacterium capsulatum* (aus saurem Sickerabwasser mit Fe(III)-(Hydr)Oxidablagerungen *Geothrix fermentans* (ein Fe(III)-reduzierendes Bakterium; Kap. 14) *Holophaga foetida* *Solibacter spp.* *Terriglobus roseus*
Verrucomicrobia Heterogene Gruppe von aeroben und fakultativ fermentativen, chemoorganotrophen unbeweglichen gramnegativen z. T. prosthekaten Bakterien. Teilweise polar begeißelte Ultrabakterien; Menachinone; weit verbreitet in Böden und Gewässern; N_2-Bindung bei einem Isolat; 200 bis 300 16S-rRNA-Gensequenzen in Genbibliotheken	*Verrucomicrobium spinosum* *Prosthecobacter fusiformis* *Opitutus terrae* *Chthoniobacter flavus*
Planctomycetes Ungewöhnliche aerobe und fakultativ anaerobe chemoorgano- oder lithoautotrophe sprossende Bakterien ohne Murein, z. T. mit multifibrillären Stielen. Zelle stark kompartimentiert, Genom und Ribosomen von einer Doppelmembran umhüllt; Sterole in der CM; Dimorpher Lebenscyclus, Schwärmerzelle begeißelt; sessil; weit verbreitet in Gewässern und Böden; z. T. Einlagerung von Mn(IV)- und Fe(III)-(Hydr)Oxiden in Stielen; oligotroph	*Planctomyces bekefii*, *P. limnophilus* (Gewässer) *P. brasiliensis* (Moore, Rinderdung, Nassreisböden) *Pirellula-*, *Gemmata-*, *Isosphaera-*, *Blastospirellula-*, *Rhodospirellula*-Arten (Gewässer) *Candidatus*: *„Brocadia anammoxidans"*, *„Kuenenia stuttgartiensis"*, *„Jettenia" spp.*, *„Scalindua" spp;* anaerobe Ammoniumoxidierer in Abwasserreinigungsanlagen und Böden

Zielorganismus in unterschiedlichen Bodenproben durch Sichtbarmachung nachzuweisen und zu quantifizieren (Kap. 4). In jedem Falle müssen die Zielorganismen anschließend isoliert und in Kultur gebracht werden. Grundsätzlich kann angenommen werden, dass jeder Organismus kultivierbar ist. Allerdings wird es auch in Zukunft trotz neuer und innovativer Bemühungen noch zahlreiche *Bacteria* und *Archaea* in Böden geben, die sich aus unbekannten Gründen nicht isolieren und in Kultur bringen lassen.

7.3 Phylum der *Acidobacteria*

Das Phylum der *Acidobacteria* (Tabelle 7.1) wird bisher durch eine große Kollektion von 16S-rRNA-Gensequenzen im *Ribosome-Database*-Projekt und in Genbanken vertreten, die aus Böden, Sedimenten, Abwässern, Mooren, saurem Bergwerksabwasser, Wasserleitungen, heißen Quellen und Katakomben isoliert wurden. Dieses **heterogene Phylum** wird nur von einigen wenigen isolierten und morphologisch-physiologisch beschriebenen Arten wie *Acidobacterium capsulatum*, *Geothrix fermentans*, *Holophaga foetida*, *Solibacter spp.* und *Terriglobus roseus* vertreten (Quaiser *et al.* 2003; Eichorst *et al.* 2007). *Acidobacterium capsulatum* hat zwar als oligotrophes acidophiles gramnegatives Bakterium dem Phylum seinen Namen gegeben, doch ist diese Besonderheit für die anderen Isolate nicht charakteristisch. Weitere Vertreter des Phylums *Acidobacteria* wurden mit speziellen komplexen Agarmedien aus Böden isoliert, was bedeutet, dass wahrscheinlich weitere Vertreter dieses Stammes doch kultivierbar und infolgedessen molekularbiologisch und physiologisch charakterisierbar sind (Janssen *et al.* 2002; Sait *et al.* 2002, 2006; Eichorst *et al.* 2007). Hier fehlt es noch an (Fleiß-)Arbeiten. Bisher konnte die überwiegende Mehrzahl an *Acidobacteria* nicht in Kultur gebracht werden und die postulierte **große genetische Diversität** dieses Phylums beruht ausschließlich auf den 16S-rRNA-Gensequenzen in Genbibliotheken. *Acidobacteria* bilden vermutlich eine sehr große heterogene Gruppe von Boden- und Wasserbakterien, die in Diversität und Abundanz möglicherweise den Proteobakterien und den *Actinobacteria* entsprechen könnte. Aufgrund der großen Heterogenität der 16S-rRNA-Gensequenzen ist es allerdings nicht ausgeschlossen, dass dieses Phylum in Zukunft in mehrere Untergruppen unterteilt wird. Vorläufig wurden die *Acidobacteria* in

11 unterschiedliche Hauptgruppen (Klassen?) unterteilt, die sich bis zu 77% in ihren 16S-rRNA-Gensequenzen unterscheiden. In molekularen Analysen von Lebensgemeinschaften in Böden bilden *Acidobacteria* häufig 20 bis 50% aller Klone, was auf ihre weite Verbreitung hindeutet. Vorsicht ist bei solchen Schlussfolgerungen allerdings geboten, weil die DNA-Extraktionen aus Böden mit verschiedenen Methoden und hohen Verlustraten verbunden sind (Kap. 4).

7.4 Phylum der *Verrucomicrobia*

Das Phylum *Verrucomicrobia* wurde erstmals im Jahre 1997 vorgeschlagen und umfasst eine sehr heterogene Gruppe von kleinen asporogenen gramnegativen kokkoiden, stäbchenförmigen oder fusiformen Zellen mit **aerobem** oder **fermentativem** Stoffwechsel (Tabelle 7.1). Unter den wenigen kultivierbaren Vertretern bilden *Verrucomicrobium spinosum* (Mol-% G + C der DNA = 58,6) und *Prosthecobacter fusiformis* **prothekate** Fortsätze, während die kultivierbaren Stämme von *Opitutus terrae* (Mol-% G + C der DNA = 73,7) und von einigen Ultrabakterien (0,03–0,04 μm^3) **keine** *Prosthecae* besitzen. Die erstgenannten prothekaten Vertreter wurden aus Gewässern, die nichtprosthekaten Stämme aus Nassreisböden isoliert. *Chthoniobacter flavus* ist ein weiterer kultivierbarer Vertreter des Phylums *Verrucomicrobia*. Es handelt sich um ein aerobes gelbpigmentiertes unbewegliches gramnegatives Stäbchen aus Böden (Mol-% G + C von DNA = 61%). Inzwischen liegen zahlreiche 16S-rRNA-Gensequenzen von Vertretern dieses Phylums aus Böden der ganzen Welt vor.

Die Genome der *Verrucomicrobia „Akkermansia muciniphila"*, *Opitutus terrae* und *„Methylacidiphilum infernorum"* (ein acidophiler methanotropher Organismus) sind seit Kurzem vollständig sequenziert worden. Nach Schätzungen bilden die (bisher) nichtkultivierbaren Vertreter der *Verrucomicrobia* etwa 1 bis 10% der bakteriellen Gesamtdichte in Böden. Sie vertreten im Schnitt etwa 5% aller einschlägigen 16S-rRNA-Gensequenzen in Genbanken. Vermutlich handelt es sich bei den *Verrucomicrobia* um eine weit verbreitete und umfangreiche Gruppe von Boden- und Gewässerbakterien. Inzwischen wurden sechs vorläufige monophyletische Untergruppen (Klassen?) identifiziert. Mithilfe einer (für *V. spinosum*) spezifischen Oligonucleotid-Sonde wurde in verschiedenen Böden nachgewiesen, dass Vertreter dieser 16S-rRNA-Gene mit etwa 2% im bakteriellen rRNA-Pool vertreten sind (Buckley u. Schmidt 2001). Zahlreiche Stämme der vermeintlich nichtkultivierbaren *Verrucomicrobia* haben sich mit empirischen Agarmedien, etwas Geschick und Geduld doch als isolierbar und kultivierbar erwiesen. In einer Kollektion von 1200 Isolaten aus einem Grünlandboden konnten mit einer (für *C. flavus*) spezifischen Oligonucleotid-Sonde 14 neue Vertreter isoliert werden; neun Isolate waren *C. flavus* sehr ähnlich (Sangwan *et al.* 2004, 2005). Für die Isolierung von *C. flavus*-Stämmen auf Agarplatten sind stark verdünnte Impfmengen und lange Bebrütungszeiten (bis zu fünf Monaten) zweckdienlich (Schoenborn *et al.* 2004; Sangwan *et al.* 2005).

Sehr wahrscheinlich lassen sich weitere Vertreter der *Verrucomicrobia* auf Agarplatten isolieren, wenn mit experimentellem Geschick vorgegangen wird. Ohne eine umfangreiche Stammsammlung wird es auch hier kaum gelingen, die taxonomischen Grenzen (Klassen, Ordnungen, Familien, Gattungen etc.) abzustecken und die charakteristischen morphologisch-physiologischen Merkmale dieses umfangreichen Phylums zu ermitteln.

7.5 Phylum der *Planctomycetes*

Vertreter der *Planctomycetes* sind **zellwandlose** (ohne Peptidoglykan-Sacculus), aerobe chemoorganotrophe oder anaerobe chemolithotrophe *Bacteria*, die sich durch **Sprossung** vermehren. Als Zellwandbausteine besitzen sie bestimmte Proteine. Zellen können gestielt sein und einen dimorphen Lebenscyclus zeigen. Neben gestielten Zellen kommen auch filamentöse Formen vor. *Planctomycetes* unterscheiden sich von den anderen *Bacteria* nicht nur im Aufbau der Zellwand, sondern auch durch eine starke **Kompartimentierung** der Zelle und durch eine Umhüllung des DNA-Bereichs sowie der Ribosomen mit Doppelmembranen. Diese Eigenschaften sind charakteristisch für eukaryotische Zellen. Vertreter des Phylums *Planctomycetes* wurden erstmals im Jahre 1992 in australischen Böden nachgewiesen. Es wurde angenommen, dass es sich um pilzähnliche Organismen handelt, wie der Name auch andeutet. Inzwischen gelten die *Planctomycetes* als typische Bewohner von Gewässern, Böden und vielen anderen Biotopen. In Reinkultur liegen lediglich Vertreter der Gattungen *Pirellula*, *Planctomyces*, *Gem-*

mata, *Isosphaera*, *Blastopirellula* und *Rhodopirellula* vor. *Planctomyces maris* („Pilz aus dem Meer") ist ein aerobes, gestieltes und knospenbildendes Bakterium aus dem Meer. Eine besondere Gruppe der *Planctomycetes* bilden die anaeroben **chemolithoautotrophen „Anammox"**-*Bacteria* der Gattungen *„Brocadia"*, *„Kuenenia"*, *„Jettenia"* und *„Scalindua"* Diese Gattungen haben *Candidatus-Status*, weil vorläufig noch keine beschriebenen Isolate vorliegen. Sie wurden bisher sowohl in Kläranlagen als auch in Böden nachgewiesen (Kap. 12).

Planctomycetes und *Verrucomicrobia* besitzen bestimmte gemeinsame 16S-rRNA-Signaturen. Darüber hinaus haben die Planctomyceten einige wichtige Homologien mit eukaryotischen Genen. Die verschiedenen Homologien mit Eukaryoten drängen die Frage auf, ob es sich bei diesen *Bacteria* um analoge oder homologe Entwicklungen zu der eukaryotischen Zelle handelt. Es wird angenommen, dass sich die *Planctomycetes* sehr frühzeitig als gesonderter Zweig vom Stamm der *Bacteria* abgetrennt und entwickelt haben.

Vertreter der Planctomyceten wurden inzwischen weltweit und sehr zahlreich in verschiedenen Böden (Acker, Grünland, Wald, Tundra) nachgewiesen. Aufgrund von FISHen mit einer spezifischen *Planctomycetes*-Oligonucleotid-Sonde wurde festgestellt, dass etwa 4–7% der Prokaryotenzellen in Acker- und Waldböden diesem Phylum angehören. Obwohl solche Zahlen zunächst grobe Schätzungen und als vorläufig zu betrachten sind, kann doch gefolgert werden, dass Planctomyceten zu den typischen Bodenbewohnern gehören. Nach ersten Schätzungen bilden 16S-rRNA-Gensequenzen von Planctomyceten etwa 7% der gesamten extrahierten 16S-rRNA-Gensequenzen aus landwirtschaftlich genutzten Böden. Auch in Nassreisböden sind *Planctomycetes* offenbar weit verbreitet. Ihre Diversität scheint dabei im überstauten Oberboden größer zu sein als in der Rhizosphäre der Reispflanze (was bei den meisten *Bacteria* sonst stets umgekehrt ist). Analysen von *Planctomycetes* 16S-rRNA-Gensequenzen aus unterschiedlich bewirtschafteten Böden brachten eine breite Diversität von 312 einmaligen Phylotypen, darunter Vertreter verschiedener neuer Gruppen. Die Anzahl an operationellen taxonomischen Einheiten (OTEn) von *Planctomycetes* zeigt dabei die charakteristische Abhängigkeit von der Probengröße (Kap. 4). Entsprechend der *Verrucomicrobia* wird auch das Phylum *Planctomycetes* im Wesentlichen von 16S-rRNA-Gensequenzen in Genbanken vertreten (Zarda *et al.* 1997; Schlesner *et al.* 2004; Schoenborn *et al.* 2004; Buckley *et al.* 2006).

7.6 Nichtkultivierbare *Archaea* in Böden?

Die Domäne der *Archaea* wird aufgrund von ssrRNA-Analysen in die monophyletischen Phyla *Crenarchaeota* und *Euryarchaeota* unterteilt (Tabelle 4.2). Wenn *Archaea* nach der Physiologie aufgeteilt werden, dann kann zwischen drei Typen unterschieden werden. Erstens die anaeroben methanogenen *Archaea*, die am Ende des C-Kreislaufes unter anaeroben Bedingungen in Nassreisböden, Mooren, anmoorigen Böden, Sedimenten, Faultürmen und in Pansen von Wiederkäuern leben und Methan (CH_4) als Endprodukt ihres Stoffwechsels freisetzen (Kap. 3, 15). Zweitens die extrem halophilen (salzliebenden) *Archaea*, die Lebensräume mit ungewöhnlich hohen Salzkonzentrationen besiedeln (z. B. *Halococcus*- und *Halobacterium*-Arten). Vertreter dieser genannten Stoffwechselgruppen gehören dem Phylum *Euryarchaeota* an. Die dritte physiologische Gruppe umfasst die extrem (hyper-)thermophilen *Archaea* im Phylum *Crenarchaeota*. Bis zur Anwendung molekularbiologischer Methoden wurde angenommen, dass die Verbreitung von *Archaea* im Wesentlichen auf extremen (anaeroben, heißen, salzigen, sauren oder alkalischen) Standorten begrenzt ist. Inzwischen liegen zahlreiche Untersuchungen vor, die anhand von 16S-rRNA-Gensequenzanalysen belegen, dass eine Vielzahl an neuen phylogenetisch unbekannten (nichtkultivierbaren?) Vertretern der *Crenarchaeota* und der *Euryarchaeota* nicht nur in Gewässern und Sedimenten verbreitet sind, sondern vor allem auch in Acker- und Waldböden, in der Rhizosphäre (Kap. 17) sowie in Ausscheidungsprodukten von Bodenwürmern vorkommen. Insbesondere Vertreter eines nichtthermophilen Stammes innerhalb der *Crenarchaeota* scheinen in Böden mit etwa 1% der gesamten Dichte an Prokaryoten weit verbreitet zu sein. Es kann somit angenommen werden, dass nichtextremophile *Archaea* ubiquitär in Böden vorkommen. Wahrscheinlich warten noch zahlreiche neue Vertreter der *Archaea* in Böden auf ihre Entdeckung und Isolierung. Hier befindet sich die taxonomische Bodenmikrobiologie noch im Anfangsstadium (Jurgens u. Saano 1999; Simon *et al.* 2000; Furlong *et al.* 2002; Ochsenreiter *et al.* 2003).

Literatur

Buckley DH, Huangyutitham V, Nelson TA, Rumberger A, Thies JE (2006). Diversity of *Planctomycetes* in soil in relation to soil history and environmental heterogeneity. Appl Environ Microbiol 72: 4522–4531

Buckley DH, Schmidt TM (2001) Environmental factors influencing the distribution of rRNA from *Verrucomicrobia* in soil. FEMS Microb Ecol 35: 105–112

Davis KER, Joseph SJ, Janssen PH (2005) Effects of growth medium, inoculum size, and incubation time on the culturability and isolation of soil bacteria. Appl Environ Microbiol 71: 826–834

Eichorst SA, Breznal JA, Schmidt TM (2007) Isolation and characterization of soil bacteria that define *Terriglobus* gen. nov., in the phylum *Acidobacteria*. Appl Environ Microbiol 73: 2708–2717

Furlong MA, Singleton DR, Coleman DC, Whitman WB (2002) Molecular and culture-based analyses of prokaryotic communities from an agricultural soil and the burrows and casts of the earthworm *Lumbricus rubellus*. Appl Environ Microbiol 68: 1265–1279

Garrity GM, Leventhal JM, Lilburn TG (2005) Taxonomic outline of the prokaryotes. *Bergey's Manual of Systematic Bacteriology*. 2. Aufl. Ausgabe 6.0, Springer, New York Berlin Heidelberg

Hugenholtz P, Goebel BM, Pace NR (1998) Impact of culture-independent studies on the emerging phylogenetic view of bacterial diversity. J Bacteriol 180: 4765–4774

Janssen PH (2006) Identifying the dominant soil bacterial taxa in libraries of 16S rRNA and 16S rRNA genes. Appl Environ Microbiol 72: 1719–1728

Janssen PH, Yates PS, Grinton BE, Taylor PM, Sait M (2002) Improved culturability of soil bacteria and isolation in pure culture of novel members of the divisions *Acidobacteria*, *Actinobacteria*, *Proteobacteria*, and *Verrucomicrobia*. Appl Environ Microbiol 68: 2391–2396

Joseph SJ, Hugenholtz P, Sangwan P, Osborne CA, Janssen PH (2003) Laboratory cultivation of widespread and previously uncultured soil bacteria. Appl Environ Microbiol 69: 7210–7215

Jurgens G, Saano A (1999) Diversity of soil *Archaea* in boreal forest before, and after clear-cutting and prescribed burning. FEMS Microbiol Ecol 29: 205–213

Lipson DA, Schmidt SK (2004) Seasonal changes in an alpine soil bacterial community in the Colorado Rocky Mountains. Appl Environ Microbiol 70: 2867–2879

Ochsenreiter T, Selezi D, Quaiser A, Bonch-Osmolovskaya L, Schleper C (2003) Diversity and abundance of *Crenarchaeota* in terrestrial habitats studied by 16S RNA surveys and real time PCR. Environ Microbiol 5: 787–797

O'Farrel KA, Janssen PH (1999) Detection of *Verrucomicrobia* in a pasture soil by PCR amplification of 16S rRNA genes. Appl Environ Microbiol 65: 4280–4284

Quaiser A, Ochsenreiter T, Lanz C, Schuster SC, Treusch AH, Eck J, Schleper C (2003) *Acidobacteria* form a coherent but highly diverse group within the bacterial domain: Evidence from environmental genomics. Mol Microbiol 50: 563–675

Rappé MS, Giovannoni SJ (2003) The uncultured microbial majority. Annu Rev Microbiol 57: 369–394

Riesenfeld CS, Schloss PD, Handelsman J (2004) Metagenomics: Genomic analysis of microbial communities. Annu Rev Genet 38: 525–552

Sait M, Hugenholtz P, Janssen PH (2002) Cultivation of globally distributed soil bacteria from phylogenetic lineages previously only detected in cultivation-independent surveys. Environ Microbiol 4: 654–666

Sait M, Davis KER, Janssen PH (2006) Effect of pH on isolation and distribution of members of the subdivision 1 of the phylum *Acidobacteria* occurring in soil. Appl Environ Microbiol 72: 1852–1857

Sangwan P, Chen X, Hugenholtz P, Janssen PH (2004) *Chtoniobacter flavus* gen. nov., sp. nov., the first pure-culture representative of subdivision two, *Spartobacteria* classis nov., of the phylum *Verrucomicrobia*. Appl Environ Microbiol 70: 5857–5881

Sangwan P, Kovac S, Davis KER, Sait M, Janssen PH (2005) Detection and cultivation of soil *Verrucomicrobia*. Appl Environ Microbiol 71: 8402–8410

Schlesner H, Rensmann HC, Tindall BJ, Gade D, Rabus R, Pfeifer S, Hirsch P (2004). Taxonomy heterogeneity within the *Planctomycetes* as derived by DNA-DNA- hybridization, description of *Rhodospirellula baltica* gen. nov., sp. nov., transfer of *Pirellula marina* to the genus *Blastospirellula* gen. nov. as *Blastospirellula marina* comb. nov. and emended description of the genus *Pirellula*. Intern J Syst Evol Microbiol 54: 1567–1580

Schoenborn L, Yates PS, Grinton BE, Hugenholtz P, Janssen PH (2004) Liquid serial dilution is inferior to solid media for isolation of cultures representative of the phylum-level diversity of soil bacteria. Appl Environ Microbiol 70: 4363–4366

Schloss PD, Handelsman J (2004) Status of the microbial census. Microbiol Mol Biol Rev 68: 686–691

Simon HM, Dodsworth JA, Goodman RM (2000) *Crenarchaeota* colonize terrestrial plants roots. Environ Microbiol 2: 495–505

Stackebrandt E (2001) Fortschritte in der Systematik der Bakterien. Naturwiss Rundsch 54: 345–354

Stach JEM, Maldonado LA, Ward AC, Goodfellow M, Bull AT (2003) New primers for the class *Actinobacteria*: Applications to marine and terrestrial environments. Environ Microbiol 5: 828–841

Stevenson BH, Eichorst SA, Wertz JT, Schmidt TM, Breznak JA (2004) New strategies for cultivation and detection of previously uncultured microbes. Appl Environ Microbiol 70: 4748–4755

Wagner M, Horn M (2006) The *Planctomycetes*, *Verrucomicrobia*, *Chlamydiae* and sister phyla comprise a superphylum with biotechnological and medical relevance. Curr Opin Biotechnol 17: 241–249

Xu J (2006) Microbial ecology in the age of genomics and metagenomics: Concepts, tools, and recent advances. Mol Ecol 15: 1713–1731

Zarda B, Han D, Chatzinotas A, Schonhuber W, Neef A, Amann RI, Zeyer J (1997): Analysis of bacterial community structure in bulk soil by *in situ* hybridization. Arch Microbiol 168: 185–192

Diversität und Funktionen von Pilzen in Böden

8

„Fungi have now well and truly entered the genomic age."

S. J. Foster *et al.* (2006)

Inhaltsverzeichnis

8.1 Bedeutung und Diversität von Pilzen

Die Pilze umfassen eine heterogene Gruppe aus **Echten Pilzen** (Reich der *Opisthokonta*, *Fungi*) und pilzähnlichen Organismen wie die **Schleimpilze** (Phylum *Myxomycota*, *Amoebozoa*, *Eumycetazoa*) und **Pseudofungi** oder **Eipilze** (Phylum *Oomycota*, *Chromalveolata*, *Stramenopiles*). Pilze sind kohlenstoff-heterotrophe chlorophyllfreie eukaryotische Organismen (ohne Photo- und Chemolithoautotrophie), die morphologisch, cytologisch und phylogenetisch sehr unterschiedlich sind. Den verschiedenen Echten Pilzen und pilzähnlichen Organismen ist der eukaryotische Aufbau ihrer Zellen mit mindestens einem echten Zellkern und einem Cytoskelett (mit Mikrotubuli aus α- und β-Tubulin) sowie die heterotrophe (saprophytische und/oder parasitische) Lebensweise gemeinsam. Sowohl für die Echten Pilze als auch für die pilzähnlichen Organismen sind Böden, Streuauflagen, Komposte und Gewässersedimente die wichtigsten Lebensräume. Im Haushalt der Natur nehmen die *Fungi* als Reduzente (Saprophyten) eine Schlüsselstellung ein. Sie haben sich an die verschiedenen ökologischen Nischen in Böden, Streuauflagen, Rhizo- und Phyllosphäre sehr gut angepasst und besitzen infolgedessen eine sehr hohe Diversität, die noch weitgehend unerforscht ist. Pilze gehören nach den Prokaryoten und Insekten wahrscheinlich zu den artenreichsten und am weitesten verbreiteten Organismen der Erde. Die überwiegende Mehrzahl der *Fungi* und pilzähnlichen Organismen (Schleim- und Eipilze) existiert in Böden und lebt dort heterotroph (saprophy-

J.C.G. Ottow, *Mikrobiologie von Böden*,
DOI: 10.1007/978-3-642-00824-5_8, © Springer-Verlag Berlin Heidelberg 2011

tisch) auf abgestorbenen organischen Substanzen oder parasitisch auf Pflanzen, Insekten, Prokaryoten, Nematoden, Tardigraden, Protozoen, anderen Pilzen und zahlreichen weiteren bodenbewohnenden Organismen (*Vertebrata* und *Invertebrata*). Nur etwa 2–3% der Echten Pilze sind Wasserbewohner, überwiegend im fließenden Süßwasser. Im Gegensatz zu den Prokaryoten treten Pilze und pilzähnliche Organismen durch ihre charakteristischen morphologischen Eigenschaften (Phänotypen) mehrheitlich deutlich hervor. Innerhalb der Pilze kommen alle Übergänge von Einzellern (die Hefen) bis zu vielzelligen, zönocytischen Thalli (Hyphengebilde) mit komplexen generativen Strukturen vor. Charakteristisches Merkmal zahlreicher Pilze (ausgenommen Hefen) ist das Wachstum in Form von **Hyphen** und **Mycelien** (fadenförmiges Geflecht), mit denen sie ihre Substrate durchziehen, aufschließen und mineralisieren. Echte Gewebe werden nicht ausgebildet, sondern nur Plektenchym (Flechtgewebe) und **Rhizomorphen** (Hyphenbündel). Der Begriff *Mycophyta* wird für die Echten Pilze (*Fungi*) nicht mehr verwendet.

Die Lebensweisen der Echten Pilze und Pseudofungi in Böden sind sehr vielschichtig und komplex, bis heute aber noch unzureichend erforscht. Böden und Streuauflagen sind stets dicht von Pilzhyphen und Pseudomycelien durchzogen (Abb. 8.1), doch ist die allgemeine und bodenspezifische taxonomische Zusammensetzung dieser Pilze bisher nur lückenhaft aufgeklärt. In etwa 1 kg eines landwirtschaftlich genutzten Oberbodens (Acker, Wiese) kann die Gesamtlänge des Mycels bis zu 300 m und mehr betragen. In Waldstreuauflagen kann das Mycel eines Mykorrhizapilzes sogar einige Kilometer an zusammenhängender Länge erreichen.

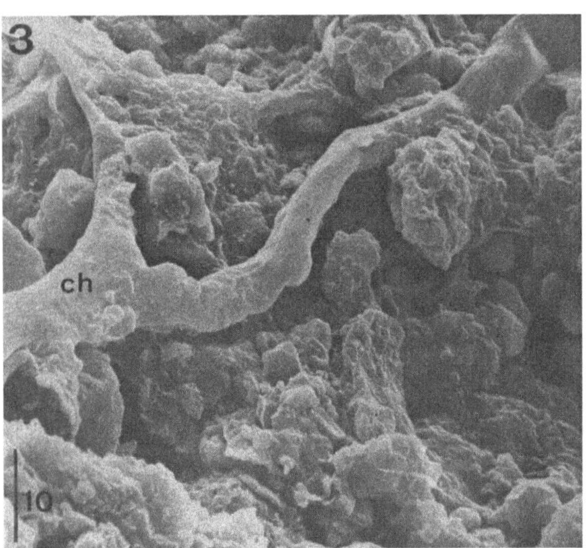

Abb. 8.1 Elektronenmikroskopische Aufnahme einer verzweigten Pilzhyphe (ch = champignon; ∅ 3–8 µm) zwischen Bodenkolloiden eines A_h-Horizontes (Rendzina) (Kilbertus *et al.* 1977)

Pilze konkurrieren als Saprophyten in Böden mit Prokaryoten um die gleichen Substrate und ökologischen Nischen, gestalten dabei neue Lebensräume sowie zahlreiche mutualistische und antagonistische Wechselwirkungen (De Boer *et al.* 2005; Finlay 2007). Im Vergleich zu den Prokaryoten dürfte die Anzahl an Pilzarten zwar um ein Vielfaches geringer sein, doch ihre Biomasse kann in sauren Waldauflagen die der Prokaryoten um ein Mehrfaches übersteigen.

In Böden funktionieren Echte Pilze und pilzähnliche Organismen als

- wichtige primäre Zersetzer (Reduzenten, Saprophyten) von organischen Pflanzen- und Tierresten sowie von organischen (anthropogenen) Fremdstoffen in Böden, Rhizosphären und Gewässern (**Remineralisierung** von Nährstoffen),
- obligate oder fakultative symbiotische Partner mit fast allen Pflanzenwurzeln (z. B. Mykorrhizapilze; Kap. 18) und/oder als **Parasiten** von zahlreichen Pflanzen, Algen, Tieren und anderen Pilzen, und als
- Glieder zahlreicher komplexer Nahrungsketten und -netze. Hyphen dienen als Nahrungsgrundlage für Bakterien (z. B. Myxobakterien), andere Pilze, Nematoden, (Blattschneider-)Ameisen, Collembolen, Milben, Asseln, Insekten, Schnecken und höhere Tiere. Sie sind infolgedessen als Nahrungsgrundlage für mehrere Trophiestufen unentbehrlich und somit für eine hohe Biodiversität des Edaphons, insbesondere der Bodenfauna.

Böden gelten als **Reservoir** der meisten Pilze, auch für solche, die als pflanzenpathogene Organismen, Biokatalysatoren für Lebensmittel sowie industrielle Grundstoffe, opportunistische Krankheitserreger von Mensch und Tier und als Modellorganismen für die Forschung von größter Bedeutung sind.

8.2 Natürliche und künstliche Taxonomie

Bis vor wenigen Jahrzehnten beruhte die Taxonomie der Pilze noch ausschließlich auf cytologischen und morphologischen (phänotypischen) Eigenschaften sowie auf geschlechtlichen bzw. ungeschlechtlichen Vermehrungsarten. Echte Pilze mit bekannter **Hauptfruchtform** (perfektes Stadium, mit sexueller Sporenbildung) werden als **Teleomorphe** bezeichnet, solche die (bisher) keine Meiosporenbildung zeigen, werden **Anamorphe** (imperfektes Stadium) genannt. Anamorphe Pilze mit **Nebenfruchtform** (asexuellen Conidien) werden als *Fungi imperfecti* (*Deuteromycota*; Formtaxa) geführt. Pilze, von denen bisher weder die Haupt- noch die Nebenfruchtform bekannt sind, werden als *Mycelia sterilia* (Formtaxa) zusammengefasst. Werden Organismen aufgrund von unabhängig entstandenen gleichen Merkmalen (**Konvergenzen**) zusammengefasst, so sind die gebildeten taxonomischen Gruppen künstlich und nicht phylogenetisch.

Aufgrund molekulargenetischer Analysen (im Wesentlichen mit den Genen nuSSU, nuLSU, 5,8S-rRNA, *rpb1*, *rpb2* und *tef1*), gelang es in den letzten Jahrzehnten auch bei Pilzen und pilzähnlichen Organismen eine natürliche **phylogenetische** Ordnung zu erarbeiten (James *et al.* 2006; Hibbett *et al.* 2007), was zu wesentlichen (häufig noch vorläufigen) Veränderungen gegenüber der pragmatischen künstlichen morphologischen Systematik geführt hat. Seit etwa 1990 werden hauptsächlich ribosomale Gene, entweder aus dem Nucleus (nurDNA) oder aus den Mitochondrien (mtrDNA), zur phylogenetischen Differenzierung verwendet (Bruns *et al.* 1991). Bessere phylogenetische Auflösungen brachten später Kombinationen von rDNA-Analysen (nuLSU, nuSSU und 5,8 S-rDNA) mit eiweißcodierenden Genen, insbesondere den RNA-Polymerase-II-Untereinheiten 1 und 2 (*rpb1* bzw. *rpb2*), dem Translations-Elongationsfaktor (*tef1*) (beide aus dem Nucleus) sowie der ATP-Synthetase (Hibbett 2007). Auf der Ebene von Familien, Gattungen und Arten haben sich die 18S-rRNA- und 26/28S-rRNA-Gene sowie die ITS-Regionen (*internal transcribed spacer* ITS1 und ITS2) des rRNA-Basis-Clusters zur Differenzierung bewährt (8.6). DNA-Sequenzen alleine sind unzureichend und nicht zuverlässig (Bridge *et al.* 2003). Diese molekulargenetische Entwicklung hat erst begonnen und die Ergebnisse sind noch weit von einer endgültigen **natürlichen Taxonomie** entfernt. Mit regelmäßigen Ergänzungen und Änderungen ist zu rechnen.

Schleimpilze oder Myxomyceten (gr. *myxo* = Pilz) wurden bis vor wenigen Jahren als eine polyphyletische Gruppe von aeroben eukaryotischen Organismen betrachtet, deren taxonomische Einordnung lange Zeit ungeklärt war (Tabelle 8.1). Aufgrund charakteristischer Merkmale (Phagocytose, Beweglichkeit) sind jedoch die verwandtschaftlichen Beziehungen zu den *Protozoa* (Urtiere), insbesondere zu den Myxamöben, auffallend. Phylogenetische Analysen (rRNA, cDNA, Aktin und β-Tubulin) haben die heterotrophen amöboiden und plasmodialen Organismen nunmehr als eine **monophyletische** Gruppe (Box 8.1) der *Eumycetozoa* (*Amoebozoa*) bestätigt (Adl *et al.* 2005). In der Evolution stellen die Schleimpilze durch konvergente Entwicklung eine **Homologie** zu den *Myxobacteria* (Schleimbakterien) dar (Kap. 7). Schleimpilze (*Myxomycota*) und Eipilze (*Oomycota*) werden nicht mehr zu den eigentlichen Echten Pilzen (*Fungi*) gezählt. Sie werden aber traditionell nach wie vor als pilzähnliche Organismen mit den *Fungi* behandelt.

Die vorläufige Systematik der **Echten Pilze** (*Fungi*) umfasst heute sieben Phyla, 10 Subphyla, 35 Klassen, 12 Unterklassen und 129 Ordnungen (Hibbett *et al.* 2007):

- Phylum *Chytridiomycota* (Töpfchenpilze)
- Phylum *Neocallimastigomycota*
- Phylum *Blastocladiomycota*
- Phylum *Microsporidia*
- Phylum *Glomeromycota* (arbuskuläre Mykorrhizapilze; AM),
    - Subphylum *Mucoromycotina* (enthält den Löwenanteil der ehemaligen *Zygomycota*),
    - Subphylum *Entomophthoromycotina*
    - Subphylum *Zoopagomycotina*,
    - Subphylum *Kickxellomycotina*,
- Phylum *Ascomycota* (Schlauchpilze),
    - Subphylum *Taphrinomycotina*
    - Subphylum *Saccharomycotina* (Sprosspilze)
    - Subphylum *Pezizomycotina* (Echte Schlauchpilze)
- Phylum *Basidiomycota* (Basidienpilze),
    - Subphylum *Agaricomycotina* (Ständerpilze)
    - Subphylum *Pucciniomycotina* (Rostpilze)
    - Subphylum *Ustilaginomycotina* (Brandpilze)

Die wichtigsten Merkmale der *Myxomycota*, *Oomycota* und *Chytridiomycota* sind in Tabelle 8.1, die der *Glo-*

Tabelle 8.1 Merkmale der *Myxomycota, Oomycota, Chytridiomycota, Neocallimastigomycota, Blastocladiomycota* und *Microsporidia* sowie ihre Funktionen in Böden (Baldauf u. Doolittle 1997; Barr 2001; Adl *et al.* 2005; Hibbett *et al.* 2007)

Phylum	Merkmale und Bedeutung für Böden
• *Myxomycota* (*Amoebozoa, Eumycetazoa*); pilzähnliche Organismen; polyphyletisch; Plasmodiale und zelluläre Schleimpilze; Plasmodiophoromyceten (parasitische Schleimpilze); ca. 1000 Arten	Keine filamentösen Organismen, sondern amöboid oder plasmodial, verwandt mit Amöben (Rhizopoden); nackte einkernige Amöben abwechselnd mit vielkernigen Plasmodien (Protoplasmamasse); amöboide Ortsbewegung; Bildung von Sporophoren und Sporocarpien (Fruktifikationsform), Phagocytose, saprophytische Bodenbewohner
• *Oomycota* (*Chromalveolata, Stramenopiles*[1]), *Heterokonta*); Pseudofungi; Algen- oder Eipilze; ca. 600 Arten	Schlauchförmiges, verzweigtes unseptiertes Pseudomycel; Zellwände aus Cellulose, z. T. mit Chitin; Oogamie und dickwandige Oosporen, keine Fruchtkörper; Saprophyten oder Pflanzenparasiten: Krautfäule der Kartoffel (*Phytophthora infestans*), Auflaufkrankheiten von Getreide (*Pythium spp.*), Wurzelbranderreger (*Rhizoctonia solani*)
• *Chytridiomycota* (gr. *chytridion* = Töpfchen; *Opisthokonta, Fungi*); Flagellaten- oder Töpfchenpilze; Niedere Pilze; Urpilze (*Archemycota*); ca. 500 Arten; • Klasse *Chytridiomycetes* • Klasse *Monoblepharidomycetes*	Thallus ein- oder vielkernige Zellen, z. T. septierte Hyphen; Zellwand aus Chitin-Glucan; sexuelle Vermehrung mit zygotischer Meiosis; asexuelle Vermehrung durch uniflagellate Zoosporen (Thallo- oder Oogamie); Saprophyten in feuchten Böden und Gewässern oder parasitisch (Amphibien)
• *Neocallimastigomycota* (*Opisthokonta, Fungi*)	Anaerobe Pilze (ohne Mitochondrien) im Verdauungstrakt von Herbivoren sowie in anaeroben Böden und Gewässern
• *Blastocladiomycota (Opisthokonta, Fungi)* • Klasse *Blastocladiomycetes*; War bis 2007 Bestandteil der *Chytridiomycota*	Thallus ohne Septen oder mit geringfügig septiertem Mycelium; kernlose Rhizoide; zweigeißelige Zygoten; überwiegend saprophytisch in Böden und Gewässern; z. T. Parasiten auf submersen makrophyten und auf bodenbewohnenden *Tardigrada*
• *Microsporidia (Opisthokonta, Fungi)* Ursprünglich zu den *Microsporea* (Protozoen) gerechnet ca. 1500 beschriebene Arten (Gesamtdiversität ca. 10^6 Arten)	Intrazelluläre sporenbildende einzellige Parasiten (2 –12 µm) vieler Tierstämme (Insekten, Crustaceen, Fischen, Menschen); sie besitzen keine Mitochondrien, aber Mitosomen

1) *Stramenopiles* (= *Chromista*) sind überwiegend photoautotrophe eukaryotische Einzeller, die zwei verschiedene Geißeln (Schwärmer) besitzen. Die *Oomycota* haben die Fähigkeit zur Photosynthese verloren

mermycota, Mucoromycotina (früher *Zygomycota*) und verwandten Subphyla in Tabelle 8.2 und jene der *Asco-* und *Basidiomycota* in Tabelle 8.3 zusammengefasst. Die *Fungi Imperfecti* (kein Phylum) werden unter Abschnitt 8.10.6 behandelt.

8.3 Evolution

Es gilt inzwischen als sicher, dass die *Fungi* ursprünglich eine stammesgeschichtlich einheitliche Gruppe darstellen (Hibbett *et al.* 2007). Fossile Reste von Glomeromyceten (arbuskulären Mykorrhizapilzen; Kap. 18) stammen aus dem **Ordovizium** (436 bis 505 Million Jahren her), aber es wird vermutet, dass Pilze schon seit 900 bis 1200 Millionen Jahren existieren. Schleimpilze (*Myxomycota*) und Eipilze (*Oomycota*) werden nicht mehr zu den *Fungi* gerechnet, sondern gehören zu den **Protisten** (Adl *et al.* 2005). Aufgrund ihrer phylogenetischen Verwandtschaft gehören *Myxomycota* mit den Urtieren zum Reich der *Amoebozoa* (*Eumycetazoa*), während die Oomyceten mit den Kiesel- und Braunalgen zum Reich der *Chromalveolata* (*Stramenopiles*) zählen (Tabelle 8.1). *Fungi* sind wesentlich näher mit den Pflanzen und Tieren verwandt als mit den Eipilzen oder Schleimpilzen. Die gemeinsamen Vorfahren von *Fungi* und Tieren waren vermutlich Flagellaten, aus denen sich auch die Algen und Eipilze entwickelt haben (Abb. 8.2).

Die **Chytridiomyceten** (*Chytridiomycota*) gelten als Urpilze („*Archemycota*“), werden aber als selbständiges Phylum der Niederen Pilze (Flagellaten- oder Töpfchenpilze) zu den *Fungi* gerechnet, weil die Zellwände ihrer Thalli, wie bei den anderen Echten Pilzen, aus Chitin und Glucanen bestehen (Tabelle 8.4). Auf-

Tabelle 8.2 Merkmale der *Mucoromycotina*, *Entomophthoromycotina*, *Zoopagomycotina*, *Kickxellomycotina* und *Glomeromycota* (Hibbett *et al.* 2007)

Phylum bzw. Subphylum	Merkmale und Bedeutung für Böden
• Subphylum *Mucoromycotina*[1)] (*Fungi*; Teil der früheren *Zygomycota* = polyphyletisch) • Ordnung *Mucorales* • Ordnung *Endogonales* • Ordnung *Mortierellales*	Hyphen ohne Querwände, zoenötisch; Mycel verzweigt; Zellwände aus Chitin und Glucanen; Gametangiogamie mit Zygosporenbildung zwischen jochartigen Brücken kompatibler Hyphen; Fruchtkörper nur bei *Endogonales*; charakteristische Anamorphe mit Sporangienträgern; seltener Chlamydosporen, Arthrosporen oder Blastosporen. *Mucorales* bilden die Hauptgruppe; überwiegen saprophytisch in Böden; Gelegentlich Ektomykorrhizapilze
• Subphylum *Entomophthoromycotina*[1)] (*Fungi*)	Mycelbildung mit Conidiophoren; Obligat pathogen für Tiere (Arthropoden) oder Pflanzen; Saprophyten in Böden
• Subphylum *Zoopagomycotina*[1)] (*Fungi*)	Einfacher oder verzweigter Thallus; Zygosporen und asexuelle Arthro- oder Chlamydosporen; parasitieren Nematoden, Rhizopoden, Amöben und andere Pilze in Böden
• Subphylum *Kickxellomycotina*[1)] (*Fungi*) • Ordnung *Kickxellales* • Ordnung *Dimargaritales* • Ordnung *Harpellales*, früher „Trichomyceten" • Ordnung *Asellariales*	besitzen septierte Hyphen; meist saprophytisch in Böden; einige sind Pilzparasiten
• *Glomeromycota* (*Opisthokonta*, *Fungi*) Arbuskuläre Mykorrhizapilze; AMP; ca. 150–200 beschriebene Arten, die schätzungsweise 250 000 Pflanzenarten in den Wurzeln besiedeln können • Ordnung *Archaeosporales* • Ordnung *Diversisporales* • Ordnung *Glomerales* • Ordnung *Paraglomerales* • Ordnung *Glomales*	obligat biotrophe filamentöse Endomykorrhizapilze mit mehrkernigen unseptierten Emissionshyphen und intrazellulären bäumchenartigen Hyphenverzweigungen (Arbuskeln) innerhalb der Wurzelzellen von 90% der Pflanzen (mutualistische Symbiose); asexuelle Sporenbildung in Sporocarp an Hyphen außerhalb der Wurzelzellen; Morphologie der Sporen bestimmt die Zugehörigkeit zur Ordnung; Sporen (z. B. *Glomus intraradices*) besitzen zahlreiche haploide Kerne und viele rRNA-Gensequenzen

1) bis zur endgültigen phylogenetischen Klärung keinem Phylum zugeordnet (vormals Bestandteil der *Zygomycota*)

Tabelle 8.3 Merkmale und Funktionen der *Ascomycota* und *Basidiomycota* (Hibbett *et al.* 2007)

Phylum	Merkmale und Rolle in Böden
Ascomycota (*Opisthokonta*, *Fungi*) Schlauchpilze; ca. 30 000 Arten, 60 000, wenn *Fungi Imperfecti* dazu gezählt werden • Subphylum *Taphrinomycotina* • Subphylum *Saccharomycotina* • Subphylum *Pezizomycotina*[1)]	Septierte haploide ein- oder mehrkernige Hyphen; Zellwand aus Chitin; ungeschlechtliche Vermehrung durch Conidien (anamorpher Cyclus); sexuelle Sporenbildung in Asci (Kernverschmelzung und Meiose) im Fruchtkörper (Ascokarp, telemorpher Cyclus); Überwiegend Saprophyten in Böden und Streu, auch Endophyten, Parasiten oder in Symbiosen mit Grünalgen oder *Cyanobacteria* (= Flechten); einige Mykorrhizapilze
Basidiomycota (*Opisthokonta*, *Fungi*) Ständerpilze; ca. 30 000 Arten; höchstentwickelte Pilzgruppe • Subphylum *Agaricomycotina* Ectomykorrhiza- (Pilzwurzel-) Bildung mit Mono- und Dicotylen Pflanzen (Hutpilze, Hexenringe) • Subphylum *Pucciniomycotina*[1)]: Rostpilze • Subphylum *Ustilaginomycotina*[1)]: Brandpilze *Ustilaginomycotina* und *Pucciniomycotina* enthalten in der Zellwand keine Xylose	Nach Sporenkeimung folgt auf ein kurzlebiges haploides primäres Mycel ein umfangreiches septiertes dikaryotisches Mycel (Dikaryophase) mit charakteristischem Doliporus (zum Transport von Organellen) und Schnallenmycel; Zellwand aus Chitin und Xylose; Basidiosporenbildung nach Somatogamie (von zwei kompatiblen haploiden Hyphen); Karyogamie (Kernverschmelzung) und Meiose in der jungen Basidie (Basidiokarp in Fruchtkörper; hauptsächlich saprophytisch auf Streu, Holz, Stroh und Kompost in Böden; Ligninabbau und Humifizierung; Ektomykorrhizapilze

1) *incertae sedis* = noch keinem Phylum endgültig zugeordnet

Box 8.1 Mono-, para- und polyphyletische Abstammungen

Von sehr vielen Taxa wird angenommen, dass ihre heutigen Mitglieder von einem einzigen unmittelbaren gemeinsamen Vorfahren abstammen. Als monophyletisch (gr. *monophylos* = aus einem Stamm) wird somit eine Gruppe (eine **Klade**) bezeichnet, wenn sämtliche Nachkommen einer (meist hypothetischen) Stammart entspringen (z. B. Landpflanzen, Säugetiere, *Fungi*, Ascomyceten und Basidiomyceten). Vermutlich ist auch das Leben selbst auf der Erde nur *einmal* entstanden und in dem Fall monophyletischen Ursprungs. Taxa, die zwar auf einen gemeinsamen Vorfahren zurückgehen, aus denen sich aber auch andere Lebensformen entwickelt haben, werden paraphyletisch genannt (z. B. *Archiascomyceta* unter den Ascomyceten). Die Angehörigen eines paraphyletischen Taxons (gr. *para* = neben, gemeinsam) haben eine letzte gemeinsame Stammart, aber diese ist nicht nur ihnen gemeinsam. Wenn verschiedene Taxa mit gleichen (morphologischen und/oder physiologischen und molekularbiologischen) Eigenschaften mehrfach unabhängig voneinander entstanden sind, dann handelt es sich um polyphyletische Gruppen (z. B. zelluläre und plasmodiale *Myxomycota*; Nitrifikanten, Gattungen *Mucor* und *Absidia* innerhalb der *Mucorales, Mucoromycotina*). Die gemeinsamen charakteristischen Eigenschaften solcher Gruppen sind Analogien.

Analogien sind das Ergebnis **evolutionärer Konvergenz** und durch unabhängige Anpassungen an bestimmte Substrate und Umweltbedingungen entstanden (z. B. Nematoden fangende Mechanismen, Box. 8.4). Allgemein werden Entsprechungen, die nicht auf gemeinsame Abstammung zurückzuführen sind, als Homoplasie bezeichnet. Hingegen bezeichnet der Begriff Homologie ein entsprechendes Merkmal aufgrund gemeinsamer Abstammung.

Die phylogenetische Taxonomie breitet sich unter den Echten und Niederen Pilzen sowie pilzähnlichen Organismen aufgrund der nuDNA-, rDNA-, mitochondrialen und Eiweiß-Analytik (DNA-Gene von β-Tubulin, Aktin, RNA-Polymerase II Subeinheit-Gene *rpb1* und *rpb2*), der zunehmenden Informationen in Genbank und der leistungsfähigen Computerprogramme zügig aus. Phylogenetische Taxonomie ist die Bestätigung der biogenetischen Grundregel **E. Haeckels** (1834–1919), nach der die Ontogenie (Entwicklung eines Individuums) ein Zeitraffer der Phylogenie ist.

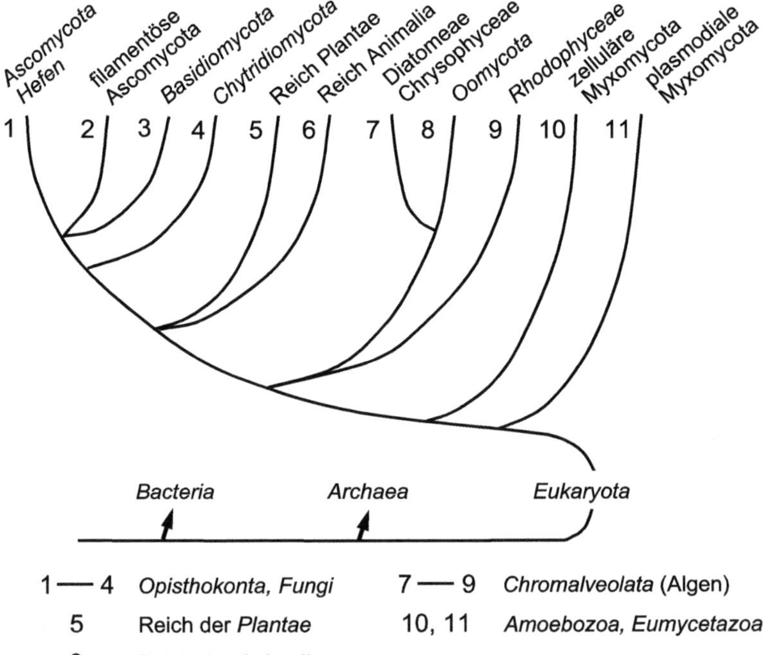

Abb. 8.2 Hypothetischer Stammbau der Eukaryoten aufgrund der molekularbiologischen Analyse von 18S-rDNA-Sequenzen. Die Längen der Äste sind willkürlich und haben keine phylogenetische Bedeutung (ergänzt nach Bruns *et al.* 1991)

Tabelle 8.4 Chemische Zusammensetzung der Zellwände einzelner Pilzgruppen (aktualisiert und ergänzt nach Schwantes 1996)

Phylum, Subphylum, Klasse, Formgruppe	Hauptkomponente der Zellwand
Acrasiomycetes (zelluläre Schleimpilze)	Cellulose – Glykogen
Myxomycetes (plasmodiale Schleimpilze)	nackte Plasmodien – ohne Zellwand
Oomycota (Ei- oder Algenpilze)	Cellulose – Glucane[1)]
Chytridiomycota (Flagellatenpilze)	Chitin[2)] – Glucane
Mucoromycotina (Jochpilze im engeren Sinne)	Chitin – Chitinosan[3)]
Glomeromycota (AM-Pilze; Kap. 18)	Chitin – Chitinosan
Ascomycota (Schlauchpilze)	Chitin – Glucane
Basidiomycota (Ständerpilze)	Chitin – Glucane
Fungi Imperfecti (*Deuteromycota*)	Chitin – Glucane

1) Glucane = Polymere aus Glucose (Cellulose)
2) Chitin = (β-1,4-*N*-Acetylglucosamin)$_n$
3) Chitinosan = teilweise depolymerisiertes und desacetyliertes Chitin

grund von molekulargenetischen Untersuchungen haben sich die ursprünglichen Phyla der *Chytridio-* und *Zygomycota* (Jochpilze) als polyphyletisch erwiesen. Teile der ehemaligen Zygomyceten (*Mucorales*) galten zudem seit langem als paraphylletisch (Box 8.1). Ein Teil der ehemaligen Jochpilze ist eng verwandt mit den Töpfchenpilzen. Infolgedessen wurden in der o. g. Taxonomie aus den ursprünglichen Chytridiomyceten vier neue Phyla (Tabelle 8.1) abgespalten und die restlichen Zygomyceten in vier Subphyla *incertae sedis* (ohne vorläufige Zuordnung zu einem Phylum) unterteilt (Tabelle 8.2). Die *Glomeromycota* (arbuskuläre Mykorrhizapilze) leben in mutualistischen Symbiosen (zum gegenseitigen Vorteil) mit Pflanzenwurzeln („Pilzwurzeln") und werden in Kap. 18 behandelt.

Die *Ascomycota* und *Basidiomycota* (Tabelle 8.3) bilden jeweils eine **monophyletische** Gruppe und werden als *Dikarya* zusammengefasst. Vermutlich sind die *Ascomycota* bereits vor mehr als 400 Millionen Jahren (im Devon) entstanden. Eindeutige Fossilien von Ascomyceten wurden jedoch bis heute nicht gefunden, sodass Beweise für die lange Phylogenie der Ascomyceten noch ausstehen.

8.4 Wie viele Pilzarten gibt es?

Im Jahre 1991 betrug die Anzahl an anerkannten Pilzarten (Spezies) etwa 76 000, verteilt über ca. 7745 Gattungen. Die meisten dieser Pilze gehörten den *Ascomycota* (ca. 33 000 Arten) und *Basidiomycota* (ca. 30 000 Arten) an (Hawksworth 1991). Der Strom an neu entdeckten und beschriebenen Pilzen nimmt kontinuierlich zu. Im Jahre 2000 wurde die Anzahl an beschriebenen Arten bereits auf 80 000 bis 100 000 geschätzt (Bridge u. Spooner 2001). Es handelt sich hierbei um isolierbare Arten und Formen mit Wachstum auf verschiedenen komplexen oder synthetischen Agarmedien. Entsprechend den Prokaryoten (Kap. 4) wird auch bei Pilzen angenommen, dass Böden global über einen gewaltigen Pool von etwa 1 bis 1,5 Millionen an bisher noch nicht beschriebenen Pilzarten verfügen. Die Anzahl der heute beschriebenen Arten dürfte allenfalls etwa 5–10% der pilzlichen Gesamtdiversität ausmachen (Hawksworth 2001, 2004). Mehrere Mykologen vermuten sogar wesentlich mehr als 1,5 Millionen Pilzarten (Moncalvo 2005). Wie bei den Prokaryoten hängt die Schätzung der Pilzdiversität auch davon ab, was unter einer Pilzart verstanden wird. Im Gegensatz zu den Prokaryoten befinden sich die kulturunabhängigen molekularbiologischen Methoden zur Bestimmung der pilzlichen Diversität in Böden noch in den Anfängen (Andersen u. Cairney 2004). Obwohl Böden im Allgemeinen als natürlicher Lebensraum und als das größte Reservoir von Pilzen betrachtet werden, stammten im Jahre 1994 von den isolierten Pilzen lediglich ca. 1200 Arten nachweislich aus **terrestrischen** Ökosystemen. Die Mehrzahl der bekannten Pilze (insbesondere der „Schimmelpilze" und Hefen) entstammt landwirtschaftlichen Produkten, Lebensmitteln, Vorräten an Nahrungsmitteln sowie Infektionen von Mensch, Tier und Pflanze. Bisher wurde nur ein Teil der bodenbrütigen Pilze katalogisiert (Domsch *et al.* 1993). Die

Kenntnisse über die qualitative Zusammensetzung der Pilze in Böden sind somit noch rudimentär und das Verständnis über die **funktionelle** und **genetische Diversität** ist entsprechend. Die (taxonomische) Diversität umfasst phänotypische, genetische und funktionelle Eigenschaften, die in komplexen Wechselwirkungen stehen. Bisher ist noch sehr wenig bekannt darüber, in wieweit die pilzliche taxonomische Diversität durch die genetische Diversität bestimmt wird. Noch weniger wurde erforscht, wie genetische und taxonomische Diversität die funktionelle Diversität von Echten Pilzen beeinflussen.

Wie die Prokaryoten (Kap. 4) besitzen auch Pilze wahrscheinlich eine hohe **multiple funktionelle Diversität** (**funktionelle Redundanz**), die bisher kaum erforscht wurde. Für die ökophysiologische Stabilität und Belastbarkeit von Böden ist die funktionelle Diversität jedoch von grundlegender Bedeutung. Der gewaltige pilzliche Genpool in Böden ist zwar noch weitgehend unerforscht, bietet aber als Reservoir von primären Metaboliten (wie Aminosäuren, Vitamine, Enzyme, organische Säuren, Glycerin, Ethanol etc.) oder **sekundären Stoffwechselprodukten** für Medizin (Antibiotika und Alkaloide) und **Biotechnologie** (Steroide) wahrscheinlich noch ungeahnte Entwicklungsmöglichkeiten, wenn einmal die vielfältigen Verwendungsmöglichkeiten der heutigen, relativ wenigen bekannten Pilze zugrunde gelegt werden. Andererseits können von sekundären Metaboliten auch Gefahren (z. B. als unbekannte Toxine, Allergene, etc.) für Mensch und Tier ausgehen, sobald neue bodenbürtige Isolate angereichert und isoliert worden sind.

8.5 Anreicherung, Isolierung und Quantifizierung

Entsprechend den Bakterien dürfte ein großer Teil der bisher unbekannten Pilze in Böden grundsätzlich als isolierbar gelten. Zahlreiche Pilze haben sehr spezifische Ansprüche und gelten infolgedessen mit den bisherigen Methoden und Agarmedien als nicht isolierbar. Auch in der Mykologie sind die üblichen komplexen Agarmedien zur Isolierung von Pilzen aus **Mycelfragmenten** und/oder **Sporen** in Bodensuspensionen sehr reich an Zuckerarten (Glucose, Saccharose, Maltose) oder an Kohlehydraten (wie Stärke, Mais-, Reis- oder Kartoffelmehl, Haferflocken, Malzextrakt), Eiweiß (in Form von Fleischextrakt und/oder Pepton) und Vitaminen (durch Zusatz von Hefeextrakt). Das Resultat ist, dass die meist oligotrophen langsam wachsenden Pilze aus Mycelfragmenten häufig von rasch ausbreitenden Generalisten aus Sporen („Schimmelpilzen") auf den nährstoffreichen nichtselektiven Medien überwuchert werden. Aber auch durch Ausspachteln von stark verdünnten Suspensionen auf verschiedenen selektiven Medien hinsichtlich Zusammensetzung, pH-Wert, Salzgehalt, Zusatz von Hemmstoffen (wie **Bengalrosa** zur Unterdrückung von Bakterien und zur Verzögerung des Wachstums von Schimmelpilzen) oder hinsichtlich des Zusatzes von **Antibiotika** (wie Streptomycin, Gentamicin und Rifampicin zur Unterdrückung von *Bacteria*) gelingt es nur in Einzelfällen, anspruchslose langsam wachsende Pilze zu fördern und die Diversität zu erhöhen. Dominante Isolate von Agarplatten gehören in der Regel zu einer relativ kleinen Gruppe von „Allerweltspilzen" der *Mucoromycotina* (früher Zygomyceten), Ascomyceten und *Fungi Imperfekti*. Insbesondere Basidiomyceten (häufig Ektomykorrhizapilze; Kap. 18) sind sehr schwierig aus Böden und Wurzeln zu isolieren.

Da sich viele Vertreter dieser Basidiomyceten als relativ tolerant gegenüber den fungiziden **Benzimidazolderivaten** (für den chemischen Pflanzenschutz) wie Benomyl, Thiophanatmethyl und Carbendazim erwiesen haben, können diese systemischen Fungizide in bestimmten Konzentrationen erfolgreich zur Isolierung von einigen Basidiomyceten und *Verticillium*-Arten (*Fungi Imperfecti*) eingesetzt werden, weil die überwiegende Mehrzahl an Pilzen aller Pilzklassen sehr empfindlich gegenüber der fungiziden Komponente Carbendazim (Methylbenzimidazolcarbamat, MBC) ist (Zak u. Visser 1996; Hirsch *et al.* 2001). MBC wird durch Wirkstoffaktivierung im Pilz freigesetzt (*„pro drug"*) und bindet sich an β-Tubulin (Grundbaustein der Mikrotubuli), wodurch die Zellteilung unspezifisch unterbunden wird (*single-site-inhibitor*).

Für die Isolierung von Spezialisten werden meist **Köder** (z. B. Papierstreifen, Chitin, Tierlosungen, vermoderte Holzpartikel, Pflanzensamen, Keimlinge etc.) am feuchten Standort oder in Petrischalen mit feuchtem Boden ausgelegt. Hingegen lassen sich Chytridiomyceten mit Pollen, Insektenpanzer (Chitin) oder Moospartikel, vermischt mit feuchten oder wassergesättigten Bodenproben (nach der Methodik von *„try and error"*), leicht anreichern und isolieren. Methoden zur systematischen Isolierung von Vertretern einzelner Pilzgruppen sind nur vereinzelt vorhanden und dann auch nur bedingt brauchbar. Sowohl zur Isolierung von Myxomyceten (Schleimpilzen) als auch von Oomyceten (Eipilzen), Chitridiomyceten (Töpfchenpilze) oder von Echten Pilzen werden nach wie vor überwiegend empirisch bewährte Köder unterschiedlichster Arten und Zusammensetzungen eingesetzt. Solche Untersuchungen ermöglichen nur Zufallsergebnisse und erlauben keine quantitativen Aussagen. Die meisten Pilze sind zwar **prototroph**, doch ein erheblicher Teil (etwa 17% der bisherigen Isolate) ist für ein oder mehrere Vitamine (Thiamin, Riboflavin, Niacin, Pyridoxin, Biotin oder Folsäure) und/oder Wachstumsfaktoren (wie Aminosäuren, Purine und Pyrimidine) **auxotroph**, sodass der Zusatz von Hefeextrakt als Quelle dieser Faktoren zu den verschiedenen komplexen Agarmedien üblich ist.

Die quantitative Bestimmung der Pilzdichte (meist von Schimmelpilzen) nach dezimaler Verdünnung von Bodenproben mit dem Koch'schen Plattengussverfahren unter Verwendung von komplexen Medien wie Malzextrakt-Agar (pH 5,4 oder 3,5), Kartoffelextrakt-Dextrose-Agar (pH 5,6), Haferflocken-Agar, oder Bengalrosa-Malzextrakt-Agar (pH ca. 5) ist leider wenig aussagekräftig, weil die kolonienbildenden Einheiten (KBEs) aus rasch keimenden Sporen und Hyphenfragmenten entstehen und kaum etwas über die **Hyphendichte** von Böden aussagen. Um die Selektivität bei der Isolierung von anspruchslosen prototrophen Pilzen aus Böden zu erhöhen, wird oft der synthetische Czapek-Dox (Saccharose-Glucose-$NaNO_3$)-Agar verwendet. Für die Vermehrung der meisten Mucuro-, Asco-, Basidio- und Deuteromyceten hat sich der komplexe Kartoffelextrakt-Dextrose-Agar bewährt. Wenn es um die Beurteilung der aktuellen pilzlichen Biomasse in Böden geht, ist nur die Bestimmung der Hyphendichte (und Gesamtlänge) von Bedeutung (Box 1.5; Kap. 2).

8.6 Ökophysiologie von Bodenpilzen

Pilze sind zum größten Teil **aerobe Organismen** mit einer Energiegewinnung (ATP-Bildung in Mitochondrien) über Cytochrome und ETP (Kap. 3). Filamentöse Pilze mit anaerobem (fermentativem) Stoffwechsel (ATP-Synthese durch SSP) sind selten. Allerdings sind fakultativ anaerobe Sprosspilze (Hefe) mit Gärungsstoffwechsel (Energiegewinnung aufgrund von SSP) in Böden weit verbreitet. Zahlreiche aerobe Pilze besitzen allerdings die Fähigkeit zur **anaeroben Atmung** (Kap. 3). Anstelle von O_2 können von sehr verschiedenen ubiquitären filamentösen Pilzen der Gattungen *Fusarium spp.*, *Cephalosporium spp.*, *Aspergillus spp.*, *Penicillum spp.*, *Trichoderma spp.* (*Fungi Imperfecti*), *Actinomucor repens* (*Mucoromycotina*) sowie von Hefen (*Candida-*, *Hansenula-*, *Rhodotorula*-Arten) alternativ auch Nitrat und/oder Nitrit (Denitrifikation) sowie Fe(III)-(Hydr)Oxide (Eisenatmung) als Elektronen-Akzeptoren eingesetzt werden. Vertreter solcher Pilze können als fakultativ anaerob gelten, wenn sie mit den genannten alternativen Elektronen-Akzeptoren wachsen können (Ottow 1969; Ottow u. von Klopotek 1969; Burth u. Ottow 1983; Ottow *et al.* 1985; Malinowski u. Ottow 1991; Shoun *et al.* 1992). Wahrscheinlich sind anaerobe Atmungen unter Pilzen viel weiter verbreitet als hier angedeutet, weil energetisch und ökophysiologisch sinnvoll.

Hefen sind ökophysiologisch sehr versierte Organismen, weil sie sowohl **aerob** (ETP mit O_2 als Elektronen-Akzeptor) als auch fakultativ **anaerob** (ohne O_2) mittels **Gärungen** (ATP-Synthese durch SSP) und **anaerober Atmungen** (Denitrifikation, Eisenatmung) wachsen können (Kap. 3). *Fusarium oxysporum* scheint besonders versiert zu sein, weil dieser Pilz nicht nur Nitrat, Nitrit und Fe(III)-Verbindungen als alternative Elektronen-Akzeptoren in anaeroben Atmungen einsetzen kann, sondern zudem verschiedene organische H-Donatoren unter anaeroben Bedingungen mit Nitrat zu Acetat und Ammonium zu **vergären** (mit SSP) vermag (**Ammonium-Fermentation**) (Zhou *et al.* 2002).

Obligat anaerobe Pilze sind die Ausnahme. Als Beispiel können bestimmte cellulosehydrolysierende und -vergärende Pilze der *Neocallimastigomycotina* angeführt werden, die im Pansen von Wiederkäuern pflanzliche Nahrung (Gras) aufschließen und fermentativ verwerten (*Neocallimastix-*, *Orpinomyces-*, *Piromyces*-Arten) (Tabelle 8.1). Die von vielen Echten Pilzen gebildeten und ausgeschiedenen organischen Säuren wie Milchsäure (durch *Rhizopus*-Arten, *Mucuromycotina*), Bernsteinsäure, Fumarsäure oder Apfelsäure (von verschiedenen Vertretern der *Mucuromycotina*), Gluconsäure (*Aspergillus-* und *Penicillium*-Arten), Oxalsäure, Citronensäure und Itaconsäure (Stämme von *Aspergillus niger*) sind keine Fermentationsprodukte, sondern Metabolite **unvollständiger Oxidationen** infolge relativ hoher Ausgangskonzentrationen an Zuckern (Glucose, Saccharose) und Kohlenhydraten (Pulpe) oder bestimmter enzymatischer Engpässe in der Glykolyse oder im TCC (ungünstige pH-Bedingungen, Mangel an Spurenelementen wie Cu, etc.). Diese organischen Säuren werden heute industriell in belüfteten „Fermentern" unter Verwendung selektierter Pilzstämme hergestellt. Da es keine Gärungsprodukte sind, ist die Bezeichnung „oxidative Gärungen" falsch (da widersprüchlich) und irreführend. In Böden kann die Akkumulation solcher organischer Säuren durch „Zuckerpilze" (der *Mucuromycotina* und von Schimmelpilzen der Ascomyceten und *Fungi Imperfecti*) nach Einarbeitung kohlenhydratreicher Substrate (Stroh, Molasse, Trester) zwar stattfinden, doch ist das Phänomen durch die synthrophen Lebensgemeinschaften zeitlich und räumlich sehr begrenzt und somit kaum von allgemeiner Bedeutung. Milchsäure (Lactat) kann in Böden nicht zuletzt im fakultativ anaeroben Stoffwechsel von einigen Niederen Pilzen wie *Allomyces*-Arten (*Chytridiomycota*) und *Blastocladiella*-Arten (*Blastocaldiomycota*) gebildet werden.

8.7 Ribosomale Gene als Marker

Die phylogenetische Zuordnung von unbekannten Pilzsequenzen in extrahierten rRNA-Mischungen aus Böden steht methodisch noch in den Anfängen (Anderson u. Cairney 2004). Die gleichen Schwierigkeiten, wie sie bei der Extraktion, Reinigung und Zuordnung von prokaryotischen DNA- und rRNA-Extrakten bestehen (Kap. 4), gelten auch für die Pilze (Van Elsas *et al.* 2000). RNA ist ein instabiles Molekül und deren Analyse technisch aufwändig. Deshalb arbeitet man in der Praxis fast immer mit den Genen der rRNA, d. h. mit rDNA, und leitet davon die Sequenz der rRNA ab. Pilzliche Diversitätsuntersuchungen können mithilfe von **nucleären ribosomalen Genen** erfolgen, weil das ribosomale Operon in Clustern organisiert ist. Diese setzen sich zusammen aus RNA-Genen für die

- kleine Untereinheit (16S- bis 18S-rRNA-Untereinheit = *small subunit*, SSU),
- große Untereinheit (26S- oder 28S-rRNA-Untereinheit = *large subunit*, LSU) 5,8S-rRNA

(White *et al.* 1990; Bruns *et al.* 1991; Bridge u. Arora 1998). Diese ribosomalen Gene sind Bestandteil eines **Basis-Clusters**, welches tandemartig in vielen Kopien im Genom vorliegt (Abb. 8.3). Die Gene der 18S-, 5,8S- und 28S-rRNA liegen jeweils direkt hintereinander und werden gemeinsam von der RNA-Polymerase I abgelesen. Auf DNA-Ebene werden die Gene einer Transkriptionseinheit von zwei sogenannten *internal transcribed spacer* (ITS1 und ITS2) unterbrochen und gemeinsam von einem *external transcribed spacer* (ETA) angeführt. Die ITS-Regionen werden während der Transkription herausgespleißt. Zwischen jedem Cluster des tandemartig wiederholten Abschnitts liegt ein nicht transkribierter Abstandshalter (*non-transcribed spacer;* NTS) (Mitchell u. Zuccaro 2006). Diese 18S-, 5,8S- und 28S-Gene sowie die ITS-Sequenzen bilden das Rückgrat für die Identifizierung von amplifizierten rDNA-Signalen. Innerhalb des rRNA-Basis-Clusters sind die Gene der 18S-rRNA und 26/28S-rRNA sowie der IST-Region samt 5,8S-rRNA die Zielsequenzen, die am häufigsten in ökologischen Untersuchungen eingesetzt werden. Eine vielversprechende Methode zur Analyse der pilzlichen Diversität in Böden umfasst Oligonucleotid-Sonden von rRNA-Genen (*oligonucleotide fingerprinting of rRNA-genes* = OFRG) entsprechend den Gensonden für Populationen aus Prokaryoten (Valinsky *et al.* 2002). Es gelten für die Analyse von pilzlichen Lebensgemeinschaften die gleichen Einschränkungen und technischen Probleme wie für die Bakterien in Böden (Kap. 4).

Die kleine 16S- bis 18S-Untereinheit(SSU)-rRNA ist am **stärksten konserviert,** kann aber erfahrungsgemäß nur wenig über das Familienniveau hinaus zur Differenzierung von rDNA-Klonen beitragen. Das

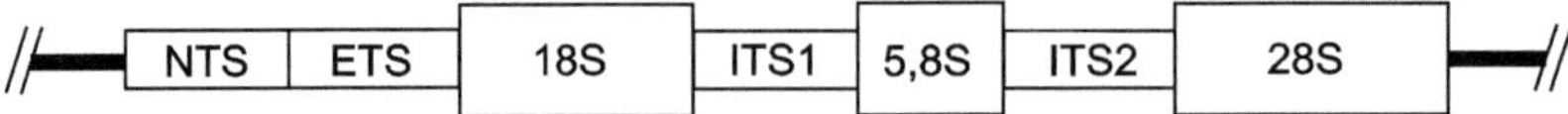

Abb. 8.3 Das ribosomale Operon (Basis-Cluster) von Eukaryoten (Pilzen). Solche Transkriptionseinheiten liegen als tandemartige Wiederholungseinheiten (*repeats*) in großer Zahl vor und bilden die eigentliche rDNA. Jede Einheit wird von zwei *internal transcribed spacer* (ITS) getrennt und gemeinsam von einem *external transcribed spacer* (ETS) angeführt. Aufeinander folgende Tandem-Einheiten werden durch *non-transcribed spacer* (NTS) abgegrenzt (Mitchell u. Zuccaro 2006)

nucleäre LSU-rRNA-Gen ist variabler. Es besitzt ausreichend Variabilität, um Sequenzen auf dem Gattungsniveau zu unterscheiden. Im Allgemeinen sind die 18S-, 5,8S- und 26/28S-Regionen konservierter als die transkribierten *Spacer,* welche aber konservierter sind als die nicht transkribierte Region (NTS). In der Praxis werden die 18S-rRNA-Moleküle zur Einordnung auf das Niveau von Phylum bis Familie verwendet, während die Variabilität in 28S-rRNA-Sequenzen mehr zur Trennung im Bereich von Familie bis Gattung geeignet ist. Um extrahierte Nucleinsäuren auf dem Niveau von Arten (Spezies) und Stämmen zu identifizieren, ist jedoch eine größere Variabilität erforderlich. Die ITS-Regionen 1 und 2 besitzen die **größte Sequenzvariabilität** in diesem ribosomalen Cluster. Diese Bereiche, welche die funktionellen Einheiten trennen, unterliegen einem sehr viel geringeren Selektionsdruck als die dazwischenliegenden funktionellen rRNAs. Infolgedessen ist hier eine größere **Sequenzdiversität** zu finden, die sich für Analysen auf taxonomischer Ebene besonders eignet (Weider *et al.* 2005).

Die stark variable Natur der sich rasch entwickelnden rDNA-*Spacer* ist Ursache dafür, dass die ITS-Regionen bevorzugt zur Identifizierung von Pilzarten und -stämmen in extrahierter rDNA aus Böden eingesetzt werden (Ranjard *et al.* 2001; Wuczkowski *et al.* 2003; Martin u. Rygiewicz 2005; Anderson u. Parkin 2007). ITS-Regionen werden heute erfolgreich verwendet, um Sequenzen (über BLAST-Homologien-Forschung) auf dem **Art-Niveau** zu identifizieren. Aus vier Gründen ist die ITS-Region besonders zweckdienlich für die molekulare Charakterisierung von Pilzsequenzen. Erstens ist die ITS-Region relativ kurz (500-800 bp) und kann bequem unter Einsatz von universalen Primer-Paaren, die komplementär zu den konservierten Regionen sind, mit der PCR amplifiziert werden. Zweitens machen es die zahlreichen Kopien der rDNA einfach, die ITS-Region auch aus kleinen, verdünnten oder abgebauten Proben zu amplifizieren. Drittens ist die ITS-Region unter bestimmten Pilzarten sehr variabel. Viertens können ITS-Regionen aus spezifischen Proben mit der PCR schnell amplifiziert werden, ohne die Notwendigkeit, zunächst eine chromosomale DNA-Bibliothek aufbauen zu müssen. Viele Forscher haben Sequenzen aus der ITS-Region selektiert, um artspezifische Proben herzustellen, weil die Sequenzen in zahlreichen Kopien vorliegen und dazu neigen, innerhalb von Pilzarten sehr ähnlich oder auch variabel zu sein (Bridge u. Arora 1998; Villa-Carvajal *et al.* 2006).

Hingegen sind die transkribierten *Spacer* ebenso wie die ITS-Regionen als **phylogenetische Marker** ungeeignet, weil sie einem begrenzten Selektionsdruck ausgesetzt sind und infolgedessen häufiger mutieren. Die Variabilität wird hier der Anwesenheit von Indels (Insertionen oder Deletionen) und nucleotiden Substitutionen zugeschrieben. Das häufige Vorkommen von Indels und die entstandenen Längenpolymorphismen können die phylogenetische Analyse schwierig gestalten (Bruns 2001).

8.8 Primer-Wahl

Die PCR-Primer für die Zuordnung von Pilzsequenzen werden aus konservierten Regionen gewählt. Weil die funktionellen rRNAs sehr stark konserviert sind, lassen sich relativ leicht Primer für eine Amplifikation ableiten, die auf mehrere Taxa passen. Allerdings können insbesondere die nucleären SSU-Primer auch Sequenzen von Pflanzen, Tieren und Protozoen in Bodenextrakten amplifizieren (Zuccaro *et al.* 2003). Bei Verwendung der 18S-rDNA-Primer nu-SSU-0817 und nu-SSU-1196 erwiesen sich beispielsweise 35 der 50 sequenzierten Klone als Vertreter von Boden-Invertebraten. Ursache ist offenbar die große Ähnlichkeit der pilzlichen 18S-rRNA-Gensequenzen mit Sequenzen anderer Eukaryoten. Hingegen scheinen die nLSU- und ITS-Primer spezifischer für Pilze zu sein, obwohl auch hier Fehlschlüsse möglich sind (Anderson *et al.* 2003). Inzwischen sind zahlreiche PCR-Primer bekannt, die rDNA aus einer breiten Gruppe von taxonomisch unterschiedlichen Pilzen amplifizieren können, doch haben sich bisher nur wenige aufgrund unzureichender Selektivität zur Bestimmung einer breiten **pilzlichen Diversität** in Bodenextrakten als geeignet erwiesen (Anderson *et al.* 2003). Andererseits kann das taxonomische Auflösungsvermögen von 18S-rDNA nicht ausreichend sein, um Arten und Stämme von Pilzen zu identifizieren (Smith *et al.* 1999).

Um pilzliche ITS-Regionen spezifisch und ohne Co-Amplifikation von pflanzlicher rDNA zu amplifizieren, wurden die Primer ITS1-F und ITS4-B entworfen. Mit diesen *„plant-excluding"* Primern ITS1-F und ITS4-B können zwar pilzliche ITS-Sequenzen selektiv erfasst werden, doch erwiesen sich diese Primer spezifisch für rDNA aus Basidiomyceten (Martin u. Rygiewicz 2005). Es kann kaum erwartet werden, dass sich Primer finden, welche die gesamte Pilzbreite der Echten Pilze amplifizieren können, sodass mit gruppenspezifischen Primern gearbeitet werden muss.

ITS-Regionen von pilzlichen rRNA-Genen sind zwar primär zur Identifizierung von **Arten** und zur Unterscheidung von **Stämmen** innerhalb von Arten geeignet, doch kann damit offenbar auch die Zusammensetzung von pilzlichen Lebensgemeinschaften in Böden und Streu analysiert werden. So gelang es, allein durch Analyse von ITS-Sequenzen, 412 Bodensequenzen innerhalb der *Ascomycota* und *Basidiomycota* zuzuordnen (Buchan *et al.* 2002). Zahlreiche Sequenzen entsprachen zwar bekannten pflanzenpathogenen und saprophytischen Pilzen, doch wurde auch eine große Anzahl von unbekannten Sequenzen nachgewiesen (O'Brien *et al.* 2005). Zahlreiche molekulargenetische Untersuchungen haben inzwischen die große Anzahl an unbekannten Pilzen in Böden und Rhizosphäre bestätigt. Die meisten Sequenzen können jedoch (noch) nicht zugeordnet werden, weil Referenzsequenzen fehlen. Obwohl inzwischen etwa 16 000 Sequenzen pilzlicher „Spezies" in **Genbanken** zur Verfügung stehen, ist diese Anzahl zu gering, um die Mehrzahl an neuen Sequenzen von unbekannten Bodenpilzen sicher zuordnen zu können. Angenommen, es gäbe heute 100 000 beschriebene und anerkannte Pilzarten, dann würden die Sequenzen in der Genbank etwa 16% bilden. Dies dürfte wahrscheinlich einer groben Überbewertung entsprechen (Hawksworth 2004). Einmal angenommen, dass bis zu 20% der abgegebenen pilzlichen Sequenzen nicht richtig identifiziert wurden (Bridge *et al.* 2003), dann ließe sich diese Überbewertung auf diese Weise erklären.

Die Frage, ob die taxonomische Zusammensetzung der großen unbekannten pilzlichen Diversität in Böden mit molekulargenetischen Methoden geklärt werden kann, lässt sich vorläufig nicht eindeutig beantworten. Erstens bestehen bei der Extraktion, Reinigung und Amplifizierung noch mehrere grundlegende molekularbiologisch-methodische Schwierigkeiten. Zweitens werden für die Identifizierung und Einordnung in Gattungen und Arten Bezugsorganismen benötigt, die noch nicht in ausreichendem Maße zur Verfügung stehen. Auch wenn jedes Jahr etwa 100 neue Pilzarten (mit steigender Tendenz) sequenziert und in der Genbank deponiert werden, dann steht diese Zahl in keinem Verhältnis zu den etwa 1800 neuen Pilzen, die jährlich auf klassische Art isoliert, beschrieben und publiziert werden. Sogar die Automatisierung von molekulargenetischen und biochemischen Analysen dürfte daran in absehbarer Zeit kaum etwas ändern (Hawksworth u. Rossmann 1997).

Im Gegensatz zu den Prokaryoten ist die Verwendung von Sequenzdaten aus Böden durch die relativ geringe Anzahl an verfügbaren Referenzdaten zum Abgleich in der Genbank noch sehr begrenzt, sodass eine taxonomische Einordnung von neuen Isolaten zurzeit noch problematisch ist. Eine weitere Einschränkung von molekulargenetischen Analysen ist die fehlende Differenzierung von DNA/RNA-Material aus toten und physiologisch aktiven Pilzen, wodurch eine zuverlässige Aussage über die vitale pilzliche Diversität noch nicht möglich ist. Eine Möglichkeit, um die pilzliche Aktivität in Beziehung zur Diversität zu setzen, besteht darin, jene Gene (oder ihre Produkte) als Ziel auszuwählen, die direkt in ökophysiologischen Prozessen beteiligt sind. Viele eiweißcodierende Gene zeigen mehr Variabilität in ihrer Sequenz als die rRNA-Gene, die sich vergleichsweise langsam entwickeln. Durch Extraktion von mRNA-Transkriptionen aus Böden ließe sich die Pilzaktivität direkt bewerten. Transkriptionen für Lignin-Peroxidasen, Cellobiohydrolasen und β-Tubulin (Grundbaustein der Mikrotubuli) wurden bereits in Böden und Holz nachgewiesen. Wenn es gelingt, solche Transkriptionen in Böden quantitativ zu verfolgen, dann könnten wertvolle Informationen über die Pilzbesiedlung, Substratwahl und Signalwirkungen in den Lebensgemeinschaften erhalten werden. Die Ermittlung einzelner funktioneller Gruppen und ihrer metabolischen Aufgaben in komplexen Lebensgemeinschaften ist erforderlich, um verstehen zu können, warum die Diversität so groß sein muss (Mitchell u. Zuccaro 2006).

8.9 Polyphasische Charakterisierung neuer Isolate

Für die Identifizierung von filamentösen Pilzen und Hefen gibt es kein einheitliches Verfahren. Viele filamentöse Pilze und Hefen sind cytologisch und morphologisch so charakteristisch, dass eine taxonomische Einordnung aufgrund dieser Eigenschaften möglich ist, wenn der Untersucher über grundlegende Kenntnisse und Erfahrungen verfügt. Für eine zuverlässige Identifizierung und phylogenetische Charakterisierung von neuen unbekannten Isolaten aus Böden ist ein **po-**

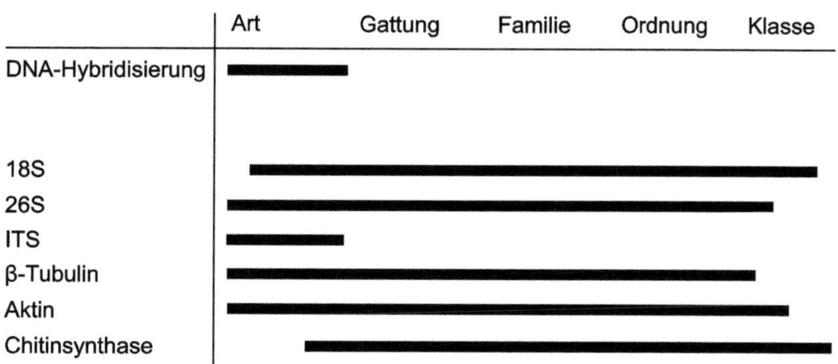

Abb. 8.4 Phylogenetische und taxonomische Einordnung von Pilzisolaten aufgrund von genotypischen Methoden (DNA-Hybridisierung, Sequenzierung von rRNA-Partialsequenzen, ITS-Regionen und verschiedenen Protein-Genen von diagnostischer Bedeutung). Für die Identifizierung von Pilzarten und -stämmen haben sich die DNA-Hybridisierung und die variablen ITS-Regionen bewährt. Für die taxonomische Einordnung von Pilzisolaten sind zudem morphologisch-physiologische und genetische Merkmale erforderlich

lyphasischer Ansatz erforderlich. Durch rDNA-Sequenzanalysen können auf Art-, Gattungs- und Ordnungsniveau Unterschiede gefunden und für Stammbaumanalysen verwendet werden. Dieser polyphasische Ansatz (Abb. 8.4) besteht aus

- klassischen morphologischen (Mikroskopie) und physiologischen Untersuchungen (Reinkulturen),
- Analysen und Abgleich von Partial- (oder Gesamt)-Sequenzen der 18S-, 26S/28S-Regionen,
- Abgleich von ITS-Regionen,
- DNA-Hybridisierung mit bekannten Arten, und
- Identifizierung von DNA-Genen für charakteristische Proteine (Aktin, β-Tubulin, Calmodulin, Elongationsfaktor, Chitin-Synthase, etc.).

Die kleinen 5,8S-rRNAs liefern aufgrund ihrer geringen Nucleotidanzahl zu wenig taxonomische Information, deshalb wird bei Pilzen vorwiegend mit 18S-rRNAs gearbeitet, zumal diese Sequenzdatenbanken zurzeit in der Genbank die umfangreichsten sind. Zu bedenken ist allerdings, dass es auf der Basis einer rRNA-Analyse alleine nicht möglich ist, einen neuen Pilz einzuordnen oder zu definieren (vgl. Kap. 4). Die Identifizierung von DNA-Genen für **Aktin**, **β-Tubulin**, **Calmodulin** und **Ef-Tu** sichert die Zugehörigkeit zu bestimmten Pilz-Phyla; der Nachweis der **Chitin-Synthase** ist zudem charakteristisch für alle Echte Pilze. β-Tubulin ist ein proteincodierendes DNA-Gen mit sowohl variablen als auch hoch konservierten Regionen und wird erfolgreich zur phylogenetischen Analyse von Pilzen und zur Differenzierung von Pilzstämmen eingesetzt (Down 2002).

8.10 Funktionen der Pilztaxa in Böden

8.10.1 *Myxomycota* (Schleimpilze)

Die *Myxomycota* umfassen drei Klassen (Swanson u. Spiegel 2002) und zwar die

- *Acrasiomycetes* (**zelluläre Schleimpilze**; *Dictyostelia*; etwa 50 Arten). Durch Zusammenkriechen von zellwandlosen Myxamöben (aus Sporen) bildet sich ein haploides Aggregationsplasmodium ohne Verschmelzen der Zellen. Die zellulären Schleimpilze sind typische Bewohner von Böden und Sedimenten, die bei Trockenheit Zysten bilden können. Im Labor wurde das Aggregationsverhalten von *Dictyostelium discoideum* (*Amoebina*) eingehend untersucht. Diese Nacktamöbe vermehrt sich durch Teilung und ernährt sich hauptsächlich von der mikrobiellen Biomasse auf zersetzendem Holz.
- *Myxomycetes* (echte **plasmodiale Schleimpilze**; *Myxogastria*; ca. 900 Arten). Das vielkernige Plasmodium entsteht durch spontane Fusion von diploiden Amöbenzygoten, die durch paarweise Verschmelzung von Schwärmern oder Myxamöben (ohne Geißel) entstanden sind. In der Reife bildet das Plasmodium **Sporophoren** mit **Sporocarpien** aus. Bei verschiedenen Arten von *Lamproderma* sind inzwischen mehrere Primer bekannt, mit denen die ITS-Regionen amplifiziert werden können, um Arten zu differenzieren. Aufgrund der Unterschiede in den ITS-Sequenzen wird es in Zukunft möglich

werden, phylogenetische Verwandtschaften zwischen Arten nachzuweisen (Martin *et al.* 2003). Vor allem Vertreter der Unterklasse *Myxogastromycetidae* (Innensporer) sind weit verbreitete Bodenbewohner. Ihre bisherige taxonomische Unterteilung aufgrund der Sporenfarbe wurde durch rRNA-Untersuchungen als konserviertes Merkmal bestätigt (Fiore-Donno *et al.* 2005).

- *Plasmodiophoromycetes* (**parasitische Schleimpilze**; ca. 100 Arten). Es sind obligate Endoparasiten auf höheren Pflanzen, Farnen, Algen und Pilzen. Ihre Stellung zu den o. g. zwei Klassen ist nach wie vor unsicher und umstritten, weil sie nichtphagotroph sind. Aufgrund von molekularbiologischen Analysen werden die parasitischen Schleimpilze nicht mehr zu den *Amoebozoa*, sondern zu den *Rhizaria* (*Cercozoa*) eingeordnet (Adl *et al.* 2005). Im Entwicklungscyclus dieser parasitären Schleimpilze bestehen zwei Plasmodienphasen. In Böden befindet sich ein haploides Plasmodium, das Dauersporen mit einer **Zellwand aus Chitin** bildet. Nach Keimung haftet die zweigeißelige Zoospore an einem Wurzelhaar fest und dringt mit einem Stachel in das Wurzelgewebe des Wirtes ein. Der nackte Protoplast ernährt sich vom Wirtscytoplasma, und wächst intrazellulär zu einem vielkernigen Plasmodium heran, das durch Wucherungen zu Wurzelverdickungen führen kann.

Allen Schleimpilzarten ist die amöboide und mobile plasmodiale Lebensweise in der vegetativen Lebensphase ihres Lebenscyclus gemeinsam.

Lebensraum und Ernährung. Zelluläre und plasmodiale Schleimpilze sind charakteristische Bodenbewohner und besiedeln besonders feuchte und nasse Blätter, Streuauflagen, vermodertes Holz und Baumstümpfe. Sie ernähren sich dort heterotroph durch Phagoytose von Prokaryotenfilmen, Pilzhyphen und -sporen, Protozoen, Algen- und Hefezellen sowie von zersetzten organischen Partikeln. Populationsdichten von zellulären Schleimpilzen (z. B. *Dictyostelium mucoroides*) schwanken entsprechend der Entwicklung von Prokaryoten im Jahresverlauf. Die Populationsdichten an Myxomyceten sind offenbar sehr stark vom Angebot an Prokaryoten abhängig. Myxomyceten gelten hauptsächlich als **Prädatoren** (Räuber) von Bodenbakterien und anderen -mikroorganismen. Infolgedessen tragen diese pilzähnlichen Organismen im Wesentlichen indirekt über den Konsum der mikrobiellen Biomasse zu den Mineralisationsprozessen in Oberböden bei. Andererseits funktionieren die amöboiden zellwandlosen Schleimpilze selbst als bevorzugte Nahrungsgrundlagen für verschiedene andere Organismen. So werden Myxamöben (Myxoflagellaten) und die schleimigen Überzüge (Plasmodien) gerne von Schnecken, Insekten, Nematoden und anderen Bodentieren konsumiert und bilden infolgedessen wichtige Glieder in den komplexen Nahrungsketten und -netzen von Böden.

8.10.2 *Chytridiomycota* (Töpfchen- oder Flagellatenpilze)

Die aeroben Chytridiomyceten oder Flagellatenpilze (aufgrund der uniflagellaten Zoosporen) sind mikroskopisch kleine Organismen, deren Thalli, soweit sie endobiotisch (innerhalb von Wirtsorganismen) vorkommen, noch ein kurzes **zellwandloses** Stadium durchlaufen (Tabelle 8.1). Die epibiotischen Formen haben Zellwände aus Chitin und bilden **hyphenartige Rhizoide** aus. Sie besitzen kein Mycel. Entsprechend den Echten Pilzen verläuft die Synthese von Lysin und Tryptophan über den Aminoadipinsäure-Weg. Chytridiomycetenähnliche Pilze wurden schon im Kambrium vor ca. 505 Millionen Jahren in Schalen von Meerestieren nachgewiesen.

Lebensraum und Ernährung. Töpfchenpilze sind in Böden weit verbreitet (Tabelle 8.5), wo sie saprophytisch an den Mineralisationsprozessen von feuchten und nassen Pflanzenresten und Tierkadavern beteiligt sind (Klein 2007). Sie gelten als Primärbesiedler von Pflanzen- und Tierresten, die den Abbau für andere

Tabelle 8.5 Gesamtdichte (MPN in Thalli pro Gramm TB) an Töpfchenpilzen (Chitridiomyceten) insbesondere an *Spizellomyces*-Arten in einem unterschiedlich bewirtschafteten Phaeozem (Steppenboden) der USA (Lozupone u. Klein 2002)

Bewirtschaftungsweise	MPN × 10^2 × g^{-1} trockener Boden (TB)	
	Gesamtdichte Töpfchenpilze	*Spizellomyces*-Arten
Graslandnutzung	13	1,4
Grasland, N-gedüngt	8,8	4,7
Ackernutzung	46	6,7
Ackernutzung, N-gedüngt	32	4,7

Mikroorganismen vorbereiten. Im Gegensatz zu den Echten Pilzen können sich diese Niederen Pilze durch ihre begeißelten Schwärmer aktiv in Wasserfilmen und im Porenwasser fortbewegen und neue Substrate über die Porosphäre besiedeln. Eine breite Palette von polymeren organischen Substanzen wie Hemicellulose, Cellulose, Chitin, Keratin und anderen Substanzen kann aerob mineralisiert werden. Zahlreiche Arten leben jedoch parasitisch auf oder in Pflanzen, Algen, Cyanobakterien, Echten Pilzen, Protozoen, Räder- und Bärtierchen sowie auf höheren Tieren (Insekten, Amphibien). Mit feinen fädigen Hyphen, meist aber nur mit **Rhizoiden**, dringen sie in das befallene Gewebe ein. Durch Ausscheidung extrazellulärer hydrolytischer Enzyme werden die Polymere aufgelöst und die löslichen Metabolite über die Zellmembranen aufgenommen. Töpfchenpilze sind somit intensiv am Stoffkreislauf in Streuauflagen von Böden beteiligt, wenngleich diesbezüglich bisher wenig tiefgehende Untersuchungen gemacht wurden. Als Forschungsobjekt dient vielfach *Synchytrium brownii* (ohne Rhizoide). *Synchytrium endobioticum* (Kartoffelkrebs) und *Olpidium brassica* (Umfallkrankheit von Kohl, Tomate und Salat) sind weit verbreitete Krankheiten von Kulturpflanzen.

Chytridiomyceten lassen sich durch das Auslegen sehr verschiedener Köder wie Insektenpanzer, Chitin, Papierstreifen, Cellophan, Moospartikel, Pollen, Keratin, Schlangenhaut etc. im Gelände, in Petrischalen mit nassem Boden oder in Nährlösungen anreichern, mikroskopisch identifizieren und auf Agar isolieren. *Batrachochytrium dendrobatidis* verursacht eine tödliche **Chytridiomykose** bei Amphibien und wird für die aktuelle epidemische Verringerung von Amphibien (Fröschen) in bestimmten (tropischen und subtropischen) Regionen der Welt verantwortlich gemacht.

Vermutlich wurde bisher nur ein sehr geringer Teil der Gesamtbiodiversität an Töpfchenpilzen aus Böden isoliert. Noch weniger ist über die ökologischen Ansprüche und enzymatischen Ausstattungen einzelner Arten in Böden bekannt. Hier besteht ein dringender Forschungsbedarf.

8.10.3 *Mucoromycotina* (Joch- oder Zygosporenpilze)

Die traditionelle Gruppe der Zygomyceten war polyphyletisch (James *et al.* 2006). Aufgrund molekularbiologischer rDNA-Analysen und morphologischer Eigenschaften (Sporenform, ungeschlechtliche Vermehrung, Vorkommen von Septen sowie Lebensweise) wurden die acht Klassen des ehemaligen Phylums *Zygomycota* in vier Subphyla aufgeteilt (Tabelle 8.2), von denen die *Entomophthoromycotina* und *Zoopagomycotina* im Wesentlichen Parasiten (Endosymbionten) sehr verschiedener Tiere sind. Von großer Bedeutung für die heterotrophen Stoffumsetzungen in Böden und Rhizosphären sind vor allem Vertreter der *Mucoromycotina* (insbesondere der Ordnung *Mucorales* und *Endogonales*). Organismen der letztgenannten Ordnung spielen auch als **Mykorrhizapilze** von Pflanzen eine wichtige Rolle in der Pflanzenernährung auf marginalen Böden (Kap. 18).

Die meisten *Mucoromycotina* (Jochpilze im engeren Sinne) sind als typische saprophytische Bodenbewohner weltweit verbreitet (Tabelle 8.2). Verschiedene Arten leben zudem parasitisch auf Pflanzen, Tieren (Amöben, Insekten, Nematoden, Tausendfüßlern, Krebstieren) und anderen Echten Pilzen. Insgesamt gibt es etwa 1000 beschriebene Arten, doch ihre Biodiversität dürfte weitaus größer sein. Die meisten beschriebenen Arten stammen aus Nahrungsmitteln (Brot, Marmelade, Getreideprodukte, Getränke, Obst etc.) und sind vor allem durch die Schimmelpilzgattungen *Mucor* (Köpfchenschimmelpilz) und *Rhizopus* (mit charakteristischen Rhizoiden an den buscheligen Sporocystophoren) bekannt geworden.

Charakteristische phänotypische Kennzeichen von Jochpilzen sind:

- ein zönocytisches (= unseptiertes) vielkerniges haploides Mycel (ausgenommen Sporangien), welches Stolonen (Luftmycel) mit asexuellen Sporangiosporen oder Conidiosporen (Conidien) bilden kann,
- eine geschlechtliche Vermehrung durch jochartige Brückenbildung und Fusion (Plasmogamie) von (homo- oder heterothallischen) Gametangien (Suspensoren) unter Bildung von dickwandigen dunkelgefärbten **Zygosporen (Teleomorphen)** mit anschließender Karyogamie (Kernverschmelzung, diploide Phase) und sofortiger Reduktionsteilung (Meiose) im Zygosporangium (zygotischer Kernphasenwechsel). Die Zygote keimt meist mit einem Meiosporangium, das unbewegliche haploide Sporen freigesetzt,
- ungeschlechtliche Fortpflanzungsstrukturen (**Anamorphen**), die unbewegliche Sporen entweder

endogen als Sporangiosporen (in Sporangien) oder exogen als Conidiosporen (an Conidiophoren) bilden. Es sind diese asexuellen Sporen, die im Wesentlichen für die weite Verbreitung der *Mucoromycotina* mit Wind und Wasser sorgen.

Taxonomie und Lebensweisen. Die *Mucorales* (lat. *mucor* = Schimmel) stellen die größte und wichtigste Ordnung der *Mucoromycotina*. Die *Mucorales* umfassen „Schimmelpilze", die mit einem stark verzweigten unseptierten Substratmycel unter Bildung von sich rasch ausbreitenden **Stolonen** (Luftmycel) mit Haftorganen (Rhizoiden) bevorzugt energiereiche organische Substrate (Kohlenhydrate) besiedeln (Box 8.2). Diese werden von einem watteartigen Mycel (Schimmel) überzogen. Die Ordnung der *Mucorales* umfasst zahlreiche Zuckerpilze der Gattungen *Rhizopus* (Brotschimmel), *Absidia*, *Actinomucor*, *Mucor*, *Mortierella*, *Rhizomucor*, *Phycomyces* etc. Sie wachsen bevorzugt auf zucker- und kohlenhydratreichen Pflanzenresten in Böden sowie auf Getreideprodukten und Obst (Schimmelpilze, Box 8.2). Wenn energiereiche Pflanzenreste wie Stroh, Holzspäne, frischer Kompost, Trester, etc. in den feuchten Boden eingearbeitet werden, vermehren sich die rasch wachsenden *Mucorales* explosionsartig und durchziehen das Substrat mit einem dichten Hyphengeflecht unter Bildung zahlreicher Stolonen („verschimmeln"). Der erste Angriff auf die Kohlenhydrate erfolgt mit extrazellulären hydrolytischen Enzymen, die lösliche Metabolite freisetzen. Diese werden auch von synthrophen Begleitorganismen rasch mitverwertet. Zuckerpilze sind jedoch *nicht* cellulolytisch aktiv. Vertreter der *Mucorales* sind stets reichlich in Böden vorhanden und gehören als Opportunisten zu den r-Strategen (Kap. 1). Auch bei der Kompostierung von feuchten organischen Abfällen (aus der „grünen Tonne", Gemüsereste, Grasschnitt) kommt es zeitweise zur raschen Vermehrung von Zuckerpilzen. Vertreter der *Mucorales* gehören zusammen mit zahlreichen Ascomyceten und *Fungi Imperfecti* in der Anfangsphase der Kompostierung zu der charakteristischen Mykoflora.

Endogonales. Es sind typische saprophytische Jochpilze in Böden, deren **Hypnozygoten** (Zygosporen) nicht direkt aus den verschmelzenden Gamocysten entstehen, sondern im Boden apikal aus Kopulationsbrücken herauswachsen. Die diploiden Hypnozygoten werden von haploiden Hyphen umhüllt, sodass einfache unterirdische Fruchtkörper (Sporocarpien) entstehen. Die ursprüngliche charakteristische Gattung *Endogone* wurde bereits 1809 errichtet und im Jahre 1922 aufgrund der Ähnlichkeit ihrer Sporen gemeinsam mit jenen der Gattung *Glomus* zu der Familie der *Endogoneae* (beachte die Schreibweise) zusammengeführt. Im Jahre 1990 wurden die Gattungen *Endogone* und *Glomus* in eine neue Klasse der *Glomales* aufgenommen. Die überwiegende Mehrzahl der Vertreter dieser *Glomales* bildet jedoch ausschließlich **asexuelle Sporen** (Blastosporen). Infolgedessen können sie nicht zu den Jochpilzen gerechnet werden, zumal es obligate Symbiosepartner mit den Wurzeln zahlreicher (Kultur-) Pflanzen (Angiospermen) sind (Endomykorrhiza; Kap. 18). In den Wurzelzellen (Endodermis) bilden die Hyphen charakteristische intrazelluläre arbuskuläre (bäumchenförmige) und/oder vesikuläre (bläschen- oder zitronenförmige) **Einstülpungen** zum Austausch von Nährstoffen. Diese endotrophen Mykorrhizapilze wurden zusammen als **VAM** (**v**esiculär-**a**rbusculäre **M**ykorrhiza), später als **AM** (**a**rbuskuläre **M**ykorrhiza) bezeichnet, nachdem sich die intrazelluläre arbuskuläre Morphologie als vorherrschend herausgestellt hat. Weil (a) bei den AM-Pilzen ausschließlich asexuelle Sporen vorkommen und (b) rRNA-Sequenzanalysen auf eine eigenständige phylogenetische Entwicklung dieser Pilze hinweisen, wurden im Jahre 2001 die AM-Pilze mit **asexueller** Sporenbildung zu einem eigenständigen Phylum der *Glomeromycota* (Tabelle 8.2) erhoben (Schüßler *et al.* 2001; Hibbett *et al.* 2007). Nur die Gattung *Endogone* mit typischen **sexuellen** Zygosporen wurde in der Klasse der *Endogonales* (*Mucoromycotina*) belassen.

Mehrere rDNA-Analysen haben die Verwandtschaft der *Glomeromycota* zu der *Ascomycota-Basidiomycota*-Gruppe (Tabelle 8.3) bestätigt, und infolgedessen wurde die Zusammenführung der Glomeromyceten, Ascomyceten und Basidionmyceten zu einem neuen Superphylum der *Symbiomycota* vorgeschlagen (Tehler *et al.* 2003).

8.10.4 *Ascomycota* (Schlauchpilze, *sac fungi*)

8.10.4.1 Bedeutung der Ascomyceten

Die Ascomyceten (gr. *askos* = Schlauch) sind die größte und wichtigste Gruppe unter den *Fungi* (Abb. 8.2;

Box 8.2 Schimmelpilze, ständige Begleiter im täglichen Leben

Schimmel ist die Trivialbezeichnung für sichtbare, watte- bis flauschigartige Überzüge von Mycelien samt sporulierender Conidienträger auf feuchtgelagerten Getreideprodukten (z. B. des Schimmelpilzes *Rhizopus stolonifer* auf Brot oder von *Aspergillus candidus* auf Mehl). Aber auch auf frischem Obst, an feuchten Decken und Wänden von Badezimmern, Kellerräumen, Wohnzimmern und Küchen kann bei hoher Luftfeuchtigkeit (Kondenswasserbildung) immer wieder spontan oder permanent Schimmel auftreten. Mit wenigen Ausnahmen (z. B. Edelschimmel wie *Penicillium camemberti*, *P. roqueforti* und *P. candidum* auf Käse) wird der Schimmelbegriff mit schädlichen Wirkungen assoziiert (Verderb von Lebensmitteln, potenzielle Bildung von Mykotoxinen, Schimmelpilzmykosen und Pilzallergene durch hohe Sporenausschüttungen). Schimmelpilze bilden keine taxonomisch einheitliche Gruppe, sondern gehören verschiedenen oberflächlich und schnell wachsenden Vertretern der *Mucoromycotina* (wie *Absidia*, *Mucor*, *Rhizopus*, *Thamnidium*), Ascomyceten (*Neurospora*, *Byssochlamis*) und *Fungi Imperfecti* (*Alternaria*, *Aspergillus*, *Cladosporium*, *Eurotium*, *Fusarium*, *Penicillium*, *Scopulariopsis*, *Sporotrichum*, *Trichoderma* etc.) an. Sehr weit verbreitet sind *Mucor*- und *Rhizopus*-Arten (Köpfchenschimmel), *Penicillum*-Arten (Pinselschimmel), *Aspergillus*-Arten (Gießkannenschimmel), *Neurospora*-Arten (Roter Brotschimmel) und grünsporige *Penicillium*-Arten (Grünschimmel).

Lebensräume und Reservoir aller Schimmelpilze sind Böden, in denen sie an der Mineralisation von pflanzlichen und tierischen Resten wesentlich beteiligt sind. Insbesondere kohlenhydrathaltige Bausteine und Polymere (Pektine, Stärke, Hemicellulose), N-haltige Polymere (Chitin, Keratin, eiweißhaltige Leime), Cellulose, Wachse, Terpene, aliphatische und aromatische Kohlenwasserstoffe sowie sehr verschiedene organische Fremdstoffe (z. B. Weichmacher wie Di-*n*-Butylphthalat) und synthetische Polymere (z. B. Polyethylenglykole, Polyurethan, Polyvinylacetat) können von bestimmten Schimmelpilzstämmen einer langsamen, aber vollständigen Mineralisation unterzogen werden. Die meisten Schimmelpilze sind **xerotolerante** Organismen, die nicht nur lange Trockenperioden überdauern können, sondern sich aufgrund ihrer hohen Saugspannung (Kap. 1) aus Substrat und Umgebung effizient Wasser aneignen können. Vom Boden aus werden asexuelle Mitosporen millionenfach mit Wind und Wasser immer wieder ubiquitär zur Neubesiedlung von Substraten verbreitet. Dabei wird die Sporenkonzentration so verdünnt, dass die Inhalation dem gesunden Menschen in der Regel keine Probleme bereitet. Durch Inhalation von Sporen kann es bei relativ hoher Konzentration und geschwächter Infektabwehr in den Bronchien und Lungen von Menschen und Tieren zu **Mucormykosen** (*Absidia*-, *Mucor*-, *Rhizopus*-Arten etc.) oder **Aspergillosen** (*Aspergillus*-Arten, insbesondere *A. fumigatus*) kommen. *A. fumigatus* ist ein Boden- und Kompostpilz und weltweit stets in der Luft vertreten, weil sich seine winzigen asexuellen Sporen (Conidien) nur sehr langsam absetzen. Bei Einatmung können die Sporen tief in die Alveolen der Lungen eindringen. Etwa 90% aller Aspergillose-Infektionen gehen auf *A. fumigatus* zurück. Der Archäologe Howard Carter (1873–1939) soll beim Öffnen des Sarges (1922) von **Tut-ench-Amun** im ägyptischen Königsgrab so viele Pilzsporen (vermutlich von *A. fumigatus*?) eingeatmet haben, dass er später an einer Aspergillose gestorben ist (Fluch des Pharaos als Strafe für die Störung der Totenruhe) (Schwantes 1996; Hong *et al.* 2005; Pujol *et al.* 2005).

Tabelle 8.3). Sie sind durch ihre schlauchförmige Hauptfruchtform (den Ascus) charakterisiert. Die überwiegende Mehrzahl an Schlauchpilzen lebt **saprophytisch** in Böden. Zahlreiche Vertreter sind Parasiten (von Insekten und anderen Pilzen) oder pflanzenpathogen. Die artenreichste und umfangreichste Gruppe der phytopathogenen Pilze stellen die Ascomyceten (z. B. die echten Mehltaupilze, Blattfleckenkrankheiten von Getreide und Bäumen, Apfelschorf, Kräuselkrankheiten). Ascomyceten umfassen mit ca. 33 000 Arten etwa 50% aller bekannten Pilze. Wenn zu den 33 000 Arten auch die etwa 16 000 Arten der **Flechtenpilze** (*Ascolichenes*), die in Symbiose mit Algen (Grünalgen und/oder Cyanobakterien) leben (Box 8.3; Abb. 8.5 und 8.6), dazu gerechnet werden, dann stellen die Ascomyceten den Löwenanteil der Echten Pilze. Werden zudem noch die ca. 30 000 *Fungi Imperfecti* hinzugezählt, so wird deutlich, dass Schlauchpilze schätzungsweise 75% aller beschriebenen Pilzarten ausmachen. Einige Ascomyceten-Arten gehen mit Pflanzenwurzeln eine mutualistische Symbiose (zum gegenseitigen Nutzen) ein und sind zur Bildung von **Mykorrhizen**

Abb. 8.5 Gelbgrünliche Pflaumenflechte (*Evernia prunastri*, Strauchflechte) auf nährstoffarmer, schwachsaurer Rinde einer Lärche (*Larix decidua*) im Wald bei Muottas Muragl, Oberengadin, Graubünden, Schweiz. Als „Eichenmoos" ist diese Flechte Lieferant von Duftstoffen für die Parfumherstellung (Aufnahme: JCG Ottow)

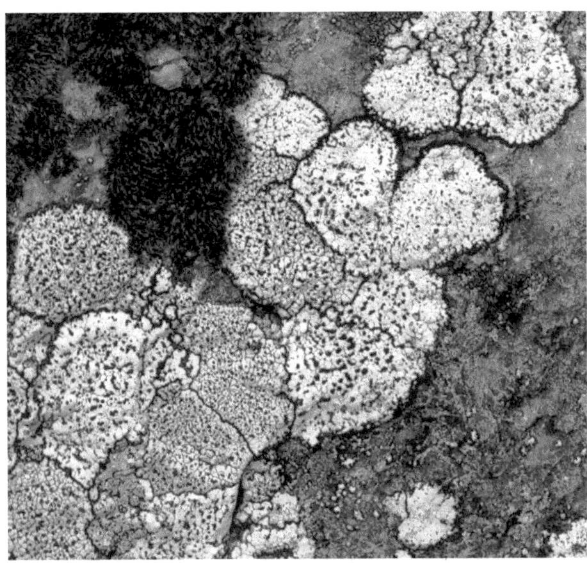

Abb. 8.6 Gelbgrüne Landkartenflechte (*Rhizocarpon geographicum*, gefelderte Krustenflechte) auf Granitfels an lichtoffener Lage im oberen Albulatal/Graubünden, Schweiz. Die kantigen Felder sind von schwarzen Rändern mit Fruchtkörpern voneinander abgegrenzt (Aufnahme: JCG Ottow)

(Pilzwurzeln) in der Lage (z. B. Echte Trüffel durch Symbiose von *Tuber spp.* mit Wurzeln von Eichenbäumen). Voraussichtlich gehören die meisten der bisher noch nicht isolierten Pilze in Böden zu den Ascomyceten. Durch vergleichende (nuDNA- und rRNA-) Sequenzanalysen können in Zukunft alle *Fungi Imperfecti* (Deuteromyceten) voraussichtlich taxonomisch den Ascomyceten oder Basidiomyceten zugeordnet werden, wodurch die Gruppe der Deuteromyceten allmählich überholt wird (Taylor 1995).

Die große Vielfalt der Ascomyceten äußert sich sowohl in der Mannigfaltigkeit der sexuellen Fruktifikationen (**Teleomorphen**) als auch in den unterschiedlichen **vegetativen Vermehrungen** (Anamorphen). Zu den Ascomyceten gehören ebenso bekannte wie unterschiedliche Pilze. Beispiele sind *Saccharomyces cerevisiae* (Back-, Bier- und Weinhefe; Sprosshefe), *Penicillum chrysogenum* (von dem das erste β-Lactam-Antibiotikum Penicillin stammt, entdeckt 1928 von **Alexander Fleming**), *Morchella esculenta* (Morcheln, mit gestielten Apothecien), *Tuber*-Arten (echte Trüffel, unterirdische Fruchtkörper), *Ceratocystis ulmi* („Ulmensterben", eine Pilzkrankheit im Splintholz der Ulmen), *Blumeria* (*Erysiphe*) *graminis* (obligat biotropher Erreger des echten Mehltaus bei Getreidearten), *Aspergillus flavus* (Aflatoxinbildung, Gießkannenschimmel; gehört eigentlich zu den *Fungi Imperfecti*) oder *Candida albicans* (ein Sprosspilz, Erreger von endogenen Mykosen). *C. albicans* verursacht auf den Schleimhäuten von Mensch und Tier bei Abwehrschwäche die als **Soor** (**Candidose**, Levurose) bekannte, schwer kontrollierbare Erkrankung des Mund- und Genitalbereichs. Schließlich gehören die meisten **nematodenfangenden Pilze** in Böden zu den Ascomyceten (Box 8.4).

8.10.4.2 Charakteristische Merkmale

Kennzeichnend für die Ascomyceten sind:

- ein Thallus aus septierten, meist verzweigten ein- oder vielkernigen, aber haploiden Hyphen und Mycelien. Nur bei den hefeartigen Ascomyceten (Hefepilzen oder Protoascomyceten) besteht der Thallus aus Sprosszellen oder einem Pseudomycel,
- Zellwände aus Chitin und Glucanen (Tabelle 8.4),
- Fruchtkörper (Ascocarpe, Ascomata), in dem die Befruchtung (Plasmogamie) stattfindet. Aus der Zygote

Box 8.3 Flechten als Erstbesiedler und Pioniere der Bodenbildung

Flechten (*Lichenes*) sind mutualistische Lebensgemeinschaften (Symbiosen) zwischen Echten Pilzen (Mykobiont) und photosynthetisch aktiven Grünalgen oder *Cyanobacteria* (Phyco- oder Photobiont). Dabei handelt es sich um einzellige oder trichiale (fadenförmige; gr. *thrichion* = Härchen) Formen. Die Fortpflanzung der Mykobionten erfolgt vegetativ (Conidien) oder generativ (mit Asci oder Basidien). Flechten gehören zu den erfolgreichsten Symbiosen mit weltweiter Verbreitung bis in den Antarctis (es gibt etwa 20 000 Flechtenarten). Die Symbionten leben in engem Kontakt miteinander und bilden einen dauerhaften und spezifisch aufgebauten **Thallus (Lager)**, der eine morphologisch-anatomisch-ökophysiologische Einheit bildet. Je nach Thallusform gibt es Krustenflechten (eng verwachsen mit der Oberfläche), Laubflechten (flächig, aber vielfältig gestaltet), Strauchflechten (strauchförmiger, aufrechter Thallus; Abb. 8.5), Bartflechten (an Bäumen, besonders in Nebelwäldern) und Gallertflechten (gallertartiges Aufquellen nach Durchfeuchtung). Die Pilzhyphen umhüllen die Algen/Cyanobakterien, dringen mit Haustorien ein (Saugorgane; lat. *haustus* = Einziehen) oder legen sich mit Appressorien (anschmiegende Hyphen; lat. *appressus* = angedrückt) dicht an die Algenzellen an. Flechten sind durch weiße, gelbe, orange, rote, braune, blaugrüne, graue oder schwarze Farben leicht zu erkennen (z. B. Abb. 8.6, Krustenflechte). Die unterste Rindenschicht des mehrschichtigen Thallus ist durch wurzelartige Pilzhypen (**Rhizinen**) mit dem Substrat verbunden und dient der Versorgung mit Wasser und Nährstoffen. Die Mykobionten gehören überwiegend (etwa 98%) zu den Ascomyceten (*Ascolichenes*). Nur wenige Arten sind Basidiomyceten (*Basidiolichenes*). Einige Flechtenpilze werden zu den *Fungi Imperfecti* gerechnet (*Lichenes imperfecti*). Der Photobiont gehört in 85% der Fälle zu den ein- oder wenigzelligen Grünalgen, überwiegend Vertreter der *Chlorococcales* und *Ulotrichales*. Zwar können fast alle *Cyanobacteria* in der Flechtensymbiose vertreten sein, doch stammen die meisten Partner aus den *Chroococcales* und *Hormogonales*. Weit verbreitet als Partner ist die potenziell zur N_2-Bindung befähigte Gattung *Nostoc*.

Flechten werden entsprechend den Merkmalen des **Pilzpartners** in das System der *Fungi* eingeordnet, weil nur der Mykobiont in der Flechte zur generativen Fortpflanzung in der Lage ist und kennzeichnende Fruchtkörper hervorbringt (ausgenommen *Lichenis imperfecti*). Der Photobiont versorgt den Pilz mit Assimilaten und Ammonium (bei N_2-Bindung), der Mykobiont nimmt mit den Rhizinen Wasser und gelöste anorganische Nährstoffe (P, N, K, Ca, Mg etc.) nach Mineralisation organischer Substrate und biochemischer Verwitterung vom Gestein auf. Durch die hohe Saugspannung der Hyphen können Flechten Wasser sehr effizient aufnehmen und zur relativen Trockenresistenz der Lager entscheidend beitragen. Flechten wachsen extrem langsam und können nicht mit den höheren Pflanzen konkurrieren. Auf extremen Standorten, Felsen, Betonmauern, Dachziegeln, Baumrinden und Gesteinsrohböden (Syroseme, Leptosole) gehören Krustenflechten mit frei lebenden Algen und N_2-bindenden *Cyanobacteria* jedoch zu den erfolgreichen photosynthetisch-heterotroph aktiven **Pionierorganismen**, zumal der Flechtenthallus durch Kälte-, Hitze- und UV-Strahlungsresistenz ein zeitlich nahezu unbegrenztes Wachstum besitzt. Als Folge ihrer Primärproduktion, N_2-Bindung (*Nostoc spp.*), Heterotrophie und Bildung von postmortalen organischen Substanzen sind Flechten für den Beginn der Humifizierung und durch die verstärkte biogeochemische Verwitterung für die anfängliche **Bodenbildung** (Pedogenese) verantwortlich (Schwantes 1996; Crespo *et al.* 1998; Kranner *et al.* 2003; Laufer *et al.* 2006).

bilden sich schlauchförmige **Asci**, in denen die Kernverschmelzung, Reduktionsteilung und Bildung von dickwandigen **Ascosporen** (meist acht Meiosporen) erfolgen (telemorphes Stadium). Bei der Ascusreifung nach dem **Hakentypus** (Abb. 8.8) krümmt sich an der Spitze der ascogenen Hyphe einer Scheitelzelle, in der die beiden Kerne zur Diplophase fusionieren. Während der Meiose und Bildung von vier haploiden Tochterkernen entwickelt sich die Scheitelzelle zum schlauchförmigen Ascus, in dem durch simultane Mitosen acht Kerne bzw. Sporen entstehen. Ascomyceten haben einen haplo-dikaryotischen Entwicklungscyclus. Nur die Sprosspilze bilden keine Fruchtkörper. Aus nackten Asci werden (acht, vier oder zwei) Ascosporen freigesetzt, aus denen sich ein haploides (Pseudo-)Mycel entwickeln kann,

- asexuelle (vegetative) Vermehrung (Hauptvermehrungs- und Verbreitungsform) durch Abschnürung zahlreicher Sporen (**Conidiosporen**) an Conidiophoren (Sporenträgern). Conidien sind Klone (ge-

Box 8.4 Nematoden fangende Pilze (*nematode trapping fungi*)

Carnivore Pilze (lat. *carnivorus* = fleischfressend) fangen und lysieren in Böden Nematoden (Fadenwürmer, Kap. 1) als zusätzliche N-Quelle. Sie entsprechen in etwa den carnivoren Pflanzen (wie Sonnentau oder Wasserschlaug) auf N-armen Böden mit weitem C/N-Verhältnis (Hochmooren). Es war **C. Drechsler** der 1941 als Erster nematodenfangende Hyphomyceten (FI) entdeckte. Oberböden verfügen nicht nur über phytopathogene, sondern auch über zahlreiche omnivore, bakteriophage und **mykophage** (fungivore) Nematoden (Box 1.4). Umgekehrt befinden sich in organisch reichen Horizonten unter den *Oomycota* (Eipilzen), *Chytridiomycota* (Töpfchenpilzen), *Mucoromycotina* (Jochpilzen), *Ascomycota* (Schlauchpilzen) und *Basidiomycota* (Basidienpilzen, insbesondere unter den Hymenomyceten) mehrere nematodenfangende Gattungen bzw. Arten, die Nematoden aktiv fangen und zur N-Ernährung auflösen.

Manche Vertreter der *Zoopagomycotina* leben nicht nur **endoparasitisch** in Amöben, Nematoden und Insektenlarven, sondern bilden Mycelien, die klebrige Substanzen ausscheiden (z. B. *Zoophagus insidans*), um Nematoden und Rädertierchen (*Rotatoria*) zu fangen und anschließend enzymatisch aufzulösen. Charakteristische Schlingfallen werden von *Z. tentaclum* ausgelegt, in denen sich die Beute beim Fluchtversuch noch intensiver verstrickt. Unter den Ascomyceten (*Orbiliomycetes*) wurden bis heute die meisten nematodenfangenden Pilzarten nachgewiesen. Es handelt sich bei den Fangmechanismen dieser Pilze um charakteristische asexuelle Conidiophoren, die sich aufgrund von (18S- und ITS-) rDNA- und β-Tubulin-DNA-Analysen als wertvolle taxonomische Merkmale bestätigt haben. Nematodenfangende Arten von *Arthrobotrys* bilden dreidimensionale klebrige Netzwerke, *Dactylellina*-Arten gestielte klebrige Knoten, und jene von *Drechslerella* und *Monacrosporium* klebrige kontraktile Schlingen und Ringe (Abb. 8.7).

Ökophysiologisch ausgereift sind die Fangmechanismen bei manchen *Fungi Imperfecti* (z. B. *Verticillium chlamydosporium*) und einigen Hymenomyceten (Basidiomyceten). Es handelt sich bei diesen Arten um typische **cellulolytische** und **lignolytische** Holzzerstörer. Holz hat ein C/N von etwa 200 bis 1000 (Tabelle 2.4), was den Stickstoff zum wachstumsbegrenzenden Faktor für holzzerstörende Pilze macht. Um den hohen N-Bedarf für das Pilzwachstum (pilzliche Biomasse hat einen C/N-Quotient von etwa 6–7) zu ergänzen, scheint das Fangen und die enzymatische Auflösung von N-reichen Nematoden ökophysiologisch zweckdienlich. *Nematoctonus-* (teleomorphe *Hohenbuehlia-*) Arten fangen Nematoden mit schleimigen und klebrigen Knoten, während *Pleurotus*-Arten (Weißfäule-Pilze; Kap. 11) die Beute zunächst mit toxischen Substanzen aus winzigen Drüsen an den Hyphen lähmen und abtöten, um sie dann zu lysieren. *Stropharia rugosoannulata* (Träuschling, *Agaricales*) und *Hyphoderma*-Arten bilden an den vegetativen Hyphen spezielle längliche Zellen (Acanthocyten) mit scharfen Spitzen, welche die Nematoden mechanisch immobilisieren („aufspießen“) und innerhalb von ein bis zwei Tagen vollständig enzymatisch hydrolysieren. *Coprinus comatus* (Schopftintling, „Spargelpilz“; *Agaricales*) bildet an sporophorenartigen Hyphen zahlreiche stachelige Kugeln mit immobilisierender und nematocider Wirkung. Die Beute wird von Hyphen penetriert, umwachsen und aufgelöst.

Die lysierten Nematoden dienen nicht nur den carnivoren Pilzen, sondern auch zahlreichen begleitenden Prokaryoten und anderen Mikroorganismen als N- und C-Quelle (**syntrophe Ernährung**). Die Vorgänge lassen sich auf Nährböden mit den betreffenden Pilzen durch Zugabe von Nematoden einfach studieren und optisch (elektronenmikroskopisch) darstellen. Wahrscheinlich sind **carnivore Pilze** in Böden sehr weit verbreitet, weil dies unter Pilzen offenbar eine bewährte analoge Strategie zur N-Ernährung ist (Thorn u. Barron 1984; Thorn *et al.* 2000; Hirsch *et al.* 2001; Luo *et al.* 2004, 2006; Li *et al.* 2006).

netisch identisch) und dienen der Verbreitung der Art. Die Morphologie der asexuellen Sporen kann sehr verschieden sein und wechselt von einfachen Mycelfragmenten (Arthrosporen, *Geotrichum*-Arten) über rundliche dunkelgefärbte Verdickungen im Mycel (Chlamydosporen, *Humicola*-Arten) bis hin zu vielzelligen Sporen an differenzierten Sporenträgern. So entstehen bei *Alternaria*-Arten durch Sprossung vielzellige, keulen- bis flaschenförmige Sporen in Ketten an der Spitze dunkelwandiger Conidiophoren. Erfolgsstrategie *par exellence* für die Vermehrung und Verbreitung von vielen Ascomyceten (und Deuteromyceten) sind die Conidiosporen, die in großer Zahl an verästelten Sterigmen („Pinselschimmel“, *Penicillum*-Arten) oder an flaschenförmigen *Metulae* (primären Serigmen)

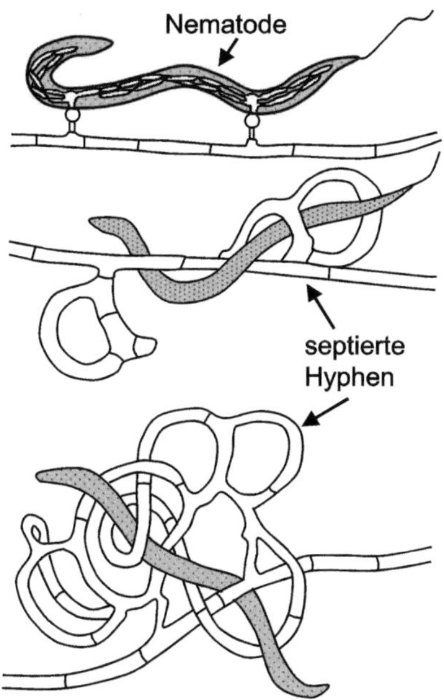

Abb. 8.7 Einige Fangeinrichtungen (Auswahl) von nematodenfangenden Pilzen (*nematode trapping fungi*). Gestielte klebrige Knoten (oben), klebrige Schlingen (mitte) oder ein klebriges Fangnetz (unten) (Dörfelt 1989)

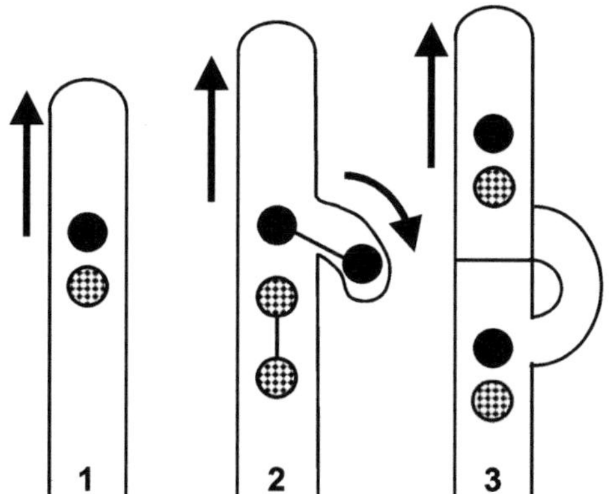

Abb. 8.8 Charakteristische Hakenbildung in dikaryotischen Endhyphen (1) von haploiden Ascomyceten nach Befruchtung in Vorbereitung auf die Karyogamie und Bildung von Asci. Die Hyphenspitze krümmt sich hakenförmig und das Kernpaar teilt sich synchron (2). Zwei verschiedengeschlechtliche Kerne verbleiben in der Hyphenspitze. Von den beiden anderen wandert der eine an die Basis der Hakenzelle (3), der andere in den gekrümmten Haken. Durch Querwandbildung werden die Hyphenspitze und damit die Ascusanlage abgetrennt. Nach der Kernverschmelzung (Karyogamie) erfolgt die Ascusbildung mit Meiose und mitotischen Teilungen (Ascosporenbildung). Die Schnallenbildung bei den Basidiomyceten ist der Hakenbildung homolog, läuft jedoch bei den Basidienpilzen bei jeder Teilung der dikaryotischen Zellen und deren Kerne ab. Das Mycel und die Fruchtkörper der Basidiomyceten sind stets dikaryotisch (Entwurf: JCG Ottow)

auf runden (blasenförmigen) Conidienträgern durch Abschnürung entstehen („Köpfchenpilze", *Aspergillus*-Arten). Bei zahlreichen *Penicillium*- und *Aspergillus*-Arten ist die sexuelle Vermehrung bisher noch nicht bekannt (oder genetisch verloren gegangen), sodass sie trotz eindeutiger Morphologie zu den *Eurotiales* gerechnet werden.

8.10.4.3 Künstliche Taxonomie

Früher wurden die Ascomyceten nach der Form der Fruchtkörper (*Ascoma*, *Ascomata*) unterteilt in

- Plectomyceten, mit geschlossenen *Ascomata*: Kleistothecium (z. B. *Aspergillus variecolor*),
- Pyrenomyceten, mit flaschenförmigen *Ascomata*: Perithecium (z. B. *Chaetomium indicum*, *Sordaria spp.*),
- Discomyceten, mit offenen, schalenförmigen bis untertassenförmigen *Ascomata*: Apothecium (*Pezizales*, *Helotiales*),
- Loculoascomyceten, mit Pseudothecien, die Perithecien ähneln, aber geschlossen sind. Eine Öffnung entsteht erst sekundär durch Aufbrechen im oberen *Ascoma*-Bereich,
- Hemiascomyceten, die keine Fruchtkörper ausbilden. Die Asci werden frei gebildet. Diese Gruppe wird auch als Protoascomyceten (oder Endomyceten) mit nackten *Asci* (Sprosspilze oder Hefen) bezeichnet.

Die o. g. Einordnung der Ascomyceten nach der Form der Fruchtkörper ist pragmatisch und zweckdienlich, aber **nicht phylogenetisch**. Über die Fruchtkörperbildung ist es unmöglich, phylogenetische Klassen oder Ordnungen zu bilden. So gehören beispielsweise trotz morphologisch ähnlicher Perithecien und Ascosporenfreisetzung die Gattungen *Ceratocystis* und *Ophiostoma* heute verschiedenen phylogenetischen Ordnungen an (*Microascales*, *Ophiostomatales*). Die Ähnlichkeit der Fruchtkörper bei verschiedenen Taxa beruht auf **evolutionärer Konvergenz**.

8.10.4.4 Phylogenetische Taxonomie

Molekulare Phylogenie aufgrund von kleinen Untereinheiten der 18S-rRNA-Gensequenzen und nuDNA-

Sequenzen (aus der Genbank) deuten innerhalb der Ascomyceten auf drei Hauptentwicklungslinien hin (Nishida u. Suggiyama 1994) und zwar auf die

- Hemiascomyceten (ohne Fruchtkörper, aber Sprosszellen, Pseudo- oder echtes Mycel),
- Euascomyceten (die echten Ascomyceten mit *Ascomata* und haplo-dikaryotischem Entwicklungscyclus) und
- Archiascomyceten (Pseudomycelbildung variabel, *Ascomata; Neolecta*). Diese Ascomyceten haben sich offenbar bereits frühzeitig in der Evolution abgespalten und werden infolgedessen auch als **Subphylum** betrachtet. Diese Gruppe umfasst in etwa die *Taphrinomycotina,* eine in Bezug auf die Gattungen *Pneumocystis* und *Neolecta* paraphyletische Gruppe (Adl *et al.* 2005; Moncalvo 2005; James *et al.* 2006).

Nach dem heutigen Stand der Erkenntnisse (Lutzoni *et al*., 2004; Hibbett *et al*., 2007) werden die Ascomyceten in drei **Subphyla** unterteilt und zwar in die

- *Taphrinomycotina* (Archiascomyceten; kleine Gruppe). Charakteristische Hakenbildung, Asci werden in zweikernigen Zellen gebildet, Pseudomycelbildung ist variabel. Es ist eine morphologisch und physiologisch heterogene Gruppe von hefeartigen Pilzen wie *Pneumocystis carnii* (atypische Pneumonie), *Taphrina*-Arten (metabiotrophe Pflanzenparasiten und Erreger von Kräuselkrankheiten und Hexenbesen in Bäumen) sowie *Schizosaccharomyces pombe* (Arrak-Produktion).
- ***Saccharomycotina*** (Hemiascomyceten; ca. 500 Arten). Ascosporogene **Hefepilze** deren Teleomorphen bekannt sind; keine *Ascomata*, unizellulär, Pseudomycelbildung, auch echte Mycelien, vegetative Vermehrung durch Sprossung oder Teilung, sexuelle Vermehrung durch Fusion von zwei haploiden Zellen, gefolgt von Meiosis, Asci und Ascosporenbildung. *Saccharomyces*, *Candida, Williopsis etc.* Diese Hefepilze (früher *Endomycetes* oder Protoascomyceten) sind fakultativ anaerobe Organismen, die bei intensiver Mineralisation (und entsprechendem O_2-Verbrauch) unter den nachfolgenden anaeroben Bedingungen auf Gärungen umschalten, um ihre Energiegewinnung hauptsächlich über die SSP zu erzielen. Hefen leben überwiegend epiphytisch auf Pflanzen, Obst und Blattfall, sind aber auch stets an der Mineralisation von organischen Substanzen in der Rhizosphäre und in Böden beteiligt. Weit verbreitet in Böden sind Arten von *Lipomyces* (z. B. *L. starkeyi*), *Candida, Pichia* und *Saccharomyces*. Sie lassen sich aus Böden leicht auf N-freiem Glucose- oder Mannit-Mineralsalz-Agar (entwickelt zur Anreicherung von frei lebenden N_2-bindenden *Bacteria*) isolieren, weil sie mit Spuren von N-haltigen Verbindungen (als Ammoniak und in Form leichtflüchtiger organischer N-Verbindungen aus der Luft) auskommen können (oligonitrophil).
- *Pezizomycotina* (Echte Schlauchpilze). Diese große Gruppe besitzt Hyphen mit Querwänden und Septen samt Poren; *Ascomata* und der haplo-dikaryotische Lebenscyclus sind vorhanden; kennzeichnende Hakenbildung stets vorhanden; Mitosporen (Conidiosporen) wechseln in Form und Pigmentierung. Die *Pezizomycotina* umfassen schätzungsweise 90% aller Ascomyceten, unterteilt in 11 Klassen. Von großer Bedeutung für den Stoffumsatz in Böden, Streuauflagen, Holzresten und tierischen (herbivoren) Exkrementen und Losungen (**koprofile Pilze**) sind vor allem Vertreter der Klassen:
- *Eurotiomycetes* (gr. *eurotian* = Schimmel; *Ascomata* in geschlossenen Kleistothecien, Hyphen der Fruchtkörper bilden keine Haken). Die Eurotiomyceten haben charakteristische Nebenfruchtformen. Oft werden Pilze, bei denen nur diese Nebenfruchtform bekannt ist (z. B. *Aspergillus*- und *Penicillium*-Arten), entgegen den Nomenklaturregeln unter diesen Eurotiomyceten eingeordnet. *Aspergillus*- und *Penicillium*-Arten mit bekannten Teleomorphen gehören zu den Gattungen *Eurotium* und *Sartoria* (= *Aspergillus*), *Emericella* (*Acremonium, Cephalosporium*) und *Talaromyces* (*Penicillium*). Es sind anspruchslose, weit verbreitete Saprophyten in Böden und Komposten, die sich mit Conidien millionenfach vermehren.
- *Pezizomycetes* (lat. *pezicae* = stiellose Pilze; Becherpilze; *Ascomata* in Apothecien oder Kleistothecien). Zu dieser Klasse gehören Arten von *Aleuria, Ascobolus, Helvella, Morchella, Peziza, Pyronema, Rhizina, Sarcoscypha* und *Scutellinia.* Vertreter von *Peziza* (etwa 120 Arten), *Aleuria* (ca. 15 Arten) und *Scutellinia* (ca. 50 Arten) sind als kosmopolitische Saprophyten für die Mineralisation von Laub, Ästen und Holz in oder auf Böden verantwortlich. *Peziza varia* wächst primär auf feuchtem Holz, *P. vesiculosa* vorzugsweise auf Mist-

haufen. Vertreter von *Ascobolus* und *Sordaria* sind ausgesprochen koprophil.

- *Orbiliomycetes* (*Ascomata* in Apothecien). Beispielsweise *Halorbilia* und *Orbilia*-Arten. Unter diesen Pilzen befinden sich relativ viele nematodenfangende Formen (Box 8.4).
- *Sordariomycetes* (*Ascomata* in Peri- oder Kleistothecien). In diese Klasse gehören zahlreiche bodenbewohnende Arten der Gattungen *Neurospora*, *Sordaria*, *Xylaria*, *Hypoxylon*, *etc.*; *Xylaria* und *Hypoxylon*-Arten sind durch intensive Cellulolyse an der Mineralisierung von totem Holz (**Totholz**) in Streuauflagen von Wäldern beteiligt (**Braunfäule**). *Hypoxylon*-Arten gedeihen gut auf Stubben von Laubhölzern, wo sie durch keulen- oder geweihartige *Stromata* zu erkennen sind (Schwantes 1996).

8.10.4.5 Ökophysiologie in Böden

Sowohl die Ascomyceten (ausgenommen die Protoactomyceten) als auch die meisten *Fungi Imperfecti* vermehren sich in Böden hauptsächlich asexuell durch eine schier endlose Freisetzung von Conidien in tausend- bis millionenfacher Konzentration. Sie werden von Wind, Wasser und Losungen (von Tieren) sogar überregional verteilt. Infolgedessen sind ihre Vertreter stets in jedem Oberboden (A_h- und A_p-Horizont) und folglich auf jeder mit einer Bodensuspension beimpften Agarplatte dominant vorhanden. Ökophysiologisch sind diese Pilze sehr vielseitig und durch Ausscheidung von verschiedenen Exoenzymen an der hydrolytischen Depolymerisation von Pflanzensubstanzen wie Cutin (Cutinasen), Wachsen, Fetten (Lipasen), Stärke (Amylasen), Glykosiden (Glykosidasen), Pektinen (Pektinasen), Hemicellulosen (Xylanasen, Mannasen), organischen P-Estern (Phosphatasen) und am oxidativen Abbau von Polyphenolen (Phenoloxidasen, Laccasen) intensiv beteiligt.

Viele Arten und Stämme sind auch potente Cellulosezersetzer (Kap. 10). Lignin wird von den rasch wachsenden Ascomyceten allerdings kaum depolymerisiert, obwohl solche Pilze durch die intensive Cellulolyse (Braunfäule) vorbereitend und unterstützend auf die **Delignifizierung** (**Weißfäule**) durch Basidiomyceten wirken (Kap. 11). Ascomyceten gehören mit den entsprechenden *Fungi Imperfecti* und Zygomyceten (Zucker- und Schimmelpilze) zu den raschen Erstbesiedlern von frischen postmortalen Pflanzenresten in Böden, Streuauflagen und Komposten. Es sind typische zymogene Bodenbewohner (r-Strategen). Ihre Bedeutung für die Mineralisationsprozesse in Böden kann nicht hoch genug bewertet werden.

8.11 *Basidiomycota* (Basidienpilze)

8.11.1 Bedeutung als Saprophyten und Mykorrhizapilze

Die **Basidiomyceten** (ca. 30 000 Arten) sind die höchstentwickelte und nach den Ascomyceten die zweitgrößte Gruppe der *Fungi* (Tabelle 8.3). Sie bilden mit den Ascomyceten Schwestergruppen *(Neomycota* oder *Dikarya),* die alle irgendwann im Entwicklungscyclus **septierte Hyphen** und eine **dikaryotische Phase** besitzen. Die *Ascomycota*, *Basidiomycota* und *Glomeromycota* werden heute als *Symbiomycota* zusammengefasst, weil die meisten ihrer Vertreter Symbiosen mit anderen Organismen (im wesentlichen Pflanzenwurzeln; Kap. 18) bilden (Tehler *et al.* 2003). Die *Dikarya* umfassen mit etwa 98% den Löwenanteil der insgesamt beschriebenen Pilze (James *et al.* 2006). Weil die meisten Vertreter dieser Gruppe als Saprophyten (Reduzenten), Mykorrhizapilze und Flechten (*Lichenes*) in/auf Böden leben, kann ihre Bedeutung für den Stoffkreislauf und die Ernährung der Pflanzen kaum überschätzt werden. Sie leben saprophytisch als ektotrophe Mykorrhizapilze (Hut- und Keulenpilze, Boviste etc.) in Symbiose mit den Wurzeln zahlreicher Bäume und Sträucher und sind folglich weltweit in Böden (insbesondere in Streuauflagen von gemäßigten und tropischen Wäldern) vertreten, kommen aber auch in Fließgewässern und im Meer vor. Einige Basidiomyceten leben als Flechten (Box 8.3) in Symbiose mit Cyanobakterien *(Basidiolichenes).* Andere Basidiomyceten gehen mit Insekten (Blattschneiderameisen), Termiten, Holzwespen und Rindenkäfern mutualistische Assoziationen ein. Als Rost- und Brandpilze können Basidiomyceten bei landwirtschaftlichen Kulturen (Rost bei Weizen, Flachs, Kaffee sowie Flugbrand der Gerste, Steinbrand des Weizens, Roggen-Stängelbrand etc.) und Forstwirtschaft (wurzelbürtige Fäulen durch *Phoma spp.* und *Armillaria spp.*, Blasenrost bei Kiefern, Tannenkrebs bei *Abies alba* etc.) große wirtschaftliche Schäden verursachen. Mehrere Vertreter aus der Gruppe der *Agaricales* können Nematoden und andere kleine Bodentiere mithilfe von klebrigen Knoten, Schlingen und anderen Mechanismen fangen und zur Ergänzung der N-Ernährung verwenden (Box 8.4). Manche Basidiomyceten können auch pathogen für Menschen oder Tiere sein (Mykosen). Einige Basidiomyceten haben sich zu basidiosporogenen **hefeartigen Pilzen** (z. B. *Cryptococcus*-Arten, mit fakultativem Gärungsstoffwechsel) und **Basidiosporen** (*Leucosporidium*, *Rhodosporidium*) entwickelt. Die Basidiomycetenhefen (*Cryptococcus*-Arten) sind in der Streuschicht verschiedener Naturwaldstandorte weit verbreitet (Wuczkowski *et al.* 2003, 2005).

8.11.2 Charakteristische Eigenschaften

Dem Ascus der Ascomyceten entspricht der **Basidie** (**Sporenständer**) bei den Basidiomyceten. In der Basidie (Meiosporangium) verschmelzen die beiden haploiden Geschlechtskerne. Sie stellt infolgedessen die eigentliche Zygote dar, in der sofort die Meiose stattfindet. Aus der Meiospore (Basidiospore) entsteht umgehend ein vegetatives **sekundäres dikaryotisches Mycel**, das sich im Boden über Jahre hinweg vermehren kann. Unter bestimmten Feuchtigkeits- und Temperaturbedingungen kann es zur oberirdischen Fruchtkörperbildung (*Basidiomata*) kommen, in der durch **Schnallenbildung** (Abb. 8.8) des Paarkernmycels (der Hakenbildung des Ascomyceten homolog), Kernverschmelzung und Meiose die Basidiosporen entstehen. Auch die Basidiomyceten sind morphologisch, taxonomisch und ökologisch sehr verschieden, bilden aber aufgrund molekularbiologischer Analysen eine monophyletische Gruppe (Hibbett u. Thorn 2001; Lutzoni *et al.* 2004; James *et al.* 2006; Hibbett *et al.* 2007). Basidiomyceten stellen etwa 37% aller Echten Pilze.

Charakteristisch für Basidiomyceten ist:

- Mycelbildung (ausgenommen bei einzelligen basidiosporogenen Sprosspilzen) aus septierten vielkernigen dikaryotischen Hyphen mit Zellwänden aus **Chitin.** Hyphen sind regelmäßig septiert (Doliporus-Septen),
- die Bildung von Basidia in multizellulären Fruchtkörpern (Basidiomata oder Basidiokarpe) von sehr unterschiedlicher Gestalt. In der Regel erfolgen in der Basidie die Karyogamie, die Reduktionsteilung und die Basidiosporen-Differenzierung an besonderen Auswüchsen (*Sterigmata*) im Hymenium. Die Basidienformation ist meist an einen besonderen Zellteilungstyp (Schnallenbildung; Abb. 8.8) gebunden,
- die Produktion von vier Sporen pro Basidie am Ende von kurzen Stielen (Sterigmen),
- die aktive Freisetzung von Ballistosporen (= Meiosporen; lat. *ballista* = Wurfmaschine) an *Sterigmata* (oder auch an Hefezellen), die durch das plötzliche Ausscheiden eines Flüssigkeitstropfens an der Oberfläche des Hymeniums mechanisch abgeschleudert werden können (Oberflächenspannungs-Katapult).

Bei den Basidiomyceten spielt die asexuelle Vermehrung (Nebenfruchtform) nur bei einigen anamorphen saprophytischen Homobasidiomyceten (von denen bisher keine Teleomorphen bekannt sind) eine Rolle (im Labor auf nährstoffarmen Medien). Sie wurden bei allen Ordnungen der *Agaromycotina* nachgewiesen (Hibbett u. Thorn 2001). Bei allen ektomykorrhizierenden Pilzen der *Agarimycotina* (Tabelle 8.5) wurden hingegen Meiosporen festgestellt. Hutpilze (*Mushrooms* = Emporkömmlinge; *Paddestoelen* = Stühle für Kröten) bilden jährlich zahllose Basidiosporen aus oberirdischen Fruchtkörpern, die von Wind, Wasser und Tieren weit verbreitet werden und dann keimen, wenn bestimmte Bedingungen (Feuchtigkeit, Temperatur, Nährstoffe, Licht) zusammentreffen. Sowohl der Haplont als auch die Dikaryophase können Anamorphen bilden und am entsprechenden Mycel **Oidiophoren** errichten, die büschelweise **Oidien** (vegetative Sporen) abschnüren. Die dünnwandigen homokaryotischen Oidien dienen allerdings eher als Spermatien, die als Hyphen ihren Kern auf Hyphen eines anderen konträren Pilzes übertragen können. Hingegen sind die asexuellen dikaryotischen und dickwandigen Oidien echte Vermehrungs- und Verbreitungseinheiten.

8.11.3 Künstliche und phylogenetische Taxonomie

Für die künstliche Taxonomie ist die Form der Basidie ein wichtiges Kriterium und hat zu der Aufteilung in

- **Heterobasidiomyceten** mit zwei- oder vierzelligen (längs- oder quer)septierten Phragmobasidien oder intakten Holobasidien; Balistosporen oder Schleudersporen, und

- **Homobasidiomyceten** mit einzelligen Holobasidien (nicht in Zellen gegliederte Basidie) und Keimung der Basidionsporen mit Hyphen

geführt. Diese Aufteilung wurde aufgrund molekularbiologischer Analysen bestätigt (Bruns *et al.* 1992; Hibbett u. Thorn 2001; Xu *et al.* 2005).

Die Heterobasidiomyceten bilden eine relativ kleine Gruppe (etwa 2000 Arten) mit atypischen Basidien, von überwiegend **saprophytischen Gallertpilzen** (*Tremellales*), hauptsächlich saprophytisch auf Pflanzenresten und an der **Holzzersetzung** beteiligt (*Tremella*-Arten, z. B. *T. mesenterica* = Gelber Zitterling). Sie sind wahrscheinlich nicht monophyletisch entstanden.

Die Homobasidiomyceten (auch Holobasidiomyceten genannt) bilden die größte Gruppe unter den Basidiomyceten. Ihr Meiosporangium ist ausnahmslos als Holobasidium ausgebildet. Sie können hymeniale Fruchtkörper (mit frei exponierten Hymenien und aktiv abgeschossenen Basidiosporen als Ballistosporen) oder gastroide *Basidiomata* (ohne Hymenium oder zerfallend bei der Reifung der Basidiosporen) bilden. Im Hymenium findet die sexuelle Sporenbildung statt. Aufgrund der unterschiedlichen Fruchtkörper werden die Homobasidiomyceten mit hymenialer *Basidiomata* als **Hymenomyceten** (eine morphologisch definierte Gruppe mit oberflächlichem Hymenium; der Begriff wird nicht mehr als Taxon verwendet) bezeichnet und den Vertretern mit gastroiden Fruchtkörpern als **Gastromyceten** (Bauchpilze) gegenübergestellt. Hymenomyceten und Gastromyceten sind typische **saprophytische Bewohner** von Böden, Streuauflagen und totem Laub und leben zum größten Teil als **Ektomykorrhiza** in Symbiose mit Baumwurzeln (Kap. 18). Als weit verbreitete Saprophyten in Streuauflagen des Waldes sind sie wesentlich an Mineralisationsprozessen beteiligt. Andererseits sind sie als Mykorrhizapilze für die verbesserte Nährstoffaufnahme (vor allem von P und N) der Bäume verantwortlich. Bei den Hutpilzen (Ektomykorrhiza) ist das Hymenium in Form von Röhren (z. B. *Boletales*) oder Lamellen (*Agaricales*) angeordnet, kann aber auch leistenförmig sein (*Cantharellales*) (Tabelle 8.6). Auch Gastromyceten leben als Ektomykorrhizapilze in Symbiose mit einer Reihe von Waldbäumen (*Pinus*-, *Quercus*-, *Fagus*- und *Betula*-Arten) (Kap. 18). Sie bilden die **Bovisten** (Ordnung *Sclerodermatales*).

Phylogenetische Taxonomie. Die Homobasidiomyceten bilden eine monophyletische Gruppe (Lutzoni *et al.* 2004), die sich allerdings aufgrund der zunehmenden Anzahl an molekularbiologischen Untersuchungen ständig in Umgruppierungen befindet. Diese Entwicklung ist noch nicht abgeschlossen (Hibbett u. Thorn 2001; Lutzoni *et al.* 2004; James *et al.* 2006). Aufgrund umfangreicher phylogenetischer Analysen (von sechs Gen-Regionen und zwar von 18S-rRNA, 28S-rRNA, 5,8S-rRNA, Elongationsfaktor 1-α (EF1α) und von zwei RNA-Polymerase-II-Untereinheiten *rpb1* und *rpb2*) werden die Basidiomyceten in drei monophyletische Subphyla aufgeteilt (James *et al.* 2006; Hibbett *et al.* 2007): Diese sind:

- *Pucciniomycotina* (früher *Uredinales*, **Rostpilze**, etwa 7000 Arten, parasitieren Farne, Koniferen und Gymnospermen),
- *Ustilaginomycotina* (teilweise ehemalige *Ustilaginales*, **Brandpilze** und **Hefen**; etwa 1500 Arten; interzelluläre, biotrophe Parasiten, vorwiegend auf monokotylen Pflanzen),
- *Agaricomycotina*. Diese Gruppe umfasst etwa 2/3 aller Basidiomyceten. Sie umfasst hauptsächlich **saprophytische mykorrhizierende** (Hut-, Keulen-) Pilze. Für die Vorgänge in Böden und Rhizosphäre sind Vertreter der *Agaricomycotina* von entscheidender Bedeutung. Es sind Vertreter dieser Gruppe, die im wesentlichen verantwortlich sind für die Mineralisationsprozesse relativ persistenter pflanzlicher Polymere wie Cellulose, Lignin und Lignocellulose in Böden, Streuauflagen, Holzresten und Mulchmaterial sowie für die Ektomykorrhizierung von sehr verschiedenen Pflanzen (meist Bäume) (Hibbett 2006).

8.11.4 *Agaricomycotina*: Hauptzersetzer von Lignocellulose

Die *Agaricomycotina* (Hibbett 2006, 2007) bilden die eigentlichen **Ständerpilze** mit den Klassen der *Tremellomycetes* (Gallertpilze), *Dacrymycetes* (Gallerttränenpilze), *Agaricomycetes* (die wichtigste Klasse), *Wallemiomycetes* und *Entorrhizomycetes*. Sie stellen den Hauptanteil an Saprophyten zur Depolymerisation und Mineralisation von Pflanzenbausteinen in Böden, Streuauflagen und Holzresten. Keimende Sporen und ständig wachsende Hyphen und Mycelien des vorhandenen Netzwerks dringen in die neuen feuchten bis nassen Streumaterialien ein und vernetzen sich zunächst zwischen Rinde und Holz der abgestorbenen Zweige, Äste, Stämme und Baumstümpfe. Über Insektengänge und winzige Risse (als Folge ständiger Wechselfeuchte) dringen die Mycelien entlang der Holzfasern in das verholzte Gewebe ein. Aufgrund ihrer hemicellulolytischen, cellulolytischen und lignolytischen Enzymsysteme kommt insbesondere den Vertretern der *Polyporales* (Porenpilze), *Cantharellales* (Leistenpilzen), *Boletales* (Röhrenpilze) und *Russulales* (Sprödblättler) in syntropher Assoziation mit (hemi)cellulolytischen Ascomyceten, *Fungi Imperfecti*, Chytridiomyceten sowie mit bestimmten Bakterien und Actinomyceten (*Streptomyces spp.*) eine Schlüsselstellung beim Abbau des Lignocellulose-Komplexes in verholzten Pflanzenmaterialien zu (Kap. 10 und 11). Ihre Pilzsporen sind allgegenwärtig und keimen rasch bei Temperaturen > 5–8 °C, wenn Streu und Holz immer wieder ausreichend durchfeuchtet (zeitweise durchnässt) werden. Noch am Baum leben verschiedene **foliicole Pilze** (Chytridiomyceten, Ascomyceten, *Fungi Imperfecti*, Hefen) zunächst noch als Epiphyten von Exudaten auf der Blattoberfläche (Phylloplane), ohne Schäden zu verursachen. Nach dem Laubfall dringen sie rasch als Saprophyten über Stomata in das Gewebe ein. Zu den Erstbesiedlern (Pionierarten) der Streuschicht am Boden gehören auch Vertreter der Myxomyceten und *Mucoromycotina* (Ordnung *Mucorales*), bald gefolgt von bodenbürtigen r-strategischen Ascomyceten und *Fungi Imperfecti* (FI).

Diese Zuckerpilze verwerten leicht hydrolysierbare Zucker, Kohlenhydrate, Pektine und Hemicellulosen rasch, sind aber in der Regel kaum zur Cellulolyse in der Lage. Das frisch abgestorbene Gewebe wird allerdings enzymatisch aufgeweicht, ein Vorgang, der oft als **Weichfäule** (*soft rot, pourriture molle*) bezeichnet wird. Häufig beteiligte Pilze gehören den Gattungen *Panus* und *Lentus* (*Polyporaceae*) sowie *Acremonium* (FI), *Cephalosporium* (FI), *Phialophora* (FI), *Chaetomium* (Ascomycet), *Doratomyces* (Ascomycet), *Neurospora* (Ascomycet), *Aspergillus* und *Penicillium* (FI) an. Diese Organismen vermögen den dreidimensional vernetzten Ligninkomplex durch Hemicellulolyse, Cellulolyse und durch ein geringes Maß an Demethylierungen nur geringfügig zu beeinträchtigen. Die Angriffsflächen werden durch bohrende Insekten und ihre Hohlräume, Gänge und Risse im Holz erhöht, wodurch die mechanische Widerstandskraft vermindert und die Konsistenz zunehmend schwammartig wird.

Die **Sukzession** (zeitliche Aufeinanderfolge) von Abbauvorgängen pflanzlicher Polymere ist stets auch eine Aufeinanderfolge von **Mykozönosen** (Pilzgesellschaften), d. h. die Vergesellschaftung und Abfolge von Pilzen auf Substraten zunehmender relativer Persistenz. Infolgedessen ist eine Mykozönose meist auch eine **Taxozönose** (Vergesellschaftung von Pilztaxa). Aufgrund des geringen N-Gehaltes im Holz (etwa 0,03 bis 0,3% N_t) und des weiten C/N-Quotienten (ca. 200 bis 1000) verläuft der aerobe Abbau von Holz (Lignocellulolyse) langsam. Da die gesamte enzymatische Depolymerisation durch Pilze und Bakterien extrazellulär in Wasserfilmen erfolgen muss, sind der Gehalt und die Dynamik des Wassers im Holzgewebe und in der Auflage für die Zersetzungsgeschwindigkeit entscheidend. Trockenzeiten verzögern den Abbau immer wieder bis hin zum Stillstand. Lignicole Pilze sind Pilze, die Holz besiedeln und abbauen (Xylobionten). Aus Mineralisationsprozessen des Holzes beziehen diese Pilze C-Verbindungen als Energie- und Baustoffe sowie N und P in mineralischen Formen. Aufgrund des weiten C/N-Quotienten und geringen N-Gehaltes des Holzes ergänzen zahlreiche Xylobionten den N-Bedarf durch das Fangen von Nematoden (Box 8.4).

8.11.5 Braun-, Weiß- und Moderfäule

Grundsätzlich können Pilze beim Abbau von verholzten abgestorbenen Pflanzenresten (**Totholz**) in kleinen und großen Ästen und Baumstubben, in Baumwurf etc. substanzspezifische Depolymerisationsstrategien einsetzen, doch sind die einzelnen Prozesse nicht immer deutlich zu trennen, weil der Holzabbau meist durch verschiedene Pilzarten sowohl gleichzeitig als auch nacheinander stattfinden kann. Abhängig von den angegriffenen Holzkomponenten kann zwischen drei Typen von Holzfäulen mit jeweils verschiedenen spezifischen Pilzarten unterschieden werden.

- **Braun- oder Rotfäule** (Destruktionsfäule, *cubical brown rot, pourriture brune*). Bei dieser Mineralisation vom Holzgewebe werden vor allem Cellulose, Reste von Hemicellulose und Polysacchariden selektiv von cellulolytischen Braunfäule-Pilzen verwertet. Das Holz verliert seine Faserstruktur und damit an Festigkeit und Masse. Das zurückbleibende Ligningerüst gibt dem zersetzten, **würfeligen**

Abb. 8.9 Fortgeschrittene Braunfäule (*cubical brown rot, pourriture brune*) am Baumstumpf einer Fichte (*Picea abies*) im Albulatal, Bergün, Graubünden, Schweiz (Aufnahme: JCG Ottow)

und mürben Holz (mit Längs- und Querrissen) eine rotbraune Farbe. Ursache dieser Verbraunung ist die spontane Polykondensation von teilabgebauten (durch Autoxidation, Peroxidasen und Phenolasen) oxidierten Ligninbausteinen (chinoiden Körpern) zu braunen humusartigen Vorstufen (Kap. 10). Im Wald ist die Braunfäule an Baumstammresten vor allem an der grobwürfeligen Struktur (**Würfelbruch**) zu erkennen (*cubical brown rot*; Abb. 8.9). Das Holz trocknet aus und ist leicht brüchig. Braunfäule-Erreger sind stark **cellulolytisch aktive Basidiomyceten** zahlreicher Gattungen, darunter *Serpula lacrymans* (Hausschwamm, an feuchtem Fachwerk und durchnässten Dachbalken), *Coniophora puteana* (Kellerschwamm), *Fomitopsis piniculata* (Fichtenporling), *Laricifomes officinalis* (Lärchenporling), *Lentinus lepideus* (Sägeblättling), *Phaeolus schweinitzii* (Braunporling), *Tyromyces* (*Spongiporus*) *stipticus* (Bitterer Saftporling), *Laetiporus sulphureus* (Schwefelporling) und *Gloeophyllum sepiarium* (Zaunblättling). Braunfäule-Pilze an Totholz sind hauptsächlich Vertreter der *Polyporales*, *Agaricales* und *Boletales* (Tabelle 8.6), kommen aber vielfach auch als Ektomykorrhiza an lebenden Wurzeln von Nadel- und Laubbäumen vor. Die Bezeichnung Rotfäule bezog sich ursprünglich auf die rotbraune Fäule an Fichten und Kiefern durch *Armillariella mellea* (Hallimasch) oder *Heterobasidion annosum* (Wurzelschwamm), hat sich aber bezüglich des Holzes als unspezifisch erwiesen.

- **Weißfäule** (Korrosionsfäule, *white rot*, *pourriture blanche*). Weißfäule-Pilze greifen im Holz bevorzugt Lignin (etwa 10–20%), oft aber auch **Hemicellulosen** (etwa 10–20%) und Cellulose (50–70%) an. Der extrazelluläre selektive aerobe Ligninabbau durch Peroxidasen (der Prozess wird irrtümlich als **Lignolyse** bezeichnet, obwohl es sich nicht um eine Hydrolyse handelt) ist sehr energieaufwändig und erfolgt infolgedessen am Ende der Abbausequenz nach der Präferenzregel (Kap. 10). Das Holzgefüge bleibt meist erhalten, aber die verbleibenden Holzreste aus Cellulose werden weich, leichter und bis völlig grau-weiß aufgehellt. Die Längsfaserigkeit bleibt erhalten, bis die weiche Masse faserig zerfällt. Der biochemische Ligninabbau durch Basidiomyceten erfolgt ausschließlich aerob, anfänglich **cometabolisch** (mit Hemicellulose und Cellulose als C- und Energiequellen), später aber **metabolisch** und syntroph unter vollständiger Mineralisation und Energiegewinnung (ATP durch ETP). Ligninabbau ist das Werk von **Spezialisten** unter Einsatz von Ligninperoxidasen (LiPs), Manganperoxidasen (MnPs) und Phenoloxidasen (Laccasen) (Kap. 10 und 11). Ligninabbau in Holz, Streuauflagen, Stroh, Mulch-Materialien, Kompost und A_h-Horizonten erfolgt meist als eine Gemeinschaftsaufgabe von verschiedenen lignolytischen Pilzen, Actinomyceten und *Bacteria* und ist stets mit der Humifizierung verbunden (Kap. 12). Weißfäule erfordert O_2 samt einer hohen Holzfeuchte für die Aktivität der extrazellulären Enzyme. Typische Erreger der Weißfäule sind *Armillariella spp.* (gelber und dunkler Hallimasch), *Daedaleopsis confragosa* (Rötende Tramete), *Fomes fomentarius* (Zunder-

Abb. 8.10 Fruchtkörper (ca. 12–15 cm lang) vom Zunderschwamm (*Fomes fomentarius, Polyporales, Basidiomycota*), einem Weißfäulepilz, am Totholz einer Buche (*Fagus sylvatica*) im Reiskirchener Wald (Aufnahme: JCG Ottow)

schwamm; Abb. 8.10), *Ganoderma*-Arten (Lackporlinge), *Lepista nebularis* (Trichterling), *Lenzites betulina* (Birkenblättling), *Pleurotus ostreatus* (Austernpilz), *Schizophyllum commune* (Spaltblättling), *Trametes spp.* (Tramete) und *Polyporus*-Arten (Porlinge) (Tabelle 8.6).

Unter den Homobasidiomyceten gibt es ca. 8500 beschriebene Weißfäule- und etwa 200 Braunfäule-Pilze, doch sind bei weitem noch nicht alle bekannt. Im Allgemeinen verläuft die Braunfäule wesentlich schneller als die Weißfäule. Die Hyphen von Weiß- und Braunfäule-Pilzen werden gerne von Rinden- und/oder Splintholzkäfern gefressen. Solche Insekten dienen als schädliche **Vektoren** für die Übertragung von Sporen und Mycelfragmenten auf neues Holz (Hibbett u. Thorn 2001).

- **Moderfäule.** Wenn Holzreste und saure Auflagenhorizonte (O-, L- und Streulagen) auf Staunässeböden (z. B. Pseudogley) immer wieder durchfeuchtet werden, dann kommt es unter Einfluss von *Fungi Imperfecti*, Ascomyceten und Basidiomyceten zur Moderfäule. Moderfäule ist primär eine aerobe, häufig unterbrochene Cellulolyse. Durch gehemmte Cellulolyse und Hemicellulolyse (bei pH-Werten < 4–5) tritt eine Erweichung, Aufhellung und Zerstörung der Faserstruktur auf (Vermoderung). Dabei verfilzen die aufgeweichten Massen der Äste, Nadeln, Blätter und Holzreste, und es kommt zur Bildung von **Moder** als Humusform. Moderfäule und Vermoderung sind verzögerte aerobe hydrolytische Depolymerisationsprozesse mit minimalem Ligninabbau. Der charakteristische „Modergeruch" stammt von Pilzen, Myxomyceten und Actinomyceten (*Streptomyces*-Arten). Die Vorgänge der Vermoderung haben ökophysiologisch nichts mit Fermentationen (Gärungen; Kap. 3) zu tun. Vermoderungshorizonte als O_f- und **Fermentationshorizonte** anzusprechen, ist irreführend und falsch.

8.11.6 *Fungi Imperfecti* (Deuteromyceten) und *Mycelia sterilia*

8.11.6.1 Charakterisierung und Bedeutung als Erstbesiedler

Bei den *Fungi Imperfecti* (Formtaxa) fehlt im Entwicklungscyclus die sexuelle Vermehrung oder diese wurde bisher nicht entdeckt. Es ist eine umfangreiche und für die Stoffumsetzungen in Böden und Streuauflagen sehr wichtige Pilzgruppe. Sie vermehren sich nur asexuell (anamorph) durch abgeschnürte **Conidien** (Klonen) und andere vegetative Einheiten (Mycelfragmente, Bulbillen und Sclerotien). Bulbillen und Sclerotien sind unterschiedlich große Dauerorgane, die von Pilzen unterschiedlicher Verwandtschaftsgruppen gebildet werden können. Die *Fungi Imperfecti* (FI) gehören aufgrund morphologischer Ähnlichkeiten der Sporenbildung im Wesentlichen zu den Ascomyceten und einigen Zygomyceten und Basidiomyceten. Sie werden als Deuteromyceten (ca. 30 000 Arten) zusammengefasst. Infolgedessen bilden sie kein natürliches oder phylogenetisches Phylum, sondern stellen eine künst-

Tabelle 8.6 Übersicht (Auswahl) holzzerstörender und ektomykorrhizierender Homobasidiomyceten (*Agaricomycotina*)

Ordnungen	Funktionen und Besonderheiten
Polyporales (Porenpilze); früher mit den Stachelpilzen, Keulenpilzen, Leistenpilzen und krustenartigen Rindenpilzen als *Aphyllophorales* bezeichnet; polyphyletisch entstanden	zahlreiche saprophytische Weiß- und Braunfäule-Pilze in Böden und Holz **Weißfäule**: *Ganoderma spp.* (Lackporlinge), *Fomes fomentarius* (Zunderschwamm), *Phanerochaete chrysosporium*, *Polyporus spp.*, *Pleurotus spp.*, *Lentinus spp.*, etc. **Braunfäule**: *Fomitopsis pinicola* (Fichtenporling), *Laetiporus sulphureus* (Schwefelporling), *Spongiporus stiticus* (Saftporling), *Laricifomes officinalis* (Lärchenporling), *Gloeophyllum spp.* (Blättlinge), *Lentinus lepideus* (Sägeblättling), *Antrodia-*, *Postia-*, *Sparassis*-Arten, etc. **Speisepilze**: *Pleurotus ostreatus* (Austernseitling), *Lentinus edodes* (Shii-take)
Hymenochaetales (Borstenscheibenartige Pilze)	hauptsächliche saprophytische Bodenbewohner **Weißfäule:** *Hymenochaete spp.* **Ektomykorrhizapilze**: *Coltricia spp.*
Thelephorales (Warzenpilze)	saprophytisch in Böden und auf Holz: *Thelephora terrestris*, *Tomentella spp.* **Ektomykorrhizapilze**
Cantharellales (Leistenpilze)	meist saprophytisch in Böden: *Clavaria* und *Ramaria*-Arten **Ektomykorrhizapilze**: *Cantharellus*-Arten; *C. cibarius* (Pfifferling, Speisepilz)
Agaricales (Blätterpilze, Tintlinge; ca. 3000 Arten)	Saprophyten in Böden, Streuauflagen, Mist, Stroh und Holz: *Coprinus-*, *Agaricus-*, *Agrocybe-*, *Armillariella-* und *Clitocybe*-Arten **Weißfäule**: *Tricholomopsis rutilans* (Rötlicher Holzritterling) **Braunfäule**: *Fistulina-* und *Hypsizygus*-Arten Zahlreiche **Ektomykorrhizapilze**: *Amanita-*, *Tricholoma-*, *Inocybe-*, *Cortinarius-*, *Hebeloma-*, *Laccaria-*, *Dermocybe-* und *Entoloma*-Arten **Fakultative Parasiten** an Gehölzen: *Armillariella spp.* (Hallimasch) **Speisepilze**: *Agaricus campestris* (Wiesenschampignon) und *A. bisporus* (Champignon)
Boletales (Röhrenpilze)	überwiegend **Ektomykorrhizapilze**, z. T. sehr wirtspezifisch *Boletinus spp.*, *Boletus spp.* (auch in den Tropen) **Braunfäule**: Arten von *Hygrophoropsis*, *Paxillus*, *Coniophora* und *Serpula*; *B. edulis* (Steinpilz)
Russulales (Sprödblättler)	**Ektomykorrhizapilze**: *Gymnomyces-*, *Lactarius-*, *Zelleromyces-* und *Russula*-Arten; *R. vesca* (Speisetäubling, guter Speisepilz)

liche Gruppierung dar (Formgruppe). Die Zuordnung eines imperfekten Pilzes zu dieser Formgruppe erfolgt anhand charakteristischer Merkmale der Hyphen, Conidiophoren und Sporenformen, des Vorkommens von Septen und des Zellwandaufbaus. Deuteromyceten wurden und werden inzwischen durch ribosomale Sequenzvergleiche in die Asco- oder Basidiomyceten integriert. Es handelt sich folglich um eine Auslaufgruppe (Taylor 1995).

Immer wieder werden FI durch Entdeckung der Teleomorphen (die häufig bereits mit eigenen Namen versehen wurden) dem natürlichen Taxon zugeordnet. Die Namen der asexuellen Formen werden anschließend als Synonyme (in Klammern) hinzugefügt. *Fungi imperfecti* bilden millionenfach Conidiosporen am Luftmycel. Sie werden permanent von Wind und Wasser zur Besiedlung neuer Lebensräume verbreitet. FI gehören daher stets zu den Erstbesiedlern.

Außer imperfekten Pilzen werden aus Böden regelmäßig einzelne Hyphen isoliert (Wuczkowski *et al.* 2004), die sich weder sexuell noch asexuell vermehren können (*Mycelia sterilia*). Es sind wahrscheinlich stark reduzierte Asco- und Basidiomyceten (es gibt ca. 200 Mycelformen). Die Vermehrung erfolgt durch Mycelfragmente und vegetative Propagationseinheiten (Bulbillen und Sklerotien). Den *Mycelia sterilia* werden häufig Pilzen zugeordnet, deren Hyphen sich zu Strängen vereinigen und dunkel gefärbt haben. Mitunter werden gelegentlich kugelige Sclerotien gebildet. Einige dieser sterilen Mycelien gehören zu Mykorrhizae und sind als ehemalige Ektomykorrhizapilze zu verstehen, die sich unabhängig von den Baumwurzeln durch vegetatives Wachstum vollständig heterotroph in Böden ernähren und vermehren. Sie kommen auch in Ackerböden vor.

Die künstliche Einordnung von imperfekten Pilzen (Tabelle 8.7) beruht auf morphologischen Merkmalen (Art der Conidiophoren, Conidienlager, Fruchtkörper, Form der Conidien, Pigmentierung). Bei der Form-Ordnung der **Hyphomyceten** werden die Conidien

Tabelle 8.7 Künstliche Formordnungen und -familien der *Fungi Imperfecti* (ergänzt nach Schwantes 1996)

Formordnungen	Formfamilien	Merkmale
Hyphomycetes (Moniliales)	*Moniliaceae*	hyaline oder hellgefärbte Conidien
	Dematiaceae	dunkelbraune bis schwarze Conidien
	Stilbellaceae	Conidiophoren zu Synnemata (Büscheln) vereinigt
	Tuberculariaceae	Conidiophoren zu Sporodochien (palisadenartigen Anordnungen) zusammengesetzt
Melanconiales (*Coelomycetes*)		Conidien in Lagern (Acervuli)
Sphaeropsidales (*Coelomycetes*)	*Sphaeropsidaceae*	Conidien (Pyknosporen) in perithecienähnlichen Körpern (Pyknidien) gebildet; Rostpilze
Blastomycetes (imperfekte Hefen, Sprosspilze)	*Cryptococcaceae*	*Cryptococcus spp.* (Boden, Mykose auf der Haut)
	Rhodotorulaceae	*Rhodotorula spp.* (orange-rötlich gefärbt, in Böden)
	Sporobolomycetaceae	*Sporobolomyces spp.* (Böden, seltene Mykosen)
Agonomycetales (*Mycelia sterilia*)		weder Haupt- noch Nebenfruchtform vorhanden; Böden und Ektomykorrhiza

direkt am Mycel gebildet (z. B. runde dickwandige Chlamydosporen bei *Humicola spp.* oder sichelförmige Sporen bei *Fusarium spp.*) oder an charakteristischen Conidienträgern abgeschnürrt (*Aspergillus*, *Penicillium* etc.). Bei den **Coelomyceten** entstehen die Sporen in *Conidiomata* (Conidienlagern = Acervuli oder in kleinen Fruchtkörpern = Pyknidien). Formen, die Sprosszellen besitzen, sind imperfekte Hefen (**Blastomycetes**). *Mycelia sterilia* werden als *Aganomycetales* geführt (Tabelle 8.7) (Schwantes 1996).

8.11.6.2 Hyphomyceten in Böden, Rhizosphäre und Fließgewässern

Die *Fungi Imperfecti* gehören mit den Ascomyceten und Vertretern der Ordnung *Mucorales* (*Mucoromycotina*) zu den wichtigsten Saprophyten von Böden, Komposten und sonstigen energiereichen organischen Reststoffen. Insbesondere Arten (und Stämme) aus der Formordnung der **Hyphomyceten** (*Moniliales*, Fadenpilze) und den Gattungen *Aspergillus*, *Alternaria*, *Botrytis*, *Cladosporium*, *Fusarium*, *Penicllium*, *Sporotrichum*, *Trichoderma* und *Geotrichum* (samt Teleomorphen in den Gattungen *Dipodascus* und *Galactomyces*) (De Hoog u. Smith 2004) sind in Böden allgemein verbreitet und fast ausnahmslos cellulolytisch aktiv. Zahlreiche Hyphomyceten leben auch epiphytisch auf Blättern und Nadeln an Bäumen oder sind Mitglieder der endophytischen Rhizoflora von Gräsern, Pteridophyten (Farnen) und einigen Bäumen (Erle, Birke, Fichte, Eiche und Ahorn). Eine Reihe von Hyphomyceten (ca. 200 Arten) hat sich auf die Zersetzung von toten Blättern und Ästen in Fließgewässern (stets O_2-führend) spezialisiert (**aquatische Hyphomyceten** oder **Wasserpilze**). Um sich in der fließenden Welle beim Zusammenstoß mit Blättern, Ästen und organischen Sedimenten wirkungsvoll mechanisch an Erhöhungen, Bruchstellen, Spalten und in Stomata verankern zu können, werden von diesen Pilzen charakteristische tetraradiäre, sichelförmige oder verzweigte Conidien gebildet.

Aquatische Hyphomyceten sind jedoch nicht nur in Fließgewässern vorhanden, sondern kommen auch mit zahlreichen Gattungen und Arten als Endophyten in den Wurzeln von Gräsern und Farnen und als Endophyten in den Nadeln von Fichten vor (Sati u. Belwal, 2005; Sokolski *et al.* 2006). Die Morphologie der vegetativen Sporen von Hyphomyceten ist von großer taxonomischer Bedeutung für die Einordnung in Formgattungen.

FI besiedeln fast alle Lebensräume. Als Schimmelpilze (Box 8.2) können FI frisches Obst und Gemüse durch Weichfäule ungenießbar machen. Durch Lagerkrankheiten (Schwarz-, Grau-, Braun-, Blau- und Grünfäule etc.) verderben FI Obst und Getreideerzeugnisse. Insbesondere *Fusarium*-Arten (*Moniliales*) können zudem pflanzenpathogen sein und für verschiedene Fusariosen wie die Fusarienwelke (Gurken-, Tomaten- und Blumenwelke durch Stämme von *F. oxysporum*), Frucht- und Kartoffelfäule (*F. oxysporum*) sowie Fuß- und Stängelkrankheiten an Getreidearten (*F. culmorum*) verantwortlich gemacht werden. *F. oxysporum* kann auch die chronische Nagelmykose beim Men-

Box 8.5 Fußpilze, lästige Wegbegleiter des Menschen

Fußmykosen (Dermatophytosen) stammen von Infektionen verschiedener keratinophiler Pilze (Dermatophyten) in Haut, Schuppen und Nägeln der menschlichen Füße. Permanente Feuchtigkeit (Schweiß) und optimale Wärme in (zu) engen Schuhen einerseits, und vorübergehende Abwehrschwächen (durch Krankheit, Stress) andererseits, ermöglichen es bestimmten obligat-anthropophilen thermophilen Pilzen, die Haut unserer Füße mehr oder weniger permanent zu besiedeln. Gesunde Menschen der Tropen, die weitgehend barfuss gehen, besitzen kaum Fußpilze. Dermatophyten gehören zu den Ascomyceten (*Arthroderma*- und *Nannizza*-Arten) sowie zu den *Fungi Imperfecti* der Formgattungen *Epidermophyton* (*E. floccosum*), *Trichophyton* (*T. rubrum*, *T. interdigitale*, *T. mentagrophytes*) und *Microsporium spp*. Es sind Pilze von **polyphyletischer** Abstammung (Box 8.1), die sich im Laufe der evolutionären Konvergenz sehr gut an die Hautbedingungen angepasst haben.

So schwankt das Mol-% G + C (DNA) der Gattungen *Epidermophyton*, *Trichophyton* und *Microsporium* lediglich zwischen 48,5 und 50,3. Aus praktischen Gründen werden die künstlichen Formgattungen als *Arthrodermataceae* zusammengefasst. Alle *Trichophyton*-Arten können auch Nägel und Haare befallen, *M. audouinii* befällt bevorzugt Kopfhaare von Kindern. Andere *Arthrodermataceae* können Mykosen auf der Haut von Warmblütern wie Katze, Hund (*M. canis*) und Rind (*T. verrucosum*) verursachen oder sind nach wie vor Bodenbewohner (*T. georgiae*), die an der Mineralisation von Keratin gestorbener Tiere beteiligt sind.

Alle *Arthrodermataceae* sind **keratinolytische Pilze**, die ursprünglich aus Böden stammen. **Keratine** kommen stets in Haut, Haar, Nägeln, Wolle, Hörnern etc. vor. Es sind unlösliche Skleroproteine, reich an Cystin, die hydrolytisch gespalten und rasch als N- und S-Quelle verwertet werden können. Dermatophyten können durch infizierte Hautschuppen und Makroconidien leicht von Mensch zu Mensch übertragen werden. **Dermatophytosen** gehören zu den häufigsten Kommunikationskrankheiten weltweit. Übertriebenes Waschen und Duschen können die natürlichen antimykotischen Fettsäuren der Haut entfernen und die Infektionsgefahr erhöhen. Etwa 70% der überwiegend milden, aber chronischen Fußpilzinfektionen gehen auf die Gattungen *Epidermophyton*, *Trichophyton* und *Microsporium* zurück.

Einige **Sprosspilzmykosen** werden von rasch wachsenden Vertretern der Gattungen *Candida*, *Geotrichum* (beide FI, künftig Ascomyceten), *Cryptococcus*, *Rhodotorula* und *Sporobolomyces* (alles FI, künftig Basidiomyceten) verursacht, deren Lebensräume Böden und Phyllosphäre sind. Vom Winde verweht erreichen sie als Luftkeime abwehrgeschwächte Menschen und Tiere.

Pilze reagieren in der Färbung **grampositiv**, und Hautpilze lassen sich infolgedessen durch Gramfärbung in Gewebepräparaten an ihrer Form und Größe leicht erkennen. Zur Behandlung von Dermatophytosen können wirksame **Antimykotika** als Salben auf der Haut, in Aerosolen (zur Behandlung der Atemwege) oder oral (über den Blutkreislauf) eingesetzt werden. Zu den wichtigsten therapeutischen fungiziden Substanzen gehören Amphotericin B (Tabelle 6.2) und Nystatin (beide Polyene aus *Streptomyces spp*., die sich spezifisch am Ergosterol in der Pilzmembran binden) sowie verschiedene Imidazole (wie Clotrimazol, Miconazol, Ketoconazol, Fluconazol, Omoconazol; spezifische Hemmer der Ergosterolsynthese in der CM) und Griseofulvin (hemmt die Chitinsynthese der Zellwand) (aus verschiedenen Quellen).

schen verursachen. Als **Fußpilze** sind FI ständige Begleiter des Menschen (Box 8.5). Auf unsachgemäß gelagerten Getreidearten können nicht zuletzt durch Fusarien für Mensch und Tier hochgiftige (und teilweise auch karzinogene) **Mykotoxine** (Aflatoxine, Trichothecene, Zearalenone) ausgeschieden werden.

8.12 Sex, nein danke, wir Anamorphen machen es anders

Alle *Fungi Imperfecti* vermehren sich ausschließlich asexuell durch vegetative exogene Abschnürung von Millionen ein- bis mehrkerniger Sporen (Conidien). Auch die anerkannten Arten (bisher 152) von Glomeromyceten bilden an den Emissionshyphen der Wurzeloberfläche **asexuelle** dickwandige **Chlamydo-** oder **Azygosporen** (Kap. 18). Diese Sporen können etwa

800 bis 5000 Kerne pro Spore besitzen. Sowohl Conidien als auch Chlamydosporen sind vegetativ gebildete Klone (Mitosporen) und stellen offenbar eine über Jahrmillionen bewährte Erfolgsstrategie zur Verbreitung der Art dar. Diese vegetative Vermehrung anamorpher Pilze wurde möglicherweise deshalb ein Erfolg, weil durch Verzicht auf Sexualität (Karyogamie, Meiose) einerseits viel Energie und Zellmaterial gespart wird, andererseits sich bereits durch vegetative Sporen eine maximale Verbreitung erzielen lässt. Die Frage, auf welche Weise solche „vegetativen" Pilze aber ihre genetische Variabilität erhalten, um sich an veränderte ökologische Bedingungen in Böden anzupassen, kann nicht eindeutig und nur mit Hypothesen beantwortet werden. Zu den möglichen Mechanismen der genetischen Variabilität solcher Pilze gehören (a) **Mutationen**, (b) genetische Variation durch **Transposonen** und (c) **Anastomosen** mit Heterokaryonbildung und anschließender **Segregation** (lat. *segregatio* = Trennung; zufallsgemäße Verteilung der Chromosomen).

Mutationen sind bei asexueller Vermehrung Voraussetzung für genetische Veränderungen und ermöglichen durch Selektion eine Anpassung an veränderte ökologische Bedingungen und so eine evolutionäre Entwicklung. Die meisten Mutationen in Pilzen bleiben wahrscheinlich verborgen oder sind eher schädlich. Nur diejenigen Mutationen, die eine verbesserte Anpassung an die Umwelt zur Folge haben (**adaptive Mutationen**), erhöhen die Konkurrenzkraft. Über die Mutationsraten von Pilzen in Böden können nur Vermutungen angestellt werden. Unter Laborbedingungen wird für Testorganismen wie *Aspergillus nidulans*, *Neurospora crassa* und *Saccharomyces cerevisiae* eine sehr geringe Mutationsrate von etwa 0,008 angenommen. Vermutlich sind die Mutationsraten von Pilzen in Böden, Kompost und Streuauflagen aufgrund des ständigen vielseitigen Selektionsdruckes (durch biotische und abiotische Stressoren) deutlich höher. Wenn die gewaltigen Produktionsraten von asexuellen Sporen bedacht werden, dann bekommen allerdings auch geringe Mutationsraten eine beachtenswerte reale Bedeutung (Zeyl 2005). Pilzarten der Gattungen *Aspergillus* oder *Penicillium* können asexuell bis zu einer Million Conidien von ihrem Mycel pro Kilogramm Boden abschnüren. Bei einer Mutationsrate von einem Gen pro Kern und Spore können in den oberen 15 cm Boden ungefähr 100 Millionen Mutanten pro Hektar und Jahr entstehen. Auch wenn zahlreiche Mutationen schädlich oder funktionslos für den betreffenden Organismen sind, dann dürften doch etwa gleich viele positive Mutanten entstehen, die sich mehr oder weniger erfolgreich ausbreiten, vegetativ vermehren und zur genetischen Variabilität beitragen können. Weitere Forschung ist hier erforderlich.

Dem **horizontalen Gentransfer** (Kap. 5) wird bei anamorphen filamentösen Pilzen im Allgemeinen nur eine geringe Bedeutung beigemessen (Rosewich u. Kistler 2000). Hingegen scheint genetische Variabilität durch **Transposonen** (transponierbare Elemente) gerade in anamorphen filamentösen Pilzen wichtig zu sein. Das haploide Genom von Pilzen umfasst etwa 1 bis 3×10^7 bp, die auf unterschiedlich vielen Chromosomen verteilt sind. In den letzten Jahren wurden nicht nur zahlreiche transponierbare Elemente (TEs) in sehr verschiedenen filamentösen Pilzen nachgewiesen, sondern auch ihre zentrale Bedeutung für die Restrukturierung pilzlicher Genome erkannt. TEs (Transposonen) sind DNA-Bereiche, die ihre Position innerhalb des Genoms mit relativ hoher Frequenz ändern können (**Transposition**) und dabei keine fixierte Position auf dem jeweiligen Genom einnehmen. Mechanismen dieser genetischen und phänotypischen Variabilität können sehr verschieden sein. So kann es durch Insertion eines TEs in oder in der Nähe von codierenden Regionen zu Blockierungen oder Veränderungen der Transkription kommen, die sich genetisch und phänotypisch bemerkbar machen. Mechanismen dieser genetischen und phänotypischen Variabilität können sehr verschieden sein. Auch kann es im Zuge einer Exzision (Entfernung) aus einer nicht codierenden Region zur Mitnahme von 3 bis 5 bp kommen (wie bei der Transduktion durch Bakteriophagen; Kap. 5), die nach Insertion in einer codierenden Region zur Diversifizierung der Nucleotidsequenz und zur Expression neuer Merkmale führen kann.

Weiter können mobile Transposonen **ektopisch** (nicht an homologer Stelle) am Genom-Ende oder zwischen anderen Genen der gleichen oder auch auf anderen Chromosomen integriert werden, was zu Genomreorganisationen und **Chromosomenlängen-Polymorphismus** führen kann. Transpositionen können experimentell durch Stressfaktoren (Hitze- oder Temperaturschock, UV-Strahlung, Kupfersulfatbehandlung etc.) ausgelöst werden und sind als adaptive Antwort auf Stress-Aktivatoren zu betrachten (Daboussi u. Capy 2003).

Anastomosonen. Genetische Variabilität (Heterokaryon-Bildung) als Folge von Anastomosen ist unter den o. g. Mechanismen zur Sicherung der genetischen Variabilität in Böden vermutlich weitaus am Wichtigsten. Unter Anastomose (gr. *anastomosis* = Öffnung) wird die **vegetative Fusion** von zwei apikal wachsenden Spitzen (sog. *Conidiale Anastomose-Tubuli* = CATs) lateraler Hyphen verstanden. Voraussetzung für die Anastomose ist die genetische Kompatibilität der Hyphen, die sowohl bei Organismen der gleichen als auch unterschiedlicher Arten vorkommen kann. Zwischen den Hyphen asexueller filamentöser und arbuskulärer Mykorrhizapilze ist das Phänomen der Anastomose sehr weit verbreitet (Hoekstra 1994; Giovannetti *et al.* 2001; Roca *et al.* 2005). Anastomose erfolgt vor allem bei Kontakt zwischen Hyphen des gleichen Individuums und zwischen unterschiedlichen Individuen des gleichen Pilzes aus Wurzelsystemen verschiedener Pflanzen (mit einer Häufigkeitsrate von etwa 40 bis 90%). Infolgedessen können Wurzelsysteme sehr verschiedener Pflanzen durch ein umfangreiches Hyphen-Netzwerk miteinander verbunden werden (Giovannetti *et al.* 2001). Nach der Fusion von CATs kommt es im Verbundsystem zur Übertragung von Kern(en), Mitochondrien und Cytoplasma, wobei es durch Fusion zweier haploider Kerne zur Bildung eines Heterokaryons kommen kann. Anastomose innerhalb von genetisch identischen Hyphen hat keine Konsequenzen für die genetische Variabilität, bei Hyphen von genetisch verschiedenen kompatiblen Pilzen kann es zur Bildung von diploiden **Heterokaryonten** kommen. Um zur ursprünglichen Ploidie (Chromosomensatz) zurückzukehren, kann es nach mehreren sukzessiven Mitosen (Kernteilungen) spontan (ggf. nach *crossing-over*) zur genetischen Segregation (zufällige Aufspaltung) und damit zur **neuen Variabilität** kommen (Hoekstra 1994). Diese Form der **Parasexualität** zur Bildung neuer Genotypen tritt wahrscheinlich relativ selten auf, hat aber bei den sehr hohen Anastomoseraten der Hyphen populationsgenetisch weittragende Konsequenzen für die genetische Variabilität von Anamorphen.

Anastomose ist wahrscheinlich auch die Ursache für die genetische Variabilität innerhalb von **Sporen** der AM-Pilze in Böden. Hyphen von AM-Pilzen sind zönocytisch und zeigen regelmäßig Anastomose. Ihre Sporen sind stets vielkernig. Insgesamt ist der Entwicklungscyclus von AM-Pilzen bis heute unklar. Bemerkenswert ist die genetische Variabilität (11–16%) sowohl in den variablen ITS-Sequenzen als auch in konservierten Regionen (SSU und 5,8S) von rDNA-Genen einzelner Kerne innerhalb einer Spore von Arten unterschiedlicher Gattungen (z. B. *Glomus mosseae*, *G. fasciculatum*, *G. dimorphicum*, *G. coronatum*, *G. margarita*, *Scutellospora castaneae*, *S. heterogama*, *Acaulospora spp.* (Sanders *et al.* 1995; Hijri *et al.* 1999; Rodriguez *et al.* 2004). Teilweise ist die Variabilität der ITS-Sequenzen zwischen verschiedenen Isolaten sogar kleiner als innerhalb einer Spore. In mehreren Untersuchungen wurden multiple Sequenzen aus einer einzigen Spore isoliert, die keinen taxonomischen Zusammenhang aufwiesen. Die relativ hohe genetische Variabilität innerhalb von AM-Sporen wird mitunter einer erhöhten Ploidie zugeschrieben. Bis heute ist nicht klar, ob die Kerne innerhalb einer Spore aus einem ursprünglichen Kern stammen oder ob sie sich im Laufe der Entwicklung über wiederholte Vorgänge der Anastomose in Hyphen ausgetauscht und angereichert haben. Gelegentliche Heterokaryonbildung und Segregation könnten zur genetischen Diversität innerhalb der Kernpopulation von Chlamydosporen geführt haben. Diese Variabilität innerhalb von Kernpopulationen könnte sowohl die breite phänotypische Variabilität in der Sporenmorphologie als auch die **geringe Wirtspezifität** bei AM-Pilzen erklären (Rodriguez *et al.* 2004). Problematisch bleibt allerdings die Frage, wie die verschiedenen Stoffwechselprozesse in Hyphen reguliert werden, die über Tausende genetisch verschiedener Kerne verfügen. Viele grundlegende Fragen verlangen hier noch intensive Forschung.

Literatur

Adl SM, Simpson AGB, Farmer MA, Andersen RA, Anderson OR, Barta JB *et al.* (2005) The new higher level classification of eucaryotes with emphasis on the taxonomy of protists. J Eukaryot Microbiol 52: 399–451

Anderson IC, Cairney JWA (2004) Diversity and ecology of soil fungal communities: Increased understanding through the application of molecular techniques. Environ Microbiol 6: 769–779

Anderson IC, Campbell CD, Prosser JI (2003) Potential bias of fungal 18S rDNA and internal transcribed spacer polymerase chain reaction primers for estimating fungal biodiversity in soil. Environ Microbiol 5: 36–47

Anderson IC, Parkin PI (2007) Detection of active soil fungi by RT-PCR amplification of precursor rRNA molecules. J Microbiol Meth 68: 248–253

Baldauf S, Doolittle WF (1997) Origin and evolution of the slime molds (*Mycetazoa*). Proc Natl Acad Sci USA 94: 12007–12012

Barr DJS (2001) *Chytridiomycota*. In: McLaughlin DJ, McLaughlin EG, Lemke PA (Hrsg) The mycota VIIA. Systematics and evolution, Springer, Berlin, S 93–112

Bridge PD, Arora DK (1998) Interpretation of PCR methods for species definition. In: Bridge PD, Arora DK, Reddy CA, Elander RP (Hrsg) Applications of PCR in mycology, CAB International, UK, S 63–84

Bridge PD, Spooner B (2001) Soil fungi: Diversity and detection. Plant Soil 232: 147–154

Bridge PD, Roberts PJ, Spooner BM, Panchal G (2003) On the unreliability of published DNA sequences. New Phytol 160: 43–48

Bruns TD (2001) ITS reality. Inoculum 52: 2–3

Bruns TD, Vilgalys R, Barns SM, Gonzalez D, Hibbett DS, Lane DJ, Simon L *et al.* (1992) Evolutionary relationships within the fungi: Analyses of nuclear small subunits rRNA sequences. Mol Phylog Evol 1: 231–241

Bruns TD, White TJ, Taylor JW (1991) Fungal molecular systematics. Annu Rev Ecol Syst 22: 525–564

Buchan A, Newell SY, Moreta JIL, Moran MA (2002) Analysis of internal transcribed spacer (ITS) regions of rRNA genes in fungal communities in a southeastern US salt marsh. Microb Ecol 43: 329–340

Burth I, Ottow JCG (1983) Influence of pH on the production of N_2O and N_2 by different denitrifying bacteria and *Fusarium solani*. Ecol Bull (Stockholm) 35: 207–215

Crespo A, Cubero OF, Grube M (1998) PCR applications in studies on lichen-forming fungi. In: Bridge PD, Arona DK, Reddy CA, Elander RP (Hrsg) Applications of PCR in mycology, CAB Intern, Wallingford, S 85–106

Daboussi MJ, Capy P (2003) Transposable elements in filamentous fungi. Annu Rev Microbiol 57: 75–99

De Boer W, Folman LB, Summerbell RC, Boddy L (2005) Living in a fungal world: Impact of fungi on soil bacterial niche development. FEMS Microbiol Rev 29: 795–811

Domsch KH, Gams W, Anderson TH (1993) Compendium of soil fungi, Vol. I. IHW, Eching

Dörfelt H (1989) Lexikon der Mykologie, G. Fischer, Stuttgart

Down G (2002) Fungal family trees – Finding relationships from molecular data. Mycologist 16: 51–58

Elsas van JD, Duarte GF, Keijzer-Woltes A, Smit E (2000) Analysis of the dynamics of fungal communities in soil via fungal-specific PCR of soil DNA followed by denaturing gradient gel electrophoresis. J Microbiol Meth 43: 133–151

Finlay RD (2007) The fungi in soil. In: Elsas van JD, Jansson JK, Trevors JT (Hrsg) Modern soil microbiology, CRC, Boca Raton London New York, S 108–144

Fiore-Donno AM, Berney C, Pawlowski J, Baldauf SL (2005) Higher-order phylogeny of plasmodial slime molds (Myxogastria) based on elongation factor 1-A and small subunit rRNA gene sequences. J Eucaryot Microbiol 52: 201–210

Foster SJ, Monahan BJ, Bradshaw RE (2006). Genomics of the filamentous fungi – moving from the shadow of the bakers yeast. Mycologist 20: 10–14

Giovannetti M, Fortuna P, Citernesi AS, Morini S, Nuti MP (2001) The occurrence of anastomosis formation and nuclear exchange in intact arbuscular mykorrhizal networks. New Phytol 151: 717–724

Hawksworth DL (1991) The fungal dimension of biodiversity: Magnitude, significance, and conservation. Mycol Res 95: 641–655

Hawksworth DL (2001) The magnitude of fungal diversity: The 1.5 million species estimate revisited. Mycol Res 105: 1422–1432

Hawksworth DL (2004) Fungal diversity and its implications for genetic resource collections. Stud Mycol 50: 9–18

Hawksworth DL, Rossman AY (1997) Where are all the undescribed fungi? Phytopathol 87: 888–891

Hibbett DS (2006) A phylogenetic overview of the *Agaricomycotina*. Mycologia 98: 917–920

Hibbett DS (2007) After the gold rush, or before the flood? Evolutionary morphology of mushroom-forming fungi (Agaricomycetes) in the early 21st century. Mycol Res 111: 1001–1018

Hibbett DS, Binder M, Bischoff JF, Blackwell M, Cannon PF, Eriksson OE, Huhndorf S *et al.* (2007) A higher-level phylogenetic classification of the fungi. Mycol Res 111: 509–547

Hibbett DS, Thorn RG (2001) *Basidiomycota*: *Homobasidiomycetes*. In: McLaughlin DJ, McLaughlin EG, Lemke P (Hrsg) The mycota VII. Systematics and evolution, Springer, New York, S 121–168

Hijri M, Hosney M, van Tuinen D, Dulieu H (1999) Intraspecific ITS polymorphism in *Scutellospora castanea* (*Glomales*, *Zygomycota*) is structured within multinucleate spores. Fungal GenBiol 26: 141–151

Hirsch PR, Atkins SD, Mauchline TH, Morton O, Davies KG, Kerry BR (2001) Methods for studying the nematophaguous fungus *Verticillium chlamydosporium* in the root environment. Plant Soil 232: 21–30

Hoekstra RF (1994) Population genetics of filamentous fungi. Antonie van Leeuwenhoek 65: 199–204

Hong SB, Shin HD, Frisvad JC (2005) Polyphasic taxonomy of *Aspergillus fumigatus* and related species. Mycologia 97: 1316–1329

Hoog de GS, Smith MT (2004) Ribosomal gene phylogeny and species delimitation in *Geotrichum* and its teleomorphs. Studies Mycol 50: 489–515

James TY, Kauff F, Schoch CL, Matheny PB, Hofstetter V *et al.* (2006) Reconstructing the early evolution of fungi using a six-gene phylogeny. Nature 443: 818–822

Kilbertus G, Proth J, Mangenot F (1977) Sur la repartition et la survivance des microorgnismes du sol. Etude electronique. Bull Acad Soc Lorraines Sci 16: 93–104

Klein DA (2007) Diversity of chytrids. In: Benckiser G, Schnell S (Hrsg) Biodiversity in agricultural production systems, CRS, Boca Raton, USA S 81–100

Kranner I, Zorn M, Turk B, Wrnik S, Beckett RP, Batic F (2003) Biochemical traits of lichens differing in relative dessication tolerance. New Phytol 160: 167–176

Laufer Z, Beckett RP, Minibayeva FV (2006) Co-occurrence of multicopper oxidase tyrosinase and laccase in lichens in sub-order *Peltigerineae*. Ann Bot 98: 1035–1042

Li Y, Jeewon R, Hyde KD, Mo M, Zhang KQ (2006) Two new species of nematode-trapping fungi: Relationships inferred from morphology, rDNA and protein gene sequence analyses. Mycol Res 110: 790–800

Lozupone CA, Klein DA (2002) Molecular and cultural assessment of chytrid and *Spizellomyces* populations in grassland soils. Mycologia 94: 411–420

Lutzoni F, Kauff F, Cox CJ, McLaughlin D, Celio G *et al.* (2004) Assembling the fungal tree of life: Progress, classification, and evolution of subcellular traits. Amer J Bot 91: 1446–1480

Luo H, Li X, Li G, Pan Y, Zhang K (2006) Acanthocytes of *Stropharia rugosoannulata* function as a nematode-attacking device. Appl Environ Microbiol 72: 2982–2987

Luo H, Mo M, Huang X, Li X, Zhang K (2004) *Coprinus comatus*: A basidiomycet fungus forms novel spiny structures and infects nematode. Mycologia 96: 1218–1225

Malinowski P, Ottow JCG (1991) Ecological conditions and physiological mechanism of N_2O-formation from nitrite by *Fusarium solani*. In: Berthelin J (Hrsg) Diversity of environmental biogeochemistry, Elsevier, Amsterdam Oxford New York, S 287–294

Martin MP, Lado C, Johansen S (2003) Primers are designed for amplification and direct sequencing of ITS region of rDNA from myxomycetes. Mycologia 95: 474–479

Martin KJ, Rygiewicz PT (2005) Fungal-specific PCR primers developed for analysis of the ITS region of environmental DNA extracts. BMC Microbiol 5: 1–11

Moncalvo JM (2005) Fungal species concepts. In: Xu J (Hrsg) Genetics of fungi. Horizon Bioscience, UK, S 1–34

Mitchell JI, Zuccaro A (2006) Sequences, the environment and fungi. Mycologist 20: 62–74

Nishida H, Suggiyama J (1994) *Archiascomycetes*: Detection of a major new lineage within the *Ascomycota*. Mycoscience 35: 361–366

O'Brien HE, Parrent JL, Jackson JA, Moncalvo JM, Vilgalyas R (2005) Fungal community analysis by large-scale sequencing of environmental samples. Appl Environ Microbiol 71: 103–116

Ottow JCG (1969) Mechanism of iron reduction by nitrate reductase inducible aerobic microorganisms. Naturwiss 7: 371–372

Ottow JCG, von Klopotek A (1969) Enzymatic reduction of iron oxide by fungi. Appl Microbiol 18: 41–43

Ottow JCG, Burth-Gebauer I, El Demerdash ME (1985) Influence of pH and partial oxygen pressure on the N_2O-N to N_2 ratio of denitrification. In: Golterman HL (Hrsg) Denitrification in the nitrogen cycle, Plenum, New York, S 101–120

Pujol C, Dodgson A, Soll DR (2005) Population genetics of ascomycetes pathogenic to humans and animals. In: Xu J (Hrsg) Genetics of fungi. Horizon Bioscience, UK, S 149–188

Ranjard L, Poly F, Lata JC, Mougel C, Thioulouse J, Nazaret S (2001) Characterization of bacterial and fungal soil communities by automated ribosomal intergenic spacer analysis fingerprints: Biological and methodological variability. Appl Environ Microbiol 67: 4479–4487

Roca MG, Read ND, Wheals AE (2005) Conidial anastomosis tubes in filamentous fungi. FEMS Microbiol Lett 249: 191–198

Rodriguez A, Clapp JP, Dodd JC (2004) Ribosomal RNA gene sequence diversity in arbuscular mykorrhizal fungi (*Glomeromycota*). J Ecol 92: 986–989

Rosewich UL, Kistler HC (2000) Role of horizontal gene transfer in the evolution of fungi. Annu Rev Phytopathol 38: 325–363

Sanders IR, Alt M, Groppe K, Boller T, Wiemken A (1995) Identification of ribosomal DNA polymorphismus among and within spores of the *Glomales*: Application to studies on the genetic diversity of arbuscular mykorrhizal fungal communities. New Phytol 130: 419–427

Sati SC, Belwal M (2005) Aquatic hyphomycetes as endophytes of riparian plant roots. Mycologia 97: 45–49

Schüßler A, Schwarzott D, Walker C (2001) A new fungal phylum, the *Glomeromycota*: Phylogeny and evolution. Mycol Res 105: 1413–1421

Shoun H, Kim DH, Uchiyama H, Sugiyama J (1992) Denitrification by fungi. FEMS Microbiol Lett 94: 277–382

Smith E, Leeflang P, Glandorf B, van Elsass JD, Wernars K (1999) Analysis of fungal diversity in the wheat rhizosphere by sequencing of cloned PCR-amplified genes encoding 18S rDNA and temperature gradient gel electrophoresis. Appl Environ Microbiol 65: 2614–2621

Sokolski S, Piché Y, Chauvet E, Bérubé JA (2006) A fungal endophyte of black spruce (*Picea mariana*) needles is also an aquatic hyphomycete. Mol Ecol 15: 1955–1962

Swanson AR, Spiegel FW (2002) Taxonomy, slime molds, and the question we ask. Mycologia 94: 968–979

Schwantes HO (1996) Biologie der Pilze, Eugen Ulmer, Stuttgart

Taylor JW (1995) Making the *Deuteromycota* redundant: A practical integration of mitosporic and meiosporic fungi. Can J Bot 73: 754–759

Tehler AJS, Farris DL, Källersjö LM (2003) Phylogenetic analysis of the fungi based on large rDNA data sets. Mycologia 92: 459–474

Thorn RG, Barron GL (1984) Carnivorus mushrooms. Science 224: 76–78

Thorn RG, Moncalvo JM, Reddy CA, Vilgaly R (2000) Phylogenitic analyses and the distribution of nematophagy support a monophyletic *Pleurotaceae* within the polyphyletic pleurotoid-lentinoid fungi. Mycologia 92: 241–252

Thorn RG, Reddy CA, Harris D, Paul EA (1996) Isolation of saprophytic basidiomycetes from soil. Appl Environ Microbiol 62: 4288–4292

Valinsky L, Vedova GD, Jiang T, Borneman J (2002). Oligonucleotide fingerprinting in rRNA genes for analysis of fungal community composition. Appl Environ Microbiol 68: 5999–6004

Villa-Carvajal M, Querol A, Belloch C (2006) Identification of species in the genus *Pichia* by restriction of internal transcribed spacer (ITS1 and ITS2) and the 5.8S ribosomal DNA gene. Antonie van Leeuwenhoek 90: 171–181

Weider LJ, Elser JJ, Crease TJ, Mateos M, Cotner JB (2005) The functional significance of ribosomal (r)DNA variation: Impacts on the evolutionary ecology of organisms. Annu Rev Ecol Evol Syst 36: 219–242

White TJ, Bruns T, Lee S, Taylor JW (1990) Amplification and direct sequencing of fungal ribosomal RNA genes for phylogenetics. In: Innis, MA, Gelfand DH, Sninsky JJ, White TJ (Hrsg) PCR protocolls – A guide to methods and applications, Acad Press, San Diego New York Boston, S 315–322

Wuczkowski M, Druzhinina I, Gherbawy Y, Klug B, Prillinger H (2003) Species pattern and genetic diversity of *Trichoderma* in a mid-European, primeval floodplain forest. Microbiol Res 158: 125–133

Wuczkowski M, Prillinger H (2004) Molecular identification of yeasts from soil of the alluvial forest national park along the river Danube downstream of Vienna, Austria (Nationalpark Donauauen). Microbiol Res 159: 263–275

Wuczkowski M, Metzger E, Sterflinger K, Prillinger H (2005). Diversity of yeasts isolated from litter and soil of different natural forest sites in Austria. Die Bodenkultur 56: 201–208

Xu J, Cheng M, Tan Q, Pan Y (2005) Molecular population genetics of basidiomycete fungi. In: Xu J (Hrsg) Evolutionary Genetics of fungi, Horizon Bioscience, Wymondham, UK, S 189–220

Zak JC, Visser S (1996) An appraisal of soil fungal biodiversity: The crossroads between taxonomic and functional biodiversity. Biodiv Conserv 5: 169–183

Zeyl C (2005) Rates and effects of spontaneous mutations in fungi. In: Xu J (Hrsg) Evolutionary Genetics of fungi, Horizon Bioscience, Wymondham, UK, S 289–320

Zhou Z, Takaya N, Nakamura A, Yamaguchi M, Takeo K, Shoun H (2002) Ammonia fermentation, a novel anoxic metabolism of nitrate by fungi. J Biol Chem 277: 1892–1896

Zuccaro A, Schulz B, Mitchell JI (2003) Molecular detection of ascomycetes associated with *Fucus serratus*. Mycol Res 107: 1451–1466

Quorum sensing, die Koordinationssprache der Mikroorganismen in Böden

9

„*Bacterial populations competing for colonization of a particular niche could attempt to thwart each other by targeting and inactivating one another's quorum sensing circuits.*"

M. B. Miller & B. L. Bassler (2001)

Inhaltsverzeichnis

9.1 Die Kommunikation von Prokaryoten und Hefen mit Botenstoffen

Sowohl Prokaryoten als auch Echte Pilze (insbesondere Hefen) haben in heterogenen Lebensgemeinschaften (Kolonien, Konsortien, Biofilmen) allgemein verständliche **Regelmechanismen** entwickelt, um die Expression von bestimmten Genen nur dann zu induzieren, wenn die Zelldichten und ökologischen Bedingungen günstig sind. Diese Kommunikation von Zelle zu Zelle über Art- und Gattungsgrenzen hinweg („mikrobielle Esperanto") wird als *quorum sensing* (QS) bezeichnet, um zu betonen, dass bestimmte Organismen-Zelldichten (*quorum*) erforderlich sind, bevor die Expression von Ziel-Genen induziert oder unterdrückt wird. QS ist somit die **zelldichtenabhängige Regulierung** von Genexpressionen mithilfe von chemischen Botenstoffen. Bemerkenswert ist dabei, dass nicht die Aktivitäten der einzelnen Zelle, sondern das koordinierte Vorgehen der Lebensgemeinschaft bezweckt wird. Dieses Verhalten ist eigentlich charakteristisch für multizelluläre (höhere) Organismen. Durch QS sollen bestimmte Prozesse (z. B. die Ausscheidung von Enzymen oder Virulenzfaktoren) in der Lebensgemeinschaft effizient koordiniert werden, wie es Hormone in höheren Organismen tun.

Die Sprache der Prokaryoten (*sensing*) untereinander erfolgt durch Ausscheidung charakteristischer chemischer **Botenstoffe** (**Pheromone**). Pheromone (gr. *pherein* = tragen; *hormon* = antreibend) sind niedermolekulare lipophile Botenstoffe (Autoinduktoren) mit Sig-

J.C.G. Ottow, *Mikrobiologie von Böden*,
DOI: 10.1007/978-3-642-00824-5_9,

nalcharakter, die von Zellen innerhalb der Kolonien und Biofilme in Lebensgemeinschaften von Böden, in der Rhizosphäre von Pflanzen, in Bodenporen oder auf Steinen und submersen Makrophyten (Wasserpflanzen) in Gewässern zwar kontinuierlich ausgeschieden werden, aber erst in einer bestimmten **Schwellenkonzentration** wirksam werden. Autoinduktoren können die Zellmembranen durch Diffusion leicht passieren, weil sie amphiphil sind. Amphiphile Moleküle besitzen sowohl lipophile als auch hydrophile Eigenschaften. Wird die Schwellenkonzentration in einer Lebensgemeinschaft erreicht, dann werden die freigesetzten Signalmoleküle an bestimmte Proteine (Rezeptoren) der Zielorganismen gebunden, wodurch verschiedene Gene aktiviert werden (**Autoinduktion**). Voraussetzung ist allerdings eine bestimmte Zelldichte und Signalstoffkonzentration in der betreffenden Lebensgemeinschaft.

QS umfasst Prozesse, mit denen Mikroorganismen ihre Dichte in einer Lebensgemeinschaft messen und die Expression von Genen verändern können. Die induzierten Gene kommen allerdings nur zur Expression, wenn außerdem bestimmte **Umweltbedingungen** herrschen. Wahrscheinlich dienen die Signalsysteme mit ihren relativ kleinen diffusiblen Molekülen in erster Linie der Optimierung der Biosyntheseeffizienz von komplexen und energieaufwändigen Makromolekülen und von Prozessabläufen („*efficiency sensing*") (Hense *et al.* 2007). Durch diese kleinen **Kundschafter-Moleküle** erkunden die Zellen das unmittelbare Umfeld. Ab einem Schwellenwert stimulieren die Botenstoffe als Autoinduktoren auch ihre eigene Biosynthese. Die Erkundung der direkten Umgebung beinhaltet auch die Erkennung von Nachbarn mit demselben QS-System. Somit kommt es im Grunde nicht nur auf die Zelldichte, sondern vor allem auf die Signaldichte an Autoinduktoren an. QS ist ein typisches Produkt von Wechselwirkungen zwischen mikrobiellen Lebensgemeinschaften und ihrer Umwelt und infolgedessen ein **ökologisches Phänomen**.

9.2 Botenstofffunktionen

Das häufigste QS-System bei gramnegativen Bakterien (*Proteobacteria*) setzt ***N*-Acylhomoserinlactone** (Acyl-HSLe) als Botenstoffe ein. Acyl-HSLe (abgekürzt AHL) werden beispielsweise von bestimmten Stämmen unterschiedlicher Arten der Gattungen *Rhizobium* (*Alphaproteobacteria*), *Burkholderia*, *Cupriavidus* (= *Ralstonia)*, *Chromobacterium* (*Betaproteobacteria*), *Pseudomonas*, *Pantoea (Erwinia)*, *Serratia*, *Salmonella* und *Yersinia* (*Gammaproteobacteria*) ausgeschieden, um als biologisch aktive sekundäre Metabolite sehr unterschiedliche Prozesse in Böden und Rhizosphären zu steuern. So benutzen bestimmte Stämme gramnegativer Bakterien AHL für die extrazelluläre Regulierung ihrer Pflanzenpathogenität und/oder für die opportunistische Invasion von abwehrgeschwächten Menschen (z. B. *Pseudomonas aeruginosa*). Hingegen verwenden grampositive Bakterien (z. B. *Bacillus*- und *Streptococcus*-Arten) kurze **modifizierte Peptide** als Botenstoffe. Die Forschung auf dem Gebiet der QS-Systeme steht noch am Anfang und die bisherigen Erkenntnisse sind noch sehr lückenhaft und als vorläufig zu betrachten. Für Verallgemeinerungen ist es noch zu früh.

Die Fähigkeit zur Kommunikation von *Bacteria* wurde im Jahre 1970 erstmals beim gramnegativen Leuchtbakterium *Vibrio fischeri* (*Gammaproteobacteria*) in Tiefseefischen entdeckt. Zur Induktion der dichteabhängigen Biolumineszenz (eine enzymatisch katalysierte Chemilumineszenz) verwendet *Vibrio fischeri* (= *Photobacterium fischeri*) in der Symbiose mit dem Leuchtorgan bestimmter Fische oder Weichtiere (z. B. *Euprymna scolopes*) das *N*-(3-Oxohexanoyl)homoserin lacton (OHHL) als Botenstoff. Die Synthese dieses Signalmoleküls wird von der Aktivität der Acyl-HSL-Synthase LuxI (codiert vom *luxI*-Locus) bestimmt. Dieser Botenstoff diffundiert intra- und extrazellulär und wird bei hoher Zelldichte und einem kritischen Schwellenwert von LuxR (einem Regulatorprotein) gebunden. Der LuxR-HSL-Komplex induziert die Transkription von Ziel-Genen, indem er an spezifischen Sequenzen (den *lux*-Boxen) im Promotorbereich der Ziel-Gene bindet, was zur erhöhten Lucferaseproduktion und zur weiteren Acyl-HSL-Produktion führt. Der bakterielle Leuchtprozess ist aerob und die Luciferase eine Monooxygenase (Kap. 3). Neben O_2 erfordert die Reaktion reduziertes FMN und einen langkettigen Aldehyd (R-CHO). Dabei entsteht wahrscheinlich zunächst ein angeregtes FMN (FMN. $H_2O)^*$, das unter Lichtausstrahlung (*hv*) in den Grundzustand übergeht (Gl. 9.1)

$$[\text{FMN. } H_2O]^* \rightarrow hv + \text{FMN} + H_2O \qquad (9.1)$$

V. fischeri-Populationen von geringer Dichte leuchten nicht oder nur geringfügig, in hohen Zelldichten erreicht jedoch der Autoinduktor einen bestimmten Schwellenwert und es kommt zur Expression der Lumineszenz-Gene und zur Bildung von Luciferase.

Homologe des LuxI/LuxR-Paares wurde inzwischen bei verschiedenen *Bacteria* nachgewiesen, die an der Regulation von sehr verschiedenen Funktionen in Lebensgemeinschaften beteiligt sind. Heute steht fest, dass der QS-Regulationstyp beteiligt ist an der

- **Steuerung von Biofilmen** durch die regulierte Ausscheidung von EPS (extrazelluläre Polysaccharide) auf Bodenkolloiden, Blatt- und Wurzeloberflächen (Phyllosphäre bzw. Rhizosphäre), submersen Makrophyten, Schleimhäuten von Mensch und Tier etc.,
- **Ausscheidung von Antibiotika** (z. B. Phenazinen) und **Siderophoren** zur Erhöhung der Konkurrenzkraft von (fluoreszierenden) Pseudomonaden in der Rhizosphäre von (Kultur-)Pflanzen (Kap. 6, 17),
- **Regulation der Morphogenese und Antibiotikabildung** von Streptomyceten,
- effizienten **Freisetzung** (*efficiency sensing*) von extrazellulären hydrolytischen **Exoenzymen** (Pektinmethyl-Esterasen, Pektin-Lyasen, Polygalacturonasen, Proteasen, „Cellulasen" etc.) durch phytopathogene *Pantoea*-Arten (*P. carotovora*) bei Kulturpflanzen (Kartoffel, Karotte etc.),
- **Induktion der Kompetenz** für die Transformation von grampositiven Organismen (*Bacillus subtilis*, *Streptomyces spp.*, *Streptococcus pneumoniae*). Die Ausbildung der Kompetenz (Kap. 5) findet nur bei relativ hoher Zelldichte statt, damit ausreichend Zellen als DNA-Empfänger zur Verfügung stehen,
- **konjugativen Übertragung** des tumorinduzierenden Ti-Plasmids durch *Rhizobium radiobacter* (früher *Agrobacterium tumefaciens*),
- **Induktion der Knöllchenbildung** bei Leguminosen nach Infektion mit Rhizobien (*R. leguminosarum, R. fredii, R. meliloti* etc.). Dabei wird die AHL-Produktion von Genen auf verschiedenen *Sym*-Plasmiden codiert,
- **Pathogenität (Virulenz)** von gramnegativen Bakterien für Pflanzen (*P. carotovora*, *Rhizobium radiobacter*, *Cupriavidus* (*Ralstonia*) *solanacearum*, *Xanthomonas campestris* etc.), für Tiere (*Aeromonas hydrophila*) und Menschen (*P. aeruginosa*, *Vibrio cholerae*, *Salmonella typhimurium*, *Mycobacterium tuberculosis*, *Campylobacter jejudi*, *Helicobacter pylori* etc.),
- **Unterdrückung von pathogenen Pilzen und Nematoden** verschiedener bodenbürtiger Krankheiten von Gurke, Soja, Tomate und Getreidearten durch die Ausscheidung von Metaboliten mit fungiziden und nematoziden Wirkungen durch Stämme von *Pseudomonas*- und *Burkholderia*-Arten in der Rhizosphäre (Kap. 17),
- **Sporen- und Fruchtkörperbildung** von Myxobakterien (z. B. *Myxococcus xanthus;* Kap. 6), und an der
- **morphologischen Veränderung** von der einzelligen Hefeform in ein Sprossmycelium bei *Candida albicans* (Erreger von Mykosen beim Menschen; Kap. 8) und bei *Saccharomyces cerevisiae* (Back-, Bier- und Weinhefe).

Bakterien verfügen über multiple hierarchische QS-Systeme, die offenbar zahlreiche Prozesse beeinflussen können. Es ist wahrscheinlich, dass QS auch an der Regulierung verschiedener anderer Vorgänge und Prozesse in Lebensgemeinschaften von Böden, Sedimenten, Rhizosphären und von Schleimhäuten bei Mensch und Tier beteiligt ist. Insbesondere *efficiency sensing* dürfte in Lebensgemeinschaften von Böden weit verbreitet sein, da effizient und ökophysiologisch sinnvoll. Es besteht ein hoher Forschungsbedarf auf diesem interdisziplinären Gebiet der „**Soziomikrobiologie**". Kooperation ist auch unter höheren Organismen ein anspruchsvolles Verhalten. Wie ist es möglich, dass Mikroorganismen eine kostspielige Kooperation auf dem Niveau der Gruppe über selbstsüchtige Interessen stellen?

Heute ist das Phänomen bei mindestens 100 Arten unterschiedlicher Gattungen aus den Phyla der *Cyanobacteria*, *Firmicutes*, *Actinobacteria* und *Proteobacteria* sowie bei einigen Hefen (*Eukaryota*) beschrieben worden. Vermutlich ist es die Spitze des Eisberges (Lithgow *et al.* 2001; Miller u. Bassler 2001; Whitehead *et al.* 2001; Gonzalez u. Marketon 2003; Shiner *et al.* 2005; Alem *et al.* 2006; Ganter *et al.* 2006; Spoerling u. Gilmore 2006; West *et al.* 2006).

9.3 Chemie der Signalmoleküle

Die Signalmoleküle umfassen bisher sechs verschiedene Substanzgruppen, die scheinbar nur Ketogruppen gemeinsam haben (Abb. 9.1):

- Aminosäuren und kurze Peptide (Oligopeptidhormone). Sie wurden bisher überwiegend bei grampositiven Bakterien und einigen Cyanobakterien festgestellt,
- Fettsäurederivate (*N*-Acylhomoserinlactone, Acyl-HSLe). Die AHL sind charakteristisch für sehr verschiedene gramnegative Proteobakterien,
- Furanabkömmlinge wie Furanosylboratdiester [(2S,4S)-2-Methyl-2,3,3,4-tetrahydroxytetrahydrofuran-borat = S-THMF-borat, Autoinduktor AI-2]. Bisher wurden diese Substanzen bei gramnegativen Bakterien (*Vibrio fischeri*, Enterobakterien; *Gammaproteobacteria*) und einigen grampositiven Organismen nachgewiesen,
- Diketopiperazine (DKPs sind cyclische Dipeptide) bei Pseudomonaden (*P. aeruginosa, P. fluorescens, P. alcaligenes*) sowie bei Enterobakterien (*Pantoea agglomerans*, *Citrobacter freundii*, *Proteus mirabilis* und *Serratia marcescens*),
- 2-Heptyl-3-hydroxy-4-chinolon (PQS), spezifisch für *P. aeruginosa*, und
- aromatische Alkohole wie Tyrosol, Tryptophol (TrpOH) und Phenylethanol (PheOH) bei Hefen (Eukaryoten).

Über die Struktur-Wirkungsweise dieser Substanzgruppen ist noch nichts bekannt. Allerdings scheint die **chemische Sprache universell** zu sein, weil sie auch von Pflanzen verstanden wird. Am Beispiel der Tomate wurde nachgewiesen, dass diese nach Inokulation der Wurzel mit AHL-produzierenden Bakterien (z. B. *Serratia liquefaciens* MG1) eine systemische Resistenz gegen pathogene Pilze im Sprossbereich erhalten. Dies wird vermutlich über pflanzeneigene Signalwege von der Wurzel zum Spross vermittelt. Bei Gerste (*Hordeum vulgare*) und Ackerschmalwand (*Aarabidopsis thaliana)* konnte durch hochauflösende Analytik (Fekete *et al.* 2007; Götz *et al.* 2007) nachgewiesen werden, dass die kurzkettigen AHLs mit dem Transpirationsstrom von der Wurzel in den Spross verbreitet werden. Bei *A. thaliana* funktioniert noch ein anderer Reaktionstyp, weil die Pflanze auf kurz- und mittellange AHLs mit Veränderungen im Phytohormonhaushalt reagiert (Erhöhung des Auxin/Cytokinin-Verhältnisses und Steigerung des Wurzelstreckenwachstum) (von Rad *et al.*, 2009).

9.4 *Global sensing* und AHL-induzierte Resistenz

Die Pheromone (Autoinduktoren) gramnegativer Bakterien sind überwiegend *N*-Acylhomoserinlactone (Acyl-HSL) aus Fettsäuren und Aminosäuren. Die meisten QS-Systeme gramnegativer Organismen verwenden AHL als Botenstoffe, um die Expression verschiedener physiologischer Eigenschaften und Prozesse in der Gruppe zu steuern. Die chemische Struktur der bisherigen AHL unterscheidet sich in der Länge und Zusammensetzung der Acyl-Seitenketten (zwischen 4 und 14 C-Atomen). Diese Seitenketten können Doppelbindungen und eine oder mehrere Oxo- und Hydroxylgruppen am zweiten bzw. am dritten C-Atom enthalten (Abb. 9.1). Bisher hat die große Mehrheit von bakteriellen Acyl-HSLe eine gerade Anzahl an C-Atomen in den Seitenketten. Die verschiedenen AHL können von unterschiedlichen Arten/Gattungen gebildet werden, und eine Reihe von Bakterienstämmen ist auch zur Ausscheidung mehrerer AHL in der Lage, was auf spezifische Regulatorproteine hinweist. Die aufgenommenen AHL werden von unterschiedlichen Rezeptoren selektiv erkannt und bestimmen so die **Spezifität** der verschiedenen Autoinduktoren. Die Signalwirkung der AHL wird nicht nur zwischen verschiedenen Arten und Gattungen von *Bacteria* verstanden, sondern auch zwischen *Bacteria* und Pflanzen (z. B. in der Rhizosphäre). Kurzkettige AHL **diffundieren** aufgrund ihres lipophilen Charakters einfach durch die äußere Membran, während langkettige AHL wahrscheinlich aktiv von Efflux- und Influxpumpen transportiert werden (z. B. bei *P. aeruginosa*). Dieser Vorgang wird als *diffusion sensing* bezeichnet. Der ausgeschiedene Autoinduktor wirkt in der unmittelbaren Umgebung der Zellen als ein Induktor oder Elicitor in Pflanzen.

Bakterielle Acyl-HSLe haben große strukturelle Ähnlichkeiten mit verschiedenen eukaryotischen Pheromonen, und es wundert infolgedessen nicht, dass die von Bakterien produzierten AHL auch eukaryotische Organismen (Algen, Pflanzen) beeinflussen können. Dieses AHL-„Esperanto“ ist offenbar eine universale Sprache, und die Kommunikation zwischen Prokaryoten und Eukaryoten wird als *global sensing* bezeichnet. Mithilfe spezifisch markierter Reporterbakterien gelang es, die *in situ*-Synthese von Acyl-HSLe darzustellen und die Ausbreitung dieser Substanzen in der

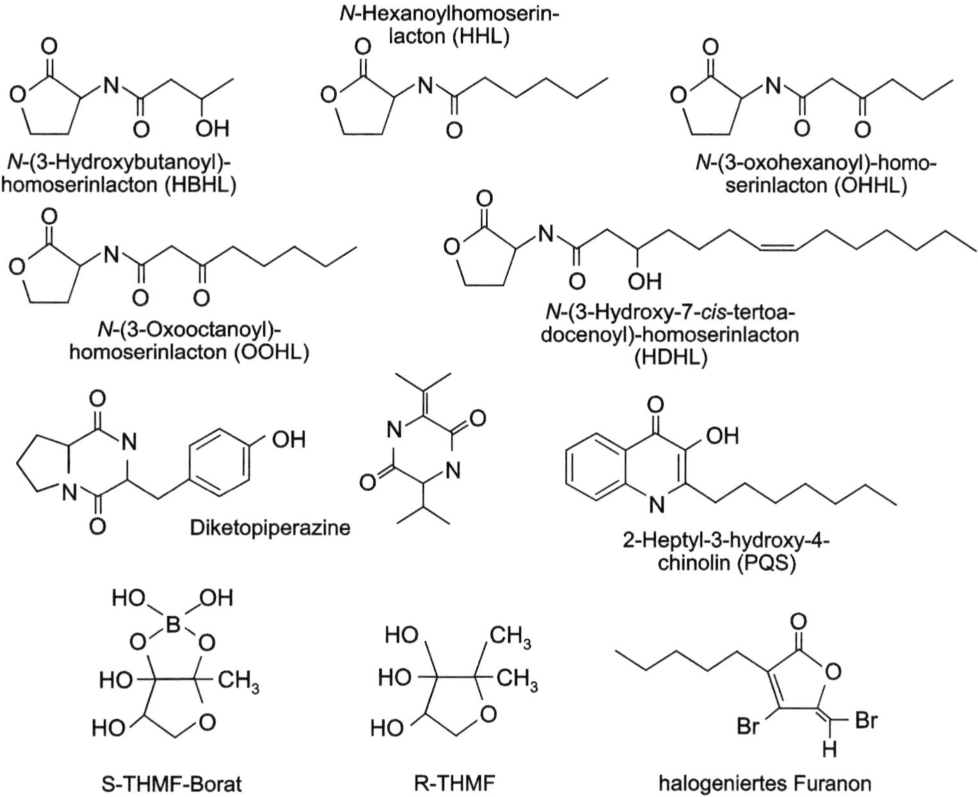

Abb. 9.1 Chemische Struktur der verschiedenen, an der dichteabhängigen Kommunikation (*Quorum sensing*) von Mikroorganismen in Böden beteiligten Autoinduktoren (Pheromone) (aus verschiedenen Publikationen)

Rhizoplane quantitativ zu erfassen. Weil Pflanzen offenbar das *global sensing* verstehen, besteht sowohl bei einem Angriff mit pathogenen *Bacteria* als auch bei der Kontaktaufnahme mit symbiotischen Partnern (fluoreszierende Pseudomonaden, Rhizobien etc.) die Möglichkeit, sich auf die Annäherung einzustellen (Tabelle 9.1). Als Reaktion auf die Exposition mit AHL konnte eine neue Form der **systemischen induzierten Resistenz** (AHL-*induced* ***r****esistance*, **HIR**) bei Pflanzen nachgewiesen werden. Seit vielen Jahren wird immer wieder beobachtet, dass die Resistenz von Pflanzen gegenüber dem Befall mit pathogenen *Bacteria*, Echten Pilzen, pilzähnlichen Organismen (Oomyceten) oder Nematoden bei Anwesenheit bestimmter PGPR *(Plant-Growth-Promoting-Rhizobactria)* erhöht werden kann (Kap. 18). Ursache ist eine **induzierte systemische Resistenz** (*induced systematic resistance*, **ISR**), die von bestimmten **Elicitoren** (wie den Lipopolysacchariden in der äußeren Membran gramnegativer Bakterien sowie dem Flagellin der Geißel) stimuliert wird (Schuhegger *et al.* 2006). Dabei wird ein jasmonat- und ethylenabhängiger Signalweg in der Pflanze verwendet (Kap. 18). Elicitoren (lat. *elicere* = hervorlocken) umfassen eine Gruppe von Glucanen und Lipopolysacchariden aus den Zellwänden von Echten Pilzen bzw. *Bacteria*, die toxisch für Pflanzen sind und in den Pflanzenzellen bestimmte Stoffwechselwege induzieren können. Pflanzen erkennen die Signalmoleküle und verhindern die Infektion mit pathogenen Organismen durch Induktion einer schnellen Abwehrreaktion, die als hypersensitive Abwehr (*hypersensitive response,* **HR**) bezeichnet wird. Pflanzen können sich gegen pathogene Pilze durch Einleitung solcher hypersensitiven Reaktionen schützen. Befallene Zellen sterben ab, wodurch der Pilz von seinen Nährstoffen abgeschnitten wird. Die HR verursacht lokale Nekrosen in den oberirdischen Organen, worauf die infizierten Pflanzen mit einer unspezifischen **systemisch erworbenen Resistenz** (*systematic acquired resistance*, **SAR**) antworten, die einen **salicylsäureabhängigen** Signalweg auslöst (Baker *et al.* 1997). Experimente mit Tomaten haben gezeigt, dass die Behand-

Tabelle 9.1 Verschiedene Funktionen und Bedeutung (Auswahl) von *N*-Acetyl-homoserinlactonen (AHL) in der Rhizosphäre von Kulturpflanzen (ergänzt nach Riedel *et al.* 2005)

Gramnegative Bakt.	AHL-Art	regulierte Eigenschaften	Vorkommen
Rhizobium radiobacter (pflanzenpathogen)	*N*-3-Oxooctanoyl-homoserinlacton (OOHL)	Konjugation Ti-Plasmide	Rhizosphäre von Kartoffeln
Rhizobium leguminosarum, *Sinorhizobium spp.* (Knöllchenbildung)	multiple AHL-Moleküle; z. B. *N*-3-Hydroxy-7-*cis*-tetradecanoyl-HSL (TDHL)	Symbiose mit *Fabaceae*; Knöllchenbildung und N_2-Bindung; Plasmidtransfer; EPS-Synthese	Wurzelhaare von Leguminosen
fluoreszierende Pseudomonaden[1)] (Konkurrenzkraft in Rhizosphäre)	u. a. *N*-Hexanoyl-homoserinlacton (HHL)	fungizide Wirkung durch Phenazin-Antibiotika; Biokontrolle Rhizosphäre; Biofilmbildung	Rhizosphäre von Getreidearten, Tomate, Kartoffel
Pseudomonas aeruginosa (opportunistisch humanpathogen)	*N*-Octanoyl- und *N*-Hexanoyl-homoserinlactone (OHL, HHL)	Induktion von Virulenzfaktoren; Biofilmbildung; Phenazin-Antibiotika	Mensch; beteiligt an Infektionen von Lungen und Verletzungen
Pantoea stewartii (*Erwinia stewartii*) (pflanzenpathogen)	3-Oxo-C6-HSL	Pathogenität (EPS-Synthese, Virulenzfaktoren)	Mais-Welke (*bacterial wilt*)
Burkholderia cepacia (Bodenorganismus; Biokontrollstämme Rhizosphäre; pflanzenpathogen, opportunistisch humanpathogen)[2)]	*N*-Octa- und Hexanoyl-homoserinlacton (OHL, HHL)	Bildung von Proteasen und Ornibactin (Siderophor); Biofilmbildung (Rhizosphäre, Lungeninfektion)	Rhizosphäre von Kulturpflanzen; Cystische Fibrose (chronische Lungenentzündung beim Menschen)

1) vgl. Kap. 6.4.3.2 und Box 6.8 2) vgl. Kap. 6.4.2.1

lung mit einer Acyl-HSL-Reinsubstanz sowohl salicylsäure- als auch ethylen- und jasmonatabhängige Abwehr-Gene induziert, die zu einer breiten HIR führen können (Schuhegger *et al.* 2006).

Die Erforschung dieser verschiedenen Kommunikationen zwischen Pro- und Eukaryoten ist von grundlegender Bedeutung, weil die Erkenntnisse Möglichkeiten bieten, von außen Einfluss auf das Verhalten von (pathogenen) Bakterien und anderen Organismen zu nehmen (*signal interference*). Solche antimikrobiellen Strategien können in der Bekämpfung von pathogenen Bakterien bei Mensch, Tier und Pflanze in der Zukunft eine große Rolle spielen. Die Störung von QS-Systemen kann dabei durch (a) Blockierung der Acyl-HSL-Synthese, (b) Hydrolyse der Acyl-HSL-Moleküle (*quorum quenching*) und/oder durch (c) Hemmung von Acyl-HSL-Rezeptorproteinen erfolgen. Vielversprechend scheint die Hemmung der Acyl-HSL-Rezeptorproteine zu sein, eine Strategie, die bereits von verschiedenen Pflanzen durch Einsatz von Substanzen, die *N*-Acyl-HSL-Signale nachahmen, mit Erfolg betrieben wird. So bildet die Meeresalge *Delisea pulchra* ein halogeniertes Furanon (Abb. 9.1), das durch Verdrängung der Acyl-HSLe von LuxR-homologen Rezeptoren mit dem QS-System interferiert (Miller u. Bassler 2001; Whitehead *et al.* 2001; Juhas *et al.* 2005; Shiner *et al.* 2005; Wei u. Zhang 2006). Es wird bereits spekuliert, ob durch Beeinflussung von *quorum sensing*-Systemen die Virulenzfaktoren in Kolonien von pathogenen Bakterien beim Menschen verändert werden können. Dies wäre eine Ergänzung oder Alternative zum Einsatz von Antibiotika und Mykostatika.

9.5 QS in der Rhizosphäre

Fluoreszierende Pseudomonaden (*P. aeruginosa-fluorescens-putida*, *P. aureofaciens*, *P. chlororaphis*) gehören in Böden und Rhizosphären zu den weit verbreiteten kultivierbaren *Bacteria* (Kap. 6, 17). Ihre relativ hohe Konkurrenzkraft in der Rhizosphäre beruht wahrscheinlich auf unterschiedlichen Eigenschaften wie der Bildung von mehreren **fungiziden Phenazinen** und **Siderophoren** (mit Pyoverdin als Hauptmetabolit) sowie vom fungiziden **2,4-Diacetylphloroglucinol** (2,4-DAPG) und vom toxischen HCN (**Blausäure**, CN^- blockiert Fe in Cytochromen). Die genannten Metaboliten können je nach *Pseudomonas*-Stamm in wechselnder Zusammensetzung für die **Hygienisierung** pathogener Nematoden, Echter Pilze wie *Gaeumannomyces graminis* var. *tritici* (*Ascomycota*; Schwarzbeinigkeit von Weizen), *Rhizoctonia solani* (*Oomycota*; Wurzeltöterkrankheit), *R. cerealis* (*Oomycota*; Halmbruchkrankheit von Getreide), *Fusarium oxysporum* (FI, Wurzelfäule verschiedener Kulturpflanzen) sowie *Pytium ultimum* (*Oomycota*; Umfallkrankheiten von Getreidesämlingen) verantwortlich sein. So sind Stämme von *P. chlororaphis* in der Lage, den Befall mit *F. oxysporum* im Wurzelbereich von Tomaten durch Ausscheidung des fungiziden Phenazin-1-carboxamins (PCN) zu verhindern. Die Synthese der verschiedenen Phenazin-Antibiotika wird vom *phz*FABCD-Operon gesteuert, das aber vom *Lux*I/*Lux*R homologen *Phz*I/*Phz*R-QS-System reguliert wird. *Phz*I ist für die Synthese von *N*-Hexanoyl-L-homoserinlacton (HHL) verantwortlich, welches bei einer bestimmten Schwellenkonzentration an das entsprechende Rezeptorprotein *Phz*R bindet und die Transkription der Ziel-Gene im Promotorbereich aktiviert (Steidle *et al.* 2001).

Ein weiteres QS-System, *Csa*I/*Csa*R, vermag die Konkurrenzkraft zu regulieren, während das *Ppu*I/*Ppu*R-QS-System offenbar an der Förderung des Pflanzenwachstums beteiligt ist. *P. fluorescens* F113 bildet drei verschiedene Acyl-HSLe-QS-Systeme in Ergänzung zum *Phz*I/*Phz*R-QS-System. Eine Pilzinfektion in der Rhizosphäre hat eine verstärkte Exsudation und damit eine Zunahme in der Population fluoreszierender Pseudomonaden mit einer erhöhten Ausscheidung von HHL zur Folge, was anschließend die Bildung von Phenazinen stimuliert. Bestimmte Stämme von *P. fluorescens* können sogar eine große Anzahl an verschiedenen Acyl-HSL-Signalmolekülen in einer hierarchischen Struktur ausscheiden. Zusammen mit den fungiziden Metaboliten 2,4-DAPG und HCN sowie durch Steuerung der Biofilmbildung verfügen die fluoreszierenden Pseudomonaden somit über einen effektiven Mechanismus zur Hygienisierung (*biocontrol*) der Rhizosphäre von pathogenen Pilzen. Dass die Synthese von AHLs bei Pseudomonaden mit dem Lebensraum Rhizosphäre verbunden ist, geht indirekt aus dem Ergebnis hervor, dass alle fluoreszierenden Pseudomonadenstämme aus der Rhizosphäre von Pflanzen zur Bildung verschiedener AHLe befähigt sind, diejenigen Stämme aus dem Boden jedoch nicht (Whitehead *et al.* 2001; Elasri *et al.* 2001; Bredenbruch *et al.* 2006; Wei u. Zhang 2006). Auch die antibakteriellen, fungiziden und antiprotozoären Wirkungen der sekundären Metaboliten **Prodigiosin** (verantwortlich für die Rotfärbung) und **Carbapenem** (1-Carbapen-2-em-3-carbonsäure) des Boden- und Gewässerbakteriums *Serratia marcescens* (*Enterobacteriaceae*) werden von AHL über QS gesteuert (Slater *et al.* 2003; Queck *et al.* 2006). In Tabelle 9.1 sind einige Eigenschaften in der Rhizosphäre von Pflanzen zusammengefasst, die von AHL-Abkömmlingen reguliert werden.

9.6 QS bei der Knöllchenbildung durch Rhizobien

Phylogenetisch bilden die Rhizobien eine heterogene Gruppe. Vertreter der Gattungen *Rhizobium*, *Sinorhizobium* und *Allorhizobium* wurden in die Familie *Rhizobiaceae* (neu), jene der Gattung *Mezorhizobium* zu den *Phyllobacteriaceae* und solche der Gattung *Bradyrhizobium* in die *Bradyrhizobiacea* reklassifiziert. *Azorhizobium caulinodans* (Stängelknöllchenbildung bei Leguminosen) gehört zu den *Hyphomicrobiaceae* (Kap. 6, 13). Die phylogenetischen Distanzen der Rhizobien machen es wahrscheinlich, dass auch die Infektionsvorgänge und Regulationsmechanismen zwischen den einzelnen Gattungen und den verschiedenen Leguminosen als Gastwirt nicht einheitlich ablaufen, zumal bei *R. leguminosarum* die Gene für Nodulation, N_2-Bindung und Plasmidübertragung auf dem *Sym*-Plasmid pRL1JI lokalisiert sind (und nicht auf dem Genom). Für eine erfolgreiche Symbiose ist zunächst eine Erkennungsreaktion zwischen Rhizobien und Wurzelhaaren des Gastwirtes erforderlich. Für die Kompatibilität sind verschiedene Signalmoleküle, darunter die Bildung von wurzelbürtigen **Flavonoiden** und das Vorkommen von spezifischen **Lectinen** in der Wurzelzellwand einerseits und die Produktion von Signalmolekülen (**Nodulationsfaktoren**) und bestimmten Exopolysacchariden (**Lipochitooligosacchariden,** LCOs) anderseits, notwendig (Kap. 13). Die Expression von Nodulations-Genen in den Rhizobien wird von Pflanzensignalen aktiviert, und als Reaktion synthetisieren die Rhizobien Signale (*N*-Acetylglucosamin-Oligomere), welche die Entwicklung von meristematischem Gewebe in den Wurzeln induzieren, um den Rhizobien den Eintritt in die Wurzelhaare über einen Infektionsschlauch zu ermöglichen.

Am Signalaustausch sind offenbar auch QS-Systeme beteiligt, die eine wichtige Rolle bei der Vorbereitung und Koordination der Symbiosebildung zu spielen scheinen. So wird die erforderliche Kolonisierung an der Spitze der Wurzelhaare offenbar von einem QS-System reguliert. Die Infektion der Wurzelhaare setzt eine zelldichtenabhängige Expression von Genen voraus. Rhizobien scheiden verschiedene AHL in einer komplexen hierarchischen Struktur aus, wodurch die einzelnen Zellen Informationen über die Zelldichte erhalten – sowohl bei der Invasion als auch bei der intrazellulären Vermehrung. *R. leguminosarum* var. *viciae* synthetisiert über die Aktivität von vier *Lux*I/*Lux*R-homologen Regulationsproteinen vier bis sechs verschiedene AHL.

Stämme von *Rhizobium etli* und *Sinorhizobium meliloti* bilden sogar sieben bzw. neun verschiedene Acyl-HSL und codieren multiple *Lux*I/*Lux*R-homologe Proteinregulatoren. In *R. leguminosarum* und *R. etli* scheinen die QS-Systeme nicht nur an der Entwicklung der Symbiose im Allgemeinen, sondern auch an der Anzahl Knöllchen beteiligt zu sein. Bisher ist kaum etwas über die Mechanismen bekannt. Der *S. meliloti*-Stamm 1021 verfügt über zwei QS-Systeme. Der *Sin*I/*Sin*R-Locus ist zuständig für verschiedene AHL, darunter das bisher längste C_{18}-HSL-Molekül. Blockierung des *sin*-Systems verzögert die Bildung der Knöllchen und vermindert die Anzahl an (aktiven) **rosafarbenen Knöllchen**, was eine Beteiligung an der Regulierung der N_2-Bindung bedeuten könnte. Die QS-Systeme von *S. meliloti* scheinen auch die Produktion von EPS zu regulieren – Substanzen, die das Eindringen der Rhizobien durch die Infektionsschläuche erleichtern sollen. Die bisherigen Kenntnisse über die Beteiligung der offenbar relativ zahlreichen QS-Systeme an der symbiotischen N_2-Bindung sind noch sehr lückenhaft und bedürfen einer Spezifizierung nach den phylogenetischen Rhizobiengruppen. Bisher steht allerdings fest, dass QS-Systeme auf verschiedenen Ebenen, wie die Invasion der Wurzelhaare, die Entwicklung der Symbiose, die Effizienz der Knöllchenbildung und die N_2-Bindung, beteiligt sind (Wisniewski-Dye u. Dowdie 2002; He *et al.* 2003; Gonzalez u. Marketon 2003).

9.7 Mineralisation und Halbwertszeit von AHL

Unter optimalen Laborbedingungen beträgt die Syntheserate von Acyl-HSL durch Populationen von *Pseudomonas aeruginosa* oder vom pflanzenpathogenen Bakterium *Pantoea stewartii* etwa 10^{-18} Mol × Zelle^{-1}× h^{-1}. In Böden unter natürlichen wechselnden Bedingungen dürften die Produktionsraten deutlich geringer sein. In der Rhizosphäre und insbesondere an der Wurzeloberfläche (Rhizoplane) sind die höchsten Werte zu erwarten. Mehrere gramnegative *Bacteria* erfordern in ihren Populationen angereicherte Konzentrationen von AHL zwischen 5 nM bis 2 µM, um QS auszulösen. In Böden mit heterogen verteilten Mischkolonien und Biofilmen (Kap. 1) sind die akkumulierenden Acyl-HSL nicht nur Botenstoffe, sondern können gleichzeitig als Substrate für (oligotrophe) Mitbewohner in der unmittelbaren Umgebung des Produzenten dienen. Da es etwa 10^5 bis 10^7 Hexanoyl-HSL-abbauende *Bacteria* pro Gramm Boden gibt (Wang u. Leadbetter 2005), stellt sich die Frage nach der relativen Persistenz (DT_{50}-Wert = Halbwertszeit) solcher Verbindungen. In Abb. 9.2 ist die Abbaukinetik von [^{14}C]Oxohexanoyl-HSL in einer frischen Bodenprobe (pH 6, 60% mWK, 21 °C) dargestellt. Bereits nach etwa 15 Stunden ist die Halbwertszeit und nach etwa 60–72 Stunden der DT_{90}-Wert (90% Abbau) erreicht. Offenbar können AHL-Verbindungen als **leicht mineralisierbar** gelten. QS-Systeme würden vermutlich nicht richtig funktionieren, wenn die Signalmoleküle relativ persistent wären. Die Folge wäre zwangsläufig eine vorübergehende Akkumulation verschiedener Acyl-HSLe in Lebensgemeinschaften, was die Regulation ihrer Prozesse stören würde. Somit sind eher kurzlebige Substanzen zu erwarten, damit sich Fließgleichgewichte rasch auf- und abbauen lassen. Andererseits muss angenommen werden, dass der rasche mikrobielle Abbau von leicht mineralisierbaren Botenstoffen wie die AHL die Akkumulation dieser Substanzen in heterogenen Lebensgemeinschaften zu spezifischen Schwellenwerten fast unmöglich erscheinen lässt. Dazu kommt noch, dass die ständige Wasserbewegung im Porenraum und an der Wurzeloberfläche (Folge von Massenfluss und Nährstoffaufnahme; Kap. 17) für kaum quantifizierbare Verdünnungen oder Anreicherungen der AHL in einer Lebensgemeinschaft sorgt. Solche Überlegungen führen zu dem Schluss,

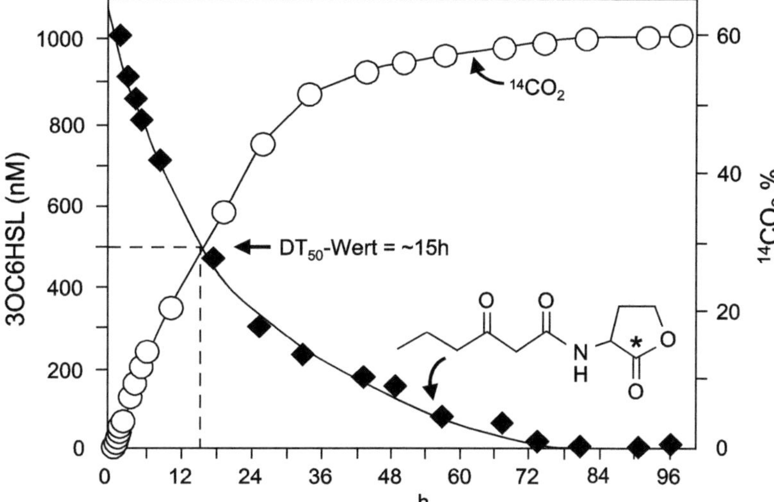

Abb. 9.2 Abbaukinetik, Halbwertszeit (DT_{50}-Wert) und CO_2-Freisetzung von [^{14}C]Oxohexanoyl-HSL (1 µM) in einem Ackerboden (pH 6) während einer viertägigen Bebrütung (21 °C) im Labor (Wang u. Leadbetter 2005)

dass die mikrobielle Zell-zu-Zell-Kommunikation in Lebensgemeinschaften im Wesentlichen nur in unmittelbarer Nähe (im Mikromilieu) wirken kann. Auf der Wurzeloberfläche wurde in Modellexperimenten mit fluoreszenzmarkierten AHL-Produzentenbakterien und spezifischen AHL-Reporterbakterien und Laser-Scanning-Mikroskopie die sogenannte *„calling distance"* von AHL-Signalstoffen ermittelt. Dabei ergab sich erwartungsgemäß eine Verteilung der Abstände zwischen signalstoffproduzierenden und angeregten Bakterien. Bei kurzen Entfernungen lag dieser Abstand im Mikrometerbereich, aber in Entfernungen von bis zu 70 µm fanden noch Anregungen statt (Ganter *et al.* 2006). Mithilfe von quantitativen Auswertungsalgorithmen des GIS (geographischen Informationssystems) wurden entsprechende Konzentrationsgradienten um AHL-produzierende Einzelzellen und um angeregte Mikrokolonien errechnet. In der Praxis sind sicher aufgrund der vorhandenen AHL-degradierenden Bakterien und freien Hydrolasen und Lactonasen diese idealen Konzentrationsgradienten stark modifiziert. Es ist noch vieles unklar und Forschung ist hier dringend erforderlich.

Literatur

Alem MAS, Oteef, MDY, Flowers TH, Douglas LJ (2006) Production of tyrosol by *Candida albicans* biofilms and its role in quorum sensing and bio film development. Eukaryot Cell 5: 1770–1790

Baker B, Zambryski P, Staskawicz B, Dinesh-Kumar SP (1997) Signaling in plant-microbe interactions. Science 276: 726–733

Bredenbruch F, Geffers R, Nimitz M, Buer J, Häussler S (2006) The *Pseudomonas aeruginosa* signal (PQS) chelating activity. Environ Microbiol 8: 1318–1329

Elasri M, Delorme S, Lemanceau P, Stewart G, Laue B, Glickmann E, Oger PM (2001) Acyl homoserine lactone production is more common among plant-associated *Pseudomonas spp.* than among soil borne *Pseudomonas spp.* Appl Environ Microbiol 67: 1198–1209

Fekete A, Rothballer M, Frommberger M, Li X, Englemann M, Fekete J, Hartmann A *et al.* (2007) Identification of bacterial *N*-acylhomoserine lactones (AHL) using ultra performance liquid chromatography (UPLC), ultra-high-resolution mass spectrometry and *in situ* bio sensor constructs. Anal Bioanalyt Chem 387: 455–467

Ganter S, Schmid M, Dürr C, Schuhegger R, Steidle A, Hutzier P, Langebarteis C *et al.* (2006) *In situ* quantification of the spatial scale of calling distance and population density-independent *N*-Acylhomoserine lactone-mediated communication by rhizobacteria colonized on plant roots. FEMS Microbiol Eco156: 188–194

Gonzalez JE, Marketon MM (2003) *Quorum sensing* in nitrogen-fixing rhizobia. Microbiol Mol Biol Rev 67: 574–592

Götz C, Fekete A, Gebefuegi I, Forczek T, Fuksova K, Li X, Englemann M *et al.* (2007) Uptake, degradation and chiral discrimination of *N*-Acetyl-D/L-homoserine lactones by barley *(Hordeum vulgare)* and yam bean *(Pachyrhizus erosus)* plants. Anal Bioanalyt Chem 389: 1447–1457

He X, Chang W, Pierce DL, Seib LO, Wagner J, Fuqua C (2003) *Quorum sensing* in *Rhizobium sp.* strain NG234 regulates conjugal transfer *(fra)* gene expression and influences growth rate. J Bacteriol 185: 809–822

Hense BA, Kuttler C, Müller J, Rothballer M, Hartmann A, Kreft JU (2007) Does efficiency sensing unify diffusion and *quorum sensing*? Nature Rev Microbiol 5: 1–10

Juhas M, Eberl L, Tümmer B (2005) *Quorum sensing*: The power of cooperation in the world of *Pseudomonas.* Environ Microbiol 7: 459–471

Lithgow JK, Danino VE, Downie JA (2001) Analysis of *N*-acyl-homoserine lactone *quorum sensing* molecules made by different strains and biovars of *Rhizobium leguminosarum* containing different symbiotic plasmids. Plant Soi 1232: 3–12

Miller MB, Bassler BL (2001) *Quorum sensing* in bacteria. Annu Rev Microbiol 55: 165–199

Queck SY, Weitere M, Moreno AM, Rice SA, Kjelleberg S (2006) The role of *quorum sensing* mediated envelopmental traits in the resistance of *Serratia marcescens* biofilms against protozoan grazing. Environ Microbiol 8: 1017–1025

Rad von U, Klein H, Dobrev PI, Kottova J, Zazimalova E, Fekete A, Hartmann A *et al.* (2009) Response of *Arabidopsis thaliania* to *N*-hexanoyl-DL-homoserine lactone, a bacterial *quorum sensing* molecule produced in the rhizosphere. Planta (im Druck)

Riedel K, Schönmann S, Eberl L (2005) *Quorum sensing* in pflanzenassoziierten Bakterien. BIOspektrum 4: 385–388

Schuhegger R, Ihring A, Ganter S, Bahnweg G, Knappe C, Vogg H, Hutzler P *et al.* (2006) Induction of systematic resistance in tomato by *N*-acyl-L-homoserine lactone-producing rhizosphere bacteria. Plant Cell Environ 29: 909–918

Shiner EK, Rumbaugh KP, Williams SC (2005) Interkingdom signaling: Deciphering the language of acyl homoserine lactones. FEMS Microbiol Rev 29: 935–947

Slater H, Crow M, Everson L, Salmond GPC (2003) Phosphate availability regulates biosynthesis of two antibiotics, prodigiosin and carbapenem, in *Serratia* via both *quorum sensing* dependent and independent pathways. Mol Microbiol 47: 303–320

Spoerling AL, Gilmore MS (2006) *Quorum sensing* and DNA release in bacterial biofilms. Curr Opin Microbiol 9: 133–137

Steidle A, Sigl K, Schuhegger R, Ihring A, Schmidt M, Ganter S, Stoffels M *et al.* (2001) Visualization of *N*-acyl homoserince lactone-mediated cell-to-cell communication between bacteria colonizing the tomato rhizosphere. Appl Environ Microbiol 67: 5761–5770

Wang YJ, Leadbetter JR (2005) Rapid acyl homoserine lactone *quorum* signal biodegradation in diverse soils. Appl Environ Microbil 71: 1291–1299

Wei HL, Zhang LQ (2006) *Quorum sensing* system influences root colonization and biological control ability in *Pseudomonas fluorescens* 2P24. Antonie van Leeuwenhoek 89: 267–280

West SA, Griffin AS, Gardner A, Diggle SP (2006) Social evolution theory for microorganisms. Nature Rev Microbiol 4: 597–607

Whitehead NA, Barnard AML, Slater H, Simpfson JL, Salmond GPC (2001) *Quorum sensing* in gram-negative bacteria. FEMS Microbiol Rev 25: 365–404

Wisniewski-Dye F, Dowdie JA (2002) *Quorum sensing* in *Rhizobium*. Antonie van Leeuwenhoek 81: 397–407

Mikrobiologie und Biochemie des Kohlenstoffkreislaufes 10

„And so the carbon atom flits from place to place, pausing here and there for seconds or millennia, but ever passing along." H. H. Janzen (2004)

Inhaltsverzeichnis

10.1 Oxygene Photosynthese, Regulativ des globalen Kohlenstoffkreislaufes

Der globale CO_2-C-Gehalt in der Atmosphäre (Abb. 10.1) wird heute auf etwa 700 bis 800 Pg C (1 Petagramm = 10^{15} g = 1 Giga-t C) geschätzt, was im Vergleich zum C-Gehalt in den globalen **terrestrischen** Ökosystemen (ca. 1000 bis 2300 Pg C) und in den weltweiten **Ozeanen** (ca. 39 000 bis 41 000 Pg C) relativ gering ist. Ursache dieser sehr geringen atmosphärischen CO_2-Konzentration von etwa 0,0383 Vol.-% (bei 78,09 Vol.-% N_2 und 20,95 Vol.-% O_2) ist die sehr effiziente CO_2-Fixierung durch die oxygenen Photosyntheseprozesse (Primärproduktion PP) (Gl. 10.1)

$$6\,CO_2 + 6\,H_2O \leftrightarrow C_6H_{12}O_6 + 6\,O_2 \qquad (10.1)$$

wodurch das globale **Fließgleichgewicht** eindeutig auf der rechten Seite liegt und CO_2 für die pflanzliche Biomasse in den terrestrischen und aquatischen Ökosystemen zum **wachstumsbegrenzenden Faktor** geworden ist. In den Meeren oberhalb der Thermokline (Temperatursprung in etwa 100 m Tiefe) befinden sich nach ersten Schätzungen ca. 3 Pg C in Form von Biomasse (Phyto- und Zooplankton, *Bacteria*, *Archaea*, Meerestiere, etc.), etwa 1000 Pg C als gelöstes CO_2 und ca. 30 Pg C an gelösten organischen Verbindungen. Unterhalb der Thermokline befinden sich nochmals in der Größenordnung von 1000 bis 3000 Pg C in organischer Form und zusätzlich noch etwa 38 000 Pg C als gelös-

J.C.G. Ottow, *Mikrobiologie von Böden*,
DOI: 10.1007/978-3-642-00824-5_10, © Springer-Verlag Berlin Heidelberg 2011

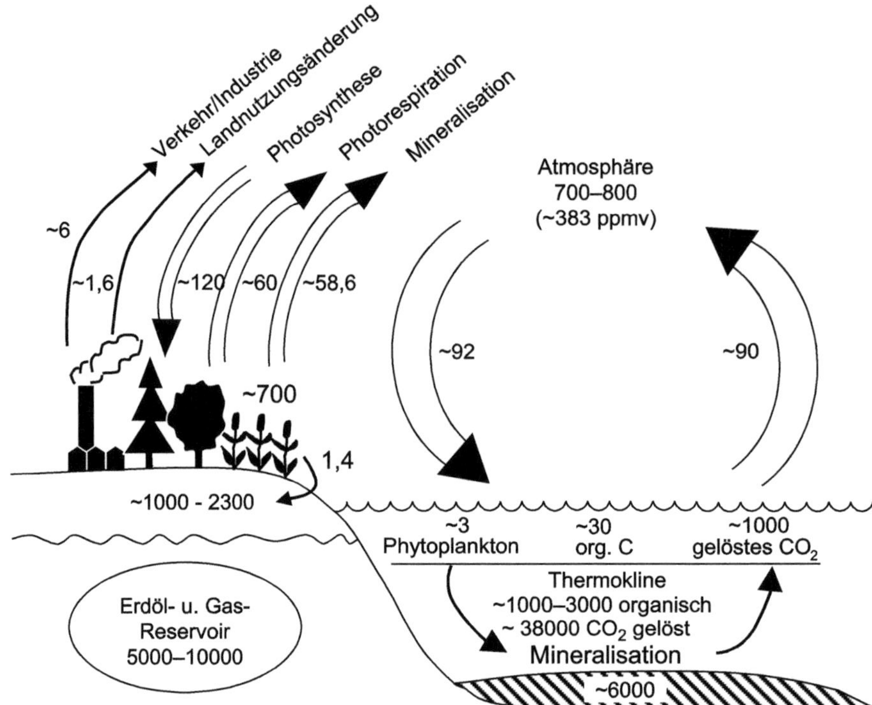

Abb. 10.1 Schematische Darstellung des globalen Kohlenstoffkreislaufes mit den geschätzten jährlichen Austauschraten (in Pg C) zwischen Atmosphäre, Ozeanen und terrestrischen Ökosystemen (Amundson 2001; Janzen 2004; Houghton 2007)

tes CO_2. Meeressedimente haben etwa 6000 Pg C in Carbonaten und organischen Abfallstoffen festgelegt. Dieser Kohlenstoffpool ist jedoch inaktiv und beteiligt sich vermutlich nur in sehr geringem Umfang am C-Kreislauf. Über die Austauschraten zwischen dem Oberflächen- und dem Tiefenwasser unterhalb der Thermokline ist nichts bekannt, was die Bedeutung der Tiefsee als Quelle und Senke von CO_2 offen lässt. Nach heutigen Schätzungen beträgt die *Netto*-CO_2-C-Aufnahme in den oberen 100 m der Ozeane (die ca. 72% der Erdoberfläche stellen) jährlich etwa 2 Pg C (± 0,4), doch dürfte diese C-Senkenfunktion mangels Datenmaterial eher unterschätzt werden. Entscheidend für die CO_2-Fixierung im Meer (Cyanobakterien, Algen, Diatomeen und Flagellaten) ist nicht nur die Wassertemperatur, sondern vor allem die Versorgung dieser photosynthetisch aktiven Mikroorganismen mit Nährstoffen, vor allem mit N, P, Fe und Si. Weil Fe für Phytoplankton in den Meeren den **begrenzenden Wachstumsfaktor** darstellt, wird versucht, diese geringe CO_2-Senkenfunktion (Primärproduktion) durch „Eisendüngung" (mit $FeSO_4$) in den südlichen und zentralen Bereichen der Ozeane (Atlantik, Pazifik) experimentell zu steigern (Coale *et al.* 2004). Zwar wird die PP durch Eisendüngung gefördert, doch machen die negativen ökologischen Folgen für das Leben im Wasser und im Bereich der Sedimente das Vorgehen sehr fragwürdig.

Im Vergleich zu den Ozeanen ist der globale C-Pool in den terrestrischen Ökosystemen (sie bilden ca. 28% der globalen Oberfläche) wesentlich kleiner. In der oberirdischen Vegetation sind etwa 700 Pg C über die Primärproduktion in Biomasse festgelegt. Diese C-Mengen entsprechen in etwa der globalen CO_2-C-Konzentration in der Atmosphäre. Hingegen enthalten Oberböden (<2 m) in Form von Streu, Humus und Edaphon global mit etwa 1000 bis 2300 Pg C etwa 2- bis 3-mal soviel C wie die Vegetation oder die Atmosphäre. Die große Variationsbreite in den C-Angaben belegt die **Unsicherheit in den Hochrechnungen** als Folge von unterschiedlichen Basisdaten. In der Erdrinde sind schätzungsweise mindestens noch 5000 bis 10 000 Pg C als fossiler CO_2-C (Erdöl und -gas) aus der ehemaligen mikrobiellen Biomasse gespeichert (konserviertes Sonnenlicht aus dem Jura- und Kreidezeitalter).

Die jährliche globale ***Brutto*-Primärproduktion** (BPP) auf dem Festland wird auf etwa 120 Pg C geschätzt. Etwa 50% der BPP wird durch autotrophe Respiration (Photorespiration der Pflanzen) unmittelbar wieder als CO_2 zurück in die Atmosphäre abgegeben. Die andere Hälfte geht dauerhaft in das Wachstum der Biomasse ein. Im Gleichgewichtszustand umfasst die ***Netto*-Primärproduktion** (NPP) somit ca. 60 Pg C pro Jahr. Die NPP umfasst jenen Anteil an C, der in pflanzlicher Biomasse wie Blätter, Holz und Wurzel festgelegt ist. Schätzungsweise sind etwa 75% dieser NPP in Wäldern sequestriert. Sämtliche abgestorbene Biomasse wird früher oder später durch **heterotrophe Respiration** (Mineralisation) direkt oder indirekt zurück an die Atmosphäre abgegeben (= Bodenatmung, BA). Die Differenz zwischen der NPP und BA gibt an, wie viel C global abgegeben oder gewonnen wird. Diese C-Bilanz wird als ***Netto*-ökosystemare Produktion** (NÖP) bezeichnet. Nach Angaben des *Intergovernmental Panel on Climate Change* (2001) umfasst die NÖP global zwar etwa 10 Pg C, doch nach Abzug aller C-Verluste (durch Feuer, Ernten, Erosion etc.) umfasst die globale ***Netto*-Biomasseproduktion** (NBP) pro Jahr nicht mehr als 1,4 ± 0,7 Pg C. Diese C-Mengen werden den Böden insgesamt als C-Senke (Humuskörper) zugeschlagen. Im Gleichgewichtszustand müsste die globale Bodenatmung dann jährlich etwa 58,6 Pg CO_2-C betragen (Abb. 10.1).

Infolge der industriellen Entwicklung werden zunehmend fossile Energieträger verbrannt (Verkehr, Industrie, Energiewirtschaft) und als CO_2 zusätzlich in die Atmosphäre abgegeben. Zusammen mit Kalkbrennungen (Zementindustrie) gelangen durch anthropogene Aktivitäten jährlich etwa 6 Pg CO_2-C (Streuungsbreite der Angaben 5–7 Pg C × a^{-1}) in die Atmosphäre (Abb. 10.1). Durch anthropogene Veränderungen in den Landnutzungssystemen (Entwaldungen, Brandrodungen, Umbruch von Wald und Grasland in Ackerland, Drainage von Mooren etc.) wird die Mineralisationstätigkeit des Edaphons stark angeregt, wodurch global jährlich zusätzlich etwa 1,6 Pg CO_2-C (Schwankungsbreite 0,6–2,6 Pg C) durch Mineralisationsaktivität in die Atmosphäre gelangen. Bodenbearbeitung regt die Aktivitäten der mikrobiellen Biomasse an und hat stets eine verstärkte Mineralisation mit zeitweise erhöhten CO_2- und NH_4^+-Freisetzungen zur Folge. Mikrobielle C-Umsetzungen sind im Wesentlichen eine Funktion des Klimas und der Bewirtschaftungsintensität. Zusammen mit den Landnutzungsänderungen wird heute der zusätzliche jährliche anthropogen bedingte globale CO_2-C-Ausstoß vom Festland in die Atmosphäre auf etwa 7,6 Pg C geschätzt. Der globale Gasaustausch zwischen den Ozeanen und terrestrischen Ökosystemen erfolgt weitgehend indirekt über die Atmosphäre (Abb. 10.1). Eine einfache Bilanz der globalen atmosphärischen CO_2-C-Freisetzungen (insgesamt ca. 216,2 Pg-C) und CO_2-Festlegungen (212 Pg-C) ergibt eine jährliche CO_2-C-Zunahme von etwa 4,2 Pg±0,1 Pg (Houghton 2007). Wenn die jährliche CO_2-Zunahme in der Atmosphäre heute 4,2 ± 0,1 Pg C beträgt, dann ist der Schluss richtig, dass jährlich ungefähr 3,4 Pg CO_2-C (7,6–4,2) von den Ozeanen und terrestrischen Ökosystemen durch Photosyntheseprozesse aufgenommen und in Biomasse festgelegt werden (Gl. 10.1). Bei einer jährlichen globalen CO_2-Senke der Ozeane von etwa 2 Pg C (ca. 26%) ergibt sich für die terrestrischen Ökosysteme rechnerisch eine globale jährliche *Netto*-CO_2-C-Senke von 1,4 Pg C (ca. 18%) in Form von organischer Bodensubstanz (*residual terrestrial sink*). Den o. g. Zahlen nach können die Meere global als Hauptsenke für CO_2 betrachtet werden. Weiter verbleiben offenbar etwa 56% des jährlichen anthropogenen CO_2-Zuwachses in der Atmosphäre. Es ist diese jährliche anthropogen bedingte CO_2-Belastung, die für den geringen, aber exponentiellen Anstieg der CO_2-Konzentration der Atmosphäre und damit möglicherweise für eine Klimaerwärmung (Treibhauseffekt) verantwortlich gemacht werden kann. Die o. g. Schätzungen sind allerdings mit großen Unsicherheiten behaftet und insgesamt als erste Annäherungen zu bewerten. Im Allgemeinen besteht jedoch Konsens darüber, dass in der Gesamtbilanz der anthropogen bedingten Kohlenstoffflüsse zwischen Atmosphäre und Land-Biosphäre letztere eine C-Senke darstellt. Dies geht auch aus den letzten Angaben des IPCC (2007) für den Zeitraum 2000–2005 hervor. Weil das Datenmaterial je nach Autor teilweise sehr stark schwankt, können die o. g. Schlussfolgerungen allerdings nur mit Vorbehalt gezogen und lediglich als vorläufig eingestuft werden (Amundson 2001; IPCC, 2001, 2007; Janzen 2004; Houghton 2007, Nieder u. Benbi 2008).

10.2 Klimawandel durch den atmosphärischen CO_2-Anstieg?

Klima ist keine konstante Größe, sondern unterliegt in der Evolution der Erde einem permanenten Wandel. Ein Rückblick in die Erdgeschichte bestätigt dies eindrucksvoll (Kroonenberg 2008). Im Verlauf der Erdgeschichte hat sich die atmosphärische CO_2-Konzentration immer wieder signifikant verändert, im Wesentlichen als Folge von vulkanischen Eruptionen und Schwankungen in den photosynthetischen Aktivitäten der mikrobiellen und pflanzlichen Biomasse. Das Großklima der Erde hängt maßgeblich von der Position und Orientierung der Erde bezüglich der Sonne ab. Astronomische Parameter wie Exzentrizität der Erdumlaufbahn, die Schiefe der Ekliptik sowie die Präzession der Erdrotationsachse und Erdbahnellipse unterliegen aufgrund gravitativer Einwirkungen von Sonne, Mond und Planeten charakteristischen Variationscyclen. Diese betragen schätzungsweise 100 000 Jahre (Exzentrizität), ca. 41 000 Jahre (Ekliptikschiefe) und knapp 22 000 Jahre (Präzession der Erdrotationsachse). Auch der Strahlungsantrieb durch die Sonne unterliegt infolge variabler Solaraktivitäten (Sonnenflecken) regelmäßigen Schwankungen (in der Größenordnung von etwa 0,1%). Die verschiedenen externen Klimafaktoren und Cyclen sind mit großer Wahrscheinlichkeit Ursache für die langfristigen **Klimavariationen** und werden auch für die pleistozänen Eiszeitcyclen verantwortlich gemacht (Jacobeit 2002). Langfristig gesehen, bewegt sich das Klima der Erde nicht auf eine Wärmeperiode, sondern vielmehr auf eine neue Kaltphase („**Eiszeit**") zu, zumal die astronomischen Strahlungskurven voraussichtlich in etwa 25 000 Jahren ein neues Minimum erreichen werden. Schon in 10 000 Jahren könnte die Nordsee wieder trockenliegen.

Beim gegenwärtigen vermeintlichen anthropogen bedingten Klimawandel können die astronomisch bedingten Schwankungen offenbar vernachlässigt werden, weil sie lediglich Temperaturschwankungen in der Größenordnung von Hunderstel °C pro Jahrhundert hervorzurufen vermögen (Cubasch u. Kasang 2000). Nach der Mehrzahl heutiger Hypothesen ist aber der drohende Klimawandel im Wesentlichen auf die verstärkte Freisetzung von **klimarelevanten Spurengasen (Treihausgase)**, insbesondere auf die anthropogen bedingte Beeinflussung des globalen Kohlenstoffkreislaufes durch CO_2, zurückzuführen.

Die wichtigsten **potenziellen** Treibhausgase sind **Wasserdampf**, $\mathbf{CO_2}$, **Methan** (CH_4, etwa 1,7 ppm; 1 ppm = *parts per million* = 1 Teil auf eine Million Teile = 10^{-6}), **Ozon** (O_3) und **Lachgas** (N_2O, ca. 311 ppb; 1 ppb = *parts per billion* = 1 Teil auf eine Milliarde = 10^{-9}). Bei ppm bzw. ppb kann es sich um Gewichtsteile oder um Volumenteile handeln. Bei Gasen sind es Volumenteile und 1 ppm = 1 Mikroliter pro Liter (1 $\mu L \times L^{-1}$). Die Hauptbestandteile der Atmosphäre (N_2 und O_2) sind keine Treibhausgase, weil diese homonuklearen diatomären Moleküle keine Wärmestrahlung (Infrarotstrahlung) absorbieren und damit die Rückstrahlung der Sonnenwärme von der Erde in den Weltraum im Gegensatz zu den o. g. Treibhausgasen nicht vermindern. Auf molekularer Basis ist der Treibhauseffekt der relevanten Gase nicht einheitlich. So beträgt der relative Beitrag bezogen auf CO_2 von Methan das 25-Fache, von Lachgas etwa das 200-Fache und von Ozon sogar das 2000-Fache.

Das **Treibhauspotenzial** (TP) der einzelnen klimarelevanten Gase in der Atmosphäre ist folglich sehr verschieden. Das TP ist ein Maß für den Beitrag eines Spurengases zur Abschirmung der von der Erdoberfläche emittierten Wärmestrahlung und wird relativ zum TP des Kohlendioxids angegeben. Dabei ist das TP abhängig von der mittleren Verweilzeit des betreffenden Gases in der Atmosphäre, von der Wärmeabsorptionskapazität und vom Zeitraum der Betrachtung. Über eine Periode von 100–120 Jahren ist der direkte Treibhauseffekt von CH_4 ca. 60-mal und der von N_2O sogar 260–300-mal stärker als der von CO_2. Gemittelt über die letzten zehn Jahre wird der Beitrag der einzelnen Spurengase am anthropogenen Treibhauseffekt von CO_2 auf 50%, der von CH_4 auf etwa 13% und der von N_2O auf ca. 5% geschätzt. Der Dynamik von Kohlendioxid in der Atmosphäre kommt infolgedessen für die Klimaerwärmung künftig die größte Bedeutung zu (IPCC, 2001, 2007).

Die Treibhausgase in der Erdatmosphäre vermindern die Wärmerückstrahlung von der Erdoberfläche in das Weltall und speichern die entsprechende Energie in der Erdatmosphäre. Seit der Mitte des 19. Jahrhunderts (mit Beginn der industriellen Revolution) scheint die CO_2-Konzentration (damals etwa 280 ppmv) in der Atmosphäre ständig und exponentiell zu steigen. Die CO_2-Konzentration betrug 2008 im Schnitt etwa 383 ppmv. Dieser allmähliche Anstieg ist deshalb relativ gering, weil der größte Teil der jährlichen CO_2-Produktion von den globalen Photosyntheseprozessen aufgenommen und abgepuffert wird. Bei Methan stieg die Konzentration von etwa 730 ppbv auf 1852 ppbv, bei Lachgas von etwa 270 auf 319 ppbv. Andere Treibhausgase wie Fluorchlorkohlenwasserstoffe (FCKW), wasserstoffhaltige Fluorkohlenwasserstoffe (HFKW) und perfluorierte Kohlenwasserstoffe (FKW) sowie Schwefelhexfluorid (SF_6) kamen ursprünglich in der

Atmosphäre nicht vor, werden aber trotz weitreichender Produktionsverbote in den nächsten Jahrzehnten in der Atmosphäre verharren. Diese Spurengase besitzen eine sehr hohe Treibhauswirkung, weil sie lange **Verweilzeiten** (*turnover time*) haben (z. B. SF_6 etwa 3200 Jahre).

Der jährliche CO_2-Anstieg in der Atmosphäre wird zurzeit auf etwa 1,3 bis 1,5 ppmv geschätzt, was bezogen auf die Gesamt-C-Konzentration in der Erdatmosphäre (ca. 700 bis 800 Pg C) äußerst gering ist. Dennoch kann dieser Anstieg die Strahlungsflüsse im System Erde/Atmosphäre deutlich verändern. Dabei entspricht 1 ppmv einer CO_2-Menge mit einem C-Gehalt von etwa 2,1 Gt (1 Gigatonne = 1 Milliarde Tonnen = 10^{12} kg). Die im letzten Jahrhundert beobachtete Erhöhung in den globalen bodennahen Durschnittstemperaturen von ca. 0,74 °C ist mit großer Wahrscheinlichkeit auf die Zunahme in den atmosphärischen Treibhausgaskonzentrationen zurückzuführen. Besorgniserregend ist nicht nur die Größenordnung des Temperaturanstieges, sondern auch dessen Geschwindigkeit. In den letzten 1000 Jahren wurde eine solche rasche Temperaturerhöhung offenbar noch nicht verzeichnet. Die CO_2-Konzentration verzeichnet heute Werte, die in den vergangenen hunderttausend Jahren nicht erreicht wurden. Setzen sich die globalen Emissionen des Treibhausgases CO_2 unvermindert fort, wird sich die CO_2-Konzentration zur Mitte dieses Jahrhunderts in der Lufthülle voraussichtlich etwa verdoppeln. Klimamodellrechnungen für die Zukunft geben an, dass die weltweite **bodennahe Durchschnittstemperatur** gegen Ende des 21. Jahrhunderts im Vergleich zu 1990 um 1,1 bis 2,9 °C (im schlimmsten Szenario um 2,4 bis 6,4 °C) ansteigen können (IPCC, 2007). Diese Bandbreite der Temperaturprognosen beruht auf verschiedenen Emissionsszenarien und Klimamodellen (Tabelle 10.1) und bestätigt die wissenschaftlichen Unsicherheiten bei den Modellen und Datensätzen.

Ein Anstieg der Temperatur bedeutet vor allem auch eine Zunahme der Energie in der Atmosphäre und damit wahrscheinlich auch eine Zunahme aller von der Energiezufuhr abhängigen Prozesse wie Photosynthese, Evapotranspiration, Wolkenbildung, Niederschläge, Stürme, Verschiebung der Klimazonen und Gletscherrückgang. Die Frage ist, ob die Prognosen der bisherigen Modelle verlässlich sind.

10.3 Vernachlässigte Wechselwirkungen und Rückkopplungseffekte

Die Schlussfolgerungen bezüglich des möglichen Klimawandels werden keineswegs von allen Wissenschaftlern geteilt, zumal die grundlegenden Klimarechenmodelle der verschiedenen Arbeitsgruppen von unterschiedlichen Hypothesen, Annahmen und Daten ausgehen. Zuverlässige Rechenmodelle für zeitabhängige (mittel- und langfristige) Klimaprognosen stehen vor der großen Schwierigkeit, nicht nur alle wesentlichen Faktoren und Szenarien zu erfassen, sondern auch polyfaktorielle **Wechselwirkungen** und kom-

Tabelle 10.1 Prognosen (Modellrechnungen) der globalen Temperaturerhöhung (°C) und des Meeresspiegelanstiegs bis zum Jahr 2100 infolge des anthropogenen Treibhauseffektes (aus „Die Welt" vom 25. Juni 2006)

Prognosen verschiedener Forschungsinstitutionen	Vorhersage Temperaturanstieg (°C)
UN-Klimabeirat (2001)	1,5 bis 4,5
US Center for Atmospheric Research (2001)	1,7 bis 4,9
UK MetOffice (2003)	2,0 bis 4,5
Universität Oxford, UK (2005)	2,0 bis 11,0
Max-Planck-Institut für Meteorologie (2005)	2,5 bis 4,5
US Center for Atmospheric Research (2006)	0,6 bis 4,0
Potsdam Institut für Geophysik (2006)	6,6 bis 7,7
Anstieg im Meeresspiegel durch Temperaturanstieg	**Vorhersage (cm)**
UN-Klimarat (2001)	11 bis 88
Max-Planck-Institut für Meteorologie (2005)	21 bis 28
Australische Forschungsorganisation CSIRO (2006)	28 bis 34
US Center for Atmospheric Research (2006)	8 bis 30

plexe **Rückkopplungseffekte** integrieren zu müssen. Dies setzt allerdings ein umfassendes Verständnis nicht nur der atmosphärischen Vorgänge, sondern vor allem auch der **pflanzlichen Ökophysiologie** und der **Biogeochemie in der Pedosphäre** voraus. Bis heute werden die Folgewirkungen des Treibhauseffektes auf die Biosphäre in den terrestrischen und aquatischen Ökosystemen aufgrund der sehr komplexen vielschichtigen Wechselwirkungen noch unvollständig verstanden. Zudem liegen noch wenige langfristige Untersuchungen und Messungen zu den wahrscheinlichen Wechselwirkungen und Rückkopplungseffekten in der Biosphäre vor. Infolgedessen sind die bisherigen Modellentwicklungen diesbezüglich unvollständig und die Ergebnisse und Schlussfolgerungen müssen als fragwürdig eingestuft werden. Wechselwirkungen zwischen den verschiedenen ökologischen Faktoren (Temperatur, Feuchtigkeit, Photosynthese, C- und N-Mineralisationsintensität, Wurzelexsudation, Bodenatmung, etc.) und zeitabhängigen Rückkopplungsprozessen in terrestrischen Ökosystemen als Folge des CO_2-Anstieges blieben bisher weitgehend unbeachtet oder wurden ignoriert, weil sie als sehr komplex, nicht quantifizierbar und damit als nicht berechenbar galten. Bisherige Klimaberechnungen und -prognosen beruhen im Wesentlichen auf vereinfachten Modellen, die zwar sehr verschiedene klimatische Szenarien berücksichtigen, aber von mehr oder weniger konstanten Entwicklungen in der Atmosphäre ausgehen. **Entscheidendes Regulativ** für die klimarelevanten Prozesse, Interaktionen und Rückkopplungen in terrestrischen und in aquatischen Ökosystemen sind die ökophysiologischen Reaktionen der Biosphäre (Flora, Fauna, Mikroorganismen) auf CO_2- und Temperaturanstieg.

Die eigentliche wissenschaftliche Kritik und Herausforderung betrifft die Frage, inwieweit bei den bisherigen wissenschaftlichen Konzepten und Modellen komplexe Wechselwirkungen und die verschiedenen klimarelevanten (positiven und negativen) Rückkopplungsprozesse als Folge der Erwärmung aquatischer und terrestrischer Biotope überhaupt erkannt und berücksichtigt wurden. Nur wenige Forschergruppen wie beispielsweise Cao und Woodward (1998) entwickelten **terrestrische biogeochemische** Klimamodelle unter Berücksichtigung terrestrischer Reaktionen und Rückkopplungen der Biosphäre. Ihre Ergebnisse stimmen folglich nicht mit anderen gängigen Prognosen überein und fanden bisher kaum Beachtung. Im Zentum einer langfristigen interdisziplinären Klimaforschung sollten infolgedessen auch die klimarelevanten Wechselwirkungen und Rückkopplungen in aquatischen und terrestrischen Biosphären (Vegetation und Edaphon) stehen. Zwischen der terrestrischen Biosphäre (Mensch, Vegetation und Edaphon) und Atmosphäre existieren zahlreiche negative (dämpfende) und positive (verstärkende) Interaktionen und Rückkopplungen, die sich wahrscheinlich erst mit zeitlichen Verzögerungen auf vollständig unterschiedlichen Zeitskalen ausbilden können und werden. Bereits die mittelfristigen (bis Ende des 21. Jahrhunderts) direkten und indirekten Auswirkungen auf Treibhausgase und Atmosphäre sind noch weitgehend unbekannt und stecken vermutlich noch voller Überraschungen. Beispiele sind komplexe Rückkopplungseffekte (1) des **steigenden pCO_2** (Kohlensäuredüngung) auf die Zunahme der Primärproduktion, Veränderungen in der Florazusammensetzung (Box 10.1), Rhizodeposition, C-Senkenfunktion (Humifizierung), Bodenatmung, C- und N-Umsetzungen in Böden sowie (2) der **Bodenerwärmung** auf Wurzelwachstum, Evapotranspiration, Wasserhaushalt, C-Mineralisation (CO_2-Efflux), Nitrifikation und Denitrifikation, Methanfreisetzung aus Permafrostgebieten etc. Durch die CO_2-Düngung dürfte zunächst die globale PP mit einer zeitlichen Verzögerung („Latenzzeit") exponentiell ansteigen, mit dem Erfolg, dass die CO_2-Konzentration in der Atmosphäre durch verstärkte Photosyntheseprozesse nach einer Periode von mehreren Jahrzehnten erneut zurückgehen müsste. Dies wird vielschichtige Auswirkungen auf Atmosphäre und Biosphäre haben. Aus ökophysiologischen Gründen muss infolgedessen angezweifelt werden, ob es langfristig global überhaupt zu einer kontinuierlichen exponentiellen CO_2-Erhöhung in der Atmosphäre kommen wird. Wenn sich der globale C-Kreislauf ändern wird, dann anders als heute postuliert.

10.4 Sequenz der Abbauprozesse

Pflanzen enthalten im Schnitt etwa 5% Aminosäuren und Nucleotide, 2–5% Eiweiß, 2–20% Stärke, 10–30% Hemicellulosen, 15–60% Cellulose, 5–30% Lignin und 2–30% sekundäre Stoffwechselprodukte (Horwath 2007). Mit der postmortalen organischen Substanz (POS) gelangen aber zahlreiche weitere Substanzen wie einfache Zucker, Kohlenhydrate, Pektine, Lipide (Fette), organische Säuren, langkettige Kohlenwasserstoffe sowie eine Vielzahl an einfachen und komplexen

Box 10.1 Die CO_2-Fixierung (Primärproduktion) von C3- und C4-Pflanzen

Unter den Blütenpflanzen wird je nach CO_2-Fixierungsart zwischen C3- und C4-Pflanzen unterschieden. C3-Pflanzen (die meisten Pflanzen, darunter Kartoffel, Zuckerrübe, Reis, Raps, Sojabohne, Baumwolle) verfügen über den **Grundtypus** der Photosynthese, in der CO_2 das Substrat für die Ribulose-1,5-diphosphat-Carboxylase-Oxygenase (RuBisCo) ist und zu einem instabilen C6-Körper carboxyliert wird, der sofort in zwei C3-Körper (3-Phosphoglycerat) im Calvin-Cyclus zerfällt (**C3-Pflanzen**). In den C4-Pflanzen ist dem Calvin-Cyclus eine andere CO_2-Fixierung vorgeschaltet. Die Phosphoenolpyruvat-Carboxylase (PEP-Carboxylase) kann CO_2 an Phosphoenolpyruvat (C3-Körper) binden, wobei Oxalacetat (C4-Körper) entsteht. Dieser C4-Körper wird in Malat oder Aspartat umgewandelt und dabei in die Bündelscheidenzellen transportiert. Dort werden diese C4-Körper decarboxyliert, und das entstehende CO_2 der RuBisCo zugeführt (**C4-Pflanzen**). Zu den C4-Pflanzen gehören Mais, Hirse, Zuckerrohr, die meisten Gräser (*Poaceae*), Seggen, *Euphorbiaceae* (*Hevea brasiliensis*) und tropische Futtergräser.

C3-Pflanzen traten in der Evolution zu einem Zeitpunkt in Erscheinung, an dem der atmosphärische pCO_2 hoch und der pO_2 noch gering war. Infolgedessen war die CO_2-Konzentration in der Atmosphäre noch nicht limitierend für die Entwicklung und Primärproduktion (PP) von C3-Pflanzen. C3-Pflanzen zeichnen sich durch eine Lichtsättigung bei geringer Lichtintensität, ein Wachstumsoptimum von 20–25 °C und einen hohen Wasserverbrauch aus. C4-Pflanzen haben hingegen eine höhere maximale Photosyntheserate, eine Lichtsättigung bei hoher Lichtintensität, ein Aktivitätsoptimum im Bereich 30–35°C und einen niedrigen Wasserverbrauch. C3-Pflanzen brauchen etwa doppelt so viel Wasser pro Gramm Trockenmasse wie C4-Pflanzen. C4-Pflanzen sind somit den meisten C3-Pflanzen ökologisch und ökonomisch überlegen, besonders in wärmeren Landschaften mit geringeren Niederschlägen und knappen Wasserressourcen. Algen, Moose, Farne und Gymnospermen kennen den C4-Typ nicht. Im Falle eines atmosphärischen CO_2-Anstieges und einer möglichen Klimaerwärmung (Luft-Temperatur-Anstieg) würden die C3-Pflanzen eine Zunahme in der Photosyntheserate zeigen, während bei den C4-Pflanzen keine oder nur eine geringfügige Erhöhung zu erwarten wäre. Als Folge eines erhöhten pCO_2 würde sich die Transpirationsrate durch den partiellen Verschluss der Stomata vermindern, was die **Effizienz des Wasserverbrauchs** (*water-use-efficiency*; WUE) und infolgedessen die NPP (und Erträge) von Pflanzen erhöhen könnte. Allerdings würden C4-Pflanzen der Tropen vom gesteigerten WUE mehr profitieren als C3-Pflanzen im gemäßigten Klima (aus verschiedenen Quellen).

Aromaten, heterocyclischen N-Verbindungen und chemisch sehr verschiedene sekundäre Stoffwechselprodukte in wechselnder Zusammensetzung und Konzentration in den Boden (Kögel-Knabner 2002). Durch die abgestorbene bakterielle Biomasse (Kap. 2) fällt in Böden auch ständig das Stützskelett **Murein** (ein Peptidoglykan) zur Mineralisation an (Vollmer *et al.* 2008). Die Zellwand von *Fungi* besteht hauptsächlich aus **Chitin** (einem Polymer aus *N*-Acetylglucosamin) und Glucanen (Glucosepolymere) (Kap. 8). Chitin ist zudem das Stützskelett zahlreicher Boden-Arthropoden (Gliederfüßer). Der C/N-Quotient der zur Mineralisation anfallenden Substanzgruppen pflanzlicher und mikrobieller Rückstände ist sehr unterschiedlich und wechselt zwischen ca. 80–125 (Getreidestroh), 20–50 (Gründüngung) und 3–15 (mikrobielle Biomasse) (Tabelle 2.4). Im Boden unterliegen die verschiedenen Substanzgruppen einer charakteristischen zeitlichen Abbausequenz, die von der **relativen Rekalzitranz** (Widerstandskraft gegenüber dem enzymatischen Abbau) der einzelnen Substanzgruppen in der POS abhängt. Diese Abbausequenz folgt unter aeroben Bedingungen überwiegend der **Präferenzregel**:

Eiweiß, Zucker, Stärke $>$ Lipide, Pektine, Hemicellulosen $>$ Cellulose $>$
einfache aromatische Verbindungen $>>$ polycyclische Aromaten, Lignin

Diese Abbausequenz wird hauptsächlich vom Energieaufwand der einzelnen Abbauprozesse bestimmt. Hydrolysen von Eiweiß, Fetten und Homopolymeren (Stärke, Pektine, Hemicellulosen) benötigen außer spezifischen Enzymen im Wesentlichen nur Wasser und laufen bereits mit geringer Aktivierungsenergie ab, während die unlöslichen kristallinen Cellulosefasern eine Garnitur von extrazellulären synergistischen (sich gegenseitig unterstützenden) Enzymsystemen und den Einsatz von Energie zur Spaltung der H-Brücken bei der Aufweitung von Elementarfibrillen erfordern. Die Mineralisation von einfachen aromatischen Verbindungen ist relativ energieaufwändig, weil für die Mineralisation neben O_2 und Oxygenasen auch der Einsatz von Reduktionsäquivalenten (oder ATP) erforderlich ist, um die entscheidende Spaltung des (chemisch und mikrobiologisch) stabilen Benzolkernes zu bewirken (Kap. 3).

Als sehr rekalzitrant, weil besonders energieaufwändig beim Abbau, gilt Lignin. Zur Depolymerisation dieses hydrophoben, heterogenen dreidimensionalen Makromoleküls (Holzstoff) mit variabler Struktur und verschiedenen stabilen Bindungen (Benzolkerne, Etherbrücken) werden außer O_2 mehrere oxidative Enzymsysteme und Co-Substrate (zur Bereitstellung von Reduktionsäquivalenten, ATP) benötigt. Infolgedessen nimmt die relative Persistenz in der o. g. Präferenzreihe von links nach rechts signifikant zu. Diese Präferenzregel bedeutet, dass die erneute Zufuhr von labilen und leicht mineralisierbaren Pflanzensubstanzen während der laufenden Abbauvorgänge im Boden den Abbau von vorhandenen relativ rekalzitranten Substanzgruppen (z. B. Cellulose, Lignin) hinauszögert. Mit der Abbausequenz geht auch eine charakteristische Sukzession von Mikroorganismen und Lebensgemeinschaften einher, die zunehmend Spezialisten aufweist (Bardgett *et al.* 2005).

10.5 Bodenatmung

Die CO_2-Freisetzung aus Böden (**Bodenatmung**) kann als ein Maß für die Intensität der Kohlenstoffmineralisierung durch das Edaphon betrachtet werden. Obwohl Mikroorganismen im Wesentlichen für die Stoffumsetzungen und CO_2-Bildung verantwortlich sind, können Bodentiere den Stoffabbau positiv beeinflussen. In Wäldern aus Koniferen kann die Bodenfauna mit etwa 1–5%, in Laubwäldern mit ca. 3–13% und im Grasland mit ungefähr 5–25% an der Gesamt-CO_2-Bildung beteiligt sein (Persson 1989). Durch **Zerkleinerung** (Oberflächenvergrößerung) von Streu, Laub und Holzresten erleichtern Bodentiere den mikrobiellen Angriff und können indirekt die CO_2-Freisetzung signifikant erhöhen. Die Mineralisationsgeschwindigkeit der POS wird allerdings nicht nur von der Partikelgröße und der chemischen Zusammensetzung, sondern auch von den chemisch-physikalischen Bodeneigenschaften bestimmt. Unter den Bodenbedingungen gehören die Bodenfeuchte und -temperatur zu den wichtigsten ökologischen Faktoren der Mineralisationsintensität (Kap. 1). Im Allgemeinen liegt das Optimum der Mineralisation bei einer Bodenfeuchte von etwa 50–60% der maximalen Wasserkapazität (mWK). Mit steigender Temperatur (ab etwa 0° C) nimmt die Abbaugeschwindigkeit exponentiell zu und folgt dabei der **RGT-Regel** (Reaktionsgeschwindigkeit-Temperatur-Regel oder **van't Hoffsche**-Regel). Die Zunahme der Mineralisationsgeschwindigkeit mit der Temperatur wird als Quotient der Umsatzraten bei einer physiologischen Temperaturdifferenz von 10° C gemessen (Q_{10}-Wert). Der Q_{10}-Wert für die Bodenatmung liegt innerhalb des mesophilen physiologischen Temperaturbereichs (etwa zwischen 0–35° C) meistens zwischen 2 und 2,4 (Knorr et al. 2005; Davidson et al. 2006). Allerdings werden für die CO_2-Freisetzung aus Böden unter Feldbedingungen gelegentlich auch Q_{10}-Werte >2,5 (manchmal bis 4) gemessen (Janssens und Pilgegaard 2003). Wenn Q_{10}-Werte in Böden zeitweise oder regional ansteigen, dann bedeutet dies, dass außer der Temperatur noch andere Faktoren im Boden die Mineralisation fördern. Es wird angenommen, dass unter optimalen Bodenbedingungen (Feuchtigkeit, Temperatur und Struktur), die Diffusionsgeschwindigkeit von löslichen Substraten und von O_2 so stark erhöht wird, dass es zu einer überproportionalen Steigerung im Q_{10}-Wert kommen kann (Davidson et al. 2006).

Zur Quantifizierung der Bodenatmung (BA, *Netto*-CO_2-Efflux) wird in der Praxis die CO_2-Abgabe oder der O_2-Verbrauch gemessen (1 Mol CO_2 = 1 Mol O_2) und zwar basierend auf der Veratmung von Glucose (Gl. 10.2):

$$C_6H_{12}O_6 + 6\ O_2 \rightarrow 6\ CO_2 + 6\ H_2O \qquad (10.2)$$

Die BA umfasst den gesamten respiratorischen Gaswechsel (O_2-Aufnahme und CO_2-Abgabe) von Bodenorganismen und Pflanzenwurzeln und ist infolgedessen ein relativ unspezifischer Summenparameter. Die BA kann sowohl unter Feldbedingungen (mit periodisch verschlossenen Messkammern) als auch im Labor (in geschlossenen Gefäßen unter standardisierten Bedingungen) gemessen werden. Freilandmessungen sind aufwändiger, benötigen eine bessere apparative Ausstattung (einen Gaschromatographen oder ein IR-Spektrophotometer) und zeigen aufgrund der Bodenheterogenität große Schwankungen in den Ergebnissen. Feldmessungen geben aber aktuelle Ergebnisse, während mit Laboruntersuchungen nur potenzielle Bodenatmungen erfasst werden können. In der Praxis wird in vergleichenden Bodenuntersuchungen die Quantifizierung der potenziellen CO_2-Freisetzung homogenisierter Bodenproben im Labor bevorzugt, weil methodisch einfacher und aufgrund der kontrollierbaren CO_2-Hintergrundkonzentration zuverlässiger (Schinner et al. 1993). Durch die Vorbehandlung naturfeuchter Proben (sieben, homogenisieren, ggf. lufttrocknen) wird die mikrobielle Aktivität signifikant erhöht und folglich sind die Laborwerte im Allgemeinen höher als die Ergebnisse von Feldmessungen.

Die BA ist eine ***Netto*-Bodenrespiration**, weil ein unbekannter Teil des mineralisierten Kohlenstoffes stets von sehr verschiedenen Mikroorganismen in eigener Biomasse festgelegt wird. Zudem wird ein Teil des gebildeten CO_2-C von photosynthetischen Mikroorganismen (Algen, *Cyanobacteria*, anaerobe photosynthetische *Bacteria*) im oberen Bodenbereich assimiliert. Weiter können sehr verschiedene chemolithoautotrophe Mikroorganismen wie die Nitrifikanten sowie Fe(II)-, H_2S- und H_2-oxidierende Bakterien, CO_2 mithilfe des Calvin-Cyclus fixieren. Auch diese Mikroorganismen entziehen der Bodenluft folglich Kohlendioxid. Schließlich können bisher unbekannte heterotrophe Bodenorganismen (Prokaryoten, Pilze) im Dunkeln CO_2 aus der Bodenluft in organische Substanz umwandeln, wie $^{14}CO_2$-Untersuchungen nachweisen konnten. Diese aerobe **heterotrophe CO_2-Fixierung** kann durch Zusatz von leicht mineralisierbaren organischen Verbindungen (z. B. Acetat) gefördert werden, wobei die CO_2-Aufnahme in einem linearen Zusammenhang mit dem O_2-Verbrauch (Respiration) steht (Miltner et al. 2005). In einem landwirtschaftlich genutzten Ackerboden kann diese heterotrophe CO_2-Fixierung etwa 0,05% des C_{org}-Gehaltes im Boden ausmachen. Welche Organismen und enzymatischen Mechanismen unter welchen Bedingungen dafür verantwortlich gemacht werden können, ist noch unbekannt.

Die BA unterliegt zeitlich (Tag/Nacht-Rhythmus) und räumlich (durch die Heterogenität der Bodeneigenschaften) großen Schwankungen. Nach Einarbeitung frischer POS steigt die BA zunächst stark an und fällt dann mit der Zeit langsam, aber **substrat-** und **bodenspezifisch** ab (Khalil et al. 2005). Die Intensität der BA landwirtschaftlich genutzter Böden schwankt sehr und liegt in der Größenordnung von etwa 5 bis 130 kg CO_2-C $ha^{-1} \times a^{-1}$ (Schlesinger u. Andrew 2000). Im Allgemeinen nimmt die BA im gemäßigten Klima von extensivem Dauergrünland (im Schnitt ca. 40–50 kg CO_2-C × $ha^{-1} \times a^{-1}$), über gedüngtes Ackerland (etwa 50–60 kg CO_2-C × $ha^{-1} \times a^{-1}$) bis zu Waldböden (60–70 kg CO_2-C × $ha^{-1} \times a^{-1}$) zu. Entscheidendes Regulativ für die Bodenatmung eines bestimmten Standortes und einer bestimmten organischen Düngung oder Streuauflage sind vor allem Schwankungen in der Bodenfeuchte und Temperatur (Abb. 10.2). Böden des tropischen Regenwaldes können aufgrund der relativ hohen, kontinuierlichen Zufuhr von Pflanzenrückständen und Umsetzungen in der Rhizosphäre, der optimalen Temperaturen (ca. 30–40 °C) und der regelmäßigen Durchfeuchtung bis zu 1300 kg CO_2-C × $ha^{-1} \times a^{-1}$ freisetzen.

Atmungskurven unterliegen in unseren Klimabreiten dem Jahresrhythmus mit maximalen Werten im Sommer (wenn keine Trockenperioden auftreten) und minimalen CO_2-Effluxen im späten Winter. Beispielsweise nimmt in einem Eichen-Birken-Wald des gemäßigten Klimas die BA von Anfang Mai (240–320 mg $CO_2 \times m^{-2} \times h^{-1}$) bis August (840–1150 mg $CO_2 \times m^{-2} \times h^{-1}$) ständig zu, um anschließend bis in den Herbst abzunehmen (200–650 mg $CO_2 \times m^{-2} \times h^{-1}$) (Lee et al. 2003). Heute kann die BA kontinuierlich im Gelände (Acker-, Grünland- oder Waldstandorten) mithilfe von permanent installierten doppelwandigen Plexiglaskammern (0,5 m^2 Fläche) diskontinuierlich, aber automatisch alle 60 Minuten gemessen werden. Das Öffnen und Schließen des Deckels, die Entnahme der Gasproben, die Gasanalysen (mit einem Gaschromatographen) und die Sammlung der Daten werden von einem Computer gesteuert (Loftfield et al. 1992). Gleichzeitig kann die Lachgasfreisetzung (N_2O-Emission) in den Kammern gemessen werden (Kap. 12). Der zeitliche Verlauf der *Netto*-CO_2- und N_2O-Freisetzungen in einem Buchenwald (*Fagus sylvatica*) ist exemplarisch in Abb. 10.3 dargestellt. Unter den gegebenen klimatischen Bedingungen (vor allem bei optimaler Bodenfeuchte) zeigt sich die deutliche Abhängigkeit der BA und der Lachgasbildung (im Wesentlichen ein Produkt der Nitrifikation und Denitrifikation; Kap. 12) von der Bodentemperatur. Bei optimaler Bodenfeuchte und -temperatur ist das Regulativ für die Intensität der BA stets die Art und Menge an zugeführten organischen

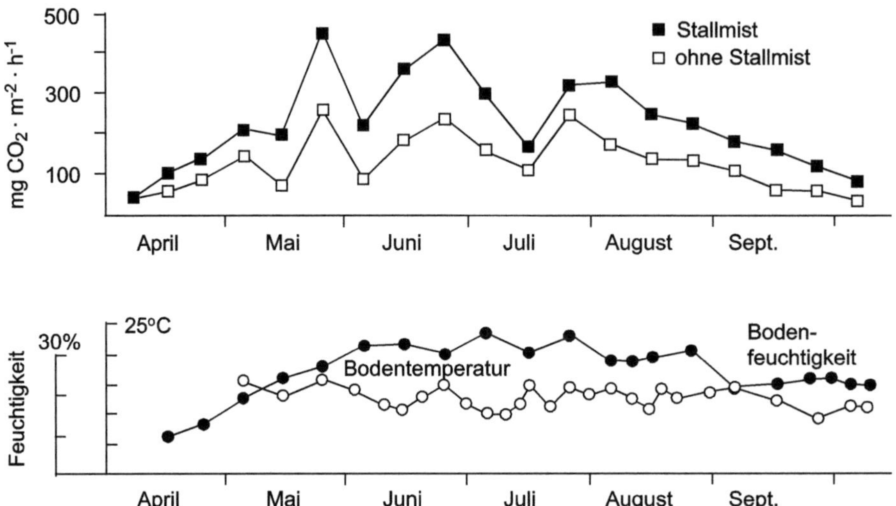

Abb. 10.2 Atmungskurve eines Kartoffelackers in Abhängigkeit von der Stallmistdüngung und Witterung auf dem Versuchsfeld des Instituts für Pflanzenernährung der Universität Hohenheim (Meyer u. Schaffer 1954)

Substanzen, welche über organische Düngungen (oder Streu) und/oder über Wurzelexsudate und Wurzelumsatz in den Boden gelangen. In Abb. 10.4 ist die CO_2-Bildung aus unterschiedlichen **organischen Düngungen** unter optimalen Bedingungen im Labor vergleichend dargestellt (Ajwa u. Tabatabai 1994). Entsprechend dem C/N-Quotient nimmt die Mineralisationsintensität in der Reihe Luzerne > Sorghum >> Sojabohne > Mais deutlich ab. Bei der Mineralisation von Streu und Strohresten steht der Ligningehalt umgekehrt proportional zur Abnahme der Masse und zur Intensität der CO_2-Bildung. Die Mineralisationsgeschwindigkeit der POS wird außer von der Partikelgröße, dem Ligningehalt und dem C/N-Quotienten unter optimalen Bedingungen auch von bestimmten Bodeneigenschaften wie dem pH-Wert und dem Luft-Wasser-Wärme-Haushalt spezifisch beeinflusst (Khalil et al. 2005). Infolgedessen lassen sich BA und Atmungskurven auch als **Indikatoren** für die gesamte Stoffwechselaktivität von Edaphon und Wurzeln heranziehen.

Abb. 10.3 Freisetzung von Kohlendioxid (CO_2) und Lachgas (N_2O) an der Bodenoberfläche eines sauren Waldbodens (*Fagus sylvatica*) in Abhängigkeit vom diurnalen Temperaturverlauf, gemessen mit einem automatischen Messsystem (Loftfield *et al.* 1992)

Ein charakteristisches Phänomen der BA ist die stoßartig erhöhte, zeitlich begrenzte CO_2-Freisetzung nach einem **Trocken/Nasswechsel**. Die erneute Durchfeuchtung eines Bodens nach einer Trockenperiode kann die anschließende CO_2-Bildung um 300 bis 500% verstärken. Die Ursachen dieser erhöhten Kohlenstoffmineralisierung sind verschieden und wirken vermutlich synergistisch (gegenseitig verstärkend). Zu den wichtigsten Faktoren der verstärkten C-Mineralisation nach erneuter Durchfeuchtung gehören (a) die erhöhten O_2-Vorräte (bis in die feinsten Poren) im ausgetrockneten Boden, (b) die Oxidation von (potenziell toxischen) reduzierten anorganischen Verbindungen (Mn(II)- und Fe(II)-Verbindungen und/oder Sulfiden) und von organischen Substanzen (z. B. von Huminsäuren und Phenolen zu Chinonen) während der Austrocknung, (c) die bessere Verfügbarkeit von Substraten nach Oxidation chemisch-physikalisch geschützter extrazellulärer C-Verbindungen und (d) ein erhöhter intrazellulärer Abbau von Reservesubstanzen (z. B. von PHB = Polyhydroxybutyrat). Im Zuge der erhöhten

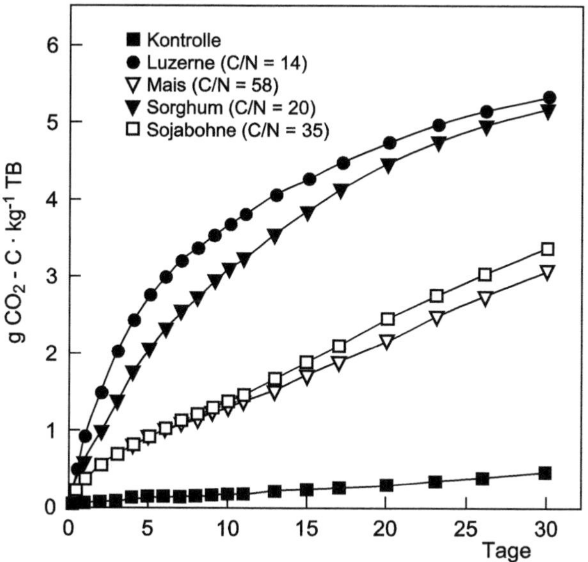

Abb. 10.4 Einfluss des C/N-Quotienten unterschiedlicher getrockneter und gesiebter (< 850 µm) Erntereste oder Luzerne (jeweils 0,9%) auf die CO_2-Freisetzung (Bodenatmung) aus einem lehmigen Sand (pH 6,1, C/N = 14) (Ajwa u. Tabatabai 1994)

aeroben Mineralisationsprozesse nach erneuter Durchfeuchtung werden wahrscheinlich auch die frisch gebildeten Mn(IV)- und Fe(III)-Hydroxide sowie die reoxidierten Huminsäuren und Chinone (Kap. 11) als alternative Elektronen-Akzeptoren bei der intensiven Mineralisation eingesetzt (Fierer u. Schimel 2002, 2003). Auch die **Nitrifikation** (Kap. 12) wird durch den regelmäßigen Trocken/Nasswechsel stark gefördert, weil mit der erhöhten C-Mineralisation stets auch eine N-Mineralisierung einhergeht. Die gesteigerte CO_2-Freisetzung nach Wiederbefeuchtung nimmt jedoch anschließend wieder rasch ab und kann in der Intensität zeitweise unter der Kontrolle liegen, weil die Vorräte an leicht mineralisierbaren C-Verbindungen begrenzt sind.

10.6 Basalatmung

Ohne regelmäßige (organische) Düngung und Bodenbearbeitung vermindert sich die BA von landwirtschaftlich genutzten Böden stetig bis zu einem standortspezifischen **Fließgleichgewicht** (*steady state*) zwischen C-Abbau und -Zufuhr. In diesem Fließgleichgewicht müssen die Mikroorganismen für ihre minimale **Unterhaltungsenergie** zunehmend auf Reservesubstanzen und auf die Mineralisation relativ stabiler organischer Reststoffe im Humuskörper zurückgreifen. Die Respiration der Bodenorganismen in diesem *steady state* wird als **Basalatmung** (BaA) bezeichnet. Je nach vorangegangener Bewirtschaftungsweise und Dynamik von Feuchtigkeit und Temperatur wird nach ein bis zwei Jahren eine relativ konstante standortspezifische BaA erreicht. Als BaA wird die CO_2-Freisetzung aus Böden im **Zustand des Fließgleichgewichtes** verstanden. Es ist ein Maß für den Grundumsatz der OBS zur Erhaltung der (im Wesentlichen) autochthonen Mikroorganismen (Kap. 1). Sie zeigt an, dass die Bodenbedingungen (Feuchtigkeit, Temperatur, Sauerstoffversorgung, Nährstoffverfügbarkeit) die grundlegenden Stoffumsetzungen zur Aufrechterhaltung der aktuellen mikrobiellen Biomasse ermöglichen. Ohne weitere Zufuhr von organischen Substanzen nimmt auch die BaA allmählich ab (Mangel an Energie und Nährstoffen).

Die Größenordnung der BaA kann je nach Bodenart, Klima und vorangegangenen Bewirtschaftungsweisen stark schwanken. Als Beispiel lässt sich hier die Streuungsbreite in der BaA unterschiedlich landwirtschaftlich genutzter sandig-lehmiger Böden entlang eines Transsektes in der Moränenlandschaft Nordostdeutschlands anführen. Die BaA-Werte liegen zwischen 0,13 und 1,55 $\mu g\ CO_2\text{-}C \times g^{-1}\ TB \times h^{-1}$ (mit einem Schnitt von 0,48 $\mu g\ CO_2\text{-}C\ x\ g^{-1}\ TB\ x\ h^{-1}$) entsprechend einer Streuung im C_{org}-Gehalt von 0,47–1,45% (Wirth 2001). Die BaA-Werte, der C_{mic}-Gehalt (Kap. 2), die Konzentration an organischem Gesamtkohlenstoff (C_{org}) und der Gesamt-N-Gehalt sind stets untereinander hoch signifikant korreliert. Abweichungen deuten auf extreme Bodeneigenschaften hin, wie ein niedriger pH-Wert und/oder eine hohe Feuchtigkeit samt O_2-Mangel als Folge extrem hoher Tonkonzentrationen. Die BaA kann als ein mikrobieller Parameter angesehen werden, welcher die Verfügbarkeit von relativ schwer abbaubaren C-Quellen für die Erhaltung der Boden-Mikroorganismen charakterisiert.

10.7 Wurzelatmung

In dicht bewachsenen Standorten (Acker-, Grünland- und Waldböden) lassen sich bis zu 2/3 des gesamten CO_2-Effluxes (BA) auf die **Wurzelatmung** (WA) im weiteren Sinne zurückführen. Die Bodenatmung (BA) setzt sich zusammen aus der heterotrophen Respiration

(HR, Mineralisation der OBS, Streuauflagen und der toten Wurzelmasse) und der rhizogenen CO_2-Bildung (RB). Die rhizogene CO_2-Bildung (CO_2-Bildung in der Rhizosphäre) umfasst die:

- **Rhizorespiration (RR)**. Die RR ist die CO_2-Bildung aus der Atmung der Wurzelzellen (Metabolismus der Wurzeln). Sie umfasst im Schnitt etwa 40–50% (Schwankungsbreite 20–70%) der gesamten WA, und die
- **rhizomikrobielle Respiration** (RmR). Die RmR bildet den Beitrag der Mikroorganismen (Rhizoflora) an der CO_2-Freisetzung aus der Rhizosphäre durch die Mineralisation von C-Verbindungen aus dem Wurzelsystem wie Wurzelexsudate, Diffusate, Lysate, abgestorbene Epidermiszellen sowie Substanzen aus dem Mucigel (Kap. 1 und 17). Durchschnittlich trägt die RmR mit etwa 50–60% (Schwankungsbreite 30–87%) zur Wurzelatmung bei.

Der Beitrag der WA zur BA hängt sehr stark von der Vegetationsart, den Bodeneigenschaften und den klimatischen Bedingungen ab. BA und WA erreichen in Waldstandorten des gemäßigten Klimas im Sommer oder Herbst ein Maximum. Im Jahresverlauf kann der Beitrag der WA an der BA zwischen etwa 16 und 60% schwanken (Sauerbeck u. Johnen 1976; Kuzyakov 2006; Kuzyakov u. Domanski 2002; Cisneros-Dozal et al. 2006; Hahn et al. 2006; Werth u. Kuzyakov 2008). In Waldböden kann der Beitrag des Edaphons an der BA nach Abzug der WA bis zu 80–90% betragen, wobei der Anteil der Bodentiere zwischen 1–20% schwanken kann. Insbesondere **Protozoen** können einen stimulierenden Einfluss auf die BA haben, wahrscheinlich sowohl durch Abweiden und Mineralisation von bakteriellen Biofilmen als auch durch die anschließende Regeneration der mikrobiellen Aktivitäten („Verjüngung"). In der Anwesenheit von Protozoen kann in einem lehmigen Sand bis zu 50% mehr ^{14}C-CO_2 und 20% mehr ^{15}N mineralisiert werden als im gleichen Boden mit doppelter Besiedlungsdichte an Prokaryoten, aber ohne Protozoen (Kuikman et al. 1990). Die Bedeutung der Protozoen für die Mineralisationsintensität und CO_2-Bildung wird in der Regel unterschätzt.

In Waldböden stammen unter Umständen bis zu 42% der Mineralisation (HR) aus dem Streumaterial. Die Höhe dieses Anteils hängt primär von den Feuchtigkeitsverhältnissen in der Streuschicht ab (Cisneros-Dozal et al. 2006). Das Verhältnis der rhizogenen zur heterotrophen Respiration (RB/HR) ist nicht konstant und schwankt je nach Standort im Laufe des Jahres stark. Im Allgemeinen unterliegt die HR größeren Schwankungen als die RmR. Ursache sind vor allem in Waldböden die im Vergleich zum Unterboden stärkeren Feuchtigkeitsschwankungen im Oberboden. Im gemäßigten Klima kann die HR in einem trockenen Sommer zeitweise stark absinken, während die autotrophe rhizogene Respiration (RmR) durch die bessere Wasserversorgung in der Rhizosphäre (Massenfluss; Kap. 17) nur geringfügig beeinträchtigt wird.

10.8 Quantifizierung des respiratorischen Quotienten

Nur wenn organische Substrate entsprechend dem Aufbau von Glucose ($C_6H_{12}O_6$) **vollständig** zur Energiegewinnung (ATP-Synthese) mineralisiert werden (Gl. 10.2), kann der **respiratorische Quotient** ($RQ = \Delta CO_2/\Delta O_2$) ~ 1 entsprechen. Die Bodenorganismen müssen sich dazu im Fließgleichgewicht befinden und dürfen sich nicht wesentlich vermehren (um eine C-Festlegung im Baustoffwechsel zu vermeiden). Häufig entspricht der Sauerstoffverbrauch (Mol O_2) im Fließgleichgewicht jedoch **nicht** der Freisetzung an Kohlendioxid (Mol CO_2). In der Regel schwankt der RQ-Wert je nach Art der organischen Substanz, der Bodenbedingungen und der Bewirtschaftung zwischen 0,5 und 2. Ein RQ-Quotient von 1 wird nur dann gemessen, wenn die Mineralisation des C-Substrats in der chemischen Zusammensetzung etwa vergleichbar mit Glucose ist. Im Allgemeinen nimmt der RQ-Quotient jedoch ab, wenn das C/O-Verhältnis in der zugeführten OBS zunimmt. So kann der RQ-Wert von Huminsäuren (und verwandten Substanzen) bei etwa 0,91 liegen (Dilly 2001). Der RQ-Wert gibt somit Auskunft über die Art der mineralisierten organischen Substanzen. Allerdings kann auch eine **chemolithoautotrophe Nitrifikation** den RQ-Quotienten des Bodens verringern, weil in diesem Prozess O_2 und CO_2 im Verhältnis von 1,68 Mol O_2 zu 0,23 Mol CO_2 aufgenommen werden. Direkt nach einer $^{15}NH_4^+$-Düngung auf Grasland kann der Anteil am O_2-Verbrauch durch Nitrifikation auf etwa 6 bis 10% der gesamten O_2-Respiration geschätzt werden (Müller et al. 2004). R/Q-Werte < 1 können häufig auf eine (a) Nitrifikation mit relativ hoher O_2-Zehrung, (b) Mineralisation von aromatischen Verbindungen mit Oxygenasen (O_2-einbauende Enzyme;

Kap. 3) und/oder (c) auf Verwertung jener Substrate zurückgeführt werden, die relativ arm an Sauerstoff sind (z. B. langkettige aliphatische Fettsäuren, Kohlenwasserstoffe, Aminosäuren). R/Q-Werte > 1 können darauf hinweisen, dass bei intensiven Mineralisierungsprozessen (in *hot spots*) außer O_2 auch **alternative Elektronen-Akzeptoren** mit „gebundenem" Sauerstoff wie NO_3^-, MnO_2 (MnIV/MnII) und vor allem Fe(III)-(Hydr)Oxide (FeIII/FeII) durch anaerobe Atmungen zum Einsatz gekommen sind (Kap. 3, 14). Solche anaeroben Atmungen beinhalten aerobe Mineralisationsprozesse mit respiratorischer Energiegewinnung (ETP) ohne wesentliche O_2-Zehrung (Dilly 2005).

10.9 Kinetik der Kohlenstoffmineralisation

Die Abbaukinetik der meisten (natürlichen und anthropogenen) organischen Verbindungen und Umweltchemikalien folgt unter relativ konstanten Bedingungen (Feuchtigkeit, Temperatur, pO_2, Nährstoffangebot) einer **Kinetik 1. Ordnung** (Gl. 10.3):

$$dC/dt = -k \cdot C \tag{10.3}$$

In dieser Differenzialgleichung ist dC/dt die Abnahme der betreffenden Substanz (oder C-Konzentration) pro Zeiteinheit, C die Ausgangskonzentration dieser Verbindung (oder der C-Konzentration) und k die Mineralisationsrate (Substanzschwund pro Zeiteinheit). Der Gleichung 10.3 ist zu entnehmen, dass die Mineralisation der betreffenden Substanz von der Ausgangskonzentration und der Mineralisationsrate k abhängig ist. Gleichung 10.3 zeigt weiter, dass die Mineralisationsrate k unabhängig von der Ausgangskonzentration ist. Die Erfahrung hat gelehrt, dass k entscheidend von der chemischen Zusammensetzung der betreffenden organischen Substanz und von den herrschenden ökologischen Bedingungen (Temperatur, Feuchtigkeitsgehalt und -verteilung, Sauerstoffkonzentration und Diffusionsgeschwindigkeit, pH-Wert, Bodenstruktur, etc.) bestimmt wird. Da k nicht von der Ausgangskonzentration des Substrats abhängt, wird es auch als Konstante bezeichnet. Nach Integration ergibt sich die Exponentialfunktion (Gl. 10.4)

$$C_t = C_0 \cdot e^{-kt} \tag{10.4}$$

in der C_t die Konzentration der betreffenden Substanz (oder C-Konzentration) nach der Zeit t und C_0 die ursprüngliche Ausgangskonzentration (oder die anfängliche C-Konzentration) zur Zeit $t = 0$ darstellt. Wird log C_t gegen t aufgetragen, ergibt sich (nach Umrechnung auf $\log_{10}$) eine **lineare Beziehung** mit der Steigung –k/2,303. Wird die Ausgleichsfunktion zweifach logarithmiert (Gl. 10.5)

$$\log C_t = \log C_0 - k \cdot t/2{,}303 \tag{10.5}$$

dann lässt sich daraus die Mineralisationsrate ($k = 2{,}303/t \cdot \log C_0/C_t$) und die Halbwertszeit ($t_{½} = DT_{50} = 0{,}693/k$) errechnen. Die Mineralisationsrate und die Halbwertszeit der betreffenden Substanz können somit aus wenigen Messungen und graphisch aus der Abbaugeraden (Abb. 10.5) ermittelt werden (Paul u. Clark 1989; Alexander 1994; Ottow 1997). Theoretisch kann die Halbwertszeit (DT50-Wert) bei einer Mineralisationskinetik erster Ordnung rechnerisch aus zwei Messwerten (C_0 und C_t) und der Zeit t bestimmt werden (was allenfalls in Modelluntersuchungen unter Standardbedingungen im Labor möglich ist). Da der exponentielle Abbauverlauf (Abb. 10.5) in der Endphase, insbesondere in **humus- und tonhaltigen** Böden, durch Wechselwirkungen der Verbindung mit der

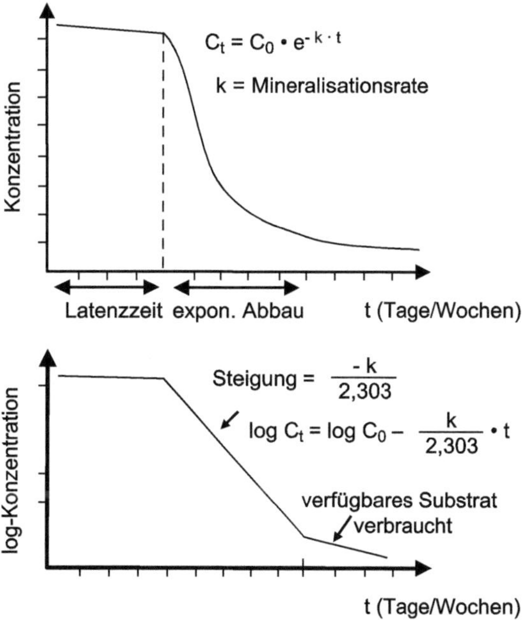

Abb. 10.5 Schematische Darstellung der Abbaukinetik 1. Ordnung (Ottow 1997)

Bodenmatrix signifikant verlangsamt wird, ist zur Charakterisierung der **substanzspezifischen Persistenz (Rekalzitranz)** im betreffenden Boden nicht nur der DT_{50}-Wert, sondern auch der DT_{90}-Wert (relative Persistenz oder Rekalzitranz) erforderlich.

Die Erfahrung lehrt, dass die relative Persistenz bestimmter (natürlicher oder anthropogener) Substanzen in Böden nicht etwa dem doppelten DT_{50}-Wert entspricht, sondern je nach Bodeneigenschaften (Humus- und Tongehalt) wesentlich größer sein kann. Durch Wechselwirkungen mit den Bodenkolloiden nimmt die **Bioverfügbarkeit** für die abbauenden Organismen am Ende der Abbauphase der Substanz oder Stoffgruppe signifikant ab und die Mineralisation nähert sich asymptotisch der Abszisse.

Wenn C_v die Gesamtmenge an freigesetztem CO_2-C (Bodenatmung) in der Zeit t darstellt und $C_t = C_0 – C_v$ in der Gleichung (10.3) substituiert wird, dann ergibt sich (Gl. 10.6)

$$C_0 - C_v = C_0 \cdot e^{-kt} \text{ und } C_v = C_0 \cdot (1 – e^{-kt}) \quad (10.6)$$

Aus Gleichung (10.6) geht hervor, dass die Intensität der **Bodenatmung** innerhalb eines bestimmten Zeitraumes von der Ausgangskonzentration der eingearbeiteten organischen Substanz (C_0) und von der boden- und substanzspezifischen Mineralisationsrate k bestimmt wird.

In einer Mineralisationskinetik 1. Ordnung wird stets vorausgesetzt, dass die zur Mineralisation der betreffenden Substanz(en) befähigte mikrobielle Biomasse im Boden relativ konstant und zu keiner Zeit für die Mineralisation geschwindigkeitsbegrenzend ist.

10.10 Mineralisationskinetik unterschiedlicher Stoffgruppen

Je nach chemischer Zusammensetzung kann die POS in n verschiedene Stoffgruppen (Fraktionen) unterteilt werden. Aus praktischen Gründen genügt es jedoch, die organischen Substanzen im Boden je nach Mineralisationsgeschwindigkeit vereinfacht in fünf Fraktionen zu unterteilen und zwar in

- labile organische Substanzen (Eiweiß, Zucker, Oligosaccharide, Stärke, kurzkettige organische Säuren, etc.) (Mineralisationsrate k_1),
- relativ leicht mineralisierbare organische Stoffgruppen (wie Lipide, Pektine, Hemicellulosen, Cellulose, Wachse, etc.) (k_2),
- relativ schwer mineralisierbare organische Stoffgruppen (aromatische Substanzen, heterocyclische N-Verbindungen, Polyphenole, polycyclische Aromaten, Lignin, etc.) (k_3),
- chemisch-physikalisch stabilisierte organische Substanzen (sequestriert an zwei- und dreiwertigen Kationen wie Ca, Mg, Fe, Al sowie an Sequioxiden von Fe und Al) (k_4) und in
- sehr rekalzitrante makromolekulare sekundäre Huminstoffe und Ton-Humus-Komplexe (k_5).

Die abgestorbene mikrobielle Biomasse im Boden bildet keine einheitliche Substanzgruppe. Die **Zellinhaltstoffe** von Prokaryoten, Pilzen und Protozoen sind im Wesentlichen der Fraktion 1 zuzuordnen, während die **Zellwände** der *Bacteria* (Peptidoglykane; Vollmer *et al.* 2008), Echten Pilze (Chitin, Glucane) und Oomyceten (Cellulose) sowie die Insektenpanzer (Chitin) eher zur Fraktion 2 gehören. Frische POS pflanzlichen, tierischen und mikrobiellen Ursprungs enthalten sehr unterschiedliche Fraktionen (Fraktionen 1 bis 3) in verschiedenen Konzentrationen, und infolgedessen setzt sich die mineralisierte C-Konzentration nach der Zeit t (C_t) zusammen aus (Gl. 10.7)

$$C_t = C_1 \cdot (1 - e^{-k_1 t}) + C_2 \cdot (1 - e^{-k_2 t}) + C_n \cdot (1 - e^{-k_n t}) \quad (10.7)$$

Aufgrund der unterschiedlichen **relativen Persistenz** der einzelnen Stoffgruppen (in den C-Fraktionen) entspricht die mikrobielle Abbausukzession einer Reihung nach zunehmender Widerstandskraft gegenüber dem mikrobiellen Abbau, was in abnehmenden Mineralisationsraten ($k_1 \rightarrow k_n$) und steigenden Halbwertszeiten (DT_{50}-Werte) zum Ausdruck kommt. So nimmt die Mineralisationsrate von der labilen organischen Fraktion (k_1), über die relativ leicht mineralisierbaren Stoffe (k_2), die relativ schwer abbaubare Komponente (k_3) bis zu den rekalzitranten und chemisch-physikalisch stabilisierten Substanzgruppen (k_4) deutlich ab (Tabelle 10.2). **Dauerhumus** (stabiler Humus) ist sehr widerstandsfähig gegenüber dem mikrobiellen Angriff, kann aber dennoch langsam aerob mineralisiert werden (Humuszehrung; Kap. 3). Die charakteristischen Parameter (k, DT_{50}-Werte, mittlere Verweilzeit) schwanken für die einzelnen Stoffgruppen sehr, zumal sie auch

Tabelle 10.2 Mineralisationsraten (*k*), Halbwertszeiten (DT_{50}) und mittlere Verweilzeiten (TO) unterschiedlich persistenter Stoffgruppen (Fraktionen) in Böden des gemäßigten Klimas (aus verschiedenen Quellen)

Stoffgruppen	*k*	DT_{50}	mittlere Verweilzeit[1)]
Proteine	$1{,}6\ h^{-1}$	0,43 h	0,63 h
labile OS (Zucker, Kohlenhydrate, Fette)	$\sim 0{,}2\ h^{-1}$	~ 3,5 Tage	~ 5 Tage
leicht mineralisierbare OS (Hemicellulosen, Cellulose, Chitin, Murein, aliphatische KW)	$0{,}01–0{,}08\ Tag^{-1}$	8,6–69 Tage	12,5–100 Tage
relativ schwer mineralisierbare OS (Aromaten, PAKs, Lignin)	$0{,}0008–0{,}01\ Tag^{-1}$	~ 69–866 Tage	~ 100–1250 Tage
chemisch-physikalisch stabilisierte OS	$0{,}0003\ Tag^{-1}$	~ 2310 Tage (6,3 Jahre)	~ 3300 Tage (~ 9 Jahre)
stabiler Humus (sekundäre Huminstoffe)	$0{,}0014–0{,}014 \times 10^{-3} \times Tag^{-1}$	1,4–135 Jahre	~ 2–200 Jahre

1) mittlere Verweilzeit = *turnover time* (vgl. Kap. 2)

von den jeweiligen Bodeneigenschaften und -bedingungen (pH-Wert, pO_2, Feuchtigkeit, Temperaturverlauf, Gehalt und Art an Sorbenten, Wechselwirkungen, etc.) abhängig sind.

In Abb. 10.6 sind die exponentiellen **Abbaukurven** von ^{14}C-markiertem Getreidestroh (*Triticum vulgare*) und Zuckerrübenblättern (*Beta vulgaris*) (jeweils gehäckseltes Material entsprechend 2 t C pro ha) eingearbeitet in einer Parabraunerde (pH 6,7; 0,78% C_{org}; 16% Ton) aufgrund eines mehrjährigen Feldversuches dargestellt (Sauerbeck u. Gonzalez 1977). Der Abbildung ist zu entnehmen, dass die Mineralisation anfänglich sehr rasch verläuft, sodass bereits nach etwa vier Monaten 50% des eingearbeiteten Biomasse-C abgebaut sind (= DT_{50}-Wert). In dieser Anfangsphase werden vor allem die labilen und leicht mineralisierbaren Fraktionen in der organischen Masse mineralisiert. Dieser Abbau verläuft rasch und fast linear. Zwischen dem Abbau von Stroh oder Zuckerrübenblatt besteht in der Gesamtkinetik nur ein geringer Unterschied. Nach einem Jahr sind bereits 65% der eingearbeiteten Biomassen abgebaut. Anschließend verlangsamt sich die C-Mineralisation zunehmend. Ursache ist die relative Persistenz der schwer abbaubaren Stoffgruppen (Aromaten, Polyphenolen, heterocyclische N-Verbindungen, Lignin etc.). Neun Jahre nach der Einarbeitung sind immer noch 10% des eingebrachten C im Boden vorhanden (= DT_{90}-Wert). Der DT_{90}-Wert von Stroh und Zuckerrübenblättern in einer Parabraunerde beträgt somit etwa neun Jahre und ist um ein Vielfaches größer als der DT_{50}-Wert. Extrapolation der Kurven ergibt für eine **vollständige Mineralisation** (99%) des markierten C im Stroh und im Rübenblatt eine **Umsatzzeit** (**mittlere Verweildauer**) von etwa 25 Jahren. Diese mittlere Verweildauer ist standortspezifisch und gilt nur für die Parabraunerde und die Witterungsbedingungen während des Feldversuches.

In Abb. 10.7 ist die **Abbaukinetik** der Fraktionen C_1 bis C_3 einer organischen Düngung in einem mittleren Boden in Abhängigkeit von der mikrobiellen Biomasse einmal schematisch dargestellt (Paul u. Juma

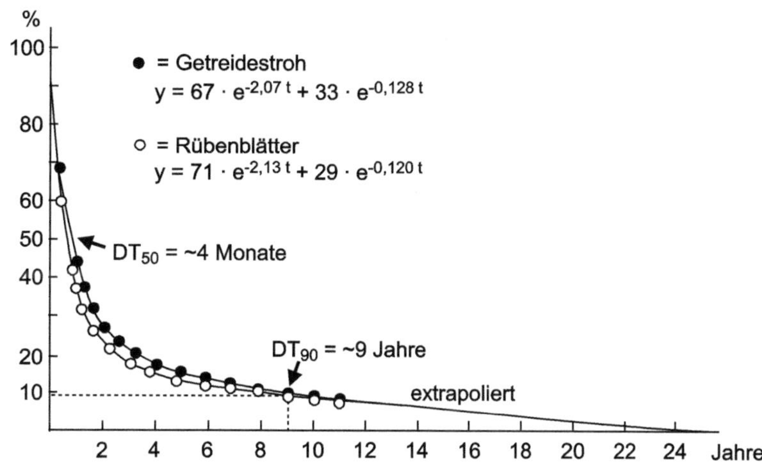

Abb. 10.6 Abbaukinetik von ^{14}C-markiertem Weizenstroh oder Zuckerrübenblättern (jeweils $2\ t\ C\ ha^{-1}$) in einem sandigen Lehm (Parabraunerde, pH 6,7) während eines mehrjährigen Feldversuches (1966–1975) (Sauerbeck u. Gonzalez 1977)

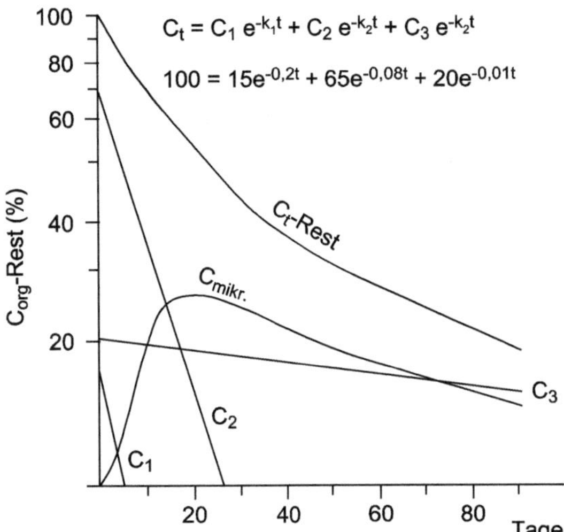

Abb. 10.7 Schematische Abbaukinetik der labilen C-Fraktion (C_1), der leicht mineralisierbaren Fraktion (C_2) und des schwer abbaubaren Lignins (C_3) einer Weizenstrohdüngung im Vergleich zur Entwicklung der mikrobiellen Biomasse und des restlichen C_r-Gehaltes in Laborversuchen (Tschernosem; pH 7,4; semilogarithmische Darstellung) (Paul u. Juma 1981)

1981). Weil ein Teil des Kohlenstoffs (insbesondere der Fraktionen C_1 und C_2) während der Mineralisation in der mikrobiellen Biomasse (C_{mic}) assimiliert wird, kann aus der Bodenatmung (Gesamt-*Netto*-CO_2-Freisetzung) nicht direkt auf den C-Umsatz der einzelnen C-Fraktionen geschlossen werden. Dazu ist die Effizienz der C-Verwertung durch die mikrobielle Biomasse erforderlich. Diese Effizienz (Y) wird in % des gesamten C-Umsatzes der betreffenden Fraktion ausgedrückt (Gl. 10.8)

$$C_m = C_i[1 + Y(100 - y)] \tag{10.8}$$

In dieser Gleichung ist C_m die mineralisierte C-Konzentration, C_i die freigesetzte CO_2-C-Konzentration und Y die Verwertungseffizienz für die Biosynthese mikrobieller Biomasse in % des gesamten C-Verbrauchs. Für die Mineralisation von Eiweiß, Zuckern, Kohlenhydraten und anderen labilen und relativ leicht mineralisierbaren organischen Verbindungen (etwa die Fraktionen 1 und 2, ausgenommen Cellulose) wird Y auf 40 bis 60% geschätzt. Infolgedessen sind die aus CO_2-Freisetzungen in Labor und/oder Feldexperimenten ermittelten **Mineralisationskonstanten *k*** (Tabelle 10.3) um 40–60% zu erhöhen, um realistische *k*-Werte zu erhalten. Die Halbwertszeiten (DT_{50}-Werte = 0,693/*k*) der labilen und leicht mineralisierbaren Fraktionen sind entsprechend zu korrigieren. Für unlösliche, relativ schwer mineralisierbare Substanzen wie Cellulose und die bakteriellen und pilzlichen Zellwände (Murein bzw. Chitin) wird Y unter optimalen Bedingungen auf etwa 40% geschätzt. Ligninabbau ist energie- und co-substrataufwändig und trägt wahrscheinlich sehr wenig zur mikrobiellen Biomasse von Pilzen und *Bacteria* (Actinomyceten) bei. Infolgedessen kann Y bei der Ermittlung von *k* beim Ligninabbau vernachlässigt werden (Paul u. Clark 1989; Plante u. Parton 2007).

10.11 Abbau von Polyosen und Glucanen

10.11.1 Hydrolyse von Hemicellulosen

Hemicellulosen (Polyosen; ca. 10-30% der pflanzlichen TS) sind heterogene polymere Begleitsubstanzen von Cellulose in pflanzlichen Zellwänden. Chemisch sind es wasserunlösliche Polysaccharide, die überwiegend aus Pentosen (Xylose und Arabinose; Pentosane) und Hexosen (Glucose, Mannose, Galactose; Hexosa-

Tabelle 10.3 Übersicht der hemicellulolytischen Enzyme, ihrer Substrate und Produkte (Shallom u. Shoham 2003)

Endo-β-1,4-Xylanase	β-1,4-Xylan (Polyose)	Xylose (Pentose), Xylooligomere
Exo-β-1,4-Xylosidase	β-1,4-Xylooligomere (Xylobiose)	Xylose
Endo-β-1,4-Mannase	β-1,4-Mannan (Polyose)	Mannose (Hexose), Mannooligomere
Exo-β-1,4-Mannosidase	β-1,4-Mannooligomere	Mannose
Endo-α-1,5-Arabinase	α-1,5-Arabinan (Arabane)	Arabinose (Pentose)
α-L-Arabinofuranosidase	α-Arabinofuranosyl (1→2), (1→3) Xylooligomere	Arabinose, Xylose
α-Glucuronidase	4-O-Methyl-α-Glucuronsäure	Glucuronsäure (eine Uronsäure)
Endogalactanase	β-1,4-Galactan	Galactose (Hexose)

ne), daneben aber auch aus Uronsäuren (Zuckersäuren, die sich von Aldosen wie Glucuronsäure, Galacturonsäure etc. ableiten) zusammengesetzt sind. Durch Polymerisation (β-1,4-glykosidische Verknüpfung) von Pentosen (hauptsächlich Xylan, z. T. durch Acetylierungen modifiziert) und Hexosen (Mannan) entstehen Einheiten aus etwa 200 Bausteinen. Xylane sind über Seitenketten α-1,5-glykosidisch mit Arabinose, Galactose, Glucose und Glucuronsäure verknüpft. Hemicellulosen umgeben die Cellulose-Mikrofibrillen und sind durch H-Brücken zu einem Netzwerk ausgebaut. Hemicellulosen dienen den Pflanzen als **Reserve-** und **Stützsubstanzen** (Aro *et al.* 2005; Harada *et al.* 2005). Im Gegensatz zu Cellulose besitzen Hemicellulosen keine „kristallinen" (durch Wasserstoffbrücken streng geordneten) Abschnitte. Ihre Fibrillen sind infolgedessen durch Anlagerung von Wasser leicht **aufweitbar**, für hydrolytische Enzyme zugänglich und gelten infolgedessen als relativ leicht mineralisierbar. Hemicellulasen wirken **extrazellulär** und umfassen verschiedene hydrolytische Enzyme (Tabelle 10.3).

Obwohl Hemicellulosen relativ komplexe Polysaccharide sind, ist die enzymatische Hydrolyse relativ gut untersucht worden. Die hydrolytische Depolymerisation findet sowohl unter aeroben als auch anaeroben Bedingungen statt und ist Folge eines kombinierten Angriffes von mehreren Endoenzymen (Endo-1,4-β-Xylanasen und -Mannasen, welche die Hauptketten spalten) und von den entsprechenden Exoenzymen (Exo-β-1,4-Xylosidasen bzw. -Mannosidasen), welche Mono- und Disaccharide von den **Kettenenden** freisetzen. Die Seitenketten werden von Endo-α-1,5-Arabinase, α-Glucuronidasen und α-L-Arabinofuranosidase unter Freisetzung von Arabinosen, Glucuronsäure und Xylose hydrolytisch gespalten. Zahlreiche *Bacteria* (*Bacillus spp.*, *Paenibacillus spp.*, *Pseudomonas spp.*, *Xanthomonas spp.*, *Sphingomonas spp.*, etc.) und (pflanzenpathogene) Pilze (Ascomyceten, *Fungi Imperfecti*) sind zum aeroben hydrolytischen Abbau von Hemicellulosen in der Lage. Aus verschiedenen *Aspergillus*-Arten wurden inzwischen 20 verschiedene Gene kloniert, die für Endoxylanasen und Exoxylosidasen codieren. Bei dem imperfekten cellulolytischen Pilz *Trichoderma reesei* wurden vier Gene für Xylanasen und mehr als zehn andere Gene für weitere hemicellulolytische Enzyme nachgewiesen (Aro *et al.* 2005; Harada *et al.* 2005; Horwath 2007).

10.11.2 Aufbau und Funktionen der Cellulose

In der Phylogenie der Pflanzen tritt Cellulose in den Mittellamellen der Zellen zur **Aufrechterhaltung des Kormus** erst nach der Ausbreitung der Pflanzen auf dem Festland am Ende des Kambriums auf. Fossilien der ersten mit Cellulose und Lignocellulose verholzten Landpflanzen stammen aus dem Obersilur und Devon (vor etwa 3×10^8 Jahren). Die Verbreitung von Cellulose in Pflanzen ist somit relativ jung und ein Musterbeispiel dafür, wie rasch sich Mikroorganismen enzymatisch an neue Substrate anpassen können. Obwohl die cellulolytische Fähigkeit unter Mikroorganismen relativ spät erworben wurde, ist diese Eigenschaft heute unter Prokaryoten, *Fungi* und Protozoen weit verbreitet. Wahrscheinlich haben Pflanzen die Fähigkeit zur Cellulosebildung (Cellulose-Synthasen) mit der Übertragung der Chloroplasten (Endosymbionten-Hypothese) von den *Cyanobacteria* (autotrophe Protocyten) erhalten, weil zahlreiche Vertreter dieser phylogenetisch sehr alten Prokaryoten (sie lebten bereits vor etwa 2,8 bis $3{,}5 \times 10^9$ Jahren) dieses Polymer schon frühzeitig als Exopolysaccharide (EPS) zum Schutz gegen UV-Strahlung und Austrocknung gebildet hatten. Aufgrund homologer Sequenzabschnitte zwischen cyanobakterieller und pflanzlicher Cellulose-Synthasen ist anzunehmen, dass die pflanzliche Cellulosebiosynthese prokaryotischen Ursprungs ist.

Cellulose (ein Glucan) ist die entscheidende **Gerüstsubstanz** in der sekundären Zellwand von Pflanzenzellen (etwa 15–30% in grünen Pflanzen, ca. 30–50% in Stroh und Holz). Es ist ein lineares **unlösliches Homopolymer**, das aus etwa 2000–15 000 β-1,4-glykosidisch verknüpften Glucoseeinheiten aufgebaut ist. Die Glucoseketten sind durch Wasserstoffbrücken (zwischen den 6-Hydroxylgruppen und den Sauerstoffbrücken der glykosidischen Bindungen) und van der Waals'sche zwischenmolekulare Kräfte zu Elementarfibrillen vereint. Im Holz und Stroh bestehen die Celluloseschichten aus parallel angeordneten, etwa 3 nm dicken **Mikrofibrillen,** die von einer Matrix aus Hemicellulose eingehüllt und durch ein Netzwerk von dreidimensional vernetztem Lignin inkrustiert (Lignocellulose) sind. Lignocellulose verleiht dem Holz und Stroh eine gewaltige **Druck- und Zugfestigkeit** und erschwert durch den heterogenen Aufbau die rasche enzymatische Depolymerisation (Hydrolyse) der homopolymeren Glucoseketten erheblich (mechanische Barriere für cellulolytische Enzyme). Cellulose ist immer mit Hemicellulosen assoziiert (H-Brücken) und wird in jungen Zellen (und in Früchten) zudem von Pektinen (Polygalacturonsäuren, deren Carboxylgruppen teilweise mit Methanol verestert sind) begleitet. Nach außen sind die Lignocelluloseschichten mit Wachsen (hydrophob!) überzogen, um die Benetzbarkeit und damit den mikrobiellen Angriff zu erschweren. Erst nach dem hydrolytischen Abbau von Wachsen (ein apolares Stoffgemisch von Wachsestern und Wachssäuren aus langkettigen Alkoholen) und der hemicellulolytischen Hüllmatrix durch Hemicellulasen erhalten die cellulolytischen Enzyme Zugang zu ihrem Substrat.

Cellulose kann sowohl in „amorpher" als auch in „kristalliner" Form vorliegen (Horwath 2007; Baldrian u. Valásková 2008). Etwa 60 bis 70 Elementarfibrillen sind durch Wasserstoffbrücken zu Mikrofibrillen und Schichten verbunden, die je nach Alter aus röntgenamorphen (lockergebündelten) und **kristallinen** (dicht parallel gelagerten) Abschnitten aufgebaut sind. In amorpher Cellulose sind die Elementarfibrillen für Wasser und Enzyme direkt zugänglich, in kristallinen Bereichen jedoch kaum. Ein hohes Verhältnis von kristallinen zu amorphen Abschnitten, die heterogene Zusammensetzung von Lignocellulose und die Hydrophobie der Oberflächen durch aufgelagerte Wachse sind die wesentlichen Ursachen für die relative Persistenz der unlöslichen Cellulose gegenüber dem mikrobiellen Abgriff. Das Häckseln von Stroh, Mulchmaterial und Holz erhöht die Angriffsfläche und den mikrobiellen Abbau von Cellulose erheblich – vor allem nach oberfächlichem Einarbeiten in den Boden (Intensivierung der Kontaktflächen).

10.11.3 Cellulasen und das Cellulosom

Die biochemische Hydrolyse von Cellulose erfolgt durch das Multienzymsystem der „Cellulasen" und anderer Hydrolasen. Cellulasen umfassen verschiedene extrazelluläre Hydrolasen, die von sehr vielen verschiedenen *Bacteria*, *Myxomycota*, Echten Pilzen, manchen Protozoen und sogar von Schnecken ausgeschieden werden. Das unter den Bodenorganismen weit verbreitete Multienzymsystem der Cellulasen sorgt für eine sehr breite multiple Funktionalität (Redundanz) der Cellulolyse. In Böden ist die Cellulosezersetzung ein typisches Beispiel für eine koordinierte Enzyminduktion. Als Induktoren können Cellulose sowie die Hydrolyseprodukte Cellobiose, Glucose und oft sogar organische Säuren des TCC wirken. Die Cellulasesynthese wird durch Zugabe oder Akkumulation von Glucose reprimiert. Auch das Vorgehen bei der Depolymerisation ist bei den einzelnen Organismen nicht einheitlich und mit wenigen Ausnahmen geklärt.

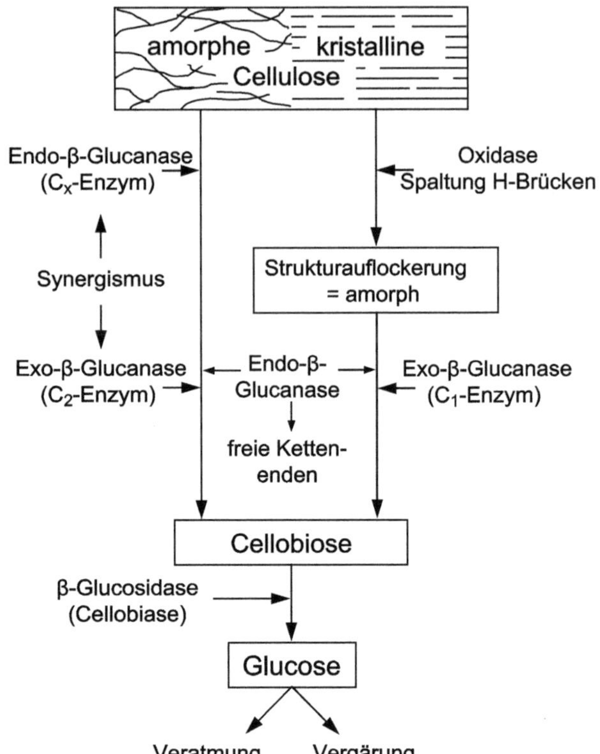

Abb. 10.8 Enzymspektrum zur hydrolytischen Depolymerisation von kristalliner Cellulose (Wagner u. Sistig 1979)

Der Cellulasekomplex für die hydrolytische Depolymerisation kristalliner Cellulose umfasst wahrscheinlich (a) eine (noch unbekannte) Oxidase (spaltet die H-Brücken) und (b) verschiedene Endo- und Exoglucanasen. Glucanasen (Glucanhydrolasen) sind Hydrolasen, die aus Glucoseeinheiten aufgebaute Polysaccharide (Cellulose, Amylose) hydrolytisch spalten und depolymerisieren können (Abb. 10.8). Dazu werden enzymatisch zugängliche Cellulosemikrofibrillen von organismenspezifischen Glucanasen unter Aufnahme von Wasser in kleine, für die Zelle aufnehmbare Bruchstücke (meist Glucose, Cellobiose und/oder andere Oligosaccharide) zerlegt (Abb. 10.9). „Cellu-

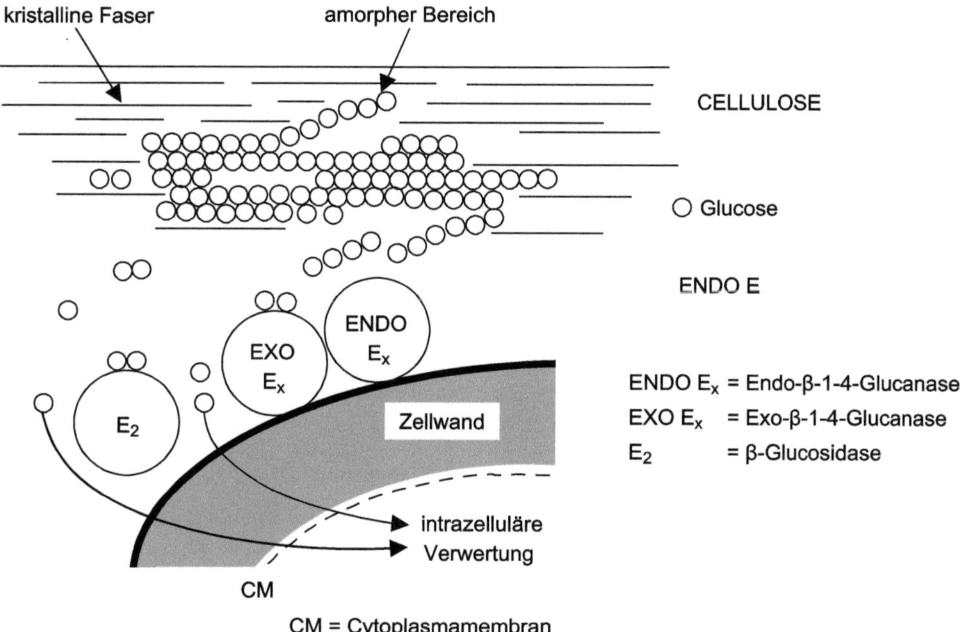

Abb. 10.9 Schema der enzymatischen Cellulolyse vom aeroben thermophilen (55 °C) sporenbildenden *Thermoactinomyces* sp. (*Firmicutes*) mit verzweigtem Pseudomycel (Wagner u. Sistig 1979)

lasen" sind **synergistisch-kooperativ wirkende** Enzyme, die von zahlreichen taxonomisch sehr verschiedenen Prokaryoten, Pilzen und pilzähnlichen Organismen ausgeschieden werden und extrazellulär in **Wasserfilmen** auf dem Substrat aktiv werden. Alle Enzyme müssen sequentiell, synergistisch, kooperativ und lokal konzentriert wirken, um kristalline Cellulose abbauen zu können. Einzelne Endo- oder Exocellulasen haben kaum Auswirkungen auf den Celluloseabbau. Durch sukzessive Addition der Endo- und Exoeinzelenzyme kann eine totale Hydrolyse von Cellulose erreicht werden.

Cellulolytisch aktive *Bacteria* wachsen dichtgedrängt entlang den Cellulosefasern und Mikrofibrillen, um die Enzyme im engen Kontaktbereich zielgerichtet einsetzen zu können (z. B. *Cellulomonas spp.*, *Cytophaga spp.*, *Flexibacter spp.*). Die extrazellulären bakteriellen „Cellulasen" bleiben hauptsächlich lose an der Zellwand des betreffenden Organismus fixiert, wobei die beiden Endo- und Exoenzymgruppen synergistisch wirken, vor allem bei der Initiation der Cellulolyse (Abb. 10.10). Zahlreiche unterschiedliche cellulolytische *Bacteria* sind auf den Abbau der energiereichen Cellulose spezialisiert. Die enge Assoziation von Cellulose mit den begleitenden Hemicellulosen, Pektinen und dem dreidimensional inkrustierten Lignin

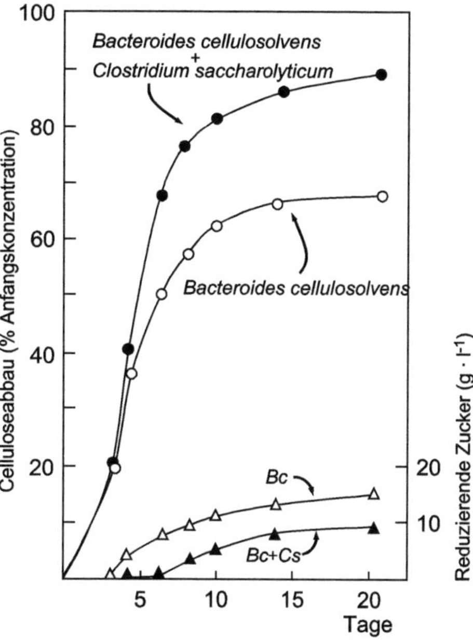

Abb. 10.10 Anaerobe Cellulolyse durch eine Co-Kultur von *Bacteroides cellulosolvens* (*Bacteriodetes*) mit *Clostridium saccharolyticum* (*Firmicutes*) im Vergleich zu *B. cellulosolvens* allein (Murray 1986)

Box 10.2 Cellulosom, der Multienzymkomplex bakterieller Cellulolyse

Bodenbakterien unterscheiden sich auch in der Cellulolysestrategie von den ***Fungi***. Während Pilze cellulosehaltige POS mit Hyphen durchdringen und große Mengen an extrazellulären freien löslichen cellulolytischen Enzymen in die Umgebung (Bodenlösung) abgeben, haften Bakterien hingegen bevorzugt linear entlang den Pflanzenfasern. Dabei werden die cellulolytischen Enzyme an der Zellwandoberfläche gezielt zum Substrat geführt, um die Effizienz der Enzyme und der Aufnahme von Spaltprodukten zu erhöhen. Die Cellulolyse pflanzlicher Substrate verlangt nicht nur die synergistische Aktivität eines Spektrums von „Cellulasen", sondern auch den gleichzeitigen Einsatz von hemicellulolytischen Enzymen (Tabelle 10.3) sowie von Pektinasen (Pektat-Lyasen). Bei Bakterien sind diese unterschiedlichen Aktivitäten effizient in einem **Cellulosom** organisiert.

Das Cellulosom bildet einen gut strukturierten Multienzymkomplex (ca. 2 Mda) mit cellulolytischen, hemicellulolytischen und pektinolytischen Aktivitäten. Es ist im Elektronenmikroskop als Cellulosompartikel an der Zellwandoberfläche gut sichtbar. Dieses Supramolekül wurde erstmals im Jahre 1983 beim anaeroben thermophilen Bakterium *Clostridium thermocellum* beschrieben, konnte aber inzwischen auch bei anderen anaeroben und aeroben Bakterien nachgewiesen werden. Ein Cellulosom enthält verschiedene cellulolytische, hemicellulolytische und pektinolytische Subeinheiten, die durch eine nichtkatalytische Proteineinheit, **Scaffoldin** (CbpA), gerüstartig verbunden sind (*scaffold* = Gerüst). Scaffoldin besitzt mehrere **Cohesin**einheiten, welche die einzelnen Enzyme mit den anderen Einheiten verbinden. Dazu besitzen die Enzyme komplementäre **Dockerin-Bereiche**, die mit den Cohesineinheiten im Scaffoldin fest verankert sind. Die Cohesin-Dockerin-Wechselwirkung stabilisiert die Enzyme in einem flexiblen Multienzymkomplex. Zudem besitzt das Scaffoldin ein kohlenhydratbindendes Modul (CBM). Durch Calciumbrücken zwischen dem Dockerin(*Doc*)-Protein im Scaffoldin und dem Protein des Cohesin(*Coh*)-Moduls im Peptidoglykan-Sacculus sind die Cellulosome kovalent mit der bakteriellen Zellwand verbunden. Bei *Clostridium cellulovorans* wurden durch Klonierung und Sequenzierung außer dem Gen *CbpA* (Scaffoldin) auch die Gene für mehrere **Endoglucanasen** (*EngB, EngE, EngH, EngK, EngL*), **Cellobiohydrolase** (*EngS*), **Xylanase** (*XynA*), **Mannase** (*ManA*) und **Pektat-Lyase** (*PelA*) und für drei weitere unbekannte Proteine nachgewiesen. Bei *C. papyrosolvens* wurden sogar sieben unterschiedliche Formen von Cellulosomen festgestellt. Die Strategie des Cellulosom-Multienzymkomplexes ist unter *Bacteria* wahrscheinlich weit verbreitet und erklärt auch warum in (Misch-)Kulturen cellulolytischer Bakterien auf Filterpapierstreifen (in Petrischalen auf Böden) oder in Kulturlösungen stets sehr wenig freie „Cellulasen" nachgewiesen wurden (im Gegensatz zu cellulolytischen Pilzen). Die ökophysiologischen Vorteile sind offensichtlich. Erstens erfolgt die Depolymerisierung pflanzlicher Homopolymere punktuell, konzentriert und synergistisch. Zweitens werden Verluste an Enzymen und Hydrolyseprodukten (Cellobiose, Glucose, Xylose, Arabinose etc.) durch den intensiven Kontakt zwischen dem Cellulosom und den Cellulose-Hemicellulosen-Fasern minimiert, was die Effizienz der Cellulolyse in Böden bei der starken Konkurrenz wesentlich erhöht (Musrahima *et al.* 2002; Schwarz 2003; Bayer *et al.* 2004; Adams *et al.* 2006).

erfordert den punktuellen Einsatz komplexer Enzymsysteme aus mehreren hydrolytischen Enzymen. Aerobe und anaerobe cellulolytische Spezialisten unter den *Bacteria* haben dazu das **Cellulosom** auf der äußeren Zellwand entwickelt, welches einen effizienten und konzentrierten Abbau von Hemicellulosen, Pektinen und Cellulose ermöglicht (Box 10.2). Die Enzymsysteme des Cellulosoms haben einen modularen Aufbau, der an nanomolekulare Maschinen denken lässt (Schwarz 2003; Adams *et al.* 2006). Cellulolytische Bakterien greifen Cellulose jedoch nicht nur lokal mit Cellulosomen an, sondern scheiden auch freie „Cellulasen" aus.

Im Gegensatz zu den Bakterien durchziehen cellulolytisch aktive Echte Pilze das Substrat mit ihren Hyphen und scheiden extrazelluläre „Cellulasen" in relativ großen Mengen in die unmittelbare Umgebung (Bodenlösung) aus. Von entscheidender Bedeutung in der Cellulolyse sowohl von *Bacteria* als auch von *Fungi* ist die möglichst rasche und effiziente Bindung der Enzyme am unlöslichen Substrat. Umso höher die Bindungsrate, desto schneller und intensiver ist die Cellulolyse. Sowohl **aerobe** filamentöse Pilze (z. B. *Trichoderma spp.*) als auch **anaerobe** Formen (z. B. *Piromyces sp.*) besitzen dazu cellulolytische Enzyme mit spezifischen cellulosebindenden Proteinen, welche die gezielte Adsorption der Enzyme an kristallinen Cellulosebereichen ermöglichen. Aus diesem Sachverhalt kann der Schluss gezogen werden, dass freie Endo- und Exoglucanasen, die unspezifisch an Bodenkolloiden sorbiert und stabilisiert wurden, mit großer Wahrscheinlichkeit für den Celluloseabbau im Boden nur eine geringe Bedeutung haben. Im Boden ist die quantitative Erfassung der freien „Cellulaseaktivität“ konzeptionell kaum möglich, weil (a) nicht alle Exo- und Endoglucanasen mit einem methodischen Ansatz und einem Substrat erfasst werden können und (b) native Cellulose wasserunlöslich und folglich als Substrat in Standardverfahren ungeeignet ist. Als Testsubstrat bei der Bestimmung der Cellulaseaktivität wird infolgedessen meist die lösliche Carboxymethylcellulose (CM-Cellulose) eingesetzt. Die Quantifizierung dieser spezifischen CMC-Aktivität kann jedoch nicht als Parameter für die „Cellulaseaktivität“ von Bodenproben gelten, was deren Ermittlung funktionslos macht.

10.11.4 Biochemie der Cellulolyse

Grundlegende Erkenntnisse zur Ökophysiologie der Cellulolyse wurden in den Jahren 1951–1953 von **H. S. Levinson** und **E. T. Reese** mit *Trichoderma*-Arten und einigen anderen Pilzen gewonnen. Die Ergebnisse fanden ihren Niederschlag in einer Abbauhypothese, die ihre Gültigkeit prinzipiell bis in die heutige Zeit erhalten hat. Die extrazelluläre Cellulolyse beginnt mit Endocellulasen (β-1,4-Endoglucanasen, von Levinson und Reese noch als C_x-Cellulasen bezeichnet), die das Cellulosemolekül in den zugänglichen (amorphen) Bereichen hydrolytisch aufbrechen. Dann folgen Exocellulasen (Exo-β-1,4-Glucanasen oder Cellobiohydrolase, vormals C_1-Cellulasen), die am nicht reduzierenden Ende der freigelegten Celluloseketten Glucose, Di- und Trisaccharide abspalten. Das pH-Optimum liegt zwischen 4 und 5; das Temperaturoptimum je nach Organismus und Substrat zwischen 37 und 60 °C (Baldrian u. Valásková 2008). Manche Endoglucanasen greifen kristalline Cellulose zunächst endohydrolytisch an und lösen anschließend von den freigesetzten Glucoseketten Cellobiose und Oligosaccharide ab (prozessive Endoglucanase). Sie kommen sowohl bei Bakterien als auch Pilzen vor. Glucose und die oligomeren Cellulosebruchstücke werden von der Zelle aufgenommen und dem Stoffwechsel zugeführt. Das Disaccharid Cellobiose wird anschließend extra- und/oder intrazellulär durch β-1,4-Glucosidase (Cellobiase) in zwei Glucosemoleküle gespalten. Dieser Vorgang gehört streng genommen nicht mehr zur Cellulolyse, weil auch zahlreiche nichtcellulolytische Mikroorganismen über dieses Enzym verfügen. Glucose wird von aeroben Mikroorganismen im TCC (Tricarbonsäurecyclus) abgebaut und die Reduktionsäquivalente (NADH, FAD) werden über das Cytochromsystem veratmet (ATP-Synthese durch ETP). In obligat oder fakultativ anaeroben Mikroorganismen mit fermentativem Stoffwechsel wird Glucose vergoren (z. B. Buttersäuregärung oder gemischte Säuregärung mit Freisetzung von CO_2 und H_2). Die Energiegewinnung findet dabei durch Substratstufenphosphorylierung (SSP) statt (Kap. 3). Der Begriff **Cellulosevergärung** (z. B. bei der Kompostierung von organischen Abfällen) ist irreführend und falsch, weil Cellulose auch unter anaeroben Bedingungen zunächst extrazellulär hydrolytisch zu Glucose und/oder Cellobiose depolymerisiert werden muss. Anschließend können dann Glucose und/oder Disaccharide intrazellulär über unterschiedliche Abbauwege fermentativ verwertet werden. Eine **direkte** Cellulosefermentation gibt es nicht.

Je nach Enzymausstattung werden Reinkulturen von Cellulosezersetzern in

- **vollständig cellulolytische** Organismen, die natürliche **kristalline** Cellulose bis zu Mono-, Di- und Trisacchariden hydrolysieren, und in
- **partiell cellulolytische** Organismen, die lediglich **amorphe** oder chemisch-physikalisch „aufgeweitete“ Cellulose depolymerisieren können,

unterteilt. Der Cellulasekomplex der ersten Gruppe besitzt neben Endo- und Exoglucanasen mindestens noch eine (bisher unbekannte) „Cellulose-Oxidase“ (vermutlich ein ATP verbrauchendes Enzym). Dieses unbekannte nichthydrolytische Enzym spaltet die H-Brücken zwischen den Fibrillen in kristalline Cellulose (z. B. in Baumwolle, Holz, Avicel, Filterpapier etc.), um durch Strukturaufweitung die Elementarfibrillen für Wasser und Enzyme zugänglich zu machen. Dabei werden die Enden der Glucoseketten in den Fibrillen frei (Abb. 10.9). Diese einleitende „Cellulose-Oxidase“ fehlt offenbar den partiell cellulolytischen Mikroorganismen der zweiten Gruppe, die nicht zum Abbau von kristalliner Cellulose befähigt sind. Das Ausmaß der enzymatischen Zugänglichkeit von Cellulosefibrillen wird entscheidend vom „Kristallisationsgrad“ und von der Inkrustierungsintensität mit Lignin bestimmt. Junge Zellwände mit überwiegend amorpher Cellulose und geringer Lignininkrustierung werden wesentlich rascher abgebaut als die überwiegend kristalline Lignocellulose im Holz und Stroh. „Echte“ Cellulosezersetzer mit der Fähigkeit zum Abbau kristalliner Cellulose sind im Vergleich zu den partiell celluloytischen Mikroorganismen zahlenmäßig in der Minderheit. In Böden ist jedoch der Abbau von Cellulose und Hemicellulosen stets eine synergistische Aufgabe sehr verschiedener *Bacteria* und *Fungi*, sodass partiell cellulolytische Mikroorganismen den extrazellulären Celluloseabbau stets gemeinsam mit vollständig cellulolytischen Organismen bewirken können.

Die Verschiedenheit und Populationsdichte von potenziell cellulolytischen Mikroorganismen ist in Böden so gewaltig, dass das Potenzial aufgrund der sehr breiten multiplen Funktionalität (Redundanz) sowohl unter aeroben als auch anaeroben Bedingungen nie begrenzend für den Abbau ist (Kap. 4). Auch in relativ sauren Mooren unter Wassersättigung wird die Cellulose der Pflanzenreste relativ rasch abgebaut.

10.11.5 Cellulolytische Mikroorganismen

Die Fähigkeit zum Celluloseabbau ist bei phylogenetisch sehr verschiedenen Mikroorganismen weit verbreitet und ein schönes Beispiel für evolutionäre Konvergenz. Bisher wurden unter den *Archaea* keine Cellulosezersetzer nachgewiesen, doch ist dies lediglich eine Frage der Zeit. Zahlreiche Echte Pilze (Braunfäule-Pilze unter den Basidiomyceten, Chytridiomyceten und Hefen), Myxomyceten, Myxobakterien, Actinomyceten, grampositive und -negative *Bacteria*, Protozoen und Schnecken (Kap. 6 und 8) sind potenziell zur Cellulolyse in der Lage. Die meisten dieser Organismen besitzen nicht nur cellulolytische, sondern auch hemicellulolytische Enzyme. Insbesondere Vertreter der Echten Pilze (Asco- und Basidiomyceten, *Fungi Imperfecti*) sind durch ihr penetrierendes Hyphenwachstum als Cellulosezersetzer sehr erfolgreich. Mehrere Mikroorganismen haben sich auf die Cellulosezersetzung spezialisiert, darunter die gleitenden, spindelförmigen Schleimbakterien (*Deltaproteobacteria*) der Gattungen *Cytophaga, Sporocytophaga, Sorangium, Polyangium* und *Flexibacter* (Kap. 6). Einige Vertreter dieser Gattungen können nur noch Cellulose als C-Quelle verwerten und sind in Reinkultur nicht mehr in der Lage, mit Glucose als **einziger** C-Quelle zu wachsen. Die Cellulosezersetzer sind von entscheidender Bedeutung im C-Kreislauf von Böden und Gewässern.

Cellulosezersetzer sind überwiegend **zymogene Opportunisten (r-Strategen)**, die sich bei geeignetem Substratangebot rasch vermehren. Andere wachsen relativ langsam und sind eher **autochthone Vertreter (K-Strategen)** (Kap. 1). Zur ersten Gruppe gehören Vertreter der Pseudomonaden (*Pseudomonas spp*., früher *Cellvibrio spp*), sporenbildenden Bacillen (*Bacillus und Paenibacillus spp.*) und obligat anaerobe saccharolytische Clostridien (*Clostridium spp.*). Zur zweiten Gruppe können coryneforme Bakterien (*Arthrobacter spp.)* und Vertreter der Actinomyceten (*Cellulomonas spp*., *Thermomonospora spp*., *Streptomyces spp.*) gerechnet werden (Kap. 6). Sobald Cellulose weitgehend abgebaut ist, gehen r-strategische Cellulosezersetzer durch Formveränderung und Verkleinerung (*Arthrobacter*-Arten), Fragmentierung des Pseudomycels (*Streptomyces spp.),* Cystenbildung (Myxobakterien) und Versporung (*Sporocytophaga spp, Bacillus spp*., *Thermoactinomyces spp.* und *Clostridium spp.*) in einen physiologischen Ruhezustand über (Dauerformen). *Thermoactinomyces spp.* sind obligat cellulolytische thermophile Sporenbildner, die in Kompost und Heu weit verbreitet (und mitverantwortlich für die Selbsterhitzung) sind.

Unter den cellulolytischen *Bacteria* gibt es zahlreiche obligat anaerobe Organismen (z. B. *Clostridium spp., Bacteroides spp*., *Acetivibrio cellulolyticus*), die als Komponente syntropher Assoziationen nach der Einarbeitung von cellulosereichen Substraten (Stroh, Streu, Mulchmaterial, Kompost) und als Folge der **intensiven O_2-Zehrung** während der Mineralisation in den räumlich und zeitlich begrenzten anaeroben Mikrobiotopen cellulolytisch aktiv werden. Dabei können unterschiedliche cellulolytische Anaerobier wie *Bacteroides cellulosolvens* und *Clostridium saccharolyticum* Cellulose in einer Co-Kultur um etwa 30% stärker hydrolysieren und fermentativ verwerten als jeweils die einzelnen Organismen allein (Abb. 10.10). Diese Form von **Mutualismus** (gegenseitige Förderung) kann sowohl für den aeroben als auch für den anaeroben Celluloseabbau als charakteristisch gelten. Typisch für den Celluloseabbau in Nassreisböden ist die kommensalistische N_2-Bindung (**Kommensalismus** = „Tischgenossenschaft"). Durch den sehr weiten C/N-Quotienten des eingearbeiteten Getreidestrohs (C/N = ca. 100) und das hohe Energieangebot (Glucose) infolge der anaeroben Cellulolyse (saccharolytische *Clostridium*-Arten) kann es zur beachtlichen N_2-Bindung (durch cellulolytische Clostridien und *Cyanobacteria*) kommen (Kap. 6 und 13).

Viele grampositive coryneforme Bakterien (*Corynebacterium spp.*, *Arthrobacter* spp., *Cellulomonas cellulans*) sind potenziell zur Cellulosezersetzung befähigt. Auch einige Pseudomycel bildende Actinomyceten (*Streptomyces*-Arten) sind in Streuauflagen und eingearbeiteten Ernterückständen von A_p-Horizonten cellulolytisch aktiv, wo sie mit verschiedenen anderen Vertretern (*Nocardia spp.*, *Actinomadura spp.*) an den aeroben Umsetzungen beteiligt sind. Manche Streptomyceten (wie *S. antibioticus*, *S. cellulolyticus* und *S. hygroscopicus*) können ohne Co-Kultur sogar Lignocellulose verwerten. *Micromonospora spp.* gehören zu den **obligat anaeroben** grampositiven Cellulosezersetzern.

Extrem thermophile, cellulolytische Prokaryoten (Temperaturoptimum > 65 °C) sind weit verbreitet, darunter die aeroben Bakterien *Rhodothermus marinus* (*Crenotrichaceae*, Phylum *Bacteroides*) und *„Caldibacillus cellulovorans"*. *Acidothermus cellulolyticus* (*Acidothermaceae*, Phylum *Fusobacteria*) hat zwar sein cellulolytisches Optimum bereits bei 55 C, wächst aber bei dieser Temperatur in einem bemerkenswert weiten sauren pH-Bereich (pH 3–5). Zu den obligat anaeroben, obligat thermophilen cellulolytischen *Bacteria* gehören *Clostridium cellum* (mit cellulolytischen, hemicellulolytischen, cellobiohydrolytischen und spezifischen xylanolytischen Aktivitäten), *Thermotoga maritima* (Optimum bei 90 C; Phylum *Thermotogae*) und *Spirochaeta thermophila* (Phylum *Spirochaetes*). Bemerkenswert ist, dass die drei letztgenannten anaeroben, thermophilen Cellulosezersetzer alle **kristalline Cellulose** als einziges Substrat verwerten können (Bergquist *et al.* 1999).

Cellulolytische Pilze. Sehr zahlreich sind cellulolytisch aktive Pilze unter den *Mucoromycotina* (früher Zygomyceten), *Ascomycota*, *Basidiomycota*, *Fungi Imperfecti* (Deuteromyceten) und *Mycelia sterilia*. Endoglucanasen und Cellobiohydrolasen (Exocellulasen) wurden unter den Basidiomyceten bei Weißfäule- und Braunfäule-Pilzen, bei phytopathogenen Arten, bei Hefen (*Rhodotorula glutinis*) und beim pilzlichen Symbiont *Termitomyces sp.* der Termiten nachgewiesen. Echte Pilze sind im Allgemeinen säuretoleranter als *Bacteria* und infolgedessen in sauren Streu- und Humusauflagen von Waldböden in großer Vielfalt vertreten. Einige Pilzarten setzen ihre „Cellulasen" bei der Invasion von lebendem Pflanzengewebe ein (z. B. *Fusarium-*, *Phoma-* und *Verticillium*-Arten) und sind potenziell phytopathogen. Unter den holzzerstörenden Basidiomyceten und Ascomyceten sind insbesondere die Braunfäule-Erreger (Kap. 8) spezialisierte und selektive Zersetzer von Cellulose und/oder Lignocellulose im Holz (Yelle *et al.* 2008). Weißfäule-Pilze (*Basidiomycota*) haben sich zwar auf Ligninabbau spezialisiert, können aber in der Regel auch Cellulose depolymerisieren und verwerten (Kap. 8). Unter den *Fungi Imperfecti* sind besonders Arten von *Aspergillus, Curvularia, Fusarium, Penicillium, Myrothecium, Trichoderma* und *Stachybotris* intensive Cellulosezersetzer, bei den Ascomyceten kommen Arten von *Chaetomium* und *Sporotrichum* hinzu. *Mucoromycotina* (vormals Zygomyceten) sind keine typischen Cellulosezersetzer, doch einige Arten der Gattung *Rhizopus* können cellulolytisch aktiv sein. Aquatische *Saprolegnia*-Arten *(Oomycota)* sind als potente Cellulosezersetzer bekannt. Die hier genannten Pilze und pilzähnlichen Organismen stellen bei der Fülle an potenziell cellulolytischen Pilzen lediglich eine Auswahl dar.

Cellulolytische Bodentiere. Einige Vertreter der Schnecken (Gastropoden) und Protozoen (*Hartmanella spp.* und Vertreter der Ordnung *Schizopyrenida*) besitzen cellulolytische Enzyme. Termiten („Holzwürmer", *Isoptera*, Ordnung der Insekten, überwiegend tropische Arten) fressen bevorzugt cellulosehaltige Substanzen wie Streu, abgestorbene Äste, Holz und sonstige Pflanzenreste. Die Cellulose wird allerdings mithilfe von endosymbiontischen cellulolytischen Bakterien (Streptomyceten), Basidiomyceten (*Termitomyces sp.*) und Flagellaten (Geißeltierchen) in einem bestimmten Teil des Darms aufgeschlossen. Die mikrobielle Biomasse wird anschließend verdaut.

Einige Termitenarten züchten in speziellen Kammern ihrer Nester bestimmte cellulolytische Pilze als Nahrung (Pilzgärten). Die Nester werden je nach Art in oder auf Böden (Hügelnester), in Holz oder in Bäumen angelegt. Das mechanisch zerkleinerte Holz und Pflan-

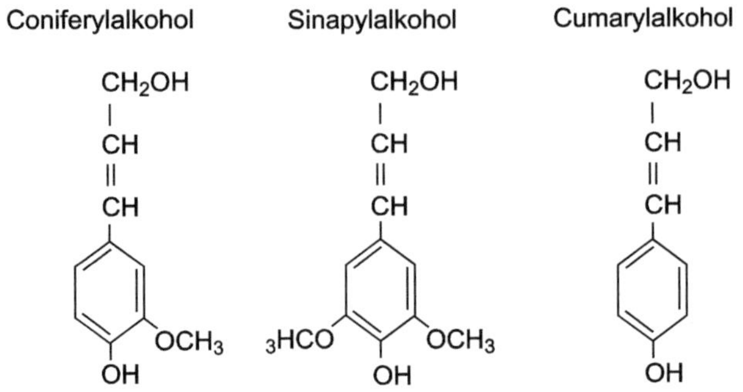

	Coniferylalkohol	Sinapylalkohol	Cumarylalkohol
Gymnospermen:	+	–	–
Angiospermen:	+	+	–
Gramineen:	+	+	+

Abb. 10.11 Phenylpropaneinheiten im Lignin von Gymnospermen, Angiospermen und Gramineen

zenmaterial wird mit Speichel oder Kot vermischt und als Bausubstanz zu Gängen und Hügeln verarbeitet. In den Tropen (vor allem in Savannen) sorgen Termiten für einen gewaltigen Celluloseabbau und erheblichen Bodenumsatz. In den ausgedehnten Savannen der Elfenbeinküste haben französische Bodenbiologen die Besiedlungsdichte an Termiten im oberen Bodenbereich auf ca. 6–7 Millionen pro Hektar geschätzt.

10.12 Ligninabbau

10.12.1 Aufbau und Eigenschaften von Lignin

Lignin ist ein hydrophobes dreidimensional vernetztes **Heteropolymer** aus **Phenylpropaneinheiten** (Abb. 10.11) in der pflanzlichen Zellwand. Durch Inkrustierung der Cellulosefibrillen (Lignifizierung) bildet Lignin einen extrem stabilen Lignocellulosekomplex. Lignin entsteht durch oxidative Kupplung (Laccasen) von identischen oder verschiedenen Phenylpropanalkoholen als Präkursoren (Vorstufen eines komplexen Moleküls). Die Ligninpräkursoren können an mehreren Stellen miteinander und mit dem wachsenden Ligninmakromolekül reagieren und ein komplexes unregelmäßiges Polymer mit verschiedenen intermolekularen Bindungen (etwa 20) bilden (Abb. 10.12). Das Ligninstützskelett in den Celluloseschichten kann insgesamt mit dem Stahlgerüst in Beton verglichen werden: Der Mischkörper Lignocellulose besteht aus druckfestem Lignin und zugfester Cellulose, was die Stabilität der pflanzlichen Zellwände insbesondere in Holz (22–33%) und Stroh (ca. 20%) gewaltig erhöht. Lignin enthält eine Reihe verschiedener Persistenzfaktoren, welche die hohe Widerstandsfähigkeit gegenüber dem mikrobiellen Abbau bedingen; dabei handelt es sich um

- zahlreiche Benzolkerne (spannungsfreie C6-Ringe mit Mesomerie und infolgedessen hoher Stabilität). Phenylkörper im Lignin können nicht, freie Aromaten jedoch von Oxygenasen durch Einbau von O_2 unter Einsatz von Reduktionsäquivalenten oder ATP gespalten und metabolisch verwertet werden (Kap. 3),
- zahlreiche (ca. 50 bis 70%) sehr stabile α- und β-O-4-Aryletherbrücken (R–O–R) zwischen Propanketten und Phenylgruppen (Abb. 10.12). Etherbrücken sind Reaktionsträge und gehören chemisch und mikrobiologisch zu den stabilsten Bindungen in der Natur,
- Biphenylbindungen (ca. 5–10%),
- β-5-Phenylcumaran-Dimere kombiniert mit α-O-4-Aryletherbrücken (etwa 6–12%) und um
- sehr stabile Dietherbrücken in Kombination mit β-β-C-Brücken in Pinoresinol-Dimeren (ca. 4–7%).

Die große Variabilität in der Ligninstruktur weist auf eine sehr hohe metabolische Plastizität in der Verknüpfung von Präkursoren hin, was enzymatisch und genetisch noch völlig ungeklärt ist. Die quantitative Bestimmung des Ligningehaltes ist relativ schwer und erfolgt indirekt über den Gehalt an Methoxylgruppen (R–OCH_3) oder gravimetrisch nach hydrolytischer Extraktion der Lipide (Wachsen) und Polysaccharide (Kögel-Knabner 2002; Horwath 2007).

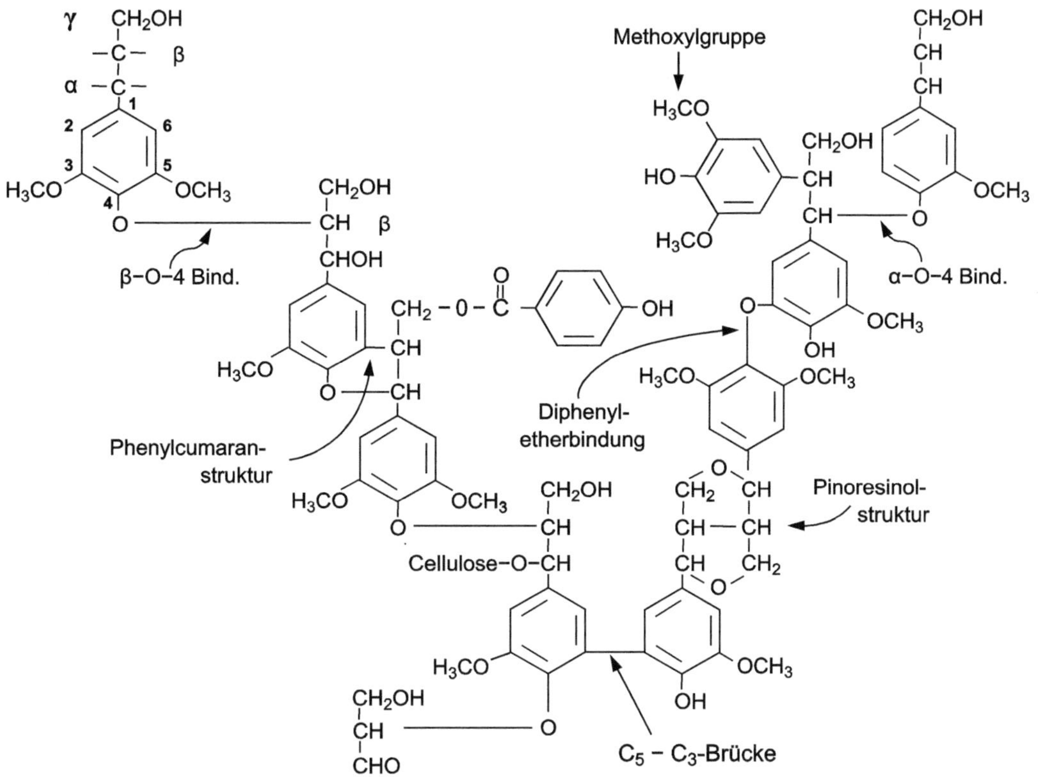

Abb. 10.12 Strukturschema der heterogenen Stoffgruppen und Bindungen von Lignin (Eggeling 1983)

10.12.2 Ligninabbau, ein aerober unspezifischer Radikalmechanismus

Die biochemische Depolymerisation von Lignin (Delignifizierung) kann nur **extrazellulär** erfolgen, weil das Makromolekül unlöslich ist. Lignin wird im Boden erst am Ende der Abbausequenz von autochthonen Mikroorganismen mit relativ geringem Wachstum, aber mit spezifischem oxidativem Stoffwechsel angegriffen. Es steht zweifelsfrei fest, dass verschiedene Spezialisten (zahlreiche Weiß- und verschiedene Braunfäule-Pilze) Lignin und Ligninbausteine in Holz, Streu und Getreidestroh vollständig abbauen und bis zu CO_2 und H_2O mineralisieren können, wie Untersuchungen mit ^{14}C markiertem Lignin bewiesen haben. Der Weißfäule-Pilz *Phanerochaete chrysosporium* (ein Basidiomycet) wurde als Versuchsorganismus für den Abbau von Lignin in vielen Arbeiten eingesetzt und gehört heute zu den am besten physiologisch, biochemisch und genetisch untersuchten Pilzen überhaupt. In Böden ist der Ligninabbau und die anschließende Mineralisation aromatischer Metabolite jedoch das Ergebnis von synergistischen Aktivitäten (gegenseitige Unterstützung) und von **Kommensalismus** (gemeinsamer Abbau und Verwertung von mono-, di- und oligomeren Metaboliten durch nichtlignolytische Begleitorganismen) in heterogenen syntrophen Assoziationen von Pilzen und *Bacteria*.

Da der Abbau des Ligningerüstes für den Einzelorganismus sehr energieaufwändig ist (ATP, Reduktionsäquivalente, H_2O_2-Bildung) und die eigene Energiegewinnung (ATP-Synthese durch ETP) sowie der C-Bedarf durch Verwertung von Ligninmetaboliten erst sehr spät im Abbauprozess erfolgen kann, wird angenommen, dass die Delignifizierung nur unter Einsatz von anderen Co-Substraten (Hemicellulosen und Cellulose) stattfindet. Infolgedessen wird Ligninabbau auch als **Co-Metabolismus** bezeichnet, obwohl die extrazelluläre oxidative Spaltung von Lignin nicht über den vorhandenen intrazellulären Metabolismus des betreffenden Organismus abläuft. Unter Co-Metabolismus wird die zufällige unvollständige biochemische Verstoffwechslung eines relativ persistenten (häufig xenobiotischen) Substrats im intrazellulären Stoffwechsel

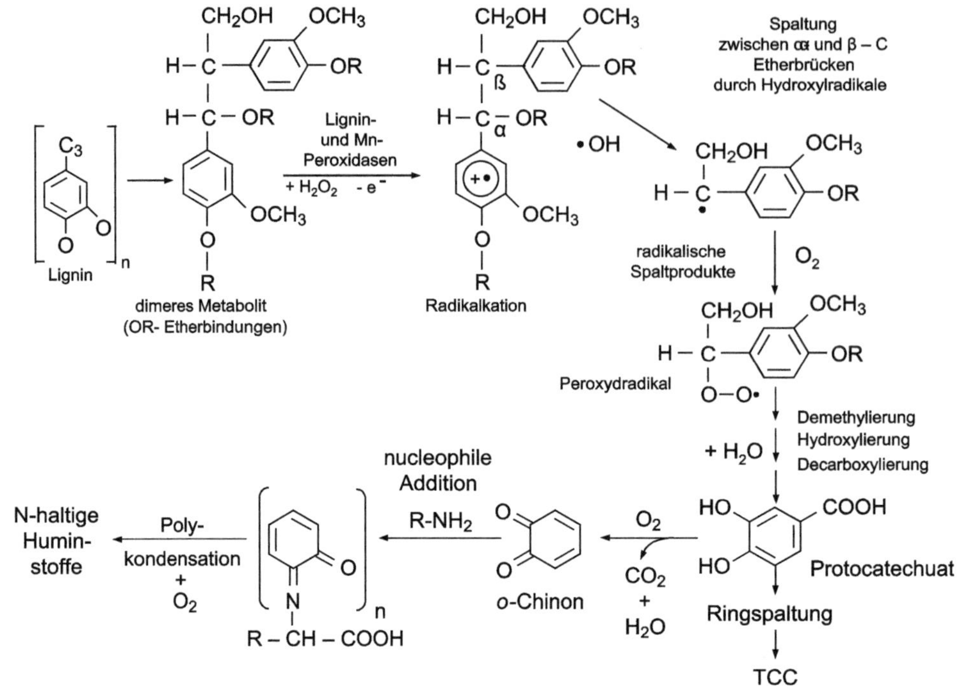

Abb. 10.13 Hypothese des oxidativen Ligninabbaus durch Elektronenabzug (Radikalmechanismus) mittels Peroxidasen (LiP, MnP) unter Bildung von radikalischen Metaboliten samt ihrer Umwandlung in Polyphenole und chinoide Körper (Autoxidation, Laccasen). Durch spontane nucleophile Addition von Aminosäuren an chinoide Körper entstehen nach der Polyphenol-Hypothese N-haltige Huminstoffvorstufen (Entwurf: JCG Ottow)

verstanden. Im Co-Metabolismus wirkt das betreffende Substrat nicht als Induktor von Enzymen und kann nicht vom betreffenden Organismus als C- und Energiequelle genutzt werden. Für die Umwandlung im Stoffwechsel sind andere abbaubare Hilfssubstrate zur Synthese von ATP und Reduktionsäquivalenten erforderlich. Schließlich kann im Co-Metabolismus das persistente Substrat meist nur teilweise umgewandelt werden (Transformation). Solche *dead-end*-Metabolite werden dann funktionslos ausgeschieden (Alexander 1994; Ottow 1997). Der enzymatische Abbau von Lignin erfolgt jedoch durch einen unspezifischen **Radikalmechanismus**, der nicht auf die Spaltung bestimmter Bindungen (wie bei Hemicellulosen, Pektinen und Cellulose) im homopolymeren Makromolekül ausgerüstet ist, sondern verschiedene Verbindungen unspezifisch spaltet. Radikale sind Moleküle oder Ionen mit einem ungepaarten Elektron und folglich starker Reaktionsneigung.

Bis heute sind die extrazellulären biochemischen Vorgänge beim Ligninabbau noch nicht eindeutig geklärt, zumal es scheint, als ob es je nach Organismus unterschiedliche Strategien gibt. Aerobe Mikroorganismen (Echte Pilze, Bakterien), die Lignin mit „Ligninasen" (ein Komplex von extrazellulären **unspezifischen** oxidativen Enzymen) abbauen können, besitzen als gemeinsame ligninolytische Merkmale die

- Fähigkeit, Protoporphyrin-Peroxidasen (hämhaltige Glykoproteine) wie Lignin-Peroxidase (LiP) und/oder Mangan-Peroxidase (MnP) zu bilden. Die meisten lignindepolymerisierenden (Weißfäule-)Pilze und Bakterien (Streptomyceten) verfügen über LiP **und** MnP (wie beispielsweise *P. chrysosporium*) oder besitzen mindestens eines dieser beiden Peroxidasen (Box 3.3). Bei anderen lignolytischen Basidiomyceten (*Pleurotus spp., Bjerkandera spp.*) wurde eine weitere vielseitige (und besonders unspezifische) Peroxidase (VP) nachgewiesen, die sowohl Eigenschaften der LiP als auch der MnP besitzt. Die genannten Peroxidasen haben ein relativ hohes Redoxpotenzial und werden von H_2O_2 induziert. Lignolytische Peroxidasen entziehen mithilfe von H_2O_2 in einer **unspezifischen radikalischen Oxidation** Elektronen aus nichtphenolischen (LiP) und phenolischen (MnP) Ligninbausteinen, wobei instabile, aber sehr reaktive Radikale entstehen, die C-C-Bindungen in benachbarten Phenylkörpern und Aryl-Seitenketten sowie Etherbindungen spalten können. Wahrscheinlich ist die Bildung des aggressiven **Hydroxylradikals** (•OH) durch lignolytische Peroxidasen das entscheidende Agens im Ligninabbau. Lignin-Peroxidasen arbeiten auf eine bemerkenswert unspezifische Weise und können außer Lignin auch noch sehr verschiedene aromatische Kohlenwasserstoffe, Huminstoffe und aromatische Fremdstoffe (PAKs, PCBs; Pentachlorphenol, 2,4,5-T, TNT, etc.) angreifen. Aber auch Braunfäule-Pilze wie *Gloeophyllum trabeum* greifen Lignocellulose mit extrazellulären Hydroxylradikalen an und depolymerisieren sowohl Cellulose als auch Lignin (Yelle *et al.* 2008). In der geringen Spezifität des aggressiven Hydroxylradikals liegt gerade die große Bedeutung für die oxidative Spaltung der verschiedenen Strukturen und Bindungen im Lignin- und Lignocellulosemolekül;

- Ausscheidung von **extrazellulären Oxidasen**, die O_2 in einer katalytischen Reaktion zu H_2O_2 (Wasserstoffsuperoxid) reduzieren. Wasserstoffsuperoxid ist für die oxidative Spaltung von β-O-4-Etherbindungen und C–C-Bindungen im Benzolkern durch die ligninolytischen Peroxidasen unentbehrlich. Als H_2O_2-Donatoren kommen Glyoxal-Oxidase (GLX), Arylalkohol-Oxidase (AAO) oder auch Cellobiose-Oxidase in Frage. Glucose-Oxidase kommt als intrazelluläres Enzym wahrscheinlich kaum als H_2O_2-Donator für extrazelluläre Lignin-Peroxidasen infrage;
- Freisetzung von **Laccasen** (extrazelluläre Phenol-Oxidasen) (Box 3.3). Laccasen oxidieren Mono-, Di-, Tri- und Polyphenole und niedermolekulare aromatische Metabolite durch eine Ein-Elektron-Oxidation bei gleichzeitiger Vier-Elektronen-Reduktion von O_2 zu Wasser unter Bildung von **chinoiden** Körpern (freien Radikalen) (Baldrian 2006). Laccasen (it. *lacca* = lack) sind Cu-haltige Enzyme (Abb. 10.14), die in geringen Mengen von fast allen Weißfäule-Pilzen und Streptomyceten stets konstitutiv gebildet werden. Ihre Produktion wird jedoch von aromatischen und phenolischen Verbindungen sowie durch Zugabe von Cu deutlich gefördert (Galhaup *et al.* 2002). Rüblinge (*Collybia spp.*; *Basidiomycota*) sind weit verbreitete lignocellulolytische Saprophyten, die in allen organisch reichen Böden vorkommen, aber auch intensiv am Abbau von Lignin in Laub- und Nadelstreu von Waldböden beteiligt sind (McErlean *et al.* 2006). Die genaue Funktion der Laccasen in der Lignolyse ist allerdings noch nicht geklärt, zumal viele ausgesprochene Ligninzersetzer keine Laccasen produzieren (z. B. *P. chrysosporium*). Andererseits gibt es Weißfäule-Pilze wie *Pleurotus ostreatus*, die weder über LiP noch über MnP verfügen, Lignin aber ausschließlich mit Laccasen vollständig abbauen und mineralisieren können (der Mechanismus ist noch unbekannt). Möglicherweise ist eine synergistische Aktivität von Laccase mit AAO unter Freisetzung von ligninzerstörenden Hydroxylradikalen für den Ligninabbau verantwortlich (Guillen *et al.* 2000). Eine plausible Funktion von Laccasen könnte zudem in der Entgiftung (oxidative Dehydrogenierung) von toxischen phenolischen Metaboliten in Chinone während des Ligninabbaus liegen (Eggeling 1983; Orth *et al.* 1993; Guillen *et al.* 2000; Galhaup *et al.* 2002; Tuomela *et al.* 2002; Martinez 2002; Martinez *et al.* 2005; Kersten u. Cullen 2007).

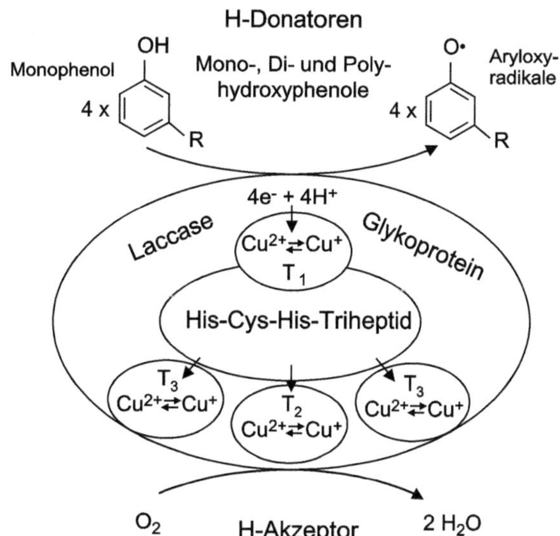

Abb. 10.14 Aufbau und katalytischer Cyclus von Laccasen (Phenol-Oxidasen, Phenolasen) (Baldrian 2006)

10.12.3 Huminstoffbildung, Nebenprodukt der Delignifizierung

Das heterogene Makromolekül Lignin in Lignocellulose von Stroh, Streusubstanzen und Holz ist auch für extrazelluläre Enzyme räumlich schwer zugänglich und kann nicht wie die homopolymere Cellulose durch die regelmäßige Abspaltung von Glucose- oder Cellobioseeinheiten mittels extrazellulären Endo- und Exoglucanasen systematisch depolymerisiert werden. LiP und/oder MnP greifen die widerstandfähigen nichtphenolischen Lignineinheiten, ihre aliphatischen C3-Ketten und Etherbrücken in Methoxylgruppen im Makromolekül unter Verwendung von H_2O_2 im Zuge einer unspezifischen Oxidation an. Der katalytische Cyclus beginnt mit der Bindung von H_2O_2 am Fe-haltigen Hämprotein der LiP und MnP unter Bildung von Peroxidkomplexen. Für die anschließende Spaltung der Sauerstoff-Sauerstoff-Bindung im Peroxid-LiP-Komplex ist die Übertragung von zwei Elektronen aus der LiP erforderlich, die mittels Wertigkeitswechsel von Fe(II)/Fe(III) durch zweimaligen Entzug eines Elektrons aus dem aromatischen Kern oder aus der C3-Seitenkette des Lignins erneut ergänzt wird. Beim Elektronenentzug aus den aromatischen Kernen des Ligninmoleküls entstehen instabile **aromatische Kationradikale** und **Phenoxylradikale**, die das Ligninmolekül an verschiedenen Stellen angreifen können. LiPn oxidieren sowohl phenolische Strukturen als auch nichtphenolische methoxylierte aromatische Bausteine, was die geringe Spezifität dieses Enzyms bestätigt. Es ist jedoch ein relativ großes Molekül, das offenbar nicht direkt zum Ligningerüst in der kompakten Lignocellulose vordringen kann. Als **Elektronen-Mediator** wird dazu vom Pilz der sekundäre Metabolit **Veratrylalkohol** zu Veratrylaldehyd oxidiert, welches offenbar direkt mit Lignin reagiert und dabei Elektronen entzieht.

MnP ist dem LiP zwar sehr ähnlich, doch es verwendet als Elektronen-Donator ausschließlich Mn(II), das in Böden und in organischem Material allgemein vorhanden ist. Zur Spaltung der Sauerstoff-Sauerstoff-Bindung im Peroxid-MnP-Komplex werden Elektronen von Mn(II) verbraucht, unter Freisetzung von Wasser und Mn(III). MnP oxidiert somit Mn(II) zu Mn(III) mit H_2O_2 als oxidierendes Agens. Mn(III) entzieht dem Lignin direkt keine Elektronen, sondern bildet mit sequestrierenden organischen Säuren (Oxalat, aber auch Malat, Tartrat etc.) mobile und relativ stabile Mn(III)-Chelate, die zum Lignin diffundieren und dort Elektronen aus phenolischen Ligninstrukturen entziehen, unter Rückbildung von Mn(II)-Chelaten und verschiedenen aromatischen Kationradikalen und Phenoxylradikalen. In diesem Falle wirken die **Mangan(III)-Chelate** als Mediatoren des Elektronentransfers (Haider 1988; Martinez 2000; Hofrichter 2002; Nüske *et al.* 2002; Martinez *et al* 2005; Kersten u. Cullen 2007).

Die reaktiven freien Radikale wirken ungerichtet und spalten im Ligningerüst (a) C4-Etherbrücken, (b) aromatische Kerne, (c) Cα-Cβ-Bindungen und bewirken zudem (d) eine Demethoxylierung und durch (e) Anlagerung von Wasser vermutlich auch eine Hydroxylierung. Diese unspezifische oxidative Spaltung von Lignin durch Oxidasen und lignolytische Peroxidasen führt zu verschiedenen **zufälligen** aromatischen Spaltprodukten (Metaboliten), darunter Dimere wie α-Guajacylglycerin-β-Coniferylether, Monomere wie Guajacyl-α-Glycerin, Coniferylalkohol (oder Sinapin- bzw. Cumarolalkohol), Vanillin (Protocatechualdehyd) und Vanillinsäure (bzw. Ferulasäure = 4-Hydroxy-3-methoxyzimtsäure), Benzoesäure-, Benzaldehyd- und Phthalsäure-Derivate sowie viele andere Bruchstücke. Die unterschiedlichen Metabolite bestätigen, dass Spaltungen sowohl in den Seitenketten der Phenylpropaneinheiten als auch in den Kernen benachbarter Phenylkörper stattgefunden haben. Die Oxidationsprodukte können anfänglich noch mit dem Ligningerüst verbunden bleiben, werden aber bei fortgeschrittenem oxidativem Abbau zunehmend losgelöst. Ökophysiologisch bemerkenswert ist, dass von den betreffenden Pilzen und/oder Streptomyceten bis zur Akkumulation solcher Metabolite noch kein einziges ATP-Molekül gebildet wurde. Für Unterhaltungsenergie und Wachstum des Pilzes und für die Synthese der extrazellulären Enzyme müssen allerdings Substrate und Energie verbraucht werden. Infolgedessen kann Ligninabbau nur unter Einsatz von anderen Substraten (Hemicellulosen und Cellulose) stattfinden. Lignolytische Pilze können Lignin offenbar nicht als einzige C- und Energiequelle verwerten. Sie benötigen zum Wachstum andere Substrate. Um an diese Polysaccharide als C-Quellen zu gelangen, depolymerisieren die Weißfäule-Pilze die Lignininkrustierung. Dabei entstehen verschiedene radikalische Spaltprodukte, die in Vorbereitung auf eine Ringspaltung (Kap. 3) von kommensalistischen Pilzen und Bakterien demethyliert, decarboxyliert und hydroxyliert und so in Polyphenole überführt werden (Abb. 10.13).

Diese Hypothese der Delignifizierung würde erklären, warum beim Ligninabbau zahlreiche phenolische Metabolite akkumulieren, die durch Autoxidation und Phenoloxidasen (Laccasen) von Pilzen und Bakterien spontan zu chinoiden Körpern oxidieren und mit Aminosäuren ($R–NH_2$) zu N-haltigen **Huminstoffvorstufen** polykondensieren können (Abb. 10.13). Lignin ist die wichtigste Ausgangssubstanz der mikrobiellen Humifizierungsprozesse. Nach dieser Hypothese kann Huminstoffbildung als zufälliges Nebenprodukt des Ligninabbaus verstanden werden (Kap. 11). Ligninabbau erfordert O_2. Unter anaeroben Bedingungen erfolgt keine Depolymerisation von Lignin.

Zum heutigen Verständnis des Ligninabbaus haben vor allem grundlegende Arbeiten von **J. P. Martin**/USA, **K. Haider**/Braunschweig und **M. Hofrichter**/Helsinki und Zittau samt ihrer Arbeitsgruppen wesentlich beigetragen.

Literatur

Adams JJ, Pal G, Jia Z, Smith SP (2006) Mechanism of bacterial cell-surface attachment revealed by structure of cellulosomal typ II cohesin-dockerin complex. Proc Natl Acad Sci USA 103: 305–310

Ajwa HA, Tabatabai MA (1994) Decomposition of different organic materials in soils. Biol Fertil Soils 18: 175–182

Alexander M (1994) Biodegradation and bioremediation. Academic Press, San Diego New York Boston

Amundson R (2001) The carbon budget in soils. Annu Rev Earth Planet Sci 29: 535–562

Aro N, Pakula T, Penttila M (2005) Transcriptional regulation of plant cell wall degradation by filamentous fungi. FEMS Microbiol Rev 29: 719–737

Baldrian P (2006) Fungal laccases – occurrence and properties. FEMS Microbiol Rev 30: 215–242

Baldrian P, Valásková V (2008) Degradation of cellulose by basidiomycetous fungi. FEMS Microbiol Rev 32: 501–521

Bardgett RD, Usher MB, Hopkins DW (2005) Biological diversity and function in soils, Cambridge Univ Press, Cambridge

Bayer EA, Belaich JP, Shoam Y, Lamed R (2004) The cellulosomes: Multienzyme machines for degradation of plant cell wall polysaccharides. Annu Rev Microbiol 58: 521–554

Bergquist PL, Gibbs MD, Morris DD, Te'o VSJ, Saul DJ, Morgan HW (1999) Molecular diversity of thermophilic cellulolytic and hemicellulolytic bacteria. FEMS Microbiol Rev 28: 99–110

Cao M, Woodward FI (1998) Dynamic responses of terrestrial ecosystem carbon cycling to global climate change. Nature 393: 249–252

Coale KH, Johnson KS, Chavez FP, Buesseler KO, Barber RT, Brezenski MA, Cochlan WP *et al.* (2004). Southern ocean iron enrichment experiment: Carbon cycling in high- and low-Si waters. Science 304: 408–414

Cisneros-Dozal LM, Trumbore S, Hanson PJ (2006) Partitioning sources of soil-respired CO_2 and their seasonal variation using an unique radiocarbon tracer. Global Change Biol 12: 194–204

Cubasch U, Kasang D (2000) Anthropogener Klimawandel, Gotha, Stuttgart

Davidson EA, Janssens IA, Luo Y (2006) On the variability of respiration in terrestrial ecosystems: Moving beyond Q_{10}. Global Change Biol 12: 154–164

Dilly O (2001) Microbial respiratory quotient during basal metabolism and after glucose amendment in soils and litter. Soil Biol Biochem 33: 117–127

Dilly O (2005) Microbial energetics in soils. In: Buscot F, Varma A (Hrsg) Microorganisms in soils: Role in genesis and functions, Springer, Berlin Heidelberg, S 123–138

Eggeling L (1983) Lignin – an exceptional biopolymer and a rich resource? Trends Biotechnol 1: 123–127

Fierer N, Schimel JP (2002) Effects of drying-rewetting frequency on soil carbon and nitrogen transformations. Soil Biol Biochem 34: 777–787

Fierer N, Schimel JP (2003) A proposed mechanism for the pulse in carbon dioxide production commonly observed following the rapid rewetting of a dry soil. Soil Sci Soc Am J 67: 798–805

Galhaup C, Wagner H, Hinterstoisser B, Haltrich D (2002) Increased production of laccase by the wood-degrading basidiomycete *Trametes publescens*. Enzyme Microb Technol 30: 529–536

Guillen F, Toribio VG, Martinez MJ, Martinez AT (2000) Production of hydroxyl radical by the synergistic action of fungal laccase and aryl alcohol oxidase. Arch Biochem Biophys 383: 142–147

Hahn V, Högberg P, Buchmann N (2006) ^{14}C – a tool for separation of autotrophic and heterotrophic soil respiration. Glob Change Biol 12: 972–982

Haider K (1988) Der mikrobielle Abbau des Lignins und seine Bedeutung für den Kreislauf des Kohlenstoffes. Forum Mikrobiol 11: 477–482

Harada KM, Tanaka K, Fukuda Y, Hashimoto W, Murata K (2005) Degradation of rice bran hemicellulose by *Paenibacillus sp.* strain HC1: Gene Cloning, characterization and function of β-D-glucosidase as an enzyme involved in degradation. Arch Microbiol 184: 215–224

Hofrichter M (2002) Review: Lignin conversion by manganese peroxidase (MnP). Enzyme Microb Technol 30: 454–466

Horwath W (2007) Carbon cycling and formation of soil organic matter. In: Paul EA (Hrsg) Soil microbiology, ecology, and biochemistry, Academic Press, Elsevier, S 303–339

Houghton RA (2007) Balancing the global carbon budget. Annu Rev Earth Planet Sci 35: 313–347

IPCC (Intergovernmental Panel on Climate Change) (2001) Climate change 2001. The scientific base. Chapter 3, the carbon cycle and atmospheric carbon dioxide. Third assessment report of the IPCC, Cambridge University Press, Cambridge

IPCC (Intergovernmental Panel on Climate Change) (2007) Climate change 2007. The physical science basis, S 996

Jacobeit J (2002) Klimawandel – natürlich bedingt, vom Menschen beeinflusst. In: Löffler G & Voßmerbäumer H (Hrsg) Mit unserer Erde leben, Würzburg, S 165–184

Janssens IA, Pilgegaard K (2003) Large seasonal changes in Q_{10} of soil respiration in a beech forest. Global Change Biol 9: 911–918

Janzen HH (2004) Carbon cycling in earth systems – a soil science perspective. Agric Ecosyst Environ 104: 399–417

Kersten P, Cullen D (2007) Extracellular oxidative systems of the lignin-degrading basidiomycete *Phanerochaete chrysosporium*. Fugal Gen Biol 44: 77–87

Khalil MI, Hossain MB, Schmidhalter U (2005) Carbon and nitrogen mineralization in different upland soils of the subtropics treated with organic materials. Soil Biol Biochem 37: 1507–1518

Knorr W, Prentice IG, House JI, Holland EA (2005) Long-term sensitivity of soil carbon turnover to warming. Nature 433: 298–301

Kögel-Knabner I (2002) The macromolecular organic composition of plant and microbial residues as inputs to soil organic matter. Soil Biol Biochem 34: 139–162

Kroonenberg S (2008) Der lange Zyklus: Die Erde in 10 000 Jahren. Primus, Darmstadt

Kuikman PJ, Jansen AG, van Veen JA, Zehnder AJB (1990) Protozoen predation and the turnover of soil organic carbon and nitrogen in the presence of plants. Biol Fertil Soils 10: 22–28

Kuzyakov Y (2006) Sources of CO_2 efflux from soil and review of partitioning methods. Soil Biol Biochem 38: 425–448

Kuzyakov Y, Domanski G (2002) Model for rhizodeposition and CO_2 efflux from planted soil and its validation by ^{14}C pulse labelling of ryegrass. Plant Soil 239: 87–102

Lee MS, Nakane K, Nakatsubo T, Koizumi H (2003) Seasonal changes in the contribution of root respiration to total soil respiration in a cool-temperate deciduous forest. Plant Soil 255: 311–318

Loftfield NS, Brumme R, Beese F (1992) Automated monitoring of nitrous oxide and carbon dioxide flux from forest soils. Soil Sci Soc Am J 56: 1147–1150

Martinez AT (2002) Molecular biology and structure-function of lignin-degrading heme peroxidases. Enzyme Microbiol Technol 30: 425–444

Martinez AT, Speranza M, Ruiz-Duenas J, Ferreira P *et al.* (2005) Biodegradation of lignocellulosics: Microbial, chemical, and enzymatic aspects of the fungal attack of lignin. Intern Microbiol 8: 195–204

McErlean C, Marchant R, Banat IM (2006) An evaluation of soil colonisation potential of selected fungi and their production of lignolytic enzymes for use in soil bioremediation application. Antonie van Leeuwenhoek 90: 147–158

Meyer L, Schaffer G (1954) Atmungskurven des Bodens unter dem Einfluss von Düngung und Bewachsung. Landwirtsch Forsch 6: 81–95

Miltner A, Kopinke FD, Kindler R, Selesi D, Hartmann A, Kästner M (2005) Non-phototrophic CO_2 fixation by soil microorganisms. Plant Soil 269: 193–203

Müller C, Abbasi MK, Kammann C, Clough TJ, Sherlock RR, Stevens RJ, Jäger HJ (2004) Soil respiratory quotient determined *via* barometric process separation combined with nitrogen-15-labeling. Soil Sci Soc Am J 68: 1610–1615

Murashima K, Kosugi A, Doi RH (2002) Determination of subunit composition of *Clostridium celluvorans* cellulosomes that degrade plant cell walls. Appl Environ Microbiol 68: 1610–1615

Murray WD (1986) Symbiotic relationship of *Bacteroides cellulosolvens* and *Clostridium saccharolyticum* in cellulose fermentation. Appl Environ Microbiol 51: 710–714

Nieder R, Benbi DK (2008) Carbon and nitrogen in the terrestrial environment, Springer Netherlands

Nüske J, Scheibner K, Dornberger U, Ulrich R, Hofrichter M (2002) Large scale production of manganese-peroxidase using agaric white-rot fungi. Enzym Microb Technol 30: 556–561

Orth AB, Royse DJ, Tien M (1993) Ubiquity of lignin-degrading peroxidases among various wood-degrading fungi. Appl Environ Microbiol 59: 4017–4023

Ottow JCG (1997) Abbaukinetik und Persistenz von Fremdstoffen in Böden. In: Ottow JCG, Bidlingmaier W (Hrsg) Umweltbiotechnologie, G. Fischer, Stuttgart, S 97–138

Paul EA, Clark FE (1989) Soil microbiology and biochemistry. Acad Press, San Diego New York Berkeley

Paul EA, Juma NG (1981) Mineralization and immobilization of soil nitrogen by microorganisms. Ecol Bull (Stockholm) 33: 179–195

Plante AF, Parton WJ (2007) The dynamics of soil organic matter and nutrient cycling. In: Paul EA (Hrsg) Soil microbiology, ecology, and biochemistry. Academic Press, Elsevier, Oxford, S 433–467

Persson T (1989) Role of soil animals in C and N mineralization. Plant Soil 115: 241–245

Sauerbeck DR, Gonzalez MA (1977) Field decomposition of carbon-14-labelled plant residues in various soils of the Federal Republic of Germany and Costa Rica. In: Proceeding of a symposium on soil organic matter studies, International Atomic Energy Agency and FAO (Hrsg), Vol. I, Soil organic matter studies, IAEA, Wien, S 159–170

Sauerbeck DR, Johnen B (1976) Der Umsatz von Pflanzenwurzeln im Laufe der Vegetationsperiode und dessen Beitrag zur Bodenatmung. Z Pflanzenernähr Bodenk 3: 315–328

Schinner F, Öhlinger R, Kandeler E, Margesin R (Hrsg) (1993) Bodenbiologische Arbeitsmethoden, 2. Aufl. Springer, Berlin Heidelberg New York

Schlesinger WH, Andrews JA (2000) Soil respiration and global carbon cycle. Biogeochem 48: 7–20

Schwarz W (2003) Das Cellulosom – Eine nano-Maschine zum Abbau von Cellulose. Naturwiss Rundsch 56: 121–128

Shallom D, Shoham Y (2003) Microbial hemicellulases. Curr Opin Microbiol 6: 219–228

Tuomela M, Oivanen P, Hatakka A (2002) Degradation of synthetic ^{14}C-lignin by various white-rot fungi in soil. Soil Biol Biochem 34: 1613–1620

Vollmer W, Joris B, Charlier P, Foster S (2008) Bacterial peptidoglycan (murein) hydrolases. FEMS Microbiol Rev 32: 259–286

Wagner F, Sistig P (1979) Verwertung von Cellulose durch Mikroorganismen. Forum Mikrobiol 2: 74–80

Werth M, Kuzyakov Y (2008) Root-derived carbon in soil respiration and microbial biomass determined by ^{14}C and ^{13}C. Soil Biol Biochem 40: 625–637

Wirth SJ (2001) Regional-scale analysis of soil microbial biomass and soil basal CO_2-respiration in Northeastern Germany. In: Stott DE, Mohtar RH, Steinhardt GC (Hrsg) Sustaining the global farm. Selected papers from 10th Intern Soil Conserv Organ Meeting 1999, Purdue University and USDA-ARS National Soil Erosion Res Lab, S 486–493

Yelle DJ, Ralph J, Lu F, Hammel KE (2008) Evidence for cleavage of lignin by a brown rot basidiomycete. Environ Microbiol 10: 1844–1849

Biochemie, Eigenschaften und Funktionen des Humuskörpers 11

„*Soil organic matter is composed of a continuum of material ranging in age from days for plant residues and exudates to > 1000 years for the resistant humics.*"

S. Haile-Mariam *et al.* (2008)

Inhaltsverzeichnis

11.1 Humus und Humifizierung

In den globalen terrestrischen Ökosystemen (innerhalb der oberen 2 m) bildet **Humus** (lat. Erdboden) mit etwa 75% entsprechend ca. 1000–2300 Gt C (1 Gt = 10^{12} kg) die größte **Kohlenstoffsenke** innerhalb des Gesamtkohlenstoffvorrates auf den Kontinenten (Abb. 10.1, Kap. 10). Böden bilden infolgedessen eine gewaltige Reserve an potenziell mineralisierbaren C-, N-, P- und S-Verbindungen, an essenziellen Nährstoffen (K, Mg, Ca, Fe, Mn) und an Mikronährstoffen. Nach dem heutigen (vorläufigen) Erkenntnisstand nimmt der C-Gehalt von Böden global im Schnitt mit etwa 1,4 ± 0,7 Gt C jährlich zu, wobei allerdings die tropischen Standorte eher als **C-Quellen** (CO_2-Verluste durch Landnutzungsänderungen, Brandrodungen, etc.), jene der gemäßigten und borealen Klimabreiten hauptsächlich als **C-Senken** funktionieren. Im Unterboden unterhalb der ersten 2 m befinden sich schätzungsweise noch 800 bis 900 Gt an C. Höchstens 25% des terrestrischen Kohlenstoffes befinden sich in der oberirdischen lebenden Biomasse aus Pflanzen und Tieren. Noch geringer ist der C_{org}-Anteil im Edaphon. Schätzungsweise 0,2–5% des terrestrischen C-Gehaltes sind in der mikrobiellen Biomasse und in der Bodenfauna festgelegt. Dieser Pool besitzt allerdings relativ hohe Umsatzraten und kann infolgedessen als aktiv bezeichnet werden (Kap. 2).

Aus praktischen Gründen wird als Humus jene postmortale organische Substanz (POS) in Böden verstanden, welche sich in einem ständigen mikrobiellen Ab-, Um- und Aufbau befindet (durch Mineralisierung und

J.C.G. Ottow, *Mikrobiologie von Böden*,
DOI: 10.1007/978-3-642-00824-5_11, © Springer-Verlag Berlin Heidelberg 2011

Humifizierung). Die Hauptquellen der POS in Böden sind die abgestorbenen pflanzlichen, mikrobiologischen und tierischen Biomassen. Bei der quantitativen Bestimmung des Humusgehaltes (C_{org} in %) an luftgetrockneten Oberböden mit chemischen Methoden wird allerdings die mikrobielle Biomasse mit erfasst, was hinsichtlich der qualitativen Zusammensetzung (Stoffgruppen) des Humuskörpers zu Fehlschlüssen führen kann (z. B. zu hohe Konzentrationen an Polysacchariden und Proteinen). In der Praxis enthält der **Humuskörper** (Gesamtheit an POS im Boden) somit stets (a) frische, (b) teilweise abgebaute und angereicherte sowie (c) neusynthetisierte (sekundäre) organische Substanzen pflanzlicher, mikrobieller und tierischer Herkunft, einschließlich (d) der lebendigen mikrobiellen Biomasse (C_{mic}; Kap. 2). Außerdem wird zum Humuskörper auch *black carbon* (hoch aromatische CH-Verbindungen) gerechnet, der vor allem durch natürliche und anthropogene Brände lokal im Oberboden angereichert werden kann. Unter Mineralisation wird der vollständige mikrobielle Abbau der POS zu anorganischen Verbindungen (CO_2, H_2O, Ammonium, Phosphate, Sulfat, etc.) verstanden. Zweck der **Mineralisation** ist die Bereitstellung von Metaboliten, mineralischen Nährstoffen und Energie (ATP) für das Wachstum der Mikroorganismen (Kap. 3). Hingegen umfasst die **Humifizierung** die Anreicherung von relativ rekalzitranten pflanzlichen und mikrobiellen Reststoffen sowie die biochemische Neusynthese sekundärer Stoffgruppe durch Kondensations- und Assoziationsprozesse. Für die Humifizierungsprozesse kommt den einzelnen Substanzgruppen in der POS eine unterschiedliche Bedeutung zu (Kögel-Knabner 2002). Während die labilen und leicht mineralisierbaren Stoffgruppen (Kohlenhydrate, Eiweiß, Fette, Hemicellulosen, Murein, Chitin, Cellulose, etc.) in der frischen POS einer raschen und weitgehend vollständigen Mineralisation unterliegen, werden die relativ schwer mineralisierbaren Stoffgruppen (Lignin, Polyphenole, sonstige Aromaten, heterocyclische N-Verbindungen, aliphatische Kohlenwasserstoffe, langkettige gesättigte und ungesättigte Fett- und Hydroxyfettsäuren, etc.) aufgrund ihrer relativen **Rekalzitranz** (hohe Widerstandskraft gegen mikrobiellen Abbau) erst am Ende der Abbausequenz mikrobiell angegriffen und unterliegen dann einem relativ langsamen aeroben Abbau (Kap. 3 und 10). Es sind aber im Wesentlichen die relativ rekalzitranten Stoffgruppen, die im Zuge biochemischer und chemischer Prozesse zu den dunkelbraun gefärbten **Huminstoffen** (**Kolloiden**) führen. Huminstoffe sind charakteristische, standortspezifische Produkte der mikrobiellen Ab-, Um- und Aufbauprozesse in Böden. Sie umfassen eine heterogene **dynamische Mischung** aus relativ rekalzitranten, schwarzgefärbten makromolekularen organischen Verbindungen, die sich aus (a) biochemisch veränderten und angereicherten Pflanzensubstanzen, (b) sekundären Syntheseprodukten pflanzlicher und mikrobieller Metabolite sowie aus (c) Bausteinen und Metaboliten der mikrobiellen Biomasse zusammensetzt.

Mit fortschreitender Humifizierung nimmt der Anteil an leicht mineralisierbaren pflanzlichen Stoffgruppen entsprechend der Abbausequenz ab (Kap. 10). Gegen Ende der ersten Abbauphase nimmt die Konzentration an dunkelgefärbten stabilen Huminstoff-Kolloiden aufgrund der **Anreicherungen** relativ rekalzitranter Reststoffe und **Polykondensation** von oxidierten Ligninmetaboliten (chinoide Körper) zu. Kolloide sind Stoffe, die auf charakteristischer Weise fein, aber relativ stabil dispergiert sind. Sie kennzeichnen einen Zustand der Micellen, aber keine Stoffeigenschaften. Makromolekulare Huminstoffe sind überwiegend negativ geladene Sphärokolloide (∅ < 0,2 μm), haben eine sehr hohe spezifische Oberfläche und besitzen eine relativ hohe Konzentration an funktionellen Gruppen (Ghosh u. Schnitzer 1980; Hayes 1984; Stevenson 1994; Tan 2003). Sie können Wasser und Ionen reversibel anlagern und bilden in der Bodenlösung eine **Dispersion**, wenn sie nicht von mehrwertigen Kationen und Tonmineralien zu organo-mineralischen Komplexen gefällt und immobilisiert werden (Schulten u. Leinweber 2000). Huminstoffe gewinnen im Laufe der fortschreitenden Humifizierung an Stabilität und Rekalzitranz und zwar durch (a) Anreicherung und Synthese von rekalzitranten Stoffgruppen, (b) Bildung von Ton-Humus-Komplexen und (c) durch Verminderung der räumlichen Zugänglichkeit für Mikroorganismen und Enzyme (Krull *et al.* 2003; von Lützow et al. 2006, 2008).

11.2 Hypothesen der Huminstoffsynthese

Im Humuskörper stellen meist Huminstoffe (ausgenommen Hochmoore) den Löwenanteil organischer C-Verbindungen. Trotz ihrer intensiven Erforschung bestehen über die Grundstruktur, chemische Zusammensetzung und Mechanismen der Huminstoffsynthese auch heute noch unterschiedliche Ansichten, wenngleich die zentrale Bedeutung des **Lignins** als Ausgangssubstanz für die Humifizierung allgemein anerkannt wurde (Stevenson 1994; Ziechmann 1996; Clapp u. Hayes 1999; Hayes und Clapp 2001; Tan 2003; Albers *et al.* 2008). Einigkeit besteht auch darüber, dass Huminstoffe offenbar einen **polyaromatischen Kernbereich** besitzen, was bereits frühzeitig in den sechziger Jahren des vergangenen Jahrhunderts durch spektroskopische Analysen wiederholt nachgewiesen wurde (Schulten u. Schnitzer 1997). Die verschiedenen Vorstellungen zur Struktur, chemischen Zusammensetzung und Bildung von Huminstoffen können im Wesentlichen auf drei Hypothesen reduziert werden:

- **Die Polyphenol-Hypothese**: Gemäß dieser Hypothese entstehen die charakteristischen N-haltigen aromatischen Kernbereiche in Huminstoffen durch spontane Polykondensationen von chinoiden Metaboliten des Ligninabbaus unter Einbau von $R–NH_2$-Gruppen (Aminosäuren, Peptide, Aminozucker, Mureinbausteine) aus der abgestorbenen mikrobiellen Biomasse. Durch Modellversuche lassen sich die stabilen, dunkelbraungefärbten und N-haltigen makromolekularen polycyclischen Kerne von Huminstoff-Vorstufen gut reproduzieren. Schwachpunkt dieser Hypothese ist allerdings der fehlende *in situ*-Beweis für die Polykondensationsprozesse in Böden (Stevenson 1994; Ziechmann 1996; Swift 1999; Albers *et al.* 2008).
- **Die Hypothese der Selbstassoziation organischer Micellen**: Diese Vorstellung (Conte u. Piccolo 1999; Piccolo 2001; Sutton u. Sposito 2005) geht davon aus, dass Huminstoffe **supramolekulare Assoziationen** von relativ kleinen heterogenen Aggregaten aus Abbauprodukten sind, die sich durch schwache zwischenmolekulare (Van-der-Waals-) Kräfte und Wasserstoffbrücken in hydrophoben Bereichen zusammenlagern und stabilisieren. Solche Assoziationskolloide (Micellen) unterschiedlicher Stoffgruppen von geringer molekularer Masse entstehen oberhalb einer gewissen Konzentration in der Bodenlösung spontan unter Einfluss zwischenmolekularer Kräfte der gelösten Substanzen und der Kationen. Durch Einwirkung organischer Säuren gelingt es, die hydrophoben zwischenmolekularen Kräfte in Huminstoffen zu überwinden und die Struktur von Huminstoffen als zusammengelagerte molekulare Assoziationen heterogener Aggregate von Metaboliten zu dokumentieren. Bausteine der heterogenen Aggregate sind Kohlenhydrate, Eiweiß, Peptide, Lipide, Murein- und Chitinbruchstücke, aromatische Verbindungen etc., pflanzlicher, mikrobieller und tierischer Herkunft. Gemäß dieser Hypothese sind Huminstoffe unspezifische Kolloide ohne sekundäre Synthesevorgänge. Diese These vermag die charakteristischen Eigenschaften von natürlichen Huminstoffen (stabile makromolekulare Struktur, polycyclischer aromatischer Kern, N-Anreicherung durch Kern-N-Bildung, dunkle Färbung infolge von Polykondensationsprozessen chinoider Körper) nicht zu deuten. Das bisherige Konzept scheint noch nicht ausgereift zu sein.
- **Huminstoffe als strukturlose Mischungen** aus mikrobiellen und pflanzlichen Reststoffen und Abbauprodukten. Nach dieser neuen Hypothese bestehen Huminstoffe lediglich aus einer heterogenen Akkumulation von relativ rekalzitranten mikrobiellen und pflanzlichen Abbauprodukten und Reststoffen. Über 50% der extrahierbaren Huminstoffe sollen dabei aus der mikrobiellen Biomasse stammen. Spezifische Strukturen und sekundäre Syntheseprozesse fehlen ganz oder weitgehend (Kelleher u. Simpson 2006; Kelleher *et al.* 2006; Simpson *et al.* 2007).

Huminstoffe können Anreicherungen von hoch aromatischen C-Verbindungen (*black carbon*) enthalten, die wahrscheinlich durch Brände in Steppen, Savannen und borealen Gebieten entstanden sind. Allerdings kann sich *black carbon* unter periodischen anaeroben Bedingungen auch in Mooren anreichern (Blume *et al.* 2008). Von einer biochemischen Humifizierung kann hier jedoch nicht gesprochen werden.

11.3 Chemische und biochemische Grundmechanismen der Humifizierung

Nach der **Polyphenol-Hypothese** bilden hauptsächlich Lignin und andere aromatische Verbindungen im Ausgangsmaterial die entscheidenden C-Verbindungen für die Humifizierung und sekundären Syntheseprozesse. Allerdings ist zu bedenken, dass Ökosysteme ohne ligninhaltige Pflanzen existieren (z. B. Hochmoore), die nur aus Torfmoosen (*Sphagnum spp.*) bestehen, in deren Schwarztorfen Huminstoffe akkumulieren können. Vor allem **W. Flaig** (1912–2004)/ Braunschweig und seine Mitarbeiter haben in den Jahren 1955–1980 durch geschickte und konsequente Modellversuche die grundlegenden chemischen Reaktionsmechanismen der biochemischen Huminstoffsynthese erarbeitet und damit die Polyphenol-Theorie experimentell untermauert (Flaig *et al.* 1975). Auch heute noch haben die Grundmechanismen der Humifizierungsprozesse ihre Gültigkeit, zumal die Erkenntnisse sowohl über den oxidativen Abbau des stabilen Lignins als auch über die chemischen Komponenten und Strukturen im Humuskörper in den letzten Jahren große Fortschritte gemacht haben (Kögel-Knabner 2002, 2006).

Nach dem heutigen Erkenntnisstand werden bei der Depolymerisation des Lignins sowohl die Phenylkörper als auch ihre C3-Seitenketten und die verschiedenen Etherbrücken durch einen unspezifischen oxidativen mikrobiellen Abbau mittels extrazellulärer lignolytischer Peroxidasen (**Radikalmechanismus**) aufgebrochen (Kap. 10). Die unspezifischen Peroxidasen (LiP und MnP) entziehen dem Ligningerüst an verschiedenen Stellen Elektronen, die auf extrazelluläres H_2O_2 übertragen werden. Dabei wird die Ligninstruktur zerstört und es entstehen strukturell sehr verschiedene mono- und dimere aromatische Metabolite, die anschließend durch Demethoxylierung ($-OCH_3$), Hydroxlierung (-OH), β-Oxidation (Abspaltung von C_2-Körpern) und Decarboxylierung ($-CO_2$) in Vorbereitung auf den aeroben intrazellulären Stoffwechsel in verschiedene Mono-, Di- und Polyphenole überführt werden (Kap. 3 und 10). In Anwesenheit von O_2 werden diese Mono-, Di- und Polyphenole durch Laccasen (Phenol-Oxidasen) und/oder durch Autoxidation spontan zu **radikalischen Chinonen** (Ketonen) oxidiert. Chinone (z. B. *ortho-* und *para*-Chinone) sind ungesättigte Kohlenwasserstoffe (und keine Aromaten), deren π-Elektronen praktisch lokalisiert sind (und somit keine Mesomerie mehr besitzen). Chinone zeigen infolgedessen Additionsreaktionen (und keine Substitutionen). Chinoide Körper (die häufig bereits goldbraun gefärbt sind) kondensieren spontan miteinander und neigen dazu, in **nucleophilen Additionen** mit Aminogruppen ($R–NH_2$) von freien Aminosäuren, Aminozuckern und Peptiden zu dunkelgefärbten N-haltigen Vorstufen von Huminstoffen zu reagieren (Abb. 11.1).

Chinone zeigen eine hohe Affinität (Reaktionsneigung) für $R–NH_2$-Gruppen, wobei N als Brückenstickstoff kovalent am aromatischen Kern gebunden wird. Die stärksten nucleophilen Additionen von $R–NH_2$-Gruppen wurden mit den Oxidationsprodukten von Dihydroxyphenolen (z. B. Catechol, Protocatechuat und Hydrochinon) erzielt (Flaig *et al.* 1975; Stevenson 1994; Tan 2003). Die beiden erstgenannten Dihydroxyphenole sind **Schlüsselsubstanzen** für die oxygenolytische Ringöffnung des stabilen Benzolkerns durch bakterielle und pilzliche Oxygenasen. Die große Mehrheit an einfachen und komplexen aromatischen Verbindungen wird konvergent über Catechol (Benzol-1,2-diol) oder Protocatechuat (3,4-Dihydroxybenzoesäure) abgebaut (Ringöffnung mittels Oxygenasen) und die aliphatischen Metabolite werden anschließend in den TCC-Stoffwechsel geschleust (Kap. 3). Aufgrund von zahlreichen Modellversuchen steht fest, dass die nucleophilen Additionen auch für die Anlagerung von Ammoniak und aromatischen Aminen gelten (Abb. 11.1). So reagieren Polyphenole unter oxidierenden Bedingungen (O_2) spontan mit Ammoniak zu Aminohydroxybenzolen. Letztere können mit weiteren Polyphenolen in Gegenwart von O_2 durch **oxidative Kupplung** zu Hydroxyphenoxazon und mit anderen Aminohydroxybenzolen zu Phenazinbausteinen umgesetzt werden (Flaig *et al.* 1975; Schulten u. Schnitzer 1998). Solche spontanen oxidativen Kupplungen (Polykondensationen) sind im Boden denkbar und werden für die Bildung von **Kern-N** im Humuskörper mitverantwortlich gemacht. Zusammen mit dem Einbau verschiedener relativ stabiler heterocyclischer N-Bausteine aus der POS, kann so die breite Palette von Kern-N-Verbindungen (Abb. 11.2) in den Huminstoffen konzeptionell gut erklärt werden. Herkunft und/oder Bildungsmechanismen der unterschiedlichsten (heterocyclischen) N-Verbindungen im Humuskörper sind zwar noch weitgehend unbekannt, doch dürfte ein wesentlicher Teil direkt aus pflanzlichen und mikrobiellen Abbauprodukten stammen (Schulten *et al.* 1997; Schulten u. Schnitzer 1998). Hier besteht ein dringender Forschungsbedarf.

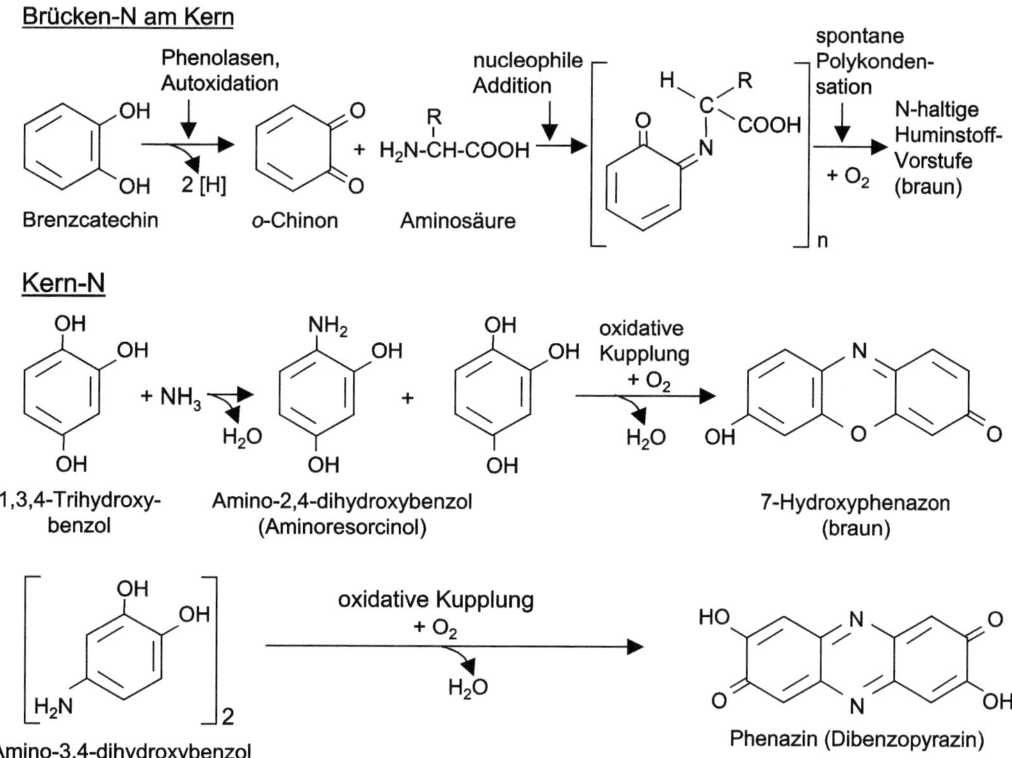

Abb. 11.1 Grundmechanismen der nucleophilen Addition und Brücken-Stickstoffbildung (oben) und der oxidativen Kopplung (Polykondensation) zur Kern-Stickstoffbildung (Phenoxazon- und Phenazinderivate) (Mitte und unten) (Flaig *et al.* 1975; Schulten u. Schnitzer 1998)

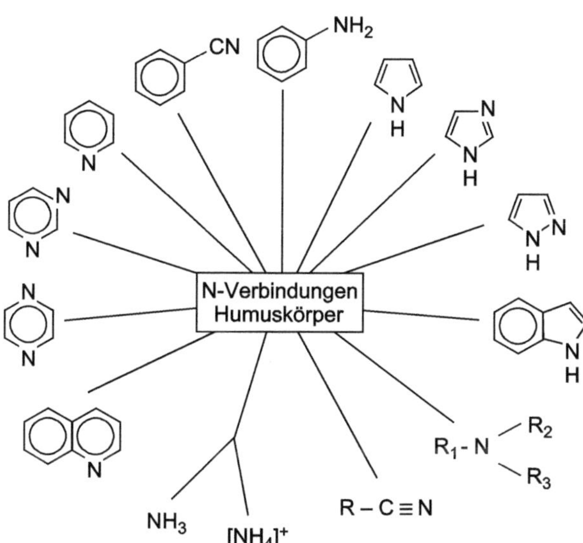

Abb. 11.2 Qualitative Übersicht verschiedener heterocyclischer, dreifachsubstituierter und anderer organischen N-Verbindungen in Huminstoffen (Schulten u. Schnitzer 1998)

11.4 Voraussetzungen und Bedingungen der nucleophilen Addition

Wann und warum kommt es während der Humifizierung zu den entscheidenden nucleophilen Additionen? Nucleophile Additionen treten wahrscheinlich dann verstärkt auf, wenn einerseits das Angebot von chinoiden Körpern aus dem Ligninabbau zunimmt (am Ende der mikrobiellen Abbausequenz), und andererseits mehr Aminosäuren, Aminozucker, Peptide und Ammonium aus der abgestorbenen mikrobiellen Biomasse (MB) in der Bodenlösung frei werden. Sobald das C/N-Verhältnis der organischen Bodensubstanz infolge der Mineralisationsprozesse (CO_2-Verluste) auf etwa 15–10 eingeengt ist, wird Kohlenstoff zum wachstumsbegrenzenden Faktor für die MB. Infolgedessen werden N-haltige Hydrolyse- und Mineralisationsprodukte nicht mehr unmittelbar erneut in Biomasse eingebaut. Die aus der abgestorbenen MB freigesetzten Aminosäuren, Aminozucker und Peptide sowie das Desaminierungsprodukt Ammonium haben unter diesen Bedingungen eine höhere Wahrscheinlichkeit, spontan mit den chinoiden Körpern unter Bildung von **N-haltigen Huminstoff-Vorstufen** zu reagieren. Diese hypothetischen Grundmechanismen der Humifizierung sind zwangsläufig nicht nur biochemisch, sondern auch zeitlich mit dem Ligninabbau gekoppelt (Flaig *et al.* 1975; Spiteller 1985; Stevenson 1994; Swift 1999; Cadish u. Giller 2001; Tan 2003).

11.5 Voraussetzungen und Merkmale der Humifizierung

Humifizierungsprozesse sind vielschichtig und naturgemäß von den qualitativen Eigenschaften des organischen Ausgangsmaterials und von den Standortsbedingungen (den chemisch-physikalischen Bodeneigenschaften, den Grund-/Stauwasserverhältnissen und vom Klima, insbesondere vom Witterungsverlauf) abhängig. Infolgedessen ist der Humuskörper stets ein dynamisches standortspezifisches Produkt. Trotzdem können Huminstoffe als ein definiertes chemisches System betrachtet werden, weil die **Universalität** der chemischen und biochemischen Humifizierungsprozesse in Böden stets zu einer Ansammlung von ähnlichen **(sekundären) Huminstoffen** führt, die stets standortspezifische Merkmale aufweist. Organische Ausgangstoffe mit sehr geringem Ligninanteil (Grasschnitt, Gemüseabfälle, Inhalt „Grüne Tonne" oder auch submerse Wasserpflanzen) führen in einer Kompostierungsanlage kaum zu echten Humifizierungsprozessen und noch weniger zur Bildung der gewünschten stabilen Huminstoffe, weil der Gehalt an Lignin und Polyphenolen in der Regel zu gering ist. Komposte von kommunalen Kompostierungsanlagen besitzen daher einen geringen Gehalt an sekundären Huminstoffen und infolgedessen eine geringe KAK und kaum nachhaltige bodenstrukturstabilisierende Eigenschaften. In den Boden eingebracht, „verbrennen" (mineralisieren) solche Komposte rasch.

Sekundäre Huminstoffe enthalten kaum noch unveränderte und/oder teilumgewandelte Ligninbausteine (allenfalls in der Huminfraktion). Relativ hohe unveränderte Ligninanteile mit einem relativ hohen Gehalt an Methoxylgruppen im Humuskörper weisen auf **Konservierungsprozesse** mit geringem **Humifizierungsgrad** hin. Ursache für gehemmte Huminfizierungen ist oft eine relativ geringe mikrobiologische Aktivität, meist infolge eines geringen pH-Werts, Luftmangels (periodische Durchfeuchtung oder Wassersättigung) oder beider Faktoren. Kolluvisole sind Senken mit Humusakkumulationen in der norddeutschen hügeligen Jungmoränenlandschaft mit erodierten Parabraunerden auf den Kuppen. Regelmäßige Durchfeuchtungen und O_2-Mangel wirken konservierend und verzögern den Humusabbau (Beyer *et al.* 1999).

Entscheidend für eine hohe **Humifizierungsrate** sind

- ein relativ hoher Gehalt an Lignin, Polyphenolen (z. B. Gallotannine) und sonstigen aromatischen und heterocyclischen N-Verbindungen in den Ausgangssubstanzen,
- optimale Mineralisationsbedingungen (pH > 6, gute O_2-Versorgung, regelmäßiger Feucht/Trockenwechsel) und
- ein relativ hohes Angebot an zweiwertigen Kationen (Ca, Mg) zur Fällung und Bildung von rekalzitranten organo-mineralischen Verbindungen (Ton-Humus-Komplexe).

Pflanzenrückstände mit einem relativ hohen (Lignin + Polyphenol)/N-Verhältnis werden zwar erfahrungsgemäß relativ langsam mit einer geringen Ammonifikation mineralisiert, können aber die Synthese von sekundären Huminstoffen begünstigen.

Im Laufe der biochemischen Humifizierung

- nimmt der Gehalt an Methoxyl-C stark ab (Methoxylgruppen sind charakteristische Bestandteile von Lignin; vgl. Abb. 10.12),
- steigt die Anzahl an Hydroxylgruppen (Phen-OH),
- vermindert sich die O-Alkyl-C-Fraktion (vermutlich durch rasche Mineralisation von Polysacchariden) und
- erhöht sich der Gehalt an Alkyl-C-Verbindungen (infolge der relativen Anhäufung von langkettigen Fettsäuren und aliphatischen Kohlenwasserstoffen).

Der Gehalt an aromatischem C ist zunächst relativ konstant, kann jedoch im gemäßigten Klima mit fortschreitender Humifizierung und Verwertung von löslichen aromatischen Metaboliten zurückgehen (Zech *et al.* 1997). Tabelle 11.1 fasst die charakteristischen Merkmale von Humifizierungsprozessen noch einmal zusammen.

Tabelle 11.1 Resümee der charakteristischen chemischen Veränderungen in der rekalzitranten postmortalen organischen Substanz (Lignin, aromatische Verbindungen, Polyphenole) während der biochemischen Umwandlungen und Humifizierung

- Abnahme im Gehalt an Methoxylgruppen (Phen-O–CH_3)
- Zunahme an Hydroxylgruppen (R–OH) durch Hydroxylierung
- Abnahme in O-Alkyl-C-Ketten durch Mineralisation von Polysacchariden
- Relative Akkumulation von Alkyl-C-Ketten (kovalent gebundene, langkettige Fettsäuren, aliphatische Kohlenwasserstoffe und Wachssäuren)
- Abnahme im Gehalt an Lignin, Polyphenolen und anderen aromatischen Verbindungen
- Polykondensation von chinoiden Metaboliten unter Inkorporation von proteinogenen und nichtproteinogenen Aminosäuren, Peptiden, Aminozuckern, Muraminsäuren, organischen Basen und Ammonium (nucleophile Additionen)
- Spontane Neusynthese von heterocyclischem Kernstickstoff durch oxidative Kopplungen von Aminophenolen zu Hydroxyphenoxazon, Phenazin und ihren Abkömmlingen
- Anreicherung von N-haltigen Verbindungen, Einengung des C/N-Quotienten (auf etwa 10 bis 15) und Erhöhung der (in 6 *N* HCl) hydrolysierbaren N-Fraktion (N_{hydr})
- Zunahme der allgemeinen molekularen Rekalzitranz (Widerstandsfähigkeit gegenüber Abbau)
- Zunahme an funktionellen Gruppen und der Kationen-Austauschkapazität (KAK)
- Bildung von sekundären dunkelbraungefärbten Huminstoffen (Kolloiden) durch spontane Polykondensationen

Vielfach wird der Methoxylgehalt (Aryl-O–CH_3) im Humuskörper als Parameter für Verlauf und Ausmaß der Humifizierung herangezogen, weil dieser Parameter charakteristisch für Lignin und relativ einfach zu bestimmen ist. Zu bedenken ist allerdings, dass der Methoxylgehalt im Ausgangsmaterial (von Angiospermen, Gymnospermen und Gramineen) je nach Ligninaufbau (Abb. 10.11) sehr unterschiedlich sein kann. Im Schnitt enthalten zweikeimblättrige Bedecktsamer 50% mehr Methoxylgruppen als einkeimblättrige und Nacktsamige. Die Bewertung des Humifizierungsausmaßes aufgrund des Methoxylgehaltes darf sich folglich nur auf die Methoxylkonzentration im betreffenden Ausgangssubstrat beziehen. POS, frischer Kompost oder Gründüngung mit einem geringen Ligningehalt und niedrigem (Lignin + Polyphenol)/N-Quotient verursachen zwar als **Nährhumus** eine hohe mikrobiologische Aktivität, einen stoßartigen Flux an CO_2 sowie eine intensive Freisetzung von anorganischen Nährstoffen (Ammonium, Phosphat, K, Ca, Mg etc.), tragen aber kaum zur Synthese von sekundären Huminstoffen bei. Der prozentuale C-Anteil einer organischen Düngung (C_{org} in %), der nach einem Jahr noch im Boden vorhanden ist, wird als **Humifizierungs-Koeffizient** (*h*) bezeichnet. Je höher der Lignin- und Polyphenolanteil in der Ausgangssubstanz ist, desto größer ist in der Regel *h*, weil Lignin, Polyphenole und verwandte aromatische/heterocyclische Verbindungen relativ langsam abgebaut werden (Kap. 10). Je nach Zusammensetzung (insbesondere hinsichtlich des Ligninanteils und des C/N-Quotienten) der organischen Düngung kann folglich die C-Mineralisationsrate *k* (Schwund pro Zeiteinheit) auch sehr verschieden sein. Die Parameter *h* und *k* sind charakteristisch für den Abbauverlauf unterschiedlicher organischer Düngungen. So kann *h* etwa 20% (Gründüngung), 30–40% (Getreidestroh), 70% (Fichtennadeln) und 80–90% (Schwarztorf, Rindenmulch) ausmachen. Die Mineralisationsrate *k* der genannten Substanzen nimmt dabei in der genannten Reihenfolge deutlich ab. Der Parameter *k* ist allerdings für die heterogen zusammengesetzte POS nicht konstant, weil die relative Rekalzitranz der einzelnen Stoffgruppen in der Abbausequenz mit fortschreitender Mineralisation ansteigt (Kap. 10). Durch Beimischung von zerkleinerten Pflanzenresten mit hohem Holz-(Lignin-)Anteil (Sägemehl, Späne, Rindenmulch, gehäckseltes Stroh etc.) kann der Ligningehalt im Ausgangsmaterial und infolgedessen auch die Konzentration an Huminstoffen im Boden oder im Endprodukt einer Kompostierung gesteigert werden.

11.6 Eigenschaften und funktionelle Gruppen von Huminsäuren

Unter Huminstoffen sollten streng genommen nur die **neuen, sekundären Syntheseprodukte** verstanden werden, was jedoch vom praktischen Standpunkt nicht sehr sinnvoll wäre, weil die einzelnen Fraktionen an Huminstoffen im Humuskörper nur nach chemischer Extraktion erfasst und analysiert werden können. Eines der Hauptprobleme (im analytischen Sinne) der Huminstoffchemie ist auch heute noch die schonende Gewinnung von Huminstofffraktionen. Nichtdestruktive Methoden (IR- und Kernspinresonanz-Technik, NMR) können zwar wertvolle Informationen über Strukturen und Bindungen geben, eine Trennung in oder Identifizierung von Huminstofffraktionen ist allerdings mit solchen Analysen nicht möglich. Extraktionsverfahren lassen jedoch stets **Artefakte** (Kunstprodukte; lat. *arte factum* = mit Kunst gemacht) entstehen, die nicht im ursprünglichen Humuskörper vorkommen. Aufgrund ihrer Löslichkeit in alkalischen und sauren Extraktionslösungen können Huminstoffe in drei Fraktionen unterteilt werden: erstens die **Huminsäuren (HS)**, die in verdünnter Lauge (0,1 *N* NaOH) löslich sind, aber durch Zugabe von Säuren (HCl) gefällt werden können; zweitens die **Fulvosäuren (FS)**, die nach Ansäuerung mit verdünnter HCl-Lösung des alkalischen Extraktes in Lösung bleiben und somit sowohl von verdünnter Lauge als auch von Säuren nicht gefällt werden; und schließlich drittens die **Humine (H)**, jene Fraktion an sekundären Huminstoffen, die sich weder durch Zugabe verdünnter Lauge noch durch Säuren extrahieren lassen. HS bilden zwar die Hauptkomponenten in den extrahierbaren Huminstoffen, die unlöslichen Humine stellen aber > 50% des extrahierten C_{org}-Gehaltes (Rice 2001).

Bei tonreichen Böden landen allerdings auch niedrig molekulare C-Verbindungen in den Huminen, weil diese in den Zwischenschichten quellfähiger Tonminerale (Smectite) eingelagert sind und infolgedessen nicht extrahiert werden können. Die drei Substanzgruppen (HS, FS, H) sind als Fraktionen nur durch Extraktion chemisch-analytisch erfassbar und schon seit den Anfängen der analytischen organischen Bodenchemie umstritten, weil die Extraktionseffizienz von verdünnter NaOH-Lösung durch die Co-Extraktion von Fe(III)- und Al(III)-(Hydr)Oxiden relativ gering ist.

Zur Aufklärung der Bindungsformen und Strukturen in HS und FS werden diese nicht nur elementarchemisch analysiert und einer HCl-Hydrolyse unterworfen (entsprechend der Eiweißanalytik in 6 *N* HCl-Lösung, Reflux bei 100–160 °C, 24 h), sondern auch mithilfe mehrerer anspruchsvoller, nichtdestruktiver Verfahren wie der IR- und Röntgenanalyse sowie der Kernspinresonanz-Technik (NMR) durchforscht. Die NMR nutzt das Phänomen, dass sich einige Kerne (^{1}H, ^{13}C, ^{31}P) im Magnetfeld wie kleine Stabmagnete verhalten. Die genannten Kerne können eine energiearme Stellung in Feldrichtung des Magneten und eine energiereiche, antiparallele Orientierung einnehmen. Der Übergang von einem Energiezustand in den anderen erfolgt mit Energiequanten im Bereich der Radiofrequenzen des elektromagnetischen Spektrums und kann als kernmagnetische Resonanz gemessen werden. Mit diesen Verfahren lassen sich vor allem Bindungen und charakteristische Substanzgruppen in Huminstofffraktionen nachweisen. Für die strukturelle Aufklärung von Huminstoffen hat sich die Pyrolyse (thermale Zerstörung) in Kombination mit der Gaschromatographie und Massenspektrometrie (GC-MS) sehr bewährt, wenngleich auch durch die Pyrolyse Artefakte entstehen können (Hatcher *et al.* 2001). Aufgrund der verschiedenen, sich ergänzenden Analysenverfahren gibt es heute ein relativ gutes Bild über Zusammensetzung, Bindungen und Strukturen von HS und FS. Huminsäuren enthalten stets C, H, O, N, P, S und unterschiedliche Konzentrationen an chelatisierten (nicht „komplexierten“) mehrwertigen Kationen wie Ca, Mg, Fe, Mn, Al und Spurenelemente (sowohl Mikronährstoffe als auch potenziell toxische Schwermetalle). Die anorganischen Kationen werden durch die sequestrierende Wirkung von Carboxyl-, Hydroxyl- und phenolischen OH-Gruppen der HS und FS aus dem Boden extrahiert und dann relativ fest (meist aber reversibel) gebunden.

Elementaranalysen (C, H, O, N, S) und die Quantifizierung der **funktionellen Gruppen** (R–COOH, phenolische OH-, alkoholische OH-, C=O-Ketogruppen, chinoide C=O-Gruppen und $R–NH_2$-Gruppen) haben gezeigt, dass HS mehr C, aber weniger O, hingegen aber einen höheren Gehalt an H, N, und S-Atomen als FS besitzen. In FS ist hingegen der Anteil an Carboxylgruppen, phenolischen OH-Gruppen und Ketogruppen höher als in HS. Letztere weisen hingegen deutlich mehr **chinoide C=O-Gruppen** auf, die für das charakteristische **Redoxverhalten** (Abb. 11.3) und für die große nucleophile Additionsneigung von HS verantwortlich sind. Humine (H) besitzen mehr apolare aliphatische und aromatische Komponenten als HS, sind ihnen aber chemisch sehr ähnlich. Durch die starke Chelatisierung von dreiwertigen Metallen (Fe, Al) und zweiwertigen Kationen (Ca, Mg) einerseits und durch die Brückenbindung dieser Kationen mit Ton-

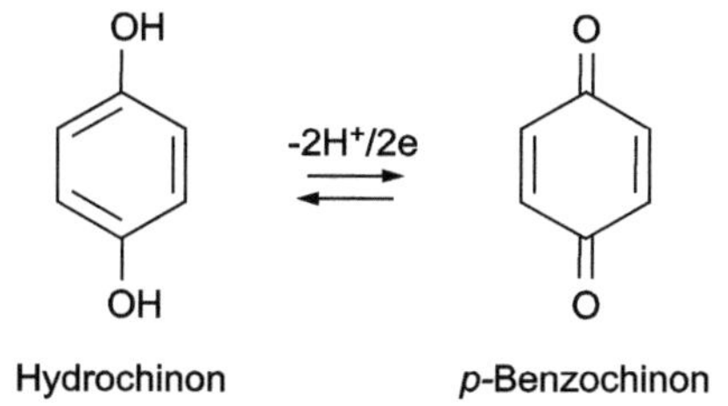

Abb. 11.3 Redoxreaktion zwischen Hydrochinon (einem Diphenol) und *p*-Benzochinon (einem cyclischen Diketon). Die ökophysiologische Funktion von Huminsäuren als Elektronen-Akzeptor (Huminsäurerespiration) beruht auf solchen Redoxreaktionen

kolloiden andererseits sind Humine jedoch **unlöslich** (in Wasser, HCl- und NaOH-Lösung). In Huminen lassen sich meist noch geringe Ligninreste mit nichtdestruktiven Analysen nachweisen (Rice 2001).

Huminstoffe sind gekennzeichnet durch eine sehr hohe **Kation-Austausch-Kapazität** (KAK von etwa 300 bis 900 cmol × kg^{-1} TS) und eine extrem hohe **spezifische Oberfläche** (800 bis 900 m^2 × g^{-1} TS). Der HS-Gehalt in Huminstoffen steigt mit dem Humifizierungsgrad und Alter an und kann bis zu 90% ausmachen. Das HS/FS-Verhältnis kann je nach dem Humifizierungsverlauf zwischen 2,5 (bei intensiver mikrobiologischer Aktivität im neutralen pH Bereich) und 0,3 (unter sauren, basenarmen Verhältnissen) schwanken. In kalkhaltigen (Löss)Böden (Schwarzerden) verläuft die mikrobielle Humifizierung durch den relativ hohen pH-Wert und den günstigen Luft-Wasser-Wärme-Haushalt optimal, unter maximaler Synthese von HS, die durch Ca/Mg-Fällung immobilisiert, stabilisiert und dadurch gegen den raschen mikrobiellen Abbau geschützt werden (Zunahme der molekularen Rekalzitranz = Widerstand gegen Abbau). In sauren, basenarmen Böden mit nährstoffarmer Streubildung (Gymnospermen, Podsolen) kommt es aufgrund der geringen mikrobiellen Aktivität trotz relativ hohem Ligningehalt zur verzögerten Humifizierung. Es entstehen im Wesentlichen FS, welche durch den relativ hohen Gehalt an Carboxylgruppen die unlöslichen Sesquioxide von Fe und Al sequestrieren und **peptisieren**, dadurch mobilisieren und bei einer vertikalen Wasserbewegung (im gemäßigten humiden Klima) in den Unterboden verlagern können (Bildung von B_{sh}-Horizonten).

11.7 Funktionen und Eigenschaften des Humuskörpers

Dem Humuskörper kommt in Böden für die Qualität als Pflanzenstandort (insbesondere für die Pflanzenproduktion), als Lebensraum für das Edaphon und als Ort der Remineralisierung, Entgiftung und Pufferung eine entscheidende Rolle zu (Tabelle 1.1, Kap. 1). Sowohl die **Produktivität** (**Bodenfruchtbarkeit**) als auch die **Nachhaltigkeit** der Ertragssicherung hängt, vor allem in *low-input*-Subsistenz-Wirtschaften, wesentlich von der Rückführung von Ernteresten und von der Qualität der organischen Bodensubstanz ab (Kap. 16). Generell übernimmt der Humuskörper im Boden sehr verschiedene Funktionen und zwar als

- Nährstoffreservoir (insbesondere von N, P, S und Mikronährstoffen) für Mikroorganismen und Pflanzen (Nährhumus),
- relativ stabile C-Senke (C-Speicher) in Form von Dauerhumus und chemisch-physikalisch stabilisierten Ton-Humus-Komplexen,
- Energie- und C-Quelle für eine hohe Diversität an heterotrophen Mikroorganismen und Bodentieren (hohe funktionelle Diversität),
- Ionenaustauscher für Kat- und Anionen,
- unspezifischer Sorbent für apolare Umweltchemikalien (chemisch-physikalischer Puffer),
- Strukturkomponente für einen optimalen Luft-Wasser-Wärmehaushalt (mit relativ hohem Anteil an Grob- und Mittelporen) und infolgedessen für eine relativ hohe Wasserkapazität, und nicht zuletzt als
- Elektronen-Akzeptor und -mediator („Shuttle") für bestimmte aerobe Bakterien („Huminsäure-Respiration") und als reversibler Elektronen-Donator (Energiequelle).

Nährhumus – Frische POS dient zunächst den zahlreichen Bodenorganismen (Kap. 1) direkt und indirekt als Nahrungs- und Energiequelle. Durch regelmäßige Zufuhr von frischer POS kommt es zur quantitativen und qualitativen Vermehrung der mikrobiellen Biomasse und infolgedessen zu zahlreichen Nahrungsketten und -netzen mit einer hohen Biodiversität an Mikroorganismen und Bodentieren. Eine hohe Biodiversität bedeutet einen großen Pool an relativ rasch umsetzbaren Nährstoffen (Kap. 2) und eine breite funktionelle Diversität (Kap. 4). Während dem Nährhumus im Zuge der Mineralisation primär die Funktion als Nährstofflieferant für Mikroorganismen und Pflanzen zukommt, liegt die Bedeutung des **Dauerhumus** (des stabilen Humus) im Boden vor allem in seiner hohen Sorptionskapazität für austauschbare Kat- und Anionen, in seiner Funktion als langfristiger Nährstoffspeicher (insbesondere für N) und in seiner strukturstabilisierenden Wirkung. Nährhumus und Dauerhumus sind klassische Begriffe und stellen **Extremzustände** eines dynamischen Kontinuums von unterschiedlichen organischen Substanzen dar, die sich ständig in Umwandlungen befinden. Nährhumus dient nicht ausschließlich der Ernährung von Pflanzen und Mikroorganismen, sondern auch der Lebendverbauung und damit der **Strukturbildung** (Krümelbildung). Andererseits kommen dem Dauerhumus nicht nur Aufgaben der Sorption und Pufferung zu. Er ist grundsätzlich mikrobiell abbaubar, unterliegt aber einer allmählichen Mineralisation unter Freisetzung von N und anderen Nährstoffen (Humuszehrung; Kap. 3).

Humus als Strukturkomponente – Die überwiegend negativ geladenen Humuskolloide im Dauerhumus werden durch zwei- und dreiwertige Kationen (Ca, Mg, Fe, Al) untereinander und mit anderen negativ geladenen Bodenkolloiden (Tonmineralen) zu (organomineralischen) Ton-Humus-Komplexen verbunden und tragen durch diese Vernetzungen direkt zur stabilen Primärstruktur bei. Hingegen stimuliert Nährhumus durch die Förderung des Wachstums von *Bacteria, Archaea*, Echten Pilzen und Protozoen über die **Lebendverbauung** (der Begriff wurde von **F. Sekera**/ Wien geprägt) vor allem den Aufbau der sekundären Bodenstruktur. Im Zuge der Lebendverbauung werden mineralische, organische und Ton-Humus-Kolloide von einem dichten Geflecht von Pilzhyphen, Pseudomycelien (Actinomyceten), extrazellulären Polysacchariden (EPS von *Bacteria* und Pilzen), verklebenden Bakterienkapseln und einer Vielzahl an filamentösen Haftorganellen (Fimbrien) zu flexiblen Bodenkrümeln mit hohem Porenvolumen und optimalem Luft-Wasser-Wärmehaushalt strukturiert. Weil diese Strukturierung und Stabilisierung einem mosaikartigen Flechtwerk entspricht, wird auch von **Flechtverbauung** gesprochen (**E. Schichting**; 1923–1988). Mit zunehmendem Humusgehalt erhöht sich die Wasserkapazität durch Zunahme an Mittelporen (Haftwasser) und verbessert sich der Gasaustausch über zahlreiche Grobporen (Kap. 1). Die biogene sekundäre Struktur unterliegt durch Mineralisierung allerdings einer ständigen Abnahme, sodass für die Ergänzung und Erhaltung dieser mikrobiologischen Strukturierung eine regelmäßige Zufuhr von frischer POS nicht unterbleiben darf, vor allem nicht auf leichten sorptionsschwachen (sandigen) Böden. Ist die externe Zufuhr an organischem Material (Stallmist, Kompost, Gründüngung, Erntereste, Wurzelrückstände) gering und die Wurzelbildung sowie Rhizodeposition (Kap. 18) der Kulturpflanzen aufgrund von Nährstoffmangel unzureichend, dann kann es langfristig bei intensiver Bewirtschaftung zur Abnahme des Humusgehaltes kommen. Folgen sind Strukturverlust, Verminderung der Wasserkapazität, Abnahme in der KAK und eine Beeinträchtigung des spezifischen und unspezifischen Puffervermögens im Boden (Ottow 1982, 1985).

Humus als Ionenaustauscher und Sorbenten – Mit zunehmender Humifizierung steigen Anzahl und Verschiedenheit an funktionellen Gruppen im Humuskörper signifikant an, was in einer Erhöhung des KAK von etwa 100 bis 200 cmol $\times$ kg^{-1} TS in frischer POS (Nährhumus) auf ungefähr 700 bis 900 cmol $\times$ kg^{-1} TS im stabilen Humus zum Ausdruck kommt. Für die Sorptionskapazität von Kationen sind im Wesentlichen Carboxylgruppen und phenolische OH-Gruppen verantwortlich, für die Anionen-Austauschkapazität (AAK) hingegen die Amino- (R–NH_2) und Iminogruppen (=NH bzw. –NH–). Bei abnehmendem pH-Wert (durch natürliche Versauerung infolge intensiven Pflanzenwuchses) nimmt die Protonierung und damit die AAK zu (Gl. 11.1)

$$R{=}NH + H^+ \rightarrow R{=}NH^+ \qquad (11.1)$$

Weil der Benzolring in einem Phenol einen starken Elektronenzug auf die phenolische OH-Gruppe ausübt, wird das H-Atom in einer solchen Gruppe nicht so fest gebunden wie in einer OH-Gruppe von aliphatischen Alkoholen. Daher liegt das Gleichgewicht bei der Ionisationsreaktion alkoholischer OH-Gruppen stärker auf der rechten Seite als von phenolischen OH-Gruppen. Mit Erhöhung des Boden-pH-Wertes (Zunahme an OH^-) nimmt infolgedessen die Dissoziation der Carboxyl- und phenolischen OH-Gruppen deutlich zu, sodass die KAK im neutralen und schwach-alkalischen pH-Bereich höher ist als im sauren. Somit bestimmt neben der Art und Menge an Huminstoffen und dem Humifizierungsgrad auch der pH-Wert des Bodens die

Höhe der KAK bzw. der AAK und damit jeweils die Fähigkeit, Kationen bzw. Anionen in austauschbarer Form zu sorbieren.

Huminstoffe besitzen zudem einen erheblichen Anteil an hydrophoben aliphatischen Alkylgruppen. Es sind diese Bereiche in den Huminstoffen (insbesondere in den HS und H), die für die intensive **unspezifische** Sorption von apolaren hydrophoben organischen Umweltchemikalien und ihren *dead-end*-Metaboliten verantwortlich sind (*bound residues*). Diese Immobilisierung am Humuskörper trägt zwar zur Inaktivierung und Verminderung der biologischen Verfügbarkeit und Wirksamkeit bei, sorgt aber gleichzeitig für eine Verlängerung der relativen Rekalzitranz (Ottow 1982, 1985, 1997).

Positive physiologische Effekte von Huminstoffen auf Pflanzen und Mikroorganismen – Heute gilt der positive Einfluss von niedermolekularen Huminstoffen (MG < 3500 Da) auf Entwicklung und Wachstum von Pflanzen und Mikroorganismen als gesichert, wenngleich für die verschiedenen direkten und indirekten Effekte lediglich Hypothesen vorliegen. Huminstoffe (a) wirken möglicherweise als Chelatoren bei der Fe- und Zn-Aufnahme im Wurzelbereich, (b) fördern die Membranpermeabilität und Synthese von Transporteiweiß und so die Absorption von Anionen (insbesondere von Nitrat) und (c) üben wahrscheinlich eine hormonähnliche Stimulierung auf Metabolismus, Respiration und Photosynthese aus (Young u. Chen 1997; Nardi *et al.* 2002). Leider fehlen noch genaue Informationen über die spezifischen Eigenschaften und Strukturwirkungsweisen solcher niedermolekularen Huminsäuren. Hier besteht Forschungsbedarf.

Huminstoffe als Elektronen-Akzeptoren und -Mediatoren – Huminstoffe, insbesondere HS und FS, enthalten stets Chinone (cyclische Diketone), die leicht zu Phenolen reduziert und durch O_2 (und Phenol-Oxidasen) reoxidiert werden können (Abb. 11.3). Chinone ähneln in ihren Eigenschaften und Reaktionen nicht den aliphatischen Ketonen. Ihre charakteristischen Reaktionen sind stets reversible Redoxreaktionen, die von starken Farbveränderungen begleitet werden. Die Redoxneigung von sekundären Huminstoffen haben sich Mikroorganismen bei der Fe(III)-Reduktion zunutze gemacht (Kap. 14). Im Stoffwechsel sehr verschiedener Bodenbakterien können Huminstoffe wichtige Redoxfunktionen übernehmen und zwar als

(a) **externe Elektronen-Akzeptoren** aerober und fermentativer Prozesse (Kap. 3). HS können zahlreichen aeroben heterotrophen Bakterien (*Geobacter*-Arten) oder fermentativen Bakterien (*Propionibacterium freudenreichii*, *Lactococcus lactis*, *Enterococus cecorum*) als zusätzliche alternative terminale Elektronen-Akzeptoren dienen, wodurch der Stoffwechsel einen zusätzlichen Freiheitsgrad erhält. *Geobacter*-Arten (Kap. 6) besitzen einen respiratorischen Stoffwechsel (mit ETP) und können außer Nitrat, Mn(IV)-Oxiden und Fe(III)-(Hydr)Oxiden offenbar auch oxidierte HS oder HS-analoge Verbindungen wie das chinoide Anthrachinon-2,6-disulfonat (AQDS) als Elektronen-Akzeptoren einsetzen (Lovley *et al.* 1986; Coates *et al.* 2002). Weil an der Energiegewinnung (rudimentäre) Cytochrome beteiligt sind, kann bei *Geobacter*-Arten von einer Huminsäurerespiration (anaerobe Atmung) gesprochen werden (Kap. 3). Vertreter der betreffenden *Bacteria* können sogar einfache aromatische Verbindungen wie Toluol (Methylbenzol) als C-Quelle (Substrat) unter anaeroben Bedingungen in Böden vollständig mineralisieren (^{13}C-Toluol wird in $^{13}CO_2$ überführt), wenn hochgereinigte oxidierte Huminsäuren (HS_0) oder Anthrachinon-2,6-disulfonat (AQDS) als Elektronen-Akzeptoren zur Verfügung stehen (Cervantes *et al.* 2001). Dieser Sachverhalt kann für die mikrobiologische Sanierung von (Unter)Böden, die mit einfachen aromatischen Kohlenwasserstoffen kontaminiert wurden, von großer praktischer Tragweite sein. Weiter können Huminstoffe (in der reduzierten Form) als

(b) **Elektronen-Donatoren** und damit als Energiequelle für den Stoffwechsel aerober Bakterien unter anaeroben Bedingungen dienen, ohne dabei selbst verbraucht zu werden. Weit verbreitete aerobe gramnegative Bakterien wie *Geobacter metallireducens*, *Geothrix fermentans* sowie *Shewanella*-Arten sind bei O_2-Mangel in der Lage, einfache organische Fettsäuren sowie Acetat, Pyruvat und Lactat mit der **Oxidation von reduzierten HS** zu metabolisieren, unter Einsatz von externen anorganischen Elektronen-Akzeptoren (Nitrat, Mn(IV)- und Fe(III)-(Hydr)Oxide) (Lovley *et al.* 1999; Coates *et al.* 2002). Reduzierte HS dienen hier ausschließlich als Energiedonatoren, ohne selbst metabolisiert zu werden. Durch die Verwendung von reduzierten HS als reversible **Energiedonatoren** sind die betreffenden Bakterien gegenüber anderen heterotrophen Mikroorganismen ökophysiologisch im Vorteil, weil die Substrate (die organischen Säuren) vollständig als C-Quelle (und nicht als Energiequelle) in

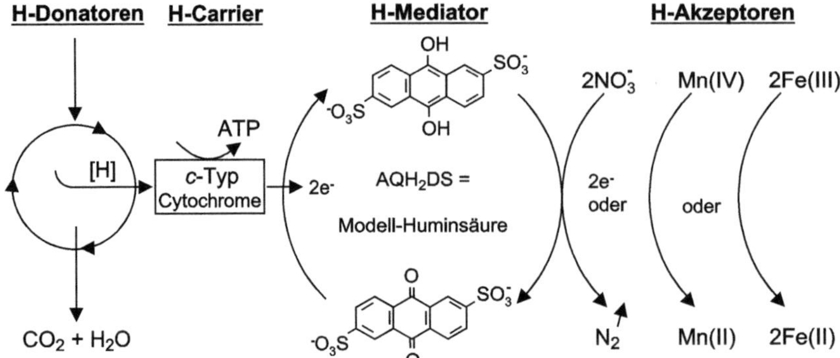

Abb. 11.4 Einsatz von Huminstoffen als Elektronen-Mediatoren (*shuttle*) zwischen Elektronen-Donatoren (H-Donatoren) des aeroben Stoffwechsels (Cytochrome) und alternativen externen anorganischen Elektronen-Akzeptoren (Nitrat > Mn(IV) > Fe(III)) am Beispiel der huminstoffanalogen Verbindung (Modellsubstanz) Anthrachinon-2,6-disulfonat (AQDS). Anthrachinondisulfonat ist ein lösliches farbloses Derivat von Anthrachinon (9,10-Anthracendion), das durch Reduktion rotgefärbt wird (verändert nach Gibson u. Harwood 2002)

Synthesevorgängen verwendet werden können. Nicht zuletzt können Huminstoffe als

(c) **Elektronen-Akzeptor und -Mediator** (Redox-*Shuttle*) verwendet werden. In dieser Funktion verwenden bestimmte aerobe heterotrophe Bakterien (z. B. *Shewanella*-Arten) bei der Energiegewinnung (ETP) unter anaeroben Bedingungen oxidierte HS als Elektronen-**Zwischen**-Akzeptoren, welche die Elektronen von den Cytochromen übernehmen und anschließend auf externe lösliche (Nitrat) oder unlösliche (Mn(IV)- und Fe(III)-(Hydr)(Oxide) als Elektronen-**End**-Akzeptoren übertragen (Abb. 11.4). HS, aber auch Melanine (Chinon enthaltende Polymere) und Menachinone, funktionieren hier ausschließlich als Redox-Shuttle (Mediator). Die Freisetzung von N_2, Mn(II) und Fe(II) sowie die Rückbildung von HS in den oxidierten Zustand sind dann Folge chemischer Prozesse. In dieser Redox-*Shuttle*-Funktion ($HS_0 \leftrightarrow HS_r$) werden die HS nicht verbraucht (metabolisiert), sondern im oxidierten Zustand zurückgewonnen (Lovley *et al.* 1998; Scot *et al.* 1998; Turick *et al.* 2002). Vorteil dieser Strategie ist die Verwendung von HS als mobile Elektronen-Mediatoren zwischen Stoffwechsel (Cytochrome) und externen löslichen (Nitrat) und unlöslichen Elektronen-Akzeptoren (im System $MnO_2 \times H_2O$ oder $Fe_2O_3 \times H_2O$) im Boden. Vor allem in wechselfeuchten Böden und Sedimenten scheint diese Strategie für aerobe Bakterien ökophysiologisch sehr sinnvoll zu sein.

11.8 Chemischer und struktureller Aufbau von Huminsäuren

HS sind sekundäre, hochpolymere, dreidimensional vernetzte schwarze Sphärokolloide (MG 5000 bis 60 000). Obwohl HS Objekte zahlreicher vergleichender Analysen waren, ist ihre substanzspezifische, chemische und strukturelle Charakterisierung noch nicht abgeschlossen. Dafür sind mindestens zwei Eigenschaften verantwortlich. Erstens sind HS stets standortspezifische Syntheseprodukte biochemischer und chemischer Prozesse und somit untereinander nur bedingt vergleichbar. Zweitens besteht jedes „HS-Molekül" aus einer Vielzahl verschiedener Komponenten und Strukturen, die je nach Analyseverfahren anders erfasst werden können. Für das grundlegende Verständnis des chemischen Aufbaus von HS ist jedoch eine **Abstrahierung** und Vereinfachung unumgänglich. Im Durchschnitt besitzen HS von Mineralböden aufgrund von Elementaranalysen und Pyrolyse-Massen-Spektrometrie etwa 54–62% C, 26–29% O, 2,5–4% N und 5–6% H (Stevenson 1994; Schulten u. Schnitzer 1995, 1997; Schulten *et al.* 1997). Vereinfacht betrachtet besteht jedes „HS-Molekül" stets aus:

- einfachen und annelierten aromatischen Kernen, vor allem aus *n*-Alkylbenzolen (C1- bis C22-Alkylreste), Alkylnaphthalinen (zwei kondensierte Ringsysteme) und Alkylphenanthrenen (drei annelierte Ringsysteme). Solche Alkyl-Aryl-Kerne bilden den stabilen Grundkörper von HS,

- einer breiten Palette an heterocyclischem Kern-N (20–60% vom Nt-Gehalt),
- Kohlehydraten, Peptiden und proteinartigen Verbindungen (ca. 25%),
- unterschiedlichen Brücken (–O– ; –NH– ; =N– ; –S–),
- mehreren funktionellen Gruppen (im Schnitt 11,2% R–COOH; 7,2% phenolische OH-Gruppen; 3,9% alkoholische OH-Gruppen; 1,5% Carbonyl- und 1,5% Methoxylgruppen) und aus
- hydrophoben Bausteinen (langkettige Fettsäuren, Alkanen, Dialkylphthalate, etc.).

Strukturell betrachtet, bestehen HS aus einem Kern von polycyclischen Aromaten und heterocyclischem Kern-Stickstoff (6–10%), welcher durch kovalente Bindungen, H-Brücken und auch van der Waals'sche Kräfte mit Proteinfragmenten (~ 10–13%), Kohlenhydraten (~ 10%), einfachen Phenolen und Chinonen (~ 6%) sowie mit aliphatischen Kohlenwasserstoffen (~ 3%) zu einem relativ stabilen großen „3D-Molekül" aufgebaut ist. Die funktionellen Gruppen sind mit austauschbaren Nährstoffen (K^+, NH_4^+, Ca^{2+}, Mg^{2+}) und sequestrierten Metallen (Fe^{3+}, Al^{3+}, Mn^{2+}) und ihren Hydroxiden (in Form von Kutanen) belegt, was die Mobilität und **mikrobielle Zugänglichkeit** der Moleküle stark einschränkt, aber die Rekalzitranz erhöht. Besonders in kalkhaltigen (Löss-)Böden entstehen durch Ca- und Mg-Brücken zwischen den HS und Tonmineralien relativ stabile organo-mineralische Verbindungen. Charakteristisch für HS sind mehrere Hohlräume unterschiedlicher Größen im Molekül, die zur reaktiven Oberflächenvergrößerung der HS und damit zur erhöhten (spezifischen und/oder unspezifischen) Bindung von Kationen, Umweltchemikalien (organischen und anorganischen) und Metallen beitragen können (Abb. 11.5).

Rekalzitranz von HS. Benzolkerne, polycyclische Aromaten, heterocyclische N-Verbindungen, Etherbrücken, dreifach substituierte N-Bindungen und aliphatische Kohlenwasserstoffe sind chemisch und biochemisch relativ stabile Bausteine und Bindungen. Folglich wird es verständlich, warum HS mikrobiell widerstandsfähige Verbindungen sind und wesentlich zur mikrobiellen Rekalzitranz von Huminstoffen beitragen. Unter anaeroben Bedingungen werden HS sogar zu sehr widerstandsfähigen Verbindungen, weil Benzolkerne, heterocyclische N-Verbindungen und Etherbrücken *nur* mit molekularem Sauerstoff (O_2), Peroxidasen bzw. Oxygenasen unter Einsatz von Ener-

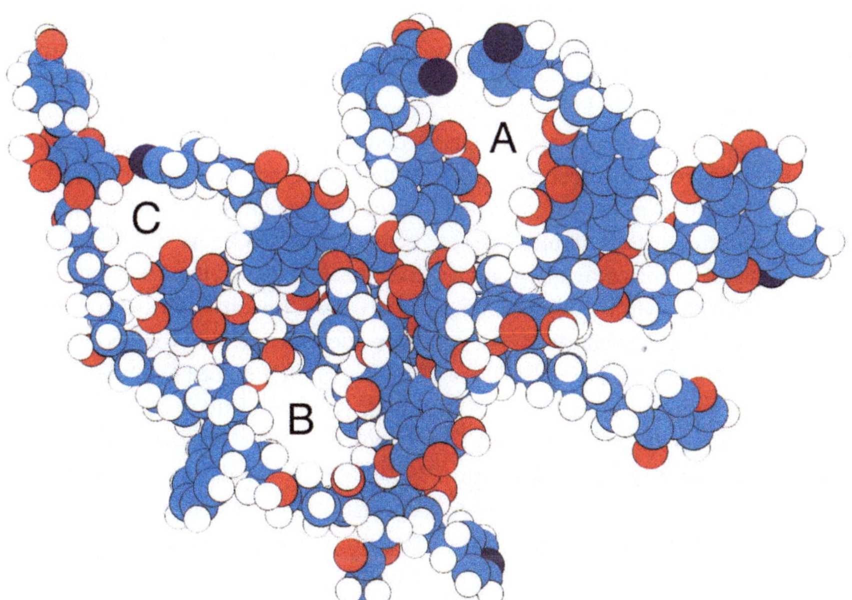

Abb. 11.5 Geometrische dreidimensionale Struktur eines Huminsäuremoleküls ($C_{308}H_{335}O_{90}N_5$; 738 Atome; 66,7% C, 6,1% H, 26% O und 1,26% N; MG 5547). C = hellblau; H = weiß; N = dunkelblau; O = rot; man beachte die Hohlräume A, B und C. Dieses Modell eines „HS-Moleküls" besitzt einen überdurchschnittlich weiten C/N-Quotienten von etwa 62 (normalerweise etwa 10–15) und infolgedessen zu wenig N. Die charakteristischen sequestrierten Metall-Ionen wurden nicht dargestellt (Schulten u. Schnitzer 1995; mit Genehmigung des Springer Verlags, Heidelberg)

gie (ATP, Reduktionsäquivalenten) gespalten werden können. Rezente Untersuchungen haben jedoch bestätigt, dass unter anaeroben Bedingungen nicht nur einfache aromatische Verbindungen (Phenole, Kresole, Benzoat etc.), sondern auch polycyclische aromatische Verbindungen mit Nitrat, Mn(IV)- bzw. Fe(III)-(Hydr)Oxiden oder (gelegentlich) auch mit Sulfat als Elektronen-Akzeptor von verschiedenen angereicherten **aeroben** Bakterien als C- und Energiequelle verwertet werden können (Kap. 3). Voraussetzung ist jedoch eine relativ lange Anpassungsphase bestimmter Bakterien und die Abwesenheit leicht mineralisierbarer C-Quellen.

11.9 Stickstoff-Bindungsformen in HS und ihre Mineralisierbarkeit

Klassische Arbeiten von **J. M. Bremner**/Ames, Iowa, USA, aus den fünfziger bis sechziger Jahren (Bremner 1967) des vergangenen Jahrhunderts an verschiedenen extrahierten HS zeigen, dass etwa 20 bis 50% des insgesamt in 6 *N* HCl-Lösung hydrolysierbaren Stickstoffs (40 bis 80% des N_t-Gehaltes) aus Aminosäuren-N, ~ 3–10% aus Aminozucker-N (Hexosaminen), ~ 10–20% aus unbekannten N-Verbindungen und nur zu einem Bruchteil aus Purin- und Pyrimidinabkömmlingen bestehen. Zudem liegen etwa 15–17% des N in HS-Hydrolysaten als NH_3-N vor (Abb. 11.2). Dieses Ammonium entstammt wahrscheinlich sowohl einer festen ionischen Bindung an Carboxylgruppen als auch einer Hydrolyse des Amid-N aus Aminosäuren (z. B. Asparagin und Glutamin). Amid-N (Peptidbindungen) in Peptiden und proteinartigen Verbindungen ist auch aufgrund heutiger (IR- und ^{15}N-NMR) spektroskopischer Methoden nach wie vor die dominante N-Form (Kögel-Knabner 2006), obwohl auch zahlreiche heterocyclische N-Verbindungen stets Bestandteil der HS im Humuskörper sind (Schulten u. Schnitzer 1997, 1998). Die Bedeutung des **Amid-N in Peptidfraktionen** liegt in der leichten Hydrolysierbarkeit der Amidbindung und somit in ihrer raschen potenziellen Mineralisierbarkeit zu NH_4^+ und damit in der Funktion als Quelle für **N-Nachlieferung**.

Neben der Natur säurehydrolysierbarer N-Formen ist vor allem der Aufbau des nichthydrolysierbaren Rest-N (**Kern- oder heterocyclischer-N**) von großer Bedeutung. Dieser „Kern-N-Anteil" kann in HS relativ hoch sein (20–60% des N_t-Gehaltes) und steigt erfahrungsgemäß mit zunehmendem Alter des Humuskörpers weiter an. Dieser in 6 *N* HCl nichthydrolysierbare Kern-N liegt nicht nur in verschiedenen heterocyclischen N-Verbindungen vor, sondern umfasst auch „Brückenstickstoff" sowie terminale N-Gruppen an aromatischen Kernen. Wahrscheinlich sind es zudem typische Produkte der nucleophilen Addition von freien Aminosäuren, Aminozuckern, kurzen Peptiden sowie von Ammonium mit chinoiden Körpern (Abb. 11.1).

In HS kommt N somit in mindestens drei nichtionischen N-Bindungsformen vor und zwar als:

- α-Aminostickstoff (Aminogruppen in Aminosäuren, Aminozuckern und in Peptiden mikrobieller, tierischer und pflanzlicher Herkunft),
- Brückenstickstoff zwischen Aromaten sowie als N-terminale Aminogruppen an aromatischen Kernen (Produkte nucleophiler Additionsreaktionen) und als
- Kernstickstoff in heterocyclischen N-Verbindungen wie Pyrrol-, Pyrazol-, Pyridin-, Chinoxalin-, Imidazol-, Phenoxazon- und Phenazin-Kernen. Dieser Kern-N entstammt vermutlich sowohl der POS als auch der Neusynthese während der Humifizierung.

Für die Funktion von HS als N-Speicher und N-Nachlieferungsquelle ist von Bedeutung, welche der drei genannten N-Bindungsformen als relativ leicht mineralisierbar und somit als potenziell pflanzenverfügbar gelten können. Aufgrund von Brutversuchen (unter optimalen Feuchtigkeits- und Temperaturbedingungen) konnte nachgewiesen werden, dass zwar der größte Teil des mineralisierbaren N im Humuskörper aus der **hydrolysierbaren N-Fraktion** stammt (bis zu 96%), aber auch der **nichthydrolysierbare Kern-Stickstoff** mit bis zu 38% an der N-Mineralisierung beteiligt sein kann. Kern-Stickstoff ist zwar chemisch stabil, kann jedoch bei Bedarf aerob unter Einsatz von Oxygenasen mineralisiert werden. Die Mineralisierungsgeschwindigkeit der N-Formen in der hydrolysierbaren N-Fraktion nimmt in der Regel in der Reihenfolge Aminosäure-N $\geq$ Hexosamin-N $>$ sonstige N-Verbindungen $>$ fixierter NH_4^+-N ab. Das an funktionellen Gruppen fixierte Ammonium wird weniger durch Mineralisation als durch chemische Austauschprozesse mit Protonen, K^+ und zweiwertigen Kationen pflanzenverfügbar (Ottow 1978).

11.10 Herkunft von D-Aminosäuren im Humuskörper

Alle proteinogenen Aminosäuren (außer Glycin) kommen in der Natur als L- und D-Stereoisomere (Enantiomere) vor, allerdings sind D-Enantiomere in höheren Organismen äußerst selten. Bei L- und D-Enantiomeren verhalten sich die chiralen Gruppen zueinander wie Bild und Spiegelbild. Bestimmte D-Formen von Aminosäuren (D-Ala und D-Glu) sind charakteristisch für alle *Bacteria* (außer bei den zellwandlosen *Planctomycetes*; Kap. 7). Es sind Bestandteile der Peptidquervernetzungen, welche die Heteropolymere aus *N*-Acetylglucosamin (GlcNAc) und *N*-Acetylmuraminsäure (MurNAc) im Mureinstützskelett zu einem flexiblen Sacculus verbinden (Vollmer *et al.* 2008). Zu den typischen Mureinaminosäuren von *Bacteria* gehören L-Ala, **D-Glu**, **α,ε-Diaminopimelinsäure** (DAP; oder L-Lysin) und **D-Ala**. Anstelle von DAP und L-Lysin kann **Ornithin** oder **Diaminobuttersäure** in die Peptidquervernetzungen treten. **D-Glu** befindet sich weiter im Kapselmaterial vieler (aber nicht aller) Clostridien und Bacillen. Die Verwendung von D-Aminosäuren in Murein und im Kapselmaterial dient dem Selbstschutz, weil die Ausscheidung von proteolytischen Enzymen sonst zur Zerstörung des Murein-Sacculus und des Kapselmaterials führen würde. Weil D-Ala, D-Glu, DAP und Muraminsäure (Mur) nur für *Bacteria* (nicht aber für *Archaea* und auch nicht für Pilze) spezifisch sind, kommt ihrem Vorkommen im Humuskörper, insbesondere in den HS, eine eindeutige Indikatorwirkung hinsichtlich der Herkunft der Aminosäuren zu. Bahnbrechende Pionierarbeiten zu quantitativen und qualitativen Analysen von D-Aminosäuren im Humuskörper wurden bereits in den Anfängen der siebziger Jahre des letzten Jahrhunderts von **R. Aldag**/Göttingen durchgeführt. Die aufschlussreichen Ergebnisse fanden zu der damaligen Zeit wenig Beachtung, vermutlich weil die Bedeutung noch nicht erkannt wurde (Ottow 1978). Im Zuge der nucleophilen Addition können all jene Aminosäuren, Aminozucker, Muraminsäurefragmente (nach Abspaltung des Acetatrestes) und sonstige R–NH_2-haltigen Hydrolyseprodukte (Peptide) aus Mikroorganismen, Bodentieren und Pflanzen eingebaut werden, die in der Phase des Ligninabbaus und der Entstehung chinoider Körper am Ende der Abbausequenz in der Bodenlösung zur Verfügung stehen. Zu diesem Zeitpunkt sind Proteine und Aminosäuren aus der POS bereits weitestgehend mineralisiert worden. Infolgedessen kann als Hypothese postuliert werden, dass die überwiegende Mehrzahl an R–NH_2-haltigen Verbindungen im Humuskörper im Wesentlichen mikrobiellen Ursprungs ist. Unter den proteinogenen Aminosäuren (etwa 20) wurden in Huminsäuren am häufigsten L-Asparaginsäure, L-Alanin, L-Glutaminsäure, Glycin und L-Lysin nachgewiesen. Auch die heterocyclischen Aminosäuren L-Prolin, L-Phenylalanin und L-Histidin sind stets in HS vertreten. Hingegen kommen die S-haltigen Aminosäuren (Cystein, Cystin und Methionin) sowie Tryptophan (α-Aminoindol-3-propionsäure) nur in Spuren vor (wahrscheinlich weil diese AS säureempfindlich sind und bei der Extraktion der HS weitgehend zerstört werden). Neben Aminosäuren enthalten Huminsäuren stets auch **Polyamine** (wie Putrescin, Spermidin und Permin) (Young u. Chen 1997). Im Gegensatz zu den oben genannten proteinogenen Aminosäuren und Polyaminen, die aus Pflanzen, Tieren und Mikroorganismen stammen können, weist das Vorkommen der **D-Aminosäuren D-Glu** und **D-Ala** in einer Konzentration von etwa 1,4–1,7% des Gesamt-Amino-N-Gehaltes zweifelsfrei auf ihre bakterielle Herkunft hin, wenngleich die Bildung eines Racemates von L-in D-Formen während der Hydrolyse nicht ausgeschlossen werden kann. Darüber hinaus enthalten HS stets die nichtproteinogenen Aminosäuren DAP, Diaminobuttersäure und Ornithin (α,δ-Diaminovaleriansäure) sowie **Muraminsäure** (Mur) – Verbindungen, die auf charakteristische Weise stets im Murein von *Bacteria* vertreten sind. Das Vorkommen dieser Verbindungen in HS unterstützt stark die Hypothese, dass R–NH_2-haltige Bausteine aus der abgestorbenen mikrobiellen Biomasse direkt an den Humifizierungsprozessen am Ende der Abbausequenz beteiligt sind. Aminozucker (vor allem Glucosamin, aber auch Galactosamin und Mannosamin) kommen sowohl in *Bacteria* als auch in Echten Pilzen, Regenwürmern, Insekten, Pflanzen etc. vor, und ihr Vorkommen im Humuskörper gibt infolgedessen keinen spezifischen Hinweis auf ihre Herkunft (Bremner 1967; Pollock *et al.* 1977; Ottow 1978; Durska u. Kaszubiak 1980, 1983; Grant u. West 1986; O'Dowd *et al.* 1997; Amelung 2003; Amelung u. Xhangh 2001). Der Gehalt an D-Aminosäuren im Humuskörper nimmt offenbar mit zunehmendem Alter der organischen Bodensubstanz zu, was vermutlich auf den verstärkten Einbau von bakteriellen Zellwandbau-

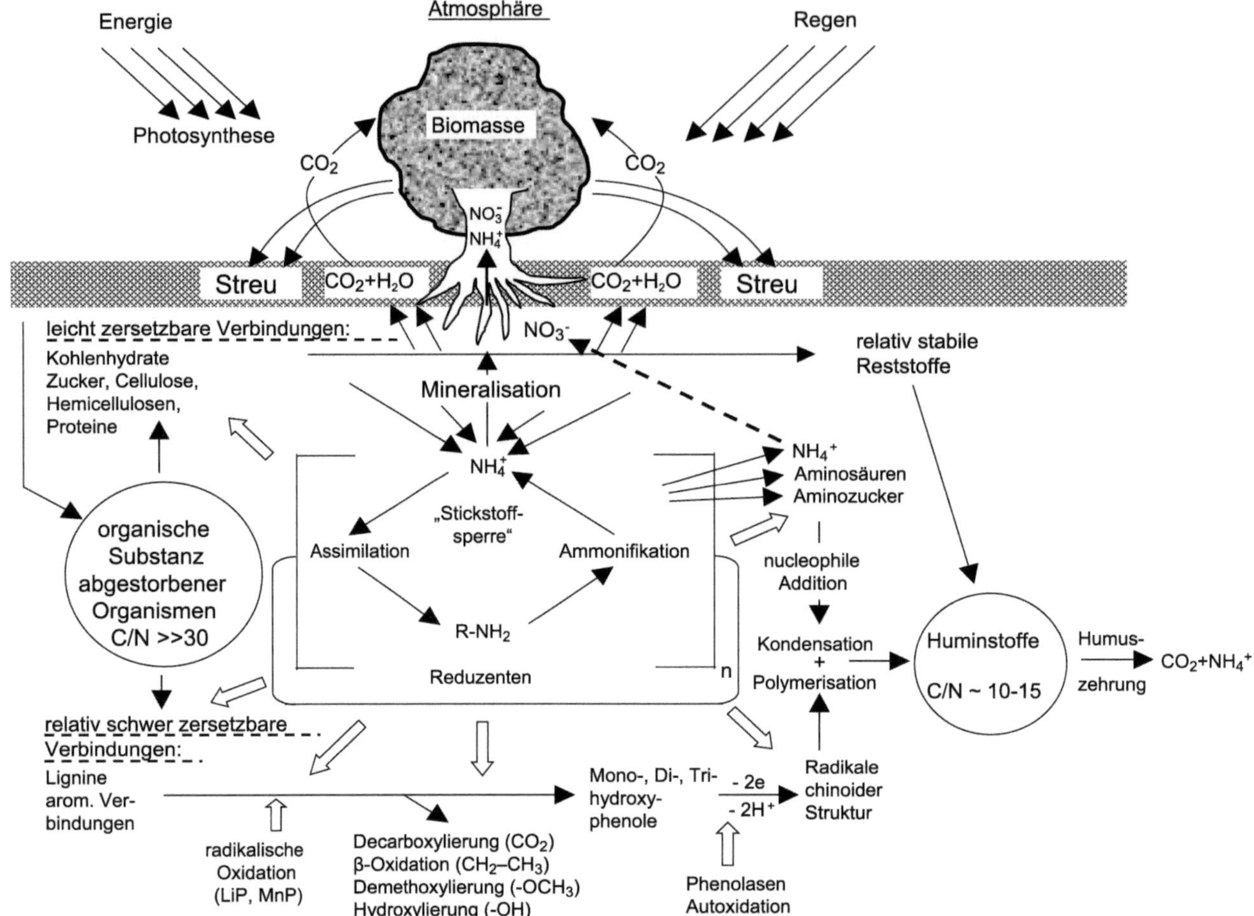

Abb. 11.6 Hypothese der Humifizierung: Der mineralisierte N aus der postmortalen organischen Substanz bleibt so lange in der mikrobiellen Biomasse im Umlauf (N-Sperre), bis das C/N-Verhältnis der Ausgangssubstanzen durch Mineralisation (CO_2-Abgabe) auf etwa 10–20 eingeengt worden ist. Infolge des relativen C-Mangels werden zu diesem Zeitpunkt Peptide, Aminosäuren, Aminozucker, Mureinbausteine und NH_4^+ (Desaminierungsprodukt) durch Autolyse und Mineralisation der MB verstärkt freigesetzt und durch spontane nucleophile Additionen und Polykondensationen von chinoiden Ligninmetaboliten in die Humifizierungsprozesse einbezogen (Entwurf: JCG Ottow)

steinen mit fortschreitender Humifizierung zurückgeführt werden kann (Amelung 2003).

In Abb. 11.6 sind die oben genannten Vorstellungen des Ligninabbaus und der biochemischen Humifizierung noch einmal schematisch zusammengefasst.

11.11 Warum sind bestimmte Oberböden dunkelbraun bis schwarz gefärbt?

Böden sind im Profil überwiegend gelb-braun bis rot gefärbt. Ursache dieser charakteristischen Färbungen sind relative Anreicherungen und Überzüge (Kutane) von Fe(III)-(Hydr)Oxiden, die je nach Reinheit, Kristallisationsausmaß und -form sowie nach Intensität der mikrobiellen Redoxprozesse (Kap. 14) zwischen gelb, hellbraun, orange und rot gefärbt sein können. Oberböden sind in ihren A_h- und A_p-Horizonten jedoch meist **dunkelbraun bis schwarz** gefärbt, was auf die Akkumulation von relativ **rekalzitranten** dunkelgefärbten sekundären Huminstoffen zurückgeführt werden kann. Insbesondere in biologisch sehr aktiven A_h-C-Böden aus kalkhaltigem oder mergeligem Lockergestein (z. B. Löss) mit relativ hohem Nährstoff- und Tongehalt (Illite) können tiefgründige (bis zu 1 m) gut strukturierte, dunkelbraun bis schwarz gefärbte

Schwarzerden (Tschernosemen) mit hohem Humusgehalt (5–16%) entstehen (Eckmeier *et al.* 2007). Die Huminstoffe in solchen Böden wurden vom relativ hohen Ca-Gehalt gefällt, immobilisiert und durch Ton-Humus-Komplexbildung stabilisiert. Möglicherweise ist auch *black carbon* lokal an der dunklen Färbung beteiligt. Warum sind die mikrobiellen Humuszehrungsraten auch bei optimaler Zufuhr von O_2 und Wasser und unter günstigen pH-Bedingungen erfahrungsgemäß so gering? Die hohen C- und N-Vorräte (der C/N-Quotient solcher Huminstoffe liegt oft bei etwa 20) müssten für heterotrophe Prokaryoten, Echte Pilze und Protozoen doch eine geeignete Quelle an Energie und Nährstoffen für Wachstum und Vermehrung darstellen. Diese Frage berührt den Kern der Chemie und Biochemie des Humuskörpers und kann nur vom ökophysiologischen Blickpunkt der Reduzenten zu deuten und zu beantworten versucht werden.

Zunächst stellt sich die Frage, ob Huminstoffe energetisch nicht soweit oxidiert sind, dass bei ihrem Abbau nur wenig Energie durch die Mikroorganismen gewonnen werden kann. Diese Annahme kann verneint werden, weil wesentliche Bausteine der Huminstoffe wie die Polysaccharide, Peptide, Aminosäuren, Aminozucker, aliphatische Kohlenwasserstoffe ebenso wie einfache Benzolkerne und heterocyclische N-Verbindungen als energiereich und grundsätzlich aerob abbaubar gelten können (Kap. 3). Ein signifikanter Grund für den verzögerten Abbau könnte in der heterogenen strukturellen und chemischen Zusammensetzung der Huminstoffe liegen. Humusabbau (Humuszehrung) kann zunächst nur im Zuge extrazellulärer Enzyme erfolgen. Es ist gut vorstellbar, dass die gefällten Huminsäuren enzymatisch schwer zugänglich sind und die verschiedenen Enzyme an den Huminsäuremolekülen rasch sorbiert und inaktiviert werden, was eine hohe Ineffizienz des mikrobiologischen Angriffes bedeuten würde. Das Verhältnis von Aufwand zum Nutzen dürfte für die betreffenden heterotrophen Mikroorganismen (Pilze, Actinomyceten) sehr ungünstig sein, was erfahrungsgemäß dazu führt, dass zunächst andere neu zugeführte, leichter mineralisierbare Substrate angegriffen werden. Im Laufe der Evolution wurden vermutlich beim Abbau von Huminstoffen vielmehr solche Organismen begünstigt, die Enzyme mit einem breiten unspezifischen Substratspektrum ausscheiden. Hierzu gehören die relativ unspezifischen Enzyme mit freier Radikalbildung (Lignin-Peroxidase, Mangan-Peroxidase und Laccasen), die eine große Vielzahl an aromatischen Verbindungen, ihre aliphatischen Alkylreste und Etherbrücken durch Einwirkung von **Hydroxylradikalen** zu spalten vermögen (Abb. 10.13). Lignin-Peroxidase (LiP) und Mangan-Peroxidase (MnP) sind so unspezifisch, dass sie auch polycyclische aromatische Kohlenwasserstoffe (PAK), polychlorierte Biphenyle (PCB) und ähnliche Xenobiotika (der Natur fremde Verbindungen) oxidieren und zur Mineralisation vorbereiten können (Ottow 1997). Wahrscheinlich sind die aktiven Zentren der relativ unspezifischen lignolytischen Enzyme räumlich nicht in der Lage, die einzelnen aromatischen Komponenten in den Huminstoffen wirksam zu erreichen, sodass die Aktivierungsenergie nicht ausreichend erniedrigt werden kann. Der Abbau ist folglich ineffizient und wird verzögert. Vermutlich werden viele der stabilen (aromatischen und heterocyclischen N-) Verbindungen in den heterogenen Huminsäuren deshalb nicht oxidativ abgebaut, weil die Effizienz der unspezifischen Enzyme nicht ausreicht (Allison 2006; von Lützow *et al.* 2006). Erschwerend kommt hinzu, dass Mikroorganismen unter den gegebenen Bedingungen kaum in der Lage sind, Enzyme für jede Art der chemischen Bindung und Struktur in den Huminsäuren zu bilden. Enzyme sind wertvolle Eiweiße und ihre Bildung setzt eine komplexe Aktivierung entsprechender Gene oder Gengruppen nach Induktion als Antwort auf ein minimales Reizniveau (Induktion) voraus. Weiter liegen in Böden die stabilen Komponenten des Humuskörpers nicht frei, sondern sorbiert am Mineralkörper und von Ca, Mg, Fe und Al gefällt vor, wodurch sie chemisch-physikalisch stabilisiert und gegen Enzyme geschützt sind. Solche Ton-Humus-Komplexe gewinnen an Stabilität und können viele Jahrtausende alt sein (Krull *et al.* 2003; Eckschmitt *et al.* 2005; Haile-Mariam *et al.* 2008; Kögel-Knabner *et al.* 2008; Marschner *et al.* 2008; von Lützow *et al.* 2008). Wahrscheinlich ist das Zusammenwirken mehrerer der o. g. Faktoren Ursache dafür, dass in bestimmten basenreichen Böden die Humuszehrungsrate kleiner als die Humifizierungsrate ist, was langfristig zur Akkumulation von dunkelgefärbten Huminstoffen führen kann.

Literatur

Albers CN, Banta GT, Jacobsen OS, Hansen PE (2008) Characterization and structural modelling of humic substances in field soil displaying significant differences from previously proposed structures. Eur J Soil Sci 59: 693–705

Allison SD (2006) Brown ground: A soil carbon analogue for the green world hypothesis. Am Nat 167: 619–627

Amelung W (2003) Nitrogen biomarkers and their fate in soils. J Plant Nutr Soil Sci 166: 677–686

Amelung W, Xhang X (2001) Determination of amino acids enantiomers in soils. Soil Biol Biochem 33: 553–562

Beyer L, Blume HP, Köbbemann C (1999) Colluvisols under cultivation in Schleswig-Holstein. 3. Soil organic matter transformation after translocation. J Plant Nutr Soil Sci 162: 61–69

Blume HP, Fränzle O, Hörmann G, Irmler U, Kluge W, Schleuß U, Schrautzer J (2008) Ecological setting of the study area. In: Fränzle O, Kappen L, Blume HP, Dierssen K (Hrsg) Ecosystem organization of a complex landscape. Ecol Stud 202: 29–57

Bremner JM (1967) Nitrogenous compounds in soil. In: McLean AD, Peterson GH (Hrsg) Soil biochemistry, Marcel Dekker, New York, S 19–66

Cadish G, Giller K (2001) Soil organic matter management: The role of residue quality in C sequestration and N supply. In: Rees RM, Ball BC, Campbell CD, Watson CA (Hrsg) Sustainable management of soil organic matter. CAB International, Wellington, S 97–111

Cervantes FJ, Dijksma W, Duong-Dac T, Ivanova A, Lettinga G, Field JA (2001) Anaerobic mineralization of toluene by enriched sediments with quinones and humus as terminal electron acceptors. Appl Environ Microbiol 67: 4471–4478

Coates JD, Cole KA, Chakraborty R, O'Connor SM, Achenbach LA (2002) Diversity and ubiquity of bacteria capable of utilizing humic substances as electron donors for anaerobic respiration. Appl Environ Microbiol 68: 2445–2452

Conte P, A Piccolo (1999) High pressure size exclusion chromatography (HPSEC) of humic substances. Molecular sizes, analytical parameters, and columns performance. Chemosphere 38: 517–528

Clapp CE, Hayes MHB (1999) Sizes and shapes of humic substances. Soil Sci 164: 777–789

Durska G, Kaszubiak H (1980) Occurrence of α,ε-diaminopimelic acid in soil I, II, III. Pol Ecol Stud 6: 189–193, 195–199, 201–206

Durska G, Kaszubiak H (1983) Occurrence of bound muramic acid and α,ε-diaminopimelic acid in soil and comparison of their contents with bacterial biomass. Acta Microbiol Pol 32: 263–275

Eckmeier E, Gerlach R, Gehrt E, Schmidt MWI (2007) Pedogenesis of Chernozems in Central Europe – A review. Geoderma 139: 288–299

Eckschmitt K, Liu M, Vetter S, Fox O, Wolters V (2005) Strategies used by soil biota to overcome soil organic matter stability – Why is dead organic matter left over in soil? Geoderma 128: 167–176

Flaig W, Beutelspacher H, Rietz E (1975) Chemical composition and physical properties of humic substances. In: Gieseking JE (Hrsg) Soil components, Vol I, Organic components, Springer, Heidelberg, S 7–178

Ghosh K, Schnitzer M (1980) Macromolecular structures of humic substances. Soil Sci 129: 266–276

Gibson J, Harwood CS (2002) Metabolic diversity in aromatic compound utilization by anaerobic bacteria. Annu Rev Microbiol 56: 345–369

Grant WD, West AW (1986) Measurement of ergosterol, diaminopimelic acid and glucose amine in soil: Evaluation and indicators of microbial biomass. J. Microbiol Meth 6: 47–53

Haile-Mariam S, Collins HP, Wright S, Paul EA (2008) Fractionation of long-term laboratory incubation to measure soil organic matter dynamics. Soil Sci Soc Am J 72: 370–375

Hatcher PG, Dria KJ, Kim S, Frazier SW (2001) Modern analytical studies of humic substances. Soil Sci 166: 770–794

Hayes MHB (1984) Structures of humic substances. In: Organic matter and rice, International Rice Research Institute, Los Banos, Philippines, S 93–115

Hayes MHB, Clapp CC (2001) Humic substances: Considerations of composition, aspects of structure, and environmental influences. Soil Sci 166: 723–737

Kelleher BP, Simpson AJ (2006) Humic substances in soils: Are they really chemically distinct? Environ Sci Technol 40: 4605–4611

Kelleher BP, Simpson MJ, Simpson AJ (2006) Assessing the fate and transformation of plant residues in the terrestrial environment using HR-MAS NMR spectroscopy. Geochim Cosmochim Acta 70: 4080–4094

Kögel-Knabner I (2002) The macromolecular organic composition of plant and microbial residues as inputs to soil organic matter. Soil Biol Biochem 34: 139–162

Kögel-Knabner I (2006) Chemical structure of organic N and organic P in soil: In: Nannipieri P, Smalla K (Hrsg) Nucleic acids and proteins in soil, Springer, Berlin Heidelberg, S 23–48

Kögel-Knabner I, Eckschmitt K, Flessa H, Guggenberger G, Matzner E, Marschner B, von Lützow M (2008) An integrative approach of organic matter stabilization in temperate soils: Linking chemistry, physics, and biology. J. Plant Nutr Soil Scie 171: 5–13

Krull ES, Baldock JA, Skjemstad JO (2003) Importance of mechanisms and processes of the stabilization of soil organic matter for modelling carbon turnover. Funct Plant Biol 30: 207–222

Lovley DR, Coates JD, Blunt-Harris EL, Philips EJP, Woodward JC (1986) Humic substances as electron acceptors for microbial respiration. Nature 382: 445–448

Lovley DR, Frage JL, Blunt-Harris EL, Hayes LA, Philips EJP, Jones JD (1998) Humic substances as a mediator for microbially catalysed metal reduction. Acta Hydrochim Hydrobiol 26: 152–157

Lovley DR, Fraga JL, Coates JD, Blunt-Harris EL (1999) Humics as electron donor for anaerobic respiration. Environ Microbiol 1: 89–98

Lützow von M, Kögel-Knabner I, Eckschmitt K, Matzner E, Guggenberger G, Marschner B, Flessa H (2006) Stabilization of organic matter in temperate soils: Mechanisms and their relevance under different soil conditions – a review. Eur J Soil Sci 57: 426–445

Lützow von M, Kögel-Knabner I, Matzner BLE, Flessa H, Eckschmitt K, Guggenberger G, Marschner B, Kalbitz K (2008) Stabilization mechanisms of organic matter in four temperate soils: Development and application of a conceptual model. J Plant Nutr Soil Sci 171: 111–124

Marschner B, Brodowski S, Dreves A, Gleizner G, Gude A, Grootes PM, Hamer U *et al.* (2008) How relevant is recalcitrance for the stabilization of organic matter? J Plant Nutr Soil Sci 171: 91–110

Nardi S, Pizzeghello D, Muscolo A, Vianello A (2002) Physiological effects of humic substances on higher plants. Soil Biol Biochem 34: 1527–1536

O'Dowd RW, Parson R, Hopkins DW (1997) Soil respiration induced by the D- and L-isomers of a range of amino acids. Soil Biol Biochem 29: 1665–1671

Ottow JCG (1978) Chemie und Biochemie des Humuskörpers unserer Böden. Naturwiss 55: 413–423

Ottow JCG (1982) Pestizide – Belastbarkeit, Selbstreinigungsvermögen und Fruchtbarkeit von Böden. Landwirtsch Forsch 35: 167–179

Ottow JCG (1985) Einfluss von Pflanzenschutzmitteln auf die Mikroflora von Böden. Naturwiss Rundsch 38: 181–189

Ottow, JCG (1997) Abbaukinetik und Persistenz von Fremdstoffen in Böden. In: Ottow JCG und Bidlingmaier W (Hrsg) Umweltbiotechnologie, Fischer Stuttgart, S 97–138

Piccolo A (2001) The supramolecular structure of humic substances. Soil Sci 166: 810–832

Pollock GE, Cheng CN, Croning SE (1977) Determination of the D and L isomers of some protein amino acids present in soils. Anal Chem 49: 1–7

Rice JA (2001) Humin. Soil Sci 166: 848–857

Schulten HR, Leinweber P (2000) New insights into organic-mineral particles: Composition, properties and models of molecular structure. Biol Fertil Soils 30: 399–432

Schulten HR, Schnitzer M (1995) Three-dimensional models for humic acids and soil organic matter. Naturwiss 82: 487–498

Schulten HR, Schnitzer M (1997) Chemical model structures for soil organic matter and soils. Soil Sci 162: 115–130

Schulten HR, Schnitzer M (1998) The chemistry of soil organic nitrogen: A review. Biol Fertil Soils 26: 1–15

Schulten HR, Sorge-Lewin C, Schnitzer M (1997) Structure of unknown soil nitrogen investigated by analytical pyrolysis. Biol Fertil Soils 24: 249–254

Scot DT, McKnight DM, Blunt-Harris EL, Kolesar SE, Lovley DR (1998) Quinones moieties act as electron acceptors in the reduction of humic substances by humic-reducing microorganisms. Environ Sci Technol 32: 2984–2989

Simpson AJ, Simpson MJ, Schmith E, Kelleher BP (2007) Microbially derived inputs to soil organic matter: Are current estimates too low? Environ Sci Technol 41: 8070–8076

Spiteller M (1985) Beiträge zur Struktur und Dynamik von Huminstoffen. Gött Bodenk Ber 84: 1–250

Stevenson FJ (1994) Humus chemistry: Genesis, composition, reactions, 2. Aufl. John Wiley & Sons, New York

Sutton R, Sposito G (2005) Molecular structure in soil humic substances: The new view. Environ Sci Technol 39: 9009–9015

Swift RS (1999) Macromolecular properties of soil humic substances: Fact, Fiction, and opinion. Soil Sci 164: 790–802

Tan KH (2003) Humic matter in soil and environment, Marcel Dekker, New York

Turick CE, Tisa LS, Caccavo F (2002) Melanin production and use as a soluble electron shuttle for Fe(III)oxide reduction and as terminal electron acceptor by *Shewanella algae* BrY. Appl Environ Microbiol 68: 2436–2444

Vollmer W, Joris B, Charlier D, Foster S (2008) Bacterial peptidoglycan (murein) hydrolases. FEMS Microbiol Rev 32: 259–286

Young CC, Chen LF (1997) Polyamines in humic acid and their effect on radical growth of lettuce seedlings. Plant Soil 195: 143–149

Zech W, Senesi N, Guggenberger G, Kaiser K, Lehmann J, Miano TM, Miltner A, Schroth G (1997) Factors controlling humification and mineralization of soil organic matter in the tropics. Geoderma 79: 117–161

Ziechmann W (1996) Huminstoffe und ihre Wirkungen, Spektrum Akad Verlag, Heidelberg

Mikrobiologie und Ökophysiologie des Stickstoffkreislaufs 12

„Unfortunately, denitrification is a miserable process to measure."

P. M. Groffman et al. (2006)

Inhaltsverzeichnis

12.1 Der globale Stickstoffkreislauf

In Atmosphäre, Böden und Gewässern der Erde befinden sich ca. 4×10^{21} g N (= 4×10^{15} t N = 4 Pt N) im Umlauf, allerdings liegen mehr als 99% davon in Form von atmosphärischem N_2 vor. Im N-Kreislauf unseres Planeten sind weniger als 0,1% des Gesamt-N-Gehalts organisch gebunden, im Wesentlichen in den terrestrischen Ökosystemen. In diesen Ökosystemen, einschließlich Pflanzen, Tieren und Mikroorganismen, sind global etwa 332–350 Pg N (1 Pg = 10^{15} g) enthalten. Sedimente, Steinkohle und Gesteine speichern zusätzlich noch ca. 2×10^{18} g N. In den terrestrischen Ökosystemen verteilen sich ungefähr 88–100 Pg N auf organisch gebundenen N in A_h- und A_p-Horizonten von Böden, ca. 2,0 Pg N auf die Streuauflagen (O-Horizonte), etwa 10–13 Pg N auf die pflanzliche und ca. 0,2 Pg N auf die tierische Biomasse. Etwa 2 Pg N befinden sich global in der **mikrobiellen Biomasse** von Böden (Batjes 1996). Die Mengen an tonmineralfixiertem NH_4^+-N in Böden werden global auf 20 Pg N geschätzt. Weltweit werden jährlich etwa 200 bis 300 Tg N (1 Tg = 10^{12} g) aus der Atmosphäre durch **biologische Stickstoffbindung** (BSB) in organischer Biomasse festgelegt. Davon entfallen schätzungsweise 100 bis 200 Tg N auf Ozeane (Karl *et al.* 2002) und etwa 100 bis 140 Tg N auf terrestrische Ökosysteme. Weitere Wege der N-Zufuhr in Böden sind die **atmosphärischen Depositionen** (ca. 80–100 Tg N pro Jahr) und die **mineralische N-Düngung** als Ergebnis des Haber-Bosch-Verfahrens (80–110 Tg N). Die gasförmigen N-Verluste (N_2, N_2O, NO, NO_x) werden global auf 150 bis 280 Tg N pro Jahr geschätzt, im Wesent-

J.C.G. Ottow, *Mikrobiologie von Böden*,
DOI: 10.1007/978-3-642-00824-5_12,

lichen Folge der heterotrophen Denitrifikation, der Nitrifikations-Denitrifikation und der anaeroben NH_4^+-Oxidation. Die gasförmigen NH_3-N-Verluste sind regional sehr unterschiedlich, werden aber insgesamt global mit ca. 60 Tg N jährlich veranschlagt (Galloway *et al.* 2004; Bottomley u. Myrold 2007; Nieder u. Benbi 2008).

Obwohl die o. g. Angaben stark streuen, mit großen Unsicherheiten behaftet sind und sich in ständiger Korrektur befinden, können einige Schlussfolgerungen als gesichert gelten. So steht außer Zweifel, dass N in den terrestrischen Ökosystemen hauptsächlich in **organischer Form** vorliegt. Weiter sind die jährlichen globalen N-Gewinne in terrestrischen und aquatischen Ökosystemen nach heutigen Vorstellungen offenbar höher als die N-Verluste, was auf die steigenden industriellen N_2-Fixierungen (Haber-Bosch-Verfahren) seit dem Zweiten Weltkrieg und auf die vermehrte symbiotische N_2-Bindung im Pflanzenbau (z. B. weltweiter Sojaanbau mit Rhizobien-Impfkulturen) zurückgeführt werden kann. Es kommt offenbar durch die Intensivierung der Agrarproduktion global zu einer allmählichen N-Anreicherung in den terrestrischen Ökosystemen und damit zu einer Verschiebung des globalen N-Gleichgewichtes. Folge kann sein, dass N-limitierte terrestrische und aquatische Systeme geschädigt oder gar zerstört werden. Durch Beschleunigung der N-Umsetzungen in Böden und Gewässern kann zwar die Denitrifikation zunehmen und der globale Gleichgewichtszustand zwischen N-Gewinnen und -Verlusten allmählich wiedergewonnen werden, doch ist dann auch mit verstärkter N_2O-Freisetzung zu rechnen.

Entscheidend für den globalen N-Kreislauf ist die Erkenntnis, dass N *nur* von **Prokaryoten** (*Bacteria* und *Archaea*) durch (asymbiotische und symbiotische) N_2-Bindung aus der Atmosphäre in die terrestrischen und aquatischen Ökosysteme in Umlauf gebracht werden kann (Kap. 13). Andererseits sind es auch die Mikroorganismen (zahlreiche Prokaryoten und *Fungi*), die N im Zuge der heterotrophen Denitrifikation, Nitrifikations-Denitrifikation und anaeroben NH_4^+-Oxidation in N_2 zurückführen und dadurch in Umlauf halten.

In Abb. 12.1 ist der N-Kreislauf schematisch dargestellt. Wie ersichtlich, kommt N in seinen Verbindungen in lückenloser Folge in den Oxidationsstufen –3 bis +5 vor, wobei die negativen Wertigkeiten in Verbindungen mit elektropositiven Elementen (Wasserstoff) und die positiven Wertigkeiten zusammen mit elektronegativen Elementen (Sauerstoff) auftreten. Bei

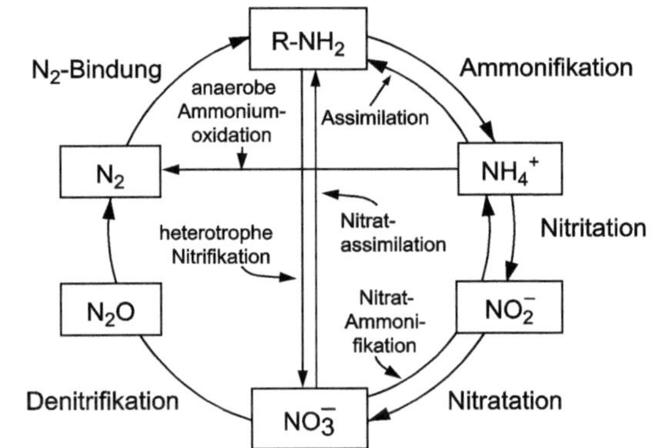

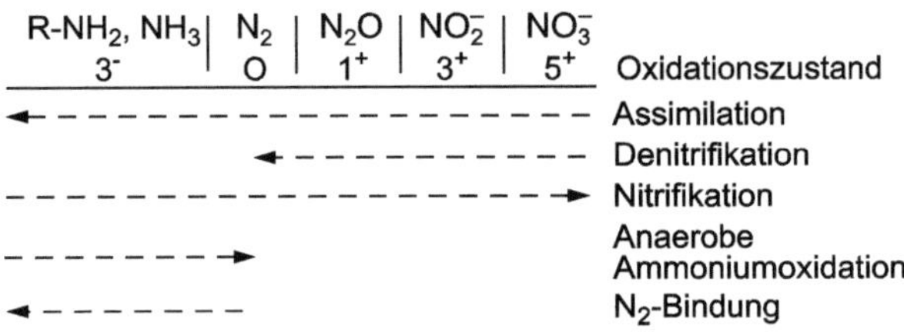

Abb. 12.1 Die wichtigsten Prozesse des mikrobiologischen Stickstoffkreislaufs (Entwurf: JCG Ottow)

der **Nitratassimilation** (Eiweißsynthese) und **Nitratammonifikation** (ATP-Synthese) werden jeweils acht Elektronen pro Mol NO_3^- für die Reduktionsprozesse benötigt, für die **Nitrifikation** werden diese Elektronen durch biochemische Oxidation mit O_2 stufenweise wieder frei und zur ATP-Synthese verwendet. Hingegen werden für die vollständige **Denitrifikation** (Reduktion von Nitrat bis zum N_2 zum Zwecke der ATP-Synthese) lediglich sechs Elektronen pro Mol benötigt. Die biologische N_2-Bindung (**Diazotrophie**) bis zum NH_3 verlangt drei Elektronen pro Mol N_2. Das natürlich vorkommende N_2-Gas besteht aus den Isotopen ^{14}N (99,63%) und ^{15}N (0,37%). Letzteres wird zum Markieren von N-Verbindungen (N_2, NH_4^+, NO_3^-) eingesetzt, um mikrobiologische Prozesse aufzuklären oder quantitative Analysen durchzuführen.

12.2 Kinetik der N-Mineralisation

Der Gesamtstickstoffgehalt (N_t) von Oberböden streut sehr, liegt aber im Mittel bei etwa 0,1–0,4% (Ackerstandorte 0,01–1,0%), davon befinden sich >95% in organischer Form (Kap. 11). Die Ammonifikation aus organischen N-Verbindungen (R–NH_2) ist ein unspezifischer extrazellulärer hydrolytischer Prozess (Desaminasen) mit relativ geringer Aktivierungsenergie (Gl. 12.1 und 12.2)

$$R–NH_2 + H_2O \rightarrow NH_3 + R–OH \quad (12.1)$$

$$NH_3 + H^+ + OH^- \Leftrightarrow NH_4^+ + OH^- \quad (12.2)$$

Mit der N-Mineralisierung ist stets ein Anstieg im pH-Wert der Bodenlösung verbunden (12.2). Zweck der N-Mineralisierung ist die Bereitstellung von NH_4^+ für die körpereigenen Syntheseprozesse. Andere Mikroorganismen und Pflanzenwurzeln profitieren von der extrazellulären Desaminierung. In den meisten aeroben Böden wird ein Teil des Ammoniums von den Nitrifikanten rasch nitrifiziert (Bildung von NO_3^- über NO_2^-). Weil der größte Teil des gebildeten NH_4^+ und NO_3^- sofort von der mikrobiellen Biomasse und von Pflanzenwurzeln assimiliert wird (**N-Immobilisierung**), kann in Böden grundsätzlich nur die *Netto*-Mineralisation quantifiziert werden. Aus praktischen Gründen werden dabei die Konzentrationen an NH_4^+-N und NO_3^--N meist zusammen angegeben (N_{min}-Gehalt).

Die N-Mineralisation folgt entsprechend der C-Mineralisation einer Reaktion **1. Ordnung** (Gl. 12.3)

$$dN/dt = -k \times N \quad (12.3)$$

In dieser Gleichung ist N die Konzentration an mineralisierbarem Stickstoff, *t* die Zeit der Mineralisationsdauer und *k* die Mineralisationsrate (NH_4^+-N-Bildung pro Zeiteinheit). Nach Integration der Differenzialgleichung (12.3) ergibt sich (Gl. 12.4)

$$N_m - N_t = N_0 \times e^{-kt} \quad (12.4)$$

in der N_0 der Gesamtgehalt an potenziell mineralisierbarem Stickstoff (maximal mineralisierbare N-Konzentration) zum Zeitpunkt $t = 0$ und N_m–N_t die Substratmenge zum Zeitpunkt *t* darstellt (Benedetti u. Sebastiani 1996; Benbi u. Richter 2002). Wenn N_m die Konzentration an mineralisiertem N (NH_4^+-N + NO_3^--N) nach der Zeit *t* angibt und N_t durch (N_0–N_m) ersetzt wird, dann ergibt sich mithilfe des dekadischen Logarithmus ($\log_{10}$) aus der Gleichung (12.4) die lineare Beziehung (Gl. 12.5):

$$\log N_t = \log (N_0–N_m) = \log (N_0) \times -kt/2{,}303 \quad (12.5)$$

und (Gl. 12.6):

$$k = 2{,}303/t \times \log (N_0/N_t) = 2{,}303/t \times \log (N_0/(N_0–N_m)) \quad (12.6)$$

Aus (12.6) kann k (N_{min} × $Woche^{-1}$) errechnet werden, wenn N_m und N_o bekannt sind. Während die Gesamtkonzentration an mineralisiertem N (N_m) durch Bestimmung von Nitrat-N und Ammonium-N nach Extraktion aus dem Boden (mit $CaCl_2$-Lösung) zuverlässig quantifiziert werden kann, lässt sich die Gesamtkonzentration an **potenziell mineralisierbarem** N (N_0) analytisch nicht einfach erfassen, weil dieser Parameter von den N-Bindungsformen in der organischen Bodensubstanz (OBS) und von der bodenspezifischen N-Nachlieferungsdynamik (N-Mineralisierung) aus der OBS bestimmt wird (Kap. 11.9). Letzterer ist abhängig von Faktoren wie Feuchtigkeit, Temperatur, O_2-Versorgung sowie vom pH-Wert des Bodens.

Da N_0 eine langfristige Dynamik hat, kann dieser Parameter im Boden nicht mit einer einmaligen chemischen Analytik bestimmt werden. Im Allgemeinen verläuft die N-Nachlieferungsdynamik (im Felde oder in Brutversuchen mit Bodenproben unter Standardbedingungen bei 60% der mWK und 25 °C) entsprechend einer bodenspezifischen abflachenden Sättigungskurve (Exponentialfunktion, wie sie von der Michaelis-Menten-Kinetik bekannt ist). N_0 ist somit eine zeitlich variable Größe, mit einem Maximalwert und einer spezifischen Mineralisationsrate *k*. Nur in Brutversuchen mit homogenisierten Bodenproben (unter Standardbedingungen) lassen sich die N_m-Werte in einer zeitabhängigen Mineralisationsreihe über mehrere Wochen (ca. 6–10 Wochen) bestimmen. Wenn in der linken Hälfte der Gleichung (12.5) für N_0 ein bestimmter Wert eingesetzt wird und dieser Wert jeweils für die einzelnen Messtermine um N_m vermindert wird, kann log (N_0–N_m) gegen *t* aufgetragen werden, wobei annähernd eine Regressionsgerade erhalten wird, aus der $k = k_1$ geschätzt werden kann. Weil der N_0-Wert angenommen wurde, ist k_1 nicht der beste Schätzwert, zumal Messfehler ebenfalls log-transformiert werden. Bessere Annäherungen an die Schätzwerte für *k* und N_o lassen sich durch Iterationsverfahren (mathematisch-statistische Näherungsmethoden) erhalten. Dabei werden die Regressionen mithilfe des Iterationsverfahrens wiederholt berechnet, bis sich die Werte von N_o und *k* nicht mehr verändern. Die besten Schätzwerte für N_0 und *k* sind jene Werte, die eine Regression mit dem höchsten Bestimmtheitsmaß (r^2) ergeben.

Aufgrund umfangreicher Brutversuche mit einer großen Anzahl an verschiedenen Böden aus dem gemäßigten und tropischen Klima wurden *k*-Schätzwerte zwischen 0,035 und 0,167 mg N × kg^{-1} TB (trockener Boden) × $Woche^{-1}$ ermittelt. Die entsprechenden N_0-Werte lagen zwischen 20 und 300 mg N × kg^{-1} TB. Böden mit dem höchsten „Humus"-(C_{org})-Gehalt enthielten nicht zwingend auch die größten Konzentrationen an N_0. Bezogen auf den Gesamt-N-Gehalt (N_t) der Böden streut der potenziell-mineralisierbare N_0-Anteil zwischen 4 und 40% (Stanford u. Smith 1972; Benedetti u. Sebastiani 1996; Benbi u. Richter 2002; Ribeira *et al.* 2010). Diese Ergebnisse zeigen deutlich, dass die potenziell mineralisierbare N-Fraktion in Böden (a) relativ gering und (b) stark variabel ist. Für vergleichende Untersuchungen von Böden zur Beurteilung der **Bodenqualität** (als Produktionsstandort) sind diese Erkenntnisse besonders aufschlussreich. Allerdings hat die Aussagekraft der im Labor erzielten Ergebnisse von N_0 und *k* für die Praxis nur eine bedingte Bedeutung, da durch Homogenisieren von frischen oder luftgetrockneten Böden und Bebrüten solcher Böden unter Standardbedingungen (hinsichtlich der Feuchtigkeit, Temperatur und pO_2) die Konzentration an potenziell mineralisierbarem N unter Feldbedingungen in der Regel **überschätzt** wird. Die Erfahrung lehrt, dass die im Labor bestimmten N_0-Schätzwerte etwa 10 bis 25% höher ausfallen als diejenigen Messwerte, die unter Feldbedingungen bei wechselnden Bedingungen ermittelt werden.

12.3 Proteolyse und Ammonifikation

Proteine (Eiweiße, Eiweißstoffe, Polypeptide) werden in Böden von den meisten heterotrophen Mikroorganismen durch extrazelluläre Proteasen (Peptid-Hydrolasen) sofort zu Peptiden hydrolysiert (Proteolyse). Die Peptide werden anschließend unter Aufnahme von Wasser durch **Peptidasen (=Exopeptidasen)** und **Proteinasen (Endopeptidasen)** in die verschiedenen Aminosäuren zerlegt. Während Endopeptidasen die Peptidbindungen im Inneren eines Proteins spalten, greifen Exopeptidasen die Peptide am Amino- oder Carboxyende an. Proteasen sind sowohl Exoenzyme, die von den Zellen in die Umgebung der Zelle abgegeben werden, als auch intrazelluläre Endoenzyme. Nach dem extrazellulären enzymatischen Abbau der hochmolekularen Proteine werden Oligopeptide und Aminosäuren mithilfe verschiedener Transportsysteme durch die Cytoplasmamembran ins Zellinnere transportiert. Oligopeptide werden intrazellulär durch Peptidasen zu Aminosäuren hydrolysiert. D-Aminosäuren (z. B. D-Glu, D-Ala aus Murein) werden durch Racemasen zunächst in die L-Formen überführt. Bereits bei der Aufnahme und beim Transport wird nach Bedarf zwischen den verschiedenen Aminosäuren unterschieden. Dabei werden bestimmte Aminosäuren bevorzugt für Syntheseprozesse verwendet (N-Anabolismus), andere bei Bedarf desaminiert (hydrolytische Abspaltung von α-Aminogruppen) oder decarboxyliert (hydrolytische Abspaltung von Carboxylgruppen). Ist die N-Versorgung durch NO_3^-- und/oder NH_4^+-Aufnahme gewährleistet, dann werden die α-Aminogruppen durch **Desaminasen** (engl. *deaminases*) unter Aufnahme von Wasser und unter Ersatz der N-Funktion durch Wasserstoff in stickstofffreie Verbindungen und NH_3 zerlegt (Ammonifikation), damit das C-Gerüst für Syntheseprozesse oder im TCC zur Energiegewinnung verwendet werden kann.

Wertvolle Aminosäuren werden jedoch von der mikrobiellen Biomasse nur desaminiert, wenn die Verfügbarkeit von N im Vergleich zum C-Angebot hoch ist (bei einem engen C/N-Verhältnis von ≤ 20). Schätzungsweise 40 bis 60% des aufgenommenen Aminosäuren-N werden als NH_4^+ ausgeschieden. Bis heute ist wenig bekannt über Herkunft und Eigenschaften der extrazellulären Peptidasen in Böden. Mithilfe der PCR-Amplifikation ausgewählter funktioneller Gene wie *apr* (alkalische Metallpeptidase), *npr* (neutrale Metallpeptidase) und *sub* (Serin-Peptidase) aus Bodenproben wird methodisches Neuland betreten, um Licht in dieses vernachlässigte Gebiet zu werfen (Bach *et al.* 2000; Fuka *et al.* 2008).

Durch Decarboxylierung (CO_2-Abspaltung aus Carboxylgruppen durch Decarboxylasen) können Aminosäuren auch in Amine überführt werden. Aus Lysin entsteht auf diese Weise Cadaverin, aus Arginin das Agmatin. Solche biogenen Amine haben als Polyamine im Stoffwechsel von Prokaryoten eine große Bedeutung (Kap. 4).

Mindestens drei Arten von Desaminierungen sind für die Ammonifikation verantwortlich.

- **Oxidative Desaminierung**. Die α-Aminogruppe wird unter Entzug von 2H zur 2-Iminogruppe oxidiert und daraus wird NH_3 hydrolytisch abgespalten. In dieser Reaktion wird beispielsweise Glutaminsäure mithilfe einer Glutamat-Dehydrogenase und einer Desaminase zu α-Ketoglutarsäure (für den TCC) und NH_4^+ (NH_3) oxidiert, wobei NADH gebildet und über Cytochrome zur ATP-Synthese veratmet werden kann (Gl. 12.7).

$$\text{L-Glutaminsäure} + NAD^+ + H_2O \rightarrow HN_4^+ + NADH + \alpha\text{-Ketoglutarsäure} \quad (12.7)$$

- **Desaturative Desaminierung**. Bei dieser Ammonifikation wird beispielsweise Asparaginsäure durch Aspartasc (Asparaginase) zu Ammonium und Fumarsäure desaminiert (Gl. 12.8). Fumarsäure wird anschließend in den TCC eingeschleust.

$$\text{L-Asparaginsäure} + H_2O \xrightarrow{Aspartase} NH_4^+ + \text{Fumarat} \quad (12.8)$$

- **Hydrolytische Desaminierung**. Hierbei wird Harnstoff durch das spezifische Exoenzym Urease zu CO_2 und NH_3 hydrolysiert. Weil Harnstoff das wichtigste N-haltige Ausscheidungsprodukt von Menschen sowie von anderen Säugetieren, Amphibien und bestimmten Pilzen ist, kommt es ubiquitär in Böden und Gewässern vor. Infolgedessen ist Urease ein konstitutives Enzym der meisten Prokaryoten, Fungi und pilzähnlichen Organismen. Die Harnstoffhydrolyse erfolgt in Böden daher ohne Latenzzeit. Auch die verschiedenen synthetischen N-Düngemittel auf der Basis von Harnstoff werden von Urease rasch zu NH_4^+ hydrolysiert. Es kommt zur pH-Erhöhung (Gl. 12.9).

$$\text{Harnstoff} + H_2O \xrightarrow{Urease} CO_2 + 2NH_4^+ \quad (12.9)$$

Synthetische N-Düngemittel auf Harnstoffbasis gelten folglich als schnellwirksame N-Quellen. Das extrazellulär gebildete Ammonium wird von Mikroorganismen und Wurzeln rasch zur Eiweißsynthese aufgenommen und/oder von Nitrifikanten zur Energiegewinnung (ATP, Bildung von Reduktionsäquivalenten) oxidiert. Im Gegensatz zur Harnstoffhydrolyse erfolgen die oxidativen und desaturativen Desaminierungen stets intrazellulär. Anschließend wird NH_4^+ ausgeschieden.

12.3.1 Mikroorganismen und ökologische Bedingungen der Ammonifikation

Die N-Mineralisation ist ein unspezifischer Prozess und wird praktisch von allen Reduzenten (Prokaryoten, Echte Pilze, bestimmte Protozoen) und indirekt von zahlreichen Konsumenten (Protozoen und Nematoden) durchgeführt, wenn ausreichend Wasser zur Verfügung steht und die Bodentemperatur etwa zwischen 5 und 40° C liegt. In diesem physiologischen Temperaturbereich bedeutet die Zunahme der Temperatur im Boden um 10° C etwa eine Verdoppelung bis Verdreifachung der Ammonifikation (Q_{10} = etwa 2–3). Für die Desaminierung als hydrolytischer Prozess sind lediglich Wasser und Desaminasen erforderlich. Die Ammonifikation läuft folglich sowohl aerob als anaerob ab, obwohl die N-Mineralisierung unter aeroben Bedingungen bei einem günstigen Luft-Wasser- und Wärmehaushalt wesentlich intensiver verläuft als unter Luftabschluss. Die Ammonifikation findet in einem weiten pH-Bereich von etwa 3–8, mit einem Optimum bei pH 5–6 statt. Der pH-Wert des Bodens hat somit nur unter extrem sauren und alkalischen Bedingungen Einfluss auf die Geschwindigkeit der N-Mineralisation. In bewirtschafteten Ackerböden sind *Bacteria*, *Archaea* und Protozoen für den Löwenanteil der N-Mineralisierung verantwortlich, während auf Grünland und in der Streu von Waldböden die Pilze mit ihren penetrierenden Hyphen die N-Mineralisierung bis zu 90% durchführen können. In der Streuschicht und in den A_h-Horizonten von Waldböden beteiligen sich vor allem die ektotrophen Mykorrhizapilze (Kap. 18) an der N-Mineralisation.

12.4 Nitrifikation

12.4.1 Kinetik der Nitrifikation

Ammonium wird in Böden bei günstigem Luft-Wärme-Wasserhaushalt und optimalen pH-Bedingungen (> 6,1) im Zuge einer Nitrifikation über NO_2^- rasch zu NO_3^- oxidiert. Die chemolithoautotrophe Nitrifikation ist ein spezifischer Oxidationsprozess (O_2) und erfolgt in zwei Schritten: **Nitritation**: $NH_4^+ \rightarrow NO_2^-$ und **Nitratation**: $NO_2^- \rightarrow NO_3^-$. Jeder Teilschritt ist O_2-abhängig und wird von phylogenetisch sehr unterschiedlichen, aeroben Prokaryoten (Vertreter von *Bacteria* und *Archaea*) katalysiert. Die Geschwindigkeit der Nitritation (durch *Nitroso*-Prokaryoten) und der Nitratation (durch *Nitro*-Prokaryoten) wird bei relativ hohen Substratkonzentrationen in erster Linie von der O_2-Versorgung und dem pH-Wert bestimmt. Weil die Nitritations- und die Nitratationsraten primär von anderen Faktoren als der Substratkonzentration begrenzt werden, folgt die Kinetik unter optimalen Bedingungen einer Funktion nullter Ordnung (Müller 2000) (Gl. 12.10):

$$dN/dt = -k_o \qquad (12.10)$$

Die Reaktionsordnung gibt an, mit welchem Exponenten die Ausgangskonzentration im Ansatz der Geschwindigkeitsgleichung auftritt. In einer Reaktion nullter Ordnung hängt die Reaktionsgeschwindigkeit nicht von der Konzentration eines der Reaktanten ab. Nach Integration ergibt sich die Gleichung (Gl. 12.11):

$$N_t = N_0 \times -kt \qquad (12.11)$$

in der N_t die N-Konzentration (NH_4^+- oder NO_2^--N) nach der Zeit t, N_0 die Ausgangkonzentration an NH_4^+- bzw. NO_2^--N und k die Oxidationsrate pro Zeiteinheit darstellt. Die Gleichung 12.11 zeigt deutlich, dass die Nitritation bzw. die Nitratation bei relativ hohen Substratkonzentrationen und Anfangspopulationen an Nitrifikanten ausschließlich von der Oxidationsrate k der jeweiligen Reaktion bestimmt wird. Im Boden wird k im Wesentlich von der O_2-Versorgung und damit von der Durchlüftung (eine Funktion der Bodenstruktur, insbesondere des Anteils an Grob- und Mittelporen) reguliert. Die Halbwertszeit (die erforderliche Zeit für eine 50%ige Oxidation von NH_4^+- bzw. NO_2^--N: DT_{50}-Wert) der Nitritation bzw. Nitratation ist dann (Gl. 12.12):

$$N_t = N_0/2 \text{ und } DT_{50} = N_0/2k \qquad (12.12)$$

Die mittlere Verweilzeit T (*turnover time*) entspricht der Zeit, die benötigt wird, um eine N-Konzentration entsprechend der Anfangskonzentration N_o einmal vollständig umzusetzen. Wie ersichtlich, wird auch T von der Oxidationsrate k bestimmt (Gl. 12.13)

$$T = N_0/k \qquad (12.13)$$

Für die Umsetzungen von NH_4^+ bzw. NO_2^- in Böden bedeutet die o. g. Kinetik der Nitrifikation eine primäre Abhängigkeit von den Bodenbedingungen.

Liegen in Böden optimale Bedingungen hinsichtlich der O_2-Versorgung, des pH-Werts und der Feuchtigkeit vor, dann wird NH_4^+ bzw. NO_2^- rasch umgesetzt, weil die Nitrifikanten für die CO_2-Fixierung (C-Quelle) und Energiegewinnung (ATP, Reduktionsäquivalente) hauptsächlich auf NH_4^+ bzw. NO_2^- angewiesen sind. Unter optimalen Bodenbedingungen wird NH_4^+ entsprechend der Gleichung (Gl. 12.14):

$$NH_4^+ + 2O_2 \rightarrow NO_3^- + 2H^+ + H_2O \qquad (12.14)$$

unter Freisetzung von Protonen vollständig zu NO_3^- umgesetzt. Wie der Gleichung (12.14) zu entnehmen ist, werden für die Oxidation von einem Mol NH_4^+-N zwei Mole O_2 verbraucht und zwei Protonen frei, die zwei Mole HCO_3^- (z. B. aus dem Puffersystem von $CaCO_3$) neutralisieren können. Intensive Nitrifikationsprozesse führen in Böden langfristig stets zu einer **natürlichen Versauerung**, falls die Pufferwirkung ($CaCO_3$-Gehalt, Basensättigung der KAK) gering ist. Das mobile NO_3^- wird zwar von Pflanzen und Mikroorganismen bevorzugt aufgenommen, doch kann ein relativ hohes Nitratangebot im gemäßigten humiden Klima zeitlich und räumlich (a) zu beachtlichen Nitratauswaschungen in den Unterboden, und (b) bei einem relativ hohen Angebot an leicht mineralisierbarem Kohlenstoff (Wasserstoff-Donatoren) auch unter aeroben Bedingungen in *hot spots* zu einer intensiven Denitrifikation mit Entgasungen von N_2, N_2O (Lachgas) und NO (Stickstoffmonoxid) führen (Ozonzerstörung, Klimaerwärmung).

12.4.2 Biochemie der chemolithoautotrophen Ammoniumoxidation (Nitritation)

Chemolithoautotrophe Ammoniumoxidierer (NH_3 dient als H-Donator, CO_2 als bevorzugte C-Quelle) gehören phylogenetisch sehr verschiedenen *Bacteria* und *Archaea* an, die taxonomisch und physiologisch nur vereinzelt im Detail untersucht wurden, obwohl der Vorgang seit mehr als 100 Jahren bekannt ist (Arp u. Bottomley 2006). Nur bei *Nitrosomonas europaea* (Modellorganismus der Nitritation) wurde die Biochemie der Ammoniumoxidation (Gl. 12.15)

$$NH_3 + 1{,}5\ O_2 \rightarrow H^+ + NO_2^- + H_2O \quad \Delta G_0' = -234\ \text{Kj} \times \text{Mol}^{-1} \qquad (12.15)$$

eingehend untersucht (Fiencke *et al.* 2005). Die Umsetzung verläuft in zwei Schritten und wird von den Schlüsselenzymen Ammoniak-Monooxygenase (AMO) und Hydroxylamin-Oxidoreduktase (HAO) katalysiert. Das Enzym AMO besitzt an der periplasmatischen Seite der Cytoplasmamembran drei unterschiedliche Untereinheiten (AMO-A, AMO-B und AMO-C). Diese werden von den Genen *amoA*, *amoB* und *amoC* im *amo*-Operon codiert. AMO oxidiert Ammoniak (NH_3) zu Hydroxylamin (NH_2OH). Dieser erste Schritt (Gl. 12.16) ist endergonisch ($\Delta G_0'$ = +17 KJ x Mol^{-1}) und erfolgt unter Einsatz von Reduktionsäquivalenten (NAD(P)H). Erst die exergonische Reduktion von Sauerstoff (Gl. 12.17) ermöglicht die endergonische Oxidation von NH_3 zu Hydroxylamin (Gl. 12.18):

$$NH_3 + \tfrac{1}{2}\ O_2 \rightarrow NH_2OH \quad \Delta G_0' = +17\ \text{kJ} \times \text{Mol}^{-1} \qquad (12.16)$$

$$\tfrac{1}{2}\ O_2 + 2\ H^+ + 2e \rightarrow H_2O \quad \Delta G_0' = -137\ \text{kJ} \times \text{Mol}^{-1} \qquad (12.17)$$

$$NH_3 + O_2 + 2\ H^+ + 2e \rightarrow NH_2OH + H_2O \quad \Delta G_0' = -120\ \text{kJ} \times \text{Mol}^{-1} \qquad (12.18)$$

Hydroxylamin wird anschließend durch das membrangebundene Enzym Hydroxylamin-Oxidoreduktase (HAO) zu NO_2^- oxidiert, wobei die aus der Oxidation von Hydroxylamin stammenden Elektronen auf Cytochrom *c* übertragen und so in die Atmungskette eingeschleust werden (ATP-Synthese, Bildung von Reduktionsäquivalenten). Hydroxylamin ist ein gutes Substrat für die Nitrifikation. Die Hydroxylaminoxidation ist somit der eigentliche energieliefernde Schritt (Gl. 12.19, 12.20 und 12.21):

$$NH_2OH + H_2O \rightarrow HNO_2 + 4\ H^+ + 4\ e \quad \Delta G_0' = +23\ \text{kJ} \times \text{Mol}^{-1} \qquad (12.19)$$

$$2\ H^+ + 2e + \tfrac{1}{2}\ O_2 \rightarrow H_2O \quad \Delta G_0' = -137\ \text{kJ} \times \text{Mol}^{-1} \qquad (12.20)$$

$$NH_2OH + \tfrac{1}{2}\ O_2 \rightarrow HNO_2 + 2\ H^+ + 2e \quad \Delta G_0' = -114\ \text{kJ} \times \text{Mol}^{-1} \qquad (12.21)$$

Während der Oxidation von Hydroxylamin wird in einem Zwischenschritt membrangebundenes Nitroxyl (NOH) gebildet, aus dem in Spuren spontan NO und N_2O freigesetzt werden können. Bei der Nitritation können somit NO und N_2O entstehen. Nitroxyl ist jedoch so labil, dass seine Existenz als Zwischenprodukt in der Zelle noch nicht nachgewiesen werden konnte. Die Ursache dieser aeroben spontanen Stickstoffentgasungen ist noch nicht geklärt (Bothe *et al.* 2000; Fiencke *et al.* 2005).

Bei der Oxidation von Hydroxylamin werden vier Reduktionsäquivalente ($4H^+$ + 4e) freigesetzt, von denen zwei über einen Ubichinon-Cyt_{bc}-Komplex wieder auf die AMO-Reaktion fließen und zwei rückläufig über das Cytochromsystem zur Bildung von NAD(P)H führen. Diese Reduktionsäquivalente werden zur CO_2-Fixierung (Calvin-Cyclus) verwendet. Für die Oxidation von 1 mg NH_4^+-N zu NO_2^- sind 3,21 mg O_2 erforderlich, was den hohen O_2-Bedarf für die Nitritation erklärt. NH_4^+-Oxidierer können auch Harnstoff [$CO(NH_2)_2$] mittels Urease hydrolysieren (12.9) und NH_4^+ als Substrat (H-Donator) zusätzlich bereitstellen. Harnstoff dient den NH_4^+-Oxidierern nicht nur als Energie-Quelle (H-Donator), sondern offenbar auch als C-Lieferant, wie Untersuchungen mit ^{14}C-markiertem Harnstoff ergeben haben (Marsch *et al.* 2005). Dies dürfte erklären, warum in der Praxis eine Harnstoffdüngung zu einer schnelleren Nitrifikation führt als eine reine NH_4^+-Düngung.

Das Enzym AMO ist bemerkenswert **unspezifisch**. Es kann nicht nur NH_4^+ (NH_3), sondern auch Methan (CH_4), Ethylen (C_2H_4), Propylen (C_3H_6, Propen), Phenol (C_6H_6O) und Cyclohexan als Substrate oxidieren. Diese Substanzen sind für NH_4^+-Oxidierer aber unphysiologisch und hemmen die AMO kompetitiv. Auch andere Verbindungen wie Acetylen (C_2H_2), Allylthioharnstoff, Nitrapyrin (N-Serve), Dicyandiamid (DCD), 3,4-Dimethylpyrazolphosphat (DMPP) und 4-Chlor-3-methylpyrazolphosphat (ClMP) können AMO blockieren und werden als **spezifische Nitrifikationsinhibitoren** (NI) in der landwirtschaftlichen Praxis verwendet (Abb. 12.2).

12.4.3 Biochemie der chemolithoautotrophen Nitritoxidation (Nitratation)

Die Oxidation von NO_2^- zu NO_3^- erfolgt unmittelbar nach der Nitritbildung durch sehr verschiedene Prokaryoten (*Nitro*-Gruppe) der Nitratation (chemolithoautotrophe Nitritoxidierer). Die Nitritoxidation bei *Nitrobacter*-Arten verläuft in einem Schritt und wird in zwei Halbreaktionen durch das Enzym **Nitrit/Nitrat-Oxidoreduktase** (NOR) katalysiert (Gl. 12.22 bis 12.24):

$$NO_2^- + H_2{}^*O \rightarrow NO_3^- + 2\,H^+ + 2e \qquad \Delta G_0' = +83\ \text{kJ} \times \text{Mol}^{-1} \qquad (12.22)$$

$$\tfrac{1}{2}\,O_2 + 2\,H^+ + 2e \rightarrow H_2{}^*O \qquad \Delta G_0' = -157\ \text{kJ} \times \text{Mol}^{-1} \qquad (12.23)$$

$$NO_2^- + \tfrac{1}{2}\,O_2 \rightarrow N^*O_3^- \qquad \Delta G_0 = -74\ \text{kJ} \times \text{Mol}^{-1} \qquad (12.24)$$

Der Sauerstoff im Nitrat ($N^*O_3^-$) stammt dabei nicht aus dem O_2, sondern aus dem Wasser ($H_2{}^*O$). Nitrit/Nitrat-Oxidoreduktase ist extracytoplasmatisch an der Außenseite der Cytoplasmamembran lokalisiert. Die Energiegewinnung (ATP-Synthese) erfolgt mithilfe von Cytochrom *a* unter Bildung von Wasser. Wie bei der Nitritation verläuft der Elektronenfluss rückläufig über Flavoproteine zum NAD(P)H und dient der CO_2-Fixierung über den Calvin-Cyclus. Für die Fixierung von einem Mol CO_2 wird die Oxidation von ca. 80 Mol NO_2^- benötigt. Dieses Verhältnis zeigt eindrucksvoll, dass nur intensive Nitritumsetzungen zu nennenswertem Wachstum von Nitrifikanten der Nitratation führen können. Alternativ zu NO_2^- kann jedoch auch NO als Substrat genutzt werden. NO kommt aber nur in Spuren in Böden vor und kann infolgedessen für das Wachstum von Nitrifikanten der Nitratation keine Rolle spielen.

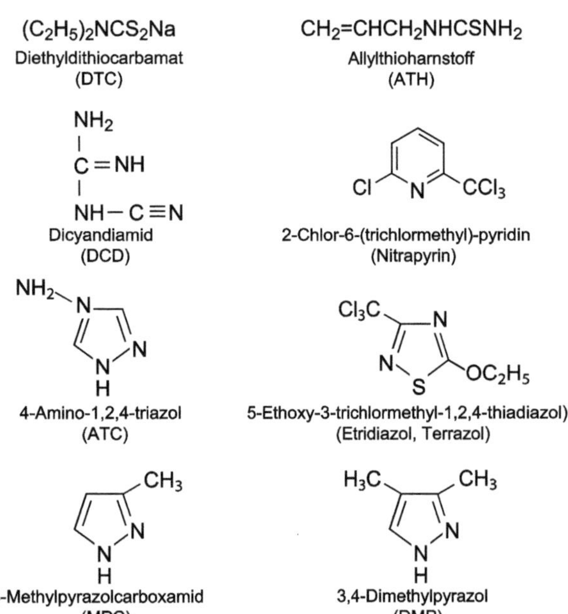

Abb. 12.2 Chemische Struktur verschiedener Nitrifikationsinhibitoren mit Verwendung in der landwirtschaftlichen Praxis

Für die Oxidation von 1 mg NO_2^- zu NO_3^- werden 1,11 mg O_2 benötigt. Somit verbraucht die Nitratation im Vergleich zur NH_4^+-Oxidation pro Mol etwa 1/3 weniger Sauerstoff, was ökophysiologisch in Böden bei hohem O_2-Verbrauch von Vorteil ist. Infolgedessen wird die Nitratation vom abnehmenden pO_2 weniger rasch beeinträchtigt als die Nitritation, wodurch es auch aus diesem Grund nicht zur NO_2^--Akkumulation kommt.

12.4.4 Ökophysiologie der Nitrifikation

In den meisten Böden kommen kultivierbare NH_4^+-oxidierende *Bacteria* in Populationen von etwa 10^3 bis 10^4 Keime × g^{-1} TB vor. Die Dichte an nitritoxidierenden *Bacteria* ist aufgrund der vergleichsweise geringeren maximalen Energiegewinnung kleiner als die Population an Ammoniumoxidierern, und ihre Populationsdichten schwanken zwischen 10^2 bis $10^4 \times g^{-1}$ TB. Die Nitrifikanten der *Nitroso*- und *Nitro*-Gruppen leben in Böden meist in Biofilmen und Kolonien als **sessile synthrophe Lebensgemeinschaften** an Bodenkolloiden, bevorzugt in wechselfeuchten Grob- und Mittelporen. Extrazelluläre polymere Substanzen (EPS) dienen dabei als Kittsubstanzen. Auch in Tropfkörpern von Abwasserreinigungsanlagen bilden die Nitrifikanten zusammen mit heterotrophen Begleitorganismen dichte Rasen auf dem Füllmaterial und entnehmen dem Perkolationswasser NH_4^+ und NO_2^-. Dieses Prinzip der NH_4^+- und NO_2^--Entnahme aus perkolierenden Lösungen gilt auch im Porenraum von Böden. Wassersättigung führt rasch zur Hemmung der O_2-Diffusion und folglich zur vollständigen O_2-Zehrung und zur Inaktivierung der Nitrifikation.

Weil bei der Nitritation (12.7) im Vergleich zur Nitratation (12.8) maximal etwa dreimal so viel Energie gewonnen werden kann, wird das gebildete NO_2^- unter optimalen Bedingungen in Böden sofort weiter oxidiert. Die Nitritbildungsrate ist für die Organismen der Nitratation im Boden der wachstumsbegrenzende Faktor. Infolgedessen kommt es in aktiven Böden unter optimalen Bedingungen kaum zur **Nitritakkumulation**. Sowohl die Organismen der Nitritation als auch der Nitratation wachsen bevorzugt **chemolithoautotroph.** Weil lithotroph wachsende Nitrifikanten nur 2 bis 3% der freien Energie für ihr Wachstum nutzen können, müssen die Umsatzraten an NH_4^+ oder NO_2^- hoch sein. *E. coli* benötigt zur Bildung von 1 g Zelltrockenmasse lediglich 2 g Glucose, das chemolithoautotrophe Bakterium *Nitrosomonas europaea* hingegen 30 g NH_3. Daraus resultiert insgesamt die geringe Wachstumsgeschwindigkeit bei relativ hohen Umsatzraten. NH_4^+ und NO_2^- werden in Böden sehr schnell zu NO_3^- umgesetzt, vor allem bei ausreichender O_2-Versorgung, günstigen pH-Bedingungen (pH > 6,1) und optimalen Temperaturen (zwischen 25 und 35 °C). Im Frühjahr bei **steigenden Temperaturen** (> 5 °C) wird der NH_4^+-Vorrat aus dem Winter von (z. T. psychrophilen) Nitrifikanten in wenigen Wochen vollständig in NO_3^- umgesetzt. Dies erfolgt oft zu einem Zeitpunkt, in dem das NO_3^--Angebot den Bedarf der jungen Pflanzen noch weit übersteigt. Es kann zur Nitratauswaschung kommen, vor allem wenn der N-Vorrat im Boden durch N-reiche organische und/oder mineralische Düngung relativ hoch ist. Zwar kann das Nitrat im Unterboden **potenziell** durch Denitrifikation entgast werden (als N_2O und N_2), doch fehlt es in diesem Bodenraum häufig an geeigneten, leicht mineralisierbaren C-Verbindungen (H-Donatoren).

Im Porenraum von Ackerböden ist die CO_2-Konzentration im durchwurzelten und belebten Oberboden etwa um das 10- bis 100-Fache höher als in der freien Atmosphäre. Für die Nitrifikanten ist die erhöhte CO_2-Konzentration günstig („Kohlensäuredüngung"), besonders in Böden mit schwachsaurem bis alkalischem Milieu (pH-Bereich von 6,1 bis 10). In Nährlösungen mit Reinkulturen wurde sowohl für Organismen der *Nitroso*- als auch der *Nitro*-Gruppe ein pH-Optimum von etwa 8,5 nachgewiesen. Ursache dieses Optimums im alkalischen Bereich ist einerseits das Verhalten von CO_2 in wässrigen Lösungen (Dissoziation) und andererseits die Tatsache, dass Nitrifikanten primär HCO_3^- (Hydrogencarbonat) in den Calvin-Cyclus (reduktiven Pentosephosphatcyclus) einschleusen, um den C-Bedarf zu decken. Der starke pH-Abfall oberhalb des pH-Optimums von 8,5 geht auf die Unfähigkeit zurück, CO_3^{2-} (Carbonat) zu fixieren. In sauren Böden (pH < 5) zerfällt H_2CO_3 in CO_2 und H_2O. Mit steigendem pH-Wert bildet sich in der Bodenlösung Hydrogencarbonat (pH 6,4–10,3) und anschließend Carbonat (pH > 10,3) (Kap. 2, Abb. 2.1). In sauren Böden ist die N-Mineralisation (Ammonifikation) grundsätzlich gering und infolgedessen auch das Angebot an NH_4^+. Mit zunehmender Versauerung nimmt das Protonenangebot exponentiell zu und infolgedessen auch die Umwandlung von NH_3 in NH_4^+. Ammonium ist ein schlechtes Substrat für Nitrifikanten der Nitritation. Aus Substratmangel kann folglich die Nitritation nur gering sein (De Boer u. Kowalchuk 2001). Prokaryoten der Nitratation werden in **sauren Böden** besonders empfindlich gehemmt, weil das nicht dissoziierte HNO_2 kaum verwertet werden kann. Aus den o. g. Gründen wird deutlich, warum die **chemolithoautotrophe Nitrifikation** in Böden unterhalb eines pH-Wertes von etwa 5–6 fast vollständig zum Erliegen kommen muss. In vielen sauren Böden wurden jedoch immer wieder relativ hohe NO_3^--Konzentrationen festgestellt. Ökophysiologisch kann diese NO_3^--Bildung kaum den chemolithoautotrophen Nitrifikanten (*Bacteria* und *Archaea*) zugeschrieben werden. Für die Nitratbildung in sauren Böden gibt es mehrere Hypothesen. So kann die Nitratbildung auf angepasste **acidotolerante** chemolithoautotrophe Nitrifikanten zurückgeführt werden. Wenn die Lebensgemeinschaft und phylogenetische Zugehörigkeit von NH_4^+-oxidierenden *Bacteria* und *Archaea* in langjährigen (seit 1961) Versuchsparzellen mit pH-Werten von 4,5 bis 7,5 (Craibstone, Schottland) mit molekularbiologischen Analysen (DNA-Extraktion, cDNA-Synthese, PCR-Amplifikation von 16S-rRNA-Genen, DGGE-Analysen) verglichen wurden (Kap. 4), konnten tatsächlich unterschiedliche NH_4^+-oxidierende Phylotypen an *Bacteria* und *Archaea* zwischen den sauren und neutralen Bodenproben nachgewiesen werden (Nicol *et al.* 2008). Das Wachstum acidotoleranter Phylotypen ist jedoch nur denkbar, wenn die Organismen den pH-Wert intrazellulär optimieren und ihren C-Bedarf über **heterotrophe Prozesse** decken können. Nitrifikanten wachsen jedoch bevorzugt **lithoautotroph** oder allenfalls in sehr geringem Ausmaß **mixotroph**, jedoch nicht heterotroph. Weiter können Nitrifikanten der Nitritation (z. B. *Nitrosospira* Arten) offenbar in einem weiten pH-Bereich von 4 bis 7,5 wachsen, wenn Harnstoff als NH_4^+- und C-Quelle zur Verfügung steht. In diesem Fall wird Harnstoff intrazellulär zu NH_4^+ hydrolysiert, das dann in der Zelle unabhängig vom niedrigen Boden-pH oxidiert wird (Burton u. Prosser 2001).

Nitratbildung in sauren Böden kann auch Folge **heterotropher Nitrifikation** sein. Solche Prozesse gelten heute zwar als gesichert, sind jedoch unter sauren Bodenbedingungen allenfalls minimal (De Boer u. Kowalchuk 2001).

Stark saure und verwitterte Böden haben auch indirekt einen entscheidenden negativen Einfluss auf die Nitrifikation, weil solche Böden oft arm an oder weitgehend frei von Ca^{2+} (und $CaCO_3$) sind. Calcium ist aber ein essenzielles Element für die Nitritation und Kalk ein effektiver Puffer gegen die natürliche Versauerung. Kalkung (z. B. von sauren Streuauflagen in Wäldern) stimuliert die Nitrifikation und Mineralisation durch Zufuhr von Ca^{2+} und durch Erhöhung des pH-Wertes erfahrungsgemäß stark. Stark verwitterte, saure tropische Böden (Oxisole, Ultisole) hemmen auch deshalb die Nitrifikation, weil die relative Akkumulation von Fe(III)- und Al(III)-(Hydr)Oxiden sehr stark P-fixierend wirkt. Die unzureichende P-Verfügbarkeit verhindert die Nitrifikation weitgehend. Durch eine geringe mineralische P-Düngung lässt sich die P-Versorgung und Nitrifikation (und damit die Produktivität) erfahrungsgemäß erheblich steigern.

Die Temperatur spielt bei der Nitrifikation eine große Rolle. Bereits bei Temperaturen um 0° C (Schneeschmelze) beginnt die Nitrifikation in gut durchlüfteten Ackerböden (pH > 6), und die Nitrifikationsraten steigen kontinuierlich bis zum Optimum von etwa 30-35° C an (mit Q_{10}-Werten zwischen 2 und 3). Erst oberhalb von etwa 50-55° C lässt die Nitrifikation rasch nach. Dabei scheint die Nitratation eher zu stagnieren als die Nitritation. Auch bei Temperaturen um 50° C kommt es in Kompostmieten noch zur Nitrifikation, vermutlich durch **thermophile** Arten oder **thermotolerante** Stämme. Aus heißen Quellen wurde bereits ein neuer thermophiler NH_4^+-Oxidierer, „*Nitrosocaldus yellowstonii*" (*Archaea*), isoliert, der bei Temperaturen bis 74° C zu wachsen vermag (Prosser u. Nicol 2008).

Inzwischen steht fest, dass die meisten *Bacteria* der Nitritation und Nitratation (soweit untersucht) auch **mixotroph** zu wachsen vermögen und einfache organische Substrate wie Fructose, Pyruvat, Acetat und Formiat in Zellsubstanz einbauen können (= heterotroph). Die Energiegewinnung stammt aber stets aus der Oxidation von NH_4^+ oder NO_2^- (lithotroph). Aerobe lithoheterotrophe (= mixotrophe) Lebensweisen in Böden sind durchaus sinnvoll und wahrscheinlich, zumal Nitrifikanten bei vermindertem O_2-Angebot zur Aufrechterhaltung der ATP-Synthese auf eine **Nitrifikations-Denitrifikation** (Nitrit- und Nitratatmung) mit organischen H-Donatoren umschalten können (Kap. 12.7).

12.4.5 Nitrifikationsinhibitoren

Nitrifikationsinhibitoren (NI) umfassen eine sehr heterogene Gruppe von organischen Verbindungen, welche die chemolithoautotrophe Nitritation spezifisch hemmen oder vollständig blockieren können. Heute sind etwa 300 chemisch verschiedene Substanzen mit unterschiedlich intensiven Hemmwirkungen bekannt. Ziel des Einsatzes von NI in der Landwirtschaft ist die Verzögerung der Nitratbildung, um (a) die Effizienz der N-Düngung zu erhöhen, (b) Auswaschungsverluste zu vermindern und (c) gasförmige N-Verluste (N_2, N_2O, NO) durch Denitrifikation und Nitrifikations-Denitrifikation zu minimieren. Aus ökologischen Gründen müssen NI bestimmten Anforderungen entsprechen, um in der Praxis zugelassen zu werden. Erstens dürfen NI nur die Nitritation blockieren, nicht jedoch die Nitratation. Die Hemmung der Nitratation ist nicht erlaubt, weil es infolgedessen zu einer vorübergehenden Anreicherung von Nitrit kommen kann. Nitrit ist bereits in geringen Konzentrationen relativ toxisch für Pflanzen und Bodenorganismen. NI sollten weiter eine bakteriostatische (hemmende) und keine bakterizide (abtötende) Wirkung auf die Prokaryoten der Nitritation ausüben, damit sich die gehemmten Organismen erholen können. Zudem dürfen NI keinen **negativen Einfluss** auf andere **bodenbiologische Prozesse** ausüben (unerwünschte Nebenwirkungen) oder toxische Metabolite bilden. Schließlich sollten NI in geringen Konzentrationen eine effiziente und möglichst relativ lange Wirkung haben, die in etwa synchron zur N-Bedarfsentwicklung der Kulturpflanzen verlaufen sollte. Dies bedeutet, dass die betreffenden Substanzen zwar relativ persistent, aber abbaubar sein müssen. NI werden im Pflanzen- und Gartenbau sowie bei der Gülleausbringung seit etwa 50 Jahren in den USA, Europa (Deutschland) und Japan zur bedarfsgerechten Regulierung des N-Angebots, zur Verminderung des NO_3^--Gehaltes von Gemüse- und Futterpflanzen und zur Verminderung der NO_3^--Auswaschung und Denitrifikation erfolgreich eingesetzt.

Die praxisrelevanten NI gehören chemisch sehr verschiedenen Stoffgruppen an. Unter den zahlreichen Verbindungen mit signifikanten Hemmwirkungen auf die Nitritation gehören Acetylenverbindungen (Acetylen), (Thio-)Harnstoffe, Dithiocarbamate, C=S-Derivate sowie ein breites Spektrum von **heterocyclischen N-Verbindungen**, darunter bestimmte Pyrazole, Triazole, Triazine, Pyrimidine und Pyridine (McCarty u. Bremner 1989). Von den zahlreichen NI kommen bisher nur relativ wenige Substanzen wie Dicyandiamid (DCD), Nitrapyrin (N-Serve), Etridiazol (Dwell), Thioharnstoff (TH) und ATC (4-Amino-1,2,3-triazol) in der Praxis zum Einsatz (Abb. 12.2). Der weiten Verbreitung von (hinsichtlich Ertrag und N-Ausnutzung) effizienten und umweltfreundlichen NI wird jedoch durch die Patentierung der einzelnen Verbindungen entgegengewirkt. In Deutschland war DCD seit mehreren Jahrzehnten der einzige zugelassene NI auf dem Markt. Seit dem Jahre 2001 ist zudem die heterocyclische N-Verbindung **3,4-Dimethylpyrazol** (DMP) als DMPP (3,4-Dimethylpyrazolphosphat; mit dem Düngergranulat appliziert) zugelassen (Zerulla *et al.* 2001). Im Vergleich zu DCD hat DMPP einige wichtige Vorteile. So erfordert DMPP nur 10% der DCD-Konzentration, weist gegenüber DCD eine geringe Mobilität (und Verlagerungsneigung) im Boden auf und wird im Vergleich zu DCD wesentlich langsamer mikrobiologisch abgebaut, wodurch die Wirkungsdauer und die pflanzenbauliche N-Ausnutzungseffizienz höher ist. Moderne NI müssen (a) bereits in geringen Konzentrationen hochspezifisch auf die Nitritation wirken und (b) chemisch so strukturiert sein, dass sie in Böden zwar relativ persistent, aber vollständig abbaubar sind.

DCD ist als Harnstoffderivat eine naturnahe, vollständig abbaubare Verbindung (DT_{50}-Werte liegen zwischen 2–3 Wochen), mit bakteriostatischer Wirkung auf die Nitritation und ohne Nebenwirkungen auf andere Bodenorganismen und -prozesse. Nachteile von DCD sind jedoch die relativ starke Verlagerungsneigung und die rasche Abnahme der Wirksamkeit (Verkürzung der DT_{50}-Werte) bei wiederholter Anwendung auf dem gleichen Schlag. Ursache ist die rasche Akklimation (enzymatische und biozönotische Anpassung) einer breiten Mikroflora (DCD ist ein Harnstoffderivat!), was sich in einer erheblichen Beschleunigung der Mineralisation bei mehrfacher Anwendung äußert (Rajbanshi *et al.* 1992a,b). DMP ist hingegen chemisch eine vollständig andere natürliche Substanz (Abb. 12.2), die bereits in sehr geringen Konzentrationen (etwa 0,3% vom Düngemittel) hochspezifisch auf die Nitritation wirkt. Nitratation, Dehydrogenase-Aktivität (als Maß der mikrobiellen Biomasse; Kap. 2) und Enzyme der Denitrifikation werden von DMPP nicht beeinträchtigt (Müller *et al.* 2002b). Als heterocyclische N-Verbindung verfügt DMPP (im Vergleich zu DCD) über eine **höhere Persistenz** (DT_{50}-Werte von 7–8 Wochen), was für die Effizienz als NI im Felde von großer Bedeutung ist. DMPP ist in Böden vollständig mineralisierbar, wie Lysimeteruntersuchungen mit ^{14}C-DMPP bewiesen haben (Fettweis *et al* 2001; Weiske *et al.* 2001b). Von DMPP sind bisher keine Nebenwirkungen auf andere Bodenorganismen bekannt geworden.

Die genauen Wirkungsweisen der NI sind noch nicht endgültig geklärt. Als gesichert gilt lediglich, dass alle NI das Enzym Ammoniak-Monooxygenase (AMO) mehr oder weniger spezifisch blockieren. Allerdings ist die Spezifität hinsichtlich der AMO-Blockierung bei verschiedenen NI (z. B. Nitrapyrin, Thioharnstoff, Allylthioharnstoff) relativ gering, weil diese Substanzen nicht nur die AMO, sondern auch das Enzym Methan-Monooxygenase (MMO) der Methanoxidation methanoxidierender Bakterien zu hemmen vermögen (Kap. 16; vgl. 12.6.4). Offenbar sind die Enzyme AMO und MMO strukturell so ähnlich, dass sie von den gleichen organischen Substanzen aufgrund des gleichen Mechanismus inaktiviert werden können (Bedard u. Knowles 1989).

Sowohl AMO als auch MMO besitzen Cu-haltige Enzymzentren. Nach vorläufigen Hypothesen beruhen die Hemmwirkungen von Nitrapyrin, 3-Aminotriazol, Thioharnstoff, Allylsulfid und Allylthioharnstoff alle auf der **Chelatisierung** (Sequestrierung) des **Cu-haltigen Zentrums** der AMO, was zur Veränderung der Enzymstruktur, Beeinträchtigung der Elektronenversorgung und infolgedessen zur Hemmung der NH_4^+-Oxidation führen kann. Die Methanoxidation in Böden ist eine wichtige Senke für das Treibhausgas Methan und die Blockierung der MMO durch NI, wie Nitrapyrin und Allylthioharnstoff, infolgedessen eine ökologisch nicht vertretbare Nebenwirkung. DMPP scheint die MMO nicht zu beeinträchtigen (Weiske *et al.* 2001a,b).

Entsprechend Nitrapyrin und Allylthioharnstoff ist auch das Gas Acetylen (C_2H_2) ein starker Inhibitor der AMO und der MMO. Darüber hinaus hemmt Acetylen bereits in sehr geringen Konzentrationen auch die Lachgas-Reduktase (N_2O-Reduktase) der Denitrifikation und der Nitrifikations-Denitrifikation. Acetylen (ein sehr gut wasserlösliches Gas) wird von der AMO zu einer reaktiven, ungesättigten Epoxidverbindung oxidiert, welche sich mit einer kovalenten Bindung irreversibel an die AMO bindet (Selbstmordinaktivierung). Auf ähnliche Weise bindet sich Acetylen an die MMO. Acetylen dient zwar in der Praxis nicht als NI, dafür aber (a) in der **Acetylen-Inhibierungs-Technik** (AIT) zur quantitativen Messung von Denitrifikationsverlusten im Gelände (12.7.1) und (b) in der **Acetylen-Reduktions-Analyse** (ARA) zur quantitativen Bestimmung der Nitrogenase-Aktivität als Maß der N_2-Bindung (Kap. 13).

Auch der genaue Mechanismus von DCD als NI ist unklar. Vermutlich bewirkt DCD eine Entkopplung von Atmung und Energieübertragung als Folge einer Reaktion seiner Cyanamidgruppe (R–C≡N; Abb. 12.2) mit SH-Gruppen und/oder mit Metallen (Cu, Fe) der Cytochrome. DCD wird im Gelände in relativ hohen Konzentrationen ausgebracht, vermag jedoch die Methanoxidation nicht zu hemmen (Weiske *et al.* 2001a,b), was vom ökologischen Standpunkt zu begrüßen ist, weil das Abbaupotenzial von Methan im Boden dadurch nicht negativ beeinträchtigt wird.

Mehrere heterocyclische N-Verbindungen blockieren zwar das Enzym AMO spezifisch, doch sind Struktur- und Wirkungsmechanismen dieser sehr unterschiedlichen Verbindungen noch unbekannt (McCarty u. Bremner 1989; McCarty 1999). Bei den unsubstituierten heterocyclischen N-Verbindungen sind zwei verschiedene Gruppierungen zu erkennen, bei denen Anzahl und Stellung der N-Atome im Ring die Wirksamkeit deutlich beeinflussen. Insbesondere nicht substituierte heterocyclische N-Verbindungen mit zwei oder drei benachbarten N-Atomen haben sich als spezifische Hemmstoffe der Nitritation in Böden erwiesen. Zu den stärksten NI gehören Pyrazol, 1,2,4-Triazol, Pyridazin, Benzotriazol und Indazol. Hingegen haben unsubstituierte Verbindungen mit zwei oder drei nicht angrenzenden N-Atomen (Pyrimidin, Imidazol, s-Triazin, Benzimidazol) oder nur mit einem N-Atom im Ring (Pyridin, Pyrrol, Indol) einen sehr geringen oder keinen Effekt auf die Nitritation (McCarty 1999).

12.5 Nitrifizierende Organismen

Die Bildung von NO_2^- und NO_3^- ist in Böden weit verbreitet und kann auf sehr unterschiedliche Organismengruppen mit vollständig verschiedener Ökophysiologie zurückgeführt werden. Heute sind zumindest vier Gruppen von Mikroorganismen bekannt, die an der Bildung von Nitrit und Nitrat beteiligt sind und zwar die

- chemolithoautotrophen (überwiegend auch mixotrophen) Nitrifikanten der *Bacteria*,
- chemolithoautotrophen Nitrifikanten der *Archaea*,
- heterotrophen Nitrifikanten (unter *Bacteria* und *Fungi*) sowie die
- aeroben methanotrophen Nitrifikanten.

12.5.1 Die chemolithoautotrophen Nitrifikanten

Alle gramnegativen NH_3- und NO_2^--Oxidierer wurden ursprünglich in der Familie der *Nitrobacteraceae* zusammengefasst, obwohl die unterschiedlichen Zellmorphologien sowie das Vorhandensein und die Anordnung von intracytoplasmatischen Membranen frühzeitig Zweifel an der Verwandtschaft dieser *Bacteria* aufkommen ließen (Arp u. Bottomley 2006). Wahrscheinlich sind die chemolithoautotrophen Nitrifikanten polyphyletisch im Laufe evolutionärer Konvergenz entstanden. Wie 16S-rRNA-Gensequenzanalysen gezeigt haben, bilden Nitrifikanten unter den *Bacteria* mehrere kleine Gruppen, die offenbar untereinander nicht nahe verwandt sind. Ursprünglich wurden Vertreter der NH_4^+-Oxidanten (*Nitroso*-Gruppe) aufgrund der Zellmorphologie in fünf Gattungen unterteilt: *Nitrosomonas* (polar begeißelte Stäbchen), *Nitrosococcus* (unbegeißelte Kokken), *Nitrosospira* (spiralförmige peritrich begeißelte Stäbchen), *Nitrosovibrio* (polar begeißelte gekrümmte Stäbchen) und *Nitrosolobus* (pleomorphe Stäbchen). Aufgrund von 16S-rRNA-Gensequenzhomologien wurden die früheren Gattungen *Nitrosospira* und *Nitrosovibrio* in einer gemeinsamen neuen Gattung *Nitrosospira* (*Nitrosomonadaceae*; *Betaproteobacteria*) zusammengefasst. Auch die Gattungen *Nitrosomonas* (zehn Arten) und *Nitrosolobus* (mit einer Art *N. multiformis*) gehören ebenfalls zu den *Nitrosomonadaceae, Betaproteobacteria* (Garrity 2005). Vermutlich gehören die meisten NH_4^+-Oxidanten in Böden und Gewässern zu den *Betaproteobacteria.*

Die Gattung *Nitrosococcus* (mit einer Art *N. oceanus*) wird zur Klasse der *Gammaproteobacteria* gerechnet und kommt bisher hauptsächlich im Meer vor.

Unter den NO_2^--Oxidanten (*Nitro*-Gruppe) der *Bacteria* wurden bisher sieben Arten beschrieben, die vier verschiedenen Gattungen angehören: *Nitrobacter* (polar begeißelte, pleomorphe Stäbchen), *Nitrospira* (peritrich begeißelte Spirillen), *Nitrococcus* (unbegeißelte Kokken) und *Nitrospina* (lange dünne Stäbchen). *Nitrobacter* (vier Arten; *Bradyrhizobiaceae*) gehört heute zur Klasse der *Alphaproteobacteria*, während *Nitrospina* (*Nitrospinaceae*) der *Betaproteobacteria* und *Nitrococcus* (eine Art) der *Gammaproteobacteria* zugeordnet werden. Die Gattung *Nitrospira* (zwei Arten; *Nitrospiraceae*) nimmt eine Sonderstellung ein (Garrity 2005). Sie gehört phylogenetisch offenbar nicht zu den Proteobakterien, sondern bildet eine **eigene Entwicklungslinie** mit Phylum-Status: *Nitrospira* (Kap. 4, Tabelle 4.2). Mit großer Wahrscheinlichkeit wurden die meisten Nitrifikanten unter den *Bacteria* und *Archaea* in Böden noch nicht identifiziert, hauptsächlich weil die Isolierung, Gewinnung und Kultivierung von Reinkulturen sehr schwierig und zeitaufwändig ist.

Die dominanten chemolithoautotrophen NH_4^+-Oxidierer (*Nitroso*-Gruppe) in Ackerböden sind nach bisherigen Erkenntnissen Vertreter der Betaproteobakterien. Aufgrund von 16S-rDNA-Gensequenzen, extrahiert aus landwirtschaftlich genutzten Böden, können die NH_4^+-oxidierenden *Bacteria* (AOB) in sieben Gensequenz-Cluster aufgeteilt werden (Purkhold *et al.* 2000). In bewirtschafteten und gedüngten Böden bilden die *Nitrosospira*-Cluster 3 und die *Nitrosomonas*-Cluster 1, 2, 3, 4 und 6 offenbar die Hauptkomponenten der AOB. Mithilfe von gruppenspezifischen **Oligonucleotid-Sonden** (Kap. 4) ist es heute möglich, die taxonomische Zusammensetzung der AOB in verschiedenen Böden grob zu charakterisieren. In Kombination mit der Fluoreszenz-*in-situ*-Hybridisierung (FISH) sind auch quantitative Populationsuntersuchungen möglich, doch ist die Zuverlässigkeit der Ergebnisse durch gravierende Hintergrundstörungen fragwürdig. Langjährige mineralische N-Düngung stimuliert das Nitrifikationspotenzial eines sandigen Lehmbodens wesentlich mehr als eine entsprechende organische Düngung und scheint Vertreter der *Nitrosospira*-Gruppe 3 zum dominanten Cluster zu entwickeln (Chu *et al.* 2007).

Im Allgemeinen scheint die Diversität der AOB sowohl in Acker- als auch in Waldböden relativ gering zu sein (Kowalchuk *et al.* 2000; Mendum u. Hirsch 2002; Nugroho *et al.* 2005; Robertson u. Groffman 2007). Als Folge der partiellen und selektiven DNA-Extraktion heutiger Verfahren und aufgrund von Fehlern bei der PCR-Amplifikation (Kap. 4) sind die o. g. Ergebnisse allerdings als vorläufig und kritisch zu bewerten. Bereits die sehr unterschiedlichen Extraktionsmethoden mit verschiedenen Extraktionseffizienzen schließen Vergleiche von Ergebnissen unterschiedlicher Untersuchungen aus (Kap. 4).

12.5.2 Chemolithoautrophe Nitrifikanten der *Archaea*

Im Jahre 2005 wurde erstmals mit „*Nitrosopumilius maritime*“ aus dem Meer ein Vertreter der chemolithoautotrophen Nitrifikanten der *Archaea* isoliert. Der Organismus gehört zu den *Crenarchaeota*, einer bisher weitgehend hypothermophilen (Wachstumsoptimum von etwa 80° C) taxonomischen Einheit (Könneke *et al.* 2005). *N. maritime* oxidiert NH_4^+ zu NO_2^- und gehört somit der *Nitroso*-Gruppe an. *Crenarchaeota* sind jedoch nicht nur extremophile *Archaea*, sondern kommen erwartungsgemäß auch zahlreich und in hoher Diversität in Böden, Sedimenten, Mooren und insbesondere in der Rhizosphäre von Pflanzen vor (Kap. 7 und 17). Auf einem Klon, isoliert aus Böden, wurden Gene von Untereinheiten der AMO gefunden, die

Bestandteil eines rRNA-Operons von *Crenarchaeota* sind. Mithilfe der Subeinheiten *amoA*, *amoB* und *amoC* der AMO von „*N. maritime*" ließ sich die Existenz von NH_4^+-oxidierenden *Archaea* (AOA) auch in Böden nachweisen. In zwölf unterschiedlich landwirtschaftlich genutzten Böden aus drei verschiedenen Klimazonen wurden *amoA*-Genkopien von *Crenarchaeota* festgestellt, die etwa 3000-mal häufiger vorkamen als die entsprechenden *amoA*-Gene aus ammoniumoxidierenden *Bacteria* (AOB) (Leininger *et al.* 2006; Schauss *et al.* 2009). Es scheint somit, als ob AOA in Böden noch zahlreicher sind als die klassischen AOB. In Waldböden von Oregon, USA, war die Dichte an *amoA*-Genkopien von AOA unter Douglasien (*Pseudotsuga menziesii*) signifikant höher als von AOB. Das Verhältnis von AOA/AOB-*amoA*-Genkopien betrug unter Douglasien 1,8 und unter Erlen (*Alnus rubra*) hingegen 0,4. Die Anzahl an *amoA*-Genkopien stand in keinem Zusammenhang mit dem Nitrifikationspotenzial der betreffenden Böden, ermittelt im Labor unter Standardbedingungen (Boyle-Yarwood *et al.* 2008). Isolierungen und Charakterisierungen sind erforderlich, um die taxonomischen Merkmale der häufigsten AOA abzugrenzen.

12.5.3 Heterotrophe Nitrifikation

Unter heterotropher Nitrifikation wird die NO_3^--Bildung aus NH_4^+-N oder organischem N (Aminosäuren, Pepton) durch heterotrophe Mikroorganismen verstanden. Vermutlich wird bei diesem Vorgang keine Energie gewonnen. Diese Fähigkeit ist bei vielen weit verbreiteten Bakterien (*Arthrobacter spp.*, *Streptomyces spp.*, *Paracoccus denitrificans*, *Pseudomonas spp.*, *Alcaligenes spp.*, *Pantoea spp.*, etc.) und *Fungi* (*Aspergillus flavus*, *Penicillium spp.*, *Cephalosporium spp.*, etc.) nachgewiesen worden. Diese Organismen besitzen anscheinend NH_3- und hydroxylaminoxidierende Enzyme, die offenbar eine große Ähnlichkeit mit den entsprechenden Enzymen der autotrophen Nitrifikanten besitzen (De Boer u. Kowalchuk 2001). Auch verschiedene **Ektomycorrhizapilze** (Basidiomyceten) können in Waldböden aus NH_4^+ und organischen N-Verbindungen in Oxidationsprozessen NO_3^- freisetzen. Wenn Bodenproben (Grünland) mit $^{15}NH_4^+$-N oder mit organischem N unter Zusatz entweder von Streptomycin (einer spezifischen Hemmsubstanz der Proteinsynthese von *Bacteria*) oder Cycloheximid (einem spezifischen Hemmstoff der eukaryotischen Proteinbiosynthese) vermischt und bebrütet wurden, hatte Streptomycin überraschend keinen Einfluss auf die Nitrifikation. Hingegen vermochte Cycloheximid die NO_3^--Bildung aus NH_4^+ um 89% und aus organischem N um 30% zu hemmen. Aus diesen Ergebnissen wurde der Schluss gezogen, dass hauptsächlich *Fungi* für die heterotrophe Nitrifikation in Grünlandböden verantwortlich sind (Laughlin *et al.* 2008). Da Streptomycin die Eiweißsynthese bei *Archaea* nicht beeinträchtigen kann, ist es allerdings auch möglich, dass Nitrifikanten dieser Organismengruppe für die Nitratbildung verantwortlich sind. Wahrscheinlich sind zahlreiche (noch unbekannte) Mikroorganismen in Böden potenziell zur (heterotrophen) Nitrifikation in der Lage. Die heterotrophe Nitrifikation wird vorläufig am besten als Co-Metabolismus (zufällige Oxidation durch vorhandene Enzyme) eingestuft. Weder die Ökophysiologie noch die ökologischen Bedingungen der heterotrophen Nitrifikation wurden bisher intensiv erforscht.

12.5.4 Methanotrophe Nitritation

Methanotrophe (methanoxidierende) Bakterien können außer CH_4 noch verschiedene andere reduzierte C_1-Verbindungen als einzige Kohlenstoff- und Energiequelle verwerten (Kap. 16). Viele obligat methanoxidierenden Bakterien aus der Familie der *Methylococcaceae* (Gammaproteobakterien) und *Methylocystaceae* (Alphaproteobakterien) besitzen relativ **unspezifische CH_4-Monooxygenasen** (MMO), die nicht nur CH_4, sondern auch NH_4^+ durch Einbau von Luftsauerstoff zu oxidieren vermögen. Umgekehrt können auch Nitrifikanten der Nitritation mittels **Ammoniak-Monooxygenase** (AMO) Methan zu Methanol (CH_3OH) oxidieren (allerdings ohne Energiegewinn). Beide Organismengruppen katalysieren die Reaktionen (Gl. 12.25 und Gl. 12.26):

$$CH_4 + O_2 + AH_2 \rightarrow CH_3OH + H_2O + A \quad (12.25)$$

$$NH_4^+ + O_2 + AH_2 \rightarrow NH_2OH + H_2O + A \quad (12.26)$$

Lediglich CH_4 kann als Substrat für das Wachstum methanoxidierender Bakterien dienen, und ausschließlich NH_4^+ (genauer Hydroxylamin) führt bei den NH_4^+-Oxidierern zu Wachstum und Vermehrung (Bedard u. Knowles 1989). Unklar bleibt, welche Rolle die methanotrophe Nitritation in Böden spielt. Wie bei den NH_4^+-Oxidanten können auch die methanotrophen Bakterien aus NO_3^- bei vermindertem O_2-Angebot N_2O freisetzen (Nitrifikations-Denitrifikation). Auch die Methan-Monooxygenase (MMO) wird wie die Ammoniak-Monooxygenase (AMO) von Acetylen (C_2H_2), Thioharnstoff, Allylthioharnstoff und Nitrapyrin, nicht jedoch von 3,4-Dimethylpyrazolphosphat (DMPP) gehemmt. Sowohl die methanoxidierenden als auch die ammoniakoxidierenden Bakterien können ein relativ breites Spektrum von einfachen organischen Verbindungen (wie CO, Methanol, Ethylen, Propylen, Cyclohexan, Benzol, Phenol etc.) oxidieren, aber nicht verwerten (Bedard u. Knowles 1989). Die Ursache für die geringe Spezifität der MMO und AMO ist noch unbekannt. Ökophysiologisch ist die methanotrophe Nitrifikation allenfalls als **Co-Metabolismus** (zufälliger Umsatz im Stoffwechsel ohne Induktion) zu betrachten, weil der Vorgang nicht zum Wachstum und zur Energiegewinnung führt.

12.6 Nitratatmung (dissimilatorische Nitratreduktion)

Mikroorganismen können NO_3^- sowohl assimilatorisch als auch dissimilatorisch als Elektronen-Akzeptor verwerten (Abb. 12.1). Unter der dissimilatorischen Nitratreduktion (dNR) wird die Reduktion von NO_3^- über NO_2^- zu (a) NH_4^+ (**Nitratammonifikation**) oder zu (b) NO (gelegentlich), N_2O und/oder N_2 (**Denitrifikation** bzw. **Nitrifikations-Denitrifikation**) zum Zwecke der Energiegewinnung (ATP-Synthese) verstanden. Weil NO_3^- als alternativer Elektronen-Akzeptor zum O_2 zwecks Aufrechterhaltung der aeroben Energiegewinnung (ATP-Synthese durch ETP) dient, handelt es sich sowohl bei der Nitratammonifikation als auch bei der Denitrifikation um anaerobe Atmungen. In beiden Prozessen wird NO_3^- verbraucht (lat. *dissimilare* = verbergen, unerkennbar verändern), und folglich sind es dissimilatorische Prozesse. Weil Cytochrome in diesen Prozessen als Elektronen-Carrier fungieren (zur ETP- und ATP-Synthese), handelt es sich um aerobe Prozesse (Kap. 3). Zweck der assimilatorischen Nitratreduktion (aNR) ist hingegen die Reduktion von NO_3^- über NO_2^- zu NH_4^+ für die Biosynthese (Assimilation) von Aminosäuren und anderen stickstoffhaltigen Verbindungen. Der Vorgang ist energieaufwändig und bedarf NAD(P)H (Prokaryoten, Echte Pilze) oder reduziertes Ferredoxin (bei Pflanzen und *Cyanobacteria*). Die Nitratammonifikation führt zur Ausscheidung von NH_4^+ und von geringen Mengen an N_2O, die Denitrifikation ausschließlich zur Stickstoffentgasung (N_2O, N_2, gelegentlich auch NO). Es ist die Denitrifikation, die zur Rückführung von N_2 in die Atmosphäre führt und damit den N-Kreislauf schließt (Abb. 12.1). Nitratammonifikation und Denitrifikation erfordern zwar in etwa die gleichen ökologischen Bedingungen, laufen in Böden allerdings eher nacheinander als gleichzeitig ab. Für die dissimilatorische Reduktion von Nitrat zum Ammonium werden acht, für die Veratmung von NO_3^- bis zum N_2 lediglich fünf Elektronen pro Mol benötigt. Da die Nitratammonifikation infolgedessen mehr Reduktionsäquivalente (H-Donatoren) benötigt als eine vollständige Denitrifikation und im Vergleich zu diesem Prozess nur ca. 65% der maximalen Energiegewinnung (ATP) erzielen kann, bleibt die Nitratammonifikation als Alternative zur Atmung oder Denitrifikation für einen Organismus in der Regel zweite bzw. dritte Wahl. Beide Prozesse führen durch den Verbrauch von Protonen (Kap. 14; Tabelle 14.2) zu einem deutlichen pH-Anstieg in Böden, im Falle der Nitratammonifikation zudem durch die Freisetzung von NH_4^+.

12.6.1 Denitrifikation

In der Denitrifikation übernimmt NO_3^- die Funktion eines alternativen Elektronen-Akzeptors zum O_2 im Zuge der respiratorischen Energiekonservierung (ATP-Bildung durch ETP) unter Freisetzung gasförmiger Metabolite (N_2, N_2O, gelegentlich auch NO). Bei vollständiger Denitrifikation entsteht N_2 als Endprodukt (Gl. 12.27).

$$2\,NO_3^- + 10\,(H) + 2\,H^+ + ADP + Pi \rightarrow N_2 + 6\,H_2O + ATP \qquad (12.27)$$

Als Elektronen-Donatoren (H) können organische Substrate (**heterotrophe Denitrifikation**) oder reduzierte anorganische Verbindungen wie H_2-Gas, $S_2O_3^-$, S^o, S^{2-}, NH_4^+ oder Fe(II) dienen (**chemolithotrophe Denitrifikation**). Wenn CO_2 als C-Quelle dient, handelt es sich um eine chemolithoautotrophe Denitrifikation. Zur intensiven (chemolithoautotrophen- oder heterotrophen) Denitrifikation kommt es stets, wenn bei Oxidations- oder Mineralisationsprozessen der Bedarf an O_2 im Stoffwechsel höher ist als durch gehemmte Nachlieferung (Verzögerung der O_2-Diffusion) zum Ort (Mikromilieu) der mikrobiellen Aktivität bereitgestellt werden kann. Ursache der gehemmten O_2-Diffusion ist meist eine starke Durchfeuchtung (oder Wassersättigung) der Bodenaggregate und Poren, was zeitlich und räumlich bei **intensiven Mineralisationsprozessen** zu O_2-armen Mikrobereichen und anaeroben Zonen führen kann. In ungesättigten Böden bestimmt die Verfügbarkeit von leicht mineralisierbaren Verbindungen die Intensität der Denitrifikationsprozesse in Mikrohabitaten, weil solche Verbindungen einerseits den Bedarf an Elektronen-Akzeptoren bestimmen, andererseits die notwendigen Elektronen für den Prozess bereitstellen. Regulierender Faktor der Denitrifikation ist die **Wasserdynamik** (abhängig von Klima, Witterungsverlauf, Porengrößenverteilung und Porenkontinuität), welche die O_2-Diffusion und -Nachlieferungsgeschwindigkeit kontrolliert. Auslösender Faktor ist der Bedarf an Elektronen-Akzeptoren als Folge von Mineralisationsprozessen (Ottow u. Fabig 1985; Ottow u. Benckiser 1994).

Der gesamte Denitrifikationsvorgang umfasst vier Stufen (Gl. 12.28):

$$2NO_3^- \xrightarrow{Nar} 2NO_2^- \xrightarrow{Nir} 2(NO) \xrightarrow{Nor} N_2O \xrightarrow{Nos} N_2 \qquad (12.28)$$

Von den Zwischenprodukten bleibt lediglich NO (Stickstoffmonoxid) membrangebunden, während NO_2^- und N_2O ausgeschieden (und erneut aufgenommen) werden können. Die dissimilatorische Nitrat-Reduktase (*Nar*) befindet sich in der Cytoplasmamembran. Das gebildete NO_2^- wird durch das periplasmatische membrangebunde Enzym Nitrit-Reduktase (*Nir*) zu NO und anschließend durch NO-Reduktase (*Nor*) zu N_2O (Lachgas) und von einer periplasmatischen membrangebundenen Lachgas-Reduktase (*Nos*) zum N_2 reduziert. Die von der *Nir* und *Nor* katalysierten Vorgänge sind sehr komplex. Zwei Nitritmoleküle werden von der *Nir* gebunden und in zwei Schritten über das membrangebundene NO mithilfe von *Nor* zu Distickstoffoxid (N_2O, Lachgas) reduziert. Je nach Organismus und ökologischen Bedingungen (Angebot an leicht mineralisierbarem C, pO_2, NO_3^-- und NO_2^--Konzentration, pH-Wert) wird Lachgas freigesetzt oder weitgehend durch das periplasmatische Cu-haltige Enzym N_2O-Reduktase (*Nos*) in N_2-Gas überführt. Die Aktivität von *Nar* ist mit der *pmf* (Protonenpumpe) verbunden. Hingegen sind die anderen Oxidoreduktasen *Nir*, *Nor* und *Nos* wahrscheinlich nicht mit einer ATP-Synthese (ETP) in Form eines **Protonengradienten** gekoppelt (Box 12.1).

Die enzymatische Ausstattung der Denitrifikation kann bei verschiedenen Gattungen, Arten und sogar bei Stämmen der gleichen Art verschieden sein. Viele Bakterien- und Pilzarten und -stämme besitzen keine Lachgas-Reduktase (*Nos*), und N_2O ist dann das Endprodukt einer unvollständigen Denitrifikation (Ottow *et al.* 1985; Ottow u. Benckiser 1994). Hingegen wird bei einer vollständigen Denitrifikation N_2 als Endprodukt freigesetzt. Außer NO_3^- können vielfach auch Zwischenprodukte wie NO_2^-, NO und N_2O als einzelne Elektronen-Akzeptoren von außen aufgenommen und zur Aufrechterhaltung der ATP-Synthese weiterreduziert werden (Payne 1985; Chalamet 1985). Ob NO_3^- ohne wesentliche Anhäufung von Zwischenprodukten bis zum N_2 reduziert wird oder die einzelnen intermediären Produkte (vorübergehend) ausgeschieden werden, hängt vom betreffenden Organismus und von den ökologischen Bedingungen (Verhältnis von NO_3^- zum Angebot an leicht mineralisierbaren Substraten, pO_2, pH-Wert, Temperatur, Begleitflora) und von Wechselwirkungen dieser Faktoren ab (Abou-Seada u. Ottow 1985, 1988; Ottow *et al.* 1985; Munch u. Ottow 1986; Ottow u. Benckiser 1994).

12.6.1.1 Kinetik der Denitrifikation

Im Denitrifikationsprozess (Gl. 12.27) übt die Nitratkonzentration so lange keinen begrenzenden Einfluss auf dessen Kinetik aus, wie sie in der betreffenden Funktion im Verhältnis zum Angebot an Elektronen-Donatoren (leicht mineralisierbare Substrate) im Über-

Box 12.1 Energiegewinnung bei Atmung und Denitrifikation

Bei der **Atmung** fließen Elektronen von fünf Molekülen NADH via NADH-Dehydrogenase, Ubichinon (Q) und Cytochrom-bc_1-Komplex auf den Cytochrom-Oxidase-aa_3-Komplex (terminale Oxidase). Letzterer Komplex überträgt die Elektronen unter Verbrauch von Protonen (aus dem Cytoplasma) auf O_2, wobei H_2O entsteht. Beim Durchfluss von zwei Elektronen durch die Atmungskette werden 10 H^+ nach außen transportiert (Aufbau eines Protonengradienten). Das elektrochemische Protonenpotenzial (*proton motive force* = *pmf*) treibt die ATP-Synthese durch die H^+-ATP-Synthase an (Protonenpumpe). Bei einer **vollständigen Denitrifikation** werden zwei Nitratmoleküle unter Verbrauch von fünf Molekülen NADH zu N_2 reduziert. Zwei Mol NADH liefern vier Elektronen für die Nitratreduktion (*Nar*), die restlichen drei NADH werden zur Reduktion von *Nir*, *Nor* und *Nos* eingesetzt, wobei Nitrit, über NO und N_2O zu N_2 reduziert wird. NADH-Dehydrogenase, *Nar* und *Nor* sind integrale Membranproteine, *Nir* und *Nos* befinden sich auf der periplasmatischen Seite der Cytoplasmamembran. Auf dem Niveau von **Cytochrom *b*** (insbesondere b_1) und ***c*** werden die Elektronen während der Denitrifikation abgezweigt (Abb. 12.3) und durch die Oxidoreduktasen *Nar*, *Nir*, *Nor* und *Nos* auf die sequenziellen Elektronen-Akzeptoren NO_3^-, NO_2^-, NO und N_2O geleitet. Bisher wird angenommen, dass sich die **aktiven Protonenpumpen** im Bereich NADH-Dehydrogenase-Ubichinon (Q), des Cytochrom-*bc*-Komplexes (einschließlich *Nar*) und des Cyt-aa_3-Komplexes befinden. Bei der Denitrifikation entfällt der Cyt-aa_3-Komplex als *pmf*, wodurch die maximale Energiegewinnung bei der Denitrifikation etwa 93–83,6% der Atmung erreicht (Tabelle 12.1). Für die Reduktion von NO_2^- und N_2O werden Protonen aus dem periplasmatischen Raum verwendet, für die Reduktion von O_2 und NO_3^- hingegen von der cytoplasmatischen Seite der inneren Membran. Sehr wahrscheinlich tragen die drei weiteren Reduktasen *Nir*, *Nor* und *Nos* selbst nicht zum *pmf* bei.

Alle Oxidoreduktasen der Denitrifikation sind **Cu-haltige Cytochrome** und besitzen **Molybdopterine**. Molybdopterine (Mo-haltige Cofaktoren) sind prosthetische Gruppen von Oxidoreduktasen, welche die N-Oxide während des Reduktionsvorganges mittels Mo ($Mo^{6+} \Leftrightarrow Mo^{4+}$) koordiniert binden. Die dNR (*Nar*) besteht aus drei Subeinheiten (*NarI*, *NarH* und *NarG*), von denen *NarI* ein Cytochrom *b* ist, das die Elektronen via *NarH*, *NarG* und Molybdopterin-Guanosindinucleotid auf NO_3^- überträgt. In denitrifizierenden Bakterien gibt es zwei *Nir*-Arten und zwar einen Cytochrom-cd_1-Typ (codiert durch *nirS*) und einen Cu-*Nir*-Typ (*nirK*) mit einem Cu-haltigen Redoxzentrum. Beide Arten kommen in einem Organismus nicht gleichzeitig vor. Auch die NO-Reduktase (*Nor*) stellt ein Cytochrom *bc* dar. NO-Reduktase ist das einzige Enzym in der Biologie, das die Bildung einer N–N-Bindung katalysiert. N_2O-Reduktase (*Nos*) ist ein Cu-haltiges Enzym, an dem *bc*-Typ-Cytochrome beteiligt sind. Zahlreiche denitrifizierende *Bacteria* und *Fungi* besitzen keine ***Nos***, und N_2O ist das einzige Endprodukt. Andere Denitrifikanten verfügen ausschließlich über eine ***Nos*** und verwenden bei O_2-Mangel das akkumulierte N_2O als **einzigen** Elektronen-Akzeptor, um die ATP-Synthese aufrechtzuerhalten. In Böden verstärken diese Bakterien die N_2O-Senkenfunktion (Stouthamer *et al.* 1982; Payne 1985; Hendriks *et al.* 1998; Philippot 2002; Strohm *et al.* 2008).

schuss vorliegt (Abou-Seada u. Ottow 1988; Ottow u. Benckiser 1994). Bei einer vollständigen Denitrifikation (12.27) bis zum N_2 unter O_2-Ausschluss verläuft die Umsetzung stöchiometrisch, was besagt, dass zur Veratmung von 5(H) unter anaeroben Bedingungen mindestens 1 Mol NO_3^- zur Aufrechterhaltung der Energiekonservierung bereitgestellt werden muss. Die Denitrifikation folgt bei einem Verhältnis von NO_3^- zu H-Donator von ≥ 1 zu 5 einer Funktion nullter Ordnung (unabhängig von der Nitratkonzentration). Ist jedoch das Verhältnis von NO_3^- zum Wasserstoff-Donator 1 zu 5 oder kleiner, dann wird NO_3^- unter anaeroben Bedingungen zum stoffwechsel(mineralisations)begrenzenden Faktor und die Kinetik folgt annähernd einer Funktion erster Ordnung. In einer Reaktion erster Ordnung ist die Transformationsrate des Substrates proportional zur Substratkonzentration. Unter natürlichen Bedingungen in Böden und Sedimenten kann sich die NO_3^--Konzentration im Verhältnis zum Angebot an mineralisierbaren Substraten ändern, was auch eine Veränderung in der Kinetik des Prozesses zur Folge haben kann (El Demerdash u. Ottow 1983). In überfluteten Nassreisböden der Tropen folgt die Denitrifikation in den oberen dünnen Schichten des A_p-Horizontes meist einer Funktion erster Ordnung, weil die Nitrifikation aufgrund der gehemmten O_2-Diffusion nur in begrenztem Maße möglich ist. Auch im Grünland-A_h-Horizont kann Nitrat nach starker Durchfeuchtung (Regen)

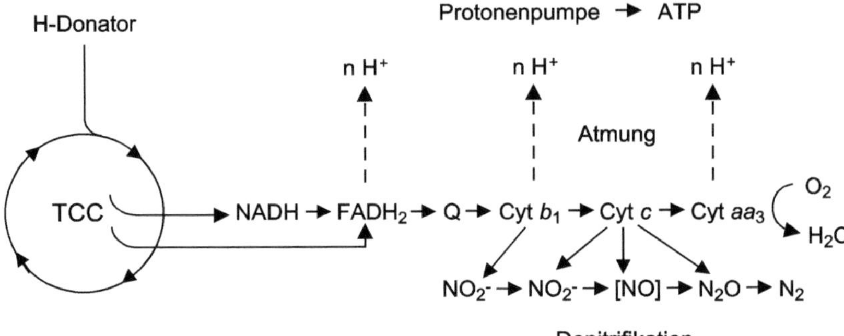

Abb. 12.3 Schematischer Darstellung des Elektronenflusses bei Atmung und Denitrifikation (Entwurf: JCG Ottow)

zum denitrifikationsbegrenzenden Faktor werden, weil Nitrat von der Wurzelnarbe bevorzugt mit dem Massenfluss aufgenommen wird und nur noch in begrenztem Umfang für Nitratatmung zur Verfügung steht.

Bei relativ hohem Angebot an leicht mineralisierbaren H-Donatoren (Exsudate, Wurzelumsatz) ist die NO_3^--Konzentration für die Denitrifikanten limitierend. Steht im Boden wesentlich mehr NO_3^- als (H) zur Verfügung, so wird der Denitrifikationsprozess (12.27) unabhängig von der NO_3^--Konzentration und folgt dann einer Funktion nullter Ordnung. Diese Situation kann in relativ C-armen Oberböden (beispielsweise von Hackfrüchten) auftreten, ist aber charakteristisch für die Dränzone (unterhalb der Wurzelzone) und für den C-armen Grundwasserleiter nach gelegentlichen NO_3^--Einwaschungen. In aeroben Oberböden mit wechselndem und heterogenem Angebot an leicht mineralisierbaren C-Verbindungen, unterschiedlichem Wassergehalt und pO_2 sind Rückschlüsse auf die Denitrifikationskinetik wesentlich schwieriger.

12.6.1.2 Ökophysiologie der heterotrophen Denitrifikation

Die Fähigkeit zur Denitrifikation ist eine potenzielle Eigenschaft zahlreicher aerober *Bacteria* (ca. 2 bis 10% der kultivierbaren *Bacteria*; Tabelle 12.2), einiger *Archaea* und vieler Echter Pilze (Box 12.2). Nitrifikanten *müssen* NH_4^+ und NO_2^- oxidieren, um Energie (ATP) und Reduktionsäquivalente zu gewinnen. Denitrifikanten *können* durch Nitratatmung (Nitratdissimilation) Energie gewinnen (ATP-Synthese durch ETP, Bildung von Reduktionsäquivalenten). Aus thermodynamischen Gründen (maximale Energiegewinnung) ist die Denitrifikation im Vergleich zur Atmung als „zweite Wahl" zu betrachten (Tabelle 12.1). Wie der Tabelle 12.1 zu entnehmen ist, beträgt die **maximale** Energiegewinnung unter optimalen Bedingungen pro Mol Glucose bei einer vollständigen Denitrifikation rechnerisch 93% und bei einer unvollständigen Denitrifikation lediglich 83,6% der Atmung. Die maximale

Tabelle 12.1 Maximale Energiegewinnung durch Denitrifikation und Nitratammonifikation im Vergleich zur Atmung

Reaktionen			maximale Energiegewinnung		
				%	
			kJ · Mol^{-1} Glucose	Atmung	vollständiger Denitrifikation
Atmung					
$C_6H_{12}O_6 + 6\ O_2$	⟶	$6\ CO_2 + 6\ H_2O$	$\Delta G_0' = -2\,871$	100	
Denitrifikation					
vollständig (N_2-Freisetzung)					
$5\ C_6H_{12}O_6 + 24\ HNO_3$	⟶	$30\ CO_2 + 42\ H_2O + 12\ N_2$	$\Delta G_0' = -2\,670$	93,0	100
unvollständig (N_2O-Freisetzung)					
$C_6H_{12}O_6 + 6\ HNO_3$	⟶	$6\ CO_2 + 9\ H_2O + 3\ N_2O$	$\Delta G_0' = -2\,400$	83,6	89,9
Nitratammonifikation					
$C_6H_{12}O_6 + 6\ H^+ + 3\ NO_3^-$	⟶	$6\ CO_2 + 3\ H_2O + 3\ NH_4^+$	$\Delta G_0' = -1\,870$	65,1	70,0

$\Delta G_0'$ = Freie Energie der Reaktion = Maß für die maximale Nutzbarkeit

Tabelle 12.2 Verbreitung der potenziellen Denitrifikation unter aeroben kultivierbaren Prokaryoten (Auswahl)

Phylum/Klasse	Eigenschaften	Gatungen und Arten
Archaea (Domäne)	halophil	*Haloarcula, Halobacterium, Haloferax*
Aquificae	Stäbchen, hyperthermophil	*Aquifex pyrophilus*
Alphaproteobacteria	photosynthetisch	*Erytrobacter, Rhodobacter, Rhodospira*
	Knospenbildung	*Blastobacter, Hyphomicrobium*
	gramnegative Spirillen	*Azospirillum, Campylobacter, Herbaspirillum*
	gramnegative Stäbchen	*Rhizobium, Bradyrhizobium, Sinorhizobium*
	gramnegative kokkoide Stäbchen	*Gluconobacter, Nitrobacter, Paracoccus*
	gramnegative Kurzstäbchen, chemolitho-autotroph	*Thiobacillus denitrificans*
Betaproteobacteria	gramnegative Stäbchen	*Alcaligenes, Azoarcus, Ochrobacterium*
	gramnegative fakultativ anaerobe Stäbchen und Spirillen	*Aquaspirillum, Eikenella, Chromobacterium, Oligella, Janthinobacterium, Spirillum*
	gramnegative Kokken und kokkoide Stäbchen	*Morococcus, Neisseria, Nitrosomonas, Kingella*
	gramnegative S-Bakterien, obligat chemolitho-autotroph	*Thiobacillus, Thiosphaera*
Gammaproteobacteria	Kokkoide Kurzstäbchen, z. T. fermentativ	*Aeromonas, Alteromonas, Cellvibrio, Halomonas, Lysobacter, Moraxella, Pseudomonas, Rugamonas, Yanthomonas*
	gramnegative fak. anaerobe Stäbchen	*Enterobacteriaceae (Enterobacter, Citrobacter, Serratia, Pantoea, E. coli)*
	gramnegative fadenförmige oder spiralförmige S-Bakterien	*Beggiatoa, Thiomicrospira, Thermothrix*
Bacteriodetes	gleitend, spindelförmig	*Cytophaga, Sporocytophaga, Flexibacter, Empedobacter, Flavobacterium, Sphingobacter*
Actinobacteria	grampositive pleomorphe Kurzstäbchen	*Cellulomonas, Nocardia*
	grampositive asporogene kokkoide Stäbchen, z. T. fermentativ	*Arthrobacter, Gemella, Jonesia, Lactobacillus, Propionibacterium, Tsukamurella*
	pseudomycelbildende grampositive Bakterien	*Streptomyces californicus, S. coelicolor, S. diastaticus, S. globosus, S. globisporus, S. nitrosporeus*
Firmicutes	grampositive stäbchenförmige Sporenbildner, z. T. fakultativ fermentativ	*Bacillus*-Arten, *vor allem B. brevis, B. cereus, B. circulans, B. licheniformis; Paenibacillus polymyxa, P. macerans*

Energiegewinnung der Nitratammonifikation erreicht lediglich 65,1% der Atmung und 70% der vollständigen Denitrifikation. Es wird deutlich, dass verschiedene aerobe Bakterien (z. B. einige Enterobakterien), die potenziell sowohl zur Denitrifikation als auch zur Nitratammonifikation befähigt sind, unter anaeroben Bedingungen und bei einem relativ hohen Angebot an mineralisierbarem C_{org} bevorzugt eine vollständige Denitrifikation zur Energiegewinnung durchführen. Im Zuge der Denitrifikation können jeweils auch NO_2^-, NO (Stickstoffmonoxid) oder N_2O (Lachgas) als einziger Elektronen-Akzeptor fungieren, wobei entsprechend weniger Energie (ATP) gewonnen werden kann. Die Fähigkeit eines Organismus, einzelne Elektronen-Akzeptoren als alleinige Endakzeptoren einsetzen zu können, bedeutet für den betreffenden Organismus einen zusätzlichen Freiheitsgrad bei der ETP. Es sollte bedacht werden, dass die maximale Energiegewinnung der vollständigen und unvollständigen Denitrifikation sowie der Nitratammonifikation nur für optimale Bodenbedingungen gilt. Je nach Angebot und Art an leicht mineralisierbaren organischen Verbindungen, NO_3^-- und NO_2^--Konzentration, pO_2, pH-Wert und Temperatur kann die Energiekonservierung wesentlich geringer ausfallen.

Im Gegensatz zu manchen Darstellungen sollte betont werden, dass die Denitrifikation **kein anaerober Prozess** ist. Auch sind anaerobe Verhältnisse alleine nicht die entscheidenden Voraussetzungen für intensive Denitrifikationsprozesse. Vielmehr ist die Denitrifikation grundsätzlich ein aerober Prozess (unter anaeroben Bedingungen), weil die ATP-Synthese mithilfe

Box 12.2 Denitrifikation bei *Fungi*

Die Fähigkeit zur Denitrifikation ist unter Echten Pilzen (Kap. 8) weit verbreitet. Die Mehrzahl der bisher bekannten denitrifizierenden *Fungi* (*Aspergillus-*, *Cephalosporium-*, *Cylindrocarpon-*, *Fusarium-*, *Penicillium-* und *Trichoderma*-Arten) gehört zu den *Fungi Imperfecti* (*Moniliales*). Andere denitrifizierende Stämme wurden bei den filamentösen Gattungen *Chaetomium*, *Gibberella* und *Nectria* nachgewiesen oder sind Vertreter der Art *Geotrichum candidum* (einem Sprosspilz). Sie gehören alle zu den *Ascomycota* (Schlauchpilzen). *Gibberella-* und *Nectria*-Arten sind Telemorphen der Fusarien. Die meisten ökophysiologischen Untersuchungen wurden mit Stämmen von *Fusarium oxysporum*, *F. solani* und *Cylindrocarpon tonkinense* durchgeführt. Zwischen der bakteriellen und pilzlichen Denitrifikation gibt es einige wesentliche Unterschiede: Erstens scheinen Pilze Nitrit (und weniger NO_3^-) als Elektronen-Akzeptor zu bevorzugen. Zweitens ist das Hauptprodukt dieser Nitritatmung N_2O. N_2 und NO werden nicht oder lediglich in geringen Konzentrationen freigesetzt. Drittens scheint *Nir* (Nitrit-Reduktase) bei Pilzen das einzige Enzym zu sein, das mit einer respiratorischen Energiegewinnung (ATP-Synthese) gekoppelt ist. Der Metabolit NO wird von *Nor* (NO-Reduktase) ohne ATP-Synthese zum N_2O reduziert. Viertens ist die pilzliche *Nor* vom Typ Cytochrom-P_{450} (P_{450}nor), während das entsprechende Enzym bei Bakterien vom Cytochrom-*bc*-Typ ist. Wie bei Bakterien liegt das pH-Optimum der pilzlichen Denitrifikation (*F. solani* S50; *C. tonkinense*) bei etwa pH 8. Im pH-Bereich von 5,5 bis 8,0 nimmt der N_2O-Anteil mit steigendem pH-Wert signifikant zu, während N_2 kontinuierlich abnimmt. Infolgedessen erweitert sich das N_2O-N/N_2-Verhältnis mit steigendem pH-Wert. Bei *F. solani* werden O_2 und NO_2^- zwar gleichzeitig veratmet (aerobe Denitrifikation), doch steigt die N_2O-Freisetzung signifikant an, wenn O_2 vollständig verbraucht worden ist. Durch Zusatz von KCN (blockiert Cytochrom *c* und Cytochrom-Oxidase) sowie von TTFA (Thenoyltrifluoracetat, einem spezifischen Inhibitor von Flavoproteinen, CoQ und Cytochrom *b*) wird die Denitrifikation von *F. solani* vollständig unterbunden, durch Antimycin A und 8-Hydroxychinolin (beide Inhibitoren von Cytochrom *b*) zu etwa 60–85%. Offenbar kann Cytochrom *b* bei *F. solani* als Elektronen-Donator für *Nir* betrachtet werden (Malinowski u. Ottow 1991). Aus Abb. 12.4 kann gefolgert werden, dass *F. solani* S50 molekularen Sauerstoff (O_2) im Wesentlichen zum Wachstum (Trockensubstanzbildung), NO_2^- hingegen unter anaeroben Bedingungen zur Aufrechterhaltung der Energiegewinnung (ATP-Synthese) verwendet. Möglicherweise wird der pilzliche Beitrag zur Lachgasfreisetzung aus Böden unterschätzt, weil die N_2O-Bildung aus einem Lehmboden (Braunerde, Cambisol) oder Moorboden (Histosol) durch homogene Beimischung von Cycloheximid (= Actidion, hemmt spezifisch die Proteinsynthese der 80S-Ribosomen von eukaryotischen Zellen) um etwa 80–90%, durch Einarbeitung von Streptomycin (blockiert die Proteinsynthese von *Bacteria*) lediglich um etwa 23–31% vermindert wird (Laughlin u. Stevens 2002; Oishi u. Kusuda 2003). Diese Ergebnisse sind mit großer Vorsicht zu betrachten, weil die zugesetzten Antibiotika im Boden rasch sorbiert und inaktiviert werden, sodass die Effizienz ihrer Hemmwirkung unbekannt ist (Ottow *et al.* 1985; Malinowski u. Ottow 1991; Shoun *et al.* 1992; Kubota *et al.* 1999).

von Cytochromen und der Elektronentransportphosphorylierung (ETP) erfolgt (Kap. 3). Die überwiegende Mehrzahl an potenziell denitrifizierenden Bakterien (Tabelle 12.2) gehört zu den aeroben Organismen. Nur relativ wenige Denitrifikanten (wie *Paenibacillus polymyxa*) können energiereiche Substrate (Zucker, Polysaccharide) auch vergären (SSP). *P. polymyxa* verfügt jedoch zudem über **rudimentäre Cytochrome**, und in Anwesenheit von NO_3^- werden energiereiche Substrate nicht vergoren, sondern denitrifiziert (höhere maximale Energiekonservierung). Denitrifikation ist für zahlreiche *Bacteria*, manche *Archaea* und viele Echten Pilze (*Fungi*) als eine ökophysiologische Alternative zur Sauerstoffatmung zu verstehen und bietet den betreffenden Organismen die Möglichkeit, bei vermindertem O_2-Angebot und zunehmend anaeroben Verhältnissen (im Mikromilieu) ihre respiratorische Energiegewinnung (ETP) aufrechtzuerhalten. Die Nitratatmung setzt in Böden ein, wenn bei intensiven Mineralisationsprozessen (verursacht durch ein hohes Angebot an leicht mineralisierbaren organischen Verbindungen) und einer gehemmten O_2-Zufuhr (verursacht von einer zeitlichen und räumlichen hohen Bodenfeuchte) der Bedarf an alternativen Elektronen-Akzeptoren wie NO_3^- (und/oder NO_2^- und N_2O) sehr hoch ist. Intensive Mineralisationsprozesse (nach Ein-

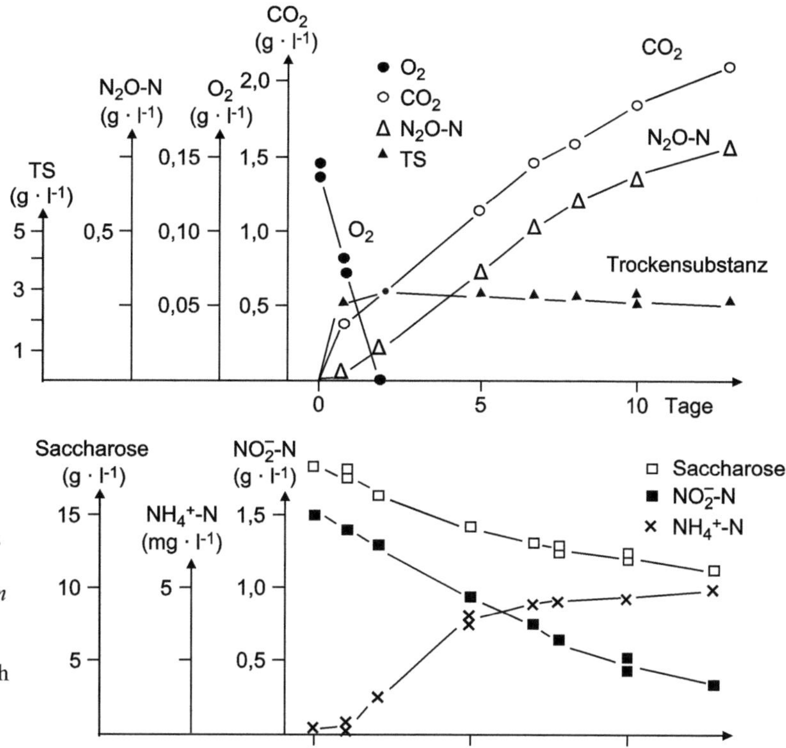

Abb. 12.4 O_2-Verbrauch, CO_2-Bildung (aus Saccharose), N_2O-Freisetzung (aus Nitrit) und Trockensubstanzbildung durch *Fusarium solani* S50 in einer Nitrit-Saccharose-Mineralsalz-Lösung (pH 7) während einer zweiwöchigen Bebrütung (30 °C) unter anfänglich aeroben Bedingungen (Batch-Versuch) (Malinowsky u. Ottow 1991)

arbeitung von Ernterückständen, Stroh, Kompost oder nach einem Grünlandumbruch) und ein hohes Nitratangebot sind folglich die entscheidenden Voraussetzungen, O_2-Mangel durch relativ hohe Bodenfeuchte (hemmt die O_2-Diffusion, fördert den NO_3^--Transport) und steigende Temperaturen die auslösenden Faktoren für eine Denitrifikation (El-Demerdash u. Ottow 1983; Simarmata *et al.* 1993; Ottow u. Benckiser 1994; Sümer *et al.* 1996). Infolgedessen wundert es nicht, dass die Dichte an den denitrifizierenden Genen *nirK* (Nitrit-Reduktase) und *nosZ* (Lachgas-Reduktase) im Oberboden einer Landschaft signifikant mit dem C_{org}-Gehalt korreliert ist (Kandeler *et al.* 2006). Anaerobe Bedingungen infolge von Bodenverdichtungen, Verschlämmungen und/oder Wassersättigung (Regen, Überflutung) reichen alleine nicht aus, um hohe Denitrifikationsraten auszulösen, wenn der Bedarf an Elektronen-Akzeptoren mangels mineralisierbarer C-Verbindungen gering ist. Umgekehrt sind in „aeroben" Böden Respiration und Denitrifikation durchaus gleichzeitig möglich, wenn ein hohes Angebot an leicht mineralisierbaren H-Donatoren und NO_3^- in aeroben Mikrohabitaten einen sehr hohen Bedarf an Elektronen-Akzeptoren auslöst. In Modellversuchen mit potenziell denitrifizierenden Reinkulturen (*Acinetobacter spp., Moraxella spp., Pseudomonas spp.*) in nitrathaltigen Nährlösungen und Glycerin als H-Donator konnten bei permanenter O_2-Begasung und O_2-Sättigung Atmung und Denitrifikation gleichzeitig nachgewiesen werden (Ottow u. Fabig 1985). Respiration und Denitrifikation können dabei nicht nur nebeneinander in unterschiedlichen Zellen, sondern auch gleichzeitig in einer Zelle, aber in verschiedenen Bereichen an der Cytoplasmamembran (und im periplasmatischen Raum) ablaufen. Die **„aerobe Denitrifikation"** in Böden und Gewässern (insbesondere in der biologischen Abwasserreinigung) ist bei hohem Angebot an H-Donatoren, O_2 und NO_3^- ökophysiologisch (selbst)verständlich, weil zweckdienlich für die betreffenden Organismen. Die sogenannte aerobe Denitrifikation ist weder auf bestimmte Organismen begrenzt noch nimmt sie physiologisch eine Sonderstellung ein. Eine Trennung zwischen anaerober und aerober Denitrifikation ist ökophysiologisch ebenso funktionslos wie eine Unterscheidung zwischen aeroben und anaeroben Denitrifikanten. Die Wortschöpfung „aerobe Denitrifikation" ist nicht zuletzt ein Pleonasmus und sollte infolgedessen vermieden werden (weil Denitrifikation grundsätzlich ein aerober Prozess ist; Kap. 3). In Grünlandböden, Ackerböden und auf Waldstandorten unterliegt die Denitrifikation einer großen räumlichen und zeitlichen Variabilität infolge zahlreicher *hot spots* im Oberboden. Durch Zusammentreffen der o. g. entscheidenden Denitrifikationsfaktoren kommt es räumlich und zeitlich um die heterogen verteilten organischen Partikel immer wieder zu N-Entgasungen (Parkin 1987; Groffman *et al.* 2006). Solche Mikrohabitate sind gekennzeichnet von Gradienten geeigneter H-Donatoren, NO_3^--Konzentrationen, Bodenfeuchte, pO_2 und pH-Wert sowie von wechselnden Populationen induzierter Denitrifikanten. In der aktiven Rhizosphäre junger Wurzeln (insbesondere an Wurzelhaaren) mit kontinuierlicher Abgabe von leicht mineralisierbaren Exsudaten (Rhizodeposition), Massenfluss von Nitrat in Richtung Wurzeloberfläche und starker O_2-Zehrung sind die ökophysiologischen Voraussetzungen für Denitrifikationsprozesse zeitlich und räumlich immer wieder gegeben, sodass die Denitrifikationsverluste (N_2 + N_2O-N) aus Ackerböden mit (mineralisch und/oder organisch) gedüngten Kulturpflanzen in der Regel höher sind als auf ungedüngten Standorten (Kap. 17; Nieder *et al.* 1989; von Rheinbaben 1990).

12.6.1.3 Art der Wasserstoff-Donatoren

Für die Denitrifikation kommen vor allem nur jene leicht mineralisierbaren organischen Substanzen in Frage, die auch mit O_2 rasch mineralisiert werden können (Kap. 3). In Böden lässt sich diese Fraktion an H-Donatoren schwer quantitativ erfassen. Als indirekter summarischer Parameter wird häufig der mit Wasser extrahierbare C-Anteil (C_{wasser} % von C_t; entsprechend der Konzentration an *Dissolved Organic Carbon* = DOC) verwendet. In Analogie zur Gewässer- und Abwasseranalytik hat sich auch der biochemische Sauerstoffbedarf von Bodenproben nach fünftägiger Bebrütung (20° C; BSB_5) als Parameter für den Anteil an leicht mineralisierbaren organischen Substraten bewährt (Lehn-Reiser *et al.* 1991). In Brutversuchen mit verschiedenen Böden unter anaeroben Bedingungen ergibt sich zwischen der potenziellen Denitrifikationskapazität und der Konzentration an wasserlöslichen C-Verbindungen meist eine hochsignifikante Korrelation (Burford u. Bremner 1975) Die Zusammensetzung dieser wasserlöslichen C-Fraktion ist standortspezifisch, umfasst aber lösliche Zucker, Kohlenhydrate, Alkohole, Aminosäuren, kurzkettige aliphatische Verbindungen sowie organische Säuren und zahlreiche andere unbekannte leicht mineralisierbare Komponenten aus der POS. Entscheidend ist die Erkenntnis, dass polycyclische aromatische Kohlenwasserstoffe (PAK), heterocyclische Verbindungen sowie Huminsäuren und andere relativ persistente Verbindungen als H-Donatoren für die Denitrifikation kaum in Betracht kommen, weil solche Verbindungen in der Regel nicht ohne O_2 und Oxygenasen hydroxyliert und mineralisiert werden können (Kap. 3). Sehr gute H-Donatoren für die Denitrikation sind erfahrungsgemäß einfache Zucker, Ethanol, Acetat, Lactat und andere kurzkettige organische Säuren, die im TCC rasch verwertet werden können.

Die Frage, ob auch **Methan** (CH_4) als Wasserstoff-Donator für die Nitratatmung (Denitrifikation) in aeroben/anaeroben Gradienten in Frage kommt, kann thermodynamisch und mikrobiologisch bejaht werden (Gl. 12.29).

$$5\,CH_4 + 8\,NO_3^- + 8\,H^+ \rightarrow 5\,CO_2 + 4\,N_2 + 14\,H_2O \quad \Delta G_0' = -765\text{ kJ} \times \text{Mol}^{-1} \qquad (12.29)$$

Sowohl ein angepasstes synthrophes Konsortium aus unbekannten Vertretern von *Bacteria* und *Archaea* als auch einzelne neue Isolate der *Bacteria* können CH_4 mit NO_3^- als einzigem Elektronen-Akzeptor anaerob verwerten (Raghoebarsing *et al.* 2006; Ettwig *et al.* 2008, 2009). In Böden wurde die anaerobe CH_4-Verwertung mit NO_3^- als einzigem Elektronen-Akzeptor allerdings noch nicht experimentell nachgewiesen.

12.6.1.4 Bodenfeuchte, Temperatur und pH-Wert

Neben dem Angebot an leicht mineralisierbaren organischen Verbindungen und der NO_3^--Dynamik kommt der **Bodenfeuchte** eine wichtige Rolle zu (Chalamet 1985). Wasser im Boden stimuliert die mikrobielle Aktivität und damit den O_2-Bedarf für die C-Mineralisation, behindert aber gleichzeitig die O_2-Diffusion. Die kritische Feuchtspannung, bei der die O_2-Diffusion so gehemmt wird, dass die Enzyme der Denitrifikation induziert werden, ist stets bodenspezifisch und primär abhängig von der Konzentration an H-Donatoren, der Bodenart und der Porung. Bereits bei etwa 25% der maximalen Wasserkapazität (mWK = Feldkapazität) kann in lehmigen Böden die Denitrifikation einsetzen, um bei 60–80% der mWK oder nach vollständiger Wassersättigung (Nassreisböden) ein Maximum zu erreichen, falls ausreichend leicht mineralisierbare C-Verbindungen verfügbar sind. Angaben zum kritischen Schwellenwert hinsichtlich der Bodenfeuchte (% der mWK oder % *water-filled pore space* = WFPS) oder der O_2-Konzentration bleiben folglich so lange funktionslos wie Informationen über den C_t-Gehalt und dessen Anteil an wasserlöslichen C-Verbindungen fehlen. Je höher die Konzentration an leicht mineralisierbaren C-Verbindungen ist, umso schneller wird die kritische Bodenfeuchte erreicht, bei der die Denitrifikation beginnt. Es ist der Schluss richtig, dass weder die Bodenfeuchte (% mWK oder WFPS) noch der pO_2 (Sauerstoffpartialdruck) ohne Bezug auf das Angebot an leicht mineralisierbarem Kohlenstoff als Kriterien für Beginn oder Intensität der Denitrifikation herangezogen werden sollten. Dieser Sachverhalt erklärt, warum für den Beginn der Denitrifikation in der Literatur Streubreiten von 55 bis 85% des WFPS angegeben werden.

Die Denitrifikation (entsprechend der Bodenatmung) steigt von etwa 0° C bis etwa 60° C kontinuierlich an, zeigt aber Maxima in den Bereichen von 35–37° C und von 55–60° C. Der Q_{10}-Wert streut in den genannten physiologischen Bereichen zwischen 1,5 und 3,5 mit einem Schnitt von etwa 2,5 (Chalamet 1985; von Bischopink u. Ottow 1985). Das zweite Maximum im Temperaturbereich von 50 bis 60° C ist auf thermophile Bakterien und Pilze zurückzuführen. Aber auch im unteren Temperaturbereich können zeitweise verstärkte Denitrifikationsraten auftreten. Bemerkenswert sind die relativ hohen N_2O-Freisetzungsraten aus Böden während einer Frostperiode und des anschließenden Auftauvorgangs. Die höchsten N_2O-Freisetzungsraten wurden vielfach bei etwa 0° C nachgewiesen. Als Ursache wird eine verstärkte unvollständige Denitrifikation infolge eines erhöhten Angebotes an leicht mineralisierbaren organischen Verbindungen (aus abgestorbener Biomasse und physikalisch freigesetzten organischen Substanzen) und NO_3^- bei gleichzeitig erhöhter Bodenfeuchte angenommen (Röver *et al.* 1998; Müller *et al.* 2002, 2003, 2004).

Denitrifikation findet in Böden in einem weiten pH-Bereich von etwa 4 bis 8 statt, mit einem Optimum zwischen pH 7 und 8. Die mit sinkendem pH-Wert abnehmende Denitrifikation entspricht der allgemeinen Verminderung der mikrobiellen Stoffwechselaktivität bei zunehmender Versauerung. Im sauren Milieu wird die Dissoziation organischer Säuren stark zurückgedrängt, was ihre metabolischen Umsetzungen verlangsamt. Auch Pilze wie *Fusarium solani* und *F. oxysporum* haben ihr pH-Optimum für die Denitrifikation bei pH 8 (Burth u. Ottow 1983; Chalamet 1985; Ottow *et al.* 1985).

12.6.1.5 Enzymregulation und Elektronenfluss

Die Enzyme der Denitrifikation (Gl. 12.28) werden nur in Gegenwart von NO_3^-, bei O_2-Mangel und zunehmender Anaerobiose sequenziell induziert und dereprimiert. Die Enzymregulation ist allerdings nicht einheitlich und kann von Organismus zu Organismus variieren. Sowohl die **dissimilatorische Nitrat-Reduktase** (*Nar* = *NR-A*) als auch die Nitrit-Reduktase (*Nir*), NO-Reduktase (*Nor*) und N_2O-Reduktase (*Nos*) sind in oder an der Cytoplasmamembran (CM) gebunden und zwar in unmittelbarer Nähe der Cytochrom-Oxidase (Cytochrom aa_3). Neben der membrangebundenen *Nar* besitzen zahlreiche *Bacteria* (Enterobakterien, Bacillen, Pseudomonaden) noch eine lösliche **assimilatorische Nitrat-Reduktase** (*Nap* = *NR-B*). Chlorat (ClO_3^-) ist als strukturanaloge Verbindung zum NO_3^-, ein Substrat für *Nar* (und wird dann zum toxischen Chlorit reduziert), aber nicht für *Nap*. Weiter wird *Nar* von Azid gehemmt, *Nap* jedoch nicht. *Nir* und *Nor* werden koordiniert induziert und exprimiert, vermutlich weil NO relativ toxisch ist. In der Regel wirkt Ammonium bereits in geringen Konzentrationen hemmend auf die assimilatorische Nitratreduktion (*Nap*), jedoch in höheren Konzentrationen erst auf *Nar*. Beide Nitrat-Reduktasen lassen sich aufgrund dieser Eigenschaften unterscheiden. Steigende O_2-Konzentrationen wirken reprimierend auf die Denitrifikation, wenn das Angebot an leicht mineralisierbaren C-Verbindungen in Bezug auf Nitrat relativ gering ist (weil eine Atmung mehr ATP liefert als eine vollständige Denitrifikation; Tabelle 12.1). Bei hohem Angebot an leicht minerlisierbaren C-Verbindungen ist der Bedarf an Elektronen-Akzeptoren jedoch so groß, dass O_2 und Nitrat *gleichzeitig* veratmet werden können (Ottow u. Fabig 1985). O_2 hemmt die Denitrifikation dann nicht. Da die Fähigkeit zur Denitrifikation bei sehr vielen taxonomisch verschiedenen Bakterien, pseudomycelbildenden Streptomyceten (Tabelle 12.2) und Pilzen (Box 12.2) verbreitet ist, kann angenommen werden, dass bei den einzelnen Gattungen und Arten spezifische Unterschiede in der Enzymtopologie, im Elektronenfluss und in den ökologischen Regulationsmechanismen bestehen, die noch zu erforschen sind.

In Abb. 12.3 ist der Elektronenfluss vom H-Donator bis zu den Elektronen-Akzeptoren am Beispiel von Enterobakterien, einigen Pseudomonaden und *Bacillus*-Arten schematisch dargestellt. Bei vielen denitrifizierenden Bakterien befindet sich die Weichenstellung für den Elektronenfluss bei der ETP auf der Redoxstufe der **Cytochrome *b* und *c***. Insbesondere Cytochrom b_1 kommt beim Elektronentransfer auf die *Nar* offenbar eine entscheidende Rolle zu, weil

- die Denitrifikation durch Zusatz der chinoiden Substanz 2-*n*-Heptyl-4-Hydroxychinon-*N*-Oxid (HNO), ein spezifischer Inhibitor für Cytochrom *b* und b_1, weitgehend unterbunden wird,
- die Hemmstoffe CN^- (Cyanid) und CO (Kohlenmonoxid), beide spezifische Inhibitoren für Cytochrom-Oxidase (Abb. 12.3), keinen Einfluss auf die Denitrifikation haben und weil
- *Nar*-negative Stämme (Suppressionsmutanten) von denitrifizierenden Bakterien (*Enterobacteriaceae, Bacillus spp.*) nicht nur die Fähigkeit zur Nitratatmung, sondern in der Regel auch das Cytochrom *b* verlieren und somit pleiotrop sind (**Pleiotropie** = ein Gen steuert mehrere Merkmale).

12.6.1.6 Ökonomisch-technologische Bedeutung der Denitrifikation

Die Bedeutung der Denitrifikation ist für die Gesellschaft im Industriezeitalter vielschichtig und groß. Durch Denitrifikation

- können in der Landwirtschaft beachtliche wirtschaftliche **N-Verluste** entstehen (Box 12.3; Abb. 12.5 und Abb. 12.6). Auf Ackerböden umfassen die N-Verluste durch Denitrikationsprozesse im Schnitt etwa 25 kg $N \times ha^{-1} \times a^{-1}$ (mit einer Streuungsbreite von 0 bis 150 kg $N \times ha^{-1} \times a^{-1}$). Auf permanentem Grünland erreichen die N-Verluste unter Witterungsverhältnissen des gemäßigten Klimas durchschnittlich 10 kg $N \times ha^{-1} \times a^{-1}$ (Benckiser *et al.* 1987; von Rheinbaben 1990; Ottow u. Benckiser 1994; Ottow et al. 1996; Groffman *et al.* 2006; Nieder u. Benbi 2008). In Wald-

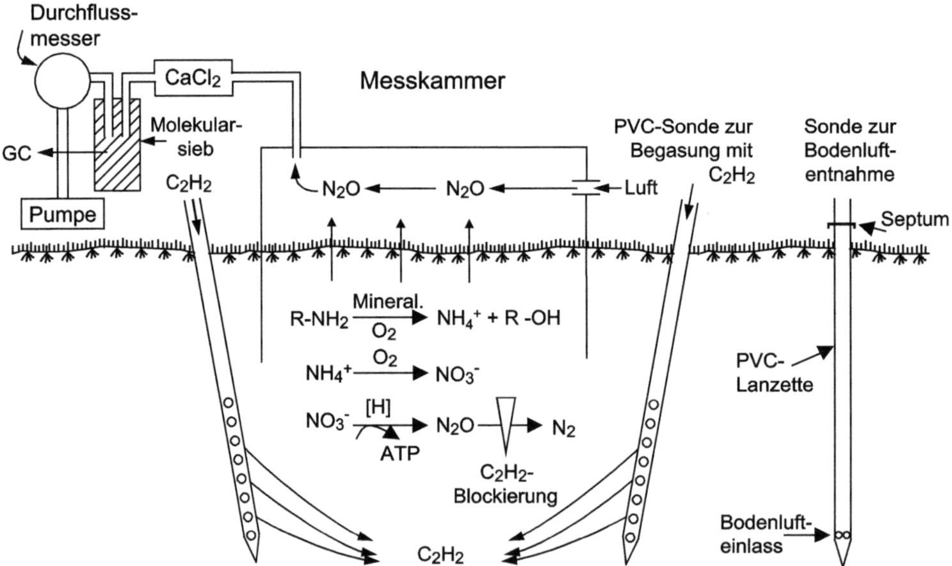

Abb. 12.5 Schematische Darstellung der Acetyleninhibierungstechnik (AIT) zur quantitativen Erfassung der Gesamtdenitrifikation (als N_2O-N) unter Feldbedingungen. Kunststoffkammern werden in den Boden eingedrückt und der Boden unter der Kammer mittels Sonden druckfrei mit Acetylen zur spezifischen Hemmung der N_2O-Reduktase begast. Das freigesetzte N_2O-Gas (pro Fläche und Zeiteinheit) wird abgesaugt, in Molekularsiebfallen sorbiert, im Labor gaschromatographisch quantifiziert und als Gesamtdenitrifikation pro Hektar und Stunde hochgerechnet (Entwurf: JCG Ottow)

Box 12.3 Methoden zur Quantifizierung von Denitrifikationsverlusten im Freiland

Wie alle mikrobiologischen Prozesse in Böden ist auch die Denitrifikation durch eine hohe zeitliche und räumliche Variabilität gekennzeichnet. Die Abschätzung von Denitrifikationsverlusten im Freiland durch **N-Bilanzen** (Differenzmethode) ist überholt, weil die Genauigkeit nicht mehr den heutigen Anforderungen entspricht. Die Quantifizierung mittels der **^{15}N-Bilanz-Methode** nach Einarbeitung von ^{15}N-markierten mineralischen Düngern ist nur scheinbar zuverlässig, weil ausschließlich ^{15}N-markierte Gase (N_2O, N_2, NO) erfasst werden. Denitrifikationsverluste aus bodenbürtigem N (NO_3^--, NH_4^+-, organischer N) bleiben unberücksichtigt. In der Praxis hat sich die **Acetylen-Inhibierungtechnik (AIT)** als kostengünstige Routinemethode für Freilanduntersuchungen (Acker- und Grünlandböden) trotz Unzulänglichkeiten durchgesetzt. Die AIT beruht auf der **spezifischen** und vollständigen Hemmung der N_2O-Reduktase ($N_2O \rightarrow N_2$) durch geringe Konzentrationen (etwa 0,1 bis 1,0% v/v) des Gases Acetylen (C_2H_2), wodurch N_2O das **einzige Endprodukt** der Denitrifikation wird. Lachgas ist in der Atmosphäre nur in Spuren vorhanden. Zur Quantifizierung des N_2O aus dem Boden werden PVC-Bodenkammern (z. B. 50 × 10 × 15 cm) zwischen den Pflanzreihen oder auf dem Grünland platziert, vorsichtig in den Boden eingedrückt, seitlich über PVC-Lancetten mit Acetylen begast (3 h) und das Lachgas anschließend in den PVC-Bodenkammern aufgefangen (Abb. 12.5 und 12.6). Mithilfe einer Pumpe wird das freigesetzte N_2O kontinuierlich über mehrere U-Röhrchen (gefüllt mit einem 0,5-nm-Molekularsieb) zur quantitativen Adsorption des N_2O geleitet. Im Labor wird das N_2O aus den U-Röhrchen mithilfe von Wasser ausgetauscht und das freigesetzte N_2O gaschromatographisch mit einem ECD (*electron capture detector*; hohe Empfindlichkeit) oder TCD (*thermal conductivity detector*) quantifiziert. Die N_2O-Freisetzungsrate kann aufgrund konstanter Durchflussraten und bekannter Messfläche (Bodenkammer) unter Abzug der Lachgaskonzentration in der Außenluft hochgerechnet und als **Gesamtdenitrifikationsverlust** in g N_2O-N × ha^{-1} × Tag^{-1} ausgedrückt werden. Vorteil der AIT ist ihre Eignung sowohl für ungestörte als auch für manipulierte (Versuchs-)Felder (z. B. nach Einarbeitung einer mineralischen und/oder organischen Düngung). Ein wesentlicher Nachteil der AIT ist (a) die gleichzeitige spezifische Hemmung der Nitrifikation (Ammoniak-Monooxygenase; AMO) durch Acetylen und (b) die Plünderung von NO, wodurch die Nachlieferung von NO_3^- unterbunden und die Denitrifikation unterschätzt wird. Infolgedessen sind nur **Kurzzeitmessungen** erlaubt und Wiederholungsmessungen am gleichen Messplatz ausgeschlossen. Die AIT ist für schwere, feuchte Böden ungeeignet, weil Acetylen durch den hohen Anteil an wassergefüllten Feinporen nicht alle *hot spots* der Denitrifikation erreichen kann. Vorteil ist, dass sich die Kammermethode (*cover box method*) ohne Acetylenbegasung auch zur Quantifizierung der **natürlichen N_2O-N-Freisetzung** verwenden lässt. Die starke Heterogenität von Böden und die Hochrechnungen der Messergebnisse von einigen 100 cm^2 auf Hektar sind wesentliche Ursachen der relativ hohen Streuung der Messergebnisse. Infolgedessen sind möglichst viele Parallelmessungen erforderlich. Für heterogene Waldböden ist die AIT ungeeignet. Die AIT hat wesentlich zum Erkenntnisfortschritt von Denitrifikationsverlusten auf landwirtschaftlich genutzten Böden beigetragen (Knowles 1990; Myrold 1990; Aulakh *et al.* 1991; Simarmata *et al.* 1993; Schwarz *et al.* 1994; Ottow *et al.* 1996; Groffman *et al.* 2006).

böden (Fichtenstandort) des gemäßigten Klimas werden die Denitrifikationsverluste auf etwa 1 bis 3 kg N × ha^{-1} × a^{-1} geschätzt. In der Regel sind die Denitrifikationsverluste auf Ackerböden mit minimaler (pflugloser) Bodenbearbeitung deutlich höher als unter konventioneller Bodenbearbeitung, weil der C_{org}-Gehalt auf den erstgenannten Standorten infolge der stark reduzierten Bodenbearbeitung im Laufe der Zeit zunimmt (Nieder *et al.* 1989; Aulakh *et al.* 1984, 1991),

- kann die notwendige **N-Eliminierung** durch N-Entgasung (N_2, N_2O) im Belebungsbecken, Nitrifikationsbecken und im Denitrifikationsbecken der „weitergehenden Abwasserreinigung" erzielt werden. Damit kann den gesetzlichen Anforderungen an geklärten Abwässern für Vorfluter entsprochen werden. Bemerkenswert ist dabei, dass aus dem homogen belüfteten Nitrifikationsbecken ca. 45-mal mehr N_2O emittiert wird als aus dem Denitrifikations- oder Belebungsbecken, was die Bedeutung der Nitrifikations-Denitrifikation als N_2O-Quelle unterstreicht (Körner *et al.* 1993; Sümer *et al.* 1996; Linn *et al.* 1996).
- kommt es zur **Nitrat-Elimination (N-Entgasung)** in gesättigten Bodenzonen und in Grundwasser-

leitern, was für die Aufbereitung von nitratarmem Trinkwasser in Wasserschutzgebieten wichtig ist (Lehn-Reiser *et al.* 1991).

Insgesamt kommt es durch Denitrifikation in Böden, Sedimenten, Gewässern, Abwasserreinigungsanlagen und Pflanzenkläranlagen zur unkontrollierten Freisetzung der klimarelevanten Gase N_2O und NO (potenzielle Treibhausgase, Ozonabbau). Gerade biologische Kläranlagen (Belebungsbecken, Nitrifikations- und Denitrifikationsbecken, Pflanzenkläranlagen) können zu erheblichen Lachgasfreisetzungen beitragen. Im Zuge des weltweiten Ausbaus biologischer Kläranlagen werden diese Emissionen von NO und N_2O in den nächsten Jahrzehnten zwangsläufig sprunghaft ansteigen. Es ist Aufgabe der angewandten Forschung, die unkontrollierten Freisetzungen von N_2O und NO (bio)technologisch zu minimieren (Sümer *et al.* 1996).

Abb. 12.6 Kunstoffkammer (Eigenbau), Begasungseinheit mit PVC-Sonden, Molekularsiebfallen und Durchflussregler zur quantitativen Bestimmung der Gesamtdenitrifikationsverluste im Felde mit der AIT. Die längliche Kammer (Grundfläche 500 cm^2; 500 x 100 x 150 mm) dient der Erfassung von Denitrifikationsverlusten zwischen Getreide-Reihen (Schwarz *et al.* 1994; Ottow *et al.* 1996) (Aufnahme: JCG Ottow)

Aufgrund der zunehmenden Biogaserzeugung muss auch mit steigenden N_2O- und NO-Freisetzungen gerechnet werden, was ökologisch bedenklich ist.

12.6.1.7 Verbreitung der Denitrifikation unter Mikroorganismen

Die **potenzielle Fähigkeit** zur Denitrifikation ist unter den Prokaryoten (Tabelle 12.1) und *Fungi* (Box 12.2) weit verbreitet. Potenziell denitrifizierende Organismen (Arten, Stämme) sind unter den *Archaea* (bisher im Wesentlichen Halophylen) und *Bacteria* bei taxonomisch sehr verschiedenen Gattungen und Arten vertreten (Germon 1985; Payne 1985; van Spanning *et al.* 2005). Denitrifikanten wurden bisher unter den *Bacteria* in den Phyla *Aquificae*, *Deinococcus-Thermus*, *Firmicutes*, *Actinobacteria, Bacteroides* und vor allem in allen Klassen der *Proteobacteria* festgestellt. Auch unter den **Actinomyceten** (bei zahlreichen Arten der Gattung *Streptomyces; Phylum Actinobacteria*) wurde die Denitrifikation nachgewiesen. Von *Streptomyces violaceoruber* und *S. nitrosporeus* wird Nitrat in einem sandigen Lehm oder in einer Kulturlösung über NO lediglich bis zum N_2O denitrifiziert, allerdings nur in Anwesenheit einer geringen Ausgangskonzentration an O_2 in der Atmosphäre. Unter vollständig anaeroben Bedingungen kommt es nicht zur Denitrifikation. Gerade der Übergang von semiaerob nach anaerob in Anwesenheit von NO_3^- induziert die Enzyme und ermöglicht eine unvollständige Denitrifikation zur Aufrechterhaltung der ETP, eine Situation, welche dem Sachverhalt in periodisch durchfeuchteten Böden entspricht (Albrecht *et al.* 1997; Wenzhöfer *et al.* 1997).

Die Fähigkeit zur Denitrifikation ist, wie die potenzielle Fähigkeit zur Eisenreduktion (Kap. 14), wahrscheinlich bei einer sehr großen, überwiegend noch unbekannten Diversität an phylogenetisch verschiedenen Mikroorganismen verbreitet, weil der Einsatz von NO_3^- (und NO_2^-) – ebenso wie von Fe(III)-(Hydr)Oxiden – als alternative Elektronen-Akzeptoren zur Aufrechterhaltung der ATP-Synthese (ETP) aufgrund ihres allgemeinen Vorkommens in Böden für die Mikroorganismen ökophysiologisch von großem Vorteil ist (Kap. 3). Rezente Untersuchungen konzentrieren sich auf die genetische Diversität bisher nichtkultivierbarer Denitrifikanten. Dazu werden bevorzugt **funktionelle Gene** verwendet, die für charakteristische Enzyme im heterotrophen Denitrifikationsprozess

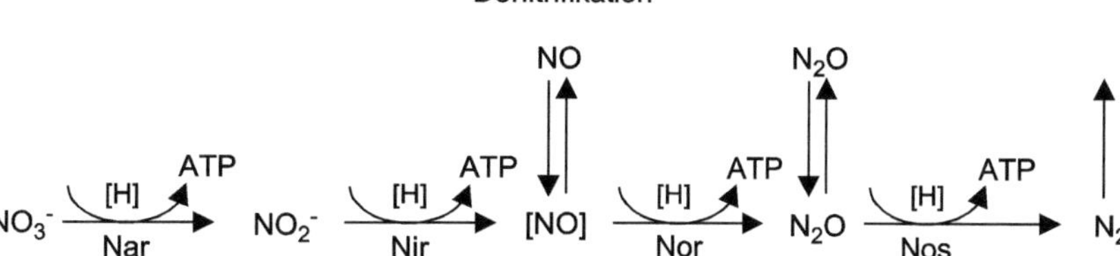

Abb. 12.7 Quellenvergleich der NO-, N_2O- und N_2-Freisetzung während der Nitrifikations-Denitrifikation (oben) und heterotrophen Denitrifikation (unten). *Nir*, *Nor* und *Nos* tragen vermutlich nicht zum *pmf* bei (Box 12.1) (Entwurf: JCG Ottow)

codieren (Bothe *et al.* 2000; Emmerling *et al.* 2002; Philippot *et al.* 2009). Am häufigsten werden als molekulare Marker die Gene für die **Nitrit-Reduktase** (*Nir*) und die **N_2O-Reduktase** (*Nos*) herangezogen. Vor allem die Gene zum Enzym *Nos* werden zur Analyse von denitrifizierenden Lebensgemeinschaften verwendet, weil für dieses Enzym Primer entwickelt wurden (Bothe *et al.* 2002; Starkenburg *et al.* 2008; Philippot *et al.* 2009). Die Wahl dieser Gene bleibt jedoch fragwürdig, weil das Enzym *Nos* (a) auch bei Nitrifikanten der Nitratation (Nitrifikations-Denitrifikation) vorkommt und (b) nicht alle potenziell denitrifizierenden *Bacteria* und Pilze im Boden über dieses Enzym verfügen (Box 12.1).

12.7 Nitrifikations-Denitrifikation

Sowohl Vertreter der Nitritation als auch der Nitratation sind bei **Sauerstoffmangel** potenziell zur Denitrifikation in der Lage. Bei hohem Stoffumsatz treten in Böden sowie in Nitrifikations- und Belebungsbecken von Kläranlagen zeitliche und räumliche O_2-arme bis anaerobe Mikrohabitate auf: Es kommt zur Nitrifikations-Denitrifikation mit Freisetzung von NO, N_2O und N_2 (Yoshinari 1985; Inubushi et al. 1996; Sümer *et al.* 1996; Wrage *et al.* 2004). In der Nitrifikations-Denitrifikation ist N_2O ein Zwischenprodukt der dissimilatorischen Reduktion von NO_2^- zu N_2. Sowohl Nitrifikanten der Nitritation als auch solche der Nitratation besitzen eine **dissimilatorische Nitrit-Reduktase** und können NO_2^- in einer anaeroben Atmung zu N_2O reduzieren (Abb. 12.7). Offenbar können Nitrifikanten NO_2^- bei O_2-Mangel als Elektronen-Akzeptor für die Mineralisation von einfachen organischen Substanzen verwerten. Unter O_2-Mangel umfasst die Nitrifikations-Denitrifikation

- bei Organismen der **Nitritation** die dissimilatorische Reduktion von NO_2^- über das membrangebundene Nitroxyl zu NO und N_2O. Bakterien der Nitritation (*Nitrosomonas eutropha*) verfügen nachweislich über Nitrit- und NO-Reduktase-Aktivitäten. Werden Zellsuspensionen von *Nitrosomonas europaea* mit $^{15}NO_2^-$ versetzt und unter anaeroben Bedingungen bebrütet, dann entsteht in der Gasphase $^{15}N_2O$ (Yoshinari 1985) und
- bei Organismen der **Nitratation** die dissimilatorische Reduktion von NO_3^- zu NO_2^- (durch das Enzym Nitrit-Oxidoreduktase; NXR), von NO_2^- zu N_2O (*Nir*) und von N_2O zu N_2 (*Nos*). Bei *Nitrobacter winogradskyi* (einem NO_2^--Oxidierer) funktioniert das Enzym Nitrit-Oxidoreduktase (NXR) bei Sauerstoffmangel offenbar als eine dissimilatorische **Nitrat-Reduktase** (ATP-Synthese) unter Einsatz von organischen Elektronen-Donatoren (Pyruvat, Glycerin). Entsprechend einer heterotrophen Denitrifikation entstehen dabei NO und N_2O (Fiencke *et al.* 2005). *Nitrobacter winogradskyi* Nb255 besitzt zudem eine Cu-haltige Nitrit-Reduktase (*Nir*K), mit der Nitrit bei vermindertem pO_2 zu NO reduziert wird.

Umgekehrt kann auch NO von außen aufgenommen werden und mit O_2 zu NO_2^- oxidiert werden (Cascitti u. Ward 2001; Starkenburg *et al.* 2008).

Vermutlich sind die o. g. Nitratreduktionen (bei Organismen der Nitratation) und die NO_2^--Reduktionen (durch Organismen der Nitri- und Nitratation) mit Energiekonservierungen verbunden, doch wurde dies noch nicht experimentell nachgewiesen. Insgesamt können bei der Nitrifikations-Denitrifikation die Gase NO, N_2O und N_2 freigesetzt werden, was einer heterotrophen Denitrifikation entspricht. Nitrifikanten sind offenbar ökophysiologisch **besonders flexibel** und können ihre respiratorische Energiekonservierung (ETP) sowohl unter aeroben Bedingungen als auch bei vermindertem pO_2 aufrechterhalten.

12.8 Nitratammonifikation

Die Nitratammonifikation (dissimilatorische Reduktion von NO_3^- zum NH_4^+) dient ebenfalls der **mikrobiellen Energiekonservierung** (ATP-Bildung mithilfe der ETP). Der Prozess erfolgt in zwei Schritten (Gl. 12.30 und Gl. 12.31)

$$NO_3^- + 2e + 2\,H^+ + ADP + Pi \rightarrow NO_2^- + H_2O + ATP \quad (12.30)$$

$$NO_2^- + 6e + 8\,H^+ \rightarrow NH_4^+ + 2\,H_2O \quad (12.31)$$

Im ersten Schritt (12.30) wird NO_3^- durch die membrangebundene Nitrat-Reduktase (*Nar*) zu NO_2^- reduziert, wobei ATP über ETP gewonnen wird. Da NO_2^- bereits in geringen Konzentrationen toxisch wirkt, wird es umgehend bis zum NH_4^+ weiterreduziert (12.31) und anschließend ausgeschieden (pH-Anstieg). Im Vergleich zur Atmung bzw. zur vollständigen Denitrifikation beträgt die maximale Energiegewinnung durch Nitratammonifikation pro Mol Glucose lediglich 65,1% bzw. 70% (Tabelle 12.1).

Auch bei der Nitratammonifikation kann es zur Freisetzung von N_2O kommen. Vermutlich entsteht N_2O dabei als **Nebenprodukt** aus der Veratmung von NO_2^-. Ob es sich dabei um eine Entgiftungsreaktion oder Energiekonservierung (ATP-Synthese mittels ETP) handelt, ist noch unklar. Auch die ökologischen Voraussetzungen und Bedingungen für die Nitratammonifikation sind noch weitgehend ungeklärt. Voraussetzungen scheinen ein hohes Angebot an leicht mineralisierbaren organischen Substanzen, ein hohes Angebot an NO_3^- und ein relativ niedriges Redoxpotenzial (E_h) unter **anaeroben Bedingungen** zu sein. Zahlreiche aerobe potenziell denitrifizierende Bakterien (*Pseudomonas spp.*, *Bacillus* und *Paenibacillus* spp.) sind auch zur Nitratammonifikation in der Lage. Auffallend ist jedoch, dass die Fähigkeit zur Nitratammonifikation bisher vor allem bei solchen Bakterien (wie *Paenibacillus*-Arten, Enterobakterien) nachgewiesen wurde, die sowohl zum Atmungsstoffwechsel (ETP) als auch zu Gärungen (SSP) befähigt sind.

12.9 Die anaerobe Ammoniumoxidation

Bei der **an**aeroben **Amm**onium**ox**idation (**Anammox**) handelt es sich um eine **chemolithotrophe Denitrifikation** mit NH_4^+ als Elektronen-Donator und NO_2^- als Elektronen-Akzeptor (Strous *et al.* 1999; Jetten 2001; Strous u. Jetten 2004; Schmid *et al.* 2005). In anaeroben Sedimenten und Kläranlagen mit intensiven N-Umsetzungen wurde ein zusätzlicher Prozess nachgewiesen, in dem NH_4^+ mit NO_2^- unter Energiegewinnung (ATP) über Hydrazin (N_2H_4) zu molekularem Stickstoff (N_2) oxidiert wird (Gl. 12.32):

$$NH_4^+ + NO_2^- \rightarrow N_2 + 2\,H_2O + ATP \quad (12.32)$$

In anaeroben Böden, Abwasserreinigungsanlagen und in Sedimenten ist der anaeroben Ammoniumoxidation stets eine intensive N-Mineralisation (NH_4^+-Freisetzung) und/oder dissimilatorische Nitratreduktion über NO_2^- bis NH_4^+ (z. B. Nitratammonifikation) oder N_2 (Denitrifikation) vorgeschaltet. Bestimmte Planctomyceten (Phylum *Planctomycetes*; Tabelle 4.2; Kap. 7) oxidieren dann das akkumulierende NH_4^+ als Elektronen-Donator mit NO_2^- als Elektronen-Akzeptor. Dabei wird NO_2^- durch eine Nitrit-Reduktase mit einem Elektron zu NO reduziert (Gl. 12.33), das mit NH_4^+ und drei weiteren Elektronen zu Hydrazin (N_2H_4) und Wasser umgesetzt wird (Gl. 12.34). Die Nitritreduktion erhält Elektronen von einem cytochrom-*c*-ähnlichen Protein (Elektronen-Carrier), was im Prinzip einer **Nitratatmung** entspricht. Anschließend wird Hydrazin zu N_2 oxidiert und die vier freiwerdenden Elektronen zur Synthese eines weiteren Hydrazinmoleküls aus NH_4^+ und NO_2^- genutzt (Gl. 12.35). Diese Reaktionen laufen in einem intrazellulären Organell, einem **Anammoxosom** (Niftrik *et al.* 2004) ab, wobei ein Protonengradient aufgebaut wird, der mithilfe der ATP-Synthase der ATP-Bildung dient (Gl. 12.33–12.35):

Nitritreduktion: $NO_2^- + e + 2H^+ \rightarrow NO + H_2O$ (12.33)

Hydrazinbildung: $NO + NH_4^+ + 3e + 2\,H^+ \rightarrow N_2H_4 + H_2O$ (12.34)

Oxidation Hydrazin: $N_2H_4 \rightarrow N_2 + 4e + 4H^+$ (12.35)

$NO_2^- + NH_4^+ \rightarrow N_2 + 2\,H_2O \quad \Delta G_0' = -358\ \text{kJ} \times \text{Mol}^{-1}$

Die bisher verantwortlichen *Candidatus*-Bakterien *Kuenenia stuttgartiensis, Brocadia anammoxidans, Scalindua brodae* und *S. wagneri* gehören zum neuen Phylum *Planctomycetales,* zu einer Gruppe von weit verbreiteten *Bacteria* ohne Peptidoglykan in der Zellwand (Kap. 7), aber mit zahlreichen intracytoplasmatischen Kompartimenten (Thamdrup u. Dalsgaard 2002; Niftrik *et al.* 2004). Weil ein Cytochrom *c* als Elektronen-Carrier fungiert, handelt es sich bei diesem Prozess um eine NO_2^--Atmung bis zum N_2 (**Denitrifikation**). Ammonium dient dabei als Elektronen-Donator, sodass es sich offenbar um eine neue Form der **chemolithotrophen Denitrifikation** handelt. Auch in Böden wurde die **anaerobe NH_4^+-Oxidation** nachgewiesen (Jetten 2001), zumal geeignete ökologische Nischen überall dort auftreten, wo NH_4^+ mit NO_3^- und NO_2^- in Gradientbereichen zwischen aeroben und anaeroben Bedingungen zusammentreffen, wie sie in hydromorphen Böden (Nassreisböden, Gleyen, Pseudogleyen, Marschböden etc.) und Sedimenten vorliegen. Für die Aktivität von anaeroben NH_4^+-Oxidierern ist stets eine NO_2^--Quelle in unmittelbarer Nähe erforderlich. Kolonien von anaeroben NH_4^+-Oxidierern werden oft unweit von aeroben NH_4^+-Oxidierern und/oder von denitrifizierenden Bakterien gefunden (Thamdrup u. Dalsgaard 2002; Strous u. Jetten, 2004). Die anaerobe NH_4^+-Oxidation und die Denitrifikation sind die einzigen Prozesse, die N_2 aus terrestrischen und aquatischen Ökosystemen in die Atmosphäre zurückführen (Abb. 12.1).

12.10 Quellen der N_2O-Freisetzung aus Böden

Böden sind sowohl relevante Quellen als auch Senken von N_2O. Die Bedeutung der Lachgasfreisetzung aus Böden liegt in ihrem potenziellen Beitrag zum Treibhauseffekt und zur Ozonzerstörung in der Stratosphäre. Lachgas ist aufgrund seiner hohen Verweilzeit von ca. 130 Jahren und seines relativ hohen Potenzials zur IR-Adsorption als ein problematisches Spurengas einzuordnen. Auf molarer Basis ist das Treibhauspotenzial von N_2O etwa 310-mal höher als das von CO_2 (1 kg N_2O entspricht in der potenziellen Wirkung ca. 310 kg CO_2). Lachgas wird infolgedessen ein hohes globales Treibhauspotenzial zugeschrieben. Nach heutiger Bewertung steigt der N_2O-Gehalt in der Atmosphäre jährlich um 0,2–0,3 Vol-% an. Vor 100 Jahren betrug die atmosphärische Konzentration etwa 280–285 ppbv, heute liegt sie bei etwa 310 ppbv. Die globalen N_2O-N-Emissionen aus natürlichen und anthropogenen Quellen werden auf etwa 14,7 bis 17,7 Tg N jährlich geschätzt. Ein Anstieg von 0,25 Vol-% jährlich würde einer Zunahme von ca. 3,7 bis 4,4 TG N_2O-N $\times$ a^{-1} entsprechen. Die hohe Streuungsbreite in den Schätzungen bestätigt die große Unsicherheit bisher vorhandener Daten. Nach vorläufigen Angaben sollen Böden mit etwa 50–65% an der gesamten globalen natürlichen Lachgasbildung beteiligt sein. Unter den anthropogenen N_2O-Quellen gehen mehr als 50% der N_2O-Emissionen auf die landwirtschaftliche Nutzung

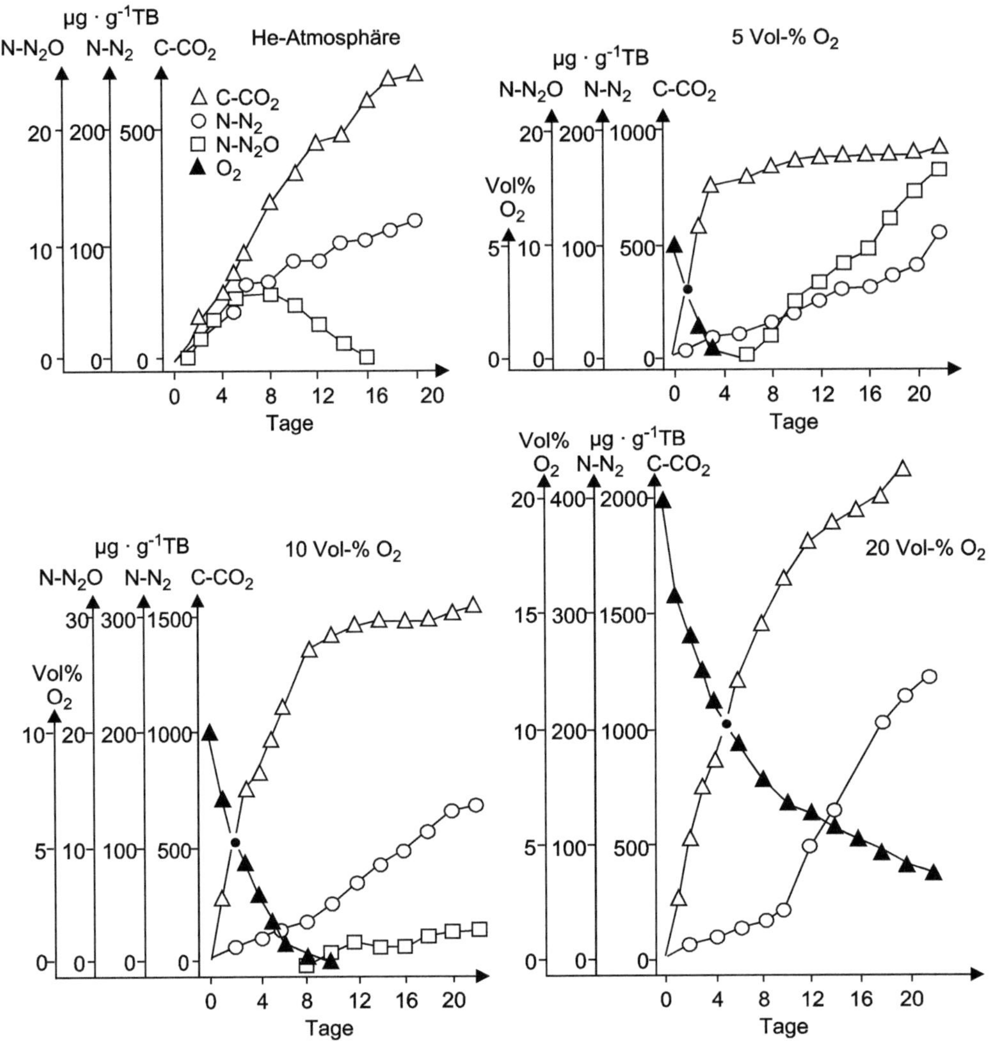

Abb. 12.8 Einfluss steigender O_2-Konzentrationen auf die Intensität der Gesamtdenitrifikation und N_2O-Freisetzung durch einen eingeimpften Stamm von *Bacillus licheniformis* in Modellversuchen mit einem sterilisierten sandigen Lehm (3,5% C_{org}; pH 7,3; 300 µg NO_3^--N x g^{-1} TB; 80% mWK; 30 °C) (Abou-Seada u. Ottow 1985)

von Böden (insbesondere auf intensiv gedüngten Acker- und beweideten Grünlandstandorten), auf die intensive Tierhaltung und auf das Verbrennen von Biomasse zurück (Nieder u. Benbi 2008; Saggar et al. 2008). Die jährlichen N_2O-N-Verluste von landwirtschaftlich genutzten Böden können zwischen 0,1 und 150 kg N × ha^{-1} schwanken. Die Lachgasemissionen aus gedüngten Ackerböden streuen in der Regel zwischen 3 und 5 kg N × ha^{-1} × a^{-1}. Extensiv genutztes Grünland und ungedüngte Waldböden setzen etwa 1–2 kg N_2O-N × ha^{-1} × a^{-1} frei. N_2O-N-Emissionen über 10 kg N × ha^{-1} × a^{-1} sind relativ selten. Intensiv beweidetes Grünland (Milchkühe) kann beispielsweise bis zu 12 kg N_2O × ha^{-1} × a^{-1} emittieren (Freibauer u. Kaltschmitt 2003; Beheydt *et al.* 2008; Saggar *et al.* 2008). Im Allgemeinen sind die N_2O-Emissionen aus Ackerböden nach Einarbeitung von frischen Pflanzenresten am höchsten (Kaiser *et al* 1998; Garrido *et al.* 2002). Verschiedene Feldmessungen mit der Kammermethode (Box 12.2) haben gezeigt, dass der prozentuale N_2O-N-Anteil an Gesamt-Denitrifikationsverlusten zwischen 0,3 und 30% schwanken kann. Die N_2O-

Emissionen aus landwirtschaftlich genutzten Böden zeigen stets eine große **zeitliche** und **räumliche** Variabilität (Benckiser *et al.* 1987; Abou Seada u. Ottow 1988; Verma *et al.* 2006; Ciarlo *et al.* 2008). Hauptursachen sind (a) die heterogene Verteilung der organischen Substanz samt Mikroflora, (b) stark schwankende Konzentrationen an anorganischem N und an O_2 im Mikromilieu (Abb. 12.8), (c) die zeitlich und räumlich schwankende Bodenfeuchte und Temperatur und (d) als Resultante der genannten Faktoren die große Variabilität in *hot spots*.

Nach derzeitigen Kenntnissen gelten als Hauptquellen der N_2O-Bildung in Böden die Prozesse der

- Nitritation und Nitrifikations-Denitrifikation
- heterotrophen Denitrifikation durch Prokaryoten und *Fungi*
- chemolithotrophen Denitrifikation
- Nitratammonifikation und der
- heterotrophen Nitrifikation.

Aber auch Cyanobakterien, bestimmte Grünalgen und CH_4- und NH_4^+-oxidierende Prokaryoten können zur N_2O-Bildung in Böden beitragen, obwohl ihr Anteil vermutlich gering ist. Eine quantitative Differenzierung der Beiträge einzelner Stoffwechsel- und Organismengruppen in Böden ist sehr schwierig und die Mengenverteilung dürfte je nach Bodenbedingungen sehr unterschiedlich sein. Einer zentralen Bedeutung dürften die **interdependenten** Prozesse der Nitrifikation (als Quelle der NO_2^-- und NO_3^--Produktion) und der Nitrifikations-Denitrifikation, Denitrifikation sowie der Nitratammonifikation (als **Hauptquellen** der Lachgasbildung) zukommen, zumal die genannten mikrobiologischen Vorgänge bei intensiven **aeroben** Mineralisationsprozessen und starken Sauerstoffzehrungen gleichzeitig nebeneinander ablaufen können. Dies ist vor allem der Fall, wenn die Konzentration an leicht mineralisierbaren C-Verbindungen relativ hoch ist (Garrido *et al.* 2002; Wrage *et al.* 2004). In Acker- und Grünlandböden mit relativ intensiven N-Umsetzungen wird der Hauptanteil der N_2O-Freisetzungen vielfach der Nitrifikations-Denitrifikation zugeschrieben. Diese Schlussfolgerung basiert auf der Feststellung, dass durch Einarbeitung von spezifischen Nitrifikationshemmstoffen (wie DCD, Nitrapyrin, DMP) in den Oberboden die Lachgasfreisetzung zum größten Teil unterbunden werden kann (Aulakh *et al.* 1984; Inubushi *et al.* 1996; Stevens *et al.* 1997; Kumar *et al.* 2000). Dies gilt sowohl für Versuche unter Laborbedingungen als auch im Felde. In Laborversuchen mit Böden lässt sich die anteilige Bildung von N_2O aus Nitrifikation oder Denitrifikation sehr gut durch **alternative Markierung** des NH_4^+- oder NO_3^--Pools mit ^{15}N (in Form von NH_4NO_3) erreichen. Wenn $NH_4{}^{15}NO_3$ dem Boden zugesetzt wird, um N_2O-Bildung aus der Denitrifikation nachzuweisen, ist es jedoch erforderlich, die Nitrifikation zu blockieren (mit 5–10 kPa C_2H_2), damit eine Verdünnung des Nitratpools mit NO_3^- aus der Nitrifikation im Laufe der Bebrütung ausgeschlossen werden kann. Auf diese Weise gelang es zu beweisen, dass etwa 70% der Lachgasbildung tatsächlich aus der Nitrifikations-Denitrifikation stammt. Der Rest wird hauptsächlich der heterotrophen Denitrifikation zugeschrieben (Stevens *et al.* 1997). Es ist jedoch noch zu früh, dieses Ergebnis zu generalisieren, da die Schlussfolgerungen zunächst boden- und versuchsspezifisch sind.

Ein großer Nachteil beim Einsatz von Nitrifikationsinhibitoren (NI) bei der Differenzierung von N_2O-Quellen ist, dass bei der Nitritationshemmung zwangsläufig auch die Nitratbildung unterbunden wird, wodurch auch die Prozesse der heterotrophen Denitrifikation und Nitratammonifikation zum Erliegen kommen.

Pflanzen tragen zwar selbst nicht zur N_2O-Bildung bei, funktionieren jedoch als bevorzugte Leitbahnen für die N_2O-Emissionen aus Böden (Chen *et al.* 1999; Müller 2003; Zou *et al.* 2005).

Literatur

Abou Seada MNI, Ottow JCG (1985) Effect of increasing oxygen concentration on total denitrification and nitrous oxide release from soil by different bacteria. Biol Fertil Soils 1: 31–38

Abou Seada MNI, Ottow JCG (1988) Einfluss chemischer Bodeneigenschaften auf Ausmaß und Zusammensetzung der Denitrifikationsverluste dreier verschiedener Bakterien. Z Pflanzenernähr Bodenk 151: 109–115

Albrecht A, Sich I, Russow R, Benckiser G, Ottow JCG (1997) Incomplete denitrification (NO and N_2O) from nitrate by *Streptomyces violaceoruber* und *S. nitrosporeus* revealed by acetylene inhibition and ^{15}N gas chromatography-quadrupole mass spectrometry analyses. Naturwiss 84: 145–147

Arp DJ, Bottomley PJ (2006) Nitrifiers: More than 100 years from isolation to genome sequences. Microbe 1: 229–233

Aulakh MS, Doran JW, Mosier AR (1991) Field evaluation of four methods for measuring denitrification. Soil Sci Soc Am J 55: 1332–1338

Aulakh MS, Rennie DA, Paul EA (1984) Acetylene and N-Serve effects upon N_2O emissions from NH_4^+ and NO_3^- treated soils under aerobic and anaerobic conditions. Soil Biol Biochem 16: 351–356

Bach HJ, Hartmann A, Schloter M, Munch JC (2000) PCR primers and functional probes for amplification and detection of bacterial genes for extracellular peptidases in single strains and in soil. J Microbiol Meth 44: 173–182

Batjes NH (1996) Total carbon and nitrogen in the soils of the world. Eur J Soil Sci 47: 151–163

Bedard C, Knowles R (1989) Physiology, biochemistry, and specific inhibitors of CH_4, NH_4^+, and CO oxidation by methanotrophs and nitrifiers. Microbiol Rev 53: 68–84

Beheydt D, Boeckx P, Ahmed HP, van Cleemput O (2008) N_2O emission from conventional and minimum-tilled soils. Biol Fertil Soils 44: 863–874

Benckiser G, Gaus G, Syring KM, Haider K, Sauerbeck D (1987) Denitrification losses from an inceptisol field treated with mineral fertilizer or sewage sludge. Z Pflanzenernähr Bodenk 150: 241–248

Benbi DK, Richter J (2002) A critical review of some approaches to modelling nitrogen mineralization. Biol Fertil Soils 35: 168–83

Benedetti A, Sebastiani G (1996) Determination of potentially mineralizable nitrogen in agricultural soil. Biol Fertil Soils 21: 114–120

Bischopinck von KU, Ottow JCG (1985) Einfluss der Temperatur auf Kinetik und Gaszusammensetzung der Denitrifikation in einem sandigen Lehm. Mitteilgn Dtsch Bodenk Gesellsch 43: 537–542

Bothe H, Jost G, Schloter M, Ward BB. Witzel KP (2000) Molecular analysis of ammonia oxidation and denitrification in natural environments. FEMS Microbiol Rev 24: 673–690

Bottomley PJ, Myrold, DD (2007). Biological N input. In: Paul EA (Hrsg) Soil microbiology, ecology, and biochemistry, Elsevier, Amsterdam, S 365–388

Boyle-Yarwood SA, Bottomley PJ, Myrold DD (2008) Community composition of ammonia-oxidizing *bacteria* and *archaea* in soils under stands of Red alder and Douglas fir in Oregon. Environ Microbiol 10: 2956–2965

Burford JR, Bremner JM (1975) Relationship between the denitrification capacities of soils and total water-soluble readily decomposable soil organic matter. Soil Biol Biochem 7: 389–394

Burth I, Ottow JCG (1983) Influence of pH on the production of N_2O and N_2 by different denitrifying bacteria and *Fusarium solani*. Ecoll Bull (Stockholm) 35: 207–215

Burton SAQ, Prosser JI (2001) Autotrophic ammonia oxidation at low pH through urea hydrolysis. Appl Environ Microbiol 67: 2952–2957

Cascitti KL, Ward BB (2001) Dissimilatory nitrite reductase genes from autotrophic ammonia-oxidizing bacteria. Appl Environ Microbiol 67: 2213–2221

Chalamet A (1985) Effects of environmental factors on denitrification. In: Golterman HL (Hrsg) Denitrification in the nitrogen cycle, Plenum, New York London, S 7–29

Chen X, Boeckx P, Shen S, van Cleemput O (1999) Emissions of N_2O from rye grass (*Lolium perenne*). Biol Fertil Soils 28: 392–396

Chu H, Fujii T, Morimoto S, Lin X, Yagi K, Hu J, Zhang J (2007) Community structure of ammonia-oxidizing bacteria under long-term application of mineral fertilizer and organic manure in a sandy loam soil. Appl Environ Microbiol 75: 485–491

Ciarlo E, Conti M, Bartoloni N, Rubio G (2008) Soil N_2O emissions and $N_2O/(N_2O+N_2)$ ratio as affected by different fertilizer practices and soil moisture. Biol Fertil Soils 44: 991–995

De Boer W, Kowalchuk GA (2001) Nitrification in acid soils: Microorganisms and mechanisms. Soil Biol Biochem 33: 853–866

El Demerdash ME, Ottow JCG (1983) Einfluss einer hohen Nitratdüngung auf Kinetik und Gaszusammensetzung der Denitrifikation in unterschiedlichen Böden. Z Pflanzenernähr Bodenk 146: 138–150

Emmerling C, Schloter M, Hartmann A, Kandeler E (2002) Functional diversity of soil organisms – a review of recent research activities in Germany. J Plant Nutr Soil Sci 165: 408–420

Ettwig KF, Shima S, van de Pas-Schoonen, Kahnt J, Medema MH, Op den Camp HJM, Jetten MSM, Strous M (2008) Denitrifying bacteria anaerobically oxidize methane in the absence of *Archaea*. Environ Microbiol 10: 3164–3173

Ettwig KF, van Alen T, van Pas-Schoonen KT, Jetten MSM, Strous M (2009) Enrichment and molecular detection of denitrifying methanotrophic bacteria of the NC10 phylum. Appl Environ Microbiol 75: 3656–3662

Fettweis U, Mittelstaedt W, Schimansky C, Führ F (2001) Lysimeter experiments on the translocation of the carbon-14-labelled nitrification inhibitor 3,4-dimethylpyrazolephosphate (DMPP) in a gleyic cambisol. Biol Fertil Soils 34: 126–130

Fiencke C, Spieck E, Bock E (2005) Nitrifying bacteria. In: Werner D, Newton W (Hrsg) Nitrogen fixation in agriculture, forestry, ecology, and the environment, Vol 4, Springer Netherlands, S 255–276

Freibauer A, Kaltschmitt M (2003) Controls and models for estimating direct nitrous oxide emissions from temperate and sub-boreal agricultural mineral soils in Europe. Geoderma 122: 1–23

Fuka MM, Engel M, Haesler F, Welzl G, Munch JC, Schloter M (2008) Diversity of proteolytic community encoding for subtilisin in an arable field: Spatial and temporal variability. Biol Fertil Soils 45: 185–191

Galloway JN, Dentener FJ, Capone DG (2004) Nitrogen cycles: Post, present and future. Biogeochem 70: 153–226

Garrido F, Henault C, Gaillard HG, Perez S, Germon JC (2002) N_2O and NO emissions by agricultural soils with low hydraulic potentials. Soil Biol Biochem 34: 559–575

Garrity GM (2005) *Bergey's Manual of Systematic Bacteriology*. Vol 2, The *proteobacteria*, Part C, The *Alpha-*, *Beta-*, *Delta-* and *Epsilonproteobacteria*. Springer, New York

Germon JC (1985) Microbiology of denitrification and other processes involving the reduction of oxygenated nitrogenous compounds. In: Golterman HL (Hrsg) Denitrification in the nitrogen cycle, Plenum, New York London, S 31–46

Groffman PM, Altabet MA, Böhlke JK, Butterbach-Bahl K, David MB, Firestone MK, Giblin AE *et al.* (2006) Methods for measuring denitrification: Diverse approaches to a difficult problem. Ecol Appl 16: 2091–2122

Hendriks J, Gohlke U, Sarate M (1998) From NO to OO: Nitric oxide and dioxygen in bacterial respiration. J Bioenergen Biomembranes 30: 15–24

Inubushi K, Naganuma H, Kitahara S (1996) Contribution of denitrification, autotrophic and heterotrophic nitrification to nitrous oxide production in Andosols. Biol Fertil Soils 23: 292–298

Jetten MSM (2001) New pathways for ammonia conversion in soil and aquatic systems. Plant Soil 230: 9–19

Kandeler E, Deiglmayer K, Tsherko D, Bru D, Philippot L (2006) Abundance of *narG*, *nirS*, *nirK*, and *nosZ* genes of denitrifying bacteria during primary succession of a glacier foreland. Appl Environ Microbiol 72: 5957–5962

Kaiser EA, Kohrs K, Kücke M, Schnug E, Munch JC, Heinemeyer O (1998) Nitrous oxide release from arable soil: Importance of perennial forage crops. Biol Fertil Soils 28: 36–43

Karl DM, Michaels AF, Bergman B, Capone D, Carpeter E, Letelier R, Lipschultz F *et al.* (2002) Dinitrogen fixation in the world's oceans. Biogeochem 57: 47–94

Knowles R (1990) Acetylene inhibition technique: Development, advantages, and potential problems. In: Revsbech NP, Sörensen J (Hrsg) Denitrification in soil and sediment. Plenum, New York London, S 151–180

Könneke M, Bernhard AE, de la Torre JR, Walker CB, Waterbury JB, Stahl DA (2005) Isolation of an autotrophic ammonia-oxidizing marine *archaea*. Nature 437: 543–546

Körner R, Benckiser G, Ottow JCG (1993) Quantifizierung der Lachgas(N_2O)-Freisetzung aus Kläranlagen unterschiedlicher Verfahrensführung. Korresp Abwasser 40: 514–525

Kowalchuk GA, Stienstra AW, Heilig GHJ, Stephen JR, Woldendorp JW (2000) Molecular analysis of ammonia-oxidizing bacteria in soil of successional grassland of the Drentsche A (The Netherlands). FEMS Microbiol Ecol 31: 207–215

Kubota Y, Takaya N, Shoun H (1999) Membrane-associated dissimilatory nitrite reductase of the denitrifying fungus *Cylindrocarpon tonkinense*. Arch Microbiol 171: 210–213

Kumar U, Jain MC, Pathak H, Kumar S, Majumdar D (2000) Nitrous oxide emissions from different fertilizers and its mitigation by nitrification inhibitors in irrigated rice. Biol Fertil Soils 32: 474–478

Laughlin RJ, Stevens RJ (2002) Evidence for fungal dominance of denitrification and codenitrification in a grassland soil. Soil Sci Soc Am J 66: 1540–1548

Laughlin RJ, Stevens RJ, Müller C, Watson CJ (2008) Evidence that fungi can oxidize NH_4^+ to NO_3^- in a grassland soil. Eur J Soil Sci 59: 285–291

Lehn-Reiser M, Benckiser G, Ottow JCG (1991) Mikrobielle Aktivität (Dimethylsulfoxid-Reduktaseaktivität, aktuelle und potenzielle Denitrifikationskapazität, BSB_5) in der Dränzone landwirtschaftlich genutzter Böden im Wassereinzugsgebiet Süchteln. Mittlg Dtsch Bodenk Gesellsch 66: 555–558

Leininger S, Ulrich T, Schloter M, Schwark L, Qi J, Nicol GW, Prosser JL, Schuster SC, Schleper C (2006) *Archaea* predominate among ammonia-oxidizing prokaryotes in soils. Nature 442: 806–809

Linn A, Ottow JCG, Benckiser G, Lorch HJ (1996) Quantifizierung der Lachgas(N_2O)-Freisetzung aus dem Nitrifikations- und Denitrifikationsbecken einer kommunalen Kläranlage. Forum Städte-Hyg 47: 367–373

Malinowski P, Ottow JCG (1991) Ecological conditions and physiological mechanism of N_2O-formation from nitrite by *Fusarium solani*. In: Berthelin J (Hrsg) Diversity of environmental biogeochemistry, Elsevier, Amsterdam Oxford Tokyo, S 287–294

Marsch KL, Sims GK, Mulvaney RL (2005) Availability of urea to autotrophic ammonia-oxidizing bacteria as related to the fate of ^{14}C- and ^{15}N-labeled urea added to soil. Biol Fertil Soils 42: 137–145

McCarty GW (1999) Modes of action of nitrification inhibitors. Biol Fertil Soils 29: 1–9

McCarty GW, Bremner JM (1989) Inhibition of nitrification in soil by heterocyclic nitrogen compounds. Biol Fertil Soils 8: 204–211

Mendum TA, Hirch PR (2002) Changes in the population structure of the β-group of autotrophic ammonia oxidizing bacteria in arable soils in response to agricultural practice. Soil Biol Biochem 34: 1479–1485

Müller C (2000) Modelling soil-biosphere interactions, CABI, New York

Müller C (2003) Plants affect the *in situ* N_2O-emissions of a temperate grassland ecosystem. J Plant Nutr Soil Sci 166: 771–773

Müller C, Kammann C, Ottow JCG, Jäger HJ (2003) Nitrous oxide emission from frozen grassland soil and during thawing periods. J Plant Nutr Soil Sci 166: 46–53

Müller C, Martin M, Stevens RJ, Laughlin RJ, Kammann C, Ottow JCG, Jäger HJ (2002a) Processes leading to N_2O emissions in grassland soil during freezing and thawing. Soil Biol Biochem 34: 1325–1331

Müller C, Stevens RJ, Laughlin RJ, Azam F, Ottow JCG (2002b) The nitrification inhibitor DMPP has no effect on denitrifying enzyme activity. Soil Biol Biochem 34: 1825–1827

Müller C, Stevens RJ, Laughlin RJ, Jäger HJ (2004) Microbial processes and the site of N_2O production in a temperate grassland soil. Soil Biol Biochem 36: 453–461

Munch JC, Ottow JCG (1986) Nature des produits gazeux formes dans les sols a partir de différentes microflores denitrifiantes. Sci Sol 24: 337–350

Myrold DD (1990) Measuring denitrification in soil using ^{15}N techniques. In: Revsbech NP, Sörensen J (Hrsg) Denitrification in soil and sediment, Plenum, New York London, S 181–211

Nieder R, Benbi DK (2008) Carbon and nitrogen in the terrestrial environment. Springer, Heidelberg

Nieder R, Schollmayer G, Richter J (1989) Denitrification in the rooting zone of cropped soils with regard to methodology and climate: A review. Biol Fertil Soils 8: 219–226

Nicol GW, Leihninger S, Schleper C, Prosser JI (2008) The influence of soil pH on the diversity, abundance and transcriptional activity of ammonia oxidizing *Archaea* and *Bacteria* Environ Microbiol 10: 2966–2978

Niftrik LA van, Fuerst JA, Damsté JSS, Kuenen JG, Jetten MSM, Strous M (2004) The anammoxosome. An intracytoplasmic compartiment in anammox bacteria. FEMS Microbiol Lett 233: 7–13

Nugroho RA, Röhling WFM, Laverman AM, Zoomer HR, Verhoef HA (2005) Presence of *Nitrosospira* cluster 2 bacteria corresponds to N transformation rates in nine acid Scots pine forest soils. FEMS Microbiol Ecol 53: 473–481

Oishi K, Kusuda T (2003) Characteristics and distribution of nitrous oxide-producing denitrifying fungi in natural environments. J Water Environ Technol 1: 67–72

Ottow JCG, Benckiser G (1994) Effect of ecological conditions on total denitrification and N_2O release from soils. Nova Acta Leopoldina 288: 251–262

Ottow JCG, Benckiser G, Lorch HJ (1996) *In situ* quantification of total denitrification losses by acetylen-inhibition technique. In: Schinner F, Öhlinger R, Kandeler E, Margesin R (Hrsg) Methods in soil biology, Springer, Heidelberg, S 155–161

Ottow JCG, Burth-Gebauer I, El-Demerdash ME (1985) Influence of pH and partial oxygen pressure on the N_2O-N to N_2 ratio of denitrification. In: Golterman HL (Hrsg) Denitrification in the nitrogen cycle, Plenum, New York London, S 101–120

Ottow, JCG, Fabig W (1985) Influence of oxygen aeration on denitrification and redox level in different bacterial batch cultures. In: Caldwell DE, Brierley JA, Brierley CL (Hrsg) Planetary ecology, Van Nostrand Reinhold, New York, S 427–441

Parkin TB (1987) Soil microsites as a source of denitrification variability. Soil Sci Soc Am J 51: 1194–1199

Payne WJ (1985) Diversity of denitrifiers and their enzymes. In: Golterman HL (Hrsg) Denitrification in the nitrogen cycle. Plenum, New York London, S 47–65

Philippot L (2002) Denitrifying genes in bacterial and archaeal genomes. Biochim Biophys Acta 1577: 355–376

Philippot L, Cuhel J, Saby NPA, Cheneby D, Chronáková, Bru D, Arrouays D *et al.* (2009) Mapping field-scale spatial pattern of size and activity of the denitrifier community. Environ Microbiol 11: 1518–1526

Prosser JI, Nicol GW (2008) Relative contributions of *Archaea* and *Bacteria* to aerobic ammonia oxidation in the environment. Environ Microbiol 10: 2931–2941

Purkhold U, Pommerening-Roser A, Juretschko S, Schmidt MC, Koops HP, Wagner M (2000) Phylogeny of all recognized species of ammonia oxidizers based on comparative 16S rRNA and *amoA* sequence analysis: Implications for molecular diversity surveys. Appl Environ Microbiol 66: 5368–5382

Raghoebarsing AA, Pol A, van de Pas-Schoonen KT, Smolders AJP, Ettwing KF, Rijpstra WIC, Schouten S *et al.* (2006) A microbial consortium couples anaerobic methane oxidation to denitrification. Nature 440: 918–921

Rajbanshi SS, Benckiser G, Ottow JCG (1992a) Mineralization kinetics and utilization as a N source of dicyandiamid in soil. Naturwiss 79: 26–27

Rajbanshi SS, Benckiser G, Ottow JCG (1992b) Effects of concentration, incubation temperature, and repeated applications on degradation kinetics of dicyandiamide (DCD) in model experiments with a silt loam soil. Biol Fertil Soils 13: 61–64

Rheinbaben W von (1990) Nitrogen losses from agricultural soils through denitrification – a critical evaluation. Z Pflanzenernähr Bodenk 153: 157–166

Ribeira HM, Fangueiro D, Alvez F, Ventura R, Coelho D, Vasconcelos E, Cunha-Queda C *et al.* (2010) Nitrogen mineralization from an organically managed soil and nitrogen accumulation in lettuce. Z Pflanzenernähr Bodenk 173: 260–267

Robertson GP, Groffman PM (2007) Nitrogen transformations. In: Paul EA (Hrsg) Soil microbiology, ecology, and biochemistry, 3. Aufl. Academic Press, Amsterdam Boston Heidelberg London u. a., S 341–363

Röver, M, Heinemeyer O, Kaiser EA (1998) Microbial induced nitrous oxide emissions from an arable soil during winter. Soil Biol Biochem 30: 1859–1865

Saggar S, Tate KR, Giltrap DL, Singh J (2008) Soil-atmosphere exchange of nitrous oxide and methane in New Zealand terrestrial ecosystems and their mitigation options: A review. Plant Soil 309: 25–42

Schauss K, Focks A, Leininger S, Kotzerke A, Heuer H, Thiele-Bruhn S, Sharma S *et al.* (2009) Dynamics and functional relevance of ammonia-oxidizing *archaea* in two agricultural soils. Environ Microbiol 11: 446–456

Schmid MC, Maas, B, Dapena A, van de Pas-Schoonen K, van de Vossenberg J, Kartal B, van Niftrik L, *et al.* (2005) Biomarkers for *in situ* detection of anaerobic ammonium-oxidizing (Anammox) bacteria. Appl Environ Microbiol 71: 1766–1684

Shoun H, Kim DH, Uchiyama H, Sugiyama J (1992) Denitrifying fungi. FEMS Microbiol Lett 94: 277–282

Simarmata T, Benckiser G, Ottow JCG (1993) Effect of an increasing carbon:nitrate-N ratio on the reliability of acetylene in blocking the N_2O-reductase activity of denitrifying bacteria in soil. Biol Fertil Soils 15: 107–112

Spanning RJM van, Delgado MJ, Richardson DJ (2005). The nitrogen cycle: Denitrification and its relationship to N_2-fixation. In: Werner D, Newton WE (Hrsg) Nitrogen fixation in agriculture, forestry, ecology, and the environment, Springer Dordrecht, Netherlands, S 277–342

Stanford G, Smith SJ (1972) Nitrogen mineralization potentials of soils. Soil Sci Soc Am Proc 36: 465–472

Starkenburg SR, Arp DJ, Bottomley PJ (2008) Expression of a putative nitrite reductase and the reversible inhibition of nitrite-dependent respiration by nitric oxide in *Nitrobacter winogradskyi* Nb-255. Environ Microbiol 10: 3036–3042

Schwarz J, Kapp M, Benckiser G, Ottow JCG (1994) Evaluation of denitrification losses by the acetylene inhibition technique in a permanent ryegrass field (*Lolium perenne* L.) fertilized with animal slurry or ammonium nitrate. Biol Fertil Soils 18: 327–333

Stevens RJ, Laughlin RJ, Burns LC, Arah JRM, Hood RC (1997) Measuring the contributions of nitrification and denitrification to the flux of nitrous oxide from soil. Soil Biol Biochem 29:139–151

Stouthamer AH, Boogerd FC, van Verseveld HW (1982) The bioenergetics of denitrification. Antonie van Leeuwenhoek 48: 545–553

Strohm TO, Griffin B, Zumft WG, Schink B (2008) Growth yields in bacterial denitrification and nitrate ammonification. Appl Environ Microbiol 73: 1420–1424

Strous M, Jetten, MSM (2004) Anaerobic oxidation of methane and ammonium. Annu Rev Microbiol 58: 99–117

Strous M, Kuenen JG, Jetten MSM (1999) Key physiology of anaerobic ammonium oxidation. Appl Environ Microbiol 65: 3248–3250

Sümer E, Benckiser G, Ottow JCG (1996) Lachgas(N_2O)-Freisetzung aus Belebungsbecken von Kläranlagen in Abhängigkeit von den Abwassereigenschaften. In: Lemmer H, Griebe T, Flemming HC (Hrsg) Mikrobielle Ökologie des Abwassers, Springer Heidelberg, S 193–204

Thamdrup B, Dalsgaard T (2002) Production of N_2 through anaerobic ammonium oxidation coupled to nitrate reduction in marine sediments. Appl Environ Microbiol 68: 1312–1318

Verma A, Tyagi L, Yadav S, Singh SN (2006) Temporal changes in N_2O efflux from cropped and fallow agricultural fields. Agric Ecosyst Environ 116: 209–215

Weiske A, Benckiser G, Herbert T, Ottow JCG (2001a) Influence of the nitrification inhibitor 3,4-dimethylpyrazole phosphate (DMPP) in comparison to dicyandiamide (DCD) on nitrous oxide emissions, carbon dioxide fluxes and methane oxidation during 3 years of repeated application in field experiments. Biol Fertil Soils 34: 109–117

Weiske A, Benckiser G, Ottow JCG (2001b) Effect of the new nitrification inhibitor DMPP in comparison to DCD on nitrous oxide (N_2O) emissions and methane (CH_4) oxidation during 3 years of repeated applications in field experiments. Nutr Cycl Agroecosyst 60: 57–64

Wenzhöfer F, Kriszt B, Benckiser G, Ottow JCG (1997) Lachgas(N_2O)-Freisetzung durch *Streptomyces nitrosporeus* in einem sandigen Lehmboden in Abhängigkeit von pO_2, pH und Angebot an leicht mineralisierbarem Kohlenstoff. Z Pflanzenernähr Bodenk 160: 201–208

Wrage N, Velthof GL, Laanbroek HJ, Oenema O (2004) Nitrous oxide production in grassland soils: Assessing the contribution of nitrifier denitrification. Soil Biol Biochem 36: 229–236

Yoshinari T (1985) Emissions of N_2O from various environments: The use of stable isotope composition of N_2O as tracer for studies of N_2O biogeochemical cycling. In: Revsbech NP, Sörensen J (Hrsgs) Denitrification in soil and sediment, Plenum, New York London, S 129–150

Zou J, Huang Y, Sun W, Zheng X, Wang Y (2005) Contribution of plants to N_2O emissions in soil-winter wheat ecosystems: Pot and field experiments. Plant Soil 269: 205–211

Zerulla W, Barth T, Dressel J, Erhardt K, Horchler von Locquenghien K, Pasda G, Rädle M, Wissemeier A (2001) 3,4-Dimethylpyrazole phosphate (DMPP) – a new nitrification inhibitor for agriculture and horticulture: An introduction. Biol Fertil Soils 34: 79–84

Die mikrobiologische N_2-Fixierung (Diazotrophie) in Böden und Rhizosphäre 13

„What is needed now is a commitment to extend the productive associations of nitrogen-fixing bacteria well beyond legumes to include food crops such as wheat, rice, maize and tomatoes as well as biomass crops such as switch grass and sugarcane."

E. W. Triplett et al. (2007)

Inhaltsverzeichnis

13.1 Ökophysiologie des Nitrogenase-Komplexes

Es war **Hermann Hellriegel** (1831–1895), der im Jahre 1888 die bakterielle Luftstickstoffbindung in den Wurzelknöllchen von Leguminosen entdeckte und die Bedeutung dieses Phänomens für die N-Versorgung von Pflanzen hervorhob. Fast ein Jahrhundert lang wurde die N_2-Bindung zwar als ein besonderes, aber unter Prokaryoten sehr begrenzt verbreitetes Phänomen betrachtet. Heute wissen wir, dass die potenzielle Fähigkeit zur N_2-Bindung **(Diazotrophie)** unter den *Bacteria, Cyanobacteria* und *Archaea* sehr weit verbreitet ist und keinen Sonderstatus mehr besitzt. Wahrscheinlich ist die Fähigkeit zur N_2-Bindung unter den Prokaryoten bisher nur zum geringsten Teil bekannt. Fast täglich werden neue Prokaryoten mit der potenziellen Fähigkeit zur N_2-Bindung entdeckt und beschrieben. Inzwischen gehört die potenzielle Fähigkeit zur N_2-Bindung ebenso wie die potenzielle Denitrifikation (Kap. 12) und die potenzielle Eisenreduktion (Kap. 14) zu jenen Eigenschaften, die unter den Prokaryoten in Böden erst zum Einsatz kommen, wenn bestimmte ökologische Bedingungen erfüllt worden sind.

Im Zuge der prokaryotischen N_2-Fixierung wird Luftstickstoff (N_2) durch den **Nitrogenase-Enzymkomplex** unter Einsatz von relativ viel Energie (mindestens 16–18 ATP pro Mol N_2), Mg-Ionen und Reduktionsäquivalenten (8 H) zu Ammoniak (NH_3) reduziert (Abb. 13.1; Gl. 13.1).

J.C.G. Ottow, *Mikrobiologie von Böden*,
DOI: 10.1007/978-3-642-00824-5_13,

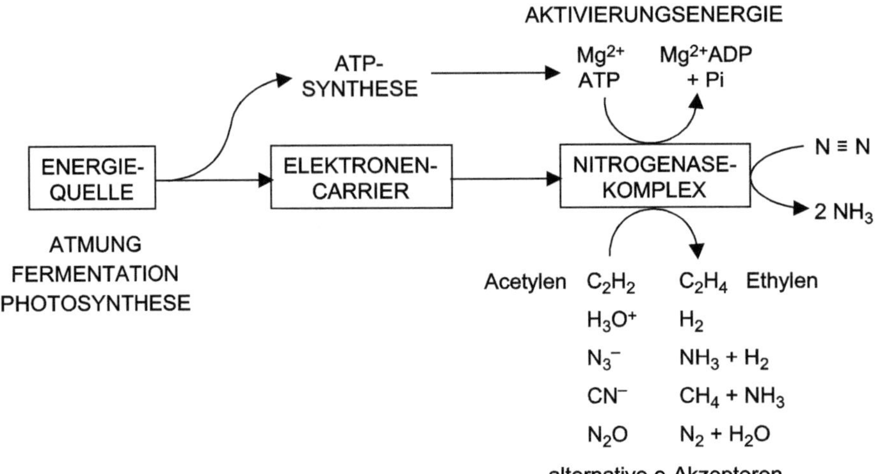

Abb. 13.1 Schematische Darstellung der Energieversorgung und Elektronen-Akzeptoren des Nitrogenase-Komplexes. Acetylengas (C_2H_2) wird bevorzugt reduziert und kann folglich in geschlossenen Modellsystemen unter Standardbedingungen mithilfe der Acetylen-Reduktions-Analyse (ARA) zur indirekten quantitativen Bestimmung der Nitrogenase-Aktivität herangezogen werden (ergänzt nach Evans u. Barber 1977)

$$N_2 + 8\,H^+ + 8\,e + 16\,\text{Mg-ATP} \rightarrow 2\,NH_3 + H_2 + 16\,\text{Mg-ADP} + 16\,\text{Pi} \qquad (13.1)$$

Unter Feldbedingungen dürfte der Energiebedarf jedoch eher bei 20 bis 40 Mol ATP pro Mol gebundenem N_2 liegen. Der Nitrogenase-Komplex reduziert nicht nur N_2 zu Ammoniak, sondern auch Protonen zu H_2-Gas. Die N_2-Bindung kann bis zu 40% der gesamten ATP-Synthese erfordern. Dies bedeutet einen sehr hohen Energiebedarf und infolgedessen besitzen die verschiedenen diazotrophen Bakterien empfindliche Regulationsmechanismen, um die N_2-Bindung abzuschalten, sobald geringe Konzentrationen an organischen und/oder anorganischen N-Verbindungen im Boden den Organismen in aufnehmbarer Form (NH_4^+, NO_3^-) zur Verfügung stehen. Thermodynamisch ist die Reduktion von N_2 durch (H) zu Ammoniak **exergonisch** (mit einem ΔG_0 von –54,5 kJ pro Mol reduziertem N_2), sodass im Haber-Bosch-Verfahren diese Reaktion nur unter Druck (200 bar), bei 400–500 °C und mittels Einsatz von Katalysatoren mit geringer Ausbeute (ca. 12%) erzwungen werden muss. Stickstoffgas ist durch die stabile Dreifachbindung (N≡N) elektrochemisch **sehr träge** und bedarf bei Zimmertemperatur einer sehr hohen Aktivierungsenergie (230 kJ Mol^{-1}). Dem Nitrogenase-Komplex (Distickstoff-Reduktase) gelingt es allerdings, die Aktivierungsenergie durch Einsatz von ATP stark herabzusetzen und die Elektronen auf das für die Reduktion erforderliche negative Potenzial von etwa –400 mV anzuheben. Die Elektronen werden vom FeS-Mo-Fe-Protein **Ferredoxin** bereitgestellt und unter Einsatz von Mg^{2+} und ATP auf N_2 übertragen. Der ATP-Bedarf für die Zwei-Elektronen-Übertragung wird derzeit auf zwei ATP pro Elektron geschätzt. Daraus folgt ein Wert von mindestens 16 ATP pro Mol reduziertem N_2. Das gebildete H_2-Gas wird durch eine **Hydrogenase** zurückgeführt oder freigesetzt (Energieverlust). Verschiedene Bakterien verfügen über Hydrogenasen, die der Wiederverwertung von H_2 dienen. Rhizobien mit dieser Fähigkeit werden als hup^+ (*hydrogen uptake*) bezeichnet. Aus der Reaktionsgleichung (13.1) geht hervor, dass Prokaryoten nur dann N_2 binden können, wenn aus dem Stoffwechsel ausreichend Energie bereitgestellt wird (durch Atmung, Gärung oder Photosynthese) (Abb. 13.1). Insgesamt ist der Nitrogenase-Komplex ein Musterbeispiel für die Leistungsfähigkeit einer enzymatischen Katalyse.

13.2 Formen der biologischen N_2-Bindung in Böden

Diazotrophie ist auf Prokaryoten begrenzt und verteilt sich auf

- aerobe und anaerobe **freilebende heterotrophe und chemolithotrophe** Prokaryoten (*Bacteria* und *Archaea*),
- freilebende phototrophe (photosynthetische) *Cyanobacteria*, Schwefelpurpurbakterien (*Gammaproteobacteria*) und Nicht-Schwefelpurpurbakterien (*Alpha-* und *Betaproteobacteria*),
- zahlreiche aerobe und anaerobe heterotrophe *Bacteria* und *Archaea* in der Rhizosphäre (an der Wurzeloberfläche und/oder endophytisch interzellulär im Wurzelgewebe), Phyllosphäre (Blattoberfläche), Spermosphäre (Samenoberfläche) und in der Mykorrhizosphäre (an der Oberfläche von Mycorrhizapilzhyphen),
- Symbiosen von *Cyanobacteria* mit Schwimm (Algen)farnen (*Azolla-Anabaena*), Cycaspalmen (*Cycas-Nostoc*), *Gunnera*-Strauchgewächsen (*Gunnera-Nostoc*) oder mit dem Bartmoos *Barbula recurvirostra* (*Barbula-Nostoc*),
- Symbiosen von heterotrophen Rhizobien (*Alphaproteobacteria*) sowie von *Burkholderia-* und *Cupriavidus*-Arten (*Betaproteobacteria*) in Wurzel- und/oder Stängelknöllchen von Hülsenfrüchtlern (Leguminosen oder *Fabales*),
- Actinorhiza-Symbiosen von heterotrophen *Frankia*-Arten (Aktinomyceten, *Firmicutes*) in buschelförmigen Wurzelknöllchen (Actinorhiza oder Rhizothamnien) von zahlreichen Pionierpflanzen und auf
- Wurzelknöllchen der *Bradyrhizobium-Parasponia*-Symbiose. Es ist die einzige Symbiose zwischen *Bradyrhizobium/Rhizobium* und einer Nichtleguminosen-Art (*Ulmaceae*). *Parasponia*-Arten sind tropische Pionierbäume (Indonesien, Malaysia) auf vulkanischen Mineralböden, und die N_2-Bindung ist bisher nur regional von Bedeutung.

Die ersten drei Gruppen stehen als nichtsymbiotische N_2-Fixierer den letzten vier Formen als symbiotische N_2-Bindner gegenüber. Voraussetzung für eine erfolgreiche biologische N_2-Bindung in symbiotischer oder nichtsymbiotischer Form ist stets

- die bedarfsgerechte Bereitstellung von Energie (ATP) und Reduktionsäquivalenten (NAD(P)H) aus Atmung, Gärung oder Photosynthese für die Aktivierung des Nitrogenase-Komplexes,
- eine geringe Konzentration an aufnehmbarem Ammonium und/oder Nitrat, um die empfindliche **Inaktivierung** des Nitrogenase-Komplexes zu vermeiden (effiziente Regulierung des ATP-Verbrauches) und
- die Verminderung des pO_2 durch effektive organismenspezifische **Schutzmechanismen**, um die Inaktivierung des O_2-empfindlichen Nitrogenase-Komplexes zu verhindern.

Fehlt eines dieser drei Voraussetzungen, kommt es nicht zur N_2-Bindung. Infolgedessen ist die biologische N_2-Bindung vor allem ein gutes Beispiel für einen ökologisch regulierten Stoffwechselprozess.

13.3 Ausmaß der globalen N_2-Bindung: Bedeutung der Rhizobien

Die prokaryotische N_2-Bindung ist der einzige Weg, um N_2 aus der Luft in die terrestrischen und aquatischen Lebensräume zu **bringen** (Kap. 12). Aufgrund der o. g. empfindlichen Regulation des Nitrogenase-Komplexes lässt sich die räumlich und zeitlich sehr variable **b**iologische **N**$_2$-**F**ixierung (BNF) sehr schwer quantifizieren. Infolgedessen schwanken die Schätzungen der jährlichen globalen BNF sehr und liegen zwischen 200 und 340 Tg N × a^{-1} (1 Tg = 10^{12} g). Davon entfallen auf die terrestrischen Ökosysteme etwa 100–140 Tg N × a^{-1} und auf die Ozeane ungefähr 100–200 Tg N × a^{-1} (Herridge *et al.* 2008). In den terrestrischen Ökosystemen entfallen etwa 50 bis 70 Tg N × a^{-1} auf N_2-Bindung in landwirtschaftlichen Produktionssystemen (Tabelle 13.1). Schätzungsweise 80% dieser BNF stammen aus symbiotischen Lebensformen, der Rest aus freilebender und assoziativer (einschließlich endophytischer) N_2-Bindung in der Rhizo- und Phyllosphäre.

Unter den landwirtschaftlichen Produktionssystemen haben die Symbiosen von Rhizobien mit Körner- und Ölleguminosen sowie mit Weide- und Futterleguminosen für die globale N_2-Bindung zweifelsfrei die allergrößte Bedeutung. Offenbar hat sich die Symbiose zwischen Leguminosen (Hülsenfrüchtler, *Fabales*) und den verschiedenen Alpha- und Betarhizobien (vgl. 13.9.2) in den Wurzel- und Stängelknöllchen verschie-

Tabelle 13.1 Globale jährliche N_2-Bindung (Tg N × a^{-1}) in verschiedenen Anbausystemen (Herridge *et al.* 2008)

Anbausysteme	N_2-Bindung (Tg N × a^{-1})	N_2-Bindungsrate (kg N × ha^{-1} × a^{-1})	Anbaufläche (Mha)
Körner- und Ölleguminosen	115	21	186
Weide- und Futterleguminosen	110–227	12–25	110
Azolla/*Anabaena-azollae*-Gründüngung im Nassreis	5	33	150
Assoziative endophytische N_2-Bindung in Rhizosphäre von Zuckerrohr	0,5	25	20
Assoziative N_2-Bindung im Getreideanbau (ohne Reis)	< 4	< 5	800
N_2-Bindung durch Leguminosen in extensiver Weidewirtschaft der Tropen (Savannen)	< 14	< 10	1390
Tg N (Teragramm) = 10^{12} g			Mha = Megahektar = 10^6 Hektar

dener Leguminosen sowohl für die Wirtspflanzen als auch für Bakterien (Rhizobien und Nicht-Rhizobien) sehr bewährt. Körnerleguminosen (Sojabohne, Erbsen, Kichererbse, Kuhbohne, Linse, Plattenerbse, Strauch-erbse, Ackerbohne etc.) sowie Ölleguminosen (Sojabohne, Erdnuss) werden global auf einer Fläche von 186 Mha angebaut (entspricht etwa 12–15% der globalen landwirtschaftlichen Nutzfläche) und fixieren jährlich etwa 2,95 Tg N. Mehr als 50% dieser Anbauflächen werden für die Produktion von Sojabohnen (*Glycine max*) verwendet, die mit etwa 60% an der gesamten N_2-Bindung durch Körnerleguminosen beteiligt sind (USA, Brasilien, Argentinien, Mexico, Kanada, China, Indien). Weide- und Futterleguminosen (Klee, Steinklee, Luzerne, Stylosanthes, etc.) bedecken global etwa 110 Mha und fixieren etwa 16,4 Tg N pro Jahr, was etwa 77% der Gesamt-N_2-Bindung durch Leguminosen weltweit entspricht (Graham u. Vance 2003; Herridge *et al.* 2008).

In den meisten landwirtschaftlich genutzten Ökosystemen bildet die Symbiose zwischen Leguminosen und Rhizobien der Gattungen *Rhizobium*, *Bradyrhizobium*, *Sinorhizobium*, *Allorhizobium*, *Mezorhizobium* und *Azorhizobium* (vgl. 13.9.1) die Hauptquelle des biologisch gebundenen Stickstoffs. Die restlichen 20% der BNF entstammen der N_2-Bindung durch Symbiosen von Pionierpflanzen mit *Frankia*-Arten (***Actinorhiza*-Pflanzen**) und der Schwimmfarne *Azolla* mit Cyanobakterien der Gattung *Anabaena* als Gründüngung im tropischen Nassreisanbau. Im Vergleich zu den Leguminosen ist das Ausmaß der globalen N_2-Bindung durch freilebende und assoziative N_2-bindende Bakterien in der Rhizosphäre von (Kultur-)Pflanzen fast verschwindend gering (Tabelle 13.1). Diese Zahlen belegen die große Bedeutung der Symbiose von Bakterien (insbesondere von *Bradyrhizobium*-Arten und -Stämmen) mit Leguminosen für die Sicherung der Ernährung der Weltbevölkerung. Schätzungsweise 33% der menschlichen Proteinversorgung weltweit entstammen direkt der symbiotischen N_2-Bindung mit Leguminosen (Graham u. Vance 2003). Zur Verbesserung der Welternährung ist folglich vor allem die Forschung im Bereich der Symbiosen zwischen Leguminosen und Rhizobien zu intensivieren.

13.4 Ökophysiologie des Nitrogenase-Komplexes

Das Multienzym (Di-)Nitrogenase besteht aus zwei getrennten Komponenten (Proteinen). Die Komponente I (Nitrogenase-Reduktase) ist ein Eisen-Schwefel-Protein (EP; Azoferredoxin) und dient als Elektronen-Carrier. Die Komponente II (die eigentliche Nitrogenase) ist ein Molybdän-Eisen-Protein (MEP; Molybdoferredoxin) und übernimmt die eigentliche N_2-Bindung. Das EP erhält Elektronen von Ferredoxin (Fd; Rhizobien) oder von Flavodoxinen (Fld; bei Clostridien, Cyanobakterien und photosynthetischen Bakterien) und überträgt diese unter Hydrolyse von ATP auf die Nitrogenase. Das reduzierte MEP lenkt die Elektronen auf N_2 unter Bildung von N_2H_2 (Diimid). In zwei weiteren Reduktionschritten mit jeweils zwei Elektronen (und ATP) wird N_2H_2 über N_2H_4 (Hydrazin) zu zwei NH_3 reduziert. Beim Elektronentransfer übernimmt Mo mit seinem dreistufigem Valenzwechsel ($Mo^{2+} \Leftrightarrow Mo^{4+} \Leftrightarrow Mo^{6+}$) die entscheidende Rolle bei der Elektronenvermittlung. In der Nitrogenase-Reaktion wird ein Teil der Elektronen auf Wasserstoff-Ionen unter Bildung von H_2 übertragen. Das gebildete Ammoniak wird von α-Ketoglutarsäure unter Einsatz von $NAD(P)H_2$ und Glutamat-Dehydrogenase umgehend zu L-Glutaminsäure aminiert.

Um die Übertragung von Elektronen abzusichern und die **Aktivierungsenergie von N_2** zu senken, ist ein niedriges Redoxpotenzial (E_h) erforderlich. Sowohl O_2 als auch Nitrat können mit ihrem relativ hohen Standardredoxpotenzial (Kap. 14, Abb. 14.5) Elektronen abfangen, die Elektronenübertragung zwangsläufig unterbinden und so die Nitrogenase-Aktivität hemmen. Die Nitrogenase-Reduktase ist extrem sauerstoffempfindlich. Insbesondere die aeroben N_2-Bindner haben besondere Strategien zum Schutz gegen O_2 entwickelt. Insgesamt haben sich bei den verschiedenen N_2-bindenden Mikrobionten sehr unterschiedliche Mechanismen ausgebildet, um die Nitrogenase-Aktivität vor O_2 zu schützen. Zu den verschiedenen Strategien gehören die

- pflanzliche Synthese von Leghämoglobin (Ferro-Leghämoglobin; $Lb^{2+} \Leftrightarrow Lb^{3+}$), um die schädliche Wirkung von O_2 auf die N_2-bindenden Bakteroide in den Wurzel- oder Stängelknöllchen von Leguminosen zu verhindern. Dieses Lb^{2+} fängt O_2 ab (Sauerstoffpuffer), vermindert dadurch den O_2-Transport und sichert auf dieser Weise das niedrige Redoxpotenzial und die Funktionsfähigkeit der Nitrogenase-Reduktase. Hämoglobin wirkt ähnlich in den Knöllchen der *Frankia*-Pionierpflanzensymbiose. Wenn die Bildung von (Leg-)Hämoglobin in den Knöllchen experimentell unterbunden wird, findet keine N_2-Bindung statt,
- Bildung von photosynthesefreien Spezialzellen (Heterozysten) in den Zellketten (Trichomen) von Cyanobakterien zur räumlich getrennten Unterbringung des Nitrogenase-Komplexes. In diesen Heterozysten (ohne Photosystem II) ist der Nitrogenase-Komplex vollständig vor atmosphärischem und photosynthetisch produziertem O_2 geschützt. Die Heterozysten besitzen dazu eine dicke Zellwand aus Glykolipid- und Polysaccharidschichten. Die räumliche Trennung der N_2-Bindung von der oxygenen Photosynthese in Standardzellen ermöglicht Cyanobakterien den synchronen Betrieb von Photosynthese (Photosystem II) und Nitrogenase-Aktivität (Bergman *et al.* 2007; Haselkorn 2007),
- räumliche Trennung des Nitrogenase-Komplexes von den Enzymen der Atmungskette (Cytochrome) bei aeroben freilebenden und assoziativen N_2-bindenden Bakterien. In diesen Bakterien ist die Nitrogenase auf intrazellulären Membranen lokalisiert und so räumlich getrennt von den Enzymen der Atmungskette auf der äußeren Cytoplasmamembran. Außerdem wird die O_2-Konzentration durch intensive aerobe Mineralisationsprozesse (erforderlich für die Bildung von ATP und Reduktionsäquivalenten) sehr gering gehalten (Atmungsschutz). *Azotobacter*-Arten verfügen zudem über einen **Konformationsschutz**, der bei Sauerstoffzutritt die Konformation des Nitrogenase-Komplexes so verändert, dass die O_2-empfindlichen Enzymabschnitte räumlich abgeschirmt werden (vgl. 6.4.3.3). Eine sinnvolle Strategie ist nicht zuletzt
- die Ansiedlung verschiedener freilebender N_2-bindender Bakterien in der dicht besiedelten Rhizosphäre oder sogar interzellulär (**endophytisch**) in den Wurzelspitzen von Wurzelhaaren wachsender Pflanzen (insbesondere von *Poaceae* = Gramineen). Wurzelatmung einerseits und die Abgabe von energiereichen Exsudaten und Schleimstoffen (Mucigel) andererseits bedingen zeitlich und räumlich eine starke mikrobielle O_2-Zehrung durch rhizomikrobielle Respiration (Kap. 10) an den physiologisch besonders aktiven Wurzeloberflächen. Dies ermöglicht die N_2-Bindung von aeroben assoziativen potenziell N_2-bindenden Bakterien, zumal die Rhizodeposition energiereicher Metabolite (Zucker, Kohlenhydrate, organische Säuren) (Kap. 17) den hohen Energiebedarf der N_2-Bindung am besten entsprechen kann.

13.5 Autregulation des Nitrogenase-Komplexes

In Anbetracht des hohen Energiebedarfes, der hohen Sauerstoffempfindlichkeit und des hemmenden Einflusses geringer N-Konzentrationen ist es kaum verwunderlich, dass alle freilebenden oder symbiotischen potenziell N_2-bindenden Prokaryoten über einen besonders effizienten Regulationsmechanismus für die Synthese und Aktivität der Nitrogenase verfügen (Fischer 1994). Die Gene für die N_2-Bindung können in *nif*-, *fix*- und *nod*-Gene (nur bei Leguminosen) unterteilt werden. Die Synthese des Nitrogenase-Komplexes wird von den strukturellen *nif*-Genen (*nif* von *nitrogen fixation*) reguliert, die Stickstoffbindung von Rhizobien zusätzlich von den *fix*-Genen. *Fix*-Gene bilden eine heterogene Klasse von Genen in Rhizobien, die für die Entwicklung und den Metabolismus der Bakteroide verantwortlich sind, die aber auch an anderen Prozessen beteiligt sein können, die nichts mit Stickstoffbindung zu tun haben.

Auf dem Genom des freilebenden N_2-bindenden Bakteriums *Klebsiella pneumoniae* (*Enterobacteriaceae;* ein Bodenbakterium und opportunistischer Erreger der atypischen Lungenentzündung beim Menschen) befinden sich auf dem Chromosom mindestens 20 *nif*-Gene in 8 *nif*-Operons (zusammen das *nif*-Regulon) in einem Cluster von etwa 24 kb. Dieses *nif*-Regulon codiert die Enzyme des Nitrogenase-Komplexes und der zur Transkription benötigten **Kontrollelemente**. Umfangreiche genetische, biochemische und physiologische Untersuchungen an *K. pneumoniae* und *Enterobacter agglomerans* durch **W. Klingmüller** und Mitarbeiter/Bayreuth haben wesentlich zur grundlegenden Aufklärung der Regulation und Expression der N_2-Bindung dieser freilebenden gramnegativen Bakterien beigetragen. Die **Struktur-Gene** für die Untereinheiten der Nitrogenase sind die Gene *nif*K, *nif*D und *nif*H. Genprodukte von *nif*K und *nif*D bilden das MoFe-Protein (Komponente I), jene der Untereinheit *nif*H das Fe-Protein (Komponente II) der Nitrogenase-Reduktase. *nif*Q, *nif*B, *nif*V, *nif*N und *nif*E und ihre Genprodukte sind an der Biosynthese und am Einbau des FeMo-Cofaktors in die Komponente I beteiligt. Produkte von *nif*F und *nif*J sind für die Synthese des Elektronen-Carriers Flavodoxin verantwortlich. Das Genprodukt von *nif*A ist ein **Transkriptionsaktivator** für alle *nif*-Operons außer von *nif*L und *nif*A selber. Das *nif*L-Operon codiert einen Transkriptionsrepressor, der in Gegenwart von steigenden O_2-Konzentrationen und von höheren Konzentrationen an gebundenem N das Genprodukt von *nif*A inaktiviert und so die Regulation der N_2-Bindung ermöglicht (Fischer 1994; Steenhoudt u. Vanderleyden 2000).

Die Anordnung der *nif*-Gene ist jedoch bei den einzelnen Organismen nicht einheitlich. Im Gegensatz zu *K. pneumoniae*, *K. oxytoca* und *Enterobacter cloacae* (mit den *nif*-Genen auf dem Chromosom) sind die *nif*-Gene bei *Enterobacter agglomerans* (*Pantoea agglomerans*) in einem geordneten Cluster (*nif*-Regulon) aufgereiht und auf dem **Plasmid pEA3** lokalisiert. Die *nif*F- und *nif*J-Gene codieren für die Elektrontransportproteine und befinden sich auf einer Seite der gesamten *nif*-Gengruppe. Diese Anordnung der *nif*-Gene ist einfach, kompakt und zweckdienlich, und ihre Lokalisierung auf einem übertragbaren Plasmid stellt einen Eckstein in der Entwicklung der *nif*-Gene dar, aus dem vermutlich alle anderen N_2-bindenden Systeme hervorgegangen sind (Klingmüller 1991; Kreutzer *et al.* 1991). Zwischen *K. pneumoniae* und *E. agglomerans* wurden keine Unterschiede im Regulationsmechanismus festgestellt. Beide Bakterien sind sehr eng verwandte Enterobakterien, die morphologisch, physiologisch und genetisch (Mol% G + C) kaum zu unterscheiden sind (und eigentlich eine Spezies darstellen). Im Gegensatz zu *K. pneumoniae* und *E. agglomerans* befinden sich die *nif*-Gene der Alpha-, Beta- und Gammaproteobakterien in mehreren funktionellen Gruppen verteilt auf dem **Chromosom**. Beispielsweise sind bei *Azotobacter vinelandii* die *nif*-Gene nicht in einem Operon konzentriert, sondern über das gesamte ringförmige Genom verteilt. In der Regel werden die *nif*-Gene von elektronentransportcodierenden Genen unterbrochen, wie die Ferredoxin-Gene *fdx*, Mo-Transport-Gene *mod*, Chemotaxis-Gene *mcp* und *fix* (Pedrosa u. Elmerich 2007). In *Rhizobium meliloti* (Luzerne), *Bradyrhizobium japonicum* (Sojabohne) und *Azorhizobium caulinodans* (Stängelknöllchen von *Sesbania rostrata*) codieren mindestens neun *nif*-Gene zusammen mit mehreren *nod*-Genen (Knöllchenbildung) die N_2-Bindung. Diese *nod*-Gene liegen bei *R. meliloti* auf zwei großen **Plasmiden** (*pSym-a* und *pSym-b*), bei *B. japonicum* und *A. caulinodans* hingegen in mehreren Clustern auf dem Genom (Fischer 1994).

Die Nitrogenase-Aktivität unterliegt empfindlichen regulatorischen Kontrollen (Rudnick *et al.* 1997). Bereits in sehr geringen Konzentrationen reprimiert NH_3 in der Zelle die Expression der *nif*-Gene. Sowohl das gebildete NH_3 (Produkt der Nitrogenase-Aktivität) als auch das aufgenommene NH_4^+ und NO_3^- (was in den Wurzeln auf assimilatorischem Wege rasch zu NH_4^+ reduziert wird) wirken bei einer geringen, aber bodenspezifischen Schwellenkonzentration hemmend auf die Synthese und Aktivität der Nitrogenase. Auf diese Weise wird der hohe ATP-Verbrauch für die Herstellung eines Produktes verhindert, das im Boden bereits in ausreichender Konzentration für das Wachstum vorliegt. Der von Nitrogenase in der Zelle gebildete Ammoniak unterdrückt die Enzymsynthese jedoch nicht, weil er unmittelbar nach der Synthese in eine organische Form überführt und für Syntheseprozesse verwendet wird. Ein großer Teil der Autregulation findet auf dem **Transkriptionsniveau** statt. Das aufgenommene Ammonium wirkt nicht direkt als *feedback*-Repressor auf die Nitrogenase-Reaktion (Gl. 13.1), sondern indirekt über die Glutamin-Synthetase (GS; codiert vom *glnA*-Gen) (13.3). Dieses erste Enzym der Aminosäuresynthese übt dahingehend eine positive Kontrolle aus, indem es die Transkription der *nif*-Struktur-Gene durch das nifA-Protein aktiviert („Aktivator" der Transkription). Liegt NH_4^+-Mangel in der Zelle vor, dann befindet sich die GS in ihrer „aktiven" Form und aktiviert die Transkription der *nif*-Gene: Es kommt zur N_2-Fixierung. Wird eine bestimmte minimale NH_4^+-Konzentration in der Zelle überschritten, geht die GS sofort in eine „inaktive" Form über und hemmt die Bildung und Aktivität der Nitrogenase (Gl. 13.2. und 13.3).

$$\alpha\text{-Ketoglutarsäure} + NH_3 + NAD(P)H_2 \xrightarrow{\textit{Glutamat-Synthase}} \text{Glutamat} + NAD(P) \quad (13.2)$$

$$\text{L-Glutamat} + NH_3 + Mg^{2+} + ATP \xrightarrow{\textit{Glutamin-Synthetase}} \text{Glutamin} + ADP + Pi \quad (13.3)$$

Glutamat-Synthase (GOGAT) hat eine geringe Affinität zu NH_3 (hoher K_m-Wert) und spielt infolgedessen eine untergeordnete Rolle bei N-Mangel. Im Gegensatz zur GOGAT hat die GS eine sehr hohe Affinität zu NH_3 (sehr geringer K_m-Wert) und folglich bildet sich ihre inaktive Form, sobald es intrazellulär zu einer minimalen Konzentration von NH_3 kommt. Die Aufnahme von Ammonium und/oder Nitrat aus dem Boden (aus mineralischer und/oder organischer Düngung) zum Zeitpunkt der N_2-Fixierung von freilebenden N_2-bindenden Bakterien oder in einer voll entwickelten Symbiose von Wurzelknöllchen oder in Rhizothamnien von Pionierpflanzen führt zu einer raschen **Inaktivierung** des Nitrogenase-Komplexes. Bei Leguminosen hemmen bereits geringe Konzentrationen an Nitrat und/oder Ammonium sowohl die Knöllchenentwicklung als auch die N_2-Fixierung ausgebildeter Knöllchen.

Die Aufnahme von Nitrat beeinträchtigt die Nitrogenase auf unterschiedlichen Wegen. Erstens erhöht Nitrat das allgemeine Redoxpotenzial (E_h) in der Zelle, was die Elektronenübertragung vom reduzierten Ferredoxin auf N_2 verhindert, weil die Elektronen vom Nitrat abgefangen werden. Zweitens stellt die assimilatorische Nitratreduktion über Nitrit zum Ammoniak in den Wurzeln eine bevorzugte Energiesenke dar, wodurch die N_2-Bindung durch einen relativen Energiemangel gehemmt wird. Drittens kann in Knöllchen von Leguminosen das Leghämoglobin ($LbFe^{2+}$) durch Nitrit oxidiert ($LbFe^{3+}$) und infolgedessen inaktiviert werden, wodurch seine Schutzfunktion gegenüber O_2 vermindert wird (Pedrosa u. Elmerich 2007;Vance 2008).

13.6 Wie kann die N_2-Bindung im Feld quantifiziert werden?

Der Nachweis der N_2-Bindung kann sowohl durch direkte Methoden (^{15}N-Analysen von Aminosäuren mit dem Massenspektrograph) als auch auf indirektem Wege (mit der Acetylen-Reduktions-Analyse; ARA) erbracht werden. Mit Ausnahme des massenspektrographischen Nachweises von ^{15}N im Eiweiß (aus $^{15}N_2$) von Prokaryoten kann unter Feldbedingungen keine der üblichen Methoden das Ausmaß der N_2-Bindung quantitativ genau erfassen. Um die BNF in der Praxis in Feldversuchen annähernd zu quantifizieren, werden heute überwiegend (a) die ^{15}N-Verdünnungstechnik bzw. die natürliche $\delta^{15}N$-Abundanzmethode und (b) die Acetylen-Reduktions-Analyse (ARA) als Standardmethoden eingesetzt. Die Ergebnisse sind stets als Schätzungen zu verstehen, weil jedes Verfahren seine Mängel hat. Die beiden ersten Verfahren machen von der Tatsache Gebrauch, dass die stabilen Isotopen ^{15}N und ^{14}N weltweit in der Atmosphäre 0,3663 bzw. 99,6337% ausmachen (Peoples u. Herridge 1990; Hansen 1994; Unkovich u. Pate 2000). Geringe Unterschiede in der ^{15}N-Konzentration werden als ‰$\delta^{15}N$ angegeben. Wenn das Ausmaß der symbiotischen oder assoziativen N_2-Bindung in einem Feldversuch mit Pflanzen (z. B. Leguminosen, Pionierpflanzen) mithilfe der ^{15}N-Verdünnungstechnik bestimmt werden soll, dann ist es erforderlich, den Versuchsboden zunächst mit einer geringen Konzentration an ^{15}N-markiertem, mineralischem Dünger homogen zu vermischen, um das $^{15}N/^{14}N$-Verhältnis zu erhöhen. Diese methodische

Notwendigkeit beinhaltet eine Fehlerquelle. Wenn das Prüfsystem Pflanze-Stickstoffbindner atmosphärischen N_2 mittels Nitrogenase-Aktivität fixiert, dann wird sich das $^{15}N/^{14}N$-Verhältnis in der Biomasse entsprechend den gebundenen N_2-Mengen „verdünnen". Als Referenz ist allerdings stets eine verwandte Pflanze erforderlich, die **nicht** zur N_2-Bindung in der Lage ist. Die Wahl der Referenzpflanze kann eine weitere Fehlerquelle bedeuten. Mit dieser ^{15}N-Verdünnungstechnik kann der Anteil des aus der biologischen N_2-Bindung stammenden N (*% of **N** derived **from** the **atmosphere*** = %Ndfa) ermittelt werden. Die Einarbeitung von markiertem N in den Boden ist ein großer Nachteil, weil der Zusatz von N wahrscheinlich denjenigen Vorgang beeinträchtigt, den es zu quantifizieren gilt (Unkovich u. Pate 2000). Für die ^{15}N-Verdünnungs- und Abundanzmethoden ist ein Isotopenlabor und Massenspektrograph erforderlich, was die Anwendung dieser aufwändigen und kostspieligen Methoden für Routineuntersuchungen sehr begrenzt. Hingegen wird für die Durchführung der **Acetylen-Reduktions-Analyse** (ARA) lediglich ein Gaschromatograph und ein modernes Standardlabor benötigt. Die ARA beruht darauf, dass sich das Enzym Nitrogenase als relativ unspezifisch hinsichtlich der Substratwahl erwiesen hat.

Als alternative Substrate zum N_2 können verschiedene unphysiologische Verbindungen dienen (Abb. 13.1), die alle mit N_2 (ausgenommen H^+) eine Dreifachbindung gemein haben (strukturanaloge Verbindungen). Einige Substanzen (Cyanid, Azid, Lachgas und Acetylengas) besitzen eine höhere Affinität zur Nitrogenase als das Substrat N_2, wodurch sie folglich bevorzugt reduziert werden. Es wird vermutet, dass der ursprüngliche Nitrogenase-Komplex bei den Prokaryoten in der Ursuppe unter den herrschenden reduzierten Bedingungen zur Entgiftung von Cyaniden, Isocyaniden und Aziden diente und so die Entwicklung des höheren Lebens erst ermöglicht hat. Erst viel später hat sich die N_2-Bindung mit dem Nitrogenase-Komplex in der Phylogenie der Prokaryoten als zweckdienlich bei der Anpassung an und Besiedlung von N-armen Lebensräumen erwiesen. Acetylengas (C_2H_2) wird bisher von allen potenziell N_2-bindenden Prokaryoten zu Ethylen (C_2H_4) reduziert. Diese Eigenschaft wird in kurzzeitigen Brutversuchen in geschlossenen Kammern oder Gefäßen, die mit Acetylen begast werden,

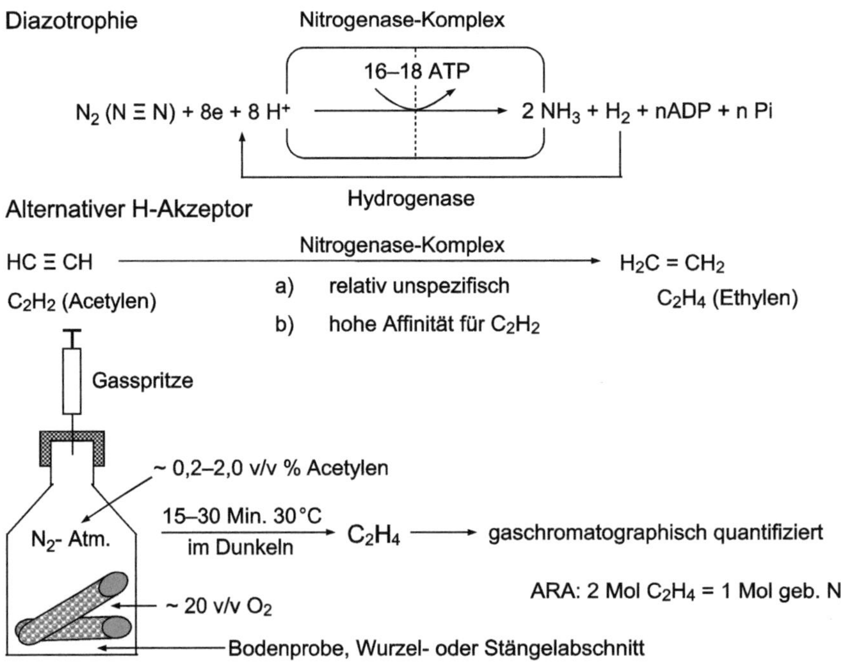

Abb. 13.2 Schematische Darstellung der Acetylen-Reduktions-Analyse (ARA) zur quantitativen Bestimmung der Nitrogenase-Aktivität von Boden-, Stängel- oder Wurzelproben in geschlossenen Gefäßen unter gewählten Standardbedingungen (im Dunkeln). Entwurf: JCG Ottow

Box 13.1 Die Acetylen-Reduktions-Analyse als Standardmethode der N_2-Bindung

Die **A**cetylen-**R**eduktions-**A**nalyse (ARA) ist eine sichere, kostengünstige und relativ einfache **Standardmethode** zur quantitativen Bestimmung der **Dinitrogenase-Aktivität** sowohl von Reinkulturen von Prokaryoten als auch in natürlichen Objekten (Abb. 13.2). Die Empfindlichkeit und Genauigkeit dieser indirekten Routinemethode beruht auf dem exakten gaschromatographischen Nachweis von sehr geringen gasförmigen Ethylenkonzentrationen. Prinzipiell können alle ungestörten Bodenproben, Stechzylinder, Versuchsgefäße samt Pflanzen, Wurzel- und Stängelknöllchen, Bakterienkulturen in Plastiksäcken (mit durchstechbaren Gummisepten) und sonstigen geeigneten Gefäßen in Anwesenheit von Acetylengas (ca. 10%) kurzzeitig bebrütet (25–30 °C) und durch Entnahme von Gasproben gaschromatographisch (mit Flammen-Ionisations-Detektor; FID) auf die Ethylenkonzentration analysiert werden. Die Acetylenkonzentration ist so hoch gewählt, dass der Nitrogenase-Komplex mit C_2H_2 gesättigt ist, N_2 nicht mehr reduziert wird und die Ethylenbildung maximal verläuft.

Die Reduktion von Acetylen zu Ethylen folgt der Reaktion:

$$C_2H_2 + 2H^+ + 2e \xrightarrow{\textit{Dinitrogenase}} C_2H_4$$

Für die Reduktion von 1 Mol Acetylen zu Ethylen werden 2 Elektronen benötigt, während für die Reduktion von N_2 zu 2 NH_3 8 Elektronen erforderlich sind (Gl. 13.1). Somit entspricht die Reduktion von 4 Mol Acetylen der Reduktion von 1 Mol N_2. Für die Reduktion von 1 Mol N_2 zu 2 NH_3 abzüglich der Rückführung von 2 H (Hydrogenase-Aktivität) sind somit 6 Elektronen notwendig (Umrechnungsfaktor = 3:1). Mit N_2 als Substrat kann sogar die Hälfte des Elektronenflusses (z. B. bei Futterleguminosen) durch die Nitrogenase zur Reduktion von Protonen zu H_2 verbraucht werden. Acetylen unterdrückt zwar die H_2-Bildung weitgehend, doch auch in Anwesenheit von C_2H_2 werden immer noch ca. 10% der Elektronen zur H_2-Bildung eingesetzt. Die Erfahrung in der Praxis hat gelehrt, dass der Umrechnungsfaktor je nach untersuchtem System zwischen 2:1 und 25:1 pro Mol N_2 schwanken kann. Für die Umrechnung der ARA-Messergebnisse in Stickstoffbindung wird in der Regel ein Verhältnis von 2:1 verwendet. Um für das betreffende System den korrekten Umrechnungsfaktor zu ermitteln, muss die ARA unter definierten Bedingungen über eine bestimmte Wachstumsperiode bestimmt werden. Während der Bebrütung von Proben (0,5 bis 1 h) nimmt die Rate der C_2H_4-Bildung vielfach ab. Da die kurzzeitigen Messwerte auf 1 ha und Jahr hochgerechnet werden, wird deutlich, dass die **N_2-Bindungsraten** in kg N × ha^{-1} × a^{-1} die Nitrogenase-Aktivität unterschätzen. Angaben sind folglich stets kritisch zu betrachten. Die überwiegende Mehrheit an quantitativen Daten entstammt der ARA und gilt infolgedessen lediglich als Schätzung der N_2-Bindung (Minchin *et al.* 1983; Hansen 1994).

zur indirekten quantitativen Bestimmung der Nitrogenase-Aktivität von Böden, Organismen (Pflanzen, Bakterien, Stängelabschnitte) und Wurzelknöllchen herangezogen (ARA), weil beide Gase im Gaschromatographen getrennt und mit hoher Genauigkeit quantifiziert werden können (Abb. 13.2; Box 13.1).

13.7 Die N_2-Bindung durch freilebende Bakterien

Zahlreiche taxonomisch sehr verschiedene freilebende Bakterien und Archaeen sind in Böden und Gewässern **potentiell** zur **N_2-Bindung** in der Lage. Diese potenzielle Eigenschaft ist unter den kultivierbaren aeroben und anaeroben Prokaryoten weit verbreitet und stets in allen Böden und in der Rhizosphäre aller Pflanzen vertreten. Zu bedenken ist allerdings, dass nicht das Vorkommen von N_2-bindenden Prokaryoten, sondern das Zusammentreffen bestimmter **ökologischer Bedingungen** darüber entscheidet, ob und in welchem Ausmaß es zur N_2-Bindung kommt. Einige der allgemein vorkommenden freilebenden aeroben diazotrophen *Bacteria* sind in Tabelle 13.2 zusammengefasst. Vertreter dieser Gattungen kommen nicht nur freilebend in Böden, sondern auch in der Rhizosphäre und interzellulär im jungen Wurzelgewebe (als apoplastische Endophyten) von Pflanzen in wechselnder, oft spezifischer Zusammenstellung vor. Es handelt sich bisher um zahlreiche chemoorganotrophe (heterotrophe) und einige chemolithotrophe *Bacteria* und *Archaea* (z. B. *Methylomonas*, *Methylococcus*-Arten). Zu den obligat anaeroben potenziell diazotrophen Bakterien in Böden gehö-

Tabelle 13.2 Weit verbreitete freilebende aerobe potenziell N_2-bindende gramnegative Bakterien in Böden, Rhizosphären und Wurzelgewebe (aus verschiedenen Quellen)

Gattung	Taxonomie	Mol-% G + C	Merkmale
Azospirillum	*Alphaproteobacteria Rhodospirillaceae*	64–71	Stäbchen, mikroaerob; Böden, Rhizosphäre von Getreidearten u. Futtergräsern; PGPB[1)] durch Wuchsstoffe Förderung von Wurzelwachstum; Impfkulturen
Beijerinckia	*Alphaproteobacteria Beijerinckiaceae*	54,7–60,7	Stäbchen, schleimige Kolonien; saure Oxi- und Ultisole
Derxia gummosa	*Betaproteobacteria Alcaligenaceae*	70,4–71,7	Stäbchen, runzelige schleimige Kolonien; Oxi- und Ultisole
Burkholderia	*Betaproteobacteria Burkholderiaceae*	59–69,6	kleine polar begeißelte Stäbchen mit PHB[2)]; (Nassreis-)Böden, Rhizosphäre; Wurzelknöllchen bei Leguminosen (*Mimosoideae*)
Herbaspirillum	*Betaproteobacteria Oxalobacteraceae*	60–65	kleine Stäbchen, mikroaerob; Böden, Rhizosphäre und endophytisch bei Getreidearten und Zuckerrohr; Wurzelköllchen
Azoarcus	*Betaproteobacteria Rhodocyclaceae*	62–68	gerade Stäbchen; Rhizoplane, endophytisch bei Gräsern, auch Getreidearten
Gluconacetobacter diazotrophicus (= Acetobacter diazotrophicus); G. azotocaptans	*Betaproteobacteria Acetobacteraceae*	55–67	kleine Stäbchen; N_2-Bindung in Anwesenheit von Nitrat; Rhizosphäre von Kaffee, Mais, Süsskartoffeln, Zuckerrohr; endophytisch; Impfkulturen für Zuckerrohranbau
Azotobacter	*Gammaproteobacteria Pseudomonadaceae*	63,2–67,5	relativ große Stäbchen, eckige Cysten, schleimige Kolonien; Bodenfruchtbarkeitsindikator; PGPB; Impfkulturen für Getreide
Azomonas	*Gammaproteobacteria Pseudomonadaceae*	55,1–58,3	abgerundete, gebogene große Stäbchen mit PHB[2)]; keine Cysten; starke Schleimstoffbildung
Enterobacter und andere Enterobakterien	*Gammaproteobacteria Enterobacteriaceae*	38–60	kleine Stäbchen, fakultativ anaerob; alle Arten denitrifizierend und eisenreduzierend; Böden, Rhizosphäre von Getreidearten, auch Nassreis (endophytisch); PGPB
Paenibacillus	*Firmicutes Paenibacillaceae*	40–59	grampositive stäbchenförmige Sporenbildner, fakultativ anaerob (fermentativ); PGPB; denitrifizierend und eisenreduzierend;
P. polymyxa; P. macerans		43–46; 52–53	Böden, Pflanzenmaterial, Rhizosphäre

1) PGPB = *Plant-growth-promoting-bacteria* 2) PHB = Polyhydroxybutyrat (Speicherstoff)

ren Vertreter von saccharolytischen Clostridien (*Clostridium spp.*), Sulfatreduzierern (z. B. *Desulfovibrio spp.*) und *Methanosarcina*-Arten (*Euryarchaeota*).

Grundlegende Kenntnisse über die Dichte und Zusammensetzung an potenziell N_2-bindenden Prokaryoten in Böden gemäßigter und tropischer Regionen fehlen noch weitgehend. Auch liegen nur vereinzelt Informationen über die Dichte und Zusammensetzung solcher Prokaryoten in der Rhizosphäre von Kulturpflanzen vor, obwohl solche Kenntnisse für die Pflanzenernährung nützlich sein können. Eine Ausnahme bilden einige wenige Kulturpflanzen (Mais, Weizen, Sorghum, Nassreis, Zuckerrohr) aus der Familie der *Poaceae* (früher *Gramineae*), die in den letzten Jahrzehnten hinsichtlich der assoziativen N_2-Bindung relativ gut untersucht wurden (Hurek u. Reinhold-Hurek 2005).

Das Ausmaß der N_2-Bindung durch **freilebende potenziell N_2-bindende** Bakterien in aeroben Ackerböden ist gering und kann am gleichen Standort zeitlich und räumlich sehr schwanken (0 bis 15 kg N × $ha^{-1} \times a^{-1}$). Außer der **Diazotrophie** bei Bodenbakterien lässt sich kaum ein anderes Phänomen als Beispiel für die vollständige Abhängigkeit eines biochemischen Prozesses von den ökologischen Bedingungen anführen. Zur bakteriellen N_2-Bindung kommt es im Boden nur, wenn unter den gegebenen (Versuchs)Bedingungen

- die Versorgung mit energiereichen postmortalen organischen Verbindungen (Strohdüngung, Kompost oder Pflanzenresten mit weitem C/N-Quotient) oder Wurzelexsudaten (Rhizosphäre) gesichert und wenn

- die Art, Menge und Nachlieferungsgeschwindigkeit von anorganischen und organischen N-Verbindungen (Ammonium, Nitrat, Aminosäuren) aus dem betreffenden Boden so gering ist, dass die intrazelluläre Nitrogenase-Aktivität nicht gehemmt wird.

Mit den o. g. ökologischen Bedingungen lässt sich das sehr unterschiedliche Ausmaß der N_2-Bindung in Böden erklären. Weil die Mengen an jährlich gebundenem N durch freilebende aerobe Bakterien sowohl in extensiven und intensiven (mit mineralischem N gedüngten) Landnutzungssystemen als auch in natürlichen Ökosystemen als gering eingeschätzt werden, kommt der globalen Bedeutung der freilebenden N_2-Bindung eine vergleichsweise geringe Bedeutung zu (Tabelle 13.1). Eine Ausnahme bildet das besondere Ökosystem „Nassreisböden" in den Tropen (Tabelle 13.3). Die „ewige Fruchtbarkeit" tropischer Nassreisböden ohne mineralische N-Düngung kann zum größten Teil auf die mäßige, aber regelmäßige N_2-Bindung durch obligat anaerobe heterotrophe Bakterien (*Clostridium spp.*) und photosynthetisch aktive Cyanobakterien zurückgeführt werden. In Feldexperimenten am *International Rice Research Institute* (IRRI), Los Banos, Philippinen, wurde nachgewiesen, dass durch Einarbeitung von energiereichen Strohresten (mit C/N von etwa 50–100) bei der Bodenbearbeitung die N_2-Bindung im Nassreisboden um 2–4 kg N × ha^{-1} × Vegetationsperiode erhöht und der Ertrag gesteigert werden kann. Die N-Zufuhr durch N_2-Bindung in überstauten Reisböden ist jedoch nicht nur auf heterotrophe Bakterien, sondern in den oberen Zentimetern auch auf anaerobe photosynthetisch aktive, schwefelfreie Purpurbakterien und vor allem auf Cyanobakterien (C/N = ~ 7) zurückzuführen. Unter den Cyanobakterien scheinen insbesondere Vertreter der Gattungen *Anabaena*, *Nostoc*, *Gleotrichia* und *Scytonema* im Wesentlichen für die N_2-Bindung in Nassreisböden verantwortlich zu sein. Die Mengen an gebundenem N_2 durch heterotrophe und phototrophe Organismen in tropischen Nassreisböden schwanken je nach Jahreszeit (Regen- oder Trockenzeit) und Bodeneigenschaften (C_{org}-Gehalt, P- und K-Verfügbarkeit, pH-Wert, Wasserdynamik, etc.) stark, werden aber durchschnittlich auf etwa 30 kg N × ha^{-1} × a^{-1} (0–80 kg N × ha^{-1} × a^{-1}) geschätzt (Tabelle 13.3). Diese N-Zufuhr in wassergesättigten (weitgehend anaeroben) Böden ist deutlich höher als in aeroben relativ C-armen Ackerböden (Ladha u. Reddy 1995; Peoples *et al.* 1995; Roper u. Ladha 1995; Ladha *et al.* 1997; Reddy u. Ladha 2000).

Tabelle 13.3 Ausmaß freilebender und symbiotischer N_2-Bindung (Auswahl) in verschiedenen landwirtschaftlichen und forstlichen Nutzungssystemen (Becking 1982; Peoples u. Craswell 1992; Becker *et al.* 1986, 1990; Roper u. Ladha 1995; Diekmann *et al.* 1996; Ladha *et al.* 1997; Russo 2005; Vessey *et al.* 2005)

Organismen bzw. Symbiosen	Nutzungssysteme	N_2-Bindung (kg N × ha^{-1} × a^{-1})
freilebende aerobe N_2-bindende Bakterien	boreale Wälder	ca. 2
freilebende heterotrophe anaerobe N_2-Bindner	Nassreisboden	7–16
zusätzliche N_2-Bindung nach Reisstroh-Einarbeitung	Nassreisboden	2–4
freischwimmende Cyanobakterien	Nassreisboden	0–80
Assoziative/endophytische N_2-Bindner (*Gluconacetobacter*-Arten) je nach Passereffekt	Zuckerrohrplantagen in Brasilien	20–160
Azolla/Anabaena-azollae-Symbiose	GD im Nassreis	30–200
Sesbania-rostrata-Rhizobiensymbiose	GD im Nassreis	60–360
Aeschynomene-afraspera-Rhizobiensymbiose	GD im Nassreis	80–400
Leuceana-leucocephala-Rhizobiensymbiose	*alley-cropping; agroforestry*	100–300
Gliricidia-sepium-Rhizobiensymbiose	*multiple purpose; agroforestry*	86–309
Casuarina-equisetifolia-Frankia spp.-Actinorhiza-Symbiose	Aufforstung/Regenerierung degradierter Böden und Dünen der Tropen	9–440
Alnus-Frankia-Actinorhiza-Symbiose	Rekultivierung der Landschaft im gemäßigten Klima	26–320
Parasponia (*Ulmaceae*)-*Bradyrhizobium/Rhizobium*-Symbiose	Pioniervegetation nährstoffarmer Mineralböden Tropen	4–850

13.8 Die assoziative N_2-Bindung

Unter der **assoziativen N_2-Bindung** wird die N_2-Bindung durch freilebende heterotrophe Prokaryoten in der Rhizosphäre von (Kultur-)Pflanzen verstanden. Sie umfasst auch die **endophytische N_2-Bindung** im Wurzelgewebe der Wurzelhaare. Endophytische Bakterien besiedeln das Wurzelgewebe überwiegend interzellulär (apoplastisch), ohne dabei Krankheiten zu verursachen. Die Keime dringen aktiv aus dem Boden über feine Risse in junge Wurzelhaare ein, vermehren sich von den Exsudaten, Lysaten und Metaboliten und gelangen mit dem Wasserstrom schließlich in die Xylemgefäße. Zu den endophytischen potenziell N_2-bindenden Bakterien gehören in etwa die gleichen Arten (Tabelle 13.2), die auch als freilebende Formen in Böden und Rhizosphäre verbreitet sind. Zu den gut untersuchten endophytischen potenziell N_2-bindenden Bakterien können *Azospirillum spp.*, *Herbaspirillum spp.*, *Gluconacetobacter diazotrophicus*, *Azoarcus spp.*, *Enterobacter agglomerans* und *Burkholderia spp.* gerechnet werden. Wahrscheinlich ist das Spektrum an potenziell N_2-bindenden Prokaryoten im Wurzelgewebe (Endophyten), in der Rhizoplane (auf der Wurzeloberfläche) und in der Rhizosphäre wesentlich umfangreicher. Infolgedessen kann angenommen werden, dass die Fähigkeit zur N_2-Bindung in der Rhizosphäre der meisten Pflanzen, insbesondere von *Poaceae* mit intensivem Kohlenhydratstoffwechsel, in großer Vielfalt vertreten ist. Die Rhizosphäre von Gräsern (darunter alle Getreidearten einschließlich Zuckerrohr) scheint für eine assoziative N_2-Bindung prädestiniert zu sein, weil die Versorgung mit energiereichen Metaboliten durch Rhizodeposition einerseits und ein stark verminderter pO_2 aufgrund von intensiven Mineralisationsprozessen andererseits bei wachsenden Pflanzen zeitlich und räumlich immer wieder gegeben ist. Es war **Johanna Döbereiner** (1924–2000), die in den Jahren 1972–1974 als Erste das bemerkenswert gute Wachstum von C_4-Bahihagras (*Paspalum notatum)* auf N- und nährstoffarmen Böden der Pampa Brasiliens auffiel. Sie stellte in ihren Untersuchungen eine hohe Besiedlungsdichte mit den potenziell N_2-bindenden Bakterien *Azotobacter paspali*, *Azospirillum brasilense* und *A. lipoferum* in der Rhizosphäre fest und schrieb das überduchschnittlich gute Wachstum der assoziativen N_2-Bindung von den genannten Bakterien zu. Die attraktive Vorstellung, durch Förderung der assoziativen N_2-Bindung in der Rhizosphäre von Kulturpflanzen den N-Bedarf durch mineralische und/oder organische Düngung vermindern zu können, hat die Forschung auf diesem Gebiet damals geradezu beflügelt. In den siebziger bis neunziger Jahren des vergangenen Jahrhunderts wurden weltweit von verschiedenen Arbeitsgruppen zahlreiche diazotrophe *Azospirillum*-Arten in der Rhizosphäre zahlreicher Gräser und Kulturpflanzen (Weizen, Mais, Sorghum, Hirse, Nassreis) nachgewiesen und beschrieben.

Auch beim Anbau von Zuckerrohr (*Saccharum officinale*) auf N-armen, stark verwitterten Böden Brasiliens wurde immer wieder eine beachtliche, aber variable N_2-Bindung pro Anbauperiode festgestellt, auch mit geringer mineralischer N-Düngung (Reis *et al.* 2007). In der Rhizosphäre von Zuckerrohr wurden inzwischen sehr verschiedene potenziell N_2-bindende Bakterien wie *Azospirillum spp.*, *Enterobacter cloacae*, *Azotobacter vinelandii*, *A. chroococcum* und *Paenibacillus polymyxa* nachgewiesen (Tejera *et al.* 2005). Darüber hinaus enthält das interzelluläre Wurzelgewebe vom Zuckerrohr auch Stämme der potenziell N_2-bindenden gramnegativen Bakterien *Gluconacetobacter diazotrophicus*, *G. azotocaptans* (*Alphaproteobacteria*) und *Herbaspirillum seropedicae* (*Betaproteobacteria*) (Boddey *et al.* 1995; Hurek u. Reinhold-Hurek 2005; Mehnaz *et al.* 2006; Reis *et al.* 2007; Roesch *et al.* 2008). N-Bilanzuntersuchungen im Feld mit bestimmten Zuckerrohr-Klonen lassen den Schluss zu, dass unter den gegebenen Bedingungen bis zu 160 kg $N \times ha^{-1} \times a^{-1}$ durch N_2-Bindung festgelegt und damit etwa 50–70% des N-Bedarfs des Zuckerrohrs gedeckt werden können (Tabelle 13.3). Der hohe prozentuale Anteil (%Ndfa) des aus der N_2-Bindung stammenden N wurde sowohl mithilfe der ^{15}N-Verdünnungstechnik als auch mit der natürlichen $\delta^{15}N$-Abundanzmethode bestätigt. Wichtig ist allerdings die Erkenntnis, dass die Konzentration an gebundenem N_2 auf dem Zuckerrohrfeld sehr starken Schwankungen ausgesetzt ist und maßgeblich vom verwendeten Genotyp (Klon) des Zuckerrohrs und des eingeimpften Bakterienstammes (**Passereffekt**), vom pflanzenverfügbaren N-Gehalt und von anderen Bodeneigenschaften (z. B. pH-Wert) abhängt. Vermutlich ist die hohe N_2-Bindung bei bestimmten Klonen des Zuckerrohrs in Brasilien darauf zurückzuführen, dass die Felder in den letzten 100 Jahren nur mit sehr geringen mineralischen N-Mengen gedüngt wurden (Boddey *et al.* 1995).

Die Vorstellung, durch das Beimpfen des Saatgutes mit assoziativen N_2-Bindnern zumindest einen Teil des N-Bedarfs verschiedener Getreidearten sichern zu können, hat weltweit zu zahlreichen Gefäß- und Feldversuchen mit verschiedenen Kulturpflanzen geführt (Jagnow 1987; Okon u. Labandera-Gonzalez 1994). Insbesondere wurden bestimmte Stämme von *A. brasilense, A. lipoferum* und *Azotobacter chroococcum* zur Saatgutimpfung (Feldversuchen) oder zum Beimpfen von Böden (Gefäßversuchen) eingesetzt (N-*biofertilzer* Strategie). Als Versuchsobjekte wurden wichtige Getreidearten wie Weizen (*Triticum aestivum*), Mais (*Zea Mays*), Nassreis (*Oryza sativa*), Kolbenhirse (*Setaria italica*) und Negerhirse (*Pennisetum americanum*) verwendet. In Pakistan wurde zudem auch Baumwolle (*Gossipium barbadense*) in Feldversuchen untersucht. Durch diese Versuche sollten die Koch'schen Postulate erfüllt werden, die verlangen, dass potentiell N_2-bindende Isolate aus der Rhizosphäre von Getreidearten nach erneuter Beimpfung des Saatgutes zur assoziativen Stickstoffbindung und folglich zu Mehrerträgen führen sollten. Die Ergebnisse der zahlreichen Impfversuche waren jedoch nicht eindeutig, weil einmal geringfügig positiv, einmal negativ, meistens aber indifferent (Jagnow 1987). Im Schnitt zeigten 60–70% der weltweiten Versuche über eine 20-jährige Periode eine geringe, aber statistisch signifikante Ertragszunahme von 5–30% (Okon u. Labandera-Gonzalez 1994). Positive Einflüsse der Saatgutimpfung wurden sowohl in Gefäß- als auch in Feldversuchen auf N-armen Böden erzielt und zwar besonders dann, wenn das Saatgut **massiv** mit Bakterienzellen beimpft und der Boden gleichzeitig mit einer geringen mineralischen N-Düngung zur Startförderung des Pflanzenwachstum behandelt wurde (Jagnow 1987; Okon u. Labandera-Gonzalez 1994; Rodrigues *et al.* 2008).

Wenn Impfversuche zu geringen Ertragssteigerungen führten, waren diese Erfolge versuchs- und bodenspezifisch und deutlich abhängig vom **Passereffekt** zwischen der Kulturvarietät der Pflanze und dem betreffenden Impfstamm des N_2-bindenden Bakteriums. Aufgrund von ARA-Bestimmungen (an ausgeschnittenen Wurzelabschnitten) und N-Bilanzen konnte allerdings eindeutig gezeigt werden, dass geringe Ertragssteigerungen *nicht* durch einen N-Gewinn infolge von N_2-Bindung in der Rhizosphäre verursacht wurden. Grund für die fehlende oder geringe N_2-Bindung in der Rhizosphäre verschiedener Kulturpflanzen durch assoziative N_2-Bindung ist vermutlich die

- unzureichende Versorgung der Rhizobakterien mit C-reichen Exsudaten. Wahrscheinlich ist die N_2-Bindung in der Rhizosphäre vor allem **C-limitiert**,
- unzureichende **Konkurrenzkraft** der eingeimpften potenziell N_2-bindenden Rhizobakterien mit den anderen Mikroorganismen in der Rhizosphäre um Exsudate,
- rasche Reprimierung des empfindlichen Nitrogenase-Komplexes durch die Zufuhr von Ammonium und/oder Nitrat mit dem Massenfluss in Richtung Wurzeloberfläche. Dies bestätigt erneut, dass es nur dann zur nennenswerten N_2-Bindung kommt, wenn der betreffende Boden arm an N ist und eine sehr geringe N-Nachlieferung durch Mineralisation besitzt,
- geringe Effizienz des N-Transfers von den abgestorbenen Rhizobakterien zu den Wurzelzellen. Die assoziativen N_2-bindenden Bakterien in der Rhizosphäre benutzen den gebundenen Stickstoff hauptsächlich für das eigene Wachstum. Aufgrund der starken Konkurrenz um Nährstoffe in der Rhizoflora kann offenbar nur sehr wenig N von den Wurzeln aufgenommen werden. Bestimmungen von N_2-Fixierungen in den Wurzeln von Weizen und Reis mit ^{15}N haben bestätigt, dass der Hauptteil des bakteriell fixierten N in der Rhizosphäre verbleibt und nicht in die Pflanze gelangt (Webster *et al.* 1997).

Ein entscheidender Grund für die geringe assoziative N_2-Bindung in der Rhizosphäre liegt wohl darin, dass die potenziell N_2-bindenden Bakterien zwar dicht auf und/oder in den Wurzelhaaren leben, aber im harten Konkurrenzkampf mit den anderen Mikroorganismen in der Rhizosphäre nicht ausreichend mit energiereichen Exsudaten versorgt werden, um zu nennenswerten N_2-Bindungsraten gelangen zu können. Vor diesem Hintergrund wird deutlich, dass sich symbiotische N_2-bindende Bakterien in Knöllchen (Rhizobien) oder in Rhizothamnien (*Frankia* spp.) im Vergleich zu den assoziativen und endophytischen Bakterien im Vorteil befinden, weil diese Bakterien nicht in unmittelbarer Konkurrenz mit der gesamten Rhizoflora stehen. Wie können dann die positiven Ergebnisse mancher Impfversuche erklärt werden? Positive Effekte von eingeimpften potenziell N_2-bindenden Bakterien auf Wachstum und Erträge (Peoples *et al.* 1995; Ahmad *et al.* 2008) werden heute direkt oder indirekt zurückgeführt auf die

- Ausscheidung von wachstumsfördernden **Phytohormonen** *(plant-growth promoting substances*, PGPS) durch bestimmte Stämme potentiell N_2-bindender

Bakterien. Solche Pflanzenhormone (Auxine, Cytokinine, Gibberelline, etc.) kommen stets in Reinkulturen von Azospirillen und verschiedenen anderen Rhizobakterien und Pilzen vor (Baca u. Elmerich 2007),

- Vergrößerungen des Wurzelsystems durch Wurzelverlängerungen, Zunahme der Wurzelverzweigungen und durch Intensivierung der Wurzelhaarbildung infolge von bakteriellen Phytohormonen (Dobbelaere u. Okon 2007), wodurch die Wasseraufnahme, die Aneignung von P, K, Fe und Mikronährstoffen aus dem Boden signifikant verbessert werden kann.

Für die praktische Anwendung der assoziativen N_2-Bindung zur Steigerung der Erträge von Kulturpflanzen ist nicht die Diversität und Populationsdichte an N_2-bindenden Bakterien im Wurzelgewebe (Endophyten) und in der Rhizosphäre, sondern die zu geringe Exsudation energiereicher C-Verbindungen der **begrenzende Faktor** für signifikante N_2-Bindungsraten.

13.9 Symbiotische Stickstoffbindung bei Leguminosen

13.9.1 Vielfalt und Bedeutung der Leguminosen

Die Symbiose zwischen Leguminosen (Ordnung *Fabales,* Familie *Fabaceae* oder *Hülsenfrüchtler,* früher *Leguminosae*) und Rhizobien ist vor allem von großer Bedeutung für die menschliche Ernährung (Öl- und Körnerleguminosen) und für den tierischen Futterbau (Futter- und Weideleguminosen). Die Hülsenfrüchtler (ca. 650 Gattungen und ca. 18 000 Arten) werden in die drei folgenden Unterfamilien gegliedert:

- *Caesalpinoideae* (Johannisbrotgewächse) mit etwa 157 Gattungen und ca. 2000 Arten (davon etwa 5% noduliert),
- *Mimosoideae* (Mimosengewächse) mit etwa 78 Gattungen mit ca. 3200 Arten (ca. 52% mit Knöllchen),
- *Faboideae* (früher *Papillionoideae;* Schmetterlingsblütler) mit etwa 415 Gattungen (ca. 63% davon noduliert).

Die *Caesalpinioideae* umfassen hauptsächlich Bäume und nur wenige Sträucher und Lianen, selten Kräuter. Sie sind in den (Neo-)Tropen beheimatet. Knöllchenbildung kommt hauptsächlich bei den *Cassieae* vor (De Faria *et al.* 1989). Ökonomisch wertvolle Bäume sind Vertreter der Gattungen *Caesalpina* (etwa 100 Arten), *Cassia* (etwa 500 Arten), *Ceratonia* (Johannisbrotbaum) und *Tamarindus indica* (Tamarinde). Beliebte Gartenbäume sind *Delonix regia* (Feuerbaum oder Flamboyant) und *Caesalpina pulcherrima* (Pfauenstrauch). *Erythrina*-Arten leisten als **Schattenbäume** in Kaffee- und Teeplantagen oder in *Alley-cropping* (= Anbau von Leguminosen in Reihen zwischen Kulturpflanzen wie Mais, Sorghum oder Cassave) durch N_2-Bindung, rhizogene Phosphat-Pumpwirkung aus dem Unterboden, Erosionsschutz infolge von feiner Streu- und Humusakkumulation sehr wertvolle Dienste als Bodenverbesserer. Die Symbiose baumförmiger *Caesalpinioideae* mit Rhizobien wurde jedoch bisher nur ansatzweise erforscht (Sprent 2005).

Bei den *Mimosoideae* handelt es sich im Wesentlichen um Bäume und Sträucher, seltener um krautige Pflanzen (z. B. *Mimosa pudica* = Sinnpflanze). Die N_2-Bindung ist in Knöllchen von Vertretern dieser Unterfamilie relativ weit verbreitet. Knöllchenbildung kommt allgemein vor bei den Gattungen *Accacia* (Bäume, ca. 130 Arten), *Albizia* (werden als Schattenbäume in Kaffee- und Tee-Plantagen eingesetzt), *Calliandra* (Sträucher und Bäume für *Agroforestry*), *Leucaena* (Bäume, darunter *L. glauca* und *L. leucocaephala* als Schattenbäume und Bodenverbesserer in den großen Plantagenwirtschaften von Kaffee, Tee, Kakao oder in jungen Teakpflanzungen; Verwendung als Tierfutter und Lebendzäune), *Mimosa* (ca. 480 Arten, darunter *M. caesalpinifolia* und *M. scabrella* zur Holzproduktion). Mesquiten (*Prosopsis*-Arten) sind salz- und trockenresistente Bäume, die in *Agroforestry*, bei der Aufforstung degradierter Böden und für Holzproduktion, Tanningewinnung, Tierernährung, Lebendzäume und Naturmedizin in den Tropen allgemeine Verwendung finden. Beim flach wachsenden semiaquatischen Kraut *Neptunia natans* (verwendet als Gemüse und als Gründüngung im Nassreisanbau) sind sowohl **Wurzel- als auch Stängelknöllchen** bekannt, die N_2 binden können.

Die *Faboideae* umfassen überwiegend kleine Sträucher und mehrjährige Kräuter. Diese Unterfamilie besitzt die größte Anzahl an Gattungen und Arten mit Knöllchenbildung (De Faria *et al.* 1989), wahr-

Tabelle 13.4 Weltweite Anbauflächen, N-Akkumulation in der oberirdischen Biomasse und Anteil an symbiotischer Stickstoffbindung (%Ndfa) wichtiger Öl- und Körnerleguminosen (Peoples *et al.* 1995; Unkovich u. Pate 2000)

Leguminosen	Globale Anbaufläche ($\times 10^6$ ha)	N-Akkumulation durch N_2-Bindung (kg N $\times$ ha^{-1})	%Ndfa[3)]
Sojabohne (*Glycine max*)	68	0–450	0–95
Erdnuss (*Arachis hypogaea*)	24	32–206	22–92
Buschbohne (*Phaseolus vulgaris*)	13	0–165	0–70
Kichererbse (*Cicer arietinum*)	11	0–141	0–82
Erbse (*Pisum sativum*)	6,5	4–144	5–95
Linse (*Lens culinaris*)	3,3	5–191	28–87
Ackerbohne (*Vicia faba*)	2,2	12–330	19–97
Lupine (*Lupinus augustifolius*)	1,3	19–327	20–97
Straucherbse (*Cajanus cajan*)		7–235	10–81
Mungbohne[1)] (*Vigna radiata*)		9–112	15–63
Kuhbohne[2)] (*V. sinensis*)		9–201	32–89

1) *Green gram* (Indien) 2) *Cowpea* 3) %Ndfa = % **n**itrogen **d**erived **f**rom **a**tmosphere

scheinlich weil sie die meisten wichtigen Kulturpflanzen umfasst, die folglich frühzeitig erforscht wurden. Zu dieser Unterfamilie gehören auch die Öl- und Körnerleguminosen *Glycine max* (Sojabohne) und *Arachis hypogaea* (Erdnuss) sowie die wichtigen Körnerleguminosen *Phaseolus vulgaris* (Bushbohne), *Pisum spp.* (Erbsen), *Lens culinaris* (Linsen), *Cicer arietinum* (Kichererbse), *Vigna sinensis* (Kuherbse, Kundebohne oder *cowpea*), *Cajanus cajan* (Taubenbohne oder Straucherbse), *Vicia faba* (Ackerbohne), alle in zahlreichen botanischen Varietäten, Sorten und Lokalrassen. Diese Kulturpflanzen können beachtliche Mengen an N_2 binden und sind weltweit von großer Bedeutung für die Eiweißernährung der Weltbevölkerung (Tabelle 13.4). Weiter gehören zu den Schmetterlingsblütlern wichtige **Weide-** und **Futterleguminosen** wie *Medicago sativa* (Luzerne), *Lotus spp.* (Hornklee), *Trifolium spp.* (Klee), *Coronilla spp.* (Kronwicke), *Melilotus spp.* (Steinklee), *Ornithopus sativus* (Serradella) und *Onobrychis spp.* (Esparsette). Im Nassreisanbau haben sich verschiedene Arten der **wurzel- und stängelknöllchenbildenden** semiaquatischen Sträucher *Aeschynomene spp.* und *Sesbania spp.* als vielversprechende *pre rice* Gründüngung erwiesen (Becker *et al.* 1995b). *S. sesban, S. grandiflora und S. javanica* finden Verwendung als Gründüngung, *Alley-cropping*, *Agroforestry* und Tierfutter (nach *pruning*), aber auch als Schattenbäume und Bodenverbesserer in verschiedenen Plantagen.

13.9.2 Taxonomie und Wirtspflanzen der Rhizobien

Die endosymbiotischen Knöllchenbakterien der Leguminosen umfassen sowohl gramnegative, peritrich bewegliche Stäbchen der *Alphaproteobacteria* als auch einige der *Betaproteobacteria* (*Cupriavidus, Devosia, Herbaspirillum* und *Burkholderia*). Die Diversität an Rhizobien und sonstigen potenziell zur Knöllchenbildung bei Leguminosen befähigten Bodenbakterien ist in den letzten Jahren ständig gestiegen und wird in Zukunft noch weiter zunehmen. Aufgrund von 16S-rDNA-Gensequenzanalysen werden heute sechs Rhizobien-Gattungen anerkannt (*Bergey's Manual of Systematic Bacteriology* 2005):

- *Rhizobium* (*Rhizobiaceae*; Mol-% G + C = 57–66; 10 Arten
- *Sinorhizobium (Rhizobiaceae;* Mol-% G + C = 57–66; 8 Arten)
- *Allorhizobium* (*Rhizobiaceae*, Mol-% G + C = 60,1), mit einer einzigen Art *A. undicola*)
- *Mezorhizobium (Phyllobacteriaceae*; Mol-% G + C = 59–64; 8 Arten)
- *Bradyrhizobium (Bradyrhizobiaceae*; Mol-% G + C = 61–65; etwa 7 Arten)
- *Azorhizobium* (*Hyphomicrobiaceae*; Mol-% G + C = 66–68; 2 Arten, *A. caulinodans* und *A. doebereinerae*).

Alle o. g. Gattungen besitzen einen aeroben Stoffwechsel (ATP-Bildung durch ETP; Kap. 3). Rhizobien können in Wurzel- und/oder Stängelknöllchen von Leguminosen N_2 binden. *Azorhizobium caulinodans* ist verantwortlich für die spezifische **Stängelknöllchenbildung** bei *Sesbania rostrata*, einer semiaquatischen Leguminose aus Westafrika. Sowohl phänotypisch als auch genotypisch (16S-rDNA-Gensequenzanalysen) ist die Einordnung in eine selbstständige Gattung *Azorhizobium* berechtigt (So *et al.* 1994). *Azorhizobium doebereinerae* bildet Wurzelknöllchen (aber keine Stängelknöllchen) bei *Sesbania virgata* (= *S. marginata*), *Phaseolus vulgaris* (Gartenbohne) und *S. rostrata* (De Souza-Moreira *et al.* 2006). Aber auch *Sinorhizobium saheli* und *S. teranga* aus Wurzelknöllchen von verschiedenen anderen *Sesbania*-Arten können bei *S. rostrata* Stängelknöllchen bilden, was die enge Wirtspezifität von *S. rostrata* Stängelknöllchen relativiert. Hingegen gehören die photosynthetisch aktiven Rhizobien aus den Stängelknöllchen von etwa 18 verschiedenen *Aeschynomene*-Arten (Tabelle 13.5) überwiegend zur *Bradyrhizobium*-Gruppe. *A. indica* besitzt knöllchenartige Ausstülpungen auf Stängel und Seitenästen sowie in Wurzeln, die von *Bradyrhizobium denitrificans* besiedelt werden (Van Berkum *et al.* 2006). Die Gattungen *Bradyrhizobium* und *Azorhizobium* sind genetisch mit den Gattungen der *Rhizobiaceae* und mit Vertretern der Gattung *Mezorhizobium* nur entfernt verwandt. Offenbar sind die verschiedenen Rhizobien **polyphyletisch** (vielstämmig) unter den *Alphaproteobacteria* entstanden. Die *Rhizobiaceae* umfassen nicht nur die knöllchenbildenden Gattungen *Rhizobium, Allorhizobium* und *Sinorhizobium*, sondern auch die phytopathogenen wurzelgallenbildenden Agrobakterien *Rhizobium radiobacter* (= *Agrobacterium tumefaciens*), *R. rubi* (*A. rubi*) und *R. vitis* (*A. vitis*, nicht pathogen). Dieses Beispiel macht deutlich, dass bei Rhizobien der Übergang von mutualistischer Symbiose zu zerstörerischen Wurzelgallen fließend ist. Die *Rhizobiaceae* bilden somit eine **phänotypisch heterogene** Gruppe, ausschließlich zusammengefasst aufgrund der 16S-rDNA-Gensequenzanalysen (Young *et al.* 2001).

Zur Knöllchenbildung in den Wurzeln von Leguminosen sind offenbar noch weitere weit verbreitete Bodenbakterien der *Alphaproteobacteria* in der Lage. Aus Wurzelknöllchen von verschiedenen wilden Leguminosen wurden N_2-bindende Vertreter der Gattungen *Ensifer* (*Rhizobiaceae*), *Phyllobacterium* (*Phyllobacteriaceae*), *Devosia* (*Hyphomicrobiaceae*), *Ochrobactrum* (*Brucellaceae*) sowie der *Betaproteobacteria* wie *Burkholderia (Burkholderiaceae)*, *Cupriavidus* (*Ralstonia*) (*Burkholderiaceae*) und *Herbaspirillum lusitanum* (*Oxalobacteraceae*) isoliert. Sämtliche Knöllchenbildner bei Leguminosen mit Zugehörigkeit zu den Alphaproteobakterien werden als **Alpharhizobien**, die Vertreter der Betaproteobakterien als **Betarhizobien** bezeichnet (Moulin *et al.* 2001; Graham 2008). Knöllchenbildung und N_2-Bindung in Symbiosen mit Leguminosen setzen voraus, dass der Makrosymbiont und der Mikrosymbiont kompatibel und die Bodenbedingungen (Struktur, Wassergehalt und -dynamik, pO_2, pH-Wert etc.) geeignet sind, um die erforderlichen Signale in Vorbereitung auf eine erfolgreiche Wurzelinfektion auszutauschen (Maunoury *et al.* 2008). Auch bodenbürtige Stämme der Betarhizobien *Burkholderia* und *Cupriavidus* verwenden einen spezifischen Signalaustausch mit Leguminosenwurzeln und können sehr effektive Wurzelknöllchen mit weltweit verbreiteten tropischen Unkräutern wie *Mimosa nigra* (Schwarze Mimose oder Katzenkralle), *M. pudica* (Sinnpflanze) (Abb. 6.4 und 6.5, Kap. 6) und *M. diplotricha* (alles *Mimosoideae*) bilden, die **gleichzeitig** auch von Bakteroiden der Alpharhizobien wie *Rhizobium etli* und *R. tropici* besiedelt werden können (Barrett u. Parker 2005, 2006). In Gewächshausversuchen

Tabelle 13.5 Leguminosen (*Faboideae*) mit Bildung von Wurzel- und Stängelknöllchen (Subbarao 1988)

Gattung	Arten und natürliches Verbreitungsgebiet
Sesbania	*rostrata* (Westafrika), *punctata* (Madagaskar), und *speciosa* (Indonesien)
Neptunia	*natans* (= *oleracea*) (Asien)
Aeschynomene	*afraspera* (West- und Ostafrika), *aspera* (Indien, Malaysien), *ciliata* (Afrika), *deniculata* (Südamerika), *elaphroxylon* (Afrika), *evenia* (Südamerika), *filosa* (Afrika), *indica* (Asien, Afrika, Australien), *nilotica* (Afrika), *paniculata* (Zentralamerika), *pfundii* (Afrika), *pratensis* (Nord- und Südamerika) *rudis* (Nord- und Südamerika), *scabra* (Südamerika), *schimperi* (Afrika), *sensitiva* (Südamerika, Afrika, Indien), *tambacoundensis* (Westafrika) und *villosa* (Südamerika)

Tabelle 13.6 Knöllchenbildende Proteobakterien (Auswahl) und ihre Wirtspflanzen unter den Leguminosen (ergänzt nach Graham 2008)

Gattung/Art/Varietät	Makrobionten (Leguminosen)
Alpharhizobien	
Allorhizobium undicola	*Lotus spp.* (Hornklee), *Medicago sativa* (Luzerne), *Acacia spp.*, *Neptunia natans* (Wassermimose; Stängelknöllchen, semiaquatische Leguminose, Gründüngung, Gemüse)
Azorhizobium caulinodans	*Sesbania rostrata* (Stängelknöllchen; Gründüngung vor Nassreis)
A. doebereinerae	*Sesbania virgata* (semiaquatische Leguminose, Gründüngung)
Bradyrhizobium alkanii, B. japonicum	Sojabohne (Nord- und Südamerika)
B. denitrificans	*Aeschynomene indica* (Stängelknöllchen)
Mezorhizobium ciceri	*Cicer arietinum* (Kichererbse)
M. huakuii	*Astralagus sinicus* (Gründüngung China)
M. plurifarium	*Leucaena spp., Acacia senegal, Prosopis spp.*
Rhizobium leguminosarum	
var. *trifoli*	*Trifolium spp.* (Kleearten)
var. *viciae*	*Lens spp.* (Linsen), *Pisum spp.* (Erbsen), *Vicia spp.* (Wicken)
var. *phaseoli*	*Lathyrus spp.* (Platterbsen), *Phaseolus vulgaris* (Gartenbohne)
R. hainanense	*Arachis hypochaea* (Erdnuss), *Vigna sinensis* (Kuhbohne), *Stylosanthes spp.* („Stylo", Weideleguminose), *Centrosema pubescens* (Bodendecker in Plantagenwirtschaften; Gründüngung Brache Trockenreis)
R. etli	*Phaseolus vulgaris* (Gartenbohne)
Sinorhizobium fredii	Sojabohne (China, Indien)
S. indiaense	*Sesbania rostrata* (Wurzelknöllchen)
S. meliloti	*Medicago sativa* (Luzerne), *Melilotus officinalis* (Gelber Steinklee)
Betarhizobien	
Burkholderia caribensis, Burkholderia spp.	*Mimosa pudica* (tropisches Unkraut, Sinnpflanze), *Mimosa casta, M. pigra, Abarema macradenia*
Cupriavidus taiwanensis	*M. pudica, M. diplotricha* (Taiwan)
Devosia neptuniae	*Neptunia natans* (Stängelknöllchen, semiaquatische Leguminose, Gründüngung, Gemüse)
Herbaspirillum lusitanum	*Phaseolus vulgaris* (Gartenbohne, Portugal)

haben sich Stämme von *Burkholderia spp.* in Bezug auf die Knöllchenbildung bei *Mimosa pudica* und *M. nigra* wesentlich kompetitiver erwiesen als kompatible Stämme von *Rhizobium etli* und *R. tropici* (Elliott *et al.* 2009). Es scheint, als ob Stämme von *Burkholderia spp.* in Zentral- und Südamerika zu den dominanten Mikrobionten der bodenbedeckenden Leguminosen *Mimosa pudica* und *M. nigra* gehören. In Tabelle 13.6 sind einige Beispiele der o. g. knöllchenbildenden Bakterien (Alpha- und Betarhizobien) bei Leguminosen zusammengefasst.

Sowohl Alpha- als auch Betarhizobien wurden bei verschiedenen Kulturpflanzen (Nassreis, Mais, Weizen, Zuckerrohr, Baumwolle etc.) als Bewohner von Rhizosphäre und Rhizoplane und als Endophyten im apoplastischen Wurzelgewebe nachgewiesen. Nicht nur einzelne Zellen, sondern zahlreiche Bakterienkolonien besiedeln die interzellulären Räumlichkeiten im Wurzelrindengewebe (Cortex) bis hin zum Xylem. Dieses Ergebnis lässt den Schluss zu, dass sich die eingedrungenen Bakterien im Wurzelgewebe vermehren und verlagern können (James 2000; Graham 2008).

13.9.3 Genetik der Wurzelknöllchenbildung und N_2-Bindung

Alle Arten von *Rhizobium, Allorhizobium* und *Sinorhizobium* zeigen **Hypertrophismus** (Zellwucherungen), entweder in Wurzel- und/oder in Stängelknöllchen von Leguminosen. Infektion mit *Rhizobium radiobacter*

(*Agrobacterium tumefaciens*) bzw. *R. rhizogenes* verursachen onkogene (tumorbildende) Wurzelhalsgallen oder Wurzelhaarerkrankungen. Die Gene für den Hypertrophismus liegen nicht auf dem Genom, sondern auf **großen Plasmiden** (pSym in Rhizobien und pTi bzw. pRi in „Agrobakterien"). In den Rhizobien wird die überwiegende Zahl der Symbiose-Gene vom Sym-Plasmid (Sym = Symbiose) codiert (Van Rhijn u. Vanderleyden 1995). Rhizobien können bis zu zehn natürlich vorkommende Plasmide zwischen 100 und etwa 1000 kb enthalten (**genetische Insel**). Die symbiotischen Rhizobien stimulieren nach Infektion der Wurzelhaare durch pSym die Ausbildung stickstofffixierender Wurzelknöllchen. Die Entwicklung dieses Symbioseorgans erfordert eine koordinierte Ausprägung von symbiotischen Genen der Pflanze und des Mikrosymbionten, die von einem wechselseitigen Signalaustausch reguliert wird (genetische Kolonisation). Die symbiotischen Gene der Pflanzen sind die Nodulin-Gene (*nod*-Gene). In den ausdifferenzierten Knöllchen leben die Bakteroiden (pleomorphe stark vergrößerte Rhizobien) als Endosymbionten der Wurzelzellen. Die enge strukturelle Beziehung zwischen den Symbiosepartnern bedeutet auch eine weitreichende Integration der Stoffwechselprozesse beider Organismen. Alle Gene, welche die Nodulation (*nod*-Gene) und N_2-Bindung (*fix*-Gene) codieren, liegen bei *Rhizobium*- und *Sinorhizobium*-Arten auf einem oder mehreren Plasmiden.

Hingegen befinden sich die gleichen Gene bei Vertretern der Gattungen *Bradyrhizobium*, *Mezorhizobium* und *Azorhizobium* auf dem Chromosom. Die *nod*-Gene sind charakteristisch für Leguminosen und verantwortlich für die Knöllchenbildung in den Wurzeln des Wirtes nach Infektion durch geeignete Rhizobien. Die Produkte der *nod*-Gene sind Enzyme, die für die Biosynthese artspezifischer Lipooligosaccharide, der **Nod-Faktoren**, verantwortlich sind. Die *nod*-Gene sind in mehreren koordinativ regulierten Operons organisiert. In allen symbiotischen Rhizobien-Stämmen ist das allgemeine *nod*ABC-Operon vorhanden. Durch Übertragung von Plasmiden kann die Fähigkeit zur Knöllchen- und Stickstoffbindung auf negative Stämme vererbt werden. Unter den zahlreichen Stämmen einer Rhizobien-Art besteht in der Regel eine große Variabilität hinsichtlich der Fähigkeit zur Nodulation und N_2-Bindung; dies führt infolgedessen zu „effektiven" (mit N_2-Bindung) bzw. „tauben" (ohne N_2-Fixierung) Knöllchen. Die Expression der *nod*-Gene in Vertretern der *Rhizobiaceae* wird von **Flavonoiden** (gelbe Pflanzenfarbstoffe aus Glykosiden von Flavonolen) kontrolliert, die von den Wurzeln der betreffenden Wirtspflanze in den umgebenden Boden ausgeschieden werden. **Isoflavonoide** induzieren bei *Bradyrhizobium*-Arten die Expression der *nod*-Gene. Unterschiedliche Leguminosen scheiden verschiedene Flavonoide oder Isoflavonoide als Induktoren aus. Eine einzige Pflanzenart kann in unterschiedlichen Entwicklungsstadien verschiedene Induktoren produzieren. Beispielsweise scheidet Luzerne (*Medicago sativa*) das Flavonoid Luteolin (Abb. 13.3) aus, das bei *Sinorhizobium meliloti* die *nod*-, *nif*- und *fix*-Gene anschaltet. Die Aktivierung und Transkription der *nod*-Gene wird zwar von (Iso-) Flavonoiden induziert, erfordert jedoch das *nodD*-Gen, das die Expression vom *nod*ABC-Operon reguliert. (Iso-)Flavonoide unterschiedlicher Leguminosen zeigen eine spezifische Wechselwirkung mit unterschiedlichen nodD-Proteinen, die je nach *Rhizobium*-, *Sinorhizobium*- oder *Bradyrhizobium*-Art strukturell verschieden sind. Vor allem die Kompatibilität (Vereinbarkeit durch Passereffekt) zwischen Flavonoiden und nodD-Proteinen spielt eine große Rolle bei der Wirtspezifität von Rhizobien. Die Bildung der **Nodulationsfaktoren** kann in Böden zudem von den verfügbaren N- und P-Konzentrationen, vom pH-Wert und von der Temperatur beeinflusst werden, was erklärt, warum der Nodulationserfolg von Boden zu Boden und von Standort zu Standort so variabel sein kann (Fischer 1994; van Rhijn u. Vanderleyden 1995; Sadowsky 2005; Kobayashi u. Broughton 2008; Maunoury *et al.* 2008; Smit u. Bisseling 2008).

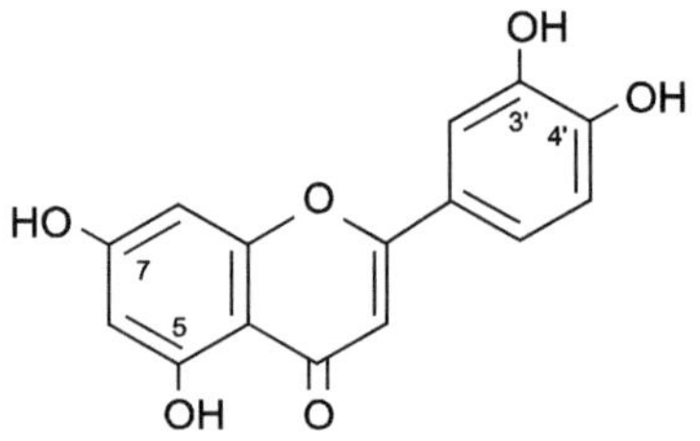

OH
OH
3'
4'
HO
O
7
5
OH O
Luteolin

Abb. 13.3 Luteolin (3,4,5,7-Tetrahydroxyflavon) ist Signalstoff aus den Wurzeln von Luzerne (*Medicago sativa*) und schaltet beim Mikrosymbionten *Rhizobium meliloti* die Gene für die Nodulation (*nod*-Gene) und die N_2-Bindung (*nif*- und *fix*-Gene) an

13.9.4 Infektionsvorgang, Nodulation und Wirtspezifität

Die Wurzelhaare von Leguminosen scheiden passiv wirtspezifische (Iso-)Flavonoide aus, die bestimmte bewegliche Rhizobien chemotaktisch „anlocken“. Die Rhizobien besitzen dazu ein Spektrum von (bis zu 20) membrangebundenen Chemorezeptoren (Alexander u. Zhulin 2007). Jedes (Iso-)Flavonoid aktiviert die *nodD*-Gene von spezifischen Rhizobien. Die *nodD*-Gene aktivieren anschließend ihrerseits andere *nod*-Gene, wodurch die Rhizobien in die Lage versetzt werden, spezifische Nod-Faktoren zu synthetisieren und auszuscheiden, welche die Knöllchenbildung in der Wirtspflanze auslösen. Beim wechselseitigen Erkennen von kompatiblen Rhizobien und Wurzelhaaren übernehmen **Lectine** (Phytohämagglutine) eine entscheidende Funktion. Nach der allgemeinen Hypothese wird die Wirtspezifität der Mikrosymbionten von der chemischen Struktur der extrazellulären Nodulationsfaktoren, den **Lipochitooligosacchariden**, bestimmt. Diese **L**ipo-**c**hitin-**o**ligosaccharide (LCOs) bestehen aus drei bis fünf β-1,4-glykosidisch verknüpften *N*-Acetylglucosaminyl-Resten (GlcNAc), die am letzten, nicht reduzierenden Glucosaminmolekül *N*-acetyliert sind (O-Antigene). Sie sind Bestandteil der Lipopolysaccharide in der äußeren Zellmembran der Rhizobien, wie sie für alle gramnegativen Bakterien charakteristisch sind (Dénarie *et al.* 1996). Infolgedessen lässt sich die Wirtspezifität der verschiedenen Rhizobien sehr genau serologisch ermitteln. LCOs wirken als nod-Signale. Sie stimulieren bei der Wirtspflanze nicht nur die Bildung von Induktoren (Flavonoide und Isoflavonoide), sondern nach Erkennung des Wirtes auch die Deformation der Wurzelhaare (Krümmung), die Bildung der Infektionsschläuche in den Wurzelhaaren und die verstärkte Zellteilung in der Wurzelrinde (Abb. 13.4). Zur Erkennung des passenden Mikrobionten besitzt die pflanzliche Zellwand spezifische **Lectine**. Lectine (lat. *lectos*, Partizip von *legere* = auswählen) sind multi- (di-, tetra- und hexa-)mere Glykoproteine in den Epidermiszellen der Wurzelhaare, die sich mit bestimmten Zuckerresten der Glykolipide der LCOs spezifisch vernetzend verbinden und dadurch agglutinieren; sie besitzen jedoch diesen gegenüber keine enzymatischen Aktivitäten. Lectine erkennen und binden nur LCOs passender *Rhizobium*-Arten und Stämme (**Wirtspezifität**). Dabei können einzelne Leguminosenarten mit spezifischen Lectinen die LCOs verschiedener *Rhizobium*-Arten agglutinieren.

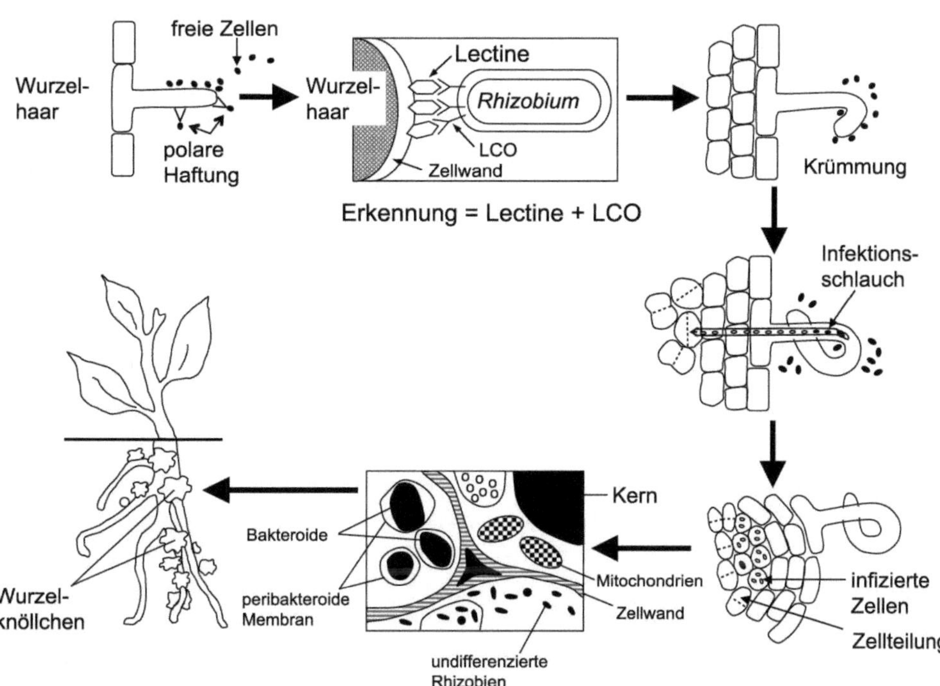

Abb. 13.4 Schematische Darstellung des spezifischen Infektionsvorgangs durch Rhizobien von der Erkennung bis zur Knöllchenbildung bei bestimmten Leguminosen (ergänzt nach Paul u. Clark 1989)

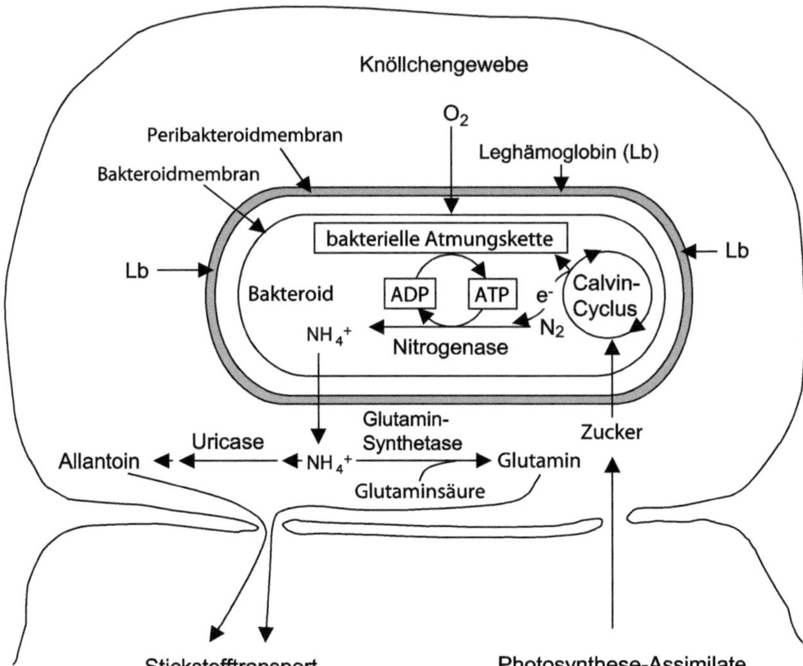

Abb. 13.5 Verzahnung der Stickstoffbindung in den Wurzelknöllchen mit der Zufuhr von Photosynthese-Assimilaten und dem N-Abtransport in Form von Glutamin oder der Ureide Allantoin und Allantoinsäure (bei der Sojabohne) (Dehio *et al.* 1994)

Bis zur Entwicklung der Knöllchen ist eine Signalkette mit Signalaufnahme, -umwandlung und -verarbeitung erforderlich. Die aktive chemotaktische Bewegung der Rhizobien in Richtung Wurzelhaare, das wechselseitige Erkennen von Wirt und Mikrobiont und die frühen Stadien der Wurzelhaarinfektion sind Komponenten der **Signalaufnahme**. Nur junge Wurzelhaare werden an der Spitze befallen. Die Wurzelhaarinfektion ist zwar der wichtigste, aber nicht der einzige Weg der Infektion. Bei *Stylosanthes spp.* und *Arachis spp.* erfolgt die Infektion über *crack-entry* bzw. über epidermale Penetration.

Erste sichtbare Reaktion der Wirtspflanze auf eine erfolglreiche Wurzelhaarinfektion ist die Einkrümmung des Wurzelhaares infolge der Wirkung geeigneter Nod-Faktoren. Die eingedrungene *Rhizobium*-Zelle bildet einen Infektionsschlauch, der intrazellulär bis zur Basis der Wurzelhaare wächst und dann unter Verzweigung die Zellwände der äußeren Wurzelrindenzellen durchstößt. Diese Rindenzellen haben bereits einen meristematischen Charakter mit großen Zellkernen. Unter Einfluss von Wuchsstoffen wuchern die infizierten Zellen zu Knöllchen. Die Bakterien vermehren sich in den Zellen und liegen in membranumhüllten Gruppen im Cytoplasma. Dabei nehmen sie das doppelte bis 16-fache Volumen an und verändern ihre Gestalt zu rundlichen polymorph verzweigten Gebilden: **Bakteroide**. Diese Bakteroide teilen sich nicht mehr und sind in der Symbiose zur N_2-Bindung befähigt. Sie können dann als N_2-fixierende Zellorganellen betrachtet werden. In einer Rindenzelle können bis zu 10 000 Bakteroide vorkommen. Die Differenzierung und Formänderung der stäbchenförmigen Rhizobien zu polymorphen Bakteroiden schließt die Signalumwandlung ein. Die Signalverarbeitung beginnt, wenn das Wurzelgewebe mit der Bildung von knöllchenspezifischen Proteinen (**Nodulinen**) anfängt. Inzwischen wurden etwa 40 solcher Noduline nachgewiesen, doch sind von ihren Funktionen bis heute nur wenige bekannt. Funktionell bekannt sind bisher nur die Leghämoglobuline sowie die knöllchenspezifischen Enzyme Glutamin-Synthetase (GS), Uricase, PEP-Carboxylase und ein Enzym, das an der Differenzierung der Peribakteroidmembran beteiligt ist (Sadowsky 2005; Kobayashi u. Broughton 2008).

Leghämoglobin (Lb) ist ein pflanzliches Chromoprotein von Leguminosen und verursacht in aktiven Knöllchen die Rotfärbung (gr. *haima* = Blut; lat. *globus* = kugelig). Es besteht aus einem Proteinanteil (Globin) der Wirtspflanze und einem Pigmentanteil (Protohäm), der vom Bakterium codiert wird. Leghämoglobin liegt an der Oberfläche der Bakteroide (Abb. 13.5). Seine Funktion besteht im kontrollierten Transport von O_2 zu den Bakteroiden und im Schutz des sauerstoffempfindlichen Nitrogenase-Komplexes (Maunoury *et al.* 2008). Hämoglobine kommen auch in den Rhizobien-Knöllchen von *Parasponia* (*Ulmaceae*) vor und in den *Frankia*-Rhizothamnien von Pionierpflanzen wie *Casuarina*- und *Alnus*-Arten (13.11). Hämoglobin scheint in allen Pflanzen codiert zu sein, was für die biotechnologische Etablierung des Nitrogenase-Komplexes z. B. in Reisstängeln und -wurzeln wichtig sein kann (Bennett u. Ladha 1992).

Stickstoffbindende Knöllchen sind meist rosa gefärbt, inaktive hingegen weiß. Im Gelände lässt sich durch Zerdrücken der Knöllchen zwischen Daumen und Zeigefinger leicht feststellen, ob eine effektive Symbiose bei Leguminosen vorliegt. Im Labor können die Knöllchen durch Waschen von der Erde befreit, zwischen zwei Objektträgern zerquetscht und mikroskopiert werden, um Bakteroide zu identifizieren. Es wird deutlich, dass Verlauf und Intensität der N_2-Bindung in den Knöllchen weitestgehend von der Versorgung der Bakteroide mit Assimilaten durch die Pflanze (*plant sanctions*) abhängt. Das gebildete NH_3 wird im schwachsauren Milieu der Bakteroide zu NH_4^+ protoniert und erreicht nach Diffusion durch die Bakteroidmembran das Cytoplasma des Knöllchengewebes, wo es durch das GS:GOGAT-System unter Verbrauch von ATP in Glutamat überführt wird (Werner 1987). Durch Aminierung von Oxalacetat entsteht Aspartat, während Asparagin durch Amidierung des Aspartats gebildet wird. Glutamin und Asparagin stellen die Aminosäuretransportformen in nicht determinierten zylindrischen Knöllchen (z. B. Klee, Wicke, Ackerbohne, Erbse) dar, Allantoin und Allantoinsäure sind hingegen die N-Transportformen für determinierte sphärische Knöllchen (z. B. Kuhbohne, Sojabohne, Erdnuss, die meisten tropischen Leguminosen) (Abb. 13.5).

13.9.5 Wann ist eine Saatgutimpfung notwendig?

Die freilebenden Rhizobien der verschiedenen Gattungen sind in Böden morphologisch kaum von anderen dort vorkommenden gramnegativen Bakterien zu unterscheiden. Sie leben saprophytisch (heterotroph) und können aufgrund ihres versierten oligotrophen Stoffwechsels eine große Zahl an unterschiedlichen organischen Verbindungen noch in sehr geringen Konzentrationen verwerten. Rhizobien wachsen daher in Böden relativ langsam und können als Komponenten der oligotrophen K-Strategen betrachtet werden (Kap. 1). Dies erklärt auch, warum Rhizobien einer bestimmten Wirtspflanze noch Jahrzehnte nach dem letzten Anbau im Boden nachgewiesen werden können. Als Stickstoffquelle verwerten Rhizobien einfache organische N-Verbindungen (Aminosäuren) ebenso wie Ammonium und Nitrat. Nur Stämme von *Bradyrhizobium elkanii* (Sojabohne) und *Azorhizobium caulinodans* (Stängel- und Wurzelknöllchen von *Sesbania rostrata*) können *ex planta* im Boden in saprophytischer Lebensweise N_2 binden. Dies bedeutet, dass die im Boden heterotroph wachsenden Stäbchen dieser Rhizobien auch ohne Leghämoglobin die O_2-Zufuhr in die Zellen regulieren können, sodass der Nitrogenase-Komplex nicht inaktiviert wird. Der Mechanismus dieser O_2-Regulation ist noch unerforscht.

Verschiedene Stämme von *B. japonicum*, *B. denitrificans*, *R. leguminosarum* und *S. meliloti* sind als Reinkulturen *ex planta* in nitrathaltigen Nährlösungen oder in sterilen nitratgedüngten Böden bei vermindertem pO_2 sogar zur **Denitrifikation** (N_2O-Bildung) befähigt (Casella *et al.* 1984). Aber auch *in* den Wurzelknöllchen während der Symbiose können Rhizobien denitrifizieren und N_2O freisetzen (Ghos *et al.* 2002). Einige Rhizobien sind somit zur anaeroben Atmung mit Nitrat/Nitrit in der Lage (Kap. 3; Kap. 12.5), was ihre physiologische Flexibilität bei O_2-Mangel in Knöllchen oder Böden (z. B. bei zweitweise hoher Feuchtigkeit) erhöht. Leguminosen wie Sojabohnen (*Glycine max*), die mit einem bestimmten *Bradyrhizobium-japonicum*-Stamm beimpft wurden, können unter Feldbedingungen die N_2O-Freisetzung im Vergleich zu unbepflanzten Parzellen um das 2- bis 3-Fache erhöhen. Eine N-Düngung erhöht die N_2O-Freisetzung zusätzlich. Die N_2O-Freisetzung ist abhängig vom Entwicklungszustand der Pflanzen und eng korreliert mit der Nitratkonzentration, dem Gehalt an löslichem Kohlenstoff und mit der Feuchtigkeit des Bodens (Ciampitti *et al.* 2008). Ob die Denitrifikation in Knöllchen eine Nitratrespiration (ATP-Synthese) oder eine „Entgiftung“ darstellt, um die Repression des Nitrogenase-Komplexes durch Nitrat zu verhindern, ist noch ungeklärt. Allerdings scheint es, als ob N_2-Bindung und Nitratatmung in den Knöllchen **gleichzeitig** stattfinden können.

Es kann angenommen werden, dass die verschiedenen Rhizobien in den meisten Böden (pH > 5) vorkommen, allerdings in unterschiedlichen qualitativen und quantitativen Zusammensetzungen. Auch Rhizobien werden – wie alle Bakterien – passiv mit Wind, Wasser, Boden und Samen global verbreitet. Dort, wo Leguminosen als Wirtspflanzen natürlich vorkommen oder regelmäßig angebaut werden, vermehren sich die entsprechenden Rhizobien im Boden heterotroph. Sie können noch nach Jahrzehnten in relativ hohen Dichten im Boden festgestellt werden. Wurzelknöllchen besitzen unter Umständen bis zu 10^{10} Rhizobien (Bakteroide) pro Gramm Frischgewicht. Sterben die Wurzeln ab oder werden die Kulturpflanzen geerntet, gelangen zahlreiche Rhizobien aus den Wurzelresten in den Boden. Vorkommen und Populationsdichten der unterschiedlichen Rhizobien sind somit in erster Stelle mit der Verschiedenheit und Anbauhäufigkeit von Leguminosen korreliert. Die Rhizobienpopulationen nehmen mit der Zeit im Boden ab, wobei die spezifischen Abnahmeraten vom Witterungsverlauf (Regenmenge und -verteilung sowie von der Temperaturhöhe) und vom Boden-pH abhängen (Herridge 2008). Kosmopolitische Leguminosen (insbesondere auch Kulturpflanzen) können in einem neuen Anbaugebiet zwar aufgrund bestimmter vorhandener Rhizobien spontan nodulieren, allerdings mangels Eignung und Effektivität der vorhandenen Rhizobien-Arten und -Stämme mit sehr unterschiedlichem Erfolg (Nodulation zwischen 0 und 100%).

Es gibt zwei Situationen, die eine Inokulation von Saatgut zweckdienlich machen: Erstens, wenn es im betreffenden Boden keine geeigneten Rhizobien für die neue Kulturpflanze gibt und zweitens, wenn die Konzentration an geeigneten vorhandenen Rhizobien sehr gering ist. Impfungen führen auch dann nicht zum Erfolg, wenn sich der eingeimpfte Stamm im Konkurrenzkampf mit vorhandenen Arten und Stämmen unter den gegebenen Bedingungen im Boden nicht durchsetzen kann. Impfungen müssen dann mehrfach oder mit einem anderen konkurrenzstarken Stamm wiederholt werden. Andererseits kann eine bestimmte Leguminose im Boden von einem geeigneten passenden Stamm noduliert werden, obwohl dieser Stamm zahlenmäßig von anderen Stämmen übertroffen wird. Offenbar kann ein guter **Passereffekt** für den Impferfolg wichtiger sein als die Populationsdichte anderer geeigneter Stämme (Date 2000).

Um sicher zu gehen, wird in der Praxis das Impfen von Saatgut stets mit geeigneten bewährten Stämmen empfohlen. Weil Verluste durch Ertragsausfälle als Folge fehlender Impfung meistens höher sind als die Impfkosten selbst, lohnen sich Saatgutimpfungen finanziell. Die Saatgutimpfung mit ausgewählten Stämmen ist seit etwa 100 Jahren eine der wenigen Erfolgsgeschichten in der Bodenmikrobiologie auf Millionen von Hektar Ackerland. So werden weltweit jährlich etwa $12–20 \times 10^6$ ha Sojabohnen mit beimpftem Saatgut bepflanzt (Brasilien, USA, Argentinien, China etc.), allerdings mit wechselndem Erfolg. Ursache fehlender oder geringer Auswirkungen von Saatgutimpfungen ist vor allem der abwesende Passereffekt, die geringe Qualität des Inokulums und eine hohe Populationsdichte vorhandener ineffektiver Rhizobien. Um zu beurteilen, ob Impfen erfolgsversprechend sein kann, sollte die Gesamtdichte an Rhizobien im Boden herangezogen werden. In der Regel kann mit einem Impferfolg gerechnet werden, wenn die vorhandene Populationsdichte an Rhizobien < 10 Keime $\times g^{-1}$ Boden beträgt. Bereits bei vorhandenen Populationsdichten von etwa 10 bis 100 Rhizobien $\times g^{-1}$ Boden vermindert sich die Wahrscheinlichkeit eines Impferfolges drastisch. Als kritische Populationsdichte an Rhizobien gilt eine Keimzahl von etwa 300 Zellen $\times g^{-1}$ Boden. Impfungen bleiben in der Regel erfolglos, wenn die vorhandene Population an Rhizobien $> 1000 \times g^{-1}$ ist. Unter einem solch hohen Populationsdruck vorhandener Rhizobien können sich die eingeimpften Rhizobien nicht ausreichend durchsetzen (Herridge 2008).

13.10 Gründüngung

Bei Körner- oder Weideleguminosen wird ein Großteil des gebundenen Stickstoffs über die Körner oder das Futter abgeführt. Analoges gilt für den Kohlenstoff. Um Böden effektiver Kohlenstoff zum Aufbau von organischen Substanzen (Humus; Kap. 11) zuzuführen oder ein Agrarökosystem gezielt mit fixiertem N_2 anzureichern, muss ein Großteil der Biomasse in den Boden eingearbeitet werden. Nur so kann die Integration eines N_2-bindenden Organismus in das Produktionssystem zu einer positiven N-Bilanz führen.

Der Einsatz solcher N_2-bindenden Gründüngungspflanzen ist weit verbreitet in tropischen Plantagekulturen (z. B. bodenbedeckende *Pueraria*-Arten und *Centrosema pubescens* in Ölpalmen- und Kautschukbaumkulturen), im Getreideanbau (z. B. *Mucuna*-Arten in Mais) und im Agroforest-System (z. B. *Leucaena spp.* oder *Gliricidia sepium* im *Alley-cropping*) oder in silvio-pastoralen Systemen (z. B. *Acacia*- und *Prosopsis*-Arten in Australien und in der Sahelregion Afrikas). Einen besonderen Fall stellt hierbei der Nassreisanbau (*wetland rice*) dar, in dem die zur Gründüngung eingesetzten Organismen in der Regel wasserüberstaute Bedingungen tolerieren müssen. Durch die Entdeckung zweier N_2-bindenden semiaquatischen Leguminosen, *Sesbania rostrata* und *Aeschynomene afraspera,* durch die französischen Forscher **B. Dreyfus** und **Y. R. Dommergues** (1981) bzw. **D. Alazard** (1985) in Westafrika öffneten sich neue Perspektiven der Gründüngung im tropischen Nassreisanbau, besonders für die *low-input*-Landwirtschaft auf marginalen Böden.

13.10.1 Gründüngung mit stängelknöllchenbildenden Leguminosen

Reis (*Oryza sativa*) ist für über 50% der Weltbevölkerung das wichtigste Grundnahrungsmittel. Nassreis benötigt im Schnitt etwa 1 kg N zur Produktion von etwa 50 kg Rohreis (*paddy*). Um mit dem Bevölkerungswachstum in Asien und Afrika südlich der Sahara Schritt halten zu können, muss die heutige Reisproduktion in Asien von etwa 5–7 t × ha^{-1} auf etwa 12 t × ha^{-1} im Jahre 2020 gesteigert werden. Dazu muss die heutige N-Düngung von durchschnittlich 220 kg N × ha^{-1} auf etwa 400 kg N × ha^{-1} erhöht werden. Zahlreiche ressourcenarmen Kleinbauern der *low-input*-Landwirtschaft können sich die teuren N-haltigen Mineraldünger nicht leisten. Eine Alternative oder Ergänzung zu den teuren Mineraldüngern (Harnstoff, Ammoniumsulfat) stellen Gründüngungsleguminosen (GD) dar, die bis zu 360–400 kg N (Tabelle 13.3) innerhalb von 55–60 Tagen binden können (Peoples u. Craswell 1992; Dieckmann *et al.* 1993, 1996; Becker *et al.* 1991, 1995a,b). Zudem führt die regelmäßige Einarbeitung von GD zur Verbesserung der chemisch-physikalischen Bodeneigenschaften (*soft puddle*, Zunahme in der KAK) zur Mobilisierung von Nährstoffen (Kap. 14) und zur Unterdrückung von Unkraut und Schädlingen und damit langfristig zur Förderung der Nachhaltigkeit pflanzlicher Produktionen. Unter günstigen Bedingungen (Bodeneigenschaften, Witterung, Bewässerung) können die Reiserträge in Asien leicht 8–10 t × ha^{-1} erreichen, wenn eine Kombination aus GD und mineralischem N verabreicht wird (Bennett u. Ladha 1992).

Im tropischen Nassreisanbau wird GD hauptsächlich als Vorfrucht (*pre rice*) angebaut. Die frische Biomasse wird direkt vor dem Auspflanzen der Reisstecklinge manuell gehäckselt und im Zuge der Bodenbearbeitung mit der Hacke oder maschinell (mit Wasserbüffeln) in den überfluteten Oberboden eingearbeitet. Dieses Vorgehen ist sehr arbeitsintensiv und der Einsatz von GD infolgedessen unter den Reisbauern nicht beliebt.

In den letzten 25 Jahren konzentriert sich das Interesse der GD-Forschung für Nassreis verstärkt auf den Einsatz von *Sesbania rostrata* und *Aeschynomene afraspera* (beide *Faboideae*). Das sind semiaquatische Leguminosensträucher aus der Sahelregion Westafrikas (Senegal) (Dreyfus u. Dommergues 1981; Alazard 1985; Alazard u. Duhoux 1987). Beide Leguminosen können N_2 in Knöllchen sowohl an den **Wurzeln** als auch an den **Stängeln** binden. Diese besondere Eigenschaft ist bei 18 der etwa 250 Arten der Gattung *Aeschynomene*, bei drei von etwa 70 Arten der Gattung *Sesbania* und bei *Neptunia natans* verbreitet (Tabelle 13.5). Die Rhizobien der Stängelknöllchen von *S. rostrata* gehören zu der Art *Azorhizobium caulinodans*, die vom *A. afraspera* zu *Bradyrhizobium*-Arten. *S. rostrata* und *A. afraspera* gehören zur semiaquatischen Pioniervegetation von zeitweise überfluteten Wadis der Sahelregion Westafrikas, wo sie weit verbreitet sind (Abb. 13.6). Sie wachsen in der kurzen Regenzeit sehr schnell und decken den relativ hohen N-Bedarf für das rasche Wachstum auf den N-armen Böden durch zusätzliche N_2-Bindung in **Stängelknöllchen**.

Die Stängelknöllchen sind sphärisch bis hemisphärisch geformte, durch Chloroplasten grüngefärbte Ausstülpungen, die sich nach Infektion mit geeigneten Rhizobien (durch Windstaub und Ameisen) zu zahlreichen Knöllchen von etwa 0,3 bis 0,8 cm Durchmesser an den angelegten subepidermalen Seitenwurzel-Primordia (Mamillae) entwickeln. Am Stängel erscheinen die Knöllchen von *S. rostrata* als kugelige Warzen in drei bis vier vertikalen Reihen (Abb. 13.7), die von *A. afraspera* sind eher hemisphärisch mit glatter Oberfläche und ungleichmäßiger Verteilung auf den Stängeln (Abb. 13.8). Ist die Impfung mit Rhizobien erfolgreich, weisen die Knöllchen bereits nach etwa sieben Tagen eine positive ARA auf. Die grünen Stängelknöllchen sind dann im Zentrum durch Leghämoglobin rosafarbig. Am natürlichen Standort erreicht die Wildform von *A. afraspera* eine Höhe von etwa 50 cm, das Gestrüpp von *S. rostrata* ist hingegen etwa 1,20 cm hoch (Abb. 13.6).

Abb. 13.6 Wildform der stängelknöllchenbildenden Leguminose *Sesbania rostrata* in einem überfluteten Wadi der Sahelregion Senegals. Aufnahme: JCG Ottow

Abb. 13.7 Warzenartige Knöllchen in parallelen Reihen am Hauptstängel von *Sesbania rostrata*. Aufnahme: JCG Ottow

Die Anwendung von *S. rostrata* und *A. afraspera* als GD-Vorfrucht (45–55 Tage nach Aussaat im überfluteten Acker) für Nassreis zeichnet sich aus durch:

- eine bemerkenswert hohe N-Akkumulationsrate von 60–360 kg N × ha^{-1} (Tabelle 13.3) bei einer Biomasse von 6–10 t TS × ha^{-1} (*S. rostrata*) bzw. von 3–6 t TS × ha^{-1} (*A. afraspera*) auf dem überfluteten Reisfeld (Becker *et* al. 1986, 1990, 1991; Ladha *et al.* 1992; Diekmann *et al.* 1993, 1996). Im Schnitt erreicht die %Ndfa je nach Bodeneigenschaften und Witterung bei *A. afraspera* 75–94%, bei *S. rostrata* 61–100%. Um eine maximale N_2-Bindung in den Stängelknöllchen zu erzielen, ist allerdings das Besprühen der Stängel mit einer geeigneten *Rhizobium*-Kultursuspension (ca. 10^8 Zellen pro ml) erforderlich (die Bakterienzellen können einer jungen Schüttelkultur oder einer gesiebten Suspension von zerquetschten Stängelknöllchen entstammen). Das Besprühen kann mit einem einfachen Rucksack-Pflanzenschutzsprühgerät erfolgen (Ladha *et al.* 1992). Aber auch auf relativ leichten Böden – arm an verfügbarem P und K – liegt die N-Akkumulationsrate in der gleichen Größenordnung (Diekmann *et al.* 1993, 1996). Allerdings werden Wachstum und N_2-Bindung dieser Leguminosen auf stark sauren Böden deutlich gehemmt, wobei *S. rostrata* empfindlicher reagiert als *A. afraspera* (Ladha *et al.* 1992; Engels *et al.* 1995). Die Reiserträge von Hochleistungssorten (z. B. IR 64) mit *S. rostrata* oder *A. afraspera* als Vorfrucht erreichen auf marginalen Böden eines praktischen Landwirtes auf Luzon/Philippinen, durchschnittlich 5,5–6,5 t × ha^{-1}. Diese Erträge entsprechen einer Harnstoffdüngung von 60 kg N × ha^{-1} und sind etwa 1 bis 2 t höher als die Erträge der ungedüngten Kontrollen,
- den stimulierenden Einfluss von geringen mineralischen N-Gaben (Harnstoff, bis zu 30 kg N × ha^{-1})

Abb. 13.8 Halbrunde Stängelknöllchen der Leguminose *Aeschynomene afraspera*. Aufnahme: M. Becker

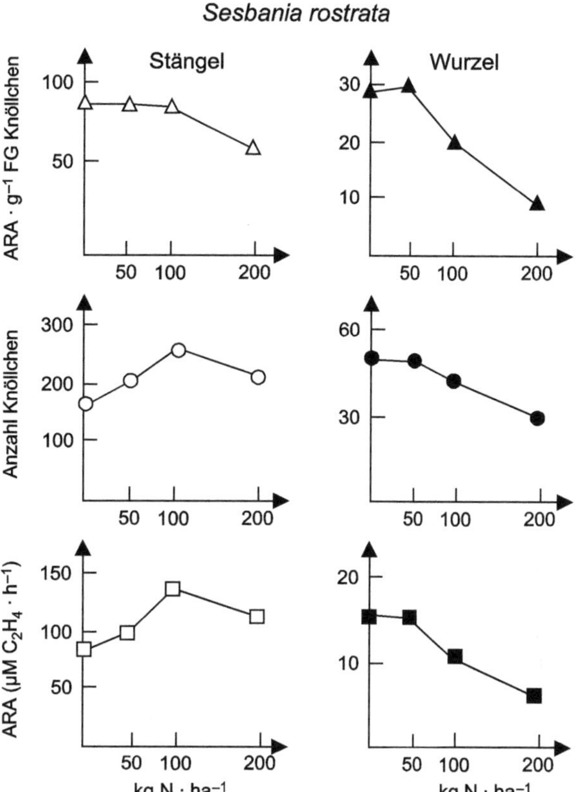

Abb. 13.9 Einfluss steigender N-Gaben (Harnstoff) auf die Anzahl der Stängel- und Wurzelknöllchen und auf ihre spezifische N_2-Bindung (Acetylen-Reduktions-Analyse) von *S. rostrata* im Gefäßversuch (Becker *et al.* 1986)

auf die Biomassebildung, Anzahl an Stängelknöllchen und N-Akkumulation (Abb. 13.9). Wie Abb. 13.9 zu entnehmen ist, wirken mineralische N-Gaben (Harnstoff) mit bis zu 100 kg N × ha^{-1} stimulierend auf die Anzahl an Stängelknöllchen und auf die N_2-Bindung der Stängelknöllchen (gemessen als ARA in µM C_2H_4 × h^{-1} oder als ARA × g^{-1} Knöllchenfrischgewicht). Hingegen nimmt die Anzahl an Wurzelknöllchen und die N_2-Bindungsaktivität (ARA × g^{-1} FG an Knöllchen oder × h^{-1}) mit steigender N-Düngung signifikant ab (Becker *et al.* 1986, 1990). Ähnliche Ergebnisse wurden in Topfversuchen mit steigenden Konzentrationen an Nitrat festgestellt. Während die N_2-Bindung (ARA × g^{-1} Knöllchenfrischgewicht × h^{-1}) in den Wurzelknöllchen bereits nach geringen Nitratgaben signifikant abnimmt, hat eine Nitratdüngung mit bis zu 6 mM NO_3^--N sogar eine geringe Förderung der N_2-Bindung zur Folge. Erst höhere Nitratgaben können die N_2-Bindung in den Stängelknöllchen hemmen. Im Gegensatz zu den Wurzeln wird Nitrat über dem Xylem räumlich getrennt von den epidermalen Stängelknöllchen apikal bis zu den Blättern transportiert und anschließend über dem Phloem basipetal bis zu den Stängelknöllchen transloziert. Infolgedessen wird die Nitrogenase-Aktivität der Stängelknöllchen erst bei höheren Nitratkonzentrationen relativ spät negativ beeinflusst. Für die Praxis bedeuten diese Ergebnisse, dass geringe mineralische N-Gaben das Wachstum und N_2-Bindung von *S. rostrata* zu fördern vermögen. Auf marginal fruchtbaren Nassreisböden der Philippinen erreichen *S. rostrata* und *A. afraspera* Pflanzhöhen von etwa 190–200 cm bzw. von ca. 150 cm (Abb. 13.10). Auf einem marginal produktiven Acker eines philippinischen Reisbauern erbrachte IR64 nach Einarbeitung einer GD (*S. rostrata*) mit einer Harnstoffdüngung von 30 kg N × ha^{-1} einen Ertrag von

Abb. 13.10 Wuchsleistung von *Aeschynomene afraspera* (auf dem Vordergrund) und *Sesbania rostrata* als Gründüngung (nach etwa 45 Tagen) kurz vor der Einarbeitung in einem Feldversuch auf den Philippinen. Bezugsgröße: Herr M. Becker ist ca. 1,75 m groß. Aufnahme: JCG Ottow

5,1 t × ha^{-1}, während eine alleinige GD 4,9 t und eine Harnstoffdüngung von 60 kg N × ha^{-1} Erträge von 4,9 t bzw. von 4,6 t pro Hektar brachten. Die unbehandelte Kontrolle brachte 3,5 t pro Hektar. Im Vergleich zur ungedüngten Kontrolle erhöht eine GD mit *S. rostrata* oder *A. afraspera* die Erträge im Allgemeinen um etwa 1 bis 2 t Rohreis pro Hektar.

Erwartungsgemäß ist die N-Mineralisierung aus der organischen Masse von *S. rostrata* oder *A. afraspera* nach der Einarbeitung langsamer als die Hydrolyse von Harnstoff, doch entspricht die N-Freisetzungsrate aus der GD besser dem zeitlichen N-Bedarf des wachsenden Reises. Etwa 10 bis 20 Tage nach der Einarbeitung wird bereits die maximale NH_4^+-N-Freisetzung festgestellt (Dieckmann *et al.* 1996). Die Mineralisationsgeschwindigkeit von *A. afraspera*, *S. rostrata* und *Azolla*-Arten nimmt in der genannten Reihenfolge deutlich ab und entspricht etwa dem C/N-Verhältnis und dem Ligningehalt (Tabelle 13.7). Im Gegensatz zu Harnstoff wirken die GDen noch als langsam fließende N-Quelle für die Nachfrucht (Becker *et al.* 1994a,b). Nach bisherigen Erfahrungen kann eine GD mit *S. rostrata* oder *A. afraspera* eine mineralische Düngung von 60 bis 80 kg × ha^{-1} mit ähnlicher N-Ausnutzungsrate und pflanzenbaulicher Effizienz vollständig ersetzen (Becker *et al.* 1995a,b). Auf Reisböden mit günstigem pH-Wert und guter Versorgung von P, K und Spurenelementen kann eine GD mit *S. rostrata* oder *A. afraspera* vor Nassreis sogar Rohreiserträge von 6 bis 8 t × ha^{-1} erzielen, entsprechend einer mineralischen Düngung von über 100 bis 200 kg N × ha^{-1} (Ladha *et al.* 1997).

Die GD mit stängelknöllchenbilden Leguminosen hat jedoch mehrere Nachteile, die einer breiten Anwendung im Nassreisanbau entgegenwirken. Beide semiaquatischen Leguminosen sind Langtagpflanzen. In

Tabelle 13.7 Stickstoffgehalt (%), C/N-Verhältnis und Ligningehalt (%) von *Aeschynomene afraspera*, *Sesbania rostrata* und *Azolla*-Arten im Vergleich zu Reisstroh (Dieckmann *et al.* 1996)

Organische Substanz	N-Gehalt (%)	C/N	Lignin-gehalt (%)
Reisstroh (*Oryza sativa*)	0,8	55	9,3
Aeschynomene afraspera	2,0	15	8,7
Sesbania rostrata	1,9	23	9,9
Azolla-Arten	4,1	12,5	18,8

Regionen mit einer Tageslänge < 13 h setzt das Blühen frühzeitig ein, sodass Biomassebildung und N_2-Bindung signifikant vermindert werden (Ladha *et al.* 1992; Becker *et al.* 1995a,b). Auch steht den Reisbauern in den reisproduzierenden Nationen Asiens (Thailand, China, Philippinen, Indonesien, Indien etc.) bisher kaum Saatgut in größeren Mengen zur Verfügung. Weiter ist das Bewässerungswasser begrenzt und wird in den meisten Regionen Asiens nicht oder nicht in ausreichender Menge für den Anbau von GD-Pflanzen (über einer Periode von etwa 40–45 Tage) zur Verfügung gestellt. Nicht zuletzt ist das manuelle Häckseln und Einarbeiten der voluminösen GD-Biomasse sehr arbeitsintensiv und mit zusätzlichen Kosten für Arbeitskräfte verbunden. Bei Schädlingsbefall fallen weitere Kosten für Pestizide an (Becker *et al.* 1995a, b; Ladha *et al.* 1997). Aus den oben genannten Gründen bevorzugen Reisbauern den bequemen und sicheren Einsatz von mineralischen N-Düngern, zumal diese in den meisten asiatischen Ländern durch Subventionen kostengünstig erhältlich sind.

13.10.2 Gründüngung mit einer Symbiose aus *Azolla* und *Anabaena azollae*

Die Gattung *Azolla* ist ein kleiner Schwimmfarn (*Pteridophyta*) mit einer Länge von bis zu ca. 7 cm und einem Durchmesser von 3–5 cm, der vielfach in geschlossenen Decken auf Seen, Teichen, Kanälen und überstauten Nassreisböden in den Tropen weit verbreitet ist. Das „Wurzelsystem“ (es sind genaugenommen **Sprossteile**) dieser schwimmenden „Algenfarne“ ist klein und bleibt in Nassreisfeldern meistens ohne Bodenkontakt. Die Arten *A. filiculoides* (Großer Algenfarn), *A. caroliniana* (Kleiner Algenfarn), *A. mexicana* (Mexikanischer Algenfarn) und *A. microphylla* (Kleinblättriger Algenfarn; Abb. 13.11) stammen aus Amerika (als *Euazolla* zusammengefasst), die Arten *A. pinnata* (Pazifischer Algenfarn), *A. nilotica* (Afrikanischer Algenfarn) und *A. japonica* (Japanischer Algenfarn) aus dem europäisch-asiatischen Raum (*Rhizosperma*). *A. filiculoides* ist heute auch allgemein in Afrika, Australien, Asien und Europa verbreitet (Peters u. Meeks 1989; Bergman *et al.* 2007).

Die Pflänzchen vermehren sich fast ausschließlich **vegetativ** (durch Fragmentierung), und die ausgedehnten Populationen auf stehenden Gewässern bilden infolgedessen genetisch identische Klone (anfällig für Krankheiten und Insektenfraß). Der Mikrosymbiont *Anabaena azollae* (ein Cyanobakterium) lebt extrazellulär in den Höhlungen der gelobbten Blätter, eingebettet in Schleimstoffen, die vom Makrobiont ausgeschieden werden. *A. azollae* wird meist begleitet von endophytischen Bakterien der Gattungen *Arthrobacter* und *Rhizobium* (oder *Bradyrhizobium*), deren Funktionen noch unbekannt sind (Bergman *et al.* 2007). Das Wachstum von *Azolla* und des Mikrosymbionten ist bemerkenswert schnell und stets synchron. Bei der Teilung von *Azolla* teilen sich auch *A. azollae* und die endophytischen Bakterien, sodass eine Reinfektion der Klone nicht erforderlich ist. Die symbiotische Assoziation von *Azolla*-Arten mit dem Cyanobakterium *Anabaena azollae* kann als ein natürliches immobilisiertes Zellsystem aufgefasst werden. Die Symbiose ist **mutualistisch**: *Azolla* liefert dem Mikrobionten energiereiche Assimilate und Nährstoffe (P, K, Mg, Ca, Spurenelemente) aus dem Wasser, *A. azollae* versorgt den Makrobionten mit NH_4^+ aus der N_2-Bindung in den **Heterozysten**. Zum Nährstoffaustausch stehen verzweigte Haare der Höhlungen (Transferzellen) in Kontakt mit apikalen Zellen der *Anabaena*-Kolonie. Die Cyanobakterien geben etwa 50% des gebundenen N_2 als Ammonium ab, welches vom GS-GOGAT-Stoffwechselweg der Farne metabolisiert wird. Die mittlere N_2-Bindungsrate liegt bei 1 bis 2,5 kg N × ha^{-1} × Tag^{-1}, wenn Bodeneigenschaften (pH-Wert, P-Konzentra-

Abb. 13.11 Pflänzchen (ca. 5 cm lang) von *Azolla microphylla* (Kleinblättriger Algenfarn) Aufnahme: I. Watanabe

tion) und Temperatur ein optimales Wachstum ermöglichen. Die N_2-Bindungsrate der *Azolla-Anabaena*-Symbiose wird 4- bis 18-mal höher eingestuft als diejenige von frei lebenden Cyanobakterien (Watanabe 1982). Die Nitrogenaseaktivität des Mikrobionten ist bei allen o. g. Arten relativ unempfindlich gegenüber relativ hohen Ammoniumkonzentrationen im Wasser, was in einem konstanten relativ hohen N-Beitrag von etwa 70 bis 85% Ndfa zum Ausdruck kommt. Infolgedessen ist auch die N-Akkumulation in der *Azolla*-Biomasse besser mit der N_2-Bindungsrate korreliert als mit der Ammoniumassimilation (Okoronkwo *et al.* 1989).

Seit vielen Jahrhunderten wird *Azolla* (hauptsächlich *A. pinnata*, heute auch *A. filiculoides*) als GD erfolgreich in China und Vietnam eingesetzt: vor, während oder nach dem Anbau von Nassreis, in einem Umfang von etwa 2% der gesamten Nassreisanbaufläche (ca. 2–3 × 10^6 ha). Unter optimalen Standortbedingungen (pH des Bodens, P-Versorgung, Wassertemperatur, Strahlungsintensität) verdoppelt sich die *Azolla*-Biomasse etwa alle 3–5 Tage und erreicht zum Zeitpunkt der Einarbeitung (*A. pinnata*) nach etwa 45–50 Tagen ein Frischgewicht von 8–10 t × ha^{-1}, entsprechend einer Trockenmasse von 1,5 bis 2,8 t und einer N-Düngung von 70 und 110 kg N × ha^{-1} (Watanabe *et al.* 1989b; Ventura u. Watanabe 1993). *Azolla* kann bis zu 200 kg N × ha^{-1} × Vegetationsperiode (Tabelle 13.3) in der Biomasse festlegen (Watanabe 1982; Peoples u. Craswell 1992; Watanabe u. Liu 1992). Die Reiserträge liegen bei 6–8 t Rohreis (*paddy*) × ha^{-1} und damit etwa 1,8–3,9 t über der ungedüngten Kontrolle und entsprechen einer Harnstoffdüngung von etwa 60–80 kg N × ha^{-1}. Die auf der ^{15}N-Aufnahme (Isotopen-Verdünnungsmethode) basierenden Wiederfindungsraten des Stickstoffs in den Reispflanzen schwanken zwischen 33–69% und sind deutlich höher als von Harnstoff. Als N-Quelle für Nassreis hat sich *Azolla*-GD in wissenschaftlichen Versuchen bewährt. Die naturwissenschaftlichen Grundlagen und die praktischen Verfahrenstechnologien wurden von **I. Watanabe** und seinen Mitarbeitern in den achtziger und neunziger Jahren des letzten Jahrhunderts am *International Rice Research Institute* (IRRI), Los Banos, Philippinen, intensiv erforscht, und der Einsatz von *Azolla* als GD wurde von seinem Team für den einfachen Reisbauern Südostasiens bis zur Praxisreife entwickelt.

Für einen erfolgreichen Anbau als GD im Nassreisanbau stellt *Azolla* allerdings bestimmte Ansprüche an Boden und Klima. Zwar wachsen die Schwimmfarne in einem relativ weiten pH-Bereich von etwa 3,5 bis 10, doch mit einem deutlichen Optimum zwischen pH 4,5 und 7. Die N_2-Bindung verläuft maximal bei pH 6 und bei Temperaturen um 25–28 °C. *A. pinnata* und *A. microphylla* zeigen noch gutes Wachstum bei Wassertemperaturen bis zu 37 °C am Tage und 29 °C während der Nacht (Watanabe *et al.* 1989a). Höhere Temperaturen vermindern die Heterozystenbildung (N_2-Bindung) und das Wachstum signifikant. Kritisch für das Wachstum von *Azolla* ist vor allem eine ausreichende P-Versorgung (> 1,1 ppm P im Wasser) mit einem relativ hohen Bedarfsoptimum von etwa 20 ppm P. Nach Einarbeitung der *Azolla*-Biomasse (Tabelle 13.7) im Boden verläuft die N-Mineralisierung (Ammonifikation) unter wassergesättigten Bedingungen aufgrund des hohen Ligningehaltes (ca. 18,8%) langsamer als die von *S. rostrata* und *A. afraspera*, führt aber durch den regelmäßigen Nass/Trockenwechsel (= aerob/anaerob) qualitativ zu einem hochwertigen stabilen Humus (Kap. 11) mit relativ hohem P-Gehalt (Singh *et al.* 1981).

Dessen ungeachtet hat sich die kostengünstige GD mit *Azolla/Anabaena azollae* in Südostasien nicht durchgesetzt. Auch in China und Vietnam, bisher Hochburg der Gründüngung, befinden sich die verschiedenen Biodünger auf dem Rückzug. Ursache ist zunächst der hohe Arbeitsaufwand für (a) die konstante Anzucht von großen Mengen an „Saatgut" (junge Klone) in separaten Feldern und (b) die Einarbeitung (manuell mit Hacke, mechanisch mit Wasserbüffel oder mit kleinen Geräten) von gewaltigen Biomassen (ca. 45–75 t × ha^{-1} an Frischgewicht). In China werden die Felder über Winter überstaut und *Azolla* wird im Spätherbst, Winter oder im Frühjahr in den überfluteten Böden ausgepflanzt, bevor die Biomasse im April untergepflügt und der Reis anschließend gesteckt wird. Ein Teil der Biomasse wird zudem als Futter für Schweine und Hühner verwendet. In Asien lehnt der Reisbauer die *Azolla*-GD auch deshalb ab, weil *Azolla* einen relativ hohen P-Bedarf hat und infolgedessen auf stark verwitterten P-armen Böden (Ultisole, Oxisole) ein geringes Wachstum (Biomasse) und eine geringe N_2-Bindung aufweist. Gerade auf solchen „unfruchtbaren" Böden wäre aber der Einsatz von *Azolla* als GD zweckdienlich (Mandal *et al.* 1997). Zudem ist *Azolla* temperaturempfindlich und zeigt in offenen Nassreisfeldern während der Trockenzeit (mit hoher Strahlungsintensität) nur geringes Wachstum. Die Schwimmfarne verfärben sich dann durch Anthocyanbildung (hauptsächlich Luteolinin-5-glucosid) von purpur bis rot-orange. Nicht zuletzt werden die Pflänzchen gerne von verschiedenen Insekten und Schnecken befallen und gefressen, wodurch Behandlungen mit Pflanzenschutzmitteln erforderlich werden (Kosten!). Die arbeitsintensive *Azolla*-GD kann nicht mit der bequemen und sicheren mineralischen N-Düngung konkurrieren.

13.11 Aktinorhiza: Symbiosen zwischen Pionierpflanzen und *Frankia*

Frankia ist eine Gattung von grampositiven heterotrophen Bodenbakterien (Actinomyceten, *Firmicutes*), die in Symbiosen mit einem bestimmten Spektrum von baum- oder strauchförmigen Pionierpflanzen (bisher etwa 220 Arten in etwa zwanzig Gattungen und acht Familien) potenziell zur N_2-Bindung in büschelförmigen Wurzelknöllchen (**Aktinorhiza** oder **Rhizothamnien**) befähigt sind (Tabelle 13.8). In Anlehnung an den Begriff Mykorrhiza für die Symbiose zwischen *Fungi* und Pflanzenwurzeln (Kap. 18) wurde die Bezeichnung Actinorhiza für die Symbiose zwischen Actinomyceten (*Frankia*) und Wurzelhaaren geprägt. Actinorhiza-Pflanzen sind fast ausnahmslos Pionierpflanzen (Erstbesiedler) N-armer, vegetationsfreier Böden in gemäßigten und tropischen Klimabreiten. Manche Arten bevorzugen oder tolerieren hohe Bodenfeuchte (Auen, Flussränder) und Flachmoore (*Myrica gale, Alnus glutinosa, Casuarina cunninghamiana*). Andere Arten sind an trockene Standorte angepasst (*Purshia tridentata, Allocasuarina decaisneana, A. campestris, Casuarina obesa*) oder sind Erstbesiedler von Dünen, jungen mineralischen Vulkanhängen oder erodierten Böden in den Tropen (*Casuarina equisetifolia, C. glauca*). Mehrere Actinorhiza-Bäume (*Alnus, Casuarina, Elaeagnus, Shepherdia, Purshia spp.*) eignen sich gut zur Kahlflächenverjüngung, Aufforstung (Anlage eines Vorwaldes) und Rekultivierung von degradierten Standorten sowie von Kippen und Halden des Bergbaus (Dommergues 1997; Huss-Danell 1997). Ihre Eignung als schnell wachsende Erstbesiedler beruht auf einer geschickten Kombination verschiedener Eigenschaften und zwar auf (a) beachtlichen N_2-Bindungsraten (12–320 kg N × ha^{-1} × a^{-1}) in den Wurzelknöllchen (Actinorhiza) einzelner Pflanzenarten, (b) der Fähigkeit, ekto- und/oder endotrophe Mykorrhiza zu bilden (Kap. 18), um die P-Versorgung

Tabelle 13.8 Actinorhiza-Pflanzen (Auswahl) und ihre ursprüngliche Verbreitung (ergänzt nach Dommergues 1997)

Familie	Gattung	Vertreter	Herkunft
Betulaceae	*Alnus*	*Alnus glutinosa* (Schwarzerle)	Europa, Nord-, Südamerika, Asien
Casuarinaceae	*Allocasuarina*	*A. decaisneana*	Zentr. Australien (Ayers Rock)
	Casuarina	*C. equisetifolia* (Strand-Kasuarine, Rutenbaum)	Australien, Pazif. Inseln, SO-Asien, Polynesien
	Gymnostoma	*G. australianum*	Australien, Indonesien, Salomonen
	Ceuthostoma	*C. palawanense*	Australien, Indonesien, Philippinen
Elaeagnaceae	*Elaeagnus*	*E. augustifolia* (Ölweide)	Europa, Asien, Nordamerika
	Hippophae	*H. rhamnoides* (Gemeiner Sanddorn)	Europa, Nordamerika
	Shepherdia	*S. argentea* (Silberne Büffelbeere)	Nordamerika
Myricaceae	*Myrica*	*M. gale* (Gagel, Gagelstrauch, Beerpost)	Amerika, Asien, Australien, NW-Europa
	Comptonia	*C. peregrina* (*Sweet-fern*)	Nordamerika
Rhamnaceae	*Adolphia*	*A. infesta*	Nord- und Südamerika
	Ceanothus	*C. americanus* (Amerik. Säckelblume)	Nordamerika
	Colletia	*C. cruciata* (Ankerpflanze)	Südamerika
	Discaria	*D. febrifuga*	Südamerika, Australien, Neuseeland
	Trevoa	*T. trinervis* ("Tevo")	Südamerika (Chile)
Rosaceae	*Cercocarpus*	*C. montanus* (Berg-Mahagoni)	Nordamerika
	Dryas	*D. octopetala* (Weiße Silberwurz)	Nordamerika
	Purshia	*P. mexicana* (*Stansbury Cliffrose*)	Nordamerika
Coriariceae	*Coriaria*	Gerbersträucher	Australien, Amerika, Europa, Asien
Datiscaceae	*Datisca*	*D. cannabina* (Scheinhanf)	Nordamerika, Asien

durch Mineralisation von organischen P-Verbindungen mittels Pilze zu intensivieren (z. B. *Alnus*- und *Casuarina*-Arten), und (c) auf der Strategie, schlechtlösliche Nährstoffe (insbesondere von P und Mo in Fe- und Al-Hydroxiden) mithilfe zahlreicher kurzer **Proteoidwurzeln** (*cluster roots*) samt erhöhter Interzeption und konzentrierter Ausscheidung von Exsudaten (organische Chelatoren wie Citrat) verstärkt zu mobilisieren (hauptsächlich bei Arten der *Betulaceae, Casuarinaceae, Eleagnaceae* und *Myricaceae*). Nicht zuletzt besitzen *Casuarina cunninghamiana* (Kängurubaum) und *C. glauca* in Ergänzung zu den Wurzelknöllchen auch am **Baumstamm** viele Rhizothamnien (von ca. 2–3 cm Durchmesser) mit N_2-bindenden *Frankia*-Stämmen (Prin *et al.* 1991). Bei *Casuarina equisetifolia* beträgt der N-Anteil aus der Luft (N%dfa) etwa 65–90%.

Die Actinorhiza-Pflanzensymbiose ist mutualistisch: *Frankia* liefert der Pflanze Ammonium im Austausch gegen Assimilate. Es scheint, als ob die Actinorhiza-Pflanzensymbiosen gegenüber dem Einfluss von gebundenem Stickstoff (Ammonium, Nitrat und/oder Aminosäuren) weniger empfindlich sind als die meisten Leguminosen. *Frankia*-Stämme lassen sich sehr schwer aus Wurzelknöllchen isolieren. Reinkulturen von *Frankia* wurden erstmals im Jahre 1978 aus *Comptonia* (*Myricaceae*) gewonnen. Sie wachsen in Reinkultur sehr langsam, können aber in Alginatkügelchen erfolgreich als Impfkulturen zur Wachstumsförderung verwendet werden (Diem u. Dommergues 1990).

Die potenzielle Fähigkeit zur N_2-Bindung ist unter den Actinomyceten (Kap. 6) bisher eigentlich eine Seltenheit. *Frankia*-Arten gehören zur allgemeinen saprophytischen Mikroflora von Böden aller Klimabreiten. Sie bilden ein Pseudomycel aus Hyphen; Letztere bilden durch terminale Einschnürungen zahlreiche Sporen (Klonen). In den Böden fünf verschiedener tropischer Wälder Costa Ricas gelang es mit *Elaeagnus umbellata* und *Alnus glutinosa* als Testpflanzen das Vorkommen von infektiösen *Frankia*-Stämmen nachzuweisen, obwohl an diesen Standorten keine einzige Actinorhiza-Pflanze festgestellt wurde (Paschke u. Dawson 1992). Sehr wahrscheinlich scheiden Actinorhiza-Pflanzen entsprechend den Leguminosen bestimmte Signalstoffe aus (Iso-Flavonoide?), welche die *Frankia*-Stämme anlocken und die *nod*-Gene induzieren. Das Äquivalent der nod-Faktoren der Rhizobien konnte allerdings noch nicht nachgewiesen werden. In den Rhizothamnien werden vermutlich ähnliche Gene exprimiert wie in den Knöllchen der Leguminosen (Gualtieri u. Bisseling 2000; Vessey *et al.* 2005). Die genetische Diversität von *Frankia*-Stämmen aus Knöllchen bestimmter Aktinorhiza-Pflanzen scheint aufgrund von bisherigen molekularbiologischen Analysen (16S- und 23S-rRNA-Gensequenzanalysen, DNA-Homologie) relativ gering zu sein. Die relativ geringe Wirtspezifität von *Frankia* (im Vergleich zu Rhizobien bei Leguminosen) lässt vermuten, dass die Wurzelinfektion verschiedener Pionierpflanzen durch allgegenwärtige bodenbürtige Sporen erfolgen kann, doch stehen die Untersuchungen noch am Anfang. Nach bisherigen Impfversuchen mit Testpflanzen in Nährlösung (Überkreuzimpfungen) lassen sich die meisten Isolate in eine oder mehrere der nachfolgenden vier wirtspezifischen Gruppen einordnen. Gruppe I umfasst Stämme, die *Alnus, Comptonia* und *Myrica* nodulieren, Gruppe II jene Stämme, die bei *Casuarina* und *Myrica* Knöllchen bilden können, und Gruppe III beinhaltet solche Stämme, die zur Knöllchenbildung bei Vertretern von *Elaeagnaceae* und *Myrica* in der Lage sind. Diejenigen Stämme, die nur bei Vertretern der *Elaeagnaceae* Knöllchenbildung auslösen, werden als Gruppe IV zusammengefasst. Allerdings zeigt die Kompatibilität unterschiedliche Abstufungsgrade (Huss-Danell 1997).

Die Wurzelknöllchen der Actinorhiza-Pflanzen unterscheiden sich sowohl morphologisch als auch anatomisch deutlich von den Wurzelknöllchen der Leguminosen. Grundsätzlich sind Actinorhiza modifizierte Seitenwurzeln und besitzen stets ein zentrales Leitbündel. Bei allen Actinorhiza-Pflanzen entstehen die Knöllchen im Perizikel der lateralen Wurzelhaare und entwickeln sich allmählich zu den verdickten kurzbüschelig-verzweigten koralloiden Rhizothamnien. Je nach Pflanzengattung erfolgt die Infektion der Wurzelhaare mit *Frankia* entweder über (a) eine **intrazelluläre Infektion** oder über (b) eine **interzelluläre Penetration**.

Intrazelluläre Infektionen sind charakteristisch für *Betulaceae, Casuarinaceae* und *Myricaceae*. Bei diesem Mechanismus stülpt sich ein Wurzelhaar durch Einkrümmung über eine *Frankia*-Hyphe. Diese Hyphe wird zur Infektionshyphe und dringt intrazellulär bis zur Wurzelrinde vor. Entsprechend den Leguminosen bilden sich im Cortex ein neues Meristem und zusätzliches Gewebe, welches dicht von *Frankia*-Hyphen besiedelt wird. Es kommt im neuen Gewebe zur Synthese von terminalen Vesikeln samt dem Nitrogenase-

Komplex (Vorknöllchen oder *prenodules*). Anschließend teilen sich die Zellen im Perizykel der Wurzel mehrfach und bilden ein Primordium, das mit dem Vorknöllchen zu echten Rhizothamnien verschmilzt (*gr. rhiza* = Wurzel, *gr. thamnos* = Busch). Die Actinorhiza setzen sich aus mehreren lateralen wurzelartigen Lappen zusammen.

Bei der interzellulären Infektion dringen *Frankia*-Hyphen zwischen Epidermiszellen der Wurzelhaare ein und besiedeln das Wurzelrindengewebe interzellulär. Die Cortexzellen scheiden dabei um die Hyphen pektin- und proteinartige Substanzen in die Interzellularräume ab. Vorknöllchen entstehen im Cortexgewebe bei der interzellulären Penetration nicht. Aber auch bei der interzellulären Infektion kommt es im Perizykel zur Bildung eines Knöllchenprimordiums, welches von Hyphen durch kontinuierliche Invagination der Cytoplasmamembran besiedelt wird. *Frankia* induziert in den Wurzelrindenzellen die Bildung von vielen gabeligen, bäumchenartigen Verzweigungen mit zentralen Leitbündeln. Die infizierten Rindenzellen werden von verzweigten *Frankia*-Hyphen ausgefüllt, die Vesikel samt dem Nitrogenase-Komplex bilden. Dieser interzelluläre Infektionsvorgang ist charakteristisch für Rhizothamnien von Arten der *Rhamnaceae*, *Elaeagnaceae* und *Rosaceae*, wahrscheinlich aber auch der *Coriariaceae* und *Datiscaceae* (Tabelle 13.8) Die Infektionsart wird von der Wirtspflanze bestimmt. In beiden Fällen beginnt die Organbildung der Knöllchen im Perizykel. Jede Actinorhiza-Pflanze kann offenbar gleichzeitig mit verschiedenen *Frankia*-Stämmen eine Symbiose eingehen, und ein einzelnes Knöllchen kann von zwei oder mehreren *Frankia*-Stämmen besiedelt werden. Die bisherigen Ergebnisse sind unvollständig und gelten nicht bedingungslos für alle Pflanzen (Reddell u. Bowen 1985; Huss-Danell 1997; Vessey *et al.* 2005).

Anzahl und Größe der koralloiden Knöllchen werden von der Pflanze bestimmt, sind aber deutlich von den Bodeneigenschaften (pH, Humusgehalt, Wasserkapazität) und der Versorgung mit N, P, Fe und Mo abhängig. Die Stickstoffbindung schwankt bei den einzelnen Actinorhiza-Pflanzen sehr. Im Gegensatz zu den meisten Rhizobien sind *Frankia*-Stämme *ex planta* in Nährlösung (mit einer C-Quelle) zur N_2-Bindung in der Lage. Offenbar kann *Frankia* ohne Wurzelhämoglobin die O_2-Zufuhr regulieren. Der Mechanismus ist jedoch noch unbekannt. In Symbiosen mit *Casuarina*-Arten sind die Vesikel von mehreren hopanoiden Lipidschichten umgeben, und die O_2-Zufuhr wird von Hämoglobin in der Wurzelzelle (und nicht von *Frankia*) reguliert. Auch bei Actinorhiza-Pflanzen wirken Ammonium und Nitrat inaktivierend auf die Nitrogenase-Aktivität, doch ist das Angebot an diesen anorganischen N-Verbindungen auf Pionierstandorten mit leichten Böden in der Regel gering.

In einem natürlichen Wald mit Actinorhiza-Bäumen schwankt die N_2-Bindung je nach Pflanzenart, Entwicklungsstadium und Bodeneigenschaften sehr stark, mit Werten zwischen etwa 12 bis 320 kg N × ha^{-1} × a^{-1} (Russo 2005). Das Potenzial der N_2-Bindung von Actinorhiza-Bäumen wie *Casuarina*- und *Alnus*-Arten wird jedoch unter optimalen Bedingungen als sehr hoch bewertet (Tabelle 13.3). Als wesentlich begrenzende Faktoren gelten ungünstige Umweltbedingungen (Boden, Nährstoffe, Klima) sowie schlechte Bewirtschaftungsweisen (Diem u. Dommergues 1990; Dommergues 1997). *Casuarina*-Arten sind hervorragende Erstbesiedler nährstoffarmer, trockener Böden der Tropen und Subtropen und können N_2 sowohl in Symbiose mit *Frankia spp.* als auch mit *Nostoc*-Arten (*Cyanobacteria*) binden. Zudem leben die Feinwurzeln oft in Symbiose mit Mykorrhizapilzen, um die P-Versorgung verbessern zu können (Russo 2005).

Literatur

Ahmad F, Ahmad I, Aqil F, Saghir-Khan M, Hayat S (2008) Diversity and potential of nonsymbiotic diazotrophic bacteria in promoting plant growth. In: Ahmand I, Pichtel J, Hayat S (Hrsg) Plant-bacteria interactions, Wiley-VCH, Weinheim, S 81–109

Alazard D (1985) Stem and root nodulation in *Aeschynomene* spp. Appl Environ Microbiol 50: 732–734

Alazard D, Duhoux E (1987) Nitrogen-fixing stem nodules on *Aeschynomene afraspera*. Biol Fertil Soils 4: 61–66

Alexander G, Zhulin IB (2007) Chemotaxis in soil diazotrophs: Survival and adaptive response. In: Elmerich C, Newton WE (Hrsg) Associative and endophytic nitrogen-fixing bacteria and cyanobacterial associations, Springer, Dordrecht, S. 73–84

Baca BE, Elmerich C (2007) Microbial production of plant hormones. In: Elmerich C, Newton WE (Hrsg) Associative and endophytic nitrogen-fixing bacteria and cyanobacterial associations, Springer, Dordrecht, S. 113–144

Barrett CF, Parker MA (2005) Prevalence of *Burkholderia* sp. nodule symbionts on four mimosoid legumes from Barro Colorado Island, Panama. Syst Appl Microbiol 28: 57–65

Barrett CF, Parker MA (2006) Coexistence of *Burkholderia*, *Cupriavidus*, and *Rhizobium* sp. nodule bacteria on two *Mimosa* spp. in Costa Rica. Appl Environ Microbiol 72: 1198–1206

Becker M, Alazard D, Ottow JCG (1986) Mineral nitrogen effect on nodulation and nitrogen fixation of the stem-nodulating legume *Aeschynomene afraspera*. Z Pflanzenernähr Bodenk 149: 485–491

Becker M, Ali M, Ladha JK, Ottow JCG (1995a) Agronomic and economic evaluation of *Sesbania rostrata* green manure establishment in irrigated rice. Field Crops Res 40: 135–141

Becker M, Diekmann KH, Ladha JK, DeDatta SK, Ottow JCG (1991) Effect of NPK on growth and nitrogen fixation of *Sesbania rostrata* as a green manure for lowland rice (*Oryza sativa* L.). Plant Soil 132: 149–158

Becker M, Ladha JK, Ali M (1995b) Green manure technology: Potential, usage, and limitations. A case study for lowland rice. Plant Soil 174: 181–194

Becker M, Ladha JK, Ottow JCG (1990) Growth and N_2-fixation of two stem-nodulating legumes and their effect as green manure on lowland rice. Soil Biol Biochem 22: 1109–1119

Becker M, Ladha JK, Ottow JCG (1994a) Nitrogen losses and lowland rice yield as affected by residue N release. Soil Sci Soc Am J 58: 1660–1665

Becker M, Ladha JK, Simpson IC, Ottow JCG (1994b) Parameters affection residue nitrogen mineralization in flooded soils. Soil Sci Soc Am J 58: 1666–1671

Becking JH (1982) Nitrogen fixation in nodulated plants other than legumes. In: Subbarao NS (Hrsg) Advances in agricultural microbiology, Butterworth, London, S. 90–110

Bennett J, Ladha JK (1992) Feasibility of nodulation and nitrogen fixation in rice. In: Khush GS, Bennett J (Hrsg) Nodulation and nitrogen fixation in rice: Potential and prospect, International Rice Research Institute, Los Banos, Philippines, S. 1–14

Bergey's Manual of Systematic Bacteriology (2005) 2. Aufl. Vol 2. The *proteobacteria*, Part B. The *Gammaproteobacteria*; Part C. *Alpha-*, *Beta-*, *Delta-*, and *Epsilonproteobacteria*, Brenner DJ, Krieg NR, Staley JT, Garity GM (Hrsg) Springer, New York

Bergman B, Rai AN, Rassmussen U (2007) Cyanobacterial associations. In: Elmerich C, Newton WE (Hrsg) Associative and endophytic nitrogen-fixing bacteria and cyanobacterial associations, Springer, Dordrecht, S. 257–300

Berkum P van, Leibold JM, Eardly BD (2006) Proposal for combining *Bradyrhizobium* spp. (*Aeschynomene indica*) with *Blastobacter denitrificans* and to transfer *Blastobacter denitrificans* (Hirsch u. Muller 1985) to the genus *Bradyrhizobium* as *Bradyrhizobium denitrificans* (com. Nov.). Syst Appl Microbiol 29: 207–215

Boddey RM, de Oliveira OC, Urquiaga S, Reis VM, de Olivares FL, Baldani VLD, Döbereiner J (1995) Biological nitrogen fixation associated with sugar cane and rice: Contributions and prospects for improvement. Plant Soil 174: 195–209

Casella S, Leporine C, Nuti MP (1984) Nitrous oxide production by nitrogen-fixing fast-growing rhizobia. Microb Ecol 10: 107–114

Ciampitti IA, Clario EA, Conti ME (2008) Nitrous oxide emissions from soil during soybean (*Glycine max* L. Merrill) crop phenological stages and stubbles decomposition period. Biol Fertil Soils 44: 581–588

Date RA (2000) Inoculated legumes in cropping systems of the tropics. Field Crops Res 65: 123–136

De Faria SM, Lewis GP, Sprent JL, Sutherland JM (1989) Occurrence of nodulation in the *Leguminoseae*. New Phytol 111: 607–619

Dehio G, Schell J, Koncz C (1994) *Agrobacterium* und *Rhizobium*: Bodenbakterien als Pflanzeningenieure. In: Hausmann K, Kremer BP (Hrsg) Extremophile Mikroorganismen in ausgefallenen Lebensräumen, Wiley-VCH, Weinheim, S 257–277

Dénarie J, Debellé F, Promé JC (1996) *Rhizobium* lipo-chitooligosaccharide nodulation factors: Signaling molecules mediating recognition and morphogenesis. Annu Rev Biochem 65: 503–535

De Souza Moreiera FM, Cruz L, De Faria SM, Marsh T, Martinez-Romero E, De Oliveira Pedrosa F, Pitard M, Young JPW (2006) *Azorhizobium doebereinerae* sp. nov. microsymbiont of *Sesbania virgata* (Caz.) Pers. Syst Appl Microbiol 29: 197–206

Dieckmann KH, De Datta SK, Ottow JCG (1993) Nitrogen uptake and recovery from urea and green manure in lowland rice measured by ^{15}N and non-isotope techniques. Plant Soil 148: 91–99

Dieckmann KH, Ottow JCG, De Datta SK (1996) Yield and nitrogen response of lowland rice (*Oryza sativa* L.) to *Sesbania rostrata* and *Aeschynomene afraspera* green manure in different marginally productive soils in the Philippines. Biol Fertil Soils 21: 103–108

Diem HG, Dommergues YR (1990) Current and potential uses and management of *Casuarinaceae* in the tropics and subtropics. In: Schwintzer CR, Tjepkema JD (Hrsg) The biology of *Frankia* and actinorhizal plants, Academic Press, San Diego, S. 316–342

Dobbelaere S, Okon Y (2007) The plant growth-promoting effect and plant responses. In: Elmerich C, Newton WE (Hrsg) Associative and endophytic nitrogen-fixing bacteria and cyanobacterial associations, Springer, Dordrecht, S. 145–170

Dommergues YR (1997) Contribution of actinorhizal plants to tropical soil productivity and rehabilitation. Soil Biol Biochem 29: 931–941

Dreyfus B, Dommergues YR (1981) Nitrogen-fixing nodules induced by *Rhizobium* on the stem of the tropical legume *Sesbania rostrata*. FEMS Microbiol Lett 10: 313–317

Elliott GN, Chou JH, Chen WM, Bloemberg GV, Bontemps C, Martinez-Romero E, Velázquez E *et al.* (2009) *Burkholderia spp.* are the most competitive symbionts of *Mimosa*, particularly under N-limited conditions. Environ Microbiol 11: 762–778

Engels KA, Becker M, Ottow JCG, Ladha JK (1995) Influence of phosphorus or phosphorus-potassium fertilization on biomass and dinitrogen fixation of the stem-nodulating green manure legume *Sesbania rostrata* in different marginally productive wetland rice soils. Biol Fertil Soils 20: 107–112

Evans HJ, Barber LE (1977) Biological nitrogen fixation for food and fiber production. Science 179: 332–339

Fischer HM (1994) Genetic regulation of nitrogenase fixation in rhizobia. Microbiol Rev 58: 352–386

Ghosh S, Majumdar D, Jain MC (2002) Nitrous oxide emissions from *kharif* and *rabi* legumes grown on an alluvial soil. Biol Fertil Soils 35: 473–478

Graham PH (2008) Ecology of the root-nodule bacteria of legumes. In: Dilworth MJ, James EK, Sprent JI, Newton WE (Hrsg) Nitrogen-fixing leguminous symbioses, Springer, Dordrecht, S. 23–58

Graham PH, Vance CP (2003) Legumes: Importance and constraints to greater use. Plant Physiol 131: 872–877

Gualtieri G, Bisseling T (2000) The evolution of nodulation. Plant Mol Biol 42: 181–194

Hansen AP (1994) Symbiotic N_2-fixation of crop legumes. Hohenheimer Trop Agric Series 2: 1–248

Haselkorn R (2007) Heterocyst differentiation and nitrogen fixation in cyanobacteria. In: Elmerich C, Newton WE (Hrsg) Associative and endophytic nitrogen-fixing bacteria and cyanobacterial associations, Springer, Dordrecht, S. 233–256

Herridge DF (2008) Inoculation technology for legumes. In: Dilworth MJ, James EK, Sprent JI, Newton WE (Hrsg) Nitrogen-fixing leguminous symbioses. Springer, Dordrecht, S. 77–116

Herridge DF, Peoples MB, Boddey RM (2008) Global inputs of biological nitrogen fixation in agricultural systems. Plant Soil 311: 1–18

Hurek T, Reinhold-Hurek B (2005) Molecular ecology of N_2-fixing microbes associated with gramineous plants: Hidden activities of unknown bacteria. In: Werner D, Newton WE (Hrsg) Nitrogen fixation in agriculture, forestry, ecology, and the environment, Springer, Dordrecht, S. 175–198

Huss-Danell K (1997) Actinorhizal symbioses and their N_2-fixation. New Phytol 136: 375–408

Jagnow G (1987) Inoculation of cereals crops and forage grasses with the nitrogen-fixing rhizosphere bacteria: Possible causes of success and failure with regard to yield response – review. Z Pflanzenernähr Bodenk 150: 361–368

James EK (2000) Nitrogen fixation in endophytic and associative symbiosis. Field Crops Res 65: 197–209

Klingmüller W (1991) Nitrogen-fixing *Enterobacter*: A cornerstone in *nif*-gene group development. Naturwiss 78: 16–20

Kobayashi H, Broughton WJ (2008) Fine-tuning of symbiotic genes in rhizobia: Flavonoid signal transduction cascade. In: Dilworth MJ, James EK, Sprent JI, Newton WE (Hrsg) Nitrogen-fixing leguminous symbioses, Springer, Dordrecht, S. 117–152

Kreutzer R, Steibl HD, Dayananda S, Dippe R, Halda l, Buck M, Klingmüller W (1991) Genetic characterization of nitrogen fixation in *Enterobacter* strains from the rhizosphere of cereals. In: Polsinelli M, Materassi R, Vincenzini M (Hrsg) Nitrogen fixation. Proc Fifth Intern Symp Nitrogen Fixation with Non-Legumes, Florence 1990, Kluwer, Dordrecht, S. 25–36

Ladha JK, de Bruijn FJ, Malik KA (1997) Assessing opportunities for nitrogen fixation in rice – a frontier project. Plant Soil 194: 1–10

Ladha JK, Pareek RP, Becker M (1992) Stem-nodulating legume-*Rhizobium* symbiosis and its agronomic use in lowland rice. Adv Soil Sci 20: 147–192

Ladha JK, Reddy PM (1995) Extension of nitrogen fixation to rice: Necessity and possibilities. GeoJournal 35: 363–372

Mandal B, Bhattacharya K, Mete PK (1997) Effects of *Sesbania rostrata* and *Azolla microphylla* incorporation on transformation of applied zinc and copper in lateritic rice soils with different flooding regimes. Biol Fertil Soils 24: 394–398

Maunoury N, Kondorosi A, Kondorosi E, Mergaert P (2008) Cell biology of nodule infection and development. In: Dilworth MJ, James EK, Sprent JI, Newton WE (Hrsg) Nitrogen-fixing leguminous symbioses, Springer, Dordrecht, S. 153–190

Mehnaz S, Weselowski B, Lazarovits G (2006) Isolation and identification of *Gluconacetobacter azotocaptans* from corn rhizosphere. Syst Appl Microbiol 29: 496–501

Minchin FR, Witty JF, Sheehy JE, Müller M (1983) A major error in the acetylene reduction assay: Decreases in nodular nitrogenase activity under assay conditions. J Exp Bot 34: 641–649

Moulin L, Munive A, Dreyfus B, Boivin-Masson C (2001) Nodulation of legumes by members of the beta-subclass of *Proteobacteria*. Nature 411: 948–950

Okon Y, Labandera-Gonzalez CA (1994) Agronomic application of *Azospirillum*: An evaluation of 20 years worldwide field inoculation. Soil Biol Biochem 12: 1591–1601

Okoronkwo N, van Hove C, Eskew DL (1989) Evaluation of nitrogen fixation by different strains of the *Azolla-Anabaena* symbiosis in the presence of a high level of ammonium. Biol Fertil Soils 7: 275–278

Paschke MW, Dawson JO (1992) The occurrence of *Frankia* in tropical forest soils of Costa Rica. Plant Soil 142: 63–67

Paul EA, Clark FE (1989) Soil microbiology and biochemistry, Academic Press, San Diego New York Berkeley

Pedrosa FO, Elmerich C (2007) Regulation of nitrogen fixation and ammonium assimilation in associative and endophytic nitrogen fixing bacteria: In: Elmerich C, Newton WE (Hrsg) Associative and endophytic nitrogen-fixing bacteria and cyanobacterial associations, Springer, Dordrecht, S. 41–72

Peoples MB, Craswell ET (1992) Biological nitrogen fixation: Investments, expectations and actual contribution to agriculture. Plant Soil 141: 13–39

Peoples MB, Herridge DF (1990) Nitrogen fixation by legumes in tropical and subtropical agriculture. Adv Agron 44: 155–221

Peoples MB, Herridge DF, Ladha JK (1995) Biological nitrogen fixation: An efficient source of nitrogen for sustainable agricultural production? Plant Soil 174: 3–28

Peters GA, Meeks JC (1989) The *Azolla-Anabaena* symbiosis: Basic biology. Annu Rev Plant Physiol Plant Mol Biol 40: 193–210

Prin Y, Duhoux E, Diem HG, Roederer Y, Dommergues YR (1991) Aerial nodules in *Casuarina cunninghamiana*. Appl Environ Microbiol 57: 871–874

Reddell P, Bowen GD (1985) Do single nodules of *Casuarinaceae* contain more than one *Frankia* strain? Plant Soil 88: 275–279

Reddy PM, Ladha JK (2000). Nitrogen fixation: Objectives and achievements. In: Pedro FO, Hungria M, Yates GM, Newton WE (Hrsg) Nitrogen fixation: From molecules to crop productivity. Current Plant Science Biotechnology in Agriculture, Kluwer Dordrecht, S. 641–646

Reis VM, Lee S, Kennedy C (2007) Biological nitrogen fixation in sugarcane. In: Elmerich C, Newton WE (Hrsg) Associative and endophytic nitrogen-fixing bacteria and cyanobacterial associations, Springer, Dordrecht, S. 213–232

Rhijn van P, Vanderleyden J (1995) The *Rhizobium*-plant symbiosis. Microbiol Rev 59: 124–142

Roesch LF, Camargo FAO, Bento FM, Triplett (2008) Biodiversity of diazotrophic bacteria within the soil, root and stem of field-grown maize. Plant Soil 302: 91–104

Rodrigues EP, Rodrigues LS, Oliveira ALM, Baldani VLD, Teixewira KRS, Urquiaga S, Reis VM (2008) *Azospirillum amazonense* inoculation: Effects on growth, yield and N_2-fixation of rice (*Oryza sativa* L). Plant Soil 302: 249–261

Roper MM, Ladha JK (1995) Biological N_2-fixation by heterotrophic and phototrophic bacteria in association with straw. Plant Soil 174: 211–224

Rudnick P, Meletzus D, Green A, He, L, Kennedy C (1997) Regulation of nitrogen fixation by ammonium in diazotrophic species of *proteobacteria*. Soil Biol Biochem 29: 831–841

Russo RO (2005) Nitrogen fixing trees with actinorhiza in forestry and agroforestry. In: Werner D, Newton WE (Hrsg) Nitrogen fixation in agriculture, forestry, ecology, and the environment, Springer, Dordrecht, S. 143–171

Sadowsky MJ (2005) Soil stress factors influencing symbiotic nitrogen fixation. In: Werner D, Newton WE (Hrsg) Nitrogen fixation in agriculture, forestry, ecology, and the environment, Springer, Dordrecht, S. 89–112

Singh PK, Panigrahi BC, Satapathy KB (1981) Comparative efficiency of *Azolla*, blue-green algae and other organic manures in relation to N and P availability in a flooded rice soil. Plant Soil 62: 35–44

Smit P, Bisseling T (2008) Genetics: A way to unravel molecular mechanisms controlling the rhizobial-legume symbiosis. In: Dilworth MJ, James EK, Sprent JI, Newton WE (Hrsg) Nitrogen-fixing leguminous symbioses, Springer, Dordrecht, Netherlands, S. 191–210

So RB, Ladha JK, Youngh JP (1994) Photosynthetic symbionts of *Aeschynomene* spp. form a cluster with bradyrhizobia on the basis of fatty acid and rRNA analyses. Intern J Syst Bacteriol 44: 392–403

Sprent JJ (2005) Nodulated legume trees. In: Werner D, Newton WE (Hrsg) Nitrogen fixation in agriculture, forestry, ecology, and the environment, Springer, Dordrecht, S. 113–142

Steenhoudt O, Vanderleyden J (2000) *Azospirillum*, a free-living nitrogen-fixing bacterium closely associated with grasses: Genetic, biochemical and ecological aspects. FEMS Microbiol Rev 24: 487–506

Subbarao NS (1988) Microbiological aspects of green manure in lowland rice soils. In: International Rice Research Institute (Hrsg) Green manure in rice farming, IRRI, Los Banos, Philippines, S. 131–149

Tejera N, Lluch C, Martinez-Toledo MV, González-López J (2005) Isolation and characterization of *Azotobacter* and *Azospirillum* strains from the sugarcane rhizosphere. Plant Soil 270: 223–232

Triplett EW, Rolfe BG, Cocking EC, Kennedy I, Vanderleyden J (2007) A nitrogen story. Microbe 2: 372–373

Unkovich MJ, Pate JS (2000) An appraisal of recent field measurements of symbiotic N_2-fixation by annual legumes. Field Crops Res 65: 211–228

Vance CP (2008) Carbon and nitrogen metabolism in legume nodules. In: Dilworth MJ, James EK, Sprent JI, Newton WE (Hrsg) Nitrogen-fixing leguminous symbioses. Springer, Dordrecht, S. 293–320

Ventura W, Watanabe I (1993) Green manure production of *Azolla microphylla* and *Sesbania rostrata* and their long-term effects on rice yields and soil fertility. Biol Fertil Soils 15: 241–248

Vessey JK, Pawlowski K, Bergman B (2005) Root-based N_2-fixing symbioses: Legumes, actinorhizal plants, *Parasponia* sp. and cycads. Plant Soil 274: 51–78

Watanabe I (1982) *Azolla-Anabaena* symbiosis – Its physiology and use in tropical agriculture. In: Dommergues YR, Diems HG (Hrsg) Microbiology of tropical soils and plant productivity, Martin Nijhoff, Den Haag, S. 169–185

Watanabe I, Lin C, Santiago-Ventura T (1989a) Responses to high temperature of the *Azolla-Anabaena* association, determined in both the fern and the cyanobacterium. New Phytol 111: 625–630

Watanabe I, Liu CC (1992) Improving nitrogen-fixing systems and integrating them into sustainable rice farming. Plant Soil 141: 57–67

Watanabe I, Ventura W, Mascarina G, Eskew DL (1989b) Fate of *Azolla* spp. and urea nitrogen applied to wetland rice (*Oryza sativa* L.) Biol Fertil Soils 8: 102–110

Webster G, Gough C, Vasse J, Batchelor CA, O'Callaghan KJ, Kothari SL, Davey MR *et al.* (1997) Interactions of rhizobia with rice and wheat. Plant Soil 194: 115–122

Werner D (1987) Pflanzliche und mikrobielle Symbiosen, Thieme, Stuttgart New York

Young JM, Kuykendall LD, Marinez-Romero E, Kerr A, Sawada A (2001) A revision of *Rhizobium* Frank 1889 with an amended description of the genus, and the inclusion of all species of *Agrobacterium* Conn 1942 and *Allorhizobium undicola* de Lajudie et al. 1998 as new combinations: *Rhizobium radiobacter*, *R. rhizogenes*, *R. rubi*, R. *undicola* and *R. vitis*. Intern J Syst Evol Microbiol 51: 89–103

Mikrobiologie und Ökophysiologie des Mangan- und Eisenkreislaufs 14

„In Böden ist ein niedriges Redoxpotenzial Folge und nicht Ursache der Eisenreduktion."
J. C. G. Ottow (1982)

Inhaltsverzeichnis

14.1 Kreislauf des Eisens und Mangans in Böden

Eisen (Fe) ist mit etwa 0,2 bis 5% nach Aluminium (Al) das am häufigsten vorkommende Metall in zahlreichen Mineralien, Gesteinen und Oxiden der Pedosphäre. Mangan (Mn) stellt nach Fe mit etwa 0,1% das zweithäufigste Schwermetall in der oberen Erdrinde dar. Durch chemisch-biologische Verwitterung von Mineralien und Gesteinen werden Fe(II)- bzw. Mn(II)-Ionen in unmittelbarer Umgebung der Verwitterungsprozesse ausgeschieden und durch O_2 zu weitgehend unlöslichen amorphen wasserreichen Hydroxiden (Ferrihydrit, $Fe(OH)_3$) bzw. zu Oxiden (Braunsteinen, MnO_2) und Mn(III,IV),Fe(III)-Mischoxiden (Konkretionen) oxidiert und akkumuliert. In Böden liegen beide Metalle infolgedessen überwiegend als **freie**, nicht silikatisch gebundene (Hydr)Oxide vor. In Tonböden kommt Fe zudem in zwei- und dreiwertiger Form, **strukturell** gebunden in Zwischenschichten bestimmter Phyllosilikate vor, darunter vor allem in Fe(III)-reichen Smectiten (Nontronit), Montmorilloniten, Illiten und Chloriten. Je nach Pedogenese sind Mn- und Fe-Verbindungen in den einzelnen Horizonten infolge mikrobieller Reduktions- und Oxidationsprozesse heterogen verteilt. Mikrobiologie und Verhalten von Mn und Fe sind relativ ähnlich, sodass nachfolgend hauptsächlich auf Fe eingegangen wird.

In Abb. 14.1 sind die Prozesse des Fe-Kreislaufs in Böden schematisch dargestellt. Aufgrund des sehr geringen Löslichkeitsproduktes L von amorphen (ca. 10^{-39}) und kristallinen Fe(III)-(Hydr)Oxiden (etwa 10^{-37} bis 10^{-44}) liegt die Konzentration des Fe(III)-Ions bei pH 7

J.C.G. Ottow, *Mikrobiologie von Böden*,
DOI: 10.1007/978-3-642-00824-5_14, © Springer-Verlag Berlin Heidelberg 2011

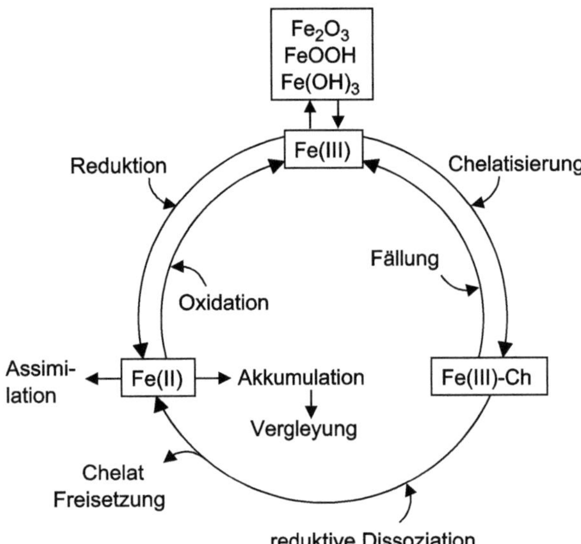

Abb. 14.1 Grundprozesse des Eisenkreislaufes in Böden (Entwurf: JCG Ottow)

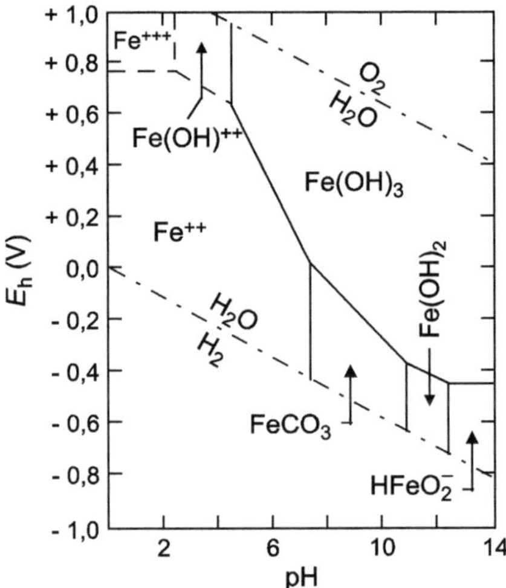

Abb. 14.2 Stabilitätsdiagramm von Fe(II), Fe(III), $Fe(OH)_3$ (Ferrihydrit) in Abhängigkeit von Redoxpotenzial (E_h), pH-Wert und einer Ionenaktivität von 10^{-5} Mol l^{-1} unter Standardbedingungen (10^5 Pa, 25 °C)

im Bereich von etwa 10^{-18}. Folglich gilt Fe(III) in aeroben Böden praktisch als unlöslich und weitgehend **immobil**. Mobilisierungen, Verlagerungen, Verfärbungen (Verbraunung, Nassbleichung, Vergleyung) und Akkumulationen von Fe in Böden können hauptsächlich auf die folgenden Prozesse zurückgeführt werden:

- dissimilatorische **mikrobielle Fe(III)-Reduktion** (Auflösung von Fe(III)-(Hydr)Oxiden und Fe(II)-Bildung),
- **Chelatisierung** (Sequestrierung) von Fe(III) in unlöslichen Verbindungen durch organische Liganden (Fe(III)-L-Bildung),
- **Oxidationen** von löslichen Fe(II)-Verbindungen durch Autoxidationen sowie durch aerobe und/oder anaerobe eisenoxidierende Mikroorganismen,
- **Eisenfällungen** (Präzipitationen) nach Mineralisation des organischen Teils von mobilen Fe(III)-Chelaten durch ubiquitäre heterotrophe Bakterien und Pilze.

14.2 Eigenschaften amorpher und kristalliner Fe(III)-(Hydr)Oxide

In Abb. 14.2 ist das Stabilitätsdiagramm von Fe(II), Fe(III) und $Fe(OH)_3$ in wässriger Lösung unter aeroben Standardbedingungen in Abhängigkeit vom E_h (Redoxpotenzial) und pH-Wert schematisch dargestellt. Aus dem Stabilitätsfeld von Fe(II) kann zwar die Neigung zur Autoxidation mit O_2, nicht jedoch die Entstehung von Fe(II) aus $Fe(OH)_3$ (Ferrihydrit) durch ein niedriges E_h abgeleitet werden, weil Fe(III)-(Hydr)Oxide **elektrochemisch sehr träge** sind und ohne chemische oder biochemische Katalysatoren kaum mit Elektronen reagieren. Wie aus Abb. 14.2 ersichtlich, sind Fe(II)-Ionen bei einem pH < 2,5 sogar bis zu einem E_h von etwa +800 mV noch löslich und stabil. Andererseits können Fe(II)-Verbindungen bis zu einem pH-Wert von etwa 7 in Lösung bleiben, wenn sich das Redoxpotenzial E_h unter 0 mV stabilisiert. Gemeinsam können zwei- und dreiwertige Fe-Ionen in wässriger Lösung nur bei einem pH < 2,5 auftreten. Das Standard-Redoxpotenzial E_0 liegt für das Redoxpaar Fe(II)/Fe(III) bei pH-Werten <2,5 bei +770 mV. Aufgrund dieses stark positiven E_h von +770 mV kommt für die Fe(II)-Oxidation bei niedrigem pH-Wert praktisch nur O_2 als Elektronen-Akzeptor für acidophile Prokaryoten wie die chemolithotrophen Eisenbakterien (z. B. *Acidithiobacillus ferrooxidans*) in Betracht. Mit steigendem pH-Wert bis etwa pH 7 nimmt die Stabilität von Fe(II) in der Bodenlösung rasch ab, und die Fe(II)-Verbindungen fallen in Anwesenheit von O_2 ab pH 5-6 auf chemischem Wege spontan in Form von unlöslichem wasserreichem amorphem Ferrihydrit $Fe(OH)_3$ (korrekt $5\ Fe_2O_3 \times 9\ H_2O$) aus. Die amorphen, noch gittergestörten Fe(III)-Hydroxide akkumulieren vorzugsweise als rostbraune **Partikel** (∅ < 0,1 µm), **Kutane** (Häutchen) auf Sandkörnern und Ton-Humus-Kolloiden (Kap. 11) und bilden zusammen mit Al(III)-Ionen gelbliche Sesquioxide (Mischhydroxide von Fe(III) und Al(III)).

Je nach Bodenbedingungen (pH-Wert, pO_2, Hydrolysegeschwindigkeit, Gehalt und Art an organischen Substanzen, Angebot an Si- und Al-Ionen, Temperatur- und Wasserdynamik, mikrobielle Redoxprozesse, pCO_2, etc.) können die frisch gefällten Fe(III)-Hydroxide durch Alterungsprozesse (Dehydrierung) und Kristallisation (Aufnahme von latenter Wärme) im Laufe der Zeit kleinräumig in sehr unterschiedliche kristalline Formen (FeOOH; Fe_2O_3) übergehen. Bei der Kristallisation wird Kristallisations-Enthalpie freigesetzt, und folglich sind die amorphen, noch stark gittergestörten Fe(III)-Hydroxide stets **energiereicher** als die geordneten, kristallinen Formen, was für die mikrobielle Reduzierbarkeit pedogener Fe(III)-(Hydr)Oxide von großer Bedeutung ist (14.2.4). Wichtigste Vertreter der kristallinen Fe(III)-Oxidformen sind das rote Hämatit (α-Fe_2O_3; charakteristisch für Oxi- und Ultisole der Tropen), das gelbbraun gefärbte Goethit (α-FeOOH; Braunerden, Parabraunerden, Pseudogleye, Oxi- und Ultisole) oder das gelbliche bis hell-orange gefärbte Lepidokrokit (γ-FeOOH; Gleye, Pseudo- und Stagnogleye, Nassreisböden; vgl. Abb. 14.9). Böden können zudem lokal auch sehr geringe Mengen an braunrotem Maghemit (γ-Fe_2O_3) enthalten. Natürliche Ferrihydrite enthalten oft Si sowie Al und zudem wechselnde Anteile an Hämatit, Goethit oder Magnetit (Fe_3O_4). Grundeinheit aller Fe(III)-(Hydr)Oxide ist das Octahydron FeO_6^-, in dem die Fe(III)-Ionen mit 6 O^-- bzw. OH-Ionen Oktaeder bilden (Schwertmann *et al.* 1986).

Das Standard-Redoxpotenzial E_0' (pH 7, Aktivität 1, 25 °C) liegt beim Redoxpaar Ferrihydrit/Fe(II) je nach Kristallisationsausmaß zwischen +150 mV bis –185 mV (im Schnitt etwa bei 0 mV; Tabelle 14.1). Im Vergleich zu verschiedenen chelatisierten Fe(III)-Verbindungen ist das E_0 von Ferrihydrit/Fe(II) deutlich geringer, im Vergleich zu den verschiedenen kristallinen Fe(III)-Oxiden/Fe(II) allerdings wesentlich höher. Das E_0' der verschiedenen Fe(III)-(Hydr)Oxide/Fe(II) senkt sich von Ferrihydrit/Fe(II) über Lepidokrokit/Fe(II) bis Magnetit/Fe(II) zunehmend in den negativen Bereich. Infolgedessen werden die Fe(III)-(Hydr)Oxide elektrochemisch immer träger, erhöht sich ihre Aktivierungsenergie und nimmt die Reduktionsneigung in der Reihenfolge Ferrihydrit > Lepidokrokit > Goethit > Hämatit > Magnetit bei etwa gleicher Partikelgröße und Reinheit deutlich ab.

14.3 Fe(III)-Chelate

Sehr verschiedene organische Liganden mit zwei- oder mehrzähnigen Elektronen-Donatoren (z. B. Citrat, Oxalat, Huminsäuren, Fulvosäuren, Siderophore, sonstige mehrzähnige organische Säuren, etc.) haben eine sehr hohe Affinität zu Fe(III) und bilden damit relativ stabile und mobile **Fe-organische Chelate** (lat. *chelae* = Scheren). In diesen Fe(III)-Chelaten wird Fe(III) durch mehrere Koordinationsbindungen *eines* mehrzähnigen zusammenhängenden Ligandenmoleküls (z. B. Citrat) scherenförmig eingefasst. Wenn die Koordinationsbindungen zum Fe(III) von mehreren

Tabelle 14.1 Standard-Redoxpotenziale (E_0' = Normalpotenzial bei pH 7, Aktivität 1, 25 °C) von unlöslichen und chelatisierten Fe(III)/Fe(II)-Halbzellen (Redoxpaaren) (Thamdrup 2000; Straub *et al.* 2001)

Redoxsysteme	Standard-Redoxpotenzial (mV)
Fe(III)/Fe(II)	+ 770 (pH < 2)
Fe(III)NTA/Fe(II)NTA (NTA = Nitrilotriacetat)	+385
Fe(III)Citrat/Fe(II)Citrat	+ 372
Fe(III)EDTA/Fe(II)EDTA (EDTA = Ethylendiamintetraacetat)	+ 96
$Fe(OH)_3$/Fe(II) („$Fe(OH)_3$" = Ferrihydrit)[1)]	+ 150 bis –185
γ-FeOOH (Lepidokrokit)/Fe(II)	–88
α-FeOOH (Goethit)/Fe(II)	–274
α-Fe_2O_3 (Hämatit)/Fe(II)	–287
Fe_3O_4 (Magnetit)/Fe(II)	–314

1) Das Redoxpotenzial von Ferrihydrit kann je nach Kristallisationsausmaß zwischen +150 mV und –185 mV schwanken

nicht zusammenhängenden Molekülen stammen, handelt es sich um Fe(III)-Komplexe. In Böden, Mikroorganismen und Pflanzen handelt es sich in der überwiegenden Mehrzahl um Fe(III)-Chelate (und nicht um Fe(III)-Komplexe). **Chelate** und **Komplexe** sind chemisch definiert und sollten korrekt verwendet werden. Die meisten Fe(III)-Chelate in Böden (z. B. Fe(III)-Citrat, Fe(III)-Oxalat, Fe(III)-Humate, Fe(III)-Fulvate etc.) sind löslich und können verlagert und am anderen Ort von Pilzen, Prokaryoten und bestimmten Protozoen unter Ausfällung von Fe(III)-Hydroxiden (**Präzipitationen**) mineralisiert werden. Wie bei Fe(II)-Oxidationen entsteht dabei das wasserreiche amorphe Ferrihydrit (Fischer u. Ottow 1972; Glathe u. Ottow 1972).

Mikroorganismen (Prokaryoten, Echte Pilze) und Pflanzen können bei **Fe-Mangel** (z. B. in kalkhaltigen Böden mit pH > 7) spezifische niedermolekulare Chelatoren mit sehr hoher Fe(III)-Affinität ausscheiden (Siderophore; gr. *sideros* = Fe), um Spuren von Fe noch mobilisieren und aufnehmen zu können. Die Biosynthese von Siderophoren in Pflanzenwurzeln und in Mikroorganismen wird durch Fe-Unterversorgung induziert. Siderophoren sind definitionsgemäß die Fe(III)-freien Liganden (wie Phenolate, Hydroxamate, Oxazoline, etc.). Das an solchen Siderophoren sequestrierte Fe(III) wird intrazellulär durch *b*-Typ-Cytochrome und eine Ferri-Chelat-Reduktase rasch in ein Fe(II)-Chelat mit geringer Stabilität überführt und leicht ausgetauscht (Abb. 14.1). Das Fe(II) hat in dieser Verbindung nur noch eine sehr geringe Affinität zum betreffenden Chelat und wird anschließend im Zuge der reduktiven Dissoziation freigesetzt und assimilatorisch verwertet. Der Vorgang gehört zur assimilatorischen Eisenreduktion (Schröder *et al.* 2003). Dieser Mechanismus der Fe(III)-Reduktion greift hauptsächlich unter Fe-Mangelbedingungen und vertritt in der Fe-Ernährung den Sonderfall.

14.4 Mikrobielle Reduktion von Fe(III)-(Hydr)Oxiden

14.4.1 Eisenreduktion, ein chemischer Prozess?

Bis in die siebziger und achtziger Jahre des vergangenen Jahrhunderts wurden Fe(III)- und Mn(IV)-Reduktionen in Böden und Sedimenten als **chemische Prozesse** betrachtet. Mehrere Gründe sprachen für diese Auffassung. Erstens sind Eisen- (Gl. 14.1) und Manganreduktionen (Gl. 14.2) endergonische Prozesse ($\Delta G_0 > 0$),

$$\mathrm{Fe(III)} + e \rightarrow \mathrm{Fe(II)} \qquad E_0 = +770\ \mathrm{mV}\ (\mathrm{pH} < 2{,}5) \tag{14.1}$$

$$\mathrm{Mn(IV)} + 2e \rightarrow \mathrm{Mn(II)} \qquad E_0' = +390\ \mathrm{mV}\ (\mathrm{pH}\ 7) \tag{14.2}$$

die relativ viel Energie (Elektronen) benötigen. Aus diesem Sachverhalt lag es nahe, ein niedriges Redoxpotenzial (= ein relativ hoher Elektronendruck) in Böden für die Reduktionen dieser Metalloxide und -hydroxide verantwortlich zu machen. Dieser Vorstellung lag die Redoxgleichung Fe(III) + e ↔ Fe(II) zugrunde, die fälschlicherweise als eine reversible Gleichgewichtsreaktion verstanden wurde. Es wurde angenommen, dass durch Erhöhung des Elektronendruckes (Erniedrigung des Redoxpotenzials E_h) das Gleichgewicht ohne (Bio)Katalysatoren nach rechts verschoben werden kann. Übersehen wurde, dass Fe(III) bei physiologischen pH-Werten von etwa 6–7 in Böden stets als unlösliche Fe(III)-(Hydr)Oxide vorliegen (Abb. 14.2), die elektrochemisch **sehr reaktionsträge** sind. Zweitens waren „eisenreduzierende“ Mikroorganismen unbekannt und ein direkter mikrobiologischer Reduktionsprozess kam auch deshalb nicht in Betracht, weil die unlöslichen Fe(III)-(Hydr)Oxide – im Gegensatz zu Nitrat oder Sulfat – nicht von Mikroorganismen aus der Bodenlösung über die Zellwand aufgenommen werden konnten. Fe(III) stand intrazellulär infolgedessen kaum als Elektronen-Akzeptor zur Verfügung. Die gleichen Argumente sprachen auch gegen die direkte mikrobielle Reduktion von Mn(IV)-Oxiden in Böden, wenngleich die Löslichkeit von Mn(IV)-Oxiden bei physiologischen pH-Werten deutlich höher ist als die von Fe(III)-Verbindungen. Drittens wurden immer wieder „reduzierende“ Substanzen und Metabolite postuliert, die wesentlich zur chemischen reduktiven Auflösung von Fe(III)-(Hydr)Oxiden in Böden beitragen würden. Infolgedessen wurde die Fe(III)-Reduktion nicht als ein direkter mikrobiologischer Prozess wahrgenommen, obwohl einschlägige Untersuchungen (Roberts 1947; Bétrémieux 1951; Bromfield 1954; Takai u. Kamura 1966) bereits frühzeitig auf die direkte Beteiligung von Mikroorganismen an der Reduktion von Mn(IV)-Oxiden und Fe(III)-(Hydr)Oxiden in Böden hingewiesen hatten.

In jedem wassergesättigten Boden, der nach Zusatz eines leicht mineralisierbaren Wasserstoff-Donators (z. B. Saccharose, Glucose, Acetat, Lactat oder Strohpulver) bebrütet (30 °C) wird, kommt es innerhalb von zwei bis vier Tagen zu intensiven Fe(II)-Freisetzungen. Offenbar sind eisenreduzierende Mikroorganismen stets in Böden vertreten. Nicht das Vorkommen eisenreduzierender Mikroorganismen, sondern das Zusammentreffen bestimmter ökologischer Bedingungen (Wassersättigung, leicht mineralisierbare Energiequellen, O_2-Mangel) löst eine mikrobielle Reduktion pedogener Fe(III)-(Hydr)Oxide aus. Im Jahre 1969 wurde erstmals experimentell nachgewiesen, dass unlösliche Fe(III)-Oxide (Hämatitpulver) als **alternative Elektronen-Akzeptoren** für verschiedene potenziell eisenreduzierende *Bacillus*-, *Paenibacillus*-, *Pseudomonas*- und *Enterobacter*(*Pantoea*)-Arten dienen können. Vertreter dieser ubiquitären aeroben und fakultativ anaeroben Bakterien kommen in relativ hohen Populationsdichten (etwa 10^3 bis 10^6 Keime pro Gramm TB) in allen Böden vor und sind bei O_2-Mangel potenziell zur Fe(III)-Reduktion in der Lage, wenn geeignete H-Donatoren zur Mineralisation verfügbar sind (Ottow 1969b, 1970b; Ottow u. Glathe 1971). Die Mehrzahl – aber nicht alle – dieser eisenreduzierenden Bakterien ist auch zur dissimilatorischen Nitrat- bzw. Mn(IV)-Reduktion befähigt. Enthält das Medium außer Fe_2O_3-Pulver auch Nitrat (oder die unphysiologische strukturanaloge Verbindung Chlorat) und/oder MnO_2, dann wird die Fe(III)-Reduktion so lange unterdrückt, bis Nitrat (oder Chlorat) und Mn(IV) durch Reduktion vollständig dissimiliert worden sind. Voraussetzung ist, dass der betreffende Versuchsorganismus über eine dissimilatorische Nitrat-Reduktase (*Nar*) bzw. Mangan-Reduktase (*Mnr*) verfügt. Sulfat hat hingegen keinen Einfluss auf die mikrobielle Fe(III)-Reduktion (Ottow 1969b). Offenbar fungieren für die Bakterien bei O_2-Mangel Mn(IV) bzw. Fe(III) wie Nitrat als alternative Elektronen-Akzeptoren zur Aufrechterhaltung der aeroben Energiekonservierung (ATP-Synthese durch ETP), zumal *Nar*$^-$-Suppressionsmutanten sowohl die Fähigkeit zur dissimilatorischen Nitratreduktion als auch zur dissimilatorischen Fe(III)-Reduktion verloren haben (Ottow 1970b). Damit stand die Reduktion von Fe(III)-Verbindungen als eine anaerobe Atmung und damit als ein **direkter enzymatischer** Prozess fest (Kap. 3).

Die Frage, ob nicht auch ein niedriges Redoxpotenzial (E_h) auf chemischem Wege für die Nitrat-, Mn(IV)- und/oder Fe(III)-Reduktion verantwortlich gemacht werden kann, konnte mithilfe von verschiedenen Modellversuchen eindeutig negativ beantwortet werden. So unterbleibt in einem sterilen wassergesättigten Boden die Reduktion von zugesetztem Fe_2O_3-Pulver (Hämatit) weitestgehend, wenn durch permanente H_2-Einleitung (ohne Katalysator) das Redoxpotenzial (E_h) von etwa +350 mV bis auf –350 mV gesenkt wird (Ottow 1982). Offenbar reicht ein Potenzialsprung von ca. 700 mV nicht aus, um in einem sterilen Medium Nitrat oder Fe_2O_3 chemisch zu reduzieren. Eisen- und manganreduzierende Bakterien wie *Paenibacillus polymyxa* (zudem Nitrat-Reduktase-positiv; *Nar*$^+$) und *Clostridium butyricum* (*Nar*$^-$) können in einem Glucose-Mineralsalz-Medium während der Glucosefermentation und Fe(III)-Reduktion (Metafermentation) das E_h und den pH-Wert innerhalb von zwei bis drei Tagen so verändern, dass vollständig reduzierte Bedingungen (rH = 0) in der Kulturlösung erreicht werden (Box 14.1). Wenn den beiden Bakterienkulturen Nitrat und/oder MnO_2 zugesetzt werden, dann wird die Fe(II)-Bildung bei *P. polymyxa* (*Nar*$^+$, *Mnr*$^+$) weitgehend unterdrückt. Bei *C. butyricum* (*Nar*$^-$, *Mnr*$^+$) wird die Fe(II)-Bildung nur von MnO_2 unterdrückt, nicht jedoch von Nitrat. Trotz vollständig reduzierter Bedingungen (rH = 0) bleibt die Nitratkonzentration während der Versuchsdauer unverändert (Hammann u. Ottow 1974; Munch u. Ottow 1977). Zweifelsfrei ist die Fe(III)-Reduktion nicht chemischer, sondern enzymatischer Natur.

In Abb. 14.3 sind Manganreduktion (synthetisches MnO_2-Pulver) und Eisenreduktion (synthetisches Fe_2O_3-Pulver, Merck) durch einen Stamm von *C. butyricum* S20 (*Fer*$^+$, *Mnr*$^+$) im Zusammenhang mit Glucoseverbrauch, E_h-, pH- und rH-Verlauf während einer anaeroben Bebrütung (30 °C) von 25 Tagen graphisch dargestellt. Während die Mn(II)-Bildung kontinuierlich ansteigt, findet kaum eine Eisenreduktion statt, obwohl über eine Periode von 10–12 Tagen erneut vollständig reduzierte Bedingungen (rH = 0) herrschen. Dieser Versuch belegt, dass Bakterien, die potenziell zur Mn(IV)- und Fe(III)-Reduktion befähigt sind, selektiv vorgehen und entsprechend dem Standard-Redoxpotenzial zunächst Mn(IV) und dann Fe(III) sequenziell reduzieren. Die o. g. Ergebnisse lassen insgesamt den Schluss zu, dass weder Nitrat noch Fe_2O_3 durch ein tiefes Redoxpotenzial entsprechend einer Wasserstoffelektrode (NHE) chemisch reduziert werden können.

Box 14.1 Redoxpotenzial (E_h) und Reduktionsintensität (rH)

Bei Wasserstoffisomeren-Redoxprozessen in Böden (Tabelle 14.2) wechseln sowohl Elektronen als auch Protonen (H^+) zwischen den Redoxpartnern. Redoxpotenziale (E_h in V oder mV) sind folglich stets **pH-abhängig**. E_h-Werte werden auf die Normal-Wasserstoffelektrode (NHE) bezogen. Das Elektrodenpotenzial E_0 einer solchen NHE (1 bar H_2, Aktivität 1, pH = 0) wird definitionsgemäß gleich Null gesetzt. Das E_h eines Redoxpaares (Halbzellen) hängt von der beteiligten Spezies und von der Konzentration (Aktivität) der Ionen ab. Um den Einfluss der unterschiedlichen Konzentrationen der Halbzellen auszuschalten, wird das Standard-Redoxpotenzial E_0 (Normalpotenzial) der Redoxpaare stets bei pH = 0, Aktivität 1 und 25 °C angegeben. Weil für biologische Ökosysteme (wie es Böden und Gewässer sind) der Bezug auf pH 0 nicht sinnvoll ist, wird das E_0 auf pH 7 bezogen und als E_0' bezeichnet. Der Strich im Symbol bringt die Standardbedingungen des Redoxpaares in einer wässrigen Lösung bei pH 7, einem Druck von 1 bar und einer Aktivität der Reaktionspartner von 1 zum Ausdruck (25 °C). Die NHE hat bei einem pH-Wert von 7 ein Potenzial von –420 mV. Der Einfluss der Konzentration (Aktivität) der jeweiligen reduzierten und oxidierten Form auf das Redoxpotenzial E_h wird durch die Nernst'sche Gleichung

$$E_h = E_0' + RT/nF \cdot \ln (A_{ox}/A_{red})$$

gegeben. In dieser Gleichung ist R die Gaskonstante, F die Faraday-Konstante, T die absolute Temperatur und n die Anzahl der am Valenzwechsel beteiligten Elektronen. A_{ox} und A_{red} sind die Konzentrationen (Aktivitäten) der oxidierten bzw. reduzierten Formen der Reaktionspartner. Für eine Temperatur von 25 °C (298,15°K) und nach Umrechnung des natürlichen Logarithmus (ln x) auf den Zehner-Logarithmus ($\log_{10}$), mit ln x = 2,303 log x, ergibt sich die Beziehung

$$E_h = E_0' + 59\ \text{mV}/n \cdot \log (A_{ox}/A_{red})$$

Das E_h charakterisiert zwar das Redoxpotenzial des betreffenden Biotops (Boden, Sediment, Kulturlösung, etc.), kann jedoch nicht zum Vergleich des Redoxzustandes unterschiedlicher Biotope verwendet werden, weil gleiche E_h-Werte (mV) bei verschiedenen pH-Werten sehr unterschiedliche Redoxzustände kennzeichnen. E_h-Bestimmungen werden in der Praxis mit einer Pt-Elektrode, pH-Messungen mit einer Glaselektrode durchgeführt. Die Messwerte müssen stets auf das einheitliche Bezugsniveau der NHE umgerechnet werden. Für vergleichende Bewertungen von Redoxzuständen wird oft die **Reduktionsintensität** (rH_2- oder rH-Wert) verwendet, weil in diesem Parameter E_h- und pH-Werte in einer dimensionslosen Zahl mit einer Skala von 0 (vollständig **reduzierte** Bedingungen, vergleichbar mit der NHE) bis 42,6 (vollständig **oxidierte** Verhältnisse) vereint sind. Der rH-Wert (nach M. Clark, USA) ist als der negative dekadische Logarithmus des Wasserstoffpartialdruckes definiert: rH = –log pH_2. Sie entspricht der Reduktionskraft reduzierenden Wasserstoffs, mit der auf eine Platinelektrode eingewirkt werden muss, um den im Prüfsystem herrschenden Redoxzustand zu erreichen. Nach Anwendung der o. g. Nernst'schen Gleichung auf das Gleichgewicht an der NHE ($H_2 = 2\ H^+ + 2\ e$) unter Berücksichtigung von $E_0 = 0$ (per Definition) lautet die Gleichung:

$$E_h = RT/F \ln (H^+) - \tfrac{1}{2}\, RT/F \cdot \ln (H_2)$$

Nach Umrechnung auf den dekadischen Logarithmus ($\log_{10}$) und Einführung des Begriffes rH = –log (pH_2) ergibt sich:

$$rH = E_h/29 + 2\ pH\ (\text{mV, 25 °C})$$

Bei 1 bar H_2-Gas ist rH = –log 1 = 0. Sinkt der H_2-Druck ständig, dann ist bei einem pO_2 von 1 bar der Wasserstoffpartialdruck (pH_2) theoretisch auf $10^{-42,6}$ gefallen, was sich aus der Dissoziation des Wasserdampfes in Wasserstoff und Sauerstoff ergibt: $(H_2)^2 \times (O_2) = K = 10^{-85,2}$ und 2 rH + rO = 85,2. Weil rO bei 1 atm O_2 gleich 0 ist, wird rH = 42,6. Bei einer rH = 0 herrschen vollständig **reduzierte** (nicht „reduzierende“), bei rH = 42,6 hingegen komplett oxidierte Bedingungen im Milieu. Weil die Reduktionsintensität ein quantitatives Maß für den **Redoxzustand** infolge mikrobieller Stoffwechselaktivitäten darstellt und „Bedingungen“ nicht reduzieren können, sollte vom **reduzierten** und nicht vom **reduzierenden** Redoxzustand gesprochen werden. Im Allgemeinen kennzeichnen rH-Werte unterhalb von 20 reduzierte, oberhalb von 30 deutlich oxidierte Bedingungen im Biotop. rH-Werte verschiedener Böden, Sedimente oder Kulturlösungen lassen sich bequem ohne Korrekturen miteinander vergleichen (Ottow u. Glathe 1973; Munch u. Ottow 1977, 1980).

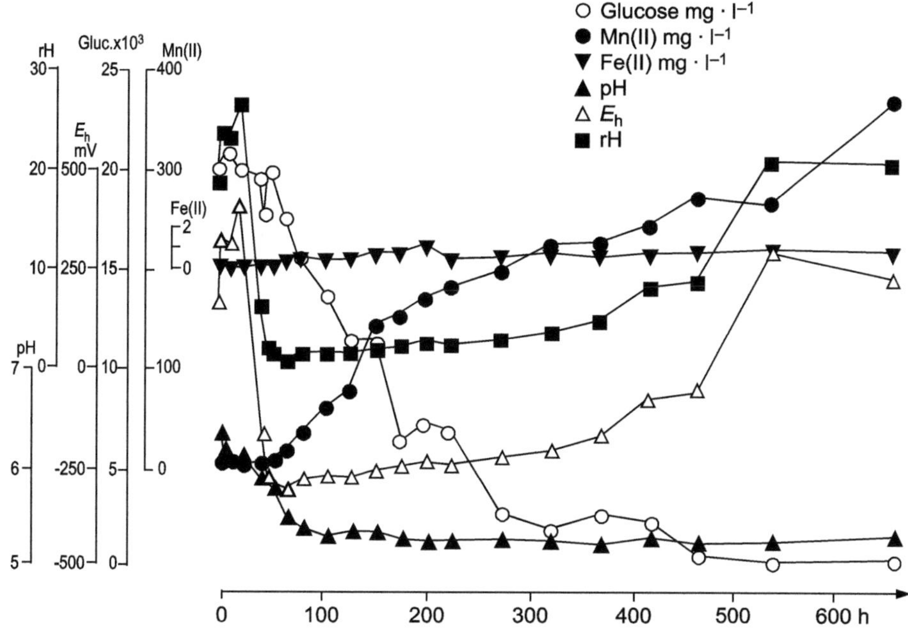

Abb. 14.3 Verlauf der Mn(II)-Bildung (aus MnO_2-Pulver) und Fe(II)-Freisetzung (aus Hämatitpulver) durch *Clostridium butyricum* S20 in Zusammenhang mit der Glucosevergärung, sowie pH-, E_h- und rH-Werten in einem wassergesättigten Lehm unter anaeroben Bedingungen (N_2/CO_2 = 9/1; 30 °C) (Bühler 1986)

Es ist dabei unerheblich, ob die vollständig reduzierten Verhältnisse (rH = 0) im Milieu auf chemischem oder auf mikrobiologischem Wege entstanden sind. Ein niedriges Redoxpotenzial ist in Böden nicht Ursache von chemischen, sondern Folge von direkten mikrobiologischen Reduktionsprozessen. Durch Senken des Redoxpotenzials wird wahrscheinlich die Aktivierungsenergie der elektrochemisch sehr trägen Fe(III)-(Hydr)Oxide herabgesetzt und die Reaktionsgeschwindigkeit beschleunigt (Ottow 1982).

Es bleibt die Frage, welche Bedeutung reduzierende organische Substanzen für eine nichtenzymatische, chemische Reduktion von unlöslichen Fe(III)-(Hydr) Oxiden in Böden haben können. Von den 25 getesteten Substraten (in Konzentrationen von je 10 mM) waren nur einige wenige Substanzen (Fructose, Catechol, 2,3-, 2,5- und 3,4-Dihydroxybenzoat, Cystein) unter **sterilen** Bedingungen (bei pH 7) in der Lage, Fe(II) auf chemischem Wege aus Ferrihydrit freizusetzen (21 Tage, 30 °C). Wider Erwarten waren dazu die vielfach erwähnten, vermeintlich reduzierenden Verbindungen wie Pyruvat, Formiat, Malat und Oxalat nicht in der Lage (Lovley *et al.* 1991). Wahrscheinlich kommt den viel zitierten „reduzierenden" organischen Substanzen (ausgenommen Humin- und Fulvosäuren) in Böden als Ursache von Fe(III)-Reduktionen lediglich eine sehr geringe Bedeutung zu.

14.4.2 Bedeutung der mikrobiellen Eisenreduktion

Nach O_2 sind wahrscheinlich die verschiedenen Fe(III)-(Hydr)Oxide in Oberböden, Sedimenten und Unterböden die am weitesten verbreiteten und benutzten alternativen Elektronen-Akzeptoren zur Mineralisation aliphatischer und aromatischer Elektronen-Donatoren (Kap. 3). Zahlreiche aerobe (ca. 10–20%) kultivierbare Prokaryoten und vermutlich noch mehr bisher nicht kultivierbare Mikroorganismen in Böden sind potenziell zur Fe(III)-Reduktion befähigt. Infolgedessen nimmt die Mineralisation von organischen Substraten mit Fe(III) als Elektronen-Akzeptor im C-Haushalt eine Schlüsselstellung ein. „Eisenreduzierende" Mikroorganismen kommen nicht nur in allen Böden, Sedimenten und Mangroven, sondern stets auch in Gewässern, Kläranlagen (z. B. Tropfkörper), (heißen) Quellen sowie in der Rhizosphäre, Phyllosphäre und Spermosphäre (um Samen) von Pflanzen vor. Infolgedessen kann die ökologische Bedeutung von Fe(III)-(Hydr)Oxiden als alternative Elektronen-Akzeptoren für die Mineralisation (C-Kreislauf) von natürlichen und anthropogenen organischen Verbindungen kaum überschätzt werden (Lovley 1991, 1995, 1997; Thamdrup 2000).

In Böden ist die mikrobielle Fe(III)-Reduktion verantwortlich für die

- Mobilisierung von Fe(II) aus unlöslichen freien pedogenen Fe(III)-(Hydr)Oxiden sowie aus strukturgebundenem Fe(III) in Tonmineralien. Als Folge der regelmäßigen mikrobiellen Reduktion von strukturellem Fe(III) in den Zwischenschichten von Tonmineralien samt intensiven Kationenauswaschungen kann es in wechselfeuchten tropischen Böden langfristig zur Ferrolyse (Tonzerstörung) kommen,
- Freisetzung von sorbierten und okkludierten Phosphaten, Si-Ionen, Spurenelementen (B, Cu, Mo, Zn) (in Nassreisböden), Schwermetallen (in Sedimenten) sowie von Cr und U (in Unterböden),
- charakteristischen Merkmale wie Vergleyung (Vergrauung von G_r-Horizonten durch Fe(II)-Akkumulation und Bildung von Fe(II,III)-Mischoxiden), Nassbleichung (als Folge der Verlagerung und Verarmung an Mn(II)- bzw. Fe(II)-Verbindungen) und Pseudovergleyung (kleinräumige Fe(II)-Umverteilung durch mikrobielle Reduktions- und Oxidationsprozesse) in hydromorphen Böden (Marschen, Pseudogleye, Stagnogleye, Nassreisböden etc.),
- Synthese neuer Minerale wie Siderit ($FeCO_3$), FeS bzw. FeS_2 (Pyrit) und Eisenhydroxysulfate (wie Jarosit und Schwertmannit in sauren Sulfatböden), Vivianit ($Fe_3(PO_4)_2$ in Grundwasserböden) und nicht zuletzt für die
- Aufnahme (Massenströmung, Diffusion) von löslichen Spurennährstoffen wie $Mn(HCO_3)_2$ bzw. $Fe(HCO_3)_2$ durch mikrobielle Reduktionsprozesse in einer (nitratfreien) Rhizosphäre physiologisch aktiver Wurzeln (Standardmechanismus der Mn(II)- und Fe(II)-Versorgung von Pflanzen; Kap. 17).

14.4.3 Ökophysiologische Sukzession der mikrobiellen Redoxprozesse

Überall dort, wo ausreichend mineralisierbare organische Substanzen (H-Donatoren) in Böden vorliegen und die O_2-Zufuhr zeitweise (meist infolge von Wassersättigung bei Bodenverdichtungen, Stauschichten, Pflugsohlen) unterbunden wird, kommt es zu einer charakteristischen **ökophysiologischen Sequenz** von mikrobiellen Reduktionsprozessen (Gl. 14.3):

$$O_2 > NO_3^- > \text{Mn(IV)-Oxide} > \text{Fe(III)-(Hydr)Oxide} > SO_4^{2-} > CO_2 \qquad (14.3)$$

Aufgrund der Thermodynamik der einzelnen Redoxsysteme und ihrer steigenden Aktivierungsenergien verwenden Mikroorganismen nach „Zehrung" des vom Wasser eingeschlossenen O_2 die aufgelisteten Elektronen-Akzeptoren stets in der o. g. Reihenfolge (Abb. 14.4). Die Spezifität der einzelnen Reduktionsprozesse nimmt von links nach rechts deutlich zu, die Diversität an Organismen, die zu den jeweiligen Reduktionsschritten in der Lage ist, hingegen gleichzeitig signifikant ab. Die ersten vier Elektronen-Akzeptoren (Gl. 14.3) können von zahlreichen aeroben und fakultativ anaeroben Mikroorganismen sequenziell verwendet werden. Es kommt dabei zu intensiver Freisetzung von CO_2, NH_4^+ (Ammonifikation, Nitratammonifikation), N_2O und N_2 (Denitrifikation), Mn(II)- und Fe(II)-Verbindungen. Fe(III)-(Hydr)Oxide werden anschließend auch von obligat anaeroben Clostridien im Zuge der Metafermentation reduktiv aufgelöst. Die Metabolite (Alkohole, organische Säuren) werden dann mit Sulfat als Elektronen-Akzeptor von spezialisierten Desulfurikanten (Sulfatatmung) und CO_2 im Zuge der Methanbildung (Carbonatatmung) durch spezialisierte methanogene Archaeen (mit einer ungewöhnlichen ETP) reduziert. Ob die Reduktionssequenz in Gl. 14.3 in Böden *vollständig* durchlaufen wird, hängt zunächst von der Art und Konzentration an mineralisierbaren organischen Substanzen, von der Dauer der Wassersättigung, von der Nitratkonzentration und von der Art und Menge an pedogenen Mn(IV)- und Fe(III)-(Hydr)Oxiden ab. **Nassreisböden** (*wetland* oder *lowland rice soils*) (Box 14.2) der Tropen und Subtropen gehören zu jenen Biotopen, in denen die ökophysiologische Sequenz der mikrobiellen Reduktionsprozesse nach Überstauung häufig vollständig durchlaufen wird, vorausgesetzt, der Gehalt an Fe(III)-(Hydr)Oxiden (Redoxpuffer) ist nicht zu hoch. In zahlreichen (Nass-

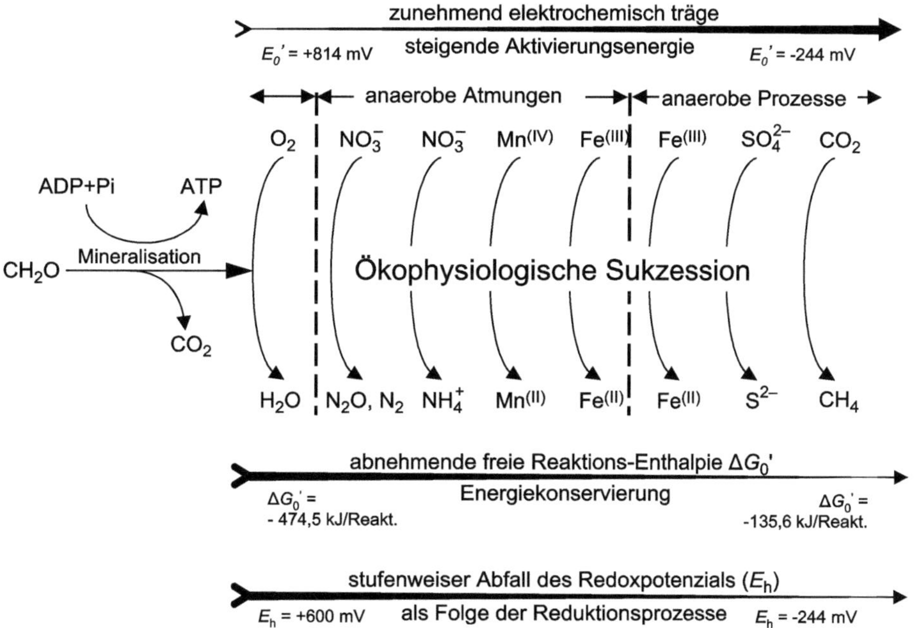

Abb. 14.4 Merkmale der ökophysiologischen Sukzession mikrobieller Reduktionsprozesse in wassergesättigten Böden (Entwurf: JCG Ottow)

reis-)Böden stellen die Fe(III)-(Hydr)Oxide den quantitativ dominanten **Redoxpuffer**, mit der Konsequenz, dass intensive Sulfatreduktionen und Methanbildungen verhindert werden, was pflanzenphysiologisch (FeS ist toxisch) und ökologisch (CH_4 ist ein potenzielles Treibhausgas) günstig ist (Yoshida 1975).

Intensive mikrobielle Reduktionsprozesse haben in Nassreisböden charakteristische Veränderungen im pH-Wert und E_h zur Folge, die für die Löslichkeit von Nährstoffen (Fe(II), Phosphat, B, Cu, Mo, Zn, Si) von Bedeutung sind. Durch die intensive mikrobielle Fe(III)-Reduktion steigt die Fe(II)-Freisetzung in der Bodenlösung S-förmig an und kann innerhalb von 1–3 Wochen im Schnitt etwa 600 mg Fe(II) pro Liter Bodenlösung erreichen, bei relativ hohem frischen C_{org}-Gehalt nicht selten bis zu 6000 mg Fe(II) pro Liter. Anschließend nimmt die Fe(II)-Konzentration in der Bodenlösung durch Bildung des unlöslichen $FeCO_3$ (Ferrocarbonat) und des grau-grünen $Fe_3(OH)_8$-Mischoxids (**Vergleyung**) rasch auf 50 bis 100 mg pro Liter ab. In diesem Zeitraum kann es zur Eisenvergiftung (*iron toxicity*) des Nassreises (*Oryza sativa*) kom-

Box 14.2 Was bedeutet *paddy rice soil*?

Nassreisböden (redoximorphe **Kultsole** in der deutschen Bodensystematik) stellen weltweit etwa 10–20% der landwirtschaftlich genutzten Flächen. International werden Nassreisböden als *wetland rice soils* bezeichnet und je nach Herkunft des Stauwassers in *irrigated rice soils* und *rain-fed rice soils* unterteilt. Die häufig verwendete Bezeichnung *paddy rice soil* ist nicht nur ein Pleonasmus, sondern auch als Fachbegriff ohne spezifische Information. In den malaiischen und indonesischen Sprachen wird das Reiskorn **an der Rispe** als *paddy* bezeichnet; das ungeschälte Korn heißt *gabah*, der polierte *beras* und der gekochte Reis *nasi*. Weil *paddy* sowohl vom Nassreis (*wetland rice*) als auch vom Trockenreis (*upland rice*) stammen kann, ist die Bezeichnung *paddy rice soil* nicht spezifisch für den Anbau von Reis (*Oryza sativa*) auf überstauten Böden. Der gängige Ausdruck *paddy rice soil* für Nassreisböden ist somit nicht korrekt und sollte in wissenschaftlichen Publikationen und Lehrbüchern vermieden werden.

Tabelle 14.2 Sukzession der anorganischen Elektronen-Akzeptoren und der Redoxstufen bei der Mineralisation organischer Substanzen in Böden nach Überstauung (Wassersättigung)

mikrobielle Prozesse	Redoxsysteme	E_0' (mV)	stufenweiser Abfall im Redox-Niveau E_h (mV)
Atmung (Respiration)	$O_2 + 4H^+ + 4e \rightleftarrows 2H_2O$	+ 820	+ 600 bis +500
Anaerobe Atmungen			
Denitrifikation	$2\,NO_3^- + 12H^+ + 10e \rightleftarrows N_2 + 6H_2O$	+751	+500 bis +200
Mangan(IV)-Atmung	$MnO_2 + 4H^+ + e \rightleftarrows Mn(II) + 2H_2O$	+420	+400 bis +200
Eisen(III)-Atmung	$Fe(OH)_3 + 3H^+ + e \rightleftarrows Fe(II) + 3H_2O$	–185	+400 bis +180
Spezifische Prozesse			
Meta-Fermentation	$Fe(OH)_3 + 3H^+ + e \rightleftarrows Fe(II) + 3H_2O$	–185	+200 bis +100
Sulfatreduktion	$SO_4^{2-} + 10H^+ + 8e \rightleftarrows H_2S + 4H_2O$	–220	+100 bis –200
Methanogenese [1]	$CO_2 + 8H^+ + 8e \rightleftarrows CH_4 + 2H_2O$	–244	–150 bis –280

[1] Carbonatatmung

men, wenn die selektive Aufnahme von Fe(II) durch die Wurzeln infolge von K-, P- und Zn-Mangel im Boden physiologisch gestört ist (Ottow *et al.* 1983; Becker u. Asch 2005). In dieser Phase der Überstauung kommt es zu

- signifikanten pH-Änderungen, die sich nach einigen Wochen je nach chemisch-physikalischen Bodeneigenschaften auf pH-Werten von etwa 6,3 bis 7,2 stabilisieren. Dabei zeigen ursprünglich saure Böden (pH < 5,1) einen signifikanten pH-Anstieg, anfänglich schwach alkalische Böden (pH > 7,2) hingegen einen leichten pH-Abfall. Ursache des pH-Anstiegs ist die Freisetzung von NH_4^+ und der **Verbrauch von Protonen** im Zuge der mikrobiellen Reduktion von Nitrat, Mn(IV)- und vor allem von Fe(III)-(Hydr)Oxiden (Tabelle 14.2),
- einem steilen stufenweisen Abfall des Redoxpotenzials (E_h) von etwa +600 mV (Streuungsbreite von etwa +450 bis +800 mV) auf etwa 0 bis –280 mV (Tabelle 14.2). Je höher die Anfangskonzentration an frischen energiereichen organischen Substanzen (Stoppel- und Strohreste) und oxidierten Fe(III)-(Hydr)Oxiden ist, desto stärker kann das Redoxpotenzial infolge der mikrobiellen Reduktionsprozesse abnehmen. Ursache des E_h-Abfalls ist die Veratmung von eingeschlossenem O_2, die Aktivierung und Reduktion von NO_3^-, Mn(IV)- und Fe(III)-(Hydr)Oxiden, die Freisetzung von Mn(II) und Fe(II) und der pH-Anstieg. Die E_h-Änderungen schwanken je nach Redoxpaar zwischen etwa 50 und 100 mV pro pH-Einheit. Weil Ferrihydrit/Fe(II) das vorherrschende Redoxpaar ist, vermindert sich der E_h-Wert nach Überflutung pro pH-Einheit um etwa 59 mV ($\Delta E_h/\Delta pH$ = 59 mV). Der empirische Zusammenhang zwischen Redoxpotenzial (E_h), Aktivität an Fe(II)-Ionen und dem pH-Wert in der Bodenlösung ergibt sich aus den Gleichungen (Gl. 14.4 und Gl. 14.5):

$$E_h\,(V) = 1{,}06 + 0{,}059 \log Fe(II) - 0{,}177\,pH \quad \text{(bei amorphen Fe(III)-Verb.)} \tag{14.4}$$

$$E_h\,(V) = 0{,}69 + 0{,}059 \log Fe(II) - 0{,}177\,pH \quad \text{(bei kristallinen Fe(III)-Verb.)} \tag{14.5}$$

Die Gleichungen 14.4 und 14.5 besagen, dass das Redoxpotenzial E_h in überstauten Nassreisböden während der vorherrschenden Phase der mikrobiellen Eisenreduktion entscheidend von der Fe(III)-(Hydr)Oxidform (amorph oder überwiegend kristallin), der Aktivität an Fe(II)-Ionen und dem pH-Wert in der Bodenlösung bestimmt wird. Je intensiver die mikrobielle Eisenreduktion abläuft, desto mehr Protonen werden verbraucht, umso schneller steigt der pH-Wert und desto mehr Fe(II)-Ionen werden freigesetzt. Infolgedessen senkt sich das Redoxpotenzial E_h und der rH-Wert entsprechend (Ponnamperuma 1972, 1981; Yoshida 1975; Yamane 1978; Watanabe u. Furusaka 1980; Ottow 1981).

Von Beginn der Überstauung bis zum tiefsten E_h-Wert kann in Nassreisböden innerhalb weniger Tage vielfach ein **Potenzialsprung** von etwa 900 bis 1100 mV stattfinden. Durch die intensiven Mineralisationsprozesse kommt es im überstauten Boden im Anschluss an die anaeroben Atmungen zu einem Anstieg an löslichen organischen Säuren, im Wesentlichen Formiat, Acetat (Hauptprodukt), Butyrat, Propionat, Lactat, und an Alkoholen (Ethanol, 2,3-Butandiol) (Abb. 3.4, Kap. 3). Es sind Fermentationsprodukte verschiedener Gärungen fakultativ und obligat anaerober Bakterien (z. B. Enterobakterien, saccharolytische Clostridien, Propionibakterien, etc). *Pelobacter carbinolicus* (*Deltaproteobacteria*) kann 2,3-Butandiol als Substrat mit Fe(III) als einzigem Elektronen-Akzeptor über eine Metafermentation (SSP) unter Ausscheidung von Acetat verwerten (Lovley *et al.* 1995). Die organischen Säuren dienen als Wasserstoff-Donatoren für die anschließende Sulfatatmung (H_2S-Bildung). Acetat und CO_2 sind schließlich Ausgangssubstrate für die **Carbonatatmung** (CH_4-Bildung; Abb. 14.4; Kap. 3, 15). Die charakteristischen Veränderungen in pH und E_h sind Folge und nicht Ursache von Mangan- und Eisenreduktionen in Böden (Ottow 1982).

14.4.4 Energiekonservierung mit Fe(III)-(Hydr)Oxiden als Elektronen-Akzeptor

Bei der Übertragung von Reduktionsäquivalenten aus Elektronen-Donatoren (durch Dehydrogenasen und NADH im Cytoplasma) über eine membrangebundene Elektronentransportkette (Chinone → Cytochrom *b* → Cytochrom *c* → Cytochrom *a*) kommt es an der Cytoplasmamembran (CM) zu einer Ladungstrennung und zum Aufbau eines elektrochemischen Potenzials (Protonengradient; *proton motive force*). Transmembranproteine befördern die Protonen aus dem Cytoplasma nach außen oder in den periplasmatischen Raum. Weil die CM nicht durchlässig für Protonen ist, wird das Periplasma positiv geladen und damit leicht sauer. Die elektrochemische Energie wird durch den Protonenrückstrom mittels zahlreicher ATP-Synthasen in der CM zur ATP-Bildung verwendet (**Protonenpumpe**). Dazu wird die Energie des elektrochemischen Gradienten in Form chemischer Energie einer energiereichen Phosphatbindung (ATP) konserviert (Energiekonservierung). Triebkraft für den Protonentransport nach außen ist der **Elektronentransport** von einer Donatorverbindung mit niedrigem zu einem Akzeptor mit höherem Redoxpotenzial. Dazu werden die auf dem Niveau der Chinone von den Protonen getrennten Elektronen über Elektronen-Carrier (Cytochrome) geleitet und abschließend auf einen geeigneten Elektronen-Endakzeptor übertragen. Ohne einen geeigneten Elektronen-Akzeptor ist die Energiekonservierung (ETP) nicht möglich. Zahlreiche aerobe Mikroorganismen (mit ETP) können anstelle von O_2 verschiedene **alternative Elektronen-Akzeptoren** mit sehr unterschiedlichen Standard-Redoxpotenzialen verwenden (Abb. 14.5). Die potenziell verfügbare Energie aus dem Einsatz eines bestimmten alternativen Elektronen-Akzeptors ist proportional zur Redoxpotenzialdifferenz zwischen dem Elektronen-Donator (z. B. NADH) und dem jeweiligen Elektronen-Akzeptor (O_2, NO_3^-, Mn(IV) oder Fe(III)). Bei der Atmung (mit O_2 als Elektronen-Akzeptor) ermöglichen Redoxreaktionen aufgrund eines Potenzialsprungs von etwa 1130 mV (von E_0' = +820 mV bei O_2/H_2O bis –310 mV bei NADH/NAD) einen maximalen Antrieb der Protonenpumpe und der ETP. Bei optimaler O_2-Versorgung können pro NADH-Molekül etwa zehn Protonen nach außen geschleust werden. Da aber pro gebildetes ATP vier Protonen verbraucht werden, können aus der Oxidation von NADH mit O_2 als Endakzeptor maximal etwa drei (rechnerisch 2,5) Mol ATP gebildet werden.

Mit NO_3^-, Mn(IV) und Fe(III) als Endakzeptor können deutlich weniger ATP-Moleküle gebildet werden als mit O_2, weil die Potenzialsprünge in der genannten Reihung stets kleiner werden (Abb. 14.5). Die ökophysiologische Sequenz der Elektronen-Akzeptoren nach ihrem Standard-Redoxpotenzial entspricht der jeweiligen maximalen Energiegewinnung unter den gegebenen Bedingungen, vorausgesetzt der betreffende Organismus verfügt über die erforderlichen alternativen **terminalen Reduktasen** für den Einsatz der alternativen Endakzeptoren (z. B. eine dissimilatorische Nitrat-Reduktase mit Nitrat als Endakzeptor oder eine dissimilatorische Ferri-Reduktase bei Verwendung von Fe(III)-(Hydr)Oxiden als Elektronen-Akzeptor). Aus thermodynamischen Gründen halten aerobe Mikroorganismen die ökophysiologische Sequenz der alternativen Elektronen-Akzeptoren konsequent ein

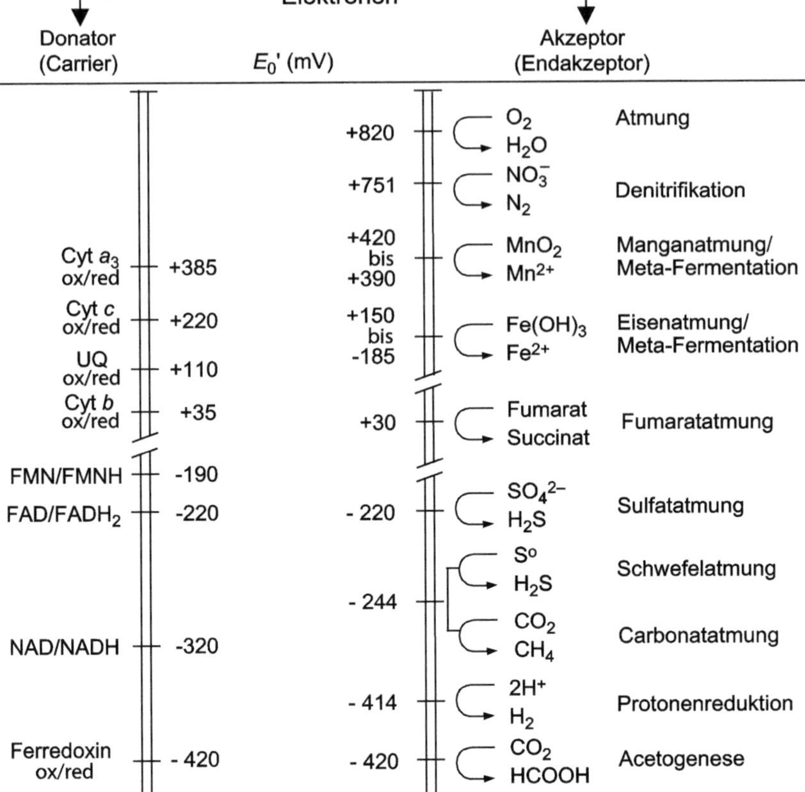

Abb. 14.5 Gegenüberstellung der Standardredoxpotenziale (E_0'-Werte) von wichtigen Elektronen(Wasserstoff)-Donatoren und Elektronen-Endakzeptoren im heterotrophen Stoffwechsel überwiegend aerober Mikroorganismen (mit ETP). Die verfügbaren Redoxspannen bei der Oxidation von NADH mit verschiedenen (alternativen) Elektronen-Akzeptoren sind proportional zur nutzbaren freien Energie. Ein ΔE_0' von 400 mV entspricht $\Delta G_0' = -77$ kJ x Mol^{-1}, was etwa die erforderliche Energie für die Bildung von 1 ATP liefert (Entwurf: JCG Ottow)

(4.3.3). Ursache der ökophysiologischen Sukzession ist ihre zunehmende **elektrochemische Trägheit** (charakterisiert durch das Standard-Redoxpotenzial E_0') und die damit verbundene Erhöhung der Aktivierungsenergie (Abb. 14.4). Infolgedessen liefert die Veratmung von H-Donatoren mit Nitrat, Mn(IV)- und/oder Fe(III)-Hydroxiden als Endakzeptoren deutlich weniger Energie (ATP) als die Veratmung von O_2. Bei den Fe(III)-(Hydr)Oxiden kommt noch hinzu, dass die E_0'-Werte je nach Fe(III)-Oxidform (Tabelle 14.1) und bei Ferrihydrit je nach Kristallisationsausmaß sehr verschieden sind, sodass die maximal mögliche Energiegewinnung (ATP-Synthese) sehr unterschiedlich ausfallen kann. Bei einem Elektronentransport von NADH über die Elektronentransportkette mit Ferrihydrit/Fe(II) als Endakzeptor ist beispielsweise lediglich eine Redoxspanne von etwa 460 bis 125 mV zur Energiekonservierung verfügbar, wenn die große Variationsbreite von +150 bis –185 mV für die unterschiedlich kristallinen Ferrihydrit/Fe(II)-Systeme (Abb. 14.5) einmal zugrunde gelegt werden. Bei der Frage, ob mit dieser relativ geringen Redoxspanne von Ferrihydrit/Fe(II) als Endakzeptor überhaupt ATP gewonnen werden kann, sollte bedacht werden, dass durch die ETP (im Gegensatz zur SSP) auch Teile von 1 mol ATP konserviert werden können, weil die aus der Redoxreaktion abfließenden Elektronen zunächst nur für den Protonentransport durch die CM genutzt werden. Der Protonengradient kann dann die kleinen Energiepakte zur ATP-Synthese integrieren.

Zahlreiche aerobe Prokaryoten (*Bacteria*, *Archaea*) und Pilze (Kap. 8) können bei intensiven Mineralisationsprozessen und O_2-Mangel sowohl Nitrat (und Nitrit) als auch Mn(IV) und Fe(III) als alternative Elektronen-Akzeptoren zur ETP einsetzen, weil sehr viele dieser Organismen mit allen drei entsprechenden Reduktasen (dissimilatorische Nitrat-, Mangan-, Ferri-Reduktase) ausgestattet sind. Solche Organismen können ihre ETP unter Einsatz verschiedener Elektronen-Akzeptoren auch ohne O_2 aufrechterhalten (anaerobe Atmungen), was den Organismen eine hohe **ökophysiologische Flexibilität** in Böden verleiht (Kap. 3).

14.5 Phylogenetische Taxonomie eisenreduzierender Mikroorganismen

Mikroorganismen, die potenziell zur Fe(III)-Reduktion befähigt sind („eisenreduzierende Mikroorganismen“), sind allgemein verbreitet. Mikrobielle Fe(III)-Reduktion gehört phylogenetisch vermutlich zu den ersten Mechanismen der Energiekonservierung der Erde, lange bevor Atmung (Respiration), Nitratatmung und Sulfatreduktion in Erscheinung traten. Das Leben entstand wahrscheinlich vor etwa 3,8 Milliarden Jahren in einer Zeit, als die Erdoberfläche noch heiß (mit Temperaturen von ca. 140–150 °C) und reich an anaeroben Fe(II)-Ablagerungen war. Auf photochemischem Wege könnte Fe(II) (Gl. 14. 6)

$$2\ \mathrm{Fe(II)} + 2\ \mathrm{H}^+ + h\upsilon \rightarrow 2\ \mathrm{Fe(III)} + \mathrm{H}_2 \qquad (14.6)$$

noch unter anaeroben Bedingungen zu Fe(III) oxidiert worden sein. Aufgrund des Alters dieser Sedimente ist es aber wahrscheinlicher, dass das Fe(III) durch **anoxygene phototrophe** Mikroorganismen (14.5.4) gebildet wurde, die Fe(II) unter anaeroben Bedingungen zur Energiegewinnung oxidieren. Nach der Entdeckung der **oxygenen Photosynthese** (mit Freisetzung von O_2) durch Ur-Cyanobakterien haben sich dann im Präkambrium auf chemischem Wege gewaltige Ablagerungen von rotem Fe_2O_3 gebildet, die heute als mächtige *banded iron formations* von diesen Ereignissen zeugen. Die Fe(III)-Oxid-Ablagerungen haben vermutlich die Voraussetzungen für die Entwicklung von Mikroorganismen mit dissimilatorischer Fe(III)-Reduktion geschaffen (Weber *et al.* 2006a). Diese Hypothese könnte erklären, warum auch heute noch sowohl unter den kultivierbaren *Archaea* (Phyla *Cren-* und *Euryarchaeota*) als auch unter den verschiedensten Phyla der *Bacteria* (bei Vertretern der *Thermotogae*, *Deinococcus-Thermus*, *Deferribacteres*, *Proteobacteria*, *Firmicutes*, *Acidobacteria)* und unter den *Fungi* (*Ascomycota* und *Fungi Imperfecti*) die Fähigkeit zur dissimilatorischen Fe(III)-Reduktion weit verbreitet ist. Darüber hinaus dürfte die Fähigkeit zur dissimilatorischen Eisenreduktion auch noch unter zahlreichen (bisher) nichtkultivierbaren Mikroorganismen in Böden vertreten sein, sodass die Eisenatmung nach der „aeroben“ Respiration heute wahrscheinlich zu den am weitesten verbreiteten Formen der ATP-Synthese unter Mikroorganismen gehört.

Eisenreduktion (Eisenatmung bzw. Metafermentation) ist allerdings fast ausnahmslos eine **fakultative** Leistung von Mikroorganismen und in der Regel eine ökophysiologische Alternative zur Respiration und/oder zur Fermentation (Kap. 3). Die überwiegende Mehrzahl an aeroben dissimilatorischen Fe(III)-reduzierenden Mikroorganismen ist auch zur dissimilatorischen Nitratreduktion (Nitratammonifikation, Denitrifikation) und Mn(IV)-Reduktion (Manganatmung) in der Lage. Zwischen der Population an dissimilatorischen nitratreduzierenden und eisenreduzierenden Bakterien in Böden besteht daher auch eine signifikante Korrelation (Ottow u. Ottow 1970), wenngleich die Dichte an kultivierbaren eisenreduzierenden Bakterien größer ist als die Population an nitratreduzierenden (denitrifizierenden und nitratammonifizierenden) Bakterien (Abb. 14.6). Dies bedeutet, dass die meisten dissimilatorisch-nitratreduzierenden Bakterien auch zur Eisenreduktion in der Lage sind, aber nicht alle potenziellen Fe(III)-Reduzierer zur Respiration von Nitrat (ATP-Synthese) befähigt sind. Viele (aber nicht alle) aerobe eisenreduzierende Bakterien können zudem Fumarat, oxidierte Huminsäuren (Vertreten durch Anthrachinon-2,6-disulfonat = AQDS), Perchlorat (ClO_4^-, ein unphysiologischer Akzeptor) und Chlorat (ClO_3^-, ebenfalls unphysiologisch), häufig auch noch S^0, Thiosulfat ($S_2O_3^{2-}$), Trimethylamin-N-Oxid, As(V) oder Se(VI) als alternative Elektronen-Akzeptoren einsetzen.

Eisenreduzierende Mikroorganismen gibt es im psychrophilen (ca. –5–15 °C), im mesophilen (etwa 15–40 °C), thermophilen (45–65 °C) und im hyperthermophilen (70–120 °C) Bereich (Kashefi *et al.* 2008). Zudem findet die mikrobielle Eisenreduktion in einem weiten pH-Bereich von etwa 2 bis 8 statt (Coupland u. Johnson 2007), wobei je nach Organismus eine Vielzahl an anorganischen (H_2, S^0, H_2S) oder organischen Wasserstoff-Donatoren als Substrate verwertet werden kann. Bisher gehören eisenreduzierende Prokaryoten zehn verschiedenen phylogenetischen Gruppen (Phyla) an:

Gruppe I: grampositive Bakterien der Gruppe *Bacillus-Brevibacillus-Paenibacillus-Clostridium-Alkaliphilus-Thermoterrabacterium* (Phylum *Firmicutes*). Diese Gruppe umfasst:

- aerobe sporenbildende Stäbchen der Gattungen *Bacillus* (*B. cereus, B. circulans*, *B. infernus*, *B. mega-*

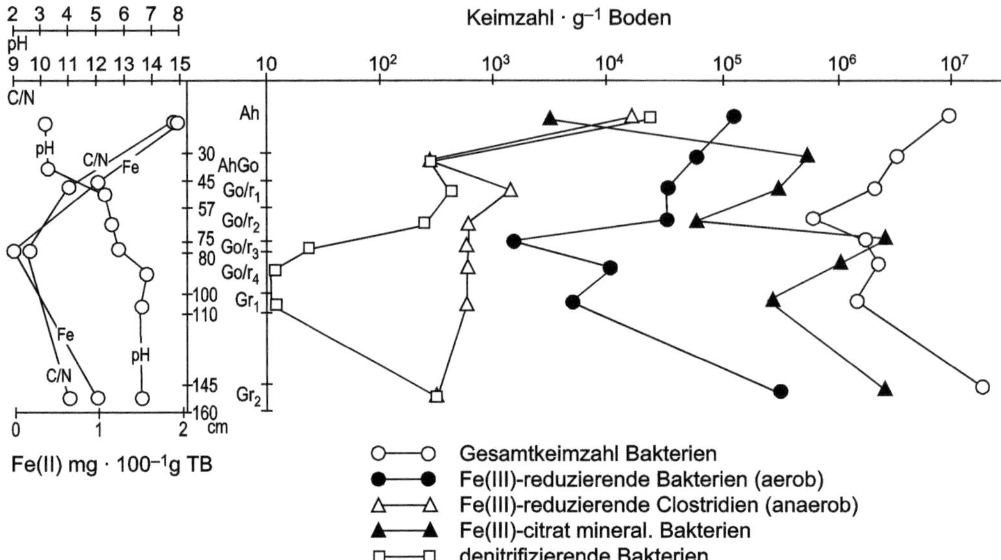

Abb. 14.6 Tiefenverteilung verschiedener Populationsdichten funktioneller Bakteriengruppen (MPN-Verfahren mit selektiven Flüssigmedien) in einem Anmoorgley der norddeutschen Marschmoorlandschaft unweit von Bremen. Die Sauger des Dränagesystems lagen auf etwa 100 bis 110 cm Bodentiefe. Die ungewöhnlichen Populationszunahmen im Unterboden (G_r-Horizont) können auf den höheren C-Gehalt zurückgeführt werden (Hammann *et al.* 1977)

terium, B. pumilus, B halodurans etc.), *Brevibacillus* und *Paenibacillus* (*P. polymyxa, P. macerans*). Die ATP-Synthese erfolgt mittels Cytochrome (ETP) und O_2, Nitrat, Mn(IV)-Oxiden oder Fe(III)-(Hydr) Oxiden als alternative Elektronen-Akzeptoren (anaerobe Atmungen). Die Paenibacillen sind ökophysiologisch besonders flexibel, weil sie zudem über einen fermentativen Metabolismus (mit SSP) verfügen. In jedem Oberboden (Abb. 1.11; Kap. 1; Abb. 14.6) kommen Vertreter aerober Sporenbildner in Populationsdichten von etwa 10^5 bis 10^7 keimfähigen Sporen x g^{-1} TB vor, im Unterboden befinden sich in einer Tiefe von etwa 70 bis 120 cm immer noch Dichten von etwa 10^4 bis 10^6 Keime × g^{-1} TB (Ottow 1969a; Ottow u. Glathe 1971; Boone *et al.* 1995; Petrie *et al.* 2003; Scala *et al.* 2006),

- obligat anaerobe sporenbildende Stäbchen der Gattung *Clostridium* (*C. acetobutylicum, C. butyricum, C. butylicum, C. saccharobutylicum, C. beijerinckii, C. sporogenes, C. tertium, C. perfringens, etc.*) (Klasse der *Clostridia,* Familie der *Clostridiaceae*). Vertreter der ersten fünf Arten sind zudem potenzielle N_2-Bindner und infolgedessen den wassergesättigten, vielfach N-armen (Unter-)Böden und Grundwasserleitern gut angepasst. Ihre Populationsdichten liegen in Oberböden bei etwa 10^4 Keime × g^{-1} TB, im Unterboden in 70–120 cm Tiefe erreichen die Populationsdichten noch etwa 10^3 Keime × g^{-1} TB (Abb. 14.6; Ottow 1970a, 1971; Hammann u. Ottow 1974, 1976; Scala *et al.* 2006; Lin *et al.* 2007),
- Vertreter der alkalophilen anaeroben Stäbchen *Alkaliphilus metallireducens* (*Clostridiaceae*). Sie wurden erstmals zahlreich in Sedimenten des Flusses Schelde nachgewiesen (Lin *et al.* 2007). Wachstum und Eisenreduktion dieser Bakterien finden in einem weiten Temperaturbereich von 4–50 °C statt,
- ein grampositives bewegliches thermophiles (50–74 °C) Stäbchen der Art *Thermoterrabacterium ferrireducens* (Klasse der *Clostridia, Peptococcaceae*) mit einem pH-Optimum zwischen 5,5 und 7,6. Das Bakterium wurde aus heißen Quellen in den USA und in Neuseeland isoliert und kann als spezialisierter chemoorganotropher Eisenreduzierer betrachtet werden. Glycerin wird mit amorphen Fe(III)-Hydroxiden und mit Fe(III)-Citrat als einzigem Elektronen-Akzeptor unvollständig bis zum Acetat oxidiert. Glucose, Fructose, Mannose, Lactat, Pyruvat und 1,2-Propandiol können mit amorphem Fe(III)-Hydroxid (Ferrihydrit) verwertet werden. Dieses Bakterium kann als alternative Elektronen-Akzeptoren weiter 9,10-Anthrachinon-2,6-disulfonat (AQDS), Fumarat, Thiosulfat und S^0 einsetzen (Slobodkin *et al.* 2001).

Box 14.3 Goldgewinnung mit eisenreduzierenden Bakterien

Gold (Au) kommt hauptsächlich gemischt mit Silber (Ag) in gediegenem Zustand als goldhaltiger Quarz und goldhaltiger Pyrit (FeS_2) in Lagerstätten vor (primäres Gold). Nach Verwitterung und Auswaschung findet sich Gold als Staub und Körner (Waschgold) in sandigen Ablagerungen wieder. Goldstaub und -körner können sich bei der Ferrallitisierung von Lateriten (Oxisole, Ferralsole) und Regosolen (aus Fluss- und Geschiebesanden) anreichern (sekundäres Gold). Gold tritt hauptsächlich in seinen ein- und dreiwertigen Verbindungen auf (Au(I) bzw. Au(III)). Das lösliche Au(III)-Ion ist ein starkes Oxidationsmittel (E_0' = +1498 mV) und kommt in Böden im Wesentlichen als $AuCl_3xH_2O$ und sequestriert an organischen Liganden (Chelaten) vor.

Wahrscheinlich sind auch heterotrophe Mikroorganismen (Prokaryoten, Pilze, Algen) am Au-Kreislauf beteiligt. Zunächst setzen chemolithoautotrophe Thiobacillen (*Acidithiobacillus spp.*) Au(III) bei der Oxidation von Pyrit frei, das in Form von Salzen und Chelaten mit dem Wasser verlagert und erneut chemisch und vermutlich auch mikrobiologisch gefällt wird. Au hat eine hohe Affinität für Sesquioxide, Tonminerale (Kaolinit) und organische Chelate, was zur lokalen Au-Anreicherung führen kann. Potenziell eisenreduzierende Bodenbakterien wie *Bacillus subtilis*, *B. megaterium*, *B. circulans*, *Serratia marcescens* und Pseudomonaden (*P. fluorescens* und *P. aeruginosa*) sind in Laboruntersuchungen in der Lage, Au aus lateritischem Material mittels Chelate zu mobilisieren und Au(III) als Elektronen-Akzeptor zum unlöslichen Au(0) zu **reduzieren**. Goldkörner aus australischen Goldminen zeigen, dass alle Körner Biofilme mit einer heterotrophen Bakterienflora besitzen, darunter auch das gramnegative asporogene Stäbchen *Cupriavidus* (*Ralstonia*) *metallidurans*, welches potenziell zur Eisenreduktion befähigt ist. Dieses Bakterium ist bekannt für seine relativ hohe Toleranz gegenüber verschiedenen Schwermetallen. Alle genannten Bakterien sind potenziell zu anaeroben Atmungen mit Nitrat, Mn(IV) und Fe(III) in der Lage. Ob das lösliche Au(III) als alternativer Elektronen-Akzeptor für **eisenreduzierende Bakterien** dienen kann, wurde anhand einer großen Diversität von mesophilen und hyperthermophilen dissimilatorischen Fe(III)-reduzierenden *Bacteria* und *Archaea* systematisch untersucht. Bestimmte mesophile eisenreduzierende Bakterien wie *Geobacter metallireducens*, *G. ferrireducens* und *Shewannella algae* sowie die thermophilen *Archaea Archaeoglobulus fulgidus*, *Ferroglobus placidus* und *Pyrobaculum islandicum* können das lösliche Au(III) tatsächlich als alternativen Elektronen-Akzeptor einsetzen und zum unlöslichen Au(0) reduzieren, das extrazellulär oder im periplasmatischen Raum gefällt wird.

Laboruntersuchungen sind zwar nicht auf natürliche Standortbedingungen übertragbar, doch kann die Beteiligung von Mikroorganismen am Au-Kreislauf, insbesondere an der sekundären Goldbildung (Goldpartikel und -körner), durch eine spezifische Au-Reduktase angenommen werden: „*Microorganisms can play a role in growing gold nuggets*" (Kashefi *et al.* 2001; Nakajima 2003; Reith u. McPhail 2006).

Gruppe II: gramnegative Stäbchen der *Pseudomonas-Shewanella-Aeromonas-Ferrimonas-Enterobacter*-Arten (Klasse der *Gammaproteobacteria*).
Eisenreduzierende Bakterien innerhalb der Proteobakterien sind weit verbreitet (Lovley 1991, 1995, 1997; Thamdrup 2000). Zu dieser Gruppe der Gammaproteobakterien (*Alteromonadaceae*) gehören Vertreter der Gattungen *Pseudomonas* (*P. aeruginosa*, *P. fluorescens-putida*, *P. stutzeri*, *P. mendocina*, etc.), *Shewanella* (*S. oneidensis*, *S. algae*, *S. benthica*, *S. frigidimarius*) und *Aeromonas*. Es sind aerobe chemoorganotrophe Bakterien, die unter anaeroben Bedingungen Nitrat, Mn(IV), Fe(III) und Fumarat nebst verschiedenen anderen externen Verbindungen als alternative Endakzeptoren einsetzen können (Box 14.3). Weil die Energiegewinnung mittels CoQ und Cytochrom *c* erfolgt (ETP), handelt es sich um **anaerobe Atmungen** (Kap. 3). *Pseudomonas*- und *Shewanella*-Arten sind anspruchslose (prototrophe) potente Eisenreduzierer, die Glucose und zahlreiche Metabolite (Lactat, Acetat, einfache Alkohole, etc.) in Böden mit Fe(III) verwerten können. *Shewanella*-Arten können Fe(III)-Verbindungen auch mit H_2 als Elektronen-Donator reduzieren. *P. aeruginosa* (= *P.* „*ferrireductans*") und *S. oneidensis* sind bevorzugte Versuchsorganismen zur Klärung des Mechanismus der Eisenreduktion (Ottow 1969b, 1970b; Obuekwe *et al.* 1981; Arnold *et al.* 1988; Schröder *et al.* 2003; Croal *et al.* 2004). *S. oneidensis* verwertet am natürlichen Standort (hydromorphe Böden, Unterböden, Grundwasserleiter, Sedimente) bevorzugt Fermentationsprodukte (Lactat, Acetat, Formiat und H_2), kann aber bei Mangel an aliphatischen Substraten nach An-

passung auch **einfache aromatische Verbindungen** wie Benzoat, Toluol, Phenol und *p*-Cresol mit Fe(III)-Verbindungen als einzigem Elektronen-Akzeptor mineralisieren (Kap. 3). Das Spektrum an alternativen Elektronen-Akzeptoren von *S. oneidensis* ist bemerkenswert breit und umfasst NO_3^-, NO_2^-, Mn(IV), Fe(III), SO_3^{2-} (Sulfit), $S_2O_3^{2-}$ (Thiosulfat), S^0 (elementarer Schwefel) und Fumarat sowie die Spurenelemente U(VI), Se(IV), Cr(VI) und Tc(VII). Dieses bisher einmalig breite Spektrum verleiht dem aeroben Bakterium bei O_2-Mangel eine große ökophysiologische Flexibilität und folglich eine hohe Konkurrenzkraft in Böden und Sedimenten. Weiter kann *S. oneidensis* nicht nur Fe(III)-Citrat, Ferrihydrit oder Goethit und Hämatit, sondern auch strukturell gebundene Fe(III)-Atome in den Zwischenschichträumen aufweitbarer Dreischichttonmineralien (Vermiculite, Smectite, Nontronit, Illit) und im Zweischichtphyllosilikat Kaolinit als einzige Elektronen-Akzeptoren einsetzen (Kostka *et al.* 2002).

Vertreter der Gattungen *Shewanella* und *Geobacter* (Gruppe IV) können auch **oxidierte Huminstoffe** (Huminsäuren, Fulvosäuren, AQDS) als Elektronen-Akzeptoren verwenden. Andererseits können diese Bakterien **reduzierte Huminstoffe** unter Einsatz von NO_3^- und Fe(III)-Verbindungen als Elektronen-Akzeptoren zur Energiegewinnung (ATP-Synthese) auch verwerten (Kap. 11).

Zur Gruppe II gehört auch *Ferrimonas balearica* (Rosello-Mora *et al.*, 1995), ein aerobes gramnegatives Stäbchen aus Meeressedimenten, das verschiedene Metabolite (darunter Lactat) unter anaeroben Bedingungen mit Nitrat, Mn(IV)-Oxiden oder Fe(III)-(Hydr)Oxiden als Elektronen-Akzeptoren zu mineralisieren vermag. Ob diesem Bakterium auch in Böden eine Bedeutung für die Eisenreduktion zukommt, wurde bisher noch nicht untersucht.

Zu den Gammaproteobakterien gehören weiter verschiedene (möglicherweise alle) Vertreter der *Enterobacteriaceae* wie *Enterobacter* (*Pantoea*) *spp.*, *Serratia spp.*, *Citrobacter spp.*, *Escherichia coli, Proteus spp.* und *Pantoea spp.*, die überwiegend auch potenziell zur Eisen- und Manganreduktion sowie zur Nitratatmung (Denitrifikation) befähigt sind (Ottow 1969b, 1970b; Scala *et al.* 2006; Lin *et al.* 2007). Enterobakterien besitzen einen aeroben Stoffwechsel (mit ETP durch Cytochrome), können aber einfache Zucker und Kohlenhydrate in einer Vielzahl von gemischten Säuregärungen anaerob und aerogen (H_2 und CO_2) verwerten. Enterobakterien (ausgenommen die pathogenen Arten der Gattungen *Salmonella* und *Shigella* im Darm von Warmblütern) sind weit verbreitete Bewohner von Böden, Sedimenten, Gewässern, Rhizosphäre und Phyllosphäre (Kap. 6).

Auch aerobe chemolithoautotrophe acidophile (pH-Optimum bei ca. 2) Fe(II)-, S^{2-}- und S^0-oxidierende Thiobacillen, *Acidithiobacillus* (*Thiobacillus*) *ferrooxidans* und *Acidithiobacillus* (*Thiobacillus*) *thiooxidans,* können die Oxidation der genannten anorganischen H-Donatoren unter anaeroben Bedingungen zur ATP-Bildung (über ETP) mit der Reduktion von Fe(III)-Verbindungen verbinden (Brock u. Gustafson 1976; Coupland u. Johnson 2007). In stark sauren Gewässersedimenten können diese aeroben Bakterien bei O_2-Mangel Fe(III)-(Hydr)Oxide reduktiv auflösen und mobilisieren. *A. ferrooxidans* ist ein klassisches Eisenbakterium, das sowohl Fe(II)- als auch reduzierte S-Verbindungen (z. B. FeS_2; Pyrit) zur Energiegewinnung oxidieren kann. Die acidophile (pH 2–4) aerobe Eisenoxidation liefert ATP (Gl. 14.7) und führt zur spontanen Bildung von Ferrihydrit und zur Versauerung von Böden und Sedimenten (Gl. 14.8).

$$4\ Fe(II) + O_2 + 4\ H^+ + ADP + Pi \rightarrow 4\ Fe(III) + 2\ H_2O + ATP \tag{14.7}$$

$$4\ Fe(III) + 3\ OH^- + 3\ H^+ \rightarrow 4\ Fe(OH)_3\downarrow + 3\ H^+\ \text{(Versauerung)} \tag{14.8}$$

Ökophysiologisch bemerkenswert ist, dass das gebildete Fe(III) bei O_2-Mangel von *A. ferrooxidans* erneut als Elektronen-Akzeptor verwendet werden kann und dann unter stark sauren Bedingungen zu Fe(II) reduziert wird (Coupland u. Johnson 2007).

Gruppe III: *Geobacter-Pelobacter-Desulfuromonas-Desulfuromusa*-Arten (Klasse *Deltaproteobacteria*).

Die potenzielle Fähigkeit zur Eisenreduktion ist auch bei gramnegativen (z. T. gekrümmten) Stäbchen der Deltaproteobakterien unter den *Geobacteraceae* (*Geobacter*-Arten) und *Desulfuromonaceae* (*Pelobacter*-, *Desulfuromonas*- und *Desulfuromusa*-Arten) weit verbreitet. Die beiden Gruppen sind phylogenetisch eng verwandt. Ein breites Spektrum an H-Donatoren wird unter anaeroben Bedingungen mit Nitrat, Mn(IV) oder

Fe(III) als Elektronen-Akzeptoren und *c*-Typ-Cytochromen als Elektronen-Carrier (ETP) in der Regel vollständig zu CO_2 und H_2O oxidiert. Es handelt sich somit um fakultativ anaerobe Bakterien mit **aerobem Stoffwechsel** (und nicht um anaerobe Organismen). Die Gattung *Geobacter* besitzt die Mn(IV)- und Fe(III)-reduzierenden Arten *G. metallireducens*, *G. sulfurreducens*, *G. grbiciae*, *G. hydrogenophilus*, *G. chapellei* und *G. „humireducens"*, alles Arten, die in Sedimenten, Böden und Gewässern weit verbreitet sind. Außer Fe(III) können die meisten Arten aus dieser Gruppe auch Nitrat, Mn(IV) und Au(III) reduzieren (Box 14.3). *G. metallireducens* kann zudem Nitrat auf dissimilatorischem Wege zu Ammonium (**Nitratammonifikation**) veratmen. Der gleiche Organismus scheidet nach vollständiger Fe(III)-Reduktion das schwarzbraune Mischoxid Fe_3O_4 (Magnetit) im Medium ab und ist wahrscheinlich für die Bildung von Magnetit in Böden mitverantwortlich.

Eisenreduzierer der Gattung *Pelobacter spp.* (z. B. *P. carbinolicus*) besitzen einen **fermentativen** Kohlenhydratstoffwechsel, vermutlich mit SSP (weil *c*-Typ-Cytochrome bisher nicht nachgewiesen wurden). Elektronen-Donatoren wie Malat, Acetat, einfache Alkohole (Acetoin, 2,3-Butandiol, Butanol, Ethanol etc.) und H_2 können mit Fe(III)-Verbindungen oder mit S^0 (elementarem Schwefel) als Elektronen-Akzeptoren verwertet werden (Lovley *et al.* 1995). Falls Fe(III)-(Hydr)Oxide im fermentativen Stoffwechsel als Elektronen-Akzeptor dienen, dann handelt es sich um **Meta-Fermentationen** (Tabelle 14.2).

Aus Nassreisböden wurde 2003 erstmals ein aerobes eisenreduzierendes Myxobakterium *Anaeromyxobacter sp.* (Ordnung *Myxococcales*, Familie *Cystobacteraceae*) isoliert und charakterisiert. Aufgrund der großen Ähnlichkeit der 16S-rRNA-Gensequenzanalysen mit *A. dehalogenans* wurde auf eine neue Art verzichtet (Petrie *et al.* 2003; Treude *et al.* 2003). Als Elektronen-Donator dient bevorzugt Acetat, als Elektronen-Akzeptoren können O_2, Nitrat und Fe(III) verwendet werden; Mn(IV) offenbar nicht. Obwohl bisher keine Cytochrome nachgewiesen wurden, handelt es sich hier wahrscheinlich doch um eine anaerobe Atmung (ETP).

Gruppe IV: Spezialisten wie *Acidicaldus organivorans* (Klasse der *Alphaproteobacteria*).
Acidicaldus organivorus ist ein aerobes acidophiles (pH-Optimum 1,7 bis 3), thermophiles (Temperaturoptimum 50–65 °C) gramnegatives auxotrophes Stäbchen mit chemolithotrophem Stoffwechsel (und S^0 als Elektronen-Donator). Unter anaeroben Bedingungen kann es heterotroph verschiedene H-Donatoren (Monosaccharide, Alkohole, Aminosäuren, Phenol) mit Fe(III)-Sulfat [$Fe_2(SO_4)_3$] als einzigem Elektronen-Akzeptor verwerten. Eisenreduktion erfolgt auch unter mikroaerophilen Bedingungen. Zudem kann das Stäbchen auch As(III) im sauren Milieu oxidieren. Das Bakterium stammt aus heißen geothermalen Quellen im Yellowstone-Nationalpark, USA. Dieser Organismus ist ein schöner Beweis für eine erfolgreiche Anpassung an eine extreme ökologische Nische.

Einige heterotrophe acidophile gramnegative *Acidiphilium*-Arten (pH-Optimum bei etwa 2; z. B. *Acidiphilium cryptum*) können Zucker (Glucose, Fructose), Alkohole (Ethanol, Glycerin) sowie mehrere organische Säuren (Malat, Fumarat, Citrat, Succinat), eine Aminosäure (Glutamat) und H_2 mit Fe(III) als einzigem Elektronen-Akzeptor bei pH 2,5 sowohl aerob als auch anaerob verwerten (Küsel *et al.* 1999). Bei pH 2,5 ist Fe(III) noch in geringem Ausmaß löslich (Abb. 14.2). Der Organismus ist in Fe(III)-haltigen Dränageschlämmen weit verbreitet. Er ist allerdings nicht in der Lage, häufige Metabolite wie Acetat oder Lactat mit Fe(III) als Endakzeptor zu mineralisieren.

Gruppe V: *Ferribacterium limneticum* und *Ralstonia*-Arten (Klasse der *Betaproteobacteria.*
Aus Gewässersedimenten stammen die eisenreduzierenden Betaproteobakterien *Ferribacterium limneticum* (Cummings *et al.* 1999) und *Ralstonia*-Arten (*R. metallidurans*), kleine bewegliche gramnegative Stäbchen. Sie können Acetat und andere organische Säuren als H-Donator mit amorphen Fe(III)-(Hydr) Oxiden (Ferrihydrit, Fe(III)-Pyrophosphat) als einzigen Elektronen-Akzeptoren verwerten. Nitrat, Fumarat und Au(III) (Box 14.3) vermögen ebenfalls als Elektronen-Akzeptoren zu fungieren; Mn(IV), As(V), Se(VI), Thiosulfat, Sulfit und Sulfat jedoch nicht. Die Bakterien enthalten *c*-Typ-Cytochrome, und es handelt sich infolgedessen um anaerobe Atmungen. Bei der Reduktion von amorphen Fe(III)-Hydroxiden durch *F. limneticum* kommt es zur Bildung von schwarzem Magnetit (Lin *et al.* 2007). Zu den Betaproteobakterien gehört auch *Rhodoferax ferrireducens*, ein aerobes psychrophiles nichtphototrophes, gramnegatives polar begeißeltes Kurzstäbchen. Es wurde aus Meeressedimenten mit Lactat als C-Quelle und Ferrihydrit bzw.

Fe(III)-NTA (Nitrilotriacetat) als Elektronen-Akzeptor unter anaeroben Bedingungen angereichert. Eisenreduktion mit Acetat als C-Quelle findet in einem Temperaturbereich von 4 bis 30 °C statt (Finneran *et al.* 2003). Nitrat, Mn(IV) und Fumarat können ebenfalls veratmet werden.

Gruppe VI: *Geotrirx fermentans* und *Acidobacterium capsulatum* (Phylum *Acidobacteria*).
G. fermentans ist ein gramnegatives unbegeißeltes Stäbchen und wurde aus einem mit aliphatischen und aromatischen Kohlenwasserstoffen kontaminierten Aquifer isoliert. Es verwertet Palmitat, Lactat, Propionat, Fumarat, Acetat und Toluol unter anaeroben Bedingungen mit Fe(III)-Pyrophosphat, Fe(III)-NTA (Nitrilotriacetat), Fe(III)-Citrat und amorphem Ferrihydrit als Elektronen-Akzeptoren. Da das Bakterium *c*-Typ-Cytochrome zur Energiegewinnung (ETP) bei der anaeroben Respiration von Nitrat, Mn(IV)-Oxiden, Fe(III)-Verbindungen, Fumarat und AQDS einsetzt, weist es sich als ein **fakultativ anaerobes Bakterium** aus. In Abwesenheit von alternativen Elektronen-Akzeptoren wächst es auch fermentativ mit Citrat oder Fumarat, wobei Acetat und Succinat als Metabolite entstehen (Coates *et al.* 1999). Für die Fe(III)-Reduktion von Ferrihydrit ist kein direkter Kontakt zwischen Zellen und Fe(III)-Partikeln erforderlich.

Acidobacterium capsulatum stammt aus sauren Bergbausedimenten und vermag Fe(III)-Oxide unter sauren Bedingungen (pH 2 bis 5) als Elektronen-Akzeptor zu verwenden und reduktiv aufzulösen (Coupland u. Johnson 2007; Blöthe *et al.* 2008). *Geothrix* und *Acidobacterium* gehören bisher zu den wenigen isolierbaren Vertretern des Phylums *Acidobacteria* (vgl. Kap. 7).

Gruppe VII: *Deferribacter thermophilus* und *Geovibrio ferrireducens* (Phylum *Deferribacteres*).
Diese gramnegativen, eisenreduzierenden Bakterien wurden aus Sedimenten isoliert und dem neuen Phylum *Deferribacteres* (Kap. 4, Tabelle 4.2) zugeordnet. *Deferribacter thermophilus* (Greene *et al.* 1997) und *Geovibrio ferrireducens* (Caccavo *et al.* 1996) verwerten verschiedene Metabolite (Pyruvat, Lactat, Propionat, Succinat, Acetat und H_2) unter anaeroben Bedingungen bevorzugt mit Fe(III) als Elektronen-Akzeptor. Da beide Organismen offenbar über *c*-Typ-Cytochrome verfügen, handelt es sich wahrscheinlich um **rudimentäre anaerobe Atmungen** und damit nicht um anaerobe Organismen (Kap. 3). *D. thermophilus* entstammt Meeressedimenten und wächst erst optimal bei etwa 60 °C. Als weitere alternative Elektronen-Akzeptoren können NO_3^- und Mn(IV)-Oxide eingesetzt werden. *G. ferrireducens* kann hingegen Nitrat, Mn(IV), Thiosulfat und Sulfat nicht als alternative Elektronen-Akzeptoren verwenden. Über die Verbreitung dieses Eisenreduzierers in Böden ist bisher nichts bekannt.

Gruppe VIII: *Deinococcus*- und *Thermus*-Arten (Phylum *Deinococcus-Thermus*).
Deinococcus radiodurans ist bekannt als ein anaerobes chemoorganotrophes grampositives extrem strahlungsresistentes Kugelbakterium (mit zwei Chromosomen). Es kann ionisierende Strahlen bis zu Dosen von 30 000 Gy überstehen (1 Gy = 100 rad) und lebt in Böden. Weil nicht nur Fe(III)-(Hydr)Oxide (Ferrihydrit, Goethit), sondern auch Cr(VI), U(VI) und Tc(VII) mit Lactat als H-Donator von Deinococcen reduziert werden können, ist der Organismus zur **Bioremediation** (Selbstreinigung mit Starterkulturen) von kontaminierten verstrahlten Böden geeignet (Fredrickson *et al.* 2000; Lloyd 2003). Aber auch Vertreter der Gattung *Thermus* (thermophile Kokken) sind nicht nur zur Eisenreduktion befähigt, sondern können unter optimaler Temperatur (60 °C) auch U(VI), Cr(VI) und Co(III) als alternative Elektronen-Akzeptoren einsetzen. Der Organismus eignet sich potenziell für Selbstreinigungen in Unterböden.

Gruppe IX: *Thermotoga maritima* (Phylum *Thermotogae*).
T. maritima ist ein heterotrophes, stäbchenförmiges, fermentatives hyperthermophiles scheidebildendes Bakterium (55 bis 90 °C), das terrestrische heiße Quellen und Hydrothermalquellen im Meer bewohnt. Es kann Fe(III)-Oxide durch Metafermentation reduzieren (Tabelle 14.2). *Thermotoga*-Arten bilden insoweit eine Ausnahme, als die Mehrzahl an hyperthermophilen Prokaryoten der Domäne der Archaeen angehört.

Gruppe X: Domäne *Archaea*
Die meisten eisenreduzierenden Bakterien in Böden und Sedimenten sind mesophil. In heißen Quellen und hydrothermalen Öffnungen von Meeressedimenten werden immer wieder (hyper)thermophile eisenreduzierende *Archaea* nachgewiesen. *Pyrobaculum islandicum*, eine hyperthermophile *Archaea* aus hydrothermalem Grundwasser, kann H_2 als Wasserstoff-Donator

mit Fe(III)-Citrat als Elektronen-Akzeptor bei etwa 100 °C metabolisieren und Fe(II) bilden. Außer Fe(III)-Citrat können auch schwachkristalline Fe(III)-Oxide unter Bildung von schwarzem, extrazellulärem Hämatit reduziert werden. Goethit und Hämatit können nicht als Elektronen-Akzeptor fungieren (Kashefi u. Lovley 2000). *P. islandicum* wächst anaerob und vermag außer Fe(III)- und Mn(IV)-Oxiden auch die (toxischen) Salze von U(VI), Tc(VII), Cr(VI) und Co(III) zu reduzieren. Eisenreduzierende hyperthermophile *Euryarchaeota* sind *Archaeoglobus fulgidus* und *Ferroglobus placidus* (Box 14.3). Der letzte Organismus kann bei 85 °C sogar einfache aromatische Verbindungen (Benzoat, Phenol, 4-Hydroxybenzoat, Benzaldehyd, *p*-Hydroxybenzaldehyd etc.) als einzige C-Quelle mit Fe(III) als Elektronen-Akzeptor vollständig mineralisieren (Tor u. Lovley 2001). *Archaeoglobus*-Arten können außer Fe(III) auch Sulfat, Sulfit und Thiosulfat als Elektronen-Akzeptoren einsetzen. In „*black smokers*" (Heißwasserkamine unter dem Meeresboden) wurden thermophile *Thermococcus*-, *Pyrodictium*- und *Methanopyrus*-Arten nachgewiesen, die offenbar an der reduktiven Auflösung von Fe(III)-Oxiden und an der Fällung von magnetischen Mineralien beteiligt sind (Slobodkin *et al.* 2001). In einem vorläufigen Screening-Programm konnten Vargas *et al.* (1998) nachweisen, dass alle geprüften **hyperthermophilen *Archaea*** potenziell zur Eisenreduktion befähigt sind. Es wird vermutet, dass die mikrobielle Eisenreduktion durch hyperthermophile *Archaea* zu den Grundprozessen der Energiekonservierung in der heißen Ur-Biosphäre gehörte.

Gruppe XI: *Fungi*. Bezüglich der eisenreduzierenden Pilze wird auf Kap. 8 verwiesen.

14.6 Merkmale der bakteriellen Fe(III)-Reduktion in Böden

14.6.1 Reduktion von amorphen und kristallinen Fe(III)-(Hydr)Oxiden

Wenn die mikrobielle Eisenreduktion in Böden einsetzt, ist die Intensität der Fe(II)-Bildung abhängig von der

- allgemeinen Mineralisationsintensität (eine Funktion von Art und Menge an Wasserstoff-Donatoren),
- Konzentration und Art an Fe(III)-(Hydr)Oxiden (insbesondere vom Verhältnis von amorphen zu kristallinen Fe(III)-(Hydr)Oxiden sowie von der
- zugänglichen Gesamtoberfläche der Fe(III)-(Hydr) Oxide (im Wesentlichen eine Funktion ihrer Partikelgröße im Boden).

In der chemischen Bodenanalytik wird der Anteil an „amorphen" Fe(III)-Hydroxiden (hauptsächlich Ferrihydrit) durch Extraktion mit saurer Oxalatlösung (im Dunkeln) quantifiziert (**Fe_o-Fraktion**), während der Gesamtgehalt an amorphen und kristallinen Fe(III)-(Hydr)Oxiden mit dem starken Reduktionsmittel Na-Dithionit bestimmt wird (**Fe_d-Gehalt**). Fe_d-Fe_o ist dann ein Maß für den Gehalt an kristallinen Fe(III)-Oxiden in der Bodenprobe. Das Verhältnis der amorphen Fe(III)-(Hydr)Oxide (Fe_o/Fe_d) zu ihrem Gesamtgehalt heißt **Aktivitätsgrad** (Schwertmann *et al.* 1986). Da amorphe Fe(III)-Hydroxide energiereicher sind als kristalline Fe(III)-Oxide (14.2) und das E_0' der amorphen Fe(III)-Verbindungen deutlich höher ist als das der kristallinen Formen (Tabelle 14.1), kann aus **energetischen Gründen** erwartet werden, dass amorphe Fe(III)-Hydroxide vor den kristallinen Formen von eisenreduzierenden Mikroorganismen als Elektronen-Akzeptor zum Einsatz kommen (höhere potenzielle Energiegewinnung). In Abb. 14.7 ist die Reduktion von kristallinem hämatithaltigem C_v-Material (α-Fe_2O_3 in Bundsandstein) mit einem sehr geringen Aktivitätsgrad ($Fe_o/Fe_d = 0{,}1$) durch den N_2-bindenden Stamm S22a von *Clostridium butyricum* unter anaeroben Bedingungen ($N_2/CO_2 = 80/20$; 30 °C) in Anwesenheit von Glucose (2%) dargestellt. Im Laufe der ansteigenden Fe(II)-Bildung kommt es zu einer kontinuierlichen Abnahme im Gesamtgehalt an Fe(III)-(Hydr) Oxiden (Fe_d-Fraktion) und parallel dazu im Anteil an kristallinen Fe(III)-Oxiden (Fe_d-Fe_o). Die Konzentration an „amorphen" Fe(III)-(Hydr)Oxiden (Fe_o) steigt hingegen im Laufe der Bebrütung wider Erwarten sogar geringfügig an. Aufgrund dieser bodenchemischen Parameter scheint es, als ob die Fraktion an kristallinen Fe(III)-Oxiden **bevorzugt** von *C. butyricum* als Elektronen-Akzeptor verwendet und reduziert wird. Vergleichbare Ergebnisse wurden mit anderen Böden unterschiedlicher Aktivitätsgrade erzielt (Munch *et al.* 1978). Wenn aber **kristalline** ^{59}Fe(III)-Oxide (Hämatit; durch Bestrahlung im Kernreaktor Karlsruhe markiert) mit amorphen Fe(III)-(Hydr)Oxiden aus einem G_o-Horizont eines Gleyprofils vermischt, beimpft

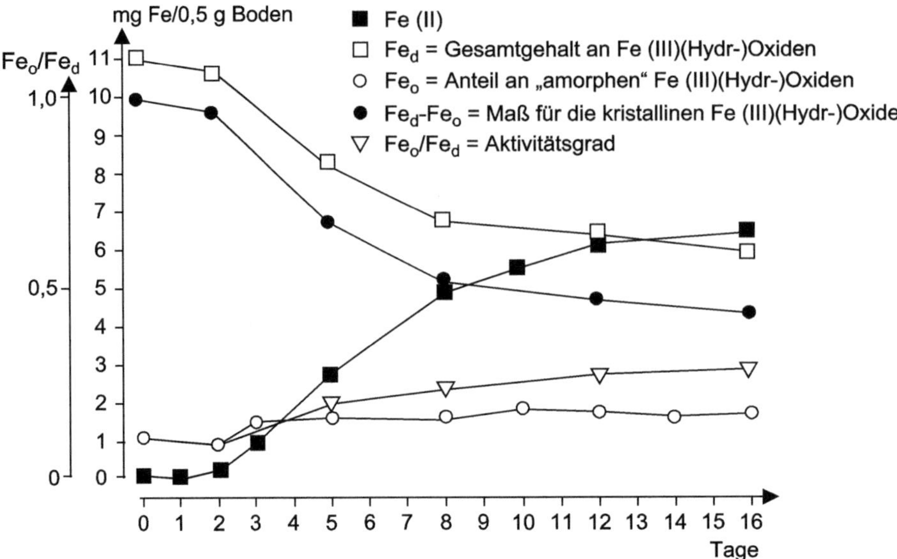

Abb. 14.7 Veränderungen in den Konzentrationen an Fe_d, Fe_o, Fe_d-Fe_o sowie im Aktivitätsgrad eines hämatithaltigen Bodens während der Eisenreduktion (Fe(II)-Bildung) durch *Clostridium butyricum* S22a unter anaeroben Bedingungen (N_2/CO_2 = 9/1; 30 °C) (Munch *et al.* 1978)

(*C. butyricum* S22a) und unter den gleichen Bedingungen anaerob bebrütet wurden (Tabelle 14.3), zeigte sich allerdings ein anderes Bild. Erstens nimmt die Konzentration an amorphem kristallinem Fe (Fe_o-Fraktion) mit steigender Fe(II)-Bildung deutlich ab. Dabei vermindert sich die kristalline Fraktion Fe_d-Fe_o nur geringfügig. Infolgedessen nimmt der Aktivitätsgrad Fe_o/Fe_d im Laufe der Inkubation kontinuierlich ab. Zweitens erhöht sich die $^{59}Fe_d$-Konzentration (in % des gesamten unlöslichen Fe_d-Gehaltes) während der gesamten Bebrütung kontinuierlich. Dieser Prozentsatz sollte jedoch konstant bleiben, wenn die gemischten amorphen und kristallinen Fe(III)-(Hydr)Oxide nach dem Zufallsprinzip vom Eisenreduzierer reduziert würden. Schließlich ist die Konzentration an gelöstem ^{59}Fe(II) aus dem Hämatit deutlich geringer als die Fe(II)-Konzentration aus dem nichtkristallinen Fe(III)-haltigen G_o-Material. Diese Fe(II)-Konzentrationen sollten ebenfalls etwa gleich groß bleiben, wenn die bakterielle Fe(III)-Reduktion zufällig verlaufen wäre. Diese Versuchsergebnisse bestätigen zweifelsfrei, dass *C. butyricum* **amorphe Fe(III)-Hydroxide** aus dem G_o-Horizont eines Gleyprofils vor den kristallinen Fe(III)-Oxiden (Hämatit) als Elektronen-Akzeptor verwendet und reduktiv auflöst (Munch u. Ottow 1980). Dieses Ergebnis entspricht den Erwartungen. Bemerkenswert ist, dass das Fe(III)-reduzierende Bakterium *C. butyricum* in einer homogenen Mischung von amorphen und kristallinen Fe(III)-Verbindungen die erstgenannten Partikel *selektiv* als Elektronen-Akzeptor bevorzugt zu nutzen weiß. Auf welche Weise die selektive Elektronenübertragung auf amorphen Fe(III)-Hydroxiden erreicht wird, ist noch vollständig unbekannt.

Die Ergebnisse der Versuche mit ^{59}Fe(III)-Hämatit (Tabelle 14.3) zeigen auch, dass die chemischen Parameter Fe_o und Fe_d-Fe_o zur Charakterisierung der Vorgänge im Boden während der mikrobiellen Eisenreduktion ungeeignet sind und zu Fehlschlüssen führen können. Vermutlich werden die kristallinen Fe(III)-Oxide als Folge der bevorzugten Reduktion von amorphen Fe(III)-Hydroxiden durch Sorption der gebildeten Fe(II)-Ionen strukturell so verändert, dass sie bei der sauren Oxalatextraktion als „amorphe" Formen erfasst werden. Fe(II)-Ionen haben nachweislich eine hohe Affinität für kristalline Fe(III)-Oxide und wirken als starker Katalysator bei der Auflösung dieser Fe(III)-Oxide während der sauren Oxalatextraktion (Schwertmann *et al.* 1986). Dieser Sachverhalt würde erklären, warum die Fe_o-Fraktion während der Bebrütung in etwa konstant bleibt oder sogar geringfügig ansteigt, obwohl die amorphe Fe(III)-Hydroxid-Fraktion von den Bakterien bevorzugt als Elektronen-Akzeptor verwendet wird. Die bevorzugte Verwendung von amorphen Fe(III)-(Hydr)Oxiden als Elektronen-Akzeptoren

Tabelle 14.3 Fe(II)-Bildung durch *Clostridium butyricum* S22a aus nichtkristallinem amorphem G_o-Material eines Gleyprofils vermischt mit ^{59}Fe-markiertem Goethit in Modellversuchen (Munch u. Ottow 1980)

Fe_d	Fe_o	Fe_{d-o}[1)]	Fe_o/Fe_d	$^{59}Fe_d/Fe_d$-Gesamt %	Nicht markiertes Fe (II) in % aus G_o-Material (470 mg Gleybodem = 4,1 mg Fe)	^{59}Fe in % aus ^{59}Fe-Goethit (30 mg Goethit = 0,96 mg Fe)
mg Fe/Röhrchen						
14,10	3,20	10,90	0,23	70,7	0,3	0
12,25	2,60	9,75	0,21	79,5	29,9	2,1
11,80	2,05	9,75	0,17	81,9	61,4	2,3
11,05	1,76	9,26	0,16	84,2	70,1	3,2

1) Fe_{d-o} = Anteil an kristallinem Fe

Tabelle 14.4 Einfluss verschiedener Fe(III)-(Hydr)Oxidformen auf die Intensität der Eisenreduktion (Fe(II)-Bildung) durch *Geobacter metallireducens* GS-15 in einer Acetat-Mineralsalz-Vitaminlösung (pH 6,7) unter anaeroben Bedingungen (N2/CO2 = 80/20; 30 °C) (Lovley u. Philipps 1988)

Fe(III)-(Hydr)Oxidformen (je 200 mmol Fe(III) × l^{-1})	Fe(II)-Bildung in mmol × l^{-1}		
	4 Tage	14 Tage	53 Tage
natürliches amorphes Ferrihydrit	57	92	97
synthetisches amorphes Ferrihydrit	47	66	59
Akageneit (β-FeOOH)	0,9	3	6
Goethit (α-FeOOH)	0,7	2	2
Hämatit (α-Fe_2O_3)	0,6	4	0,5

wurde inzwischen mehrfach bestätigt (Munch u. Ottow 1982, 1983; Arnold *et al.* 1986, 1988; Lovley u. Philipps 1988).

In Tabelle 14.4 ist die Eisenreduktion verschiedener amorpher und kristalliner Fe(III)-Verbindungen gleicher Teilchengröße und Fe(III)-Konzentration durch das aerobe Bakterium *Geobacter metallireducens* GS-15 mit Acetat als einzigem Elektronen-Donator unter anaeroben Bedingungen vergleichend dargestellt. Die Ergebnisse zeigen, dass sowohl natürliches als auch synthetisches Ferrihydrit unter vergleichbaren experimentellen Bedingungen wesentlich intensiver reduziert wird als verschiedene kristalline Fe(III)-Oxide (Akageneit, Goethit, Hämatit). Die Frage, in welcher Reihung die verschiedenen pedogenen kristallinen Fe(III)-Oxide als Elektronen-Akzeptoren reduziert werden, ließ sich experimentell eindeutig klären. Wenn zwei Fe(III)-Oxidmischungen, von der jeweils eine mit ^{59}Fe-markiert wurde, in Anwesenheit von 2% Glucose und *Clostridium butyricum* S22a unter anaeroben Bedingungen bebrütet wurden, dann lassen die Ergebnisse auf die Reihenfolge Lepidokrokit > Hämatit > Goethit schließen (Munch u. Ottow 1983). Offenbar sind eisenreduzierende Bakterien nicht nur in der Lage, bei der Energiekonservierung die thermodynamischen Unterschiede im Standard-Redoxpotenzial zwischen amorphen und kristallinen Fe(III)-(Hydr)Oxiden, sondern auch zwischen einzelnen Fe(III)-Oxiden zu nutzen. Der amorphe gittergestörte Zustand eines Fe(III)-Hydroxids ist stets energiereicher als der kristallisierte Zustand (14.2). Infolgedessen kann bei der Verwendung von amorphen Fe(III)-Hydroxiden als Elektronen-Akzeptoren vergleichsweise mehr Energie konserviert werden als beim Einsatz von kristallinen Fe(III)-Oxiden (unter sonst vergleichbaren Versuchsbedingungen). Die geringfügigen Unterschiede in den Aktivierungsenergien sind wahrscheinlich Ursache dafür, dass amorphe Fe(III)-Verbindungen von eisenreduzierenden Mikroorganismen bevorzugt reduziert werden.

Unter sauren Bodenbedingungen kann ein Teil der Fe(III)-Ionen im Gitter von Goethit oder Hämatit durch einen isomorphen Ersatz von Al-Ionen vertreten werden (Schwertmann *et al.* 1986). Natürliche Formen von Goethit und Hämatit enthalten infolgedessen stets wechselnde Al-Anteile. Weil Al(III)-Hydroxide mangels Valenzwechsel grundsätzlich nicht als alternative Elektronen-Akzeptoren für eisenreduzierende Bakterien dienen können, müsste das Ausmaß der bakteriellen Reduktion von beispielsweise Goethit mit zunehmendem isomorphen Al-Ersatz abnehmen. Diese Hypothese wurde in Modellversuchen mit *Clostridium butyricum* und Al-substituiertem Goethit untersucht (Dominik *et al.* 2002). Als Folge der Al-Substitution wurde nicht nur weniger Fe(II) freigesetzt, sondern die Fe(III)-Reduktion verlief auch signifikant langsamer. Insgesamt hat *C. butyricum* auch weniger Glucose verbraucht, vermutlich weil die freigesetzten Al(III)-Ionen hemmend auf den Stoffwechsel wirkten.

Es darf der Schluss gezogen werden, dass Verlauf und Intensität der bakteriellen Eisenreduktion in Böden beeinflusst werden

- vom Aktivitätsgrad (Verhältnis von amorphen zu kristallinen Fe(III)-(Hydr)Oxiden),
- von der Art kristalliner Fe(III)-Oxide und
- vom Ausmaß des isomorphen Ersatzes von Fe durch Al.

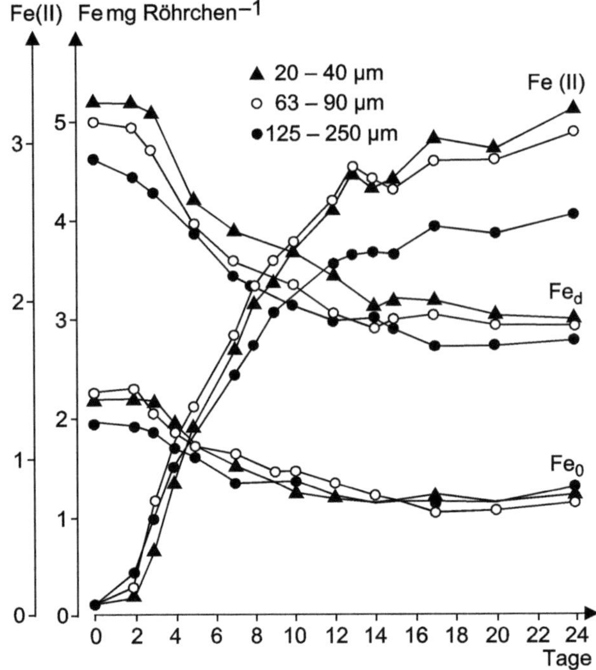

Abb. 14.8 Einfluss der Teilchengröße eines gesiebten B_g-Horizontes (Pseudogley) auf die Eisenreduktion (Fe(II)-Bildung) durch *C. butyricum* S22a unter anaeroben Bedingungen ($N_2/CO_2 = 9/1$; 30 °C) (Ottow *et al.* 1981)

14.6.2 Einfluss der Partikelgröße auf das Ausmaß der bakteriellen Eisenreduktion

Durch eine Abnahme der Teilchengröße und mithin durch eine Zunahme in der Gesamtoberfläche pro Gewichtsmenge an Boden kann mit einer Intensivierung der Eisenreduktion unter sonst gleichen Bedingungen gerechnet werden. In Abb. 14.8 ist der Einfluss unterschiedlicher Teilchenklassen von gesiebtem Bodenmaterial eines B_g-Horizontes (Pseudogley) auf die reduktive Auflösung der Fe(III)-(Hydr)Oxide (mit einem Aktivitätsgrad von 0,4) durch *C. butyricum* S22a vergleichend dargestellt. Weil sich der Gehalt an Fe(III)-Oxiden in den feineren Fraktionen anreichert, wurden die Einwaagen in diesem Versuch auf gleiche Fe_d-Konzentrationen bezogen. Als Energiequelle wurden die sterilisierten Röhrchen mit einer 2%-igen Glucoselösung versetzt, mit *C. butyricum* S22a beimpft und anaerob bebrütet (30 °C). Wie Abb. 14.8 zeigt, nimmt das Ausmaß der bakteriellen Reduktion pedogener Fe(III)-Verbindungen mit Abnahme der Partikelgröße deutlich zu (Ottow *et al.* 1981). Ähnliche Ergebnisse wurden mit *Shewanella alga* und drei synthetischen Goethitproben unterschiedlicher Kristallgrößen, aber einheitlicher Teilchengröße (< 100 µm) erhalten (Roden u. Zachara 1996). Für den Mechanismus der bakteriellen Fe(III)-Reduktion sind diese Ergebnisse aufschlussreich, weil ein intensiver Kontakt zwischen Bakterienzellen und der Oberfläche unlöslicher Fe(III)-(Hydr)Oxide als Voraussetzung für die mikrobielle Eisenreduktion zu betrachten ist.

14.6.3 Vergleyung, Nassbleichung und Ferrolyse

Die Vergleyung (Grau- bis Grünblauverfärbung des G_r-Horizontes in Grundwasserböden; *russ.* gley = graureduzierter Schlamm) und Pseudovergleyung (Vergrauung und Nassbleichung in Stauwasserböden) sind typisch redoximorphe Merkmale hydromorpher Böden. Auch für die anaerobe Stauzone (über und unter dem *traffic-pan*) von Nassreisböden der Tropen und Subtropen sowie für Unterböden von Grundwasserleitern ist das Phänomen der **Vergleyung** charakteristisch. Die gemeinsame Ursache dieses weltweiten Phänomens ist die Akkumulation von Fe(II) an Tonmineralien (Bildung von grauen Fe(II)-Tonkomplexen) und/

Abb. 14.9 Bohrstockprobe mit einem vergleyten G_r-Horizont (ca. 10–12 cm dick) im Profil eines schwachentwickelten tropischen Inceptisols (umbric Gleysol) unter Wald in Costa Rica (A_hG_o – G_r – G_o). Ursache des vergleyten G_r-Horizontes sind mikrobielle Eisenreduktionsprozesse als Folge der Einwaschung von organischen Substanzen aus dem Oberboden (Wasserstoffdonatoren) in Kombination mit O_2-Mangel durch Sauerstoffzehrung und (periodische) Wassersättigung nach starkem Regen und Grundwasseranstieg. Beachte das Vorkommen des orangefarbenen Lepidokrokits im A_hG_o-Horizont (Marmorierung) und vor allem im G_o-Horizont (Aufnahme: JCG Ottow)

oder die Anhäufung von unterschiedlichen Fe(II,III)-Mischoxiden vom Typ Ferro-Ferrihydroxid, $Fe_3(OH)_8$ und $Fe_4(OH)_{10}$ (Ponnamperuma 1972, 1981). Solche Mischoxide sind von grau-grüner Farbe und können durch Beimischung von Vivianit [$Fe_3(PO_4)_2$] zudem blau gefärbt werden (z.B. in bestimmten Nassreis- und Marschböden). Vergleyte G_r-Horizonte können zwischen einigen Zentimetern (Abb. 14.9) und mehreren Metern Mächtigkeit schwanken. Je intensiver die Einwaschung von organischen Substanzen aus dem A_p-Horizont, desto stärker sind die mikrobiellen Fe(III)-Reduktionsprozesse im Unterboden und umso ausgeprägter kann die Vergleyung sein, vorausgesetzt die Fe(II)-Ionen werden nicht mit der Wasserströmung verfrachtet. In Hanglagen (Pseudogleyen und Stagnogleyen) werden Mn(II) und Fe(II) im Laufe der Zeit in Form von Hydrogencarbonaten mit dem Wasser lateral verlagert, was zur **Nassbleichung** führen kann. In den vergesellschafteten Böden (Braunerden) kann es im Laufe der Bodendifferenzierung zu charakteristischen rostbraunen Ablagerungen und Akkumulationen von neuen amorphen Fe(III)-Hydroxiden kommen (Ockerbraunerden). Beim Vorgang der Vergleyung können Mn(II)- und/oder Fe(II)-Ionen mit dem Stauwasser oder mit Massenfluss und Diffusion aufsteigen und in oder unweit von luftgefüllten Poren durch eisenoxidierende Mikroorganismen und/oder Autoxidation in G_o-Horizonten gefällt werden (Bildung von Konkretionen, Flecken, Marmorierung oder Raseneisenstein).

Vergleyung und Pseudovergleyung sind typische Phänomene **mikrobiologischer Fe(III)-Reduktionen** und treten überall dort auf, wo Böden oder Bodenhorizonte permanent oder periodisch wassergesättigt sind (Hemmung der O_2-Diffusion), vorausgesetzt, die Versorgung mit mineralisierbaren organischen Substanzen (durch Einarbeitung und/oder Einwaschung) ist gegeben. In vergleyten Böden besitzen alle Horizonte zahlreiche (ca. 10^3–10^5 Keime × g^{-1} TB) aerobe und anaerobe potenziell eisenreduzierende Bakterien (Ottow u. Glathe 1971; Hammann u. Ottow 1976). Nicht das Vorkommen, sondern die ökologischen Bedingungen (Mineralisationsaktivität bei O_2-Mangel durch Wassersättigung) sind Ursache dafür, dass es zu intensiven mikrobiologischen Fe(III)-Reduktionen kommt (Ottow u. Glathe 1973). Die entscheidende Frage, ob bestimmte Mikroorganismen die Gleybildung in sterilen Böden reproduzieren können, wurde experimentell bestätigt. Wenn sterile Fe(III)-(Hydr)Oxid- und tonhaltige Böden nach Zusatz von Glucose oder Saccharose (ca. 1–2%) mit einer Bodensuspension, Anreicherungskultur oder Reinkultur von N_2-bindenden Clostridien (vom Typ *C. butyricum-saccharobutyricum-pasteurianum*) oder von *Paenibacillus polymyxa* beimpft und bebrütet (30 °C) werden, kommt es schon nach wenigen Tagen zur starken Akkumulation von Fe(II)-Ionen im Boden (Vergleyung), zur Zunahme der Reduktionsintensität (rH-Abfall bis 0) und zur spontanen Autoxidation von Fe(II)-Ionen in der Bodenlösung (vgl. Umschlagsfoto). Ein sterilisierter wassergesättigter Boden verzeichnet auch nach Monaten keine Eisenreduktion (Ottow 1970a, 1971, 1982).

In G_r-Horizonten werden nicht nur Partikel und Kutanen aus freien amorphen und kristallinen Fe(III)-(Hydr)Oxiden von eisenreduzierenden Bakterien allmählich vollständig reduktiv aufgelöst, sondern bei wiederholter Durchfeuchtung können schließlich auch die **strukturgebundenen Fe(III)-Atome** in den **Zwischenschichten** der Tonminerale als Elektronen-Akzeptoren verwendet werden. In tonhaltigen Böden befindet sich ein wechselnder Anteil des Gesamtgehaltes an Fe(III) als Zentralkationen in den Oktaedern von Zweischichtmineralien (Kaolinit) oder von Dreischicht-phyllosilikaten (Illit, Vermiculite, Smectite, Chlorite). Unter den aufweitbaren pedogenen Smectiten können bestimmte Montmorillonite und Nontronite sogar relativ Fe(III)-reich sein. Chlorite besitzen zwischen den Silikatschichten eine positiv geladene Mg,Al(III), Fe(III)-Hydroxidschicht, die durch H-Brücken zwischen den OH-Gruppen und den O-Ionen der Tetraederschichten stabilisiert und in Wasser nicht aufweitbar sind.

Modellversuche mit verschiedenen eisenreduzierenden Bakterien wie *Shewanella oneidensis*, *Geobacter*-Arten oder mit Anreicherungskulturen von *Clostridium*- und *Desulfitobacterium*-Arten bestätigen eindeutig, dass die genannten Bakterien mit verschiedenen Fe(III)-haltigen Schichtsilikaten (Smectite, Nontronit, Montmorillonit, Illit, Chlorit) als einzigem Elektronen-Akzeptor wachsen können (Wu *et al.* 1988; Kostka *et al.* 2002). Allerdings ist die Fe(II)-Bildung mit verschiedenen Fe(III)-haltigen Tonmineralien deutlich geringer als mit löslichem Fe(III)-Citrat oder mit amorphem Ferrihydrit. Das Ausmaß der Eisenreduktion von strukturell gebundenem Fe(III) in Illit wurde von *S. oneidensis* signifikant erhöht, wenn dem Medium AQDS (9,10-Anthrachinon-2,6-disulfonat) zugesetzt wurde. Vermutlich funktioniert das lösliche AQDS als **Elektronen-Mediator** zwischen *S. oneidensis* und dem Fe(III)-haltigen Illit, wenn ein direkter Kontakt zwischen den Zellen und dem Fe(III) in der Zwischenschicht räumlich erschwert ist (14.6.2). Aber auch Unterschiede in der strukturellen Bindung von Fe(III) in den Zwischenschichten verschiedener Tonmineralien können die Intensität der mikrobiellen Fe(III)-Reduktion und damit vermutlich auch das Ausmaß der Energiekonservierung beeinflussen. So nimmt das Ausmaß der Eisenreduktion von strukturell gebundenem Fe(III) durch *S. oneidensis* in der Reihenfolge Nontronit > Chlorit > Illit deutlich ab (Jaisi *et al.* 2007).

Im Gegensatz zu den o.g. *Bacteria* scheinen die thermophilen eisenreduzierenden *Archaea Geoglobus ahangari* und *Geothermobacterium ferrireducens* strukturgebundenes Fe(III) in Smectit nicht als einzigen Elektronen-Akzeptor zur Energiegewinnung verwenden zu können (Kashefi *et al.* 2008). Wahrscheinlich unterscheiden sich die letztgenannten thermophilen *Archaea* von den geprüften eisenreduzierenden *Bacteria* in ihrem Mechanismus der Elektronenübertragung. Hier sind weitere vergleichende Untersuchungen notwendig.

In wechselfeuchten Tonböden der Tropen mit intensiven Verwitterungsprozessen und abwechselnden mikrobiellen Reduktions- und Oxidationsprozessen kommt es infolge von Staunässe im Oberboden immer wieder zur Vergrauung und Pseudovergleyung. Langfristig können regelmäßige Wechselfeuchte, mikrobielle Eisenreduktion, Nährstoffauswaschung und Versauerung (Sättigung der KAK mit H^+) zum Stabilitätsverlust und zur Tonzerstörung führen. Vor allem in der Regenzeit kommt es nach reduktiver Auflösung der Fe(III)-(Hydr)Oxide schließlich auch zur bakteriellen Reduktion von strukturgebundenem Fe(III) in den Tonmineralen und damit zu ihrer Destabilisierung. Die freigesetzten Fe(II)-Ionen verdrängen die letzten sorbierten Kationen und werden in der Trockenzeit zu Fe(III)-Hydroxiden und Protonen (Versaurung) hydrolysiert. Im Endstadium verdrängen die Protonen die Fe(II)-Ionen und zerstören die Oktaeder der Tonmineralien (**Ferrolyse**). Ferrolyse ist hauptsächlich die Folge von intensiven mikrobiellen Reduktionen freier und strukturgebundener Fe(III)-Verbindungen und wahrscheinlich auf das Zusammenwirken von biochemischen und chemischen Prozessen zurückzuführen.

14.7 Hypothesen zum Mechanismus der bakteriellen Eisenreduktion

Weil phylogenetisch sehr verschiedene *Bacteria*, *Archaea* und Pilze zur Reduktion unlöslicher Fe(III)-(Hydr)Oxide befähigt sind, kann angenommen werden, dass sich im Laufe der Evolution bei verschiedenen Organismen nicht nur unterschiedliche Mechanismen, sondern im gleichen Organismus je nach Fe(III)-(Hydr) Oxidformen und Bodenbedingungen auch mehrere Wege zur Elektronenübertragung entwickelt haben. Grundsätzlich ist es schwer vorstellbar, wie eisenreduzierende Mikroorganismen die Übertragung von Elektronen von der Membranaußenseite (z. B. von einem peripheren Cytochrom-*bc*-Komplex) zielsicher auf die Oberfläche extrazellulärer unlöslicher Fe(III)-(Hydr) Oxide bewirken und dabei sogar selektiv zwischen amorphen und kristallinen Fe(III)-(Hydr)Oxiden als Elektronen-Akzeptoren differenzieren können. Auch wenn die terminalen Elektronen-Carrier (Mangan- bzw. Ferri-Reduktase) bei gramnegativen Bakterien in oder auf der äußeren Membran der Zellwand lokalisiert sein sollten, bleibt grundsätzlich zu klären, wie es den Elektronen gelingt, den periplasmatischen Raum und die Strecke zwischen dem terminalen Elektronen-Carrier und der Oberfläche des extrazellulären unlöslichen Elektronen-Akzeptors logistisch zu überbrücken. Um die Übertragung der Elektronen zu ermöglichen, müssen zumindest die folgenden Bedingungen erfüllt werden:

- Herstellung eines **intensiven Kontaktes** zwischen der Bakterienzellwand und der Oberfläche von Fe(III)-(Hydr)Oxiden oder von Fe(III)-haltigen Tonmineralen und/oder
- Ausscheidung von löslichen Redox-Carriern als **Elektronen-Mediatoren** zur Überbrückung des periplasmatischen Raumes in der Zellwand und den extrazellulären Aussparungen zwischen der äußeren Zellwand und der unebenen Oberfläche unlöslicher Elektronen-Akzeptoren.

14.7.1 Eisenreduktion mittels direkten Kontaktes

Bei der Mehrzahl an bisher untersuchten grampositiven und -negativen eisenreduzierenden Mikroorganismen ist ein direkter Kontakt zwischen den Zellen und den unlöslichen Fe(III)-(Hydro)Oxiden Voraussetzung für eine intensive Fe(III)-Reduktion. Wenn eisenreduzierende Bakterien wie *Paenibacillus polymyxa* oder *Clostridium butyricum* durch eine permeable Membran räumlich von den Fe(III)-Oxiden (in Dialysesäckchen mit einem Porendurchmesser von 15–20 Å) getrennt bebrütet werden, findet eine weitgehende Elimination der Fe(II)-Bildung statt (Munch u. Ottow 1982, 1983). Offenbar ist ein **direkter Kontakt** zwischen Fe(III)-Oxidpartikeln und der Zelloberfläche dieser grampositiven Bakterien Bedingung für die Übertragung von Elektronen auf den extrazellulären Elektronen-Akzeptor. Die Notwendigkeit eines direkten Kontaktes zwischen Zellen und Fe(III)-(Hydr) Oxidpartikeln wurde inzwischen auch bei verschiedenen gramnegativen eisenreduzierenden Bakterien wie *Pseudomonas aeruginosa* (Arnold *et al.* 1988), *Geobacter metallireducens, G. sulfurrreducens, Shewanella oneidensis* und *Shewanella alga* bestätigt (Lovley 1997; Nevin u. Lovley, 2000; Das u. Caccavo 2001). Ein solch intensiver Kontakt zwischen Zelloberfläche und Partikeln während der Fe(III)-Reduktion wurde in elektronenmikroskopischen Untersuchungen optisch dokumentiert (Childers *et al.* 2002). Unterhalb der Zellen von *S. oneidensis* kommt es sogar zur punktförmigen Aushöhlung (*pitting*) der Fe(III)-(Hydr)Oxidoberfläche, was die Hypothese der gezielten Elektronenübertragung nach intensivem Kontakt indirekt bestätigt (Grantham *et al.* 1997; Gonzalez-Gil *et al.* 2005).

Um die Haftung der Zellen an der Mineraloberfläche zu verstärken, bildet *Shewanella alga* offenbar spezifische Oberflächenproteine zwischen der äußeren Membran der Zellwand und der Fe(III)-(Hydr)Oxidoberfläche (Caccavo *et al.* 1997; Das u. Caccavo 2001). Hingegen scheinen *Shewanella oneidensis, Geobacter sulfurreducens* und *G. metallireducens* die Oberflächenadhäsion mit Geißeln und spezifischen **Geopili** zu sichern. Wenn den o. g. Eisenreduzierern anstelle von unlöslichen Fe(III)-(Hydr)Oxiden das gut lösliche Fe(III)-Citrat als Elektronen-Akzeptor zur Verfügung gestellt wurde, fehlten Geißeln und Geopili, vermutlich weil zur intensiven Haftung keine Notwendigkeit mehr bestand (Childers *et al.* 2002). Zudem wurden die Geopili im Elektronenmikroskop nur auf jener Zellseite beobachtet, die mit den Metalloxidpartikeln in Kontakt stand. Die Geopili gehören wahrscheinlich zum Pili-Typ IV (Kap. 5), zu deren Funktion die Herstellung des Kontakts zwischen Bakterienzellen untereinander (z. B. Sex-Pili bei der Konjugation) und zwischen Bakterien- und Wirtzelle (bei Infektionen tierischer und pflanzlicher Zellen) gehört.

Wenn Geopili tatsächlich direkt an der Elektronenübertragung beteiligt sein sollten, dann müsste ihre mechanische oder genetische Entfernung auch die Fe(III)-Reduktion beeinträchtigen. Genetische Analysen haben zeigen können, dass die Synthese dieser Geopili vom Gen *pilA* codiert wird (Croal *et al.* 2004). Nach Eliminierung des *pilA*-Gens (*pilA*$^-$-Mutante) war *G. sulfurreducens* weder zur Fe(III)-(Hydr)Oxid- noch zur Mn(IV)-Oxid-Reduktion in der Lage. Vermutlich funktionieren Geopili als **Nano-Leitungsdrähte** für die Elektronenübertragung auf Mn(IV)- und Fe(III)-

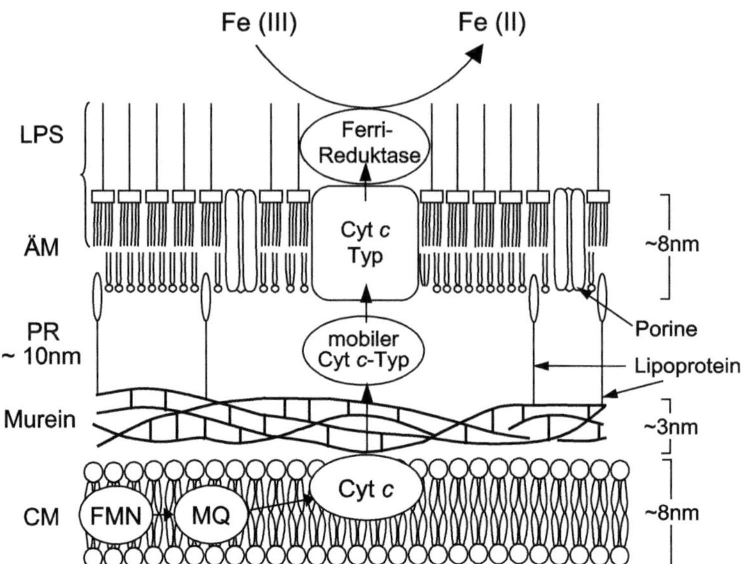

Abb. 14.10 Schematische Darstellung der Elektronenübertragung nach der Kontakthypothese während der Eisenreduktion durch das gramnegative Bakterium *Shewanella oneidensis*. LPS = Lipopolysaccharidschicht; ÄM = äußere Membran; PR = periplasmatischer Raum; CM = Cytoplasmamembran (Entwurf: JCG Ottow)

(Hydr)Oxide (Reguera *et al.* 2005), zumal Pili und Fimbrien entsprechend den Geißeln dem Cytoplasma und der CM-Basis in der Zelle entspringen. Die Hypothese der Geopili als „Leitungsdrähte" ist zwar naheliegend, doch können diese Proteinrohre nicht als einziger Mechanismus für die Elektronenübertragung verantwortlich sein, weil *G. metallireducens*-Zellen, die mechanisch von Pili befreit wurden, nach wie vor zur intensiven Kontaktbildung und zur Eisen- bzw. Manganreduktion in der Lage sind (Schröder *et al.* 2003).

Auch wenn die Bakterienzellen durch spezielle Haftmechanismen sehr eng mit der Oberfläche von Fe(III)-(Hydr)Oxiden verbunden sein sollten, dann muss bei der Logistik der Elektronenübertragung immer noch der periplasmatische Raum (PR) zwischen den respiratorischen Enzymen (vom Cytochrom *c*-Typ) auf der periplasmatischen Seite der CM und der äußeren Membran (ÄM) der Zellwand (bei gramnegativen Bakterien) überwunden werden (Abb. 14.10). Bei grampositiven Bakterien (z. B. *Clostridium*-Arten und *Paenibacillus polymyxa*) fehlt zwar die äußere Membran (ÄM), aber durch den relativ dicken mehrschichtigen Murein-Sacculus samt Teichonsäuren ist auch hier ein unmittelbarer Kontakt zwischen Cytochromen auf der periplasmatischen Seite der CM und den Fe(III)-(Hydr)Oxidoberflächen kaum möglich.

Untersuchungen von **C. R.** und **J. M. Meyers** (1992 bis 2003; Schröder *et al.* 2003; Croal *et al.* 2004) mit *S. oneidensis* MR-1 haben gezeigt, dass unterschiedlich große ***c*-Typ-Cytochrome** (relativ kleine Proteine mit einem zentralen Fe-Porphyrinsystem) differenzierte Funktionen bei der Fe(III)- und Mn(IV)-Reduktion übernehmen und zwar als

- **Vermittler** von Elektronen (codiert vom *cymA*-Gen) aus dem Menachinon-Pool (MQ) in der CM auf
- mobile (lösliche) periplasmatische Elektronen-Carrier (codiert vom *mtrA*-Gen) zur **Überbrückung** des periplasmatischen Raums und als
- **Elektronen-Carrier** (codiert vom *mtrB*-Gen) und als **Gerüst** zur Verankerung eines terminalen Reduktase-Komplexes (mit Ferri-Reduktase und Mn(IV)-Reduktase-Aktivitäten; codiert von *OmcA* und *OmcB*) in der äußeren Zellmembran (ÄM). *OmcA* und *OmcB* sind beide Cytochrome vom *c*-Typ (Schröder *et al.* 2003; Croal *et al.* 2004).

In *S. oneidensis* sind offenbar über 50% der gesamten Ferri-Reduktase-Aktivität in der ÄM lokalisiert (Meyers u. Meyers 1993), was für respiratorische Enzyme eine ungewöhnliche Lokalisierung darstellt, da *c*-Typ Cytochrome normalerweise in und an der CM oder allenfalls im Periplasma angeordnet werden. In Anbetracht der unlöslichen Elektronen-Akzeptoren außerhalb der Zellwand ist jedoch diese Anordnung geradezu zweckdienlich, ermöglicht sie doch die direkte Vermittlung der Elektronen auf die Fe(III)-(Hydr)Oxide oder Mn(IV)-Oxide. Eine ähnliche Anordnung von *c*-Typ-Cytochromen mit Ferri-Reduktase-Aktivität liegt auch bei *Geobacter*-Arten vor (Seeliger *et al.* 1998; Mehta *et al.* 2005).

CymA⁻-, *MtrA*⁻, *MtrB*⁻ sowie *OmcA*⁻ *und OmcB*⁻-Mutanten sind nicht mehr zur dissimilatorischen Reduktion von unlöslichen Fe(III)- und Mn(IV)-Verbindungen in der Lage (Croal *et al.* 2004). Offenbar sind diese Proteine (*c*-Typ-Cytochrome) **entscheidende Glieder** im Elektronentransport von MQ in der CM bis zur terminalen Metall-Reduktase im äußersten Bereich der äußeren Membran. In Abb. 14.10 ist ein vereinfachtes Bild des hypothetischen Mechanismus der Eisenreduktion bei *S. oneidensis* schematisch dargestellt. Die entscheidende Rolle von *c*-Typ-Cytochromen am Elektronentransport auf Mn(IV)-Oxide und Fe(III)-(Hydr)Oxide gilt prinzipiell auch für *Geobacter*- und *Desulfuromonas*-Arten sowie für *Geovibrio ferrireducens,* doch scheinen die Mechanismen im Einzelnen organismenspezifisch zu sein (Magnuson *et al.* 2000; Thamdrup 2000; Schröder *et al.* 2003; Croal *et al.* 2004; Mehta *et al.* 2005; Weber *et al.* 2006a).

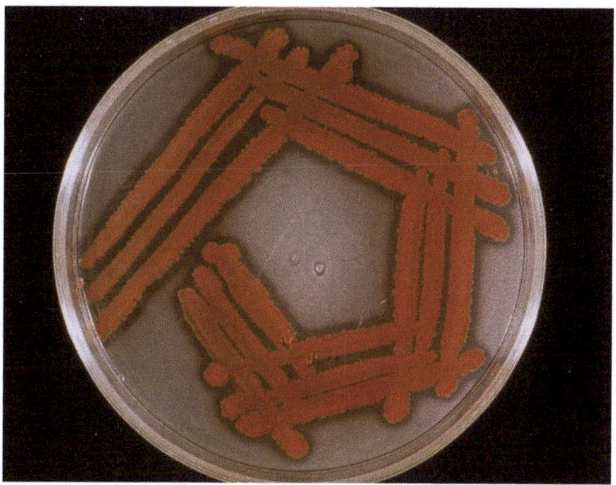

Abb. 14.11 Reduktive Auflösung und Aufhellung von Fe_2O_3-Pulver (Hämatit) um eine Bakterienkultur auf einer Glucose-Fe_2O_3-Agarplatte durch unbekannte extrazelluläre Elektronen-Mediatoren (*electron-shuttler*) (Aufnahme: JCG Ottow)

14.7.2 Indirekte Fe(III)-Reduktion mittels extrazellulärer Elektronen-Mediatoren

Nicht alle eisenreduzierenden Bakterien benötigen einen direkten Kontakt zwischen Zellen und Metalloxid-Partikeln. *Geothrix fermentans, Clostridium acetobutylicum* (Abb. 14.11) und verschiedene *Shewanella*-Arten (*S. alga* und *S. oneidensis*) scheiden unterschiedliche diffusible Elektronen-Shuttler aus, die zwischen den *c*-Typ-Cytochromen in der CM und im Periplasma und den Mn(IV)- und Fe(III)-(Hydr)Oxiden außerhalb der Zellen zu pendeln scheinen. Es handelt sich um chemisch sehr verschiedene lösliche **Redox-Mediatoren** (Elektronen-Shuttler), darunter Flavine (FMN, Riboflavin), Chinone (Melanine), Humin- und Fulvosäuren, Phenazine, Pyocyanin, Cystein und andere unbekannte Substanzen (Lovley *et al.*, 1998; Hernandez u. Newman 2001; Nevin u. Lovley 2002; Schröder *et al.* 2003; Lies *et al.* 2005; von Canstein *et al.* 2008). In verschiedenen Untersuchungen wurde bei *Shewanella alga, S. oneidensis* und *Geobacter sulfurreducens* eine signifikante Erhöhung der bakteriellen Fe(III)-Reduktion (mit Ferrihydrit, Goethit, Hämatit, Illit) nachgewiesen, wenn dem Medium organische Chelatoren (wie Ferrozin, natürliche Humin- und Fulvosäuren, AQDS, Nitrilotriacetat, Citrat, Oxalat, Cystein, etc.) zugesetzt wurden (Urrutia *et al.* 1999; Royer *et al.* 2002; Doong u. Schink 2002; Bauer u. Kappler 2009; Wolf *et al.* 2009). Das Prinzip der indirekten bakteriellen Mn(IV)- und Fe(III)-Reduktion durch Verwendung von **Redox-Mediatoren** wurde am Beispiel von Huminstoffen oder Anthrachinon-2,6-disulfonaten (AQDS) erstmals 1996 von Lovley und Mitarbeitern (Kap. 11) erkannt und erforscht (Lovley *et al.* 1998; Scott *et al* 1998). Eisenreduzierende Mikroorganismen wie *G. metallireducens* können oxidierte Huminstoffe nicht nur direkt als Elektronen-Akzeptoren zur Energiegewinnung (**Humusrespiration**), sondern auch indirekt als Elektronen-Mediatoren zur Übertragung von Elektronen auf externen unlöslichen Elektronen-Akzeptoren (z. B. Ferrihydrit, Goethit, Hämatit) verwenden. Es ist allerdings auch denkbar, dass die ausgeschiedenen und/oder zugesetzten Chelatoren aufgrund ihrer starken Affinität für Fe(III) zu löslichen Fe(III)-Chelaten führen, die als Elektronen-Akzeptoren besser aufgenommen und intrazellulär reduziert werden können (Kap. 11). Der Mechanismus der Mn(IV)- und Fe(III)-Reduktion durch Ausscheidung von löslichen Redox-Mediatoren ist *de facto* als ein chemischer Vorgang zu verstehen.

Wahrscheinlich sind die direkten und indirekten Mechanismen zur Reduktion von unlöslichen Mn(IV)-Oxiden und Fe(III)-(Hydr)Oxiden nicht nur als Alternativen, sondern auch als synergistische Prozesse zu verstehen, wie es offenbar bei *S. oneidensis* gegeben ist. Auf diesem Gebiet ist vergleichende Forschung mit unterschiedlichen Organismen dringend erforderlich.

14.8 Eisen(II)-Oxidation und Eisenpräzipitation

Sowohl die aerobe als auch die anaerobe Oxidation von Fe(II) zum Fe(III) kann für zahlreiche Prokaryoten (*Bacteria* und *Archaea*) mit einer ATP-Synthese verbunden sein. Eisenoxidation ist zwar eine exergonische (energieliefernde) Reaktion, doch wird bei diesem Prozess relativ wenig Energie frei, zumal mit sehr geringem ökonomischem Wirkungsgrad (schätzungsweise 5%). Infolgedessen müssen alle eisenoxidierenden Mikroorganismen relativ große Mengen an Fe(II) oxidieren, um wachsen zu können. Um als „echte" Eisenoxidierer gelten zu können, ist der Nachweis einer ATP-Synthese mithilfe eines chemolithoautotrophen Stoffwechsels notwendig. Ob bestimmte *Bacteria*, *Archaea* und *Fungi* aus der Oxidation von Fe(II) tatsächlich Energie (ATP) gewinnen, lässt sich bis heute auf **direktem** Wege nicht nachweisen, weil die Elektronenabgabe und -verwertung im Stoffwechsel methodisch (noch) nicht verfolgt werden kann. Die Bildung von Fe(III) aus Fe(II) in einer Kulturlösung (pH etwa 6–7) reicht nicht aus, weil Fe(II) unter solchen pH-Bedingungen auch spontan autoxidieren kann (Abb. 14.2). Infolgedessen gilt die Einordnung eines jeden Mikroorganismus als „Eisenbakterium" bis auf Weiteres als vorläufig. Als Produkt entsteht überwiegend $Fe(OH)_3$ (Ferrihydrit), das je nach Bedingungen rot-braun bis orange gefärbt sein kann. Die Hydrolyse von Fe(III) ist mit der Freisetzung von Protonen verbunden (Gl. 14.8), was eine Versauerung bedeutet.

Nach heutigen Erkenntnissen kann bei den Fe(II)-oxidierenden Mikroorganismen zwischen drei Gruppen differenziert werden (Glathe u. Ottow 1972) und zwar zwischen

- Prokaryoten, die Fe(II) unter sauren Bedingungen ($pH < 3$) enzymatisch zu Fe(III) oxidieren und dabei ATP gewinnen: Wahrscheinlich handelt es sich bei Vertretern dieser Gruppe um **echte chemolithoautotrophe acidophile Eisenbakterien**, weil Fe(II) bei pH-Bedingungen < 3 unter aeroben Verhältnissen stabil ist (Abb. 14.2),
- heterotrophen klassischen fädigen und scheidenbildenden Eisenbakterien, die Fe(II) unter aeroben, etwa pH-neutralen Bedingungen (pH 6–7) wahrscheinlich chemolithotroph zu Fe(III) oxidieren können. Bis heute fehlt jedoch der eindeutige Nachweis. Vertreter dieser Gruppen werden vorläufig als **chemolithoheterotrophe Eisenbakterien** bezeichnet, und
- Mikroorganismen (Bakterien und Pilze), die chelatisierten Eisenverbindungen (Fe(III)-Liganden) durch aerobe Mineralisation vom organischen Teil der Fe(III)-Chelate Fe(III) ausfällen und als $Fe(OH)_3$ ablagern: **heterotrophe eisenpräzipitierende Mikroorganismen.**

14.8.1 Acidophile, aerobe chemolithoautotrophe Eisenbakterien

Die acidophile Fe(II)-Oxidation kann im Allgemeinen mit der Gleichung (Gl. 14.9)

$$4\,Fe(II) + 4\,H^+ + O_2 \rightarrow 4\,Fe(III) + 2\,H_2O \qquad \Delta G_0 = \text{ca. } -80\ \text{kJ} \times \text{mol}^{-1}\ \text{pH} < 2{,}5 \tag{14.9}$$

beschrieben werden. Bei der mikrobiellen aeroben acidophilen Fe(II)-Oxidation werden zwar Protonen verbraucht, doch entstehen bei der Hydrolyse von Fe(III) zum $Fe(OH)_3$ erneut Protonen (Gl. 14.8). Das gebildete Fe(III) hydrolisiert in stark sauren Böden und Gewässern zu gelbgrünen Eisenhydroxidsulfaten wie der metastabile Schwertmannit $[Fe_8O_8(OH)_6SO_4]$ und der Jarosit $[KFe_3(SO_4)_2(OH)_8]$. Jarosit ist charakteristisch für sulfatsaure Böden.

Die Gruppe von acidophilen Fe(II)-oxidierenden kultivierbaren Mikroorganismen ist taxonomisch sehr heterogen und umfasst wahrscheinlich noch zahlreiche, bisher nicht kultivierbare Vertreter. Zu diesen Mikroorganismen gehören *Acidithiobacillus ferrooxidans* (= *Thiobacillus ferrooxidans*; Klasse der *Gammaproteobacteria*), *Leptospirillum ferrooxidans* (Phylum *Nitrospira*), *Sulfobacillus*-Arten (*Firmicutes*), *Acidimicrobium ferrooxidans* und *Ferromicrobium acidophilum* (*Actinobacteria*) sowie *Sulfolobus metallicus* und *Acidianus brierleyi* (beide *Archaea*). Diese mesophilen acidophilen Eisenbakterien wachsen bevorzugt chemolithotroph mit Fe(II) als Elektronen-Donator und O_2 als Elektronen-Akzeptor, doch können die meisten Vertreter auch heterotroph wachsen und sind folglich als **chemolithoheterotroph** (mixotroph) zu betrachten (Clarke *et al.* 1997; Johnson 1998). Ökologisch und ökonomisch wichtig sind vor allem Vertreter von *Acidithiobacillus ferroxidans*, weil dieses Bakterium sowohl Fe(II)- als auch reduzierte S-Verbindungen (z. B. S°, Pyrit, FeS_2) zur ATP-Synthese oxidieren kann (Amils *et al.* 2008). So sind Acidithiobacillen im Wesentlichen verantwortlich für

- massive Eisenoxidationen in stark sauren Dränagekanälen von gerodeten und entwässerten Moorlandschaften (z. B. Kalimantan; Indonesien) sowie in Bergbauabflüssen mit rostbraunen bis gelben Ablagerungen, hauptsächlich aus Schwertmannit und Jarosit. Durch den niedrigen pH-Wert von 1–3 sind solche Gewässer lebensfeindlich und sanierungsbedürftig;
- die Bildung von sulfatsauren Böden (*acid sulfate soils*; Sulfaquepts) durch Sulfurikation. Böden im Küstenbereich (Marschböden) und in periodisch vom Meer überfluteten Deltagebieten der Tropen sind relativ sulfatreich, und es kann infolgedessen durch eisen- und sulfatreduzierende Bakterien zur Akkumulation von schwarzen reduzierten S-Verbindungen (FeS, FeS_2) kommen. Nach Entwässerung werden die Fe(II)-Sulfide durch eisen- und schwefeloxidierende Acidithiobacillen (*A. ferrooxidans*; *A. thiooxidans* oxidiert nur reduzierte S-Verbindungen) rasch reoxidiert (Sulfurikation). Die Böden versauern stark (pH 2–3). Dabei kommt es zu folgender Sequenz von Reaktionen (Gl. 14.10, 14.11 und 14.12):

$$FeS_2 + 3^1/_2\,O_2 + H_2O \rightarrow Fe(II) + 2\,H^+ + 2\,SO_4^{2-} \quad (14.10)$$

$$4\,Fe(II) + O_2 + 4\,H^+ \rightarrow 4\,Fe(III) + 2\,H_2O \quad (14.11)$$

$$FeS_2 + 14\,Fe(III) + 8\,H_2O \rightarrow 15\,Fe(II) + 2\,SO_4^{2-} + 16\,H^+ \quad (14.12)$$

Der Angriff auf Pyrit erfolgt zunächst abiotisch oxidativ durch hydratisiertes Fe(III) und dann biotisch durch neutrophile und moderat acidophile Acidithiobacillen über mehrere Stufen bis zum Sulfat (14.10). Anschließend wird Fe(II) unter sauren Bedingungen von *A. ferrooxidans* (14.11) oxidiert. Das gelöste Fe(III) greift Pyrit an und wird bei der Reaktion auf chemischem Wege zu Fe(II) reduziert (14.12). Unter diesen sulfatsauren Bedingungen entstehen neben Ferrihydrit (gelbbraun) auch verschiedene gelbe Ferrihydroxysulfate, darunter Schwertmannit und Jarosit. Das gelbe Jarosit (Maibold) überzieht Aggregatoberflächen von Tonmineralien und ist ein charakteristisches Merkmal sulfatsaurer Böden (Clarke *et al.* 1997). Sulfatsaure Böden bilden für den Nassreisanbau in mehrfacher Hinsicht ernste Probleme (pH ca. 3; Al(III)-Toxicität, P- und Zn-Mangel).

Ökophysiologie der acidophilen Fe(II)-Oxidation durch ***A. ferrooxidans*****.** Acidithiobacillen sind obligat acidophil, weil bei der Oxidation von Sulfiden stets Schwefelsäure produziert wird. Die kleinen prototrophen gramnegativen beweglichen Stäbchen von *A. ferrooxidans* sind sehr anspruchslos und oxidieren Fe(II) optimal bei pH-Werten von 2 bis 4,2. Sie nutzen den natürlichen Protonengradienten in ihrer Umgebung zur Bildung von ATP. Wie die meisten Bakterien besitzen diese Bakterien im Cytoplasma pH-Werte von 5 bis 6. Weil die Umgebung von *A. ferrooxidans* einen pH-Wert von etwa 2 bis 3 aufweist, entsteht durch Diffusion eine *proton motive force* (*pmf*, Protonenpumpe), die durch die ATPase in der CM zur ATP-Synthese verwendet wird, vorausgesetzt die Protonen werden chemisch durch Erzeugung von Wasser im Zellinneren neutralisiert. Diese Neutralisation beginnt mit der Oxidation von Fe(II) an der Außenseite der CM (Gl. 14.13):

$$4\,Fe(II) \rightarrow 4\,Fe(III) + 4\,e \quad \text{außen} \quad (14.13)$$

und endet mit der Bildung von Wasser auf der Innenseite der CM (Gl. 14.14):

$$4\,e + 4\,H^+ + O_2 \rightarrow 2\,H_2O \quad \text{innen} \quad (14.14)$$

Die Atmungsketten von *A. ferrooxidans* und *A. thiooxidans* besitzen Cytochrome vom Typ *c* und a_1 sowie das **Rusticyanin**, ein Cu-haltiges Protein im PR, welches die Elektronen aus der Oxidation übernimmt. Diese Elektronen werden zur ETP über die genannten Cytochrome durch eine terminale Oxidase auf O_2 oder bei O_2-Mangel alternativ durch Cytochrom *c* auf $Fe(OH)_3$ (vgl. 14.4) als Endakzeptor übertragen

(Hooper u. Dispirito 1985; Blöthe *et al.* 2008). Die CO_2-Fixierung bei *A. ferrooxidans* wird durch den Calvin-Cyclus angetrieben. Dazu muss ein großer Teil der Energie für den Aufbau von umgekehrten Elektronenflussreaktionen verwendet werden, um ausreichend Reduktionsäquivalente zu synthetisieren. Der hohe Energiebedarf dieser Eisenbakterien hat zur Folge, dass große Mengen von Fe(II) oxidiert werden müssen, um eine geringe Biomasse zu produzieren.

14.8.2 Fe(II)-Oxidation unter etwa pH-neutralen Bedingungen

Bei pH-Bedingungen > ca. 6 ist Fe(II) in wässriger Lösung nicht ausreichend stabil (Abb. 14.2) und wird spontan durch O_2 autoxidiert und als amorphes $Fe(OH)_3$ gefällt. Überall dort, wo etwa pH-neutrales Fe(II)-haltiges (Sicker-)Wasser aus hydromorphen Böden, Mooren, überstauten Nassreisböden oder Quellen austritt, herrschen Grenzbereiche zwischen anaeroben und aeroben Bedingungen und damit gute Voraussetzungen für Fe(II)-Oxidationen sowohl durch Autoxidation als auch durch gestielte, scheidenbildende oder fädige Gradientorganismen (Gl. 14.15).

$$4\,Fe(II) + 10\,H_2O + O_2 \rightarrow 4\,Fe(OH)_3\downarrow + 8\,H^+ \quad (14.15)$$

Der genaue Stoffwechsel dieser **„klassischen“ Eisenbakterien** ist bis heute ungeklärt (Ghiorse 1984; Mulder u. Deinema 1992; Ehrlich 1996, 2002; Köhler u. Völsgen 1998). Hinweise auf eine chemolithoautotrophe Eisenoxidation sind indirekter Natur und beruhen auf dem Nachweis von Enzymen des Calvin-Cyclus, der $^{14}CO_2$-Fixierung in einem $NaH^{14}CO_3$-FeS-haltigem Medium (*Gallionella ferruginea*) und dem intensivem Wachstum bei erhöhtem pCO_2. Weil Fe(II)-Ionen bei diesen neutrophilen Bakterien nicht in das Periplasma kommen können, besitzen die Eisenbakterien wahrscheinlich Fe(II)- und/oder Mn(II)-oxidierende Enzyme an der Zelloberfläche. Durch direkten Kontakt der Zellen mit den Fe(II)-Mineralien können die Elektronen aufgenommen und von der terminalen Oxidase auf O_2 geleitet werden. Das ausgefällte $Fe(OH)_3$ (orange-rot-braun) bzw. MnO_2 (dunkelbraun) „inkrustiert“ allmählich die schleimigen Stiele, Fäden, Trichome oder Scheiden gleichmäßig. Allerdings wachsen alle fadenförmigen Eisenbakterien auch mit organischen Substraten, wenngleich bevorzugt in geringen (oligotrophen) Konzentrationen (ausgenommen *Sphaerotilus natans*). Vermutlich können die fadenförmigen neutrophilen Eisenbakterien wahlweise oder simultan mit Fe(II) (oder Mn(II)) chemolithoautotroph und mit einfachen organischen Substraten chemoorganotroph (heterotroph) wachsen. Infolgedessen sind diese Organismen als **chemolithoheterotroph** (mixotroph) zu bezeichnen. Zu dieser charakteristischen Gruppe von fadenförmigen Eisenbakterien gehören beispielsweise *Gallionella ferruginea* (mit gestielten und gedrehten „Zöpfen“; *Betaproteobacteria*), Vertreter der scheidenbildenden *Leptothrix-Sphaerotilus*-Gruppe (Ockerbakterium bzw. „Abwasserpilz“; *Betaproteobacteria*), die sessilen gleitenden, nichtphototrophen blaualgenähnlichen, trichomebildenden Fe(II)- und schwefeloxidierenden *Thiothrix*-Arten (gr. *thrix, triches* = Haar; *Gammaproteobacteria*), die Scheiden von *Crenothrix polyspora* (Brunnenfaden) sowie die U-förmigen Fäden von *Toxothrix trichogenes* (mit charakteristischen *railroad tracks* aus $Fe(OH)_3$). Sämtliche fadenförmigen Eisenbakterien sind **psychrophil** mit hohen Fe(II)-oxidierenden Aktivitäten im Frühjahr (Mulder u. Deinema 1992).

Die o. g. klassischen Eisenbakterien sind in wechselnder Zusammensetzung beteiligt an der Bildung von Ockerschlamm in den Saugern von Dränagesystemen anmooriger Böden, von orange-roten Ablagerungen in Entwässerungsgräben, Brunnen und Rohrleitungen und von rostroten schwimmenden, in den Regenbogenfarben schillernden Häutchen auf Tümpeln, frisch bepflanzten Nassreisböden und gestautem Sickerwasser aus Mooren und Sümpfen. Die gut sichtbaren Erscheinungen sind stets verbunden mit intensiven mikrobiellen Eisenreduktionen in benachbarten organisch reichen Böden. Mikrobielle Eisenoxidation und -reduktion gehören in einer Landschaft zusammen.

14.8.3 Verkrustung und Vererzung durch aerobe heterotrophe Eisenpräzipitation

Zahlreiche taxonomisch sehr verschiedene heterotrophen *Bacteria* und *Fungi* können den organischen Teil von löslichen Fe(III)-organischen Chelaten mineralisieren und Fe(III)-Oxidhydrate abscheiden. Der organische Teil des eisenorganischen Chelats wird als

Energie- und C-Quelle verwertet, das Fe(III) fällt als Nebenprodukt in Form von wasserreichem amorphem Ferrihydrit aus. Im Gegensatz zu Fe(III) bildet Mn(IV) kaum metallorganischen Chelate, und die Verkrustung von Schleimhüllen mit MnO_2 ist infolgedessen nicht auf die Mineralisation von Mn(IV)-Chelaten zurückzuführen. Zwar können die metastabilen Mn(III)-Oxide mobile metallorganische Chelate bilden, doch ist ihr Vorkommen in Böden bisher (noch) unbekannt. Bakterien, die Fe(III)-Chelate (z. B. Fe(III)-Ammoniumcitrat) potenziell mineralisieren können, sind in Böden zahlenmäßig weit verbreitet (vgl. Abb. 14.6). Taxonomisch sind es Vertreter von Enterobakterien, Pseudomonaden sowie von *Acinetobacter-*, *Moraxella-*, *Alcaligenes-*, *Bacillus-* und *Arthrobacter (Siderocapsa)*-Arten (vgl. Kap. 6; Fischer u. Ottow 1972). Zu dieser Gruppe von heterotrophen eisenpräzipitierenden Bakterien gehören wahrscheinlich auch *Naumanniella*-Arten sowie die sprossenden Bodenbakterien aus der Gruppe *Pedomicrobium* (*Alphaproteobacteria;* vgl. 6.4.1.2) und *Seliberia stellata* (*Alphaproteobacteria*).

14.8.4 Anaerobe mikrobielle Fe(II)-Oxidation und Ferrihydritbildung

Zweiwertiges Fe kann in Böden und Sedimenten auch unter **anaeroben** Bedingungen durch Mikroorganismen zum Fe(III) und $Fe(OH)_3$ oxidiert werden und zwar von

- anoxygenen phototrophen Bakterien (bestimmte Purpurbakterien und grüne Schwefelbakterien): Fe(II) dient sowohl der Synthese von ATP als auch von Reduktionsäquivalenten zur CO_2-Reduktion als Elektronen-Donator, und von
- ubiquitären dissimilatorischen nitratreduzierenden (denitrifizierenden) Bakterien: Fe(II) dient als Elektronen-Donator und Nitrat als Elektronen-Akzeptor für eine ATP-Synthese mittels ETP (**chemolithotrophe Denitrifikation**).

Unter anaeroben Bedingungen ist Fe(II) bei pH-Werten von 6 bis 7 stabil, sodass die o. g. Bakterien mit dem betreffenden Stoffwechsel gut wachsen können. Mit der Entdeckung der mikrobiellen Fe(II)-Oxidation unter anaeroben Bedingungen steht fest, dass der Redoxwechsel zwischen Fe(II) und Fe(III) in aerob/anaeroben Grenzbereichen von Böden und Sedimenten sowohl bei stark sauren als auch bei etwa neutralen pH-Bedingungen stets mikrobiologischer Natur sein kann. Diese Erkenntnis ist von großer Bedeutung für die Deutung aller Vorgänge im Fe-Kreislauf, sowohl in periodisch anaeroben Standorten als auch in hydromorphen zeitweise ausgetrockneten (Nassreis-)Böden und wassergesättigten Sedimenten.

Eisenoxidation durch anoxygene phototrophe Bakterien. Geeignete Lebensräume für diese anoxygenen phototrophen Bakterien wie *Rhodovulum robiginosum* (*Alphaproteobacteria*), *Chlorobium ferrooxidans* (Phylum *Chlorobi*), *Rhodomicrobium vanniellii* (*Alphaproteobacteria*) sind die oberen Zentimeter von Sedimenten in Gewässern und von A_p-Horizonten in Nassreisböden, wo Licht auf Fe(II) aus dem unterliegenden A_p-Bodenbereich mit intensiven mikrobiellen Eisenreduktionen trifft. In diesen engen Grenzbereichen diffundiert Fe(II) als $Fe(HCO_3)_2$ nach oben, wo es durch anoxygene Phototrophen oxidiert werden kann (Gl. 14.16):

$$4\,Fe(II) + HCO_3^- + 10\,H_2O + h\nu \rightarrow 4\,Fe(OH)_{3\downarrow} + (CH_2O) + 7\,H^+ \qquad (14.16)$$

In dieser Gleichung 14.16 stellt (CH_2O) die mikrobielle Biomasse dar und $Fe(OH)_3$ die rostbraunen Ferrihydrit-Ablagerungen auf den Zellen. Weil die Fe(II)-Oxidation außerhalb der Zellen erfolgt, bleibt offen, welche Mechanismen und Elektronen-Carrier die Elektronen von außen über den periplasmatischen Raum zur CM transportieren (Straub *et al.* 1996, 2001; Kappler u. Newman 2004).

Eisenoxidation mit Nitrat als einzigem Elektron-Akzeptor. Eisenoxidierende, neutrophile, denitrifizierende (oder nitratammonifizierende) Bakterien können Sedimente und Nassreisböden in hohen Populationsdichten von etwa 10^5 bis 10^8 mesophile Keime pro Gramm TS besiedeln (Straub *et al.* 1996, 1998; Ratering u. Schnell 2001). Fe(II) kann zwar als einziger Elektronen-Donator für eine **chemolithotrophe** Denitrifikation fungieren (Gl. 14.17)

$$10\,FeCO_3 + 2\,NO_3^- + 24\,H_2O \rightarrow 10\,Fe(OH)_{3\downarrow} + N_2 + 10\,HCO_3^- + 8\,H^+ \qquad (14.17)$$

doch durch den Zusatz von geringen Konzentrationen an Acetat kann der Prozess (14.17) offenbar gefördert werden (**chemolithoheterotroph** oder **mixotroph**). Diese anaerobe Fe(II)-Oxidation mit Nitrat als Elektronen-Akzeptor ist unter Bakterien offenbar ein weit verbreiteter Prozess (Benz *et al.* 1998; Weber *et al.* 2006). Als Elektronen-Donatoren sind nicht nur lösliche Fe(II)-Salze [z. B. $FeH(CO_3)_2$], sondern auch unlösliche Verbindungen wie $FeCO_3$ und Fe(II)-haltige Mischoxide wie Fe_3O_4 geeignet. Die verantwortlichen Bakterien sind noch weitgehend unerforscht, doch weisen 16S-rRNA-Gensequenzanalysen aus Böden auf Vertreter heterotropher Bakterien wie *Paracoccus denitrificans* (*Alphaproteobacteria*), *Chromobacterium violaceum* (*Betaproteobacteria*), *Geobacter*- und *Dechloromonas*-Arten hin (Weber *et al.* 2001, 2006b). Bemerkenswert ist in diesem Zusammenhang *Geobacter*, weil dieses eisenreduzierende Bakterium je nach Bedingungen das gleiche Fe-Atom offenbar abwechselnd reduzieren und oxidieren kann.

Literatur

Amils R, Fernández-Remolar D, Gómez F, González-Toril E, Rodriguez N, Briones C *et al.* (2008). Subsurface geomicrobiology of the Iberian pyritic beld. In: Dion P, Nautiyal CE (Hrsg) Microbiology of extreme soils, Springer, Berlin Heidelberg, S 205–224

Arnold RG, DiChristina TJ, Hofffmann MR (1986) Inhibitory studies of dissimilative Fe(III) reduction by *Pseudomonas* sp. strain 200 (*Pseudomonas ferrireducens*). Appl Environ Microbiol 52: 1281–289

Arnold RG, DiChristina TJ, Hoffman MR (1988) Reductive dissolution of Fe(III) oxides by *Pseudomonas sp.* 200. Biotechnol Bioeng 32: 1081–1096

Bauer I, Kappler A (2009) Rates and extent of reduction of Fe(III) compound and O_2 by humic substances. Environ Sci Technol 43: 4902–4908

Becker M, Asch F (2005) Iron toxicity in rice – conditions and management concepts. J Plant Nutr Soil Sci 168: 558–573

Benz M, Brune A, Schink B (1998) Anaerobic and aerobic oxidation of ferrous iron at neutral pH by chemoheterotrophic nitrate-reducing bacteria. Arch Microbiol 169: 159–165

Blöthe M, Akob DM, Kostka JE, Göschel K, Drake HL, Küsel K (2008) pH gradient-induced heterogeneity of Fe(III)-reducing microorganisms in coal mining-associated lake sediments. Appl Environ Microbiol 74: 1019–1029

Bétrémieux R (1951) Etude expérimentale de l'évolution du fer et du manganèse dans les sols. Ann Agron A2: 194–297

Boone DR, Liu Y, Zhao Z, Balkwill DL, Drake GR, Stevens TO, Aldrich HC (1995) *Bacillus infernus* sp. nov., an Fe(III)- and Mn(IV)-reducing anaerobe from the deep terrestrial subsurface. Appl Environ Microbiol 45: 441–448

Brock TD, Gustafson J (1976) Ferric iron reduction by sulfur- and iron-oxidizing bacteria. Appl Environ Microbiol 32: 567–571

Bühler I (1986) Einfluss der Glucose- und Mangandioxidkonzentration auf Intensität und Kinetik der bakteriellen Manganreduktion. Diplomarbeit, Institut für Bodenkunde und Standortlehre, Universität Hohenheim

Bromfield SM (1954) Reduction of iron oxide by bacteria. J Soil Sci 5: 129–136

Caccavo F, Coates JD, Rosello–Mora RA, Ludwig W, Schleifer KH, Lovley DR, Mclnerney MJ (1996) *Geovibrio ferrireducens*, a phylogenetically distinct dissimilatory Fe(III)-reducing bacterium. Arch Microbiol 165: 370–376

Caccavo F, Schamberger PC, Keiding K, Nielsen PH (1997) Role of hydrophobicity in adhesion of the dissimilatory Fe(III)-reducing bacterium *Shewanella alga* to amorphous Fe(III) oxide. Appl Environ Microbiol 63: 3837–3843

Canstein H von, Ogawa J, Shimizu S, Lloyd JR (2008) Secretion of flavins by *Shewanella* species and their role in extracellular electron transfer. Appl Environ Microbiol 74: 615–623

Childers SE, Clufe S, Lovley DR (2002) *Geobacter metallireducens* accesses insoluble Fe(III) oxide by chemotaxis. Nature 416: 767–769

Clarke WA, Konhauser KO, Thomas JC, Bottrell SH (1997) Ferric hydroxyde and ferric hydroxysulfate precipitation by bacteria in an acid mine drainage lagoon. FEMS Microbiol Rev 20: 351–361

Coates JD, Ellis DR, Lovley DR (1999) *Geothrix fermentans* gen. nov. sp. nov., an acetate-oxidzing Fe(III) reducer capable o growth via fermentation. Intern J Syst Bacteriol 49: 1615–1622

Coupland K, Johnson DB (2007) Evidence that the potential for dissimilatory ferric iron reduction is widespread among acidiphilic heterotrophic bacteria. FEMS Microbiol Lett 279: 30–35

Croal LR, Gralnick JA, Malasarn D, Newman DK (2004) The genetics of geochemistry. Annu Rev Genet 38: 175–202

Cummings DF, Caccavo F, Spring S, Rosenzweig RF (1999) *Ferribacterium limneticum* gen. nov., sp. nov., an Fe(III)-reducing microorganism isolated from mining-impacted freshwater lake sediments. Arch Microbiol 171: 183–188

Das A, Caccavo F (2001) Adhesion of the dissimilatory Fe(III)-reducing bacterium *Shewanella alga* BrY to crystalline Fe(III) oxides. Curr Microbiol 42: 151–154

Dominik P, Pohl HN, Bousserrhine N, Berthelin J, Kaupenjohann M (2002) Limitations to the reductive dissolution of Al-substituted goethites by *Clostridium butyricum*. Soil Biol Biochem 34: 1147–1155

Doong R, Schink B (2002) Cysteine-mediated reductive dissolution of poorly crystalline iron(III) oxides by *Geobacter sulfurreducens*. Environ Sci Technol 36: 2939–2945

Ehrlich HL (1996, 2002) Geomicrobiology, 3. bzw. 4. Aufl. Marcel Dekker, New York

Finneran KT, Johnson CV, Lovley DR (2003) *Rhodoferax ferrireducens* sp. nov., a psychrotolerant, facultative anaerobic bacterium that oxidizes acetate with the reduction of Fe(III). Intern J Syst Evol Microbiol 53: 669–673

Fischer WR, Ottow JCG (1972) Abbau von Eisen(III)-Citrat in durchlüfteter, wässriger Lösung durch Bodenbakterien. Z Pflanzenernähr Bodenk 131: 131–135

Fredrickson JK, Kostandarithes HM, Li SW, Plymale AE, Daly (2000) Reduction of Fe(III), Cr(VI), U(VI), and Tc(VII) by *Deinococcus radiodurans* R1. Appl Environ Microbiol 66: 2006–2011

Ghiorse WC (1984) Biology of iron- and manganese-depositing bacteria. Annu Rev Microbiol 38: 515–550

Glathe H, Ottow JCG (1972) Ökologische und ökophysiologische Aspekte zum Mechanismus der Eisenoxidation und Ockerbildung – Eine Übersicht. Zbl Bakt Abt II 127: 749–769

Gonzalez-Gil G, Amonette JE, Romine MF, Gorby YA, Geesey GG (2005) Bioreduction of natural specular hematite under flow conditions. Geochim Cosmochim Acta 69: 1145–1155

Grantham MC, Dove PM, DiChritina TJ (1997) Microbially catalyzed dissolution of iron and aluminium oxyhydroxide mineral surface coatings. Geochim Cosmochim Acta 61: 4467–4477

Greene AC, Patel BKC, Sheehy AJ (1997) *Deferribacter thermophilus* gen. nov., a novel thermophilic manganese- and iron-reducing bacterium isolated from a petroleum reservoir. Intern J Syst Bact 47: 505–509

Hammann R, Mahr W, Kuntze H, Ottow, JCG (1977). Einfluss unterschiedlicher Dränfilter auf die Mikroflora und Verockerung. Z Kulturtechn Flurber 18: 40–55

Hammann R, Ottow JCG (1974) Reductive dissolution of Fe_2O_3 by saccharolytic clostridia and *Bacillus polymyxa* under anaerobic conditions. Z Pflanzenernähr Bodenk 137: 108–115

Hammann R, Ottow JCG (1976) Isolation and characterization of iron-reducing nitrogen-fixing saccharolytic clostridia from gley soils. Soil Biol Biochem 8: 357–364

Hernandez ME, Newman DK (2001) Extracellular electron transfer. CMLS Cell Mol Life Sci 58: 1562–1571

Hooper AB, Dispirito AA (1985) In bacteria which grow on simple reductants, generation of a proton gradient involves extracytoplasmic oxidation of substrate. Microbiol Rev 49: 140–157

Jaisi DP, Dong H, Liu C (2007) Influence of biogenic Fe(II) on the extent of microbial reduction of Fe(III) in clay minerals nontronite, illite, and chlorite. Geochim Cosmochim Acta 71: 1145–1158

Johnson D (1998) Biodiversity and ecology of acidophilic microorganisms. FEMS Microbiol Ecol 27: 307–317

Kappler A, Newman DK (2004) Formation of Fe(III)-minerals by Fe(II)-oxidizing photoautotrophic bacteria. Geochim Cosmochim Acta 68: 1217–1226

Kashefi K, Lovley DR (2000) Reduction of Fe(III), Mn(IV), and toxic metals at 100 °C by *Pyrobaculum islandicum*. Appl Environ Microbiol 66: 1050–1056

Kashefi K, Shelobolina ES, Elliott WC, Lovley DR (2008) Growth of thermophilic and hyperthermophilic Fe(III)-reducing microorganisms on a ferruginous smectite as the sole electron acceptor. Appl Environ Microbiol 74: 251–258

Kashefi K, Tor JM, Nevin KP, Lovley DR (2001) Reductive precipitation of gold by dissimilatory Fe(III)-reducing *Bacteria* and *Archaea*. Appl Environ Microbiol 67: 3275–3279

Köhler M, Völsgen F (1998) Geomikrobiologie. Grundlagen und Anwendungen, Wiley-VCH, Weinheim Berlin New York

Kostka JE, Dalton DD, Skelton H, Dollhopf S, Stucki JW (2002) Growth of iron(III)-reducing bacteria on clay minerals as the sole electron acceptor and comparison of growth yield on the variety of oxidized iron forms. Appl Environ Microbiol 68: 6256–6262

Küsel K, Dorsch T, Acker G, Stackebrandt E (1999) Microbial reduction of Fe(III) in acidic sediments: Isolation of *Acidiphilium cryptum* JF-5 capable of coupling the reduction of Fe(III) to the oxidation of Glucose. Appl Environ Microbiol 65: 3633–3644

Lies DP, Hernandez ME, Kappler A, Mielke RE, Gralnick JA, Newman DK (2005) *Shewanella oneidensis* MR-1 uses overlapping pathways for iron reduction at a distance and by direct contact under conditions relevant for biofolms. Appl Environ Microbiol 71: 4414–4426

Lin B, Hyacinthe C, Bonnville S, Braster M, van Cappellen P, Rölling WFM (2007) Phylogenetic and physiological diversity of dissimilatory ferric iron reducers in sediments of the polluted Scheld estuary, Northwest Europe. Environ Microbiol 9: 1956–1968

Lloyd JR (2003) Microbial reduction of metals and radionuclides. FEMS Microbiol Rev 27: 413–425

Lovley DR (1991) Dissimilatory Fe(III) and Mn(IV) reduction. Microbiol Rev 55: 259–87

Lovley DR (1995) Microbial reduction of iron, manganese, and other metals. Adv Agron 54: 175–231

Lovley DR (1997) Microbial Fe(III) reduction in subsurface environments. FEMS Microbiol Rev 20: 305–313

Lovley DR, Fraga H, Blunt-Harris EL, Hayes JA, Philipps EJP, Coates JD (1998) Humic substances as a mediator for microbially catalyzed metal reduction. Acta Hydrochim Hydrobiol 26: 152–157

Lovley DR, Phillips EJP (1988) Novel mode of microbial energy metabolism: Organic carbon oxidation coupled to dissimilatory reduction of iron and manganese. Appl Environ Microbiol 54: 1472–1480

Lovley DR, Phillips EJP, Lonerga DJ (1991) Enzymatic versus non-enzymatic mechanisms for Fe(III) reduction in aquatic sediments. Environ Sci Technol 25: 1062–1067

Lovley DR, Phillips EJP, Lonergan DJ, Widman PK (1995) Fe(III) and S^o reduction by *Pelobacter carbinolicus*. Appl Environ Microbiol 61: 2132–2138

Magnuson TS, Hodges-Myerson AL, Lovley DR (2000) Characterization of a membrane-bound NADH-dependent Fe(III) reductase from the dissimilatory Fe(III)-reducing bacterium *Geobacter sulfurreducens*. FEMS Microbiol Lett 185: 205–211

Mehta T, Coppi MV, Childers SE, Lovley DR (2005) Outer membrane *c*-type cytochromes required for Fe(III) and Mn(IV) oxide reduction in *Geobacter sulfurreducens*. Appl Environ Microbiol 71: 8634–8641

Mulder ED, Deinema MH (1992) The sheated bacteria. In: Balows A, Trüper HG, Dworkin M, Harder W, Schleifer KH, Pfenning N, Holt JG (Hrsg) The prokaryotes, 2. Aufl. Springer, Berlin Heidelberg New York Tokyo S 2612–2624

Munch JC, Hillebrand T, Ottow JCG (1978) Transformations in the Fe_o/Fe_d-ratio of pedogenic iron oxides affected by iron-reducing bacteria. Can J Soil Sci 58: 475–486

Munch JC, Ottow JCG (1977) Modelluntersuchungen zum Mechanismus der bakteriellen Eisenreduktion in hydromorphen Böden. Z Pflanzenernähr Bodenk 140: 549–562

Munch JC, Ottow JCG (1980) Preferential reduction of amorphous to crystalline iron oxides by bacterial activity. Soil Sci 129: 15–21

Munch JC, Ottow JCG (1982) Einfluss von Zellkontakt und Eisen(III)-Oxidform auf die bakterielle Eisenreduktion. Z Pflanzenernähr Bodenk 145: 66–77

Munch JC, Ottow JCG (1983) Réduction bactérienne des oxides ferriques amorphes et cristallisés. Sci Sol 3–4: 205–215

Myers CR, Myers JM (1992) Localization of cytochromes to the outer membrane of anaerobically grown *Shewanella putrefaciens* MR-1. J Bacteriol 174: 3429–3438

Meyers CR, Myers JM (1993) Ferric reductase is associated with the membranes of anaerobically grown *Shewanella putrefaciens* MR-1. FEMS Microbiol Lett 108: 15–22

Myers CR, Myers JM (1997a) Outer membrane cytochromes of *Shewanella putrefaciens* MR-1: Spectral analysis and purification of the 83kDa c-type cytochrome. Biochim Biophys Acta 1326: 307–318

Myers CR, Meyers JM (1997b) Cloning and sequence of *cymA*, a gene encoding a tetraheme cytochrome c required for reduction of Fe(III), fumarate, and nitrate by *Shewanella putrefaciens* MR-1. J Bacteriol 179: 1443–1455

Myers JM, Myers CR (1998) Isolation and sequence of *omcA*, a gene encoding a decaheme outer membrane cytochrome *c* of *Shewanella putrefaciens* MR-1 and detection of *omcA* homologs in other strains of *S. putrefaciens*. Biochim Biophys Acta 1373: 237–251

Myers JM, Myers CR (2001) Role for outer membrane cytochromes *OmcA* and *OmcB* of *Shewanella putrefaciens* MR-1 in reduction of manganese dioxide. Appl Environ Microbiol 67: 260–269

Meyers CR, Meyers JM (2003) Cell surface exposure of the outer membrane cytochromes of *Shewanella oneidensis* MR-1. Lett Appl Microbiol 37: 254–258

Nakajima A (2003) Accumulation of gold by microorganisms. World J Microbiol Biotechnol 19: 369–374

Nevin KP, Lovley DR (2000) Lack of production of electron-shuttling compounds or solubilization of Fe(III) during reduction of insoluble Fe(III) oxide by *Geobacter metallireducens*. Appl Environ Microbiol 66: 2248–2251

Nevin KP, Lovley DR (2002) Mechanisms for accessing insoluble Fe(III) oxide during dissimilatory Fe(III) reduction by *Geothrix fermentans*. Appl Environ Microbiol 68: 2294–2299

Obuekwe CO, Westlake DWS, Cook FD (1981) Effect of nitrate on reduction of ferric iron by a bacterium isolated from crude oil. Can J Microbiol 27: 692–697

Ottow JCG (1969a) The distribution and differentiation of iron reducing bacteria in gley soils. Zbl Bakt Abt. II 123: 160–165

Ottow JCG (1969b) Einfluss von Nitrat, Chlorat, Sulfat, Eisenoxidform und Wachstumsbedingungen auf das Ausmaß der bakteriellen Eisenreduktion. Z Pflanzenernähr Bodenk 124: 238–253

Ottow JCG (1970a) Bacterial mechanism of gley formation in artificially submerged soil. Nature 225: 103

Ottow JCG (1970b) Selection, characterization and iron-reducing capacity of nitrate reductaseless (nit^-) mutants of iron-reducing bacteria. Z Allg Mikrobiol 10: 55–62

Ottow JCG (1971) Iron reduction and gley formation by nitrogen fixing iron-reducing clostridia. Oecologia 6: 160–175

Ottow JCG (1981) Mechanisms of bacterial iron reduction in flooded soils. In: Institute of Soil Science, Academia Sinica (Hrsg) Proceedings of the Symposium on Paddy Soils. Science Press, Beijing, Springer Berlin Heidelberg, S 330–343

Ottow JCG (1982) Bedeutung des Redoxpotentials für die Reduktion von Nitrat und Fe(III)-Oxiden in Böden. Z Pflanzenernähr Bodenk 145: 91–93

Ottow JCG, Benckiser G, Watanabe I, Santiago S (1983) Multiple nutritional stress as the prerequisite for iron toxicity of wetland rice (*Oryza sativa*). Trop Agric (Trinidad) 60: 102–106

Ottow JCG, Glathe H (1971) Isolation and identification of iron-reducing bacteria from gley soils. Soil Biol Biochem 3: 43–55

Ottow JCG, Glathe H (1973) Pedochemie und Pedomikrobiologie hydromorpher Böden: Merkmale, Voraussetzungen und Ursache der Eisenreduktion. Chem Erde 32: 1–44

Ottow JCG, Ottow H (1970) Gibt es eine Korrelation zwischen der eisenreduzierenden und nitratreduzierenden Mikroflora des Bodens? Zbl Bakt Abt II 124: 314–318

Ottow JCG, Weber J, Munch JC (1981) Effet de la taille des particules sur la réduction bactérienne des oxides de fer. Sci Sol 4: 305–314

Petrie L, North NN, Dollhopf SL, Balkwill DL, Kostka JE (2003) Enumeration and characterization of Fe(III)-reducing microbial communities from acidic subsurface sediments contaminated with uranium(VI). Appl Environ Microbiol 69: 7476–7479

Ponnamperuma FN (1972) The chemistry of submerged soils. Adv Agron 24: 29–90

Ponnamperuma FN (1981) Some aspects of the physical-chemistry of paddy soils. In: Institute of Soil Science, Academia Sinica (Hrsg) Proceedings of Symposium on Paddy Soil. Science, Beiijng, Springer Berlin Heidelberg, S 59–94

Ratering S, Schnell S (2001) Nitrate-dependent iron(II)-oxidation in paddy soils. Environ Microbiol 3: 100–109

Reguera G, McCarthy KD, Mehta T, Nicoli JS, Tuominen MT, Lovley DR (2005) Extracellular electron transfer via microbial nanowires. Nature 435: 1098–1101

Reith F, McPhail DC (2006) Effect of resident microbiota on the solubilisation of gold in soil from the Tomakin Park Gold Mine, New South Wales, Australia. Geochim Cosmochim Acta 70: 1421–1438

Roberts JL (1947) Reduction of ferric hydroxide by strains of *Bacillus polymyxa*. Soil Sci 63: 135–140

Roden EE, Zachara JM (1996) Microbial reduction of crystalline Fe(III) oxides: Influence of oxide surface area and potential for cell growth. Environ Sci Technol 30: 1618–1626

Rossello-Mora RA, Ludwig W, Kämpfer P, Amann R, Schleifer KH (1995) *Ferrimonas balearic* gen. nov., a new marine facultative Fe(III)-reducing bacterium. System Appl Microbiol 18: 196–202

Royer RA, Burgos WD, Fisher AS, Jeon BH, Unz RF, Dempsey BA (2002) Enhancement of hematite bioreduction by natural organich matter. Environ Sci Technol 36: 2897–2904

Scala DJ, Hacherl EL, Cowan R, Young LY, Kosson DS (2006) Characterization of Fe(III)-reducing enrichment cultures and isolation of Fe(III)-reducing bacteria from the Savannah River site, South Carolina. Res Microbiol 157: 772–783

Schröder I, Johnson E, de Vries S (2003) Microbial ferric iron reductases. FEMS Microbiol Rev 27: 427–447

Schwertmann U, Kodama H, Fischer WR (1986) Mutual interactions between organics and iron oxides. In: Huang PM, Schnitzer M (Hrsg) Interactions of soil minerals with natural organics and microbes. Soil Science Soc of America Special Publication nr. 17, Madison, Wisconsin, S 223–250

Scott DT, McKnight DM, Blunt-Harris FL, Kolesar SE, Lovley DR (1998). Quinon moieties act as electron acceptors in the reduction of humic substances by humic-reducing microorganisms. Environ Sci Technol 32: 2984–2989

Seeliger S, Cord-Ruwisch R, Schink B (1998) A periplasmic and extracellular *c*-type cytochrome of *Geobacter sulfurreducens* acts as a ferric iron reductase and as an electron carrier to other acceptors or to partner bacteria. J Bacteriol 180: 3686–3691

Slobodkin A, Campbell B, Cary SC, Bonch-Osmolovskaya E, Jeanthon C (2001) Evidence of the presence of thermophilic Fe(III)-reducing microorganisms in deep-sea hydrothermal vents at 13°N (East Pacific Rise). FEMS Microbiol Ecol 36: 235–243

Straub KL, Benz M, Schink B (2001) Iron metabolism in anoxic environments at near neutral pH. FEMS Microbiol Ecol 34: 181–186

Straub KL, Benz M, Schink B, Widdel F (1996) Anaerobic, nitrate-dependent microbial oxidation of ferrous iron. Appl Environ Microbiol 62: 1458–1460

Straub KL, Buchholz-Cleven BEE (1998) Enumeration and detection of anaerobic ferrous iron-oxidizing, nitrate-reducing bacteria from diverse European sediments. Appl Environ Microbiol 64: 4846–4856

Takai Y, Kamura T (1966) The mechanisms of reduction in waterlogged paddy soil. Folia Microbiol 11: 304–313

Thamdrup B (2000) Bacterial manganese and iron reduction in aquatic sediments. Adv Microb Ecol 16: 41–84

Tor JM, Lovley DR (2001) Anaerobic degradation of aromatic compounds coupled to Fe(III) reduction by *Ferroglobus placidus*. Environ Microbiol 3: 281–287

Treude N, Rosencrantz D, Liesack W, Schnell S (2003) Strain FAc12, a dissimilatory iron-reducing member of the *Anaeromyxobacter* subgroup of *Myxococcales*. FEMS Microbiol Ecol 44: 261–269

Urrutia MM, Roden EE, Zachara JM (1999) Influence of aqueous and solid-phase Fe(II) complexants on microbial reduction of crystalline iron(III) oxides. Environ Sci Technol 33: 4022–4028

Vargas M, Kashefi K, Blunt-Harris EL, Lovley DR (1998) Microbial evidence for Fe(III) reduction on early Earth. Nature 395: 65–67

Watanabe I, Furusaka C (1980) Microbial ecology of flooded rice soils. Adv Microb Ecol 4: 125–167

Weber KA, Achenbach LA, Coates JD (2006a) Microorganisms pumping iron: Anaerobic microbial iron oxidation and reduction. Nature Rev Microbiol 4: 752–764

Weber KA, Picardal FW, Roden EE (2001) Microbially catalyzed nitrate-dependent oxidation of biogenic soild-phase Fe(II) compounds. Environ Sci Technol 35: 1644–1650

Weber KA, Polock J, Cole KA, O'Oconnor SM, Achenbach LA, Coates JD (2006b) Anaerobic nitrate-dependent iron(II) bio-oxidation by a novel lithoautotrophic betaproteobacterium, strain 2002. Appl Environ Microbiol 72: 686–694

Wolf M, Kappler A, Jiang J, Meckenstock RU (2009) Effects of humic substances and quinones at low concentrations on ferrihydrite reduction by *Geobacter metallireducens*. Environ Sci Technol 43: 5679–5685

Wu J, Roth CB, Low PF (1988) Biological reduction of structural iron in sodium nontronite. Soil Sci Soc Am J 52: 295–296

Yamane I (1978) Electrochemical changes in rice soils. In: The International Rice Research Insitute (Hrsg) Soils and rice, Los Banos, Philippinen, S 381–420

Yoshida T (1975) Microbial metabolism of flooded soils. In: Paul EA, Mclaren AD (Hrsg) Soil biochemistry, Vol 3, Marcel Dekker, New York, S 83–119

Mikrobiologie und Ökophysiologie des Methan-Kreislaufs 15

„Because rice fields are managed environments, it is feasible to contemplate possible strategies for mitigation of CH_4 emissions."

R. Conrad (2002)

Inhaltsverzeichnis

15.1 Bedeutung des Methans

Methan ist ein Spurengas in der Atmosphäre (1,8 ppmv), dessen Konzentration aufgrund von anthropogenen Aktivitäten jährlich mit etwa 0,5–1% zunimmt. Es wird zusammen mit CO_2, N_2O (Lachgas), O_3 (Ozon) und Fluorchlorkohlenwasserstoffen (CFC) zu den potenziellen **Treibhausgasen** gerechnet. Methan ist mit etwa 15% am Treibhauspotenzial beteiligt und als Treibhausgas potenziell 20- bis 30-mal effektiver als CO_2. Die globale CH_4-Zunahme in der Atmosphäre wird von einem Ungleichgewicht zwischen CH_4-Freisetzung und -Oxidation verursacht. Im globalen Methankreislauf bilden sowohl photochemische Vorgänge in der Tropo- und Stratosphäre (Methanoxidation durch OH·-Radikale) als auch mikrobiologische Prozesse (Methanoxidation) in den terrestrischen Ökosystemen die wesentlichen **CH_4-Senken**. Hingegen können weltweit die natürlichen Feuchtgebiete (Moore, Sümpfe, etc.), Nassreisböden (*wetland rice soils*), Verbrennung von Biomasse und fossiler Energie sowie die Pansen von Wiederkäuern als Hauptquellen der Methanbildung gelten (Tabelle 15.1). Überall wo CH_4 durch methanogene *Archaea* gebildet wird, sind auch die methanotrophen (methanoxidierenden) Bakterien nicht weit. Ein Biotop gilt als **Methanquelle**, wenn die CH_4-Freisetzung größer ist als die CH_4-Oxidation (positive Bilanz). Ist die Bilanz negativ, dann funktioniert das betreffende Ökosystem als **Methansenke**. Global betrachtet nimmt die CH_4-Konzentration in der Atmosphäre nach vorläufigen Schätzungen jährlich um ca. 20 Tg C zu, was verschiedene Ursachen hat – darunter

J.C.G. Ottow, *Mikrobiologie von Böden*,
DOI: 10.1007/978-3-642-00824-5_15, © Springer-Verlag Berlin Heidelberg 2011

Tabelle 15.1 Geschätzte Quellen und Senken von CH_4 (Crutzen u. Lelieveld 2001)

Quellen und Senken	Tg C × a^{-1}
natürliche Quellen	
Feuchtgebiete	145 (115–175)
Ozeane	10 (5–15)
Süßgewässer	5 (1–10)
Methanhydrat	10 (5–15) [1)]
Termiten	20 (1–40)
wilde Wiederkäuer	5 (1–10)
insgesamt (ca. 33%)	195 (128–265)
anthropogene Quellen	
domestizierte Wiederkäuer	80 (55–100)
Nassreisböden	80 (30–120)
tierische Ausscheidungen	30 (15–45)
Verbrennung von Biomasse	40 (10–70)
Deponien	40 (20–60)
Verbrennung fossiler Energie	110 (65–155)
kommunale Klärschlämme	25 (20–30)
insgesamt (ca. 67%)	405 (215–580)
Quellen insgesamt	600 (520–680)
Senken	
Troposphäre (OH)	510 (460–560)
Stratosphäre (OH-Radikale, O*, C1)	40 (30–50)
Oxidation durch Methanotrophe	30 (15–45)
Senken insgesamt	600 (520–680)
Zunahme Atmosphäre	20 (15–25)

1) Vorräte werden weltweit auf ca. 54 000 Milliarden m^3 geschätzt

die steigenden CH_4-Freisetzungen aus der Verbrennung von Biomasse (Brandrodungen) sowie aus fossiler Energie, der Intensivierung des Nassreisanbaus und der intensiven Tierhaltung (Hütsch 1998a; Crutzen u. Lelieveld 2001; Le Mer u. Roger 2001). Aerobe Böden (im Gegensatz zu den zeitweise anaeroben Nassreis- und Moorböden) sind insgesamt als *Netto*-CH_4-Senken in einer Höhe von jährlich etwa 30 Tg CH_4-C (Schwankungsbreite zwischen 15 und 45 Tg CH_4-C) zu betrachten. Alle aeroben Böden der Tropen und des gemäßigten Klimas tragen zur CH_4-Oxidation bei, doch nimmt ihre Bedeutung als Methansenken in der Reihung Waldböden > Grünland > Ackerböden deutlich ab.

Methan umfasst zwar weniger als 1% des gesamten globalen C-Haushalts, ist jedoch ökologisch von großer Bedeutung. Erstens bildet Methan den Hauptbestandteil (60–70%) von Biogas aus dem anaeroben Abbau von organischen Abfällen (Klärschlamm, städtische Mülldeponien, Komposten) und regenerierbaren Rohstoffen. Zweitens wird Methan global in großen Mengen (ca. 600 × 10^6 t × a^{-1}) aus sehr verschiedenen natürlichen und anthropogen beeinflussten Quellen freigesetzt (Tabelle 15.1). Davon stammen etwa 30% aus verschiedenen natürlichen biogenen Prozessen in Feuchtgebieten (Sümpfe, Moore), in Gewässern (Sedimente von Meeren und Seen), im Verdauungstrakt von Tieren (Wiederkäuern, Termiten), in Nassreisböden der Tropen und Subtropen und in Deponien. Auch **Methanhydrat** ist ein fossiles biogenes Produkt (Box 15.1). Methanhydrat umfasst eisähnliche Mischkristalle der Zusammensetzung $(CH_2)_{24} \times (H_2O)_{46}$. Sie kommen sowohl in sehr alten Sedimenten der Ozeane als auch in relativ rezenten Permafrostböden (Tundren) von Sibirien, Kanada, Grönland, Alaska und Skandinavien vor. In den Sedimenten der Meere befinden sich die größten Lager an Methanhydraten, die durch methanogene Prozesse aus **Detritus** (abgestorbene, sedimentierte Biomasse) über sehr lange Zeiträume entstanden sind. Es sind wertvolle Energiequellen, die in Zukunft genutzt werden können. Etwa 60–70% der globalen Methanbildung entstammen Quellen, die wesentlich vom Menschen beeinflusst werden. Zu diesen anthropogen beeinflussten CH_4-Quellen gehören vor allem die Verbrennung fossiler Energie (ca. 110 Tg CH_4-C), die Pansen domestizierter Wiederkäuer (ca. 80 Tg CH_4-C) und Nassreisböden der Tropen und Subtropen (ca. 80 Tg CH_4-C). In Nassreisböden stammt der Kohlenstoff für das Methan im Wesentlichen aus den eingearbeiteten Stoppel- und Wurzelresten und aus Wurzel-Exsudaten (Kap. 17) des wachsenden Reisbestandes.

15.2 Methanogenese

Methanbildung findet überall in Böden, Sedimenten und Mooren statt, wo postmortale organische Substanz in Abwesenheit von O_2 mineralisiert wird. Die Umsetzung von abgestorbenem pflanzlichem Material bis zum Methan wird von einer komplexen syntrophen Assoziation von Mikroorganismen katalysiert. Die **Methanogenese** ist ein anaerober Prozess zahlreicher kultivierbarer und bisher noch nicht kultivierbarer methanogener *Archaea (Euryarchaeota)*. Die Methanogenese ist bisher auf Vertreter der *Archaea* begrenzt. Bei den kultivierbaren methanogenen Archaeen (Tabelle 15.2) handelt es sich um eine **heterogene Gruppe** von obligat anaeroben Spezialisten, die sich auf die Verwertung von H_2, Acetat, Methanol, Formiat, verschiedenen Methylaminen und Methylsulfiden am Ende des mikrobiellen Abbaus organischen Materials

Box 15.1 Methanhydrate, Produkte prähistorischer Methanogenese

Auf den Meeresböden (Schelfgebieten) aller Kontinente ebenso wie in den Permafrostböden subpolarer Tundren Sibiriens, Skandinaviens und Kanadas befinden sich nach Schätzungen weltweit etwa 40 000 bis 60 000 Milliarden m^3 an Methanhydraten (Gashydrat). Methanhydrate sind von Wassermolekülen umhüllte Methanmoleküle (Clathrate oder Käfigeinschlussverbindungen; lat. *clathratus*, Käfig), feste weiße Einschlussverbindungen, die wie Eis aussehen und sich anzünden lassen (brennendes Eis). Sie bilden unter tiefen Temperaturen und hohen Drücken feste, chemisch beständige Kristalle, die an der Oberfläche rasch verdampfen.

Am Meeresboden befinden sich die Methanhydrate sowohl in als auch auf den Sedimenten. In den arktischen **Permafrostböden** in einer Tiefe von unter 500 m kommen Methanhydrate in mächtigen Lagerstätten vor. In den Meeressedimenten können die **Gashydratflöze** sogar bis zu einem Kilometer dick sein, unterhalb von Wassertiefen von etwa 300 m liegen sie meist wolkenartig auf den Sedimenten. Methanhydrat in und auf dem Meeresboden entstammt der Methanogenese aus Detritus im Paläozen, vor rund 55 Millionen Jahren. Analysen der Kohlenstoffisotope von Gashydraten haben gezeigt, dass sie nur einen geringen Anteil an ^{13}C besitzen, was auf einen prokaryotischen Ursprung schließen lässt. In Permafrostböden sind die Methanhydrate wesentlich jünger. Um die gewaltigen Energie-Vorräte für die Menschheit zu nutzen, müssen neue Technologien erschlossen werden. Vor allem auf dem Meeresboden dürften die Verfahren schwierig und kostenaufwändig sein. USA und Kanada betreiben bereits heute Pilotanlagen zum Abbau von Gashydrat in den Lagerstätten von Alaska. In weniger als fünf Jahren soll die großtechnische Produktion beginnen. Deutschland beteiligt sich intensiv an der internationalen Forschung zur Ausbeutung der Gashydratvorkommen in den Schelfgebieten der Kontinente. Die Gewinnung von Gashydraten im großen Stil kann allerdings negative Folgen für das Klima mit sich bringen, wenn unkontrolliert große Mengen an CH_4 oder CO_2 (nach Verbrennung von Methan) in die Atmosphäre entweichen sollten. Auch die Permafrostböden könnten langfristig verstärkt zur Methanfreisetzung beitragen, wenn diese Böden durch die mögliche Klimaerwärmung tiefer auftauen würden. Bereits heute tauen die obersten Horizonte im Sommer auf und setzen relativ hohe Konzentrationen an Methan frei. Aber auch zu Beginn der Frostperiode im Spätherbst kommt es durch Erfrieren zu starken Methanausbrüchen, wie in der Tundrenregion im Nordosten Grönlands nachgewiesen wurde (aus verschiedenen Quellen).

konzentriert hat. Die methanogenen *Archaea* bilden den Abschluss einer ökophysiologischen Sequenz von Prozessen (Abb. 14.4), wobei sie die gasförmigen Endprodukte Acetat, CO_2 und H_2 aus vorangegangenen Gärungsprozessen als Substrate für die Methanogenese und Biomassebildung verwenden. Auf diese Weise führen die methanogenen *Archaea* gasförmigen Kohlenstoff und Wasserstoff teilweise erneut dem Stoffkreislauf des betreffenden Ökosystems zu.

Die Methanbildung setzt ein tiefes Redoxpotenzial (E_h) von < -200 mV, pH-Bedingungen zwischen 6,5 und 7,5 und je nach Organismen optimale Temperaturen voraus (Kap. 14). Diese Temperaturoptima können sowohl im mesophilen (etwa 35–37 °C) als auch im thermophilen (55–60°C) und hyperthermophilen (80–95°C) Bereich liegen. Die mikrobiellen C-Umsetzungen bis zur Methanbildung setzen sich aus verschiedenen Teilreaktionen zusammen, an denen sehr unterschiedliche Prokaryoten (*Bacteria* und *Archaea*) in syntrophen Assoziationen und Sukzessionen beteiligt sind. Im Zuge einer ökophysiologischen Sequenz werden die verschiedenen (polymeren) Substanzgruppen in Pflanzenresten durch eine Kombination von aeroben und anaeroben Prozessen über einen vierstufigen Abbau bis zum Methan umgesetzt (Abb. 3.4). Diese Sequenz umfasst eine

- **hydrolytische Anfangsphase**. In dieser Phase werden einfache Zucker und polymere Substanzen (Polysaccharide wie Stärke, Hemicellulosen, Cellulose sowie Proteine, Fette etc.) durch hydrolytische Enzyme aerob und anaerob in gelöste vergärbare Metaboliten (Kap. 3) überführt. Im Zuge dieser intensiven mikrobiellen Abbauprozesse werden O_2 und andere oxidierte Elektronen-Akzeptoren rasch verbraucht. Diese Phase geht unmittelbar über in eine
- **Versäuerungsphase** (Acidogenese). In dieser Phase werden die vergärbaren Metaboliten von sehr unterschiedlichen fakultativ und obligat anaeroben Bakterien im Zuge primärer Gärungen in kurzket-

Tabelle 15.2 Auswahl obligat anaerober gramnegativer methanogener *Archaea* (Phylum *Euryarchaeota*) (Boone u. Castenholz 2001)

Ordnung, Gattungen	Morphologie	Substrate	Mol-% G + C
Methanobacteriales			
Methanobacterium	lange Stäbchen	H_2, CO_2, Formiat	32–61
Methanobrevibacter	kurze Stäbchen	H_2, CO_2,. z. T. Formiat	27,5–31,6
Methanosphaera	kokkoid, paarweise	H_2, Methanol, Acetat	23–26
Methanococcales			
Methanococcus	Kokken	H_2, CO_2, Formiat	29–34
Methanocaldococcus	Kokken, 80–85°C	H_2, CO_2	31–33
Methanotorris	Kokken, 50–91°C	H_2, CO_2	31
Methanomicrobiales			
Methanomicrobium	kurze, gekrümmte Stb.	H_2, CO_2, Formiat	48,8
Methanoculleus	kokkoid	H_2, CO_2, Formiat, Alkohole	49–61
Methanofollis	einzelne Kokken	H_2, CO_2, Formiat, Alkohole	54–60
Methanogenium	Kokken	H_2, CO_2, Formiat	47–52
Methanolacinia	Stäbchen	H_2, CO_2, Alkohole	38–44,9
Methanoplanus	diskusförmig	H_2, CO_2, Formiat	30–50
Methanocorpusculum	kleine Kokken	H_2, CO_2, Acetat, Pepton	48,5–52
Methanospirillum	lange gekrümmte Stb.	H_2, CO_2, Formiat	45–49,5
Methanocalculus	Kokken	H_2, CO_2, Formiat	55
Methanosarcinales			
Methanosarcina	unregelmäßige Kokken in Aggregaten	H_2, CO_2, Methanol, Methylamin, Acetat	36–43
Methanococcoides	Kokken	Methanol, Methylamin	40–42
Methanohalobium (thermo- u. halophil)	unregelmäßige halophile kokkoide Zellen	Methanol, Methylamin	37
Methanohalophilus	halophile Kokken	Methanol, Methylamin	39–41
Methanosalsum	halophile Kokken	Methanol, Methylamin, Dimethylsulfid	38–39,5
Methanosaeta	Stäbchen	nur Acetat	48–54
Methanopyrales			
Methanopyrus	Stäbchen, 98–110°C	H_2, CO_2	59–60

tige organische Säuren (Buttersäure, Propionsäure, Essigsäure, Ameisensäure), Alkohole, H_2 und CO_2 überführt. Von diesen Metaboliten können durch die methanogenen *Archaea* hauptsächlich Acetat, Formiat, Methanol, H_2 und CO_2 **direkt** verwertet werden (Tabelle 15.2). Anschließend folgt eine

- **acetogene-Phase** (Acetogenese). In dieser Phase werden die organischen Säuren und Alkohole durch anaerobe acetogene Bakterien zu Essigsäure umgebaut. Die homoacetogenen Bakterien (z. B. *Clostridium thermoaceticum*, *C. acetogenium*, *Acetobacterium woodii,* etc.) verwenden entsprechend den Methanogenen CO_2 als Elektronen-Akzeptor (Homoacetatgärung) und H_2 (bzw. CO) als Elektronen-Donator, unter Bildung von Acetat (CH_3COOH) (Gl. 15.1):

$$2\,CO_2 + 4H_2 \rightarrow CH_3COOH + 2H_2O \quad \Delta G_0' = -95\ \text{kJ} \times \text{mol}^{-1} \tag{15.1}$$

Die homoacetogenen Bakterien besitzen spezielle Gärungen und können neben H_2 (und CO) noch ein sehr breites Substratspektrum, darunter auch Zucker und Alkohole, als Elektronen-Donatoren verwerten.

Unter den Metaboliten bilden Acetat und H_2 die wichtigsten Elektronen-Donatoren für eine

- **methanogene Phase** der *Archaea*. Methan ist das Endprodukt des methanogenen Energiestoffwechsels (Gl. 15.2 und Gl. 15.3)

$$\text{hydrogenotroph:} \quad 4H_2 + CO_2 \rightarrow CH_4 + 2H_2O \quad \Delta G_0' = -131\ \text{kJ} \tag{15.2}$$

$$\text{acetotroph:} \quad CH_3COO^- + H_2O \rightarrow CH_4 + HCO_3^- \quad \Delta G_0' = -31\ \text{kJ} \tag{15.3}$$

Die Umsetzungen (15.2) und (15.3) sind exergon, was bedeutet, dass Energie frei wird, die von den Methanbildnern zur Energiegewinnung (ATP-Synthese) genutzt werden kann (Conrad 2007). Die Mehrzahl der methanogenen *Archaea* (Tabelle 15.2) kann CH_4 durch Oxidation von H_2 und Reduktion von CO_2 (15.2) bilden, und diese Eigenschaft verbindet die methanogenen *Archaea*. In Sümpfen, Mooren, Nassreisböden und Faultürmen stammen allerdings etwa 70% des Methans aus der **acetoklastischen** Methanbildung (15.3), weil Acetat in diesen Biotopen unter anaeroben Bedingungen quantitativ die wichtigste Ausgangssubstanz darstellt (1.4.4.3). Im Pansen der Wiederkäuer entstammt Methan hingegen hauptsächlich aus H_2 und CO_2, weil die niederen Fettsäuren (auch Acetat) von den Tieren resorbiert werden.

Für die fermentativen Säurebildner in der ersten Stufe der anaeroben Nahrungskette ist zwar ein pH-Wert von etwa 6 bis 7 optimal, doch sind die betreffenden Bakterien relativ säuretolerant. Hingegen liegt das pH-Optimum für die Methanogenese zwischen pH 6,5 und 7,5. Bei einer zunehmenden Versauerung (pH-Abfall) kommt es zu einer verstärkten Protonierung des Acetats, was die acetoklastische Methanbildung (15.3) hemmt.

15.3 Methanogenese, eine anaerobe Atmung?

Die Methanbildung aus H_2 und CO_2 erfolgt durch stufenweise Reduktion von CO_2 (Oxidationszustand +4) zu CH_4 (–4) in einer kovalent gebundenen Form (Gl. 15.4).

$$CO_2 \rightarrow [CO_2] + H_2 \rightarrow [HCOO^-] + H_2 \rightarrow [HCHO] + H_2 \rightarrow [CH_3OH] + H_2 \rightarrow CH_4 \tag{15.4}$$

An diesen Umsetzungen ist eine Reihe von ungewöhnlichen Elektronen-Carriern (Coenzyme, prosthetische Gruppen) beteiligt, die überwiegend oder ausschließlich bei methanogenen Archaeen nachgewiesen wurden. Cytochrome und Chinone der *Bacteria* fehlen bei den methanogenen Archaeen als Elektronen-Carrier vollständig. Zunächst wird CO_2 durch Methanofuran zur gebundenen Formylstufe (+2) reduziert. Die Energiequelle für die CO_2-Aktivierung konnte noch nicht identifiziert werden (Keltjens u. Vogels 1996; Ermler *et al.* 1998). Anschließend wird die Formylgruppe auf Tetrahydromethanopterin (H_2-MPT) übertragen und durch Entzug von Wasser in die Methenylgruppe überführt, die zur Methylengruppe (0) reduziert wird. Das Coenzym F_{420} stellt dazu Elektronen bereit. Eine Reduktion durch Coenzym F_{420} bildet Methyl-H_4MPT (–2), von dem aus die Methylgruppe auf Coenzym M (CoM = Mercaptoethansulfonsäure) übertragen wird. Nur der letzte Schritt der Methanogenese bietet die Möglichkeit zur ATP-Synthese. Das Coenzym F_{450} enthält Ni und kann als eine Hydrogenase betrachtet werden. Am letzten Schritt ist Coenzym M für die Übertragung der Methylgruppe und somit für die eigentliche Synthese von Methan verantwortlich, während das Coenzym F_{450} die Elektronenübertragung vermittelt. Methyl-Coenzym M (CH_3–S–CoM) ist ein zentrales Zwischenprodukt. Es wird aus Coenzym M (H–S–CoM) und den methanogenen Substraten in Stoffwechselwegen gebildet, in denen nur coenzymgebundene C_1-Einheiten auftreten. Das eigentliche Reduktionsmittel ist Coenzym B, das dabei oxidiert wird. Durch Reaktion von CH_3–S–CoM und Coenzym B (H–S–CoB) wird Methan und das Heterodisulfid CoM–S–S–CoB gebildet. CoM und CoB werden anschließend durch Reduktion des Disulfides mittels einer Disulfid-Reduktase zurückgebildet. Die Elektronen stammen vom H_2. Die ATP-Synthese während des letzten Schrittes erfolgt nicht durch eine SSP, sondern durch Reduktion des

Heterodisulfid-Oxidoreduktase-Komplexes, was mit dem Aufbau eines **elektrochemischen Protonenpotenzials** an der Membran gekoppelt ist. Dieser H_2:Heterodisulfid-Oxidoreduktase-Komplex von *Methanosarcia barkeri* ist membrangebunden und enthält eine **Cytochrom *b***-Untereinheit, sodass von einer besonderen ETP gesprochen werden kann, zumal ein elektrochemisches Protonenpotenzial an der Membran für die ATP-Synthese (ATPase) verantwortlich ist. Infolgedessen wird bei der Methanogenese häufig von einer **anaeroben Atmung (Carbonatatmung)** gesprochen, wenngleich dieser Vorgang aufgrund des tiefen Standard-Redoxpotenzials von –244 mV des CO_2/CH_4-Redoxpaares nicht mit einer Atmung bei *Bacteria* verglichen werden kann (Abb. 14.5). Von einer Carbonatatmung kann somit ökophysiologisch eigentlich nicht gesprochen werden. Andererseits ist auch die Bezeichnung Methangärung insoweit problematisch, als dass eine SSP fehlt (Kap. 3).

In Böden und Mooren wird Methan hauptsächlich aus Acetat gebildet. Acetat wird von acetoclastischen methanogenen Archaeen (*Methanosarcina* und *Methanosaeta*) in Methan umgewandelt. Dabei wird Acetat zu CO_2 und CH_4 decarboxyliert. Die Energiemenge, die durch diese Disproportionierung konserviert werden kann, ist gering, weil der Löwenanteil der Energiegewinnung (ATP-Synthese) am elektrochemischen Protonenpotenzial für die Aktivierung des Acetats verbraucht wird. Der Natrium-Ionengradient, der während des Transfers des Methylrestes gebildet wird, leistet allerdings mittels eines Na^+/H^+-Antiporters einen Beitrag zur ATP-Synthese. Insgesamt kann pro Mol CH_4 lediglich 1/3 Mol ATP konserviert werden. Infolgedessen müssen die methanogenen Archaeen große Mengen an Acetat umsetzen, um wachsen zu können.

In Nassreisböden entsteht etwa 25–30% des Methans aus H_2 und CO_2, beides Metabolite, die hauptsächlich aus dem anaeroben Abbau von Wurzelresten und -Exsudaten stammen. Die **interspezifische H_2-Übertragung** von den fermentativen *Bacteria* auf die methanogenen *Archaea* ist in der synthrophen Assoziation wichtig, weil dadurch die H_2-Konzentration niedrig gehalten wird. Durch die hydrogenotrophe Methanogenese kann H_2 in der Regel nur in geringen Konzentrationen von etwa 8 Pa verwertet werden. Höhere Konzentrationen wirken sogar hemmend auf die Methanbildung (Keltjens u. Vogels 1996).

Die methanogenen Archaeen leben **heterotroph (chemoorganotroph)**, wenn sie mit Acetat wachsen. Hingegen stellt das Wachstum mit H_2 und CO_2 einen **chemolithoautotrophen** Stoffwechseltyp dar, weil das anorganische H_2 als Elektronen-Donator und CO_2 als C-Quelle fungiert.

15.4 Methanotrophe Bakterien

Methanotrophe (methanoxidierende) Bakterien (MOB) sind eine physiologische Untergruppe der **methylotrophen *Bacteria*** (Methylobakterien). Methylotrophe Bakterien (MB) haben sich auf die aerobe Verwertung von verschiedenen reduzierten C_1-Verbindungen spezialisiert und assimilieren **Formaldehyd** als C-Quelle (Hanson u. Hanson 1996). Sie unterscheiden sich von den MOB darin, dass sie neben Methan auch noch andere C_1-Verbindungen (Methanol, methylierte Amine, Halomethan und methylierte S-Verbindungen) verwerten können (Tabelle 15.3). Obligat methylotrophe Bakterien können nur mit C_1-Verbindungen wachsen, fakultativ methylotrophe Organismen verwerten neben C_1-Verbindungen auch noch verschiedene andere komplexe Substrate. MOB können CO_2 durch Reduktion verwerten, MB erfordern hingegen C_1-Verbindungen, die stärker reduziert sind (z. B. Methanol).

Alle MOB unterscheiden sich von methylotrophen Organismen durch den Besitz einer **Methan-Monooxygenase** (MMO) (Abb. 1.5., Kap. 1), die entweder membrangebunden (*particulate*, pMMO) oder löslich (*soluble*, sMMO) ist. Die sMMO besitzt andere biochemische Eigenschaften. Im Vergleich zu anderen aeroben Bakterien haben MOB eine begrenzte phylogenetische, physiologische und strukturelle Diversität. Es handelt sich um gramnegative, strikt aerobe Stäbchen, Kokken und kommaförmige Stäbchen (mit ETP), die Katalase- und Oxidase-positiv sind. Methan dient den MOB als Energie- und C-Quelle und wird stets als Formaldehyd assimiliert (Abb. 15.1). Andere Alkane können nicht als Substrate dienen. Methanol kann sowohl von methanoxidierenden als auch von methylotrophen Bakterien verwertet werden. Methanol entsteht in Böden durch Demethylierung von Pektin und Lignin und fällt somit als C-Quelle regelmäßig an. Viele Mikroorganismen haben sich infolgedessen auf die Verwertung von Methanol spezialisiert.

MOB sind einmalig unter den *Bacteria*, weil sie relativ hohe Konzentrationen an **Steroiden (Sterolen)** besitzen. Steroide sind charakteristische Bestandteile

Tabelle 15.3 Metabolische und co-metabolische Substrate von methylotrophen Bakterien

Metabolische Substrate (mit Wachstum)	Co-metabolische Substrate (ohne Wachstum)
Methan (CH_4)	Ammonium (NH_4^+)
Methanol (CH_3OH)	Ethylen ($H_2C{=}CH_2$)
Methylamin (CH_2NH_2)	Monochlormethan (CH_3Cl)
Dimethylamin ($(CH_3)_2NH$)	Monobrommethan (CH_3Br)
Trimethylamin ($(CH_3)_3N$)	Ethan (C_2H_6)
Tetramethylammmonium ($(CH_3)_4N^+$)	Propan (C_3H_8)
Trimethylsulfonium ($(CH_3)S^+$)	
Formiat (HCOOH)	
Formamid ($HCONH_2$)	
Carbonmonooxid (CO)	
Dimethylether ($(CH_3)_2O$)	
Dimethylsulfoxid ($(CH_3)_2SO$)	
Dimethylsulfid ($(CH_3)_2S$)	

der Membranen von Eukaryoten, fehlen aber unter den *Bacteria* und *Archaea*. In MOB sind Steroide wichtige stabilisierende Bestandteile der intercytoplasmatischen Membran zur Befestigung der *p*MMO. Die meisten MOB enthalten ein intracytoplasmatisches Membransystem, entweder als Membranstapel in der gesamten Zelle verteilt (MOB der Gruppe I) oder als paarige Membranen am Zellrand angeordnet (MOB der Gruppe II). Bei Vertretern von Typ I sind die Endomembranen vertikal zur Cytoplasmamembran ausgerichtet, und die C_1-Verbindungen werden über den Ribulosemonophosphat-(RuMP)-Weg assimiliert. Hingegen sind bei Vertretern vom Typ II die Endomembranen parallel bzw. peripher zur Cytoplasmamembran angeordnet, und die Assimilation der C_1-Verbindungen erfolgt über den Serin-Cyclus. Den Vertretern von Gruppe I fehlt ein vollständiger Tricarbonsäure-Cyclus (TCC; das Enzym α-Ketoglutarat-Dehydrogenase ist nicht vorhanden), während Organismen der Gruppe II über einen vollständigen Tricarbonsäure-Cyclus verfügen. Der unvollständige TCC hat zur Folge, dass die Fähigkeit zum chemoorganotrophen (heterotrophen) Wachstum fehlt oder stark vermindert ist.

Neben den MOB-Typen I und II gibt es noch eine weitere MOB-Gruppe vom Typ X. Vertreter dieser MOB fixieren Formaldehyd primär über den RuMP-Weg, teilweise aber auch über den Serin-Weg. In Tabelle 15.4 sind die charakteristischen Merkmale der MOB-Gruppen I, II und X vergleichend dargestellt. Taxonomisch gehören MOB bisher alle zu den gramnegativen *Proteobacteria*. Während Vertreter der Gruppe I und X zu den *Gammaproteobacteria* gehören, sind Organismen der Gruppe II *Alphaproteobacteria*. Andere MOB sind Vertreter der *Betaproteobacteria* (*Methylophilaceae*) mit den Gattungen *Methylophilus*, *Methylobacillus* und *Methylovorans*. Darüber hinaus gibt es in aeroben Böden noch weitere Gruppen von bisher nicht kultivierbaren MOB, die offenbar eine große Ähnlichkeit mit Vertretern der kultivierbaren Gruppe II haben (Holmes *et al.* 1999). Sie werden möglicherweise vertreten von den *pmo*A-Sequenz-Clustern USCα oder USCγ (Conrad 2007). Die genetische Diversität an MOB ist wahrscheinlich sehr groß und weist auf eine breite **evolutionäre Konvergenz** der Methanoxidation hin.

Methanoxidierende Bakterien und chemolithoautotrophe ammoniumoxidierende Bakterien (AOB) können beide die folgenden Reaktionen katalysieren (Gl. 15.5, Gl. 15.6):

$$CH_4 + O_2 + AH_2 \rightarrow CH_3OH + H_2O + A \quad (15.5)$$

$$NH_3 + O_2 + AH_2 \rightarrow NH_2OH + H_2O + A \quad (15.6)$$

Sowohl die Reaktion (15.5) als auch (15.6) werden von Methan-Monooxygenase (MMO) und Ammoniak-Monooxygenase (AMO) katalysiert. Die Substratspezifität dieser Enzyme ist offenbar relativ gering, sodass auch bestimmte unphysiologische Substrate von der jeweiligen Gruppe oxidiert werden können (Tabelle 15.3). Allerdings kann nur Methan als **Substrat** für die MOB und Ammoniak nur als **Energiequelle** für die AOB (*Nitroso*-Gruppe) eingesetzt werden. MOB sind somit stets

Tabelle 15.4 Charakteristische Merkmale der Gruppen I, II und X der aeroben methanoxidierenden Bakterien (ergänzt nach Hanson u. Hanson 1996; Boone u. Castenholz 2001)

Merkmale	Gruppe I	Gruppe II	Gruppe X
Zellmorphologie	Stäbchen, Kokken und ovale Formen	keulenförmige, kommaförmige und gerade Stäbchen; Kokken	Kokken, oft paarweise
Mol-% G + C	49–60	62–67	59–65
RuMP-Weg	+	–	+
Serin-Weg	–	+	gelegentlich
TCC	vollständig	unvollständig	vollständig
N_2-Bindung	–	+	+
charakteristische PLFA[1)]	14:0, 16:1ω7c, 16:1ω5t	18:1ω8c	16:0, 16:1ω7c
Wachstum bei 45 °C	–	–	+
Phylogenie	*Gammaproteobacteria*	*Alphaproteobacteria*	*Gammaproteobacteria*
Gattungen (Auswahl)	*Methylomonas* *Methylobacter* *Methylomicrobium* *Methylosarcina* *Methylosphaera* *Methylocaldum* *Methylophaga*	*Methylocystis* *Methylosinus* *Methylobacterium* *Methylopila* *Methylorhabdus*	*Methylococcus capsulatus*

1) Kap. 4

auch Nitrifikanten der **Nitritation** (Kap. 12). Dies legt die Vermutung nahe, dass Teile der Nitritation (Nitritbildung aus Ammonium), die den Nitrifikanten in Böden zugeschrieben wird, in Wirklichkeit auf die Aktivität von MOB beruht (Bedard u. Knowles 1989). Die Ammoniumoxidation von chemolithoautotrophen Nitrifikanten wird stets von Methan (CH_4), Methanol (CH_3OH) und Kohlenmonoxid (CO) kompetitiv gehemmt, was darauf hinweist, dass diese Substrate sowohl von AMO als auch von MMO oxidiert werden können.

15.5 Dissimilation und Assimilation von Methan

In Abb. 15.1 ist der dissimilatorische Abbauweg (zur ATP-Synthese) von C_1-Verbindungen (Methan) in Kombination mit der C_1-Assimilation über den Ribulose-Monophosphat-Weg schematisch dargestellt. Für methanotrophe Bakterien ist Methan zugleich Energiequelle, Elektronen-Donator und C-Quelle. Zunächst wird Methan unter Verbrauch von Reduktionsäquivalenten und O_2 durch membrangebundene Methan-Monooxygenase (*p*MMO) zu Methanol und H_2O oxidiert. Weitere Oxidationsstufen führen zum Formaldehyd, zur Ameisensäure und schließlich zum CO_2. Weil für die Oxidation von Methan zu Methanol zwei Reduktionsäquivalente benötigt werden, beträgt der Nettoertrag an Reduktionsäquivalenten nur 2H. Zur ATP-Synthese werden sie über die Atmungskette (Cytochrome, ETP) auf O_2 als Endakzeptor übertragen (Abb. 15.1). Die Frage, ob MOB zur Verwertung von Methan anstelle von O_2 auch Nitrat als **alternativen Elektronen-Akzeptor** einsetzen können (Denitrifikation), wurde im Laufe der Zeit immer wieder aufgegriffen, aber erst 2009 durch Nachweis von methanotrophen *Bacteria* eindeutig geklärt (Raghoebarsing *et al.* 2006; Ettwig *et al.* 2008, 2009). Thermodynamisch ist der folgende Prozess möglich (Gl. 15.7):

$$5CH_4 + 8NO_3^- + 8H^+ \rightarrow 5CO_2 + 4N_2 + 14H_2O \quad \Delta G_0' = -765\ \text{kJ} \times \text{Mol}^{-1} \qquad (15.7)$$

Vom ökophysiologischen Blickpunk ist die anaerobe Verwertung von Methan mit Nitrat als **einzigem** Elektronen-Akzeptor problematisch, weil die Existenz denitrifizierender MOB entscheidend von solchen ökologischen Nischen abhängt, in denen Methan und Nitrat zusammentreffen. Wenn es in Böden zur Methanoge-

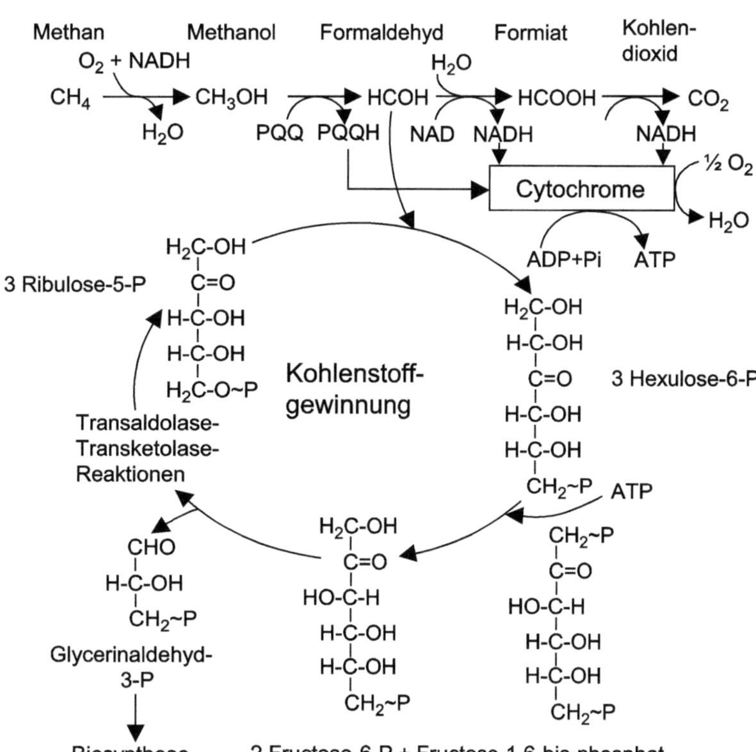

Abb. 15.1 Energiegewinnung (ATP-Synthese) während der Oxidation von Methan zu Kohlendioxid und die Assimilation von Formaldehyd über den Ribulose-Monophosphat-Weg (RuMP-Weg). CH_4 wird durch eine relativ unspezifische Methan-Monooxygenase (MMO) unter Verbrauch von O_2 und Reduktionsäquivalenten zu Methanol und anschließend durch eine periplasmatische Methanol-Dehydrogenase und Pyrrolchinolinchinon (*pyrroloquinoline quinone* = PQQ) als Elektronen-Akzeptor zu Formaldehyd oxidiert. Formaldehyd wird entweder über den RuMP-Weg assimiliert oder von einer Formaldehyd-Dehydrogenase unter Bildung von NADH über Formiat von Formiat-Dehydrogenase unter Synthese von NADH zu CO_2 oxidiert. Die gebildeten Reduktionsäquivalente werden durch eine ETP (Cytochrome) in ATP überführt. Die einleitende Methanoxidation erfolgt ohne ATP-Synthese, und folglich ist die Zellausbeute bei Wachstum auf Methan und Methanol gleich groß

nese kommt, liegen in der Regel anaerobe Bedingungen vor, und Nitrat ist im Zuge von Denitrifikationsprozessen längst eliminiert worden (Kap. 12 und 14). Allerdings kann CH_4 aus dem anaeroben Unterboden nach oben diffundieren, wo es mit Nitrat im aeroben Oberboden zusammentreffen kann (z. B. in Nassreisböden), sodass die Verwertung von Methan mit Nitrat als Elektronen-Akzeptor **ökophysiologisch sinnvoll** sein kann (Kap. 12). Dies trifft auch in der Abwasserreinigung zu.

Für die **C-Assimilation** aus Methan oder Methanol wird im RuMP-Weg ähnlich dem Calvin-Cyclus eine C_1-Verbindung (Formaldehyd) an einen Pentosezucker (Ribulose-5-phosphat) gebunden und in eine Hexose überführt. Weil Formaldehyd als C_1-Verbindung bereits in der passenden Reduktionsstufe vorliegt, erübrigt sich eine Reduktion der an Ribulose-5-phosphat gebundenen C_1-Verbindung. Hierin unterscheidet sich der Vorgang der Methanverwertung von dem der Photosynthese. Bei der Photosynthese dient Ribulose-1,5-bisphosphat als Akzeptor für CO_2, wobei eine Zuckersäure (3-Phosphoglycerinsäure) entsteht, die dann zum Zucker reduziert werden muss. Methanverwertung über den RuMP-Weg und die photosynthetische CO_2-Verwertung unterscheiden sich dahingehend, dass bei der Methanverwertung die C_1-Verbindung bereits im ersten Oxidationsschritt in den richtigen Redoxzustand gebracht wird und in einem zweiten Schritt an den Pentose-Akzeptor gebunden wird, während bei der Photosynthese zuerst gebunden und dann der Redoxzustand eingestellt wird. Die Regeneration der Hexose zur Pentose erfolgt über das Transaldolase-Transketolase-System des rückläufigen Pentosephosphat-Wegs zum C_5-Zucker, der damit als Akzeptor reaktiviert wird. Es wird deutlich, dass MOB zum Wachstum große Mengen an Methan umsetzen müssen.

15.6 Beeinflussung der Methan-Senkenfunktion von Böden

Die MOB übernehmen im globalen Methankreislauf eine wichtige Funktion. Die mikrobielle Methanoxidation in Böden ist die einzige bekannte **biologische CH_4-Senke** und der Prozess oxidiert etwa 1 bis 15% (höchstens 20%) der globalen Methanemissionen. In Böden gibt es zwei Formen von MOB und zwar eine Gruppe mit hoher und eine mit geringer Oxidationsaffinität. Die erste Gruppe bevorzugt geringe CH_4-Konzentrationen (< 12 ppm) und trägt mit etwa 10% an der Methanoxidation in Böden bei. Vermutlich gehören die verantwortlichen Bakterien zu den *Alphaproteobacteria*, doch ist kaum etwas über diese Organismen bekannt. Die zweite Gruppe bevorzugt CH_4-Konzentrationen > 40 ppm und stellt die MOB *sensu stricto* dar. Sie sind in allen Böden mit einem pH > 4,4 weit verbreitet und nicht nur für die Oxidation von atmosphärischem CH_4 in „aeroben" Böden verantwortlich, sondern auch für die CH_4-Oxidation in allen aerob/anaeroben Gradienten in Feuchtgebieten und Nassreisböden sowie in der Rhizosphäre der jeweiligen Hygrophyten (gr. *hygro* = feucht, nass). Das Ausmaß der Methanoxidation abzuschätzen, ist sehr schwierig, weil es bisher an einer zuverlässigen Standardmethode für Feldmessungen fehlt. Lediglich durch Verwendung von **Methylfluorid** (CH_3F), einem spezifischen Hemmstoff der Methanoxidation, lässt sich in Bodenproben und Modellversuchen das Potenzial des CH_4-Abbaus in etwa quantifizieren (Le Mer u. Roger 2001).

Die globale methanotrophe Oxidation in aeroben Böden (= **globale Methansenke**) wird zurzeit auf etwa 30 Tg CH_4-C pro Jahr geschätzt (Streuungsbreite 15–45 Tg C × a^{-1}; Tabelle 15.1). Das Potenzial zum CH_4-Abbau von Böden ist allerdings relativ empfindlich und kann offenbar von verschiedenen (anthropogenen) Aktivitäten sowohl negativ als auch positiv beeinflusst werden. Bereits die Störung der gewachsenen mikrobiellen Lebensgemeinschaften in Böden durch allgemeine Bewirtschaftungsmaßnahmen kann zu einer zeitlichen Verminderung dieses Potenzials führen. Wenn Grünland und Waldstandorte durch Bodenbearbeitung und Nutzungsänderung in Ackerland überführt werden, vermindert sich erfahrungsgemäß das Potenzial zum CH_4-Abbau vorübergehend signifikant. Offenbar kommt es durch die Bodenbewirtschaftung zu Veränderungen in den Zusammensetzungen und Aktivitäten der mikrobiellen Lebensgemeinschaften, welche in einer Abnahme der methanoxidierenden Bakterien und ihrer Aktivitäten zum Ausdruck kommen kann. Dieses Phänomen ist insoweit bemerkenswert, als dass die Beeinträchtigung eines Teils der hohen multiplen genetischen Funktionalität, wie die Fähigkeit zur Methanoxidation, eigentlich rasch von den unbeeinflussten MOB ausgeglichen werden müsste (Kap. 4).

Auch durch **mineralische N-Düngungen** kann das Potenzial zum CH_4-Abbau zeitweise negativ beeinflusst werden, obwohl je nach Konzentration auch positive Auswirkungen nachgewiesen wurden (Mosier *et al.* 1991; Hütsch *et al.* 1993, 1994, 1996; Hütsch 1996, 1998a,b; Le Mer u. Roger 2001). Der negative N-Einfluss auf die Methanoxidation gilt allerdings zunächst nur für **Ammoniumdünger** (einschließlich Harnstoff), aber nicht für **Nitratdünger** (Hütsch 1998b). Nitrat-N zeigte in Feldversuchen bisher keinen negativen Einfluss auf die CH_4-Oxidation von Böden, hatte jedoch in Modellversuchen im Labor auch eine negative Wirkung (Hütsch *et al.* 1996). Ammonium-N vermag die CH_4-Oxidation nicht nur in Ackerböden, sondern auch in Wald-, Grünland- und Nassreisböden so lange zu hemmen, bis der größte Teil des Ammoniums in Nitrat umgesetzt ist. Vermutlich wirkt NH_4^+-N **kompetitiv** auf die CH_4-Oxidation von MOB, weil die MMO dieser Bakterien sowohl CH_4 als auch Ammoniak zu oxidieren vermag (Gl. 15.5 und 15.6). Wenn Böden allerdings mit relativ hohen Stallmistgaben (entsprechend etwa 240 kg N × ha^{-1}) gedüngt werden, dann lässt sich kein negativer N-Einfluss auf die CH_4-Oxidation nachweisen (Willison *et al* 1996).

Die unterschiedlichen Ergebnisse werden auf die Höhe der Ammoniumdüngung zurückgeführt. So wird angenommen, dass es bei einer mineralischen Ammoniumdüngung durch den relativ hohen NH_4^+-Stoß zur raschen Vermehrung der Nitrifikanten auf Kosten der methanotrophen Bakterien kommt. Hingegen führt eine Stallmistdüngung offenbar zu einer langsam fließenden und relativ geringen Ammoniakfreisetzung, ohne Beeinträchtigung der Methanotrophen (Hütsch *et al.* 1993; Willison *et al.* 1996). Der negative Einfluss einer Ammoniumdüngung auf die Methanoxidation scheint somit eine Frage der Ammoniumkonzentration zu sein. Allerdings werden nicht alle MOB von einer mineralischen N-Düngung beeinflusst. So kann die CH_4-Oxidation durch MOB vom Typ I durch mineralische N-Düngung sogar gefördert werden, während die Methanotrophen vom Typ II durch Ammonium eine Hemmung erfahren. Diese unterschiedliche Populationsreaktion tritt sowohl in Wald- als auch in Nassreisböden auf, kann jedoch nicht plausibel geklärt werden (Mohanty *et al.* 2006). Offenbar können die Reaktionen der Lebensgemeinschaft von MOB auf N-Düngungen sehr unterschiedlich sein. Weitere Untersuchungen sind hier erforderlich.

Nicht zuletzt können auch **Nitrifikationsinhibitoren** (Kap. 12) einen unerwünschten negativen Einfluss auf die CH_4-Oxidation in Böden ausüben. Inzwischen steht fest, dass ein großer Teil der Nitrifikationsinhibitoren (NI) auch die Methanoxidation hemmen kann (Kap. 12). Eine solche Nebenwirkung ist ökologisch **ungünstig** und unerwünscht, weil dadurch das Potenzial der CH_4-Oxidation in Ackerböden vermindert werden kann. Zu den NI, welche die CH_4-Oxidation hemmen können, gehören C_2H_2 (Acetylen-Gas), Allylthioharnstoff (ATH) sowie die heterocyclische N-Verbindung 3-Aminotriazol und die Pyridinabkömmlinge Nitrapyrin (N-Serve), Picolinsäure und 6-Chlorpicolinsäure. Diese Verbindungen sind infolgedessen aus ökologischen Gründen für eine breite Anwendung als NI in der Landwirtschaft kaum geeignet. Das Gleiche gilt auch für den Urease-Hemmer *N*-(*n*-Butyl)-thiophosphortriamid (NBPT), der als Nebenwirkung eine vollständige Hemmung der Methanoxidation verursacht, jedoch keinen Einfluss auf die Ammoniumoxidation hat (Bronson u. Mosier 1994). Im Gegensatz zu den oben genannten NI ließ sich beim Dicyandiamid (DCD) und bei 3,4-Dimethylpyrazolphosphat (DMPP) keine Nebenwirkung auf die Methanoxidation nachweisen. Diese NI sind infolgedessen in der Praxis zu bevorzugen, zumal auch die N_2O-Freisetzung vermindert wird (Weiske *et al.* 2001).

15.7 Die Reispflanze als „Conduit" der Methanemissionen

Die jährliche globale Methanbildung in Nassreisböden (ca. 80 Tg CH_4-C × a^{-1}) und Feuchtgebieten (ca. 145 Tg CH_4-C × a^{-1}) wird zurzeit zusammen auf etwa 225 Tg CH_4-C veranschlagt (Tabelle 15.1). Nach ersten Schätzungen sind Nassreisböden mit 10–25% an der globalen CH_4-Freisetzung beteiligt. Die gemessenen CH_4-**Emissionen** an der Bodenoberfläche entsprechen jedoch nicht den CH_4-**Bildungsraten** in Nassreisböden. Weil MOB obligat aerobe *Bacteria* mit ETP sind, können diese Organismen CH_4 in allen aerob/anaeroben Gradienten von Böden oxidieren, wie sie in den Grenzbereichen zwischen Bodenoberfläche und Wasser von Mooren, Sedimenten und Nassreisböden sowie in der Rhizosphäre der entsprechenden Hygrophyten vorliegen. Verschiedene Feuchtpflanzen wie beispielsweise Nassreis (*Oryza sativa)*, Schilf (*Phragmites australis*) und Rohrkolben (*Typha latifolia*) verfügen in den Stängeln über ein Luftgewebe (**Aerenchym**) zum Transport von O_2 bis in die Wurzelspitzen. Dieser O_2 diffundiert über die Stängel in die Rhizosphäre. Infolgedessen bildet sich im Wurzelbereich und um die Stängel von beispielsweise Nassreis eine komplexe spezifische Lebensgemeinschaft aus aeroben, fakultativ anaeroben und obligat anaeroben Mikroorganismen, darunter auch anaerobe methanogene Archaeen, aerobe methanoxidierende Bakterien, aerobe chemolithoautotrophe Nitrifikanten und heterotrophe Denitrifikanten (Gilbert u. Frenzel 1998). Diese Organismen sind in komplexer Weise aufeinander angewiesen und leben in synthrophen Assoziationen sowohl in der Rhizosphäre als auch endophytisch in den Wurzel- und Stängelzellen der Reispflanzen (Frenzel 2000; Wassmann u. Aulakh 2000; Le Mer u. Roger 2001; Conrad 2008). Im Wurzelraum der Reispflanzen lebt eine (bisher noch) unbekannte Gruppe von relativ **O_2-toleranten** methanogenen Archaeen (Vertreter der sogenannten *Rice Cluster* 1 = RC-1), die wahrscheinlich im Wesentlichen für die Methanproduktion in der Reis-Rhizosphäre verantwortlich ist. Das in unzähligen Mikrohabitaten von Nassreisböden, Mooren und in der Rhizosphäre von Reispflanzen gebildete CH_4 gelangt auf dem Diffusionsweg nach oben und wird an allen anaerob/aeroben Grenzflächen rasch und weitgehend von den MOB verwertet. Es wundert daher nicht, dass bis zu 80–90% des im anaeroben Boden gebildeten CH_4 in aeroben Grenzbereichen von Methanotrophen wieder oxidiert wird (Conrad, 2008).

Das Ausmaß der Methanoxidation im Nassreisboden kann je nach Bewässerungsintensität und Bestandsentwicklung zwischen 0 und 97% schwanken. In bepflanzten Nassreisböden kommt der Methanoxidation in der Rhizosphäre quantitativ eine entscheidende Rolle zu. Durch Zusatz von Methylfluorid (CH_3F) im Wurzelbereich der Reispflanzen konnte die Methanoxidation um 40–47% vermindert werden (Denier van der Gon u. Neue 1996). Andererseits ist es das Aerenchym der Reispflanzen, welches als wesentlicher **Transportweg** („**Conduit**") für die Methanemissionen dient. Zum Zeitpunkt der Bestockung und Kornfüllungsphase finden die höchsten Methanemissionen statt, und in dieser Entwicklungsphase gelangen bis zu 90% der gesamten CH_4-Emission über die *Lacunae* (Lufträume) im Aerenchym in die Atmosphäre (Frenzel 2000; Wassmann u. Aulakh 2000; Inubushi *et al.* 2002). Im Allgemeinen emittieren bepflanzte Nassreisböden wesentlich mehr CH_4 (aber auch N_2O) als die unbepflanzten Kontrollböden, was auf den höheren C-Umsatz im

Wurzelbereich und auf die rasche CH_4- (und N_2O-)Abgabe über das Aerenchym der Reispflanzen zurückgeführt werden kann.

Die Emissionsraten von bepflanzten Nassreisböden der Tropen liegen global im Schnitt bei etwa 300 mg $CH_4 \times m^{-2} \times Tag^{-1}$, doch schwanken die Freisetzungsraten (0,1–500 mg $CH_4 \times m^{-2} \times Tag^{-1}$) je nach Bodeneigenschaften, Bewirtschaftungsweise, organischer und/oder mineralischer Düngung, Überstauungsdauer und -kontinuität sowie Varietät und Entwicklungsstadium des Reisbestandes sehr. Die Emissionen sind in der Trockenzeit (wenig Bewölkung, relativ hohe Photosyntheserate) deutlich höher als in der Regenzeit (stark bewölkt, relativ geringe Photosyntheserate). Zudem zeigen die CH_4-Emissionen eine große räumliche und zeitliche Variabilität sowie einen diurnalen (Tag/Nacht) Rhythmus (Singh *et al.* 1997, 1999; Wassmann u. Aulakh 2000; Le Mer u. Roger 2001; Conrad 2002). Eine mineralische NPK-Düngung (insbesondere mit N in Ammoniumform) fördert nicht nur Wachstum, Biomasse und Ertrag des Reisbestandes, sondern verstärkt stets auch die **Rhizodeposition** und **Wurzelmasse** im Boden signifikant (Kap. 17). Der rasche anaerobe Abbau dieser organischen Substanzen ist Ursache für die erhöhten CH_4-Emissionen mineralisch gedüngter Nassreisböden. Im Allgemeinen stammen etwa 40% der CH_4-Emissionen von Nassreisböden aus der vorhandenen OBS („Humus"), etwa 37% aus der aktuellen Rhizodeposition und ca. 20% aus den frisch eingearbeiteten Wurzel- und Stoppelresten (Wassmann u. Aulakh 2000). Diese Daten zeigen deutlich, dass der C_{org}-Gehalt des Bodens (eine Funktion der C-Rückführung und Bewirtschaftungsweise) und die C-Abgabe über die Reiswurzeln (eine Funktion der mineralischen Düngung) hauptsächlich für die Intensität der CH_4-Bildung und -Emission verantwortlich gemacht werden können.

15.8 Faktoren der Methanbildung in Nassreisböden

Je nach Varietät und Standort hat Nassreis eine Vegetationsperiode von 100–120 Tagen. Etwa 7–10 Tage vor der Ernte werden die Felder trockengelegt, wodurch die reduzierten organischen und anorganischen Verbindungen (Mn(II), Fe(II), Sulfide) chemisch und mikrobiologisch aufoxidiert werden. Nach der Ernte werden die Felder erneut überstaut und die Erntereste samt Unkräutern mit Wasserbüffel, Pflug oder Fräse bis zum *soft puddle* (weiches homogenes Pflanzbett) mechanisch eingearbeitet, bevor die neuen Reispflänzchen aus einem separaten Saatbett in kleinen Büscheln manuell in den leicht überstauten Boden „gesteckt" werden. Sofort nach Überflutung setzen erneut intensive Mineralisationsprozesse ein, wobei zunächst die aeroben und fakultativ anaeroben Mikroorganismen die verschiedenen oxidierten Elektronen-Akzeptoren sequenziell (O_2 > NO_3^- > Mn(IV) > Fe(III) > SO_4^{2-}) zur ATP-Synthese einsetzen (Kap. 14), bevor anaerobe Mikroorganismen die restlichen energiereichen Substrate unter Bildung von H_2, Acetat, Alkoholen und CO_2 vergären (Kap. 14). Erst dann kann die Methanogenese einsetzen (Achtnich *et al.* 1995; Aulakh *et al.* 2001). Je höher der Gehalt an **oxidierten anorganischen Elektronen-Akzeptoren** ist, umso länger dauern die anaeroben Atmungen an und umso tiefer senkt sich das Redox-Niveau (pH-E_h-Niveau). Der stufenweise Abfall im pH-E_h-Niveau reflektiert dabei die Sequenz der eingesetzten Elektronen-Akzeptoren (Kap. 14, Abb. 14.4). Art, Menge und Kristallisationsformen der pedogenen Fe(III)-(Hydr)Oxide bestimmen im Wesentlichen das Ausmaß des Redoxpuffers von Böden und infolgedessen die Intensität der mikrobiellen Eisenreduktion im betreffenden Boden, vorausgesetzt, die Konzentration an mineralisierbarer OBS ist relativ hoch (Gl. 14.4 und 14.5). Im überstauten Reisfeld kann eine intensive Eisenreduktion oft an den rostroten ölartigen Häutchen von $Fe_2O_3 \times H_2O$ auf dem Stauwasser zwischen den Reispflanzen mit dem bloßen Auge erkannt werden, besonders in der Anfangsphase der Überstauung. Erst wenn alle Fe(III)-(Hydr)Oxide und Sulfate (ihre Konzentration ist nur in sulfatsauren Böden relativ hoch) reduziert sind (sichtbar an der Bildung von grauschwarzen FeS-Flecken im Profil), setzt die Methanogenese ein. Das Redoxpotenzial hat sich aufgrund der sequenziellen mikrobiellen Reduktionsprozesse inzwischen auf etwa –240 mV (pH 7) gesenkt, was die Methanbildung begünstigt.

Aus dem o. g. Sachverhalt wird deutlich, dass die Methanogenese durch

- ein häufiges Unterbrechen der Überstauung (diskontinuierliche Bewässerung und Überstauung) und durch
- die Einarbeitung („Düngung") von Fe(III)-(Hydr) Oxiden (Ferrihydritpulver)

wirkungsvoll gehemmt werden kann (Jäckel u. Schnell 2000; Wassmann u. Aukakh 2000; Aulakh *et al.* 2001). Bemerkenswert ist in diesem Zusammenhang, dass durch Einarbeitung von Ferrihydrit (amorphe Fe(III)-Hydroxide) zwar die Methanbildung zeitweise unterdrückt wird, die Population an methanogenen Archaeen der *rice cluster* I jedoch zunimmt, vermutlich weil diese Archaeen Fe(III)-Verbindungen als Elektronen-Akzeptoren zur ATP-Synthese verwenden können (Lueders u. Friedrich 2002). Dies würde bedeuten, dass auch Archaeen zur Eisenreduktion in der Lage wären (Kap. 14). Hier besteht ein dringender Forschungsbedarf. Sowohl eine diskontinuierliche Bewässerung als auch eine „Düngung" mit Fe(III)-Verbindungen verhindert zeitweise das Absenken des Redoxpotenzials (E_h) und dürfte so die Methanogenese hemmen.

Eine sinnvolle praktische Strategie zur Verminderung der CH_4-Emissionen sowie der Entgasung von N_2O (und N_2) beruht auf dem systematischen Einarbeiten (mit dem Fußabsatz) von Harnstoff-Calciumcarbid-Kapseln in den Boden entlang der Pflanzreihen unweit der Reiswurzeln (Bronson u. Mosier 1991). Calciumcarbid (CaC_2) wirkt in der Bodenlösung als langsam fließende Quelle von Acetylen (C_2H_2), einem Gas, das sowohl die Nitrifikation (und damit die Denitrifikation) als auch die CH_4-Bildung (Raimbault 1975) im Boden spezifisch zu hemmen vermag. Auch die Nitrifikationsinhibitoren Didin (Dicyandiamid) und Nitrapyrin (N-Serve) vermögen in Nassreisböden sowohl die Methanogenese als auch die N_2O-Freisetzung (indirekt über die Blockierung der Nitrifikation) zu hemmen. Insbesondere der Einsatz von DCD in Kombination mit dem Urease-Hemmer HQ (Hydrochinon) hat in Nassreisböden bei Feldversuchen zu einer signifikanten Verminderung der CH_4- und N_2O-Freisetzung geführt (Xu *et al.* 2002).

Literatur

Achtnich C, Bak F, Conrad R (1995) Competition for electron donors among nitrate reducers, ferric iron reducers, sulfate reducers, and methanogens in anoxic paddy soil. Biol Fertil Soils 19: 65–72

Aulakh MS, Wassmann R, Renneberg H (2001) Methane emissions from rice fields: Quantification, mechanisms, role of management, and mitigation options. Adv Agron 70: 193–260

Bedard C, Knowles R (1989) Physiology, biochemistry, and specific inhibitors of CH_4, NH_4^+, and CO oxidation by methanotrophs and nitrifiers. Microbiol Rev 53: 68–84

Boone DR, Castenholz RW (2001) *Bergey's manual of systematic bacteriology*. Vol 1. The *archaea* and the deeply branched and phototrophic *bacteria*, Springer, New York Berlin Heidelberg

Bronson KF, Mosier AR (1991) Effect of encapsulated calcium carbide on dinitrogen, nitrous oxide, methane, and carbon dioxide emissions from flooded rice. Biol Fertil Soils 11: 116–120

Bronson KF, Mosier AR (1994) Suppression of methane oxidation in aerobic soil by nitrogen fertilizers nitrification inhibitors, and urease inhibitors. Biol Fertil Soils 17: 263–268

Conrad R (2002) Control of microbial methane production in wetland rice fields. Nutrient Cycl Agroecosyst 64: 59–69

Conrad R (2007) Soil microbial communities and global climate change: Methanotrophic and methanogenic communities as paradigms. In: Elsas van DJ, Jansson JK, Trevors JT (Hrsg) Modern soil microbiology, CRC, Boca Raton London New York, S 263–282

Conrad R (2008) Methanogenic microbial communities associated with aquatic plants. In: Varma A, Abbott I, Werner D, Hampp R (Hrsg) Plant surface microbiology, Springer, Heidelberg, S 35–50

Crutzen PJ, Lelieveld J (2001) Human impact on atmospheric chemistry. Annu Rev Earth Planet Sci 29: 17–45

Denier van der Gon HAC, Neue HU (1996) Oxidation of methane in the rhizosphere of rice plants. Biol Fertil Soils 22: 359–366

Ermler U, Grabarse W, Shima S, Coubeaud M, Thauer RK (1998) Mechanismus der mikrobiellen Methanbildung. Biospektrum 4: 20–24

Ettwig KF, Shima S, van de Pas-Schoonen, Kahnt J, Medema MH, Op den Campf HJM, Jetten MSM, Strous M (2008) Denitrifying bacteria anaerobically oxidize methane in the absence of *Archaea*. Environ Microbiol 10: 3164–3173

Ettwig KF, Alen T, van Pas-Schoonen KT, Jetten MSM, Strous M (2009) Enrichment and molecular detection of denitrifying methanotrophic bacteria of the NC10 phylum. Appl Environ Microbiol 75: 3656–3662

Frenzel P (2000) Plant-associated methane oxidation in rice fields and wetlands. Adv Microb Ecol 16: 85–114

Gilbert B, Frenzel P (1998) Rice roots and CH_4 oxidation: The activity of bacteria, their distribution and the microenvironment. Soil Biol Biochem 14: 1903–1916

Hanson RS, Hanson TE (1996) Methanotrophic bacteria. Microbiol Rev 60: 439–471

Holmes AJ, Roslev P, McDonald JR, Iversen N, Hendriksen K, Murrell JC (1999) Characterization of methanotrophic bacterial populations in soils showing atmospheric methane uptake. Appl Environ Microbiol 65: 3312–3318

Hütsch BW (1996) Methane oxidation in soils of two long-term fertilization experiments in Germany. Soil Biol Biochem 28: 773–782

Hütsch BW (1998a) Sources and sinks of methane in German agroecosystems in context of the global methane budget. Agribiol Res 51: 75–87

Hütsch BW (1998b) Methane oxidation in arable soil as inhibited by ammonium, nitrite, and organic manure with respect to soil pH. Biol Fertil Soils 28: 27–35

Hütsch BW, Webster CP, Powlson DS (1993) Long-term fertilization experiments in Germany. Soil Biol Biochem 28: 773–782

Hütsch BW, Webster CP, Powlson DS (1994) Methane oxidation in soil as affected by land use, soil pH and N-fertilization. Soil Biol Biochem 26: 1613–1622

Hütsch BW, Russell P, Mengel K (1996). CH_4-oxidation in two temperate arable soils as affected by nitrate and ammonium application. Biol Fertil Soils 23: 86–92

Inubushi K, Sugii H, Watanabe I, Wassmann R (2002) Evaluation of methane oxidation in rice plant-soil system. Nutrient Cycl Agroecosyst 64: 71–77

Jäckel U, Schnell S (2000) Suppression of methane emission from rice paddies by ferric iron fertilization. Soil Biol Biochem 32: 1811–1814

Keltjens JT, Vogels GD (1996) Metabolic regulation in methanogenic archaea during growth in hydrogen and CO_2. Environ Monit Assessm 42: 19–37

Le Mer J, Roger, P (2001) Production, oxidation, emission and consumption of methane by soils: A review. Eur J Soil Biol 37: 25–50

Lueders T, Friedrich MW (2002) Effects of amendment with ferrihydrite and gypsum on the structure and activity of methanogenic populations in rice field soil. Appl Environ Microbiol 68: 2484–2494

Mosier A, Schimel D, Valentine D, Bronson K and Parton W (1991) Methane and nitrous oxide fluxes in native, fertilize and cultivated grasslands. Nature 350: 330–332

Mohanty SR, Bodelier PLE, Floris V, Conrad R (2006) Differential effects of nitrogenous fertilizers on methane-consuming microbes in rice field and forest soil. Appl Environ Microbiol 72: 1346–1354

Raghoebarsing AA, Pol A, van de Pas-Schoonen KT, Smolders AJP, Ettwig KF, Rijpstra WIC, Schouten S *et al.* (2006) A microbial consortium couples anaerobic methane oxidation to denitrification. Nature 440: 918–921

Raimbault M (1975) Étude de l'influence inhibitrice de l'acetylene sur la formation biologique du methane dans un sol de rizière. Ann Microbiol (Inst Pasteur) 126A: 247–258

Singh S, Kumar S, Jain MC (1997) Methane emission from two Indian soils planted with different rice cultivars. Biol Fertil Soils 25: 285–289

Singh S, Singh JS, Kashyap AK (1999) Methane flux from irrigated rice fields in relation to crop growth and N-fertilization. Soil Biol Biochem 31: 1219–1228

Wassmann R, Aulakh MS (2000) The role of rice plants in regulating mechanisms of methane emissions. Biol Fertil Soils 31: 20–29

Weiske A, Benckiser G, Herbert T, Ottow JCG (2001) Influence of the nitrification inhibitor 3,4-dimethyl pyrazole phosphate (DMPP) in comparison to dicyandiamid (DCD) on nitrous oxide emissions, carbon dioxide fluxes and methane oxidation during 3 years of repeated application in field experiments. Biol Fertil Soils 34: 109–117

Willison TW, Cook R, Müller A, Powlson DS (1996) CH_4 oxidation in soils fertilized with organic and inorganic-N; Differential effects. Soil Biol Biochem 28: 135–136

Xu X, Boecks P, van Cleemput O, Zhou L (2002) Urease and nitrification inhibitors to reduce emissions of CH_4 and N_2O in rice production. Nutr Cycl Agroecosyst 64: 203–211

16 Bedeutung der Mikroorganismen und organischen Substanz für die Bodenfruchtbarkeit

„Ohne mikrobielles Leben ist der Boden auf Dauer unfruchtbar.“

Ludwig (Louis) Meyer (1940)
(1894–1964)

Inhaltsverzeichnis

16.1 Was ist Bodenfruchtbarkeit?

Die Ansprüche an Böden in der Gesellschaft sind je nach Funktion und Nutzungsart sehr unterschiedlich (Tabelle 1.1; Kap. 1). Unabhängig von den speziellen Funktionen übernehmen Bodentiere und Mikroorganismen in Böden stets die zentrale Rolle der **Mineralisationstätigkeit** (Transformationen) und damit die Rückführung der Nährstoffe in mineralische Formen (Ottow 1990, 1997). Als Produktionsstandort für Nahrungsmittel und Rohstoffe übernehmen Böden in der Land-, Forst- und Weidewirtschaft nach wie vor klassische Aufgaben. Waren noch im Jahre 1800 etwa 1 bis 2 ha zur Ernährung eines Menschen erforderlich, so wird heute durch die wissenschaftlich-technisch begründete Landbewirtschaftung nur noch etwa ein halber Hektar benötigt, vor allem weil die Erträge seit der systematischen Anwendung der Mineraldüngung signifikant gestiegen sind. Die **grüne Revolution** hat durch Zuchterfolge (insbesondere bei Weizen, Mais und Nassreis) die Getreideproduktion innerhalb der letzten 40 Jahre mehr als verdreifacht. Durch Anwendung neuer agrikulturchemischer, pflanzenbaulicher und agrartechnischer Erkenntnisse ist die Bodenfruchtbarkeit in weiten Teilen der Welt ständig gestiegen. In Westeuropa und den USA arbeiten heute nur noch 3 bis 5% der Bevölkerung in der Landwirtschaft.

Der Begriff **Bodenfruchtbarkeit** ist vermutlich so alt, wie der Mensch Ackerbau betreibt. Seit jeher wurde und wird unter der Fruchtbarkeit des Bodens seine Ertragsfähigkeit im Sinne der Pflanzenproduktion verstanden (Schuffelen 1958; von Boguslawski 1965; Linser

J.C.G. Ottow, *Mikrobiologie von Böden*,
DOI: 10.1007/978-3-642-00824-5_16, © Springer-Verlag Berlin Heidelberg 2011

1965; Mengel 1981). Diese **Produktivität des Bodens** ist von Anfang an mit menschlichen Bewirtschaftungsaktivitäten verbunden, auch wenn diese Aktivitäten anfänglich sehr begrenzt und rein empirisch (auf Erfahrung beruhend) waren. Die Rückführung von Asche (eine mineralische Düngung) und Stallmist (ein organischer Wirtschaftsdünger) auf den Schlag erhöhte die Produktivität überzeugend und solche einfachen Bewirtschaftungsmaßnahmen kamen in einer standortspezifischen **natürlichen Bodenfruchtbarkeit** zum Ausdruck. Erst durch Bodenbearbeitung, Düngung, Unkrautbekämpfung, Pflanzenschutz, Sortenwahl, Fruchtwechsel etc. gelang es, die Produktivität erheblich zu steigern.

Bereits frühzeitig hat der Mensch in der bäuerlichen Landwirtschaft erkannt, dass (Kultur-)Pflanzen als Indikatoren für die Fruchtbarkeit bzw. für die Unfruchtbarkeit eines Bodens herangezogen werden können. Darüber hinaus lehrte die Erfahrung, dass die Produktivität einer bestimmten Kulturpflanze (und Sorte) auf verschiedenen Böden sehr unterschiedlich ist. Böden werden in der Landwirtschaft als Produktionsstandorte für sehr unterschiedliche Nutzpflanzen (Getreidearten, Hackfrüchte, *Beta*- und *Brassica*-Rüben, Hülsen- und Ölfrüchte, Feldfutter- und Zwischenfrucht-Leguminosen, etc.) verwendet. Die verschiedenen Kulturpflanzen stellen sehr **unterschiedliche Ansprüche** an den Boden. Je nach der Fähigkeit des betreffenden Bodens, die spezifischen Ansprüche einer bestimmten Kulturpflanze decken können, unterscheiden sich Böden hinsichtlich ihrer Bodenfruchtbarkeit. Diese Qualität des Bodens als Pflanzenstandort kommt im **fruchtspezifischen Ertrag** (Getreide, Zuckerrüben, Kartoffeln, etc.) zum Ausdruck. Dieser fruchtspezifische Ertrag hat dabei sowohl quantitative Dimensionen (Dezitonnen pro Hektar; dt pro ha) als auch qualitativ messbare Eigenschaften (wie Mineralstoffgehalt, Konzentrationen an Kohlenhydraten, Proteinen, Fetten, Vitaminen, potenziellen Schadstoffen oder Geschmackstoffen etc.). Infolgedessen ist die Fruchtbarkeit eines Bodens erfassbar, vergleichbar mit der Produktivität anderer Böden und langfristig auch zu verfolgen (durch Produktionssteigerungen oder -minderungen), wenn es darum geht, Sorten oder Bewirtschaftungssysteme vergleichend zu bewerten.

Jeder Ertrag ist jedoch das von Jahr zu Jahr unterschiedliche Ergebnis **komplexer Wechselwirkungen** von Bodeneigenschaften, Klima (Witterungsverlauf) und Bewirtschaftungsweise (Bodenbearbeitung, mineralische und/oder organische Düngung, Sorte, Fruchtfolge, Unkrautbekämpfung, Pflanzenschutz etc.). In Abb. 16.1 sind die Wechselwirkungen zwischen Bodeneigenschaften und -bedingungen, Klima und Bewirtschaftungsweise eines Standortes schematisch dargestellt. Aus Abb. 16.1 können einige grundlegende Erkenntnisse abgeleitet werden, die für die exakte Begriffsbestimmung der Bodenfruchtbarkeit wichtig sind. Erstens gibt es genau genommen keine Bodenfruchtbarkeit, sondern immer nur eine **Standortfruchtbarkeit**, weil außer dem **betreffenden Boden** auch **Klima** und **Bewirtschaftung** einen wesentlichen Einfluss auf die Ertragsbildung haben. Abb. 16.1 macht zweitens deutlich, dass auch bei konstanter Bewirtschaftung der fruchtspezifische Ertrag von Jahr zu Jahr schwanken wird, weil der Witterungsverlauf erfahrungsgemäß jedes Jahr anders ist. Die entscheidende Bedeutung des Klimas (insbesondere die Regenmenge und -verteilung sowie Temperaturverlauf) für den Ertrag bedarf keiner Betonung. Gerade aufgrund der schwer prognostizierbaren Regenverteilung (Risikofaktor) kommt eine umweltschonende integrierte Pflanzenproduktion an einer umfassenden Standortanalytik, Verarbeitung von langjährigen Klimadaten, Erarbeitung von Stoffbilanzen (Nährstoffentzüge, -verluste und Zufuhr über Düngung) und Erstellung von Modellen in Zukunft kaum vorbei. Drittens ist aus Abb. 16.1 zu erkennen, dass sich der **Anteil des Bodens** am fruchtspezifischen Ertrag nicht exakt erfassen lässt. Eine vergleichende Bewertung von zwei oder mehreren Böden hinsichtlich ihres Anteils an der Ertragsbildung ist nur unter gleichem Witterungsverlauf, bei identischer Bewirtschaftung und Fruchtfolge sowie unter Verwendung der gleichen Frucht (sogar der gleichen Sorte) möglich. Praktisch lässt sich die Frage nach dem Beitrag des Bodens am furchtspezifischen Ertrag (**Bodenqualität**) nur mit (Gefäß-)Versuchen im Gewächshaus oder im Phytotron mit vergleichbaren klimatischen Bedingungen und gleicher Bewirtschaftung beantworten. Die Aussagefähigkeit solcher Experimente ist jedoch begrenzt, weil die Umlagerung der Versuchsböden Änderungen in den chemisch-physikalischen und biologischen Eigenschaften zur Folge hat (Artefaktbildung). Es wird deutlich, dass es sich bei Bodenfruchtbarkeit ausschließlich um einen produktionstechnischen Begriff handelt, der stets mit Pflanzenbau verbunden ist. Bodenfruchtbarkeit ist frei von Mystik und lässt sich naturwissenschaftlich fassen.

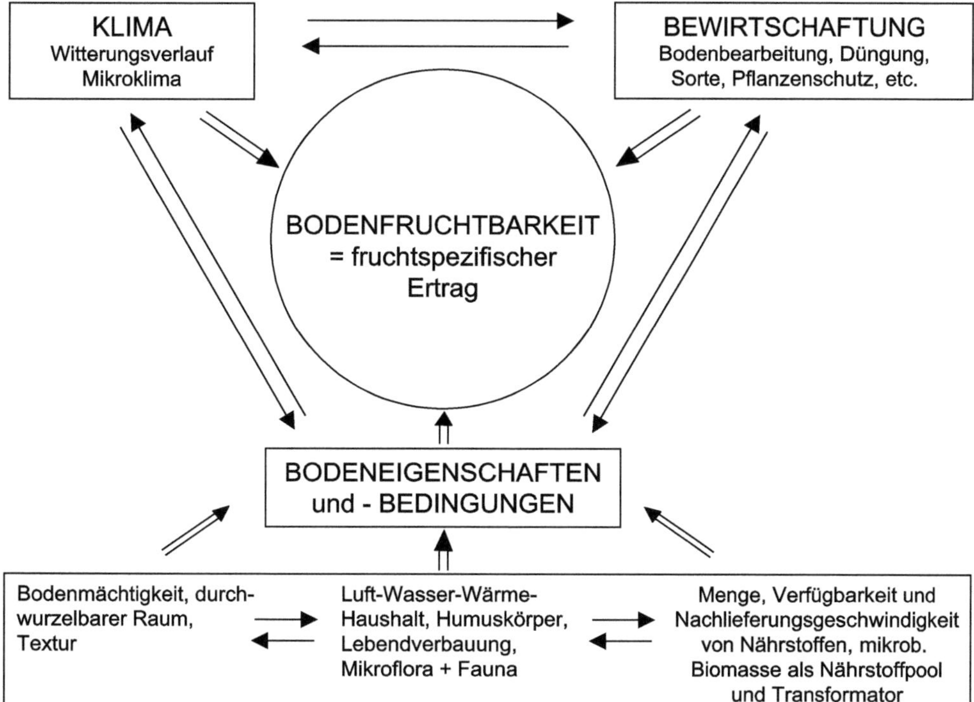

Abb. 16.1 Schematische Darstellung der Bodenfruchtbarkeit als variables Ergebnis der komplexen Wechselwirkungen zwischen Bodeneigenschaften und -bedingungen, Klima und Bewirtschaftung. Die Mehrzahl der für die Bodenfruchtbarkeit relevanten Bodenbedingungen (Bodenstruktur, Luft-Wasser-Wärmehaushalt, Humuskörper, Lebendverbauung, Verfügbarkeit und Nachlieferungsgeschwindigkeit von anorganischen Nährstoffen) wird entscheidend vom Umfang und von den Aktivitäten des Edaphons geprägt (Entwurf: JCG Ottow)

16.2 Welche Bodeneigenschaften bestimmen die Bodenfruchtbarkeit?

Obwohl die einzelnen Kulturpflanzen spezifische Ansprüche an den Boden stellen, so lassen sich doch diejenigen Bodeneigenschaften und -bedingungen bestimmen, welche die Ertragsbildung im Allgemeinen **entscheidend** beeinflussen (Blume u. Schlichting 1965). Zu diesen ertragsbestimmenden Merkmalen gehören

- die Mächtigkeit des Bodens und sein durchwurzelbarer Raum. Diese Bodeneigenschaften sind im Wesentlichen standortbedingt und durch Bewirtschaftungsmaßnahmen nur begrenzt (über die Bodenstruktur) manipulierbar. Für die Produktivität des Standortes sind diese Eigenschaften allerdings von grundlegender Bedeutung. Tiefgründige Böden ermöglichen dem Wurzelsystem eine weite Verbreitung und feine Verzweigung, was zu intensiven Kontakten mit den Bodenkolloiden führt (Rhizosphäreneffekt, Kap. 17). Eine relativ große Wurzeloberfläche ist die wichtigste Voraussetzung für eine effiziente Nährstoffanlieferung über Mechanismen wie Massenfluss (Transport von löslichen Nährstoffen zur Wurzeloberfläche mit dem Wasserstrom), Diffusion (Kurzstreckentransport von löslichen Nährstoffen infolge von Konzentrationsunterschieden in der Rhizosphäre) und Interzeption (das Erwachsen von schlechtlöslichen Nährstoffen durch Kontaktaustausch). Für die Nährstoffanlieferung und -aufnahme sind die Wasserversorgung und -mobilität (texturabhängig) von großer Wichtigkeit (Box 17.1);
- eine gute Bodenstruktur mit einem optimalen Luft-Wasser-Wärme-Haushalt (LWWH) und einer hohen Wasserkapazität (Wasserspeichervermögen). Diese Bodenbedingungen sind durch standortgerechte Bodenbearbeitung, geeignete Fruchtfolge (mit möglichst großer Fruchtartenvielfalt) und mineralische und/oder organische Düngung positiv beeinflussbar. Eine gute und relativ stabile Bodenstruktur ermöglicht der Pflanze ein umfangreiches Wurzelsystem und infolgedessen eine hohe Nährstoffaneignung unter Einsatz von Inter-

zeption, Massenfluss und Diffusion (Kap. 17). Voraussetzungen für eine optimale sekundäre Bodenstruktur sind allerdings die Zufuhr von **organischem Material** und eine hohe **mikrobiologische Aktivität** mit **kontinuierlicher Lebendverbauung** (Kap. 2). Diese Eigenschaften erfordern eine regelmäßige Zufuhr von organischen Substanzen durch konsequente Einarbeitung von Ernte- und Stoppelresten, Wirtschaftsdüngern und Anbau von Zwischenfrüchten und Winterungen sowie durch intensive Wurzelmassebildung und Rhizodepositionen (eine Funktion der Nährstoffzufuhr durch mineralische und/oder organische Düngung). Das Edaphon hat einen großen Einfluss auf die Bodenstruktur (Meyer 1940):

- die Konzentration, Verfügbarkeit und Nachlieferungsgeschwindigkeit von löslichen Nährstoffen. Während die Konzentration an verfügbaren Nährstoffen über Bodenanalysen relativ gut abgeschätzt werden kann, lässt sich die **Mobilisierung** und **Nachlieferungsgeschwindigkeit** von Nährstoffen aus organischen und mineralischen Bodensubstanzen schwer abschätzen und prognostizieren, weil diese Eigenschaften weitgehend von der mikrobiellen Biomasse und ihrer Aktivität bestimmt werden (Kap. 12). Die mikrobielle Aktivität im Boden ist primär von der Versorgung mit organischer Substanz, sowie von der Bodenfeuchte und -temperatur (Witterungsverlauf) abhängig (Kap. 1) und infolgedessen kaum beeinflussbar. Besonders dann, wenn die Nährstoffzufuhr weitgehend über organische Düngungen mit einem relativ weiten C/N-Verhältnis (>> 20) erfolgt, stellt die mikrobielle Biomasse als Transformator einen nicht kalkulierbaren Faktor dar. Unter solchen Bedingungen erfolgt die Mineralisierung der organischen Substanzen aus relativem N-Mangel langsam, und es kommt vorübergehend zur N-Sperre (für die Pflanzen), bis das C/N-Verhältnis infolge der Mineralisierung (durch CO_2-C-Verluste) auf etwa 15–20 verringert worden ist (Kap. 2 und 11). Um die mikrobielle Aktivität als Unsicherheitsfaktor für Pflanzenwachstum und Ertragsbildung weitgehend zu umgehen, erfolgt die Zufuhr der Hauptnährstoffe N, P und K zeitlich bedarfsgerecht in löslicher, direkt pflanzenaufnehmbarer mineralischer Form, zumal eine Mineraldüngung die Mineralisierung der organischen Substanzen in der Regel fördert (*priming*-Effekt). Ein ungünstiger pH (< 5) hemmt die mikrobielle Aktivität (Kap. 1) und macht auch aus diesem Grund eine regelmäßige Kalkzufuhr notwendig.

Die oben genannten drei wichtigen Faktorengruppen (Mengel 1981) bestimmen über komplexe Wechselwirkungen den jährlichen fruchtspezifischen Ertrag (Abb. 16.1), können aber durch geeignete standortspezifische Bodenbewirtschaftungsmaßnahmen (Bodenbearbeitung, mineralische und/oder organische Düngung, Kalkung, Fruchtfolge, Pflanzenschutz) so beeinflusst werden, dass sie sich günstig auf die Ertragsleistung auswirken. Durch standortgerechte **Bodenbewirtschaftung**, Einsatz von Hochleistungssorten und Pflanzenschutz (vor allem Herbizide und Insektizide) lassen sich der fruchtspezifische Ertrag und damit die Bodenfruchtbarkeit wesentlich steigern. Der Erfolg dieser Maßnahmen hängt dabei von der natürlichen chemisch-physikalischen und biologischen Bodenqualität ab (Abb. 16.2). Im landbaulichen Sinne ist ein Boden umso fruchtbarer, je besser den Anforderungen der betreffenden Kulturpflanze an die Bodenqualität entsprochen wird. Je nach Bodenqualität wirken sich Bodenbearbeitung und Düngung unterschiedlich auf die Bodenfruchtbarkeit aus. So reagiert ein nährstoffarmer, sorptionsschwacher, sandiger Boden mit geringem C_{org}-Gehalt („unfruchtbar“) in seiner Ertragsleistung in der Regel wesentlich stärker auf eine standortgerechte Bodenbearbeitung und Düngung als ein bereits nährstoffreicher gut strukturierter Boden mit relativ hoher Kationen-Austauschkapazität (KAK) („fruchtbar“). Der fruchtspezifische Ertrag ist zwar standortspezifisch, lässt sich aber durch geeignete Bodenbearbeitung und bedarfsgerechte Düngung deutlich positiv beeinflussen. Hierin liegt die eigentliche **Bodenkultur** des praktischen Landwirtes.

Mechanische Bodenbearbeitung (mit Pflug, Fräse, Grubber, etc.) bekämpft nicht nur Unkraut, sondern sorgt für die notwendige **Durchmischung** (Kontaktbildung) des mineralischen Bodenmaterials mit Wurzel- sowie Ernteresten, verbessert den LWWH, regt die mikrobielle Aktivität ungemein an und fördert damit die Bereitstellung von Nährstoffen in mineralischer Form für Mikroorganismen und Pflanzen. Aufgrund der enormen Elastizität und multiplen Funktionalität an Prozessen (Redundanz) kann es durch Bodenbearbeitungen nicht zu Leistungsbeeinträchtigungen in Böden kommen, wie vielfach befürchtet. Minimale Bodenbearbeitung (samt *mulching*) ist auf erosionsgefährdeten Standorten vorteilhaft und vom Standpunkt der Bodenerhaltung vielfach zwingend, verzögert aber die Nährstoffmineralisation und -freisetzung erheblich. Um die starke Verunkrautung bei fehlender

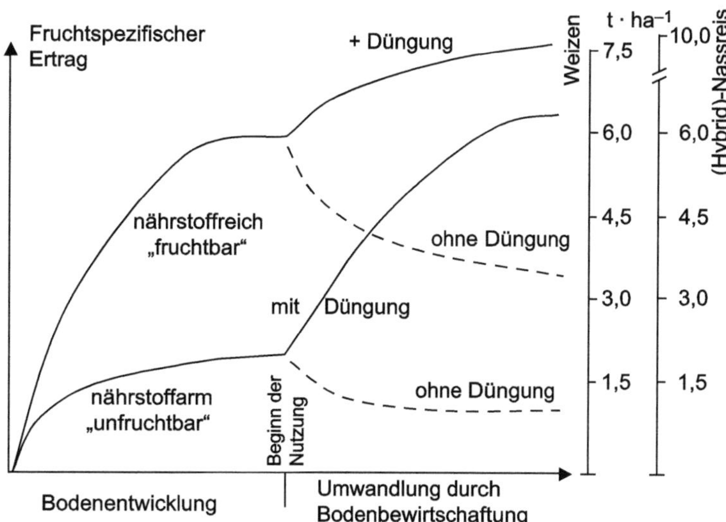

Abb. 16.2 Einfluss der Bodenentwicklung und Bodenbewirtschaftung (insbesondere der Düngung) auf die Bodenfruchtbarkeit (fruchtspezifischer Ertrag) nährstoffreicher und nährstoffarmer Böden. Ohne Rückführung der Nährstoffentzüge und -verluste durch mineralische und organische Düngung nimmt die Produktivität des Standortes langfristig ab (verändert und aktualisiert nach Schuffelen, 1958). A. C. Schuffelen (1908–1975) war Professor für Agrikulturchemie und Bodenfruchtbarkeit an der Landwirtschaftlichen Hochschule Wageningen, Niederlande

Wendung und Durchmischung des Bodens zu bekämpfen ist ein verstärkter Einsatz von Herbiziden unumgänglich. Langfristig kommt es allerdings zur „Phasentrennung" von organischen Substanzen **auf** dem Mineralkörper und infolgedessen langfristig zur negativen Beeinflussung der **Bodenfruchtbarkeit**. Der C_{org}-Gehalt und die Biodiversität (vor allem von Bodentieren) nehmen zwar im oberen Bodenbereich in der Regel deutlich zu, doch geht die für das Pflanzenwachstum entscheidende **Mineralisationsaktivität** und **Nährstoffnachlieferung** ohne Durchmischung fortwährend zurück.

16.3 Indikatoren für Bodenqualität und Produktivität

Die Sicherung der Bodenqualität durch integrierte Pflanzenproduktion gehört zu den Hauptaufgaben einer umweltgerechten Landbewirtschaftung. Um eine nachhaltige Ertragsfähigkeit des Standortes zu gewährleisten, müssen die Bewirtschaftungsmaßnahmen allerdings so gestaltet werden, dass

- Verluste an organischer Bodensubstanz und Nährstoffen (Entzüge, Auswaschungen, gasförmige Verluste) durch mineralische und/oder organische Düngung ergänzt und ausgeglichen werden (Nährstoffbilanzen sind Hauptaufgabe nachhaltiger Bewirtschaftungsweisen),
- die chemisch-physikalischen und biologischen Bodeneigenschaften und -bedingungen (Bodenqualität) positiv entwickelt oder mindestens stabilisiert werden, und dass
- Bodenerosion und -zerstörung verhindert werden (Bodenerhaltung) oder mindestens geringer sind als die Bodenneubildungsraten (z. B. durch standortgerechte oder konservierende Bodenbearbeitung, Fruchtwahl und -folge, *mulching*, Feldfruchtbau etc.).

Wenn die **Bodenqualität** charakterisiert werden soll, dann stellt sich zunächst die Frage nach der(n) Funktion(en), welche der betreffende Boden schwerpunktmäßig zu übernehmen hat. In industriellen Gesellschaften kommt dem Boden allerdings nicht nur die Rolle als Vermittler von Nährstoffen, Wasser und Luft (O_2) für Pflanzen und Edaphon zu, sondern er übernimmt zudem die entscheidende Mineralisations-, Filter- und Pufferfunktion organischer und anorganischer anthropogener Belastungen (Ottow 1985, 1997; Sauerbeck 1985). Es ist ein glücklicher Umstand, dass die Bodenansprüche für eine hohe Ertragsfähigkeit **weitgehend parallel** mit den Aufgaben des Bodens als effektive Mineralisations-, Filter- und Pufferkörper laufen. Um die verschiedenen Funktionen abzudecken, muss auch die Definition der Bodenqualität entsprechend breit gefasst werden, wie es auch vom *Ad Hoc Committee* der *Soil Science Society of America* (Karlen *et al.* 1997; Doran u. Zeiss 2000) vorgeschlagen worden ist:

„Bodenqualität ist die Eignung eines bestimmten Bodens, innerhalb der natürlichen oder bewirtschafteten Grenzen des betreffenden Ökosystems, die Pflanzen- und Tierproduktion, die Qualität von Wasser und Luft sowie die Gesundheit von Mensch und Tier zu erhalten und zu fördern".

Um den vielseitigen Ansprüchen einer solchen umfassenden **Bodenqualität** zu entsprechen, ist zwangsläufig das Zusammenwirken der verschiedenen biologischen, chemischen und physikalischen Bodeneigenschaften erforderlich (Herrick 2000). Welche Eigenschaften eine hohe Bodenqualität **maßgebend** bestimmen, ist im Allgemeinen kaum umstritten. Dazu gehören unter

- den physikalischen Eigenschaften vor allem eine optimale Bodentextur, Bodendichte und -struktur sowie eine relativ hohe Aggregatstabilität,
- den chemischen Eigenschaften, ein hoher Gehalt an organischen Bodensubstanzen (C_{org} %), eine hohe KAK, eine angemessene Protonen-Pufferkapazität (Kalkgehalt), eine möglichst hohe maximale Wasserkapazität (mWK), eine relativ hohe Konzentration an austauschbaren und mineralisierbaren (nachlieferbaren) Nährstoffen und ein für Mikroorganismen und Pflanzen ökophysiologisch günstiger pH-Wert sowie unter
- den biologischen Eigenschaften insbesondere eine hohe mikrobielle Biomasse mit einer breiten genetischen und funktionellen Diversität und infolgedessen eine hohe Elastizität und ein rasches Regenerationsvermögen (Kap. 4). Eine hohe funktionelle **Elastizität** wird maßgebend von den chemisch-physikalischen und biologischen Bodeneigenschaften bestimmt (Griffiths *et al.* 2008). Beide sind entscheidend für die Bodenqualität im o. g. Sinne (Seybold *et al.* 1999).

Die meisten der o. g. Bodeneigenschaften sind keine unabhängigen Parameter, sondern stehen in komplexen Wechselwirkungen miteinander (Abb. 16.1) sodass es auf eine breitgefächerte Auswahl von wenigen kritischen Merkmalen ankommt, wenn es darum geht, die Bodenqualität durch **Indikatoren** zu charakterisieren und über größere Zeiträume verfolgen zu können. Mikrobiologische Merkmale haben im Vergleich zu chemisch-physikalischen Bodeneigenschaften den Vorteil, dass sie empfindlicher auf Bodenstörungen und -belastungen reagieren. Nachteilig ist, dass fast alle mikrobiologischen Parameter **direkt oder indirekt vom C_{org}-Gehalt** des Bodens abhängig sind. Dieser Sachverhalt ist bei der Auswahl von Indikatoren sowie bei der Interpretation von Messergebnissen zu berücksichtigen. Relativzahlen, bezogen auf Messwerte der unbehandelten Referenzparzellen, ermöglichen erste Aussagen. Zudem besitzen mikrobiologische Parameter meist eine sehr hohe räumliche Variabilität, was für die statistische Absicherung der Ergebnisse zwangsläufig eine sehr hohe Anzahl an Proben pro Flächeneinheit bedeutet. Oft sind die Unterschiede zwischen den Messergebnissen der einzelnen Proben eines Schlages größer als zwischen den unterschiedlichen Behandlungen. Einflüsse von unterschiedlichen Bewirtschaftungsweisen oder Düngungen auf mikrobiologische Parameter lassen sich infolgedessen nur in **Langzeitversuchen** gesichert nachweisen, wie die Erfahrungen mit verschiedenen Dauerversuchen in den USA, Kanada, Australien und Europa gezeigt haben (Reeves 1997). Nicht zuletzt muss gewährleistet sein, dass zwischen einzelnen Indikatoren der Bodenqualität und den Aufgaben und Funktionen des betreffenden Standortes ein kausaler Zusammenhang besteht.

Weiter müssen die Indikatoren einfach zu bestimmen und methodisch **standardisiert** sein. Diese Standardisierung erstreckt sich nicht nur auf die eigentliche Analytik, sondern auch auf die Entnahme, Verarbeitung und Lagerung der Proben. Um die internationale Vergleichbarkeit der Ergebnisse zu gewährleisten, sollten die Analysen nach standardisierten Verfahren durchgeführt werden, wie sie von der *International Standardisation Organisation* (ISO) seit 1985 durch das *Technical Committee* (TC 190) in Ringuntersuchungen geprüft und erarbeitet werden. Heute beteiligen sich mehr als 45 Nationen an dieser gemeinsamen Standardisierung von Methoden. Inzwischen liegen etwa 40 verschiedene standardisierte Analysen zur Charakterisierung von Böden vor, aus denen auch Indikatoren zur mikrobiologischen Bewertung der Bodenqualität gewählt werden können (Nortcliff 2002).

16.4 Auswahl und Bewertung biologischer Indikatoren

Bisher lag die Betonung bei der Suche nach Parametern für die Bodenqualität auf chemischen und physikalischen Bodeneigenschaften, weil biologische Merkmale häufig schwer zu erfassen und zu quantifizieren sind (Kennedy u. Smith 1995). Die Biodiversität von Böden ist noch weitgehend eine *black box* (Kap. 4), und Zusammenhänge zwischen bestimmten Leistungen und den verantwortlichen Organismen sind überwiegend unbekannt. Andererseits wird eine Inventur der Arten von Lebensgemeinschaften in Böden wenig zum Verständnis der funktionsfähigen Beschaffenheit des Bodens beitragen, weil einzelne funktionelle Leistungen von sehr vielen verschiedenen Arten vertreten werden. Das Fehlen bestimmter Arten sagt infolgedessen nichts darüber aus, ob eine bestimmte Leistung beeinträchtigt wurde. Im Grunde fehlen grundlegende Kenntnisse der „funktionellen Bodenbiologie" noch weitgehend. Infolgedessen sind die Voraussetzungen für die Identifikation und Wahl zweckdienlicher biologischer Indikatoren (noch) nicht gegeben. Hier besteht dringender Forschungsbedarf.

Insgesamt hat sich eine einvernehmliche Auswahl an biologischen Indikatoren zur Charakterisierung der Bodenqualität in der Praxis als schwierig erwiesen, weil die einzelnen Vorschläge bisher einem heterogenen Spektrum an Versuchen mit unterschiedlichen Zielsetzungen entstammen (Simek *et al.* 1999; Filip 2002; Marschner *et al.* 2003; Schloter *et al.* 2003; Toyota u. Kuninaga 2006; Widmer *et al.* 2006). Die verfügbaren Methoden biologischer Indikatoren können in vier Gruppen unterteilt werden:

- Indikatoren zur Beurteilung von **Umfang und/oder Diversität der mikrobiellen Biomasse**: C_{mic}- und N_{mic}-Gehalt (FE-Methode; Kap. 2), Dehydrogenase-Aktivität (DHA; Kap. 2), PLFA- und FAME-Profile (Kap. 4), DNA-Gehalt sowie T/DGGE- und T-RFLP-Profile der amplifizierten16S-rDNA-Gene in Bodenextrakten (Kap. 4),
- Indikatoren zur Bewertung von **potenziellen (katabolischen) Leistungen**: Bodenatmung (entsprechend der Feldmethode von Kirsch *et al.* 2000), N-Mineralisierung, Nitrifikation, Denitrifikation, Eisenreduktion, Substrat-Verwertungs-Spektren (CLSU = *community level substrate utilization*) als Maß der katabolischen Diversität (Degens 2001) z.B. mit BIOLOG-Platten (Kap. 4), Aktivitäten „freier" Enzyme (Urease, Proteasen, Chitinase, β-Glucosidase, Xylanase, Amylase, saure und alkalische Phosphatase, Aryl-Sulfatase, etc.) (Nannipieri *et al.* 1994; Emmerling *et al.* 2002; Kandeler u. Dick 2007; Kandeler 2007),
- Indikatoren zum **Nachweis spezifischer Organismen und funktioneller Leistungen**: Ausgewählte Schlüsselorganismen des N-Kreislaufes (freilebende N_2-Fixierer, Nitrifikanten, Denitrifikanten, etc.) sowie der Fe- und S-Umsetzungen (Eisen- und Sulfatreduzierer); Arbuskuläre Mykorrhizapilze (AMP) in Pflanzenwurzeln; PCR-Amplifikation von funktionellen Genen der Nitrifikation (*amoA*), Denitrifikation (*nirK, nirS, narGH, nirS/K, norCB* und *nosZ*) und Proteolyse (*apr, npr, sub*) (Hartmann *et al.* 1997; Emmerling *et al.* 2002) und
- Indikatoren auf der Basis von **funktionellen Gruppen von Bodentieren** mit speziellen *ecosystem services* (Protozoen, Nematoden, Asseln, Regenwürmer etc.; Kap. 1) und/oder als *ecosystem engineers* (Enchytraeiden, Collembolen, Myriapoden, Regenwürmer) (Wolters 2001).

Je nach Fragestellung sollte für die Bewertung der Bodenqualität eine unterschiedliche, aber begrenzte Zahl und Kombination von Indikatoren gewählt werden. Probleme bei der Wahl von geeigneten Indikatoren sind grundsätzlicher Art und beruhen auf dem (noch) unzulänglichen Instrumentarium an bodenbiologischen Methoden, was zum größten Teil auf das unausgereifte konzeptionelle Verständnis für Mechanismen wie Elastizität, Belastbarkeit und Selbstregulierung zurückgeführt werden kann. Es gehört zu den bemerkenswerten Eigenschaften eines jeden Bodens, dass die gleichen physiologischen Leistungen unter (kultivierbaren und bisher nicht kultivierbaren) Bodenorganismen in unzähligen Wiederholungen (**Redundanz**) vertreten sind (Kap. 4). Die Bedeutung dieser funktionellen Überfülle (*redundancy*) für das Funktionieren eines Ökosystems und für seine **Belastbarkeit** und **Elastizität** ist noch unklar. Nach der (1) Mosaik-Hypothese trägt jede einzelne Art in der Lebensgemeinschaft mit ihren (überwiegend noch unbekannten) Leistungen zur nachhaltigen Funktionsfähigkeit des Ökosystems bei. Man geht davon aus, dass geringe Verluste der Diversität und der multiplen Funktionalitäten die Stabilität und Belastbarkeit vom Ökosystem schwächen können. Organismen mit gleicher funktioneller Leistung haben oft andere ökophysiologische Ansprüche und besiedeln verschiedene ökologische Nischen. Durch Verminderung der Diversität könnte die Anpassungsfähigkeit der betreffenden funktionellen Leistung geschwächt werden. Hingegen ist nach der (2) Redundanz-Hypothese (lat. *redundare* = in Überfluss anwesend sein, üppig vorkommen) für die Funktionalität des Bodens lediglich ein bodenspezifisches Minimum an taxonomischer

Diversität samt Leistungen erforderlich (Beare *et al.* 1995; Kennedy u. Smith 1995; Wolters 2001). Dieser Hypothese nach hat eine **Verarmung** der Lebensgemeinschaft an Diversität und damit an multipler Funktionalität durch Belastungen oder Landnutzungsänderungen so lange keine Auswirkungen auf die funktionsfähige Beschaffenheit und Belastbarkeit des betreffenden Bodens, bis ein bodenspezifisches Minimum an taxonomischer Diversität und funktioneller Redundanz unterschritten wird. Das Übermaß an gleichen und vergleichbaren abundanzbedingten Funktionen und Leistungen innerhalb einer Population scheint die Bedeutung der Diversität an Arten zu vermindern. Hier ist vergleichende standortbezogene Forschung angebracht.

In der Regel ist die bodenspezifische Elastizität gegenüber Belastungen stets sehr groß, was sich experimentell in fehlenden oder sehr geringen Reaktionen auf die verschiedensten Eingriffe äußert. Eine ausbleibende Leistungsverminderung muss allerdings nicht bedeuten, dass die betreffende Belastung oder Nutzungsänderung keinen Einfluss auf die Zusammensetzung der Lebensgemeinschaft und auf die funktionelle Redundanz hat. Die Erfahrung lehrt, dass die Elastizität zahlreicher ökophysiologischer Leistungen im Boden bemerkenswert hoch ist und erst bei extremen Belastungen und Eingriffen nach Überdehnung zusammenbricht (Dosis-Wirkungs-Beziehung). Problematisch ist, dass sich Umfang und Änderung der Elastizität von multiplen Funktionalitäten nicht experimentell quantifizieren lassen. Bisher nicht quantifizierbar ist auch die minimale Diversität der Lebensgemeinschaft, welche erforderlich ist, um die ökophysiologische Leistungsfähigkeit und Beschaffenheit des Bodens aufrechtzuerhalten. Es gehört zu den Schlüsselaufgaben einer nachhaltigen Landbewirtschaftung, jene funktionelle Biodiversität und Leistungsfähigkeit von Nutzflächen zu erhalten und zu stabilisieren, die erforderlich sind, um die grundlegenden mikrobiellen Funktionen zur Aufrechterhaltung der Produktivität und Bodenqualität zu sichern. Die bodenbiologische Forschung ist heute weder konzeptionell noch methodisch in der Lage, die zur nachhaltigen Produktivität oder Funktionalität erforderliche Biodiversität zu identifizieren. Noch weniger wird verstanden, welche praktischen Maßnahmen zum Ziel führen können (Altieri 1999).

Grundsätzlich sind Eingriffen und Belastungen mit signifikanter Beeinflussung **unspezifischer Leistungen** (wie Bodenatmung, Ammonifikation, Denitrifikation, Eisenreduktion, AM-Pilzbesatz von Wurzeln, etc.) mehr Bedeutung beizumessen als solchen mit negativen Effekten auf **spezifische** Prozesse (z. B. N_2-Bindung, Nitrifikation, Methanogenese, etc.) oder auf die entsprechenden Organismen (Nitrifikanten, *Azotobacter*-Dichte etc.). Die höhere Bewertung von unspezifischen Leistungsbeeinträchtigungen im Vergleich zu spezifischen Auswirkungen beruht auf der Erkenntnis, dass eine Leistungsbeeinträchtigung durch Ausfall eines Teils der Bodenorganismen sofort von anderen Organismengruppen in der Redundanz als Folge der multiplen Funktionalität vollständig ergänzt und ausgeglichen wird (hohe Elastizität). Wenn es aber bei einem unspezifischen Prozess (z. B. CO_2-Freisetzung) zu einer signifikanten Leistungsdepression kommt, dann weist dies auf eine **breite physiologische Wirkung** des betreffenden Eingriffes hin, die nicht mehr von der Redundanz abgepuffert werden kann. Eine signifikante Beeinflussung von unspezifischen Indikatoren (z. B. C_{mic}, DHA, Gesamt-DNA, potenzielle Nitrogenase- oder Denitrifikationskapazität, etc.) signalisiert einen gravierenden Stressfaktor oder eine einschneidende und nachhaltige Nutzungsänderung (Ottow 1985).

Negative Effekte auf bestimmte **kultivierbare Schlüsselorganismen** des C-, N-, Fe- oder S-Kreislaufes sind zwar kritisch zu bewerten, doch ist die Beeinträchtigung solcher Organismen und ihrer spezifischen Funktionen nicht zwangsläufig als bedenklich einzustufen, da kultivierbare Schlüsselorganismen lediglich **einen Bruchteil** der gewaltigen, überwiegend noch unbekannten Gesamtbiodiversität mit entsprechenden potenziellen Leistungen in Böden darstellen. Die Bedeutung von kultivierbaren Schlüsselorganismen als Indikatoren für Störungen im C-, N-, Fe- oder S-Stoffhaushalt sollte somit nur im Gesamtkontext an verschiedenen Ergebnissen beurteilt werden.

Auch die Verwendung von **freien** (nicht-zellgebundenen) **extrazellulären Enzymaktivitäten** als Indikatoren zur Beurteilung der Qualität und Produktivität von Böden (Kandeler u. Dick 2007) hat lediglich einen begrenzten Aussagewert. Erstens ist die verlangte Kausalität zwischen den einzelnen Parametern und der allgemeinen Bodenqualität oder Produktivität kaum gegeben. Zweitens handelt es sich um potenzielle Aktivitäten, deren Beeinträchtigung nicht notwendigerweise mit der Funktionsfähigkeit des Bodens im Felde in Zusammenhang stehen muss. Es ist zu bedenken, dass die Enzymaktivitäten unter optimalen Bedingungen (hinsichtlich Substratkonzentration, Feuchtigkeit, Temperatur, pH-Wert) im Labor ermittelt werden, wodurch die Übertragbarkeit der Ergebnisse auf den Standort grundsätzlich in Frage gestellt werden muss. Drittens sind die Indikationen verschiedener freier Bodenenzyme vielfach uneinheitlich und sogar **gegenläufig** (Nannipieri *et al.* 2002; Gianfreda u- Ruggiero 2006; Kandeler 2007).

Welches der Ergebnisse sollte dann zur Bewertung herangezogen werden? Welche Funktionen können den freien extrazellulären Enzymen in Böden zugeschrieben werden? Es liegt nahe, die Rolle der freien Enzyme in einer Unterstützung der Mineralisierung von postmortalen organischen Substanzen zu sehen (Schinner u. Sonnleitner 1996; Kandeler *et al.* 2005). Um jedoch als freies Enzym wirksam zu werden, ist es erforderlich, dass die Aktivitätszentren der Enzyme mit den entsprechenden Substraten zusammentreffen, wie das bei Bakterien an unlöslichen Substraten und bei substratminierenden Pilzhyphen gewährleistet ist. Extrazelluläre Enzyme wie Proteasen, Chitinase, Invertase, β-Glucosidase oder Xylanasen werden von den entsprechenden Mikroorganismen **gezielt** (nach Induktion) ausgeschieden und in unmittelbarer Nähe der Organismen aktiv, zumal verschiedene depolymerisierende Enzyme (Xylanasen, Mannase, Glucanasen, Cellobiohydrolase, Pektatlyase) an der Oberfläche von Cellulosomen verbunden bleiben (Box 10.3). Nur so können Enzymkatalyse und Aufnahme von Produkten effizient gesteuert werden. Die Wahrscheinlichkeit, dass freie extrazelluläre Enzyme im Porenraum auf geeignete Substrate stoßen, ist gering, zumal die „freien" Enzyme überwiegend immobilisiert an Ton-Humus-Kolloide im Boden vorliegen, sodass ihre Mobilität gering sein dürfte. Infolgedessen bestehen zwischen den Aktivitäten freier extrazellulärer Enzyme und dem Gehalt an organischem Kohlenstoff (C_{org} %) hochsignifikante Korrelationen (Beck 1984; Schinner u. Sonnleitner, 1996; Kandeler 2007). Böden mit relativ hohen Konzentrationen an Humus (C_{org}) zeigen zwar stets auch die höchsten potenziellen extrazellulären Enzymaktivitäten im Laboratorium, besitzen aber nicht zwingend eine hohe Produktivität, weil wichtige Bodeneigenschaften und -bedingungen für eine hohe Bodenfruchtbarkeit fehlen können (16.3). Zwischen der Höhe an mikrobieller Biomasse und „freien" Enzymaktivitäten einerseits und der Bodenfruchtbarkeit andererseits besteht lediglich über den C_{org}-Gehalt ein Zusammenhang (Beck 1984; Nannipieri 1994; Elliot 1994, Jordan u. Kremer 1994). Im Allgemeinen wird die Bedeutung freier Enzyme in Böden für die Bewertung der Bodenqualität überbewertet (Gianfreda u. Ruggiero 2006).

16.5 Funktionen und Bedeutung der organischen Bodensubstanz

Eingriffe in Ökosysteme machen das Wesen der Landbewirtschaftung aus und sind für eine ertragreiche Pflanzenproduktion unabdingbar, welche die Ernährung der Bevölkerung sichern soll. Die Bodenbewirtschaftung muss dabei ökonomischen und ökologischen Anforderungen gleichermaßen genügen. Für die Erhaltung der **Bodenqualität** und einer nachhaltigen Produktivität kommt dabei der Quantität und Qualität an organischer Bodensubstanz (OBS) eine zentrale Rolle zu (Duxbury *et al.* 1989; Herrick u. Wander 1998; Carter 2001; Hargreaves *et al.* 2003). Die organische Substanz im Boden dient zunächst der Ernährung von Bodentieren und Mikroorganismen und fördert infolgedessen alle Prozesse (wie Nährstoffmobilisierung, Strukturierung durch Lebendverbauung, Aggregierung, Nährstoffpoolbildung, etc.), die mit einer relativ hohen mikrobiellen Aktivität zusammenhängen. Böden, die immer wieder direkt (durch Stallmist, Kompost, Gründüngung, gehäckselte Stroheinarbeitung mit N-Ausgleichsdüngung, Stoppelreste etc.) oder indirekt (über düngungsbedingte erhöhte Wurzelmassebildung und -exsudation, mehrgliedrige Fruchtfolgen, Fruchtwechsel etc.) mit organischen Substraten versorgt werden, entwickeln für die Produktivität günstige biologische und chemisch-physikalische Bodeneigenschaften (16.3) und verfügen über eine hohe **funktionelle Elastizität** (Saison *et al.* 2005). „*Maintenance of soil organic carbon is paramount to sustaining soil quality.*" (Die Erhaltung des Bestandes an organischem Kohlenstoff ist ausschlaggebend für die Bodenqualität; Reeves 1997). Aber nicht nur durch externe Zufuhr von organischen Substanzen, sondern auch über ausgewogene mineralische Düngungen werden die pflanzliche Biomasse, die Wurzelentwicklung und Wurzel-Exsudationen und infolgedessen auch Umfang und Biodiversität der Mikroorganismen im Boden signifikant gefördert (Yao *et al.* 2000; O'Donnell *et al* 2001). Intensivierung des Pflanzenwachstums fördert die Biodiversität, Abundanz und multiple Funktionalität in der Rhizosphäre (Kap. 17). Die vielseitigen positiven

Box 16.1 Geosmin, Duft der Bodenfruchtbarkeit?

Frisch gepflügte langjährig organisch gedüngte Böden kennzeichnen sich durch einen erdig-muffigen Geruch, hauptsächlich verursacht durch Spuren von Geosmin (Abb. 16.3). **Geosmin** (*trans*-1,10-Dimethyl-*trans*-9-decalol; gr. *geo* = Erde; *osme* = Duft) ist eine flüchtige terpenoide Verbindung, die von Actinomyceten (*Streptomyces*-Arten; Kap. 6) und *Myxobacteria* (Kap. 6) bei der Mineralisierung und Humifizierung von Pflanzenresten entsteht. Die Wahrnehmung von Geosmin weckt Assoziationen eines fruchtbaren Bodens mit guter **Bodengare** (optimale Aggregierung und Strukturierung durch **Lebendverbauung**).

Der gleiche erdige Geruch kann auch in Gärtnereien, zu Hause beim Gießen humushaltiger Blumentöpfe und beim Umsetzen einer lockeren „tätigen" Kompostmiete im Garten immer wieder wahrgenommen werden. Die menschliche Nase ist offenbar hoch empfindlich für Spuren dieses typischen „Erdgeruches". Landwirte und Gärtner assoziieren Geosmin mit einem produktiven Boden, weil sie aus Erfahrung wissen, dass die „Garebildung" das Ergebnis intensiver mikrobieller Umsetzungen infolge **regelmäßiger organischer Düngungen** ist. Geosmin und einige andere Sesquiterpene wie das Germacradienol sind noch in hohen Verdünnungen wahrnehmbar (die Geruchsschwelle liegt bei etwa 0,1 ppbv). Geosmin und Germacradienol werden nachweislich von Streptomyceten (*Streptomyces griseoluteus, S. citreus* etc.) freigesetzt. Streptomyceten sind anspruchslose weit verbreitete Bewohner (Kap. 6) organisch reicher Böden und Streuauflagen und besitzen einen versierten aeroben Stoffwechsel mit Oxygenasen und Phenolasen (Kap. 3). Reinkulturen von Streptomyceten auf Agarplatten verbreiten im Brutraum den charakteristischen Erdgeruch.

Herkunft, Bedingungen und Biosynthese von Geosmin wurden bisher noch nicht schlüssig geklärt. Bei regelmäßiger Zufuhr von organischen Substanzen sorgen Streptomyceten durch Pseudomycelbildung, Schleimstoffe und Huminstoffe (Kap. 11) zusammen mit Pilzhyphen, Feinwurzeln und dem Wurzelumsatz für die **sekundäre Strukturbildung** und den Erhalt der Bodengare (Lebendverbauung; Kap. 2). Außer Streptomyceten und Myxobakterien sind offenbar auch blaugrüne Cyanobakterien (z. B. *Anabaena spp, Oscillatoria brevis*), einige Basidiomyceten (*Cortinarius herculeus* und *Cystoderma amianthinum*) sowie der Pinselschimmel *Penicillum expansum* (FI) an der Erdgeruchsbildung humushaltiger Ackerböden beteiligt. Cyanobakterien und Schimmelpilze können mit dem unbewaffneten Auge in den oberen Zentimetern eines feuchten humushaltigen Ackers leicht festgestellt werden, was den alten Glauben der Landwirte zu bestätigen scheint, dass „grüne Schimmel auf der Erde" ein Indikator für eine gute Gare seien. Unsere positive Assoziation von Erdgeruch mit humushaltigen lockeren Böden stammt vermutlich aus der engen Verbundenheit des Ackerbauers mit seinem Boden. „Geosmin, hhmm, finde ich gut!" (Gerber u. Lechevalier, 1965; Naes *et al.* 1989; Pollak u. Berger 1996; La Guerche *et al.* 2005).

Eigenschaften der OBS für die Bodenqualität und nachhaltige Produktivität können kaum genug herausgestellt werden (Kap. 11) und wurden in zahlreichen Experimenten immer wieder bestätigt. Übertrieben formuliert fand diese Erkenntnis Ausdruck im Werbeslogan „*feeding the soil rather than the plant*" (eher den Boden als die Pflanzen ernähren). Zweifelsfrei führen regelmäßige organische Düngungen zu

- günstigen physikalischen Eigenschaften (hinsichtlich Bodenstruktur, Luft-Wasser-Wärme-Haushalt, Wasserkapazität, Aggregatstabilität, durchwurzelbarer Raum etc.). Jeder Boden befindet sich dann durch mikrobielle Lebendverbauung (Kap. 2) und Aggregierung im optimalen physikalischen Zustand, wenn die **Bodengare** (ein subjektiver Indikator) erreicht ist (Box 16.1),
- verbesserten chemischen Merkmalen (vor allem bezüglich der KAK, Menge, Verfügbarkeit und Nachlieferungsgeschwindigkeit an Nährstoffen, Bildung von Ton-Humus-Komplexen, Pufferkapazität etc.) und zu
- Erhöhungen der mikrobiellen Biomasse, der genetischen und katabolischen Diversität und zu wesentlich gesteigerten biologischen Aktivitäten, darunter intensive C- und N-Umsetzungen (Box 16.1). Regelmäßig organisch gedüngte Böden besitzen sehr komplexe Lebensgemeinschaften und Nahrungsketten mit hoher Diversität und breiter multipler Funktionalität (Brussaard *et al.* 1997; Simek *et al.* 1999; Doran u. Zeiss, 2000; Degens 2001; Girvan *et al.* 2005; Govaerts *et al* 2007; Lejon *et al.* 2007). Solche Böden verfügen stets über eine hohe **ökophysiologische Elastizität** (*resilience*), ein **rasches**

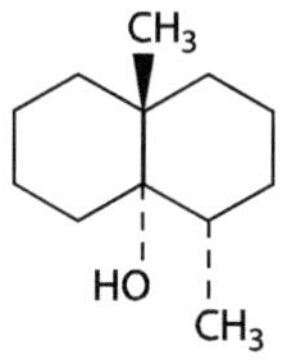

Abb. 16.3 Strukturformel von Geosmin (*trans*-1,10-Dimethyl-*trans*-9-decalol), verantwortlich für den charakteristischen Erdgeruch eines frischgepflügten humushaltigen Bodens oder eines mikrobiologisch-aktiven Gartenkompostes

Regenerationsvermögen (*self-remediation capacity*) und eine hohe **Belastbarkeit** gegenüber den verschiedensten organischen und anorganischen Stressoren (Kap. 4). Hohe Elastizität und Belastbarkeit sowie ein rasches Regenerationsvermögen sind Schlüsselmerkmale einer hohen Bodenqualität und entscheidend für eine nachhaltige Produktivität. Langjährig organisch gedüngte Böden kennzeichnen sich auch als suppressive (krankheitsunterdrückende) Böden, weil die meisten ökologischen Nischen von einer hohen Diversität an Organismen besetzt sind und das Eindringen von Fremdkeimen (potenziell pathogene Bakterien, Pilze, Oomyceten, Nematoden, etc.) in die komplexen und vernetzten Lebensgemeinschaften sehr erschwert ist (Kap. 5).

Trotz der zahlreichen günstigen Wirkungen von organischen Düngungen werden organische Wirtschaftsweisen auch in Zukunft keine praktikablen Alternativen zur mineralischen Düngung bilden, weil es (1) an ausreichenden Mengen geeigneter organischer Düngemittel (Stallmist, umweltschonende Komposte, Gründüngung etc.) fehlt und (2) durch die erforderliche Intensivierung der Pflanzenproduktion (Marktfruchtbau) auch aus fachlichen und arbeitstechnischen Gründen immer weniger Gemischtbetriebe mit Tierhaltung (samt Wirtschaftsdünger und Futteranbau) geben wird. Die Entkopplung der Nährstoffkreisläufe in der intensiven landwirtschaftlichen Produktion ist aus ökonomischen und technischen Gründen unausweichlich und der sehr hohe Arbeitseinsatz von Gemischtbetrieben lässt sich auch gesellschaftlich nicht mehr im erforderlichen Umfang vertreten. Heute gilt es, ca. 6,5 Milliarden Menschen auf der Erde zu ernähren. Auf der Basis von arbeitsintensivem organischem Bio-Landbau (ohne Mineraldünger) könnten allenfalls 2,5 bis 3 Milliarden Menschen ernährt werden, vorausgesetzt, die globalen Ackerflächen würden auf Kosten von Wäldern und Steppen wesentlich ausgeweitet und die Nutztierbestände um das Fünf- bis Sechsfache erhöht, um die notwendigen organischen Dünger zu produzieren. Auf der Basis der organischen Wirtschaftweise könnte die Hälfte der Menschheit nicht ernährt werden (Borlaug 2007). Für eine nachhaltige „reine“ organische Wirtschaftsweise würden in Europa jährlich etwa 10–30 t an Kompost pro Hektar benötigt. Woher nehmen? Auch die Rückkehr zu bäuerlichen Betrieben mit teilweise geschlossenen Stoffkreisläufen stellt in der Industriegesellschaft aus arbeitstechnischen und ökonomischen Gründen heute keine ernsthafte Option dar. Lediglich für arme Subsistenzwirtschaften in entlegenen Regionen Asiens, Afrikas und Südamerikas kann Gründüngung mit stickstoffbindenden Leguminosen (Kap. 13) zeitweise eine kostengünstige, aber arbeitsintensive Alternative zur mineralischen N-Düngung bedeuten. Sowohl die pflanzliche als auch die tierische Produktion erfolgt heute in spezialisierten Unternehmen nach neuesten agrarwissenschaftlichen und technischen Erkenntnissen. Für alle landwirtschaftlichen Betriebe werden künftig weitere umweltschonende Produktivitätssteigerungen notwendig sein, um den Unternehmerfamilien ein angemessenes Einkommen zu ermöglichen. Dies kann und wird auch künftig in einer intensiven Landbewirtschaftung nur durch weitere Intensivierung der mineralischen Düngung und der Bewirtschaftung mithilfe vom **Präzisionspflanzenbau** nach ökonomischen und ökologischen Vorgaben erfolgen. Im künftigen effizienten Präzisionspflanzenbau müssen die räumlichen und zeitlichen Veränderungen in der Nährstoffdynamik des Bodens und in den Pflanzenbeständen jährlich erfasst und in der Bewirtschaftungsplanung durch elektronische Datenverarbeitung berücksichtigt werden. Die Erfassung von Boden- und Pflanzeneigenschaften zur lokalspezifischen Düngung (*site-specific fertilization*) kann und wird mit der Fernerkundung durch optische Sensoren im VIS- und IR-Bereich des elektromagnetischen Spektrums sowie mit Mikrowellensensoren (Radar) bis in den Zentimeterbereich erfolgen.

Entscheidende Voraussetzung für jede **nachhaltige Bodenfruchtbarkeit** bleiben geschlossene Nährstoffkreisläufe, die durch vollständige Rückführung der Nährstoffverluste als Folge von Nährstoff-Entzügen (mit der Ernte), Erosion, Auswaschung, Entgasungen etc. mithilfe von Mineraldüngern gesichert werden können. Es ist bedauerlich, dass organische und mineralische Wirtschaftweisen immer wieder als Alternativen betrachtet werden, obwohl flexible Kombinationen je nach Standort für eine nachhaltige Produktivität im Grunde optimal wären.

Literatur

Altieri MA (1999) The ecological role of biodiversity in agroecosystems. Agric Ecosyst Environ 14: 19–31

Beck T (1984) Mikrobiologische und biochemische Charakterisierung landwirtschaftlich genutzter Böden. I. Die Ermittlung einer bodenmikrobiologischen Kennzahl. Z Pflanzenernähr Bodenk 147: 467–475

Beare MH, Coleman DC, Crossley DA, Hendrix PF, Odum EP (1995) A hierarchial approach to evaluating the significance of soil biodiversity to biogeochemical cycling. Plant Soil 170: 5–22

Blume HP, Schlichting E (1965) Untersuchungsverfahren zur Kennzeichnung des Fruchtbarkeitszustandes des Bodens. Landw Forsch 18: 169–178

Boguslawski E von (1965) Zur Entwicklung des Begriffes Bodenfruchtbarkeit. Z Pflanzenernähr Bodenk 108: 97–115

Borlaug N (2007) Grüne Gentechnik ist keine Hexerei. Die Welt 01.11.07, S 10

Brussaard L, Behan-Pelletier VM, Bignell DE, Brown VK, Didden WAM, Folgarait P, Fragoso C, *et al.* (1997) Biodiversity and ecosystem functioning in soil. Ambio 26: 563–570

Carter MR (2001) Organic matter and sustainability. In: Rees RM, Ball BC, Campbell CD, Watson CA (Hrsg) Sustainable management of soil organic matter, CABI, Wellington, UK, S 9–22

Degens BP (2001) Microbial catabolic evenness: A potential integrative indicator of organic matter management? In: Rees RM, Ball BC, Campbell CD, Watson CA (Hrsg) Sustainable management of soil organic matter. CABI, Wallingford, UK, S 357–362

Doran JW, Zeiss MR (2000) Soil health and sustainability: Managing the biotic component of soil quality. Appl Soil Ecol 15: 3–11

Duxbury JM, Smith MS, Doran JW, Jordan C, Scott L, Vance E (1989). Soil organic matter as a source and sink of plant nutrients. In: Coleman DC, Oades JM, Uehara G (Hrsg) Dynamics of soil organic matter in tropical ecosystems. nifTAL project, University of Hawaii Press, Honolulu, S 33–67

Elliott ET (1994) The potential use of soil biotic activity as an indicator of productivity, sustainability and pollution. In: Pankhurst CE, Doube NM, Gupta VVSR, Grace PR (Hrsg) Soil Biota: Management in sustainable farming systems, CSIRO Australia, S 250–256

Emmerling C, Schloter M, Hartmann A, Kandeler E (2002) Functional diversity of soil organisms – A review of recent research activities in Germany. J Plant Nutr Soil Sci 165: 408–420

Filip Z (2002) International approach to assessing soil quality by ecologically-related biological parameters. Agric Ecosyst Environ 88: 169–174

Gerber NN, Lechevalier HA (1965) Geosmin, an earthy-smelling substance isolated from actinomycetes. Appl Microbiol 13: 935–938

Gianfreda L, Ruggiero P (2006) Enzyme activities in soil. In: Nannipieri P und Smalla K (Hrsg) Nucleic acids and proteins in soil, Springer, Berlin Heidelberg, S 257–311

Girvan MS, Campbell CD, Killham K, Prosser JI, Glover LA (2005) Bacterial diversity promotes community stability and functional resilience after perturbation. Environ Microbiol 7: 301–313

Govaerts B, Mezzalama M, Unno Y, Sayre KD, Luna-Guido M, Vanherck K, Dendooven L, Deckers J (2007) Influence of tillage, residue management, and crop rotation on soil microbial biomass and catabolic diversity. Appl Soil Ecol 37: 18–30

Griffiths BS, Hallett PD, Kuan HL, Gregory AS, Watts CW, Whitmore AP (2008) Functional resilience of soil microbial communities depends on both soil structure and microbial community composition. Biol Fertil Soils 44:745–754

Hargreaves PR, Brookes PC, Ross GJS, Poulton PR (2003) Evaluating soil microbial biomass carbon as an indicator of long-term environmental change. Soil Biol Biochem 35: 401–407

Hartmann A, Assmus B, Kirchhof G, Schloter M (1997) Direct approaches to study soil microflora. In: Van Elsas JD, Trevors JT, Wellington EMH (Hrsg) Modern soil microbiology, Marcel Dekker, New York, S 279–309

Herrick JE (2000) Soil quality: An indicator of sustainable land management? Appl Soil Ecol 15: 75–83

Herrick JE, Wander MM (1998) Relationships between soil organic carbon and soil quality in cropped and rangeland soils: The importance of distribution, composition and soil biological activity. In: Lal R, Kimble JM, Follett RF, Stewart BA (Hrsg) Soil processes and the carbon cycle, CRC, Boca Raton Boston New York, S 405–426

Jordan D, Kremer RJ (1994). Potential use of soil microbial activity as an indicator of soil quality. In: Pankhurst CE, Doube NM, Gupta VVSR, Grace PR (Hrsg) Soil biota: Management in sustainable farming systems. CSIRO Australia, S 245–249

Kandeler E (2007) Physiological and biochemical methods for studying soil biota and their function. In: Paul EA (Hrsg) Soil microbiology, ecology, and biochemistry. Elsevier, Amsterdam Boston Heidelberg, S 53–83

Kandeler E, Dick RP (2007) Soil enzymes: Spatial distribution and function in agroecosystems. In: Benckiser G, Schnell S (Hrsg) Biodiversity in agricultural production systems, CRC, Boca Raton, USA S 263–285

Kandeler E, Stemmer M, Gerzabek MH (2005) Role of microorganisms in carbon cycling in soils. In: Buscot F und Varma A (Hrsg) Microorganisms in soils: Roles in genesis and functions, Springer, Berlin Heidelberg, S 139–157

Karlen DL, Mausbach MJ, Doran JW, Cline RG, Harris RF, Schuman GE (1997) Soil quality: A concept, definition, and framework for evaluation. Soil Sci Soc Am J 61: 4–10

Kennedy AC, Smith KL (1995) Soil microbial diversity and the sustainability of agricultural soils. Plant Soil 170: 75–86

Kirsch A, Franken H, Blanke M (2000) Feldmethode zur Bestimmung der substratinduzierten Bodenatmung. J Plant Nutr Soil Sci 163: 165–171

La Guerche SL, Chamont S, Blacard D, Dbourdieu D, Darriet P (2005) Origin of geosmin on grapes: On the complementary action of two fungi, *Botrytis cinerea* and *Penicillium expansum*. Antonie van Leeuwenhoek 88: 131–139

Lejon DPH, Sebastia J, Lamy I, Chaussod R, Ranjard L (2007) Relationships between soil organic status and microbial community density and genetic structure in two agricultural soils submitted to various types of organic management. Microb Ecol 53: 650–663

Linser H (1965) Fassung und Bedeutung des Begriffes Bodenfruchtbarkeit. Z Pflanzenernähr Bodenk 108: 115–123

Marschner P, Kandeler E, Marschner B (2003) Structure and function of the soil microbial community in a long-term fertilizer experiment. Soil Biol Biochem 35: 453–461

Mengel K (1981) Wesentliche Faktoren der Bodenfruchtbarkeit. Die Bodenkultur 32: 189–194

Meyer L (1940) 100 Jahre Agrikulturchemie. Nova Acta Leopoldina 10: 1–28

Naes H, Utkilen HC, Post AF (1989) Geosmin production in the cyanobacterium *Oscillatoria brevis*. Arch Microbiol 151: 407–410

Nannipieri P (1994) The potential use of soil enzymes as indicators of productivity, sustainability and pollution. In: Pankhurst CE, Doube BM, Gupta VVSR, Grace PR (Hrsg) Soil biota: Management in sustainable farming systems, CSIRO Australia, S 238–244

Nannipieri P, Kandeler E, Ruggiero P (2002) Enzyme activities as well as microbiological and biochemical processes in soil. In: Burns RG, Dick R (Hrsg) Enzymes in the environment: Activity, ecology, and application, Marcel Dekker, New York, S 1–34

Nortcliff S (2002) Standardisation of soil quality attributes. Agric Ecosyst Environ 88: 161–168

O'Donnell AG, Seasman M, Macrae A, Waite I, Davies JT (2001) Plants and fertilizers as drivers of change in microbial community structure and functions in soils. Plant Soil 232: 135–145

Ottow JCG (1985) Einfluss von Pflanzenschutzmitteln auf die Mikroflora von Böden. Naturwiss Rundsch 38: 181–189

Ottow JCG (1990) Der Boden, auf dem wir stehen. In: Koch HA (Hrsg) Angst vor der Zukunft? Trias Thieme Hippokrates Enke, S 166–193

Ottow JCG (1997) Abbaukinetik und Persistenz von Fremdstoffen in Böden. In: Ottow JCG, Bidlingmaier W (Hrsg) Umweltbiotechnologie, G Fischer, Stuttgart, S 97–138

Pollak FC, Berger RG (1996) Geosmin and related volatiles in bioreactor-cultured *Streptomyces citreus* VBS 109.60. Appl Environ Microbiol 62: 1295–1299

Reeves DW (1997) The role of soil organic matter in maintaining soil quality in continuous cropping systems. Soil Tillage Res 43: 131–167

Sauerbeck D (1985) Funktionen, Güte und Belastbarkeit des Bodens aus agrikulturchemischer Sicht, Kohlhammer, Stuttgart Mainz

Saison C, Degrange V, Oliver R, Millard P, Commenaux C, Mantange D, Le Roux X (2005) Alteration and resilience of the soil microbial community following compost amendment: Effects of compost level and compost-borne microbial community. Environ Microbiol 8: 247–257

Schinner F, Sonnleitner R (1996) Bodenökologie: Mikrobiologie und Bodenenzymatik. I Grundlagen, Klima, Vegetation und Bodentyp, Springer, Berlin Heidelberg

Schloter M, Dilly O, Munch JC (2003) Indicators for evaluation soil quality. Agric Ecosyst Environ 98: 255–262

Schuffelen AC (1958) Die Mineraldüngung als Voraussetzung für die Umwandlungsmöglichkeiten von Naturböden: 100 Jahre erfolgreiche Düngewirtschaft. Sauerländers, Frankfurt/M

Seybold CA, Herrick JE, Vrejda JJ (1999) Soil resilience: A fundamental component of soil quality. Soil Sci 164: 224–234

Simek M, Hopkins DW, Kalcik J, Picek T, Santruckova H, Stana J, Travnik K (1999) Biological and chemical properties of arable soils affected by long-term organic and inorganic fertilizer application. Biol Fertil Soils 29: 300–308

Toyota K, Kuninaga S (2006) Comparison of soil microbial community between soils amended with or without farmyard manure. Appl Soil Ecol 33: 39–48

Widmer F, Rasche F, Hartmann M, Fliessbach A (2006) Community structures and substrate utilization of bacteria in soils from organic and conventional farming systems of the DOK long-term field experiment. Appl Soil Ecol 33: 294–307

Wolters V (2001) Biodiversity of soil animals and its function. Eur J Soil Biol 37: 221–227

Yao H, He Z, Wilson MJ, Campbell CD (2000) Microbial biomass and community structure in a sequence of soils with increasing fertility and changing land use. Microb Ecol 40: 223–237

Physiko-Chemie und Mikrobiologie der Rhizosphäre

17

„One of the most fascinating hot spots of activity and diversity in soils is the rhizosphere."

DL Jones & P Hinsinger (2008)

Inhaltsverzeichnis

17.1 Rhizosphäre und Rhizoplane

Der Naturwissenschaftler und Bakteriologe **Lorenz Hiltner** (1862–1923) der TU München erkannte im Jahre 1904 als einer der Ersten die Bedeutung der Mikroorganismen im Wurzelbereich für die Ernährung und Gesundheit einer Pflanze (Curl u. Truelove 1986; Hartmann *et al.* 2008). Er war es dann auch, der den Begriff **Rhizosphäre** einführte (gr. *rhiza* = Wurzel; *sphaira* = Kugel). Unter der Rhizosphäre verstand er das von Mikroorganismen dicht besiedelte Bodenvolumen, welches die Wurzeln von Leguminosen umgibt. Hiltner war damals beeindruckt von der Entdeckung der bakteriologischen N_2-Bindung durch Rhizobien („*Bacillus radicicola*") in Wurzelknöllchen von Leguminosen, welche der Zeitgenosse **Hermann Hellriegel** (1831–1895; Kap. 13) im Jahre 1888 gerade mit seinen Mitarbeitern entdeckt hatte. Hiltner vertrat zeitlebens die Vorstellung, dass die Ernährung der Pflanzen (Leguminosen) entscheidend von der Zusammensetzung und den Aktivitäten der Bakterien in der Rhizosphäre beeinflusst wird. Er bezeichnete diese nützlichen Rhizobien als Bakteriorhiza. Die Entdeckung der N_2-Bindung in Wurzelknöllchen stand damals im Zentrum der aufkommenden bodenmikrobiologischen Forschung, denn auch der niederländische Botaniker **Martinus Willem Beijerinck** (1851–1931) beschäftigte sich mit Rhizobien und konnte nachweisen, dass eine Reinkultur von *B. radicicola* (heute *Rhizobium spp.*) nicht *ex planta* zur N_2-Bindung befähigt ist. Im Laufe der Zeit wurde die ursprüngliche, auf Leguminosen bezogene Definition der Rhizosphäre zwar auf alle anderen Pflanzen erweitert, nicht jedoch präzisiert.

J.C.G. Ottow, *Mikrobiologie von Böden*,
DOI: 10.1007/978-3-642-00824-5_17,

Heute wird jener Teil des **Bodens** als Rhizosphäre verstanden, der von der lebenden Wurzel in komplexer Weise physikalisch, chemisch und biologisch beeinflusst wird. Pflanzenwurzeln stehen in intensiven Wechselwirkungen mit Boden und Mikroorganismen, um Wasser und Nährstoffe zu mobilisieren und aufzunehmen. Dabei beeinflussen die Wurzeln – insbesondere die zahlreichen feinen Wurzelhaare – mit ihren Ansprüchen die physikalischen, chemischen und biologischen Eigenschaften des umgebenden Bodens auf charakteristische Weise. Wurzelhaare (Ø 10–250 µm × 0,8–8 mm) sind kurzlebig (Tage bis Wochen) und werden beim Wurzelwachstum ständig erneuert und erweitert. Dadurch werden die Kontaktflächen mit den Bodenkolloiden verlagert und beträchtlich vergrößert. Je nach Art, Alter und Aktivitäten der Wurzel und Mikroorganismen ist die Rhizosphäre eine zeitlich und räumlich variable Biozönose (Lebensgemeinschaft) mit einem Radius von einigen Mikrometern (µm) bis Millimetern (mm).

Die Konkretisierung des Begriffes Rhizosphäre über die Vorstellungen Hiltners hinaus ist notwendig und zweckdienlich, weil zahlreiche sehr verschiedene physikalische, chemische und (mikro)biologische Prozesse in der Boden-Wurzel-Grenzschicht (*soil-root interface*) wie ein **polyfaktorielles Ökosystem** auf komplexe Weise miteinander reagieren, sodass die spezifische Wirkung jedes einzelnen Faktors (z. B. die Rhizoflora) nicht oder nur unvollständig erfasst werden kann. Die einzelnen Faktoren beeinflussen sich dabei teils synergistisch (gegenseitige Förderung), teils antagonistisch (funktionell gegeneinander wirkend), zeigen aber auch vielfältige kompetitive, ergänzende, ersetzende und kumulative (Summations-)Wirkungen.

Diese zahlreichen Wechselwirkungen in der Rhizosphäre sind charakteristisch für diesen Lebensraum, üben dabei sowohl positive als auch negative Effekte auf die Pflanzen aus, die aber insgesamt für die Ernährung und Entwicklung der Pflanzen stets **positiv** verlaufen (Curl u. Truelove 1986). Diese positive Gesamtwirkung kommt im **Rhizosphäreneffekt** zum Ausdruck. Unter dem Rhizosphäreneffekt wird heute die Summe aller positiven und negativen (Wechsel-)Wirkungen zwischen physikalischen, chemischen und mikrobiologischen Effekten in der Rhizosphäre auf die Pflanzenentwicklung als Folge von Wurzelwachstum und -aktivitäten verstanden. Ursprünglich verstand Hiltner unter dem Rhizosphäreneffekt lediglich die Anreicherung von Mikroorganismen (Mikroflora und -fauna) in der Rhizosphäre von Leguminosen, bezogen auf die Dichte an Organismen im umgebenden wurzelfreien Boden. Er erkannte jedoch frühzeitig, dass diese Anreicherung von Mikroorganismen Folge der Wurzelaktivitäten und **Rhizodepositionen** war (Abgabe von nieder- und hochmolekularen organischen Substanzen aus den Wurzeln). Der Rhizosphäreneffekt ist der Ernährung und gesunden Entwicklung der Pflanze förderlich und verantwortlich dafür, dass sich Pflanzen im gewachsenen Boden besser entwickeln als in Nährlösungen unter optimalen Bedingungen (hinsichtlich Nährstoff- und O_2-Versorgung, pH, Licht, Temperatur, CO_2). Die Rhizosphäre unterscheidet sich nicht nur chemisch, physikalisch und biologisch vom umgebenden wurzelfreien Boden, sondern verändert sich ständig mit der Pflanzenentwicklung. Diese zeitliche und räumliche Dynamik manifestiert sich in qualitativen und quantitativen Veränderungen in der Architektur, Physiologie, Exsudation sowie in der Zusammensetzung der Rhizoflora und -fauna. Die intensiven Wechselwirkungen der Rhizoflora und -fauna mit den Pflanzenwurzeln beeinflussen die Pflanzenentwicklung in vielschichtiger Hinsicht (Bonkowski *et al.* 2009; Hinsinger *et al.* 2009).

Die Rhizosphäre kann in den engeren Bodenbereich direkt **auf** der Wurzeloberfläche (**Rhizoplane**) und in den restlichen äußeren Abschnitt bis zum Beginn des unbeeinflussten Bodens (**Ektorhizosphäre** oder **Edaphosphäre**) unterteilt werden. Das Bodenvolumen der Rhizosphäre ist je nach Parameter (pH-Wert, P-Konzentration, Gradienten an einzelnen Exsudaten, Organismengruppen, etc.) verschieden, und genaugenommen besteht die Rhizosphäre aus der **Gesamtheit** aller jener Gradienten um die betreffende Wurzel, die von den Wechselwirkungen zwischen Pflanzenwurzel-Boden-Edaphon aufgebaut werden. Die Rhizoplane ist eine dünne, schwer erfassbare Bodenschicht, unmittelbar auf der Wurzeloberfläche. Sie umfasst eine heterogene Übergangszone aus Schleimstoffen, Zellabstoßungen, Bodenkolloiden und mikrobiellen Biomassen (Prokaryoten, Algen, Pilzhyphen und Mikrofauna). Wurzeloberflächen sind alles andere als flach, wie die Bezeichnung Rhizoplane fälschlicherweise suggeriert. Zahlreiche Wurzelhaare (ca. 250 pro cm^2 bei Roggen), Zellabstoßungen und Mucilage einschließlich Bakterienzellen, Hyphen, Protozoen vermischt mit Bodenkolloiden, bilden eine ungleichmäßige „holprige" Oberfläche (Abb. 17.1). Sie ist ein charakteristischer Grenzbereich zwischen Boden und Wurzeloberfläche und geht

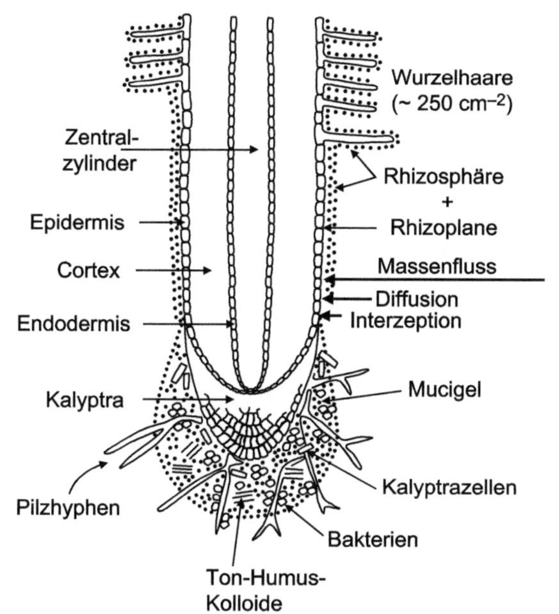

Abb. 17.1 Schematische Darstellung einer Wurzelspitze samt Mucigel und Wurzelhaaren. Massenfluss (Langstreckentransport), Diffusion (Kurzstreckentransport) und Interzeption (Kontaktaustausch) werden von unterschiedlich langen Pfeilen dargestellt (Entwurf: JCG Ottow)

nahtlos in die Rhizosphäre über. Da die Wurzeloberfläche (Rhizodermis) durch Wurzelwachstum, Zellabstoßungen, Schleimstoffe sowie durch Wasser- und Nährstoffaufnahme intensiv mit den Bodenkolloiden, den Bakterien- und Protozoenzellen sowie den Pilzhyphen vermischt wird, lässt sich ihre Dicke und Grenze nicht genau angegeben. Sie liegt jedoch im Mikrometerbereich (Abb. 17.1). Diesem Grenzbereich (*interface*) kommt jedoch für die Ernährung der Pflanzen und Mikroorganismen große Bedeutung zu, weil in diesem *hot spot* grundlegende physikalische, chemische und biologische Vorgänge und Wechselwirkungen ablaufen (Pinton *et al.* 2001; Jones u. Hinsinger 2008; Hinsinger *et al.* 2009; Jones *et al.* 2009). Rhizoplane und Rhizosphäre sind vor allem Arbeitsbegriffe, die sich bei der praktischen Forschungsarbeit nur schwer voneinander abgrenzen und bestimmen lassen.

Der Begriff „Rhizosphärenboden" ist inhaltlich ein Pleonasmus, daher vollständig überflüssig und sollte vermieden werden. Auch die Bezeichnung „Endorhizosphäre" für jenen äußeren Bereich der **Wurzelrinde (Cortex)**, der von endophytischen Mikroorganismen inter- und/oder intrazellulär besiedelt wird, ist irreführend und falsch, weil die Benennung „Rhizosphäre" bereits für den von der Wurzel beeinflussten **Bodenbereich** vergeben ist und sich somit nicht auch auf das Wurzelgewebe erstrecken kann. Weil die Mehrzahl an Wurzeln zahlreicher Pflanzen mykorrhiziert (Kap. 18) und die Rhizosphäre durch die umfangreiche **Hyphosphäre** (Bodenbereich unter Einfluss der Pilzhyphen) um ein Vielfaches erweitert ist, sollte korrekterweise stets von Mykorrhizosphäre gesprochen werden, zumal in der Praxis nicht zwischen Rhizosphäre und Hyphosphäre getrennt werden kann (Hartmann *et al.* 2009). Hinzu kommt, dass die Hyphosphäre wesentlich umfangreicher sein dürfte als die Rhizosphäre, weil die Emissionshyphen zahlreicher, dünner und länger sind als die Wurzelhaare. Hier sind weitergehende Forschungsarbeiten erforderlich (Neumann *et al.* 2009).

Treibende Kraft sämtlicher physikalischer, chemischer und biologischer Prozesse des Rhizosphäreneffektes ist das Wurzelwachstum, insbesondere die **Rhizodeposition** von C- und N-haltigen organischen Substanzen in den Boden. Die Rhizodeposition (kg C $\times$ ha^{-1} $\times$ a^{-1}) umfasst die Summe aller vom lebenden Wurzelsystem im Laufe eines Jahres in den Boden abgegebenen C- und N-Verbindungen (z. B. abgestoßene Wurzelzellen, Mucilate, Lysate, Diffusate, Exsudate, Sekrete) (Uren 2001). Diese Rhizodeposition ist nicht das Ergebnis eines unidirektionalen Vorganges, sondern die Differenz zwischen Influx und Efflux von organischen Verbindungen, weil die Wurzeln nicht nur Substanzen abgeben, sondern auch ein Teil der abgegebenen Exsudate bei der Nährstoffaufnahme über die Wurzelmembran erneut resorbieren (Toal *et al.* 2000; Hinsinger *et al.* 2009; Jones *et al.* 2009).

17.2 Physikalische Wirkungen

17.2.1 Wurzelwachstum und Interzeption

Für eine erfolgreiche **physikalische Nährstoffaneignung** in der Rhizosphäre ist eine intensive Kontaktbildung zwischen Wurzeloberfläche und Bodenkolloiden die wichtigste Voraussetzung (Box 17.1; **Interzeption**). Das Wurzelsystem von (Kultur-)Pflanzen wächst im Frühjahr und Sommer insbesondere durch Verlängerung (primäres Wachstum) an den Wurzelspitzen und kontinuierliche Neubildung von Wurzelhaaren. Durch die Zellstreckung (Streckungswachstum) dringt die Wurzelspitze weiter in den Boden vor und erschließt

Box 17.1 Nährstofftransport und -aneignung in der Rhizosphäre

Höhere Pflanzen ernähren sich im Wesentlichen mineralisch durch selektive Ionenaufnahme aus der Bodenlösung. Wasser ist somit als Lösungs- und Transportmittel wichtigste Voraussetzung für die Pflanzenernährung. Die Mobilität der mineralischen Nährstoffe in der Bodenlösung ist jedoch sehr unterschiedlich. Bei den üblichen pH-Bedingungen in Ackerböden (pH 5–7) gelten Nitrat (NO_3^-), Sulfat (SO_4^{2-}), Ca^{2+} als [$Ca(HCO_3)_2$], Mg^{2+} als [$Mg(HCO_3)_2$] sowie der Mikronährstoff B (H_3BO_3) als gut löslich und mobilisierbar. Hingegen sind NH_4^+, K^+ und Zn^{2+} relativ fest am Sorptionskomplex gebunden und infolgedessen schwer mobilisierbar. P gilt hingegen als weitgehend immobil, weil es im Boden überwiegend in Form organischer P-Verbindungen und als unlösliche *ortho*-Phosphate von Fe, Al oder Ca vorliegt. Bodenphosphate sind zudem im Boden für Wurzeln schwer zugänglich. Um vom Wurzelsystem (hauptsächlich von den Wurzelhaaren) aufgenommen zu werden, ist eine Freisetzung in die Bodenlösung (durch Mineralisation, Austauschprozesse, Hydrolyse, Reduktion, etc.) und Transport an die Wurzeloberfläche unabdingbar. Um sich Nährstoffe an der Wurzeloberfläche (Abb. 17.1) anzueignen, bedient sich die Pflanze folgender Mechanismen:

- **Massenfluss** (Konvektion; Langstreckentransport): Die gelösten Nährstoffe werden aufgrund der Saugkraft der Wurzel (Folge der Transpiration) mit der Bodenlösung zur Wurzeloberfläche transportiert, wo sie von aktivierten Carriern (organische Säuren) in der Cytoplasmamembran selektiv aufgenommen und in die Zelle transportiert werden (der genaue Mechanismus ist noch unbekannt). Mit dem Massenfluss gelangen vor allem Ca^{2+}, Mg^{2+}, NO_3^-, Cl^-, SO_4^{2-} und H_3BO_3 zu den Wurzeln. Der Umfang des Wurzelsystems, die Transpirationsrate, Wasserversorgung und Porung sowie die Bodentemperatur beeinflussen den Massenfluss wesentlich.
- **Diffusion** (Kurzstreckentransport): Dieser Mechanismus umfasst die Nährstoffverlagerung über die Bodenlösung in Richtung Wurzeloberfläche aufgrund von Konzentrationsunterschieden zwischen Wurzeln und dem umgebenden wurzelfreien Boden. Dieser Prozess ist charakteristisch für schwer mobilisierbare Ionen wie K^+ und P (als $H_2PO_4^-$), in geringem Ausmaß auch für NH_4^+ und Zn^{2+}. Das Ausmaß der Diffusion ist abhängig vom Konzentrationsgefälle, vom Transportweg (Wassergehalt und -leitfähigkeit), von der Bodentemperatur, vom pH-Wert und von der Pufferkapazität (KAK) des Bodens. Bei Nährstoffen mit hohem Bedarf, aber geringer Mobilität (P, K, und NH_4^+) kann es als Folge von Diffusion und Massenfluss zu spezifischen Verarmungszonen um die Wurzeln kommen, wenn nicht mineralisch gedüngt wird.
- **Interzeption** (Kontaktaustausch): Immobile Nährstoffe (vor allem Ca, Mg und P, Mikronährstoffe Cu, Fe) werden von den Wurzelhaaren und Emissionshyphen der AM-Pilze (Kap. 18) unmittelbar durch „Kontaktaustausch" von den Bodenkolloiden aufgenommen. Die Gesamtinterzeption (I_t) setzt sich zusammen aus der Interzeption durch Wurzelhaare (I_w) und Mykorrhizahyphen (I_h) (Gl. 17.1):

$$\mathbf{I_t = I_w + I_h} \tag{17.1}$$

Weil die Emissionshyphen zahlreicher, dünner und länger sind als die Wurzelhaare, kommt I_h bei der Gesamtinterzeption, besonders von P, eine größere Bedeutung zu als I_w. Bislang wurde die Gesamtinterzeption von P vermutlich unterschätzt, weil I_h in den Berechnungen bisher unberücksichtigt blieb. Arbuskuläre Mykorrhiza (AM) sind wahrscheinlich wesentlich intensiver an der Nährstoffaufnahme beteiligt als bisher angenommen wurde. Das tatsächliche Ausmaß der Interzeption hängt in erster Linie vom Nährstoffgehalt des Bodens ab sowie vom Umfang und von der Wachstumsgeschwindigkeit des Wurzelsystems und der Emissionshyphen.

damit neue Wasser- und Nährstoffvorkommen. Die Zone der Wurzelhaare (ca. 1 bis 4 cm von der Wurzelspitze) befindet sich direkt hinter der Streckungszone (Abb. 17.1). Die Feinwurzeln samt Wurzelhaare wachsen sehr schnell und zeigen in kurzer Zeit ein starkes exponentielles Wachstum mit entsprechenden Zunahmen an Wurzelvolumen und Gesamtwurzeloberfläche. Eine vier Monate alte Roggenpflanze (*Hordeum vulgare*) verfügt über eine Gesamtwurzellänge (einschließlich Wurzelhaare) von ca. 600 km, was ein durchschnittliches Wurzellängenwachstum von etwa 5 km pro Tag bedeutet. Diese gewaltige tägliche Wurzelentwicklung kann mit einem **Rhizoskop** (Glasrohr) oder mit einer Glaswand (Wurzelkasten mit schrägem Wurzelfenster; *trench wall technique*) im A_p-Horizont eines Ackers permanent verfolgt und mithilfe von mobilen Videokameras endoskopisch rund um die Uhr verfolgt, aufgezeichnet und auch quantifiziert werden. Durch dieses direkte Monitoring kann das Wurzelwachstum im Gelände quantifiziert werden (Polomski u. Kuhn 2002). Hierbei werden *in situ*-Wurzelaufnahmen zahlreicher Feinwurzeln und Wurzelhaare beim mechanischen Vordringen in den Boden festgehalten. Durch Abscheidung von Schleimstoffen (aus pflanzlichen und mikrobiellen Polysacchariden) wird die Wurzelhaube (Kalyptra) gegen mechanische Verletzungen und Austrocknungen geschützt (Abb. 17.1). Während der Wurzelverlängerung wird die Mucilageschicht (1–10 µm dick) von Schleimstoffen aus der Epidermis ergänzt und mit Bakterienzellen, Pilzhyphen (von AM- und saprophytischen Pilzen) und Ton-Humus-Kolloiden zu einem wasserreichen, stabilen kolloidalen **Mucigel** vermischt (Kap. 1; Tabelle 1.5). Das Mucigel intensiviert den Kontakt zwischen Wurzeloberfläche und Bodenkolloiden, sichert die Kontinuität der Poren und stellt so den Wasser-, O_2- und Nährstofftransport zur Rhizoplane sicher (Gregory u. Hinsinger 1999; Hodge *et al.* 2009). Durch Wurzelverlängerung und -dickenwachstum wird so viel Boden verdrängt, wie das Wurzelsystem durch Wurzelwachstum an Volumen zugenommen hat. Infolgedessen wird die unmittelbar angrenzende Rhizoplane und Rhizosphäre durch strahlenförmige zylindrische Expansion verdichtet, wodurch mit steigender Lagerungsdichte das Volumen der Grobporen (Ø > 50 µm) in direkter Wurzelumgebung zugunsten der **Feinporen** (Ø < 0,2 µm) abnimmt. Die Porosität der Rhizosphäre in unmittelbarer Umgebung der Wurzel ist häufig je nach Boden- und Wurzelart etwa 22–24% geringer als im umgebenden wurzelfreien Boden. Dabei kann die Bodendichte eines mittleren Lehmbodens von 1,80 $Mg \times m^{-3}$ an der Wurzeloberfläche auf 1,54 $Mg \times m^{-3}$ über eine Distanz von etwa 1 mm in der Rhizosphäre steigen (Gregory 2006).

Insgesamt nimmt mit zunehmender Entfernung von der Oberfläche der wachsenden Wurzel die Porosität des komprimierten Bodens bis zum unbeeinflussten Boden exponentiell ab (Dexter 1987). Folge dieses physikalischen Effektes der Bodenverdrängung ist (a) eine Intensivierung des Kontaktes zwischen der Wurzeloberfläche (Rhizodermis), Mucigel und Bodenkolloiden sowie infolgedessen eine signifikante Verbesserung der Nährstoffaneignung durch **Interzeption** (Box 17.1) und (b) eine Zunahme der Saugspannung (Gradient im Matrixpotenzial) als Folge der Zunahme an Feinporen im Bereich der Wurzeloberfläche. Wurzelwachstum bewirkt somit zwangsläufig eine Intensivierung von Interzeption und Kontaktaustausch (Marschner 1995; Mengel *et al.* 2001). Die Zonen der Wurzelhaare machen bis zu 77% der Gesamtwurzeloberfläche aus und sind folglich entscheidend für die Interzeption verantwortlich (Bertin *et al.* 2003). Bei einjährigen Kulturen (z. B. Hafer, Roggen, Soja, etc.) liegt der Anteil des vom Wurzelsystem verdrängten Bodenvolumens im A_p-Horizont landwirtschaftlich genutzter Böden etwa bei 0,6-1% (maximal 3%), sodass das Bodenvolumen, welches ausschließlich durch Wurzelwachstum und Wurzelhaare erschlossen wird, gering ist. Auf nährstoffarmen Böden können folglich durch Wurzelinterzeption nur sehr begrenzte Nährstoffmengen angeeignet werden. Die Gesamtmengen an Nährstoffen, die durch Interzeption erwachsen können, entsprechen infolgedessen maximal dem Nährstoffgehalt des Bodenvolumens, welches durch das Wurzelwachstum verdrängt wurde. Dies entspricht bei einjährigen Kulturpflanzen etwa 1% (0,6–3%) des durchwurzelten Bodenvolumens des betreffenden A_p-Horizontes. Mit Ausnahme von Ca und Mg können die durch Interzeption „erwachsenen“ Konzentrationen an N und P den Nährstoffbedarf einer einjährigen Kulturpflanze nicht decken (Mengel *et al.* 1969, 2001; Jungk 1991). Weil die Nährstoffaneignung schlechtlöslicher Nährstoffe prinzipiell nur durch eine Vergrößerung der Wurzeloberfläche (Kontaktaustausch) gesteigert werden kann, sind terrestrische Pflanzen seit der Eroberung des Festlandes Symbiosen mit **arbuskulären Mykorrhizapilzen** eingegangen (Kap. 18). Dabei wurden Wurzelhaare weitestgehend von Emissionshyphen ersetzt. Durch die zahlreichen dünnen und relativ langen lateralen **Emissionshyphen** (bis zu 7 cm lang) an den Wurzelspitzen kann die Kontaktfläche mit den Bodenkolloiden und infolgedessen die potenzielle Aneignung von praktisch unlöslichen Nährstoffen (P, Zn, Fe, Cu) um ein Vielfaches erhöht werden. Diesem Sachverhalt wird bei der Kalkulierung der interzeptionsbedingten Nährstoffaneignung bis heute nicht die erforderliche Aufmerksamkeit geschenkt.

17.2.2 P-Interzeption durch Emissionshyphen

Horst Marschner (1929–1996) (Universität Hohenheim) und seine Mitarbeiter haben 1991 als Erste den experimentellen Nachweis erbracht, dass Emissions-

hyphen von Mykorrhizen mittels **Interzeption** (I_h) wesentlich zur P-Aneignung der Pflanze beitragen können. Dazu wurde in einem ausgeklügelten Experiment Weißklee (*Trifolium repens*) in einer sterilen, P-armen Parabraunerde (Luvisol; pH 7,5; P_{Olsen} = 3,8 mg P × kg^{-1} TB) als Versuchspflanze mit einem ausgewählten Stamm von *Glomus mosseae* beimpft und im zentralen Kompartiment eines dreiteiligen rechteckigen Gefäßes im Gewächshaus kultiviert. Die drei benachbarten Gefäßabschnitte wurden durch zwei Nylonnetze vom zentralen Abteil getrennt, die zwar durchlässig für Pilzhyphen, aber nicht passierbar für Weißklee-Wurzeln waren. Im zentralen Abschnitt entwickelte sich ausschließlich das Wurzelsystems des Klees, in den links und rechts angrenzenden Kompartimenten verbreiteten sich im Boden zudem die Emissionshyphen. In Kontrollgefäßen blieb der Klee ohne Mykorrhizaimpfung. Zum Versuchsende nach sieben Wochen wurden die P-Aufnahmen in den Wurzeln und Stängeln mit und ohne Mykorrhizaimpfung quantifiziert. Je nach Düngungsintensität (mit $Ca(H_2PO_4)_2$) erreichten die **hyphenbedingten P-Aufnahmen** 76–90% des gesamten aufgenommenen P (Li *et al.* 1991a,b). Offenbar ist die P-Interzeption mithilfe von externen Mykorrhizapilz**h**yphen (I_h) deutlich höher als die P-Interzeption durch die **W**urzelhaare (I_w): $I_h > I_w$ (Box 17.1). Modellrechnungen von Schnepf und Roose (2006) aufgrund der von Li *et al.* (1991) gewonnenen Daten kamen zu einem ähnlichen Ergebnis.

Die Bedeutung der Interzeption für die P-Aneignung sollte aufgrund dieser Erkenntnisse durch vergleichende Versuche mit verschiedenen Kulturpflanzen (mit und ohne Mykorrhizaimpfung) neu bewertet werden. Der Beitrag arbuskulärer Mykorrhizahyphen an der P-Versorgung der Wirtspflanzen dürfte umso größer sein, je geringer die P-Verfügbarkeit im Boden und je größer das Wurzelsystem samt Pilzhyphen (**Mykorrhizosphäre**) der Pflanzen ist. Die Mykorrhizierung von Pflanzenwurzeln mit bestimmten AM-Pilzen stellt offenbar eine erfolgreiche **mutualistische Strategie** zur Anpassung von höheren Pflanzen an Standorte mit sehr geringer P-Verfügbarkeit dar (Kap. 18).

17.3 Chemische Wirkungen

17.3.1 Rhizodeposition und Exsudation

Während des Wurzelwachstums im Boden geben Pflanzen eine große Anzahl an löslichen und unlöslichen organischen C-Verbindungen (> 200) samt einiger Gase (CO_2, Ethylen, HCN) als **Rhizodeposition** über die Wurzeln in den Boden ab. Weil die Deposition von organischen Verbindungen in die Rhizosphäre durch Wurzelverletzungen wesentlich erhöht wird, umfasst die Rhizodeposition definitionsgemäß nur die Abgabe von organischen Substanzen aus unbeschädigten Wurzeln (Neumann u. Römheld 2001). Aufgrund verschiedener Messungen schwankt die jährliche Rhizodeposition zwischen 5–40% der *Netto*-Photosynthese. Diese Zufuhr an überwiegend leicht mineralisierbaren Verbindungen dient im Wesentlichen der Ernährung der Rhizoflora und -fauna (Nährhumus). Aufgrund des Mangels an relativ persistenten Verbindungen (Lignin, Polyphenole, aromatische Verbindungen, etc.) trägt die Rhizodeposition kaum zur echten Humifizierung bei (Kap. 11). Die quantitativen Angaben zur Rhizodeposition schwanken zwischen 5–10% (Jones *et al.* 2004; Jackson *et al.* 2008), 7–15% (Gregory 2006), 10–40% (Singh *et al.* 2004; Amos u. Walters 2006), 40–50% (Lynch u. Whipps 1990) und 40–60% (Helal u. Sauerbeck 1986). Ursachen dieser sehr variablen Angaben dürften vor allem die unterschiedlichen Versuchspflanzen, Messmethoden und Versuchsbedingungen sein.

Zudem wurde in den meisten Untersuchungen die CO_2-Freisetzung (**rhizogene Wurzelatmung**; Kap. 5) nicht berücksichtigt, weil dieses Gas von den Bodenorganismen kaum als C-Quelle verwertet wird und infolgedessen für die Umsetzungen und Aktivitäten in den Nahrungsketten der Rhizosphäre von geringer Bedeutung sein dürfte. Im Schnitt beträgt die Rhizodeposition einjähriger Kulturpflanzen (Getreidearten) etwa 800 bis 4500 kg C × ha^{-1} × a^{-1}. Je besser die Ernährung und Wasserversorgung der Pflanzen ist, umso höher fällt in der Regel die Rhizodeposition aus. In sterilen Nährlösungen (ohne Boden) umfasst die Rhizodeposition etwa 0,5–1,5% der *Netto*-C-Assimilation (Jackson *et al.* 2008) und ist somit wesentlich geringer als unter natürlichen Bedingungen in belebten Böden. Bereits die Wurzelexsudation ist unter sterilen Bedingen etwa 5-mal geringer als in Anwesenheit von Mikroorganismen (Fischer *et al.* 2010). Die große Differenz kann jedoch nicht nur auf das Fehlen von Mikroorganismen und wachstumsstimulierende Bodeneffekte (mikrobielle Hormone, unbekannte Suppline, Mikronährstoffe) zurückgeführt werden, sondern ist stets auch eine Folge der Versuchsbedingungen (Pflanzenart und Bodeneigenschaften). Als Richtzahl kann angenommen werden, dass etwa 50% der *Netto*-C-Assimilation in die Wurzeln verlagert wird. Die Hälfte davon (ca. 25%) wird für Wurzelwachstum (Wurzelbiomasse) gebraucht, die andere Hälfte als CO_2 in den Wurzeln veratmet (ca. 15%) und als Wurzelprodukte (Exsudate, Mucilate, Lysate, etc.) (etwa 10%), Diffusate (< 1%) und Sekrete (< 1%) in den Boden abgegeben (Uren 2001). Diese Rhizodeposition umfasst nicht nur C-Verbindungen, sondern mit den C-haltigen Substanzen werden auch N-haltige Verbindungen (z. B. Aminosäuren) in den Boden verlagert (Wichern *et al.* 2008). Die N-Rhizodeposition liegt schätzungsweise zwischen 4 und 71% der gesamten pflanzlichen N-Assimilation. Die sehr unterschiedlichen Angaben zur C- und N-Rhizodeposition werden von einer breiten Reihe an biotischen und abiotischen Faktoren verursacht und zwar von Art und Entwicklungszustand der Pflanze, von den Bodeneigenschaften, von der Nährstoffversorgung, von der Zusammensetzung an Mikroorganismen in der Rhizosphäre sowie von Umweltfaktoren wie Lichtintensität, Temperatur und CO_2-Konzentration (Lynch u. Whipps 1990; Brimecombe *et al.* 2001; Killham u. Yeomans 2001). Unter Nährstoffstress (insbesondere bei P, K, Zn-Mangel), Trockenheit oder Krankheitsbefall wird die Exsudation meist signifikant verstärkt, weil die Integrität der Membranen und Syntheseprozesse gestört ist (Kraffczyk *et al.* 1984; Neumann u. Römheld 1999, 2001). Infolgedessen ist anzunehmen, dass die meisten Exsudate (Tabelle 17.1) nicht gezielt ausgeschieden werden, sondern als **passive Verluste** zu betrachten sind. Lediglich **Sekrete** (Tabelle 17.1) werden wahrscheinlich funktionsbezogen ausgeschieden (Uren 2001). Die Pflanzen üben jedoch insgesamt keine gezielte Kontrolle auf den C-Efflux aus (Farrar *et al.* 2003; Jones *et al.* 2004).

Die Abgabe von löslichen niedermolekularen organischen Substanzen (z. B. Metabolite) in die Rhizosphäre als Folge von Diffusion erfolgt nicht gleichmäßig verteilt über die Wurzeloberfläche, sondern konzentriert sich auf die Wurzelspitzen von Feinwurzeln und Wurzelhaaren, auf die Furchen zwischen Epidermiszellen in Zellstreckungszonen sowie auf die Stellen der lateralen Seitenwurzelbildung – alles Bereiche mit erhöhten physiologischen Aktivitäten (17.3.1). Untersuchungen mit ^{14}C-markierten Assimilaten haben allerdings gezeigt, dass diffusible niedermolekulare Verbindungen nicht nur an den Wurzelspitzen, sondern auch entlang der gesamten Wurzellänge abgegeben werden. Nichtdiffusible C-Verbindungen (Mucilate, Lysate) entstammen hingegen hauptsächlich der Region rund um

Tabelle 17.1 Organische Wurzelexsudate von höheren Pflanzen (Neumann u. Römheld 2001; Brimecombe *et al.* 2001; Dakora u. Phillips 2002; Faure *et al.* 2009)

Substanzgruppen	Verbindungen
Zucker	Glucose, Fructose, Saccharose, Maltose, Galactose, Raffinose, Arabinose, Ribose, Xylose, Rhamnose, Oligosaccharide
Aminosäuren, Amide	Alanin, Asparagin, Glutamin, Asparaginsäure, Leucin, Isoleucin, Serin, Glycin, Cystin, Cystein, Methionin, Phenylalanin, Tyrosin, Threonin, Lysin, Prolin, Tryptophan, Arginin, Homoserin, Aminobuttersäure, Mugineinsäure, Betain
Organische Säuren	Brenztraubensäure, Ameisensäure, Essigsäure, Oxalsäure, Citronensäure, Fumarsäure, Propionsäure, Buttersäure, Äpfelsäure, Bernsteinsäure, Oxalessigsäure, Gluconsäure, Milchsäure, Glutarsäure, Valeriansäure, Glykolsäure, Aconitsäure, etc.
Aromatische Säuren	*p*-Hydroxybenzoesäure, Kaffeesäure, *p*-Coumarinsäure, Ferulasäure, Gallussäure, Gentisinsäure, Salicylsäure, Sinapinsäure
Fettsäuren, Sterole	Palmitinsäure, Stearinsäure, Linolsäure, Linolensäure, Cholesterin, Campestrol, Sitosterol
Vitamine	Biotin, Thiamin, Niacin, Pantothensäure (Vitamin B_5), Riboflavin, Cholin, Inosit, Pyridoxin
Phytohormone	Auxine, Cytokinine, Gibberelline, Ethylen, Jasmonsäure, Salicylsäure, Putrescin
Hydrolytische Enzyme	Alkalische/saure Phosphatase, Proteasen, Amylase, Invertase, Cellobiase, Polygalacturonase, etc.
Purine/Nucleotide	Adenin, Guanin, Cytosin, Thymin, Uracil
Sonstige Verbindungen	Phytosiderophoren, Signalstoffe, allelopathische Verbindungen, Phytoalexine, Flavanole, Flavanone, Isoflavonoide, Strigolactone, etc.

die Wurzelspitze als Folge von Zellhydrolysen und Abbauaktivitäten (Bowen u. Rovira 1991). Es sind leicht mineralisierbare Substrate für die Rhizoflora und wichtige Anfangsglieder für komplexe Nahrungsketten und -netze (Bonkowski *et al.* 2009; Buée *et al.* 2009). So hat beispielsweise Winterweizen unter den gemäßigten klimatischen Bedingungen und Böden eine Gesamtbrutto-Assimilation von ca. 18 t Trockensubstanz (TS) pro Hektar und Vegetationsperiode. Davon gelangen etwa 30% in den Boden, was eine Rhizodeposition (einschließlich der Wurzelatmung) von etwa 6 t Trockensubstanz pro Hektar und Jahr bedeutet. Davon verbleiben etwa 25% als Wurzelrückstände (1,5 t) im Boden zurück, während ca. 65% (4,5 t) im Laufe der Vegetationsperiode als Mucilate, Lysate, Diffusate, Exsudate und Sekrete in den Boden abgegeben werden und als Ausgangssubstrate für die mikrobielle Biomasse und komplexe Nahrungsketten zu betrachten sind (Sauerbeck *et al.* 1974; Helal u. Sauerbeck 1984).

Als **Diffusate** werden jene niedermolekularen organischen Metabolite verstanden, die passiv über den Apoplasten (Raum außerhalb des Plasmalemmas, einschließlich der Zellwände und Interzellularräume) aus den Wurzeln in die Rhizosphäre diffundieren. **Mucilate** sind hingegen eher höhermolekulare Polysaccharide aus Wurzelhaubenzellen und Schleimstoffen des Mucigels (Abb. 17.1). **Lysate** umfassen jene höhermolekularen Abbauprodukte, die durch Autolyse und Mineralisation von abgestorbenen Epidermiszellen in die Rhizosphäre gelangen. Hingegen stammen die löslichen niedermolekularen **Wurzelexsudate** (Metabolite des pflanzlichen Intermediärstoffwechsels) und **Sekrete** (sekundäre Metabolite mit bestimmten Funktionen) aus dem Symplasten (Raum innerhalb des Plasmalemmas) der Wurzelzellen (Cortex).

Die niedermolekularen Wurzelexsudate sind als **C-Verluste** aus den Wurzeln zu verstehen, die aufgrund des starken Konzentrationsgradienten zwischen dem Cytoplasma der Wurzelzellen und der Bodenlösung passiv durch die Cytoplasmamembran in die Rhizosphäre diffundieren. Die Zusammensetzung der Exsudate ist folglich in gewisser Weise ein Spiegelbild des Wurzelstoffwechsels und je nach Entwicklungs- und Ernährungszustand der Pflanze zeitlich variabel. Weil es sich um Diffusionsverluste handelt, sollte besser von „verlieren“ (passiv) als von „ausscheiden“ (aktiv und gezielt) gesprochen werden. Die passive C-Abgabe wird von jenen niedermolekularen Metaboliten dominiert, die im Cytoplasma der Wurzelzellen in relativ hohen Konzentrationen vorliegen (Farrar *et al.* 2003). Die Diffusionsrate von Metaboliten durch die Lipiddoppelschicht der Cytoplasmamembran wird von der Größe und Polarität der Metaboliten und von der Membranpermeabilität bestimmt (Neumann u. Römheld 2001; Bertin *et al.* 2003). Neutrale Zucker und Aminosäuren werden leichter abgegeben als polare Verbindungen wie Carbonsäuren, die bei einem Cytosol-pH von etwa 7,1-7,4 als Anionen eine relativ geringe Mobilität besitzen. Das hohe K^+-Diffusionspotenzial und die Ausscheidung von Protonen durch die H^+-ATPase-Aktivität bilden einen positiven Gradienten, der nicht nur die Aufnahme von Kationen aus der Bodenlösung fördert, sondern auch den Efflux von Carbonsäuren erleichtert. Im Allgemeinen erfolgt die Exsudation von Aminosäuren und Zucker mittels Diffusion. Die Diffusionsrate kann jedoch verstärkt werden, wenn die Permeabilität der Zellmembran infolge Nährstoffmangel an K, P und Zn signifikant erhöht ist (Neumann u. Römheld 2001). Die Exsudation ist im Wesentlichen abhängig vom Konzentrationsgefälle zwischen dem Cytoplasma und der Bodenlösung unmittelbar vor der Cytoplasmamembran sowie von der Membranpermeabilität (einer Funktion des physiologischen Zustandes der Pflanze). Die Exsudation von relativ hohen Konzentrationen an kurzkettigen Carbonsäuren mit sequestrierenden Eigenschaften wie Citrat, Malat, Oxalat und/oder an Phytosiderophoren erfolgt ebenfalls verstärkt als Reaktion auf Mangel an P und Mikronährstoffen (Zn, Fe, Cu) und/oder auf Al-Toxizität (Bertin *et al.* 2003; Hodge *et al.* 2009; Fischer *et al.* 2010). Die Exsudation solcher Carbonsäuren beruht nicht so sehr auf Diffusionsverlusten, die über die Membran erfolgen, sondern vielmehr auf dem gleichzeitigen Transport über **Anionenkanäle,** mit der Freisetzung von Protonen und K^+ durch die Aktivität der Plasmalemma-ATP-asen. Damit auch Nährstoffe (Salze und geringe Konzentrationen an kleinen organischen Molekülen) aufgenommen werden können, ist die Cytoplasmamembran grundsätzlich für kleine Moleküle durchlässig. Infolgedessen verlieren Wurzelzellen stets auch passiv intrazelluläre Metabolite, Enzyme und Vitamine in unterschiedlichem Maße. Dies wurde durch Untersuchungen in sterilen Nährlösungen bestätigt.

Der Efflux kann aber auch verstärkt lokal erfolgen. So wird Saccharose hauptsächlich an der Wurzelspitze abgegeben. Einfache Zucker, organische Säuren und Aminosäuren bilden allerdings den Löwenanteil der Exsudate, was für die Entwicklung einer **spezifischen**

Rhizoflora von großer Bedeutung ist. Durch die kontinuierliche Exsudation von energiereichen Verbindungen aus den Wurzeln in die Rhizosphäre steigt zwangsläufig der O_2-Verbrauch durch rhizogene Atmung an der Wurzeloberfläche, was zeitlich und räumlich zu erhöhten Denitrifikationsverlusten führt (Kap. 12), zumal Nitrat (vor allem in mineralisch N-gedüngten Böden) vom Massenfluss ständig ergänzt wird (Trolldenier u. von Rheinbaben 1981; von Rheinbaben u. Trolldenier 1984; Haider *et al.* 1987).

17.3.2 Anreicherung und Verarmung der Rhizosphäre an Nährstoffen

Als Folge der relativ hohen Transpirationsleistung in den Blättern der Pflanzen, dem Wurzeldruck der Endodermiszellen sowie dem kapillaren Hub (Kapillarität) entsteht an der Wurzeloberfläche **eine erhebliche Saugkraft** (Sogwirkung), welche die Bodenlösung samt gelösten Nährsalzen mittels **Massenfluss** (Box 17.1) durch den Porenraum des Bodens in Richtung Wurzel zieht. In der Rhizosphäre verlagert sich die Bodenlösung folglich radiär zur Wurzeloberfläche, um jenes Wasser zu ersetzen, das von den Wurzeln aufgenommen wurde. Bei relativ hoher Transpirationsleistung zum Zeitpunkt des maximalen Pflanzenwachstums ist der Wasserverbrauch zeitweise deutlich größer als der Transport zur Wurzel, wodurch es vorübergehend zur Austrocknung der Rhizosphäre kommen kann. Bei vielen Kulturpflanzen entspricht die maximale Saugkraft der Wurzel etwa –1,5 MPa (= –15 bar = –15 atm = ~ 16 000 cm Wassersäule = pF von 4,2). Die Wurzeln eignen sich Wasser und Ionen dadurch aus dem Boden an, indem sie an der Wurzeloberfläche ein Potenzialgefälle aufbauen, dem der Massenfluss folgt. Die Mobilität der Kationen oder Anionen ist jedoch sehr unterschiedlich, was sich direkt auf die Mechanismen der Nährstoffaneignung auswirkt (Box 17.2). So ist die Mobilität von Phosphat, Kalium und Ammonium aufgrund der überwiegend negativ geladenen Bodenkolloide meist gering, bei Nitrat, Sulfat, Chlorid, Borat sowie Ca und Mg (als Hydrogencarbonate) hingegen hoch. Bei einer bestimmten Transpirationsrate ist die Ionenkonzentration als Folge der unterschiedlichen Mobilität, Porung, Wasserleitfähigkeit sowie der selektiven Aufnahme an der Wurzelmembran verschieden. Erfolgt die Aufnahme des Wassers deutlich schneller als die darin gelösten Ionen, kann es an der Wurzeloberfläche zur Anreicherung bestimmter Ionen (z. B. von Ca und Mg als Hydrogencarbonate) kommen. Langfristig können um die einzelnen Wurzeln zylindrische Anreicherungszonen aus Kalk (**Pedotubules**) entstehen. In bestimmten Böden können aber auch Anreicherungen von Gips ($CaSO_4$) bzw. von Steinsalz in der Rhizosphäre des oberen Wurzelbereichs vorkommen (Marschner 1995; Hinsinger *et al.* 2009).

Wenn der Transport von Ionen zur Wurzeloberfläche durch Massenfluss geringer ist als die Nährstoffaufnahme durch die Pflanze, dann vermindert sich ihre Konzentration zunächst im Übergangsbereich der Rhizoplane. Aufgrund des gebildeten Konzentrationsgradienten kommt es zu Diffusionsprozessen, und im Laufe des Pflanzenwachstums können Nährstoffverarmungen in der Rhizosphäre auftreten. Solche **Verarmungs- oder Depletionszonen** um die Wurzeln sind charakteristisch für schlechtlösliche und unzugängliche Phosphate und Mikronährstoffe, aber auch für den wenig mobilen N (als NH_4^+) und K^+. Durch ihre positive Ladung sind diese Kationen in Böden relativ fest sorbiert und nur wenig mobil, wodurch ihre Wasserleitfähigkeit gering und ihr Transportweg durch den Porenraum bis zur Wurzeloberfläche relativ lang ist. Nährstoffe wie P (als $H_2PO_4^-$), N (NH_4^+) und K^+ werden daher aufgrund von Konzentrationsunterschieden im Kurzstreckentransport hauptsächlich durch **Diffusion** zur Wurzeloberfläche verlagert. Auch frischgedüngte lösliche P-Formen (Superphosphat) werden im Boden nach kurzer Zeit aufgrund ihrer hohen Affinität zu allgegenwärtigen Fe(III)-, Al(III)- und Ca(II)-Verbindungen in unlösliche Fe,Al- oder Ca-Phosphate überführt, die nur noch durch Diffusion zur Wurzeloberfläche gelangen (Box 17.1).

Bei gering mobilen Nährstoffen wie P kann der Massenfluss (Box 17.1) nicht mehr als etwa 5% zum aktuellen P-Bedarf der Kulturpflanzen (z. B. Mais) beitragen. An der Wurzeloberfläche muss infolgedessen mit einer raschen Abnahme in der P-Konzentration gerechnet werden (Jungk 1991; Marschner 1995), wodurch ein steiler Konzentrationsgradient entsteht, der Ursache für die kontinuierliche **P-Diffusion** (Box 17.1) bis zur Wurzeloberfläche ist. Dadurch kommt es zu Verarmungs- oder Depletionszonen in der Rhizosphäre. Die Form des Verarmungsprofils dicht entlang den Feinwurzeln lässt vermuten, dass die Ausdehnung der Depletionszone von den Wurzelhaaren bestimmt wird. Das Bodenvolumen, das zur Phosphatversorgung eines

Wurzelabschnittes beiträgt, hängt folglich im Wesentlichen von der Länge der Wurzelhaare ab. Die maximale Ausdehnung des Depletionsprofils geht bei Raps bzw. Mais lediglich um 0,4 bzw. 0,5 mm über die längsten Wurzelhaare hinaus (Hendriks *et al.* 1981). Nach heutigen Vorstellungen beruht der lösliche P-Transport in der Rhizosphäre im Wesentlichen auf den chemisch-physikalischen Mechanismen von Massenfluss und Diffusion. Von diesen Transportmechanismen dürfte allerdings die Diffusion die größte Bedeutung haben (Hinsinger 2001; Harvey *et al.* 2009).

17.3.3 Wurzelexsudate als Mediatoren der P-Aufnahme

P liegt in den meisten Böden in unlöslichen organischen Formen (30-80% der Gesamt-P-Konzentration) überwiegend als relativ schwer mineralisierbare **Phytate** (*myo*-Inosithexaphosphate) vor. Darüber hinaus ist ein beachtlicher Teil in unlöslichen anorganischen Formen als Fe(III)- und Al(III)-Phosphate (in sauren Böden) oder als Ca-Phosphate (in kalkhaltigen, alkalischen Böden) festgelegt. Schließlich befindet sich noch ein variabler Teil des Boden-P in nicht-austauschbaren Formen an Sesquioxiden, Tonmineralien und Huminstoffe sorbiert. Auch diese Boden-Phosphate sind schwer zu mobilisieren und gelten als nicht direkt pflanzenverfügbar. Wurzeln können P jedoch nur in löslicher Form als HPO_4^{2-} und $H_2PO_4^-$ aus der Bodenlösung aufnehmen, doch ist die Konzentration an diesen löslichen Orthophosphaten in der Bodenlösung meist sehr gering (< etwa 5 µM), wenn P nicht gerade frisch als Superphosphat gedüngt wurde. Infolgedessen ist P vielfach wachstumsbegrenzend, zumal lösliche P-Dünger (Superphosphat) im Boden rasch in die o. g. unlöslichen P-Formen überführt werden. Zudem ist die räumliche Zugänglichkeit der o. g. Bodenphosphate für Feinwurzeln, Mikroorganismen (Mykorrhizae) und extrazelluläre Phosphatasen sehr begrenzt und die P-Nachlieferung aus den o. g. Pools infolgedessen gering. Schließlich bildet auch die mikrobielle Biomasse mit etwa 1-10% der Gesamt-P-Konzentration (P_t) eine beachtliche P-Reserve, allerdings schwanken die Umsatzraten je nach Bodenbedingungen stark (Kap. 2). Eine P-Mobilisierung und -Nachlieferung aus den o. g. Bodenreserven erfordert somit (a) eine erhöhte **Mineralisationstätigkeit** durch mikrobielle und wurzelbürtige Phosphatasen, (b) die Freisetzung von P aus den Fe-, Al- und Ca-Phosphaten durch Sequestrierung und Extraktion von Fe(III), Al(III) oder Ca(II) mithilfe von organischen **Chelatoren** (Liganden) und (c) durch lokale **pH-Absenkungen** in der Rhizosphäre zur Verbesserung der Löslichkeit von zugänglichen Bodenphosphaten (Jones 1998).

Zur Verbesserung der P-Aneignung haben Pflanzenwurzeln im Laufe der Evolution seit der Eroberung des Festlandes verschiedene, sehr erfolgreiche Strategien entwickelt (Raghothama u. Karthikeyan 2005), darunter

- die Intensivierung der Interzeption durch Vergrößerung der Kontaktfläche mithilfe von zahlreichen Emissionshyphen aus symbiotischen arbuskulären Mykorrhizapilzen (Kap. 17.2.2; Kap. 18). Aufgrund von Hyphenmessungen in dichtbewachsenem Grünland und im durchwurzelten Raum verschiedener Kulturpflanzen in Gefäßversuchen schwankt die mittlere Gesamtlänge der AM-Pilzhyphen zwischen 3 und 30 m × g^{-1} Boden, mit extremen Längen von 68 bis 101 m × g^{-1} Boden (Jones *et al.* 2009). Dies bedeutet eine wesentliche Vergrößerung der Kontaktfläche mit den Bodenkolloiden und infolgedessen eine Intensivierung der Interzeption (I_h; Box 17.1),
- die spezifische Extraktion von mehrwertigen Kationen (Fe(III), Al(III), Ca(II)) aus unlöslichen Fe,Al- bzw. Ca-Phosphaten unter Freisetzung von P durch verstärkte **Sekretion** bestimmter **chelatisierender Wurzelexsudate** (organische Anionen wie Citrat, Oxalat, Malat, etc.) (Jones u. Darrah 1994; Jones *et al.* 1996; Jones 1998; Jones u. Hinsinger 2008). Die spezifische Extraktionswirkung beruht auf der hohen Affinität von mehrzähnigen organischen Liganden für Fe(III), Al(III) und Ca(II) (Kap. 14).

Beim Einsatz der letztgenannten Strategie können zahlreiche Pflanzen unter P-Mangel oder bei unzureichender Versorgung mit bestimmten Mikronährstoffen (Fe) und/oder bei relativ hohen (potenziell toxischen) Konzentrationen an Al(III) (in sauren Böden) die Exsudation von organischen Anionen gezielt intensivieren, um P in der Rhizosphäre zu mobilisieren (Jones *et al.* 2009). Um die Exsudationsraten solch organischer Chelatoren räumlich und temporär intensivieren zu können, werden in der Cytoplasmamembran spezifische Anionenkanälen bereitgestellt (Gregory u. Hinsinger 1999; Dakora u. Philipps 2002; Lambers *et al.* 2009). Die Extraktionseffizienz von organischen Anionen als Fe,Al-Chelatoren hängt von der Anzahl und Anordnung an Carboxyl- und Hydroxylgruppen ab. Als sehr effizient in der Sequestrierung von Fe(III) und infolgedessen in der P-Mobilisierung haben sich Citrat (2-Hydroxy-1,2,3-propantricarbonsäure), Oxalat (eine Dicarbonsäure), Malat (Äpfelsäure = Monohydroxybernsteinsäure) und *trans*-Aconitat (1,2,3-Propentricarbonsäure) erwiesen. Weniger effektiv sind Malonat und Tartrat. Phenolische Verbindungen sind als Chelatoren nur sehr schwach wirksam (Bertin *et al.* 2003; Lamont 2003; Bais *et al.* 2006; Hodge *et al.* 2009). Die meisten Untersuchungen wurden bisher mit der Weißen Lupine (*Lupinus albus*) durchgeführt. Bei dieser Leguminose ist die Exsudation von Citrat durch **proteoide** Wurzeln (**Büschelwurzeln** oder *cluster roots*) signifikant höher als durch die normalen Wurzeln. Innerhalb von 13 Wochen können Büschelwurzeln auf einem P-armen Boden etwa 23% der gesamten Wurzelmasse von *L. albus* ausmachen (Neumann u. Römheld 1999; Hinsinger 2001). Inzwischen ist das Phänomen der *cluster roots* an den Seitenwurzeln von sehr verschiedenen, potenziell N_2-bindenden (in Rhizothamnien) **Pionierpflanzen** (Kap. 13) allgemein verbreitet. In nährstoffarmen Oberböden können diese Pionierpflanzen ganze Wurzelmatten von *cluster roots* bilden (Hodge *et al.* 2009). Durch die konzentrierte Sekretion von organischen Anionen über Büschelwurzeln, zumal zeitlich konzentriert am frühen Morgen, sind die betreffenden Pflanzen gut an P-armen Standorten angepasst. Das Phänomen der Büschelwurzeln wurde bei Vertretern der *Proteaceae* (Silberbaum- oder Proteusgewächse) erstmals beobachtet. Heute sind Büschelwurzeln auf P-armen Standorten bei Leguminosen der *Fabaceae* (z. B. Lupinen) und *Mimosaceae* sowie bei Pionierpflanzen der *Casuarinaceae*, *Myricaceae*, *Betulaceae*, *Eleagnaceae* und *Moraceae* häufig vertreten. Vertreter der genannten Pionierfamilien besitzen bereits in den koralloiden Wurzelknöllchen (**Rhizothamnien**) mit N_2-bindenden *Frankia spp.*-Stämmen eine andere morphologisch-physiologische Wurzelanpassung an **N-arme** Standorte (Kap. 13). Anstelle von Büschelwurzeln verfügen *Cyperaceae* für die konzentrierte P-Aufnahme aus P-armen Böden über charakteristische **dauciforme Wurzeln** (lat. *daucus* = Karotte, *Daucus carota*), die von dichten Matten und Büscheln an Wurzelhaaren überzogen sind. Büschelwurzeln und dauciforme Wurzeln sind funktionell ähnlich. Beide sind Wurzelanpassungen an P-arme Böden und dienen der Vergrößerung der Kontaktflächen (Interzeption) und der konzentrierten Ausscheidung von organischen Anionen zur P-Extraktion aus Böden. Zur verstärkten P- und Fe-Aneignung werden relativ hohe Konzentrationen an organischen Anionen (insbesondere Citrat) punktuell und zeitlich begrenzt ausgeschieden. Dass diese morphologisch-physiologische Anpassung der P-Aufnahme dient, geht indirekt aus ihrer Unterdrückung durch eine P-Düngung hervor (Hodge *et al.* 2009). Nach dem heutigen Erkenntnisstand scheinen eine angepasste Wurzelmorphologie und die Symbiose mit arbuskulären Mykorrhizapilzen zu den wichtigsten Strategien der P-Aneignung von Pflanzen zu gehören (Raghothama u. Karthikeyan 2005).

17.3.4 Einfluss von Kationen- und Anionenaufnahme auf Rhizosphären-pH und P-Mobilisierung

Kationen (NH_4^+, Ca^{2+}, Mg^{2+}, K^+, Na^+, die meisten Mikronährstoffe) ebenso wie Anionen (NO_3^-, Cl^-, $H_2PO_4^-$, HPO_4^{2-}, SO_4^{2-}) werden von der Pflanzenwurzel im Wesentlichen aus der Bodenlösung aufgenommen. Durch ein Ungleichgewicht zwischen Kationen- und Anionenaufnahme kann es im Zuge der Aufrechterhaltung des Ionengleichgewichtes zu pH-Unterschieden von etwa 0,2 bis 3,5 pH-Einheiten zwischen der Rhizosphäre und dem wurzelfreien Boden kommen. Durch Erniedrigung des pH-Wertes in der Rhizosphäre kann die Pflanze aber die **Stabilität** und **Löslichkeit** von bestimmten Nährstoffen (Fe, Mn, P, bestimmte Mikronährstoffe) in einem **geringen Ausmaß** spezifisch erhöhen. Als Ursache der pH-Veränderungen in der Rhizosphäre kommen verschiedene Mechanismen (z. B. Protonenpumpe, H_2CO_3-Bildung, Sekretion von organischen Säuren, E_h-Veränderungen) in Frage, doch spielt die Aufnahme von Kationen bzw. Anionen eine wesentliche Rolle. In den Wurzeln wird das Ionengleichgewicht bei überschüssiger Kationenaufnahme durch Abgabe von Protonen (H^+) und bei überwiegender Anionenaufnahme durch Abgabe von OH^- bzw. HCO_3^- oder Verbrauch von Protonen (H^+/Anionen-Cotransport) aufrechterhalten. Infolge starker Protonenabgabe sinkt der pH-Wert. Herrscht aber die Abgabe von OH^- vor, kommt es zum pH-Anstieg in der Rhizosphäre (Uren u. Reisenauer 1988; Darrah 1993; Trolldenier 1995; Hinsinger u. Gilkes 1996; Hinsinger *et al.*

2003, 2009; Mahmood *et al.* 2005). In der Praxis werden pH-Veränderungen in der Rhizosphäre wesentlich von der N-Form beeinflusst. Bei Ammoniumernährung ist die Nettoabgabe von H^+ höher, hingegen werden bei Nitratdüngung hauptsächlich H^+ aufgenommen. Ammoniumdünger wirken folglich physiologisch sauer, nitrathaltige Düngung hingegen alkalisch. Beispielsweise wird der pH-Wert in der Rhizoplane von Englischem Raygras (*Lolium perenne*) auf einer Parabraunerde (Luvisol) bis zu 1,6 Einheiten erniedrigt, wenn das Gras mit Ammonium-N gedüngt wird, erhöht sich aber um 0,6 pH-Einheiten bei Nitratdüngung. Diese pH-Veränderungen sind noch bis zu einer Entfernung von 1 bis 4 mm von der Wurzeloberfläche messbar. Bemerkenswert ist, dass die P-Mobilisierung durch Ammoniumdüngung erhöht wird. Nitratdüngung hat keinen Einfluss auf die P-Mobilisierung (Gahoonia *et al.* 1992). Eine besonders starke pH-Erniedrigung findet bei jenen Leguminosen statt, die ihren N-Bedarf durch symbiotische N_2-Bindung decken (Nye 1981; Mengel u. Steffens 1982; Trolldenier 1995). Solche Pflanzen haben ein Kationen-Anionen-Aufnahmeverhältnis vergleichbar mit Pflanzen, die sich von Ammonium ernähren und den pH-Wert in der Umgebung der Wurzel erniedrigen. Leguminosen können infolgedessen schwerlösliche Calciumphosphate erfahrungsgemäß gut mobilisieren. Diese Anionen-Mobilisierung schwerlöslicher Phosphate wird bei zunehmender pH-Absenkung (Zunahme der H^+-Aktivität) und bei erhöhter Kohlensäurebildung (H_2CO_3) besonders gefördert (Gl. 17.1)

$$2\,CaHPO_4 + 2\,H_2CO_3 \rightarrow Ca(H_2PO_4)_2 + Ca(HCO_3)_2 \quad \text{(beide Salze sind löslich)} \qquad (17.1)$$

Der Anbau von N_2-bindenden Leguminosen kann folglich zu einer besseren P-Ausnutzung führen, bewirkt aber auch eine Bodenversauerung. pH-Werte in der Rhizosphäre können sich allerdings auch innerhalb einer Wurzel deutlich unterscheiden. In apikalen Wurzelzonen sind die pH-Werte in der Regel niedriger als in basalen Abschnitten. Dies hängt vor allem mit der verstärkten H^+-Abgabe aus der physiologisch aktiven Zellstreckungszone zusammen.

In Ergänzung zu pH-Veränderungen infolge des Ungleichgewichtes in der Kationen/Anionenaufnahme können auch die Ausscheidungen von organischen Anionen, die Wurzelatmung (H_2CO_3-Bildung) und Verschiebungen im Redoxpotenzial (E_h) als Folge mikrobieller Reduktionsprozesse (Denitrifikation, Mn(IV)- und Eisen(III)-Atmung; Kap. 14) zu deutlichen pH-Erhöhungen in der Rhizosphäre beitragen, weil bei mikrobiellen Reduktionsprozessen stets Protonen verbraucht werden (Kap. 14, Kap. 17.3.5). Vor allem der Efflux von organischen Anionen (z. B. Citronen-, Oxal- und Äpfelsäure) aus dem Symplast (mit einem pH von etwa 7,1–7,5) muss zum Ladungsausgleich von einem Influx von OH^- oder Efflux von Kationen (H^+, K^+, etc.) kompensiert werden. Innerhalb des pH-Bereichs von 7,1–7,5 sind die meisten organischen Säuren durch Dissoziation negativ geladen, während Aminosäuren und Zucker in diesem pH-Bereich kaum Ladung aufweisen. Als Folge der Plasmamembran-Aktivität von H^+-ATPasen (**Protonenpumpe**) und der Ausscheidung von H^+ aus den Zellen ist die Außenseite der Cytoplasmamembran stärker negativ geladen als die Innenseite. Folglich haben die organischen Anionen eine stärkere Neigung, über die Membran nach außen gezogen zu werden als die ungeladenen Verbindungen. Dies könnte erklären, warum die Konzentration an organischen Säuren in der Rhizosphäre signifikant höher ist als die von Aminosäuren. In der Rhizosphäre werden die organischen Anionen von H^+ aus der Bodenlösung erneut neutralisiert, mit dem Ergebnis einer pH-Werterhöhung. Bisher konnte eine Erhöhung des pH-Wertes aufgrund des o. g. Vorganges experimentell jedoch noch nicht bestätigt werden. Das Gegenteil wurde in Versuchen festgestellt. In der Regel werden organische Säuren undissoziiert aus dem Symplast über **Anionenkanäle** ausgeschieden, was zu einer Versauerung der Rhizosphäre führen kann (Jones 1998; Neumann u. Römheld 2001; Mengel *et al.* 2001; Jones *et al.* 2009).

17.4 Mikrobielle Wirkungen

17.4.1 Spezifische Anreicherung durch Rhizosphären-Kompetenz

Die Rhizosphäre jeder Pflanze besitzt nicht nur verschiedene Vertreter der *Bacteria*, *Archaea*, *Fungi* (einschließlich Hefen) und Oomyceten, sondern auch Protozoen, Nematoden, Mikroarthropoden und Algen. Es sind Glieder von komplexen Nahrungsketten und -netzen, die im Wesentlichen von den Rhizodepositionen der Wurzel ernährt und angereichert werden. Auch die Bodentiere (**Rhizofauna**) hängen als Prädatoren direkt und indirekt (über Bakterien, Protozoen, Mykorrhizapilze) entscheidend von der Art und Menge am C-Input aus den **Wurzeln** ab, da sie sich nicht aus der Streuschicht auf der Bodenoberfläche ernähren (Bonkowski *et al.* 2009; Buée *et al.* 2009). Die Lebensgemeinschaften der Rhizosphäre besitzen eine hohe Diversität an taxonomisch und ökophysiologisch verschiedenen Mikroorganismen, in der überwiegenden Mehrzahl nichtpathogene heterotrophe Bakterien, Archaeen, Echte Pilze und Protozoen, darunter auch verschiedene opportunistische pflanzen-, tier- und humanpathogene Organismen (Berg *et al.* 2005). Nach bisherigen vorläufigen Erkenntnissen (Curl u. Truelove 1986; Sörensen 1997; Sörensen u. Sessitsch 2007) scheint die Hauptfraktion der kultivierbaren Bakterien hauptsächlich aus gramnegativen Vertretern aufgebaut zu sein. Diese Mikroorganismen sind vermutlich aus mehreren Quellen angereichert worden. Erstens aus epiphytischen Keimen der Samenoberfläche, zweitens aus bodenbürtigen Zellen, die beim Wurzelwachstum aus dem Boden mechanisch abgestreift, chemotaktisch angelockt und selektiv angereichert werden, und schließlich drittens aus Bakterien und Pilzsporen abgestorbener Wurzeln. Die Besiedlung mit rhizosphärenkompetenten Mikroorganismen scheint hinter der Wurzelspitze zu beginnen, dort wo pflanzenspezifische Exsudate (einfache Zucker und organische Säuren wie Citrat und Succinat) die Anreicherung von bestimmten gramnegativen Bakterien (Pseudomonaden, insbesondere Vertreter der fluoreszierenden *P. aeruginosa-fluorescens-putida*-Gruppe), Azospirillen (*Azospirillum spp.*) und Enterobakterien (*Enterobacter agglomerans*) sowie grampositiven Kurzstäbchen (coryneforme Bakterien der Gattung *Arthrobacter spp.*) ermöglichen (Sörensen 1997). Was bestimmte Bodenmikroorganismen für die Kolonisierung der Rhizosphäre besonders geeignet macht, scheint ihre **Rhizosphären-Kompetenz** zu sein. Darunter wird die Fähigkeit verstanden, die Rhizosphäre mithilfe von mehreren Konkurrenzeigenschaften (z. B. Begeißelung und O-Antigene, Bildung von Antibiotika, ein breites Verwertungsspektrum von Exsudaten, Ausscheidung von Chitinasen, etc.) nachhaltig besiedeln zu können (Solano *et al.* 2008).

Wie es zur Entwicklung einer pflanzenspezifischen Rhizoflora kommt, ist noch weitgehend unbekannt, doch scheinen verschiedene mikrobielle Kooperationsvorgänge in der Rhizosphäre daran beteiligt zu sein (Bareas *et al.* 2005). Vermutlich wirken im Zuge der Wurzelentwicklung von Keimpflanzen bestimmte Exsudate und/oder Sekrete als **Signal- und Botenstoffe**. Diese Verbindungen lösen bei bestimmten sensitiven Bakterien im Boden auf chemotaktischem Wege Geißelbewegungen in Richtung Wurzel aus, wodurch es zu selektiven Anreicherungen von begeißelten Bakterien an der Wurzeloberfläche kommt. In sterilen Versuchssystemen vermochten unbegeißelte Varianten und Mutanten von *Pseudomonas fluorescens* die Rhizosphäre von Weizen nicht oder wesentlich schlechter zu besiedeln als die polar begeißelten Wildstämme. Bakterien verwenden zudem Geißel und Fimbrien, um an der Wurzeloberfläche zu haften. Begeißelte und unbegeißelte Stämme, die das Gen *cheA* für Chemotaxis jedoch verloren hatten, waren beide gleichermaßen unfähig, die Rhizosphäre zu besiedeln. Pflanzenwurzeln besitzen offenbar spezifische Sensoren, um über Flagellin die Anwesenheit von verschiedenen begeißelten Bakterien wahrzunehmen (Persello-Cartieaux *et al.* 2003). Begeißelung ist somit vorteilhaft für die Besiedelung der Rhizosphäre, aber nicht entscheidend. Hingegen scheint für die Kolonisierung der Rhizoplane eine spezifische Wechselwirkung zwischen der Wurzeloberfläche (Cellulosematrix) und der äußeren Membran gramnegativer Bakterien erforderlich zu sein, nicht nur bei Rhizobien (Kap. 13; Abb. 13.5). Die **Lipopolysaccharide** (**LPS**) in der äußeren Membran scheinen bei der Erkennungsreaktion zwischen gramnegativen Bakterien und Wurzeln eine entscheidende Rolle zu spielen. Insbesondere die **O-Antigene** (artspezifische äußere Polysaccharidketten) der äußeren Membran der Zellwand gramnegativer Bakterien (z. B. Enterobakterien und Pseudomonaden) werden von den Wurzelhaaroberflächen offenbar spezifisch erkannt und bewirken so eine **selektive** Haftung und Vermehrung von Bakterien. *P. fluorescens*-Mutanten, die in den Seitenketten der O-Antigene defekt waren, vermochten die Rhizosphäre nicht mehr zu besiedeln. Offenbar sind die O-Antigene gramnegativer Bakterien für eine erfolgreiche Besiedlung in Konkurrenz mit anderen Bakterien aus dem Boden von Vorteil und erleichtern möglicherweise dadurch die Besetzung von spezifischen ökologischen Nischen auf der Wurzeloberfläche. Für eine erfolgreiche spezifische Kolonisierung von Wurzeln mit bestimmten gramnegativen Bakterien scheinen auch **K-Antigene** (Kapselmaterial) eine Rolle zu spielen, weil kapselnegative Mutanten nicht mehr zur Besiedlung der Wurzeloberfläche befähigt waren (Lugtenberg *et al.* 2001).

Rhizobakterien verfügen offenbar über ein effizientes Sensorensystem, um diffuse Signalstoffe über die Besiedlungsdichte wahrzunehmen. Eine gut untersuchte Gruppe solcher Botenstoffe bilden die ***N*-Acylhomoserinlactone** (AHL). AHL können sich als Funktion der Zelldichte anreichern und bei einer bestimmten kritischen Konzentration Ziel-Gene aktivieren (*quorum sensing*; QS; Kap. 9) (Persello-Cartieaux *et al.* 2003; Faure *et al.* 2009). Die Rhizosphäre ist für die Wirkung von *quorum sensing* denkbar günstig, weil sie räumlich strukturierte Lebensräume umfasst, die relativ dicht von verschiedenen Populationen besiedelt sind. Nach bisherigen Untersuchungen sind etwa 10–22% der kultivierbaren Bakterien in Böden und der Rhizosphäre zur Bildung von AHL befähigt und können folglich sowohl zwischen Vertretern verschiedener Arten, Gattungen und sogar Phyla kommunizieren. Wahrscheinlich ist die Kommunikation mit AHL-Botenstoffen Bestandteil der Bildung von spezifischen Assoziationen zwischen Pflanzen einerseits und pathogenen, symbiotischen oder wachstumsfördernden Bakterienstämmen (*Plant Growth Promoting Rhizobactera*) andererseits (Kap. 17.5).

17.4.2 Quantifizierung der mikrobiellen Anreicherung

Eines der charakteristischen Merkmale des Rhizosphäreneffektes ist die signifikante Zunahme an Organismen in den verschiedenen Lebensgemeinschaften der Rhizosphäre. In Abb. 17.2 ist die relative DNA-Konzentration in der Rhizosphäre von Raps (*Brassica napus*) im Vergleich zum wurzelfreien Boden dargestellt. Die Abbildung zeigt deutlich, wie die extrahierte Gesamt-DNA-Konzentration der Rhizosphären-Lebensgemeinschaften mit zunehmender Annäherung an die Rhizoplane deutlich zunimmt (O'Donnell *et al.* 2001). Die Rhizoplane und Rhizosphäre sind für Mikroorganismen, Mikrofauna, Mikroalgen und für andere Glieder der Nahrungsketten bevorzugte Lebensräume und gelten infolgedessen als *hot spots.* Verantwortlich für die Anreicherung der Rhizoflora und -fauna in der Rhizosphäre im Vergleich zum wurzelfreien Boden sind in erster Linie Faktoren wie die kontinuierliche

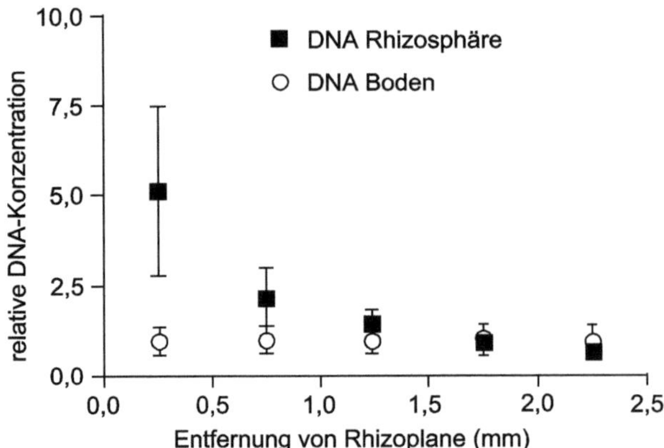

Abb. 17.2 DNA-Konzentration, extrahiert aus der Rhizosphäre (Raps, *Brassica napus*) im Vergleich zum extrahierten DNA-Gehalt im umgebenden wurzelfreien Boden in Abhängigkeit der Entfernung von der Rhizoplane (O'Donnell *et al.* 2001)

- Zufuhr von Wasser, löslichen mineralischen Nährstoffen und O_2 mit der Massenströmung und Diffusion,
- Abgabe von Zellabstoßungen, abgestorbenen Epidermiszellen und leicht mineralisierbaren Substanzen aus Mucilaten, Lysaten und Exsudaten und die
- Versorgung mit Vitaminen, essenziellen Aminosäuren, Wuchsstoffen (Phytohormonen) und sonstigen Supplinen.

Im Allgemeinen steigt die Besiedlungsdichte an Mikroorganismen auf der Rhizoplane nach der Keimung mit der Entwicklung der Pflanze kontinuierlich an und erreicht ihr Maximum zum Zeitpunkt der generativen Phase, insbesondere während der Blüte und Fruchtbildung. Die hohen Besiedlungsdichten bleiben auch noch im postmortalen Zustand der Wurzel erhalten, allerdings unter starken qualitativen Veränderungen in der Rhizoflora. Bei Getreide wird die maximale Populationsdichte an Organismen in der Rhizosphäre zum Zeitpunkt des Ährenschiebens bzw. der Rispenbildung erreicht, wenn die Stoffwechselaktivität der Pflanze auf höchstem Niveau abläuft und die Exsudation hoch ist. Die mikrobielle Besiedlung der Rhizoplane ist nicht gleichmäßig über die Oberfläche von Wurzeln verteilt, sondern erfolgt in Streifen, kleinen Kolonien, Gruppen oder Inseln, wie elektronenmikroskopische Untersuchungen an verschiedenen Pflanzen gezeigt haben. Im Schnitt sind nicht mehr als etwa 4–15% der

Wurzeloberflächen von Prokaryoten besiedelt. Mit etwa 3% beanspruchen saprophytische Pilzhypen noch weniger Wurzeloberfläche.

Weil die zur Besiedlung verfügbare Gesamtwurzeloberfläche gewaltig ist, bedeuten Besiedlungsdichten von 4 bis 15% relativ hohe Zellzahlen und hohe Biomassen. Mithilfe der konfokalen Laser-Scanning-Mikroskopie (KLSM) und unterstützt von der digitalen Bildverarbeitung, ist es gelungen, die heterogene Verteilung von Bakterien und Pilzen auf der Wurzeloberfläche darzustellen. Im Allgemeinen gibt es auf den Wurzeloberflächen wesentlich mehr Prokaryoten als Pilzhyphen. Am dichtesten kolonisiert ist stets die **Wurzelhaarzone**. Andere Bereiche, insbesondere die Spitzen von jungen Wurzeln, sind praktisch frei von Bakterien und Pilzen. Mit zunehmendem Alter steigt allerdings die Besiedlungsdichte signifikant an. Dicht besiedelt sind vor allem die **Furchen** und **Verzahnungen** zwischen den Epidermiszellen und die Ansätze der Seitenwurzelbildung (Foster 1986, 1988; Bowen u. Rovira 1991). Es sind jene Abschnitte, die vermutlich auch hauptsächlich für die Exsudation verantwortlich sind. Junge Epidermiszellen sind häufig nicht nur oberflächlich dicht besiedelt, sondern enthalten zudem endophytische Bakterien. Andererseits können es gerade alternde Epidermiszellen sein, die dicht von Mikroorganismen besiedelt sind. Vermutlich sind solche Zellen in Auflösung begriffen und verlieren Zellinhaltsstoffe. Bestimmte Bakterien (Rhizobien, Azospirillen, endophytische Pilze) haften bevorzugt an den Wurzelhaarspitzen, möglicherweise um dort eindringen zu können. Mit der Rasterelektronenmikroskopie (REM) wurde auch die Besiedlung von Bakterien im und unter dem Mucigel nachgewiesen (Foster 1988). Offenbar ist die Oberfläche der Rhizoplane zwar relativ dicht, aber nicht gleichmäßig besiedelt.

Bei einjährigen Kulturpflanzen (z. B. Getreidearten) werden die Populationsdichten an Mikroorganismen in der Rhizosphäre zunächst von der Wurzelart und von der Lage der betreffenden Wurzel im Wurzelsystem bestimmt. Die verschiedenen Abschnitte eines Wurzelsystems sind nicht in gleicher Weise besiedelt. Besonders reich an Mikroorganismen sind die physiologisch aktiven, wachsenden Bereiche (Wurzelhaare und Seitenwurzelansätze), die zentralen Bereiche des Wurzelsystems (mit relativ hohen Wurzelumsatzraten) sowie die jungen Wurzeln in den äußeren und oberen Bodenbereichen. Weiter beeinflussen Entwicklungszustand und Alter der Wurzeln die Besiedlungsdichte an Mikroorganismen.

Zur Charakterisierung der Besiedlungsdichte an heterotrophen Mikroorganismen in der Rhizosphäre wird der **R/S-Quotient** (*rhizosphere/soil ratio*) kultivierbarer Mikroorganismen (Bakterien, Actinomyceten, Pilzkolonien, Algen) herangezogen. Das R/S-Verhältnis gibt die Populationsdichte der betreffenden Organismengruppe in der Rhizosphäre im Verhältnis zur Besiedlungsdichte im wurzelfreien Boden an. Es ist ein Maß für den spezifischen **Anreicherungseffekt**. Häufig wird auch das Ro/S-Verhältnis mitbestimmt, in dem Ro die Populationsdichte der betreffenden Organismengruppe in der Rhizoplane darstellt (Curl u. Truelove 1986). In der Paxis macht die Quantifizierung des R/S- oder Ro/S-Quotienten Schwierigkeiten, weil es weitgehend subjektiv ist, wie das Bodenmaterial für die Analysen der Rhizosphäre oder der Rhizoplane gewonnen wird, denn das Vorgehen ist nicht standardisiert. Für Populationsuntersuchungen der Rhizosphäre werden die Versuchspflanzen vorsichtig dem Boden entnommen, mechanisch geschüttelt und der gesammelte Boden als Rhizosphärenmaterial anschließend untersucht. Um Untersuchungsmaterial für die Analyse von der Rhizoplane zu erhalten, werden die vom Boden befreiten Wurzeln vorsichtig mit sterilem destilliertem Wasser gewaschen, dann in 100 ml sterilem Wasser 15 Minuten mechanisch mit Glaskugeln (3–4 mm Durchmesser) geschüttelt, um die fest anhaftenden Mikroorganismen zu desorbieren. Anschließend wird die Suspension für die Populationsuntersuchungen dezimal verdünnt und zum Beimpfen von (selektiven) Medien verwendet (Rovira *et al.* 1974). Auch solche Analysen sind sehr subjektiv, und infolgedessen können die Ergebnisse verschiedener Versuche kaum verglichen werden, zumal auch unterschiedliche Agar- oder Flüssigmedien zu den Keimzahlbestimmungen verwendet werden (Kap. 4).

Die Populationsdichten an **kultivierbaren** Bakterien in der Rhizosphäre (Rhizobakterien) verschiedener Kulturpflanzen schwanken sehr, liegen oft bei etwa 50 bis 300×10^7 Keime pro Gramm TB. Die Gesamtdichte an **zählbaren** Bakterien liegt jedoch wesentlich höher (etwa zwischen 10^9 bis 10^{12} pro g TR = trockener Rhizosphäre). Der R/S-Wert liegt in der Regel bei etwa 20. Die Variationsbreite im R/S-Quotienten sehr verschiedener Pflanzen kann zwischen 5 und 50 schwanken, erreicht aber gelegentlich auch Werte von ca. 100 (z. B. bei bestimmten Leguminosen). Die vergleichenden Untersuchungen von Frau **Gräf** (1930) an acht verschiedenen einjährigen Kulturpflanzen gehören diesbezüglich zu den **Pionierarbeiten** in der mikrobiologischen Rhizosphärenforschung. Das **Ro/R/S-Verhältnis** war im gleichen Boden deutlich spezifisch für die Pflanzenarten und schwankte zwischen 800/20/1 (Rübsen), über 100/10/1 (Pferdebohne) und 12/5/1 (Roggen). Im Allgemeinen nimmt das R/S-Verhältnis mit zunehmender Entfernung von der Wurzeloberfläche **exponentiell** ab. Als Maß für die Intensität dieser Abnahme kann das Verhältnis von Ro/S zu R/S herangezogen werden. Je größer dieses Verhältnis ist, desto steiler ist der Rückgang in der Populationsdichte im Übergangsbereich von Rhizoplane zu Rhizosphäre. Innerhalb des Wurzelbereichs ist der R/S-Quotient im Oberboden größer als im Unterboden, im zentralen Abschnitt höher als in den Randzonen und von den Wurzelhaaren größer als in den Feinwurzeln. Das R/S-Verhältnis variiert sehr stark und ist abhängig von der Pflanzenart (sogar von der Kulturvarietät) und von den Bodeneigenschaften.

Das R/S-Verhältnis spiegelt einerseits die (spezifische) physiologische Aktivität der ober- und unterirdischen Pflanzenorgane wider (Photosynthese bzw. Exsudation), andererseits aber auch die chemisch-physikalischen Eigenschaften des betreffenden Bodens. So ist das R/S-Verhältnis umso höher, je geringer die Populationsdichte der Mikroorganismen im wurzelfreien Boden ist. Niedrige Konzentrationen an C_{org} und Nährstoffen, ein ungünstiger Luft-Wasser-Temperatur-Haushalt und relativ niedrige pH-Werte wirken sich erhöhend auf das R/S-Verhältnis aus, weil die Populationsdichten in der Rhizosphäre von den Exsudaten überproportional gefördert werden. Bodenbearbeitung und Düngung (mit mineralischen und/oder organischen Nährstoffen) bewirken meist bei allen Kulturpflanzen eine Abnahme im R/S-Quotienten, vor allem nach einer organischen Düngung. Eine organische Düngung fördert zunächst die zymogene Mikroflora im wurzelfreien Boden, wodurch sich das R/S-Verhältnis verringert. Sehr deutlich wirkt sich die **Versorgung** und **Verfügbarkeit** von Nährstoffen im Boden aus. Durch eine schlechte Versorgung mit P, K und/oder Ca wird der R/S-Quotient signifikant erhöht, was sich auf die verstärkte Exsudation von Zuckern als Folge von gestörten intrazellulären Syntheseprozessen (P, K-Mangel) und/oder der Wurzelpermeabilität (K, Ca-Mangel) zurückführen lässt.

Bei unzureichender P-Versorgung kommt es in den Wurzelzellen zur Anreicherung von niedermolekularen organischen Verbindungen (organische Säuren), die verstärkt abgegeben werden. Ca-Mangel führt durch gestörte Membranpermeabilität zur erhöhten Abgabe von einfachen Zuckern in die Rhizosphäre. Bei relativem N-Mangel vermindert sich hingegen das R/S-Verhältnis, weil die schlechte N-Versorgung eine allgemeine Verminderung der Stoffwechselaktivität und des Wachstums bewirkt. Auch die Art der N-Versorgung (Ammonium- *versus* Nitraternährung) beeinflusst den R/S-Quotienten. Bei Ammoniumernährung besitzen die Wurzeln von Weizen in der Regel höhere Zuckerkonzentrationen und geben prozentual mehr davon in die Rhizosphäre ab als bei Nitraternährung, was eine signifikante Steigerung im R/S-Verhältnis und in der rhizomikrobiellen Atmung zur Folge hat (Trolldenier u. von Rheinbaben 1981; Mahmood *et al.* 2005). Das R/S-Verhältnis reagiert auch empfindlich auf Blattbehandlungen. Eine vollständige Blattentfernung hat eine Abnahme im R/S-Quotienten zur Folge, wahrscheinlich als Folge der verminderten Photosynthese und Exsudation. Eine Blattbehandlung mit Harnstoff bedingt hingegen eine Zunahme, diejenige mit Herbiziden oder Antibiotika eine Abnahme im R/S-Verhältnis. Das Besprühen der Blätter mit Breitbandfungiziden verursacht zwangsläufig eine Erhöhung im R/S-Quotienten von Bakterien, verringert aber das R/S-Verhältnis der heterotrophen Pilze erheblich. Streptomycin (blockiert die Eiweißsynthese) auf den Blättern hat eine signifikante Abnahme der gramnegativen Bakterien der Rhizosphäre zur Folge. Diese Ergebnisse zeigen eindrucksvoll, wie sehr die Mikroorganismen in der Rhizosphäre vom oberirdischen Geschehen abhängig sind. Infolgedessen kann das R/S-Verhältnis als ein Indikator für oberirdische Stressfaktoren auf kultivierbare Mikroorganismen verwendet werden.

Der R/S-Quotient der **(Schimmel-)Pilze** (Mykorrhizapilze nicht eingeschlossen) ist hingegen wenig aussagekräftig, weil die Mycelien um die Wurzel durch die mechanische Dispergierung und dezimale Verdünnung der Proben nach der Koch'schen Plattenmethode in viele Teile zerteilt werden. Jeder Bruchteil und auch jede Spore (Konidien) kann sich auf den Agarplatten zu einer Kolonie entwickeln, was unrealistische Keimzahlen zur Folge hat (Kap. 8). Insgesamt hat das R/S-Verhältnis bei Pilzen daher keinen brauchbaren Aussagewert.

17.4.3 Qualitative Zusammensetzung der Rhizobakterien

Kenntnisse der morphologischen und taxonomischen Eigenschaften der mikrobiellen Lebensgemeinschaften in der Rhizosphäre von Kulturpflanzen sind wichtig, weil die taxonomische Zusammensetzung der Rhizobakterien Auskunft über die ökophysiologischen Bedingungen in diesem Grenzbereich geben kann. Hier steht die Rhizosphärenforschung allerdings noch am Anfang, zumal die Mehrzahl an Rhizobakterien und -pilze bisher noch nicht isoliert und kultiviert wurde. Auch in der Rhizosphäre bildet der Anteil an schwer- und bisher nichtkultivierbaren (unbekannten) Bakterien vermutlich den Löwenanteil an Rhizobakterien. Direkte mikroskopische Zellzählungen auf Pflanzenwurzeln zeigen, dass etwa 90% mit den üblichen Medien nicht kultivierbar sind (Goodman *et al.* 1998). Es kann prinzipiell angenommen werden, dass alle jene Phyla, die in Böden vertreten sind (Tabelle 4.2; Kap. 6 und 7), auch in der Rhizosphäre von Pflanzen vorkommen, wenngleich in anderen Zusammensetzungen. Hier besteht Forschungsbedarf, vor allem im Bereich der Pilze. Aufgrund der verfügbaren molekularbiologischen Analysemethoden (Kap. 4; Hartmann *et al.* 2004, 2007; Smalla *et al.* 2001, 2007; Sörensen *et al.* 2009) ist in den nächsten Jahren auch auf dem Gebiet der qualitativen Zusammensetzung der Mikroorganismen in der Rhizosphäre mit einem raschen Erkenntniszuwachs zu rechnen, wenngleich zunächst im Bereich neuer Phyla von Prokaryoten. Wie bei den Bodenuntersuchungen bleiben für die Charakterisierung der Rhizosphärendiversität auf dem Niveau der Gattungen und Arten Isolierungen und Identifizierungen mit speziell entwickelten Agarmedien unumgänglich.

Die Rhizosphäre verfügt wahrscheinlich über eine sehr **spezifische Lebensgemeinschaft** an Mikroorganismen, die einen starken Einfluss auf Pflanzenwachstum und damit auf die Gesundheit und Produktivität eines Standortes ausübt (Kap. 16). Beim vergleichenden Mikroskopieren von Bodenproben aus der Rhizosphäre und aus dem wurzelfreien Boden fällt auf, dass die Prokaryotenzellen im wurzelfreien Boden meistens deutlich kleiner sind als die Bakterien in der Rhizosphäre. Im wurzelfreien Boden haben weniger als 6% der Prokaryoten einen Durchmesser $>0{,}5\ \mu m$, in der Rhizosphäre sind es hingegen etwa 30% (Foster 1986, 1988). Ursache dieses charakteristischen Größenunterschieds kann die bessere Ernährung der Bakterien in der Rhizosphäre im Vergleich zu den überwiegend oligotrophen Bedingungen im wurzelfreien Boden sein („Bodenleben ist ein Hungerleben"; Kap. 1). Andererseits kann die unterschiedliche Morphologie auch taxonomisch bedingt sein. Im Allgemeinen dominieren im wurzelfreien Boden kleine **kokkoide grampositive** Bakterien (Kap. 7), während die Rhizosphäre auf charakteristische Weise von **gramnegativen Stäbchen** (ca. 70%) beherrscht wird (Kleeberger *et al.* 1983; Curle u. Truelove 1986). In Populationsuntersuchungen mit Weizen (*Triticum vulgare*) lag das Verhältnis von gramnegativen zu grampositiven Bakterien bei etwa 1 zu 1. Dieses Verhältnis verändert sich zugunsten von kleinen grampositiven coryneformen Bakterien, wenn ein verdünntes nährstoffarmes Medium für die Keimzählung und Isolierung von Bakterien eingesetzt wurde (Liljeroth *et al.* 1991). Die kleinen kokkoiden grampositiven Bakterien (sog. Hunger- oder Kümmerformen) sind wahrscheinlich Vertreter der Gattung *Arthrobacter* des Phylums *Actinobacteria* (Kap. 6 und 7). Die Frage, ob die Mikroorganismen in der Rhizosphäre/Rhizoplane in der taxonomischen Zusammensetzung eher den Bodenbakterien entsprechen oder vielmehr durch die kontinuierliche Zufuhr von leicht mineralisierbaren Exsudaten hauptsächlich vom Pflanzenstoffwechsel geprägt werden, lässt sich aufgrund bisheriger Untersuchungen an verschiedenen Pflanzenarten auf unterschiedlichen Böden vorläufig zugunsten der Pflanzen beantworten (Miethling *et al.* 2000; Gomes *et al.* 2001; Kaiser *et al.* 2001; Marschner *et al.* 2001; Wieland *et al.* 2001; Kandeler *et al.* 2002; Kent u. Triplett 2002; Costa *et al.* 2005; Houlden *et al.* 2008).

In geschickten Feldversuchen von Garbeva *et al.* (2008) mit vier verschiedenen Bestellungen (Mais, Hafer, Gerste oder permanentem Grünland) auf einem lehmigen Sand (pH 5,5-6,5) wurden die Populationen von Pseudomonaden und *Bacillus spp.* in Proben der Rhizosphäre sowohl mit kultivierbaren Plattenmethoden als auch mit molekularbiologischen Verfahren (DNA-Extraktion, PCR-Amplifikation von *Pseudomonas*-16S-rDNA und *Bacillus*-16S-rDNA samt DGGE-Analysen) verfolgt und umfassend ausgewertet. Die Ergebnisse zeigen eindeutig, dass sowohl die Pflanzenart als auch die Nutzungsvorgeschichte des Bodens die Diversität der mikrobiellen Lebensgemeinschaft deutlich beeinflussen können (Marschner *et al.* 2001). Vermutlich sind es Art und Konzentration an C-Verbindungen, die selektiv auf die taxonomische Zusammensetzung der Rhizobakterien wirken und zwar unabhängig davon, ob die Substrate als Exsudate aus den Wurzeln oder aus dem Boden stammen.

Die vorliegenden Ergebnisse taxonomischer Analysen von kultivierbaren Rhizobakterien unterschiedlicher Kulturpflanzen sind noch zu lückenhaft, um eindeutige Aussagen formulieren zu können. Doch scheint es, als ob Vertreter der Alphaproteobakterien (Arten von *Azospirillum*, *Rhizobium*), Betaproteobakterien (*Burkholderia*, *Herbaspirillum*) und Gammaproteobakterien (*Pseudomonas*, *Xanthomonas*, *Acinetobacter*, *Enterobacter*, *Klebsiella*) bei verschiedenen Kulturpflanzen (Mais, Weizen, Gerste, Raps, Klee, Kartoffeln) allgemein verbreitet sind. Fluoreszierende Pseudomonaden (*P. aeruginosa-fluorescens-putida, P. aureofaciens, P. chlororaphis*) bilden offenbar in der Rhizosphäre von verschiedenen Kulturpflanzen einen dominanten Anteil (Lugtenberg *et al.* 2001; Costa *et al.* 2005). Insbesondere bestimmte Stämme von *P. fluorescens* sind **rhizosphärenkompetent** und können sowohl das Pflanzenwachstum fördern (PGPR) als auch *phytosanitär* wirken (durch *biological control agents*, BCA). Nach den Proteobakterien kommen in der Rhizosphäre vieler Kulturpflanzen häufig auch Stämme von *Flavobacterium* und *Cytophaga* (Phylum *Bacteriodetes*) vor (Kaiser *et al.* 2001; Johansen u. Binnerup 2002). Vertreter der *Proteobacteria* und *Bacteriodetes* können in der Rhizosphäre bis zu 60-70% der gramnegativen Bakterien stellen. Grampositive kokkoide Stäbchen (vermutlich *Arthrobacter spp.* und *Rhodococcus spp.*; *Actinobacteria*) sind oft mit 10–15% vertreten. Als dominante Bewohner der Rhizosphäre werden auch immer wieder Vertreter der *Acidobacteria* genannt (Chelius u. Triplett 2001; Lee *et al.* 2008). Sporenbildner *(Firmicutes*; *Bacillus spp.*, *Paenibacillus spp, Clostridium spp.*; ca. 1%) treten in der Rhizosphäre zahlenmäßig deutlich zurück. Im Gegensatz zu der Rhizosphäre stellen gerade die kokkoiden grampositiven Bakterien (*Actinobacteria* und *Firmicutes*) in Böden den Hauptanteil an Bakterien (Kap. 6). Zunehmend erscheinen jedoch Arbeiten, die den grampositiven Bakterien in der Rhizosphäre einen größeren Anteil zusprechen (Smalla *et al.* 2001).

Epifluoreszenzmikroskopische Untersuchungen und molekularbiologische Analysen haben gezeigt, dass mesophile Vertreter von *Crenarchaeota* erwartungsgemäß allgemein in der Rhizosphäre verbreitet sind und zwar nicht nur in der Rhizosphäre von Angiospermen, sondern auch von Gymnospermen, Pteridophyten (Farnen) und Bryophyten (Moosen) (Simon *et al.* 2000; Chelius u. Triplett 2001; Sliwinski u. Goodman 2004). Nichtthermophile *Crenarchaeota* wurden in einer unerwartet hohen Dichte nachgewiesen (Simon *et al.* 2000). Morphologisch unterschiedliche Zelltypen in der Rhizosphäre konnten mit *Crenarchaeota*-spezifischen Proben erfolgreich hybridisieren, darunter vor allem mit kokkoiden Zellen, wie sie auch in Böden vorkommen. Inzwischen steht zweifelsfrei fest, dass Vertreter der *Archaea* nicht nur auf extremen Standorten (mit hohen Temperaturen, Salzkonzentrationen, niedrigen pH-Werten etc.) begrenzt sind, sondern auch in Böden, Rhizosphären, Grundwasserleitern, Mooren, Sedimenten, Gewässern und Meeren allgemein vorkommen und bis zu 10% der gesamten rRNA-Phylo-Typen ausmachen können.

17.5 *Plant growth promoting rhizobacteria* (PGPR)

PGPR sind heterotrophe Bakterien in der Rhizosphäre, die das Wachstum und/oder die Gesundheit von Kulturpflanzen verbessern können. Diese Fähigkeit ist nicht spezifisch für eine bestimmte Art oder Gruppe von Mikroorganismen, sondern unter den Rhizobakterien sehr weit verbreitet. In der Regel ist die Fähigkeit an einen gewissen Stamm der betreffenden Art gekoppelt und somit nicht typisch für die ganze Art (Mahaffee u. Kloepper 1994). Die Bezeichnung *plant growth promoting rhizobacteria* wurde im Jahre 1978 erstmals von **Kloepper** und **Schroth** verwendet, um jene Mikroorganismen in der Rhizosphäre zu charakterisieren, die sich positiv auf die Entwicklung und/oder den Gesundheitszustand von Kulturpflanzen auswirken können. Zu den Wachstumsverbesserungen durch PGPR wurden Ertragssteigerungen, Erhöhungen in den Keimungsraten, ein verbessertes Wurzelwachstum, erhöhte Aufnahme an mineralischen Nährstoffen, gesteigerte Konzentrationen an Mg, N, Protein und Chlorophyll, erhöhte Trockenresistenz, verzögerte Blattalterung etc. beobachtet. Eine wichtige Eigenschaft durch Saatgutimpfungen mit PGPR ist die **induzierte** (oder **erworbene) Resistenz** (*induced systemic resistance*, ISR) der Kulturpflanze. Nach der ISR sind die Pflanzen sensibilisiert und können auf einen nachfolgenden Befall von Schaderregern (Pilze, Bakterien, Nematoden oder Insekten) schneller reagieren. Für die

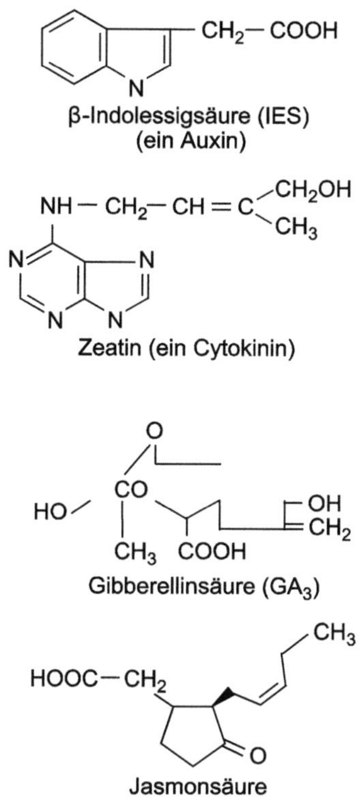

β-Indolessigsäure (IES)
(ein Auxin)

Zeatin (ein Cytokinin)

Gibberellinsäure (GA_3)

Jasmonsäure

Abb. 17.3 Strukturformel der Pflanzenhormone (Wachstumsregulatoren) β-Indolessigsäure (ein Auxin), Zeatin (ein Cytokinin), GA_3 (eine Gibberellinsäure) und Jasmonsäure. Jasmonate sind für den typischen Jasmingeruch verantwortlich

Induktion der Resistenz scheinen die Signalstoffe **Jasmonsäure** (Abb. 17.3) und/oder **Ethylen** (C_2H_4; ein Gas) von zentraler Bedeutung zu sein. Neben ihrer Signalfunktion wirken Jasmonsäure oder Ethylen allerdings auch direkt auf den Stoffwechsel der Pflanzen: Jasmonsäure aktiviert Gene, die Protease-Inhibitoren codieren, oder Gene, welche die Synthese von Phytoalexinen auslösen. Phytoalexine sind niedermolekulare sekundäre Inhaltsstoffe mit unspezifischer antimikrobieller Wirkung, die nach Induktion durch PGPR oder pathogene Organismen gebildet werden.

PGPR können bei vielen, möglicherweise bei allen Pflanzen vorkommen. PGPR besiedeln nicht nur die Rhizoplane und die Rhizosphäre (und Phyllosphäre), sondern können als Endophyten auch in der Wurzelrinde aktiv werden. Sie verbreiten sich interzellulär im Cortexgewebe und können bis zum Xylem vordringen. Sie behaupten sich auch als Endophyten in Stängeln, Blättern und anderen Organen, ohne Krankheiten zu verursachen (Compant *et al.* 2005). Offenbar können sich die PGPR in der Rhizosphäre gut anpassen und dabei sehr verschiedene ökologische Nischen nachhaltig besiedeln. Rhizobakterien, die sich in der Wurzelrinde ansiedeln, bilden keine formalen Assoziationen wie die Rhizobien in Wurzelknöllchen, können aber als Endophyten entsprechend den Rhizobien das Pflanzenwachstum und die Gesundheit direkt oder indirekt stimulieren. In der Regel ist unter den Endophyten der Anteil an PGPR höher als unter den Rhizobakterien (Rhizoplane und Rhizosphäre). Assoziative potenziell N_2-bindende PGPR und Endophyen werden als intrazelluläre PGPR eingestuft (i-PGPR), im Unterschied zu den extrazellulären PGPR in der Rhizosphäre (e-PGPR) (Gray u. Smith 2005).

17.5.1 Nachweis der Wirksamkeit als Antagonisten

Der Einsatz von PGPR als **Antagonisten** von bestimmten bodenbürtigen Schaderregern über Saatgutimpfungen ist vor dem Hintergrund einer umweltschonenden nachhaltigen Landbewirtschaftung attraktiv, zumal im positiven Falle ganz oder teilweise auf kostspielige Chemikalien verzichtet werden kann. Bodenbürtige von *Fusarium spp.*, *Phytophthora spp.*, *Pythium spp.* und *Verticillium spp.* verursachte Krankheiten sind schwer zu bekämpfen, weshalb der Einsatz von vorhandenen Nutzorganismen zur Selbstregulierung sinnvoll erscheint (biologischer Pflanzenschutz). Bereits in den dreißiger Jahren des letzten Jahrhundertes wurden in Feldversuchen Saatgutimpfungen mit PGPR durchgeführt, allerdings mit sehr variablen Ergebnissen. Teilweise wurden mit den unterschiedlichsten Kulturpflanzen vielversprechende Ertragszuwächse von 10 bis 70% erzielt (Lucy *et al.* 2004). Als Ursache der stark schwankenden Ergebnisse in Feldversuchen mit beimpftem Saatgut („*Bacterization*") wird die ungleichmäßige und unzureichende Besiedlung der Saatgutoberfläche betrachtet, wodurch die Durchsetzungskraft der eingeimpften Bakterienpopulation gegenüber der vorhandenen Bodenmikroflora, vor allem in sorptionsstarken Böden, nicht für eine Vermehrung ausreicht. Eine Bodenimpfung mit nützlichen Mikroorganismen kann nur dann erfolgsversprechend werden, wenn der eingeimpfte Stamm im betreffenden Boden unter den gegebenen Bedingungen durch Verdrängung anderer Organismen geeignete ökologische Nischen erobern und nachhaltig besiedeln kann.

Um sich nach der Impfung durchsetzen zu können, ist zunächst eine **zahlenmäßige Überlegenheit** erforderlich. In der Praxis ist bei Impfversuchen mit immer wieder neuen Stämmen weder die Durchsetzungskraft des eingeimpften Stammes noch die Elastizität und Stabilität der vorhandenen Biozönose abschätzbar, sodass der Ausgang solcher Versuche immer wieder offen ist. Darüber hinaus kann das Ergebnis je nach Bodeneigenschaften (pH-Wert, N-Gehalt, Bodenfeuchte), Witterungsverlauf (Temperatur und Regenverteilung) und Vorgeschichte des betreffenden Schlages stark schwanken. So ist es auch zu erklären, warum es trotz zahlreicher Impfversuche (Saatgutimpfungen) mit verschiedenen Stämmen von Rhizobakterien und unterschiedlichen Kulturpflanzen im Gewächshaus und im Felde während der letzten 30-40 Jahre bis heute nicht gelungen ist, die Unbeständigkeiten und großen Schwankungen der Versuchsergebnisse zu eliminieren. Böden sind schwer vorhersagbare Lebensräume und immer gut für Überraschungen (Mahaffee u. Kloepper 1994; Lucy *et al.* 2004).

Die ersten Untersuchungen mit e-PGPR konzentrierten sich auf Stämme von *Bacillus spp.* und *Arthrobacter spp.* Inzwischen steht fest, dass PGPR taxonomisch sehr verschiedenen Bakterien angehören können. Unter den gramnegativen Keimen kommen Stämme von PGPR häufig vor bei Alphaproteobakterien (*Azospirillum spp., Beijerinckia spp., Gluconacetobacter spp.*) sowie bei symbiotischen N_2-Bindnern (*Rhizobium spp., Allorhizobium spp., Sinorhizobium spp.* (*Ensifer spp.*), *Mezorhizobium* spp. und *Azorhizobium spp.*), Betaproteobakterien (*Alcaligenes spp., Azoarcus spp., Burkholderia spp., Herbaspirillum spp., Cupriavidus spp.*) und Gammaproteobakterien (*Azomonas spp., Azotobacter spp., Aeromonas spp., Pseudomonas aeruginosa-fluorescens-putida, P. cepacia, P. chlororaphis, P. aureofaciens, P. aurantiaca, Enterobacter-Klebsiella spp., Serratia spp., Erwinia spp.*). Unter den grampositiven Bakterien gehören zu den PGPR Vertreter von *Arthrobacter spp.* (*Actinobacteria*) sowie bestimmte Stämme der aeroben bis fakultativ anaeroben Bacillen (*Bacillus brevis, B. cereus, B. circulans, B. licheniformis, B. subtilis und Paenibacillus polymyxa*) (*Firmicutes*). In der Praxis (Feldversuche mit oder ohne mineralische Düngung) hatten Saatgutimpfungen vielfach (aber nicht immer) eine positive Wirkung auf den Ertrag verschiedener Kulturpflanzen, wenn bestimmte (im Gewächshaus) erprobte Stämme von PGPR der Arten

- *Azospirillum brasilense* (Weizen, Mais, Sorghum, Gerste, Hafer, Reis, Hirse, Tomaten),
- *Pseudomonas fluorescens-putida* (fluoreszierend) und *P. cepacia* (Winterweizen, Mais, Gerste, Sojabohnen, Linsen, Raps, Kartoffeln, Zuckerrüben, Gartenbohnen, Tomaten, Kopfsalat) und
- *Bacillus subtilis* oder *Paenibacillus polymyxa* (Weizen, Sorghum, Zuckerrübe, Erdnuss)

eingesetzt wurden (Lucy *et al.* 2004).

Somit wird deutlich, dass die positiven Wirkungen von PGPR bei taxonomisch sehr verschiedenen Bakterien vorkommen und bei sehr unterschiedlichen Kulturpflanzen zum Erfolg führen können (Diaz *et al.* 2008). Weiter ist der Schluss richtig, dass unter den PGPR auch solche Bakterien vorkommen, die zu den potenziell N_2-bindenden Bakterien gehören. Es ist bemerkenswert, dass die pflanzenstimulierende Wirkung dieser assoziativen potenziell N_2-bindenden Bakterien nicht auf Stickstoffbindung, sondern mit großer Wahrscheinlichkeit auf Phytohormone wie Auxine oder Gibberelline (Abb. 17.3) zurückgeführt werden muss, die auch als eine der Ursachen für die wachstumsstimulierenden Wirkungen von PGPR in Betracht kommen (Kap. 13.8).

17.5.2 Direkte und indirekte Mechanismen

PGPR können Gesundheit, Wachstum und Ertrag von Kulturpflanzen aufgrund von sehr verschiedenen Mechanismen positiv beeinflussen. Dabei können unterschiedliche Rhizobakterien sowohl direkt über eine Förderung des Pflanzenwachstums als auch indirekt über eine induzierte systemische Resistenz (ISR) gegen Schaderreger wirken. Die ISR kommt in einer Verminderung der Anzahl erkrankter Pflanzen oder in einer Verminderung der Krankheitsintensität nach einer Infektion mit Schaderregern zum Ausdruck. Es ist allerdings nicht geklärt, ob und in wieweit beide Mechanismen zusammmenhängen. Die bisherigen Wirkungen können in direkte und indirekte Mechanismen unterteilt werden (Mahaffee u. Kloeper 1994; Compant *et al.* 2005; Saleh-Lakha u. Glick 2007; Solano *et al.* 2008). In der Regel finden **indirekte** Mechanismen außerhalb der Pflanze statt, während **direkte** Mechanismen innerhalb der Pflanzen wirksam sind und direkt in den Stoffwechsel der Pflanzen eingreifen. Es ist unwahrscheinlich, dass ein einziger Mechanismus für die wachstumsstimulierende Wirkung eines bestimmten Stammes verantwortlich gemacht werden kann. Vermutlich sind verschiedene Mechanismen von mehreren PGPR-Stämmen gleichzeitig beteiligt. Grundsätzlich gilt, dass keiner der verschiedenen Mechanismen eindeutig experimentell bewiesen wurde. Es handelt sich im Wesentlichen um Hypothesen.

Zu den indirekten Mechanismen gehören:

- Induzierte Systemische Resistenz (ISR). Diese unspezifische erworbene Resistenz der Pflanzen gegen Wurzel- und Blattschädlinge wird von verschiedenen PGPR (z. B. *Pseudomonas spp.*) in der Rhizosphäre ausgelöst. Die Aktivierung erfolgt mit Jasmonat und Acetylen als Botenstoffe. Die ISR ist unspezifisch und wirkt quantitativ, hat allerdings eine begrenzte Wirkungsdauer (van Loon 2007).
- Erfolgreiche Konkurrenzfähigkeit (Rhizosphären-Kompetenz) gegenüber Schaderregern in der Rhizosphäre um Substrate (Exsudate) und ökologische Nischen. Diese Eigenschaft wird für den Erfolg von PGPR als fundamental betrachtet (Compant *et al.* 2005).
- Bildung von Breitbandantibiotika und Metaboliten, die gegen verschiedene bodenbürtige pathogene Mikroorganismen wirksam sind. Sie werden vor allem von bestimmten Pseudomonadenstämmen gebildet. Zu den erfolgreichen antimikrobiellen Substanzen zählen 2,4-Diacetylphloroglucinol (DAPG), Pyoluteorin (PLT), Pyrrolnitrin, Zwittermycin-A, verschiedene Phenazine (z. B. Phenazin-1-carbonsäure, Phenazin-1-carboxamid), HCN und cyclische Lipopeptide (Amphisin, Viscosinamid). Sie werden erfolgreich zur *biocontrol* von Wurzelkrankheiten bei Weizen durch *Gaeumannomyces graminis* var. *tritici* (Schwarzbeinigkeit oder „*take-all disease*") sowie von Auflaufkrankheiten *(„damping-off")* verschiedener Getreidearten durch *Fusarium spp.*, *Pythium spp.* und *Rhizoctonia spp.* eingesetzt (Dubuis *et al.* 2007; Lugtenberg u. Kamilova 2009).
- Intensive Ausscheidung von hydrolytischen Enzymen (Chitinasen, Mannase, „Cellulase") zur Lyse von Chitin sowie von Hemicellulose und Cellulose in der Zellwand von wurzelpathogenen Pilzen und Oomyceten (*Pythium spp.*, Wurzelfäule und Auflaufkrankheit) (Raaijmakers *et al.* 2009).
- Etablierung von Fe-Mangel für pflanzenpathogene Bakterien in der Rhizosphäre nach intensiver Ausscheidung von Siderophoren mit sehr hoher Affinität für Fe(III) durch PGPR (Kloepper *et al.* 1980; Ahmad *et al.* 2008).
- Herabsetzung der Ethylenkonzentration (*stress ethylene*) durch verstärkte PGPR-Mineralisation mittels ACC-Desaminase (ACC = 1-Aminocyclopropan-1-carboxylat). ACC ist eine Vorstufe in der Ethylensynthese (Saleh-Lakha u. Glick 2007).

Beispiele der direkten Mechanismen sind:

- Verbesserte Versorgung der Pflanzen mit Wasser und Nährstoffen (P, N, Fe) durch Oberflächenzunahme des Wurzelsystems (Interzeption) infolge des erhöhten Wurzelwachstums durch PGPR.
- Verstärkte Ausscheidung von Phytohormonen (Abb. 17.3), darunter Auxine (IES fördert das Zellstreckungswachstum und stimuliert die laterale Wurzelentwicklung) sowie Gibberelline und Cytokinine (stimulieren die Stängelentwicklung) (van Loon 2007; Saleh-Lakha u. Glick 2007; Lugtenberg u. Kamilova 2009). Auxine und Gibberelline werden vor allem von assoziativen potenziell N_2-bindenden PGPR ausgeschieden. Die stimulierende Wirkung dieser PGPR auf das Pflanzenwachstum wird heute den Pflanzenhormonen und weniger der N_2-Bindung zugeschrieben (Kap. 13.7).
- Erhöhte Sekretion von Siderophoren durch PGPR. Diese PGPR verbessern einerseits die Fe-Ernährung der Pflanze infolge eines erhöhten Angebots an Siderophoren, hemmen andererseits die Entwicklung von pathogenen Pilzen in der Rhizosphäre, weil diese nicht in der Lage sind, die stabilen Fe-Siderophor-Chelate zu absorbieren (Saleh-Lakha u. Glick 2007; Solano *et al.* 2008).
- Förderung der AM-Mykorrhizierung durch PGPR. Verschiedene Bakterien in der Rhizosphäre können die Besiedlung mit AM-Pilzen signifikant stimulieren. Ein Beispiel sind die sogenannten *mycorrhiza-helper-bacteria*, die das Mycelwachstum der Mykorrhizapilze stimulieren. Diese PGPR scheiden möglicherweise Substanzen aus, welche die Wurzelpermeabilität und Exudation erhöhen (Bareas *et al.* 2008).

Literatur

Ahmad F, Ahmad I, Aqil F, Khan MS, Hayat S (2008) Diversity and potential of non-symbiotic diazotrophic bacteria in promoting plant growth. In: Ahmad I, Pichtel J, Hayat S (Hrsg) Plant-bacteria interactions, Wiley-VCH, Weinheim, S 81–103

Amos B, Walters DT (2006) Maize root biomass and net rhizodeposited carbon: An analysis of the literature. Soil Sci Soc Am J 70: 1489–1503

Bais HP, Weir TL, Perry LG, Gilroy S, Vivanco JM (2006) The role of root exudates in rhizosphere interactions with plants and other organisms. Annu Rev Plant Biol 57: 233–2656

Bareas JM, Pozo MJ, Azcon R, Azcon-Aguilar C (2005) Microbial co-operation in the rhizosphere. J Exp Bot 56: 1761–1778

Bareas JM, Azcón R, Azcón-Aguilar C (2008). Mycorrhizal fungi and plant growth promoting rhizobacteria. In: Varma A, Abbott I, Werner D, Hampp R (Hrsg) Plant surface microbiology, Springer, Berlin Heidelberg, S 351–371

Berg G, Eberl L, Hartmann A (2005) The rhizosphere as a reservoir for opportunistic human pathogenic bacteria. Environ Microbiol 7: 1673–1685

Bertin C, Yang X, Weston LA (2003) The role of root exudates and allelochemicals in the rhizosphere. Plant Soil 256: 67–83

Bonkowski M, Villenave C, Griffiths B (2009) Rhizosphere fauna: The functional and structural diversity of intimate interactions of soil fauna with plant roots. Plant Soil 321: 213–233

Bowen GD, Rovira AD (1991) The rhizosphere: The hidden half of the hidden half. In: Waisel Y, Eshel A, Kafkafi U (Hrsg) Plant roots: The hidden half, Marcel Dekker, New York Basel Hong Kong, S 641–669

Brimecombe MJ, Leij de FA, Lynch JM (2001) The effect of root exudates on rhizosphere microbial populations. In: Pinton R, Varanini Z, Nannipieri P (Hrsg) The Rhizosphere: Biochemistry and organic substances at the soil-plant interface, Marcel Dekker, New York Basel, S 95–140

Buée M, De Boer W, Martin F, van Overbeek L, Jurkevitch (2009) The rhizosphere zoo: An overview of plant-associated communities of microorganisms, including phages, bacteria, archaea, and fungi, and of some of their structuring factors. Plant Soil 321: 189–212

Chelius MK, Triplett EW (2001) The diversity of *Archaea* and bacteria in association with the roots of *Zea mays* L. Microb Ecol 41: 252–263

Compant S, Duffy B, Nowak J, Clément C, Ait-Barka E (2005) Use of plant growth-promoting bacteria for biocontrol of plant diseases: Principles, mechanisms of action, and future prospects. Appl Environ Microbiol 71: 4951–4959

Costa R, Götz M, Mirotzek N, Lottmann J, Berg G, Smalla K (2005) Effects of site and plant species on rhizosphere community structure as revealed by molecular analysis of microbial guilds. FEMS Microb Ecol 56: 236–249

Curl EA, Truelove B (1986) The rhizosphere, Springer, Berlin Heidelberg New York Tokyo

Dakora FD, Philipps DA (2002) Root exudates as mediators of mineral acquisition in low-nutrient environments. Plant Soil 245: 35–47

Darrah PR (1993) The rhizosphere and plant nutrition: A quantitative approach. Plant Soil 156: 1–20

Dexter AR (1987) Compression of soil around roots. Plant Soil 97: 401–406

Diaz MR, Rodelas-Gonzaés, Pozo-Clemente C, Martinez-Toledo MV, González-López J (2008) A review on the taxonomy and possible screening traits of plant growth promoting rhizobacteria. In: Ahmad I, Pichtel J, Hayat S (Hrsg) Plant-bacteria interactions. Strategies and techniques to promote plant growth, Wiley-VCH, Weinheim, S 55–80

Dubuis C, Keel C, Haas D (2007) Dialogues of root-colonizing biocontrol pseudomonads. Eur J Plant Pathol 119: 311–328

Farrar J, Hawes M, Jones D, Lindow S (2003) How roots control the flux of carbon to the rhizosphere. Ecology 84: 827–837

Faure D, Vereecke D, Leveau HJ (2009) Molecular communication in the rhizosphere. Plant Soil 321: 279–303

Fischer H, Eckhardt KU, Meyer A, Neumann G, Leinweber P, Fischer K (2010) Rhizodeposition of maize: Short term carbon budget and composition. J Plant Nutr Soil Sci 173: 67–79

Foster RC (1986) The ultrastructure of the rhizoplane and the rhizosphere. Annu Rev Phytopathol 24: 211–220

Foster RC (1988) Microenvironments of soil microorganisms. Biol Fertil Soils 6: 189–203

Gahoonia TS, Claassen N, Jungk A (1992) Mobilization of phosphate in different soils by ryegrass supplied with ammonium or nitrate. Plant Soil 140: 241–248

Garbeva P, van Elsas JD, van Veen JA (2008) Rhizosphere microbial community and its response to plant species and soil history. Plant Soil 302: 19–32

Gomes NCM, Heuer H, Schönfeld J, Costa R, Mendonca-Hagler L, Smalla K (2001) Bacterial diversity of the rhizosphere of maize (*Zea mays*) grown in tropical soil studied by temperature gradient gel electrophoresis. Plant Soil 232: 167–180

Goodman RM, Bintrim SB, Handelsman J, Rosas JC, Simon HM, Smith KP (1998). A dirty look: Soil microflora and rhizosphere microbiology. In: Flores HE, Lynch JP, Shannon J (Hrsg) Radical biology: Advances and perspectives on the function of plant roots. American Society of Plant Physiologists, Rockville, MD, S 219–234

Gräf G (1930) Über den Einfluss des Pflanzenwachstums auf die Bakterien im Wurzelbereich. Dissertation Universität Leipzig, G Fischer, Jena

Gray EJ, Smith DL (2005) Intracellular and extracellular PGPR: Commonalities and distinctions in the plant-bacterium signalling processes. Soil Biol Biochem 37: 395–412

Gregory PL (2006) Roots, rhizosphere and soil: The route to a better understanding of soil science? Eur J Soil Sci 57: 2–12

Gregory PJ, Hinsinger P (1999) New approaches to studying chemical and physical changes in the rhizosphere: An overview. Plant Soil 211: 1–9

Haider K, Mosier AR, Heinemeyer O (1987) The effect of growing plants on denitrification at high nitrate concentrations. Soil Sci Soc Soc Am J 51: 97–102

Hartmann A, Pukall R, Rothballer M, Ganter S, Metz S, Schloter M, Mogge B (2004) Microbial community analysis in the rhizosphere by *in situ* and *ex situ* application of molecular probing, biomarker and cultivation techniques. In: Varma A, Abbott L, Werner D, Hampff R (Hrsg) Plant surface microbiology, Springer, Berlin Heidelberg, S 449–469

Hartmann A, Rothballer M, Schmid M (2008) Lorenz Hiltner, a pioneer in rhizosphere microbial ecology and soil bacteriology research. Plant Soil 312: 7–14

Hartmann A, Schmid M, van Tuinen D, Berg G (2009) Plant-driven selection of microbes. Plant Soil 321: 235–257

Hartmann A, Smalla K, Sörensen J (2007) Microbial diversity in the rhizosphere: Highly resolving molecular methodology to study plant-beneficial rhizosphere bacteria. In: Benckiser G, Schnell S (Hrsg) Biodiversity in agricultural production systems, CRC, Boca Raton London New York, S 102–116

Harvey PR, Warren RA, Wakelin S (2009) Potential to improve root access to phosphorus: The role of non-symbiotic microbial inoculants in the rhizosphere. Crop Pasture Sci 60: 144–151

Helal HM, Sauerbeck DR (1984) Influence of plant roots on C and P metabolism in soil. Plant Soil 76: 175–182

Helal HM und Sauerbeck DR (1986) Effect of plant roots on carbon metabolism of soil microbial biomass. Z Pflanzenernähr Bodenk 149: 181–188

Hendriks L, Claassen N, Jungk A (1981) Phosphatverarmung des wurzelnahen Bodens und Phosphataufnahme von Mais und Raps. Z Pflanzenernähr Bodenk 144: 486–499

Hinsinger P (2001) Bioavailability of soil inorganic P in the rhizosphere as affected by root-induced chemical changes: A review. Plant Soil 237: 173–195

Hinsinger P, Bengough AG, Vetterlein D, Young IM (2009) Rhizosphere: Biophysics, biogeochemistry and ecological relevance. Plant Soil 321: 117–152

Hinsinger P, Gilkes RJ (1996) Mobilization of phosphate from phosphate rock and alumina-sorbed phosphate by the roots of ryegrass and clover as related to rhizosphere pH. Eur J Soil Sci 47: 533–544

Hinsinger P, Plassard C, Tang C, Jaillard B (2003) Origins of root-mediated pH changes in the rhizosphere and their responses to environmental constraints: A review. Plant Soil 248: 43–59

Hodge A, Berta G, Doussan C, Merchan F, Crespi M (2009) Plant root growth, architecture and function. Plant Soil 321: 153–187

Houlden A, Timms-Wilson TM, Day MJ, Bailey MJ (2008) Influence of plant developmental stage on microbial community structure and activity in the rhizosphere of three field crops. FEMS Microb Ecol 65: 193–201

Jackson LE, Burger M, Cavagnaro TR (2008) Roots, nitrogen transformations, and ecosystem services. Annu Rev Plant Biol 59: 341–61

Johansen JE, Binnerup SJ (2002) Contribution of *Cytophaga*-like bacteria to the potential of turnover of carbon, nitrogen, and phosphorus by bacteria in the rhizosphere of barley (*Hordeum vulgare* L.). Microb Ecol 43: 298–306

Jones DL (1998) Organic acids in the rhizosphere – a critical review. Plant Soil 205: 25–44

Jones DL, Darrah PR (1994) Role of root derived organic acids in the mobilization of nutrients from rhizosphere. Plant Soil 166: 247–257

Jones DL, Darrah PR, Kochian LV (1996) Critical evaluation of organic acid mediated iron dissolution in the rhizosphere and its potential role in root iron uptake. Plant Soil 180: 57–66

Jones DL, Hinsinger P (2008) The rhizosphere: Complex by design. Plant Soil 312: 1–6

Jones DL, Hodge A, Kuzyakov Y (2004) Plant and mycorrhizal regulation of rhizodeposition. New Phytol 163: 459–480

Jones DL, Nguyen C, Finlay RD (2009) Carbon flow in the rhizosphere: Carbon trading at the soil-root interface. Plant Soil 321: 5–33

Jungk AG (1991) Dynamics of nutrient movement at the soil-root interface. In: Waisel Y, Eshel A, Kafkafi U (Hrsg) Plant roots: The hidden half, Marcel Dekker, New York Basel Hong Kong, S 455–481

Kaiser O, Pühler A, Selbitschka W (2001) Phylogenetic analysis of microbial diversity in the rhizoplane of oilseed rape (*Brassica napus* cv. Westar) employing cultivation-dependent and cultivation-independent approaches. Microb Ecol 42: 136–149

Kandeler E, Marschner P, Tscherko D, Gahoonia TS, Nielsen NE (2002) Microbial community composition and functional diversity in the rhizosphere of maize. Plant Soil 238: 301–312

Kent AD, Triplett EW (2002) Microbial communities and their interactions in soil and rhizosphere ecosystems. Annu Rev Microbiol 56: 211–236

Killham K, Yeomans C (2001) Rhizosphere carbon flow measurement and implications: From isotopes to reporter genes. Plant Soil 232: 91–96

Kleeberger A, Castorph H, Klingmüller W (1983) The rhizosphere microflora of wheat and barley with special reference to gram-negative bacteria. Arch Microbiol 136: 306–311

Kloepper JW, Leong J, Teintze M, Schroth MN (1980) Enhanced plant growth by siderphores produced by plant-growth-promoting rhizobacteria. Nature 286: 885–886

Kraffczyk I, Trolldenier G, Beringer H (1984) Soluble root exudates of maize: Influence of potassium supply and rhizosphere microorganisms. Soil Biol Biochem 16: 315–322

Lambers H, Mougel C, Jaillard B, Hinsinger P (2009) Plant-microbe-soil interactions in the rhizosphere: An evolutionary perspective. Plant Soil 321: 83–115

Lamont BB (2003) Structure, ecology and physiology of root clusters – a review. Plant Soil 248: 1–19

Lee SH, Ka JO, Cho JC (2008) Members of the phylum *Acidobacteria* are dominant and metabolically active in rhizosphere soil. FEMS Microbiol Lett 285: 263–269

Liljeroth E, Burgers SLGC, van Veen JA (1991) Changes in bacterial populations along roots of wheat (*Triticum aestivum*) seedlings. Biol Fertil Soils 10: 276–380

Li XL, George E, Marschner H (1991a) Extension of the phosphorus depletion zone in VA-mycorrhizal white clover in a calcareous soil. Plant Soil 136: 41–48

Li XL, Marschner H, George E (1991b) Acquisition of phosphorus and copper by VA-mycorrhizal hyphae and root-to-root transport in white clover. Plant Soil 136: 49–57

Loon van LC (2007) Plant responses to plant growth-promoting rhizobacteria. Eur J Plant Pathol 119: 243–254

Lucy M, Reed E, Glick BR (2004) Applications of free living plant growth-promoting rhizosphere. Antonie van Leeuwenhoek 86: 1–25

Lynch JM, Whipps JM (1990) Substrate flow in the rhizosphere. Plant Soil 129: 1–10

Lugtenberg BJJ, Dekkers L, Bloemberg GV (2001) Molecular determinants of rhizosphere colonization by pseudomonads. Annu Rev Phytopathol 39: 461–490

Lugtenberg BJJ, Karmilova F (2009) Plant-growth-promoting rhizobacteria. Annu Rev Microbiol 63: 541–556

Mahaffee WF, Kloepper JW (1994) Application of plant growth-promoting rhizobacteria in sustainable agriculture. In: Pankhurst CE, Doube BM, Gupta VVSR, Grace PR (Hrsg) Soil biota: Management in sustainable farming systems, CSIRO Information Services, East Melbourne, Australien, S 23–31

Mahmood T, Kaiser WM, Ali R, Ashrat M, Gulnaz A, Iqbal Z (2005) Ammonium versus nitrate nutrition of plants stimulates microbial activity in the rhizosphere. Plant Soil 277: 233–243

Marschner H (1995) Mineral nutrition of higher plants, 2. Aufl. Acad Press, London San Diego New York

Marschner P, Yang CH, Lieberei R, Crowley DE (2001) Soil and plant specific effects on bacterial community composition in the rhizosphere. Soil Biol Biochem 33: 1437–1445

Mengel K, Grimme H, Németh K (1969) Potentielle und effective Verfügbarkeit von Pflanzennährstoffen im Boden. Landwirtsch Forsch 23/I (Sonderheft): 79–91

Mengel K, Kirby EA, Kosegarten H, Appel T (2001) Principles of plant nutrition, 5. Aufl. Kluwer Acad Publ, Dordrecht Boston London

Mengel K, Steffens D (1982) Beziehung zwischen Kationen/ Anionen-Aufnahme und Protonenabscheidung aus Wurzeln von Rotklee. Z Pflanzenernähr Bodenk 145: 229–236

Miethling R, Wieland G, Backhaus H, Tebbe CC (2000) Variation of microbial rhizosphere communities in response to crop species, soil origin, and inoculation with *Sinorhizobium meliloti* L33. Microb Ecol 41: 43–56

Neumann G, George TS, Plassard C (2009) Strategies and methods for studying the rhizosphere: The plant science toolbox. Plant Soil 321: 431–456

Neumann G, Römheld V (1999) Root excretion of carboxylic acids and protons in phosphorus-deficient plants. Plant Soil 211: 121–130

Neumann G, Römheld V (2001) The release of root exudates as affected by the plants physiological status. In: Pinton R, Varanini Z, Nannipieri P (Hrsg) The rhizosphere: Biochemistry and organic substances at the soil-plant interface, Marcel Dekker, New York Basel, S 41–93

Nye PH (1981) Changes of pH across the rhizosphere induced by roots. Plant Soil 61: 7–26

O'Donnell AG, Seasman M, Macrae A, Waite I, Davies JT (2001) Plants and fertilizers as drivers of change in microbial community structure and function in soils. Plant Soil 232: 135–145

Persello-Cartieaux F, Nussaume L, Robaglia C (2003) Tales from the underground: Molecular plant-rhizobacteria interactions. Plant Cell Environ 26: 189–199

Pinton R, Varanini Z, Nannipieri P (2001) The rhizosphere as a site of biochemical interactions among soil components, plants, and microorganisms. In: Pinton R, Varanini Z, Nannipieri P (Hrsg) The rhizosphere: Biochemistry and organic substances at the soil-plant interface, Marcel Dekker, New York Basel, S 1–17

Polomski J, Kuhn N (2002) Root research methods. In: Waisel Y, Eshel A, Kafkafi U (Hrsg) Plant roots the hidden half, 3. Aufl. Marcel Dekker, New York, S 295–321

Raaijmakers JM, Paulitz TC, Steiberg C, Alabouvette C, Moenne-Loccoz Y (2009) The rhizosphere: A playground and battlefield for soilborne pathogens and beneficial microorganisms. Plant Soil 321: 341–361

Raghothama KG, Karthikeyan AS (2005) Phosphate acquisition. Plant Soil 274: 37–49

Rheinbaben von W, Trolldenier G (1984) Influence of plant growth on denitrification in relation to soil moisture and potassium nutrition. Z Pflanzenernähr Bodenk 146: 171–179

Rovira AD, Newman EI, Bowen HJ, Campbell R (1974) Quantitative assessment of the rhizoplane microflora by direct microscopy. Soil Biol Biochem 6: 211–216

Saleh-Lakha S, Glick BR (2007) Plant growth-promoting bacteria. In: Elsas van JD, Jansson JK, Trevors JT (Hrsg) Modern soil microbiology, CRC, Boca Raton London New York, S 503–520

Sauerbeck D, Johnen B, Six R (1974) Atmung, Abbau und Ausscheidungen von Weizenwurzeln im Laufe ihrer Entwicklung. Landwirtsch Forsch 31/32: 49–58

Schnepf A, Roose T (2006) Modelling the contribution of arbuscular mycorrhiza fungi to plant P uptake. New Phytol 171: 669–682

Simon HM, Dodsworth JA, Goodman RM (2000) *Crenarchaeota* colonise terrestrial plant roots. Environ Microbiol 2: 495–505

Singh BK, Millard P, Whiteley AS, Murrell JC (2004) Unravelling rhizosphere – microbial interactions: Opportunities and limitations. Trends Microbiol 12: 386–393

Sliwinski MK, Goodman RM (2004) Comparison of crenarchaeal consortia inhabiting the rhizosphere of diverse terrestrial plants with those in bulk soil in native environments. Appl Environ Microbiol 70: 1821–1826

Smalla K, Oros-Sichler M, Milling A, Heuer H, Baumgarten S, Becker R, Neuber G *et al.* (2007) Bacterial diversity of soils assessed by DGGE, T-RFLP and SSCP fingerprints of PCR-amplified 16S rRNA gene fragments: Do the different methods provide similar results? J Microbiol Meth 69: 470–479

Smalla K, Wieland G, Buchner A, Zock A, Parzy J, Kaiser S, Roskot N, Heuer H, Berg G (2001) Bulk and rhizosphere soil bacterial communities studied by denaturing gradient gel electrophoresis: Plant-dependent enrichment and seasonal shifts revealed. Appl Environ Microbiol 67: 4742–4751

Solano B, Barriuso J, Manero FJG (2008) Physiological and molecular mechanisms of plant growth promoting rhizobacteria (PGPR). In: Ahmad I, Pichtel J, Hayat S (Hrsg) Plant-bacteria interactions, Wiley-VCH, Weinheim, S 41–54

Sörensen J (1997) The rhizophere as a habitat for soil microorganisms. In: van Elsas JD, Trevors JT, Wellington EMH (Hrsg) Modern soil microbiology, Marcel Dekker, New York Basel, S 21–47

Sörensen J, Nicolaisen H, Ron E, Simonet P (2009) Molecular tools in rhizosphere microbiology – from single-cell to whole community analysis. Plant Soil 321: 483–512

Sörensen J, Sessitsch A (2007) Plant-associated bacteria: Lifestyles and molecular interactions. In: van Elsas JD, Jansson JK, Trevors JT (Hrsg) Modern soil microbiology. CRC, Boca Raton London New York, S 211–236

Toal ME, Yeomans C, Killham K, Meharg AA (2000) A review of rhizosphere carbon flow modelling. Plant Soil 222: 263–281

Trolldenier G (1995) Die Ökophysiologie der Wurzeln und der Rhizosphäre. Biol unserer Zeit 25: 120–129

Trolldenier G, von Rheinbaben W (1981) Root respiration and bacterial population of roots. I. Effect of nitrogen source, potassium nutrition and aeration of roots. Z Pflanzenernähr Bodenk 144: 366–377

Uren NG (2001) Types, amounts, and possible functions of compounds released into the rhizosphere by soil-grown plants. In: Pinton R, Varanini Z, Nannipieri P (Hrsg) The rhizosphere: Biochemistry and organic substances at the soil-plant interface, Marcel Dekker, New York Basel, S 19–40

Uren NC, Reisenauer HM (1988) The role of root exudates in nutrient acquisition. Adv Plant Nutr. 3: 79–114

Wichern F, Eberhardt E, Mayer J, Joergensen RG, Müller T (2008) Nitrogen rhizodeposition in agricultural crops: Methods, estimates and future prospects. Soil Biol Biochem 40: 30–48

Wieland G, Neumann R, Backhaus H (2001) Variation of microbial communities in soil, rhizosphere, and rhizoplane in response to crop species, soil type and crop development. Appl Environ Microbiol 67: 5849–5854

Fußpilze der Pflanzen: Mykorrhizae 18

„Mycorrhizae, by increasing P and N uptake, create a C sink and enhance the photosynthetic machinery."

MF Allen et al. (2003b)

Inhaltsverzeichnis

18.1 Mykorrhizae, die wichtigsten Symbiosen von Pilzen

Die Symbiose zwischen *Fungi* (Echten Pilzen) und den Feinwurzeln von Pflanzen wird als **Mykorrhiza** (gr. *mykes* = Pilz und *rhiza* = Wurzel) oder **Pilzwurzel** bezeichnet. Diese Lebensgemeinschaft ist unter Pflanzen die am weitesten verbreitete und wichtigste Symbiose. Die Symbiosen sind überwiegend **mutualistisch**, weil beide Partner aus der morphologisch-physiologischen Beziehung Nutzen ziehen. Der Mykobiont versorgt die Pflanze mit Wasser und mineralischen Nährstoffen (vor allem N und P) aus dem Boden, während der Phytobiont den Pilzhyphen **Assimilate** (Kohlenhydrate), **Lipide** und **Vitamine** zukommen lässt. Der Forstwissenschaftler und Mykologe **R. Hartig** (1839–1901) berichtete bereits in den Jahren 1873/1874 über das Vorkommen von Pilzhyphen in dunkelgefärbten Feinwurzeln von jungen Fichtenbeständen (*Picea abies*). Weil sich aber die (vermeintlich kranken) „infizierten" Jungbäume sichtbar besser entwickelten als die benachbarten, nicht befallenen Exemplare, schrieb er dem betreffenden Pilz (*Agaricus melleus*) eine wachstumsfördernde Wirkung auf die Nadelbäume zu. Dass es sich um eine symbiotische Lebensgemeinschaft zwischen Pflanzenwurzeln und Pilzen handelte, war ihm jedoch nicht bewusst. Erst der schweizer Botaniker **A. B. Frank** (1839–1900) erkannte in Berlin die mutualistische Beziehung zwischen Pilzen und Feinwurzeln von Waldbäumen und führte im Jahre 1885 den Begriff Mykorhiza (Pilzwurzel) ein. Warum aber dieser Name später mit **rr** geschrieben wurde ist un-

J.C.G. Ottow (Hrsg.) *Mikrobiologie von Böden*,
DOI: 10.1007/978-3-642-00824-5_18,

klar, da ethymologisch nicht notwendig. Bemerkenswert ist zudem, dass diese willkürliche Orthographie von den meisten europäischen Sprachen übernommen wurde, nicht jedoch vom Französischen (mycorhize). Ende des 19. Jahrhunderts erhielt Frank vom preussischen Minister für Landwirtschaft den Auftrag, die Zucht der Echten Trüffeln (Vertreter der Gattung *Tuber*, Schlauchpilze, in Symbiose mit Eichen) zu erforschen und zu fördern. Dabei beobachtete er die charakteristischen kurzen und verdickten Wurzeln der Verzweigungen zweiter und dritter Ordnung, welche von einem Netzwerk von Pilzhyphen umsponnen waren (Ektomykorrhiza). Im Jahre 1897 wurde die Endomykorrhiza vom Niederländer **J. M. Janse** bei verschiedenen tropischen Pflanzen Javas entdeckt und beschrieben (Janse 1897). Die Mykorrhizierung von Pflanzenwurzeln wurde jedoch Jahrzehnte lang lediglich als exotische Besonderheit betrachtet. Die große Bedeutung dieser unterirdischen Symbiosen für die Ernährung von Bäumen, Sträuchern und einjährigen (Kultur-)Pflanzen wurde erst in den sechziger Jahren des vergangenen Jahrhunderts erkannt, als die Mykorrhiza-Forschung durch cytologische Untersuchungen mit dem **Elektronenmikroskop** neuen Aufschwung erhielt. Heute steht fest, dass schätzungsweise 95% der Landpflanzenarten zu Familien gehören, in welchen die meisten Vertreter mykorrhiziert sind. Allerdings wurden weniger als 5% der Arten mikroskopisch untersucht (Trappe 1987). Wahrscheinlich sind die meisten Landpflanzen auf marginalen Standorten für ein optimales Wachstum auf die Lebensgemeinschaft mit Mykorrhizapilzen angewiesen. Wenn die mineralische Nährstoffaufnahme aufgrund der Bodeneigenschaften und -bedingungen schlecht ist, dann greifen die meisten vaskulären Pflanzen auf die Hilfen bestimmter Mykorrizae zurück.

Die verschiedenen Lebensgemeinschaften zwischen Pflanzenwurzeln und Pilzen stellen eine Vielzahl an Gradienten von Beziehungen dar, die von weitgehend mutualistisch (zum gegenseitigen Vorteil) bis hin zu überwiegend parasitisch reichen. Schätzungsweise 30% aller Pilzarten beziehen ihre Nahrung als Mutualisten (in Symbiosen) oder Parasiten (bei pathogenen Beziehungen) von Pflanzen (oder Tieren). Der Rest der Bodenpilze (ca. 60%) ernährt sich **saprophytisch** von abgestorbenen Organismen (Kap. 8).

18.2 Mykorrhizaklassen

Als Mykotrophie (Pilzernährung) wird die Ernährung der Pflanzen mithilfe von Mykorrhizapilzen bezeichnet. Sie wird zum Normalfall, wenn die Menge und Verfügbarkeit von mineralischen Nährstoffen, insbesondere von P und N, in Böden sehr gering und für die Entwicklung der Pflanzen suboptimal ist (marginale oder Grenzstandorte). Je nach (a) Lage des Gleichgewichtes zwischen Mutualismus und Parasitismus, (b) der Intensität der histologischen Verbindung zwischen Feinwurzeln und Pilzhyphen und (c) der morphologisch-anatomischen Erscheinungsform kann zwischen sieben Mykorrhizaklassen (Abb. 18.1) unterschieden werden (Schwantes 1996; Martin *et al.* 2001; Smith u. Read 2008) und zwar zwischen

- ektotropher (äußerer) Mykotrophie (**Ektomykorrhiza, ECM**)
- endotropher (innerer) Mykotrophie, hauptsächlich (Vesikulär)-**Arbuskuläre Mykorrhiza** (AM, früher VAM),
- ektendotropher Mykotrophie (**Ektendomykorrhiza, EEM**),
- **Ericoider Mykorrhiza (EM)**,
- **Arbutoider Mykorrhiza (ABM)**,
- **Orchideoider Mykorrhiza (OM)** und
- **Monotropoider Mykorrhiza (MM).**

Die ersten fünf der oben genannten Klassen gelten als mutualistische Symbiosen (zum gegenseitigen Vorteil), die beiden letzten werden zu den antagonistischen (parasitischen) Mykorrhizae gerechnet. Bei den antagonistischen Mykorrhizaklassen profitieren hauptsächlich die Wirtspflanzen von der Lebensgemeinschaft zwischen Feinwurzeln und Pilzen. Beim Antagonismus zieht im Wesentlichen ein Partner Vorteile aus der Symbiose, während der andere deutlich ausgenutzt wird. Allerdings kann auch Parasitismus als eine spezielle Symbioseform betrachtet werden. Die Arbuskuläre Mykorrhiza (AM), die Orchideoide Mykorrhiza (OM) und die Ericoide Mykorrhiza (EM) gehören morphologisch zu der Klasse der endotrophen Mykorrhizen, während die Ektotrophe, Monotropoide und die Arbutoide Mykorrhiza eher die morphologische Gruppe der ektotrophen Mykorrhiza bilden (Abb. 18.1). Die Übergangsformen zwischen ektotropher und endotropher Mykorrhiza werden als Ektendomykorrhiza zusammengefasst.

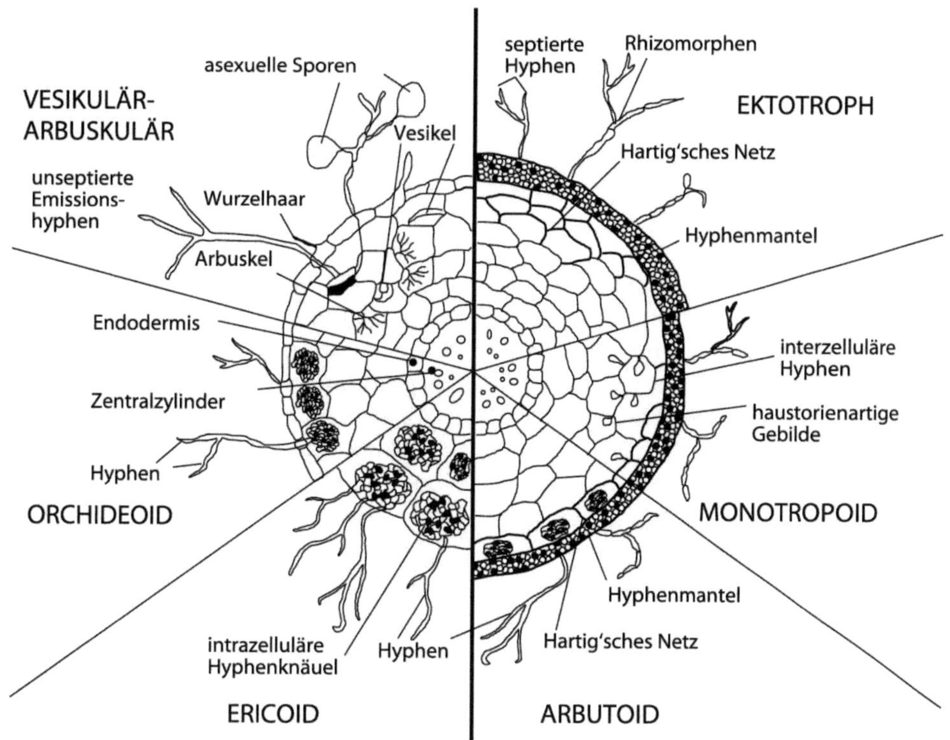

Abb. 18.1 Schematische Darstellung der morphologisch-anatomischen Eigenschaften der verschiedenen Mykorrhizaklassen. Links: die drei Endomykorrhizen, rechts: die drei Ektomykorrhizen (ergänzt nach Schwantes 1996)

18.3 Funktionen und Leistungen der Mykorrhizae

Mykorrhizierte Pflanzen treten besonders auf jenen Böden auf, die relativ arm an Nährstoffen sind und/oder Mineralstoffe (insbesondere N, P und Zn) in sehr geringen und schlecht aufnehmbaren (unlöslichen) Formen besitzen. Grundsätzlich beruht die verbesserte Nährstoffaneignung durch mykorrhizierte Feinwurzeln auf einer wesentlichen Zunahme der **Kontaktfläche** mit Bodenkolloiden infolge der zahlreichen, relativ langen und dünnen **Emissionshyphen**, was zu einer Intensivierung der Aufnahmemechanismen Interzeption und Diffusion führt (Kap. 17). Der Durchmesser von Pilzhyphen (im Schnitt etwa 3 µm) ist im Vergleich zu den Wurzelhaaren (ca. 15–20 µm Durchmesser) ungefähr 5- bis 7-mal geringer. Beispielsweise hat 1 cm Wurzel ohne Pilzhyphen eine Gesamtoberfläche von ca. 25 mm^2, die nach Mykorrhizierung auf etwa 1250 mm^2 erhöht wird, was eine fünffache Oberflächenvergrößerung bedeutet (Jansen 1992). Mykorrizae begünstigen Pflanzenwachstum in erster Linie durch eine verbesserte Nährstoffaufname, insbesondere durch eine erhöhte Phosphataufnahme aus unlöslichen Al-, Fe- und Ca-Phosphaten. Dabei werden kaum neue P-Quellen im Boden erschlossen. Vielmehr wird durch die gewaltige Oberflächenvergrößerung der Hyphen das Bodenvolumen besser erschlossen. Zudem sind Pilze **heterotrophe** Organismen, die Nährstoffe (insbesondere N und P) im Zuge der **Mineralisation** postmortaler organischer Substanzen in den L-, O- und/oder in den humushaltigen Ap-Horizonten im Mineralbodenverband verstärkt mobilisieren und in lösliche Formen überführen. Die Hydrolyse von organischen Phosphatesterbindungen erfolgt durch Phosphatasen. Die aufgenommenen Nährstoffe werden im Hartig'schen Netz der Wurzelrinde (von EM, MM und ABM) und an Arbuskeln (AM) gegen Assimilate (Kohlenhydrate) ausgetauscht. Weiter sind Pilzhyphen wesentlich länger als Wurzelhaare, wodurch ein größerer Porenraum und ein umfangreicheres Bodenvolumen (Depletionszone) erschlossen wird. Zudem kann das Pilzmycel den Bodenraum mit einem dichteren Netz durchziehen als es die Wurzelhaare vermögen. Schließlich erfolgt die Wasser- und Nährstoffaufnahme entlang des gesamten Hyphensystems und nicht nur über die Wurzelhaare.

18.3.1 Leistungen des Pilzes in der Symbiose

Die Mykorrhizapilze sind taxonomisch und genetisch sehr verschieden, doch haben alle Arten die Abhängigkeit vom pflanzlichen Stoffwechsel gemein (Martin *et al.* 2001). Zu den entscheidenden **positiven Leistungen** von Mykorrhizapilzen für die Pflanze gehören eine

- Verbesserung der **Nährstoffversorgung**. Bei der ECM besteht die Hauptaufgabe der Pilze in einer Steigerung der N-Versorgung, während bei den AM hingegen die P-, S- und Zn-Aneignung und -Versorgung aus schlechtlöslichen anorganischen Al-, Fe- und/oder Ca-Phosphaten und/oder organischen Phosphaten (z. B. Phytate) im Vordergrund stehen. Insbesondere bei der Mineralisierung organischer N-Verbindungen und bei der Erschließung und Aufnahme schwerlöslicher Phosphate sind die Pilzhyphen den Haarwurzeln der Pflanzen deutlich überlegen. Nachweislich nehmen Mykorrhizapilze aus organischen Auflagen und/oder aus Mineralhorizonten N (ECM, EM, AM), P (AM, ECM, EC), K (ECM, AM), S (AM), Ca (AM), Mg (AM), Fe (EM), Mn (EM), Zn (AM) und Cu (AM, ECM) in höheren Konzentrationen auf als nicht mykorrhizierte Wurzeln, insbesondere auf Standorten mit geringer Nährstoffverfügbarkeit. Die unseptierten Emissionshyphen von AM können im Schnitt bis zu 80% zur P-, 20% zur N-, 10% zur K-, 60% zur Cu- und 25% zur Zn-Versorgung des Wirtes beitragen. Bei den ECM stammen hingegen bis zu 80% des N, P und S aus einer Mineralisation mittels septierten Emissionshyphen. Vor allem bei der ECM wird N nach Mineralisation aus organischen Substanzen als NH_4^+ von den Hyphen aufgenommen. In dieser relativ toxischen Form kann NH_4^+ jedoch nicht intrazellulär von den Hyphen transportiert werden. Infolgedessen wird NH_4^+ in den Hyphen durch Glutamin-Synthetase (unter Verbrauch von ATP) zu Glutamin aminiert, als solches verlagert und an den Kontaktflächen im **Hartig'schen Netz** gegen Assimilate (Zucker) ausgetauscht. Solange aufnehmbares P und N im Boden begrenzt sind, werden die Wirtspflanzen die Symbiose mit Mykorrhizapilzen fortsetzen. Infolge der verstärkten N-, P- und Wasseraufnahme durch Pilzhyphen nimmt die Photosyntheseaktivität zu. In mykorrhizierten Pflanzen werden 36 bis 73% mehr C-Assimilate gebildet. Im Schnitt werden etwa 20 bis 30% (Schwankungsbreite zwischen 5 und 85%) der *Netto*-Photosynthese zur Entwicklung der pilzlichen Biomasse über die Wurzeln in den Boden verlagert. Mykorrhizapilze werden aufgrund der gegenseitigen Förderung so zu **signifikanten C-Senken** (Marschner u. Dell 1994; Allen *et al.* 2003b). Je nach Bedingungen können Mykorrhizae in Waldböden bis zu 15% der gesamten mikrobiellen Biomasse (Kap. 2) in den Auflagehorizonten bilden. Obwohl der N- und P-Bedarf der Pilze (C/N = ~ 7 bis 10; C/P = ~ 20) deutlich höher ist als der von Pflanzen (C/N = ~ 30; C/P = ~ 250), wird deutlich, dass die N- und P-Mineralisierung durch die Hyphen im Wesentlichen der Synthese oberirdischer Biomasse dienen. Umgekehrt wird ein beachtlicher Teil der C-Assimilate zusammen mit dem assimilierten N vom Pilz zur Bildung eines gewaltigen Netzes von Hyphen mit Zellwänden aus Chitin (die pilzliche Zellwand besteht zu ca. 60% auch Chitin) verwendet, veratmet (ca. 43–64%), als Reservesubstanzen (Mannit, Trehalose, Lipide) gespeichert und als Exsudate (Zucker, Aminosäuren, vor allem Glutamin) über die **Mykorrhizosphäre** als Verluste abgegeben. Die Wurzel als Ort einer verstärkten Kohlenhydratzufuhr (Senke) lässt eine Steuerung durch Phytohormone (Cytokinine?) vermuten, zumal Wurzelspitzen Synthesezentren für Cytokinine und andere Phytohormone sind,
- Erhöhung der **Wasseraufnahme**, besonders bei Trockenheit. Rhizomorphen und Emissionshyphen dringen in größerer Entfernung, häufiger, tiefer und mit höherer Saugspannung und größerer Kontaktfläche in die organischen Auflagen und Mineralböden ein als es die kurzen und dickeren Feinwurzeln vermögen. Infolgedessen haben mykorrhizierte Pflanzen eine bessere Wasserversorgung, was zur längeren Öffnung der Stomata sowie zu höheren Photosyntheseaktivitäten (um 10 bis 40%) und Transpirationsraten führt, besonders bei Trockenperioden und auf Böden mit relativ geringer Wasserkapazität. Aus diesen Gründen sind N_2-bindende **Pionierpflanzen** (Kap. 13) in der Regel auch mykorrhiziert (z. B. *Casuarina*-Arten). Insbesondere

ECM mit ihren relativ dicken **Rhizomorphen** (z. B. von *Rhizopogon*- und *Cortinarius*-Arten) gehören zu den effizientesten Wasserversorgern von Bäumen (z. B. Douglasie), weil diese röhrenartigen Leitsysteme das aufgenommene Wasser über relativ große Entfernungen schnell und nur mit geringen Verlusten zu den Wurzeln transportieren können. In den Hyphen beträgt die cytoplasmatische Strömungsgeschwindigkeit je nach Lage zwischen etwa 2 und 15 cm $\times$ h^{-1}, Geschwindigkeiten, die weit größer sind als die Konvektionsströmungen (Massenfluss) durch den Porenraum der Böden (Augé 2001; Allen *et al.* 2003b),
- Stabilisierung der **Bodenstruktur** (Lebendverbauung; Kap. 2). Pilzhyphen samt ihres umfangreichen Verbundsystems und ihrer Schleimstoffe tragen zur Aggregierung und Strukturstabilisierung des Oberbodens und folglich zur Erhöhung der maximalen Wasserkapazität (mWK) bei, vor allem durch AM in mineralischen Bodenhorizonten (Hock u. Bartunek 1984; Allen *et al.* 2003b),
- Förderung der **Nodulation** und **N_2-Bindung** bei Leguminosen. Diese Wirkung bestimmter AM-Pilze wird bereits beim großflächigen Anbau von Soja (*Glycine max*) und Erdnuss (*Arachis hypogaea*) genutzt. Sojabohnen, beimpft mit bestimmten *Bradyrhizobium japonicum*- und *Glomus clarum*-Stämmen, können bereits nach zehn Tagen 30% mehr Knöllchen haben als die Kontrolle ohne Inokulation mit Mykorrhizapilzen. Mehrfach wurde nachgewiesen, dass die Mykorrhizierung über eine bessere P-Versorgung der Pflanzen auch die N_2-Bindung begünstigt, und eine
- Erhöhung der **Widerstandskraft** gegenüber pathogenen Organismen (Bakterien, Pilzen, Insekten und Nematoden) und potenziellen Schadstoffen. Das dichte Netz von Pilzhyphen um die Feinwurzeln („Mantel") wirkt gegenüber Schädlingen wie eine mechanisch-biologische Barriere. Mykorrhizierte Bäume, Sträucher und einjährige Kulturpflanzen sind erfahrungsgemäß resistenter gegenüber Schädlingen, Krankheiten und abiotischen Stressfaktoren als nicht mykorrhizierte Pflanzen. Die Mechanismen dieser Biokontrolle sind noch nicht geklärt, doch beruhen sie wahrscheinlich auf *induced systemic resistance* (ISR; Resistenzinduktion durch Rhizosphärenbakterien) der Pflanzen (Kap. 17), auf kompetitiver Verdrängung von pathogenen Pilze durch EM oder AM und/oder auf der verbesserten P-Ernährung der Pflanze durch die AM. Möglicherweise spielt dabei auch die Ausscheidung von **Antibiotika** durch Mykorrhizapilze eine Rolle. Antibiotikabildung und die Förderung einer breiten Mikrofauna im Pilzmantel als Folge von komplexen Nahrungsketten und -netzen bewirken zudem eine verstärkte Abwehrkraft gegenüber potenziellen Krankheitserregern. Mykorrhizierte Pflanzen wachsen meist schneller und zeigen eine höhere Konkurrenzkraft und Lebenserwartung (Lindermann 2000). Bei der erhöhten Krankheitsresistenz mykorrhizierter Wurzeln spielt schließlich auch die stärkere **Lignifizierung** der Zellwände und der Endodermis eine wichtige Rolle, da die Ausbreitung pathogener Organismen in solchen Geweben behindert wird. Mykorrhizapilze scheinen Wurzeln auch erfolgreich vor phytopathogenen Nematoden schützen zu können (Brussaard *et al.* 2001).

Schließlich übernehmen Mykorrhizae in den organischen Auflagen von Waldböden und in A_h-Horizonten landwirtschaftlich genutzer Böden eine wichtige **Filterfunktion** für Schwermetalle und radioaktive Substanzen. Durch die emissionsbedingten Luftverunreinigungen können potenziell toxische Schwermetalle (Pb, Cd, Ni, Hg, Cr) in den Oberböden an organischen Bodensubstanzen sorbiert und angereichert werden. Sie können folglich ein Gefährdungspotenzial für Mensch und Tier darstellen. Insbesondere Mykorrhizen vermögen bestimmte Schwermetalle zu immobilisieren und radioaktives Cäsium und Strontium (aus dem Reaktorunfall im Jahre 1986 in Tschernobyl) selektiv an Hyphen, Rhizomorphen und am Pilzmantel der Feinwurzeln anzureichern, was einer effektiven Filterung und Akkumulation gleichkommt. Das Problem besteht darin, dass Schwermetalle ebenso wie das radioaktive Cs und Sr in den Fruchtkörpern von Basidiomyceten angereichert werden können, was beim Verzehr von Speisepilzen zu gesundheitsschädlichen Konzentrationen führen kann (Bereck u. Haselwandter 2001).

18.3.2 Leistungen der Pflanze für den Mykorrhizapilz

Die Funktionen der höheren Pflanzen in der Symbiose mit Pilzen beinhaltet im Wesentlichen die Bereitstellung von Assimilaten (Kohlenhydrate) und Lipiden, mit denen der Mykobiont seinen hohen Energiebedarf deckt. Schätzungsweise fünf Milliarden (10^9) Tonnen C werden weltweit und jährlich von den Pflanzen an die AM-Pilze abgegeben (Bago *et al.* 2000). Die ECM-, EM- und AM-Pilze leben in organischen Auflagen der Böden zwar saprophytisch (heterotroph), doch haben zahlreiche ECM-Pilze (Basidiomyceten, Ascomyceten) und AM-Pilze (Glomeromyceten) im Laufe der symbiotischen Anpassung an Gefäßpflanzen mehrere degradative Fähigkeiten verloren (z. B. den hydrolytischen Abbau von Polymeren wie Cellulose und Hemicellulosen). Ihre saprophytische Konkurrenzfähigkeit ist folglich geschwächt, während die stoffwechselphysiologische Abhängigkeit von der grünen Pflanze zugenommen hat. Obligat biotrophe AM-Pilze sind vollständig auf den Pflanzenstoffwechsel angewiesen: Der Pilz bezieht für seinen heterotrophen Stoffwechsel hauptsächlich monomere Zucker (Glucose, Fructose, Mannose und Galactose), Pektine (Polygalakturonsäure), Lipide und verschiedene Vitamine von der Pflanze. Die Aufnahme solch einfacher Verbindungen erfolgt über das Hartig'sche Netz (ECM-Pilze) oder über die Arbuskeln (AM-Pilze) im Austausch gegen lösliche mineralische Verbindungen (N, P, S und Mikronährstoffe). Im Allgemeinen geben mykorrhizierte Pflanzen etwa 10 bis 20% ihrer *Netto*-Photosyntheseprodukte an den Mykobionten ab, wenngleich dieser Prozentsatz zwischen 5 und 85% schwanken kann (Smith *et al.* 1994; Allen *et al.* 2003b). Die aufgenommenen Kohlenhydrate werden im pilzlichen Stoffwechsel sofort in solche Formen überführt, die vom Wirt schlecht oder gar nicht verwertet werden können wie die Zuckeralkohole Mannit und Arabit sowie das Disacharid Trehalose (aus zwei veretherten Glucosemolekülen) und Glykogen.

Infolge des hohen Zuckerverbrauchs im Hartig'schen Netz entsteht ein Zuckergradient, was die laufende Entnahme von Kohlenhydraten aus den Rindenzellen erleichtert. In mykorrhizierten Wurzeln befinden sich die Zucker zu etwa 70% in der Endodermis in Transportformen wie Saccharose und Glucose. Die restlichen 30% befinden sich im Pilzmantel in Form von Trehalose und Mannit. Die beiden Zucker stellen für den Pilz eine in Ort und Art geeignete C-Speicherform dar. Die Verwertung von Pektinen erlaubt es den ECM-Pilzen einerseits die pflanzlichen Interzellularräume zu besiedeln und verhindert andererseits die enzymatische Hydrolyse der Cellulosewände von Wirtszellen. Obligat biotrophe AM-Pilze benötigen außer Kohlenhydraten und Lipiden (Fettsäuren) auch noch Vitamine von der Pflanze. Andererseits sind chlorophyllfreie Pflanzen (OM, MM) vollständig auf die C-Versorgung durch die Pilze angewiesen, und die Lebensgemeinschaft ist nicht mutualistisch, sondern parasitisch (Allen *et al.* 2003b; Smith u. Read 2008).

18.4 Verbreitung der Mykorrhizierung unter Gefäßpflanzen

Während die ECM, AM und EEM mit verschiedenen Pflanzen fakultative oder obligate mykotrophe Symbiosen eingehen können, gibt es andererseits auch obligat mykotrophe Pflanzen, die nur mit bestimmten Pilzen lebensfähig sind (EM, ABM, OM, MM). Je nach Nährstoffversorgung und Bodenbedingungen (Belüftung) können die Feinwurzeln von

- **Dikotyledonen** (Angiospermen und Gymnospermen),
- **Monokotyledonen** (*Poaceae*, darunter die Getreidearten und Gräser),
- **Farnen** (Pteridophyta) und
- **Moosen** (Bryophyta)

in unterschiedlichem Ausmaß mykorrhiziert sein. **Gymnospermen** (*Pinaceae*) auf nährstoffarmen Böden sind zu fast 100% obligat mit einem oder mehreren ECM versehen. Die **Angiospermen**, mit etwa 2/3 aller heute existierenden Pflanzenarten, sind zu etwa 85% mykorrhiziert (hauptsächlich AM, aber auch ECM). Als nicht oder teilweise mykorrhiziert gelten Vertreter der *Araceae*, *Brassicaceae* (= einschließlich *Cruciferae*), *Chenopodiaceae*, *Caryophyllaceae* und *Juncaceae*. *Cyperaceae* (*Carex spp.*, *Cyperus spp.*, *Eleacharis spp.*, *Scirpus spp.*, etc.) galten lange Zeit als selten- oder nicht mykorrhiziert.

Nach rezenten Untersuchungen können Vertreter der *Cyperaceae* (Sauergrasgewächse) je nach Bodenbedingungen (Bodenfeuchtigkeit, Belüftung, pH) auch intensiv mykorrhiziert sein (fakultativ mykotroph). Neben arbuskulären Mykorrhizen (AM) besitzen diese krautartigen Sumpfpflanzen in der Rhizosphäre vielfach noch charakteristische **d**unkle **s**eptierte endophytische **P**ilze (DSP), die offenbar auch in einer endophytischen Symbiose mit den Feinwurzeln dieser Sauergräser leben (Muthukumar *et al* 2004; Weishampel u. Bedford 2006). Unter den **Pteridophyten** (ca. 52% haben Mykorrhizae) sind es hauptsächlich Arten der *Isoetaceae* (Brachsenkräuter) und *Azollaceae* (Schwimmfarne wie *A. filiculoides*; Kap. 13), die ohne Mykorrhizen auskommen, aber häufig DSP besitzen.

Moose (Bryophyta) sind weitgehend frei von Mykorrhizen (ca. 54%), ausgenommen die Lebermoose (*Hepaticea*) (Wang u. Qui 2006). Im Allgemeinen gilt, dass vaskuläre Pflanzen in nassen Standorten ohne Mykorrhiza auskommen, offenbar weil weder Nährstoffversorgung noch Wasseraufnahme wachstumsbegrenzend sind. Weiter können Pflanzen auf nährstoffreichen Böden in der Regel auch ohne Hilfe von symbiotischen Pilzen auskommen, weil die Nährstoffaneignung bei ausreichender Wasserkapazität des Bodens und guter Wasserversorgung im Wesentlichen vom **Massenfluss** (Kap. 17) gedeckt werden kann. Pflanzen ohne Mykorrhizae auf relativ nährstoffreichen (Acker-)Standorten sind beispielsweise Vertreter der *Brassicaceae* (z. B. Kohlgewächse, Raps), der *Chenopodiaceae* (die Zuckerrübe *Beta vulgaris* besitzt jedoch auf nährstoffarmen Grenzstandorten häufig AM), der *Crassulaceae* (Dickblattgewächse), der *Amaranthaceae* (Fuchsschwanzgewächse; überwiegend nicht mykorrhiziert), der *Portulacaceae* (Ackerunkräuter, überwiegend nicht mykorrhiziert) und der *Polygonaceae* (nicht mykorrhiziert, darunter *Fagopyrum esculentum* = Buchweizen und *Rumex acetosella* = Sauerampfer). Schließlich besteht für Pflanzen mit einem stark verzweigten, feinen Wurzelsystem und gut entwickelten Wurzelhaaren keine Notwendigkeit, mit Pilzen Symbiosen einzugehen, da die Nährstoffaneignung offenbar im Wesentlichen durch Interzeption und Diffusion auch auf relativ nährstoffarmen und P-fixierenden Standorten ausreichend ist. Beispielsweise verfügt *Digitalis purpurea* (Roter Fingerhut, *Scrophulariaceae*) über ein sehr umfangreiches feinverzweigtes Wurzelsystem und kommt infolgedessen auch auf sehr nährstoffarmen sauren sandigen Böden (Podsolen) ohne Mykorrhizierung gut zurecht. Eine ausreichende Belüftung des Wurzelsystems ist stets Bedingung für eine Mykorrhizierung von Pflanzen und folglich ist es verständlich, dass Hygrophyten (Feuchtpflanzen) meist frei von Mykorrhizen sind. Hydrophyten, die über ein ausführliches Aerenchymsystem in den Stängeln verfügen, können allerdings auf nassen Böden durch die gute O_2-Versorgung bis in die Wurzelspitzen mykorrhiziert sein (Pilze sind aerobe Mikroorganismen; Kap. 8), wie die Beispiele Nassreis (*Oryza sativa*) und Schilf (*Phragmitis spp.*) belegen (Trappe 1987; Wang u. Qui 2006).

18.5 Ektomykorrhiza

18.5.1 Merkmale der Ektomykorrhiza

Bei dieser Mykorrhiza wird hauptsächlich die Oberfläche der Kurzwurzeln von den Pilzhyphen umsponnen. Es kommt zur Bildung eines Scheinparenchyms (Plektenchym), das die gesamte Wurzel einschließlich Spitze und Haube umfasst, und als **Mantel** bezeichnet wird (Abb. 18.1). Dieser Mantel variiert je nach Pilzart zwischen einem losen Hyphengeflecht und einem dichten Scheinparenchym mit fester Oberfläche. Im Mantel werden Polyphosphate, Lipide und Kohlenhydrate gespeichert. Die infizierten Wurzeln sind kurz verdickt und auf charakteristische Weise korallenförmig dichotom verzweigt (Bending u. Read 1995). Die Hyphen dringen interzellulär nur wenige Zellschichten tief in die Rindenzone (Exodermis) ein und umhüllen die einzelnen Zellen vollständig. Dieses Pilzgeflecht zwischen Epidermis und Rindengewebe heißt **Hartig'sches Netz** und ist allenfalls zwei bis drei Zellschichten tief. Ein weiteres Vordringen der Hyphen verhindert die Wurzel durch Lyse (**Fungophagie**). Das Hartig'sche Netz ist bei einigen Pilzen verkorkt und im Mikroskop stets gut sichtbar. Bedingt durch die Infektion fehlen Wurzelhaare, und die Epidermis und äußere Ektodermisschicht ist verändert (Kottke u. Oberwinkel 1986; Peterson u. Bonfante 1994; Bending u. Read 1995; Schwantes 1996; Smith u. Read 2008). Mykorrhizierte Kurzwurzeln sind dicker als die entsprechenden Wurzeln nicht infizierter Bäume und durch eine **Tanninschicht** unter dem Mantel charakteristisch **dunkelbraun** gefärbt. Diese Schicht besteht aus ehemaligen Epidermiszellen, die mit Huminstoffvorstufen, Polyuroniden und Polysacchariden gefüllt sind. Als Reaktion auf die Pilzinfektion bildet die Wurzel als fungizide Abwehrstoffe Tannine (Gemische aus Glucosederivaten, verestert mit Polyphenolen vom Typ Gallussäure). Der Pilz reagiert mit der Ausscheidung von Tannasen, die aus den Tanninen Polyphenole (z. B. Gallussäure: 3,4,5-Trihydroxybenzoesäure) freisetzen; die Phenole oxidierten rasch durch Autoxidation und **Polyphenol-Qxidasen** (Box 3.3; Kap. 11) und polymerisieren spontan mit R–NH_2-Gruppen (Aminosäuren) zu braunen Huminstoffvorstufen (Kap. 11). Die Braunverfärbung ist kennzeichnend für Ektomykorrhiza der *Pinaceae* und tritt bei Endomykorrhiza gar nicht auf.

Die Rindenzellen zeigen Hypertrophie (Wucherungen und Schwellungen). Vom Mantel aus dringen zahlreiche Pilzhyphen (Emissionshyphen) in den organischen Auflagehorizont (A_h) ein und bilden durch ihre hohe Anzahl und große Länge insgesamt eine gewaltige Kontaktfläche mit dem Boden aus, die um ein Vielfaches größer ist als diejenige der zahlenmäßig geringeren, dickeren und kürzeren Wurzelhaare sein würde. Die durch Zunahme der Oberfläche verursachte Kontaktflächenvergrößerung bedingt die Erfolgsstrategie der Mykorrhizierung.

Quantitativ sind die Ektomykorrhiza mit 3 bis 4% im Vergleich zur Endomykorrhiza zwar von untergeordneter Bedeutung, für unsere Wälder bilden sie jedoch aufgrund ihrer intensiven Mineralisierungstätigkeit die Lebensgrundlage. Ektomykorrhizae treten hauptsächlich an Kurzwurzeln von Nadel- und Laubbäumen des gemäßigten Klimas auf. Besonders häufig kommen Ektomykorrhizae bei Vertretern der Familien *Pinaceae*, *Fagaceae*, *Rosaceae* und *Caesalpinaceae* (Kap. 13) vor. Aber auch bei Lebermoosen (*Hepaticae*) und verschiedenen Baumarten des tropischen Regenwaldes ist diese Mykorrhizaform weit verbreitet. In solchen Wäldern spielt sich der Nährstoffkreislauf weitgehend in den humushaltigen Auflagenhorizonten ab, der infolgedessen intensiv durchwurzelt ist. Ektomykorrhizen sind auch stets in den sklerophylen Sträuchern und Halbsträuchern des **Macchiagebüsches** (Cistrosengewächse, *Cistaceae*) vorhanden, auf den (ehemals bewaldeten) flachgründigen schwach sauren sommertrockenen Böden (Leptosole, Rendzinen) aus Kalkgestein im Mittelmeerraum sowie in Südwestaustralien und Kalifornien. Typische **Cistrosengewächse** wie die Cistrose (*Cistus spp.*) und das Sonnenröschen (*Helianthemum spp.*) sind ektomykorrhiziert, um Wasser- und Nährstoffe mithilfe eines weitläufigen Hyphensystems so effizient wie möglich aus der dünnen Humusauflage gewinnen zu können, weil der skelettreiche Unterboden extrem nährstoffarm und wasserdurchlässig ist (Comandini *et al*, 2006).

Bei den Pilzpartnern der Ektomykorrhiza handelt es sich überwiegend um **Basidiomyceten** (ca. 5000–10 000 Taxa), **Ascomyceten** (etwa 200 Taxa) und einige wenige Vertreter des Subphylums *Mucuromycotina* (ein Teil des ehemaligen Phylums *Zygomycota*; Kap. 8). Schätzungsweise ein Drittel der heimischen Großpilze gehört zu den Ektomykorrhizae, doch dürfte diese Zahl eine Unterschätzung der Gesamtdiversität sein. Zahlreiche Ektomykorrhizapilze sind cellulolytisch und lignolytisch aktiv und bilden Peroxidasen und Phenol-Oxidasen (Kap. 10). Ektomykorrhizapilze sind für eine Fruchtkörperbildung (z. B. Hut- oder Keulenpilze) oft auf bestimmte Baumarten angewiesen (**obligate** Mykorrhizae mit relativ enger Wirtspezifität). **Fakultative** Mykorrhizae sind für die Fruchtkörperbildung nicht auf eine Symbiose mit bestimmten Pflanzen angewiesen, sondern können diese auch als reine Saprophyten in Böden bilden. Die Spezifität der meisten ECM-Pilze und Wirtspflanzen ist zwar relativ gering, aber größer als von AM-Pilzen und ihren Pflanzen (Reinhart u. Callaway 2006). Viele Bäume und Sträucher gehen mit verschiedenen Pilzarten gleichzeitig und/oder nacheinander Symbiosen ein. *Pinus sylvestris* kann beispielsweise mit 25 verschiedenen Pilzarten Mykorrhizae eingehen. Die Wahl der Partner ist im Wald je nach Zusammensetzung des Auflagehorizontes, der Bodenfeuchte und der Baumarten unterschiedlich und nicht konstant (Tedersoo *et al.* 2006b). Andere Symbiosen sind hingegen spezifisch. *Lactarius quietus* (Eichenreizker) lebt nur mit Eichen (*Quercus spp.*), *L. turpis* mit Birken (*Betula spp.*), *Russula fellea* bevorzugt mit Buchen (*Fagus spp.)* und *R. emetica* mit Kiefern (*Pinus spp.*). Der Lärchenröhrling (*Boletus elegans*) bildet nur mit Lärchen (*Larix spp.)* Ektomykorrhizen, während Lärchen auch mit zahlreichen anderen taxonomisch verschiedenen Pilzen Mykorrhizen bilden können. Andere Großpilze wachsen nur in Laubwäldern oder ausschließlich in Nadelbeständen.

Im Allgemeinen gilt, je nährstoffärmer der Standort und die betreffende Streuauflage, desto höher ist die Anzahl an beteiligten EM-Pilztaxa. Das Düngen von Wäldern mit mineralischem NPK und/oder Kalk hat bei ausreichender Feuchtigkeit eine umgehende **Intensivierung** der allgemeinen bakteriellen und pilzlichen Mineralisationsaktivitäten zur Folge, was die Mykorrhizierung zurückdrängt (Hock u. Bartunek 1984). Im Wald gehen die Pilzhyphen etwa strahlenförmig von den wachsenden verdickten Kurzwurzeln aus und penetrieren mit zahlreichen dichten Verzweigungen den Auflagehorizont des Baumspiegels. Die einzelnen Bäume haben in der Regel mehrere Pilzarten in Symbiose. Dabei kommt es nicht nur zu Konkurrenzen, sondern auch zu positiven oder negativen Wechselwirkungen. Aufgrund molekularbiologischer Fingerabdrücke (Kap. 4) ist es möglich, durch Standortsanalysen die Variabilität und das Verteilungsmuster der Mykorrhizapilze in einem Areal zu quantifizieren. So konnte beispielsweise eine klare negative Korrelation zwischen den dominanten Pilzen *Cenococcum geophilum* und *Clavulina cinerea* festgestellt werden.

Unter den Ektomykorrhizen sind offenbar mehr Vertreter der Ascomyceten (*Pezizales*) als bisher angenommen wurde (Tedersoo *et al.* 2006a; Egger 2006). Die meisten Arten der *Pezizales* waren bisher terrestrische oder holzbewohnende Saprophyten. Ektomykorrhizen werden auch von *Wilcoxina mikolae*, *Sphaerosporella brunnea* und *Geopyxis carbonaria* gebildet. Das Spektrum dürfte sich in Zukunft wesentlich erweitern (Egger 2006).

Die aktive Front der Mykorrhizierung erneuert und erweitert sich im Boden ständig (Anderson u. Cairney 2007). Dabei kommen die Hyphen unterschiedlicher Pilze in Kontakt mit Wurzeln anderer Bäume, infizieren diese und vernetzen sich weiter zu einem umfangreichen **Verbundsystem**. Sobald alte Hyphen in nährstoffverarmten Bereichen nicht mehr benötigt werden, sterben diese ab und werden relativ langsam (Chitin) mineralisiert. Junge Hyphen werden andererseits von verschiedenen Bodentieren (z. B. Collembolen, Oribatiden, Nematoden, Insekten, etc.) als relativ eiweißreiche Nahrung (C/N ~ 7–10) bevorzugt, intensiv abgeweidet und ihre Ausbreitung wird begrenzt. Die Stofftransporte in den Verbundsystemen sind kaum zu verfolgen, und es ist nicht ungewöhnlich, wenn Nährstoffe im unmittelbaren Bereich von Baum A nach Baum B verlagert und dort über das Hartig'sche Netz abgegeben werden (Allen *et al.* 2003b; Tedersoo *et al.* 2006b). Die Gesamtlänge an (toten und aktiven) Hyphen kann pro Baum mehrere Kilometer erreichen und über verschiedene Hektar verteilt sein. Durch bestimmte Faktorenkonstellationen (Feuchtigkeit, Temperatur und ihre Abwechslungsfolge) kommt es zur **Fruktifikation** (Hut/Keulenpilze, Elfenbänkchen, Hexenringe etc.) mit millionenfacher Sporenbildung und -verbreitung. Umliegende Streuauflagen und abgestorbene Gehölze werden infolgedessen durch Wind und Wasser immer wieder beimpft.

Die Mykorrhizen werden auch durch **physikalische Kontakte** zwischen Pilzhyphen eines infizierten Baumes mit wachsenden Wurzeln eines jungen, noch nicht infizierten Sämlings übertragen. Diese Strategie wird erfolgreich bei großflächigen Aufforstungen waldfreier Gebiete (USA, Australien) systematisch durchgeführt, indem etwa jeder zehnte der 1 bis 2 m entfernten Setzlinge bereits (in der Baumschule) mykorrhiziert ist oder mit Bodenmaterial eines entsprechenden Bestandes infiziert wird. Nach wenigen Jahren lässt sich an dem wellenförmigen Verlauf der Größenunterschiede im Gelände erkennen, wie sich die Mykorrhizen durch **Wurzelkontakte** ausbreiten. Diese Impfstrategie mit infizierten Setzlingen von *Pinus merkusii* (Merkuskiefer) bei der Aufforstung von entwaldeten Vulkanhängen in Indonesien wurde von **J. W. Roeloffs** (1930) erstmals eingeführt und wird seitdem in Australien und USA bei der großflächigen Aufforstung entwaldeter Gebiete erfolgreich praktiziert.

18.6 Ektendomykorrhiza

Die Ektendomykorrhizen unterscheiden sich von den ektotrophen Mykorrhizae hinsichtlich verschiedener Eigenschaften: Erstens werden diese Mykorrhizen hauptsächlich durch Ascomyceten (z. B. *Wilcoxina spp.*) hervorgerufen. Sie treten bevorzugt bei Fichten (*Picea*) und Kiefern (*Pinus*) auf. Die Ektendomykorrhiza hat die charakteristische Struktur der ECM, aber der Mantel ist sehr dünn oder fehlt vollständig. Zudem dringen die Hyphen in die Wurzelrindenzellen ein, wo sie später absterben. Andererseits bilden die Hyphen ein typisches interzelluläres Hartig'sches Netz. Die Meristeme der Wurzeln werden jedoch nicht infiziert. Mit zunehmendem Wurzelalter wird die anfängliche Übergangsform von einer weiteren Ektomykorrhiza verdrängt (Smith u. Read 2008).

18.7 Endomykorrhiza

18.7.1 Merkmale der Endomykorrhiza

Die am weitesten verbreitete Endomykorrhiza ist die **arbuskuläre (oder glomeroide) Mykorrhiza (AM)**. Sie kommt bei etwa 90% aller Landpflanzen vor. Die AM sind sehr alt. Sie entwickelten sich bereits im Rahmen der Eroberung des Festlandes durch die Pflanzen vor etwa 420 Millionen Jahren an der Grenze vom Silur zum Devon, was Fossilien belegen. Heute besitzen die meisten Kulturpflanzen, Gräser und krautartigen Pflanzen genauso wie zahlreiche Bäume des gemäßigten Klimas (z. B. Ahorn, Apfelbaum, Esche, Ulme, Linde, Vogelbeere, Eibe etc.) und der feuchten Tropen (Regenwald) AM. Viele Pflanzen und Bäume besitzen sowohl AM als auch ECM (Tabelle 18.1).

Diese Mykorrhizaklasse wurde viele Jahre lang als vesikulär-arbuskuläre Mykorrhiza (**VAM**) bezeichnet.

Tabelle 18.1 Mykorrhizierung verschiedener bekannter Baumarten (aus verschiedenen Quellen)

Baumart und Besonderheiten	Name	ECM[1)]	AM[1)]
Douglasfichte, *Gymnospermae*, mit passender Ektomykorrhiza (*Rhizopogon*-Arten) ist der am schnellsten wachsende Baum der nördlichen Hemisphäre	*Pseudotsuga menziesii*	+	–
Riesenmammutbaum, *Gymnospermae*, bis 110 m hoch, 3 bis 4 Tausend Jahre alt	*Sequoiadendron giganteum*	–	+
Lebensbaum, *Gymospermae* Ziergehölze mit zahlreichen Kulturvarietäten, pflegeleicht	*Thuja spp.*, *Chamaecyparis spp.*	+	–
Goldfruchtbaum, Fächerbaum *Gymnospermae*, *Ginkgophyta* Ziergehölz, lebendes Fossil	*Ginkgo biloba*	–	+
Ahorngewächse, *Aceraceae* auf nährstoffreichen Böden keine Mykorrhizae	*Acer spp.*	+	+
Pappel, Weiden, Weidengewächse	*Populus spp.*, *Salix spp.*	+	+
Erlen, *Betulaceae* ca. 30 Arten, *Gyrodon lividus* (ECM; Röhrlinge), wirtspezifisch; Pionierpflanzen, Actinorhiza	*Alnus spp.*	+	+
Rutenbaum, Strandkasuarine, *Casuarinaceae*, nur eine Gattung; ca. 65 Arten; pantropisch; Actinorhiza, salz- und trockenresistent; schnellwüchsig	*Casuarina equisetifolia*	+	+
Teakbaum, *Verbenaceae* Bau- und Möbelholz; pilz- und termitenresistent; wenn mykorrhiziert (*Glomus leptotichum*) auch gutes Wachstum auf P-armen Ulti- und Oxisolen	*Tectona grandis*	–	+
Dattelpalme, *Arecaceae* Nahrungsgrundlage N-Afrikas; salz- und trockenresistent; mehrere AM-Pilzarten (*Glomus spp.*, *Acaulospora spp.*)	*Phoenix dactylifera*	–	+

1) ECM = Ectomykorrhiza AM = Arbuskuläre Mykorrhiza

Dieser Begriff wurde jedoch vor einigen Jahren fallengelassen, als erkannt wurde, dass bestimmte Vertreter des Phylums *Glomeromycota* (Kap. 8, Tabelle 8.2) gar keine **Vesikel** (z. B. *Gigaspora margarita*) oder nur sehr kleine Bläschen (*Acaulospora trappei*, *Gigaspora tenue*) bilden. **Pilzmantel**, **Hartig'sches Netz** und **Tanninschicht** werden nicht gebildet, die Epidermis und Wurzelhaare bleiben weitgehend erhalten. Bei der AM dringen die Hyphen (etwa 3–4 µm Durchmesser) sowohl zwischen den Rhizodermiszellen interzellulär als auch über die Wurzelhaare intrazellulär in einzelne Zellen ein (Abb. 18.1). Dort kommt es zu charakteristischen bäumchenartigen Verzweigungen (von je etwa 0,3 bis 0,5 µm Durchmesser) der Hyphen mit Haustorien (**Arbuskeln**; lat. *arbuscula* = Bäumchen), die durch Invagination von der Cytoplasmamembran der Wirtszelle eng umgeben sind. Arbuskeln werden später von der Wirtspflanze aufgelöst und verdaut (Fungophagie) und übernehmen folglich eine zentrale Rolle beim Nährstoffaustausch zwischen Pilz und Pflanze. **Vesikel** (*lat. vesicula* = Bläschen) sind interzelluläre oder intrazelluläre terminal geschwollene Hyphen (etwa 30 bis 100 µm groß) in den inneren und äußeren Zellschichten des Rindenparenchyms. Kommen **V**esikel und **A**rbuskeln in der **M**ykorrhiza gemeinsam vor, wird nach wie vor von **VAM** gesprochen. Vertreter der Gattungen *Gigaspora* und *Scutellospora* bilden ausschließlich Arbuskeln, jene der Gattungen *Glomus*, *Entrophospora*, *Acaulospora* und *Sclerocystis* sowohl Arbuskeln als auch Vesikel. Je nach Pflanzenart enthalten Vesikel Öltröpfchen als Speicherstoffe. Wenn vorhanden, schwankt ihre Anzahl zwischen sehr hoch (*Gigaspora fasciculatum*) bis gering (*Gigaspora monosporum*). Sie dienen vermutlich als Dauerorgane, die beim Absterben der Wurzeln frei werden und andere Wurzeln infizieren können. Insbesondere Wurzelzellen mit Arbuskeln weisen einen höheren P-Gehalt auf als die anderen Rindenzellen. Die Wurzelzellen verdauen (durch Lyse) einen Teil der vordringenden Hyphen (**Fungophagie**) und Arbuskeln (**Thamniskophagie**). Diese Auflösungen spielen eine zentrale Rolle beim Nährstoffaustausch zwischen Pflanze und Pilz und sind zudem als Abwehrreaktion der Pflanze zu betrachten. Die Auflösungen sind Bedingung für den

Erhalt des physiologischen Gleichgewichtes zwischen Pflanze und Pilz (**Eusymbiose**). Lässt die Widerstandsfähigkeit der Pflanzen aufgrund von Krankheiten und/oder abiotischen Stressoren nach, kann der Pilz zum Parasiten werden. Verdaut hingegen die Pflanze mehr Hyphen als zur Aufrechterhaltung des Gleichgewichtes erforderlich sind, dann kann der Mykobiont zurückgedrängt und die Symbiose beendet werden. Dies ist der Fall, wenn die (Kultur-)Pflanzen gut mit (organischen und/oder mineralischen) Nährstoffen versorgt werden. Umgekehrt bedeutet dies, dass eine intensive AM von (Kultur-)Pflanzen besonders auf sauren P-armen Standorten mit geringer mWK beobachtet wird. Die AM spielt infolgedessen bei der Wasser- und P-Versorgung der (Kultur-)Pflanze eine entscheidende Rolle (Peterson u. Bonfante 1994; Smith u. Read 2008).

18.7.2 Die AM-Pilze

Vertreter der *Glomeromycota* haben keine geschlechtlichen Sporen, sondern bilden an Emissionshyphen außerhalb der Feinwurzel relativ große rundliche (etwa 40 bis 1 mm im Durchmesser) dickwandige, asexuelle Chlamydosporen (z. B. *Glomus spp.*) oder Azygosporen (*Gigaspora spp.*), die in Größe, Form, Färbung, Wanddicke und Anordnung am Emissionsmycel (einzeln oder in Sporokarpien) charakteristisch für die Gattungen und Arten sind (Schenck u. Perez 1990; Fitter 2005; Santos *et al.* 2006). AM-Pilze sind obligat biotrophe Symbionten, deren axenische Kulturen (Reinkultur ohne Wirt) bis heute trotz großer Anstrengungen noch nicht gewonnen werden konnten. Nur in Kultur mit Pflanzenwurzeln sind die AM-Pilze kultivierbar, weil die Pilze für die Synthese von Palmitinsäure auf die Wirtspflanzen angewiesen sind (Trépanier *et al.* 2005). Diese Erkenntnis ist von großer Bedeutung, weil es nun mithilfe gentechnischer Verfahren gelingen kann, die betreffenden glomeromykoiden Pilze mit Genen zur Fettsäuresynthese auszustatten.

AM-Pilze wurden ursprünglich in der Familie der *Endogonaceae* (Ordnung *Mucorales*) innerhalb der *Zygomycota* (ehemalige Jochpilze; heute Subphylum *Mucoromycotina*; Kap. 8) klassifiziert, weil die asexuellen Sporen von AM-Arten (*Glomales*) den sexuellen Sporen von *Endogone*-Arten morphologisch sehr ähnlich sind. Aufgrund von ergänzenden molekularbiologischen Analysen (18S-rRNA-Gensequenzanalysen) wurde gezeigt, dass die AM-Pilze eine völlig selbständige Abteilung (Phylum) *Glomeromycota* bilden und nicht als imperfekte Jochpilze zu betrachten sind (Schüßler *et al.* 2001). Die *Glomeromycota* werden heute als Schwesterphyla der *Ascomycota* und *Basidiomycota* betrachtet (Tabelle 8.2).

Die Taxonomie der Gattungen *Acaulospora*, *Ambispora*, *Archaespora*, *Diversispora*, *Glomus*, *Geosiphon*, *Gigaspora*, *Intraspora*, *Kuklospora*, *Otospora*, *Pacispora*, *Paraglomus* und *Scutellospora* erfolgt aufgrund der Sporenform, -farbe, -größe und -wandstruktur (**Murogram**). Bis heute wurden etwa 150 bis 200 Arten beschrieben, doch dürfte die Gesamtdiversität an AM-Pilzen wesentlich größer sein. Diese relativ geringe Anzahl an Pilzarten kann insgesamt etwa 250 000 Pflanzenarten mykorrhizieren. Infolgedessen sind die AM-Pilzarten als relativ unspezifisch zu betrachten. Dies bedeutet, dass (1) die einzelnen Pilzarten wahrscheinlich mit zahlreichen, taxonomisch sehr unterschiedlichen, Pflanzenarten arbuskuläre Mykorrhizasymbiosen eingehen können und dass (2) die Wurzeln mancher Pflanzenarten mit 20 und mehr (taxonomisch teilweise noch nicht beschriebenen) AM-Pilzen gleichzeitig zusammenleben können (Allen *et al.* 2003b; Smith u. Read 2008). Eine wichtige Konsequenz dieser geringen Spezifität kommt darin zum Ausdruck, dass ein bestimmter Pilz ein ganzes Spektrum an benachbarten, taxonomisch verschiedenen Pflanzen mit Pilzhyphen und -strängen zu einem zusammenhängenden physiologischen Netzwerk vereinen kann. Ein solches **Verbundsystem** zwischen mehreren Pflanzen umfasst sowohl ein gemeinsames Nährstoffaneignungs- als auch ein Energieverteilungssystem. Solche Netzwerke sind weit ausgedehnt, vielfach mit einer Gesamtlänge von mehreren Metern pro Gramm Boden. Wie viel und welche Pilzarten beteiligt sind, lässt sich allenfalls anhand von mikroskopischen Untersuchungen von Pilzsporen und Würzelstückchen im Boden grob abschätzen. Dazu werden Bodenproben über Prüfsiebe (mit Maschenweiten von 50, 100, 150, 250 und 450 µm) gegeben, von denen die Sporen abgewaschen und diese anschließend mikroskopiert werden (Khalil *et al.* 1994). Die Identifizierung der AM-Pilzarten kann heute auch *in planta* mit molekularbiologischen Methoden erfolgen. Wenn die Sporen zur Bodeninokulation und Vermehrung an Testpflanzen in Gefäßkulturen gebraucht werden, dann werden sie oberflächlich sterilisiert und unter aseptischen Bedingungen als Inokulum verwendet. Viele Arten der *Glomeromycota* können das Wurzelsystem der Wirtspflanzen auch nach Infektion mit Hyphenfragmenten und Wurzelstückchen besiedeln.

18.7.3 Dichte und Diversität an Sporen

AM-Pilze stellen mit etwa 5 bis 50% der mikrobiellen Biomasse in landwirtschaftlich genutzten Böden vermutlich den größten Teil der *Fungi.* Hingegen ist die Sporendiversität eines Ackerbodens mit etwa 15 bis 25 verschiedenen AM-Pilzarten aufgrund der engen Fruchtfolge relativ gering (Douds u. Millner 1999). Dichte und Diversität der AM-Sporen schwanken in Böden allerdings stark und werden in erster Linie von der Zusammensetzung der Pflanzengesellschaften, von der Fruchtfolge, der Bewirtschaftungsintensität **(Bodenbearbeitung)** und von der Länge der Brache bestimmt. Weil (semi-)natürliche Landschaften (Grünland, Savannen, Wälder etc.) in der Regel eine größere Diversität an Pflanzen besitzen als ackerbaulich genutzte Standorte, ist auch die Diversität und Dichte an AM-Pilzsporen in den entsprechenden Böden höher. Obwohl AM-Pilze keine oberirdischen Fruchtkörper zur Verbreitung von Sporen mit Wind und Wasser besitzen, sind Sporen der verschiedenen *Glomeromycota* in wechselnder Zusammensetzung stets in allen Böden gegenwärtig, solange eine Vegetationsdecke zur Ernährung der AM-Pilze herrscht. Bracheperioden vermindern die Sporendichte signifikant.

Die ubiquitäre Verbreitung der Sporen erfolgt wahrscheinlich mit Pflanzen- und Bodenmaterial, doch sind auch Tiere wie Kaninchen, Grashüpfer, Grillen, Tausendfüßler, Regenwürmer und Ameisen als Vektoren beteiligt, da Sporen von AM-Pilzen in ihren Losungen nachgewiesen wurden. Eine bestimmte (Kultur-)Pflanzenart verfügt in der Regel gleichzeitig über **verschiedene AM-Pilzarten** in den Wurzeln. Je nach qualitativer Zusammensetzung der AM-Pilze kann das Wachstum der gleichen Pflanzenart allerdings sehr verschieden sein (Reinhart u. Callaway 2006). Aufgrund von theoretischen Überlegungen erscheint es zweckdienlich, wenn mutualistische Symbiosen, wie die von AM-Pilzen, mit einem sehr breiten Spektrum an Wirtspflanzen, eine geringe Spezifität aufweisen; denn es ist für die Pilze von großem Vorteil, Assimilate von einer möglichst umfangreichen Palette an Wirtspflanzen erhalten und verwerten zu können. Obwohl eine Wirtspezifität im eigentlichen Sinne nicht besteht, so haben die AM-Pilze doch **Präferenzen** für bestimmte Pflanzen.

In der Praxis wird die Besiedlungsdichte und Diversität der AM-Pilze einer Pflanze routinemäßig rasch durch mikroskopische Untersuchungen von Proben aus der Rhizosphäre abgeschätzt. Die exakte Identifizierung der Sporen setzt jedoch viel Erfahrung voraus, und das Ergebnis liefert lediglich eine gewisse Diversitätswahrscheinlichkeit an AM-Pilzen. Die Diversität der AM-Pilze einer Pflanze kann auch mithilfe molekularbiologischer Analysen genau bestimmt werden, doch eignet sich diese Analytik noch nicht für Routineuntersuchungen (Daniell *et al.* 2001). Der Vorteil von molekularbiologischen Analysen an Wurzelstückchen von mykorrhizierten Pflanzen besteht darin, nach Identifizierung der pilzlichen DNA-Sequenzen das gesamte **Diversitätsspektrum** ermitteln zu können. Solche Untersuchungen haben bestätigt, dass es bis zu zwanzig AM-Pilzarten in den Wurzeln *einer* Pflanzenart geben kann (Drew *et al.* 2006). Ein Teil dieser Arten ist offenbar selten (und taxonomisch noch unbekannt), andere gehören zu weit verbreiteten Gattungen (z. B. *Acaulospora, Gigaspora, Glomus* und *Scutellospora*) (Mathimara *et al.* 2005). Die Besiedlungsdichte und Zusammensetzung der AM-Pilze einer (Kultur-)Pflanze unterliegt allerdings einer großen Variabilität, in Abhängigkeit der pflanzlichen Entwicklungsphase, der Bodeneigenschaften (vor allem Nährstoffversorgung, P-Gehalt, pH-Wert, Gehalt an organischen Substanzen), der vorangegangenen Vegetation oder Fruchtfolge, der Bracheperiode, der Bewirtschaftungsintensität etc.). Darüber hinaus kann die taxonomische Zusammensetzung der AM-Pilze in den Wurzeln einzelner Pflanzen innerhalb der gleichen Pflanzengesellschaft sehr unterschiedlich sein (Fitter 2005). Im Allgemeinen nimmt die Dichte und Diversität an Sporen mit steigender Intensität der Landbewirtschaftung (Bodenbearbeitung, Düngung, Pflanzenschutz, Fungizidbehandlungen etc.) ab. Mit zunehmender Düngungsintensität (insbesondere von P) vermindern sich die AM-Besiedlungsdichte der Wurzeln und die wachstumsfördernde Wirksamkeit der AM-Pilze (Howeler *et al.* 1987; Douds u. Millner 1999). Kulturpflanzen auf marginalen P- und Zn-armen Böden unter organischer und/oder *low-input*-Bewirtschaftung besitzen in der Regel eine höhere Besiedlungsdichte der Feinwurzeln mit AM-Pilzen sowie eine größere Diversität an Sporen als jene unter konventionellen Landbaumethoden mit intensiver Bodenbearbeitung (Douds u. Millner 1999;

Mäder *et al.* 2000; Galvez *et al.* 2001; Jansa *et al.* 2002; Ryan u. Graham 2002; Oehl *et al.* 2003). Unter Raps (ein Vertreter der *Brassicaceae* mit intensiver Bodenbearbeitung und mineralischer Düngung) sind Dichte und Diversität an Sporen sehr gering, nach Anbau von *Phacelia tanacetifolia* (*Boraginaceae*) als Gründüngung am höchsten (Mathimara *et al.* 2005). Die Diversität an AM-Pilzen in den Feinwurzeln von Kulturpflanzen ist von großer Bedeutung, weil es offenbar zwischen den einzelnen AM-Pilzarten signifikante Unterschiede im P-Aneignungsvermögen gibt (Drew *et al.* 2006). Diese Kenntnisse sind von praktischer Bedeutung, wenn es darum geht, für eine bestimmte Kulturpflanze geeignete Symbiosepartner zum Zwecke der **Bodeninokulation** zu finden. Mit zunehmender Verbesserung der Nährstoffversorgung (insbesondere von P, K und Zn) im Boden nimmt die **Wurzelexsudation** signifikant ab, und infolgedessen vermindert sich auch die **Keimungsrate** der Sporen bei Aussaat der Frucht (Lindermann 2000).

18.7.4 Sporenkeimung durch Strigolactone

Im Boden werden die AM-Pilzsporen durch einen **präsymbiotischen Dialog** mit Pflanzensignalen aus den Wurzeln zur Keimung angeregt. AM-Sporen können zwar im Boden unabhängig von spezifischen Pflanzensignalen spontan keimen, doch die keimstimulierende Wirkung von Wurzelexsudaten lässt auf „Rezeptoren" schließen (Harrison 2005). Nach Keimung der Spore wächst der Keimschlauch durch den Boden, beginnt sich aber erst zu verzweigen, wenn die Hyphe in Wurzelnähe kommt. Dabei handelt es sich offenbar um eine spezifische Reaktion, die nicht eintritt, wenn die Exsudate von einem „ungeeigneten" Wirt stammen. Wahrscheinlich veranlasst ein „**Verzweigungsfaktor**" aus den Wurzeln des Wirtes die gekeimte Pilzspore zum Wachstum und zu Verzweigungen. Dieser Faktor wurde als **5-Desoxystrigol** identifiziert und gehört zu den **Strigolactonen**. Strigolactone sind natürliche Keimungsstimulanzien aus der neuen Klasse von Apocarotinoid-Pflanzenhormonen, die Carotinoide als Vorstufe haben. Sie wurden bereits bei einer Reihe von mono- und dikotyledonen Pflanzen nachgewiesen. Entdeckt wurden die Strigolactone bei der Keimung von Samen der halbparasitischen Unkräuter wie dem farblosen Sommerwurz (*Orobanche spp.*) und dem wurzellosen Zauberkraut (*Striga spp.*). Strigol wird von bestimmten Pflanzenwurzeln (z. B. von Getreidearten) ausgeschieden und hat bereits in sehr geringen Konzentrationen (~ 10^{-16} Mol) auf ruhende Samen im Boden eine stark keimungsfördernde Wirkung. Strigolactone werden besonders auf P-armen Böden von Wurzeln ausgeschieden, was die bevorzugte Verbreitung der AM-Symbiose auf P-Mangelstandorten erklären könnte (Akiyama u. Hayashi 2006; Strack u. Fester 2006). Wenngleich der pilzliche **Rezeptor** für Strigolactone bisher noch nicht isoliert wurde, so steht doch fest, dass Strigolactone im Pilz die Induktion von Genen veranlassen, die eine verstärkte Atmung und Energiegewinnung auslösen, um das verstärkte Hyphenwachstum zu ermöglichen. Als Antwort scheidet der Pilz einen noch unbekannten „*Myc*-Faktor" aus (in Analogie zu den *Nod*-Faktoren bei Rhizobien; Kap. 13), welcher in den Wurzeln die Abwehrkräfte inaktiviert und dabei eine Infektionsbereitschaft auslöst. Sobald die Pilzhyphe in Kontakt mit der Wurzeloberfläche kommt und eine geeignete Stelle zur Infektion feststeht, bildet sich ein **Appressorium** (ein flaches, eng anliegendes Hyphenende), das mittels **Invagination** direkt in eine Epidermiszelle eindringt. Vielfach dringt das Appressorium auch über eine Spalte zwischen zwei benachbarten Rhizodermiszellen ein, um subkutan über ein vorgefertigtes Kanalsystem als Haustorien eine Rindenzelle zu infiltrieren. Diese cytologischen Beobachtungen zeigen deutlich, dass das Eindringen der Hyphe durch komplementäre Beteiligung der Wirtzellen aktiv gelenkt wird. Die Bildung von Appressoria kann als das erfolgreiche Ergebnis der präsymbiotischen Erkennung und der Beginn der Mykorrhizasymbiose verstanden werden (Paszkowski 2006; Strack u. Fester 2006).

18.7.5 Ertragssteigerungen durch Bodeninokulation mit spezifischen AM-Pilzen?

Es war von Anfang an verlockend, bestimmte AM-Pilze durch Bodenimpfungen zur Steigerung von Erträgen im *low-input*-Pflanzenbau auf P-armen, stark verwitterten Grenzstandorten der Tropen (Oxisole, Ultisole) zu verwenden. Für den Erfolg einer Bodenimpfung muss jedoch die betreffende Kulturpflanze auf empirischem

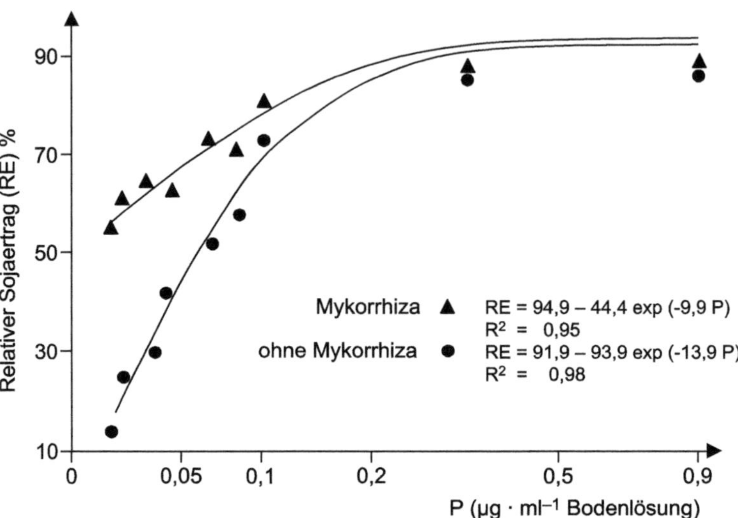

Abb. 18.2 Einfluss der Beimpfung eines P-Mangelbodens (A_h-Horizont Braunerde, pH 6,1; $N_t = 0{,}2\%$; P_{Olsen} 7,9 mg × kg^{-1} TB) mit *Glomus intraradices* Stamm CP-103 und *Rhizobium japonicum* G-49 auf den relativen Ertrag von Soja (*Glycine max* cv Maple arrow) in einem Gefäßversuch (Gewächshausversuch). Die Bodenlösung in den Gefäßen wurde mit NaH_2PO_4 auf verschiedene Konzentrationen an löslichem P eingestellt. Die Abbildung zeigt deutlich, dass die Bodenbeimpfung mit *G. intraradices* nur bei sehr geringen P-Konzentrationen den Ertrag steigert (Plenchette u. Morel 1996)

Wege mit einem geeigneten Symbiosepartner (AM-Pilzart und -stamm) zusammengebracht werden. Da keine axenischen Kulturen von AM-Pilzen vorliegen, kann das Beimpfen von Kulturpflanzen auf dem betreffenden Standort nur mit Sporen und/oder mit Wurzelstückchen einer bestimmten AM-Art und einem bestimmten AM-Stamm erfolgen, die dazu zunächst isoliert und über einen geeigneten Zwischenwirt (z. B. Mais, Rotklee, Guineagras, Hirse, Brachiariagras *Brachiaria decumbens*, etc.) stark vermehrt werden müssen (**Starterkulturen**). In zahlreichen Gewächshaus- und Feldversuchen mit unterschiedlichen Böden wurde in den letzten 25 bis 30 Jahren weltweit immer wieder geprüft, inwieweit Bodenimpfungen mit ausgewählten AM-Pilzstämmen die Besiedlungsintensität der Feinwurzeln, die P-Aufnahme, das Wachstum und die Erträge von Kulturpflanzen (Mais, Weizen, Gerste, Trockenreis, Kassave, Erdnuss, Sojabohnen, Gartenbohnen, Körner- und Weideleguminosen etc.) auf marginalen und/oder nährstoffreichen Böden zu fördern vermögen. Die heterogenen und verwirrenden Ergebnisse zahlreicher Feldversuche mit verschiedenen Kulturpflanzen und unterschiedlichen AM-Pilzstämmen lassen kaum auf eindeutige pflanzenbaulich verwertbare Erkenntnisse und neue Konzepte schließen. Zwar hat eine Reihe von Bodeninokulationen bei einigen Kulturpflanzen deutliche positive Reaktionen hinsichtlich P-Aufnahme, Wachstum und/oder Ertrag ergeben, doch waren diese Ergebnisse meist auf Gewächshausversuche mit (teil)sterilisierten Böden begrenzt. Die Ergebnisse waren vor allem dann überzeugend, wenn es sich um P-arme marginale Böden (Abb. 18.2) handelte (vgl. z. B. Clarke u. Mosse 1981; McGonigle 1988; Plenchette u. Morel 1996; Khaliq u. Sanders 2000; Rubio *et al.* 2003; Hu *et al.* 2009).

Auf relativ **P-reichen** Böden hatte das Impfen in der Regel keine oder sogar negative Auswirkungen auf P-Aufnahme, Wachstum und Erträge verschiedenster Kulturpflanzen. Das Beimpfen von Kulturpflanzen auf sauren P-armen tropischen Böden mit bestimmten AM-Pilzen („Passereffekt") vermochte die P-Aufnahme und Erträge von Kassave (*Manihot esculenta;* wird vegetativ vermehrt!) und Gartenbohnen (*Phaseolus vulgaris*) nur dann zu fördern, wenn die betreffenden Böden arm an endogenen Mykorrhizapilzen (Sporen) waren (Sieverding u. Howeler 1985; Howeler *et al.* 1987). Offenbar bleiben die eingeimpften AM-Stämme ohne Auswirkung auf Wachstum und Ertrag, wenn ihre Konkurrenzkraft zu schwach ist, um sich im natürlichen Boden gegen die **vorhandenen** Mykorrhizapilze durchsetzen zu können (Smith *et al.* 2010). Durch steigende P-Düngungen auf marginalen Böden wird in der Regel auch die Besiedlungsintensität der Feinwurzel mit dem eingeimpften AM-Pilzstamm signifikant vermindert (Sieverding u. Howeler 1985; Jeffries *et al.* 2003). Andererseits muss eine Bodenimpfung mit AM-Pilzen auch auf P-armen Böden trotz hoher Besiedlungsdichte der Feinwurzel nicht immer zur Förderung der P-Aufnahme und des Pflanzenwachstums beitragen, auch nicht unter organischer Wirtschaftsweise (Ryan u. Graham 2002; Correa *et al.* 2006). Im Jahre 1988 prüfte McGonigle die **publizierten** Ergebnisse von insgesamt 78 Feldversuchen hinsichtlich der Ertragsabhängigkeit von der AM-Besiedlungsintensität der Feinwurzeln infolge von Bodenimpfungen. Lediglich bei 37% der Untersuchungen konnte zwischen dem Ertragszuwachs und der Intensivierung der AM-Besiedlungsdichte von Feinwurzeln ein (kausaler?) Zusammenhang festgestellt werden. Ähnliche Literaturanalysen folgten, doch führten auch diese zu keinen klaren Schlussfolgerungen (vgl. Ryan u. Graham 2002).

Gerade weil Bewirtschaftungsmaßnahmen (Bodenbearbeitung, Brache, Fruchtfolge, Düngung etc.) die Dichte und Zusammensetzung der AM-Pilze in landwirtschaftlich genutzten Böden signifikant beeinflussen können, untersuchten Lekberg und Koike (2005) in einer *meta*-Analyse von 290 publizierten Feldversuchen den Einfluss einzelner praktischer Maßnahmen auf die Besiedlungsdichte von AM-Pilzen in den Feinwurzeln unterschiedlicher Kulturpflanzen. Auffallend war, dass die Besiedlungsdichte der Feinwurzeln mit eingeimpften AM-Pilzen stets deutlich abnahm, wenn die P-Versorgung oder die natürliche Dichte an Sporen im betreffenden Boden hoch war. Die Art der Bodenbewirtschaftung hatte auf dieses Ergebnis nur einen geringen Einfluss. Durch Bodenimpfung oder Verminderung der Bodenbearbeitungsintensität nahm die Besiedlungsdichte an AM-Pilzen um 29% bzw. um 7% zu. Eine Zunahme in der Besiedlungsdichte an AM-Pilzen in den Feinwurzeln hatte eine Zunahme in den Erträgen bzw. in den P-Konzentrationen der Stängel von durchschnittlich 23% bzw. 33% zur Folge, unabhängig von der jeweiligen Bewirtschaftungsweise. Aufgrund dieser *meta*-Analyse von **publizierten** Feldversuchen mit verschiedenen Kulturpflanzen und AM-Pilzstämmen scheint die Schlussfolgerung berechtigt, dass Bodeninokulationen auf natürlichen Standorten im Allgemeinen zur Erhöhung der Besiedlungsdichte von Feinwurzeln mit AM-Pilzen führen, was als Erklärung für Zunahmen in Biomasse, P-Konzentration der Stängel und Erträgen geltend gemacht werden kann (Lekberg u. Koide 2005). Es bleibt allerdings fraglich, ob die Schlussfolgerungen aus solchen *meta*-Analysen von heterogenen Literaturdaten zuverlässig sind. „*Microbial inoculants: A promise deferred*?" (Tinker 1990).

18.8 Orchideoide Mykorrhiza – verkehrte Welt

Bei der endotrophen Mykorrhiza der Orchideen (*Orchidaceae*) entwickelt sich die Lebensgemeinschaft von Anfang an zum einseitigen **Parasitismus**. Orchideen sind weltweit verbreitet und bilden mit etwa 20 000 Arten eine der größten Pflanzenfamilien. In Europa treten nur Erd-Orchideen (terrestrische Orchideen) auf, in den Tropen und Subtropen vor allem die epiphytischen Formen auf und an Bäumen. Die Orchideen zeichnen sich durch die Bildung sehr zahlreicher kleiner Samen aus. Diese Samen besitzen nur geringe Konzentrationen an Vorratsstoffen, sodass sie bereits zur Keimung in der Regel auf die Infektion und Ernährung durch bestimmte Pilze angewiesen sind. Einige Orchideen besitzen kein Chlorophyll (**heterotrophe** oder **saprophytische Orchideen**). Sie sind folglich nicht zur Photosynthese befähigt und für Kohlenhydrate lebenslang auf die Hilfe eines geeigneten Endomykorrhizapilzes angewiesen. Sie beziehen nicht nur ihre organischen, sondern auch ihre anorganischen Nährstoffe von den Pilzpartnern (Smith u. Read 2008). Soweit bekannt, gehören die Pilzpartner zu den Basidiomyceten, Ordnung *Tulasnellales*, *Sebacinales* und *Ceratobasidiales*. Sowohl die epiphytischen als auch die Erd-Orchideen haben überwiegend *Tulasnella*-Arten als Symbiosepartner (Kottke 2002). Zu den häufigsten Symbiosepartnern gehört wahrscheinlich *Tulasnella calospora* (identisch mit dem anamorphen Pilz *Rhizoctonia repens*, eine Formgattung der *Fungi Imperfecti*; Kap. 8). Diese Pilze versorgen als **Ammenpilze** schon die winzigen keimenden Samen der Orchideen mit Wasser, anorganischen und organischen Nährstoffen sowie mit Wirkstoffen. Sobald die junge Pflanze selbst zur Photosynthese in der Lage ist, wird sie hinsichtlich der Kohlenhydrate Selbstversorger. Bei der erwachsenen Pflanze sind nur jene Wurzeln mykorrhiziert, die mit Boden oder Borke in Kontakt kommen. Gärtner bringen daher die Samen in humushaltigen Böden aus, in denen die Art bereits einmal wuchs und infolgedessen eine rasche Infektion wahrscheinlich ist. Luftwurzeln sind nicht mykorrhiziert. Die sogenannten **saprophytischen Orchideen** (Nestwurz, Widerbart) bleiben zeitlebens vollständig auf die Symbiose mit Mykorrhizapilzen angewiesen.

Orchideoide Mykorrhizen gehören zu den Endomykorrhizen. Sie besitzen keinen Hyphenmantel und kein Hartig'sches Netz, aber ein intrazelluläres Netz von Hyphen in den äußeren Rindenzellen (Abb. 18.1). Diese Rindenzellen enthalten charakteristische **knäuelförmige Anhäufungen** von Pilzhyphen (**Pelotonen**). Es sind typische Strukturen für Orchideenmykorrhizen. Sie werden sowohl in Keimlingen als auch in erwachsenen Pflanzen nach Neuinfektion gebildet und nach einiger Zeit wieder abgebaut. Emissionshyphen aus den Pelotonen nehmen Wasser und mineralische Nährstoffe aus dem Substrat (Borke, organische Reste, Humus, etc.) auf und transportieren diese in das Wurzelgewebe (Rassmussen 2002; Suarez et al. 2006).

18.9 Ericoide Mykorrhiza

Auch die ericoide Mykorrhiza ist eine auf stark sauren, nährstoffarmen Böden spezialisierte Endomykorrhiza (Abb. 18.1). Diese Klasse der Mykorrhiza ist charakteristisch für die Familien der *Ericaceae* (Heidekrautgewächse, z. B. *Rhododendron*- und *Erica*-Arten, *Calluna vulgaris*, *Vaccinium*-Arten) und für ähnliche Familien der südlichen Hemisphäre wie die *Epacridaceae* (Australheidegewächse) und *Empetraceae* (Krähenbeerengewächse) (Tabelle 18.2). Wie bei den Orchideen bilden sich auch bei den Heidekrautgewächsen **knäuelförmige** Anhäufungen von Hyphen in den äußeren Wurzelzellen (Smith *et al.* 1994; Smith u. Read 2008). Die feinen Wurzelhaare des Heidekrautes (*Erica*-Arten) bestehen aus wenigen (1 bis 4) Rindenzellen, die bis zu 80% von bestimmten Mykorrrhizapilzen besiedelt werden. Diese Pilze schicken pro cm^2 Wurzeloberfläche bis zu 2000 kurze Emissionshyphen in den umgebenden C-reichen Boden. Ericoide Mykorrhiza sind charakteristisch für anmoorige Böden, C-reiche Waldböden (mit Rohhumus) und humushaltige Sandböden, wo die Nährstoffverfügbarkeit (N und P) durch geringe Mineralisationsaktivitäten und -nachlieferungsgeschwindigkeit sehr gering ist. Die Mehrzahl der Mykobionten unter den *Ericaceae* gehört zu *Rhizoscyphus* (*Hymenoscyphus* oder *Pezizela) ericae* (*Pezizales*, Schüsselbecherlinge, *Ascomycota*), *Scytalidium vaccinii* (*Fungi Imperfecti*), *Cadophora finlandia* (*Ascomycota*) und einigen *Oidiodendron*-Arten (*Fungi Imperfecti*) (Perotti *et al.* 2002; Mitchell u. Gibson 2006). Bei *Rhododendron*-Hybriden und *Calluna vulgaris* sind darüber hinaus auch *Clavaria*-Arten (*Basidiomycota*) an der Symbiose beteiligt. Bei *C. vulgaris* wurden weiter Stämme von *Tulasnella fuscoviolaceae* festgestellt, ein typischer Symbiont auch von Orchideen. Die meisten dieser Pilze können zwar auf Agarmedien in Reinkultur gebracht werden, doch weisen molekularbiologische DNA-Analysen von ericoiden Mykorrhizawurzeln darauf hin, dass es noch weitere ericoiden Pilze

Tabelle 18.2 Einige Heidekrautgewächse (*Ericaceae*) mit ericoiden Mykorrhizen (aus verschiedenen Quellen)

Gemeines Heidekraut	*Calluna vulgaris*	Hochmoore, Heiden und Nadelwälder auf humosen Podsolen
Rosmarinheide	*Andromeda polifolia*	Hochmoore, humose Heiden
Moosheide	*Cassiope tetragona*	Heiden, Tundren
Glockenheide	*Erica spp.*	lichte Wälder, Moore, feuchte Heiden
Australheide	*Epacris impressa*	Heiden, Moore in Australien, Neuseeland, Südostasien
Blaubeere, Heidelbeere	*Vaccinium myrtillus*	humose saure Nadelwälder
Preißelbeere	*Vaccinium vitis-idaea*	lichte Nadelwälder, Hochmoore, Heiden
Moor- oder Rauschbeere	*Vaccinium uliginosum*	moorige Wälder, nasse saure Böden, feuchte anmoorige Hänge
Sumpf-Porst, wilder Rosmarin	*Ledum palustre*	Hochmoore, nasse Torfböden, moorige Wälder
Alpenrose (ca. 1200 Arten)	*Rhododendron spp.* und Hybriden (Herkunft Südwestchina, Himalaya, östl. Nordamerika)	schattige Wälder auf sauren humosen Podsolen und anmoorigen Berghängen
Rostrote Alpenrose	*Rhododendron ferrugineum*	feuchte anmoorige Berghänge
Azaleen	*Rhododendron molle* (orange blühend), *R. luteum* (gelb) (Herkunft China und Japan)	lichte Wälder mit sauren humosen Böden
Schwarze Krähenbeere	*Empetrum nigrum*, *Empetraceae*	Heiden und Moore auf Podsolen

gibt, die (bisher) nicht isolierbar sind (Allen *et al.* 2003a). Charakteristisch für den ericoiden Mykobionten ist die **exozelluläre fibrilläre** Hülle auf den Hyphen außerhalb des Wirtes. Es besteht eine deutliche Korrelation zwischen der Bildung einer fibrillären Hülle (hauptsächlich aus β-Glucopyranosiden) um die Hyphen und der Fähigkeit, Wurzeln von Ericaceen zu befallen. Beim intrazellulären Wachstum der Hyphen verschwindet diese fibrilläre Hülle wieder (Straker 1996). Ericaceen besiedeln hauptsächlich saure humose (anmoorige) **nährstoffarme Böden**, wo N und P die wachstumsbegrenzenden Faktoren darstellen. *R. ericae* ist durch intensive extrazelluläre hemicellulolytische und cellulolytische Aktivitäten sowie durch Ausscheidung von Phenol-Oxidasen nicht nur zum Abbau von ligninhaltigen Pflanzenresten befähigt (Kap. 10 und 11), sondern kann durch seine ausgesprochenen **proteolytischen** und **chitinolytischen Aktivitäten** N aus der abgestorbenen pilzlichen Biomasse freisetzen. Abbauprodukte sind nicht Ammoniumverbindungen, sondern Aminosäuren und Peptide. Der Pilz nimmt nicht nur Aminosäuren und Peptide, sondern auch Proteine als einzige N-Quelle auf und transportiert diese Verbindungen mithilfe der Emissionshyphen zu den Wirtspflanzen (Straker 1996). *R. ericae* bevorzugt offenbar auch organische P-Quellen, weil DNA in Versuchen besseres Wachstum verzeichnet als Orthophosphate. Dabei wurde DNA nicht mineralisiert, sondern intakt oder allenfalls nach Dephosphorylierung von den Emissionshyphen aufgenommen.

Der Pilz verfügt weiter über eine bemerkenswerte Toleranz gegenüber hohen Al(III)-Konzentrationen, wodurch das Wurzelwachstum indirekt gegen Hemmwirkungen von Al(III) geschützt wird. Schließlich besitzt *R. ericae* die Fähigkeit, bei sehr geringen Konzentrationen an verfügbarem Fe(III) im Bereich von pH 4–5 durch Ausscheidung eines bestimmten Siderophoren (wahrscheinlich Ferricrocin, ein Hydroxamat; Kap. 14) die Fe-Aufnahmerate zu erhöhen. Offenbar ist die Symbiose zwischen *R. ericae* und Ericaceen hervorragend an die Bedingungen in sauren humosen Böden (Podsolen) der nördlichen Hemisphäre angepasst. Die verschiedenen beteiligten Pilze sind es auch, die den betreffenden Pflanzen erst das Wachstum in den sauren nährstoffarmen (organischen) Böden ermöglichen. Werden solche sauren Standorte mit Kalk (Ca und Carbonat) sowie K gedüngt, sterben die Mykorrhizapilze weitgehend ab und es kommt zur Blattchlorose (z. B. *Rhododendron*-Arten) durch Ca-Vergiftung.

18.10 Arbutoide Mykorrhiza

Die Arbutoide Mykorrhiza besitzt einen **dünnen Pilzmantel** und führt damit bereits zur Ektomykorrhiza über. Die Rindenzellen der Feinwurzel werden netzartig vom Pilzmycel umwachsen (Abb. 18.1). Später dringen dann Hyphen in die Wurzelzellen unter Bildung von **Knäueln** ein. Es bilden sich Hyphenmantel und ein charakteristisches Hartig'sches Netz. Vom Hyphenmantel aus werden Emissionshyphen in den umgebenden Boden geschickt. In die Rhizodermis vordringende Hyphen bilden dichte Knäuel, welche von der Wirtspflanze nach einiger Zeit verdaut werden. Die arbutoide Mykorrhiza kommt bei wenigen *Ericaceen* vor, insbesondere bei den seltenen Wintergrüngewächsen (Pyrolaceen). Es handelt sich um heimische Arten von grünen oder bleichen Stauden mit reich verzweigten, kriechenden immergrünen oder chlorophyllfreien Schuppenblättern. Zu den Heidekrautgewächsen mit arbutoider Mykorrhiza gehört auch *Arbutus unedo* (Erdbeerbaum aus Mexico und dem Mittelmeerraum) und *Arctostaphylos alpinus* (Bärentraube). Als Mykobiont wurden Stämme von lignolytischen Basidiomyceten (Kap. 10) wie *Laccaria*-, *Telephora*- und *Cortinarius*-Arten isoliert (Smith u. Read 2008).

18.11 Monotropoide Mykorrhiza

Die monotropoiden Mykorrhizen kommen in den chlorophylllosen Gattungen *Monotropa* und *Monotropastrum* (*Monotropoideae; Ericaceae*) vor. Hier **parasitiert** die Pflanze auf dem Pilz. Der Mykobiont bildet einen mehrschichtigen **weißlichen** Mantel (von etwa 20 bis 30 μm Durchmesser) und ein dünnes Hartig'sches Netz in den äußeren Rindenzellen. Die Hyphen bilden fingerartige Ausstülpungen (Haustorien) und Haken, die in die epidermalen Zellen eindringen (Abb. 18.1). Vom Hartig'schen Netz gehen Emissionshyphen in den Boden. Diese Form der Mykorrhizierung ist als **Ektendomykorrhiza** zu bezeichnen. Pflanzen der *Monotropoideae* sind **myko-heterotroph**, weil sie auf C- und N-Verbindungen des Pilzes angewiesen sind. Alle Arten der Unterfamilie *Monotropoideae* besitzen nur Spuren von Chlorophyll *a*; Chlorophyll *b* fehlt vollständig (Bidartondo u. Bruns 2001; Smith u. Read 2008). Typischer Vertreter im gemäßigten Klima der nördlichen Hemisphäre ist der Fichtenspargel (*Mono-*

tropa hypopytis), eine gelbliche Pflanze der Misch- und Nadelwälder auf sandigen nährstoffarmen Podsolen. Er ist weit verbreitet und kommt auch in den USA, im UK, in Schweden, Finnland und Japan vor. *Pityopus californicus* (USA), *Monotropa spp.* (USA, Japan) und *Monotropastrum humile* (verbreitet vom Himalaya bis nach Japan) besitzen ebenfalls typische monotropoide Mykorrhizen. Monotropoide Mykorrhizapilze können auf benachbarten autotrophen Pflanzen Ectomykorrhiza bilden, was histologische und molekularbiologische Untersuchungen bestätigt haben. Als Mykobiont gelten Vertreter der Basidiomyceten und zwar verschiedene Arten der Gattungen *Tricholoma, Hydnellum, Russula* und *Rhizopogon*, alles Pilze, die bereits als **ektotrophe Mykorrhiza** bekannt sind (Bidartondo u. Bruns 2001). *M. humile, Monotropa uniflora* und *Cheilotheca malayana* haben sich auf *Russulaceae* (*Basidiomycota*) als Partner spezialisiert. Über das pilzliche Verbundsystem werden Assimilate vom photosynthetisch aktiven Baum an Vertreter der *Monotropoideae* geliefert (Matsuda u. Yamada 2003).

Literatur

Akiyama K, Hayashi H (2006) Stringolactones: Chemical signals for fungal symbiosis and parasitic weeds in plant roots. Ann Bot 97: 925–931

Allen TR, Millar T, Berch SM, Berbee ML (2003a) Culturing and direct DNA-extraction find different fungi from the same ericoid mycorrhizal roots. New Phytol 160: 255–272

Allen MF, Swenson W, Querejeta JI, Egerton-Warburton LM, Treseder KK (2003b) Ecology of mycorrhizae: A conceptual framework for complex interactions among plant and fungi. Annu Rev Phytopathol 41: 271–303

Anderson JC, Cairney JWG (2007) Ectomycorrhizal fungi: Exploring the mycelial frontier. FEMS Microbiol Rev 31: 388–406

Augé RM (2001) Water relations, drought and vesicular-arbuscular mycorrhizal symbiosis. Mycorrhiza 11: 3–42

Bago B, Pfeiffer PE, Schachar-Hill Y (2000) Carbon metabolism and transport in arbuscular mycorrhizas. Plant Physiol 124: 949–958

Bending GD, Read DJ (1995) The structure and function of the vegetative mycelium of ectomycorrhizal plants. V. Foraging behaviour and translocation of nutrients from exploited litter. New Phytol 130: 401–409

Bereck M, Haselwandter K (2001) Effect of the arbuscular mycorrhizal symbiosis upon uptake of caesium and other cations by plants. Mycorrhiza 10: 275–280

Bidartondo MJ, Bruns TD (2001) Extreme specificity in epiparasitic *Monotropoideae* (*Ericaceae*): Widespread phylogenetic and geographical structure. Mol Ecol 10: 2285–2295

Brussaard L, Kuyper TW, de Goede RGM (2001) On the relationships between nematodes, mycorrhizal fungi and plants: Functional composition of species and plant performance. Plant Soil 232: 155–165

Clarke C, Mosse B (1981) Plant growth responses to vesicular-arabuscular mycorrhiza. XII. Field inoculation responses of barley at two soil P levels. New Phytol 87: 695–703

Comandini O, Contu M, Rinaldi AC (2006) An overview of *Cistus* ectomycorrhizal fungi. Mycorrhiza 16: 381–395

Correa A, Strasser RJ, Martins-Loucao MA (2006) Are mycorrhizae always beneficial? Plant Soil 279: 65–73

Daniell TJ, Husband R, Fitter AH, Young JPW (2001) Molecular diversity of arbuscular mycorrhizal fungi colonising arable crops. FEMS Microbiol Ecol 36: 203–209

Douds DD, Millner PD (1999) Biodiversity of arbuscular mycorrhizal fungi in agroecosystems. Agric Ecosyst Environ 74: 77–93

Drew EA, Murray RS, Smith SE (2006) Functional diversity of external hyphae of AM fungi: Ability to colonise new hosts is influenced by fungal species, distance and soil conditions. Appl Soil Ecol 32: 350–365

Egger KN (2006) The surprising diversity of ascomycetous mycorrhizas. New Phytol 170: 421–428

Fitter AH (2005) Darkness visible: Reflections on underground ecology. J Ecol 93: 231–243

Galvez L, Douds DD, Drinkwater LE, Wagoner P (2001) Effect of tillage and farming systems upon VAM fungus population and mycorrhizas and nutrient uptake of maize. Plant Soil 228: 299–308

Harrison MJ (2005) Signaling in the arbuscular mycorrhizal symbiosis. Annu Rev Microbiol 59: 19–42

Hock B, Bartunek A (1984) Ektomykorrhiza. Naturwiss Rundsch 37: 437–444

Howeler RH, Sieverding E, Saif S (1987) Practical aspects of mycorrhizal technology in some tropical crops and pastures. Plant Soil 100: 249–283

Hu J, Lin X, Wang J, Dai J, Cui X, Chen R, Zhang J (2009) Arbuscular mycorrhizal fungi enhances crop yield and P-uptake of maize (*Zea mays* L.): A field case study on a sandy loam soil as affected by long-term P-deficiency fertilization. Soil Biol Biochem 41: 2460–2465

Janse JM (1897) Les endophytes radicaux de quelques plantes Javanaise. Ann Jardin Bot Buitenzorg 14: 53–212

Jansa J, Mozafar A, Anken T, Euh R, Sanders IR, Frossard E (2002) Diversity and structure of AMF communities as affected by tillage in a temperate soil. Mycorrhiza 12: 225–234

Jansen AE (1992) Importance of ectomycorrhiza for forest ecosystems. In: Teller A, Mathy P, Jeffers JNB (Hrsg) Response of forest ecosystems to environmental changes, Elsevier, London New York, S 456–461

Jeffries P, Gianinazzi S, Perotto S, Turnau K, Barea JM (2003) The contribution of arbuscular-mycorrhizal fungi in sustainable maintenance of plant health and soil fertility. Biol Fertil Soils 37: 1–16

Khalil S, Carpenter-Boggs L, Loynachan TE (1994) Procedure for rapid recovery of VAM fungal spores from soil. Soil Biol Biochem 26: 1587–1588

Khaliq A, Sanders FE (2000) Effects of vesicular-arbuscular mycorrhizal inoculation on the yield and phosphorus uptake of field-grown barley. Soil Biol Biochem 32: 1691–1696

Kottke J (2002) Mycorrhizae – Rhizosphere determinants of plant communities. In: Waisel Y, Eshel A, Kafkafi U (Hrsg) Plant roots: The hidden half, 3. Aufl. Marcel Dekker, New York, S 919–932

Kottke I, Oberwinkler F (1986) Mycorrhizae of forest trees – structure and function. Trees 1: 1–24

Lekberg V, Koide RT (2005) Is plant performance limited by abundance of arbuscular mycorrhiza fungi? A *meta*-analysis of studies published between 1988 and 2003. New Phytol 168: 189–203

Lindermann RG (2000) Effects of mycorrhizas on plant tolerance to diseases. In: Kapulnik Y, Douds DD (Hrsg) Arbuscular mycorrhizas: Molecular biology and physiology, Kluwer, Dordrecht, S 345–365

Mäder P, Edenhofer S, Boller T, Wiemken A, Niggli U (2000) Arbuscular mycorrhizae in a long field trial comparing low-input (organic, biological) and high-input (conventional) farming systems in a crop rotation. Biol Fertil Soils 31: 150–156

Marschner H, Dell B (1994) Nutrient uptake in mycorrhizal symbiosis. Plant Soil 159: 89–102

Mathimara N, Ruh R, Vullioud P, Frossard E, Jansa J (2005) *Glomus intraradices* dominates arbuscular mycorrhizal communities in a heavy textured agricultural soil. Mycorrhiza 16: 61–66

Martin FM, Perotto S, Bonfante P (2001) Mycorrhizal fungi: A fungal community at the interface between soil and roots. In: Pinton R, Varanini Z, Nannipieri (Hrsg) The rhizosphere: Biochemistry and organic substances at the soil-plant interface, Marcel Dekker, New York Basel, S 263–296

Matsuda Y, Yamada A (2003) Mycorrhizal morphology of *Monotropastrum humile* collected from six different forests in central Japan. Mycol 95: 993–997

McGonigle (1988) A numerical analysis of published field trials with vesicular-arbuscular mycorrhizal fungi. Function Ecol 2: 473–478

Mitchell DT, Gibson BR (2006) Ericoid mycorrhizal association: Ability to adapt to a broad range of habitats. Mycologist 26: 2–9

Muthukumar T, Udaiyan K, Shanmughavel P (2004) Mycorrhiza in sedges – an overview. Mycorrhiza 14: 65–77

Oehl F, Sieverding E, Ineichen K, Mäder P, Boller T, Wiemken A (2003) Impact of land use intensity on the species diversity of arbuscular mycorrhizal fungi in agroecosystems of central Europe. Appl Environ Microbiol 69: 2816–2824

Paszkowski U (2006) A journey through signalling in arbuscular mycorrhizal symbioses. New Phytol 172: 35–46

Perotti S, Girlanda M, Martino E (2002) Ericoid mycorrhizal fungi: Some new perspectives on old acquaintances. Plant Soil 224: 41–53

Peterson RL, Bonfante P (1994) Comparative structure of vesicular mycorrhizas and ectomycorrhizas. Plant Soil 159: 79–88

Plenchette C, Morel C (1996) External phosphorus requirement of mycorrhizal and non-mycorrhizal barley and soybean plants. Biol Fertil Soils 21: 303–308

Rassmussen HN (2002) Recent developments in the study of orchids mycorrhizas. Plant Soil 244: 149–163

Reinhart KO, Callaway RM (2006) Soil biota and invasive plants. New Phytol 170: 445–467

Rubio R, Borie F, Schalchli C, Casstillo C, Azéon R (2003) Occurrence and effect of arbuscular mycorrhizal propagules in wheat as affected by the source and amount of phosphorus fertilizer and fungal inoculation. Appl Soil Ecol 23: 245–25

Ryan MH, Graham JH (2002) Is there a role for arbuscular mycorrhizal fungi in production agriculture? Plant Soil 244: 263–271

Santos JC, Finlay RD, Tehler A (2006) Molecular analysis of arbuscular mycorrhizal fungi colonising a semi-natural grassland along a fertilization gradient. New Phytol 172: 159–168

Schenck NC, Perez Y (1990) Manual for the identification of vesicular-arbuscular mycorrhizal fungi. Synergistic Publication, Gainsville, Florida

Schüßler A, Schwarzott D, Walker C (2001) A new fungal phylum, the *Glomeromycota*: Phylogeny and evolution. Mycol Res 105: 1413–1421

Schwantes HO (1996) Biologie der Pilze, E. Ulmer Stuttgart

Sieverding E, Howeler RH (1985) Influence of species of VA mycorrhizal fungi on cassava yield response to phosphorus fertilization. Plant Soil 88: 213–221

Smith SE, Facelli E, Pope S, Smith FE (2010) Plant performance in stressful environments: Interpreting new and established knowledge of the roles of arbuscular mycorrhizas. Plant Soil 326: 3–20

Smith SE, Gianinazzi-Pearson V, Koide R, Cairney JWG (1994) Nutrient transport in mycorrhizas: Structure, physiology and consequences for efficiency of the symbiosis. Plant Soil 159: 103–113

Smith SE, Read DJ (2008) Mycorrhizal symbiosis, 3. Aufl. Acad Press, London

Strack D, Fester T (2006) Isoprenoid metabolism and plastid reorganization in arbuscular mycorrhizal roots. New Phytol 172: 22–34

Straker CJ (1996) Ericoid mycorrhiza: Ecological and host specificity. Mycorrhiza 6: 215–225

Suarez JP, Weiß M, Abele A, Garnica S, Oberwinkler F, Kottke I (2006) Diverse tulasnelloid fungi form mycorrhizas with epiphytic orchids in an Andean cloud forest. Mycol Res 110: 1257–1279

Tedersoo L, Hansen K, Perry BA, Kjöller B (2006a) Molecular and morphological diversity of pezizalean ectomycorrhiza. New Phytol 170: 581–596

Tedersoo L, Suvi T, Larsson E, Köljalg U (2006b) Diversity and community structure of ectomycorrhizal fungi in a wooded meadow. Mycol Res 110: 734–748

Tinker PB (1990) Microbial inoculants: A promise deferred? J Sci Food Agric 50: 127–140

Trappe JM (1987) Phylogenetic and ecologic aspects of mycotrophy in the angiosperms from an evolutionary standpoint. In: Safir GB (Hrsg) Ecophysiology of VA-mycorrhizal plants, CRC, Boca Raton, USA, S 5–25

Trépanier M, Bécard G, Mountoglis P, Willemot C, Gagné S, Avis TJ, Rioux JA (2005) Dependence of arbuscular-mycorrhizal fungi on their plant host for palmitic acid synthesis. Appl Environ Microbiol 71: 5341–5347

Wang B, Qui YL (2006) Phylogenetic distribution and evolution of mycorrhizas in land plants. Mycorrhiza 16: 299–363

Weishampel PA, Bedford BL (2006) Wetland dicots and monocots differ in colonization by arbuscular mycorrhizal fungi and dark septate endophytes. Mycorrhiza 16: 495–502

Stichwortverzeichnis

J.C.G. Ottow, *Mikrobiologie von Böden*,
DOI: 10.1007/978-3-642-00824-5, © Springer-Verlag Berlin Heidelberg 2011

B

D

G

H

I

N

O

P

Q

R

S

X

Y

Z